I0032903

Joseph Eichmeier • Das Staunen

Joseph Eichmeier

Das Staunen

Natur, Technische Zivilisation und der Glaube an Jahwe/Gott/Allah

FOUQUÉ PUBLISHERS NEW YORK

Copyright ©2011 by Fouqué Publishers New York
Originally published as *Das Staunen. Natur, Technische Zivilisation und der Glaube an Jahwe/Gott/Allah, 2008*
by Weimarer Schiller-Presse

All rights reserved,
including the right of reproduction,
in whole or in part,
in any form

First American Edition
Printed on acid-free paper

Library of Congress Cataloging-in-Publication Data
Eichmeier, Joseph
[Das Staunen. Natur, Technische Zivilisation und der Glaube an Jahwe/Gott/Allah. Joseph Eichmeier]
1st American ed.

ISBN 978-0-578-09471-7

Inhalt

Einleitung

Jeder von uns, d.h. jeder von den ca. 6,7 Milliarden Menschen, die derzeit auf unserer Erdkugel leben, erfährt mit dem Erwachen seines Bewußtseins in den ersten Lebensjahren bis ins Erwachsenenalter die Welt und die menschliche Gesellschaft, in die er hineingeboren wurde, als etwas Gewordenes, Gewachsenes und Gestaltetes, zu der er in diesem ersten Teil seines Erdendaseins so gut wie nichts beigetragen hat. Er ist in diesem ersten Lebensabschnitt ein Empfangender, Begreifender, Lernender und allmählich auch Verstehender.

Von unserem Leben im Mutterleib und vom Vorgang der Geburt, haben wir alle – welch wunderbare Fügung – so gut wie nichts mitbekommen, weil zu diesem Zeitpunkt unser Nervensystem, unsere Körpersensoren und unser Bewußtsein noch nicht weit genug entwickelt waren. Nur unsere Mütter haben die meist starken Schmerzen während des Geburtsvorgangs bewußt und tapfer aushalten müssen.

In seinem Leben durchläuft jeder Mensch – sofern ihm die Gesellschaft, in die er hineingeboren wurde, die Möglichkeit dazu bietet – eine für alle ähnliche Folge von Lebensabschnitten: Er lernt, übt einen Beruf aus und geht schließlich in Rente oder Pension, bis ihn der Tod ereilt. Gewöhnlich winzig und doch unverzichtbar ist sein Beitrag, den er durch seine geistige und körperliche Tätigkeit während seines Berufslebens für seine Gemeinde und für sein Land leistet. Dabei nutzt er die Werkzeuge und Kenntnisse, die viele Generationen vor ihm im Laufe der Jahrhunderte erworben und verbessert haben. Die meisten von uns nehmen dabei kaum wahr oder denken auch nur entfernt darüber nach, welche unglaubliche Fülle von einzigartigen Voraussetzungen, Bedingungen und Entwicklungen notwendig war, damit in dem unvorstellbar riesigen Kosmos unser Planetensystem, unsere Erde mit ihrem Mond, das Leben auf der Erde und schließlich wir Menschen überhaupt entstehen konnten und bis heute existieren.

Viele von uns machen sich auch kaum Gedanken darüber, welches unglaubliche Potential unsere einzigartige Erde barg und noch immer birgt, ein Potential, das die Menschheit insbesondere in den letzten zehntausend Jahren ihrer Geschichte dank der Leistungsfähigkeit des menschlichen Gehirns zu nutzen verstand. Das Ausschöpfen dieses Potentials führte im Laufe der letzten fünf Jahrtausende zu einer Reihe von glanzvollen Hochkulturen und schließlich durch das Ausschöpfen der Potentiale von Wissenschaft und Technik in den letzten etwa 400 Jahren zu den heutigen – allerdings teilweise extrem unterschiedlichen – Lebensverhältnissen der Menschen.

Wirft man einen Blick auf die materiellen und geistigen Grundlagen unseres menschlichen Daseins und berücksichtigt dabei die faszinierenden Ergebnisse der modernen Wissenschaft, *so erkennen wir voller Staunen:* Wir leben in einem Kosmos und einer *Welt voller Wunder.*

Begeben wir uns jetzt auf eine grandiose Reise von den bis heute erkennbaren Grenzen unseres Kosmos bis in unsere Milchstraße und dann weiter in unser Planetensystem und auf unsere Erde. Schauen wir nach, aus welchen Bausteinen die Materie in den Sternen, in der Erde und in uns selber besteht und welches wohl die kleinsten Materiebausteine sind, von denen der gesamte Kosmos erfüllt ist. Lassen wir uns beeindrucken von den Anfängen des Lebens auf der Erde, von der Entwicklung der vielfältigen Arten und vom Auftreten des Menschen als dem vorläufigen Höhepunkt der Entfaltung des Lebendigen.

Und stellen wir uns bei den verschiedenen Stationen unserer Reise immer wieder die Frage: Warum ist das alles so, warum hat sich dies alles so und nicht anders entwickelt bis zum heutigen Tag? Warum gibt es überhaupt diesen Kosmos, unsere Welt, die Natur und uns selber? Warum gibt es nicht einfach *das Nichts?* Ist die von uns erfahrbare und nutzbare Welt mit allen ihren vielfältigen Erscheinungsformen der belebten und unbelebten Natur das Ergebnis einer langen Kette von unglaublichen Zufällen? Ist sie das Resultat eines der Materie „von Natur aus" innewohnenden Entwicklungspotentials, das in einem überaus seltenen Einzelfall zwangsläufig letztendlich zu unserer Welt und zu uns Menschen führen mußte? *Oder ist sie der sichtbare Ausdruck des Schöpferwillens eines unendlich machtvollen ewigen kosmischen Geistes, den wir Jahwe/Gott/Allah nennen und der sich uns Staunenden in seiner Schöpfung und durch sein Wort offenbarte?*

1. Die Entstehung und Entwicklung unserer Welt

1.1 Unser Kosmos

Die moderne Kosmologie, also das gesammelte Wissen und die Lehre von „Geburt" und Entwicklung des Weltalls bis heute, ist der Arbeitsbereich der Astronomen, Astrophysiker und Geophysiker. Seit es Menschen mit voll entwickeltem Bewußtsein gibt, waren diese zu allen Zeiten fasziniert von der scheinbar periodisch über den Tageshimmel ziehenden Sonne, vom Leuchten des Mondes mit stetig sich ändernder Lichtfläche und vom Glitzern der Sterne am nächtlichen Firmament. Vor etwa 6000 Jahren begannen die Menschen in *Babylonien* und *Ägypten* mit regelmäßigen astronomischen Beobachtungen, die sich allerdings wegen des Fehlens geeigneter Instrumente auf den engen Himmelsbereich beschränkte, der mit bloßen Augen erkennbar war.

Auf der Grundlage der damals bekannten Ergebnisse der Himmelsbeobachtung schuf *Aristoteles (384 – 322 v. Chr.)* ein Modell des Kosmos mit der *Erde als Zentrum*, um das sich auf „Sphären" die Sonne, der Mond und die damals bekannten *Planeten Merkur, Venus, Mars, Jupiter* und *Saturn* auf Kreisbahnen bewegten (*Geozentrisches Planetensystem*). Unser eigener Planet bestand nach diesem Modell aus den vier Elementen: Feuer, Wasser, Luft und Erdboden. Auch der griechische Astronom *Claudius Ptolemäus (ca. 100 – 160 n. Chr.)* beschrieb ein geozentrisches Weltmodell mit der kugelförmigen Erde im Zentrum. Um das Zentrum kreisen auf sieben „Sphären" die Sonne, der Mond und die damals bekannten Planeten. Auf der äußersten Sphäre befinden sich die nahezu ruhenden Fixsterne. Einige Planeten schienen dabei – von der Erde aus betrachtet – Schleifenbewegungen auszuführen. *Ptolemäus* berücksichtigte dies durch Einfügen von „*Epizyklen*" oder „*Beikreisen*" in sein Modell.

Diese Sicht des Kosmos blieb rund 1400 Jahre erhalten, bis *Nikolaus Kopernikus (1473 – 1543)* ein neues Weltbild mit der Sonne als Zentrum (Heliozentrisches Planetensystem) entwarf. Die Planeten laufen im Modell von Kopernikus auf Kreisbahnen, von denen einige ebenfalls Beikreise wie bei Ptolemäus enthielten, um die Sonne. Etwa 200 Jahre später korrigierte *Johannes Kepler (1571 – 1630)* – nachdem er die umfangreichen

Beobachtungsergebnisse des in Prag wirkenden, aus Dänemark stammenden Astronomen *Tycho Brahe (1546 – 1601)* auswertete – dieses Modell durch die Veröffentlichung seiner Gesetze der Planetenbewegung, wonach die Planeten auf elliptischen Bahnen die Sonne umkreisen. Der Naturwissenschaftler und Mathematiker *Isaac Newton (1643 – 1727)* bestätigte später die Ellipsenbahnen der Planeten mit Hilfe des von ihm gefundenen Gravitationsgesetzes, das die Anziehungskraft zwischen Himmelkörpern beschreibt. Dieses Gesetz sagt aus, daß zwischen zwei beliebigen Körpern im Kosmos eine Anziehungskraft besteht, die sich durch Multiplikation der zwei benachbarten Körpermassen, dividiert durch das Quadrat des gegenseitigen Körperabstands, ergibt. Die wirksame Anziehungskraft erhält man durch Multiplizieren des Rechenergebnisses mit einer genau bekannten Gravitationskonstanten.

Mit dem Nachbau eines vermutlich von dem holländischen Optiker *Zacharias Janssen (1588 – 1631)* erfundenen *Fernrohrs* gelang *Galileo Galilei (1564 – 1642)* im Jahr 1610 erstmals – was alle Jahrtausende vorher niemand vermochte – nämlich einen tieferen Blick in das Weltall zu tun. In den folgenden rund 400 Jahren, insbesondere aber in den letzten 80 Jahren, wurden immer bessere und größere Fernrohre (*optische Teleskope*) entwickelt und eingesetzt, so zum Beispiel vor etwa 50 Jahren ein erstes Riesen-Teleskop mit einem Fünf-Meter-Spiegel auf dem *Mount Palomar* in Kalifornien. Die modernsten optischen Teleskope haben heute einen Spiegeldurchmesser von über acht Metern und liegen wegen der meist wolkenlosen guten Sicht wie das Mount-Palomar-Gerät auf hohen Bergen, zum Beispiel dem *Mauna Kea* auf *Hawaii* oder auf Bergen in *Chile* und *Texas*. Sie nehmen scharfe Digitalbilder und optische Spektren des Sternenlichts auf. Daraus können die ungefähre Temperatur, die chemische Struktur und die Bewegung der Sterne bestimmt werden.

Um auch die fernsten Objekte unseres Universums untersuchen zu können, werden gegenwärtig und in naher Zukunft immer riesigere Teleskope gebaut. Das weltweit modernste optische Teleskop ist zurzeit das *„Very Large Telescope"* (VLT) der Europäischen *Südsternwarte (ESO)* auf dem Berg *Paranal* im Norden *Chiles*. Es besteht aus vier verschiebbaren 8,2 Meter-Teleskopen, die maximal 130 m voneinander entfernt sind und wie ein einziges Riesen-Teleskop wirken. Noch gewaltiger wird das in den USA geplante 30 Meter-Teleskop sein, das aus 1000 Einzelspiegeln von 1 m Durchmesser bestehen wird. Und die Europäer planen schon ein Spiegel-Teleskop mit 100 m Durchmesser. Dieses „*Überwäl-tigend Große Teleskop*" („*Overwhelmingly Large Telescope*" OWL) wird zehnmal so viel Licht empfangen können wie alle bisher eingesetzten Teleskope zusammen.

Moderne Beobachtungseinrichtungen der Astronomie sind auch die *Radio-teleskope* mit einer paraboloidförmigen Empfangsschüssel, in deren Brenn-punkt der Empfänger für die einfallende kosmische Radiostrahlung sitzt, sowie die Infrarot-, UV-, Röntgen- und Gammastrahlen-Detektoren. Mit der Entwicklung der Weltraumfahrt wurden derartige Detektoren auch als Satelliten in großer Höhe über der Erde plaziert, um störende Einflüsse der Erdatmosphäre zu vermeiden. Neuerdings werden als Radioteleskope groß-räumige Netze von miteinander verbundenen Empfangsantennen einge-setzt. Auf einer Hochebene in den Anden (*Südamerika*) entsteht zurzeit das Empfangsantennennetz ALMA (*Atacama Large Millimeter Array*) mit 64 Antennen für den Empfang der *kosmischen Infrarotstrahlung*, die auch dich-te Staubwolken durchdringen kann. Für die Analyse der *kosmischen Radio-strahlung* mit Frequenzen unter 250 Megahertz wird in Europa gegenwärtig ein aus rund 25.000 Einzelantennen bestehendes Empfangsnetz errichtet, das über Mitteleuropa verteilt sein und in Holland sein Zentrum haben wird. Die Antennensignale dieses „*Low Frequency Array*" (LOFAR) werden mit Hilfe eines Großrechners ausgewertet, wobei die Anlage gleichzeitig in acht verschiedene Richtungen schauen kann. Sie soll 2010 fertig sein und Blicke bis in die fernsten Bereiche des Universums gestatten. Schon mit den bis jetzt eingesetzten Hilfsmitteln gelang es in den letzten 80 Jahren, ein gutes und detailliertes Bild von der Entstehung und Entwicklung des Kosmos zu gewinnen.

Dieses Bild ist erschreckend und faszinierend zugleich: Das heute anerkannte Modell der Entstehung des Universums ist der Urknall oder Big Bang[1], der sich vor etwa 13,7 Milliarden Jahren ereignete. Unmittelbar vor dem Urknall war unser Universum in einem winzig kleinen Punkt konzentriert, in dem es eine unvorstellbar hohe Energiekonzentration und Temperatur gab. Im Augenblick des Urknalls begann sich der kleine Punkt mit rasender Geschwindigkeit aus-zudehnen, ein Vorgang, den man als Inflation bezeichnet. So mysteriös es auch

---

[1] Die Bezeichnung „Big Bang" wurde 1950 von dem britischen Astrophysiker *Fred Hoyle* (1915 – 2001) geprägt, der damit gegen die Urknall-Theorie polemisieren wollte, weil er stattdessen ein ewig sich ausdehnendes, weitgehend unveränderliches Universum postu-lierte.

klingen mag: Der Urknall ist gleichzeitig der Beginn von Raum und Zeit. Die oft diskutierte Frage, was vor dem Urknall war, kann mit den Methoden der Wissenschaft nicht beantwortet werden. Sie führt lediglich zu zahlreichen spekulativen und phantastischen Vorstellungen, die unbeweisbar bleiben.

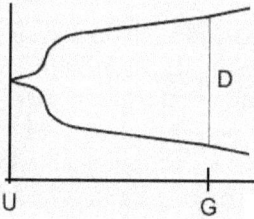

Fig.1-1: Expansion des Kosmos vom Urknall U bis zur Gegenwart G. Die Zeitspanne von U bis G ist 13,7 Milliarden Jahre. Der Durchmesser D des Kosmos bei G beträgt 13,7 Milliarden Lichtjahre.

Die Frage, wer oder was den Urknall auslöste, kann niemand beantworten. War es ein einmaliges Zufallsereignis oder ein in Milliarden Jahren periodisch sich wiederholender Vorgang oder *der gewollte Schöpfungsakt eines universellen, überaus machtvollen Geistes, den wir Jahwe/Gott/Allah nennen?* Er wäre dann wohl auch jener „Erste Beweger", der im Weltbild des *Aristoteles* den Lauf der Gestirne in Gang hielt.

Die Vorstellung von der Entstehung des Kosmos aus einem Punkt war bereits in den 1920er Jahren von dem belgischen Priester und Mathematiker *Georges Lemaître (1894 – 1966)* entwickelt worden, der diesen Ausgangspunkt als „Uratom" bezeichnete. Der aus der Ukraine stammende amerikanische Physiker *George Anthony Gamow (1904 – 1968)* veröffentlichte 1948 seine Theorie eines heißen Anfangs des Kosmos aus einem „Urbrei". Seit dem Urknall dehnt sich das Weltall mit zunehmender Geschwindigkeit immer weiter aus. Im Jahr 1929 beobachtete der Astronom *Edwin Hubble (1889 – 1953)* mit dem *Mount-Wilson-Teleskop* in Kalifornien, daß das von den Galaxien eintreffende Lichtspektrum eine *Rotverschiebung* aufweist. Dies kann nur dadurch erklärt werden, daß die Galaxien sich mit hoher Geschwindigkeit vom Beobachter entfernen. Dadurch wird die Wellenlänge des ausgesandten Lichts vergrößert, was zur Folge hat, daß das Maximum des Lichtspektrums sich vom gelb-orangenen in den roten Bereich verschiebt. (Der rote Spektralbereich weist im Vergleich zum gelb-orangenen Bereich die größere Wellenlänge auf). Wie wir heute wissen, wird diese Rotverschiebung dadurch verursacht, daß der Raum, den das Weltall einnimmt, sich selbst ausdehnt – vergleichbar mit einem sich ausdehnenden Hefekuchen (Kosmos), der mit Milliarden Rosinen (Galaxien) gespickt ist. In den 1960er Jahren erhielt die Auffassung vom Urknall als

Beginn des Kosmos eine unerwartete und eindrucksvolle Bestätigung durch die Kosmologen *Arno Penzias (*1933)* und *Robert Woodrow Wilson (*1936)* von den *Bell Laboratories in den USA*. Sie fanden bei der Untersuchung von Radiowellen aus der Milchstraße ein – bereits von *Gamow* theoretisch vorhergesagtes – gleichmäßiges Hintergrundrauschen im Mikrowellenbereich (Wellenlänge einige mm bis einige cm), deren Energiegehalt einer konstanten Temperatur von 3 Kelvin[2] (= 3 K = – 270°C) entspricht – egal, in welche Himmelsrichtung man schaut. Daraus folgt, daß alle Teile des Kosmos vor vielen Milliarden Jahren in Kontakt gewesen sein müssen, nämlich beim Urknall. *Die 3 K-Hintergrundstrahlung des Weltalls ist gewissermaßen das „Nachglühen" des Urknalls.*

In den ersten Sekundenbruchteilen nach dem Urknall bestand der sich explosionsartig ausdehnende Urkosmos ausschließlich aus energiereicher Strahlung und den elementarsten Bausteinen der Materie, den sogenannten *Quarks*, sowie aus *Elektronen* und *Positronen*. Innerhalb weniger Sekunden bildeten sich durch die Verschmelzung von jeweils drei Quarks die Elementarteilchen *Protonen* und *Neutronen* und daraus die ersten *Atomkerne*. Gleichzeitig kühlte sich der Kosmos von seiner Urknall-Temperatur von etwa 10^{32} K (eine eins mit 32 Nullen) auf einige Milliarden K (Kelvin) ab. Das resultierende heiße dichte Gas war undurchsichtig, weil die Strahlung den Wall von Elementarteilchen nicht durchdringen konnte.

Die Expansion des Universums setzte sich seit dem Urknall trotz der entgegenwirkenden Gravitationskräfte mit wachsender Geschwindigkeit fort. Die Expansionsrate, die noch nicht genau bestimmt ist, heißt *Hubble-Konstante*. Sie hängt von der kosmischen Gesamtmasse ab. Wäre diese genügend groß, so würde die Expansion in vielen Milliarden Jahren zum Stillstand kommen und sich der Kosmos wieder in einen Punkt zusammenziehen (*Geschlossenes Universum*). Wenn die kosmische Gesamtmasse dafür nicht ausreicht, würde sich das Universum ewig weiter ausdehnen (*Offenes Universum*). Dabei würde es sich allmählich auf den *absoluten Temperatur-Nullpunkt* (0 K oder – 273,2 °C) abkühlen. Alle Sterne würden schließlich erlöschen und das Ende wäre nach 10^{64} (eine eins mit 64 Nullen) Jahren der *Kältetod des Universums*.

---

[2] Die Temperaturskala in Kelvin (K) ergibt sich aus der Temperatur in Grad Celsius durch die Umrechnung: 0 °C = 273,2 K oder 0 K = - 273,2 °C.

Ein weiteres bemerkenswertes und überaus exotisches Merkmal des Urknalls ist die Tatsache, daß die *vier heute bekannten Naturkräfte*, welche die Wechselwirkungen in unserer wohlbekannten materiellen Alltagswelt beschreiben, noch nicht getrennt, sondern in einer Art *Urkraft* vereinigt waren. Die Physiker nennen das die „*Große Vereinheitlichung*" und sprechen von der „*Supersymmetrie des Weltalls*". Diese Kräfte sind die *Starke Wechselwirkungskraft* (die zwischen den Bausteinen der Atomkerne besteht), die etwa hundertmal schwächere *elektromagnetische Kraft* (die den Aufbau der Atome und chemischen Verbindungen bestimmt), die *Schwache Wechselwirkungskraft*, die tausendmal schwächer ist als die elektromagnetische Kraft und in den Vorgängen der Radioaktivität und der Umwandlung von Elementarteilchen wirkt, und die *Gravitationskraft*, die 10^{35}-mal (eine eins mit 35 Nullen) schwächer ist als die schwache Wechselwirkungskraft und die gegenseitige Anziehung von Massen über große Distanzen hervorruft. Innerhalb der unglaublich kurzen Zeit von 10^{-35} Sekunden (eine eins dividiert durch eine eins mit 35 Nullen) trennten sich die Gravitationskraft und die starke Wechselwirkungskraft von der Supersymmetrie ab. Später, nämlich etwa 10^{-15} Sekunden nach dem Urknall, als das Weltall die Größe eines Tennisballs erreichte, trennten sich auch die elektromagnetische und die schwache Wechselwirkungskraft voneinander, so daß nun die *vier Naturkräfte selbständig* existierten.

Als sich kurz nach dem Urknall die ersten Elementarteilchen bildeten, bestanden diese aus den beiden Ursubstanzen *Materie* und *Antimaterie*. Die Teilchen aus Antimaterie haben die Eigenschaft, daß sie beim Zusammenprall mit Materieteilchen verschwinden und vollständig in Energie umgewandelt werden. Die Energie E, die dabei entsteht, ergibt sich aus der *Einstein-Formel* $E = m \cdot c^2$, wobei m die *Gesamtmasse* von Materieteilchen und Antimaterieteilchen und c die *Lichtgeschwindigkeit* bedeuten (c = 299.792,5 km/s im Vakuum ≈ 300.000 km/s). *Die im Urkosmos vorhandene gesamte Materie und die gesamte Antimaterie hätten sich gegenseitig vollständig ausgelöscht und in energiereiche Strahlung zurückverwandelt, wenn nicht die Materie einen geringen Überschuß um den Faktor 10^{-9} gegenüber der Antimaterie aufgewiesen hätte. Dieser sehr geringe Materieüberschuß war es, der – man höre und staune – schließlich die Bildung und Struktur unseres heute vorhandenen Universums ermöglichte.*

Schon in den ersten Sekunden nach dem Urknall begann sich das Universum rasch abzukühlen und hatte nach 13 Sekunden „nur" noch eine

Temperatur von 3 Milliarden K. In der folgenden, mehrere hunderttausend Jahre dauernden Periode kühlte es sich weiter ab, es konnten sich aber noch keine Galaxien oder Sterne bilden.

Erst nach etwa 380.000 Jahren erreichte der aus dem Urknall stammende kosmische Feuerball eine Temperatur von etwa 10.000 K. Jetzt entstanden erstmals neutrale Atome, nämlich die leichten Elemente Wasserstoff, Helium und Lithium, und der Feuerball wurde durchsichtig. *Es ward Licht.*

Die weitere Entwicklung unseres Universums wurde in den folgenden Milliarden Jahren vor allem durch die Gravitationskräfte zwischen den Bestandteilen der kosmischen Materie bestimmt. Die Atome formten wegen der gegenseitigen Anziehung riesige Gaswolken, die sich immer weiter verdichteten und dadurch aufheizten. An den Stellen mit höherer Materiedichte entstanden durch das Zusammenziehen der riesigen Gasmassen schließlich die *Galaxien*[3] und ganze *Galaxienhaufen*. In den Gas- und Staubmassen der Galaxien bildete sich durch weitere Verdichtung an vielen Stellen eine ungeheure Anzahl von Sternen (Sonnen ohne oder mit Planeten) mit unterschiedlicher Leuchtkraft.

Die riesigen Räume zwischen den einzelnen Sternen einer Galaxie und zwischen den Galaxien sind nicht völlig leer, sondern mit verdünnter *Interstellarer Materie* gefüllt. Sie bildet – vor allem in den Spiralarmen der Galaxien – den Geburtsort und Baustoff neuer Sterne. Sie besteht aus verschiedenen Komponenten, vor allem Wasserstoff und Helium sowie kleinen Anteilen Sauerstoff, Stickstoff, Kohlenstoff, Schwefel und Silizium. Auch Moleküle wie Wasserdampf, Kohlenmonoxid und Methan kommen vor. In unserer Milchstraße besteht die Interstellare Materie im Mittel aus 60% Wasserstoff und 38% Helium. Der Rest von 2% umfaßt alle anderen Bestandteile. Im ganzen Kosmos sieht es etwas anders aus: Hier bestehen 99% der Interstellaren Materie aus Gas – davon 90% aus Wasserstoff – und 1% aus Staub. Die Staubkörner sind im Mittel ein Tausendstel bis ein Zehntausendstel Millimeter groß und enthalten alle bekannten chemischen Elemente.

Im Lauf seiner langen Entwicklungsgeschichte nahm unser Universum schließlich seine heutige Gestalt an: ein Raum- und Massenmonstrum mit

---

[3] Die Bezeichnung Galaxie kommt von dem griechischen Wort *galaktos* und heißt „Milch". Das griechische Wort *galaxias* bedeutet „Milchstraße".

ungeheuren Dimensionen. *Seine Ausdehnung mißt sage und schreibe 13,7 Milliarden Lichtjahre. Ein Lichtjahr ist dabei die Strecke, die das Licht mit seiner Geschwindigkeit von rund 300.000 km/s in einem Jahr zurücklegen kann. Ein Lichtjahr entspricht demnach 9,461 · 10^{12} km (das sind fast 10.000 Milliarden Kilometer!)* Für den Durchmesser des Weltalls wären das 13,7 Milliarden Lichtjahre mal rund 10^{13} km ist gleich 13,7·10^{22} km – eine Stecke, die man sich beim besten Willen nicht mehr vorstellen kann. In diesem riesigen Raum befinden sich nach Schätzungen unserer Kosmologen *über 100 Milliarden Galaxien oder Galaxienhaufen.* Jede dieser Galaxien enthält wiederum etwa 100 Milliarden Sterne (Sonnen) unterschiedlicher Größe und Helligkeit. Multipliziert man diese beiden Zahlenwerte, so ergibt sich (ohne Berücksichtigung von Galaxienhaufen) eine *Gesamtzahl der Sterne in unserem Kosmos* von *10.000 mal 1 Milliarde mal 1 Milliarde oder 10^{22} (also eine eins mit 22 Nullen!). Angesichts der riesigen Distanzen im Weltall müssen wir bedenken, daß die fernsten Galaxien, die wir gerade noch beobachten können, über 13 Milliarden Lichtjahre von uns weg sind. Das heißt: Das Licht von diesen Objekten benötigt über 13 Milliarden Jahre, bis es von dort bis zu uns gelangt ist. Wenn wir dieses Licht heute analysieren, so vermittelt es uns Informationen über den Zustand, in dem sich diese Sterne und Galaxien vor über 13 Milliarden Jahren, also relativ kurz nach dem Urknall, befanden. Wir bekommen damit Auskünfte über die Kindheits- und Jugendzeit unseres Universums.*

Unser Weltall, das von den Kosmologen nicht als kugelförmig, sondern eher als „flach" beschrieben wird, dehnt sich trotz der bremsenden Gravitationskräfte auch heute noch aus und obendrein auch noch mit zunehmender Geschwindigkeit. Diese Tatsache schreibt die Mehrheit der Kosmologen einer Energie und Materie zu, die sie als *„Dunkle Energie"* bzw. *„Dunkle Materie"* bezeichnen und von der sie so gut wie nichts wissen. *Man schätzt, daß das Universum zu 22% aus Dunkler Materie und zu 73% aus dunkler Energie besteht. Der Rest von 5% umfaßt die sichtbare Materie und die Strahlung.*

Mit der ständigen Ausdehnung des Weltalls hatte schon *Albert Einstein (1879 – 1955)* seine liebe Not. Aus den Gleichungen seiner *Allgemeinen Relativitätstheorie,* die er 1915 veröffentlichte, ergab sich nämlich die Schlußfolgerung, daß sich das Universum entweder andauernd ausdehnt oder zusammenzieht. Da er aber wie *Newton* ein statisches Universum annahm, fügte er seinen Gleichungen eine *„Kosmologische Konstante"* Lambda (ein Buchstabe aus dem griechischen Alphabet) hinzu, damit sie ein statisches Universum beschrieben. Als später die ständige Ausdehnung des

Weltalls nachgewiesen war, korrigierte *Einstein* diesen Fehler und nannte ihn scherzhaft „eine Eselei".

Eine erstaunliche und gleichzeitig beängstigende Eigenschaft unseres Kosmos ist die Existenz von „*Schwarzen Löchern*". Das sind Raumbereiche, in denen die dort vorhandene kosmische Masse durch eine riesige Gravitationskraft in einem kleinen Volumen mit ungeheurer Materiedichte konzentriert ist. Die Gravitation ist so gewaltig, daß das Schwarze Loch alle Himmelskörper in seiner näheren Umgebung wie ein Staubsauger einsaugt, in einem kleinen Volumen verdichtet und keine Strahlung nach außen dringen läßt. Würde unsere Erde – was *Gott* verhüte – versehentlich in die Nähe eines Schwarzen Lochs geraten, so würde sie eingesaugt und zu einer kleinen Kugel von etwa 2 cm Durchmesser (!) zusammengepreßt werden. Schwarze Löcher können als Einzelgebilde durch den Weltraum vagabundieren. Sehr häufig bilden sie auch das Zentrum von Galaxien.

Die Gravitationskraft, die zwischen allen Körpern beliebiger Masse im gesamten Weltall wirkt und auch unser eigenes Körpergewicht erzeugt, steckt trotz aller Bemühungen der Wissenschaft noch voller Geheimnisse. Wir wissen nämlich noch nicht, wie sie – also auch unser eigenes Körpergewicht (!) – zustandekommt. Es wird vermutet, daß sie auf den Austausch von Energiequanten, die man *Gravitonen* nennt, zurückzuführen ist. Die Gravitonen haben keine Ruhemasse und bewegen sich mit Lichtgeschwindigkeit. Von einer beliebigen Masse ausgehend schwingen sie gleichphasig und bilden die von *Einstein* vorhergesagten *Gravitationswellen*. Ihre Abstrahlung verursacht einen ganz geringen Energie- bzw. Massenverlust, der im Kosmos an zwei sich sehr schnell umkreisenden Pulsaren als ständige geringe Abnahme der Drehzahl beobachtet wurde. Ihr Frequenzspektrum reicht von 10^{-4} Hz bis mehr als 10 kHz. Sie können jede Materie unverändert durchdringen. Um sie nachzuweisen, hat weltweit ein wissenschaftlicher Wettlauf begonnen. Man verwendet zum Nachweis auf der Erde oder auch im Weltraum so genannte Laser-Interferometer, bei denen ein sehr langer Laserlichtstrahl durch ankommende Gravitationswellen geringfügig verändert wird, so daß bei der Überlagerung mit einem konstanten Referenzlichtstrahl ein meßbares Signal entsteht. Eine weitere Methode zum Nachweis ist die Messung geringer Längenänderungen von großen Metallzylindern an Orten absoluter Ruhe, zum Beispiel im Inneren von Bergen. Bis heute ist ein direkter Nachweis von Gravitationswellen noch nicht gelungen.

Die Relativitätstheorie von *Einstein* sagt aus, daß jeder Himmelskörper den Raum in seiner Umgebung verbiegt, ähnlich wie das eine schwere Kugel tut, die auf einer gespannten Gummimatte liegt und diese nach unten ausbeult. Ein zweiter Himmelskörper, der an den Rand einer solchen Raumbeule gelangt, wird sich deshalb zum ersten Körper hinbewegen oder ihn auf einer Kreis- oder Ellipsenbahn umlaufen. Auch Lichtstrahlen werden in der Nähe eines großen Himmelskörpers infolge der Raumkrümmung und Gravitationskraft abgelenkt. Dieser *Gravitationslinsen-Effekt* ist inzwischen an verschiedenen astronomischen Objekten nachgewiesen worden.

Halten wir nun auf unserer Reise einen Augenblick inne und geraten dabei immer wieder ins Staunen: Wir haben ein Weltall über uns, das vor mehr als 13 Milliarden Jahren aus einem winzigen Punkt ungeheuer hoher Energiedichte und Temperatur im Urknall entstanden ist. Es hat sich bis heute auf eine Größe von mehr als 13 Milliarden Lichtjahren ausgedehnt und expandiert immer weiter. Es ist angefüllt mit vielen Milliarden Sternen, die durch Verdichtung von Materie entstanden sind, dann unterschiedlich hell erstrahlen und schließlich wieder verlöschen, indem sie erkalten oder bei entsprechend hoher Energiedichte explodieren. Die vielen Sterne sind nicht gleichmäßig über das Universum verteilt, sondern in Sternansammlungen konzentriert, die wir als Galaxien bezeichnen. Eine solche Sternansammlung ist auch unsere Heimat-Galaxie, die „Milchstraße", von der wir einen kleinen Teil als milchig weißes Band am nächtlichen Himmel mit bloßem Auge sehen können.

Dieses phantastische Bild unseres Kosmos, das sich noch mit vielen weiteren Details bereichern ließe, ist beobachtbare und nachprüfbare Realität und nicht etwa ein Phantasiegebilde unserer Physiker und Kosmologen. Die Weltgemeinschaft der Naturwissenschaftler ist streng darauf bedacht, Befunde und Aussagen nur dann als gesichert anzuerkennen, wenn sie allen Einwänden, Meßergebnissen und fundierten theoretischen Überlegungen standhalten. Wir können ihr daher uneingeschränkt Glauben schenken.

Ein zweiter Gedanke drängt sich auf, der sicher den meisten von uns in den Sinn kommt, wenn wir die Ungeheuerlichkeit der Dimensionen und Geschehnisse im Weltall bedenken. Wir alle sagen uns doch ganz bewußt: Was gehen uns diese Vorgänge eigentlich an? Sie geschehen so weit weg von uns, sie kratzen und sie jucken uns nicht. Sie haben keinen Einfluß auf unser eigenes, ach so kurzes Leben. Dieses Denken ist durchaus naheliegend und berechtigt. Die Naturwissenschaft vom Kosmos kann mit ihren Ergebnissen unser Leben nicht beeinflussen, sie kann aber unsere Neugier befriedigen und uns helfen, die Urfragen nach unserem eigenen Woher und Wohin, nach dem Sinn und Ziel unseres Daseins, neu zu stellen. *Letztlich dient die Kosmologie der Suche und Frage nach dem Schöpfer Jahwe/ Gott/Allah.*

1.2 Die Milchstraße

Unter den rund 100 Milliarden Galaxien und Galaxienhaufen im Weltall gibt es an einer bestimmten Stelle einen *galaktischen Superhaufen*, auch *Supercluster* genannt, der unsere „Heimat-Galaxie", nämlich die *Milchstraße*, enthält. Der *Superhaufen* hat einen Durchmesser von etwa 150 Millionen Lichtjahren und umfaßt neben Sternhaufen wie „*Jungfrau*", „*Großer Bär*" und „*Virgo*" auch die so genannte „*Lokale Gruppe*", die sich über mehrere Millionen Lichtjahre erstreckt. In ihr finden wir außer der Milchstraße noch dreißig weitere Nachbar-Galaxien, darunter auch die *Andromeda-Galaxie* sowie zwei Zwerggalaxien, die „*Große und Kleine Magellansche Wolke*" genannt werden. Mit den Magellanschen Wolken ist die Milchstraße durch eine 300.000 Lichtjahre lange Wasserstoffbrücke, den *Magellanschen Strom*, verbunden. *Nimmt man zur Veranschaulichung als Weltallmodell eine Kugel von 100 Meter Durchmesser, so ist in diesem Modell der Supercluster einen Meter und die Lokale Gruppe nur etwa 2 Zentimeter groß.* Struktur und Masseverteilung dieser Sternsysteme werden durch die im ganzen Weltall wirkende Gravitationskraft bestimmt.

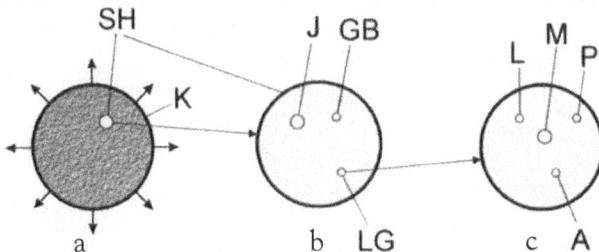

Fig.1-2: a Der expandierende Kosmos; Durchmesser rund 13,7 Milliarden Lichtjahre. SH Superhaufen (Galaxienhaufen), in dem sich unsere Milchstraße befindet; Durchmesser rund 150 Millionen Lichtjahre. b Einzelne Galaxien im Superhaufen: LG Lokale Gruppe mit unserer Milchstraße, J Sternbild Jungfrau, GB Sternbild Großer Bär. c Lokale Gruppe LG, Durchmesser einige Millionen Lichtjahre: M Milchstraße, A Andromeda-Galaxie, P Phönix-Galaxie, L Sternbild Löwe.

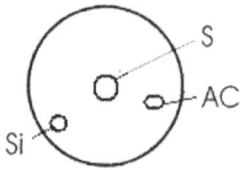

Fig. 1-3: Unsere unmittelbaren galaktischen Nachbarn: S unser Sonnensystem, AC Sternsystem Alpha Centauri (4,5 Lichtjahre von S entfernt), Si Sirius (fast 10 Lichtjahre von S entfernt). Durchmesser des gezeigten Bereichs: etwa 20 Lichtjahre.

Unsere Galaxie, die Milchstraße, ist als helles Band am Nachthimmel erkennbar, das von etwa 6000 mit bloßem Auge beobachtbaren, teilweise lichtschwachen Sternen herrührt. Es handelt sich um eine ebene Spiralgalaxie mit fünf Armen, die 100 bis 200 Milliarden Sterne enthält. Zwischen den Sternen befindet sich die *Interstellare Materie*. Die Gesamtmasse der Galaxie wird auf rund 200 Milliarden Sonnenmassen geschätzt. Sie hat einen *Durchmesser von rund 100.000 Lichtjahren* und eine Schichtdicke von 3000 Lichtjahren. Im Zentrum ist die Spirale ausgebeult und erreicht eine Dicke von etwa 16.000 Lichtjahren. Die Galaxie ist von einer kugelförmigen Hülle, einem so genannten „Halo" umgeben, das einen Durchmesser von 165.000 Lichtjahren hat. In ihm findet man einzelne Sterne und Sternhaufen sowie gasförmige Interstellare Materie sehr geringer Dichte. *In unserem Weltallmodell von 100 Meter Durchmesser würde das entsprechend verkleinerte Modell der Milchstraße innerhalb der Lokalen Gruppe ein Gebilde sein, das nur noch 0,6 mm groß wäre.* Unsere Galaxie hat sich innerhalb von 2 bis 5 Milliarden Jahren nach dem Urknall aus einer riesigen turbulenten Gasmasse entwickelt. Als die Turbulenz allmählich nachließ, formte sich daraus eine flache Scheibe, in der sich die Materie in einzelnen, um ein Zentrum rotierenden Armen konzentrierte.

Einer von den Milliarden Sternen in unserer Milchstraße ist unsere *Sonne*. Sie befindet sich im so genannten *Orion-Arm der Milchstraße* und umkreist zusammen mit allen anderen Sternen das Milchstraßenzentrum in einem Abstand von 25.000 bis 28.000 Lichtjahren. Ihre Umlaufgeschwindigkeit beträgt 250 km/s. Für einen Umlauf um das galaktische Zentrum benötigt sie etwa 250 Millionen Jahre. Dieses Zentrum liegt in Richtung des Sternbilds Schütze und ist wegen der davor liegenden dunklen Gas- und Staubwolken nicht sichtbar. Erst Ende der 1990er Jahre konnten mit dem *Hubble-Weltraumteleskop* und einem Satelliten mit Röntgenstrahldetektor Infrarot- und Röntgenbilder aus der Umgebung des galaktischen Zentrums aufgenommen werden. Die *starke Radioquelle*, die man entdeckte und *Sagittarius* A nannte, deutet darauf hin, daß sich *im Zentrum der Milch-straße ein sehr massereiches Schwarzes Loch* mit der viermillionenfachen Masse unserer Sonne befindet. Erst vor kurzem wurde mit Hilfe eines leistungsfähigen Teleskops im Zentrum der Milchstraße ein weiteres Schwarzes Loch aufgespürt. Es hat die 1300-fache Masse der Sonne und umkreist das große Schwarze Loch in einer Entfernung von drei Lichtjahren.

Nähert man sich von unserer Sonne aus dem galaktischen Zentrum, so findet man in etwa 10.000 Lichtjahren Entfernung vom Zentrum einen Gasring aus neutralem Wasserstoff, der sich mit 100 km/s ausdehnt. Dieser Ring könnte von einer Explosion stammen, die vor etwa 10 bis 15 Millionen Jahren im Zentrum stattfand. Ab 3000 Lichtjahren Entfernung vom Zentrum steigen die Konzentration der Sterne und die Temperatur stark an. Man trifft hier auf einen weiteren Materiering mit sehr hoher Dichte. Der Ring dehnt sich mit 40 km/s aus und könnte durch eine weitere Explosion vor rund 1 Million Jahren verursacht worden sein.

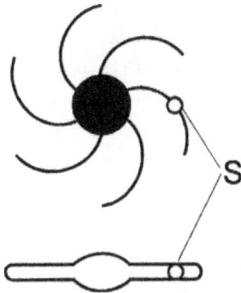

Fig. 1-4: Schema einer ebenen Spiralgalaxie wie unserer Milchstraße. Der Punkt im Zentrum symbolisiert ein großes „Schwarzes Loch". Unser Sonnensystem S ist etwa 28.000 Lichtjahre vom Zentrum entfernt. Das untere Teilbild zeigt die Seitenansicht der Milchstraße mit einer Verdickung im Zentrum. Der Durchmesser unserer Galaxie ist rund 100.000 Lichtjahre.

Wie in jeder anderen Galaxie entstanden auch in unserer Milchstraße die vielen Milliarden Sterne durch das von den Gravitationskräften angetriebene Kontrahieren von instabilen turbulenten Gaswolken, die hauptsächlich Wasserstoff enthielten. Häufig bildeten sich dabei nicht nur Einzelsterne, sondern größere Sternhaufen. Die *Geburt eines Sterns* vollzieht sich in mehreren Stufen: In einer einzelnen stark verdichteten Gasmasse steigt wegen des Zusammenpressens der Materie die Temperatur stark an, bis bei 10 Millionen Grad wegen der engen Wechselwirkung der Wasserstoffkerne die *Kernfusion* einsetzt, bei der durch *Verschmelzen von leichten und schweren Wasserstoffkernen* Energie freigesetzt und der Wasserstoff in Helium umgewandelt wird. Die freigesetzte Energie stammt vom so genannten *Massendefekt*, der entsteht, weil die Masse eines Heliumkerns immer kleiner ist als die Masse der vier Wasserstoffkerne, aus denen der Heliumkern durch die Kernverschmelzung entstanden ist. Die Massendifferenz, also der Massendefekt, wird entsprechend der *Einstein*-Formel $E=mc^2$ als Strahlungsenergie frei. Durch die Freigabe von Energie beginnt der Gaskörper als sogenannter *Protostern* rot zu leuchten. Unsere Sonne hat in diesem Stadium den 60-fachen Durchmesser und eine Oberflächentemperatur von nur 2000 Grad. Es dauert dann mehrere Millionen Jahre, bis die *von der Gravitation bewirkte Sternkontraktion* beendet und ein stabiler Zustand erreicht ist. Nun folgt eine Periode von einigen Milliarden Jahren, in denen der Stern durch *Kernfusion seinen Wasserstoffvorrat allmählich verbraucht* und ein konstant hell leuchtender *Fixstern wie unsere Sonne* ist. Das wunderbare Funkeln der Sterne am Himmelszelt, das in vielen Liedern besungen uns zum Träumen einlädt, ist auf die hohe Temperatur im Inneren und auf der Sternoberfläche zurückzuführen. Bei der hohen Temperatur sind alle Atome der Sternmaterie ionisiert, d.h. sie haben alle ihre Elektronen verloren. Die Elektronen nehmen fortwährend Stoßenergie auf und geben sie als Strahlungsenergie wieder ab. Ein Teil davon ist die sichtbare Lichtstrahlung, die wir als Sternfunkeln beobachten können. Die Größe des Sterns bleibt während dieser langen Zeit stabil, weil die freigesetzte Kernfusionsenergie einen starken Expansionsdruck des Sterngases erzeugt, während der Gravitationsdruck die Gasmasse zusammenzupressen versucht. Beide Druckwerte befinden sich im Gleichgewicht.

Wenn ein Stern seinen Wasserstoffvorrat durch Kernfusion fast aufgebraucht hat, sinken die Kernfusionsenergie und der Expansionsdruck des Sterngases. Jetzt überwiegt der Gravitationsdruck. Deswegen kontrahiert der Stern erneut und heizt sich stark auf, bis bei einer Temperatur von etwa 100 Millionen Grad *ein neuer Kernfusionsprozeß* einsetzt. Dabei wird der durch die Wasserstoff-Fusion erzeugte Vorrat an Heliumkernen in Kohlenstoffkerne umgewandelt und wieder Energie freigesetzt. Ist auch der Heliumvorrat aufgebraucht, schrumpft der Stern weiter, bis er schließlich auf verschiedene Weise seinen Endzustand erreicht und stirbt:

Er kann seine Gashülle abstoßen und zu einem sehr kompakten „*Weißen Zwerg*" werden. Die emittierte Gashülle trifft mit maximal 50 km/s auf die Interstellare Materie und regt diese während einigen 10.000 Jahren zum Leuchten an. Dann geht das Sternenleben zu Ende.

Für einen *Stern großer Masse* kann das Ende ganz anders aussehen: Wenn seine Kernfusionsenergie stark absinkt, kann es zu einem *Gravitationskollaps*

kommen, bei dem sich der Stern sehr stark aufheizt und zu einer so genannten *Supernova* wird. Ungefähr eine Woche lang leuchtet eine Supernova so
hell wie eine Galaxie mit zehn Milliarden Sonnen. Eine solche Supernova
ereignete sich 1987 in der Magellanschen Wolke. Man unterscheidet *zwei
Supernova-Typen*: *Typ I* entsteht bei der Explosion eines *Weißen Zwergs* in einem Doppelsternsystem. Der Weiße Zwerg kann von seinem Nachbarstern
Materie rüberziehen, bis seine Masse eine kritische Grenze von eineinhalb
Sonnenmassen überschreitet. Durch die Explosion wird der Weiße Zwerg
zerstört. Dabei entstehen durch Kernreaktionen neue chemische Elemente
wie Eisen, Silizium oder Nickel. *Typ II* tritt auf, wenn ein massereicher Stern
seine Energieerzeugung durch Kernfusion beendet. Sein Zentrum bricht
dann zusammen und *der Stern explodiert*. Übrig bleibt ein *Neutronenstern sehr
hoher Dichte*. Ein solcher Stern ist etwa 20 km groß. Ein Kubikzentimeter der
Sternmaterie wiegt 100 Millionen Tonnen. Viele Neutronensterne senden
intensive Radiostrahlungsimpulse aus. Etwa 300 solcher „*Pulsare*" sind bis
heute entdeckt worden. Die Strahlungsimpulse entstehen dadurch, daß ein
Pulsar sehr schnell rotiert, wobei er gleichzeitig von einer Stelle an seiner
Oberfläche einen schmalen Strahlungskegel aussendet. Der Strahlungskegel trifft wegen der Rotation des Pulsars periodisch die Erde und erzeugt die
Strahlungsimpulse.

Sterne sehr großer Masse können sich beim Gravitationskollaps und nach-
folgender Explosion in ein *Schwarzes Loch* verwandeln, das wegen der
ungeheuren Materiedichte alles erzeugte Licht absorbiert. Es gibt auch
Schwarze Löcher, die mit hoher Geschwindigkeit um ihre Achse rotieren.
Solche Gebilde sind Quellen sehr intensiver Röntgenstrahlung, deren
Registrierung zu ihrem Nachweis dienen kann.

Die mehr als 100 Milliarden Sterne unserer Galaxie gehören unterschiedlichen Altersgruppen an. Je nach ihrem Alter können sie sonnenartige
Himmelskörper, Riesensterne oder Weiße Zwerge sein. Die Sterne sind
auch nicht gleichmäßig über die Spiralarme verteilt, sondern häufig in
Sternhaufen konzentriert. Junge so genannte *Kugelsternhaufen oder Offene
Sternhaufen* aus 20 bis 300 Einzelsternen findet man meist in der Nähe der
galaktischen Ebene. Ihre Gesamtzahl wird auf etwa 15.000 geschätzt. Sie
lösen sich gewöhnlich innerhalb von 100 Millionen Jahren in Einzelsterne
auf. Sehr *alte Sternhaufen* mit mehreren hunderttausend Sternen je Haufen
sind über das ganze galaktische Halo verteilt. Es gibt etwa fünfhundert von
ihnen und ihre Häufigkeit nimmt vom galaktischen Zentrum nach außen

rasch ab. Alle Sterne, die mehr als 1,3 Sonnenmassen enthalten, haben ihre Kernfusion beendet und sich zu roten Riesensternen ausgedehnt. Das Alter dieser Sternhaufen wird auf mehr als 10 Milliarden Jahre geschätzt.

Die unserer Milchstraße am nächsten gelegene Galaxie ist der *Androme-da-Spiralnebel* mit einem Abstand von etwa 2,2 Millionen Lichtjahren. Er bewegt sich mit einer Geschwindigkeit von der Größenordnung 100 km/s auf die Milchstraße zu, einem Wert, der uns wegen der großen Distanz des Andromedanebels nicht erschrecken kann.

Auf unserer kurzen Besichtigungsreise durch die Milchstraße stellen wir fest, daß unsere Sonne mit ihrem Planetensystem einen ausgesprochen ruhigen und günstigen Platz im Weltall eingenommen (oder „bekommen"?) hat. Sie befindet sich in einem der Spiralarme unserer gemächlich rotierenden Galaxie und ist genügend weit vom sehr heißen galaktischen Zentrum und von anderen Galaxien entfernt. Nehmen wir einmal an, daß von jeweils 1000 Sonnen in unserem Kosmos nur eine jeweils einen besonders günstigen Platz einnimmt, der auf einem ihrer Planeten die Entstehung von Leben ermöglichen könnte, so wäre die Wahrscheinlichkeit für das Vorkommen eines solchen bevorzugten Platzes ein Tausendstel oder $1/10^3$.

Kehren wir nun auf unserer Rundreise innerhalb der Milchstraße in unser Planetensystem ein, das auch unsere eigene Wohnstätte, die Erde, beherbergt.

1.3 Unser Planetensystem

Als vor rund 4,56 Milliarden Jahren unsere Sonne mit ihren Planeten entstand, war unsere Galaxie, die Milchstraße, schon mehrere Milliarden Jahre alt. Das Sonnensystem bildete sich aus einer riesigen, um ein Zentrum
wirbelnden Masse aus Gas und Staub, die sich durch ihre eigene Gravitationskraft immer mehr verdichtete. Das Gas, das schon kurz nach dem Urknall existierte, war vorwiegend eine Mischung aus Wasserstoff und einem
geringen Anteil Helium. Der Staub enthielt auch schwere Elemente wie
Eisen oder Nickel aus Kernfusionsprozessen in Supernovae sowie Kohlenstoff, Oxide und Eisteilchen.

Vor etwa 4,56 Milliarden Jahren ereignete sich in dieser Gas- und Staubwolke ein *Gravitationskollaps*. Sie wurde kleiner und dichter, begann deshalb immer schneller um ihr Zentrum zu rotieren und wurde dadurch eine
relativ flache Rotationsmasse. Im Zentrum nahmen Druck und Temperatur
stark zu. Schließlich setzte dort die Kernfusion des Wasserstoffs ein und es
bildete sich ein großer, hell glühender Feuerball, unsere Sonne.

Die Glut der Sonne führte dazu, daß die Staubteilchen in ihrer Umgebung verdampften. Nur schwer verdampfende Elemente wie Eisen oder
Silizium blieben in ihrer Nähe, während leicht verdampfende Materieteilchen erst in großer Entfernung von der Sonne zu Eisteilchen kondensierten. Aus den festen Staubteilchen in der Umgebung der Sonne
bildeten sich durch Zusammenstöße und Anlagerung größere Körper, die
so genannten *Planetesimalen* mit einem Durchmesser von maximal 10 km.
Weitere Zusammenstöße führten zum Entstehen der deutlich größeren
Planetoiden und schließlich zu unseren heute existierenden neun *Planeten*. Die Formung der Planeten aus einer rotierenden, flachen Gas- und
Staubwolke hatte zur Folge, daß alle Planeten die Sonne in gleicher Richtung umlaufen und daß sich ihre Bahnen annähernd in ein und derselben
Ebene, der *Ekliptik*, befinden. Die Planetenbahnen sind bis auf die Bahn
des äußersten Planeten *Pluto* schwach elliptisch oder anders ausgedrückt
fast kreisförmig. Man sagt auch: Ihre *Exzentrizität* (Abweichung von der
Kreisform) ist gering. Die *vier inneren Planeten Merkur, Venus, Erde und
Mars* sind relativ klein und dicht. Von den *fünf äußeren Planeten Jupiter,
Saturn, Uranus, Neptun und Pluto* sind die ersten vier gasförmig und er-
heblich größer, weil sie wegen der Gasform einen umfangreicheren Anteil
an der Ursprungswolke hatten. Die dichten Gashüllen dieser Planeten

stammen von den Wasserstoff- und Heliumresten der Urwolke. *Pluto* bildet als Zwergplanet am Rand unseres Sonnensystems eine Ausnahme, weil er kein großer Gasplanet ist, weil ferner seine Bahn stark elliptisch geformt und gegen die Ebene der anderen Planetenbahnen (*Ekliptik*) um 17 Grad geneigt ist. Dies legt den Schluß nahe, daß Pluto erst lange nach dem Entstehen des Planetensystems von unserer Sonne „eingefangen" wurde. Die ersten sechs Planeten (Merkur, Venus, Erde, Mars, Jupiter und Saturn) waren bereits im Altertum bekannt. Die übrigen drei wurden erst in der Neuzeit mit Hilfe von Teleskopen entdeckt.

Die Reihenfolge der Planeten mit Pluto von der sonnennächsten zur äußersten Bahn kann man sich mit einem einfachen Satz merken:
MEIN VATER ERKLÄRT MIR JEDEN SONNTAG UNSERE NEUN PLANETEN.
Die Anfangsbuchstaben dieser Wörter ergeben genau die Reihenfolge: Merkur, Venus, Erde, Mars, Jupiter, Saturn, Uranus, Neptun und Pluto.

Das Zentrum unseres Planetensystems, *die Sonne*, hat im Vergleich zu allen Planeten eine enorme Masse: Sie beträgt rund $2 \cdot 10^{30}$ kg und entspricht damit 333.000 Erdmassen oder 99,865% der Gesamtmasse des Sonnensystems. Die neun Planeten ergeben zusammen nur 446,7 Erdmassen. Davon enthält der größte Planet Jupiter allein 317 Erdmassen. Das sind aber trotzdem nur 1,3 Promille der Gesamtmasse des Sonnensystems. Alle (340) Monde der Planeten haben insgesamt nur 0,12 Erdmassen. Die Sonne hat einen Durchmesser von 1,39 Millionen km, der größte Planet Jupiter rund 143.000 km und der kleinste Pluto 2300 km. Der Durchmesser unserer Erde beträgt 12.756 km. Der mittlere Abstand zwischen Sonne und Erde ist rund 150 Millionen km. Man nennt diese Strecke eine *Astronomische Einheit* (AE). Das ganze Sonnensystem hat – wenn man von der stark elliptischen Bahn des Pluto einmal absieht – eine mittlere Größe von etwa 40 AE (mit der Pluto-Bahn maximal 50 AE). Das Planetensystem ist von einer Wolke aus *Kometen* – planetaren Körpern aus Eis und Staub auf stark elliptisch oder anders geformten Bahnen – umgeben, die bis zu 150.000 AE oder 2,3 Lichtjahre von der Sonne entfernt sein können. Manche dieser Kometen können infolge der Anziehungskraft benachbarter Sterne unser Sonnensystem für immer verlassen.

Wegen ihrer Größe und Masse gehört unsere Sonne zu den 10% größten Sternen in unserer Galaxie. Ihre Masse besteht zurzeit aus 75% Wasserstoff und 25% Helium sowie Spuren von anderen Atomkernen. Sie erzeugt wie alle Sterne ihre Strahlung (Wärme-, sichtbare Licht-, UV-, Röntgen- und Gammastrahlung) durch die *Kernfusion*, wobei jeweils zwei leichte und zwei schwere Wasserstoffkerne zu einem Heliumkern verschmolzen werden. Der Heliumkern hat eine etwas geringere Masse als die Summe der Ausgangskerne. Diese Massendifferenz, der *Massendefekt*, wird als energiereiche Strahlung in den Weltraum abgegeben. Dadurch nimmt die Sonnenmasse im Lauf von Milliarden Jahren allmählich ab. Die Strahlungsleistung der Sonne beträgt gegenwärtig ca. $3,86 \cdot 10^{20}$ Megawatt (Millionen Watt). In jeder Sekunde werden dabei rund 700 Millionen Tonnen Wasserstoff in 695 Millionen Tonnen Helium umgewandelt, d.h. die Sonne verliert in jeder Sekunde eine Masse von 5 Millionen Tonnen oder $5 \cdot 10^9$ kg! Aus der Sonnenmasse ($2 \cdot 10^{30}$ kg) und dem Massenverlust je Sekunde durch die Kernfusion ($5 \cdot 10^9$ kg/s) kann man leicht ausrechnen, daß die Sonne erst in $1,26 \cdot 10^{11}$ oder 126 Milliarden Jahren ein Prozent ihrer Masse verliert! Das Ende der Sonne wird also nicht durch den Massenverlust, sondern durch den Verbrauch des Wasserstoffs in ihrem Kern verursacht. Bis heute hat die Sonne ungefähr die Hälfte ihres Wasserstoffvorrats aufgebraucht. Sie kann deshalb noch weitere fünf Milliarden Jahre Energie erzeugen, wobei sie ihre Helligkeit annähernd verdoppeln wird.

Auf ihrem Weg vom Sonneninneren zur Oberfläche wird die erzeugte Energie durch die Sonnenmaterie immer wieder absorbiert und erneut emittiert, bis sie an der Sonnenoberfläche vorwiegend als Wärme- und sichtbare Lichtstrahlung erscheint. *Im Sonnenkern beträgt die Temperatur etwa 15,6 Millionen K und an der Oberfläche 5800 K.* Im Sonnenkern herrscht außerdem ein gewaltiger Druck von 250 Milliarden Atmosphären!
Auf der Sonnenoberfläche, der so genannten *Photosphäre*, gibt es immer zeitlich variierende weniger heiße Regionen, die *Sonnenflecken*, mit einer Temperatur von etwa 3800 K und einem Durchmesser bis zu 50.000 km. Über der Photosphäre liegen als von der Sonne erzeugte Schichten die *Chromosphäre* und darüber die *Sonnen-Korona*, die mehrere Millionen km in den Raum hinausreicht.

Neben ihrer Strahlung erzeugt die Sonne auch einen Strom von geladenen Teilchen, nämlich hauptsächlich *Elektronen und Protonen*, die sich als *Sonnenwind* mit etwa 450 km/s bis tief in das ganze Planetensystem ausbreiten. Der Sonnenwind und die von zusätzlichen großen *Sonneneruptionen* (*Sonnenfackeln und Protuberanzen*) ausgehenden energiereichen Partikel erzeugen auf der Erde einerseits die als herrliches Naturschauspiel in den

Polregionen beobachtbaren *Nordlichter* und andererseits immer wieder *Störungen von Radio- und Fernsehsignalen* in der Atmosphäre.

Die Rotation der riesigen Gas- und Staubwolke, aus der die Sonne und die Planeten hervorgegangen sind, ist auch in der *Eigenrotation der Sonne* erhalten geblieben. Die Drehachse der Sonne erzeugt an der Sonnenoberfläche die beiden bereits erwähnten *Pole* und in der zur Drehachse senkrechten Ebene den *Sonnenäquator*. Am Äquator braucht die Sonnenoberflächenschicht für eine volle Umdrehung 25,4 Tage und in der Nähe der Pole 36 Tage. Wegen der gasförmigen Sonnenmasse ist diese unterschiedliche Rotationsgeschwindigkeit genau so wie bei den Gasplaneten möglich. Wie unsere Erde erzeugt auch die Sonne ein – allerdings deutlich stärkeres – Magnetfeld. Der vom Magnetfeld erfüllte Raum, die *Magnetosphäre* oder *Heliosphäre*, reicht weit in den Weltraum (bis hinter Pluto) hinaus.

Halten wir nun auf unserer gedachten Reise durch den Kosmos in der Nähe unserer Sonne für eine kurze „Rast" inne. Wir sehen vor uns einen Stern, der – vor rund 4,5 Milliarden Jahren geboren (*oder geschaffen?*) – zu den 10% der größten Sterne in unserer Galaxie gehört. Er verbrennt seit Milliarden Jahren ruhig und zuverlässig seinen Wasserstoffvorrat und sendet die erzeugte Energie in den Weltraum, von der wir – weil unsere Erde von der Sonne aus betrachtet winzig erscheint – auf der Erde nur einen kleinen Bruchteil auffangen. Dieser Bruchteil war aber bis heute genau die richtige Energiemenge, um auf der Erde innerhalb von etwa 3 Milliarden Jahren die Fülle des Lebens und letztendlich in den vergangenen Millionen Jahren uns selber hervorzubringen. Wer gerät eigentlich darüber nicht ins Staunen?

Verlassen wir jetzt unseren „Rastplatz" in der Nähe der Sonne und begeben uns auf eine kurze Erkundungsreise in die Welt der Planeten. Wie erwähnt besteht das Planetensystem aus neun unterschiedlich großen Planeten, die - abgesehen vom Zwergplaneten Pluto - die Sonne in einer einzigen Ebene, der *Ekliptik*, auf schwach elliptisch verformten Kreisbahnen in gleicher Richtung (gegen den Uhrzeigersinn von oberhalb des Sonnennordpols aus gesehen) umlaufen. Die Ekliptik ist um 7 Grad zum Sonnenäquator geneigt. Alle Planeten außer Venus und Uranus rotieren gleichsinnig um ihre jeweilige eigene Rotationsachse. Die Planeten haben, geordnet nach ihrer Größe, folgende Daten:

	D/km	M/M$_e$	T/°C	A/Mio-km	t$_u$	Z
Pluto	2300	0,0025	-233 (m)	59067	248 Jahre	1
Merkur	4878	0,055	-183... +427	58	88 Tage	- -
Mars	6794	0,107	-100... +20	228	687 Tage	2
Venus	12.104	0,815	457 (m)	108	225 Tage	- -
Erde	12.756	1	-89... +58	149,6	365,25 Tage	1
Neptun	49.424	17,2	-200 (m)	4498	165 Jahre	11
Uranus	51.118	14,54	-197 (m)	2871	85 Jahre	241
Saturn	120.000	95	-139 (m)	1427	29 Jahre	26
Jupiter	142.796	317	-108 (m)	778	12 Jahre	58

Bezeichnungen: D = Planetendurchmesser, M/M$_e$ =Planetenmasse bezogen auf die Erdmasse M$_e$, T = Temperatur auf der Oberfläche, (m) = Mittelwert, A = mittlerer Abstand von der Sonne, t$_u$ = Umlaufzeit um die Sonne, Z = Anzahl der Monde je Planet.

Seit ihrer Entstehung vor rund 4,5 Milliarden Jahren wird die Stabilität der Planetenbahnen durch zwei gegeneinander wirkende Kräfte gewährleistet: Eine ist die *Newtonsche Gravitationskraft* zwischen jedem Planeten und der Sonne, die in Richtung der Sonne wirkt. Die andere ist die *Fliehkraft* oder *Zentrifugalkraft*, die den Planeten aufgrund seiner gekrümmten Bahn von der Sonne wegzutreiben sucht. Eine solche Fliehkraft können wir leicht selber spüren, wenn wir einen Stein in der Hand bei gestrecktem Arm schnell auf einer senkrechten Kreisbahn um unser Schultergelenk bewegen. Unsere Muskelkraft hält dabei der Fliehkraft das Gleichgewicht. Ähnlich ist es auch im Planetensystem: In jedem Bahnpunkt eines Planeten hält die Gravitationskraft der Zentrifugalkraft das Gleichgewicht.

Aus der Tabelle ersehen wir, daß die *Inneren Planeten* Merkur, Venus und Mars kleiner und leichter als die Erde sind. Sie laufen wie die Erde relativ schnell um die Sonne, haben also eine hohe Bahngeschwindigkeit. Diese ist notwendig, weil die Fliehkraft mit dem Quadrat der Bahngeschwindigkeit wächst. Nur so wird erreicht, daß die Fliehkraft der großen Gravitationskraft der Sonne das Gleichgewicht hält. Der innerste Planet Merkur ist am schnellsten und benötigt für einen Umlauf um die Sonne nur 88 Tage, der nächste Planet Venus schon 225 Tage. Die *Äußeren großen Gasplaneten* sind bereits so weit von der Sonne entfernt, daß sie die Sonne relativ langsam umkreisen und trotzdem die für das Kräftegleichgewicht nötige Fliehkraft erzeugen. So benötigt zum Beispiel Neptun für einen Umlauf 165 Jahre und der äußerste (und kleinste) Planetoid Pluto sogar 248 Jahre.

Von allen Planeten weist nur die Erdoberfläche einen Temperaturbereich auf, in dem das *Entstehen von Leben* möglich ist. Außerdem hat die Erde eine lebensnotwendige Atmosphäre aus Sauerstoff und Stickstoff, vermischt mit einigen anderen Spurengasen. Auf allen anderen Planeten ist es entweder zu kalt (Äußere Planeten) oder (zeitweise) zu heiß (Merkur, Venus). Zudem haben diese Planeten keine oder eine extrem giftige und damit lebensfeindliche Atmosphäre. Lediglich der Mars bildet eine Ausnahme, weil seine Temperaturschwankungen mit denen auf der Erde vergleichbar sind. Er hat aber keine Atmosphäre. Geophysiker vermuten, daß die von der Erde aus beobachtbaren geheimnisvollen „*Marskanäle*" von Wasser herrühren, das auch heute noch unterirdisch als Eis existieren und als Lebensbasis für Mikroorganismen dienen könnte. Ein Beweis dafür steht noch aus.

Neben den Planeten ist der Raum in der Umgebung der Sonne mit einer großen Anzahl kleinerer Himmelskörper, den *Asteroiden oder Planetoiden*, erfüllt, die wie kleine Planeten um die Sonne kreisen. Sie kommen in vielen Größen bis etwa 1000 km Durchmesser vor. Sie treten gehäuft als klassischer *Planetoidengürtel* zwischen Mars und Jupiter sowie als *Kuiper-Gürtel* jenseits der Bahn des Neptuns auf. Es kommt immer wieder mal vor, daß einzelne meist kleinere Planetoiden auf ihrer Bahn der Erde nahe kommen und in der Erdatmosphäre durch Reibung mit den Luftteilchen als „*Sternschnuppen*" *oder Meteore* verglühen oder als größere Felsbrocken auf der Erdoberfläche einschlagen und teilweise schlimme Verwüstungen anrichten. Zuletzt geschah dies in schwerem Ausmaß 1908 in Sibirien. Der riesige Planet *Jupiter* spielt dabei wegen seiner Masse, die das 317-fache der Erdmasse beträgt, eine überaus wertvolle Wächterrolle, weil er wie ein himmlischer „Staubsauger" viele kleine Himmelskörper einfängt und so ihr Aufschlagen auf die Erde verhindert.

Eine andere Gruppe von kleinen Himmelskörpern in unserem Planetensystem sind die *Kometen*, die als eisartige Objekte auf langgezogenen Ellipsenbahnen außerhalb der Ekliptik die Sonne umkreisen. Sie sind deshalb oft nur kurzzeitig beobachtbar und verschwinden dann für lange Zeit in die fernen Regionen des Planetensystems. Geraten sie in die Nähe der Sonne, so verdampft ein Teil ihrer Masse.

Werfen wir noch einen Blick in die unmittelbare Nachbarschaft unseres Planetensystems, also im Umkreis von ca. 20 Lichtjahren oder 190 Billionen km. Zu unseren nächsten Nachbarn gehören das 4,3 Lichtjahre entfernte *Dreifachsternsystem Alpha Centauri* und die etwa 10 bzw. 14 Lichtjahre entfernten Sternsysteme *Sirius und Prokyon*.

Verglichen mit dem Weltall ist unser Planetensystem mit einer Ausdehnung von 2,3 Lichtjahren (unter Einschluß der Kometenbahnen) geradezu winzig. *In unserem Weltallmodell von 100 Metern Durchmesser (entsprechend 13,7 Milliarden Lichtjahren) wäre das Planetensystem gerade mal rund $17 \cdot 10^{-9}$ Meter oder 17 Nanometer (= 17 Milliardstel Meter) groß!* Auch innerhalb unseres Sonnensystems kann man sich die Größenverhältnisse besser vorstellen, wenn man ein anderes Modell wählt, das um den Faktor eine Milliarde (10^9) kleiner ist als die tatsächlich vorhandene Planetenwelt. In einem solchen Modell hätte die Erde einen Durchmesser von 1,3 cm. Der Mond würde die Erde in einem Abstand von etwa 30 cm umkreisen. Die Sonne wäre 1,5 m groß und 150 m von der Erde entfernt. Der Abstand zwischen Sonne und zum Beispiel Neptun wäre 4,5 km. Was uns also immer wieder ins Staunen versetzt, sind die ungeheuren Distanzen in unserem Sonnensystem, der ganzen Galaxie und im Weltall.

Nach unserem kurzen Streifzug durch die grandiose Welt der Planeten kehren wir nun heim zu unserem Heimat-Himmelskörper – der Erde.

1.4 Unsere Erde

Entstanden vor rund 4,5 Milliarden Jahren zusammen mit der Sonne und den anderen Planeten aus einer rotierenden Gas- und Staubwolke im Orion-Arm unserer Galaxie, der Milchstraße, rotiert die Erde zusammen mit ihrem Trabanten, dem Mond, mit gleichbleibender, geradezu stoischer Geschwindigkeit majestätisch und überaus gelassen als *„Blauer Planet"* um unser Zentralgestirn, die Sonne. Sie benötigt für einen vollen Umlauf genau 365,25 Tage, also ein Jahr. Das Dreigestirn Sonne, Erde, Mond bildet seit seiner Entstehung (*oder Erschaffung?*) ein mit geringfügigen Schwankungen funktionierendes *Kosmisches Uhrwerk*, das uns Menschen seit Jahrtausenden die präzise Messung und Einteilung der Zeit in Jahre, Tage, Stunden, Minuten und Sekunden ermöglicht. Das Entstehen dieses Uhrwerks ist ein faszinierendes Schauspiel, das wir uns zunächst ansehen wollen.

Wie wir gesehen haben, entstanden die Planeten unseres Sonnensystems zusammen mit der Sonne aus einer riesigen rotierenden scheibenförmigen Gas- und Staubwolke. Ihre chemische Zusammensetzung war ungefähr so, wie sie heute noch im Weltall vorhanden ist. Während im Rotationszentrum die Materie sich zusammenballte und zur riesigen Sonne verdichtete, bildete sich in der Umgebung der Sonne durch die Gravitationskräfte eine ungeheure Fülle von unterschiedlich großen, die Sonne umkreisenden steinernen Objekten, die sich im Laufe von mehreren hunderttausend Jahren aneinanderlagerten. Einige dieser Körper wurden schließlich so groß, daß sie beschleunigt immer mehr Materie aufsaugten und innerhalb von nur etwa eintausend Jahren zu den harten steinhaltigen Inneren Planeten einschließlich der Erde heranwuchsen. Wie bereits beschrieben, bildeten sich in den Außenbereichen des Sonnensystems die großen Gasplaneten, weil sich dort durch den starken Sonnenwind die ursprünglich gasförmigen Bestandteile der Urwolke, z.B. Wasser-, Ammoniak- oder Methanmoleküle sammelten, wegen der niedrigen Temperatur zu Eis kondensierten und dann innerhalb von wenigen hundert Jahren zu den Planeten verdichteten.

Nachdem sich die Erde als kugelförmiger Körper genügend großer Masse herausgebildet hatte, erhöhte sich der Gravitationsdruck im Erdkern. Dadurch, durch den Aufprall von Asteroiden und durch den dauernden Energie freisetzenden Zerfall radioaktiver Elemente, stieg die Temperatur der Erdkugel auf über 2000°C an. Bei dieser hohen Temperatur war die Erde in ihrem Frühstadium eine weitgehend verflüssigte Stein- oder Magma-Kugel.

Sie enthielt neben etwas Nickel hauptsächlich als eines der häufigsten Elemente flüssiges Eisen, das wegen seines Gewichts wie bei den meisten Planeten zur Kugelmitte absank und den heutigen schweren, etwa 4300 Grad heißen *Inneren Erdkern* bildete. Dieser hat etwa 2440 km Durchmesser und ist wegen des hohen Drucks von 3,6 Millionen Atmosphären sehr fest. Der Innere Erdkern ist von einem *Äußeren Kern* ebenfalls aus Eisen mit etwas Nickel umgeben, der bis zu 3200 Grad heiß, flüssig und ca. 2250 km dick ist. Darüber bildete sich der *Erdmantel* als eine durchschnittlich 2860 km dicke, bis 2000 Grad heiße, flüssige Gesteinsschicht aus silikathaltigen Bestandteilen, die viele chemische Elemente entsprechend ihrer heutigen Verteilung in der Erdkruste enthält. Darüber erstarrte die Gesteinsschicht zur festen *Erdkruste*, die unter den Kontinenten bis zu 70 km und unter den Ozeanen bis zu 10 km dick und Teil der so genannten *Lithosphäre* ist. Zwischen ihr und dem Erdmantel liegt noch eine heiße und weiche Zwischenschicht, die 100 bis 150 km dicke *Astenosphäre*.

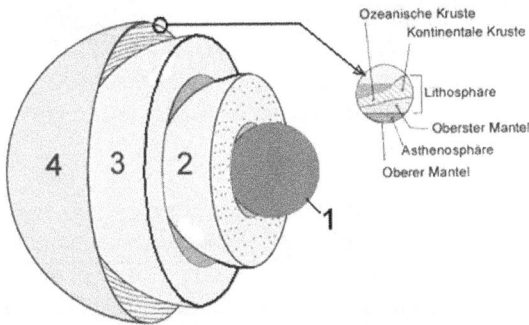

Fig. 1-5: Die Schichten unserer Erde. 1 Innerer Erdkern hauptsächlich aus Eisen, der etwa 4300 Grad heiß ist; 2 Äußerer Erdkern hauptsächlich aus Eisen und bis 3200 Grad heiß; 3 der Erdmantel aus 2000 Grad heißem flüssigen Gestein; 4 die feste Erdkruste (die Kontinente und der Boden der Ozeane).

Bevor die Erdmaterie sich in vielen Millionen Jahren in diese einzelnen Schichten ordnete, geriet die heiße und noch weitgehend zähflüssige Erdkugel etwa 70 Millionen Jahre nach dem Aufleuchten der Sonne in einen fürchterlichen *Crash*. Ein Himmelskörper ungefähr von der Größe des Mars prallte mit 39.000 Stundenkilometern Geschwindigkeit, also ungeheurer Wucht, auf die Erde. Er traf sie aber nicht zentral – sonst wäre sie in viele Bruchstücke zerrissen worden und es gäbe das Leben und uns Menschen sicher nicht. Der aufschlagende Körper streifte die Erdkugel, barst dadurch in Stücke und riß einen Teil der zähflüssigen Erdmasse heraus. Teile des Himmelskörpers drangen in die Erde ein und bildeten mit ihr eine neue Erdmasse. Andere Teile prallten von der Erde ab und gelangten zusammen mit Erdmaterial in eine Umlaufbahn um die Erde. Etwa 24 Stunden nach der Kollision war die Erde mit einer Wolke aus heißem Gas und geschmolzenem Gestein umgeben.

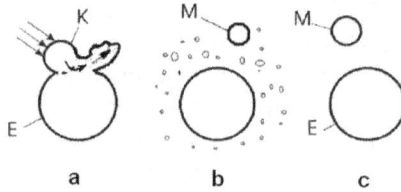

Fig. 1-6: Die Entstehung unseres Mondes. a: Vor fast 4,5 Milliarden Jahren prallte ein Himmelskörper K von der Größe des Mars nicht frontal, aber streifend auf den noch glühenden, weichen Erdkörper E. b: Teile von K und E bildeten den Mond M, der infolge der Gravitation umgebende Bruchstücke aufsaugte und größer wurde. c: Gleichzeitig entfernte er sich wegen des Impulses, den er mitbekam, allmählich von der Erde bis zu seiner heutigen Position.

Je nach dem Anteil an Gesteinsdampf dauerte es maximal etwa 100 Jahre, bis aus der Wolke ein neuer Körper, unser *Mond als ein Kind unserer Erde*, in seiner heutigen Form kondensiert war. Danach bewegte er sich zunächst in einer sehr engen Umlaufbahn um die Erde. Durch den von der Erde weggerichteten Bewegungsimpuls, den der Mond bei seiner Entstehung erhielt, entfernte er sich allmählich von der Erde, bis er seine heutige Position einnahm. Nach 100 Millionen Jahren war die Hälfte des heutigen Abstands von 384.000 km erreicht. Auch heute noch nimmt seine Distanz von der Erde um einige Zentimeter pro Jahr zu. Für einen Umlauf um die Erde benötigt der Mond 28 Tage. Während dieser Zeit dreht er sich einmal um seine eigene Achse. Daher wendet er uns immer sein gleiches „Gesicht" zu. Der immer mild scheinende Erdtrabant hat einen Durchmesser von 3476 km und rund 1,2% der Erdmasse.

Mit dem Mond war neben der Sonne und der Erde die dritte notwendige Komponente für das Funktionieren der unsere Zeiteinteilung beherrschenden *Himmelsuhr* entstanden *(oder geschaffen worden?)*. Die Sonne hält durch ihre starke Anziehungskraft die Erde auf einer fast kreisförmigen

Bahn. Die Zeitdauer für einen Umlauf der Erde um die Sonne nennen wir *ein Jahr*. Bei ihrer Entstehung bekam die Erdkugel einen Drehimpuls im gleichen Drehsinn wie bei ihrem Umrunden der Sonne. Die Zeitdauer für eine volle Erddrehung um ihre eigene Drehachse nennen wir *einen Tag* und unterteilen den Tag in Stunden, Minuten und Sekunden. Während die Erde auf ihrer Bahn die Sonne einmal vollständig umrundet, vollführt sie gleichzeitig 365,25 Umdrehungen um ihre eigene Drehachse. Daraus folgt: Das Jahr umfaßt 365,25 Tage. Die 0,25 Tage, die pro Jahr zu den 365 Tagen dazukommen, ergeben über vier Jahre einen ganzen Tag. Er wird im Kalender durch Einfügen eines zusätzlichen Tages, dem 29. Februar im so genannten *Schaltjahr*, berücksichtigt. Die Erddrehung und der Drehsinn erwecken den Anschein, daß die Sonne von einem irdischen Beobachter aus gesehen im Osten auf- und im Westen untergeht. Das periodische Erscheinen dieser faszinierenden feurigen Himmelskugel war in frühen Zivilisationen Gegenstand kultischer Verehrung in Gestalt eines Sonnengottes.

Der fast gleichzeitig mit der Erde entstandene Mond hat genau eine solche Größe und Distanz von der Erde, daß er die Erddrehung verlangsamt und auf den heutigen Wert hält. Er stabilisiert außerdem die Drehachse der Erde, so daß sie stets ihre Richtung im Raum beibehält. Die Drehachse der Erde steht nicht senkrecht zur Bahnebene der Erde, also der Ekliptik, sondern sie ist gegen die Ekliptik geneigt. Sie bildet mit der Senkrechten zur Ekliptik einen Winkel von 23,5 Grad oder mit der Ekliptik selbst einen Winkel von 66,5 Grad. Diese Neigung der Erddrehachse wurde vor etwa 3,5 bis 4 Milliarden Jahren durch eine Kollision der Erdkugel mit einem großen Meteoriten verursacht. Wäre der Mond nicht vorhanden, so würde die Erde sich viel schneller um ihre Achse drehen und ein Tag hätte dann nur etwa 6 Stunden. Außerdem würde die Erdachse während vieler Jahre nicht eine konstante Richtung im Raum beibehalten, sondern eine Torkelbewegung ausführen. Was das für die Jahreszeiten bedeuten würde, ergibt sich aus einem einfachen Versuch:

In einem abgedunkelten Raum sitzen zwei bis vier Personen um einen ovalen oder besser runden Tisch herum. In der Mitte des Tisches zünden sie zwei oder drei Teelichter an. Diese sollen die Sonne darstellen. Nun nimmt eine der Personen einen Ball von vielleicht 10 oder 15 cm Durchmesser (es kann auch ein großes Wollknäuel oder eine Papierkugel sein) und steckt durch die Kugel eine Stricknadel. Dieses Gebilde wird als Erde verwendet. Die Kugel ist dabei die Erde und die Stricknadel die Erdachse. Nun wird die Kugel an den Rand des Tisches gebracht, so daß sie von den Teelichtern voll beleuchtet wird und die Stricknadel mit der Tischplatte einen Winkel von etwa 60 Grad bildet. Die Personen führen nun die Kugel gegen den Uhrzeigersinn um den Tischrand herum, wobei sie darauf achten, daß die *Stricknadel immer in die gleiche Raumrichtung* weist. Sie erkennen dann, daß in einer Position A der Kugel die obere Kugelhälfte mehr beleuchtet wird als die untere. In der gegenüber liegenden Position C ist es genau umgekehrt: Hier wird die untere Kugelhälfte mehr beleuchtet als die obere. In den dazwischen liegenden Positionen B und D ist die Beleuchtung der beiden Kugelhälften gleich. Wenn wir uns an Stelle der Kugel die Erde denken, so entspricht die Position A unserem Sommer und der Sommersonnenwende in den nördlichen Regionen der Erde und die Position C dem Winter mit der Wintersonnenwende. Die Positionen B und D entsprechen dem Herbst bzw. Frühling. Durch die Neigung der Erddrehachse gegen die Ekliptik werden also für die nördliche Hälfte unserer Erdkugel die vier Jahreszeiten erzeugt. Für die südliche Erdhälfte ist das genau so der Fall, nur in der umgekehrten Reihenfolge. Wenn es zum Beispiel bei uns in der Nordhälfte der Erde Sommer ist, haben wir in der Südhälfte Winter. Die durch den Einfluß des Mondes starre Fixierung der Erddrehachse garantiert, daß wir Jahr für Jahr gleich lange Jahreszeiten haben, auch wenn unser Wetter nicht immer mitspielt. Bei Fehlen des Mondes würde die Torkelbewegung der Erdachse Jahr für Jahr zu unterschiedlich langen Jahreszeiten mit drastischen Konsequenzen für das Leben auf der Erde führen.

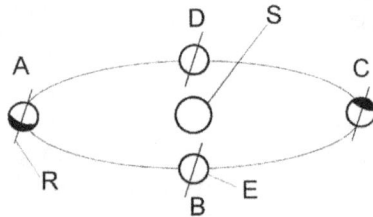

Fig. 1-7: Positionen der Erde E bei ihrem jährlichen Umlauf um die Sonne S. Die Erde E dreht sich dabei einmal pro Tag um ihre eigene Rotationsachse R, die ihre Richtung im Weltraum beibehält. Dadurch wird in der Erdpostition A die Nordhälfte der Erde (mit Europa) stärker beschienen als die Südhälfte. A ist die Sommerposition der Erde für die Nordhalbkugel. C ist dementsprechend die Winterposition. B und D sind die Positionen des Herbst- bzw. Frühlingsanfangs für die Nordhalbkugel. Die dunklen Erdgebiete bei A und C markieren die kälteren Regionen.

Dieses im wahrsten Sinn des Wortes „himmlische Uhrwerk" aus Sonne, Mond und Erde funktioniert nun seit fast viereinhalb Milliarden Jahren nachhaltig und ohne gravierende Schwankungen. Kleine „Mängel" weist unser Himmelsuhrwerk aber doch auf: Die von der Erdrotation erzeugte Fliehkraft weitet die Erde am Äquator, der Trennlinie zwischen Nord- und Südhalbkugel, auf und drückt die Pole, d.h. die Schnittpunkte der Drehachse mit der Erdoberfläche, leicht zusammen. Der Erdradius ist deshalb am Äquator um 15 km größer als an den Polen. Der Planetendurchmesser zwischen den Polen beträgt 12.712 km und am Äquator 12.742 km. Die Umlaufbahn der Erde um die Sonne ist nicht ganz konstant, sondern sie schwankt geringfügig zwischen einer reinen Kreisbahn und einer schwachen Ellipsenform mit einer großen Halbachse von 152,1 Millionen km und einer kleinen Halbachse von 147,1 Millionen km. Die Bahnexzentrizität ist also nicht ständig null wie bei einer Kreisbahn, sondern sie schwankt zwischen null und maximal 0,0167. Das führt dazu, daß das Sommerhalbjahr (Frühjahr/Sommer) auf der Nordhalbkugel 186 Tage und 10 Stunden, das Winterhalbjahr dagegen nur 178 Tage und 19 Stunden dauert. Auf der Südhalbkugel ist es umgekehrt. Die mittlere Länge eines Tages dauert nicht exakt 24, sondern 23,9345 Stunden. Die genaue Tageslänge ist von der Jahreszeit abhängig und variiert zwischen 23:46 Mitte Februar und 24:17 Stunden Anfang November, weil die Drehzahl der Erde nicht ganz konstant ist. Sie ist im Sommer etwas kleiner, d.h. die Tage sind etwas länger, weil die Wasseraufnahme von Tieren und Pflanzen auf den großen Landflächen der Nordhalbkugel und der höhere Wasserdampfgehalt der Atmosphäre die Erdrotation geringfügig abbremst. Ab November kann sich die Erde dann wieder ein bißchen schneller drehen. Hinzu kommt, daß die Erdachse auf lange Sicht, d.h. während eines Zeitraums von einigen zehntausend Jahren, ihre Richtung im Raum periodisch ändert. Der Schnittpunkt der Erdachse mit der Erdoberfläche beschreibt dabei einen Kreis und die Erdachse selbst bewegt sich auf dem Mantel eines Doppelkegels, dessen Spitze im Erdmittelpunkt liegt. Wir nennen diese Bewegung die *Präzession der Erdachse*. Sie benötigt für einen vollen Umlauf 25.800 Jahre, eine Periodendauer, die wir *platonisches Jahr* nennen. Trotz dieser Gangungenauigkeiten bzw. Gangveränderungen ist diese planetare Himmelsuhr ein Wunderwerk der Natur (*oder die geniale Schöpfungstat des einen universellen Geistes, den wir Jahwe/ Gott/Allah nennen*), mit dem unsere eigene Existenz wunderbar verknüpft ist.

Etwa 500 Millionen Jahre nach dem Entstehen der Sonne, der Planeten und der eben betrachteten Himmelsuhr hatte der starke Sonnenwind die Uratmosphären der Inneren Planeten und restliche Staub- und Gasanteile aus dem Planetensystem weggeblasen und dieses wurde durchsichtig. Die Äußeren Riesenplaneten behielten dagegen ihre Uratmosphäre, weil dort der Sonnenwind zum Wegblasen bereits zu schwach war. Allmählich ließ der Sonnenwind im Planetensystem nach, die heißen Planetenschmelzen fingen an, zu entgasen, und es setzte vielerorts vulkanische Tätigkeit ein. Die großen Gasmengen, die auch auf der Urerde freigesetzt wurden, enthielten unter anderem Wasserdampf, Stickstoff und Kohlendioxid. *Die Erde war damals laut Gen.1.1 noch „wüst und leer".* Nach vielen Jahren der Abkühlung entstand langsam die feste steinerne Erdkruste mit großflächigen Erhebungen und tiefen Becken. Nachdem die Erdoberfläche sich auf weniger als 100°C abgekühlt hatte, begann der atmosphärische Wasserdampf zu kondensieren, es regnete dauerhaft in Strömen und die ersten Ozeane füllten die großen Erdbecken. Auch die vielen auf die Erde stürzenden eishaltigen Kometen trugen dazu bei. *Gen.1.9: „Das Wasser unterhalb des Himmels sammle sich an einem Ort, damit das Trockene sichtbar werde".* Im Meerwasser löste sich eine Menge Kohlendioxid. Daraus entstanden im Laufe von Millionen Jahren unlösliche Stoffe wie Kalzium-, Kalium- oder Magnesiumverbindungen, die noch in den heutigen Sedimentgesteinen zu finden sind. Durch die Wärmeeinstrahlung von der Sonne und die Wärmeabgabe aus dem Erdinneren wurde das meiste Wasser auf der Erde flüssig gehalten und der Wasserkreislauf mit Wechseln von Verdunstung und Niederschlägen in Gang gesetzt. Wettervorgänge und Strömungen in den Gewässern zermahlten allmählich das grobe Gestein und bildeten erneute Ablagerungen.

Die Verfestigung der Erdkruste erzeugte sieben riesige und eine große Anzahl kleinerer *Kontinentaler Platten*, die sich ständig, wenn auch sehr langsam, wie Flöße auf dem glühend heißen zähflüssigen Erdmantel gegeneinander bewegten und heute noch bewegen. An den Stellen, wo zwei benachbarte Platten auseinander streben, platzt die Erdkruste auf und läßt glühendes flüssiges Gestein an die Oberfläche. So entstehen häufig am Boden der Ozeane Gebirgszüge, wie zum Beispiel in der Mitte des Atlantiks. Wenn zwei Platten dicht aneinander vorbeiwandern, können sie sich ineinander verhaken und gewaltige Verspannungen des Krustengesteins erzeugen. Das plötzliche Lösen des „Hakens" führt zu einem Plattenruck verbunden mit einem stoßartigen Heben oder Senken einer oder beider

Platten um viele Meter. Das Resultat ist ein Erd- oder Seebeben, dessen Stärke auf der so genannten Richter-Skala von 0 bis 12 gemessen wird. Auch das am 26.12.2004, dem zweiten Weihnachtstag, ausgelöste verheerende Seebeben im Indischen Ozean vor Sumatra mit der Stärke 9 und der nachfolgenden *Flutwelle (Tsunami)* ist durch eine Verhakung der Indisch-Australischen Platte mit der Asiatischen Platte entstanden. Ein ähnlicher Vorgang spielte sich 1906 an der Küste Kaliforniens ab, wo die Nordamerikanische und die Pazifische Platte sich ineinander verhakten, dann plötzlich voneinander trennten und das gewaltige San-Francisco-Beben auslösten.

Stoßen zwei Platten aneinander, so schiebt sich eine der Platten unter die andere und sinkt in der so genannten *Subduktionszone* tiefer in den Erdmantel hinein. Die obere Platte wird in diesem Bereich emporgehoben. So entstanden auf den Kontinenten Gebirgszüge wie die Alpen, die Anden und der Himalaya, oder Regionen vulkanischen Ursprungs wie die japanischen Inseln.

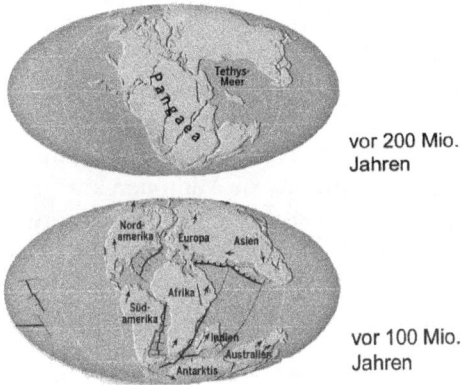

vor 200 Mio. Jahren

vor 100 Mio. Jahren

Fig. 1- 8: Die Formen der Kontinente der Erde vor 200 bzw. 100 Millionen Jahren.

Die Struktur der Erdkruste sah im Lauf der Erdgeschichte nicht immer so aus wie heute. Die Geophysiker nehmen an, daß sich alle 500 bis 700 Millionen Jahre die Kontinente zu *Superkontinenten* zusammenfügen und später wieder trennen. So entstand vor 350 Millionen Jahren der letzte *Superkontinent Pangaea*, dessen durch Gräben getrennte Einzelplatten auseinanderdrifteten und schließlich die jetzigen Kontinente formten. Man kann dies heute deutlich an dem Verlauf der Ostküste Südamerikas und der Westküste Afrikas nachvollziehen. Unterstützt wird diese Ansicht durch das Auffinden von Fossilien gleicher Tier- und Pflanzenarten an den Küsten der beiden Kontinente. Noch heute entfernen sich zum Beispiel Europa und Nordamerika – wie moderne Messungen mit Satelliten, Lasern und dem *Global Positioning System (GPS)* ergaben – pro Jahr um 2 bis 3 cm.

Der erste, der 1912 die *Theorie von der Kontinentalverschiebung* zur wissenschaftlichen Diskussion stellte, war der Meteorologe *Alfred Wegener (1880 – 1930)*, der deswegen von den Fachgeologen – zu Unrecht wie wir wissen – ausgelacht wurde und die Bestätigung seiner Theorie nicht erlebte. Nach der heute allgemein akzeptierten *Theorie der Plattentektonik* sind Konvektionsströme der glühend heißen zähflüssigen Lava im Erdmantel, auf dem die Kontinente „schwimmen", die Ursache der Kontinentverschiebungen.

Heute bietet die Erdoberfläche folgendes Bild: Sie ist rund 510 Millionen km² groß; davon sind 144,5 Millionen km² (28%) Landfläche und etwa 365,5 Millionen km² (72%) Meeresfläche. Wir haben fünf Kontinente, die Arktis und Antarktis sowie zahlreiche Meeresinseln. Der größte Kontinent ist Asien. Es hat ohne Polarinseln eine Fläche von 44,142 Millionen km² und 57.000 km Küsten. Europa ist (ohne Island, Nowaja Semlja und die atlantischen Inseln) 9,7 Millionen km² groß und hat rund 31.460 km Küsten. Die mittlere Landhöhe der Kontinente ist unterschiedlich: Sie beträgt für Europa 300 m und für Asien 880 m. Die mittlere Meerestiefe ist etwa 3500 m. Die höchste Erhebung auf Land ist der *Himalaya* mit 8848 m und die größte Tiefe im Meer der *Marianengraben im Pazifik* mit 11.034 m.

In den Milliarden Jahren ihrer Geschichte war das Klima der Erde sehr wechselhaft: zeitweise war es sehr heiß, dann wieder extrem kalt. Vor etwa 750 Millionen Jahren war unsere Erde ca. 170 Millionen Jahre lang mehrfach von einer kilometerdicken Eisschicht bedeckt. Nur große Vulkane konnten an einzelnen Stellen das Eis aufschmelzen und Asche sowie Gase in die Atmosphäre schleudern, darunter große Mengen Kohlendioxid. Durch den einsetzenden Treibhauseffekt schmolz die Eisdecke binnen Jahrhunderten vollständig ab, zuletzt vor rund 580 Millionen Jahren. Bis zu dieser Zeit bestand die Erdatmosphäre hauptsächlich aus Kohlendioxid, Stickstoff und Wasserdampf. Sie enthielt ganz wenig Sauerstoff (vielleicht 0,1%), der von der Aufspaltung des Wasserdampfs durch die UV-Strahlung der Sonne herrührte. Höher konnte der Sauerstoffgehalt nicht steigen, weil er bei höherer Konzentration die UV-Strahlung verstärkt absorbierte und im oberen Bereich der Atmosphäre sich in eine Ozonschicht verwandelte, die wie ein Schutzschild die UV-Strahlung vom Vordringen bis zur Erdoberfläche abhielt.

Ein weiterer wirksamer Schutz gegen lebensfeindliche Strahlung aus dem Weltall entwickelte sich in Gestalt des *Erdmagnetfelds*. Es entstand vor mehr als 3,5 Milliarden Jahren im flüssigen Äußeren Eisenkern der Erde.

Dort strömt das flüssige Eisen infolge von Hitze und Erdrotation um den festen Inneren Eisenkern in entgegen gesetzter Richtung wie die Erddrehung. Im flüssigen Eisen sind die Eisenatome vollständig ionisiert, d.h. sie haben alle ihre (negativ geladenen) Elektronen verloren. Alle Eisenatome sind daher elektrisch positiv geladen – es sind also Eisenionen – und erzeugen durch ihre Bewegung wie eine stromdurchflossene elektrische Spule oder ein Dynamo das Erdmagnetfeld. Die gedachte „Spulenachse" ist zurzeit um etwa 11 Grad gegen die Erdachse geneigt. Das Magnetfeld tritt – bedingt durch die Strömungsrichtung der Eisenionen – am geographischen Südpol aus der Erdoberfläche aus und am geographischen Nordpol wieder in die Erde ein. Den Austrittsort des Magnetfelds bezeichnen wir als *Magnetischen Nordpol* (der also in der Nähe des geographischen Südpols liegt) und den Eintrittsort als *Magnetischen Südpol*. Der Verlauf und die Stärke des Magnetfelds wird durch *magnetische Feldlinien oder Kraftlinien* beschrieben. Sie geben an jedem Ort in der Umgebung der Erde an, in welche Richtung die magnetische Feldkraft auf einen dort gedachten magnetischen Nordpol wirkt und – durch die Dichte der Feldlinien – wie stark diese magnetische Feldkraft ist. Auf der Erdoberfläche sind die Feldlinien demnach von Süd nach Nord gerichtet. Schon seit dem 12. Jahrhundert haben in Europa Seeleute die *Kompaßnadel*, eine Magnetnadel mit einem Nord- und Südpol an ihren Enden, die ihren Nordpol immer nach dem geographischen Norden ausrichtet, für die Navigation benutzt. In der Nähe der geographischen Pole entsteht allerdings eine *Mißweisung* durch die dann nicht mehr vernachlässigbare Abweichung der geographischen von den magnetischen Polen.

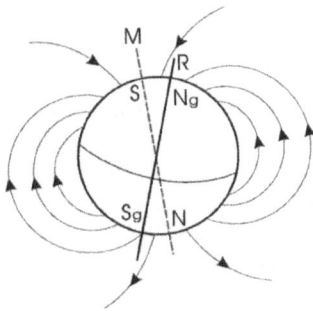

Fig. 1-9: Die Erde als Magnet. R Rotationsachse der Erde, M Magnetische Achse, N,S Magnetischer Nord- bzw. Südpol, N_g, S_g geographischer Nord- bzw. Südpol. Die Abweichungen der magnetischen von den geographischen Polen führt in Polnähe zu einer Mißweisung von magnetischen Kompaßnadeln.

Richtung und Stärke des Erdmagnetfelds haben sich im Laufe der Erdgeschichte fortwährend geändert. Aus der unterschiedlichen Magnetisierungsrichtung uralter Lavaschichten und Sedimentgesteine kann man erkennen, daß es alle fünfhundert- bis achthunderttausend Jahre Umpolungen des Magnetfelds gab. Die letzte fand vor 780.000 Jahren statt. Das Erdmagnetfeld hat große Bedeutung für die Entfaltung des Lebens auf der Erde, weil es die Erdoberfläche sehr wirksam gegen die Strahlung aus dem Weltraum abschirmt. Diese Strahlung besteht hauptsächlich aus elektrisch geladenen *Protonen* und *Elektronen*, die mit hoher Energie von der Sonne kommend als *Sonnenwind* auf die Erde treffen. Würden sie nicht vorher „entsorgt", hätten sie auf der Erde wahrscheinlich schon frühzeitig jeden Lebenskeim zerstört. Das Erdmagnetfeld hat nun aber die schöne Eigenschaft, daß es auf die herniedersausenden „Killerteilchen" eine magnetische Feldkraft – die *Lorentzkraft* – ausübt, welche diese Teilchen auf Schraubenbahnen um die Feldlinien herum zwingt und diese Schraubenbahnen längs der Feldlinien entlangführt. (In einigen elektronischen Geräten benutzen wir heutzutage diesen Effekt, um Elektronen längs magnetischer Feldlinien, die mit Spulen oder Permanentmagneten erzeugt werden, gezielt zu führen). Das erdmagnetische „Führungsfeld" bewirkt somit, daß die kosmischen Teilchen des Sonnenwinds nicht überall auf der Erde niederprasseln, sondern sich – von den magnetischen Feldlinien geführt – bevorzugt in den Polregionen sammeln, dort ihre Energie auf die Gasmoleküle der Atmosphäre übertragen und diese zur Lichtemission anregen. Das Ergebnis sind die *Polarlichter*, die wir in den Polargebieten als schaurig-schönes Naturschauspiel am nächtlichen Horizont beobachten können. Restliche Sonnenwind-Teilchen, die in den Polarregionen noch die Erde treffen, sind keine Bedrohung mehr für das Leben auf der Erde.

Das Magnetfeld der Erde, das Eigenmagnetfeld der Sonne und der Sonnenwind befinden sich in ständiger intensiver Wechselwirkung. Ungefähr 65.000 km von der Erde entfernt treffen die Magnetfelder von Erde und Sonne aufeinander. Dies und der kräftige Sonnenwind drücken dort das Erdmagnetfeld stark zusammen, während sich auf der gegenüberliegenden Seite ein Millionen Kilometer langer erdmagnetischer Feldschweif ausbildet. Es ist hauptsächlich dieser Bereich, wo die meisten Teilchen des Sonnenwinds in die Atmosphäre eindringen und Polarlichter anregen.

Gegen eine andere Einwirkung aus dem Weltraum, nämlich dem Aufprall von relativ großen Kometen und Asteroiden, gibt es für die Erde keinen wirksamen Schutz. Zum Glück (und auch wegen der Anziehungskraft des Jupiters) kommen solche Ereignisse relativ selten vor. Kleine Objekte verglühen gewöhnlich harmlos als Sternschnuppen durch die Reibungshitze in der Atmosphäre. Große Körper können beim Aufschlagen auf die Erde verheerende Folgen haben. *Vor 250 Millionen Jahren traf ein Meteorit vor der Nordwestküste Australiens die Erde und erzeugte einen Krater mit 200 km Durchmesser. 90% des Lebens im Wasser und 80% des Lebens auf der Erde wurden dadurch ausgelöscht. Ein weiteres Beispiel ist der ca. 15 km große Asteroid, der vor 65 Millionen Jahren in der Nähe von Yucatán (Mexiko) auf der Erde zerschellte. Das Aussterben der Dinosaurier und vieler Tier- und Pflanzenarten wird auf dieses Ereignis zurückgeführt. Vor fast 2500 Jahren schlug angeblich der größte Komet der Welt in Bayern ein. Mit einem Durchmesser von 1,1 km zerbarst er beim Eintritt in die Atmosphäre und die Splitter gingen – so wird behauptet – als Steinregen auf eine Fläche von 56 mal 27 km zwischen Altötting und dem Chiemsee nieder. Die Gegend sei für Jahrzehnte verwüstet gewesen und der größte Stein hätte den heutigen Tüttensee erzeugt. Für diese Aussagen fehlt aber bis heute der wissenschaftliche Beweis.* Es läßt sich abschätzen, daß ein riesiger Himmelskörper von 100 bis 1000 km Durchmesser nur alle 100 Millionen Jahre auf die Erde prallen sollte, ein kleinerer von einigen 10 m Durchmesser aber schon alle 100 bis 400 Jahre.

Halten wir nun wieder einen Augenblick inne und bedenken, was wir soeben festgestellt haben: Unser Sonnensystem mit seinen Planeten und insbesondere das Dreigestirn Sonne-Erde-Mond stellen ein fein aufeinander abgestimmtes Gebilde von Himmelskörpern dar, deren Parameter in engen Toleranzbereichen liegen müssen, damit die Fülle der Lebensformen auf unserem blauen Planeten entstehen konnte. Die Sonne und die Erde müssen jeweils eine genau bemessene Größe und Distanz zueinander haben, damit auf der Erdoberfläche eine für alle Lebensformen günstige Temperatur zwischen minimal – 60 und maximal + 50°C existieren kann. Wäre die Sonne doppelt so groß wie sie tatsächlich ist, so würde sie sehr viel mehr Energie abstrahlen und es wäre auf der Erde für Lebewesen zu heiß. Bei einer viel kleineren Sonne wäre es auf der Erde viel zu kalt. Das gleiche gilt, wenn der Radius der Erdbahn auch nur um 5 bis 10% kleiner oder größer wäre als der tatsächliche Bahnradius. Auch in diesen beiden Fällen wäre es auf der Erde entweder zu heiß oder grausig kalt. Ganz wichtig ist auch, daß die Erdumlaufbahn nahezu ein Kreis ist. Wäre die Erdbahn eine sehr schmale und langgestreckte Ellipse, so wäre es auf der Erde an den sonnenfernsten Punkten ihrer Bahn viel zu kalt und an den sonnennächsten Punkten viel zu heiß. Außerdem wäre die Bahngeschwindigkeit der Erde in den sonnenfernen Regionen sehr niedrig und in den sonnennahen Regionen sehr groß.

Entscheidend für das Leben ist auch die Größe der Erde. Hätte sie nur den halben Radius, so wäre ihre Masse achtmal kleiner als die tatsächliche Masse. Sie hätte dann auch nur ein Achtel der heutigen Schwerkraft und könnte deshalb ihre sauerstoffhaltige Atmosphäre, eine der Grundvoraussetzungen für das Leben auf der Erde, nicht festhalten. Die Atmosphäre würde es in der heutigen Zusammensetzung und Dichte nicht geben. Wir hätten dann ähnliche Verhältnisse wie auf dem Mond, der wegen seiner zu geringen Masse auch keine Atmosphäre hat. Hätte die Erde den doppelten Radius, so wäre ihre Masse achtmal größer als die tatsächliche. Dann wäre die Atmosphäre achtmal so dicht und Menschen und Tiere achtmal so schwer. Die Pflanzen könnten dann nicht mehr das zu schwere Wasser in die Höhe pumpen und es ist kaum vorstellbar, daß der Blutkreislauf und die Organe von Mensch und Tier unter solchen Bedingungen noch funktionieren könnten. Wäre der Mond zu klein, hätte er also zum Beispiel nur ein Viertel seiner heutigen Größe, so könnte er die Erdachse nicht ausreichend stabilisieren und die Erde auch nicht auf ihre heutige Rotationsgeschwindigkeit abbremsen. Die Folge wären völlig andere Tag- und Nachtwechsel und chaotische Schwankungen der Jahreszeiten. Wäre der Mond andererseits so groß wie die Erde, so würde er bei Vollmond taghell leuchten und zusammen mit der Erde um einen zentralen Punkt rotieren, der genau in der Mitte zwischen den beiden Körpern liegt. Auch das würde wieder gravierende Folgen für den Tages- und Jahreszeitenwechsel bedeuten. Wichtig für die Stabilität der Lebensverhältnisse auf der Erde sind die erwähnten Schutzschilde gegen lebensfeindliche Strahlung von außen und auch die Tatsache, daß die Bahnen der anderen Planeten des Sonnensystems genügend weit von der Erdbahn entfernt sind und auf diese nur einen marginalen Einfluß ausüben können.

Wir erkennen daraus, daß eine Vielzahl von unabhängigen Parametern – in unserem Fall sind es mindestens acht Parameter – definierte Werte innerhalb enger Toleranzgrenzen haben müssen, damit die Erde im Laufe ihrer Geschichte zu einer Entwicklungs- und Wohnstätte für Pflanzen, Tiere und Menschen werden konnte. Nehmen wir einmal an, daß es für jeden dieser acht Parameter 100 bis 1000 verschiedene mögliche Werte gibt, die er haben könnte. Dann ist die Wahrscheinlichkeit für das Auftreten eines Parameterwerts, wie wir ihn heute vorfinden, ein Hundertstel bis ein Tausendstel (1/100 bis1/1000). Bei acht Parametern müssen wir die Einzelwahrscheinlichkeiten (1/100 bis1/1000) miteinander multiplizieren, um die Gesamtwahrscheinlichkeit für das gleichzeitige Auftreten aller acht Parameter zu finden. Das Ergebnis ist eine eins, dividiert durch eine eins mit 16 bis 24 Nullen, also $1/10^{16}$ bis $1/10^{24}$. Wir müssen jetzt auch berücksichtigen, daß die Erdachse mit der Ekliptik einen Winkel von 66,5 Grad einschließt und dadurch beim Durchlaufen der Erdbahn jedes Jahr die Aufeinanderfolge der vier Jahreszeiten bewirkt. Nehmen wir an, daß die Richtung der Erdachse eine von 10 Möglichkeiten ist, so ist die Wahrscheinlichkeit ihrer tatsächlichen Existenz also ein Zehntel (1/10). Damit wird die Gesamtwahrscheinlichkeit $1/10^{17}$ bis $1/10^{25}$. Nehmen wir schließlich noch die Wahrscheinlichkeit von ein Tausendstel für das Plazieren unseres Sonnensystems an einer günstigen Stelle in unserer Galaxie hinzu, so beträgt die Gesamtwahrscheinlichkeit für die heute erkennbare Struktur und Plazierung unserer Erde, unseres „Himmelsuhrwerks" und des Planetensystems sogar nur $1/10^{20}$ bis $1/10^{28}$! Diese Überlegung ist natürlich nur eine ganz grobe Schätzung, die lediglich zeigen soll, daß die Fülle der Bedingungen für das Entstehen unserer heutigen Erde ein *äußerst seltenes Phänomen* ist, auch wenn wir bedenken, daß es in unserem Kosmos rund 10^{22} Sterne oder Sonnen und vielleicht noch mehr Planeten gibt. Wir können aufgrund unserer Überlegungen nicht völlig ausschließen – auch wenn manche Argumente dagegen sprechen – daß unsere *Erde im ganzen Kosmos einzigartig* ist und daß es keine weiteren vergleichbaren Himmelskörper gibt. Völlig zu Recht heißt es daher in der *Genesis 1.1: „Am Anfang schuf Gott Himmel und Erde" – wohlgemerkt, die „Erde" steht hier in der Einzahl!*

Angesichts der unglaublichen Entwicklungsgeschichte unseres Universums, die erst im Laufe der letzten hundert Jahre mit Hilfe neuartiger Teleskope und Analysatoren erkennbar wurde, haben Geowissenschaftler immer wieder das Rätselhafte und Geheimnisvolle hervorgehoben, das sich im Weltall wie hinter einem Schleier verbirgt. Der Münchner Physiker *Harald Lesch (*1960): „Je mehr wir vom Kosmos entdecken, desto weniger verstehen wir".* Und weiter: *„Es hat etwas ungeheuer Liebenswertes, zu erfahren, was der Kosmos sich für eine Arbeit gemacht hat, an dieser Stelle (auf der Erde) Leben zu ermöglichen. Die Erde ist ein ganz besonderer Platz im Universum, und die Menschen sind ganz besondere Lebewesen, jeder ein Unikat. Man kann kosmologisch die Einmaligkeit jedes Menschen ableiten".* Der Münchner Philosoph *Wilhelm Vossenkuhl (*1945): „Der Kosmos mahnt uns zur Bescheidenheit. Er gibt uns nicht die Lizenz, ein unethisches Leben zu führen".* Und zum Schluß noch einige Äußerungen von zeitgenössischen Astrophysikern: *Eduard Thommes in Heidelberg: „Wenn ich in den Sternenhimmel schaue, fühle ich* *mich geborgen und geführt von einem persönlichen Gott".* *Allan Sandage* am Carnegie-Observatorium in Kalifornien: *„Die Erforschung des Universums hat mir gezeigt, daß die Existenz von Materie ein Wunder ist, das sich nur übernatürlich erklären läßt".* Und *Andreas Tammann* in Basel: *„Das Weltall ist uns so unwahrscheinlich günstig gesinnt, daß es geplant zu sein scheint".*

Seit dem Urknall vor rund 13,7 Milliarden Jahren waren fast 10 Milliarden Jahre der Entwicklung und Strukturierung unseres Universums vergangen, ehe unsere Erde etwa eine Milliarde Jahre nach ihrer Geburt, also vor etwa 3,5 Milliarden Jahren, eine feste Oberflächenkruste geformt und darauf Kontinente und Urmeere gebildet hatte. Damals gab es auf der Erdoberfläche und bis in die heute erreichbaren tieferen Schichten ausschließlich anorganische, also nicht unmittelbar für die Entwicklung des Lebens geeignete Stoffe. Ihre chemische Struktur war überall im Universum die gleiche. Schauen wir uns jetzt an, wie diese Struktur der Materie aussieht und aus welchen elementaren Bausteinen sie zusammengefügt ist.

Stellen wir uns vor, daß wir ein Stück Metall, zum Beispiel Eisen oder Kupfer, in zwei Teile schneiden, die zwei Stücke dann wieder in je zwei kleinere Teile trennen und mit jedem neuen Teil, das wir gewonnen haben, in gleicher Weise fortfahren (wobei wir bei den immer kleiner werdenden Stücken schließlich anstelle von mechanischen geeignete chemische „Werkzeuge" nehmen müßten), so gelangen wir letztlich an einen Punkt, wo ein weiteres Trennen der gewonnenen, jetzt sehr kleinen Teilchen nicht mehr möglich ist. Die griechischen Philosophen *Leukippos (450 – 420 v. Chr.)* und *Demokrit (460 – 370 v. Chr.)*, die diesen Vorgang schon um 430 v. Chr. in einem Gedankenexperiment vorwegnahmen, nannten die zuletzt gewonnenen Teilchen *Atome*, die Unteilbaren (von griech. *atomos* = unteilbar). Sie nahmen an, daß es keine noch kleineren Bausteine der Materie gibt. In den folgenden *zwei Jahrtausenden* war es der Menschheit nicht möglich, die tatsächliche Existenz von Atomen nachzuweisen, geschweige denn, irgendwelche Einzelheiten über deren Eigenschaften herauszufinden. Die Naturforscher waren nur in der Lage, die Stoffe der organischen und anorganischen Welt zu katalogisieren und zu beschreiben. Die Menschen lernten aber frühzeitig, Stoffe voneinander zu trennen und daraus Gebrauchsgegenstände aus Ton, Keramik oder Metall herzustellen. Über Jahrhunderte versuchten auch die *Alchemisten*, durch Erhitzen und weiteres Behandeln geradezu abenteuerlicher Stoffmischungen das schon seit dem Altertum bekannte und heiß begehrte Gold herzustellen. Es dauerte letztendlich bis zum Beginn des 20. Jahrhunderts, bis es gelang, die Struktur der Atome und Materie, und damit auch des Goldes, weitgehend aufzuklären.

Mehr als eine Milliarde Jahre benötigte unsere Erde (*oder gewährte ihr Jahwe/Gott/Allah, der Schöpfer des Himmels und der Erde*), um ihr Inneres und ihre Oberfläche zu formen, Land und Meer zu trennen, eine nicht lebensfeindliche, wenn auch zunächst noch sauerstoffarme Atmosphäre zu entwickeln und wirksame Schutzschilde gegen schädliche Strahlung zu erzeugen. Damit war unsere Erde – noch immer „*wüst und leer*" – vorbereitet und gerüstet für ein unglaublich neuartiges atemberaubendes Geschehen: dem *Werden des Lebens*.

1.5 Das Entstehen des Lebens auf der Erde

Am Anfang des Buchs *Genesis* heißt es: „*Dann sprach Gott: Das Land lasse junges Grün wachsen, alle Arten von Pflanzen, die Samen tragen, und von Bäumen, die auf der Erde Früchte bringen mit ihrem Samen darin. So geschah es*". Mit diesen Worten erklärt die Bibel die Erschaffung erster Lebensformen auf der Erde am „Dritten Tag" der Schöpfungsgeschichte. Natürlich können wir diese imposante Beschreibung nur als ein Bild begreifen. Wir wissen heute, daß der „Dritte Schöpfungstag" vor etwa 3,5 Milliarden Jahren begann, als sich offensichtlich erste primitive Urformen des Lebendigen bildeten. Erst am „Vierten Tag", also nach der Pflanzenwelt, schuf *Gott* laut Genesis 1 entgegen unserer Kenntnis vom Werden des Kosmos „*Lichter am Himmelsgewölbe, um Tag und Nacht zu scheiden."* Weiter heißt es: *Dann sprach Gott:* „*Das Wasser wimmle von lebendigen Wesen, und Vögel sollen über dem Land am Himmelsgewölbe dahinfliegen."* ... *Es wurde Abend und es wurde Morgen: Fünfter Tag. Dann sprach Gott:* „*Das Land bringe alle Arten von lebendigen Wesen hervor, von Vieh, von Kriechtieren und von Tieren des Feldes. So geschah es."* ... *Dann sprach Gott:* „*Laßt uns Menschen machen als unser Ebenbild, uns ähnlich. Sie sollen herrschen über die Fische des Meeres, über die Vögel des Himmels, über das Vieh, über die ganze Erde und über alle Kriechtiere auf dem Land".* *Gott schuf also den Menschen als sein Ebenbild, als Ebenbild Gottes schuf er ihn. Als Mann und Frau schuf er sie. Gott segnete sie, und Gott sprach zu ihnen:* „*Seid fruchtbar und vermehrt euch, bevölkert die Erde, unterwerft sie euch, und herrscht über die Fische des Meeres, über die Vögel des Himmels und über alle Tiere, die sich auf dem Land regen".* ... *Gott sah alles an, was er gemacht hatte: Es war sehr gut. Es wurde Abend und es wurde Morgen: Der sechste Tag. So wurden Himmel und Erde vollendet und ihr ganzes Gefüge. Am siebten Tag vollendete Gott das Werk, das er geschaffen hatte, und er ruhte am siebten Tag, nachdem er sein ganzes Werk vollbracht hatte.*

Wir sehen aus diesem *Schöpfungsbericht*: Wir bräuchten nur den dritten mit dem vierten „Schöpfungstag" tauschen und hätten dann die Reihenfolge der Schöpfungstaten vor uns, wie sie auch im Großen und Ganzen durch unsere wissenschaftlichen Erkenntnisse bestätigt werden. Allerdings müssen wir uns von der Vorstellung eines sechstägigen Schöpfungszyklus trennen und uns damit abfinden, daß in diesem Bericht nur ein poetisches Bild des wirklichen Schöpfungsgeschehens gezeichnet ist. In Wahrheit dauerte jeder „Schöpfungstag" hunderte von Millionen Jahren. Die beiden ersten „Tage" währten zusammen rund eine Milliarde Jahre und die folgenden vier

„Tage" umfaßten die lange Periode von rund 3,5 Milliarden Jahren, in denen sich das *Leben auf der Erde* entfaltete.

Wie ging es aber nun im Einzelnen vor sich, als vor etwa dreieinhalb Milliarden Jahren unsere Erdoberfläche, geformt im Wesentlichen aus „totem" Gestein, teilweise bedeckt mit salzhaltigem Wasser und eingehüllt von einer noch lebensfeindlichen Atmosphäre, sich anschickte, *Leben* zu entwickeln? Wir müssen uns heute mit recht vagen Vorstellungen zufriedengeben, wie die ersten einfachen Lebensformen entstanden sind. Wir waren ja nicht dabei!

Was aber heißt eigentlich Leben in seiner einfachsten Form? Offensichtlich ist es die Formierung von winzig kleinen Mikroreaktionszentren, in denen – abgeschirmt durch eine molekulare Hülle von der Außenwelt – verschiedene Moleküle miteinander in Wechselwirkung treten und dadurch komplexere Biomoleküle hervorbringen, die zum Aufbau und Betrieb der Reaktionszentren erforderlich sind.. Die Energie für solche Prozesse könnten die Reaktionszentren, die wir heute Zellen nennen, durch den chemischen Abbau energiereicher Moleküle aus der Uratmosphäre oder aus eingestrahlter Sonnenenergie gewonnen haben. Die schützenden Hüllen, die sogenannten Zellmembranen, müssen frühzeitig als ein erster Schritt der Entstehung des Lebens entstanden sein. Die Zellmembranen mußten unter anderem die Eigenschaft haben, selektiv bestimmte Moleküle in die Zelle hinein- oder aus ihr heraustreten zu lassen.

Viele Jahrtausende lang blieb die Entstehung des Lebens auf der Erde ein unlösbares Rätsel. Der griechische Philosoph *Aristoteles* befaßte sich etwa 300 v. Chr. mit diesem Problem und kam schließlich zu der Auffassung, daß durch göttliche Schöpfungsmacht Würmer, Kröten und Motten aus nasser Erde und Bienen aus Exkrementen hervorgehen. Im Mittelalter beobachtete der Alchemist *Johan Baptista van Helmont (1579 – 1644)*, daß aus einem Gemisch von Getreidekörnern und schmutziger Wäsche nach einiger Zeit Mäuse hervorkamen. Auch glaubte man damals, daß aus toten Tierkörpern Fliegen und Maden entstanden. Als Ursache für eine solche Urzeugung nahm man eine *Vitalkraft*, die so genannte *vis vitalis* an. Auch der Biologe *Jean-Baptiste de Lamarck (1744 – 1829)*, der 1809 eine erste *Evolutionstheorie* beschrieb, hielt noch eine spontane Urzeugung für möglich. Erst nachdem der Arzt *Louis Pasteur (1822 – 1895)* im Jahr 1884 experimentell zeigen konnte, daß Mikroorganismen unter irdischen

Bedingungen nicht spontan aus anorganischer Materie entstehen können, wurde diese Idee allgemein fallengelassen.

Das Nachdenken über die Entstehung der ersten Organismen aus anorganischer Materie bekam neuen Auftrieb, als der britische Naturforscher *Charles Darwin (1809 – 1882)* die Idee der „*Chemischen Evolution*" entwickelte: Aus Spurengasen der Uratmosphäre, die im Wesentlichen Wasserdampf, Kohlendioxid, Stickstoff und Kohlenmonoxid enthielt, sollten in mehrstufigen Reaktionen komplexe Biomoleküle und daraus die ersten einzelligen Lebewesen hervorgehen. Diese Vorstellung führte zu der „*Theorie der Ursuppe*" von *Alexander Oparin (1894 – 1980)* und *John Haldane (1892 – 1964)*, wonach sich die in der Atmosphäre entstandenen Biomoleküle in den Weltmeeren anreicherten und eine „*Ursuppe*" als Geburtsort von Mikroorganismen bildeten. Unterstützung erhielt diese Ansicht 1953 durch das Experiment von *Stanley Miller (*1930)*. Er erzeugte in einem Reaktionsgefäß, das ein Gemisch aus Methan, Ammoniak, Wasserdampf und Wasserstoff enthielt, Funkenentladungen ähnlich den heftigen Blitzen, welche die Uratmosphäre vor Milliarden Jahren durchzuckten. Nach einigen Tagen ließen sich im Reaktionsgefäß zahlreiche Biomoleküle nachweisen. In vielen Wiederholungen des Versuchs mit unterschiedlichen Gasmischungen durch andere Forscher wurden viele wichtige Bausteine von Organismen, wie z.B. Aminosäuren, Lipide und Purine gefunden.

Sehr geringe Konzentrationen von Biomolekülen wie Aminosäuren konnte man inzwischen auch extraterrestrisch im interstellaren Gas und in Kernen von Meteoriten nachweisen. Interessant ist dabei die Tatsache, daß sich alle extraterrestrisch und auf der Erde entstandenen Aminosäuren als „linksdrehend" herausstellten. Die Frage, ob vielleicht auf die Erde eingeschlagene Meteoriten die Ursache für die als „*Abiogenese*" bezeichnete Entstehung des Lebens auf der Erde waren, ist bis heute nicht geklärt und wird weiter diskutiert.

Die Voraussetzung für die Versuche von *Stanley Miller* schuf dessen Lehrer, der Chemiker *Harold C. Urey (1893 - 1981)*. Er brachte den Gedanken in die Diskussion, daß die ersten Biomoleküle auf der Erde nicht beständig sein konnten, weil sie durch die starke UV-Strahlung von der Sonne schnell wieder zersetzt wurden. Gleichzeitig spaltete die UV-Strahlung aber auch den in der Atmosphäre reichlich vorhandenen Wasserdampf in

Wasserstoff und Sauerstoff. Der Wasserstoff entwich wegen der Leichtigkeit seiner Moleküle ins Weltall, während der Sauerstoff im UV-Licht eine Ozonschicht ausbildete, die immer mehr UV-Strahlung im Wellenlängenbereich zwischen 260 und 280 nm absorbierte. Genau in diesem Bereich werden Aminosäuren durch UV-Licht aber besonders leicht zersetzt. Die entstandene Ozonschicht hat dies wirksam verhindert und so die Existenz von Aminosäuren durch diesen so genannten *Urey-Effekt* gesichert.

Neben der „*Theorie der Ursuppe*" (*Oparin, Haldane, Urey, Miller*), die das Entstehen ersten Lebens in Gewässern beschreibt, gibt es darüber heute noch weitere viel diskutierte Vorstellungen: Eine ist die „*Theorie der organischen Evolution der Tonminerale*" von dem britischen Biologen *Alexander Graham Cairns-Smith (*1931)*: Tonminerale können durch Kristallwachstum ihre innere Struktur an neu hinzugekommene Kristallbereiche weitergeben. An die Tonkristalle könnten sich organische Moleküle angelagert haben und dadurch stabilisiert oder geordnet worden sein. Die Zwischenräume und Poren solcher Minerale bilden ideale Voraussetzungen dafür und schützen zudem vor der UV-Strahlung. Die von dem deutschen Biochemiker *Günter Wächtershäuser (*1938)* entwickelte „*Biofilm-Theorie*", wonach sich in heißen Quellen auf dem Meeresgrund unter dem Einfluß von Katalysatoren wie Schwefelwasserstoff und Eisensulfid an Pyritkristalle gebundene, immer komplexere organische Moleküle bildeten, die sich schließlich mit einer Membran umgaben und zu den ersten Bakterien weiterentwickelten. Diese überzogen wie ein Biofilm das Gestein. Die „*Hydrothermalquellen-Theorie*" von *Michael Russell* und *William Martin*: Am Meeresboden formten aus Quellen austretende und sich niederschlagende Partikel bis zu 60 m hohe Schlote. Aus ihnen quoll eine bis zu 400 Grad Celsius heiße Flüssigkeit voller Gase und Minerale. An kühleren Stellen solcher Hydrothermalquellen bildeten sich zunächst stabile organische Verbindungen und daraus schließlich lebende Zellen.

Alle diese Ideen von der möglichen Entstehung ersten Lebens auf der noch jungen Erde können für sich in Anspruch nehmen, daß mit ihnen versucht wird, auf dem Boden streng wissenschaftlicher Logik die Geburt lebender Organismen nachzuvollziehen. Sie leiden aber alle unter dem Mangel an Informationen über die vielen Schritte, die notwendig waren, um aus einem Gemisch anorganischer Moleküle mit Hilfe von Katalysatoren und durch Energiezufuhr die ersten primitiven lebensfähigen Bakterien zu formen. Zwischen anorganischen Molekülen und „einfachen" Bakterien liegen geradezu Entwicklungswelten, die nach unseren bisherigen Erkenntnissen unüberbrückbar erscheinen. Es ist bis heute unerklärlich, wieso anorganische Moleküle, die – wie wir wissen – aus ganz definierten räumlichen Strukturen von nur drei Elementarteilchen, den Protonen, Neutronen und Elektronen bestehen, sich zu hochkomplexen Bausteinen lebender Organismen, also Biomolekülen, zusammenfügen sollen. Diese *Selbstorganisation der Materie* zu immer komplexeren Strukturen widerspricht einem Grundgesetz der Natur, wonach in einem sich selbst überlassenen System das Maß für die Unordnung, die wir als *Entropie* bezeichnen, stetig zunimmt. Genau das Gegenteil geschah aber bei der Bildung erster Biomoleküle aus anorganischer Materie. Auch die Zufuhr von Sonnenenergie oder die Wirkung natürlicher Katalysatoren kann dieses Phänomen bis jetzt nicht befriedigend erklären. Natürlich hat die Wissenschaft die Aufgabe, alle Erscheinungen der Natur auf der Basis strenger Logik zu untersuchen und zu erklären. *Aber es wirkt dennoch ein wenig bedrückend, wie mit dem vorhandenen Minimum an relevanten Informationen versucht wird, bei der Entschlüsselung der Prozesse der Lebensentfaltung möglichst ohne die Vorstellung einer grandiosen Schöpfungstat des allmächtigen universalen Geistes, den wir Jahwe/Gott/Allah nennen, auszukommen.*

Was hier auf „natürliche" Weise geschehen sein soll, wird uns eindrucksvoll klar, wenn wir auf die Strukturen schauen, die zuerst als komplexe Biomoleküle und nach vielen Entwicklungsschritten in Form einfachster Bakterien aus „toter" Materie entstanden sind. Ausgehen mußte die Entwicklung von einfachen, nur aus wenigen Atomen bestehenden Molekülen. In der Uratmosphäre waren es zum Beispiel Wasserdampf (H_2O), Kohlendioxid (CO_2), Stickstoff (N_2), Methan (CH_4), Wasserstoff (H_2) und Ammoniak (NH_3). Sauerstoff (O_2) kam nur in ganz geringen Mengen vor. Auf dem Land waren die Ausgangsbaustoffe vorwiegend Silikate wie Siliziumdioxid (SiO_2) und Karbonate. Das Meerwasser enthielt die Salzmischung, wie sie auch heute noch zu finden ist. Wie die Laborversuche von S. *Miller* gezeigt haben, können aus Reaktionen solcher einfachen Moleküle unter geeigneten Versuchsbedingungen tatsächlich komplizierter aufgebaute Biomoleküle, zum Beispiel *Aminosäuren*, entstehen.

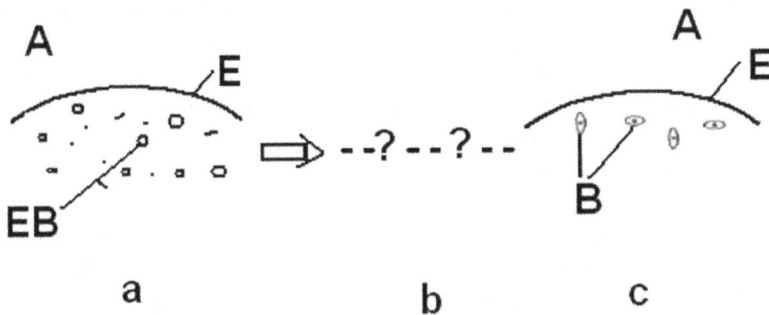

Fig. 1-10: Die rätselhafte Entstehung ersten Lebens auf unserer Erde. a: Auf dem Erdboden EB (vermutlich an den Rändern der Ozeane) und in der Uratmosphäre A bildeten sich aus vorhandenen Urstoffen erste Biomoleküle (z.B. Aminosäuren). b: Durch zahlreiche unbekannte Evolutionsschritte entstanden erste einzellige und mehrzellige Lebewesen B (Pflanzenzellen und Bakterien). c: Bis zum Kambrium (etwa vor 545 Millionen Jahren) waren ein- und mehrzellige Mikroben die einzigen tierischen Lebensformen.

Zwanzig *Aminosäuren* sind die Bausteine aller in Organismen vorhandenen *Proteine* oder Eiweißkörper. Für den Menschen sind acht davon essentiell, d.h. sie können nicht vom Körper selbst hergestellt, sondern müssen mit der Nahrung aufgenommen werden. Auch für die allerersten Formen des tierischen Lebens auf der Erde – die *Bakterien* – waren *Aminosäuren* unverzichtbar. Sie enthalten alle eine Amino- ($-NH_2$) und die Carboxylgruppe ($-COOH$). Bei den Alpha-Aminosäuren sind die Amino- und Carboxylgruppe an das gleiche Kohlenstoffatom (C^*) gebunden. Ihr chemischer Aufbau entspricht der Formel $H_2N-C^*(H,R)-COOH$. Der Formelteil $C^*(H, R)$ besagt, daß an das Kohlenstoffatom C^* ein Wasserstoffatom (H) und eine Restgruppe (R) gebunden sind. Die einzelnen Aminosäuren unterscheiden sich nur durch diese Restgruppe (R). Bei den Aminosäuren *Glycin (G), Alanin (A), Cystein (C) und Tyrosin (T)* besteht der Rest R aus einem einzigen Wasserstoffatom H (Glycin), aus CH_3 (Alanin), aus $HS-CH_2$ (Cystein) bzw. aus $HO-C_6H_5-CH_2$ (Tyrosin). Das S beim Cystein steht für ein Schwefelatom. Die zwanzig Aminosäuren haben die Fähigkeit, miteinander zu reagieren und lange Molekülketten, sogenannte *Polypeptidketten*, zu bilden. Dies ist allerdings nur innerhalb von *Mikroreaktionszentren* möglich, die von einer schützenden Wand oder Membran umschlossen sind und die wir heute *Zellen* nennen. Ein Protein kann aus einer oder mehreren Polypeptidketten bestehen. Die Reihenfolge der Aminosäuren in jeder Kette wird von einer anderen Gruppe von Molekülen vorgeschrieben. Es handelt sich um die *Nukleinsäuren*, die zum genetischen Material jeder Zelle gehören. Die chemischen Eigenschaften der Proteine werden durch deren R-Gruppen bestimmt. Mit den Proteinen sind nun bereits sehr große Moleküle entstanden, die tausend bis mehrere Millionen Mal schwerer sind als ein Wasserstoffatom.

An dieser Stelle können wir uns nun fragen: Was hat die „Natur" eigentlich „im Sinn gehabt", als sie ganz am Anfang ihrer Entwicklung eine unglaubliche Vielfalt der bereits hoch komplexen Proteinmoleküle erzeugte, von denen es in unserem Körper rund eine Million Arten gibt und die rund 50% des Trockengewichts bei Mensch und Tier ausmachen? Heute wissen wir, daß Proteine – obwohl wir nur von rund einem Prozent die Struktur kennen – fundamentale Bausteine aller Organismen sind. Sie sind maßgeblich beteiligt am Aufbau jeder Zelle, am Stoffwechsel, der Muskulatur und der Verdauung. Sie spielen unter anderem als Enzyme, Blutbestandteile und Teile der Chromosomen bei vielen wichtigen Lebensprozessen eine entscheidende Rolle.

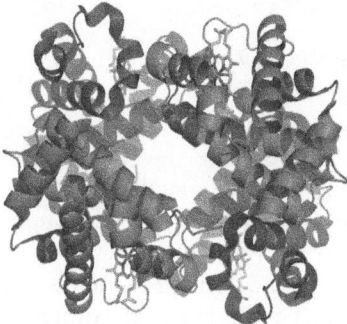

Fig.1-11: Struktur eines Proteins (Hämoglobin) im menschlichen Körper. Die gezeigten Bänder bestehen aus langen Ketten von Atomen, die in einem komplexen räumlichen Netzwerk angeordnet sind. Unser Körper enthält mehr als eine Million verschiedener Proteine.

Die „Natur" ließ es nun nicht mit der Produktion von Proteinen und anderer komplexer Moleküle bewenden. Sie strebte – wie von einer unsichtbaren Macht getrieben – unbeirrt weiter und schuf in einer langen Kette von komplizierten Prozessen schließlich die ersten Urformen tierischen Lebens in der Gestalt von einfachen *Bakterien*. Wir haben zwar heute eine gewisse Ahnung davon, wo solche Bakterien möglicherweise vor etwa 3½ Milliarden Jahren entstanden sein könnten, aber wir wissen fast nichts über die Vorgänge, die zu ihrer Geburt führten und sie nachhaltig *lebendig* machten. Wenn wir uns anschauen, wie komplex und dennoch fein aufeinander abgestimmt alle Teile eines so „einfachen" Lebewesens wie eines Bakteriums sind, dann stehen wir trotz all unserer Kenntnisse vor einem Wunder.

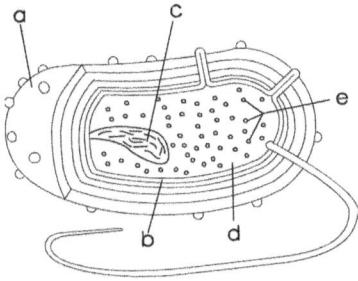

Fig. 1-12: Schema eines Urbakteriums wie in Fig. 1-10c angedeutet. a Zellwand, b Zellmembran, c Nucleoid mit der DNA, d Zytoplasma, e Ribosomen.

Bakterien (griech.: *bakterion* = Stäbchen) sind einzellige Organismen. Sie sind ein Tausendstel bis etwa einen halben Millimeter groß. Ihre Hülle besteht aus einer Kapsel (nicht immer vorhanden) sowie einer Zellwand und Zellmembran, durch die Moleküle ein- und austreten können. Innerhalb der Zellmembran befindet sich ein zähflüssiges Medium, das sogenannte *Zytoplasma*, und darin eingebettet zwei weitere Bauelemente: das *Nucleoid*, eine Art Zellkern ohne Hüllmembran, welches das Erbmaterial des Bakteriums enthält, und die *Ribosomen*, die Proteine herstellen können. Zellen, die als Kerne Nucleoide enthalten, gehören zur Gruppe der *Prokaryonten*.

Schauen wir jetzt noch nach, woraus das „Erbmaterial" besteht, das die „Natur" schon in der ersten Phase der Entstehung des Lebens im Nucleoid eines Urbakteriums entwickelt hat. Das Erbmaterial ist eine zu einem dichten Knäuel zusammengepackte Molekülkette, die als Träger der Erbinformation eine entsprechend lange Reihe von Säuremolekülen in der Form von *Desoxyribonukleinsäure (DNA oder DNS, A = acid = Säure S)* enthält. Diese ist im Zellkern in einer speziellen Struktur, den *Chromosomen*, eingebettet. Schon 1944 hatte der kanadische Bakteriologe *Oswald T. Avery (1877 – 1955)* nachgewiesen, daß die DNA Träger der Erbinformation ist. Es war auch bekannt, daß die DNA aus einzelnen Bausteinen, den *Nucleotiden*, zusammengefügt ist. Jedes Nucleotid enthält eine Phosphatgruppe, ein Zuckermolekül, genannt Desoxyribose, und ein Basenmolekül, das in vier verschiedenen Varianten mit den Namen *Adenin (A)*, *Cytosin (C)*, *Guanin (G) und Thymin (T)* vorkommt. Den Biochemikern *James D. Watson (*1928)* und *Francis H.C. Crick (* 1916)* gelang 1953 – aufbauend auf den Ergebnissen von Röntgenstrukturanalysen des Biochemikers *Maurice Wilkins (*1916)* die Entschlüsselung der räumlichen Struktur des DNA-Moleküls. Es besteht aus zwei langen parallelen Strängen, die schraubenförmig umeinander gewunden sind. Sie bilden eine Helix oder genauer, weil es zwei Stränge sind, eine (bereits von *Wilkins* beschriebene) *Doppelhelix*, deren Ketten aus Phosphat- und Zuckermolekülen und die Sprossen aus Basenpaaren bestehen.

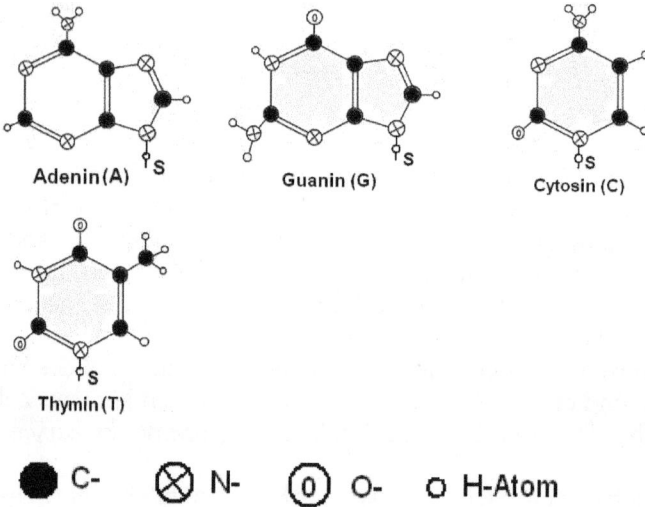

Fig. 1-13: Die chemische Struktur der vier Basenmoleküle Adenin (A), Guanin (G), Cytosin (C) und Thymin (T), deren Kombination in der DNA die Baupläne aller lebenden Organismen bilden. Alle vier Moleküle enthalten einen gleichartigen Ring von Kohlenstoff- und Stickstoffatomen. Die Bindungskräfte zwischen den einzelnen Atomen sind durch Striche dargestellt. Zwei parallele Striche bedeuten stärkere Bindungskräfte. S sind die Verbindungsstellen der gezeigten Moleküle mit dem jeweiligen Strang der „Strickleiter". C = Kohlenstoff, N = Stickstoff, O = Sauerstoff, H = Wasserstoff.

Die beiden parallelen Stränge sind aus einer Serie abwechselnd hintereinandergeschalteter Phosphat- und Zuckermoleküle zusammengefügt. Zwischen den beiden Strängen gibt es – immer ausgehend von einem Zuckermolekül – Querverbindungen. Diese bestehen durchwegs aus je zwei hintereinandergeschalteten Basenmolekülen A, C, G oder T, wobei A immer mit T und G immer mit C gepaart sind. Die ganze Struktur kann man mit einer verdrehten Strickleiter

vergleichen, bei der die parallelen Seile aus Phosphat- und Zuckermolekülen bestehen.

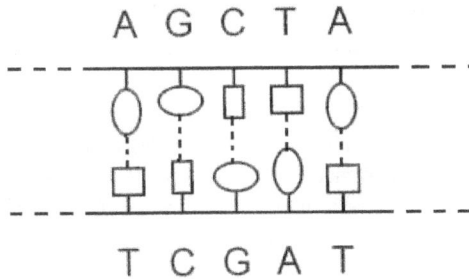

Fig. 1-14: Der Bauplan aller Organismen besteht aus einem Alphabet mit nur vier
„Buchstaben" A, C, G und T (siehe Fig. 1-13). Die „Buchstaben" sind sogenannte
Basenmoleküle, die wie die Sprossen einer Strickleiter in einer langen Kette hintereinander liegen. In allen „Sprossen" ist immer A mit T und G mit C verbunden.
Die Kombinationen A/T und G/C entsprechen dem binären Code unserer modernen Computer. Die Bindungsenergie zwischen A und T bzw. G und C beträgt nur
etwa ein Zehntel der Bindungsenergie von normalen chemischen Verbindungen.
Die „Strickleiter" ist bei allen Organismen schraubenförmig (in Form einer Helix)
verdreht.

*Machen wir uns auch klar: Nichts, aber auch gar nichts von dem, was wir in der
gewordenen Natur sehen, haben wir erfunden. Wir entdeckten und entdecken es
und nehmen es staunend wahr. Unwillkürlich drängt sich uns der Gedanke auf,
welcher machtvolle universelle Geist, den wir Jahwe/Gott/Allah nennen, in der
Natur gewirkt haben muß und weiter wirkt, daß mit gerade mal vier Bausteì-
nen eine solche Lebens- und Formenfülle entstehen konnte. Aber noch unfaßba-
rer wird, was uns in der Natur begegnet, wenn wir uns vorstellen, daß die vier
Buchstaben des biologischen Alphabets aus den erst im 20. Jh. entdeckten drei
Elementarteilchen Protonen, Neutronen und Elektronen aufgebaut sind und sich
nur in deren Anzahl und räumlichen Anordnung unterscheiden. Es sind letztlich
diese beiden Merkmale, die Anzahl und die Raumpositionierung der genannten
Elementarteilchen – und damit die Feinstrukturen der von diesen Elementarteilchen erzeugten elektrischen Mikrofelder –, die zum Beispiel Granitgestein von
einem Eichhörnchen unterscheiden.*

Wir können diesen Gedanken noch weiter verfolgen, wenn wir uns vor Augen halten, daß auch die genannten Elementarteilchen Protonen und Neutronen aus jeweils drei subelementaren sogenannten Quarks aufgebaut sind. Es sind also letztlich die Anzahl, räumliche Positionierung und Wechselwirkung von nur zwei Teilchensorten, den Quarks und Elektronen, die mit den von ihnen erzeugten elektrischen Mikrofeldern das Vier-Buchstaben-Alphabet des Lebens und auch von uns Menschen bereitstellen und für die unglaubliche Vielfalt des Lebendigen sorgen. Und es ist ausschließlich die elektromagnetische Wechselwirkungskraft, die als eine der vier elementaren Grundkräfte der Natur, in Form der rein elektrischen Kraft zwischen allen Atomen und Biomolekülen, die Fülle der Erscheinungsformen der unbelebten und lebenden Natur hervorgebracht hat.

Die Folgen der unterschiedlichen Elementarteilchen-Strukturen könnten nicht gravierender sein: Gestein ist hart und jahrtausendelang unverändert, kann aber über Jahrmillionen hinweg einen unterirdischen Kreislauf im Erdinneren durchwandern. Ein Tier dagegen wird geboren und wächst; es hat einen Stoffwechsel, atmet, hat Sinnesorgane und andere Organsysteme, kann sich bewegen und fortpflanzen und stirbt schließlich nach einer vergleichsweise kurzen Lebensspanne. Es sind – trotz des absolut gleichen Baumaterials – zwei vollkommen verschiedene Welten, denen wir hier gegenüberstehen.

An dieser Stelle beschäftigt uns natürlich die fundamentale Frage: Gibt es für hochkomplexe Elementarteilchenstrukturen, wie wir sie in den Biomolekülen vor uns haben, eine natürliche Komplexitätsgrenze, von der ab die Wechselwirkungen zwischen den Biomolekülen sich selbst aufrechterhalten können und einen dauerhaften Stoffwechsel hervorrufen, der ein Hauptkennzeichen des Lebens ist, oder ist dazu eine besondere schöpferische Einwirkung von außen zwingend notwendig?

Wir sehen uns damit vor die Frage des englischen Philosophen *John Stuart Mill (1806 – 1873)* gestellt: Wenn wir alle Atome, die in einem bestimmten Augenblick im Körper Cäsars vorhanden waren, heute genau so wieder zusammenfügen könnten, würde dann Cäsar erneut leben? Ob wir eine derartige Frage aus wissenschaftlichen Beobachtungen je beantworten können, ist ungewiß. Der Unterschied zwischen hochkomplexen Biomolekülen und dem einfachsten Urbakterium mit primitivem Stoffwechsel ist einfach zu groß, als daß wir den Schluß ziehen könnten, daß ab einem bestimmten Komplexitätsgrad ausgesuchter Biomoleküle ein sich selbst erhaltender Stoffwechsel und damit primitives Leben entsteht. Die Wahrscheinlichkeit, daß so etwas geschieht, ist äußerst gering. Der britische Kosmologe *Fred Hoyle (1915 - 2001)* drückte es so aus: „Diese Wahrscheinlichkeit ist vergleichbar mit dem vollkommen selbständigen Entstehen eines fahrbereiten modernen Automobils, wenn ein Orkan längere Zeit über einen wirren Autoschrotthaufen fegt und die Teile beliebig durcheinanderwirbelt. Nur durch göttliche Schöpfermacht ist ein solcher Vorgang denkbar".

Kehren wir nun nochmals zu den *Bakterien* zurück. Neben dem Nucleoid mit dem Vererbungsmolekül DNA enthält das Zytoplasma noch eine zweite Art von Nukleinsäuren, nämlich die *Ribonukleinsäure RNA*, die eine wichtige Rolle bei der *Proteinsynthese* in der Zelle spielt. Sie ist ein wenig anders aufgebaut als die DNA. Sie enthält als Zuckermolekül *Ribose* und anstelle von *Thymin* das Basenmolekül *Uracil*. An der Proteinsynthese sind drei verschiedene Formen der Ribonukleinsäure RNA beteiligt, nämlich die *mRNA, tRNA und rRNA*. Die Synthese findet an speziellen, maximal etwa 25 Nanometer großen Zellenbauelementen mit dem Namen *Ribosome* statt. *Für die Proteinsynthese werden zunächst im Nucleoid die Basenpaare der DNA durch Anlagern eines Enzyms an einem bestimmten Abschnitt wie bei einem Reißverschluß aufgetrennt. Dies ist leicht möglich, weil die „weise Natur" dafür gesorgt hat, daß die Bindung zwischen den Basenpaaren – eine sogenannte Wasserstoff-Brückenbindung – rund zehnmal schwächer ist als die normalen chemischen Bindungen.*

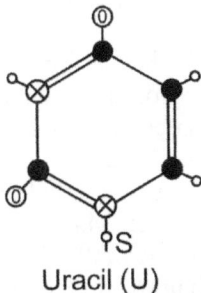

Uracil (U)

Fig. 1-15: Struktur des Basenmoleküls Uracil, das in der Ribonukleinsäure RNA an Stelle von Thymin vorkommt. Die RNA ist in jeder Zelle an der Proteinsynthese beteiligt. Die biologische Leistung der RNA ist ungeheuerlich; allein im menschlichen Körper gibt es rund eine Million verschiedener Proteine, die an allen Körperfunktionen maßgeblichen Anteil haben. Zur Erklärung der Zeichnung siehe Fig. 1-14.

An die freien Enden der Basen lagern sich nun komplementäre Basen in der gleichen Reihenfolge an wie in der ursprünglich vorhandenen DNA. Die neuen Basenmoleküle bilden zusammen mit Nukleinsäuremolekülen ein Kettenmolekül mit dem Namen *mRNA (messenger- oder Boten-RNA)*. Die mRNA ist eine genaue Kopie des aufgetrennten DNA-Abschnitts. Sie transportiert dessen genetische Information vom Zellkern zu einem

Ribosom, wird dort angelagert und in eine Aminosäuresequenz übersetzt. Die tRNA-Moleküle (transfer-RNA) schaffen die zum Proteinaufbau nötigen Aminosäuren herbei. Die rRNA (ribosomale RNA) dient als funktioneller Baustein eines Ribosoms. Die neu gebildeten Proteine erhalten vom Ribosom Signalpeptide, die sie zu ihrem jeweiligen Einsatzort in der Zelle lotsen.

Neben ihrer Fähigkeit zur Proteinsynthese haben Bakterienzellen noch eine weitere, für die Erhaltung und Weitergabe des Lebens notwendige Eigenschaft entwickelt: Sie können sich durch Zellteilung (Mitose) vermehren. Bei diesem Vorgang verdoppelt sich das genetische Material, d.h. jedes Chromosom teilt sich in zwei identische Molekülstränge, die wir Chromatiden nennen. Danach wird die Kernhülle aufgelöst, die Zwillings-Chromatiden werden getrennt, an gegenüberliegende Enden der Zelle transportiert und dort wieder in neue Kernhüllen verpackt. Alle übrigen Zellbestandteile verteilen sich in die zwei Zellhälften, dann wird die Zelle in der Mitte eingeschnürt und schließlich geteilt. Die zwei Tochterzellen sind mit der Mutterzelle identisch. Die Fähigkeit zur Zellteilung haben alle nachfolgenden Generationen von Zellen bis heute bewahrt. Alle Zellen von Pflanzen, Tieren und Menschen stammen letztlich von den ersten primitiven Zellen ab, die vor Milliarden Jahren die Zellteilung entwickelten. Da in jedem Augenblick Zellen im menschlichen und tierischen Körper absterben, werden Wachstum und Fortbestand aller Organe durch ständige Zellteilungsvorgänge gewährleistet.

Neben Bakterien spielen auch Viren eine bedeutende Rolle bei der Entstehung des Lebens. Viren (lat.: virus = Gift) sind winzige organische Gebilde aus genetischem Material, das von einer Schutzhülle umgeben ist. Sie sind 100 Nanometer bis ca. einen Mikrometer groß und damit kleiner als die Bakterien. Sie stellen eine Zwischenform zwischen belebter und unbelebter Materie dar. Im Jahr 1892 wurde ihre Existenz zum ersten Mal nachgewiesen. Inzwischen sind hunderte von Virenarten bekannt. Alle Viren sind intrazelluläre Parasiten, die RNA oder DNA enthalten. Ihre Hülle besteht aus Proteinen, häufig vermischt mit anderen Bestandteilen. Zu ihrer Vermehrung müssen Viren in Wirtszellen mit aktivem Stoffwechsel eindringen und ihr genetisches Material (RNA oder DNA) in die DNA der Wirtszelle einschleusen. Diese wird dann veranlaßt, neue Viren zu produzieren. Nach dem Verlassen der Wirtszelle können die neu gebildeten Viren mit Nachbarzellen die Vermehrung fortsetzen.

Die Urbakterien, die vor ca. 3,5 Milliarden Jahren den Beginn des Lebens auf der Erde markierten, stellten bereits ein unglaublich komplexes Ergebnis der Lebensentwicklung dar, wenn man bedenkt, daß dieser Prozeß von einfachen anorganischen Molekülen ausging. Die Bakterienzelle hatte eine schützende Hülle, eine die Lebensprozesse in Gang haltende Struktur, die Fähigkeit, Energie und Nahrung aufzunehmen, Stoffwechselprodukte auszuscheiden, Proteine zu bilden, sich unter Umständen fortzubewegen und durch Zellteilung zu vermehren. Von dieser ersten Stufe bis zur heutigen Fülle des Lebens, wie sie in der ungeheuren Vielfalt der Pflanzen und Tiere und im Erscheinungsbild des Menschen sichtbar wird, war nochmals eine riesige Menge von weiteren Entwicklungsschritten notwendig.

Die so genannten *Eukaryontenzellen* (griech.: *eukaryon* = mit einem echten Kern) der heutigen Organismen (Pflanzen, Pilze, Tiere und Menschen) unterscheiden sich von den *Prokaryontenzellen* (*prokaryon* = vor dem Kern) der Bakterien und anderer Einzeller durch die Membranhülle, die den Zellkern umschließt. Die ersten Eukaryontenzellen gab es schon vor mehr als 2,7 Milliarden Jahren. Sie sind 10 bis 50 µm groß (1 µm = 1 Mikrometer = 1 Millionstel Meter) und von einer 8 bis 10 nm dicken *Membran aus Lipid- und Proteinmolekülen* umhüllt (1 nm = 1 Nanometer = 1 Milliardstel Meter). Die meist 20 bis 30 µm großen Pflanzenzellen sind wie die Bakterienzellen zusätzlich mit einer festen Zellwand umgeben. Die Proteinmoleküle in der Membran haben Kanäle für den Molekültransport. Der Zellkern ist bei den meisten Zellen etwa 5 µm groß. Er enthält das schon bei den Urbakterien ausgeprägte DNA-Kettenmolekül zusammen mit Proteinen in Form der *Chromosomen*. Die DNA eines jeden Chromosoms weist Abschnitte auf, die als *Gene* bezeichnet werden. Diese haben die Eigenschaft, daß ihre *Basensequenzen* in einem *Transkription* genannten Kopiervorgang in eine, aus vorhandenen Bausteinen in der Zelle geformte RNA – wie bereits beschrieben – übertragen werden können. Die RNA verläßt als mRNA (messenger-RNA) den Zellkern und sorgt bei der Vererbung für die Weitergabe aller Merkmale des Organismus. Neben diesen „codierenden" Sequenzen oder DNA-Abschnitten gibt es „nicht-codierende" DNA-Teile, die tausendfache nutzlose Kopien ein und desselben Gens sind oder durch zufällige Veränderungen – *Mutationen* – funktionslos geworden sind. *Die Gesamtheit aller Gene eines Organismus bezeichnen wir als Genom. Beim Menschen besteht das Genom aus rund 32.000 Genen.*

Die DNA einer einzelnen menschlichen Zelle ist etwa 180 cm lang. Sie ist auf 22 Chromosomenpaare und zusätzlich einem Geschlechts-Chromosomenpaar, also zusammen 23 Chromosomenpaare, aufgeteilt. Die DNA-Länge je Chromosom beträgt einige Zentimeter. Die Hälfte der 23 Paare, also 23 Einzelchromosomen, stammt von einer väterlichen Samenzelle und die andere Hälfte von der befruchteten Eizelle der Mutter. Schon dieses befruchtete Ei enthält die vollständige DNA-Information für die durch fortlaufende *Zellteilung* innerhalb von neun Monaten im Mutterleib stattfindende Entwicklung des physischen Aussehens, der Persönlichkeit und der Charaktereigenschaften des neugeborenen und heranwachsenden Menschen.

Die Anzahl der Basenpaare in den Genen des gesamten Genoms bestimmt in vielen Fällen, aber nicht ausschließlich die Komplexität und den Organisationsgrad eines Organismus. Beim Darmbakterium *Escherichia coli* enthält das Genom $4 \cdot 10^6$ Basenpaare, bei der *Taufliege* $2 \cdot 10^8$ und beim *Menschen* $3 \cdot 10^9$ Basenpaare (für den halben Chromosomensatz. Der Begriff Chromosom bedeutet eigentlich „Farbkörper", weil die Chromosomen erstmalig mit einer Färbetechnik sichtbar gemacht wurden). Da ein Basenpaar einen Informationsgehalt von 1 Bit hat, ergibt sich für das Genom des Menschen ein Informationsgehalt von rund 400 Megabyte oder 400 Millionen Byte (1 Byte = 8 Bit). Der biologische Datenspeicher Genom ist also relativ klein, verglichen mit der Speicherkapazität moderner Computer.

Seit 1990 arbeiten Forschergruppen aus den USA, Japan, Großbritannien, Deutschland und Frankreich gemeinsam daran, das menschliche Genom vollständig zu entschlüsseln. Dieses Ziel wurde jetzt erreicht. Der gesamte Text aus den vier Buchstaben A, C, G und T würde 5000 Bücher mit je 600 Seiten füllen.

Erstaunlich ist, daß 99,9% der Gene bei allen Menschen gleich sind. Nur 0,1% sind unterschiedlich und begründen die Individualität jedes einzelnen Menschen, sein Geschlecht und Aussehen, seine Haar- und Augenfarbe, seine Emotionen und Charaktereigenschaften. Es sind auch nur wenige Prozent der Gene, in denen wir Menschen uns vom Genom unserer nächsten tierischen Verwandten, der Schimpansen, unterscheiden. Trotz dieser relativ kleinen genetischen Differenzen liegen ganze Welten zwischen den körperlichen, geistigen und emotionalen Fähigkeiten des Menschen und des Schimpansen.

Wir müssen uns das noch einmal ganz klarmachen: Nur wenige Prozent, das heißt nur etwa eintausend, der zehntausende Gene des Schimpansen mußten geändert werden, um auf dem Lebensast der Hominiden die Linie des frühen Menschen von derjenigen der Menschenaffen zu trennen. Vergleichen wir bildhaft die Kette von rund 32.000 menschlichen Genen mit der Tastatur eines riesigen Natur-Klaviers mit 32.000 Tasten, so mußten im Lauf der Evolution nur etwa eintausend dieser Tasten „umgestimmt" werden, um aus den einfachen „Tonfolgen der Affen" die „Klaviersonate des Menschen" hervorzubringen. Die Menschwerdung dauerte von ihren ersten Anfängen vielleicht rund 7 Millionen Jahre. Wenn man annimmt, daß das „Umstimmen des Klaviers" durch eine riesige Serie von Zufällen zustandegekommen sei, so wäre der Zeitraum wegen der ungeheuren Fülle der Änderungsmöglichkeiten viel zu kurz. Solche Überlegungen lassen nur einen Schluß zu: Ein großartiger „Komponist" und „Virtuose", unser aller Schöpfer Jahwe/Gott/Allah, hat die wundervolle „Klaviersonate des Menschen" geschaffen und zum „Erklingen" gebracht.

Die Entwicklung des Lebens auf der Erde von den Urbakterien bis zur Vielfalt der heutigen Lebensformen war deswegen so erfolgreich, weil die Bakterien und alle späteren Lebewesen schon von Anfang an die Fähigkeit hatten, sich durch *Zellteilung* zu vermehren. Dieses fundamentale Prinzip bestimmte während der gesamten *Evolution* bis heute das Wachstum und die Fortpflanzung aller Lebewesen. *Es dauerte allerdings fast drei Milliarden Jahre, ehe die biologische Welt das bis vor rund 550 Millionen Jahren vorherrschende Dasein primitiver ein- und mehrzelliger Lebewesen aufgab und zu vielgestaltigen neuen Lebensformen überging. Damit verbunden war eine Explosion des biologischen Formenreichtums, die wir heute als „Biologischen Urknall des Kambriums" bezeichnen, einer Periode der Erdgeschichte, die vor etwa 550 Millionen Jahren einsetzte.* Daß eine solche Entwicklung nicht bereits früher stattfand, lag vor allem daran, daß vor 850 bis 600 Millionen Jahren die Erde vollständig vereist war und sich sogar am Äquator Gletscher ausbreiteten. Diese lange, extrem kalte Periode hatten einzelne Bakterienarten überlebt. 50 Millionen Jahre später, also vor rund 550 Millionen Jahren, hat sich das Bild total verändert: Das Meer wimmelte nun von Lebewesen, die alle Urahnen unserer heutigen Tierwelt sind. Es dauerte nur die relativ kurze Periode von 10 Millionen Jahren, bis vielfältiges tierisches Leben alle Ozeane erfüllte.
Der Grundvorgang, der diese enorme Entfaltung des Lebens ermöglichte und dabei viele Tierarten unter anderem mit Gliedmaßen, Fangwerkzeugen, Augen, Ohren oder harten Schalen ausstattete, war die allmähliche

Anpassung der Organismen an sich wandelnde Umweltbedingungen durch *Mutation* und *natürliche Selektion*. Der erste, der die Entwicklung der Arten beschrieb und damit die *moderne Evolutionstheorie* begründete, war der englische Forscher *Charles R. Darwin (1809 – 1882)*. Er hatte Gelegenheit, von 1831 bis 1836 an einer fünfjährigen Reise des königlichen Forschungsschiffes „Beagle" teilzunehmen und dabei weltweit Vergleiche unterschiedlicher Tierarten durchzuführen. In dem 1859 erschienenen Buch: „*On the Origin of Species by Means of Natural Selection*" (Über die Entstehung der Arten durch natürliche Selektion) faßte er seine Ergebnisse zusammen: Einzelne Individuen einer Tiergruppe können sich an laufend veränderte Umweltbedingungen besser anpassen und haben daher eine größere Überlebens- und Fortpflanzungswahrscheinlichkeit. Sie vererben diese Eigenschaften an viele nachfolgende Generationen weiter und bewirken dadurch in vielen Schritten die *Evolution der Arten*.

Wir wissen heute in groben Zügen, wie und in welchen Zeiträumen die Evolution der Tier- und Pflanzenarten vor sich ging. Schon vor rund 1,5 Milliarden Jahren hatten sich im Meerwasser besondere Organismen mit der Fähigkeit zur Photosynthese entwickelt. Sie konnten mit Hilfe des Sonnenlichts aus Kohlendioxid und Wasser Kohlenhydrate erzeugen und gaben dabei Sauerstoff ab, der sich allmählich im Meerwasser und in der Atmosphäre anreicherte. Diese Organismen gehörten zur Gruppe der *Algen* und waren die *Vorläufer aller heutigen grünen Pflanzen: der Gräser, Blumen, Kletterpflanzen, Sträucher und Bäume, die wir heute vorfinden. Dazu gehören rund 80.000 Heilpflanzen, deren Wirkstoffe teilweise auch von der Pharmaindustrie genutzt werden. Leider sind etwa 20% der Heilpflanzen vom Aussterben bedroht. Als pflanzliche Heilprodukte mit hoher Wirksamkeit gelten heute unter anderem die Aloe Vera, die Teufelskralle und der Tahitian Noni-Fruchtsaft, über dessen erstaunliche gesundheitsfördernde Wirkungen zahlreiche Berichte existieren.*

Bis vor rund 1 Milliarde Jahren waren als weitere Gattung von Organismen schon die Urformen unserer heutigen Pilze vorhanden. Als bunte Schar bevölkerten Augentierchen, Wimperntiere, Schwämme, Nesseltiere, Gliederfüßler, Stachelhäuter und Weichtiere die Ozeane. Eine Tierart mit innerem Stützgerüst, der *Chorda*, wurde zum Urahn der Wirbeltiere. In vielen Millionen Jahren entwickelte sich aus verschiedenen dieser Urorganismen die bunte Welt der Meeresfische. *Vor etwa 400 Millionen Jahren begannen einige Gruppen von Pflanzen und Meerestieren*

die Küstenregionen der noch unbelebten Landflächen zu erobern und dran-
gen immer tiefer ins Landinnere vor. Die frühesten Landtiere waren Spinnen, Insekten und Ringelwürmer. Später folgten Wirbeltiere wie Lurche,
Schlangen, Echsen, Krokodile und Vögel. In der Endphase der Evolution entstand die Gruppe der Säugetiere – die meisten davon als Landle-
bewesen – von denen es heute noch etwa 4600 Arten gibt. Wir unterteilen sie in die Unterklassen der eierlegenden Säugetiere, Beuteltiere
und Plazentatiere, die alle die gleichen inneren Organe haben und sich
geschlechtlich fortpflanzen. Die dem Menschen am nächsten stehende
Säugetiergruppe sind die Menschenaffen, deren Gehirnanatomie schon
weitgehend derjenigen des Menschen entspricht. Bei beiden umfassen
36% des Hirnvolumens die Stirnhirnregion. Als letzter Schritt der Evolution erschien vor etwa 5 bis 2 Millionen Jahren – auf einem besonderen
Ast des Lebensbaums – *der Mensch.* Schon vor rund 7 Millionen Jahren
hatte sich auf diesem *Ast der Hominiden* der Zweig der Menschenaffen
von dem der ersten menschenähnlichen Wesen getrennt.

Genetische Mutation und Selektion der am besten angepaßten Organismen
waren die biologischen Mechanismen, die zum Reichtum der heutigen
rund 30 Millionen Tier- und Pflanzenarten führten. Unser Wissen darüber
verdanken wir dem Umstand, daß abgestorbene Organismen oder Teile
davon unter Sauerstoffabschluß im Sedimentgestein des Meeresbodens
eingeschlossen wurden und dort als *Fossilien* bis heute erhalten blieben.
Andere Hinweise erhalten wir aus *Knochenfunden* von frühen Menschen
und Tieren an vielen Stellen der Erdoberfläche. Aus solchen Funden erfahren wir, daß die Entfaltung der Tier- und Pflanzenwelt im Laufe der
Erdgeschichte mehrmals durch globale Katastrophen gefährdet war. Eine
dieser Szenarien war vor 65 Millionen Jahren der Einschlag eines etwa 10
km großen Meteoriten im Golf von Mexiko. Er verursachte im Meeresboden den *Chicxulub-Krater* und blies beim Zerbersten große Mengen Staub,
Säure- und Schwefel-Aerosole in die Atmosphäre. Solche Giftstoffe und
drastische Klimaveränderungen führten allmählich zum Aussterben der
etwa 300 Arten von fleisch- und pflanzenfressenden *Dinosauriern*, die über
200 Millionen Jahre das Leben auf der Erde dominierten. Erst als sie vor
65 Millionen Jahren verschwanden, breiteten sich die Säugetiere über den
ganzen Erdball aus. Dies tat auch in den letzten rund zwei Millionen Jahren
der Mensch.

Millionen 545 495   445 415 355   290 250 205 140   65   2

| Algen | Würmer | Marine Wirbellose, Pflanzen | Erste Fische | Erste Land-pflanzen | Früheste Lurche | Schuppen und Siegelbäume | Samen-farne | Nadel-bäume | Palmenfarne | Erste Blütenpflanzen Aussterben der Ammoniten | Entfaltung der Blüten-pflanzen |

Erste Reptilien — Säuger-ähnliche Reptilien — Erste Säuge-tiere — Erste Vögel — Flugechsen, Dinosaurier, Flugsaurier — Säugetiere, Vögel — Erscheinen des Menschen

| Präkambrium | Kambrium | Ordovizium | Silur | Devon | Karbon | Perm | Trias | Jura | Kreide | Tertiär | Quartär |

Erdaltertum   Erdmittelalter   Neuzeit

4,5   4,0   3,4 3,0   2,0   1,0 Milliarden

Leben beginnt sich zu entwickeln   Einfache Pflanzen und Tiere im Wasser

— Entstehung der Erde

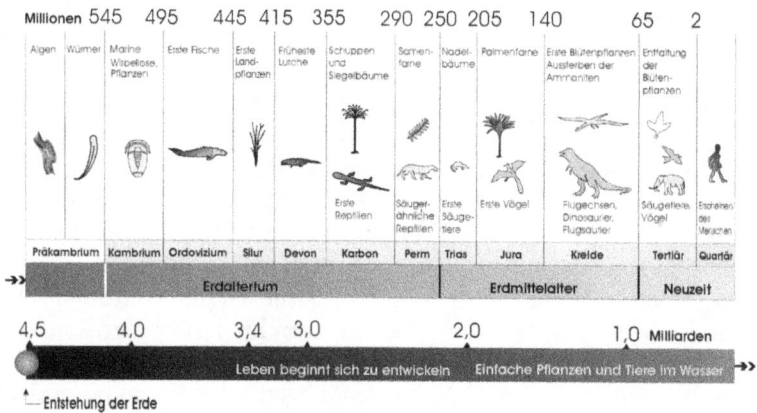

Fig. 1-16: Die Entstehung des Lebens auf der Erde verlief in großen Schüben. Vor etwa 3,5 Milliarden Jahren bildeten sich im Meerwasser die ersten Urbakterien und mehrzellige Mikroben. Vor etwa 1,5 Milliarden Jahren entstanden ebenfalls im Meerwasser verschiedene Algenformen als Vorläufer unserer heutigen Pflanzenwelt. Es waren die vorherrschenden Lebensformen des Präkambriums. Im Kambrium, das vor etwa 545 Millionen Jahren begann, gab es eine „Explosion der Tier- und Pflanzenarten". Rund 100 Millionen Jahre später, also vor 450 Millionen Jahren, begannen die Pflanzen und Tiere das Festland zu erobern und breiteten sich über alle Kontinente aus. Als letzter Entwicklungsschub des Lebens auf der Erde erschien vor 5 bis 2 Millionen Jahren der Mensch.

Mag er auch noch so viel Übles in der Welt angerichtet haben und weiter tun: Der Mensch ist und bleibt das höchstentwickelte Individuum im bunten Reich des Lebendigen. Zwar unterscheiden sich seine Gene nur um wenige Prozent vom Genom des hoch entwickelten Schimpansen, dennoch trennen ihn ganze Welten von dieser genetisch nahen Gruppe. Geist und Sprache, Selbstbewußtsein, Kunstfertigkeit und die Fähigkeit zur Erkenntnis von Gott und Welt erheben ihn über alle Kreaturen und machen ihn zur überragenden und einmaligen Erscheinung unter allen Lebewesen. Dieses unglaubliche Potential zur geistigen und materiellen Gestaltung der ihm anvertrauten Welt, über das kein anderes Lebewesen außer ihm verfügt, verdankt er den phänomenalen Leistungen seines Gehirns.

Dieses unglaublich leistungsfähige Organ bekam der Mensch möglicherweise unter anderem durch eine Mutation, die bei keinem Tier stattfand.

Zu irgendeinem Zeitpunkt, vielleicht vor mehr als zwei Millionen Jahren, wurde zufällig (*oder vom Schöpfer gewollt*) vom X-Chromosom des menschlichen Genoms ein DNA-Stück „fälschlicherweise" auf das Y-Chromosom hinüberkopiert. Dann spaltete sich die DNA-Kopie auf, und ein Teil der neuen Sequenz auf dem Y-Chromosom kehrte seine Leserichtung um. Innerhalb dieses Chromosomenabschnitts wurde Anfang 2000 ein Gen identifiziert, das ausschließlich im Gehirn des Menschen wirksam ist und Bauanleitungen für eine Reihe von „Pfadfinder-Molekülen" enthält. Sie weisen wachsenden Nervenzellen im Gehirn den Weg und regulieren deren Verschaltung – eine Schlüsselfunktion der Gehirnentwicklung. Durch diese Mutation könnten sich die Leistungen des Hominiden-Gehirns enorm und rapide verbessert haben. Keines von den Säugetieren besitzt diese mutierte Gen-Region. Auch das X-Chromosom des Menschen enthält dieses besondere Gen.

Das Gehirn des modernen Menschen hat ein Volumen von 1300 bis 1500 cm³. Es ist damit doppelt so groß wie dasjenige der ersten Menschen, die Werkzeuge gebrauchten, und etwa dreimal so groß wie am Beginn der menschlichen Evolution. Aus anatomischen Untersuchungen an fossilen Schädeln, Knochen- und Zahnresten, aus Funden von Stein-, Knochen- und Holzwerkzeugen, sowie aus Feuerstellen, Lagerplätzen und Gräbern in verschiedenen Teilen der Welt wissen wir heute: *Das Grenzgebiet zwischen Kenia und Tansania in Ostafrika war die Wiege der Menschheit für alle Entwicklungsstufen der Menschheitsgeschichte. In unseren Genen sind wir alle afrikanischen Ursprungs.* Nach der Auftrennung des Astes der Hominiden in einen Menschenaffen- und Menschenzweig vor etwa 7 Millionen Jahren dauerte der *Prozeß der Menschwerdung* einige Millionen Jahre, bis vor 90.000 Jahren der moderne Mensch in Erscheinung trat. Die Urmenschen lebten in den Millionen Jahren vorher ausschließlich in Ostafrika in einem Pflanzen- und Tierparadies von wild wachsenden Früchten, genießbaren Pflanzen und verendeten Tieren. Sein allmählich größer und komplexer werdendes Gehirn – es hatte vor 6 bis 4 Millionen Jahren ein Volumen von rund 500 cm³ – ermöglichte es dem Menschen, geeignete Hilfsmittel für die Verbesserung seiner Lebensverhältnisse zu erfinden. Er wurde zum *Homo Habilis* Um die hohen Steppengräser besser überblicken zu können und die Hände für den Gebrauch von Werkzeugen und das Sammeln von Früchten freizuhaben, entwickelte der *Homo Habilis* bereits in seinem Ursprungsgebiet in Afrika den aufrechten Gang: Er wandelte sich zum *Homo Erectus*, dessen Gehirn sich allmählich auf rund 1000 cm³ vergrößerte. Aus sehr alten Fundstätten

haben wir heute Hinweise, daß schon vor 2,5 Millionen Jahren Steinwerkzeuge in Gebrauch waren. Diese Menschen waren im Vergleich zu uns heutigen Mitteleuropäern relativ klein und leicht: Die Frauen maßen 90 bis
120 cm und wogen etwas über 30 kg, die Männer erreichten 150 cm und
ca. 70 kg. Das Gebiß wies anfangs noch recht große Eckzähne wie bei den
Menschenaffen auf und verformte sich allmählich bis zum heutigen Aussehen. Ein bedeutender Fund des frühen Menschen ist das 3,2 Millionen
Jahre alte, ziemlich vollständige Skelett von „Lucy" in Äthiopien: Lucy war
1,1 m groß, weiblich, und ging aufrecht. Etwa 1,8 Millionen Jahre alt sind
die Schädel- und Knochenfunde des Homo Erectus von Dmanisi in Georgi-
en, wo Reste auf eine Umstellung von reiner Pflanzennahrung auf vermehrten Fleischverzehr hindeuten. Die frühe und weite Verbreitung des Homo
Erectus zeigen Funde von 1,7 Millionen Jahre alten Steinwerkzeugen in der
Nähe von Peking und von 1,5 Millionen Jahre alten Steinwerkzeugen in
Südspanien. Erst in jüngster Zeit wurden auf der indonesischen Insel Flores
über 800.000 Jahre alte Steinwerkzeuge des erstaunlich klein-wüchsigen,
nur etwa einen Meter großen und etwa 25 kg schweren Homo Erectus Flore-
siensis gefunden. Der geringe Wuchs wird auf das knappe Nahrungsangebot
der isolierten Inselwelt zurückgeführt. Die Frühmenschen von Flores, auch
„Hobbits" genannt, lebten noch bis vor etwa 13.000 Jahren.
Vor etwa 500.000 Jahren errichteten die Menschen zum ersten Mal eigene
Behausungen und es finden sich erste Spuren von Feuer. Vor 200.000 bis
300.000 Jahren entwickelte sich der Homo Erectus zum Homo Sapiens (lat.:
homo = Mensch, erectus = aufrecht, sapiens = gescheit) und vor 90.000
Jahren zum Homo Sapiens Sapiens weiter, der modernen Menschengruppe,
der alle heute lebenden Menschen angehören. Die drei Menschengruppen unterscheiden sich durch die Größe und Komplexität ihres Gehirns,
die Fertigung und den Gebrauch vielfältiger und verfeinerter Werkzeuge,
durch die Verbesserung von Nahrung, Fellbekleidung und Behausung sowie durch die Weiterentwicklung der Sprache.

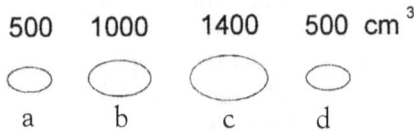

$$500 \quad 1000 \quad 1400 \quad 500 \ cm^3$$

a   b   c   d

Fig. 1-17: Gehirnvolumen des Frühmenschen (Homo habilis) vor 6 bis 4 Millionen
Jahren (a), des Homo Erectus vor 2 Millionen Jahren (b) und des Homo Sapiens
von heute (c). Zum Vergleich: Gehirnvolumen des Schimpansen (d).

Die heutigen Menschen kommunizieren in 3000 bis 5500 Sprachen, die sich in Struktur, Form und Inhalt von allen tierischen akustischen Verständigungsformen total unterscheiden. Eine der Voraussetzungen für das hoch entwickelte Sprachvermögen des Menschen scheint zu sein, daß der *Nervus hypoglossus*, der die Zungenmuskulatur steuert, beim Menschen doppelt so viele Nervenbahnen aufweist wie bei den Affen. Auch die Spezialisierung eines Teils der linken Hirnhälfte scheint dafür verantwortlich zu sein. Man vermutet, daß die Verfeinerung der Hände beim frühen Menschen die für das Sprechen zuständigen Gehirnstrukturen verbesserte und der aufrechte Gang die zum Sprechen nötige Umstellung der Atmung ermöglichte. Nach heutigen Erkenntnissen soll sich menschliche Sprache erstmals bei den *Neandertalern* entwickelt haben, die zwischen 130.000 und 30.000 v. Chr. als eiszeitliche Menschen in Europa, Afrika und Asien gelebt haben. Sie sind nach dem *Neandertal* bei Düsseldorf benannt, wo 1856 eine Fundstätte mit 40.000 Jahre alten Knochenresten und Steinwerkzeugen entdeckt wurde. Sie gehörten zur Gruppe des *Homo Erectus* und haben als Kennzeichen eine flache Stirn, stark ausgeprägte Augenwülste und ein fliehendes Kinn. Sie waren Jäger, lebten hauptsächlich von Fleisch und hausten in Höhlen und unter Felsvorsprüngen. Sie nutzten das Feuer und pflegten einen *Begräbniskult*. Sie hatten mit den heutigen modernen Menschen vor 550.000 bis 690.000 Jahren einen gemeinsamen Vorfahren. In dieser Zeit spaltete sich die Fortpflanzungslinie in den Zweig des Homo sapiens und des Neandertalers auf. Der Neandertaler starb schließlich aus, ohne der Nachwelt genetische Spuren zu hinterlassen.

Von Afrika aus eroberte der frühe Mensch in rund 1,7 Millionen Jahren die ganze Erde. Er wanderte dabei zu Fuß, denn es gab weder Haustiere noch einen fahrbaren Untersatz. Das Rad wurde ja erst vor ca. 6000 Jahren erfunden. Seine Füße waren nackt oder in Fell gehüllt. Für das Überqueren von Flüssen und Meerengen hatte er floßähnliche schwimmfähige Geräte aus zusammengebundenen Baumstämmen:

1. Vor 1,7 Millionen Jahren ging eine erste Wanderwelle des *Homo Erectus* nach Europa und Ostasien.
2. Vor 0,6 Millionen Jahren kam eine zweite Wanderwelle des *Homo Erectus* nach Europa und Ostasien. Der *Homo Erectus* starb nach einigen 100.000 Jahren wieder aus, ohne genetische Spuren zu hinterlassen.
3. Vor 90.000 Jahren erfolgte die dritte Welle: Der moderne *Homo Sapiens* wanderte in Europa ein.

4. Vor 65.000 Jahren und später kam die genetisch einheitliche Menschengruppe *Homo Sapiens Sapiens*, also unsere Vorfahren, nach Asien und Australien und vor 40.000 Jahren nach Europa.
5. Vor 20.000 Jahren fanden die ersten Menschen über die Behring-Straße zwischen Sibirien und Alaska den Weg nach Nordamerika und
6. vor 13.000 Jahren nach Mittel- und Südamerika.

In der für unser menschliches Empfinden relativ langen Periode von mehreren Millionen Jahren, als die relativ kleinen Menschengruppen – die insgesamt zunächst vielleicht einige 10.000 und später einige hunderttausend Menschen umfaßten – von Afrika aus in die übrige Welt vordrangen, schien unsere Erde geradezu optimal für die Aufnahme und das Beherbergen des Menschen vorbereitet zu sein. Ihre Oberfläche hatte das gleiche Aussehen wie heute. Es gab die gleichen Flüsse und Seen, Berge und Täler, Küsten und Inseln, Tiere und Pflanzen. Die Formen und Dimensionen von allem, was die Natur für den Menschen bereit hielt, waren dem Menschen von maximal 1,5 m Körpergröße gemäß; sie waren *anthropisch* oder „wie für den Menschen gemacht". Die Flüsse waren nicht zu breit, die Berge nicht zu hoch, die Bäume und anderen Pflanzen nicht zu gewaltig und die größten Tiere nicht zu kolossal und gefährlich. So konnten die frühen Menschen in allen Regionen der Erde, in die sie eingewandert waren und dann nicht mehr verließen, weitgehend gefahrlos und friedlich leben, die Gaben der Natur nutzen und sich vermehren. Genetische Mutation führte im Lauf von vielen Jahrtausenden dazu, daß sich in allen Erdteilen aus der ursprünglich einheitlichen Rasse des afrikanischen *Homo Sapiens Sapiens* die verschiedenen Rassen, z.B. der Europäer, Chinesen, Mongolen oder Indianer entwickelten. *Die genetischen Unterschiede dieser Menschengruppen betragen allerdings nur wenige Zehntel Prozent, so daß man mit gutem Recht von einer einzigen Menschenfamilie mit unterschiedlich geprägten Familienmitgliedern sprechen kann. Schätzungen besagen, daß vom Anfang bis heute etwa 105 Milliarden Menschen, aufgeteilt auf mehr als 100.000 Generationen, auf der Erde gelebt haben.*

Es ist schon erstaunlich: Es gab und gibt kein anderes Lebewesen auf der Erde, das mit so exzellenten Fähigkeiten ausgestattet war und ist wie der moderne Mensch *Homo Sapiens Sapiens*. Nur er allein war und ist fähig, logisch und folgerichtig zu denken, intensiv zu lernen, das umfangreich Erlernte im Gedächtnis zu speichern und anzuwenden, ein ausgeprägtes Bewußtsein von sich und seiner Umwelt zu haben, sprechen zu lernen, eine reiche Palette von Gefühlen, Ausdrucksformen und Verhaltensweisen zu zeigen und sein Leben mit Kunst und Kultur zu bereichern. Nur er allein war und ist in der Lage, gezielt verändernd und gestaltend in das Naturgeschehen einzugreifen, bis das Zusammenleben der Menschen auf der Erde so aussah, wie wir es heute vorfinden: als Leben in Städten und Dörfern, vernetzt durch Menschen-, Energie- und Nachrichten-Transportwege.

Diese einzigartige Kraft des Erkennens, Denkens und Gestaltens, die den Menschen am Baum des Lebens ganz weit nach oben in die Spitze der Baumkrone emporhob, verdankt er den phänomenalen Leistungen seines *Zentralnervensystems*, insbesondere seines kompliziertesten Organs, des *Gehirns*. Aufbau und Funktion seines Körpers und aller seiner Organe entsprechen weitgehend denen der höherentwickelten Tiere. Der erwachsene menschliche Körper besteht aus etwa 70 Billionen Zellen, von denen jede in ihrem Zellkern die vollständige DNA-Information über Körperbau und Eigenschaften des individuellen Menschen enthält. Alle diese Zellen sind zu Organen und Organsystemen gruppiert, deren unglaublich fein abgestimmtes Zusammenspiel den Organismus des Individuums lebendig erhält und zu einem breiten Spektrum körperlicher und geistiger Tätigkeiten befähigt. Das *„Orchester aller Körperorgane"* wird in unnachahmlicher Weise von einem „Konzertmeister" dirigiert, der den Namen *Zentrales und Peripheres Nervensystem* hat. Das Zentrale Nervensystem umfaßt das Gehirn und die Nervenbahnen des Rückenmarks, zum Peripheren Nervensystem gehören die Biosensoren mit ihren Nervenbahnen zum Gehirn und die neuromuskulären Strukturen. Das ganze „Nervenkostüm" des erwachsenen Menschen enthält schätzungsweise weit über 100 Milliarden Nervenzellen oder Neuronen, die über ein komplexes Netzwerk von Nervenleitungen miteinander und mit den Körpersensoren bzw. Endorganen verschaltet sind. Im menschlichen Gehirn sind allein bis zu 100 Milliarden Neuronen konzentriert. (Im Gehirn einer Maus sind es zum Beispiel nur 10 Millionen Neuronen). Jedes einzelne Neuron ist über Nervenfasern mit 1000 bis 10.000 anderen Neuronen verbunden. Das Netz dieser Nervenleitungen hat eine Gesamtlänge von mehreren 100.000 km und umfaßt etwa 400 Billionen Kontaktstellen (Synapsen) zwischen ankommenden Nervenleitungen und den Neuronen!

Das menschliche Gehirn hat drei große Teilbereiche: Das *Stammhirn oder Reptilische Gehirn*, das die Grundvorgänge des Organismus steuert; das *Mittelhirn oder emotionale Mammalia-Gehirn*, das unser Gedächtnis unterstützt und die Gefühlswelt beeinflußt; und schließlich als jüngsten Gehirnteil die *Großhirnrinde oder das Neomammalia-Gehirn*, das alle unsere geistigen Fähigkeiten und die Langzeitspeicherung von Gedächtnisinhalten bewirkt. Nur etwa 14% des Hirnvolumens sind für die Funktionssteuerung des menschlichen Organismus nötig. Der große Rest von 86% dient seinen geistigen Fähigkeiten.

Das Gehirn ist das aktivste menschliche Organ und braucht deshalb sehr viel Sauerstoff und Energie. Dieser Bedarf wird gedeckt, indem etwa 20% des vom Herzen in den Körperkreislauf gepumpten Bluts unmittelbar durch das Gehirn geleitet werden.

Alle Funktionen des menschlichen Organismus sind wie im Tierreich an den Austausch von Signalen zwischen den Neuronen untereinander und mit Körperzellen gebunden. Diese Signale sind *elektrische Spannungsimpulse*, die – von Neuronen oder Sinneszellen ausgehend – über Nervenfasern fortgeleitet und an *synaptischen Kontaktstellen* auf andere Neuronen oder Körperzellen übertragen werden. Aber wie kann das vor sich gehen? In unseren technischen Leitungen, zum Beispiel in Telefonleitungen, sind es frei bewegliche Elektronen, die sich zwischen den Atomen der Metalldrähte hin und her bewegen und dadurch das Telefonsignal mit nahezu Lichtgeschwindigkeit vom Sender zum Empfänger übertragen. Im menschlichen und tierischen Körper gibt es aber keine frei beweglichen Elektronen zum Transport von Informationen längs Leitungen. Frei gewordene Elektronen werden im Organismus sofort wieder an Atome gebunden und stehen damit nicht für eine leitungsgebundene Nachrichten-Übertragung zur Verfügung. Was also tun? Die Natur (*oder besser unser aller Schöpfergott*) hat eine wahrhaft phantastische Lösung des Problems bereitgestellt: Die Nervenleitungen im menschlichen und tierischen Körper wurden durch die Evolution so gestaltet, daß sie nicht mit Elektronen, sondern mit Hilfe von *Ionen*, die im wässerigen Milieu des Körpers dauerhaft existieren können, Nachrichtensignale übermitteln können. Die oft recht langen Nervenfasern sind zu diesem Zweck so aufgebaut, daß sie eine 8 Nanometer dicke *Membran* enthalten, die den Innenleiter der Nervenfaser, das so genannte *Axon*, zylinderförmig umgibt. An der Außenseite der Membran befindet sich eine ganz dünne Zellschicht, die *Schwannsche Scheide*. Ein Teil der Nervenfasern enthält als Hülle zusätzlich zur Schwannschen Scheide noch die *Markscheide*. Die *marklosen Nervenfasern* haben einen Durchmesser von 0,3 bis 1,5 μm (Millionstel Meter) und die dickeren *markhaltigen Fasern* von

1 bis 20 μm. In die Membran dieser Nervenfasern sind Proteinmoleküle eingelagert, die feine *Ionenkanäle* für den Transport von vorwiegend *Natrium- und Kaliumionen* zur Innen- oder Außenseite der Membran enthalten.

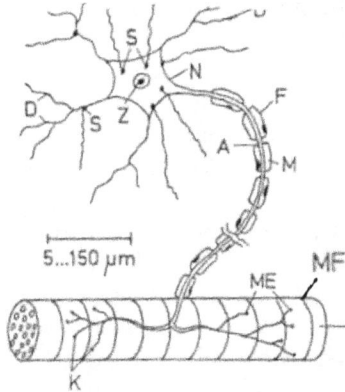

Fig. 1-18: Aufbau einer Nervenzelle (eines Neurons) N mit Nervenfaser (Neurit) F und Muskelfaser MF. Z Zellkern, D Dendriten, S Synapsen, A Axon, M Markscheide (Myelinscheide) und Schwannsche Scheide, ME Motorische Endplatten, K Kollaterale.

Bei einer *Nervenfaser in Ruhe* finden wir unterschiedliche Konzentrationen von Natrium- und Kaliumionen auf beiden Seiten der Membran, wodurch an der Membran eine *elektrische Spannung*, das so genannte *Membranruhepotential, von 70 mV* (siebzig Tausendstel Volt) entsteht. Der Außenleiter ist dabei positiv und der Innenleiter negativ. Die Ionenkanäle in der Membran sind in diesem Zustand für den Ionendurchgang (nahezu) geschlossen. Bei der *Erregung der Nervenfaser* werden die Ionenkanäle durch einen Steuerimpuls an der Erregungsstelle schlagartig geöffnet, und der dadurch mögliche etwa 1 ms (= eine Tausendstel Sekunde) dauernde Ausgleich der unterschiedlichen Ionenkonzentrationen auf beiden Seiten der Membran erzeugt dort eine vorübergehende Schwankung der Membranspannung, die als sogenannte *Aktionspotentialwelle* an der Nervenfaser entlangläuft. Die Aktionspotentialwelle stellt einen elektrischen Impuls dar, der 100 mV (1 mV = ein Tausendstel Volt) hoch ist, etwa 1 ms dauert und je nach Faserart eine Laufgeschwindigkeit von 0,5 bis 2 m/s (marklose Fasern) bzw. 3 bis 120 m/s (unterschiedlich dicke markhaltige Fasern) hat. Nach dem Durchgang eines Impulses sorgt jeweils ein von einer biologischen „Ionenpumpe" erzeugter *aktiver Ionentransport* durch die Membran dafür, daß die ursprüngliche Ionenverteilung der Nervenfaser in Ruhe rasch wieder hergestellt wird.

Durch diese ausgeklügelte biologische Ionenleiter-Technologie wird gewährleistet, daß die elektrischen Impulse auch auf langen Nervenleitungen – die durchaus etwa 1 m lang sein können – ungeschwächt, d.h. mit konstanter Höhe (Amplitude) weitergeleitet werden. Die kurze Dauer der Impulse von etwa einer Tausendstel Sekunde macht es möglich, daß auf einer Nervenleitung viele Impulse rasch aufeinander folgen können, ohne sich gegenseitig zu beeinflussen. Normalerweise beträgt die Impulsfolgefrequenz 8 bis 30 pro Sekunde, kurzzeitig kann sie bis auf 500 pro Sekunde steigen. Wegen der Konstanz der Nervenimpulsamplitude und -dauer können Informationen nur durch entsprechende Variationen der Impulsfolgefrequenz übertragen werden. Und in der Tat bedienen sich alle Organismen mit Nervensystem und daher auch unser Körper genau dieser Nachrichten-Übertragungsmethode, die wir auch in der Nachrichtentechnik nutzen und als *Impulsfrequenzmodulation* bezeichnen. Bei dieser Methode erzeugt also ein schwacher Reiz eine niedrige und ein starker Reiz eine hohe Impulsfrequenz auf einer Nervenfaser. Es ist erstaunlich, daß die Evolution – *genauer gesagt: unser Schöpfergott* – schon vor vielen *Millionen* Jahren, als die ersten tierischen Nervennetzwerke entstanden, diese störungssichere und effektive Form der Nachrichtenübertragung entwickelte, die wir Menschen erst im 20. Jahrhundert als technische Möglichkeit entdeckten und anwendeten.

Wenn die Nervenimpulse am Ende einer Nervenfaser ankommen, gelangen sie dort an eine Kontaktstelle – eine *Synapse* – die dafür sorgt, daß die Nervenimpulse von der Faser auf das nachgeordnete Neuron oder eine andere Körperzelle, z.B. eine Muskelfaserzelle, übertragen werden. An der Synapse weitet sich die Nervenfaser zu einem pilzförmigen Körper auf, der mit der gegenüberliegenden Oberfläche der nachgeordneten Zelle einen etwa 12 nm (Milliardstel Meter) breiten *synaptischen Spalt* erzeugt. Beim Eintreffen eines Nervenimpulses werden *Kalziumionen* und eine *Transmittersubstanz (Acetylcholin)* in den synaptischen Spalt injiziert, die den Impulsübergang zur Zelle ermöglichen. Wenn diese Zelle ein Neuron ist und an dem Neuron mindestens 10 Synapsenimpulse an einem begrenzten Areal der Zelloberfläche in einem ebenfalls begrenzten Zeitintervall eintreffen, „zündet" dieses Neuron und sendet einen eigenen Entladungsimpuls über die von ihm ausgehende Nervenfaser, den *Neuriten*, zur nächsten Zelle. *Auf diese Weise entstehen im Nervennetzwerk des Gehirns, des Rückenmarks und des peripheren Nervensystems örtlich und zeitlich sich ständig ändernde Impulsmuster, die nicht nur alle unsere Körperfunktionen steuern, sondern auch die biologische Grundlage unserer geistigen und emotionalen Fähigkeiten bilden.*

Die für die sichere Funktion des Nervennetzwerks vorhandenen elektrischen Eigenschaften der Nervenfasern sind unglaublich. Im Ruhezustand zwischen zwei Nervenimpulsen liegt an der 8 nm dicken Fasermembran eine elektrische Spannung von 70 mV (70 Tausendstel Volt). Die *elektrische Feldstärke* in der Membran ist gleich der Membranspannung dividiert durch die Membrandicke. Dies ergibt den sehr großen Wert $0,07 \text{ V}/8 \cdot 10^{-9} \text{ m} = 8,75 \cdot 10^6 \text{ V/m}$, also fast 10 Millionen Volt/m. Die Durchbruchfeldstärke, bei der die Membran ihre Isolatoreigenschaften verliert, beträgt $(2\text{-}3) \cdot 10^7$ oder 20 bis 30 Millionen Volt/m, ist also nur etwa dreimal so groß. Trotz dieses relativ geringen Sicherheitsabstands funktionieren die seit ca. 3 Milliarden Jahren existierenden Nervennetzwerke in allen Lebewesen (meist) störungsfrei.

Schauen wir uns einige dieser Nervennetzwerke an: Beim *Sehen* projiziert in beiden Augen je eine *Augenlinse* die Szene auf die am Augenhintergrund sitzende *Netzhaut oder Retina*. Sie enthält rund 130 Millionen dicht nebeneinander liegende *Photorezeptorzellen*. Die meisten davon sind Stäbchenzellen für das Erkennen von Helligkeitsunterschieden, und etwa 7 Millionen sind Zapfenzellen für das Unterscheiden von Farben. Die Zapfen enthalten ein Sehpigment, das aufgrund seiner unterschiedlichen molekularen Struktur entweder auf die Farbe rot, grün oder blau anspricht. Einfallende Lichtquanten (Photonen) erzeugen in den Rezeptorzellen – abhängig von der auftreffenden Lichtmenge – elektrische Spannungsänderungen von der Größenordnung 1 mV. Jede dieser Photozellen enthält einen biologischen Baustein, der das analoge (= stetig sich ändernde) Spannungssignal in eine der jeweiligen Signalgröße entsprechende elektrische Impulsserie umwandelt. Der Baustein ist also ein *biologischer Analog-Digital-Wandler*, der ein elektrisches Eingangs-Analogsignal in ein digitales[4] Ausgangs-Impulssignal umwandelt. Was wir hier vor uns haben, ist *biologische Nanotechnologie*[5] *vom Feinsten*, vor vielen Millionen Jahren entstanden (*oder besser: von unserem Schöpfergott erfunden*), als die ersten Urorganismen mit zunächst einfachen Nervensystemen ausgestattet wurden. Wie diese biologischen Wandler funktionieren, ist bis heute nicht eindeutig geklärt. Erst im 20. Jh. lernten wir Menschen, solche Systeme in stark vergrößerter Form als elektronische Schaltungen aufzubauen und einzusetzen.

---

[4] Ein digitales Signal besteht nur aus den beiden Zeichen (*digits*) Eins und Null oder – wenn es ein elektrisches Signal ist – aus den beiden Werten „Impuls vorhanden" und „kein Impuls vorhanden". Im Nervensystem steckt die übertragene Information in der Frequenz = Anzahl der Impulse pro Sekunde.
[5] Unter Nanotechnologie verstehen wir Systeme, deren Strukturelemente kleiner als ein Mikrometer (ein Millionstel Meter) sind.

Die Information über die auf jede Photorezeptorzelle einfallende Lichtmenge steckt in der Anzahl der Spannungsimpulse, die je Sekunde von der Zelle abgegeben werden, also in der Impulsfrequenz. Die Spannungsimpulse von allen Photorezeptoren gelangen über Nervenleitungen nacheinander zu verschiedenen Nervenzellschichten und von dort über ein Nervenfaserbündel, den *Nervus Opticus*, ins Gehirn. Die dort eintreffenden hochkomplexen und sich ständig ändernden elektrischen Nervenimpulsmuster werden weiterverarbeitet und führen unmittelbar zur bewußten Helligkeits- und Farb-Wahrnehmung des Gesehenen. Genaugenommen sehen wir also nicht mit den Augen – sie sind nur die optischen Sensoren, welche die aufgenommene Szene in einen Strom von elektrischen Impulsmustern umwandeln. Erst die Datenverarbeitung im Gehirn erzeugt die bewußte Wahrnehmung des Gesehenen. Wie das geschieht, bleibt ein Rätsel.

Beim *Hören* treffen Schallwellen auf eine am Ende des äußeren Gehörgangs sitzende Membran, das *Trommelfell*, und versetzen es in mechanische Schwingungen. Durch drei dahinter liegende *Gehörknöchelchen* werden die Trommelfellschwingungen auf die Eingangsmembran des eigentlichen Schallsensors übertragen. Die Eingangsmembran dieses Sensors heißt *Ovales Fenster*, und den Schallsensor nennen wir *Ohrschnecke* oder *Cochlea*. Die mit Lymphflüssigkeit gefüllte Cochlea ist ein schlauchförmiges Gebilde, das die Gestalt einer Wendel und Ähnlichkeit mit einem Schneckengehäuse hat. Der Innenraum der langgestreckten Cochlea wird durch eine dünne Membran, die *Basilarmembran*, in zwei schlauchförmige Räume mit den Namen *Scala Vestibuli (SV) und Scala Tympani (ST)* unterteilt. Vom ankommenden Schall am Ovalen Fenster erzeugte Druckschwankungen verursachen zwischen SV und ST Druckdifferenzen, die ein Auslenken der elastischen Basilarmembran bewirken und auf ihr *mechanische Wanderwellen* auslösen. Das Maximum der Auslenkung der Basilarmembran *(Resonanz)* tritt dort auf, wo die ortsabhängige Wellenlänge der Wanderwelle mit der ebenfalls ortsabhängigen Cochleakanaltiefe (Durchmesser von SV + ST) übereinstimmt. Diese Orte liegen für Schallwellen mit hohen Frequenzen in der Nähe des *Ovalen Fensters* und für tiefe Frequenzen in der Nähe des Cochlea-Endes, des *Helikotremas*. Das auf der Basilarmembran sitzende *Corti-Organ* enthält feine *äußere und innere Haarzellen*, denen eine *Deckmembran* gegenüberliegt. Mit dieser Membran stehen die Sinneshaare der Haarzellen in Kontakt. Bei Auslenkung der Basilarmembran kommt es zu einer Scherbewegung zwischen Corti-Organ und Deckmembran und damit zu einem *Verbiegen der Sinneshaare*. Dies beantwortet die Haarzelle mit einer Änderung ihrer elektrischen Rezeptorspannung. Ein nachgeschalteter biologischer Analog-Digital-Wandler – auch hier wieder biologische Nano-technologie vom Feinsten, geschaffen bereits vor etwa einer halben Milliar-de Jahren – setzt die analogen Spannungsänderungen ähnlich wie bei den Photorezeptoren in unseren Augen in elektrische Impulse um, die über die Hörnervenfasern ins Gehirn geleitet werden. In unserem Gehirn werden die Impulsmuster weiter verarbeitet. Als Ergebnis nehmen wird den Hör-schall bewußt wahr. Auch hier gilt ähnlich wie bei den Augen: Die Ohren enthalten nur den akustischen Sensor, der die aufgenommenen Schallwel-len in elektrische Impulsmuster umsetzt. Erst die Datenverarbeitung im Gehirn erzeugt die bewußte Schallwahrnehmung.

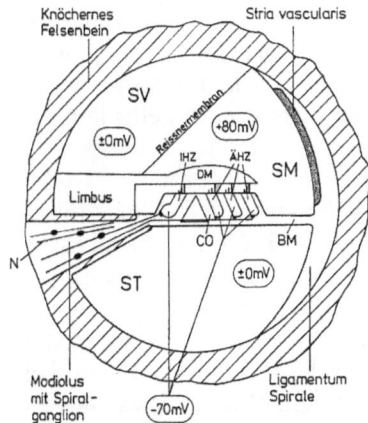

Fig. 1-19: Querschnitt durch das mensch-liche Innenohr mit Basilarmembran (BM) und Corti-Organ (CO), SV *Scala vestibuli*, SC *Scala tympani*, SM *Scala media*, N Hör-nerv.

In analoger Weise werden auch bei den anderen Sinnesorganen, dem Riech-, Geschmacks- und Tast-Sinnesorgan, die Sinnesreize durch die spezifischen Sinneszellen in analoge elektrische Spannungsänderungen und anschlie-ßend in elektrische Spannungsimpulse umgesetzt, die über Nervenfasern zum Gehirn geführt werden und dort die bewußte Sinnesempfindung auslösen. Alle diese elektrischen Impulse werden im Nervennetzwerk durch Bewe-gungen von elektrisch geladenen Atomen (Ionen) erzeugt, die ihrerseits wiederum aus den erwähnten Quarks und Elektronen, also aus feinsten Energiequanten (oder Quantenobjekten) bestehen. *Man kann daher alle Lebensprozesse als einen hoch komplexen, sich selbst erhaltenden und steuernden Tanz der Quantenobjekte betrachten, der auch die geistigen und emotionalen Fähigkeiten der Menschen hervorbringt.*

Halten wir jetzt wieder für einen Augenblick inne und überdenken kurz das Besprochene. Aus einer einzigen befruchteten Eizelle, einer *Zygote*, entwickelt sich während neun Monaten im Mutterleib durch fortlaufende Zellteilung der gesamte menschliche Organismus mit unglaublich kom-plexen, aber zweckmäßigen biologischen Strukturen, von denen wir uns einige näher angeschaut haben. Der Bauplan des gesamten Organismus ist dem Kern jeder Zelle als *Genetischer Code* eingeprägt. Während der Reifung des Körpers erhält jede durch Teilung neu entstandene Zelle ein *Botenmolekül*, das ihr vorschreibt, welche spezifische Zellform sie entwikkeln, welchen Ort sie im Körper einnehmen und welche Funktion sie dort während ihrer Lebenszeit ausüben soll, ob sie also zum Beispiel eine Herzzelle, Sinneszelle, Muskelzelle, Knochenzelle oder Hirnnervenzelle sein wird. Die deutsche Nobelpreisträgerin *Christiane Nüsslein-Volhard (*1942 in Magdeburg)* hat zur Aufklärung der Funktion von Botenmolekülen bei der genetischen Steuerung der Embryonalentwicklung wesentliche Beiträge geleistet. Die Botenstoffe sorgen dafür, daß wir Menschen nur *eine* (schön geformte) Nase, aber *zwei* hübsche Augen und zwei Ohren haben. Myriaden von Körperzellen stehen durch das weit verzweigte Nervennetzwerk sowie durch hormonelle Botenstoffe im Blutkreislauf miteinander in Verbindung und sorgen so während der ganzen Lebenszeit für eine konzertierte Aktivität aller Organe.

Über Manches, was im Organismus abläuft, haben wir nur spärliche Informationen. Vor die meisten Rätsel aber stellt uns nach wie vor das menschliche Gehirn. Sein dichtes „Gestrüpp" von dicht gepackten Neuronen, synaptischen Kontaktstellen und Nervenfasern scheint trotz der Bemühungen der Hirnforschung nahezu undurchdringlich. Das stetige Wachstum des Gehirns eines Neugeborenen ist ein faszinierendes Geschehen. Schon bei der Geburt sind alle Gehirn-Neuronen vorhanden, aber noch wenig verschaltet. In den ersten Lebensmonaten und -jahren produziert das Gehirn dann mit unglaublicher Geschwindigkeit – es können eine Million Elemente pro Tag sein – eine Fülle von Nervenbahnen und Synapsen, die ein undurchschaubares Netzwerk bilden. Dadurch wächst das Gehirn und mit ihm der Schädel bis zur Größe bei Erwachsenen.

Wir wissen nach wie vor nur wenig über die Hirnfunktionen. Eine der Aussagen ist, daß beiden Großhirnhälften unterschiedliche Aufgaben zugeordnet werden können:

Linke Hirnhälfte	Rechte Hirnhälfte
Sprechen	*Ganzheitliche Erfahrungen*
Lesen	
Organisieren	*Emotionen und Gefühle*
Planen	*Körpersprache,*
Analysieren	*Rhythmus, Tanz*
Mathematik und Logik	*Musikalität*
Digitales Denken	*Analoges und visuelles Denken*
Gedächtnis für Wörter	*Synthese*
und Sprachen	*Gedächtnis für Personen, Sachen und Erleb-*
	nisse
Detailwissen	⁄ *Spiel und Traum*

Die einzelnen Funktionen werden von Großhirnrindenfeldern gesteuert, den motorischen, sensorischen und Assoziationsfeldern.

Wir haben bisher keine Kenntnis davon, wie unser Gehirn das Kunststück fertigbringt, zum Beispiel von den Augen über Nervenfasern ankommenden, sich ständig ändernden elektrischen Impulsmuster zu Seheindrücken und die ähnlich aussehenden Impulsmuster von den Ohren zu Höreindrükken zu verarbeiten. Das Gleiche gilt für die Impulse der übrigen Sinnesorgane. Wir wissen nicht, wie diese Fähigkeit des Gehirns mit der extrem komplexen Verschaltung seiner Neuronen zusammenhängt. Wir wissen auch bis heute nur wenig darüber, wie unser Gedächtnis funktioniert, und so gut wie gar nichts darüber, wie unser Bewußtsein zustandekommt. Um etwas mehr Licht in dieses Dunkel der Hirnforschung zu bringen, hat eine Gruppe deutscher Hirnforscher im April 2000 nach amerikanischem Vorbild eine Dekade des menschlichen Gehirns (von 2000 bis 2010) ausgerufen.

Alle Organe und Strukturen des menschlichen Körpers unterliegen einem ständigen Wandel. Hinter unserer scheinbar immer gleich bleibenden Körperoberfläche (Haut) vollzieht sich ein fortwährender Prozeß von Abbau und Erneuerung unserer Körperzellen. In jedem Augenblick finden solche Vorgänge tausend Male statt. In den Zellen werden dauernd Flüssigkeiten, Salze und zehntausende von Proteinen erneuert. Alle Proteine in unseren Körperzellen werden an den Zellribosomen aufgebaut und durch die erst jüngst entdeckten *Ubiquitin-Moleküle* mehrfach hintereinander markiert, wenn sie nicht mehr ihre Aufgabe erfüllen oder auch zu zahlreich sind. Die Ubiquitin-Moleküle auf einem Protein dienen den etwa 30.000 *Proteasomen* oder *Eiweiß-Schreddern*, die in jeder Zelle vorhanden sind, als Signal, das Protein abzubauen. Die zylinderförmigen Proteasomen ziehen die markierten Proteinmoleküle in sich hinein, setzen alle Ubiquitinmarker wieder frei, spalten das Protein in viele Bruchstücke und geben sie nach außen ab. Jede Körperzelle produziert ständig neue Proteine, von denen fast ein Drittel die in jeder Zelle stattfindende Qualitätsprüfung nicht besteht und daher von den Proteasomen sofort wieder zerkleinert wird. Dies geschieht auch mit einem besonderen Eiweiß namens p53, das ständig in jeder Zelle aufgebaut und wieder geschreddert wird. Es schützt den Genpool der Zelle und verhindert das Entstehen von Geschwulsten. Bei einer Schädigung des Erbmaterials zum Beispiel durch Radikale oder Mikroben stoppt die Zelle den Abbau von p53. Deren Menge steigt an und dadurch werden mehrere Gene aktiviert, die für eine Reparatur des Genmaterials sorgen. Gelingt dies nicht, so leiten die p53-Proteine das Absterben der Zelle ein. Diese überlebenswichtige Wächterfunktion von p53 bewirkt eine stetige Erneuerung defekter Zellen und verhindert auch den raschen Krebstod.

Machen wir uns noch einmal klar: *Die überaus komplexen und vielfältigen Strukturen aller lebenden Organismen sind aus nur drei elementaren materiellen Grundbausteinen – den Protonen, Neutronen und Elektronen – zusammengefügt. Deren Zahl und Anordnung sowie die Feinstrukturen der elektrischen Mikrofelder, die von den elektrisch geladenen Elektronen in den einzelnen Biomolekülen erzeugt werden und dadurch die Reaktionen der Biomoleküle untereinander bewirken, ermöglichen die Vielfalt und das intelligente Zusammenspiel der Lebensprozesse in allen Organismen. Gleichgültig ob Mensch, Tier oder Pflanze: Alle Lebewesen sind Kunstwerke der Natur, deren Entwicklung und Existenz wir nicht verstehen können, wenn wir sie ausschließlich auf eine lange Kette von Zufallsereignissen zurückführen würden. Angesichts der Wunder des Lebendigen wird uns vielmehr intensiv bewußt, daß die belebte und unbelebte Natur das grandiose Werk des unendlich machtvollen, unendlich intelligenten und liebenden Schöpfergeistes ist, den wir Jahwe/Gott/Allah nennen, weil er sich selbst mit diesen Namen in den letzten Jahrtausenden der Menschheit offenbart hat.*

Wir wollen am Ende unserer Betrachtung noch abschätzen, wieviele elementare Bausteine – also Protonen, Neutronen und Elektronen – unser Körper enthält. Nehmen wir als Beispiel einen Körper mit 75 kg Masse, der zu 70% aus Wasser besteht. Wasser (H_2O) ist eine Verbindung von zwei Wasserstoffatomen und einem Sauerstoffatom; das ergibt zusammen 10 Protonen, 10 Elektronen und 8 Neutronen je Wassermolekül. Das Volumen unseres betrachteten Körpers ist etwa 75 Liter, d.h. die Dichte (= Masse durch Volumen) ist etwa gleich eins. (Deswegen können wir auch im Wasser fast ruhend bei geringer Bewegung der Arme oder Beine schwimmen). Daraus folgt, daß in 1 cm^3 unseres Körpers – wenn er nur aus Wasser bestünde – durchschnittlich $3,33 \cdot 10^{22}$ Wassermoleküle enthalten sind. *Auf den ganzen Körper umgerechnet wären das rund $2,5 \cdot 10^{27}$ Wassermoleküle oder jeweils etwa $2,5 \cdot 10^{28}$ Protonen bzw. Elektronen und etwas weniger Neutronen.* Da unser Körper neben Wasser noch viele andere lebenswichtige Moleküle enthält, müssen diese Zahlen natürlich um einen gewissen Faktor (aber sicher nicht um eine Zehnerpotenz) geändert werden.

Festzuhalten ist: Ein Behälter mit 75 Liter Wasser enthält ungefähr genau so viele materielle Bausteine (Protonen, Neutronen und Elektronen) wie in einem menschlichen Körper von 75 kg Masse zu finden sind. *Es ist das immense und faszinierende Entwicklungspotential der Evolution, das – erzeugt aus dem „über den Wassern schwebenden" göttlichen Geist – die ungeheure Vielfalt der Lebensformen und letztlich uns Menschen hervorgebracht hat.*

Stellen wir uns die Situation in unserem Körper noch einmal deutlich vor: Die Elementarteilchen, deren ungefähre Anzahl in unserem Körper wir gerade abgeschätzt haben, sind in den Atomen und diese in den Biomolekülen in genau definierter Weise angeordnet. Alle biochemischen Prozesse in unserem Körper werden ausschließlich durch Wechselwirkungen zwischen Elektronen bewirkt, die sich am äußeren Rand der Elektronenhüllen der einzelnen Atome befinden. Wir bezeichnen diese Elektronen als Valenz- oder Bindungselektronen, weil sie für die feste Bindung der Atome in den Molekülen und für die biochemischen Reaktionen der Moleküle untereinander verantwortlich sind. Die Protonen und Neutronen in den Atomkernen bleiben davon unberührt. Die Kräfte, die alle biochemischen Reaktionen bestimmen, sind elektrische Feldkräfte, deren räumliche Verteilung in der unmittelbaren Umgebung eines jeden Biomoleküls durch die jeweilige Elementarteilchen-Struktur im Biomolekül festgelegt ist und das ganz spezifische biochemische Reaktionsverhalten jedes Biomoleküls bestimmt. Die Elementarteilchen-Strukturen der Biomoleküle sind gewissermaßen die „Hardware" des Lebens. Wenn man nun überlegt, daß alle komplexen Lebensprozesse im menschlichen Körper und in der ganzen Natur von einer „Software" gesteuert werden, die als Genetischer Code ein biologisches Alphabet aus nur vier

Buchstaben A, C, G und T umfaßt, dann bleibt uns nur, staunend, demütig und dankbar auf dieses Wunder der Schöpfung zu schauen. Viele Menschen meinen, es gäbe keine Wunder. In Wirklichkeit sind wir alle, die gesamte Natur und der ganze Kosmos ein einziges Wunder, vor dem und vor allem vor dessen Schöpfer wir uns in Ehrfurcht und Dankbarkeit verneigen sollten.

Mit dem Menschen, hervorgegangen aus einem Entwicklungszweig des Tierreichs in einem atemberaubenden, Millionen Jahre dauernden Prozeß der Menschwerdung, hat unsere Erde, unsere Galaxie, ja der ganze Kosmos – soweit wir heute wissen – in einzigartiger Weise ein Leben hervorgebracht, das sich seiner selbst, seiner Umwelt und letzten Endes auch des Ursprungs seiner Existenz, nämlich des alles tragenden und erhaltenden Schöpfergottes, bewußt werden konnte. Durch den Menschen erhielt der im stummen Spiel der Kräfte sich wie in einem Feuerwerk weiter verformende Kosmos ein geschaffenes Gegenüber, das suchend, fragend und denkend seine Welt und die Ursachen seines Daseins ergründen will. Dies alles vollzieht sich in einem unheimlich winzigen Bruchteil des Weltraums, nämlich auf der Oberfläche unserer Erde in einem dünnen Atmosphärenmantel von vielleicht 4 km Höhe über dem Meeresspiegel. Wenn wir uns die Erde als eine Modellkugel von 128 Meter Durchmesser vorstellen (das ist rund ein Hunderttausendstel des tatsächlichen Erddurchmessers), so hätte diese Schicht gerade mal eine Dicke von 4 cm. Alle Aktivitäten der Menschheit, von einfacher mechanischer Arbeit bis zu Wissenschaft, Kunst und Religion, spielten und spielen sich in diesem winzigen Bruchteil des Weltalls ab.

Ausgehend von seinem Ursprungsraum in Afrika hat der schöpferische Mensch sich allmählich über die Erde ausgebreitet. In allen Regionen, in denen er im Laufe von vielen Jahrtausenden zuerst als Jäger und Sammler, dann als seßhafter Bauer und Viehzüchter, als Schöpfer und Gestalter von Hochkulturen und in den letzten Jahrtausenden als Begründer und Meister der Technischen Zivilisation in Erscheinung trat, hat er den grandiosen biblischen Auftrag zu erfüllen versucht: „Erfüllet die Erde und machet sie euch untertan".

2. Die Entwicklung der Technischen Zivilisation

2.1 Kurze Geschichte der frühen Menschheit

Schon vor 1,7 Millionen Jahren begann der Homo Erectus aus seinem Ursprungsgebiet in Afrika in andere Erdregionen auszuwandern. Er trug Fellbekleidung, war geübt im Jagen und Sammeln von Früchten, nutzte Werkzeuge und später das Feuer, und schützte sich vor Wind und Wetter in Natursteinhöhlen oder unter Felsdächern. Vor rund 60.000 Jahren folgte ihm der Homo Sapiens, der in den letzten 20.000 Jahren die noch übriggebliebenen Kontinente Nord- und Südamerika sowie Australien betrat. Für die Urmenschen in diesen neuen Regionen gab es kein Zurück. In vielen Jahrtausenden bildeten sie durch Mutation und Anpassung an die oft widrigen Klimaverhältnisse die Ureinwohner der Kontinente: in Afrika Schwarze, in Nordamerika Indianer, in Mittel- und Südamerika Indios, in Asien nomadische Steppenvölker, in Australien Aborigines und in Europa die Steinzeitmenschen. Alle diese Menschengruppen durchliefen in den vergangenen fast zwei Millionen Jahren ähnliche Entwicklungsstufen, wobei allerdings Beginn und Dauer der einzelnen Stufen sehr unterschiedlich waren. Für Europa, Teile Westasiens und Nordafrikas wird die älteste und zugleich längste Entwicklungsperiode wegen des vorwiegenden Gebrauchs von Steinwerkzeugen die Steinzeit genannt. Sie begann vor 2,5 Millionen Jahren in Afrika, wo der Homo Erectus zum ersten Mal Steinwerkzeuge benutzte, und dauerte bis ins 4. Jahrtausend v. Chr., als erste Gegenstände aus Metall hergestellt wurden. Klimatisch war der größte Teil der Steinzeit von der letzten Eiszeit (Pleistozän) geprägt, die vor 1,6 Millionen Jahren begann und bis 8000 v. Chr. dauerte. Die Steinzeit wird in die drei Hauptabschnitte Alt-, Mittel- und Jungsteinzeit unterteilt.

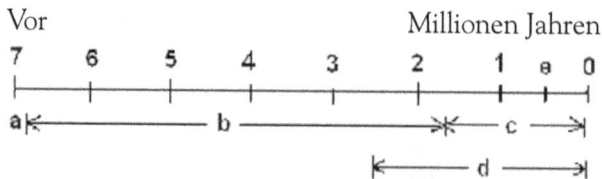

```
Vor                    Millionen Jahren
7    6    5    4    3    2    1    e  0
├────┼────┼────┼────┼────┼────┼────┼──┤
a├──────────── b ────────────►✕── c ──►
              ├──────── d ────────►
```

Fig. 2-1: Entwicklungsstufen der Menschheit. a Abspaltung des Lebenszweigs der ersten Menschen vom Stamm der Menschenaffen. b Leben der Frühmenschen als Jäger, Sammler und Aasesser in ihrem Ursprungsgebiet in Ostafrika. c Einwanderung der Menschen in alle Kontinente. d Gebrauch von Steinwerkzeugen (Steinzeit bis etwa 4000 v. Chr.). e Erstmalige Nutzung des Feuers.

Die Altsteinzeit (*Paläolithikum*) umfaßt drei Perioden: das Alt- Mittel- und Jungpaläolithikum. Das *Altpaläolithikum* begann als längste Steinzeitperiode *vor rund 2,5 Millionen Jahren und dauerte bis etwa 200.000 vor heute.* In ihr lebte der *Homo Erectus* als Jäger und Sammler. Kennzeichnend war das ausschließliche Benutzen von Steinwerkzeugen („*Geröllgeräten*"), insbesondere des steinernen *Faustkeils*, der 1,4 Millionen Jahre lang das wohl wichtigste Handwerkszeug war. Ein entscheidender Schritt zur Kultivierung des menschlichen Daseins war *vor etwa 500.000 Jahren das technische Entzünden und Nutzen von Feuerstellen.* Am Ende des Altpaläolithikums trat der moderne Mensch *Homo Sapiens* in Erscheinung. *Das Mittelpaläolithikum dauerte von 200.000 bis 35.000 vor heute.* In der Periode bis 45.000 Jahre vor heute waren die Lebensverhältnisse unverändert die gleichen wie im Altpaläolithikum. Sie veränderten sich also in über 2 Millionen Jahren Steinzeitgeschichte nur unwesentlich. Wir finden aus dieser Zeit *erstmals Spuren von rituellen Bestattungen,* auch Strichgravuren auf Knochen als erste Anzeichen von künstlerischer Tätigkeit und Hinweise über den Gebrauch von Farbstoffen und weiterentwickelten Jagdwaffen wie Holzspeere und Lanzen. Gegen Ende des Mittelpaläolithikums, zwischen 45.000 bis 40.000 Jahren, und am Beginn des *Jungpaläolithikums, das von 35.000 vor heute bis 8000 v. Chr. währte,* kam es zu beachtlichen Verbesserungen der Lebensverhältnisse der Steinzeitmenschen: Wir finden aus dieser Zeit neuartige Werkzeuge aus Stein, Knochen, Horn und Elfenbein, vielfältige Schmuckgegenstände, eine hoch entwickelte Höhlenmalerei und auch Musikinstrumente. Die Menschen trugen damals eine aufwändigere Kleidung, wohnten teilweise in zeltähnlichen Behausungen mit herdartigen Feuerstellen und *bestatteten ihre Verstorbenen mit Grabbeigaben.* Kennzeichnend ist für diese Epoche die regionale Auftrennung der Menschengruppen in unterschiedliche

Kulturkreise, die nach ihren jeweiligen Hauptfundorten in Frankreich zum Beispiel als *Moustérien, Aurignacien oder Magdalénien* bezeichnet werden.

Die mittlere Steinzeit (Mesolithikum) ist der Zeitraum von 8000 bis 6000 v. Chr., also der Beginn der Nacheiszeit. Nach dem Schwund der Eismassen breiteten sich in Europa dichte Urwälder aus, die das Jagen erschwerten. Die Menschen waren daher gezwungen, vermehrt Pflanzennahrung wie Früchte, Wildgemüse und Kräuter zu suchen. Wir finden aus dieser Zeit weiterentwickelte Werkzeuge in der Form von Harpunen, Speeren und Pfeilen mit Feuersteinspitzen. Im Nahen Osten entstand in dieser Zeit aus der Jäger- eine seßhafte Bauernkultur mit Siedlungen aus Lehmhütten. Diese ersten Bauern betrieben neben der Jagd und Fischerei eine Erntewirtschaft und speicherten Nahrungsmittel in ausgehöhlten Basalt- oder Kalksteinschüsseln. Sowohl im Nahen Osten als auch in China begann mit dem Anbau von Wildgetreide und Reisarten die Domestizierung von Pflanzen und Tieren. Die neuen Bewirtschaftungsmethoden breiteten sich gegen Ende des Mesolithikums über ganz Europa aus. Auch hier gingen die Menschen zu Ackerbau und Viehzucht über, rodeten Waldflächen, legten Äcker an und bauten feste Siedlungen. Als neue Werkzeuge kamen unter anderem Sicheln und Messer auf.

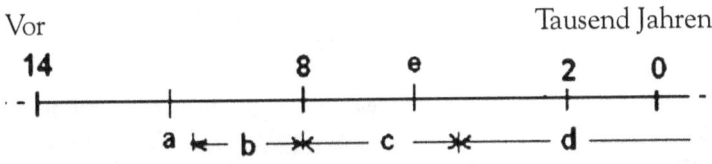

Fig. 2-2: Perioden der Menschheitsgeschichte in den vergangenen 14.000 Jahren. a Erste seßhafte Bauern-, Handwerker- und Händlerkulturen mit Siedlungen (Städten) im Nahen Osten; b Mittlere Steinzeit (Mesolithikum); c Jungsteinzeit (Neolithikum), Kultur der Keramikgefäße; d Metallzeitalter (Nutzung von Kupfer, Bronze und Eisen); am Beginn von Zeitabschnitt d Gründung der ersten Hochkulturen im Nahen Osten und in Südeuropa; e Erfindung des Rads bei den Sumerern. Der ganze gezeigte Zeitabschnitt befindet sich in Fig. 2-1 ganz rechts bei 0 und hat dort eine Länge von etwa einem Drittel Millimeter.

In der *Jungsteinzeit (Neolithikum)*, die von *6000 bis 2300 v. Chr.* dauerte, setzte sich diese Entwicklung fort. Für diese Periode ist die breite Verwendung von *Keramikgefäßen* kennzeichnend. Gebrannter Ton war für die Herstellung von Plastiken schon 30.000 vor heute bekannt. Keramikgefäße gab es dann aber erst 10.500 v. Chr. in *Japan* und 8.000 v. Chr. im *Nahen Osten*. Von dort breitete sich die Keramiktechnologie über ganz Europa aus. Maßgeblichen Einfluß auf die neolithische Lebensweise hatten *die ersten Siedlungen der Erde*: *Göbekli Tepe* in Südost-Anatolien, *Jericho* nördlich des Toten Meers und *Çatal Hüyük* in Anatolien. Vor rund 11.000 Jahren, also noch in der Zeit der Jäger und Sammler, entstand in *Göbekli Tepe* eine *altsteinzeitliche Kultanlage* mit zahlreichen, bis zu 8 m hohen Bildstelen und lebensgroßen Skulpturen. Die Anfänge von *Jericho*, 250 m unter dem Meeresspiegel liegend und damit die am tiefsten gelegene Stadt der Welt, gehen bis auf 9000 v. Chr. zurück. Die Siedlung bestand zunächst aus mehreren runden Lehmziegelhäusern und ab 7200 v. Chr. aus rechteckigen Häusern mit gipsverputzten Wänden und Fußböden. Die seßhaft gewordenen Bewohner bauten Getreide und Hülsenfrüchte an und aßen u.a. Rind- und Schweinefleisch. Die Bewohner der Siedlung *Çatal Hüyük*, deren erste Bauschicht auf 6385 v. Chr. datiert wird, betrieben Ackerbau mit Bewässerung, Viehzucht, Handwerkstätten und Handel, benutzten Stein- und Holzgefäße sowie Stein- und Knochenwerkzeuge. Ihre Wohnhäuser bestanden aus luftgetrockneten Ziegeln mit einem Zugang im Dach.

Diese Lebens- und Wirtschaftsformen verbreiteten sich vom Nahen Osten längs der Mittelmeerküste nach Europa und führten zur Gründung erster Siedlungen in Italien, Frankreich und Spanien. Ihr Kennzeichen ist die Impresso-Keramik, bei der einfache Gefäße mit Abdrücken von kleinen Gegenständen verziert waren. Die zweite kulturelle Strömung ging über den Balkan nach Mitteleuropa. Ihre Merkmale sind Keramikgefäße mit bänderartigen Verzierungen (Bandkeramikkultur, 5500 – 4900 v. Chr.), mit Verzierungen aus Schnurabdrücken (Schnurkeramikkultur, 2800 – 2400 v. Chr.) und glockenförmigen Keramikgefäßen (Glockenbecherkultur, 2500 – 2200 v. Chr.).

Halten wir nun wieder inne und betrachten die bisher kurz skizzierte Geschichte der frühen Menschheit. Fast 2,5 Millionen Jahre kannten der zunächst in Afrika lebende und später nach Europa und den anderen Kontinenten einwandernde Homo Erectus und der ihm nachfolgende Homo Sapiens ausschließlich einfache Steinwerkzeuge, lebten in Höhlen und fanden ihre Nahrung als Jäger und Sammler. Es dauerte bis vor etwa 40.000 Jahren, ehe die Menschen in allen Kulturregionen der Erde in der Lage waren, durch Innovationen ihre Lebensweise und Werkzeuge deutlich zu verbessern. Auffällig ist dabei, daß sich schon gegen Ende des Mittelpaläolithikums Spuren ritueller Bestattungen finden lassen und daß seit dem Jungpaläolithikum (35000 – 8000 v. Chr.) Grabbeigaben in allen Kulturen auf der Erde üblich waren. Abhängig vom gesellschaftlichen Rang des Verstorbenen wurden Nahrung, Geld und Waffen, getötete Pferde oder reichlich Gold und Gebrauchsgegenstände, wie bei den ägyptischen Pharaonen, ins Grab gegeben. Schmuck und andere Luxusgegenstände finden wir auch in den Königsgräbern von Ur. Weltberühmt ist das Grabmal des chinesischen Kaisers Shi Huangdi (Herrscher von 221 – 210 v. Chr.), den eine ganze Armee von vergrabenen Terrakotta-Kriegern bewachte. Sie wurden erst in den 1970er Jahren entdeckt und ausgegraben. In Mittel- und Südamerika finden wir in Steinzeitgräbern kostbare Stoffe, bemalte Keramik und weibliche Figuren. Durch dieses Grabzubehör wird offenkundig, daß bei fast allen frühen Kulturen der Glaube an ein Weiterleben nach dem Tod vorhanden war. Der Tod wurde als Übergang in eine andere Existenzform angesehen. Für den Weg ins Jenseits und den Aufenthalt in dieser anderen Welt waren die Grabbeigaben gedacht. Warum und woher hatte der frühe Mensch diesen Glauben? Augenscheinlich hatte er schon von Anfang an, mit dem Heranreifen seines Bewußtseins, im Innersten seiner Seele eine göttliche Offenbarung, eine innere Botschaft, die ihn zu seinem Glauben an eine Weiterexistenz nach dem Tod führte. Im letzten Teil der Jungsteinzeit, zwischen 4300 und 2200 v. Chr. kam es zu einer völlig neuen Entwicklung in der Menschheitsgeschichte. Zum ersten Mal befaßten sich die Steinzeitmenschen mit dem Suchen und Bearbeiten von Metallen, zunächst vor allem Kupfer, aber auch Gold und Silber. Erste Kupferfunde gab es bereits im 8. Jahrtausend v. Chr. in Anatolien, aber erst mehrere tausend Jahre später war die Bearbeitung von Kupfer europaweit verbreitet. Wegen der Bedeutung, die das Kupfer errang, wird die Epoche *Kupferzeit* genannt. Für das Suchen, Gewinnen und Verhütten von Kupfererzen und später auch anderen Erzen entwickelten sich erste Formen des Bergbaus. Damit verbunden war ein deutlicher sozialer Wandel. In den Bergbausiedlungen begannen sich erste Oberschichten zu bilden, die das Gewinnen und Vermarkten des Metalls kontrollierten. Davon zeugt zum Beispiel ein Gräberfeld in Varna am Schwarzen Meer, wo reiche Goldbeigaben gefunden wurden.

Ein weltberühmter Menschenfund aus der Kupferzeit ist Ötzi, der etwa um 3300 v. Chr. lebte. Er starb wahrscheinlich durch einen

Überfall bei der Überquerung der Alpen in der Ötztalregion und blieb im Gletschereis als gefriergetrocknete Mumie erhalten. Er hatte typische Werkzeuge der Jungsteinzeit und ein Beil mit gegossener Kupferklinge bei sich.

Neben der erstmaligen Nutzung von Metallen gegen Ende der Jungsteinzeit kam es zu einer weiteren bahnbrechenden Erfindung. Etwa 3500 v. Chr. bauten und nutzten Menschen (die Sumerer) in Mesopotamien zum ersten Mal das Rad. Um 3350 v. Chr. war das Rad auch in Slowenien bekannt. Räder dienten zunächst als Töpferscheiben und bald auch zur Fortbewegung von Karren. Es waren hölzerne Scheiben, die mit hölzernen Stiften an einer Achse befestigt wurden. Die ersten Speichenräder kamen etwa 2000 v. Chr. auf.

Um 2200 v. Chr. entwickelte und verbreitete sich eine neue Metalltechnologie, die ein im Vergleich zu Kupfer härteres, aber gut bearbeitbares Material hervorbrachte. Es bestand aus einer Legierung von Kupfer und Zinn und wurde Bronze genannt. Sie löste in der nun beginnenden *Bronzezeit*, die in Mitteleuropa von 2200 – 800 v. Chr. dauerte, das bis dahin vorherrschende Kupfer ab. Bronze ließ sich schmelzen, gießen und hämmern und wurde zu Geräten, Gefäßen, Schmuck und Waffen verarbeitet. Funde in Thailand lassen erkennen, daß Bronze schon 4500 v. Chr. bekannt war. In Kleinasien wurden Bronzegegenstände aus der Zeit um 3000 v. Chr. gefunden. *In der Bronzezeit entwickelten sich erste große Kulturen im Nahen Osten und in Mitteleuropa: die sumerische und babylonische Kultur in Mesopotamien; die Pharaonenkultur in Ägypten, die minoische Kultur auf Kreta und die mykenische Welt in Griechenland.*

Das Volk der Sumerer bildete sich ab etwa 4000 v. Chr. durch Einwanderung von semitischen Stämmen in Mesopotamien. Sie gründeten zahlreiche Stadtstaaten, entwickelten die Keilschrift als Vorläufer vieler Schriftarten, erfanden das Rad und das Gewölbe und nutzten eine bereits hoch entwickelte Mathematik. Sie gestalteten um 3500 v. Chr. die erste Hochkultur der Menschheit.

Die zweite Hochkultur begann um 3000 v. Chr. in Ägypten. Aus regionalen Oberschichtgruppen für die Bewirtschaftung und Verwaltung des Landes entwickelte sich im Laufe von Jahrhunderten ein rund 3000 Jahre dauerndes sakrales ägyptisches Königtum mit dem Pharao und einer Priesterkaste an der Spitze des Staates. Die Pharaonenzeit wird in mehrere Abschnitte unterteilt (wobei die Zahlenangaben differieren können):

Die frühdynastische Zeit von 3300 bis 2707 v. Chr.

Das Alte Reich von 2707 bis 2216 v. Chr. und die erste Zwischenzeit von 2216 bis 2046 v. Chr.

Das Mittlere Reich von 2046 bis 1794 v. Chr. und die zweite Zwischenzeit von 1794 bis 1550 v. Chr.
Das Neue Reich von 1550 bis 1069 v. Chr. und die dritte Zwischenzeit von 1069 bis 746 v. Chr.

Die Spätzeit von 746 bis 332 v. Chr.

Der Pharao war Mittler zwischen den Menschen und Göttern, Gesetzgeber, oberster Richter und Priester. Höchste Verehrung galt dem Sonnengott Re oder Amun. Der Pharao war vor den Menschen und Göttern dafür verantwortlich, daß in der hierarchisch gegliederten Gesellschaft eine gerechte Ordnung (Maat) erhalten blieb. Schon am Beginn des Königtums entwikkelte sich eine auf Stein geritzte Bilderschrift (Hieroglyphenschrift; griech. hierós = heilig, glyphe = Geritztes). Ein ausgeprägter Totenkult führte zur Errichtung von riesigen Grabmonumenten in Form der Pyramiden in Sakkara (nach 2700 v. Chr.) und Gizeh (zwischen 2600 und 2500 v. Chr.) mit Mumifizierung der Verstorbenen, reichen Grabbeigaben und Totentexten mit Zaubersprüchen, Gesängen und Gebeten. Diese sollten die Seele des Verstorbenen auf ihrem Weg in das Totenreich begleiten. Dort erwartete den Verstorbenen die Glückseligkeit, wenn er auf der Erde tugendhaft gelebt hatte. Es ist anzunehmen, daß die alten Ägypter die Anfänge des Totenkults von Steinzeitmenschen übernommen und weiterentwickelt haben.

Etwa gleichzeitig mit der ägyptischen Hochkultur entwickelte sich zwischen 2500 und 1500 v. Chr. im Industal Südpakistans und Nordindiens die Indus- oder Harappa-Kultur als früheste Hochkultur Südasiens. Ausgrabungen förderten Reste von größeren Siedlungen mit Häusern aus Lehmziegeln, planmäßig angelegten Straßen und Kanalisationsanlagen zutage. Von vielfältigem handwerklichem Können zeugen u. a. feine Gold-schmiedearbeiten und Keramikgefäße mit Verzierungen. Die Menschen hatten eine noch nicht entzifferte Hieroglyphenschrift. Sie verehrten Shiva als höchsten Gott und begründeten damit einen der Hauptzweige des Hinduismus.

Eine weitere frühe Kultur entstand im Reich der Hethiter um 1700 v. Chr. in Form von Fürstentümern in Anatolien, die sich zwischen 1350 und 1200 v. Chr. zu einem Großreich vereinigten. Streitigkeiten über Machtansprü-che führten zwischen Ägyptern und Hethitern 1274 v. Chr. zur Schlacht bei Kadesch, der ersten großen Schlacht der Weltgeschichte. Die Ausein-andersetzung wurde durch den ältesten Friedensvertrag der Welt beendet.

Aus Palästina kommende Stämme gründeten um 1830 v. Chr. das Alt-babylonische Reich. Dessen Herrscher Hammurabi (1728 – 1686 v. Chr.) schuf mit dem Codex Hammurabi das älteste, bis heute erhaltene, in Keil-schrift verfaßte Gesetzbuch. Das Reich endete 1530 v. Chr. mit der Er-oberung durch die Hethiter und einige Jahre später durch die Kassiten. Fast tausend Jahre später entstand 626 v. Chr. das Neubabylonische Reich, dessen bedeutendster Herrscher Nebukadnezar 587 v. Chr. Jerusalem zer-störte. Das Reichsende kam 539 v. Chr. mit der Eroberung durch den Perserkönig Kyros.

Die älteste europäische Hochkultur, die Minoische Kultur, erblühte zwi-schen 2800 und 1100 v. Chr. im ägäischen Mittelmeerraum mit der Insel Kreta als Zentrum. Zeugen dieser Kultur sind Reste von mehrstöckigen Palastanlagen in Knossos und Phaistos, von befestigten Straßen, Wasser-leitungen und Kanalisationsanlagen. Die Minoer erfanden *erste europäische Schriftzeichen*. Sie verfügten über eine große Flotte und hatten Verbindun-gen zu Ägypten und dem Orient. Die Minoischen Bauten und Anlagen wurden 1700 v. Chr. durch ein Erdbeben und 1450 v. Chr. durch einen Vulkanausbruch auf der Insel Thera weitgehend zerstört. Danach wurde Kreta vom Volk von Mykene erobert, einer griechischen Stadt auf dem Peleponnes. Die mykenisch-minoische Periode dauerte bis 900 v. Chr.

Die Stadt Mykene in der Ebene von Argolis im Nordosten des Peleponnes wurde nach einer Legende von Perseus gegründet und bildete von 1600 bis 1100 v. Chr. *die erste große Zivilisation* der *Bronzezeit* auf dem griechi-schen Festland. Die Mykenische Kultur erreichte zwischen 1400 und 1200

v. Chr. ihren Höhepunkt. Herrscher der mykenischen Städte wie Mykene, Korinth, Pylos, Tiryns und Theben waren Könige. Zeugen dieser Hochkultur sind reiche Goldschätze, darunter die Goldmaske des Agamemnon, und markante Baudenkmäler wie das Löwentor von Mykene. Machtkämpfe mit dem kleinasiatischen Handelszentrum Troja führten ab dem 13. Jahrhundert im Trojanischen Krieg zu mehreren Feldzügen der mykenischen „Achaier". Um 1100 v. Chr. eroberten vom Norden einfallende indogermanische Dorer, deren Reiterheer mit Eisenwaffen den mykenischen, mit Bronzewaffen ausgerüsteten Streitwagenkämpfern überlegen waren, die Stadt Mykene und zerstörten sie. Reste der mykenischen Kultur blieben noch bis ins fünfte Jahrhundert erhalten.

Fast gleichzeitig mit der Minoischen Kultur entwickelte sich auch in China eine der ältesten Hochkulturen der Menschheit. Schon der Homo Erectus war vor über 1,5 Millionen Jahren nach China gekommen. Ihm folgte vor ca. 65.000 Jahren der Homo sapiens. Ab 5000 v. Chr. lassen sich Keramikgefäße, ab 3000 v. Chr. Reisanbau, hölzerne Pfahlbauten, Textil- und Korbwaren nachweisen. Ab 2000 v. Chr. entstanden chinesische Schriftzeichen, es gab Bronzewerkzeuge und Pferdewagen. Das Land umfaßte viele Jahrhunderte lang mehrere Einzelstaaten, die 211 v. Chr. durch Shi Huangdi („göttlich erhabener Kaiser") zu einem Kaiserreich vereinigt wurden.

Im Vergleich zu China entfaltete sich die Kultur in Japan deutlich später. Schon 30.000 v. Chr. fand die erste Einwanderung vom asiatischen Festland oder von den polynesischen Inseln statt. Im Neolithikum waren die Menschen wie in anderen Kulturregionen Jäger, Fischer und Sammler, nutzten Steinwerkzeuge und stellten verzierte Keramik her. In der Bronzezeit verbesserten sich die Lebensverhältnisse deutlich. Im Jahr 660 v. Chr. trat der erste Kaiser Japans (Tenno) als Nachfahre der Shinto-Göttin (Sonnengöttin) Amaterasu die Herrschaft an. Der Name der Göttin bedeutet „die am Himmel Leuchtende". Sie ist heute die Schutzpatronin Japans. Ab 300 v. Chr. kamen neue Einwanderer vom asiatischen Festland nach Japan. In dieser Zeit begannen die Menschen, Reis anzubauen, Textilien zu weben und Eisenwerkzeuge zu verwenden.

Aus dieser Skizzierung der frühen Menschheitsgeschichte sehen wir, daß es seit der Wanderung des Homo Erectus aus dem Zentrum Afrikas in nördliche Regionen rund 1,7 Millionen Jahre dauerte, bis in den subtropischen und mediterranen Gebieten des Orients die ersten Hochkulturen der Menschheit entstanden. Sie waren gekennzeichnet durch die Entwicklung von Schrift, Kunstgegenständen und Keramikwaren, den Übergang von Stein- zu Kupfer- und Bronzewerkzeugen sowie den Bau von Gebäuden, Straßen und Bewässerungsanlagen. Ackerbau, Viehzucht und Fischerei bildeten die Grundlagen der Ernährung. In allen Kulturen sehen wir einen Bestattungs- und Ahnenkult, der in der ägyptischen Kultur einen faszinierenden Höhepunkt erreichte, und uns deutlich macht, daß der Frühzeitmensch von einem Weiterleben nach dem physischen Tod überzeugt war.

Am Ende der Bronzezeit, also nach etwa 800 v. Chr., führte eine folgenreiche Innovation zu einem bedeutenden Wandel in den damaligen Hochkulturen. Ein neuartiges Metall – das Eisen – verdrängte allmählich die bis dahin genutzten Kupfer- und Bronzegegenstände. Es begann als letztes Zeitalter der Vorgeschichte die *Eisenzeit*, die von 800 v. Chr. bis zur Zeitenwende dauerte. Das Eisen wurde schon von den Hethitern zwischen 2000 und 1500 v. Chr. verwendet. Von dort kam die Technologie nach Europa, Asien und Afrika. Eisenerze waren weit verbreitet und leicht zu gewinnen. Die Eisenerze wurden erhitzt (die nötige Hitze für Flüssigeisen konnte man damals allerdings noch nicht erreichen), die Eisenteile der Schlacke entnommen, in weichem Zustand gehämmert und zu Werkzeugen und Waffen geformt. Zur Eisenzeit gehört die Hallstattkultur – Zeugnisse davon sind 2500 Gräber mit Grabbeigaben aus der Zeit von 700 – 500 v. Chr. – und die spätere La-Tène-Kultur ab 500 v. Chr. Die La-Tène-Zeit ist durch die starke Verbreitung der Kelten in Europa und Kleinasien gekennzeichnet. Die Eisenzeit begann in China um 600 und in Afrika um 500 v. Chr., in Asien und Amerika erst später.

Die Herstellung von Gegenständen und Werkzeugen aus genügend harten Metallen in der Bronze- und nachfolgenden Eisenzeit gab den frühgeschichtlichen Menschen die Möglichkeit, ihre Lebens- und Arbeitsverhältnisse gegenüber denen der Steinzeitmenschen deutlich zu verbessern. Sie führte aber auch dazu, daß die Menschen nun in der Lage waren, in großen Mengen Waffen in Form von Dolchen, Schwertern und Spießen herzustellen, die leider nicht ausschließlich für die Jagd, sondern auch für den Kampf zwischen verfeindeten Menschen-gruppen eingesetzt wurden. Eine der ersten großen Schlachten der Menschheitsgeschichte war – wie erwähnt – die Schlacht bei Kadesch zwischen den Hethitern und Ägyptern 1274 v. Chr.

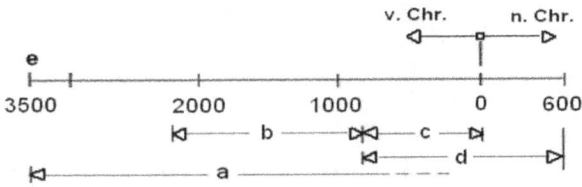

Fig. 2-3: Zeitalter der ersten Hochkulturen der Menschheitsgeschichte und der Klassischen Antike: a Periode der ersten Hochkulturen (sumerische, babylonische, ägyptische, minoische und mykenische Kultur); b Bronzezeit; c Eisenzeit; d Klassische Antike; e Erfindung des Rads, des Gewölbes und der Keilschrift als Vorläufer anderer Schriftarten bei den Sumerern, Entwicklung von Grundlagen der Mathematik.

Schon vorher haben die mykenischen Achaier einen zehnjährigen Krieg gegen das konkurrierende machtvolle Handelszentrum Troja (im Nordwesten der heutigen Türkei) geführt. Nach der Legende errang Paris, der Sohn des Königs Priamos von Troja, die Liebe der schönen Helena, der Frau von Menelaos, dem König von Sparta, und entführte Helena nach Troja. König Agamemnon von Mykene begann gegen Troja einen Rachefeldzug, an dem auch die griechischen Helden Achilleus und Odysseus teilnahmen. Nach zehnjähriger Belagerung gelang es den Griechen durch eine List, die Stadt einzunehmen: Eine Gruppe von Kämpfern gelangte in einem großen hölzernen Pferd, dem „Trojanischen Pferd", versteckt in die Stadt und öffnete die Tore. Die Geschichte des Kampfes und die Heldentaten des Achilleus beschreibt der Dichter Homer, von dem es keine historischen Daten gibt, in seiner grandiosen Ilias, einem Glanzstück der Weltliteratur des 8. Jahrhunderts v. Chr. Die Rückkehr des Odysseus während seiner zehnjährigen Irrfahrt bis zu seiner Heimat Ithaka erzählt Homer in seinem zweiten großen Werk, der Odyssee.

In allen Kulturen, die hier kurz skizziert wurden, waren die Menschen gezwungen, Heere von bewaffneten Kriegern zu unterhalten, um ihr Land vor Angriffen feindlich gesinnter Nachbarvölker zu schützen. Seitdem wurde der Kriegslärm auf unserer Erde von Jahrhundert zu Jahrhundert immer lauter bis zum heutigen Tag. Die Geschichtsbücher sind weltweit voll von den Berichten über kriegerische Auseinandersetzungen in allen Kontinenten und Jahrhunderten. Der Historiker *Leopold von Ranke (1795 – 1886)* formulierte: „Die friedlichen Zeiten der Menschheit sind die leeren Seiten im Buch der Geschichte". Kriege (von althochdeutsch chreg

= Hartnäckigkeit) können verschiedenste Ursachen haben: Zum Beispiel Streitigkeiten über die Machtbereiche benachbarter Völker, Kampf um den Besitz von mehr Land und Rohstoffen, Auseinandersetzungen wegen gegensätzlicher religiöser oder ideologischer Überzeugungen, Bündnisverpflichtungen oder Erbrechtsstreitigkeiten zwischen Herrscherhäusern. Ein weiterer Grund für die Zunahme von Kriegen zwischen den Hochkulturen war auch der rapide Anstieg der Weltbevölkerung. Während um 10.000 v. Chr. die Gesamtzahl der Menschen auf etwa 5 Millionen geschätzt wurde, lebten zur Zeitenwende (also um das Jahr Null) bereits 300 Millionen Menschen auf der Erde. Dieses starke Wachstum ist hauptsächlich auf die gute Nahrungsmittelversorgung durch Ackerbau und Viehzucht und auf stetig verbesserte Lebensverhältnisse zurückzuführen. Die wachsende Menschenzahl lebte vorwiegend in bevorzugten Kulturlandschaften am Nil, in Mesopotamien, Anatolien oder Südeuropa und schuf damit ungewollt die Basis für Konflikte mit den Nachbarn.

Die nun herannahenden Perioden der jüngsten Geschichte der Menschheit – das Altertum, das Mittelalter und die Neuzeit – haben die Menschheit zu völlig neuen, unvorstellbaren Dimensionen des Daseins geführt, aber auch die ganze Erde mit einem nimmer enden wollenden Kriegslärm und -geschrei erfüllt, in tausenden von Kriegen, die von fast allen Völkern der Erde unglaubliche Opfer forderten. Höhepunkt – oder besser Tiefpunkt – der Kriege waren die beiden Weltkriege im 20. Jahrhundert mit zusammen fast 70 Millionen Menschenopfern. Hoffen wir, daß die Verantwortlichen der Gegenwart endlich begreifen, was der verstorbene Papst Johannes Paul II. so formulierte: „Kriege sind immer ein Verlust für die ganze Menschheit".

Der britische Historiker und Kulturtheoretiker *Arnold Joseph Toynbee (1889-1975)* beschrieb in seinem Hauptwerk A *Study of History (12 Bde., 1934-1961; Der Gang der Weltgeschichte. Aufstieg und Verfall der Kulturen)* 23 Zivilisationen und analysierte deren Entstehung, Aufstieg und Niedergang. Nach *Toynbee* liegt der Grund für den Untergang einer Kultur nicht in materiellen oder umweltbedingten Problemen, sondern in ihrer Unfähigkeit, auf militärische, wirtschaftliche oder auch religiöse Herausforderungen angemessen zu reagieren. Er wies insbesondere darauf hin, daß stets neuartige und überlegene Waffen- und Kriegstechnik eines Angreifers ausschlaggebend für die Unterwerfung und den Niedergang einer Zivilisation war.

2.2 Das Altertum (Die Antike)

Die Antike (von lat. antiquus = *alt, altertümlich) ist der Sammelbegriff für die Hochkulturen des Mittelmeerraums zwischen etwa 800 v. Chr. bis ca. 600 n. Chr.. Es ist die Geschichte des archaischen und klassischen Griechenlands und des Römischen Weltreichs.* Auch die Geschichte der Hochkulturen des Vorderen Orients sowie der Minoischen und Mykenischen Kultur können in einem weiteren Sinn zur Antike gerechnet werden.

Das Zeitalter der griechischen Herrschaft und Kultur

Am Beginn der griechisch-römischen Antike, etwa ab dem 8. Jahrhundert v. Chr., verbreiteten die *Griechen* durch *Kolonisation* ihre Kultur über den gesamten Mittelmeerraum und am Schwarzen Meer. Mit den Eroberungen *Alexanders des Großen* dehnten sie ihren Einfluß bis nach *Asien* aus. Während der Kolonisation entwickelten sich auf dem griechischen Festland *Stadtstaaten (Poleis)*, zum Beispiel *Sparta* im südlichen Peloponnes mit einer *oligarchischen Herrschaftsstruktur* und *Athen* mit einem schrittweise entstandenen *demokratischen System.* Bemerkenswert ist, daß schon am Beginn des 8. Jahrhunderts *sportliche (olympische) Wettkämpfe* zwischen den Stadtstaaten veranstaltet wurden. Eine Siegerliste der olympischen Spiele gibt es seit 776 v. Chr..

Das *Klassische Zeitalter Griechenlands* begann etwa um 500 v. Chr., als sich die griechischen *Stadtstaaten Kleinasiens* mit dem Beistand *Athens* im *Ionischen Aufstand* gegen die persische Oberherrschaft wehrten und damit die *Perserkriege* auslösten. In einer Reihe von berühmten Schlachten *(Marathon 490, Salamis 480, Plataiai 479 v. Chr.)* wurden die Perser von den zahlenmäßig unterlegenen, aber geschickt operierenden Griechen besiegt. Nach der Gründung des *Attischen Seebunds* 477 v. Chr. unter der Vorherrschaft *Athens* erlebte die Stadt eine glanzvolle kulturelle Periode bis zum Ende der *Herrschaft des Perikles (490 – 429 v. Chr.)* Die Werke der Dichter *Aischylos, Sophokles und Euripides*, die Gedankengebäude der Philosophen *Sokrates, Platon und Aristoteles* sowie klassische Bauwerke auf der *Akropolis*, welche die Kultur des Abendlandes nachhaltig beeinflußt haben, sind Zeugen dieser Blütezeit. Die einzigartigen Marmorfiguren und szenischen Darstellungen veranlaßten den Altertumsforscher *Heinrich Schliemann (1822 – 1890)* zu dem bewundernden Ausruf: „*Oh edle Einfalt und stille Größe.*"

Die Blütezeit Athens ging zu Ende, als die Spannungen zwischen *Athen* und seinem Rivalen *Sparta* 431 v. Chr. zu dem 27 Jahre dauernden *Peloponnesischen Krieg* führten Nach der Niederlage Athens 404 v. Chr. errang Sparta die Herrschaft über Griechenland. In den folgenden Jahrzehnten kam es immer wieder zu Kleinkriegen zwischen den einzelnen Stadtstaaten, bis dann *Theben* ab 371 v. Chr. die Vorherrschaft gewann. Schließlich einigte der König *Philipp II. von Makedonien (382 – 336 v. Chr.)* 337 v. Chr. alle zerstrittenen Stadtstaaten im *Korinthischen Bund.* Nach dem Tod Philipps 336 v. Chr. gründete sein Sohn *Alexander (356 – 323 v. Chr.)* das *Makedonische Reich,* nachdem er in mehreren Feldzügen unter anderem Persien und Ägypten besiegt hatte und bis nach Indien vorgedrungen war.

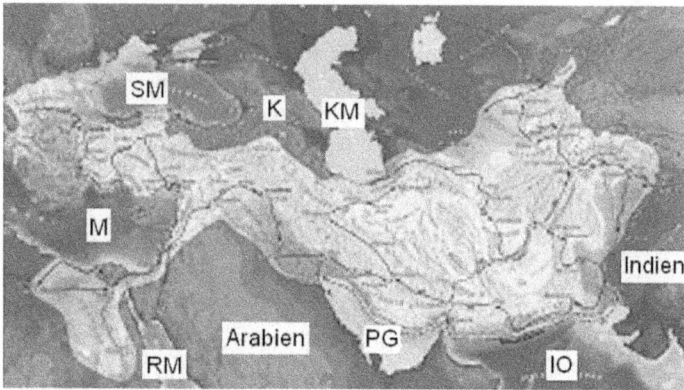

Fig. 2-4: Das Weltreich Alexanders des Großen. SM=Schwarzes Meer, M=Mittelmeer, KM=Kaspisches Meer, K=Kaukasus, RM=Rotes Meer, PG=Persischer Golf, IO=Indischer Ozean

Alexander starb 323 v. Chr. in Babylon. Seine Nachfolger, die *Diadochen,* teilten das Erbe unter sich auf und gründeten die *Reiche der Antigoniden, Seleukiden und Ptolemäer,* die in dem nun beginnenden *Zeitalter des Hellenismus* ständig um die Vorherrschaft rangen. Mit dem Eingreifen *Roms* zwischen 146 und 30 v. Chr. endeten die Kämpfe. Die Staaten verloren ihre Selbständigkeit und wurden in das Römische Reich eingegliedert. Erhalten blieb dabei ein starker Einfluß der griechischen Kultur, die sich während der folgenden Jahrhunderte auch in die von den Römern eroberten Gebiete ausbreitete.

Das Zeitalter der Römischen Herrschaft und Kultur

Rom, das Zentrum und der Ausgangspunkt des *Römischen Weltreichs*, wurde im 8. Jahrhundert v. Chr. (eine Legende nennt das Jahr 753 v. Chr.) unter der Herrschaft der *Etrusker* gegründet. Nach 500 v. Chr. verloren die Etrusker ihren Einfluß und der römische Stadtstaat wurde eine *Republik* mit einem *Senat* aus Mitgliedern adeliger Familien an der Spitze. Der Senat wählte als Führer für ein Jahr *zwei Konsuln*. Die nichtadeligen *Plebejer* vertrat ein *Volkstribun*. Zwischen etwa 450 und 272 v. Chr. eroberte der römische Stadtstaat Italien bis zur Poebene, besiegte in den *Punischen Kriegen* das konkurrierende *Karthago* (an der Küste des heutigen Tunesien) und die hellenistisch geprägten Reiche am östlichen Mittelmeer. *Das Römerreich wurde dadurch bis 450 n. Chr. zu einer Großmacht im ganzen Mittelmeerraum.*

In den letzten beiden Jahrhunderten v. Chr. schwächten Bürgerkriege das Reich im Inneren und führten schließlich zur *Diktatur des Gaius Julius Caesar*. Im Kampf gegen die *Kelten*, die seit mehr als 1000 v. Chr. weite Gebiete in Mitteleuropa bis nach Kleinasien besiedelten und *Begründer der Hallstatt- und La-Tène-Kultur* waren, wurde das Römische Reich weiter ausgedehnt. Ganz *Gallien* und der *Süden Britanniens* wurden erobert. Nur *Irland* blieb den Kelten als eigenständiges Siedlungsgebiet erhalten. Zur Abwehr der von Norden und Osten herandrängenden *Germanenstämme* wurden weite Gebiete im heutigen Süddeutschland und längs des Rheins unterworfen und durch einen 550 km langen Grenzwall, den *Limes*, geschützt. Befestigte *Römerlager (Kastelle)* entwickelten sich in den folgenden Jahrhunderten zu den ältesten deutschen Städten: *Trier (Augusta Treverorum 30 v. Chr., älteste Stadt Deutschlands)*, Mainz *(Mogontiacum 12 v. Chr.)*, Köln *(Colonia Claudia Ara Agrippinensum 50 n. Chr.) und Regensburg (Castra Regina 179 n. Chr.)*. Caesars Großneffe *Augustus (63 v. Chr. – 14 n. Chr.)* wurde im Jahr 27 v. Chr. *erster römischer Kaiser* und begründete eine dauerhafte Monarchie, in der weitgehend Frieden herrschte. *In seiner Regierungszeit kommt es in einem unscheinbaren Ort namens Betlehem im heutigen Israel zu einem damals von der breiten Öffentlichkeit unbeachteten Ereignis, das den Menschen in der nachfolgenden Zeit bis heute eine neue Lebensdimension eröffnete: die Geburt Jesu Christi.* Nach Augustus folgten weitere 80 Kaiser (ohne Gegen- und Nebenkaiser). *Im 2. Jahrhundert n. Chr. erreichte unter Kaiser Trajan (53 – 117 n. Chr.) das Römische Weltreich seine größte Ausdehnung und seinen gesellschaftlichen und kulturellen Höhepunkt.* Gleichzeitig kam es zu grausamen Verfolgungen der stetig wachsenden Schar der *Christen*, die sich weigerten, römischen

Göttern und dem Kaiser zu huldigen. Die Verfolgungen, deren erste *unter Kaiser Nero (37 – 68 n. Chr.)* 64 n. Chr. stattfand, gingen bis in das 4. Jahrhundert weiter. Der Niedergang des Reiches begann, als fremde Völker verstärkt die Reichsgrenzen bedrohten: die Germanen vom Norden und die Parther im Osten am Euphrat, der römischen Grenze zum Partherreich.

Mit der Regierungszeit des Kaisers *Diokletian (245 – 313)*, der von 284 bis 305 n. Chr. herrschte, begann die römische *Spätantike. Diokletian* besiegte im Osten die *Sassaniden*, die als Nachfolger der Parther ab 224 n. Chr. Persien beherrschten, und festigte damit die Ostgrenze. *Zwischen 303 und 311 n. Chr. kam es zu einer der brutalsten Christenverfolgungen der Spätantike. Da man schließlich einsah, daß das Christentum mit grausamen Verfolgungen nicht mehr auszurotten war, wurde unter dem Nachfolger Diokletians, Kaiser Konstantin I. (274 – 337), der von 306 bis 337 regierte, das Christentum im Toleranzedikt von Mailand 313 als offiziell erlaubte Religion im Römischen Reich anerkannt.. Kaiser Theodosius I. (347 – 395), der als letzter über das gesamte Imperium Romanum herrschen konnte, erklärte das Christentum schließlich zur Staatsreligion. Im Jahr 324 machte Kaiser Konstantin die am Bosporus gelegene Stadt Byzanz zur neuen kaiserlichen Residenz, zum „Neuen Rom", ließ sie prächtig ausbauen und gab ihr beim offiziellen Stadtfest 330 den Namen Konstantinopel (jetzt Istanbul).*

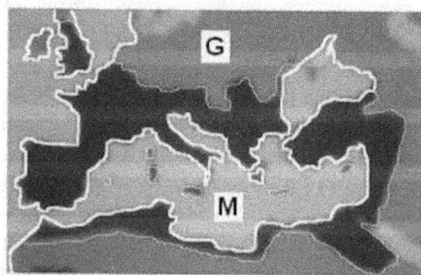

Fig. 2-5: Das römische Weltreich zur Zeit seiner größten Ausdehnung um 110 n. Chr. G=Germanien, M=Mittelmeer

Byzanz wurde ca. 660 v. Chr. als griechische Kolonie *Byzantion* gegründet. In den Jahrhunderten bis zur Regierung Kaiser *Konstantins* erlebte die Stadt eine wechselvolle Geschichte, in der sie mehrmals zerstört und wieder aufgebaut wurde: Sie geriet zwischen 500 und 250 v. Chr. nacheinander unter die Herrschaft der Perser, Spartaner, Athener, Makedonier, Kelten und Goten. Um 200 v. Chr. verbündete sich *Byzanz* mit *Rom*, verlor aber etwa 400 Jahre später seine Unabhängigkeit, weil es in einem römischen Bürgerkrieg auf der falschen Seite stand.

Der letzte Kaiser des Römischen Reichs, Theodosius I., der Große, der von 379 bis 395 regierte, übergab seinem Sohn *Arcadius* die Herrschaft über den östlichen und seinem jüngeren Sohn *Honorius* die Herrschaft über den westlichen Teil des Römischen Imperiums. *Die beiden ab 395 selbständigen Reiche mit den Hauptstädten Rom und Konstantinopel (Byzanz) hatten ein unterschiedliches Schicksal.* Das *Oströmische bzw. Byzantinische Reich,* das zunächst weite Gebiete rund ums Mittelmeer umfaßte, verlor im Laufe der folgenden Jahrhunderte viele seiner Gebiete, bis schließlich der letzte verbliebene Teil im Raum Konstantinopel 1453 unter die Herrschaft der *Osmanen* (Türken) geriet. Das *Weströmische Reich* konnte schon nach 400 den vordringenden *Hunnen* und *Germanen* nicht mehr standhalten und mußte 410 *die Plünderung Roms* durch die *Westgoten* und 455 durch die *Vandalen* hinnehmen. Im Jahr 476 setzte der Germanenfürst *Odoaker (433 – 493)* den letzten Westkaiser *Romulus Augustulus (460 – 511)* ab – ein Vorgang, der das Ende des *Weströmischen Reichs* und ein *erstes Zeichen für das Ende der Antike* markiert.

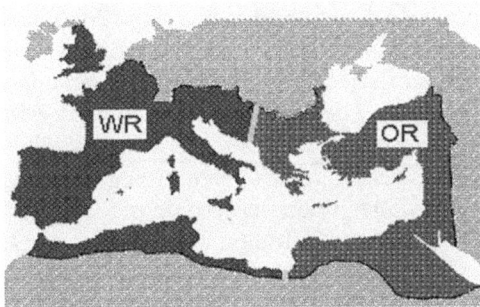

Fig. 2-6: Das Weströmische Reich (WR) und das Oströmische (Byzantinische) Reich (OR) nach der Teilung des Imperium Romanum im Jahr 395 n. Chr. Das Weströmische Reich endete 476 nach dem Ansturm der Hunnen und Germanen. Das Byzantinische Reich (im Osten) verlor im Lauf der folgenden Jahrhunderte viele Teilgebiete und endete 1453 mit der Eroberung Konstantinopels durch die Osmanen.

Die germanische Völkerwanderung

Die *Germanen*, die ursprünglich in den Gebieten um die *Ostsee* siedelten, drangen wegen der ungünstigen klimatischen Verhältnisse im Norden Europas und um neues Land zu gewinnen im 2. und 3. Jahrhundert nach Süd- und Südwesteuropa vor. Damit begann die *Germanische Völkerwanderung*. Während die *Goten* nach Südrußland zogen und sich in *Ost- und West-goten* teilten, orientierten sich die *Alemannen, Franken und Langobarden* nach Mittel- und Westeuropa und bedrohten die Grenzen des Römischen Reichs. Eine zweite Welle der Völkerwanderungen setzte ein, als im 4. und 5. Jahrhundert die *Hunnen*, ein Nomadenvolk aus *China*, tief nach Westen vorstieß. Mit ihren schnellen Reiterheeren besiegten sie 375 die *Ost- und Westgoten* und vertrieben sie aus ihren neuen Siedlungsgebieten. Es begann nun – hauptsächlich aus Furcht vor den Hunnen – eine lange Serie von Wanderungen germanischer Stämme kreuz und quer durch Europa bis in den Norden Afrikas. Die *Westgoten* zogen in den Balkan, dann nach Italien und über Spanien nach Südfrankreich, wo sie das *Reich von Toulouse* gründeten. Die *Burgunder* drängten nach Westen und schufen ein *Reich im Raum Worms*, und nach dessen Zerstörung durch Römer und Hunnen ein weiteres Reich in Südfrankreich. Die *Sweben* kamen bis Nordspanien und errichteten dort in Galicien eine Herrschaft. Die *Vandalen* erreichten Südspanien, setzten nach Nordafrika über und eroberten *Karthago*. Die *Jüten, Angeln und Sachsen* besiedelten den Süden *Britanniens*. Die *Franken* wanderten nach Westen und ließen sich in *Gallien* nieder. Im Jahr 451 wurden die *Hunnen* unter *Attila (406 – 453)* von einem alliierten Heer aus *Westgoten, Burgundern, Franken und Römern* besiegt und zogen aus Europa ab. Gegen Ende des 5. Jahrhunderts eroberten die *Ostgoten* unter *Theoderich dem Großen (454 – 526)* ganz Italien und gründeten das *Ostgotenreich*. Zwischen 486 und 534 besiegten die *Franken* unter *Chlodwig I. (466 – 511)* die Reiche der *Westgoten, Alemannen* und *Burgunder*. Nach 570 dehnten die *Langobarden* ihre Herrschaft über ganz Italien aus. Mit dem Abklingen der germanischen Wanderbewegungen ging auch die lange Periode der Antike zu Ende.

Das Erbe der Antike

Die antiken Kulturen, von den Sumerern und Ägyptern bis zum Ende des Römischen Reichs, hinterließen den folgenden Generationen des heraufziehenden

Mittelalters und der Neuzeit ein reiches religiöses, künstlerisches, wissenschaftliches und gesellschaftliches Erbe. Mit der Anerkennung des *Christentums als Staatsreligion* in den letzten drei Jahrhunderten des Imperium Romanum war die Voraussetzung für die Verbreitung des *Evangeliums* in ganz Europa, Nordafrika und bis weit nach Asien hinein geschaffen worden. Damit verbunden war eine von der christlichen Lehre geprägte ethische Grundhaltung der Menschen, deren Umsetzung in das tägliche Leben allerdings bis heute im Umgang miteinander und zwischen den Völkern sehr zu wünschen übrig ließ. Das künstlerische Schaffen der antiken Völker hinterließ eine ungeheure Fülle von Bauwerken, Skulpturen, Fresken, Bildern und Schmuckgegenständen, die dem staunenden Betrachter einen faszinierenden Eindruck von der Phantasie, Gestaltungskraft und technischen Fertigkeit der antiken Künstler vermitteln. Die Literatur aus der damaligen Zeit hatte einen prägenden Einfluß auf die Geisteswelt des Mittelalters und der Neuzeit. Das wissenschaftliche Erbe der Antike bestand unter vielem Anderen in der Entwicklung der Anfänge der Astronomie, Geometrie und Mathematik, der Erkenntnis der atomistischen Struktur der Materie und eines kosmischen Weltbilds, das etwa 1400 Jahre lang das Denken der Menschen beherrschte. Auch die Erfindung des Rads, Schachspiels, Porzellans und Feuerwerkspulvers sowie die vielfältige Nutzung von Metallen gehören zu diesem Erbe. In gesellschaftlicher Hinsicht war es vor allem die Organisation der Grundformen der Demokratie, die in Griechenland die Volksversammlung (*Ekklesia*) und in Rom den Magistrat und später den Senat als Beschlußorgan hervorbrachte. Die Grundlagen unseres westlichen Rechtssystems und vieler anderer Länder fußen auf den Prinzipien, die in der römischen und griechischen Rechtskultur und in anderen antiken Kulturen geschaffen wurden.

Neben diesen erfreulichen und überaus wertvollen Errungenschaften hat die Antike auch ein grausames und furchterregendes Erbe hinterlassen, das die Nachwelt übernommen, weiterentwickelt und bis in unsere Tage ausgiebig genutzt hat. Es handelt sich um die in der Bronze- und Eisenzeit sich ausbreitende Waffentechnik und „Kriegskunst". In der Steinzeit gab es nur Spieße, Pfeile oder Beile mit daran befestigten spitzen Steinen, mit denen man sich im heftigen Streit gegenseitig verletzen oder umbringen konnte. Nun aber erfuhr die Geschichte von Kain, der Abel erschlug, vielfältige Variationsmöglichkeiten. Speere, Spieße, Lanzen, Schwerter, Messer, Dolche und Beile mit scharfen Spitzen und Schneiden aus hartem Metall waren nun die bevorzugten Waffen in den vielen Schlachten und militärischen Auseinandersetzungen der Antike. Aus Metallen hergestellte Helme, Kettenhemden, Brustpanzer, Beinschienen und Schilde sollten den angegriffenen Kämpfer vor schweren Verletzungen schützen. Von Pferden gezogene Streitwagen, die schon im antiken Ägypten und bei anderen Völkern eingesetzt wurden, sowie berittene Bogenschützen und Lanzenträger machten diese Truppenteile hochmobil und sorgten für militärische Vorteile gegenüber dem Gegner, der eine solche Technik nicht einsetzen konnte. Rammböcke zum gewaltsamen Öffnen von Stadttoren und Steinschleudern halfen bei Belagerungen zu einem rascheren Erfolg. Die stetige Verbesserung und der gekonnte Einsatz der Waffentechnik beim Kampf um Macht und Einfluß waren die Voraussetzung für den Aufstieg, aber auch für den Zerfall der Fürstentümer, König- und Weltreiche der Antike. Auch im darauf folgenden Mittelalter und in der Neuzeit waren es Innovationen in der Waffen- und Militärtechnik, die bei kriegerischen Auseinandersetzungen zwischen den Völkern den Lauf der Geschichte bestimmten. Daran hat sich bis zum heutigen Tag nicht viel geändert. Ob es je gelingt, Kriege als „Fortsetzung von Politik mit anderen Mitteln" weltweit endgültig zu eliminieren, bleibt zweifelhaft.

Zum Erbe gehört auch, daß die gesellschaftliche Ordnung im antiken Rom wie auch im antiken Griechenland durch die strenge Trennung zwischen freien Bürgern und Sklaven bestimmt war. Die Sklaven waren meist ehemalige Kriegsgefangene oder Schuldner, die ihre nicht zurückgezahlten Schulden abarbeiten mußten. Die Sklaven galten als Sachen, die auf dem Sklavenmarkt erworben oder verkauft werden konnten und über die der Herr beliebig verfügte. Sklaven konnten vereinzelt auch freie Bürger werden, wenn sie sich mit ihrem Ersparten freikauften oder vom Herrn freigelassen wurden. Die Sklaverei blieb eine Dauereinrichtung in vielen Ländern der Welt und wurde erst endgültig in der Mitte des 19. Jahrhunderts weltweit abgeschafft. Wenn allerdings berichtet wird, daß heutzutage rund dreihunderttausend Kindersoldaten in 61 Ländern der Erde bewaffnet sind und an Kämpfen teilnehmen, dann ist dies eine besonders niederträchtige Form moderner Sklaverei, begangen an unschuldigen Kindern.

2.3 Das Mittelalter

Als Mittelalter der europäischen Geschichte bezeichnen wir den Zeitraum, der nach dem Ende der Völkerwanderung im 6. Jahrhundert begann und etwa bis zur Mitte des 16. Jahrhunderts dauerte. Diese Kulturepoche von rund eintausend Jahren war von charakteristischen und umwälzenden politischen, gesellschaftlichen, wirtschaftlichen und religiösen Entwicklungen geprägt.

Das im 6. Jahrhundert endgültig zerfallene *Weströmische Reich* und das länger bestehende *Oströmische Reich* wurden die Geburtsregionen europäischer Nationalstaaten. Aus anfänglichen Grundbesitzern und Heerführern entwickelten sich *Adelsgeschlechter*, aus denen die Könige und Fürsten des Mittelalters hervorgingen. Ihre regionale Herrschaft wurde als Erbe an die nachfolgenden Generationen weitergegeben und durch Eheverträge des Adels untereinander, durch Kriege und Bündnisse gefestigt oder geändert. Mit regionalem Herrschaftsanspruch trat im Laufe der Jahrhunderte auch die *Kirche* in Erscheinung, die ihren Grundbesitz stetig vergrößern konnte. Die geistliche Würde des *Bischofs* verband sich oft konsequenterweise mit dem weltlichen Glanz eines *Fürsten* in der Gestalt des *Fürstbischofs*. In der Gefolgschaft des *weltlichen und geistlichen Adels* entwickelte sich zur Sicherung und Verteidigung der erworbenen Herrschaftsansprüche das *Rittertum*. Ihre Untertanen hatten als *leibeigene Bauern* mit stark begrenzten Rechtsansprüchen an die Grundbesitzer Abgaben zu leisten und waren zum Kriegsdienst verpflichtet. So entwickelte sich ein hierarchisch gegliedertes *Feudalsystem*, in dem der König an die Adelsschicht *Lehen* vergab. Sie begründeten *Hoheitsrechte* über Grund und Boden und die dort ansässige Bevölkerung. Sie beinhalteten auch die Übertragung von *Regalien (königlichen Hoheitsrechten)*, d.h. Titel, Ämter und Würden sowie die Vollmacht, Gericht zu halten und Steuern zu erheben. Die Lehennehmer – Herzöge, Grafen, Bischöfe und Reichsäbte – waren dem König zu Treue und Dienstleistungen verpflichtet. Sie gaben ihrerseits *Lehenrechte* an den niederen Adel, die Ritterschaft und Geistlichkeit weiter, die dafür ebenfalls Gegenleistungen zu erbringen hatte. Die unterste Stufe des Feudalsystems bildeten die unfreien Bauern.
Auf dieser Basis entstanden im frühen Mittelalter (zwischen 500 und 900) europäische Königreiche, unter denen das im Zentrum Europas gelegene *Frankenreich* bald alle anderen an Größe und Macht übertraf. *Chlodwig I.* aus dem Geschlecht der *Merowinger* war von 482 bis 511 König der

Franken. *Im Jahr 496 nahm er den christlichen Glauben an, machte durch Eroberungen das Frankenreich zur Großmacht und auf der Synode von Orléans 511 die Kirche zur Reichskirche.* Reichshauptstadt wurde *Paris.* Damit war der Grundstein für das spätere *Heilige Römische Reich* gelegt. Die schwachen Nachfolger *Chlodwigs* konnten die merowingische Herrschaft nicht sichern. Im 8. Jahrhundert ging die Macht des Königs auf den Ersten Hofbeamten, den *Hausmeier* aus dem Geschlecht der *Karolinger,* über. Unter den karolingischen Königen besiegte *Karl Martell* 732 die *Mauren* bei *Tours und Poitiers,* deren Herrschaft dadurch auf Spanien beschränkt blieb. Der Enkel *Karl Martells, Karl der Große,* der von 768 bis 814 regierte, einigte, vergrößerte und stärkte das Frankenreich. Im Jahr 800 erhielt er vom *Papst in Rom* die Insignien der *Kaiserwürde,* die von nun an rund 1000 Jahre lang, bis 1806, Zeichen mitteleuropäischen Herrschertums blieben.

Unter den Nachfolgern *Karls* wurde das Reich in der Mitte des 9. Jahrhunderts in *Westfranken* (das spätere Frankreich) und *Ostfranken* (aus dem später Deutschland hervorging) geteilt. Auch die Reichskirche spaltete sich auf Dauer in eine West- und Ostkirche. Ostfranken entwickelte sich nach 900 zum *Heiligen Römischen Reich,* das von der Rhone bis zur Oder und von Schleswig bis Oberitalien reichte. Im 9. bis 11. Jahrhundert hatten sich die mitteleuropäischen Länder gegen die Einfälle der *Magyaren* und *Wikinger* zu wehren. Die *Magyaren,* ein Reitervolk aus dem Uralgebiet, siedelten im 9. Jahrhundert im Raum des heutigen Ungarn. Erst nach ihrer Niederlage 955 auf dem *Lechfeld* wurden sie in *Ungarn* seßhaft. Aus den Gebieten Skandinaviens stießen im 9. bis 11. Jahrhundert die germanischen *Wikinger* in viele Küstenregionen Europas und bis weit ins Landesinnere vor. Als *Waräger* zogen sie nach *Rußland,* gründeten dort 882 das *Fürstentum Kiew als Kern des späteren russischen Reichs* und fanden tief im Süden ihren Weg bis Konstantinopel. Als *Normannen* besiedelten sie im 9. Jahrhundert die *Normandie* und eroberten unter ihrem König *Wilhelm (1027 – 1087)* nach 1066 *England.* In dessen Norden hatten bereits lange vorher *Wikinger* Siedlungen errichtet. In Süditalien besetzten sie Kalabrien und Sizilien. Daraus entstand später das *Königreich Sizilien.* Um 1000 drang der Wikinger *Leiff Eriksson* bis zur Küste Neufundlands vor, das er *Vinland nannte,* und war damit schon *lange vor Kolumbus der Entdecker Amerikas.*

Im *Heiligen Römischen Reich* war die innenpolitische Lage über Jahrhunderte durch den fortwährenden Konflikt zwischen *Kaiser und Papst* geprägt. Es ging unter anderem beim *Investiturstreit* um die schwerwiegende Frage, wer von beiden die Bischöfe und Äbte auswählen und einsetzen durfte. Im *Wormser Konkordat* 1122 einigte man sich schließlich, daß der Papst die Insignien der geistlichen Würde, Ring und Stab, und der Kaiser das Zeichen der weltlichen Macht, das Zepter, verleihen durfte. Trotz der zunehmenden Entfremdung zwischen dem Papsttum und dem Patriarchat von Konstantinopel kam es zeitweilig zu einer Allianz, als das Oströmische Reich von *muslimischen Seldschuken* bedroht und *Jerusalem 1077* von diesen erobert wurde. *Der Papst rief nun die christliche Welt zur Rückeroberung Jerusalems und Befreiung von den „ungläubigen" Moslems auf. Darauf ist wohl zurückzuführen, daß im Gegenzug die Moslems Christen noch heutzutage „Ungläubige" nennen.* Im Laufe von rund 200 Jahren, zwischen 1095 und 1291, machten sich in *sieben Kreuzzügen* Ritterheere aus verschiedenen Ländern in Richtung *Heiliges Land* auf, um *Jerusalem* zu „befreien". Die Ergebnisse waren katastrophal: Hunderttausende von Todesopfern, der Verlust aller vorübergehend eroberten Gebiete an die Muslime und eine Vertiefung der Kluft zwischen den Anhängern der beiden Weltreligionen.

Im 13. und 14. Jahrhundert waren es zwei gefährliche Bedrohungen, die das Abendland erschütterten: der *Mongolensturm* und die *Pest*. Von *Karakorum*, dem Herrschaftszentrum der Mongolen, aus eroberten *Dschingis Khan (1155 oder 1167 – 1227)* und seine Nachfolger zwischen 1206 und 1279 ganz China, die Staaten Zentralasiens und des islamischen Nahen Ostens. Von dort drangen sie nach Polen und Ungarn vor, gaben dann aber nach dem Tod des Groß-Khans ihre weiteren Angriffspläne auf. Mit ihren schnellen, wendigen Reiterheeren und Bogenschützen waren sie ihren Gegnern weit überlegen und schufen in wenigen Jahrzehnten eines der größten Weltreiche der Geschichte, *das Mongolische Reich*. Das Reich war in mehrere *Khanate* unterteilt, darunter das Khanat der „*Goldenen Horde*" in *Südrußland*, das bis Ende des 15. Jahrhunderts bestand. Bereits im 14. Jahrhundert begann wegen der unterschiedlichen Kulturen und Religionen der im Reich vereinigten Völker der Zerfall. Ebenfalls im 13. und 14. Jahrhundert wütete die – auch schon im Altertum bekannte – *Pest* als zweite Bedrohung in Europa. Allein zwischen 1347 und 1352 waren 25 Millionen Todesopfer, rund ein Drittel der Bevölkerung Europas, zu beklagen.

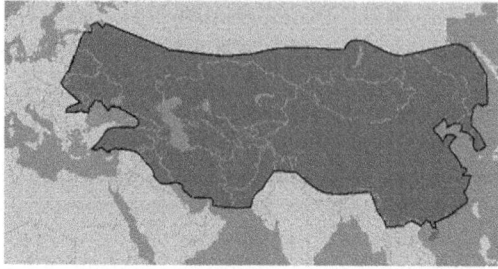

Fig. 2-7: Das Mongolische Weltreich um 1270

Halten wir hier einen Augenblick inne und überschauen das Leben der Menschen in der damaligen Zeit. Es war in allen Staaten Europas das Leben in einer *feudalen hierarchischen Ständeordnung* mit dem Herrscher an der Spitze, dem durch Großgrundbesitz gekennzeichneten weltlichen und klerikalen Hochadel, dem niederen Adel, der Ritterschaft und der unteren breiten Schicht der in Zünften organisierten Handwerker und der Masse der Bauern. Das Leben der Bauern und einfachen Handwerker war ungleich schwerer als heute. Für die Bodenbearbeitung gab es nur den von Pferden oder Ochsen gezogenen Pflug und einfache Handgeräte, für die Getreideernte Sensen, Sicheln und Dreschflegel. In den Häusern wurde an offenen Feuerstellen gekocht, bei Dunkelheit eine Fackel entzündet und auf Strohlagern geschlafen. Für den Transport von Handelswaren, von Reisenden und Informationen dienten damals nur Pferdefuhrwerke, Reitpferde und Schiffe. Der Verkehr von Handelsschiffen auf der Nord- und Ostsee wurde von der *Hanse* beherrscht, die seit ihrer Gründung im 11. Jahrhundert bis zum 16. Jahrhundert ein Bündnis von Hafenstädten zur Förderung und zum Schutz der Handelsschiffahrt war. *Deutsche Hansestädte* waren u.a. *Lübeck, Hamburg und Bremen,* die noch heute die Bezeichnung Hansestadt führen. In den zum Schutz mit starken Mauern und Wehrtürmen umgebenen Städten regierten *Patrizier,* deren Familien es zu Wohlstand und Ansehen gebracht hatten. *Der überwiegende Teil des Volksvermögens gehörte dem Adel, der in Burgen und Herrschaftssitzen residierte und von den Bauern und Handwerkern hohe Abgaben eintrieb. Diese krassen Unterschiede der Lebensverhältnisse führten im 14. Jahrhundert infolge von Mißernten, Hungersnot, Pest und wirtschaftlicher Rezession zu Aufständen der Bauern und armen Stadtbewohner, die blutig unterdrückt wurden.* Der Volkszorn richtete sich damals auch gegen unschuldige jüdische Gemeinden, die zu Judenverbrennungen in Südfrankreich und Deutschland führten. Zwischen England und Frankreich brach wegen des Anspruchs des englischen Königshauses auf den französischen Thron und wegen Streitigkeiten über englische Lehen auf französischem Boden 1337 der *Hundertjährige Krieg* aus, der mit Unterbrechungen bis 1453 dauerte und mit dem Rückzug der Engländer aus ganz Frankreich endete.

Die Aufstände der armen Bevölkerungsschichten in verschiedenen Ländern Europas waren erste Anzeichen dafür, daß die Ständeordnung der mittelalterlichen Feudalgesellschaft mit ihrer einseitigen Privilegierung der Adelsschicht nicht mehr widerspruchslos hingenommen wurde. *Die Asymmetrie des gesellschaftlichen Zwangs, die extrem ungleiche Verteilung des Besitzes und der Einkommen (wie heute wieder in vielen Industrieländern) führte zu einer haßerfüllten Entsolidarisierung der mittelalterlichen Gesellschaft und zu den Bauernkriegen des 16. Jahrhunderts, in denen der Adel seine Herrschaftsansprüche zunächst behaupten konnte. Mit der Französischen Revolution 1789 setzte dann in vielen Ländern die Entmachtung und Enteignung des europäischen Adels ein. Durch die Säkularisation 1803 verlor auch die Kirche, die im Mittelalter rund 70% des landwirtschaftlich nutzbaren Grundbesitzes in Deutschland erworben hatte, den größten Teil ihrer Güter. Mit dem Abdanken des letzten Herrschers, Kaiser Franz Joseph II. (1768 – 1835), endete 1806 auch das Heilige Römische Reich.*

Während im 15. Jahrhundert der *Hundertjährige Krieg* zwischen England und Frankreich noch andauerte, kam es in Europa zu einem neuen, religiös motivierten Konflikt. Der tschechische Theologe an der Prager Universität, *Jan Hus (um 1370 – 1415)*, verurteilte den Reichtum der Kirche und die Autorität des Papstes. Die Bibel allein war für ihn Maßstab in allen Glaubensfragen. Er stützte sich damit auf die Lehre des englischen Kirchenkritikers *John Wyclif* (1330 – 1384), der den Machtanspruch des Papstes ablehnte und ein klerikales Leben in frei gewählter Armut forderte. Mit dem päpstlichen Bann belegt, verweigerte *Jan Hus* auf dem *Konzil in Konstanz 1415* den Widerruf seiner Schriften und kam – trotz der Zusicherung freien Geleits – auf den Scheiterhaufen. Die gewaltige tschechische Empörung darüber löste die *Hussitenkriege* aus, die von 1419 bis 1436 dauerten und das tschechische Nationalbewußtsein deutlich – insbesondere durch die Vertreibung der Deutschen aus Böhmen – stärkten.

Als Folge der zunehmenden *Kritik an der Kirche* kam es zu umfangreichen, aber halbherzigen Reformprogrammen, die später wieder abgeschwächt wurden. Kritisiert wurden unter Anderem die Praxis des *Ablaßhandels*, die als zu hoch empfundenen Abgaben an die Kirche und der enorme und stetig wachsende Kirchenbesitz. Nicht diese offensichtlichen Mißstände, sondern sein Ringen mit einem theologischen Problem veranlaßte am 31.10.1517 den *Augustinermönch Martin Luther (1483 – 1546)*, seine berühmten 95 *Thesen* gegen die Lehr- und Bußpraxis der Kirche in Form einer Schrift, angebracht an der Tür der *Schloßkirche in Wittenberg*, zu veröffentlichen. *Luther* war in Magdeburg, Eisenach und an der Universität Erfurt ausgebildet worden. Er trat 1505 in das Erfurter Augustiner-Kloster ein und wurde 1507 zum Priester geweiht. Ab 1513 war er Professor der Theologie an der Universität Wittenberg. Er und andere Reformatoren wollten nicht eine Trennung von der römisch-katholischen Kirche, sondern eine Erneuerung (lat. *reformatio*) der Kirche entsprechend der ursprünglichen christlichen Lehre. *Luther* hatte große Probleme mit der katholischen Lehrmeinung, daß *jeder Christ sich Gottes Gnade und seine Erlösung durch eigene Anstrengungen verdienen müsse*. An der Stelle 3,28 im *Römerbrief des Apostels Paulus* fand er stattdessen die Aussage: *„So halten wir nun dafür, daß der Mensch gerecht wird ohne des Gesetzes Werke, allein durch den Glauben"* und an der Stelle 1,17 im gleichen Römerbrief: *„Sintemalen darin offenbart wird die Gerechtigkeit, welche kommt aus Glauben in den Glauben, wie denn geschrieben steht: Der Gerechte wird seines Glaubens leben."* Getroffen vom Bannstrahl des Papstes und 1521 geächtet auf dem Reichstag in Worms, wo sich *Luther* mit den Worten verteidigte: *„Hier stehe ich, ich kann nicht anders, Gott helfe mir, Amen"*, mußte er fliehen und fand kurfürstlichen Schutz auf der *Wartburg*. Dort übersetzte er die Bibel direkt aus dem Hebräischen bzw. Griechischen ins Deutsche, bediente sich dabei einer allgemein verständlichen Sprache und gilt seitdem als wortgewaltiger Förderer des deutschen Sprachschatzes und Wegbereiter des Geisteslebens der kommenden Neuzeit. Seine Distanz zur katholischen Kirche dokumentierte *Luther* 1525 auch durch seine Ehe mit der ehemaligen Nonne *Katharina von Bora*.

Als Folge der Reformation, durch die eine Entmachtung der Fürstbischöfe und Klöster drohte, und wegen fortwährender Unterdrückung durch die weltlichen und geistlichen Grundherren erhoben sich 1524 in Süddeutschland viele Bauern, um für das Aufheben der Leibeigenschaft und eine Reduzierung der Abgabenlast zu kämpfen. Im *Bauernkrieg (1524 – 1526)* wurden die Aufständischen unter ihren Führern *Thomas Münzer* und (erzwungenermaßen) *Götz von Berlichingen* – der sich vor der entscheidenden Schlacht zurückzog – von Reichsritterheeren vernichtend geschlagen. *Luther* sprach sich gegen die Erhebung der Bauern aus und verlor dadurch besonders in Süddeutschland viel an Popularität. Die protestantische Lehre fand rasche Verbreitung, weil es ab 1450 mit der *Erfindung des Buchdrucks durch Johannes Gutenberg (um 1400 – 1468) in Mainz* möglich war, gleichartige Bücher in größerer Stückzahl – die erste Bibelauflage betrug 180 Exemplare – preisgünstig herzustellen. Als Druckmaterial verwendete man anstelle des teureren, in der Antike viel benutzten Pergaments das *Papier*, das – Anfang des 2. Jh. n. Chr. in China erfunden – seinen Weg über die arabische Welt nach Europa fand und hier bereits seit dem 12. Jh. produziert wurde. Viele Fürsten traten in der Folgezeit mit ihren Untertanen zum Protestantismus über (nach dem Motto: *Cujus regio, ejus religio* = wessen Region, dessen Religion), weil sie an der neuen Lehre Gefallen fanden und gleichzeitig auch den hohen Abgaben an die päpstliche Kurie entgehen konnten.

Gegen Ende des 15. Jahrhunderts kam es zu einem Ereignis von großer geschichtlicher Tragweite. Es war die *Neuentdeckung Amerikas 1492 durch den aus Genua stammenden Seefahrer Christoph Kolumbus (1451 – 1506)*, der im Dienst Spaniens einen neuen Seeweg nach Indien finden sollte, nachdem wegen des Niedergangs des Oströmischen Reiches die Landroute für den Gewürzhandel infolge hoher Zölle unwirtschaftlich geworden war. Auf vier Reisen zwischen 1492 und 1504 – sein erstes Schiff hieß *Santa Maria* – landete Kolumbus auf verschiedenen karibischen Inseln, deren Ureinwohner er *Indianer* nannte, weil er zeitlebens glaubte, die Seeroute nach Indien entdeckt zu haben. In dem Bemühen, Indien auf dem Seeweg zu erreichen, kam ihm der Portugiese *Vasco da Gama (1468 – 1524)* zuvor, der 1498 die Südspitze Afrikas umsegelte und als erster Europäer an der indischen Küste landen konnte. In den folgenden Jahren erforschte der Florentiner Seefahrer *Amerigo Vespucci (1454 – 1512)* ab 1499 die Ostküste Südamerikas. Der deutsche Kartograph *Martin Waldseemüller* zeichnete erstmals die Umrisse des neuen Kontinents in seine *Weltkarte von 1507* ein und nannte ihn nach Amerigo (lat.: *Americius*) *Amerika*. Später, zwischen 1519 und 1522, startete der Portugiese *Ferdinand Magellan (1480 – 1521)* eine vollständige *Weltumsegelung*, wodurch das antike *Weltbild des Ptolemäus* endgültig widerlegt und die Kugelgestalt der Erde bewiesen war. Magellan selbst starb auf dieser Reise 1521; von den 234 Männern seiner Mannschaft kamen 1522 nur 18 nach Spanien zurück. Der *Kompaß*, eine drehbar gelagerte Magnetnadel, die sich im Erdmagnetfeld immer in Nord-Süd-Richtung einstellt und vermutlich um 1300 in *Amalfi* erfunden wurde, war bei diesen und allen späteren Seereisen ein unschätzbares Navigationsmittel für die Hochseeschiffahrt.

Die Entdeckung der überseeischen „Neuen Welt" durch Kolumbus markiert den beginnenden Übergang vom Mittelalter in die Neuzeit, die von der ersten Hälfte des 16. Jahrhunderts bis in die heutige Zeit dauert. Die ersten Jahrhunderte der Neuzeit, das 16. bis 18. Jahrhundert, waren geprägt von dem Bestreben der in Europa entstandenen Nationalstaaten, insbesondere der großen Seemächte England, Spanien, Frankreich, Portugal und Italien, ihren Einfluß in Europa zu stärken und Überseegebiete der jeweiligen eigenen Krone zu sichern.

Das Erbe des Mittelalters

Bis zum *Ende des 15. Jahrhunderts* war die gesamte Erdbevölkerung auf schätzungsweise *rund 450 Millionen Menschen* angewachsen. Da schon um die *Zeitenwende rund 300 Millionen Menschen auf der Erde* lebten, war der Zuwachs in den rund 1000 Jahren des Mittelalters relativ gering. Diese etwa *30 Generationen* erlebten eine Zeit, in der sich die seßhaft gewordenen Völker und Volksgruppen Europas und Asiens zu *hierarchisch strukturierten Staaten* mit mehr oder weniger gesicherten Grenzen formierten. Die Landesherrschaft lag in Europa in den Händen des hohen und niederen Adels, ihre Gefolgschaft waren die Ritter und ihre Untergebenen, die kleinen Handwerker und die Masse leibeigener Bauern. In den mit Mauern und Wehrtürmen umgebenen Städten, die unter der Landesherrschaft standen oder reichsfrei waren, regierten alteingesessene Patrizierfamilien. Die Handwerker und Händler waren in streng geregelten Interessengemeinschaften (Zünften und Gilden) organisiert.

Der christliche Glaube war in der europäischen mittelalterlichen Gesellschaft fest verankert. Dies findet in den noch heute zu bewundernden Kirchenbauten der *Romanik* und *Gotik* ihren sichtbaren Ausdruck. Der *romanische Kunst- und Architekturstil* entstand in Westeuropa am Beginn des 11. Jahrhunderts und dauerte bis Ende des 12. Jahrhunderts. Seine typischen Architekturmerkmale sind die *Rundbogenfenster, -portale und -gewölbe.* Beispiele sind die *Pfalzkapelle in Aachen (um 800), die Sakralbauten auf der Piazza dei Miracoli mit dem „Schiefen Turm" in Pisa (11. Jh.), die Dome in Speyer und Mainz (11. bzw. 12. Jh.)* und die *Kathedrale von Santiago de Compostela (um 1100).* Kunstwerke der Romanik sind in Form von Skulpturen, Fresken, Mosaiken, Buchmalereien sowie Goldschmiede- und

Textilarbeiten bis heute Zeugen einer hoch entwickelten Kulturepoche. Die *Gotik* war eine Schöpfung Frankreichs. Sie begann 1130 und dauerte bis Anfang des 16. Jahrhunderts. Die Kennzeichen der gotischen Sakralbauten sind die *Spitzbogen* über Fenstern und Portalen, *hohe Strebepfeiler, die am Kreuzrippengewölbe enden, Wimperge (Abschlußsteine der Gewölbe), Fassadenverzierungen, Wandskulpturen, Kreuzblumen, Buntglasfenster und -rosetten*. Zu bewundern sind diese prachtvollen, majestätischen Bauwerke in vielen großen Städten Europas, u.a. *Notre Dame in Paris, die Abteikirche St. Denis und die Kathedralen in Chartres, Salisbury, Canterbury, Toledo, Barcelona und Straßburg sowie die Dome in Trier, Köln und Marburg.*

Neben den Kirchen waren die *Klöster* des Mittelalters Zentren des geistlichen und kulturellen Lebens. Die in klösterlicher Gemeinschaft lebenden *Mönche* waren ehe- und besitzlos und gestalteten ihren Tagesablauf nach strengen, vom Papst jeweils anerkannten Ordensregeln. Die ersten christlichen Klöster entstanden bereits Anfang des 6. Jh. in Italien durch *Benedict von Nursia (480 - 547)*, Gründer des *Benediktinerordens*. Im Jahr 529 errichtete er das berühmte *Kloster Monte Cassino*. Im 11. und 12. Jh. gab es weitere Ordensgründungen. Neben der Seelsorge widmeten sich die Mönche der Pflege, Übersetzung, Herausgabe und Verbreitung antiken und christlichen Schrifttums.

Das herausragende Werk der klösterlichen Literaturarbeit waren die Übersetzung und Abschrift der *Bibel oder Heiligen Schrift*, des weltweit verbreitetsten Buchs aller Zeiten. Es beinhaltet das *Alte Testament*, eine in den vorchristlichen Jahrhunderten entstandene Sammlung von heiligen Texten der alten *Israeliten*, und das *Neue Testament*, eine Darstellung der Lehre *Jesu Christi* sowie der Briefe und Berichte seiner Anhänger, der Jünger und Apostel, aus dem 1. Jh. n. Chr. In den Klöstern wurden wertvolle Handschriften der Bibeltexte, oft mit kunstvollen Verzierungen, hergestellt und für die Nachwelt erhalten.

Während noch in ganz Europa majestätische gotische Kathedralen als Wahrzeichen eines starken, tief in die Gesellschaft wirkenden Glaubens emporwuchsen, entwickelte sich ab 1300 in der Kunstwelt *Italiens* ein Rückbesinnen auf die grandiosen Meisterwerke der Antike und dadurch eine Wiedergeburt, *Renaissance oder Rinascimento der Kunst* entsprechend den antiken Vorbildern. Von Italien ausgehend verbreitete sich die *Renaissancekunst* bis Mitte des 16. Jh. in ganz Europa. Begleitet und unterstützt wurde sie im 14. und 15. Jh. durch die Geistesströmung des *Humanismus*, die der Individualität und Würde des Menschen in der Gesellschaft zu mehr Ansehen verhalf. Der durch den *Fall von Byzanz 1453* ausgelöste Strom byzantinischer Flüchtlinge und Gelehrter nach Italien trug wesentlich zur Entwicklung der Renaissance und zur Bereicherung des Humanismus bei. In der *Malerei* war es *Giotto (1267 – 1337)*, der – aufbauend auf dem Werk von *Cimabue (1240 – 1302)* – den formalistischen, flächenhaft wirkenden *byzantinischen Kunststil* verließ und zum ersten Mal Figuren in ihrer natürlichen plastischen Form darstellte. *Giotto* erfand auch erste *Ansätze zur malerischen Perspektive*, also der Darstellung räumlicher Gebilde auf der ebenen Malfläche, eine Technik, die dann von *Masaccio (1401 – 1427)* vervollkommnet wurde. *Masaccios* Schaffen stand unter dem Einfluß der Baumeister und Bildhauer *Filippo Brunelleschi (1377 – 1446)*, der die 1436 vollendete Kuppel des Doms in Florenz schuf, und *Donatello (1386 – 1466)* aus Florenz.

Einzigartige Höhepunkte erreichte die Renaissancekunst in den Werken der Maler, Bildhauer und Architekten *Leonardo da Vinci (1452 – 1519)* und *Michelangelo Buonarroti (1475 – 1564)*. *Leonardo* stammt aus dem kleinen Ort Vinci bei Florenz. Er ging bei dem Maler *Verocchio* in die Lehre und war ab 1482 für den Herzog von Mailand, *Ludovico Sforza*, tätig. In den Jahren 1495 bis 1497 entstand eines seiner Hauptwerke, *das Abendmalfresko im Refektorium des Klosters Santa Maria delle Grazie in Mailand*. Ab 1502 diente *Leonardo* dem Herzog *Cesare Borgia* und malte zwischen 1503 und 1506 die *Mona Lisa (La Gioconda)*, eines der berühmtesten Gemälde der Welt, das er immer auf seinen Reisen mitnahm. Seine letzten Jahre verbrachte *Leonardo* in Rom und bei Amboise in Frankreich, wo er starb. Leonardo war nicht nur ein überragender vielseitiger Künstler, sondern auch ein genialer Wissenschaftler und technischer Erfinder, der sich mit Anatomie, Optik, Hydraulik und Luftfahrt beschäftigte, und auf diesen und anderen Wissensgebieten seiner Zeit weit voraus war. Er entwickelte unter anderem detaillierte Zeichnungen von Brücken, Kränen, Schiffen, Pumpen, Fallschirmen, Gleitfluggeräten, Taucheranzügen, Kanonen und Katapulten.

Michelangelo, in Caprese bei Arezzo geboren, lernte schon mit 13 Jahren die Freskomalerei. Mit 14 Jahren (1489) begann er seine Lehre als Bildhauer bei den *Medici* in Florenz. Während seines ersten Romaufenthalts (1496 – 1501) entstand die *Pieta im Petersdom* und danach in Florenz die

4,34 m hohe *Statue des David (1501 – 1504)*, dessen Kopie auf der *Piazza della Signoria in Florenz* steht. Beim zweiten Romaufenthalt (ab 1505) schuf Michelangelo das weltberühmte *Deckengemälde der Sixtinischen Kapelle (1509 – 1512)* und die *Statue des Moses (1513 – 1516)*. In der Sixtinischen Kapelle malte er nach dem „*Trompe-l´oeil*"-*Stil* („Augentäuschungsstil"), bei dem die Figuren durch Licht- und Schattenwechsel betont räumlich erscheinen, obwohl sie eben dargestellt sind. Damit wurde Michelangelo zum Vorreiter des *Manierismus*, der als Kunststil um 1520 in Italien entstand und 1650 zu Ende war. Kennzeichnend für diesen Stil waren mit dünner Farbe gestaltete, betont langgestreckte Figuren in extremer, dramatisch wirkender Haltung. Ein herausragender Vertreter dieser Kunstrichtung war der aus Griechenland stammende spanische Maler *El Greco (1541 – 1614)* und der Venezianer *Tintoretto (1518 – 1594)*. Andere berühmte Meister der italienischen Hochrenaissance waren *Raffael (1483 – 1520)*, *Tizian (1488 – 1576)* und *Veronese (1528 – 1588)*.

In den Niederlanden beeinflußte die frühe Renaissancemalerei die Werke der bedeutenden flämischen Meister *Jan van Eyck (1390 – 1441)*, der 1432 den *Großen Genter Altar* schuf, und *Rogier van der Weyden (1399 – 1464)* aus *Brügge*. In Deutschland war es der Nürnberger Maler, Zeichner und Kupferstecher *Albrecht Dürer (1471 – 1528)*, der sich mit seinem überragenden Werk unter die Besten seiner Epoche einreihen konnte. Dürer, der zweimal in Italien war und auch die Niederlande besuchte, gestaltete neben zahlreichen Gemälden 100 Kupferstiche und Radierungen sowie 350 Holzschnitte. Höhepunkte seines Schaffens waren sein *Selbstporträt (1500)*, *Adam und Eva (1504)*, *Ritter, Tod und Teufel (1513)* und *Die Vier Apostel (1526)*. Die einzigartigen Illustrationen zum Gebetbuch Kaiser Maximilians I. entstanden in Zusammenarbeit mit *Lucas Cranach dem Älteren (1472 – 1553)*, *Albrecht Altdorfer (1480 – 1538)* und *Hans Baldung (1484 – 1545)* mit dem Zusatznamen „Grien", weil er die Farbe Grün bevorzugte.

Das Ende der europäischen Antike und der Beginn des Mittelalters ist in der *arabischen Welt* von der Verkündigung des *Korans, des Heiligen Buchs der Moslems*, durch den Propheten *Mohammed in Mekka*, den Begründer des *Islams*, geprägt worden. Der Islam verbreitete sich rasch in den Ländern Arabiens, Südasiens und Nordafrikas und konnte auch auf dem Balkan Fuß fassen. Er ist heute eine der großen Weltreligionen.

Das herausragende Werk der *mittelalterlichen Dichtung* ist das Gedicht-Epos *„Die Göttliche Komödie" (La Divina Commedia) von Dante Alighieri (1265 – 1321) aus Florenz,* das als eines der bedeutendsten Meisterwerke der Weltliteratur gilt. Viele Romane, Erzählungen, Gedichte und Lieder, u. a. auch das *Nibelungenlied* und die *Lieder der Minnesänger,* sind eindrucksvolle poetische Zeugnisse aus dieser Zeit.

Ein kostbares und hochangesehenes Erbe des Mittelalters in Europa sind die ab dem 11. Jh. gegründeten Zentren für Bildung und Wissenschaft – die *Universitäten* (lat. *universitas* = Gesamtheit). Hervorgegangen aus der Nachahmung der antiken Philosophen- und Gelehrtenschulen Griechenlands und Roms sowie aus der fortlaufenden Erweiterung der frühen Kloster- und Domschulen entwickelten sie sich zunächst zu Lehr- und Forschungsstätten für die *Theologie, Philosophie, Rechtswissenschaft und Medizin.* In den folgenden Jahrhunderten bis heute kamen ständig neue Lehrgebiete hinzu. *Die älteste Universität der Welt ist Al-Azhar in Kairo, gegründet 970 und höchste Autorität der Lehre des Islams.* In Europa entstanden *frühe Universitäten in Parma (1065), Bologna (1119), Oxford (1167), Cambridge (1209), Salamanca (1218), Padua (1228), Paris (um 1250), Perugia (1308), Florenz (1321), Prag (1348) als erste deutsche Universität, Krakau (1364), Wien (1365), Heidelberg (1386) und Köln (1388).* Die erste amerikanische Universität ist *Harvard,* gegründet 1780. Die Struktur der Universität Paris wurde Vorbild für alle anderen Hohen Schulen. Lehrer und Studenten waren nach verschiedenen Nationen eingeteilt und es wurden grundsätzlich drei Titel verliehen: Bakkalarien, Lizentiaten und Magister. Zwischen 1500 und 1650 erhielt der Lehrkörper der meisten Universitäten die noch heute gültige Form mit dem Rektor an der Spitze, den Dekanen, ordentlichen Professoren und Privatdozenten. Wegen der zunehmenden Fülle des Lehrangebots gab es im Laufe der Zeit zusätzliche Professorengruppen. Die verschiedenen Lehrgebiete wurden ab 1880 von den natur-, staats-, geistes- und wirtschaftswissenschaftlichen Fakultäten vertreten. Johann Wolfgang von Goethe in einem Brief an seine Schwester Cornelie am 12.10.1765: „Sie können nicht glauben, was es eine schöne Sache um einen Professor ist. Ich bin ganz entzückt, da ich einige von diesen Leuten in ihrer Herrlichkeit sah. Es gibt nichts Glänzenderes, Würdigeres und Ehrenvolleres. Ihr Ansehen und ihr Ruhm blendete so meine Augen und meine Seele, daß ich nach keinem anderen Ziele als einer Professur dürste. Lebe wohl".

b---   d ---...
a   c   e   g

0   510   800 1000   1550
k— f ·—|

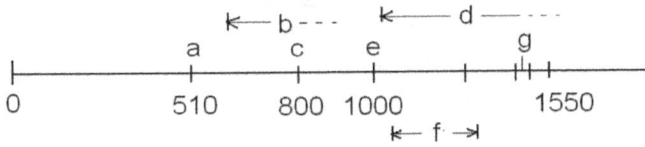

Fig. 2.8: Das Mittelalter zwischen etwa 500 und 1550. a Gründung des Franken-
reichs als mitteleuropäische Großmacht; b Beginn des Islams in Saudi-Arabien; c
Kaiserkrönung Karls des Großen; e Gründung der ersten Universität der Welt in
Kairo (970); d Gründungszeit der ersten europäischen Universitäten; f Zeit der
Kreuzzüge; g In diese Zeit fallen die Entdeckung Amerikas und der Beginn der
Reformation.

Neben diesen glanzvollen Errungenschaften gab es auch dunkle Schatten-
seiten des mittelalterlichen Erbes. Trotz der Verbreitung der christlichen
Botschaft über die Nächstenliebe durch die kirchlichen Einrichtungen
fiel es den Menschen im Mittelalter schwer, friedlich miteinander auszukommen. Feindseligkeiten, Raubrittertum und Überfälle waren an der Ta-
gesordnung. Deswegen mußte sich die mittelalterliche Stadt mit starken
Mauern, Stadttoren, Wällen, Gräben, Wehrgängen und Wehrtürmen gegen äußere Feinde schützen. Im fränkischen Nürnberg und in Rothenburg
o. T. zum Beispiel sind solche Anlagen noch heute zu sehen. Der hohe
und niedere Adel errichtete auf günstig gelegenen Anhöhen oder Hügeln
mit mächtigen Mauern und Türmen befestigte und von einem Graben
umgebene *Burgen* als Wohnsitze. Im Burghof war der *Bergfried*, ein hoher
Turm mit starken Mauern, kleinen Fenstern und einem Innenbrunnen zur
Versorgung mit Trinkwasser, die letzte Zufluchtsstätte gegen Eindringlinge.
Solche Befestigungen boten allerdings nur bis ins 15. Jh. ausreichenden
Schutz. Denn schon im frühen 14. Jh. kamen in Europa die ersten Waffen
auf, bei denen *Schwarzpulver* für das Verschießen von Steinen, Eisenku-
geln oder großen Bolzen eingesetzt wurde. Der Name Schwarzpulver geht
auf den Namen des Mönchs *Berthold Schwarz* zurück, der das Pulver angeblich in der zweiten Hälfte des 14. Jh. erfunden haben soll. Tatsächlich
gab es aber bereits seit 1334 eine Schwarzpulver-Produktion in England
und seit 1340 auch in Deutschland. Das Pulver besteht aus 75% Salpeter
(Kaliumnitrat), 15% Holzkohle und 10% Schwefel. Erstmalig wurden mit
Schwarzpulver bestückte Kanonen 1453 bei der Belagerung Konstantinopels und im gleichen Jahr beim Sieg der Franzosen über die Engländer im
Hundertjährigen Krieg verwendet. Gegen solche Waffen boten befestigte

Stadtmauern und Trutzburgen ab der zweiten Hälfte des 15. Jh. keinen hin-
reichenden Schutz mehr. Der Bau dieser Befestigungsanlagen nahm daher
ein Ende. Das grausame Feuerwerk der Kriege, von denen es in der nun
folgenden Neuzeit nur so wimmelte, konnte jetzt erst richtig losgehen, und
bis heute Tod und Verderben über die Menschheit bringen.

Ein anderes finsteres Kapitel des Mittelalters waren die *Wiederbelebung der
Sklaverei* – die ja schon in Form der bäuerlichen Leibeigenschaft als mil-
dere Form existierte – die Einführung der *Inquisition* und die *Hexenjagd*.
Schon in den antiken Kulturen z.B. der Ägypter, Chinesen, Inder, Hebräer,
Griechen und Römer sowie im Islam und bei den indianischen Völkern
Amerikas war die Sklaverei ein allgemein akzeptierter Teil des Wirtschaftslebens. Mit dem Vordringen europäischer Seefahrer zu den Küstenregionen
Afrikas und Südasiens im 15. Jh. und Amerikas im 16. Jh. setzte weltweit
ein interkontinentaler *Sklavenhandel* ein. Als erste begannen damit die Portugiesen und Spanier in der Mitte des 15. Jh. in Afrika. Andere europäische
Nationen machten es ihnen nach. Der Sklavenhandel, der mit entsetzlichen Leiden der verschleppten Menschen und vielen Todesopfern verbunden war, wurde erst im 19. Jh. endgültig offiziell abgeschafft, existiert
aber dennoch in der subtileren, verdeckten Form der Kindersoldaten, des
Mädchenhandels und der Zwangsprostitution bis heute.
Die *Inquisition* (lat.: *inquisitio* = Untersuchung) wurde von der Amtskirche
im 12. Jh. zur *Bestrafung von Ketzern oder Häretikern*, also vom „rechten"
Glauben Abgefallenen, eingeführt. Sie richtete sich zunächst gegen die
Sekte der *Katharer* (von griech.: *katharos* = rein), die sich in Südfrankreich
Albigenser (nach ihrem Zentrum, der Stadt *Albi*) nannten. Sie lebten in
strenger Askese und lehrten, daß es einen guten Gott und einen bösen
Gott unabhängig voneinander gibt. Markante Daten der Inquisition sind:
1208 Aufruf des Papstes zum Kampf gegen die Albigenser, von denen viele
getötet und deren Zentren dem Erdboden gleichgemacht wurden; 1231
Gründung der päpstlichen Inquisitionsbehörde; die mit Benediktinern und
Dominikanern besetzt wurde; 1224 Einführung der Todesstrafe auf dem
Scheiterhaufen durch Kaiser Friedrich II.; 1252 päpstliche Legitimierung
der Folter; 1478 Beginn der gefürchteten Inquisition in Spanien durch den
Großinquisitor *Tomas de Torquemada (1420 - 1498)*, der tausende angebliche Ketzer hinrichten ließ; 1559 Aufstellung einer Liste der verbotenen
Bücher; 1633 Verurteilung *Galileis* wegen seiner Lehre, daß die Erde – wie
bereits von *Kopernikus* dargelegt – sich um die Sonne dreht und daß
generell die Auslegung der Bibel sich dem aktuellen wissenschaftlichen

Kenntnisstand anzupassen habe, zu lebenslangem Hausarrest; Oktober 1992: die Kirche bekannte öffentlich ihren Irrtum und rehabilitierte *Galilei*.

Galt die Inquisition zunächst nur der Verfolgung von Ketzern, so wurde sie gegen Ende des Mittelalters und in der darauf folgenden Neuzeit zwischen 1470 und 1770 hauptsächlich auf „Hexen" (von altdeutsch *Hagazussa* = „Zaunreiterin") angewandt. Die Hysterie der Hexenverfolgung, die es nur in Mitteleuropa gab, wurde von der geistlichen und weltlichen Obrigkeit gleichermaßen geschürt. „Hexen" waren zu 80% Frauen, der Rest Männer und Kinder. Auch Tiere wurden der Hexerei beschuldigt. Nach dem Kirchenlehrer *Thomas von Aquin (1225 – 1274)* schlossen Hexen einen Pakt mit dem Teufel und seinen Dämonen, deren Existenz theologisch unbestritten war. *Als „Hexe" galt, wer den Hexenflug auf einem Stecken, Tier oder Dämon durchführte; einen Pakt mit dem Teufel schloß; am Hexensabbat Umgang mit dem Teufel hatte; Geschlechtsverkehr mit dem Teufel trieb (Teufelsbuhlschaft) oder sich der Schadenzauberei hingab.* Das Hauptdelikt war dabei der Abfall vom Glauben und die Verschwörung gegen das Christentum. Der 1487 erschienene „Hexenhammer" (*Malleus Maleficarum*), verfaßt von dem Dominikaner *Heinrich Institoris (1430 – 1505)*, beschrieb die Einzelheiten der Hexenverfolgung von der Denunzierung über die mehrstufige Folter bis zum Scheiterhaufen. Alle westlichen Kirchen – die katholische, protestantische, anglikanische und puritanische – unterstützten die Hexenjagd, die Ostkirche dagegen nicht. In rund drei Jahrhunderten wurden etwa 3 Millionen Menschen der Hexerei beschuldigt. *Die Gesamtzahl der Todesopfer wird je nach Quelle unterschiedlich angegeben: sie reicht von 40.000 bis einigen 100.000, davon 20.000 allein in Deutschland.* Der Autor des „Jahrtausend-Bestsellers" *Sakrileg, Dan Brown (*1964)*, beziffert die Anzahl der europäischen Frauen, die Opfer der Hexenprozesse wurden, auf völlig aus der Luft gegriffene 5 Millionen! Eines der Opfer war auch *Jeanne d'Arc (1412 – 1431)*, die *Jungfrau von Orléans*, die im Hundertjährigen Krieg von den Engländern gefangengenommen und 1431 als „Hexe" auf dem Scheiterhaufen hingerichtet wurde. In Deutschland, genauer in Bayern, starb die letzte „Hexe", *Anna Schwägerl*, 1775; in Europa, nämlich in der Schweiz, war es 1782 *Anna Goldi*.

Der Begriff *Mittelalter*, erstmals Ende des 16. Jahrhunderts von den *Humanisten* benutzt, hatte schon von Beginn an eine negative Bedeutung. Man sprach von einer „dunklen" Zeit und bezeichnet noch heute eine Meinung oder ein Vorhaben als „mittelalterlich" oder „Rückkehr ins Mittelalter", wenn sie als rückschrittlich und damit unbrauchbar kritisiert werden. Wenn schon von einem „finsteren Zeitalter" die Rede ist, dann sollte man lieber aus der nachfolgenden „Neuzeit" die Periode des schrecklichen *Dreißigjährigen Kriegs (1618 – 1648)* und die erste Hälfte des 20. Jh. zur Sprache bringen, die alles in den Schatten stellte, was es bisher an furchtbaren Kriegen und entsetzlichen Morden in der Menschheitsgeschichte gab.

2.4 Die Neuzeit (16. bis 19. Jh.)

Der jüngste Abschnitt der Menschheitsgeschichte, den wir *Neuzeit* nennen, begann etwa in der ersten Hälfte des 16. Jh. und dauert bis heute an. In diesen etwa viereinhalb Jahrhunderten erlebte die Menschheit einen unvorstellbaren dramatischen Wandel ihrer vielfältigen Kulturen und Lebensverhältnisse. Wir sehen in dieser Zeit eine allmähliche Schwächung der Macht der Kirchen und des Adels, die durch die Säkularisation 1803 bzw. infolge der Französischen Revolution 1789 und in den folgenden 130 Jahren im großen Stil enteignet wurden und ihren Herrschaftsanspruch verloren. An die Stelle der Adelsherrschaft trat in vielen Ländern die Demokratie nach griechischem Vorbild mit einem vom Volk gewählten Regierungsorgan. Wir sehen im 18. und 19. Jh. die weltweite Abschaffung der Leibeigenschaft und der Sklaverei. Wir sehen eine grandiose Blütezeit der Kunst, die wir noch heute in vielen Bauwerken, Skulpturen, Gemälden und Werken der Literatur bewundern können. Wir sehen das Erwachen des menschlichen Forschergeistes, der über 15 Generationen hinweg die materiellen Strukturen und Wechselwirkungen in der belebten und unbelebten Natur erschloß und einer wahren Flut von Erfindungen und technischen Entwicklungen den Weg bahnte. Wir sehen in allen Wirtschaftsbereichen, damit einhergehend, die fortschreitende Ablösung der ausschließlich menschlichen und tierischen Arbeitskraft durch Dampfmaschinen, dann Verbrennungsmotoren und später Elektromotoren und daraus folgend die Technisierung der Landwirtschaft, des Bergbaus, Bauwesens und Verkehrs sowie die Einführung der Serienproduktion von Gütern in den Fabriken des Industriezeitalters. Wir sehen Ende des 19. Jh. den Beginn der Elektronik, die bis heute unsere Lebenssituation in geradezu dramatischer Weise verändert und bereichert hat. Wir sehen die systematische Erforschung der Funktionen des menschlichen Körpers und, darauf aufbauend, das Entstehen einer grandiosen Vielfalt von pharmakologischen und technischen Heilmethoden in der Medizin. Wir sehen auch – als Folge der verbesserten Nahrungs- und Heilmittelversorgung der Menschen – einen vorher nicht gekannten Anstieg der Weltbevölkerung. *Vom Beginn der Zeitrechnung (dem Jahr Null) bis 1650, also in etwas mehr als eineinhalb Jahrtausenden nahm die Bevölkerung nur von etwa 300 auf 500 Millionen Menschen zu. Von da an beschleunigte sich der Anstieg rapide. Schon 150 Jahre später, um 1800, waren es 1 Milliarde, also das Doppelte, und weitere 150 Jahre später, also 1950, 2,5 Milliarden Menschen. Kurz vor 2000 lebten bereits rund 6 und heute bereits 6,7 Milliarden Menschen auf unserer Erde. Derzeit wächst die Bevölkerung* jährlich um etwa 80 Millionen Menschen. *Demoskopische Prognosen gehen davon aus, daß die Erdbevölkerung bis 2050 auf etwa 9 bis 10 Milliarden ansteigen und von da ab etwa konstant bleiben wird.* Mitverantwortlich für diese Entwicklung ist auch die gestiegene Lebenserwartung der Menschen. Sie lag 1950 bei durchschnittlich 40 Jahren und 2000 bereits bei 65 Jahren bezogen auf die Weltbevölkerung.

Politisch waren die ersten vier Jahrhunderte der Neuzeit von den untereinander ausgetragenen Machtkämpfen der großen europäischen Nationen, vor allem Portugal, Spanien, England, Frankreich und das Heilige Römische Reich um die Vorherrschaft in Teilen Europas und um die Erhaltung und Sicherung neu erworbener überseeischer Gebiete geprägt. Die überragende Herrschergestalt Europas war in der ersten Hälfte des 16. Jh. *Karl V. aus dem Hause Habsburg,* der – im Jahr 1500 in Gent geboren – von 1530 bis zu seiner Abdankung 1556 *Kaiser des Heiligen Römischen Reiches* war. Zu seinem Reich, das er hauptsächlich durch Erbschaften vergrößern konnte und in dem „die Sonne nie unterging", gehörten Kastilien und Aragon in Spanien, Teile Italiens, die österreichischen Erblande, die burgundischen Niederlande und große Gebiete in der Neuen Welt. In vier Kriegen mit dem König *Franz I. (1494 – 1547) von Frankreich,* der sich und sein Land von Habsburg umklammert sah, konnte sich Karl V. behaupten und den italienischen und burgundischen Besitz vor Ansprüchen Frankreichs sichern. In *Rußland* hatte der Großfürst *Iwan III. (1440 – 1505)* von Moskau alle russischen Fürstentümer in einem Reich vereint und nannte sich „Herrscher von ganz Rußland". Der Süden Europas wurde vom *Osmanischen (türkischen) Reich* bedroht, das bis Mitte des 16. Jh. den ganzen Balkan (bis kurz vor Wien) und Südrußland sowie weite Gebiete Arabiens und Nordafrikas eroberte und beherrschte.

Neben den Kriegen zwischen dem Heiligen Römischen Reich und Frankreich gab es im 16. Jh. noch dutzende andere kriegerische Auseinandersetzungen, in deren Schlachten sich nun nicht mehr gepanzerte Ritter, sondern mit Lanzen und Schwertern ausgerüstete *Söldnerheere* gegenüberstanden, deren Kampfhandlungen durch *Feuerwaffen* in Form einer beweglichen Artillerie unterstützt wurden.

Im ganzen 16. Jh. gab es einen *Wettlauf* der großen europäischen Nationen um die Eroberung und Inbesitznahme der neu entdeckten Gebiete auf dem amerikanischen Kontinent. Im Auftrag der spanischen Krone eroberte der

Konquistador *Hernán Cortés (1485 – 1547)* im Jahr 1521 mit einer kleinen Truppe das *Aztekenreich* in Mittelamerika, zerstörte dessen Hauptstadt *Tenochtitlan* und gründete an der gleichen Stelle die *Stadt Mexico City*. Auch das Nachbarvolk der *Maya* wurde unterworfen. Ebenfalls im Auftrag Karls V. drang der Spanier *Francisco Pizarro (1476 – 1541)* im Jahr 1532 nach *Peru* vor und zerstörte das *Inkareich*, das eine 4000 km lange Region an der Westküste Südamerikas umfaßte. Pizarro machte die Inka-Hauptstadt *Cuzco* dem Erdboden gleich und gründete an gleicher Stelle die neue Hauptstadt *Lima*. Die Herrscher dieser indianischen Reiche wurden von den spanischen Eroberern getötet und ein Teil der Bevölkerung zur Sklavenarbeit gezwungen. Der spanische Missionar und spätere Bischof von Chiapas, *Bartholomé de las Casas (1474 – 1566)*, erreichte 1542 die Abschaffung der Sklaverei und die Gleichstellung von Indianern und Spaniern.

Der portugiesische Seefahrer *Pedro Álvarez Cabral (um 1460 – 1526)* landete im Jahr 1500 an der Küste von *Bahia* und nahm die Region für Portugal in Besitz. Hauptstadt wurde *Salvador de Bahia*. Für die Bewirtschaftung importierten die Portugiesen viele Sklaven aus Afrika. Von 1580 bis 1640 kamen Portugal und damit auch Brasilien vorübergehend unter spanische Herrschaft. In den *Napoleonischen Kriegen* floh der portugiesische Kronprinz *Johann* 1807 nach Brasilien, residierte im 1567 gegründeten *Rio de Janeiro* und wurde 1816 *König von Brasilien*. Sein Sohn *Peter I. (1798 – 1834)* erklärte 1822 die Unabhängigkeit Brasiliens, ließ sich zum Kaiser krönen und mußte 1831 abdanken. Dessen Sohn und Nachfolger *Peter II. (1825 – 1891)* wurde 1889 durch einen Militärputsch ebenfalls entmachtet und in Brasilien die Republik ausgerufen. Neue Gesetze führten zwischen 1850 und 1888 zur schrittweisen Abschaffung der Sklaverei. In Brasilien wurde das Portugiesische und in allen anderen Ländern Süd- und Mittelamerikas das Spanische Landessprache.

In *Nordamerika* gab es bei Ankunft der ersten weißen Siedler schätzungsweise *3 bis 5 Millionen Indianer*, die – über das ganze Land verteilt – vielen Stämmen angehörten. Sie waren hervorragende Reiter, lebten in Zeltdörfern als Jäger und Sammler, kannten keine Feuerwaffen und benutzten daher zur Jagd und bei Stammesfehden Pfeil und Bogen, Kriegsbeile und Speere. Bei der Besiedlung Nordamerikas nahmen die weißen Eindringlinge keinerlei Rücksicht auf die Rechte der indianischen Ureinwohner. Sie wurden umgesiedelt, verdrängt, in zahlreichen Kriegen zu hunderttausenden getötet, durch eingeschleppte Krankheiten dahingerafft und als Restbevölkerung in Reservate gepfercht. Hauptakteure in Nordamerika waren die europäischen Kolonialmächte England, Frankreich, Spanien und die Niederlande. Die Spanier errichteten ab 1565 Siedlungen in Florida, die Engländer gründeten 1607 als erste Siedlung *Jamestown* und die Franzosen 1608 *Québec*. In der Folgezeit dehnten die Spanier ihre Besitzungen auf ganz Florida, Kalifornien und den Süden der heutigen USA aus, die Engländer nahmen nach der Landung der *Pilgerväter* mit dem Schiff „*Mayflower*" in *Massachusetts* von 1620 bis 1670 die ganze Ostküste in Besitz, errichteten dort die *13 Neuenglandstaaten* und verdrängten die Holländer aus dem Gebiet des heutigen *New York*; die Franzosen beanspruchten weite Gebiete im heutigen *Kanada* und im ganzen Einzugsgebiet des Mississippi, wo sie die Kolonie *Louisiana* gründeten. Die Gier auf noch mehr Landbesitz trieben England und Frankreich zwischen 1689 und 1763 in vier Kolonialkriege und korrespondierende vier europäische Kriege, deren Verlierer Frankreich 1763 im Frieden von Paris alle seine Besitzungen in Kanada und östlich des Mississippi an England verlor. England konnte sich nicht lange an seinen Eroberungen freuen. Zwischen 1763 und 1783 kam es wegen der strikten englischen Handelsvorschriften zu Konflikten zwischen England und den Neuenglandstaaten, die *am 4.7.1776 zur Unabhängigkeitserklärung* dieser Kolonien und damit zur *Gründung der Vereinigten Staaten von Amerika (USA)* führten. England antwortete mit Krieg, der als amerikanischer *Unabhängigkeitskrieg* von 1776 bis 1783 dauerte und die englische Herrschaft beendete. Durch Kauf, Annexion und Krieg vergrößerten die USA ihre Territorien bis zum Ende des 19. Jh. auf den heutigen Umfang. Im Jahr 1803 erwarben sie von Frankreich für 15 Millionen USD ganz *Louisiana*, ein Gebiet von 2,1 Millionen km^2, und verdoppelten damit ihren Landbesitz. Die Annexion von *Texas* 1845 führte zum Krieg mit Mexiko, das daraufhin *Kalifornien* und *New Mexiko* gegen eine Zahlung von 15 Millionen USD an die *USA* abtrat. Zwischen 1815 und 1867 erweiterten die *USA* ihr Territorium um 17 neue Bundesstaaten, darunter *Alaska*, das sie 1867 für 7,2 Millionen USD von *Rußland* erwarben.

Scharfe politische und wirtschaftliche Gegensätze zwischen den Nord- und Südstaaten der *USA* mündeten in einen *Bürgerkrieg (Sezessionskrieg) von 1861 bis 1865* zwischen der *Union der Nordstaaten* und 11 aus der Union ausgetretenen *Südstaaten*, die sich nun *Konföderierte Staaten* nannten. Die blutige Auseinandersetzung, die rund 620.000 Soldaten das Leben kostete, endete mit dem Sieg der Union, der Wiederherstellung der Einheit und der von den Nordstaaten geforderten Abschaffung der Sklaverei. Fast vier Millionen schwarze Sklaven erhielten – bei einer Gesamtbevölkerung von 12 Millionen – dadurch ihre Freiheit.

In *Afrika* hatte sich bis zum Beginn der Neuzeit eine Reihe von *Königreichen* entwickelt, die Handelsbeziehungen unterhielten und sich immer wieder in kriegerischen Konflikten behaupten mußten. Als erste Europäer errichteten die *Portugiesen* während des 15. Jh. zahlreiche Niederlassungen an der afrikanischen West- und Ostküste. Ihnen folgten bald die *Engländer, Franzosen, Spanier* und *Niederländer*, die sich rege an dem nun einsetzenden *Sklavenhandel* beteiligten. Im 16. und 17. Jh. wurden schätzungsweise *20 bis 100 Millionen schwarze Sklaven aus Afrika* auf Schiffen unter oft menschenunwürdigen Bedingungen nach Nord- und Südamerika transportiert und dort auf Sklavenmärkten verkauft. Viele haben den Transport nicht überlebt. Es dauerte rund 200 Jahre, bis von den beteiligten Ländern Anfang des 19. Jh. der Sklavenhandel verboten und abgeschafft wurde. Trotzdem gab es noch kein freies Afrika. Denn die rivalisierenden europäischen Staaten teilten zwischen 1884 und 1914 alle afrikanischen Gebiete als Kolonien unter sich auf und nahmen sie unter Zwangsverwaltung. Erst nach dem Zweiten Weltkrieg wurden alle afrikanischen Kolonien selbständige Staaten.

Als *größte Kolonialmacht der Welt* entwickelte sich *England*, das bereits 1600 mit der Gründung der *Ostindischen Kompanie* seinen Einfluß auf dem indischen Subkontinent geltend machte und sich nach dem Verlust seiner amerikanischen Kolonien nun verstärkt der Kolonisierung in Afrika, Südasien und Australien zuwandte. In der *Act of Union 1707* verbanden sich *England* und *Schottland* zum *Königreich Großbritannien*, dem *United Kingdom*, zu dem auch *Wales, Irland* (nur Nordirland) und eine Reihe von Inseln gehören. Im Jahr 1714 kam der *Kurfürst von Hannover* als *Georg I. (1660 – 1727)* auf den britischen Thron. Die Herrschaft der Könige aus dem *Haus Hannover* dauerte bis 1837. Zur Sicherung seiner Handelsverbindungen und zur Erschließung neuer Märkte war Großbritannien im 18. und 19. Jh. weltweit in hunderte militärischer Konflikte verwickelt. Im 19. Jh. wurde *Indien* vollständig erobert und zum *Vizekönigreich* erhoben. In *China* konnten dagegen nur einzelne Handelsstützpunkte an der Küste eingerichtet werden. Viele Kolonien, darunter *Kanada, Australien, Neuseeland* und *Südafrika* erhielten den *Dominion-Status*. Er gewährte die volle politische Autonomie bei gleichzeitiger enger Bindung an das Mutterland

Großbritannien. Dieses *Britische Empire* erreichte etwa 1909 seine maximale Ausdehnung: Es umfaßte rund ein Fünftel der Erdoberfläche und ein Viertel der Weltbevölkerung. Nach dem *II. Weltkrieg* wurden die meisten Kolonien und alle Dominions selbständige Staaten und das Empire löste sich auf.

Auch auf dem europäischen Kontinent und in verschiedenen anderen Weltregionen ging es in den vier Jahrhunderten vom 16. bis zum 19. Jh. nicht besonders friedlich zu. Erbstreitigkeiten, Machtansprüche, Hegemoniebestrebungen, Bündnisverpflichtungen und Religions-Auseinandersetzungen ließen die Kette von Kriegen in Europa und anderswo nicht abreißen. In vielen Ländern Europas hatte sich seit Ende des 15. Jh. die Herrschaftsform des *Absolutismus* etabliert Die Staatsgewalt lag in den Händen des Herrschers, der sich auf das *Gottesgnadentum* berief. Er allein bestimmte, wie sich sein Staat organisierte und welche Kriege er führte. Schaut man sich die Liste der Kriege – seit es verläßliche Geschichtsschreibung gibt – an, so findet man im Altertum während der Vorherrschaft *Ägyptens* und *Griechenlands* acht und während des *Römischen Reichs* 55 Kriege. Im Mittelalter gab es vom 5. bis 12. Jh. insgesamt 13 und vom 13. bis 15. Jh. insgesamt 30 Kriege. In der Neuzeit zählen wir dagegen für das 16. Jh. 38, für das 17. Jh. 40, für das 18. Jh. 33 und für das 19. Jh. allein 69 Kriege. Übertroffen werden diese Zahlen nur noch vom ach so fortschrittlichen 20. Jh., wo wir auf 80 Kriege kommen. Besonders verheerend wirkte sich in Mitteleuropa der *Dreißigjährige Krieg* aus, der als Religionskrieg zwischen den katholischen Ländern des *Hauses Habsburg* und protestantischen Ländern, darunter *Dänemark* und *Schweden*, von 1618 bis 1648 tobte, weite Gebiete verarmen ließ und allein in *Deutschland* ein Drittel der Bevölkerung das Leben kostete.

Vom 16. bis 18. Jh. bedrohte das von 1300 bis 1922 bestehende, vom Islam geprägte *Osmanische Reich* die christlichen Staaten Mitteleuropas, nachdem die *Osmanen* zuvor den Balkan, die Staaten Nordafrikas und arabische Länder bis zur persischen Grenze erobert hatten. Zwischen etwa 1500 und 1800 kam es zu zahlreichen Kriegen vor allem *Österreichs* und *Rußlands* gegen das *Osmanische Reich*, dessen Truppen zweimal, 1529 und 1683, ergebnislos *Wien* belagerten. Der stetige Zerfall des *Osmanischen Reichs* endete 1922 mit der Gründung der modernen Republik Türkei durch *Mustafa Kemal Atatürk (1881 – 1938)*.

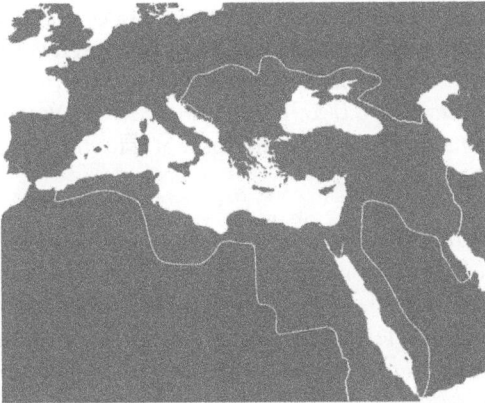

Fig. 2-9: Osmanisches Reich um 1683.

Neben den Balkanländern standen auch andere europäische Länder, zum Beispiel die *Niederlande* und *Italien*, lange Zeit unter einer Fremdherrschaft. Die *Niederlande* waren bis 1609 *Teil des Heiligen Römischen Reichs und gehörten zeitweise zu Burgund, zum Haus Habsburg* und zu *Spanien*. Durch die *Freiheitskämpfe* in der zweiten Hälfte des 16. Jh. unter *Wilhelm I. von Oranien (1533 – 1584)* errangen die nördlichen Provinzen der *Niederlande* ihre Unabhängigkeit von *Spanien*, während die südlichen Provinzen an das *Haus Habsburg* fielen und später als der Staat *Belgien* unabhängig wurden. Im Jahr 1794 eroberte *Napoleon* die *Niederlande*, errichtete dort zunächst die *Batavische Republik* und dann 1806 das *Königreich Niederlande*, das bis heute fortbesteht. *Italien* war zu Beginn der Neuzeit in viele kleine Herrschaftsgebiete und fünf größere Staaten aufgeteilt: die Königreiche *Sizilien* und *Neapel*, den *Kirchenstaat*, das *Herzogtum Mailand* und die *Republiken Venedig und Florenz*. Im 16. Jh. errang die spanische Linie des *Hauses Habsburg* gegen den Konkurrenten *Frankreich* die Vorherrschaft, die Anfang des 18. Jh. auf die österreichischen *Habsburger* überging. Diese hatten nun gegen die Ansprüche der spanischen *Bourbonen* zu kämpfen, bis *Napoleon* ganz Norditalien eroberte und eine Neuordnung erzwang, die aber nach seiner Abdankung wieder rückgängig gemacht wurde. Schließlich wurden die italienischen Einzelstaaten unter *Victor Emanuel II. (1820 – 1878)* zum *Königreich Italien* vereinigt.

Die zahlreichen *Napoleonischen Kriege* zwischen 1796 und 1815 forderten in Europa ungeheure Opfer, vor allem von Frankreich. Den Rußlandfeldzug

1812 begann *Napoleon* mit einem Heer von 600.000, von denen nur einige 10.000 in die Heimat zurückkehren konnten. Nach schweren Niederlagen *1813 in der Völkerschlacht bei Leipzig (ca. 195.000 Franzosen gegen 350.000 verbündete Truppen; über 110.000 Tote!)* und *1815 bei Waterloo* endete die Herrschaft *Napoleons*. Er wurde auf die Insel *St. Helena* verbannt und starb dort 1821.

Auf dem *Wiener Kongreß 1815*, einer Versammlung von Vertretern der Großmächte unter dem Vorsitz des österreichischen Fürsten *Klemens Wenzel von Metternich (1773 – 1859)* wurden die politischen Verhältnisse in Europa im Sinne einer Wiederherstellung der vorrevolutionären Ordnung *(Restauration)* verändert. *Frankreich* verlor alle von *Napoleon* eroberten Gebiete an die Siegermächte. Die 37 deutschen Teilstaaten und dazu vier freie Städte wurden zu einem konföderativen *Deutschen Bund* vereinigt, der das 1806 aufgelöste *Heilige Römische Reich* ablöste. Die Verfassung des *Deutschen Bundes*, die *Bundesakte*, bestimmte den *Bundestag in Frankfurt* unter dem Vorsitz von Metternich als einziges gesetzgebendes Organ.

Im *Juli 1830* kam es in *Paris* wegen der reaktionären, die demokratischen Freiheiten stark einschränkenden Politik des Königshauses zum Aufstand, der den König zur Abdankung und Flucht nach England zwang. Neuer König wurde der *Herzog von Orléans, Louis Philippe (1773 – 1850)*. In den folgenden Jahren forderte das immer selbstbewußter werdende Bürgertum eine Änderung des Wahlrechts, soziale Reformen und die Errichtung einer Republik. Im *Februar 1848* kam es zu neuen Aufständen in *Paris* und *Louis Philippe* trat zurück. Der Präsident der neu geschaffenen (2.) Republik, *Louis Napoleon* – ein Neffe *Napoleons I.* – schaffte 1852 die Republik ab und gründete – jetzt als *Napoleon III. (1808 – 1873)* – das *Zweite Kaiserreich*.

Die Revolutionen in *Frankreich* hatten *Signalwirkung* auf die Nachbarländer. Die *Februar-Revolution 1848* war Anlaß der *März-Revolution 1848 in Deutschland*. Am 18. Mai 1848 wurde *das erste Deutsche Nationalparlament in die Frankfurter Paulskirche* einberufen, blieb aber mit seinen Beschlüssen wegen starker restaurativer Gegenkräfte wirkungslos, wurde 1849 – inzwischen nach Stuttgart verlegt – vom Militär aufgelöst und durch den *Bundestag* ersetzt. Die Periode zwischen 1815 und 1848 wird auch als *Zeit der Restauration* oder *Vormärz* bezeichnet.

Das Scheitern der *März-Revolution* konnte den Prozeß der Vereinigung der deutschen Einzelstaaten lediglich verzögern. Wegen des Anspruchs *Dänemarks* auf das Herzogtum *Schleswig-Holstein* kam es 1864 zum *Dänisch-Deutschen Krieg (Erster Reichseinigungskrieg)*, nach dessen Ende das Herzogtum unter gemeinsame preußische und österreichische Verwaltung gestellt wurde. Politische Gegensätze zwischen *Preußen* und *Österreich*, vor allem um die Vorherrschaft in *Schleswig-Holstein*, waren 1866 Anlaß zum *Deutschen Krieg (Zweiter Reichseinigungskrieg)*, der zur *Auflösung des Deutschen Bundes* und – auf Betreiben des preußischen Ministerpräsidenten *Otto Eduard Leopold Graf von Bismarck (1815 – 1898)* – zur Gründung des kleineren *Norddeutschen Bundes* aus 22 (ab 1870 25) deutschen Kleinstaaten nördlich der Mainlinie und unter Ausschluß *Österreichs* führte. Die von *Frankreich* wegen der befürchteten Störung des europäischen Kräftegleichgewichts untersagte Kandidatur eines Hohenzollern-Prinzen für den freigewordenen spanischen Thron verstärkte die Spannungen zwischen *Frankreich* und dem *Norddeutschen Bund*, so daß schließlich 1870 *Frankreich* den Krieg erklärte – der als *Dritter Reichseinigungskrieg* in die Geschichte einging – und ihn nach der Entscheidungsschlacht bei *Sedan* am 1. September 1870 verlor. Der Französische Kaiser *Napoleon III.* und seine Armee wurden gefangengenommen. Während eines Aufstands in *Paris* kam es am 4. September 1870 erneut zur Ausrufung der Republik.

Einen Tag vor der deutschen Besetzung von Paris wurde *am 18. Januar 1871 im Spiegelsaal von Versailles das Deutsche Reich gegründet.* Die jahrhundertealte Zersplitterung *Deutschlands* in viele einzelne Herrschaftsgebiete fand damit ihr Ende. *Wilhelm I. (1797 – 1888) wurde Deutscher Kaiser* und regierte von 1871 bis 1888; ihm folgten Friedrich III. (März bis Juni 1888) und Wilhelm II. (1888 – 1918). Der Kaiser ernannte einen *Reichskanzler* – der Erste war *Bismarck* – und berief den *Reichstag* und den *Bundesrat* (aus Vertretern der 25 Bundesstaaten, davon 22 monarchische und 3 republikanische) ein. So entstand mit dem geeinten *Deutschland* eine kontinentale Großmacht, die in der ersten Hälfte des 20. Jh. eine katastrophale Rolle in der Weltgeschichte spielen sollte.

Die Epoche der Neuzeit bis zum Beginn des 20. Jh. wurde an Hand von wenigen Fakten nur stichpunktartig skizziert. Diese Skizze zeigt uns dennoch:

1. Die rücksichtslose Besiedelung Nordamerikas durch die ankommenden Europäer, die nahezu vollständige Ausrottung der indianischen Urbevölkerung und die Deportation der Restbevölkerung in Reservate;
2. Die Zerstörung der hochentwickelten friedlichen Indianerkulturen in Mittel- und Südamerika durch vorwiegend spanische und portugiesische Eroberer;
3. Die von europäischen Sklavenjägern betriebene Gefangennahme von vielen Millionen Schwarzer aus Afrika und ihre Deportation als Sklaven nach Nord- und Südamerika;
4. Die Kolonisierung und Zwangsverwaltung Afrikas, Indiens und vieler anderer Regionen der Erde durch rivalisierende europäische Nationen;
5. Die vielen Kämpfe der europäischen Nationen gegeneinander zur Sicherung oder Vergrößerung des Kolonialbesitzes;
6. Die Befreiungskämpfe der Kolonien gegen die europäischen Eindringlinge;
7. Die vielen Kriege der europäischen Völker gegeneinander wegen Machtansprüchen, Erbstreitigkeiten, Wirtschaftsinteressen oder religiösen Gegensätzen; und
8. die mörderischen Hexenverbrennungen von Unschuldigen wegen „Abfalls vom Glauben".

Das fortwährende Schlachten und Morden von Menschen durch den Menschen in allen Regionen der Erde konnte die Zivilisationen der Neuzeit zu unserem Erstaunen nicht daran hindern, das 16. bis 19. Jh. zur glanzvollsten Epoche der Menschheitsgeschichte zu machen, die mit ihren Leistungen in der Kunst, Wissenschaft, Wirtschaft und Gesellschaft in den sich entwickelnden Industrieländern einen einzigartigen Höhepunkt erreichten und uns Heutigen ein sagenhaftes Erbe hinterließen.

Das Erbe der Neuzeit bis zum Beginn des 20. Jahrhunderts

Architektur, Bildhauerei und Malerei

Ende des 16. und Anfang des 17. Jh. entwickelten Baumeister, Maler und Bildhauer aus den Stilelementen der *Spätrenaissance*, ausgehend von Italien, den *Barockstil*, der den *Manierismus* ablöste. Der Name kommt vermutlich vom portugiesischen Wort *perola barocca* für eine unregelmäßig geformte Perle. Die Werke des *Barock*, dessen Epoche etwa von 1600 bis 1730 datiert wird, bieten dem Betrachter den Eindruck einer kraftvollen, kontrastreichen, geschwungene Formen und vielfältige Dekorationen bevorzugenden Kunst, deren Figuren bewußt Bewegung und Dynamik vermitteln. Einer der ersten großen Barockbaumeister war der römische Architekt, Bildhauer und Schriftsteller *Gian Lorenzo Bernini (1598 – 1680)*, der die barocke Baukunst Europas maßgeblich beeinflußte. Er schuf unter anderem viele meisterhaft ausgearbeitete Portraitbüsten, den *Baldachin des Petersdoms*, die *Kolonnaden des Petersplatzes* und den Brunnen *Fontana die Fiumi*. In *Deutschland* begann der Barock wegen des Dreißigjährigen Kriegs deutlich später als in Italien. Hervorragende Werke des europäischen Barocks sind zum Beispiel die *Schlösser Versailles, Ludwigsburg, Schönbrunn und Nymphenburg, die Würzburger Residenz, die Dresdner Frauenkirche, die Abteikirche Ettal sowie die über 100 Kirchen längs der Schwäbischen Barockstraße.* Berühmte Baumeister des *deutschen Barocks* waren unter vielen anderen die Brüder *Cosmas Damian Asam (1689 – 1739)* und *Egid Quirin Asam (1692 – 1750)* sowie *Matthäus Daniel Pöppelmann (1651 – 1732)*, der Erbauer des *Dresdner Zwingers*; zu den Meistern des *österreichischen Barocks* gehören *Johann Bernhard Fischer von Erlach (1656 – 1723) (Schloß Schönbrunn und die Karlskirche in Wien)* und *Johann Lucas von Hildebrandt (1668 – 1745) (Palais Schwarzenberg und Schloß Belvedere in Wien)*. Der herausragende Baumeister des *englischen Barocks* war *Christopher Wren (1632 – 1723)*, der u. a. die *St. Paul's Cathedral in London*, das *Sheldonian Theatre in Oxford* und das *Royal Hospital in Chelsea* schuf.

Als Begründer der *römischen Barockmalerei* gelten *Annibale Carracci (1560 – 1609)* und *Michelangelo Merisi, genannt Caravaggio (1573 – 1610)*, der in Portraits und Stilleben die unter anderem auch von *Rembrandt* angewandte *Chiaroscuro- (Hell-Dunkel-)Maltechnik* perfektionierte. Von Rom verbreitete sich die Barockmalerei in kurzer Zeit über ganz Europa. Herausragende *Vertreter des flämischen und niederländischen Barock* sind *Peter Paul Rubens (1577 – 1640)*, dessen Schüler *Anthonis van Dyck (1599 – 1641)*, *Rembrandt Harmenszoon van Rijn (1606 – 1669)* und *Jan Vermeer (1632 – 1675)*; des *spanischen Barocks Diego Rodríguez de Silva y Velazquez (1599 – 1660)* und *Bartholomé Esteban Murillo (1617 – 1682)*; des *französischen Barocks* in der Form der klassischen Landschaftsmalerei, des *Classicisme*, *Nicolas Poussin (1594 – 1665)* und *Claude Lorrain (1600 – 1682)*.

Dem *Barock* folgte, ausgehend von Frankreich, die Epoche des *Rokoko*, die von etwa *1730 bis 1780* dauerte. Die Bezeichnung ist vom französischen *rocaille* (Muschelwerk), einem typischen Ornament des Rokoko, abgeleitet. Der Rokokostil ersetzte die wuchtigen, theatralischen Formen des Barock durch zierliche Dekorationselemente, darunter häufig muschelartige Verzierungen. Beispiele von Rokoko-Bauwerken in *Frankreich* sind die königliche Residenz in *Marly*, das *Hotel de Soubise* in *Paris* und die Ausstattung von Räumen in zahlreichen Schlössern; in *Süddeutschland* sind es die *Wieskirche*, errichtet von *Dominikus Zimmermann (1685 – 1766)*, von dessen Bruder *Johann Baptist Zimmermann (1680 – 1758)* Stuckarbeiten in den Schlössern *Nymphenburg* und *Schleißheim* sowie in den Reichen Zimmern der *Münchner Residenz* stammen. Ein Meister des Spätbarock und Rokoko war *Johann Balthasar Neumann (1687 – 1753)*, der Erbauer der *Würzburger Residenz*, deren Fresken im Kaisersaal und im Treppenhaus von *Giovanni Battista Tiepolo (1696 – 1770)* gemalt wurden. Von *Neumann* stammen die fränkischen *Wallfahrtskirchen Vierzehnheiligen und Gößweinstein*. Großen Einfluß auf die süddeutsche Rokokokunst hatten die Baumeister *François Cuvilliés der Ältere (1695 – 1768)* und dessen in München geborener Sohn *François Cuvilliés der Jüngere (1731 – 1777)*. Der Vater schuf u. a. die Zimmer der *Münchner Residenz, das erzbischöfliche Palais, die Amalienburg und das Cuvilliés-Theater* in München, der Sohn u. a. die *Fassade der Theatinerkirche und die Feldherrnhalle*.
Die großen Maler des französischen Rokoko waren *Antoine Watteau (1684 – 1721)*, *François Boucher (1707 – 1770)* und *Jean-Honoré Fragonard (1732 – 1806)*, deren Gemälde und Kupferstiche oft mythologische oder historische Szenen darstellten.

Die Epoche des *Rokoko* wurde in Europa und Nordamerika vom *Klassizismus* abgelöst, der *zwischen etwa 1750 und 1830* sich zur vorherrschenden Kunstrichtung entwickelte und die speziellen Kunstformen des *Biedermeier, Empire und Louis Seize* beinhaltete. Im *Klassizismus* strebten die Künstler danach, die durch reichliche Verzierungen überladenen Strukturen des Barocks und Rokoko durch Nachahmungen der klaren und schönen Formen der klassischen Antike zu ersetzen. In der Architektur traten Gebäude mit Giebeldach, Fries und frontalen Säulenreihen in den Vordergrund. Als erster Lehrmeister des europäischen Klassizismus gilt *Andrea Palladio (1508 – 1580)*. Beispiele klassizistischer Baukunst sind das *Pantheon*, der *Arc de Triomphe* und die *Champs Elysées* in *Paris*, das *British Museum* in *London*, das *Brandenburger Tor*, die *Neue Wache*, das *Schauspielhaus* und das *Alte Museum* in *Berlin*, die *Nikolaikirche* in *Potsdam*, die *Bebauung des Königsplatzes und die Alte Pinakothek* in *München* sowie die *Walhalla* bei *Regensburg*. Bedeutende Künstler waren in *Italien Antonio Canova (1757 – 1822)* und der dänische Bildhauer *Bertel Thorvaldsen (1768 – 1844)*. In *Deutschland* waren die großen Baumeister des Klassizismus u. a. *Karl Friedrich Schinkel (1781 – 1841), Leo von Klenze (1784 - 1864), Gottfried Semper (1803 – 1879) und Friedrich von Gärtner (1792 – 1847)*.

In der Malerei *Frankreichs* gelten *Jacques-Louis David (1748 – 1825)* als Begründer und *Jean-Auguste-Dominique Ingres (1780 – 1857)* als einer der großen Meister des Klassizismus. In Deutschland spielte diese Rolle *Johann Friedrich August Tischbein (1750 – 1812)*. Während in der Architektur und Bildhauerei der Klassizismus bis etwa 1830 vorherrschte, entwickelte sich in der europäischen Malerei zwischen etwa 1800 und 1830 eine neue Stilrichtung, die *Romantik*, in der sich die Künstler von den strengen Formen des Klassizismus lösten und bevorzugt in phantasievollen Landschaftsbildern ihr Naturempfinden zum Ausdruck brachten. Bedeutende *Meister der Romantik* waren in *Frankreich Jean Louis André Theodore Géricault (1791 – 1824) und Eugene Delacroix (1798 – 1863)*; in *Deutschland Caspar David Friedrich (1774 – 1840)* und in *England John Constable (1776 – 1837) und Joseph Mallord William Turner (1775 – 1851)*.

In seiner Endphase wurde der *Klassizismus* ab etwa 1815 bis 1860 besonders in *Deutschland* und *Österreich* allmählich vom kleinbürgerlich geprägten Stil des *Biedermeier* abgelöst, der besonders im Kunsthandwerk und in der Malerei zum Vorschein kam. Der Begriff ist von einer das Kleinbürgertum kennzeichnenden Figur des schwäbischen Dorfschullehrers *Gottlieb*

Biedermaier der Zeitschrift „*Fliegende Blätter*" abgeleitet. Im Gegensatz dazu fand der ab 1795 in *Frankreich* vorherrschende, von Napoleon inspirierte *Empire-Stil* Gefallen an den Dekorationsformen des antiken Rom und ahmte sie nach.

Auf die gefühlvollen Ausdrucksformen der *Romantik* folgte zwischen 1830 und 1850 der *Realismus*, der die Menschen und ihre Welt ohne jegliche Verklärung so darzustellen suchte, wie sie damals wirklich waren. Bedeutende Vertreter dieser Kunstrichtung waren die französischen Maler *Gustave Courbet (1819 – 1877)* und *Honoré Daumier (1808 – 1879)*, der Karikaturen in höchster Vollendung schuf. In *Deutschland* stammen eindrucksvolle Gemälde des *Realismus* von *Wilhelm Maria Hubertus Leibl (1844 – 1900)*. Ende des 19. Jh. setzte sich diese Kunstrichtung im *Naturalismus* fort.

Gegen Ende des 19. Jh., etwa ab 1870, gab es in der bildenden Kunst Mitteleuropas nebeneinander mehrere unabhängige Stilrichtungen: neben dem Naturalismus *den Jugendstil und Impressionismus*. Die Bezeichnung „*Jugendstil*" geht auf den Namen der 1896 gegründeten Zeitschrift „*Jugend*" zurück, deren Aufmachung dieser Stilrichtung zum Durchbruch verhalf. In *Österreich* sprach man stattdessen von „*Wiener Secession*", in *Frankreich* und *England* von „*Art Nouveau*", in *Italien* von „*Stile florale*" und in *Nordamerika* von „*Modern Style*". Kennzeichen dieser Kunst sind langstielige pflanzenähnliche oder geometrische Ornamente, Ranken und Blüten, die häufig mit Darstellungen von Figuren oder Tieren eine Einheit bilden. Herausragende Vertreter dieses Stils sind in *Deutschland Franz von Stuck (1863 – 1928)*, in *Österreich Gustav Klimt (1862 – 1918)* und in *Nordamerika Louis Comfort Tiffany (1848 – 1933)*, der besonders durch Buntglas-Lampenschirme berühmt wurde.

Der von *Frankreich* ausgehende *Impressionismus*, der von 1870 bis 1920 einen bedeutenden Rang in der europäischen Kunstszene einnahm, bemühte sich um die bildliche Vermittlung von Stimmungen und Sinneseindrücken. Er bildete die künstlerische Gegenbewegung zum *Realismus* und *Naturalismus*. Zu seinen Protagonisten gehörten in *Frankreich Edouard Manet (1832 – 1883), Edgar Degas (1834 – 1917), Paul Cézanne (1839 – 1906), Claude Monet (1840 – 1926), Pierre Auguste Renoir (1841 – 1919) und Paul Gauguin (1848 – 1903); in Holland Vincent van Gogh (1853 – 1890) und in Deutschland Max Liebermann (1847 – 1935), Lovis Corinth (1858 – 1925) und Max*

Slevogt (1868 – 1932). Die von diesen Künstlern geprägte Stilrichtung wurde Anfang des 20. Jh. vom *Expressionismus* abgelöst.

Die lückenhaft skizzierte neuzeitliche Szene der bildenden Kunst beschränkt sich in dieser Darstellung auf Europa und vereinzelt auf Nordamerika, weil gerade hier die Ausdruckskraft, der Formenreichtum und die Vollkommenheit der Kunstobjekte einen Höhepunkt erreichte, der den einzigartigen Schöpfungen der griechischen und römischen Antike ebenbürtig war oder sie sogar noch übertraf. In vielen Museen auf der ganzen Welt können wir dies noch heute bewundern. Natürlich gab und gibt es auch aus anderen Regionen herausragende Zeugnisse der bildenden Kunst, die deren kulturelle Tradition, Volksseele und Schöpferkraft widerspiegeln.

Literatur

Vor der Erfindung der Buchdruckpresse mit beweglichen Lettern im Jahr 1450 durch *Johannes Gutenberg (1400 – 1468)* in Mainz gab es in der Weltliteratur ausschließlich von Hand gefertigte Schriften und Kopien meist religiöser und antiker Werke, die vorwiegend in Klöstern entstanden. Ihre Herstellung und Verbreitung blieb daher auf wenige Exemplare beschränkt. Ab 1450 war es möglich, kostengünstig eine größere Anzahl, zum Beispiel einige hundert, Drucke ein- und derselben Schrift herzustellen. Von nun an ergoß sich bis heute eine lawinenartig anschwellende Flut von Literatur über die Menschheit, allen voran das meistverbreitete Buch: die Bibel. Der Buchdruck sorgte Anfang des 16. Jh. für eine rasche Verbreitung und Anerkennung der Reformation durch die Druckschriften von *Martin Luther (1483 – 1546)*, *Erasmus von Rotterdam (1469 – 1536)*, *Ulrich von Hutten (1488 – 1523)*, *Ulrich Zwingli (1484 – 1531)* und *Johann Calvin (1509 – 1564)*. Er bewirkte auch eine Verlagerung des Schwerpunkts der literarischen Tätigkeit von den Klöstern hin zum immer selbstbewußter werdenden Stadtbürgertum. Als Nachfolger des mittelalterlichen Minnesangs etablierte sich in den Städten zu Beginn der Neuzeit der von Handwerkern zunftmäßig organisierte Meistersang mit streng kontrollierten Schulregeln. Ein berühmter Vertreter dieser Kunstgattung war der Nürnberger „Schuh-Macher und Poet dazu" *Hans Sachs (1494 – 1576)*, der unter anderem rund 4000 Meisterlieder und 1500 Schwänke verfaßte und dem *Richard Wagner (1813 – 1883)* in dem Singspiel „Die Meistersinger von Nürnberg" ein musikalisches Denkmal setzte. Nicht nur Klerus, Adel und wohlhabendes Bürgertum, sondern auch alle Schichten des Volkes hatten jetzt in der Form des Volkslieds, -lesebuchs und -märchens Anteil an der Literatur ihrer Zeit.

Auf die Literaturperiode des Barocks (1600 – 1730), die in Deutschland den Dramatiker *Andreas Gryphius (1616 – 1664)* und den Lyriker *Martin Opitz (1597 – 1639)* hervorbrachte, folgte von 1730 bis 1785, also während der Zeit des Rokoko, die literarische Periode der Deutschen Aufklärung. Rund 75% der Bevölkerung lebten damals von der Landwirtschaft. Während die Kirchen das harte Los der Bauern als gottgewollt darstellten und Ergebenheit verlangten, erhoben die Verfechter der Aufklärung den Verstand zum Bewertungsmaßstab des Lebens und forderten öffentlich für alle Bürger: Freiheit statt Absolutismus, Gleichheit statt Ständeordnung, wissenschaftliche Erkenntnis statt Aberglauben und Toleranz statt Dogmatismus. Den Menschen sollte bewußtgemacht werden, wie sehr sie von ihren adeligen Landesherren politisch und sozial unterdrückt wurden. Förderer der Aufklärung waren in Frankreich die berühmten Autoren François Marie Arouet, genannt *Voltaire (1694 – 1778)* und *Jean-Jacques Rousseau (1712 – 1778)*; in Deutschland die Schriftsteller *Gotthold Ephraim Lessing (1729 – 1781)*, *Johann Christoph Gottsched (1700 – 1766)* und *Christoph Martin Wieland (1733 – 1813)* sowie die Philosophen *Gottfried Wilhelm Leibniz (1646 – 1716)* und *Immanuel Kant (1724 – 1804)*.

Der Titel eines Dramas von *Friedrich Maximilian Klinger (1752 – 1831)* gab dem letzten Abschnitt der Zeit der Aufklärung zwischen 1765 und 1785 seinen literarischen Namen: Sturm und Drang. Sein künstlerisches Motiv war die jugendliche Protestbewegung gegen das die Gesellschaft immer tiefer prägende bürgerliche Berufsleben, gegen den Obrigkeitsstaat und die als veraltet angesehene Kunsttradition. Als Ideal galt das nicht an Konventionen gebundene Genie, das kraftvoll wie weiland Shakespeare seiner dichterischen Phantasie freien Lauf ließ. Den Höhepunkt des Sturm und Drang bildeten die Erstlingswerke des jungen *Johann Wolfgang von Goethe (1749 – 1832)*: das Drama „Götz von Berlichingen" (1773) und der Roman „Die Leiden des jungen Werthers" (1774). Dieser Roman wurde das Kultbuch des 18. Jh. und machte Goethe über Nacht weltberühmt. Napoleon soll das Werk nicht weniger als siebenmal gelesen haben und traf 1808 den Verfasser auf eigenen Wunsch in Erfurt. Der zweite große Dramatiker des Sturm und Drang war *Friedrich von Schiller (1759 – 1805)* mit seinen frühen Dichtungen „Die Räuber" (1777), „Die Verschwörung des Fiesco zu Genua" (1782) und „Kabale und Liebe" (1784).

Der in Frankfurt geborene *Goethe* studierte Jura in Leipzig und trat nach Aufenthalten in Straßburg (1770), Frankfurt (1771) und Wetzlar (1772) im Jahr 1775 als Ratgeber und späterer Minister in den Dienst des kunstsinnigen Herzogs *Karl August (1775 – 1828)* im Fürstentum Sachsen-Weimar und Eisenach. Das Jahr 1786 der ersten Italienreise Goethes gilt als Beginn der *Deutschen Klassik (1786 – 1832)*. Einer ihrer Wegbereiter war *Friedrich Gottlieb Klopstock (1724 – 1803)* mit seinem Hauptwerk „Der Messias", einem aus zwanzig Gesängen bestehenden Epos. Die Klassik verstand sich als Förderin des Schönen, Wahren und Guten im menschlichen Dasein. Ihr Vorbild waren die griechische Antike und die Harmonie der Natur. Durch Erziehung möglichst vieler Menschen zu logischem Denken und Verstehen, tiefem Fühlen und Kunstempfinden sollten die kulturellen und sozialen Defizite der vielfach als spießbürgerlich geltenden arbeitsteiligen Gesellschaft überwunden werden. Als eines der Hilfsmittel galt die Kunst. Diesen Vorstellungen entsprach der Reformer des deutschen Schulwesens, *Wilhelm von Humboldt (1767 – 1835)*, mit seinem allgemein akzeptierten Bildungsprogramm: Nicht die frühe Spezialisierung, sondern die Selbständigkeit fördernde Allgemeinbildung müsse das oberste Ziel jeder Erziehung sein.

Goethes Werk umfaßte neben den bereits genannten unter anderem die Dichtungen „Faust I" (1808), „Faust II" (1832), „Iphigenie auf Tauris" (1779, Druck 1787), „Egmont" (1775, Druck 1788) und „Torquato Tasso" (1780, Druck 1790) sowie die Romane „Wilhelm Meisters Lehrjahre" (1795/96) und „Wilhelm Meisters Wanderjahre" (1807, Druck 1821). Goethe sah in der Welt eine göttliche Macht am Werk, besonders in schöpferischen Menschen und in der Natur. Jeder Mensch trage nach seiner humanistischen Vorstellung einen göttlichen Funken in sich, der ihn befähige, aus eigener Kraft immer vollkommener zu werden. Deshalb sei der Mensch im Grunde seines Wesens gut. *Schiller* fand nach seinem Medizinstudium 1780 eine Stelle in Stuttgart, und kam nach Aufenthalten in Mannheim (1782/83), Loschwitz bei Dresden (1784) und Weimar (1787) nach Jena (1789), wo er eine Professur für Geschichte erhielt. Die Zusammenarbeit mit Goethe (ab 1794) veranlaßte ihn, 1799 nach Weimar überzusiedeln. Schiller verfaßte nach seinen Sturm und Drang-Werken mehrere Dramen und u.a. den von Beethoven vertonten „Hymnus an die Freude" (1784).

Noch in der *Periode der Deutschen Klassik* entwickelte sich gegen die Anfänge und den grauen Alltag des Industriezeitalters und die wenig

Geheimnisse übriglassenden Naturwissenschaften als kulturelle Gegenströmung die Romantik (1800 – 1830), deren Verfechter die Fähigkeit des Menschen betonten, neben der Wahrnehmung der Wirklichkeit auch in die Welt der Phantasie, Intuition, Poesie, Träume, Ahnungen und religiösen Gefühle einzutauchen, um daraus das Leben bereichernde Seelenkräfte zu gewinnen. Prägende Poeten der Deutschen Romantik waren unter vielen anderen: *Friedrich von Hardenberg, genannt Novalis (1772 – 1801), Clemens Brentano (1771 – 1842), Joseph von Eichendorff (1788 – 1857), Ernst Theodor Amadeus (E.T.A.) Hoffmann (1776 – 1832), die Gebrüder Jakob und Wilhelm Grimm (1785 – 1863 bzw. 1786 – 1859) und Heinrich Heine (1797 – 1856);* der Romantik in Rußland: *Aleksandr Sergejewitsch Puschkin (1799 – 1837)* mit seinen Hauptwerken *„Eugen Onegin" und „Boris Godunow";* in England: *Sir Walter Scott (1771 – 1832), William Wordsworth (1770 – 1850), George G. N. Byron (1788 – 1824) und Percy Bysshe Shelley (1792 – 1822);* in Frankreich: *Victor Marie Hugo (1802 – 1885)* mit seinem Hauptwerk *„Der Glöckner von Notre Dame".*

Die Literaturperiode des *Biedermeier und Vormärz (1815 – 1848)* stellte die Abkehr von der Politik und die Betonung der Privatsphäre, der Häuslichkeit und Geselligkeit in den Mittelpunkt künstlerischen Schaffens. Einige ihrer bedeutendsten Autoren waren *Franz Grillparzer (1791 – 1872), Ferdinand Raimund (1790 – 1836), Johann Nestroy (1801 – 1862), Annette von Droste-Hülshoff (1797 – 1848), Adalbert Stifter (1805 – 1868) und Eduard Mörike (1804 – 1875).*

Noch während des *Biedermeier* entwickelte sich in der europäischen Literatur eine starke Strömung, die Epoche des *Realismus (1830 – 1880),* die eine Abkehr von der romantischen Weltverklärung hin zu einer realistischen Beschreibung der sozialen und wirtschaftlichen Lebensverhältnisse bedeutete. Ausgehend von *Frankreich* zeigt sich dieser neue Stil zuerst in den Werken von *Gustave Flaubert (1821 – 1880),* unter anderem in seinem Hauptwerk *„Madame Bovary",* in den Erzählungen von *Marie Henri Beyle, genannt Stendhal (1783 – 1842), Guy de Maupassant (1850 – 1893)* – einem der bedeutendsten Verfasser von Novellen – *und Honoré de Balzac (1799 – 1850),* einem der großen Romanautoren der Weltliteratur.

In Rußland waren die Autoren des Realismus *Nikolai Wassiliewitsch Gogol (1809 – 1852,) Fjodor Michailowitsch Dostojewski (1821 – 1881),*

Lew Nikolajewitsch Tolstoi (1828 – 1910) und Iwan Sergejewitsch Turgenew (1818 – 1883). Ihre Werke – darunter „Der Mantel", „Die toten Seelen" und „Der Revisor" von Gogol, „Schuld und Sühne", „Der Idiot", „Die Dämonen" und „Die Gebrüder Karamasow" von Dostojewski, „Anna Karenina", „Krieg und Frieden" und „Die Auferstehung" von Tolstoi sowie „Väter und Söhne" von Turgenew – begründeten ihren Weltruhm.

In England waren Charles Dickens (1811 – 1870) und die Autorin George Eliot (1819 – 1880), in Amerika Herman Melville (1819 – 1891) Vertreter des Realismus. Von Dickens stammen unter anderem „Oliver Twist" und „Ein Weihnachtslied", von Melville „Moby Dick".

Zu den Autoren des Realismus im deutschsprachigen Raum gehören: der Österreicher Adalbert Stifter (1805 – 1868), Georg Büchner (1813 – 1837), Theodor Storm (1817 – 1888), der Schweizer Gottfried Keller (1819 – 1890), Theodor Fontane (1819 – 1898) und Wilhelm Raabe (1831 – 1910).

Auf den Realismus folgte in der europäischen Literaturgeschichte der Naturalismus (1880 – 1900), der – ausgehend von Frankreich und den skandinavischen Ländern – die gesellschaftlichen und insbesondere sozialen Lebensbedingungen jener Zeit schärfer und pointierter in den Blickpunkt rückte und darin die Ausdrucksformen des Realismus deutlich übertraf. Wir begegnen hier den französischen Autoren Emile Zola (1840 – 1902) und Guy de Maupassant (1850 – 1893), dem Norweger Henrik Ibsen (1828 – 1906) und dem Schweden August Strindberg (1849 – 1912) sowie in Deutschland Gerhart Hauptmann (1862 – 1946) mit seinen sozialkritischen Schauspielen „Vor Sonnenaufgang", „Die Weber" und „Die Ratten".

Die letzte Literaturepoche des ausgehenden 19. und beginnenden 20. Jahrhunderts war der Impressionismus (1890 – 1920), der mit dem Symbolismus praktisch identisch ist. Er stellte – von Frankreich ausgehend – die Gegenströmung zum Realismus und Naturalismus dar und betonte das subjektive seelische Erleben, das abseits von der nüchternen Alltagsrealität sich auch in schönen Traum- und Phantasiewelten widerspiegelt. Wir sehen das unter anderem in den Werken von Charles Baudelaire (1821 – 1867) und Stephane Mallarmé (1842 – 1898) in Frankreich, Joseph Conrad (1857 – 1924) und Virginia Woolf (1882 – 1941) in England, Knut Hamsun (1859 – 1952) in Norwegen, Anton Tschechow (1860 – 1904) in Rußland und Edgar Alan Poe (1809 – 1849) in den USA. Im deutschsprachigen Raum treffen wir auf

Detlev von Liliencron (1844 – 1909), Hugo von Hofmannsthal (1874 – 1929), Stefan George (1868 – 1933), Rainer Maria Rilke (1875 – 1926) und Arthur Schnitzler (1862 – 1931).

Musik

Die Fülle, Originalität und Ausdruckskraft der zahllosen Schöpfungen, welche die Baumeister, Bildhauer, Maler und Dichter vom ausgehenden Mittelalter bis zum Ende des 19. Jahrhunderts uns Nachgeborenen als bestaunenswertes Erbe hinterließen, wurde auch in den musikalischen Kompositionen dieser Epoche erkennbar.

In den *antiken Kulturen der Ägypter, Hethiter, Griechen und Römer* – um nur einige Beispiele zu nennen – gab es bereits Musik, Tanz und Gesang. Die Ägypter hatten als Musikinstrumente die *Harfe, Trompete und Leier,* die Griechen bedienten sich der Saiteninstrumente *Lyra und Kithara sowie des Aulos,* eines der Oboe ähnlichen Blasinstruments; die Römer hatten zusätzlich *Flöte, Tuba, Horn und Posaune.* Im *Mittelalter* lag der Schwerpunkt des Musikschaffens bei der Kirchenmusik in Form des ein- und später mehrstimmigen *Gregorianischen Gesangs, des Minnesangs und des Meistersangs* in den Handwerkerzünften. Es entstanden *Motetten* – eine mehrstimmige Vokalmusik mit vorwiegend geistlichem, jedoch unterschiedlichem Text für die einzelnen Stimmen – und *Madrigale* – zwei- oder mehr-stimmige Gesänge in der Muttersprache (lat.: *matricalis* = von der Mutter). Im ausgehenden Mittelalter hatte der niederländische Komponist *Guillaume Dufay (1400 – 1474)* großen Einfluß auf die damalige Musikwelt. Er gilt als einer der ersten Meister des *Kontrapunkts* (lat.: *punctus contra punctum* = Note gegen Note), d.h. des Gesangs mit zwei oder mehr völlig selbständigen Stimmen nebeneinander.

Die Musik der *Renaissance* hat ihre großen Meister des Kontrapunkts in dem Italiener *Giovanni Pierluigi da Palestrina (1525 – 1594)* und dem ab 1556 in München wirkenden flämischen Komponisten *Orlando di Lasso (1532 – 1594).* Beide schrieben eine Vielzahl von Messen, Motetten und Madrigalen, die auch heute noch als vokale Kirchenmusik zu hören sind. Die Epoche der *Barockmusik (1600 – 1750)* erlebte mit der Schaffung der *ersten Opern* die Geburt eines völlig neuen – Gesang, Musik und Szenenbild integrierenden – Gesamtkunstwerks, das bis in die Gegenwart die Musikfreunde in aller Welt fasziniert. *Die Oper (lat.: opera = Werke) entstand um 1600 in Florenz,* wo eine Gruppe von Musikern – die *Camerata* – bemüht war, in Nachahmung des antiken griechischen Dramas musikalische Bühnenaufführungen mit abwechselnd gesungenen Dialogen und Konzertzwischenspielen zu gestalten. Ihre Vorläufer waren die Musik- und Tanzveranstaltungen an den Fürstenhöfen der Renaissance. Der Sologesang wurde gewöhnlich nur von einem Instrument – zum Beispiel Orgel, Cembalo, Laute oder Violoncello – begleitet, einer Musik, die als *„Basso Continuo"* der ganzen Epoche ihren Namen gab. Die *erste Oper der Musikgeschichte – „Dafne"* – schrieb 1597 der italienische Komponist *Jacopo Peri (1561 – 1633).* Ihr folgte 1600 die Oper *„Euridice" von Peri und Giulio Caccini,* dessen Tochter *Francesca Caccini (1587 – 1640)* als *erste Frau der Musikgeschichte* Opern schrieb, zum Beispiel *„Bello della zingare"* (1615). Großen Einfluß auf die Entwicklung der frühen Oper hatte *Claudio Monteverdi (1567 – 1643)* mit seinen ersten Opern *„L' Orfeo"* (1607) und *"L' Arianna"* (1608). Das erste Opernhaus wurde 1637 in Florenz eröffnet. Bedeutende Opernkomponisten des musikalischen Barock waren auch *Francesco Cavalli (1602 – 1676)* und der Begründer des neapolitanischen Opernstils, *Alessandro Scarlatti (1660 – 1725).* In *Frankreich* wurde das Opernschaffen von *Jean-Baptiste Lully (1632 – 1687)* maßgeblich beeinflußt, in *Deutschland* waren es *Heinrich Schütz (1585 – 1672), Georg Philipp Telemann (1681 – 1767)* und *Georg Friedrich Händel (1685 – 1759). Schütz* komponierte mit *„Dafne" 1627 die erste deutsche Oper.* Das erste deutsche Opernhaus wurde 1678 in *Hamburg* eröffnet.

Die *Höhepunkte der Barockmusik* bildeten die Werke von *Georg Friedrich Händel* und *Johann Sebastian Bach (1685 – 1750).* Geboren in Halle, durchlief *Händel* die künstlerischen Stationen *Hamburg* (erste Oper *Almira 1705), Florenz* und *Rom 1707, Hannover 1710* und im gleichen Jahr *London,* wo er – ab 1727 als britischer Staatsbürger – bis zum Lebensende wirkte. Er schrieb zahlreiche Opern, allein 14 zwischen 1720 und 1728, und – nachdem er sich von der Oper abwandte – Oratorien und Konzerte, darunter 1739 die *Concerti Grossi.* Das *Oratorium „Messias" mit dem „Halleluja"* – 1742 entstanden – begründete seinen Weltruhm. Von 1717 stammt seine *„Wassermusik"* und von *1749 die „Feuerwerksmusik". Bach* wurde in *Eisenach* geboren, kam 1700 als Chorknabe nach *Lüneburg,* von wo er auch mehrmals Musiker in *Hamburg* und *Celle* besuchen konnte. Die weiteren Aufenthalte waren *Weimar* und *Arnstadt 1702, Lübeck 1705,*

Mühlhausen 1707, wieder *Weimar* 1708 und schließlich *Köthen* ab 1717, wo er 1721 die sechs „*Brandenburgischen Konzerte*" komponierte. Im Jahr 1723 bekam er bis zum Lebensende die Stelle des *Thomaskantors in Leipzig*. Fülle, Originalität und Klangreichtum seiner vielen Schöpfungen machten ihn für viele Musikfreunde zum überragendsten Musikgenie aller Zeiten. Zu seinen Werken gehören unter anderem das „*Weihnachtsoratorium*", die „*Johannes- und Matthäuspassion*", das „*Wohltemperierte Klavier*", „*Die Kunst der Fuge*" sowie viele Kantaten, Orgel- und Klavierwerke, Suiten, Messen und Motetten. *Bach* hatte von zwei Ehefrauen 20 Kinder, von denen vier ebenfalls anerkannte Komponisten wurden. Zwei bedeutende Vertreter des musikalischen Barock waren in *England* auch *Henry Purcell (1659 – 1695)* und in Deutschland *Christoph Willibald Gluck (1714 – 1787)*.

Auf die Periode der *Barockmusik* folgte *zwischen 1780 und 1830* die *Klassik* – auch als *Wiener Klassik* apostrophiert, weil sie von drei der bedeutendsten, zeitweise in Wien wirkenden Komponisten der Musikgeschichte, *Franz Joseph Heydn (1732 – 1809), Wolfgang Amadeus Mozart (1756 – 1791) und Ludwig van Beethoven (1770 – 1827)* maßgeblich geprägt wurde. *Haydn* wurde in *Rohrau (Niederösterreich)* geboren, kam 1738 nach *Hainburg* nahe *Pressburg* und war zwischen 1740 und 1749 Sängerknabe im Wiener Stephansdom. Weitere Stationen waren *Schloß Weinzierl* in *Niederösterreich* ab 1755, *Lukavec* bei *Pilsen* 1759 und *Eisenstadt* ab 1761, wo er Kapellmeister des Fürsten *Esterházy* wurde. Nach dem Tod des Fürsten ging *Haydn* 1790 nach *Wien* und unternahm 1790 und 1794 zwei Englandreisen. Zwischen den Reisen war ab 1792 *Beethoven* sein Schüler. Das Werk *Haydns* ist riesig: unter anderem 104 Symphonien und Konzerte, 10 Ouvertüren, 14 Messen, 4 Oratorien und 30 Opern, dazu noch viele Streichquartette und Sonaten.

Mozart, in *Salzburg* geboren, schrieb bereits als Sechsjähriger ein Menuett (1761). Als „Wunderkind" folgten mit seinem Vater zwischen 1762 und 1765 Konzertreisen quer durch Europa, u.a. auch nach *Wien*, *München* und *London* und es entstanden die ersten Violinsonaten und Symphonien. Nach seiner Rückkehr komponierte *Mozart* seine ersten Opern. Von 1769 bis 1772 unternahm er mit dem Vater drei Reisen nach *Italien*. Nach Aufenthalten in *Paris* (1778) und *München* (1781), wo seine Oper „*Idomeneo*" uraufgeführt wurde, ging er als freischaffender Komponist nach *Wien*. Dort entstanden die Opern „*Entführung aus dem Serail*" (1782), „*Die Hochzeit des Figaro*" (1786), „*Don Giovanni*" (1787), „*Così fan tutte*" (1790) und – die heutzutage meistgespielte deutsche Oper – „*Die Zauberflöte*" (1791). Neben seinen Opern schrieb *Mozart* unter Anderen 19 Messen, über 50 Symphonien, 27 Klavierkonzerte, 35 Sonaten für Violine und Klavier und 18 Klaviersonaten.

Beethoven wurde in *Bonn* als Sproß einer ursprünglich aus Flandern stammenden Familie geboren. Sein Vater war Sänger und gab ihm ersten Unterricht. Nach Aufenthalt in *Wien* 1787 und dem Studium in *Bonn* 1789 kam *Beethoven* 1792 erneut nach *Wien* und wurde Schüler *Haydns*. Zwischen 1799 und 1823 schrieb er seine neun berühmten Symphonien. Im Jahr 1805 entstand seine einzige Oper „*Fidelio*" und 1822 die „*Missa Solemnis*". *Beethovens* Gehör wurde schon ab 1796 – vermutlich wegen einer Bleivergiftung – immer schlechter, bis er 1819 völlig ertaubte. An seinem Begräbnis nahmen 20.000 Menschen teil. Sein Werk umfaßte unter anderem: neben den 9 Symphonien und der Oper „*Fidelio*" 7 Klavierkonzerte, 1 Violinkonzert, 32 Klaviersonaten, 10 Sonaten für Violine und Klavier, 2 Messen, 16 Streichquartette, Ballettmusik, Singspiele und Kammermusik.

Die Spätwerke *Beethovens* leiten über in die *Musikepoche der Romantik (1830 – nach 1900)*, die in Europa eine Fülle von herrlichen, auch heute noch die Musikwelt begeisternden Kompositionen hervorbrachte. Ihre Ziele waren, beim Hörer mit verträumten Klangbildern feinste Empfindungen zu wecken, um ihn – weit abgehoben vom Alltagsleben – in eine zauberhafte, gefühlvolle Märchenwelt zu entführen. Damit wurde die romantische Musik zu einer Gegenströmung gegen die Aufklärung mit ihrer Betonung der menschlichen Vernunft als wichtigstes Instrument der Lebensgestaltung. Die Oper verwandelte sich zur „Revolutionsoper", die – von *Frankreich* ausgehend – ein Abwenden von höfischen Darstellungen bedeutete. Szenen des bürgerlichen Lebens, aber auch der Bedrohung des Lebens des Individuums durch Naturgewalten waren nun häufige Themen der Oper. Beispiele sind die Opern „*Fidelio*" *(3. Fassung 1814) von Beethoven*, „*Undine*" *von E.T.A. Hoffmann (1816) und „Der Freischütz" von Carl Maria von Weber (1786 – 1826) (1821)*. Die Liederzyklen – darunter über 80 vertonte Gedichte von *Goethe* – und Instrumentalmusik des österreichischen Komponisten *Franz Peter Schubert (1797 – 1828)* sowie die Lieder und anderen Kompositionen von *Robert Alexander Schumann (1810 – 1856)* gelten als klassische Werke der Hochromantik. Zur Gruppe der romantischen Opern gehören „*Zar und Zimmermann*", „*Undine*" und „*Der Wildschütz*" von dem in Berlin geborenen *Gustav Albert Lortzing*

(1801 – 1851) und die Werke eines der bedeutendsten Komponisten des 19. Jh., *Richard Wagner (1813 – 1883)*.

Wagner wurde in *Leipzig* geboren und führte ab 1833 ein musikalisches „Wanderleben" mit Stationen in *Würzburg, Magdeburg, Königsberg* und *Riga, London, Paris* und *Dresden*. Dort wurden seine ersten Opern „*Rienzi*" *(1842)* und „*Der fliegende Holländer*" *(1843)* uraufgeführt. Es folgten „*Tannhäuser*" *(1848)* und „*Lohengrin*" *(1848)*. Wegen seiner Teilnahme an der Revolution von 1848 mußte *Wagner* – steckbrieflich gesucht – fliehen, zunächst zu *Liszt* nach *Weimar* und dann nach *Zürich*. Dort entstanden der erste Teil von „*Der Ring des Nibelungen*" *(1853 – 1856)* und „*Tristan und Isolde*" *(1859; Uraufführung 1865 in München)*. Nach Zwischenstationen in *Venedig, Luzern, Paris* und *Wien* wurde *Wagner* 1864 von König *Ludwig II.* nach *München* berufen und vollendete dort „*Die Meistersinger von Nürnberg*". Im Jahr 1872 kam er nach *Bayreuth* und errichtete dort nach seinen eigenen Plänen das *Festspielhaus*, in dem 1876 „*Der Ring des Nibelungen*" *(Das Rheingold, Die Walküre, Siegfried und Götterdämmerung)* uraufgeführt wurde. Das letzte seiner Musikdramen war *Parsifal (begonnen 1877, uraufgeführt 1882)*.

Im 19. Jh. entstand besonders in *Italien* ein unglaubliches Feuerwerk von grandiosen Opern, zum Teil im Stil des so genannten „*Belcanto*", die von musikalischen und szenischen Einfällen geradezu sprühten und auch heute noch die Opernfreunde in aller Welt begeistern. Die Reihe der weltberühmten Komponisten beginnt mit *Gioacchino Antonio Rossini (1792 – 1868)*, der 40 Opern schrieb, darunter „*Der Barbier von Sevilla*" und „*La Cenerentola*"; *Domenico Gaetano Maria Donizetti (1797 – 1848)* mit 74 Opern, darunter „*Lucia di Lammermoor*"; *Vincenzo Bellini (1801 – 1835)* mit 38 Opern und *Giacomo Puccini (1858 – 1924)* mit 12 Opern, darunter „*La Bohème*", „*Tosca*", „*Madame Butterfly*" und „*Turandot*". Die Reihe endet mit *Giuseppe Fortunino Francesco Verdi (1813 – 1901)*, der in *Busseto* geboren wurde und nach seiner Ablehnung am Mailänder Konservatorium Privatunterricht erhielt.

Verdi kam 1838 nach *Mailand*, hatte aber mit seinen ersten Opern geringen Erfolg, so daß er das Komponieren wieder aufgeben wollte. Von der Mailänder Scala erhielt er dann aber den Auftrag für eine neue Oper, den er endlich zögernd annahm. Diese neue Oper „*Nabucco*" mit dem berühmten Gefangenenchor wurde 1842 ein Welterfolg. In den folgenden 50 Jahren schuf *Verdi* rund 30 weitere Opern. Viele davon sind auch heute noch die meistgespielten Opern der Welt, zum Beispiel: „Ernani" 1844, „McBeth" 1847, „Rigoletto" 1851, „Il Trovadore" 1853, „La Traviata" 1853, „Ein Maskenball" 1859, „Die Macht des Schicksals" 1862, „Don Carlos" 1867, „Aida" 1874, „Othello" 1887 und als letztes „Falstaff" 1893.

Große Komponisten und Interpreten romantischer Musik waren auch Nicoló Paganini (1782 – 1840, der beste Violinvirtuose der Welt), der ungarisch-deutsche Komponist und Pianist Franz von Liszt (1811 – 1886), der polnische Klavierkünstler Frédéric François Chopin (1810 – 1849), die Franzosen Daniel-François-Esprit Auber (1782 – 1871) und Hector Berlioz (1803 – 1869), die deutschen Komponisten Giacomo Meyerbeer (1791 – 1864) und Johannes Brahms (1833 – 1897) sowie die Österreicher Anton Bruckner (1824 – 1896) und Gustav Mahler (1860 – 1911).
In der Mitte des 19. Jh. entwickelte sich eine neue Gattung von musikalischen Bühnenwerken – die Operette, Komische Oper oder Opéra Comique. In ihnen wurden Schauspiele mit heiterem Inhalt, bereichert mit beschwingter Orchestermusik, Gesangspartien und Tänzen, dargeboten. Das erste Werk dieser Art war die 1858 in Paris uraufgeführte Operette „Orpheus in der Unterwelt" von Jacques Offenbach (1819 – 1880). Zum Zentrum der Operettenkultur wurde dann Wien unter anderem mit den Autoren Franz von Suppè (1819 – 1895), Johann Strauss [Sohn] (1825 – 1899) und Franz Lehár (1870 – 1948). Bis heute schufen rund 25 Komponisten etwa 200 Operetten, die immer wieder überall in der Welt aufgeführt werden, darunter: „Dichter und Bauer" (1846) und „Boccaccio" (1879) von Suppè, Die „Fledermaus" (1874) und „Der Zigeunerbaron" (1885) von Johann Strauss Sohn und „Das Land des Lächelns" (1929) von Lehár.

Schauspiel

Neben Oper und Operette ist auch das Schauspiel als Bühnendarstellung von Theaterstücken, Romanen und Erzählungen ein bedeutender Teil des künstlerischen Erbes der Neuzeit. Vorbild waren die Theateraufführungen der griechischen und römischen Antike. Im Mittelalter standen religiöse Oster- oder Passionsspiele im Mittelpunkt, die am Beginn der Neuzeit von höfischen und später auch bürgerlichen Stücken verdrängt wurden. Themen des Schauspiels waren alle Bereiche des menschlichen Daseins, beginnend mit der Wiederbelebung antiker Stücke bis hin zu gesellschaftlichen und sozialkritischen Darbietungen.

Zu den kulturellen Meisterleistungen, die hier nur bruchstückhaft skizziert wurden, kam im Laufe des 19. Jh. noch etwas völlig Neues hinzu: der *Film.* Mit der Entwicklung der Fotographie durch die französischen Pioniere *Louis Jacques Mandé Daguerre (1787 – 1851)* und dessen Mitarbeiter *Joseph Nicéphore Niepce (1765 – 1833)* sowie durch den Engländer *William Henry Fox Talbot (1800 – 1877)* wurden die Grundlagen für die spätere Foto- und Filmindustrie geschaffen. *Niepce* stellte 1827 das erste Foto der Welt her, *Daguerre* veröffentlichte 1837 das Verfahren zur Herstellung fixierter Fotos, die *Daguerreotypie,* und *Talbot* erfand 1839 die Negativ-Positiv-Technologie zur Vervielfältigung von Fotos aus einem Negativbild. Im Juni 1907 produzierte der französische Chemiker *Louis Jean Lumière (1864 – 1948)* erste Farbfotographien.

Die *Filmtechnik* entwickelte sich, als der Engländer *Peter M. Roget (1779 – 1869)* 1824 beobachtete, daß eine Serie von Bildern, die genügend rasch hintereinander gezeigt werden, einen Bewegungsablauf wegen der Trägheit der optischen Wahrnehmung als kontinuierlich erscheinen lassen. Durch die Erfindungen des Franzosen *Etienne-Jule Marey (1830 – 1904)* und der Amerikaner *Hannibal Goodwin (1822 – 1900) und George Eastman (1854 – 1932)* gab es bereits 1889 die erste Filmkamera mit reißfestem Zelluloidfilm. Der amerikanische Erfinder *Thomas Alva Edison (1847 – 1931)* baute 1889 eine verbesserte Filmkamera, das *Kinetoskop,* als Guckkasten-Kamera für eine Person. Die Gebrüder *Auguste Marie (1862 – 1954) und Louis Jean Lumiere (1864 – 1948)* erfanden 1895 – nachdem sie das Gerät von *Edison* kennengelernt hatten – das erste Filmaufnahme- und Wiedergabegerät, mit dem sie selbst hergestellte kurze Stummfilme für ein größeres Publikum an eine Leinwand projizieren konnten. Einer dieser Filme behandelte 1899 die *Dreyfus-Affäre.* Damit waren gegen Ende des 19. Jh. die Grundlagen für eine Filmindustrie geschaffen, die im 20. Jh. zu einem der bedeutendsten Medien der Unterhaltung und Information heranwuchs.

Die Geschichte des Stummfilms endete, als *Edison 1913* das von ihm erfundene *Grammophon* mit seinem *Kinetoskop* synchronisierte: es war das *Geburtsjahr des Tonfilms.* Opern und Konzerte, Theateraufführungen, Schauspiele und Ereignisse beliebiger Art konnten von nun an – welch ein großartiges Geschenk an die ganze Menschheit – mit Bild und Ton aufgenommen und beliebig oft an jedem Ort wiedergegeben werden.

Das für die Neuzeit charakteristische phänomenale Aufblühen von Architektur, Bildhauerei, Malerei, Literatur, Musik und Schauspiel blieb natürlich nicht auf Europa beschränkt. Wir treffen vielmehr in allen von Menschen besiedelten Regionen der Welt auf neuzeitliche Kunst- und Kulturepochen, in denen sich ein breites Spektrum von Ausdrucksformen menschlichen Geistes und Schöpfungswillens offenbarte. In den arabischen und ostasiatischen, afrikanischen und südamerikanischen Ländern gab es spezifische, für die jeweiligen Völker arttypische und einzigartige kulturelle Strömungen, die sich in der Eigenart ihrer Musik, ihrer darstellenden Kunst und ihrer gesellschaftlichen Lebensformen niederschlug. Die kulturelle Entfaltung war in diesen Ländern – anders als in Europa – bis weit in die Neuzeit hinein ein stetiger, von außen wenig beeinflußter Prozeß, der erst durch die Kolonialpolitik der europäischen Großmächte und die damit verbundenen Fremdeinflüsse modifiziert wurde.

Wissenschaft und Technik

Am Beginn der Neuzeit, also zwischen 1500 und 1550, lebten auf der Erde etwas über 500 Millionen Menschen, davon etwa 100 Millionen in *Europa*, 300 Millionen in *Asien* und 100 Millionen in *Afrika*. In den übrigen Erdteilen war die Bevölkerung noch sehr gering: Sie betrug dort jeweils nur wenige Millionen. In allen Regionen bestand damals die Bevölkerung aus einer großen Masse von Bauern und deutlich kleineren Gruppen von Handwerkern, Händlern, Soldaten und amtlichen Verwaltern. Die Spitze der gesellschaftlichen Hierarchie bildeten in Europa die Gelehrten und Künstler sowie die Angehörigen des Klerus und des Adels. Die meisten Tätigkeiten des täglichen Lebens wurden in Handarbeit oder – wenn möglich – mit dem Einsatz von Zugtieren verrichtet. Als Transportmittel für Personen, Waren oder Nachrichten gab es auf dem Land nur die Postkutsche, Pferdewagen oder Reitpferde, auf den Weltmeeren Segelschiffe und auf Binnengewässern Ruderboote. Für die Wasserversorgung hatte man Brunnen oder offene Aquädukte, und für die Abwasserentsorgung Sickergruben oder offene Kanäle. Für die nächtliche Beleuchtung dienten Kerzen oder Fackeln, und für das Schreiben Federkiele. Geheizt wurde mit Holz oder Holzkohle.

Diese Situation änderte sich in den Jahrhunderten seit Beginn der Neuzeit in rasantem Tempo, zunächst in Europa und Nordamerika und dann mit unterschiedlicher Verzögerung in anderen Teilen der Welt. Die *Erfindung des Buchdrucks* mit beweglichen Lettern durch *Johannes Gutenberg im Jahr 1450* hatte schon frühzeitig die Voraussetzungen geschaffen, daß neue Ideen und Erfindungen zu Papier gebracht, in größeren Stückzahlen vervielfältigt und damit rasch verbreitet werden konnten. Das Zeitalter technischer Entwicklungen in großem Maßstab begann, als einzelne Erfinder auf die Idee kamen, den damals bereits bekannten mechanischen Druck von heißem Dampf in mechanische Bewegungsenergie umzusetzen. Als erster baute der Franzose *Denis Papin (1647 – 1712)* im Jahr 1690 eine *Dampfmaschine* aus einem Metallzylinder mit geringer Wasserfüllung und beweglichem Kolben. Bei periodischem Erhitzen und Kühlen des Zylinders bewegte sich der Kolben hin und her. *Papin hatte damit die erste funktionierende Wärmekraftmaschine der Welt* geschaffen. Bereits im 1. Jh. n. Chr. hatte allerdings *Heron von Alexandria (10 – 70 n. Chr.)* mit seinem „*Heronsball*" gezeigt, daß Wasserdampf, der am Umfang einer Hohlkugel aus Düsen ausströmt, die Kugel in Drehbewegung versetzen kann. Mit den Ergebnissen von *Papin* konstruierte der englische Erfinder *Thomas Savery (1650 – 1715)* im Jahr 1698 eine Maschine mit zwei Behältern, in die abwechselnd heißer Dampf geleitet wurde, und setzte sie erstmalig zum Wasserpumpen aus Bergwerken ein. Dessen Mitarbeiter *Thomas Newcomen (1663 – 1729)* schuf 1705 eine *atmosphärische Dampfmaschine*, die im Kolbenraum mit abwechselndem Unterdruck und Atmosphärendruck arbeitete und betriebssicherer als ihre Vorläufer war. Schließlich war es der schottische Maschinenbauer *James Watt (1736 – 1819)*, der während der Reparatur einer Newcomen-Maschine Ideen zur deren Verbesserung entwickelte. Zwischen 1769 und 1790 erfand er die vom Kolbenraum getrennten Dampfkondensatoren, die Kolbenstange zum Antrieb eines Schwungrads, die Dampfzuführung auf beide Seiten des Kolbens und den Fliehkraftregler für die Einstellung der Arbeitsgeschwindigkeit der Maschine. Der Wirkungsgrad der Newcomen-Maschine wurde von 0,5% auf 3% gesteigert. Die *erste Dampfmaschinenfabrik der Welt* wurde 1775 in Birmingham errichtet und damit weltweit das *Dampfmaschinenzeitalter* eingeleitet. Der Wirkungsgrad der Dampfmaschinen wurde weiter gesteigert, als der Engländer *Richard Trevithick (1771 – 1833)* ab 1796 und unabhängig davon der Amerikaner *Oliver Evans (1755 – 1819)* im Jahr 1800 die ersten Hochdruck-Dampfmaschinen entwickelten. Trevithick setzte seine Hochdruckmaschinen erstmals 1801 zum Antrieb von Dampfkraftfahrzeugen für den Straßen- und 1804 für den Schienenverkehr ein. Er wurde damit zum Erfinder des dampfbetriebenen Kraftfahrzeugs und der Dampflokomotive. Mit diesen bahnbrechenden Entwicklungen war es der Menschheit 2,5 Millionen Jahre nach Erscheinen des *Homo Erectus* erstmalig gelungen, die menschliche Muskelkraft und die Kraft von Zug- und Reittieren durch eine selbständig arbeitende, mit Brennstoff betriebene, stationäre oder mobile Maschine zu ersetzen. Es war das Startsignal für das tief und umfassend in das menschliche Leben eingreifende Industriezeitalter – für die *Industrielle Revolution*.

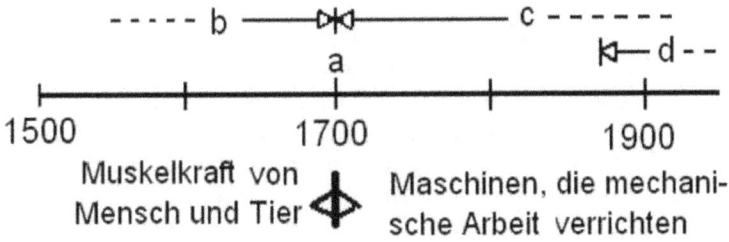

Fig. 2-10: a Die Zeit um 1700 markiert einen bedeutenden Wendepunkt in der Geschichte der Menschheit. In dieser Zeit wurden von englischen Erfindern die ersten funktionierenden Dampfmaschinen gebaut und in den folgenden 200 Jahren weiter verbessert. Damit war es zum ersten Mal möglich, mechanische Arbeit nicht nur von Menschen oder durch Zugtiere, sondern durch selbstlaufende Maschinen ausführen zu lassen. b Vorher gab es nur von Menschen oder Tieren gezogene Wagen bzw. getragene Lasten und auf den Meeren vom Wind getriebene Segelschiffe sowie Ruderboote. c Mit der Entwicklung und dem Masseneinsatz von Dampfmaschinen begann das moderne Industriezeitalter. d In der zweiten Hälfte des 19. Jh. begann die Ära der Benzin- und Dieselmotoren, welche bis zur Mitte des 20. Jh. die Dampfmaschinen vollständig ersetzten.

Die *Dampfeisenbahntechnik* breitete sich von *England* rasch über Europa und die übrige Welt aus. Die erste Dampfeisenbahn nahm 1825 in *England*, 1832 in *Frankreich* und 1835 in *Deutschland* (zwischen *Nürnberg* und *Fürth* mit der Lokomotive „*Adler*") den regelmäßigen Betrieb auf. Zwischen 1840 und 1880 wurden allein in *Deutschland* 30.000 km Eisenbahnstrecken gebaut. Die längste Strecke der Welt entstand zwischen 1880 und 1916 in *Rußland* für die *Transsibirische Eisenbahn* von *Moskau* nach *Wladiwostok*. Sie hat eine Länge von rund 9300 km. Das *erste Dampfschiff* entwarf und baute 1802 der Amerikaner *Robert Fulton* (1765 – 1815).

Die *Dampfmaschine* war im 19. Jh. das allgegenwärtige Antriebsaggregat für neu entwickelte Maschinen und Geräte: unter anderem für die Grundwasserpumpen in Bergwerken; für Spinnmaschinen, erfunden 1767 von *James Hargreaves (1720 – 1778)* (sie ersetzten das bis dahin ausschließlich genutzte Spinnrad, das um 500 v. Chr. in *Indien* entstand); die mechanischen Webstühle, entwickelt 1785 von dem Engländer *Edmund Cartwright (1743 – 1823)*; die von dem Engländer *Henry Maudslay (1771 – 1831)* ab 1800 wesentlich verbesserten Werkzeugmaschinen zum Bearbeiten von Eisen-, Stahl- und Holzwerkstücken sowie für den Betrieb von Eisenhütten- und Walzwerken. Von den Entwicklungen der Maschinentechnik profitierte in hohem Maße auch die Landwirtschaft. Der englische Landwirt *Jethro Tull (1674 – 1741)* erfand 1701 die Sämaschine, der Amerikaner *Charles Newbold (1764 – 1835)* im Jahr 1797 *den Eisenpflug*, der Amerikaner *Andrew Meikle (1719 – 1811)* 1784 die *Dreschmaschine*, *Eli Whitney (1765 – 1825)* 1793 die *Baumwoll-Entkernungsmaschine*, *John Deere (1804 – 1886)* 1837 den *Pflug aus Stahl* und *Cyrus McCormick (1809 – 1884)* 1831 die *Mähmaschine*. Später folgten die *Egge* und *Maiserntemaschine*. Alle Landmaschinen wurden bis zum Ende des 19. Jh. von Pferden oder Ochsen und später teilweise auch von Dampfmaschinen über die Äcker gezogen.

Die Antriebstechnik der Maschinenwelt änderte sich grundlegend, als der deutsche Maschinenbauer *Nikolaus August Otto (1832 – 1891)* zusammen mit *Eugen Langen (1833 – 1895)* 1867 einen mit Gas betriebenen *Verbrennungsmotor* erfand, der bis 1876 zum Viertakt-Gasmotor – *Ottomotor* – mit einer Gasflamme als Zündquelle weiterentwickelt wurde. Schon einige Jahre vorher (1862) hatte der Franzose *Alphonse Beau de Rochas (1815 – 1893)* die Funktionsweise eines *Viertakt-Verbrennungsmotors* beschrieben, aber nicht verwirklicht. Bei einem solchen Motor saugt der in einem Zylinder bewegliche Kolben im ersten Takt über ein Ventil das Luft-Brenngas-Gemisch an und preßt im zweiten Takt das Gemisch zusammen. Im Augenblick des größten Drucks wird das Gemisch gezündet, der Gasdruck erhöht sich schlagartig und wirkt in diesem dritten Takt so auf den Kolben, daß sich das Zylinder- bzw. Brenngasvolumen vergrößert und der Kolben mechanische Energie aufnimmt. Im vierten Takt verkleinert sich das Zylindervolumen wieder und das Abgas wird über ein Auslaßventil ausgestoßen. Dieses Spiel wiederholt sich ständig. Die Hin- und Herbewegung des Kolbens wird über eine Kurbelwelle in eine Drehbewegung umgesetzt. *Otto* gründete 1864 die *älteste Motorenfabrik der Welt*, die Gasmotorenfabrik Deutz AG in Köln. Von da ab war der Weg zu einem selbstfahrenden („automobilen"), mit einem Verbrennungsmotor ausgestatteten Fahrzeug nicht mehr weit. Diesen Weg beschritten die drei deutschen Maschinenkonstrukteure *Gottlieb Wilhelm Daimler (1834 – 1900)*, der mit ihm zusammenarbeitende *Wilhelm Maybach (1846 – 1929)* und unabhängig davon *Carl Friedrich Benz (1844 – 1929)*. *Maybach* brachte zwischen 1873 und 1877 die gasbetriebenen *Ottomotoren* zur Serienreife und machte erfolgreiche Versuche zur Vergasung von Benzin. *Daimler* und *Maybach* bauten dann 1883 den ersten schnelllaufenden Einzylinder-Viertakt-Benzinmotor. *Maybach* konstruierte auch *das erste Motorrad* (mit Holzrahmen) und den ersten Spritzdüsen-Vergaser, die Grundlage der modernen Vergasertechnik. Bis 1889 entwickelten und bauten *Daimler und Maybach* ein zweiachsiges Kraftfahrzeug mit einer Maximalgeschwindigkeit von 12 km/h. Die Versuchsfahrten beunruhigten die Bevölkerung. Im Wettlauf mit diesen beiden Konstrukteuren schuf unabhängig davon *Benz* bis 1885 *das erste dreirädrige benzinbetriebene Automobil*, das vorne nur ein Rad und eine Leistung von deutlich weniger als 1 kW hatte. Auch seine Versuchsfahrten stießen bei der Bevölkerung auf Unverständnis und Ablehnung. In den folgenden Jahren machte *Benz* bahnbrechende Erfindungen der Automobiltechnik: es entstanden das Lenksystem für vierrädrige Fahrzeuge, das Differentialgetriebe, die Zündkerzen, die Kupplung und eine Vorstufe der Gangschaltung. Bis 1900 konstruierten beide konkurrierende Gruppen *Daimler/Maybach* und *Benz* weitere benzinbetriebene Automobile mit immer höheren Leistungen. Bis 1900 war schon eine Leistung von 25 kW erreicht. Der Geschwindigkeitsweltrekord betrug damals rund 65 km/h. Damit war der Weg für die weltumspannende Automobiltechnik und einen der bedeutendsten Industriezweige des 20. Jh. vorbereitet. Ein kapitalkräftiger österreichischer Kunde, der bei *Daimler/Maybach* eine größere Anzahl von Fahrzeugen kaufte, gab seinen neuen Wagen den Namen seiner Tochter: *Mercedes*. Im Jahr 1926 fusionierten die beiden Firmen von *Daimler* und *Benz*, die *Daimler-Motoren-Gesellschaft Stuttgart* und die *Benz & Cie. Rheinische Gasmotorenfabrik Mannheim* zur *Daimler-Benz AG*.

Eine Alternative zum benzinbetriebenen, mit Zündkerzen arbeitenden Ottomotor erfand 1892 der Münchner Ingenieur *Rudolf Christian Karl Diesel (1858 – 1913)*. Er entwickelte den mit billigerem Dieselöl gespeisten „Dieselmotor" mit Selbstzündung des in den Motorzylinder eingesprühten Treibstoffs jeweils im Augenblick der maximalen Verdichtung und damit Erhitzung der Heißluft im Zylinder. Hier wird also nur Luft und nicht ein Luft-Brenngas-Gemisch verdichtet. Der Dieselmotor hat einen deutlich höheren Wirkungsgrad als der Ottomotor und wird in Personenwagen, Lastkraftwagen, Bussen und Schiffen sowie als stationäres Antriebsaggregat eingesetzt.

Durch eine Reihe von grundlegenden Innovationen – das Bauen von seetüchtigen Flößen und Schiffen, die Erfindung des Rads, des mit Rädern bestückten Wagens sowie der Domestizierung von Pferden und Rindern – war es schon den Menschen der Jungsteinzeit möglich, Personen und Waren über Land- und Wasserwege zu transportieren. Die schnelle Bewegung durch die Luft – von den Vögeln schon seit hunderten von Millionen Jahren kunstvoll demonstriert – blieb der Menschheit noch jahrtausendelang bis in die Mitte der Neuzeit versagt. Zwar hatte der geniale *Leonardo da Vinci* schon 1513 mit Heißluft gefüllte Heiligenfiguren aus Leinwand und Papier in die Luft aufsteigen lassen können – weil heiße Luft leichter ist als die kühlere Umgebungsluft – und damit die lang anhaltende Bewegung von Körpern durch die Luft demonstriert. Diese Vorführung geriet in Vergessenheit, bis 1766 der englische Forscher *Henry Cavendish (1731 – 1810)* die Idee hatte, das von ihm entdeckte Wasserstoffgas, das wesentlich leichter als Luft ist, zum Füllen von *Ballons* zu verwenden. *Cavendish* gelang es auch 1781, die Zusammensetzung des Wassers aus Wasserstoff und Sauerstoff aufzuklären. Der Franzose *Jacques Charles (1746 – 1823)* baute 1783 den ersten *Wasserstoffballon* – das leichte Wasserstoffgas sorgte dabei für den Auftrieb – und stieg damit auf eine Höhe von 3000 m. Im gleichen Jahr ließen die Brüder *Joseph Michel (1740 – 1810) und Jacques Etienne Montgolfier (1745 – 1799)* bei Lyon einen *Heißluftballon* zunächst unbemannt und dann mit Tieren aufsteigen. Höhepunkt war dann ihre eigene zweistündige Ballonfahrt über Paris. In der Folgezeit bis zum Beginn des 20. Jh. wurden überall in Europa Ballonfahrten durchgeführt.

Der nächste Schritt in der Entwicklung der Luftfahrt war der Bau und Betrieb von *Luftschiffen*, das heißt lenkbaren Luftfahrzeugen mit zigarrenförmigem Gasbehälter, darunter hängender Gondel und eigenem Propeller-Antrieb. Für den Auftrieb sorgte wie beim Ballon ein leichtes Gas – Wasserstoff oder Helium – im Gasbehälter. Der Franzose *Henri Giffard (1825 – 1882)* baute 1852 ein Luftschiff mit Dampfmaschinenantrieb und *Charles Renard (1847 – 1905)* ein erstes lenkbares Luftschiff. Es handelte sich dabei um *Prall-Luftschiffe*, bei denen der Gasbehälter seine Form durch den inneren Gasdruck beibehielt. Der deutsche Pionier *Ferdinand Graf von Zeppelin (1838 – 1917)* konstruierte das erste *Starr-Luftschiff* mit innerem

Leichtmetallgerüst und einem Daimler-Gasmotor als Antrieb, den *Zeppelin*, der das Vorbild für alle späteren Luftschiffe war.

Das bis dahin Erreichte ließ die Pioniere der Luftfahrt nicht ruhen. Sie wollten die Flugtechnik der Vögel nachahmen, die ja keinen Leichtgasbehälter, sondern nur ihre Flügel für das Fliegen benötigten. Als erster begann der Berliner *Otto Lilienthal (1848 – 1896)*, die Vogelflugtechnik zu studieren und beschrieb seine Erfahrungen 1889 in dem Buch: „*Der Vogelflug als Grundlage der Fliegekunst*". 1893 baute er einen mit Flügeln bestückten Flugapparat und schaffte bei einem ersten Gleitflug eine Strecke von 250 m. Drei Jahre später kam er bei einem weiteren Flugversuch ums Leben. Zwischen 1900 und 1902 bauten und testeten zwei Bewunderer von Lilien-thal, die Gebrüder *Orville (1871 – 1948) und Wilbur Wright (1867 – 1912)* verschiedene Segelflugzeuge und 1903 ihr erstes Flugzeug mit selbst konstruiertem Propeller und einem 10 kW-Antriebsmotor. Der erste Flug dauerte 12 Sekunden. Bereits 1908 schaffte ein Bright-Flugzeug eine Flugzeit von 62 Minuten. Der Grundstein für die Entwicklung der Luftfahrt im 20. Jh. war damit gelegt.

Auf einem völlig anderen Feld der Naturkräfte, dem Gebiet der *Elektrizität*, ist in der Neuzeit eine ähnliche phänomenale Entwicklung wie im gesamten Maschinen- und Verkehrswesen zu beobachten. Die staunenswerte Geschichte begann, als der britische Arzt und Naturforscher *William Gilbert (1544 – 1603)* feststellte, daß Bernstein und Glaskörper, wenn man sie mit einem Wolltuch reibt, leichte Teilchen – zum Beispiel Papierschnitzel oder Wollreste – mit einer bestimmten Kraft anziehen. *Gilbert* nannte sie nach dem griechischen Namen für Bernstein (*élektron*) „*elektrische Kraft*" und die Erscheinung „*Elektrizität*". Durch Versuche mit Magneten entdeckte *Gilbert* als erster, daß Magnete einen Nord- und Südpol haben. Er fand auch heraus, daß Kompaßnadeln immer in Nord-Süd-Richtung zeigen, weil die Erde selbst ein großer Magnet ist. Der Magdeburger Forscher und Bürgermeister *Otto von Guericke (1602 – 1686)* erfand 1672 die erste „*Elektrisiermaschine*", eine drehbare Schwefelkugel, die sich während der Drehung beim Reiben an einem Wolltuch elektrisch aufladen ließ. Er baute auch eine erste *Vakuumpumpe*, mit der er eine hohle Metallkugel aus zwei aneinanderliegenden Kugelschalen weitgehend luftleer pumpte und zeigte, daß zwei Pferdegespanne die Kugelschalen wegen des hohen, von der Außenatmosphäre erzeugten Anpreßdrucks nicht trennen konnten. Es war der berühmte *Versuch mit den Magdeburger Halbkugeln*. Mit der Erfindung der *Elektrisiermaschine* war den Forschern ein probates Mittel in die Hand gegeben, um diese neuartige Erscheinung der Natur und Eigenschaft der Materie näher zu untersuchen. Man fand schnell heraus, daß die Elektrizität Mengencharakter hat und nannte die erzeugte Elektrizitätsmenge *elektrische Ladung*. Der Franzose *Charles François de Cisternay du Fay (1698 – 1739)* entdeckte 1733, daß es zwei Arten von Ladungen, *eine positive und eine negative elektrische Ladung*, gibt. Durch eine Reihe von Entdeckungen und Erfindungen wurde das Wesen der Elektrizität im 18. Jh. weiter aufgeklärt. Wichtige Schritte waren: 1709 die Entdeckung des Engländers *Francis Hauksbee (1666 – 1713)*, daß ein evakuiertes Glas mit etwas Quecksilber durch elektrische Aufladung ein Glimmlicht erzeugt; 1745 die Erfindung der „*Leidener*" oder „*Kleistschen Flasche*", die wie ein moderner Kondensator elektrische Ladung aufnehmen und speichern konnte, durch den Niederländer *Pieter van Musschenbroek (1692 - 1761)* aus *Leiden* und unabhängig davon durch *Ewald Georg von Kleist (1700 – 1748)*. Es war ursprünglich eine mit Wasser gefüllte Glasflasche, aus der ein Draht herausragte und die man beim Aufladen des Drahts und der Wasserfüllung in der Hand hielt. Nach der Aufladung konnte man die gespeicherte Ladung über den Draht entnehmen. 1750 die Beobachtung von Glimmlicht in Glasröhren durch *Johann Heinrich Winkler (1703 – 1770)*; die zu Buchstaben gebogenen Röhren bildeten eine *erste Leuchtschrift*; 1752 die Demonstration von *Benjamin Franklin (1706 – 1790)* mit einem Drachen, der von einem langen Metalldraht gehalten wurde, daß die bei Gewittern auftretenden Blitze elektrische Entladungsvorgänge sind. *Franklin* wurde der Erfinder des Blitzableiters. 1777 die Entdeckung von *Georg Christoph Lichtenberg (1742 – 1799)*, daß feiner Staub auf einem Glaskörper bei elektrischer Aufladung durch die elektrischen Kräfte Strukturen, die „Lichtenberg-Figuren", bildet – ein Vorgang, der die Grundlage der heutigen Xerographie-Kopierverfahren ist; 1784 die Messung der elektrischen Abstoßungskraft zwischen zwei kleinen geladenen Kugeln mit Hilfe einer Torsionswaage durch *Charles Augustin de Coulomb (1736 – 1806)*; 1780 die Entdeckung von *Luigi Galvani (1737 – 1798)*, daß der Muskel eines sezierten Froschschenkels zuckt, wenn in der Nähe eine Elektrisiermaschine läuft oder wenn der Muskel mit zwei unterschiedlichen Metalldrähten, die miteinander verbunden sind, berührt wird; *Galvani* entdeckte damit die *Bioelektrizität* und die Möglichkeit, einen „galvanischen" elektrischen Strom zu erzeugen; 1798 die Fortsetzung der Untersuchungen von *Galvani* durch *Alessandro Volta (1745 – 1827)*, der als Ergebnis das „*Galvanische Element*" oder die „*Volta-Säule*" – Vorläufer der heutigen *Batterien* – erfand; ihm zu Ehren wurde „*Volt*" als Einheit der elektrischen *Spannung* gewählt.

Im ganzen 18. Jh. wurden einzelne elektrische Erscheinungen zwar erforscht, fanden aber noch keine praktischen Anwendungen. Sie dienten lediglich dazu, bei Veranstaltungen des Adels in Schlössern und Herrensitzen zur Belustigung der Zuschauer kleine Experimente vorzuführen. Beliebt war zum Beispiel der Versuch mit einer sich an den Händen haltenden Menschenkette, in der alle rasch hintereinander Zuckungen zeigten, wenn der Erste in der Kette mit einer Elektrisiermaschine verbunden wurde. Erst im 19. Jh. kam es zu den entscheidenden Fortschritten in der Erforschung der elektrischen Phänomene und dem Bau elektrischer Geräte, die zu deren breitem, die Lebensweise der Menschen massiv beeinflussenden Einsatz führte. Den Reigen eröffnete der dänische Physiker *Hans Christian Oersted (1777 – 1851)*, der 1819 entdeckte, daß der elektrische Strom in einem Draht eine magnetische Kompaßnadel auslenkt, der Strom also ein Magnetfeld erzeugt. *André Marie Ampère (1775 – 1836)* beobachtete 1820, daß zwei stromdurchflossene parallele Drähte eine Kraft aufeinander ausüben: bei gleicher Stromrichtung eine Anziehungs- und bei entgegengesetzter eine Abstoßungskraft. Er erfand die stromdurchflossene Drahtspule zur Erzeugung eines Magnetfelds und führte den Magnetismus von Eisen auf atomare Kreisströme zurück. Ihm zu Ehren erhielt die *Stromstärke* die Einheit *Ampère*. Der gelernte Buchbinder und Autodidakt *Michael Faraday (1791 – 1867)*, der ohne jede schulische Grundausbildung in der Elektrizitätslehre bahnbrechende Entdeckungen und Erfindungen machte, beobachtete 1831, daß ein stromdurchflossener Metalldraht (ein elektrischer Leiter) aufgrund des von ihm erzeugten Magnetfelds beim Ein- oder Ausschalten des Stroms in einem benachbarten, aber davon getrennten zweiten Metalldraht einen elektrischen Stromimpuls erzeugt oder „induziert". Faraday hatte damit den Grundvorgang der *elektrischen Induktion* entdeckt, der in vielen elektrotechnischen Geräten angewendet wird. *Faraday* fand auch, daß in einem Leiter, der durch ein Magnetfeld bewegt wird und dabei senkrecht zur Feldrichtung steht, eine elektrische Spannung und ein Strom erzeugt (induziert) werden. Dies ist das *Prinzip eines elektrischen Generators*. Umgekehrt wird auf einen ruhenden Leiter in einem Magnetfeld eine mechanische Kraft ausgeübt, wenn durch den Leiter ein elektrischer Strom geschickt wird. Dies ist das *Prinzip des Elektromotors*. Beide Effekte demonstrierte *Faraday* mit seinem „*Scheibendynamo*", bei dem eine drehbare Kupferscheibe als Stromleiter zwischen den Polen eines Hufeisenmagneten so angeordnet war, daß die Magnetpole einen schmalen Sektor der Scheibe vom Mittelpunkt bis zum Rand überdeckten. In den Jahren nach diesen umwälzenden Entdeckungen *Faradays* begann man, kleine Dynamos mit

Dauermagneten als *Stromgeneratoren* und kleine *Elektromotoren* zu bauen. Die von dem Amerikaner *Joseph Henry (1797 – 1878)* entwickelten „*Elektromagnete*" änderten die Situation. Mit der Erfindung des „*Dynamo-elektrischen Prinzips*", bei dem anstelle von relativ kleinen Dauermagneten große „selbsterregte" Elektromagnete verwendet wurden, durch *Ernst Werner von Siemens (1816 – 1892)* im Jahr 1866 wurde der Bau größerer Elektromaschinen möglich. Zu Ehren von *Faraday, Henry* und *Siemens* wurde für die *Kapazität* (das Fassungsvermögen eines Kondensators für elektrische Ladungen) eines Bauelements die Einheit *Farad*, für die *Induktivität* (ein Maß für die in einer Spule speicherbare elektrische Energie) die Einheit *Henry* bzw. für den *Leitwert* (Kehrwert des Widerstands) eines Leiters die Einheit *Siemens* gewählt.

Das dynamoelektrische Prinzip ermöglichte es im letzten Drittel des 19. Jh., große *Gleichstrom-, Wechselstrom- und Drehstrom-Generatoren und -Motoren* zu bauen und die Generatoren über Freileitungen mit den Motoren zu verbinden. *Zwischen Miesbach und München wurde 1882 die erste Freileitung mit einer Gleichspannung von 2 kV (2000 Volt) in Betrieb genommen.* Die erste Drehstromleitung wurde 1892 zwischen Lauffen und Frankfurt installiert. Das heute am meisten benutzte *Drehstromsystem* entwickelte 1888 der amerikanische Erfinder kroatischer Herkunft *Nikola Tesla (1856 – 1943)* und verkaufte das Patent an den amerikanischen Industriellen *George Westinghouse (1846 – 1914)*. Zu Ehren von *Tesla* wird die Internationale Einheit für die *magnetische Flußdichte* mit „*Tesla*" bezeichnet.

Damit waren die entscheidenden Schritte für die weltweite Verbreitung der Technologie der elektrischen Kraftwerke und Versorgungsnetze vollzogen. Elektrische Energie für den Betrieb von einer Vielfalt von Maschinen und Geräten stand von nun an – wenn es erforderlich war – an jedem beliebigen, von Menschen bewohnten Ort zur Verfügung. Den Zusammenhang zwischen Stromstärke und Spannung längs einer Leitung – *das Ohmsche Gesetz* – hat der Erlanger Physiker *Georg Simon Ohm (1787 – 1854)* formuliert, wonach sich die Stromstärke in einem Leiter aus der angelegten Spannung dividiert durch den elektrischen Leiterwiderstand errechnet. Das Gesetz ist für Gleich- und Wechselstrom gültig. Der *Widerstand* wird in der Einheit „*Ohm*" angegeben.

Eine der ersten Anwendungen der durch Leitungen transportierten elektrischen Energie war die *Erzeugung elektrischen Lichts*. Vor 1800 gab es auf der ganzen Welt nur Kerzen und Fackeln zum Beleuchten von Wohn- und Arbeitsräumen. Eine Straßenbeleuchtung kannte man noch nicht. Anfang des 19. Jh. begannen in den Großstädten erste Versuche mit Gaslicht. Dazu verlegte man im Boden Gasleitungen und errichtete Gaslaternen, die von städtischem Personal abends angezündet wurden und gelbliches Licht verbreiteten. Im Jahr 1812 entdeckte der britische Chemiker *Sir Humphry Davy (1778 – 1829)*, daß in einem gas- oder luftgefüllten Gefäß bei niedrigem Druck zwischen zwei Kohleelektroden eine hell leuchtende *Lichtbogenentladung* gezündet werden kann, wenn man die beiden Elektroden zunächst in Berührung bringt, einen hohen elektrischen Strom darüber schickt und dann die Elektroden auseinanderzieht. In den folgenden Jahrzehnten wurden diese Lichtbogenlampen neben Gaslaternen zur Straßenbeleuchtung verwendet. Die elektrischen Lampen wurden einzeln mit Batterien oder elektrischen Generatoren mit Spannung versorgt. In der zweiten Hälfte des 19. Jh. wurden verschiedene Versuche gemacht, elektrische Glühlampen zu entwickeln, die nicht so grell leuchteten wie die Bogenlampen und daher auch für Innenräume geeignet waren. Der deutsche Uhrmacher *Heinrich Goebel (1818 – 1893)* erfand 1854 die *erste elektrische Glühlampe* mit einem Glühfaden aus einer verkohlten Bambusfaser, die aber noch nicht für den praktischen Betrieb geeignet war. Der amerikanische Erfinder *Thomas Alva Edison (1847 – 1931)* verbesserte 1879 die *Glühlampe* bis zur Serienreife. 1882 versorgte das erste, nach seinen Plänen gebaute öffentliche Elektrizitätswerk der Welt zum ersten Mal 400 Edison-Glühlampen in Manhattan. Auf der Weltausstellung in Paris im Jahr 1900 beleuchteten 40.000 Glüh- und 6000 Bogenlampen nach Einbruch der Dunkelheit das Ausstellungsgelände. Die Glühlampe oder Glühbirne trat nun ihren Siegeszug um die Welt an. Die Glühlampen wurden erst mit Gleichstrom und gegen Ende des 19. Jh. mehr und mehr mit Wechselstrom oder Drehstrom versorgt.

Die Erfindung des *Elektromagneten* (einer Drahtspule, die um einen Eisenkern gewickelt ist) für elektrische Maschinen führte 1837 auch zu einer völlig neuen Form der *Übermittlung von Nachrichten* durch den amerikanischen Professor der Kunstakademie und Erfinder *Samuel Finley Breese Morse (1791 –1872)* und unabhängig davon durch den britischen Physiker Sir *Charles Wheatstone (1802 – 1875)*. Vor diesem Zeitpunkt war die Übertragung von Nachrichten auf der ganzen Welt nur durch den Transport von Botschaften mittels Laufboten, Reiter, Postkutschen, auf Schiffen und seit Beginn des 19. Jh. auch mit der Eisenbahn möglich. Auf Sichtweite konnten einfache Nachrichten auch mit Hilfe von Spiegeln oder Leuchtfeuern ausgetauscht werden. Mit der Erfindung des *Morsetele-graphen* und des *Morsealphabets* begann die bis heute andauernde grandiose weltweite Entwicklung der *Nachrichtenübertragungstechnik*. Der Morsetelegraph bestand aus einem Elektromagneten, durch dessen Spule mit Hilfe eines Schalters kurze oder längere Stromimpulse geschickt wurden. Die magnetische Kraft des Elektromagneten öffnete und schloß dadurch einen Stromkreis, von dem die Signale über eine lange Metalldrahtleitung zu einem weit entfernten Empfänger geschickt werden konnten. Jedem Buchstaben wurde nach Überarbeitung des ursprünglichen Morsealphabets eine bestimmte Signalkombination zugeordnet (zum Beispiel „Punkt-Strich-Punkt" oder „kurzer – langer – kurzer Impuls" für den Buchstaben „R" oder nur ein Punkt oder kurzer Impuls für „E"). Die *erste elektrische Nachricht* schickte *Morse* 1844 von *Baltimore* in das 60 km entfernte *Washington*. Da sich die Signale praktisch mit Lichtgeschwindigkeit längs der Leitung ausbreiten, kam die Nachricht augenblicklich beim Empfänger an.

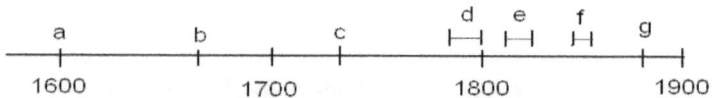

Fig. 2-11: Die Erforschung der Elektrizität und Entwicklung erster elektrischer Geräte. a Entdeckung elektrischer Erscheinungen und Einführung des Namens „Elektrizität" durch W. Gilbert; b Erste Elektrisiermaschine von Otto von Guericke (1672); c Entdeckung, daß es eine positive und eine negative Elektrizität gibt (Ch. De Cisternay du Fay, 1733); d Entdeckung der Bioelektrizität durch Galvani und Bau der ersten elektrischen Batterie durch Volta; e Entdeckungen von Oerstedt, Ampère und Faraday (u.a. Erfindung des elektrischen Motors und Generators durch Faraday), erster Morsetelegraph; f Entwicklung der ersten elektrischen Glühlampen durch Goebel und Edison; g Erste Stromübertragung über eine Leitung von Miesbach nach München (1882), Beginn des Elektronikzeitalters (1883). Kurz vor 1900 (1897) Entdeckung des Elektrons als Bestandteil der Materie durch Thomson, Wiechert und Kaufmann.

Von nun an ging es in der elektrischen Nachrichtenübertragungstechnik Schlag auf Schlag weiter: Um von der geringen Übertragungsgeschwindigkeit des Telegraphen wegzukommen, der die Signale nur Buchstabe für Buchstabe senden konnte, bemühte man sich nun um die direkte Fernübertragung von Sprache. Der deutsche Physiker *Johann Philipp Reis (1834 – 1874)* erfand 1861 das erste elektrische Gerät – von ihm *Telephon* genannt – zur Übertragung von Tönen. Der in *Schottland* geboren und nach *Amerika* ausgewanderte *Alexander Graham Bell (1847 – 1922)* verbesserte das System von *Reis* 1872 und meldete 1876 sein Telefon-Patent an. Durch die weltweite Einführung des Telefons rückte die Menschheit wieder ein Stück näher zusammen. Das Telefonieren blieb nur zwei Jahrzehnte auf eine Verbindungsleitung zwischen Sender und Empfänger beschränkt. Der in Hamburg geborene Physiker *Heinrich Rudolf Hertz (1857 – 1894)* wies 1886 experimentell nach, daß die von einem einfachen elektrischen Sender erzeugten Schwingungen in einem davon getrennten Empfänger, der einen elektrischen Funkensensor enthielt, Funken auslösten (daher die heute übliche Bezeichnung *„Funk"* oder *„Rundfunk")*. *Hertz* hatte damit die *„elektromagnetischen Wellen"* entdeckt, mit denen es möglich wurde, Signale *drahtlos* durch den freien Raum zu einem Empfänger zu senden. Die mathematischen Grundlagen für das Verständnis und die Eigenschaften elektromagnetischer Wellen erarbeitete einer der genialsten Physiker des 19. Jh., der in *Edinburgh* geborene Professor für Physik am *King's College* in *London* und später an der Universität *Cambridge, James Clerk Maxwell (1831 – 1879)*. In seinem Hauptwerk *„Treatise on Electricity and Magnetism"* formulierte er 1873 die vier *Grundgleichungen der Elektrodynamik*, die berühmten *Maxwellschen Gleichungen*, welche die Grundeigenschaften elektrischer und magnetischer Felder, elektromagnetischer Wellen und die elektromagnetische Natur der Lichtwellen beschreiben. Die Entdeckung der Hertzschen Wellen und ihrer Eigenschaften nutzte 1896 der russische Physiker *Aleksandr Stepanowitsch Popow (1859 – 1905)*, mit Hilfe eines von ihm gebauten Senders mit Sendeantenne die Worte *„Heinrich Hertz"* über eine Strecke von 250 m zu übertragen. Kurze Zeit später verbesserte der in *Bologna* geborene Physiker *Guglielmo Marchese Marconi (1874 – 1934)* die Antenne von *Popow* und konnte damit Telegraphen-Signale bereits zu einem mehrere Kilometer entfernten Empfänger senden. 1899 errichtete er die *erste drahtlose Telegraphie-Funkverbindung* über den Ärmelkanal und 1901 über den Nordatlantik. Er wurde damit zum Begründer eines der mächtigsten Industriezweige des 20. Jh., der *drahtlosen Nachrichtentechnik oder Funktechnik*.

Ziel der drahtgebundenen und drahtlosen Nachrichtentechnik war in jener Zeit die Übertragung von Sprache und Musik über weite Entfernungen, also von Kontinent zu Kontinent. Das Problem war, daß die elektromagnetischen Signale längs der Übertragungsstrecke so stark gedämpft wurden, daß sie am weit entfernten Empfänger nicht mehr wahrnehmbar waren.

Diese Situation änderte sich mit der *„Geburt der Elektronik" im Jahr 1883*. Damals beobachtete *Edison*, daß in einem Vakuumgefäß zwischen einem Glühfaden und einer gegenüberliegenden positiven Elektrode durch das Vakuum hindurch ein elektrischer Strom fließt. Dieser *„Edison-Effekt"* führte 1804 zur Erfindung der *„Vakuumdiode"* oder des *„Zweielektroden-Funkgleichrichters"* durch den britischen Physiker *John Ambrose Fleming (1849 – 1945)*. Mit diesem *ersten elektronischen Bauelement der Welt* konnten Funksignale sehr gut detektiert werden.

Bis zum Ende des 19. Jh., genaugenommen bis 1897, wußte man noch nicht, woraus der elektrische Strom eigentlich bestand, den man bereits im 18. Jh. für das Aufladen von Körpern mit der Elektrisiermaschine und im 19. Jh. in einer Reihe von elektrotechnischen Geräten nutzte. Dieses Rätsel wurde nun schrittweise gelöst. Bereits 1858 hatte der deutsche Physiker *Julius Plücker (1801 – 1868)* die damals so genannten *„Kathodenstrahlen"* entdeckt, die in einem Vakuumgefäß aus einem Glühdraht, der *„Kathode"*, austraten und von einer gegenüber liegenden positiven Elektrode, der *„Anode"*, aufgefangen wurden. Im Jahr 1874 stellte der britische Physiker *George Johnstone Stoney (1826 – 1911)* eine Theorie über das *„Atom der Elektrizität"* vor. Gemeinsam mit dem deutschen Physiker *Hermann Ludwig Ferdinand von Helmholtz (1821 – 1894)* gab er diesem „Atom" den Namen *„Elektron"*. Erst rund 40 Jahre nach Plückers Entdeckung, im Jahr 1897, untersuchten unabhängig voneinander der britische Wissenschaftler *Sir Joseph John Thomson (1856 – 1940)* und die deutschen Forscher *Emil Wiechert (1861 – 1928) und Walter Kaufmann (1871 – 1947)* die physikalische Natur der Kathodenstrahlen. Sie konnten zeigen, daß die Strahlen durch ein äußeres elektrisches oder magnetisches Feld aus ihrer Richtung abgelenkt werden und aus negativ geladenen Teilchen bestehen, eine Feststellung, die bereits 1879 der britische Forscher *Sir William Crookes (1832 – 1919)* getroffen hatte. *Thomson* nannte die Teilchen *Elektronen* und bestimmte ihre Masse, die rund 2000mal kleiner war als die Masse eines Wasserstoffatoms. Er erklärte auch erstmals den bereits vielfach genutzten elektrischen Strom in Leitern als Strom von beweglichen Elektronen. Aus seinen Ergebnissen entwickelte *William Thomson, der spätere Lord Kelvin (1824 – 1907)*, ein *Atommodell*, in dem die Atommasse gleichmäßig über das Atomvolumen verteilt und eine gleich große Menge von positiver und negativer Ladung innerhalb des Atomvolumens eingebettet ist. Dieses Atommodell mußte zwar später revidiert werden, doch hatte *W. Thomson* immerhin gezeigt, daß die seit den Erkenntnissen des griechischen Philosophen *Demokrit*

(460 – 370 v. Chr.) als unteilbar geltenden Atome (von griech. *atoma =
unteilbar*) doch teilbar sind, weil sie Teilchen, nämlich Elektronen, in Form
des elektrischen Stroms abgeben können. Mit den Arbeiten von *Thomson*
war ein *erster Schritt zur Aufklärung der Struktur der Materie* getan.

Zwei Jahre vor der Identifizierung der *Kathodenstrahlen* als Strom von Elektronen, im Jahr 1895, experimentierte der Würzburger Physiker *Wilhelm
Conrad Röntgen (1845 – 1923)* mit diesen Kathodenstrahlen. Er ließ sie mit
hoher Energie in einem Vakuumgefäß auf eine Metallelektrode auftreffen
und beobachtete, daß auf dem Versuchstisch zufällig liegende Kristalle beim
Einschalten des Kathodenstrahls zu fluoreszieren begannen, also sichtbares
Licht ausstrahlten. *Röntgen* erkannte, daß die Kathodenstrahlen beim Auf-
treffen auf die Metallplatte eine neue Art von Strahlen auslöste, die er *X-
Strahlen* nannte und die an den Kristallen die *Fluoreszenz* hervorriefen. Die
X-Strahlen konnten eine Fotoplatte schwärzen und Objekte durchdringen.
Beim Durchstrahlen der Hand seiner Frau erzeugte Röntgen die *erste Rönt-
genaufnahme der Welt*, auf der wegen der unterschiedlichen Absorption der
Strahlen die einzelnen Fingerknochen deutlich zu erkennen waren. Ein
Jahr später stellte *C.H.F. Müller* in Hamburg die *erste Röntgenröhre der Welt*
her: Die Röntgentechnik begann ihren Siegeszug um die Welt.

Ein erstaunlicher Aufbruch zu einer wahren Flut von neuen Erkenntnissen und technischen Fähigkeiten ist auch in der *Chemie, der Medizin und
anderen Wissenschaftsbereichen der Neuzeit* zu beobachten. Auf dem Gebiet
der *Chemie* war es in den Jahrtausenden vorher der Menschheit durch
vielerlei Versuche lediglich gelungen, Keramik, Glas, einzelne Farbstoffe,
Leder, Kleiderstoffe und Gegenstände aus Stein, Holz, Gold, Silber, Kupfer,
Bronze und Eisen herzustellen. Auch die Produktion von Bier und Wein
war schon lange bekannt. Seit der griechische Philosoph *Aristoteles (384
– 322)* lehrte, daß alle *Materie aus Erde, Luft, Wasser und Feuer mit je zwei
von den vier Eigenschaften „heiß, kalt, feucht oder trocken"* bestehe, hat diese
Lehre fast 2000 Jahre lang das abendländische Denken über die Materie
beherrscht. Sie führte zu der irrigen Annahme, daß man durch Vermischen
und Erhitzen beliebiger Stoffe neue Materie erzeugen, also auch zum
Beispiel aus Blei Gold herstellen könne. Von der Antike bis zum Ende des
Mittelalters faszinierte diese Idee die *Alchemisten*. Man hoffte, mit Hilfe
des *„Steins der Weisen"*, nach dem intensiv gesucht wurde, das sehnlich er-
strebte Ziel zu erreichen. Das gelang natürlich nicht, aber es wurden neue
chemische Verfahren und Verbindungen entdeckt.

Erst in der Neuzeit begannen quantitative Untersuchungsmethoden anstelle des wahllosen Probierens die Welt der Chemie zu verändern. Die Gelehrten *Georgius Agricola alias Georg Bauer (1494 – 1555)* und *Philippus Aureolus Paracelsus (1493 – 1541)* trugen auf dem Gebiet der Metallurgie bzw. chemischen Reaktionen dazu bei. Der Chemiker *Georg Ernst Stahl (1660 – 1734)* entwickelte die Theorie, daß in jeder Materie ein brennbarer Bestandteil – *das „Phlogiston"* – enthalten sei, der beim Verbrennen entweicht (griech. *phlogistos* = verbrannt). Der englische Gelehrte *Joseph Priestley (1733 – 1804)* entdeckte 1774 in seinen chemischen Experimenten neben einer Reihe von Gasen den *Sauerstoff* und dessen Rolle bei der Verbrennung und Atmung. Der französische Chemiker *Antoine Laurent de Lavoisier (1743 – 1794)* wies in quantitativen Versuchen erstmalig nach, daß die Gesamtstoffmenge bei chemischen Reaktionen erhalten bleibt – unabhängig davon gelang dieser Nachweis gleichzeitig auch dem russischen Chemiker *Michail Wassiljewitsch Lomonossow (1711 – 1765)* – und daß sich eine Substanz bei der Verbrennung immer mit Sauerstoff verbindet. Mit dieser Entdeckung von 1789 ersetzte *Lavoisier* die alte Phlogiston-Theorie. *Lavoisier* stellte auch eine Namenliste der bis dahin bekannten chemischen Elemente auf – also der Stoffe, die mit chemischen Mitteln nicht weiter zerlegt werden können – und beschrieb das Entstehen von chemischen Verbindungen aus diesen Elementen. Der schottische Chemiker *Joseph Black (1728 – 1799)* wies 1756 nach, daß auch Gase an chemischen Reaktionen beteiligt sind und entdeckte bei seinen Versuchen das *Kohlendioxid*. Der schwedische Chemiker *Jöns Jakob Freiherr von Berzelius (1779 – 1848)*, der zusammen mit *Lavoisier* als einer der *Begründer der modernen Chemie* gilt, schuf das heute allgemein gültige *System der chemischen Formelzeichen* und bestimmte von vielen chemischen Elementen das *Atomgewicht*. Der britische Chemiker *John Dalton (1766 – 1844)* formulierte als Ergebnis seiner Versuche 1803 die Theorie, daß alle Materie aus unterschiedlich schweren chemischen Elementen – den Atomen – besteht, die sich in genau definierten Gewichtsverhältnissen miteinander zu Molekülen verbinden. Dieses *„Gesetz der multiplen Proportionen"* war ein weiterer wichtiger Schritt zur Aufklärung der Struktur der Materie. Der Nachweis, daß Moleküle tatsächlich existieren, gelang allerdings nicht *Dalton*, sondern dem italienischen Physiker *Amedeo Avogadro (1776 – 1856)*, der 1811 zeigte, daß einige gasförmige Elemente aus je zwei Atomen bestehen und daß gleiche Volumina von Gasen bei gleichem Druck und gleicher Temperatur dieselbe Anzahl von Molekülen enthalten. Der deutsche Chemiker *Friedrich Wöhler (1800 – 1882)* stellte 1828 zum ersten Mal eine organische Substanz, nämlich *Harnstoff*, aus einem anorganischen Ausgangsstoff her. Damit war bewiesen, daß organische Stoffe auch außerhalb von Lebewesen synthetisiert werden können. *Wöhler* wurde damit zum *Begründer der Biochemie und Wegbereiter der Organischen Chemie.* Die These des *Vitalismus*, daß eine transzendente Lebenskraft – eine *vis vitalis* – zur Erzeugung organischer Stoffe unbedingt nötig sei, wurde damit widerlegt. Bedeutende Beiträge zur Organischen Chemie und Biochemie lieferte auch *Justus Freiherr von Liebig (1803 – 1873)*, der schon mit 20 Jahren promovierte und mit 22 Jahren Ordentlicher Professor für Chemie an der Universität Gießen wurde.

Der deutsche Chemiker *Robert Wilhelm Bunsen (1811 – 1899)* und der Physiker *Gustav Robert Kirchhoff (1824 – 1887)* entwickelten gemeinsam das erste *optische Spektroskop* mit einem Bunsen-Brenner als Lichtquelle zur Analyse chemischer Substanzen, die – in die Bunsen-Brennerflamme gebracht – eine charakteristische Lichtstrahlung aussenden. Sie wurden damit Begründer der chemischen *Spektralanalyse* und Mitbegründer der *Physikalischen Chemie.* Bis 1870 wurde von den Chemikern und Physikern eine immer weiter wachsende Anzahl von chemischen Elementen entdeckt und beschrieben. Sie bildeten – nach ihrem Atomgewicht geordnet – eine lange Reihe von Elementen. Dem russischen Chemiker *Dmitrij Iwanowitsch Mendelejew (1834 – 1907) und dem deutschen Chemiker Julius Lothar Meyer (1830 – 1895)* gelang es in den Jahren 1869/70 unabhängig voneinander, das *Periodensystem der chemischen Elemente* zu entdecken. In diesem System sind – beginnend mit dem leichtesten Element Wasserstoff – links die jeweils reaktionsfreudigsten und rechts die reaktionsärmsten Elemente zu finden. Noch vorhandene Lücken führten zur raschen Entdeckung der noch fehlenden Elemente, deren Eigenschaften man aufgrund ihrer Stellung im Periodensystem vorhersagen konnte. Wertvolle Beiträge zur physikalischen Chemie lieferten der schwedische Physikochemiker *Svante August Arrhenius (1859 – 1927)* und der niederländische Physikochemiker *Jacobus Henricus Van't Hoff (1852 – 1911)*. Sie fanden heraus, daß sich Moleküle in wäßriger Lösung in elektrisch entgegengesetzt geladene Molekülteile – die Ionen – aufspalteten – ein Vorgang, der als *Dissoziation* bezeichnet wird.

Eine bis dahin noch völlig unbekannte Eigenschaft von Materie, wenn sie aus schweren Atomen besteht, beobachtete 1896 der französische Physiker *Antoine Henri Becquerel (1852 – 1908)*. Im abgedunkelten Versuchsraum sah er die Schwärzung einer Fotoplatte, auf die er einige Stücke schweres

Uranerz gelegt hatte. Die Schwärzung rührte von einer Strahlung her, die das Uran aussandte. *Becquerel* hatte damit das *erste natürliche radioaktive Element* – das *Uran* – entdeckt. Als einen Bestandteil der *radioaktiven Strahlung* identifizierte er die aus Elektronen bestehende *Betastrahlung*. Einige Jahre später, 1898, erforschten die in Warschau geborene und in Paris ausgebildete Physikerin *Marie Curie* – Mädchenname *Marya Sklodowska (1867 – 1934)* – und ihr Mann *Pierre Curie (1859 – 1906)* die Eigenschaften der radioaktiven Strahlung und entdeckten die radioaktiven Elemente *Radium* und *Polonium*. Der gleiche *Pierre Curie* hatte bereits 1880 zusammen mit seinem Bruder *Jacques* beobachtet, daß an einem Quarzkristall eine elektrische Spannung entsteht, wenn man auf den Kristall Druck ausübt. Dieser *piezoelektrische Effekt* spielt heute in der Elektrotechnik eine bedeutende Rolle. Die wissenschaftliche Welt verdankt *Pierre Curie* auch die Beobachtung, daß magnetische Substanzen bei einer höheren materialspezifischen Temperatur, dem *Curie-Punkt*, ihren Magnetismus verlieren. *Becquerel* konnte natürlich nicht ahnen, daß die von ihm entdeckte Radioaktivität des Urans im 20. Jh. eine so überragende Rolle bei der Energieerzeugung in den Atomkraftwerken und leider auch in den Atombomben spielen würde.

Mit der Entwicklung der *Biophysik* und *Biochemie* erlebte in der Neuzeit auch die *Medizin* einen gewaltigen Aufschwung. Schon im *Altertum* sammelten Menschen medizinische Kenntnisse. Die ältesten Aufzeichnungen darüber sind in einem *ägyptischen Papyrus* aus dem Jahr 1550 v. Chr., auf *assyrischen Tontafeln* des 7. Jh. v. Chr. in Mesopotamien und im jüdischen 3. Buch Mose, dem *Leviticus*, zu finden. Im antiken Griechenland war es der Gott der Heilkunst, *Asklepios oder lat. Äskulap*, von dem man durch Gebete und Opfer Heilung erhoffte. Das dem Asklepios heilige Tier war die Schlange, die noch heute das Zunftsymbol der Ärzteschaft, den schlangenumwundenen *Äskulapstab*, ziert. Als *„Vater der Medizin"* gilt der griechische Arzt *Hippokrates (460 – 370 v. Chr.)* von der Insel *Kos*. Auf ihn geht der *„Hippokratische Eid"* zurück, den jeder Arzt als Vorschriften-Kanon für die Behandlung von Patienten beachten sollte. Er und seine Schüler befreiten die Medizin weitgehend vom Aberglauben, etablierten sie als empirische Wissenschaft und betonten im Sinne der Präventivmedizin den Einfluß von Hygiene und Lebensweise auf die Gesundheit. In der griechischen Medizin herrschte die Meinung vor, Gesundheit beruhe auf dem richtigen Mischungsverhältnis der vier Körpersäfte Blut, Schleim, gelbe Galle und schwarze Galle. Wegen des Ausbruchs der Pest kamen nach 300 v. Chr.

viele griechische Ärzte nach Rom. In den folgenden Jahrhunderten blieb die römische Medizin fest in griechischer Hand. Der berühmteste dieser Ärzte war *Galenus (129 – 199 n. Chr.)*, der durch seine umfangreichen anatomischen Untersuchungen an Tieren bedeutende Entdeckungen machte. *Galenus* erkannte unter anderem die Steuerung von Muskeln durch Strukturen der Wirbelsäule, die Funktion von Nieren und Blase, den Bluttransport durch die Arterien, die Bedeutung des Blutes für die Ernährung von Gewebe, die Existenz der Herzklappen und den Unterschied zwischen Arterien und Venen. Leider wurden seine modernen Lehren weitgehend mißachtet. Stattdessen bestimmte seine von ihm als sehr wichtig angesehene überarbeitete Theorie von den vier Körpersäften fast eineinhalb Jahrtausende lang dogmatisch die gesamte abendländische Medizin und hemmte ihren Fortschritt. Aus diesem Grund verdankten die Menschen des Mittelalters die beachtliche Erweiterung der Kenntnisse vor allem der indischen, chinesischen und arabischen Medizin. In den arabischen Ländern gab es schon damals wegen der guten Ausbildung der Ärzte zu Spezialisten und der vorbildlichen Ausstattung der Krankenhäuser eine bemerkenswerte Blütezeit der Medizin. Im mittelalterlichen Europa sorgten vor allem klösterliche Hospitäler für die Krankenversorgung. Medizinische Zentren entstanden unter anderem in *Monte Cassino, Salerno, Toledo* und *Fulda* sowie an den Universitäten *Bologna* und *Padua*. Besonders hervorzuheben sind die Lehren der Äbtissin *Hildegard von Bingen (1098 – 1179)* über die Entstehung und Behandlung von Krankheiten und insbesondere über die Heilwirkung vieler Kräuter. Forscher der Renaissance untersuchten eingehend den menschlichen Körperbau, darunter auch *Leonardo da Vinci*, der eine Reihe genauer anatomischer Zeichnungen anfertigte.

Am Beginn der Neuzeit öffnete sich für die europäische Medizin das Tor für neue Diagnose- und Therapieverfahren. Der englische Arzt *William Harvey (1578 – 1657)* beschrieb 1628 den vollständigen Blutkreislauf mit dem Herzen als zentrale Antriebspumpe. Der italienische Arzt *Marcello Malpighi (1628 – 1694)* benutzte erstmals ein Mikroskop für anatomische Untersuchungen und entdeckte unter anderem die Kapillaren. *Gasparo Aselli (1521 – 1626)* beschrieb das Lymphsystem. Der deutsche Arzt *Christian Friedrich Samuel Hahnemann (1755 – 1843)* wurde Begründer der *Homöopathie*, der Heilmethode mit sehr geringen Dosen eines Medikaments. Die britischen Ärzte *William Smellie (1697 – 1763)* und *William Hunter (1718 – 1783)* entwickelten zahlreiche neue Verfahren bei der *Geburtshilfe* und *Edward Jenner (1749 – 1823)* die *Pockenimpfung*. Der französische Arzt *René*

Théophile Hyacinthe Laënnec (1781 – 1826) erfand 1819 das *Stethoskop* oder Hörrohr, das heute noch jeder Arzt zum Abhören von Körpergeräuschen, der *Auskultation*, benutzt. Britische Ärzte trugen im 19. Jh. maßgeblich zur Diagnose von Krankheiten bei, die heute ihren Namen tragen, zum Beispiel die *Addison-Krankheit* der Nebennieren, die *Hodgkin-Krankheit* des Lymphsystems oder die nach *Parkinson* benannte chronische Nervenkrankheit. Große medizinische Fortschritte gab es auf dem Gebiet der *Embryologie, Histologie und Bakteriologie.* Man fand heraus, daß Krankheiten wie *Endokarditis, Kindbettfieber, Tuberkulose, Milzbrand, Diphtherie, Lepra, Karies, Malaria, Gelbfieber, Tollwut, Pest und Geschlechtskrankheiten* von *Bakterien bzw. Viren* übertragen und ausgelöst wurden. *Die Bekämpfung dieser Krankheitserreger gilt als die größte Einzelleistung der Medizin.* Mit ihr verbunden sind die Namen *Louis Pasteur (1822 – 1895), Robert Koch (1843 – 1910), Paul Ehrlich (1854 – 1915), Oliver Wendell Holmes (1809 – 1894), Ignaz Philipp Semmelweis (1818 – 1865), Emil Heinrich Du Bois-Reymond (1818 – 1896), Edwin Theodor Albrecht Klebs (1834 – 1913), Friedrich August Johannes Löffler (1852 – 1915) und Emil Adolph von Behring (1854 – 1917).* Der britische Chirurg *Joseph Lister (1827 – 1912)* benutzte 1869 erstmals *Phenol als Antiseptikum* gegen Wundinfektionen und leistete die Vorarbeit für die *Sterilisation* der chirurgischen Instrumente, die von *Curt Schimmelbusch (1860 – 1895)* weiterentwickelt wurde. Der amerikanische Zahnarzt *Horace Wells (1815 – 1848)* verwendete zum ersten Mal 1844 das von dem britischen Chemiker *Humphry Davy* im Jahr 1800 entdeckte *Lachgas* als *Narkosemittel.* Etwa zur gleichen Zeit entdeckten die amerikanischen Ärzte *Crawford Williamson Long (1815 – 1878)* und *William Morton (1819 – 1868)* die Narkosewirkung von *Äther.* Diese Forscher eröffneten damit der Chirurgie neue Operationsmöglichkeiten, zum Beispiel 1881 die *erste Magenresektion* durch *Theodor Billroth (1829 – 1894)* und die *erste Lungenoperation* 1903 in der Unterdruckkammer durch *Ferdinand Sauerbruch (1875 – 1951).* Durch die Arbeiten des Biochemikers *Paul Ehrlich (1854 – 1915)* wurde die *Chemotherapie* zum unentbehrlichen Hilfsmittel medizinischer Behandlung. Die *Zellularpathologie* von *Rudolf Virchow (1821 – 1902)* rückte die einzelne Körperzelle als Ort der Krankheitsentstehung in den Mittelpunkt. *Max von Pettenkofer (1818 – 1901)* schuf mit seinen Untersuchungen die Grundlagen der medizinischen *Hygiene.* Der österreichische Botaniker *Gregor Johann Mendel (1822 – 1884)*, Mönch des Augustinerklosters in *Brünn*, fand durch zahlreiche Kreuzungsversuche mit Erbsen von 1856 bis 1863 grundlegende Gesetze der Vererbung, die *Mendelschen Regeln.*

Ausblick am Ende des 19. Jahrhunderts

Die kulturellen Leistungen der Völker bis zum Ende des 19. Jahrhunderts sind beispiellos. In der zweieinhalb Millionen Jahre dauernden Entwicklung ab dem Erscheinen des „Homo Erectus" genügte die vergleichsweise kurze Zeitspanne von rund 400 Jahren, um eine unglaubliche Wissensexplosion (mit der Kambrischen Explosion der Lebensformen durchaus vergleichbar) zu entfachen. *Auf der Blumenwiese der Weltkultur gab es – beginnend mit den ältesten antiken Stadtkulturen vor rund zehntausend Jahren bis zum Ende des Mittelalters – vereinzelte wunderbar leuchtende Blüten in der Bildenden Kunst, Literatur, Musik und Technik. Aber erst die phantastische Vielfalt der schöpferischen Kräfte der Menschen in der Neuzeit verdichtete die Blumenwiese zu einem unglaublich bunten Blütenmeer.* Gespeist von den geistigen Errungenschaften der Völker im Nahen, Mittleren und Fernen Osten und angefacht durch das Erbe der Antike wurde vor allem Europa und im 19. Jh. auch Nordamerika zu einer Wissensquelle der Neuzeit, von der aus sich breite Ströme von Werken der Kunst, Wissenschaft und Technik über die ganze Erde ausbreiteten. Im Bereich der *Kunst* ist an erster Stelle *Italien* zu nennen (Bravo Italien!) und im Bereich von *Wissenschaft und Technik Großbritannien* (Bravo Großbritannien!). Eine Fülle von Beiträgen ist auch *Frankreich, Deutschland, Rußland*, den *Niederlanden, Spanien* und verschiedenen kleineren europäischen Ländern zu verdanken. Die Ströme des Wissens und der Fertigkeiten vermischten sich in den verschiedensten Erdregionen mit den bereits durch eine lange Tradition geprägten einheimischen Kulturen und Lebensformen zu einer jeweils eigenständigen technischen Zivilisation, die den Menschen auf lange Sicht eine Verbesserung ihrer Lebenssituation zumindest versprach. In den meisten Gesellschaften wurde sie für kleine Menschengruppen Realität, ließ aber für die Mehrheit zu lange auf sich warten. Die Folge waren in vielen Ländern soziale Brüche, die weder durch die Gründung von Gewerkschaften noch durch Sozialgesetzgebung beseitigt werden konnten.

Im 19. Jh. war die Bevölkerung Europas von etwa *190 Millionen im Jahr 1800* auf rund *400 Millionen Menschen um 1900* angewachsen. Die meisten dieser Menschen lebten – abgesehen vom Adel und dem wohlhabenden Bürgertum, in ärmlichen Verhältnissen. Wohnen in elenden Mietskasernen, schwere körperliche Arbeit mehr als 12 Stunden am Tag und 6 Tage in der Woche unter unmenschlichen Bedingungen in Fabriken oder Bergwerken, Kinderarbeit und geringe Entlohnung waren das gewöhnliche

Erscheinungsbild der damaligen Arbeitswelt. Erst 1878 wurde in England, der weltweit führenden Industrienation des 19. Jh., ein Kinderschutzgesetz eingeführt, in dem das Mindestalter für arbeitende Kinder auf 10 Jahre festgelegt, die Anzahl der Arbeitstage pro Woche reduziert und die Anzahl der Arbeitsstunden pro Tag auf 12 begrenzt wurde! Die durchschnittliche Lebenserwartung der Menschen betrug damals 40 Jahre! Die geringen Löhne für Arbeiter bewirkten, daß *die Kluft zwischen Arm und Reich ständig grösser wurde* und sich die Arbeiter zur Durchsetzung ihrer Ziele in vielen Ländern der Welt zu einer *Arbeiterbewegung* formierten und zu *Gewerkschaften* zusammenschlossen. Die *erste Gewerkschaft* entstand mit der *Grand National Consolidated Trade Union* 1833 in England. Arbeitergruppen aus 13 europäischen Ländern und den USA gründeten 1864 in *London* die *„Erste Internationale Arbeiterassoziation", die sich 1876 wieder auflöste.* Ihr folgte 1889 in *Paris* die *„Zweite Internationale"*, die den 1. Mai als *Internationalen Tag der Arbeit* ausrief und bis in die Gegenwart als *„Sozialistische Internationale"* weiterexistiert. Die *„Dritte Internationale"* oder *„Kommunistische Internationale"* (= *Komintern*) wurde 1919 in *Moskau* gegründet und 1957 aufgelöst. *Karl Marx (1818 – 1883) und Friedrich Engels (1820 – 1895)* veröffentlichten 1848 das *„Kommunistische Manifest"* als radikales Grundsatzprogramm der frühen Arbeiterbewegung. Das dreibändige Hauptwerk von *Marx, „Das Kapital"*, bildete die philosophische Grundlage des *„Wissenschaftlichen Sozialismus"* im 20. Jh. Der *„Allgemeine Deutsche Arbeiterverein"* (ADAV) – 1863 von *Ferdinand Lassalle (1825 –1864)* in *Leipzig* gegründet – vereinigte sich 1875 mit der von *August Bebel (1840 – 1913)* und *Karl Liebknecht (1871 – 1919)* 1869 in *Eisenach* gegründeten *„Sozialdemokratischen Arbeiterpartei Deutschlands"* (SDAP) zur *„Sozialistischen Arbeiterpartei Deutschlands"*(SAP), die sich 1890 in *„Sozialdemokratische Partei Deutschlands"* (SPD) umbenannte. Trotz aller Bemühungen und politischen Entwicklungen blieb die *„Soziale Frage"* in vielen Staaten der Erde bis heute ein ungelöstes Problem.

Die beeindruckenden Erfindungen und technischen Entwicklungen bis zum Ende des 19. Jh. gaben vielen Menschen vor allem in den Industrieländern Europas, aber auch in anderen Teilen der Welt, die begründete Hoffnung, daß das heraufziehende 20. Jh. die Lebens- und Arbeitsbedingungen deutlich verbessern würde. Für die zweite Hälfte dieses Jahrhunderts traf dies in der Tat zu. Die Menschen konnten aber nicht ahnen, daß die erste Hälfte eine der mörderischsten und grausamsten Epochen in der Menschheitsgeschichte werden würde.

2.5 Das Zwanzigste Jahrhundert

Vor dem Ersten Weltkrieg

Es begann ja so verheißungsvoll: In Europa und den anderen Erdteilen hatten sich bis zum Ende des 19. Jh. große, mittlere und kleine National-staaten gebildet. Sie waren bestrebt, durch den Einsatz von Wissenschaft und Technik ihre Wirtschaft zu entwickeln und ihre Handelsbeziehungen auszubauen – begleitet allerdings vom Mißtrauen zwischen den europä-ischen Großmächten, im imperialistischen Wettkampf um Absatzmärkte und Einflußgebiete den Kürzeren zu ziehen. In den meisten Ländern eta-blierte sich als Nachfolger des Feudalismus der *Kapitalismus* als dominie-rendes Wirtschafts- und Sozialsystem. Seine wesentlichen Kennzeichen sind, daß die Produktionsmittel in den meisten Fällen privaten Investoren gehören, die Waren durch arbeitsteilige Massenfertigung in Fabriken her-gestellt und auf dem freien Markt angeboten werden. Dort bestimmen An-gebot und Nachfrage den Marktpreis einer Ware. Der staatlichen Verwal-tung bleibt nur die Aufgabe, günstige politische, soziale und ökonomische Rahmenbedingungen für das Marktgeschehen zu schaffen. Damit würden gemäß den Lehren des schottischen Nationalökonomen *Adam Smith (1723 – 1790)* in seinem 1776 erschienenen Hauptwerk *„An inquiry into the nature and causes of the wealth of nations"* durch freies Wirtschaften jedes Einzel-nen aus Eigennutz gewissermaßen Wohlstand für alle und soziale Harmonie entstehen. Dennoch auftretende soziale Probleme sollten durch Eingriffe des Staates gelöst werden.

In den europäischen Ländern war zu Beginn des 20. Jh. die Industrialisie-rung voll im Gang. Verbesserte Bergwerkstechnik zur Förderung von Koh-le und Erzen, die Ausdehnung des Eisenbahnnetzes, der Dampfschiffahrt, der Telegraphie- und Telefonverbindungen und der Massenproduktion von Wirtschaftsgütern mit Hilfe von Maschinen in Fabrikanlagen – begin-nend mit der Textilindustrie in England – steigerten rasch den Wohlstand der Eigentümer und Kapitalgeber, aber nicht den der Arbeiter, die meist in Armutsvierteln lebten und kaum das Nötigste für den Lebensunterhalt verdienten. In vielen Ländern schlossen sich deshalb Arbeiter in den *Ge-werkschaften* zusammen, die immer wieder mit Streiks versuchten, ihre For-derungen gegenüber den Arbeitgebern und der Regierung durchzusetzen. In *England* entwickelte sich aus der Arbeiterbewegung 1906 die *Labour Party*. Unter dem Druck der Gewerkschaften wurden in *England* eine

Sozialversicherung und *Mindestlöhne* sowie eine progressive Einkommens- und Erbschaftssteuer eingeführt. In *Frankreich* und *Spanien* formierte sich die radikale Gewerkschaftsbewegung des *Syndikalismus*, der eine dem Anarchismus nahe Gesellschaft ohne staatliche Hierarchie anstrebte. Produktionsmittel und Waren sollten Gemeinschaftseigentum sein und die Produktion nur den Bedürfnissen der Gesellschaft und nicht dem Profit dienen. Auch in *Deutschland* entstanden Ende des 19. Jh. *freie Gewerkschaften*, die sich 1919 zum *„Allgemeinen Deutschen Gewerkschaftsbund (ADGB)"* zusammenschlossen.

Das 1871 in *Versailles* gegründete *Deutsche Kaiserreich*, dem nur eine Lebensdauer bis 1918 beschieden war, erlebte in den letzten beiden Jahrzehnten des 19. Jh., den so genannten *„Gründerjahren"*, und im 20. Jh. bis zum Beginn des *Ersten Weltkriegs* einen starken wirtschaftlichen Aufschwung. Nach der Entlassung *Bismarcks* 1890 übernahm *Wilhelm II. (Regierungszeit 1888 – 1918)*, dessen Mutter die älteste Tochter der britischen Königin *Victoria* war, selbst die Regierungsgeschäfte. Er wollte *Deutschland* – wenn nötig mit Gewalt – zu einer *„Weltmacht"* formen und ihm *„einen Platz an der Sonne"* verschaffen. Durch seine ungeschickte imperialistische Außenpolitik und durch Aufrüstung des Heeres und der Kriegsflotte isolierte er *Deutschland* immer mehr gegenüber den europäischen Großmächten *England*, *Frankreich* und *Rußland*. Wegen der wachsenden Spannungen schlossen 1904 *England* und *Frankreich* ein Bündnis in der *Entente Cordiale*, dem 1907 *Rußland* beitrat. Ein ähnliches Bündnis entstand auch zwischen den *Mittelmächten Deutschland* und dem Vielvölkerstaat *Österreich-Ungarn*.

Der erste Weltkrieg

„Sopherl! Sopherl! Stirb nicht! Bleib am Leben für unsere Kinder!" soll der österreichische Thronfolger *Franz Ferdinand (1863 – 1914)* gerufen haben, bevor er kurz nach seiner Frau, der *Erzherzogin Sophie (1868 – 1914)*, an den Verletzungen durch Schüsse starb, die der Attentäter, der Student *Gavrilo Princip*, kurz zuvor auf das im offenen Auto durch Sarajevo fahrende Paar abgegeben hatte. *Franz Ferdinand* war im Auftrag des *Kaisers Franz Josef I. (1830 – 1916; Regierungszeit 1848 – 1916)* in der unruhigen und 1908 gegen den Willen *Rußlands* an *Österreich* angegliederten Provinz *Bosnien-Herzegowina* unterwegs. Schon 1878 hatte *Österreich* diese Region besetzt. Nach zwei Kriegen waren die Türken fast vollständig vom Balkan

verdrängt worden. In *Belgrad*, der Hauptstadt des neuen Staates *Serbien*, hatte es mehrfach heftige Proteste gegen die Annexion durch *Österreich-Ungarn* gegeben. Die Attentäter – sieben waren am 28. Juni 1914 in Sarajevo auf der Straße, und einer davon hatte schon vor den Schüssen ergebnislos eine Bombe auf das Thronfolger-Auto geworfen – waren von Belgrad geschickt worden, und Mitglieder des serbischen Geheimbunds „Schwarze Hand", die eine Vereinigung aller Südslawen unter serbischer Führung anstrebten. Stattdessen wollte *Franz Ferdinand* für die Südslawen lediglich eine Autonomie unter dem Dach der österreichischen Monarchie gewähren.

Die „*Urkatastrophe des 20. Jahrhunderts*", wie *George F. Kennan (1904-2005)* den *Ersten Weltkrieg* bezeichnete, begann mit einer Ereigniskette, deren Auswirkungen bis 1945 anhielten und die rund 70 Millionen Menschenleben forderte. Das *Deutsche Reich* versicherte mit einer Art „*Blankoscheck*" *Österreich-Ungarn* seiner *uneingeschränkten Bündnistreue*! Welch ein Wahnsinn! Die Kriegserklärung *Wiens* an *Serbien* ließ nicht lange auf sich warten – jetzt, wo man sich der mächtigen deutschen Hilfe sicher war. Das Räderwerk der durch Bündnisse aneinandergekoppelten europäischen Großmächte begann sich verhängnisvoll zu drehen. Sofort folgte eine *Generalmobilmachung* im *Serbien* verbundenen *Rußland*. Am 1. August erklärte *Deutschland* gleichzeitig mit seiner Generalmobilmachung *Rußland* den Krieg. Mit der deutschen Kriegserklärung an das mit *Rußland* verbündete *Frankreich* am 3. August rückten deutsche Truppen in *Belgien* ein. Wegen dieser Verletzung der Neutralität *Belgiens* trat einen Tag später auch das mit *Frankreich* verbündete *Großbritannien* – zur maßlosen Bestürzung der deutschen Regierung – gegen *Deutschland* in den Krieg ein.

Zum Drama um die Schüsse in Sarajevo gehört der „*Kriegsrat*", den *Kaiser Wilhelm II. (1859 – 1941)* am 1. August vor der Kriegserklärung im Berliner Schloß abhielt und wo man vor Entscheidungen die Dechiffrierung eines Telegramms aus *England* nicht abwartete. Darin stand, daß *Frankreich* und *England* neutral bleiben wollten, wenn Deutschland *Frankreich* nicht angriffe. Die deutsche strategische Planung sah so etwas nicht vor. Der britische Außenminister *Sir Edward Grey (1862 – 1933)* als Absender des Telegramms erhielt die Antwort, sein Schreiben sei leider zu spät eingetroffen. Es gab zwar einen deutschen Aufmarschplan, aber das Land war militärisch und wirtschaftlich auf den Krieg nicht wirklich vorbereitet. Im Osten waren viel zu wenige Truppen vorhanden, so daß die Russen in

den ersten Kriegsmonaten weite Teile *Ostpreußens* besetzen konnten. Eine
große Volksmenge ging am 1. August nach der Mobilmachung in *Berlin* auf
die Straße und rief vor dem Schloß: „Wir wollen den Kaiser sehen!" Jubelnd
sang sie das Lied „Nun danket alle Gott!"

Die Leichtfertigkeit und politische Blindheit der damaligen österreichischen und deutschen Machthaber war beispiellos. Obwohl *Serbien* das
österreichische Ultimatum nach dem Attentat von *Sarajevo* fast vollständig
erfüllen wollte, erklärte *Österreich* den Krieg – geradezu fanatisch angetrieben durch seinen kompromiß- und skrupellosen Außenminister *Leopold Graf Berchtold (1863 – 1942)*. *Kaiser Franz Josef I.* dazu sinngemäß:
*„Wenn die Monarchie zugrunde gehen soll, dann soll sie wenigstens anständig
zugrundegehen"!* Bei solchen Äußerungen faßt man sich wirklich an den
Kopf! *Kaiser Wilhelm II.* hätte angesichts der bedrohlichen Entwicklung zur
militärischen Hilfe für *Österreich* schlicht und einfach „*Nein*" sagen können, aber er tat es nicht. So nahm das Unfaßbare seinen Lauf. Der nun
mit Wucht einsetzende europäische Krieg erweiterte sich in kurzer Zeit zu
einem globalen, an dem 32 Nationen teilnahmen: die vier *Mittelmächte
Deutschland, Österreich-Ungarn,* die *Türkei* und *Bulgarien* auf der einen und
28 europäische und außereuropäische Mächte auf der Gegenseite.

Es war unglaublich: Millionen Deutsche erlebten den *Kriegsausbruch* als
„Erlösung" und *„Innere Reinigung",* im Zustand eines nationalen Rausches
und einer kollektiven Ekstase, die es so nie wieder gegeben hat. Mit
Blumen in den Gewehrläufen marschierten die Soldaten zu Hunderttausenden an die Front in der Hoffnung, an Weihnachten wieder zu Hause
zu sein. Selbst ein so berühmter Dichter wie *Thomas Mann (1875 – 1955)*
verstieg sich zu der Aussage: *„Deutschlands ganze Tugend und Schönheit ent-
faltet sich erst im Kriege".* Der österreichische Autor *Stefan Zweig (1881 –
1942)* schrieb, *„daß in diesem ersten Aufbruch der Massen etwas Hinreißendes
und sogar Verführerisches lag"* und *Golo Mann (1909 – 1994)*: *„Alle fanden
es schön, angegriffen zu sein".* Worüber keiner nachdachte, aber alle eigentlich hätten wissen müssen: Der Abmarsch der Soldaten führte ge-
radewegs in die „Hölle" – an der *Marne,* bei *Ypern, Verdun* und an der
Somme. Der Journalist *Heinrich Jaenecke (*1928)* schrieb: „Kaum einer
hatte bis dahin eine Vorstellung von der Wirklichkeit des Krieges im 20.
Jahrhundert, von der Technisierung des Tötens, von Maschinengewehr,
Trommelfeuer, Giftgas, Panzerwagen; von Armeen, die wie Ratten in
Erdlöchern hausen, von Schlachten, in denen Hunderttausende für ein

paar Kilometer Geländegewinn verheizt werden; von der Verrohung und Brutalisierung des Menschen bis auf den Grund seines Daseins. Der Krieg dauert vier Jahre und drei Monate. Er wird zum grausamsten Gemetzel, das die Welt bis dahin erlebt hat. *Deutschland 2,7 Millionen Tote, Rußland mehr als 1,8 Millionen, Frankreich 1,9 Millionen, Österreich-Ungarn 1,8 Millionen, Großbritannien 1 Million.*" Die meisten von ihnen junge Männer in den besten Jahren, deren Zukunftshoffnungen in Schlamm- und Drecklöchern auf beiden Seiten der Fronten versanken". *Heinrich Jaenecke* schreibt weiter: „Am Ende des Krieges ist Europa ruiniert, äußerlich und innerlich. Es sehnt sich nach Frieden, doch es wird ihn nicht finden. In den verwüsteten Hirnen lebt der Haß fort. Die Passion Europas ist noch nicht an ihr Ende gekommen. Im Lazarett der pommerschen Kleinstadt *Pasewalk* liegt im November 1918 ein Soldat, der bei einem britischen Gasangriff vorübergehend erblindet ist. Er wird später schreiben, daß er am Tag des Waffenstillstands beschloß, „Politiker zu werden", um Rache zu nehmen für den verlorenen Krieg. Sein Name: *Adolf Hitler.*

Bei der immer eklatanter werdenden Überlegenheit seiner Gegner konnten *Deutschland* und seine Verbündeten den Krieg nicht gewinnen. Schon bei Kriegsbeginn standen nur 3,5 Millionen Soldaten der Mittelmächte rund 5,8 Millionen der Alliierten gegenüber. Zudem verhinderte eine britische Seeblockade seit Anfang des Krieges dringend benötigte Nachschublieferungen aus Übersee. Schon Ende 1914 verwandelte sich im Westen der Krieg zwischen beweglichen Armeen zum „Stellungs- und Abnutzungskrieg" in dicht gegenüber liegenden Schützengräben. Die Verluste waren riesig: In der „*Hölle von Verdun*" (Februar – Juni 1916) starben 364.000 französische und 338.000 deutsche Soldaten ohne nennenswerte Geländegewinne auf beiden Seiten. In der großen *Materialschlacht an der Somme (Juni – November 1916)* waren je 400.000 deutsche und britische sowie 200.000 französische Todesopfer zu beklagen, ohne daß der Frontverlauf sich wesentlich änderte. Das sichtliche Scheitern der militärischen Antrengungen veranlaßte *Deutschland* am 7.12.1916 zu einem Friedensangebot, das abgelehnt wurde. Anfang 1917 wollte die deutsche Führung durch den Beginn eines uneingeschränkten U-Boot-Kriegs vergeblich die Nachschublieferungen für die Alliierten unterbinden und provozierte damit den *Kriegseintritt der USA* am 6. April 1917. Die *USA* schickten nun massiv Bodentruppen nach *Frankreich*, deren Zahl bis Oktober 1918 auf 1,8 Millionen anstieg. Am 8. August 1918, dem „Schwarzen Tag des deutschen Heeres" gelang 500 britischen Panzern bei *Amiens* ein breiter Durchbruch durch die deutschen Linien, bei dem die meisten Soldaten von sieben deutschen Divisionen in Gefangenschaft gerieten. Damit zeichnete sich die Niederlage Deutschlands und das Ende des Kriegs ab.

Anders entwickelte sich die militärische Situation an der *Ostfront*. Hier gelang es den zahlenmäßig unterlegenen deutschen Truppen unter *Paul von Hindenburg (1847 – 1934)* und *Erich Ludendorff (1865 – 1937)*, die russischen Armeen bei *Tannenberg (August 1914)* und den *Masurischen Seen (September 1914)* zu besiegen und aus *Ostpreußen* zu verdrängen. Im Südosten bekam es *Österreich-Ungarn* mit *Italien* zu tun, das im Mai 1915 als Gegner in den Krieg eintrat. In *Rußland* führten im Jahr 1917 zwei Revolutionen zur vorzeitigen Beendigung des Kriegs mit *Deutschland*. Das zaristische Regime war nicht gewillt, wegen der katastrophalen Wirtschaftslage und sozialen Not in *Rußland* tiefgreifende Reformen durchzuführen. Schon 1825 hatten Revolutionäre beim *Dekabristenaufstand* gegen Zar *Nikolaus II. (1868 – 1918)* sowie in der blutig niedergeschlagenen Erhebung von 1905 vergeblich versucht, die absolutistische Zarenherrschaft durch eine konstitutionelle Monarchie zu ersetzen. Im Jahr 1898 sammelten sich die Gegner des Zarenregimes in der *Sozialdemokratischen Arbeiterpartei Rußlands (SDAPR)*, die sich 1903 in die beiden Gruppen *Bolschewiki („Mehrheitler")* und *Menschewiki („Minderheitler")* spalteten. Ab 1914 kam es – auch wegen der hohen Kriegsverluste – vor allem in *Sankt Petersburg* immer wieder zu Streiks und Demonstrationen, die sich 1917 zur *Februarrevolution* ausweiteten. Sie fand vom 8. bis 12. März 1917 nach dem westlichen Gregorianischen Kalender bzw. vom 23. bis 27. Februar nach dem damals in Rußland gebräuchlichen Julianischen Kalender statt. *Zar Nikolaus II.* dankte ab und es wurde eine *Provisorische Regierung* eingesetzt. Die Verwaltung in den Großstädten ging auf *Arbeiter- und Soldatenräte (Sowjets)* über. Am 16. April 1917 kehrte der Revolutionsführer *Wladimir Iljitsch Uljanow*, genannt *Lenin (1870 – 1924)*, aus seinem Exil in der *Schweiz* nach *Rußland* zurück. Nach der *Oktoberrevolution 1917* – einem bewaffneten Aufstand der *Bolschewiki*, der revolutionären Anhänger *Lenins* – wurde die *Provisorische Regierung* abgesetzt und von den *Bolschewiki* durch eine *Räteregierung* ersetzt. Bis Anfang 1918 entmachteten die *Bolschewiki* ihre politischen Gegner und übertrugen alle Machtbefugnisse auf die von ihnen gegründete *Kommunistische Partei Rußlands*. Im März 1918 wurde der Sitz der Regierung in den Moskauer *Kreml* verlegt und am 10. Juli 1918 die Verfassung der *Russischen Sozialistischen Föderativen Sowjetrepublik (RSFSR)* verabschiedet. Im Dezember 1917 schloß die bolschewistische Regierung mit den Mittelmächten einen Waffenstillstand und am 3. März 1918 den *Frieden von Brest-Litowsk*. Im *Bürgerkrieg* von 1918 – 1922 siegte die von *Lew Davidowitsch Trotzkij (1879 – 1940)* gegründete bolschewistische *Rote Armee* über ihre innenpolitischen Gegner. Ab Dezember 1922 bildeten die Sowjetrepubliken *Rußland, Ukraine, Weißrußland* und *Transkaukasien* die *Union der Sozialistischen Sowjetrepubliken (UdSSR)*, die in den folgenden 70 Jahren des 20. Jh. das politische und gesellschaftliche Leben im Zentrum Europas entscheidend prägen sollte.

Nachdem im Sommer 1918 die Niederlage der Mittelmächte unabwendbar schien, versuchte die Reichsregierung im Oktober 1918 einen Waffenstillstand auszuhandeln. Das Ersuchen wurde erneut abgelehnt. Am 28. Oktober weigerten Matrosen in Wilhelmshaven den Kampfeinsatz gegen englische Schiffe. Schnell breitete sich der Aufstand über ganz *Deutschland* aus. In den Städten übernahmen Arbeiter- und Soldatenräte die Macht. Am 9. November 1918 verkündete der letzte Kanzler des Deutschen Kaiserreichs, *Prinz Max von Baden (1867 – 1929)*, eigenmächtig die *Abdankung von Wilhelm II.* und übertrug sein Amt an den SPD-Vorsitzenden *Friedrich Ebert (1871 – 1925)*. Noch am selben Tag ging *Wilhelm II.* nach *Holland* ins Exil. Der SPD-Politiker *Philipp Scheidemann (1865 – 1939)* rief ohne Absprache mit *Ebert* in Berlin die *Republik* aus, die nach dem Tagungsort der *Nationalversammlung* den Namen *Weimarer Republik* erhielt. *Scheidemann* wurde 1919 ihr erster Ministerpräsident.

Europa nach dem Krieg

Am *28. Juni 1919* wurde in *Versailles* der *Friedensvertrag zwischen Deutschland und seinen Kriegsgegnern* geschlossen. Er trat am *1. Januar 1920* in Kraft. In den *Pariser Vorortverträgen wurden auch die Friedensbedingungen mit den Verbündeten Deutschlands ausgehandelt. Rußland* und *Deutschland* waren von allen Verhandlungen der „*Großen Vier*" Woodrow Wilson (1856 – 1924, Präsident der USA), David Lloyd George (1863 – 1945, britischer Premier), George Clemenceau (1841 – 1929, französischer Premier) und Vittorio Emanuele Orlando (1860 – 1952, italienischer Ministerpräsident) ausgeschlossen. Im Vertrag wurde *Deutschland* die alleinige Schuld am Krieg zugeschoben. Die ultimative Aufforderung zur Unterzeichnung des Vertrags nahm die Weimarer Nationalversammlung am 22. Juni 1919 an. Am

28. Juni 1919 wurde der Vertrag im Spiegelsaal von *Versailles* unterzeichnet. Die Bedingungen des Vertrags mit Deutschland waren sehr hart: Gebietsabtretungen von rund 70.000 km² mit 7 Millionen Einwohnern, darunter *Elsaß-Lothringen*, an *Frankreich*, Teile *Westpreußens* an *Polen* und die Kolonien an den Völkerbund; starke Reduzierung des Militärs; Reparationszahlungen in einer Gesamthöhe von zunächst 269 Milliarden Goldmark (!), die bis 1929 schrittweise bis 112 Milliarden Goldmark (= ca. 509 Milliarden €) reduziert wurden. Weitere Bedingungen waren die Ablieferung fast der gesamten Handelsflotte und umfangreicher Ausrüstungsgüter der Industrie; Beschlagnahme des deutschen Auslandseigentums; Besetzung des Saargebiets und des linksrheinischen Gebiets und Schaffung einer 50 km breiten entmilitarisierten Zone rechts des Rheins. Die Mehrheit der Deutschen lehnte dieses „Diktat von Versailles" vehement ab und forderte eine Revision. Der berühmte britische Nationalökonom *John Maynard Kaynes (1883 – 1946)* kritisierte ebenfalls den *Versailler Vertrag* und sagte schon 1919 – leider richtig – voraus, daß die hohen Reparationsleistungen *Deutschlands* zum Erstarken von Nationalismus und Militarismus führen werden. Erst 1930 wurden die Besetzung des Rheinlands und 1932 die Reparationszahlungen beendet. Weit verbreitet und schädlich für die junge *Weimarer Demokratie* war auch die „*Dolchstoßlegende*", nämlich die aberwitzige Behauptung von *Wilhelm II.* und *Paul von Hindenburg*, daß die „im Felde unbesiegten" deutschen Truppen durch Pazifisten und Sozialisten in der Heimat quasi von hinten „erdolcht" worden seien. All dies bereitete den Nährboden für den raschen Aufstieg einer neuen politischen Kraft in Deutschland, der aggressiven und extrem national orientierten „*Nationalsozialistischen Deutschen Arbeiterpartei*" (NSDAP) unter ihrem dämonischen und verbrecherischen Führer, dem gebürtigen Österreicher und Gefreiten des 1. Weltkriegs, *Adolf Hitler (1889 – 1945)*. Die Deutschen, die seiner Partei in den Juliwahlen von 1932 zur Mehrheit verhalfen und am *30. Januar 1933 die Ernennung Hitlers zum Reichskanzler* durch den Reichspräsidenten *Paul von Hindenburg* ermöglichten, ahnten nicht, daß damit eine unglaublich brutale Periode der deutschen Geschichte begann, die an Grausamkeit und Menschenverachtung unübertroffen war.

Wegen der strengen Friedensbedingungen der Siegermächte taten sich die Deutschen und ihre ehemaligen Verbündeten schwer, wirtschaftlich und politisch wieder Fuß zu fassen. Die Regierungsverantwortung *Deutschlands* lag in den Händen des für sieben Jahre gewählten Reichspräsidenten, des Reichskanzlers und seiner Minister, des für vier Jahre gewählten Reichstags und des Reichsrats, in den die 18 Länderparlamente Vertreter entsandten.

Erstmals durften ab 1918 auch Frauen mitwählen.

Vor 1900 hatten in ganz Europa Frauen kein Wahlrecht und durften nicht an einer Universität studieren. Als erstes europäisches Land führte Norwegen 1901 das allgemeine Wahlrecht für Frauen ein, die über ein bestimmtes jährliches Mindesteinkommen (selber oder vom Ehemann) verfügten. In Preußen galt bis 1918 das Dreiklassenwahlrecht, bei dem die Wähler nach ihrem direkten Steueraufkommen in drei Klassen eingeteilt wurden. Jede Klasse bestimmte ein Drittel der Wahlmänner, die das Parlament zu wählen hatten. Die Stimmen der Besserverdienenden hatten dadurch bedeutend mehr Gewicht als die der Geringverdiener. 1906 wurde in Deutschland der Stimmenanteil Geringverdienender sogar noch reduziert Ein Gesetz vom Mai 1908 erlaubte erstmals Frauen in Deutschland die Mitgliedschaft in Parteien und Vereinen. Nach langem Kampf errang die weltweite Frauenbewegung das Frauenwahlrecht: 1893 in Neuseeland, 1902 in Australien, 1906 in Finnland, 1918 in Deutschland, 1920 in den USA, 1928 in England, 1944 in Frankreich und als letztes im Schweizer Kanton Appenzell-Innerrhoden 1990. In einigen islamischen Ländern besteht bis heute kein Frauenwahlrecht.

Der Regierung gelang es in den Jahren nach dem Krieg nicht, die wirtschaftliche und soziale Lage der Bevölkerung erkennbar zu verbessern. Von 1919 bis 1933 versuchten 15 Reichskanzler und ihre Regierungen, diese Aufgabe zu meistern. Rechtsradikale Gruppen bedrohten die junge Demokratie durch den Einsatz von Gewalt beim niedergeschlagenen *Kapp-Putsch 1920* und *Hitler-Putsch 1923*. Die Not vergrößerte sich durch eine Jahr für Jahr ansteigende *Inflation*, die im November 1923 ihren Höhepunkt erreichte und im selben Jahr durch eine *Währungsreform* bekämpft wurde. Erst in den folgenden Jahren verbesserte sich die Situation: 1924 durch Verwirklichung des *Dawesplans, der eine* beträchtliche Reduzierung der Reparationszahlungen und Gewährung großer amerikanischer Kredite für den Wirtschaftsaufschwung vorsah; 1925 durch die von *Gustav Stresemann (1878 – 1929)* ausgehandelten *Locarno-Verträge* über die Unverletzlichkeit der bestehenden Westgrenze; 1926 durch Aufnahme des *Deutschen Reichs* in den am 29.4.1919 gegründeten *Völkerbund* und 1929 durch den *Youngplan,* der die Reparationszahlungen *Deutschlands* noch einmal weiter verringerte.

Trotz des Massenelends der Bevölkerung erlebten die deutschen Großstädte, insbesondere *Berlin* mit seinen 4,3 Millionen Einwohnern, während der

"Goldenen 20er Jahre" neben dem Wirtschaftsaufschwung eine kurze Blütezeit von Kunst und Kultur. Theateraufführungen, Konzerte, Kabaretts, Dichterlesungen, Filmvorführungen, Sportereignisse, Cafés und Restaurants gaben denen, die es sich leisten konnten, das Gefühl, die vielfältigen Angebote einer goldenen Epoche genießen zu dürfen. Die arme Mehrheit blieb davon ausgeschlossen.

Der Aufstieg des Nationalsozialismus

Die Hoffnungen auf einen sich verstärkenden wirtschaftlichen Aufschwung in Deutschland, anderen Ländern Europas und insbesondere in den USA fanden ein jähes Ende, als es am *„Schwarzen Freitag"*, dem 25. Oktober 1929, nach einer Periode wilder Aktienspekulationen zunächst in *New York* und dann an vielen Börsenplätzen der Welt zu einem dramatischen Absturz der Aktienkurse kam, einer Finanzkatastrophe, die zwischen 1929 und 1933 eine viele Länder erfassende *Weltwirtschaftskrise* auslöste.

In *Deutschland*, das sich zur Erneuerung seiner Industrie und wegen der Reparationsverpflichtungen im Ausland hoch verschuldet hatte, führte bis 1932 der Rückruf vieler Kredite zum Konkurs zahlreicher Banken, zur Reduzierung der volkswirtschaftlichen Aktivität um rund 50% und einem Anstieg der *Arbeitslosigkeit* auf mehr als 6 Millionen. *Im Herbst 1932 lebten 23 Millionen Deutsche von Arbeitslosen- und Sozialhilfe, die meist unter dem Existenzminimum lag.* Die Weltwirtschaftskrise beendete in vielen Ländern die *Ära des Liberalismus* mit seinem Glauben an die autonome Erholung der Wirtschaft durch das freie Spiel der Marktkräfte.

Es setzte sich fortan die Überzeugung durch, daß zur Bewältigung von Wirtschaftkrisen staatliche Eingriffe notwendig seien. Die desolate Wirtschaftslage in *Deutschland* und die Propaganda der *NSDAP* veranlaßten bald die Mehrheit der deutschen Wähler, sich dieser Partei zuzuwenden. Bei den Reichstagswahlen am 14.9.1930 erreichte die *NSDAP* 18,2% der Stimmen und erhielt 107 von 577 Reichstagsitzen. Bei den Wahlen am 31.7.1932 gewann *Hitlers* Partei schon 37,4% und wurde stärkste Fraktion. Den Schlußpunkt bildete am 30. Januar 1933 die *„Machtergreifung"* Adolf *Hitlers*. Sie leitete die schrecklichste und grauenvollste Periode der deutschen und europäischen Geschichte ein.

Der Aufstieg *Adolf Hitlers* vom Sohn eines einfachen österreichischen Zollbeamten zum deutschen Reichskanzler und Auslöser des 2. Weltkriegs ist unerhört. Hier einige Daten seiner Biographie bis zum Beginn des 2. Weltkriegs:

1889: *Adolf Hitler* wurde am 20. April als Sohn des Zollbeamten *Alois Hitler* (bis 1877 *Alois Schicklgruber*) und seiner Frau *Clara* (geborene *Pölzl*) in *Braunau* am Inn geboren. Er besuchte die Realschule in *Steyr*.

1905: Er verließ die Realschule ohne Abschluß.

1907: Tod der Mutter. In der Aufnahmeprüfung der Wiener Kunstakademie scheiterte er zweimal (1907 und 1908).

1909: Umzug nach *Wien*, wo er wegen Geldmangels im Obdachlosenasyl und ab 1910 in einem Männerheim wohnte.

1913: 24. Mai Umzug nach *München*, um dem österreichischen Militärdienst zu entkommen.

1914: 16. August als Freiwilliger dann doch Aufnahme in das Bayerische Reserve-Infanterieregiment Nr. 16. Im Dezember Auszeichnung mit dem Eisernen Kreuz II. Klasse.

1918: Im August Auszeichnung mit dem Eisernen Kreuz I. Klasse. Nach dem Lazarettaufenthalt in *Pasewalk* Rückkehr zum Infanterieregiment 2 nach *München*.

1919: *Hitler* trat in die Deutsche Arbeiterpartei (DAP) ein und hielt seine erste politische Rede, die seine Zuhörer offenbar in Bann zog. Sein Fazit: „Ich kann reden!"

1920: Umbenennung der DAP in NSDAP, als deren „Trommler" *Hitler* viele Anhänger gewann.

1921: *Hitler* übernahm die Führung der NSDAP mit umfassenden Vollmachten.

1923: Am 9. November wurde der *Hitler-Putsch* – der Versuch, die Reichsregierung in Berlin zu stürzen – in *München* niedergeschlagen. Die NSDAP wurde verboten. *Hitler* floh und wurde einige Tage später verhaftet.

1924: *Hitler* wurde am 26. Februar zu 5 Jahren Festungshaft in *Landsberg* verurteilt und am 20. Dezember vorzeitig entlassen.

1925: Am 27. Februar Neugründung der NSDAP. Am 30. April gab *Hitler* die österreichische Staatsbürgerschaft auf und wurde staatenlos. Er erhielt in Bayern und Preußen Redeverbot.

1927: Nach Aufhebung des Redeverbots hielt *Hitler* am 9. März wieder eine Rede.

1931: Auf Betreiben *Hitlers* bildete die NSDAP mit anderen Rechtsparteien (Deutschnationale Volkspartei DNVP. Altdeutscher Verband und Stahlhelm-Verband) die Harzburger Front als Opposition zur Regierung *Brüning*.

1932: Die (formelle) Anstellung als Regierungsrat beim Braunschweiger Landeskultur- und Vermessungsamt verschaffte *Hitler* im Februar die deutsche Staatsbürgerschaft. Am 13. August wurde seine Forderung auf Ernennung zum Reichskanzler von Hindenburg abgelehnt.

1933: Am 30. Januar wurde *Hitler* von *Hindenburg* dann doch zum Reichskanzler ernannt. Seinem national-konservativen Kabinett gehörten u.a. *Hermann Göring* und *Wilhelm Frick* an. Bei der Wahl am 5. März verfehlte die NSDAP mit 43,9% die absolute Mehrheit. *Erich Ludendorff*, der 1923 den Hitlerputsch noch unterstützt hatte, schrieb Ende Januar an *Hindenburg*: *„Sie haben... unser heiliges deutsches Vaterland einem der größten Demagogen aller Zeiten ausgeliefert. Ich prophezeie Ihnen feierlich, daß dieser unselige Mann unser Reich in den Abgrund stürzen und unsere Nation in unfaßbares Elend bringen wird. Kommende Geschlechter werden Sie wegen dieser Handlung in Ihrem Grabe verfluchen".* Bereits am 24. März wurde vom Reichstag das *Ermächtigungsgesetz* gegen die Stimmen der SPD verabschiedet, nachdem vorher alle 81 KPD-Abgeordneten und einige SPD-Abgeordnete durch Polizeieinheiten verfassungswidrig von der Abstimmung ferngehalten wurden. Die nationalsozialistische Diktatur und das *„Dritte Reich"* nahmen damit ihren Anfang. Ab dem 1. Juni löste eine

Zwangsabgabe der Industriebetriebe, die „Adolf-Hitler-Spende der deutschen Wirtschaft", alle finanziellen Probleme von NSDAP und *Hitler*.

1934: In der Nacht des 30. Juni wurden auf *Hitlers* Befehl der des Putschversuchs verdächtigte SA-Führer und Duz-Freund *Hitlers*, *Ernst Röhm*, sowie zahlreiche Kritiker und Gegner ermordet. Am 20. Juli wurde die Schutzstaffel (SS) aus der NSDAP ausgegliedert und *Hitler* direkt unterstellt. Nach *Hindenburgs* Tod am 2. August übernahm *Hitler* auch das Amt des Reichspräsidenten und wurde *„Führer und Reichskanzler"*. Die Reichswehr, ab 1935 Wehrmacht, wurde auf ihn persönlich vereidigt.

1935: Am 15. September wurden vom Reichstag in *Nürnberg* die „Nürnberger Rassegesetze" verabschiedet, durch die Juden zunehmend aus Wirtschaft und Gesellschaft ausgeschlossen wurden. Um der Verfolgung zu entgehen, emigrierten bis Ende 1939 über 300.000 Juden aus *Deutschland* vor allem in die *USA*.

1936: Am 7. März marschierten deutsche Truppen unter Verletzung der Bestimmungen des Versailler Vertrags in das entmilitarisierte Rheinland ein. Die Westmächte nahmen es tatenlos hin. Ach, hätten sie doch…

1937: Am 25. Oktober empfing *Hitler* den italienischen Duce *Benito Mussolini* in Berlin und schloß mit ihm eine Allianz, die „Achse Berlin-Rom".

1938: Am 4. Februar entließ *Hitler* die Wehrmachtführung und übernahm selbst den Oberbefehl. Am 15. März verkündete er nach dem Einmarsch deutscher Truppen in *Österreich* auf dem Wiener Heldenplatz „vor der Geschichte den Eintritt meiner Heimat in das Deutsche Reich". Am 29. September wurden mit dem Münchner Abkommen die von Sudetendeutschen bewohnten Gebiete der *Tschechoslowakei* dem Deutschen Reich zugesprochen. *Hitler* erklärte danach, keine weiteren territorialen Forderungen in Europa zu haben. Am 9. November wurden in der „Reichskristallnacht" auf Anordnung von *Hitler* und *Goebbels* Synagogen und jüdische Geschäfte zerstört. Viele jüdische Mitbürger werden verschleppt und ermordet.

1939: Für den Fall eines neuen Weltkriegs kündigte *Hitler* am 30. Januar die „Vernichtung der jüdischen Rasse in Europa" an. Am 15. März besetzte die

Wehrmacht die *Tschechoslowakei*. *Böhmen* und *Mähren* wurden annektiert. Die Westmächte akzeptierten es widerstrebend nach dem Motto: „Frieden in unserer Zeit!" Am 21. März forderte *Hitler* die Rückgabe *Danzigs*. Am 23. Mai erklärte er, sein Ziel sei die Eroberung „von Lebensraum im Osten". Am 23. August schlossen *Hitler* und *Stalin* einen Nichtangriffspakt.

Der Zweite Weltkrieg

In der Nacht vom 31. August auf den 1. September 1939 inszenierten in polnische Uniformen gekleidete SS-Männer einen bewaffneten *Überfall auf den Reichssender Gleiwitz* in Schlesien. Leichen von KZ-Häftlingen in polnischen Uniformen wurden später als angebliche Angreifer präsentiert. Am 1. September sagte *Hitler* im Reichstag, *Polen* habe *Deutschland* angegriffen und seit 5.45 werde zurückgeschossen. In Wirklichkeit waren deutsche Truppen schon um 4.45 auf breiter Front ohne Kriegserklärung in *Polen* einmarschiert. Die Verbündeten *Polens*, *England* und *Frankreich*, erklärten – für *Hitler* unerwartet – *Deutschland* am 3. September den Krieg. *Der 2. Weltkrieg hatte begonnen*. Der Feldzug gegen das militärisch schwache *Polen* dauerte nur 18 Tage. Gemäß einem Geheimprotokoll des *Hitler-Stalin-Pakts* drang am 17. September die *Rote Armee* in Ostpolen ein. Gleichzeitig begann der russische Winterkrieg gegen *Finnland*, das sich russischen Forderungen nach einer Revision der gemeinsamen Grenze widersetzt hatte.

Schon am 10. Oktober 1939 gab *Hitler* den Befehl zum Angriff im Westen und Norden. In mehreren „*Blitzkriegen*" wurden im Frühjahr 1940 *Dänemark, Norwegen, die Benelux-Länder und Frankreich besiegt*. Der Triumph *Hitlers* war nur kurz. Im Sommer 1940 erlitt die deutsche Luftwaffe eine schwere Niederlage in der „*Luftschlacht um England*". *Winston Churchill (1874 – 1965)*, seit dem 10. Mai 1940 als Nachfolger *Neville Chamberlains (1869 – 1940)* britischer Premierminister, lehnte die von *Hitler* angebotene Verständigung kompromißlos ab. Pläne einer Invasion *Englands* wurden 1941 nicht weiter verfolgt, weil *Hitler* glaubte, England stelle keine Gefahr mehr dar. Stattdessen griff die Wehrmacht im Frühjahr 1941 auf dem *Balkan* ein, um *Italien* in seinem Feldzug gegen *Griechenland* zu helfen. Schon am 31. Juli 1940 hatte *Hitler* die Wehrmachtführung über seinen Entschluß informiert, die *Sowjetunion* anzugreifen. *Am 22. Juni 1941 begann der Angriff, das „Unternehmen Barbarossa"*. Kurz vor *Moskau* kam der Angriff im Dezember 1941 zum Stehen. Am 19. Dezember 1941 übernahm *Hitler* deshalb selbst den Oberbefehl über das Heer. Unter dem Druck der immer stärker werdenden Gegenwehr mußten sich die deutschen Truppen allmählich wieder zurückziehen. Am 31. Januar 1943 kapitulierte die eingeschlossene 6. deutsche Armee bei *Stalingrad*. *Hitler* hatte der Armee verboten, die dort gehaltenen Stellungen aufzugeben. *Stalingrad* bedeutete die entscheidende Wende im 2. Weltkrieg. Die Verluste in dieser Schlacht – einer der größten der Weltgeschichte – waren ungeheuerlich: Auf deutscher Seite traten im August 1942 300.000 Soldaten zum Kampf an. Etwa 195.000 von ihnen wurden im Kessel von *Stalingrad* eingeschlossen. Von den 300.000 fielen 145.000 und 110.000 kamen in Gefangenschaft. Von den Gefangenen starben rund 95.000 in Lagern oder auf den Märschen dorthin. Nur 45.000 Verwundete und Spezialisten konnten ausgeflogen werden. Der von *Hitler* befohlene Wahnsinn, *Stalingrad* unbedingt zu halten, kostete also 240.000 deutschen Soldaten das Leben. Auf russischer Seite waren die Verluste mit rund einer Million noch viel höher.

Die von Monat zu Monat stärker werdende *Rote Armee* drängte die deutschen Truppen immer weiter nach Westen zurück. Stattdessen versuchte die deutsche Armee vergeblich, im Juli 1943 auf Befehl *Hitlers* in der großen *Panzerschlacht von Kursk* das Blatt noch zu wenden. Die Schlacht wurde wegen der starken russischen Gegenwehr abgebrochen und die *Rote Armee* drang Ende September 1943 bis zum *Dnjepr* und im Sommer 1944 bis an die Grenze *Ostpreußens* vor. Bis Ende 1944 mußte sich die Wehrmacht aus dem *Balkan* zurückziehen. Die *Rote Armee* erreichte *Österreich* und eroberte am 13. April 1945 *Wien*.

Auch an der Westfront und in Nordafrika änderte sich die Lage dramatisch:

13. Mai 1943: Das deutsche Expeditionskorps kapituliert vor der Übermacht der Truppen der USA und Großbritanniens.

10. Juli: Die alliierte Streitmacht landet auf Sizilien.

24. Juli: Der italienische Diktator Mussolini wird gestürzt.

3. September: Die Alliierten schließen mit Italien einen Waffenstillstand.

13. Oktober: Italien – unter Mussolini Verbündeter Deutschlands – erklärt Deutschland den Krieg.

6. Juni 1944: Die Westmächte beginnen ihre Invasion in der Normandie.

25. August: Frankreich ist von der deutschen Besatzung befreit.

29. April 1945: Die deutschen Truppen in Italien kapitulieren.

Anfang 1945 standen die gegnerischen Truppen an allen Fronten vor den Grenzen des deutschen Reichs. Das *Ende des Kriegs und die Niederlage Deutschlands* zeichneten sich ab. Am 17. Januar 1945 eroberte die *Rote Armee Warschau* und am 2. Mai *Berlin*. Auf dem Reichstagsgebäude wurde zum Zeichen des Sieges die sowjetische Fahne gehißt. Kurz vorher beging *Hitler* zusammen mit seiner frisch angetrauten Frau Eva, geborene Braun, im Führerbunker der Reichskanzlei Selbstmord. Am 7. Mai kapitulierte *Deutschland* in *Reims* bedingungslos vor den Alliierten und am 8. Mai separat in *Berlin* vor der *Sowjetunion*. Der blutigste und grausamste Krieg der Weltgeschichte war – allerdings nur für Europa – zu Ende.

Im *pazifischen Raum* dauerte der Kampf zwischen *Japan* als dem Verbündeten Deutschlands und seinem Hauptgegner *USA* noch an. Seit 1931 hatte *Japan* versucht, durch eine imperiale Außenpolitik den kolonialen Status ostasiatischer Länder zu beseitigen und seine Einflußsphäre zu erweitern. *Japan* trat 1933 aus dem Völkerbund aus, drang 1937 tief in den *Norden Chinas* ein und besetzte den *Norden Indochinas*. Den für die *USA* immer gefährlicher werdenden Expansionsdrang *Japans* versuchten die *USA* durch Wirtschaftssanktionen einzudämmen. *Japan* antwortete ohne Kriegserklärung am 7. Dezember 1941 mit einem überraschenden U-Boot- und Kampfbomber-Angriff auf die US-Pazifikflotte in *Pearl Harbor*, dem großen Flottenstützpunkt der *USA* auf der Inselgruppe von *Hawaii*. Die Japaner zerstörten 8 Schlachtschiffe, 10 weitere Schiffe und rund 200 Flugzeuge. Etwa 3000 US-Marinesoldaten wurden getötet oder verletzt. Damit griffen zwei mächtige Gegner, *Japan* an der Seite der Achsenmächte und die *USA* auf der Seite der Alliierten, in den 2. Weltkrieg ein. *Japan* setzte nach *Pearl Harbor* seinen Eroberungszug fort und besetzte innerhalb eines halben Jahres eine Reihe südostasiatischer Länder und Inseln mit reichen Bodenschätzen. In vier großen *Schlachten*, im *Korallenmeer am 7. und 8. Mai 1942*, bei den *Midway-Inseln vom 4. bis 6. Juni 1942*, bei der

Salomon-Insel Guadalcanal vom August 1942 bis Februar 1943 und in der Luft- und Seeschlacht im *Golf von Leyte (Philippinen) im Oktober 1944*, in der die Japaner fast ihre gesamten Seestreitkräfte verloren, sicherten überlegene Siege die Vorherrschaft der *USA* im Pazifik. In zwei großen verlustreichen Schlachten vom 19. Februar bis zum 26. März 1945 und vom 1. April bis zum 30. Juni 1945 eroberten und besetzten amerikanische Marines die beiden japanischen Inseln *Iwo Jima und Okinawa*, die rund 1000 bzw. 600 km vom japanischen Mutterland entfernt liegen. Nach Ablehnung eines Ultimatums an *Japan*, um weitere hohe Verluste bei der geplanten Invasion des Mutterlandes zu vermeiden und die Wirkung der gerade neu entwickelten *Atombomben* zu testen, warfen amerikanische B52-Bomber am 6. August 1945 eine erste *Atombombe* auf *Hiroshima* und am 9. August eine zweite auf *Nagasaki* ab. Die erste Bombe – drei Meter lang und 0,7 Meter dick, von den Amerikanern „*Little Boy*" genannt – explodierte am 6. August um 8:15 Uhr in 580 m Höhe über *Hiroshima*, das damals etwa 350.000 Einwohner hatte. Der Punkt auf der Erdoberfläche genau unterhalb der Bombe heißt *Hypozentrum*. Im Umkreis von 500 m vom *Hypozentrum* waren 90% der Menschen sofort tot. Die Temperatur im *Hypozentrum* betrug für etwa eine Sekunde 3000 bis 4000 Grad Celsius. Die Menschen dort verdampften spurlos. Einige von ihnen ließen nur noch Schatten an Hauswänden zurück, die von der Hitzestrahlung kurzzeitig abgeschirmt waren. Eine gewaltige Druckwelle, die der Explosion folgte und noch in 40 km Entfernung zu spüren war, zerstörte über 90% der Stadt. Von den Einwohnern starben rund 45.000 am ersten Tag und weitere 90.000 in den folgenden Monaten. Das vorzeitige Sterben infolge Verstrahlung setzte sich noch Jahrzehnte fort. Die Atombombe „*Fat Man*" über *Nagasaki* explodierte um 11:02 in etwa 500 m Höhe. Obwohl sie ihr Ziel, die Mitsubishi-Waffenfabrik, um 2 km verfehlte, zerstörte sie die Hälfte der Stadt. Von den 270.000 Einwohnern wurden 70.000 sofort getötet. Bis 1950 stieg nach Schätzungen die Zahl der Opfer infolge der Strahlenkrankheit auf etwa 140.000. Am 15. August 1945 erklärte der japanische *Kaiser Hirohito (1901 – 1989)* die bedingungslose *Kapitulation Japans*. Am 2. September wurde die Urkunde auf dem amerikanischen Schlachtschiff „*Missouri*" unterzeichnet. *Der 2. Weltkrieg war damit auf der ganzen Erde zu Ende.*

Nicht nur das Kriegsgeschehen forderte auf beiden Seiten ungeheure Menschenopfer, sondern auch die brutale Verfolgung und massenhafte Ermordung unerwünschter oder als Feinde gebrandmarkter Minderheiten in Deutschland und den von der Wehrmacht besetzten Teilen Europas. Hinzu kamen die Opfer des alliierten Bombenterrors auf deutsche Städte, der im März 1942 mit dem ersten *Flächenbombardement* auf *Lübeck* begann und mit der sinnlosen Zerstörung *Dresdens*, das damals 630.000 Einwohner hatte, am 13./14. Februar 1945 ein grausames Ende fand. Schon in seinem Buch „*Mein Kampf*", dessen Erste Auflage 1924 erschien, schrieb *Hitler*, daß Völker auf Dauer nicht friedlich zusammenleben können. Um überleben zu können, müsse das deutsche Volk sich von „rassischen Abszessen am Volkskörper", insbesondere *Juden, Sinti und Roma* sowie politischen Gegnern, befreien und den „Kampf um Lebensraum" – vor allem im Osten – gewinnen. Die Umsetzung dieser aberwitzigen Vorstellungen begann bereits kurz nach dem siegreichen Feldzug in *Polen*. Einsatzgruppen der SS begannen mit willkürlichen Exekutionen, denen bis Kriegsende rund eine Million *Juden* und andere zum Opfer fielen. Vom Oktober 1939 bis zum Frühjahr 1940 wurden viele *Juden* in *Ghettos* zusammengetrieben oder in Konzentrationslager deportiert. Im Januar 1942 beschloß die SS-Führung auf der *Wannseekonferenz* die systematische Ermordung aller im Einflußbereich des Naziregimes lebenden *Juden*, die so genannte „*Endlösung*". Damit begann der *Holocaust* (von griech. *holokaustos* = völlig verbrannt), der Massenmord an den Juden und anderen Minderheiten, in den Gaskammern der Konzentrationslager. Männer, Frauen und Kinder wurden in Güterwaggons zu den industriell betriebenen Vernichtungslagern transportiert, die Arbeitsfähigen aussortiert und alle übrigen unter dem Vorwand der Desinfektion in den Gaskammern mit dem Giftgas Zyklon B getötet. Die Leichen wurden in großen Brennöfen eingeäschert. Das größte dieser Vernichtungslager war *Auschwitz,* etwa 60 km westlich von *Warschau,* wo zwischen Frühjahr 1940 und November 1944 hauptsächlich *Juden* – die Schätzungen reichen von 1,2 bis 4 Millionen – ermordet wurden. Bevor am 27. Januar 1945 die *Rote Armee* die Lagerinsassen in *Auschwitz* befreien konnte, wurden auf Befehl des verantwortlichen „*Reichsführers SS*" *Heinrich Himmler (1900 – 1945)* alle Tötungs- und Verbrennungseinrichtungen gesprengt. Der 27. Januar ist seitdem der deutsche *Gedenktag für die Opfer des Nationalsozialismus.* Seit 1998 besteht in *Auschwitz* ein *Jüdisches Zentrum.* Insgesamt fielen in ganz Europa rund 6 Millionen *Juden* – Männer, Frauen und Kinder – dem nationalsozialistischen Terror zum Opfer.

Neben den *Juden* wurden unter anderem *Sinti und Roma, russische Kriegsgefangene, Zeugen Jehovas, Homosexuelle* und *geistig oder körperlich Behinderte* als „rassisch minderwertig" oder „nicht lebenswert" eingestuft und umgebracht. Die Gesamtzahl der ermordeten *Sinti und Roma* wird auf

200.000 bis 500.000 geschätzt. Von den bis Februar 1942 gezählten rund 3,35 Millionen *russischen Kriegsgefangenen* starben rund 2 Millionen in Gefangenen- und Konzentrationslagern. Bis zum Kriegsende stieg die Zahl auf rund 5 Millionen Opfer. In deutschen Behindertenanstalten wurden zwischen 1939 und 1941 rund 100.000 *Geistes- und Körperbehinderte* durch Vergasen getötet. Nachdem der Bischof von Münster, *Clemens August Graf von Galen (1878 – 1946)*, öffentlich scharf protestierte, wurde dieses *Euthanasieprogramm* eingestellt.

Am *2. Weltkrieg*, dem größten, härtesten und blutigsten Krieg der Menschheitsgeschichte, waren während der fast 6 Jahre dauernden Kampfhandlungen insgesamt *61 Länder* beteiligt. Rund *110 Millionen Soldaten* standen auf beiden Seiten unter Waffen. Allein die Hälfte davon gehörte zur sowjetischen, deutschen und US-Armee. Die größte Zahl der Opfer hatten die *Sowjetunion* mit mehr als *17 Millionen* (verschiedene Schätzungen reichen *bis 33 Millionen*) und *China* mit *15 Millionen Toten* zu beklagen. Die schreckliche Totenbilanz für einige weitere Länder lautet: *Polen 8* (ein Viertel der Bevölkerung), das *jüdische Volk 6*, *Deutschland 5,5*, *Japan 2,2*, *Jugoslawien 1,0*, *Frankreich 0,6*, *Großbritannien und das Commonwealth 0,4*, *Italien 0,33*, die *USA* ungefähr *0,3* und die *Niederlande 0,2* Millionen Tote. *Die Gesamtzahl der Opfer wird auf 60 bis über 70 Millionen geschätzt*, davon 40 Millionen Zivilisten, die durch Beschuß, Bombardierung, Hunger, Krankheit, Deportation, Vertreibung und Massenmord in Vernichtungslagern zu Tode kamen. Etwa 20 Millionen Menschen, die zunächst glücklich dem Inferno entkamen, wurden aus ihrer Heimat vertrieben – darunter allein 12 Millionen Deutsche – befanden sich auf der Flucht oder wurden als Zwangsarbeiter deportiert. Diese vielen Millionen Menschen – Menschen wie du und ich; Männer, Frauen und Kinder – hätten gerne, genau so wie wir alle heutzutage, ihr eigenes Leben in Frieden, Freiheit, Freude und Wohlbefinden gestalten können und wollen. Stattdessen wurden sie schuldlos von einer menschenverachtenden Terror- und Kriegsmaschinerie gequält, erniedrigt und getötet.

Angesichts dieser Ereignisse und der verheerenden Bilanz des nationalsozialistischen Terrors und des von *Hitler* ausgelösten furchtbaren Weltkriegs weicht unser Staunen über die Entwicklung des Lebens und im Besonderen der Menschheit blankem Entsetzen. In der Literaturflut, die bis heute eine Fülle von Einzelheiten aus der Zeit des Nationalsozialismus beschreibt, wurde immer wieder die Frage diskutiert, wie es dazu überhaupt hatte kommen können. Eine Hauptursache war sicher das Schweigen und Wegsehen der meisten Deutschen aus Angst, wegen kritischer Äußerungen über das NS-Regime in das Räderwerk der Verfolgung politischer Gegner zu geraten. Ein weiterer Punkt war das weit verbreitete Obrigkeitsdenken vieler Deutscher nach dem Motto: Wenn die Obrigkeit die jüdischen Mitbürger und andere zu Staatsfeinden erklärte, dann mußte wohl etwas Wahres dran sein. Die rassistischen Androhungen *Hitlers* in seinem Buch „*Mein Kampf*" und in seinen Reden schlug man in den Wind. Gegen *Hitlers* ungebrochenen Willen zum Krieg gab es nach Errichtung der NS-Diktatur keine geeigneten Mittel mehr außer Attentate. Insgesamt 42 Versuche, *Hitler* zu beseitigen – darunter der Sprengstoffanschlag von *Claus Schenk Graf von Stauffenberg (1907 – 1944)* am 20. Juli 1944, bei dem Hitler mit einer leichten Verletzung davonkam – scheiterten aus unterschiedlichen Gründen. So ging das Morden und Sterben von Millionen Menschen weiter, bis zur Niederlage Deutschlands und dem Selbstmord *Hitlers*. Erst dann konnte die Welt endlich aufatmen.

Bei der Konfrontation der Deutschen mit den in ihr Vaterland eindringenden feindlichen Armeen machte jeder – ob als Soldat oder Zivilist – seine individuellen Erfahrungen. Mein eigener erster Kontakt mit den nach Bayern vorstoßenden amerikanischen Truppen geschah durch ein Ei. Meine beiden Schwestern und ich waren während der letzten Kriegswochen von Nürnberg weg zu den Großeltern in ein kleines Dorf in der Nähe von Straubing gebracht worden. Als die amerikanischen Truppen näher kamen, hieß es: einige Bettlaken zum Fenster raushängen und Lebensmittel in einem Loch im Garten vergraben – man wußte ja nicht, was kam. Dann rasselten einige schwere amerikanische Panzer die Dorfstraße herauf. Wir hatten gehört, daß die Soldaten gern Eier als Geschenk annahmen. Also liefen meine Schwester und ich, mit je zwei Eiern ausgerüstet, zur Dorfstraße und streckten auf den Zehenspitzen balancierend den Panzersoldaten die Eier hin. Sie nahmen sie lächelnd in Empfang und händigten uns dafür kleine Päckchen aus – wie sich später herausstellte: Kaugummi. Am Abend nahmen die Soldaten für zwei Tage in unserem Dorf Quartier, eine kleine Gruppe auch in unserem Haus. Wir – meine Großeltern, unsere Tante, meine Schwester und ich – mußten auf einem Strohlager im Stall schlafen. Da ich nach einem Schuljahr im Gymnasium in Nürnberg etwas Englisch konnte, bat mich Großvater am zweiten Tag, ich solle einen der Soldaten fragen, ob sie uns erlauben, in der Speisekammer die dort vorhandene Zentrifuge zum Entrahmen von Milch zu benutzen. Der Amerikaner sagte „oh, yes" und ließ sich interessiert erklären, wie das Entrahmen funktionierte. Am dritten Tag zog die

Truppe weiter. Sie hinterließ uns unter anderem ziemlich zertrampelte Betten, in die Ofenholzkiste hineingeworfene Spiegeleier und eine ramponierte Kuckucksuhr, aber auch zu unserer Freude einige teilweise gefüllte Kartons mit Tagesproviant-Paketen. Meinem Großvater mußte ich dann mehrfach erzählen, was der Pfarrer in seiner Sonntagspredigt nach dem Eintreffen der Amerikaner über das untergehende Nazireich sagte: „Zwölf Jahre hat es bestanden, das Reich, das tausend Jahre bestehen sollte. Es war aufgebaut auf Lug und Betrug, Verbrechen und Gottlosigkeit".

Die Nachkriegsordnung und Einigung Europas

Auf Konferenzen in *Teheran (1943), Jalta (1945) und Potsdam (1945)* entschieden die „Großen Drei", der US-Präsident *Franklin D. Roosevelt (1882 – 1945)* bzw. ab April 1945 dessen Nachfolger *Harry S. Truman (1884 – 1972)*, der sowjetische Staatschef *Josef W. Stalin (1879 – 1953)* und der britische Premier *Winston Churchill (1874 – 1965)*, über die *Nachkriegsordnung* in *Deutschland, Europa* und *Japan. Deutschland* und *Österreich* wurden in vier Besatzungszonen der Siegermächte *USA, UdSSR, Großbritannien* und *Frankreich* aufgeteilt, die Hauptstädte *Berlin* und *Wien* in vier Sektoren getrennt und von den Besetzern gemeinsam verwaltet. Vermehrte Meinungsverschiedenheiten zwischen den westlichen Alliierten und der Sowjetunion verhinderten in den ersten Nachkriegsjahren eine gemeinsame Deutschlandpolitik, führten schließlich zum „*Kalten Krieg"*, der *Berlin-Blockade 1948/49,* der *Teilung Deutschlands* und der damit verbundenen *Gründung der DDR und der Bundesrepublik* im Jahr 1949. Die mittel- und osteuropäischen Länder wurden mit Ausnahme *Jugoslawiens* sowjetische Satellitenstaaten. Zwischen Ost- und Westeuropa senkte sich der von *Churchill* 1946 in einer Rede so genannte „*Eiserne Vorhang"*. Die immer enger werdende Bindung Westeuropas einschließlich der Bundesrepublik an die *USA* empfand die sowjetische Führung als Bedrohung. *In einer Note vom 10. März 1952 an die Westmächte schlug Stalin deshalb vor, mit Deutschland einen Friedensvertrag abzuschließen. Deutschland sollte ein demokratischer souveräner Staat in den Grenzen des Potsdamer Abkommens werden. Alle Besatzungstruppen sollten innerhalb eines Jahres nach Abschluß des Friedensvertrags aus Deutschland abgezogen werden. Am 2. April 1952 erklärte sich Stalin in einer zweiten Note mit gesamtdeutschen Wahlen unter Aufsicht der Alliierten und der Neutralisierung Deutschlands einverstanden. Das Angebot stieß sowohl bei den Westmächten als auch beim deutschen Bundeskanzler Konrad Adenauer*

(1876 – 1967) auf Ablehnung. Politisch Andersdenkenden in Deutschland, zum Beispiel der Mehrheit der *SPD*, galt dies als verpaßte Gelegenheit, frühzeitig die Einheit *Deutschlands* wiederzuerlangen. Als Folge davon blieben *Deutschland* und *Europa* weitere 38 Jahre geteilt und die Menschen in der *DDR* und anderen kommunistischen Ländern *Osteuropas* mußten ebenso viele Jahre unter Zwangsherrschaft und wirtschaftlicher Not ausharren. Den hohen Preis für diese Fehlentscheidung hatten in *Deutschland* vor allem die Bürger der *DDR* zu tragen. In der Bundesrepublik entwickelte sich eine freie Marktwirtschaft und die Deutschen machten sich daran, ihre zerstörten Städte und Industriezentren wieder aufzubauen. Das deutsche *Wirtschaftswunder* begann und hielt über Jahrzehnte an. Am 5. Mai 1955 traten die *Pariser Verträge* in Kraft. Sie lösten das *Besatzungsstatut* ab und gewährten *Deutschland* eine durch alliierte Vorbehalte eingeschränkte *Souveränität.* Ähnlich wie *Deutschland* kam auch dessen früherer Verbündeter *Österreich* ab dem Kriegsende unter eine Militärverwaltung der vier Siegermächte. Das Land und die Hauptstadt *Wien* wurden in je vier Besatzungszonen aufgeteilt. Am 15. Mai 1955 wurde der österreichische Staatsvertrag abgeschlossen, der eine lang andauernde Teilung des Landes verhinderte und *Österreich* zur Neutralität verpflichtete. Bis zum 19. und 25. Oktober 1955 verließen die letzten russischen bzw. britischen Truppen das Land, das seitdem am 26. Oktober seinen Nationalfeiertag begeht.

Die Interessengegensätze zwischen den *westlichen Alliierten* und der *Sowjetunion* führten schon ab 1947 zum *Ost-West-Konflikt* zwischen zwei feindlichen Machtblöcken, die – militärisch durch die *NATO* bzw. den *Warschauer Pakt* repräsentiert – bis 1991 einen *„Kalten Krieg"* gegeneinander führten. Den Prinzipien der Demokratie und Freien Marktwirtschaft im Westen standen die Ideologien der Totalitären Diktatur und Planwirtschaft gegenüber. Das von beiden Seiten betriebene Wettrüsten verstärkte in Krisensituationen die Kriegsgefahr, zum Beispiel während der *Berlin-Blockade* 1948 – verursacht durch die Währungsreform in Westdeutschland – anläßlich des *Mauerbaus* 1961 und während der *Kuba-Krise* 1962, die durch die Stationierung von sowjetischen Atomwaffen auf *Kuba* ausgelöst wurde. Rüstungskontrollverträge und die von der *Sowjetunion* propagierte Doktrin von der *„Friedlichen Koexistenz"* verhinderten später zwar einen großen Krieg zwischen den Supermächten, aber nicht die zahlreichen *Stellvertreterkriege* in *Vietnam*, *Kambodscha*, *Angola* und *Afghanistan* sowie in Afrika, Mittel- und Südamerika. Der *Kalte Krieg* endete erst 1989, als der sowjetische Generalsekretär *Michail Sergejewitsch Gorbatschow (*1932)* den osteuropäischen Staaten die Einführung der Demokratie erlaubte und die Wiedervereinigung *Deutschlands* „in Frieden und Freiheit" ermöglichte. Die Demokratisierung der *UdSSR* und der Ostblockländer führte zu einem Machtverlust der Kommunistischen Partei und schließlich 1991 zum Zusammenbruch der *Sowjetunion* und des gesamten Ostblocks.

Mit ungläubigem Staunen erfüllt uns noch heute die friedliche Revolution, mit der die Bürger der früheren *DDR* im Herbst 1989 mit Billigung der *Sowjetunion* den Rücktritt ihrer Regierung und die Öffnung der Grenze zur Bundesrepublik erzwangen. Am 18. März 1990 fanden nach 40 Jahren kommunistischer Diktatur die ersten freien Volkskammerwahlen in der *DDR* statt. Die neue DDR-Regierung unter ihrem Ministerpräsidenten *Lothar de Maizière (*1940)* schloß mit der Bundesregierung zunächst einen Staatsvertrag und am 29. September 1990 den *Einigungsvertrag* mit der Folge, daß am 3. Oktober 1990 die Länder der *DDR* dem Geltungsbereich des Grundgesetzes der *Bundesrepublik* beitraten. Kurz vorher, am 12. September 1990, hatte Gesamtdeutschland im *Zwei-Plus-Vier-Vertrag* mit den vier Siegermächten des 2. Weltkriegs die volle Souveränität zurückerhalten. Damit war die *Wiedervereinigung Deutschlands* – was vor 1989 niemand für möglich hielt – vollzogen. Der 3. Oktober ist seitdem der *Nationalfeiertag* der deutschen Einheit. Nicht minder erstaunt und erfreut sind wir heute über die Aussöhnung, die in der Nachkriegszeit zwischen den ehemaligen Kriegsgegnern in der ganzen Welt stattfand. Trotz der entsetzlichen Opfer, die der vom Hitler-Wahnsinn ausgelöste brutale Vernichtungskrieg von allen beteiligten Nationen forderte, waren diese bereit, den Deutschen die Hände zur Versöhnung zu reichen und *Deutschland* in der Völkergemeinschaft wieder seinen angestammten Platz als eine der großen Kulturnationen der Welt einzuräumen. *Vergeben, aber nicht vergessen,* lautet das heute und in alle Zukunft geltende Versöhnungswort der Beteiligten.

Das Erbe des 20. Jahrhunderts

Malerei, Bildhauerei und Architektur

Das frühe 20. Jahrhundert gilt in der Kunst als die *„Klassische Moderne".* Sie bezeichnet in allen Lebensbereichen einen Umbruch mit der Tradition. Es galt das Wort: „Wir sind Zwerge, die auf den Schultern von Riesen sitzen". In der bildenden Kunst bedeutet die *„Klassische Moderne"* eine Vielfalt bahnbrechender heterogener Stilrichtungen. In der Malerei entwickelte sich ein breites Spektrum von Ausdrucksformen zwischen gegenständlicher Darstellung und Abstraktion, das sich in den Darstellungstechniken des *Fauvismus, Expressionismus, Kubismus, Dadaismus und Surrealismus* sowie in der *„Minimal Art"* manifestierte.

Geburtsstätte des *Fauvismus* war *Frankreich*. Seine Vertreter, unter anderem *Georges Braque (1882 – 1963)* und *Henri Matisse (1869 – 1954)*, malten ihre Bilder im Gegensatz zu den Künstlern des *Impressionismus* in großflächig aufeinander abgestimmten, kräftig leuchtenden Farbtönen. Die Werke des *Expressionismus*, einer Kunstströmung im frühen 20. Jh. (etwa 1905 – 1925), sind ebenfalls durch kräftige Farbtöne und das Hervorheben von Dynamik und Gefühl gekennzeichnet. Die wirklichkeitsgetreue Wiedergabe von Eindrücken oder gelungene Formen waren zweitrangig. Künstlergruppen wie *„Die Brücke" (Dresden 1905 – 1913)* und *„Der Blaue Reiter" (München 1911)* entwickelten diesen Malstil bis hin zur Abstraktion. Der expressionistischen Künstlergruppe *„Die Brücke"* gehörten die Maler *Ernst Ludwig Kirchner (1880 – 1938), Erich Heckel (1883 – 1970), Karl Schmidt-Rottluff (1884 – 1976) und Emil Nolde (1867 – 1956)* an. Die von *Wassily Kandinsky (1866 – 1944)* und *Franz Marc (1880 – 1916)* gegründete Künstlervereinigung *„Der Blaue Reiter" (1911 – 1914)* zählte *Alfred Kubin (1877 – 1959), August Macke (1887 – 1914), Paul Klee (1879 – 1940), Alexej von Jawlensky (1864 – 1941) und Gabriele Münter (1877 – 1962)* zu ihren Mitgliedern. Ein bedeutender Maler des *Expressionismus* war auch *Oskar Kokoschka (1886 – 1980)*.

Georges Braque und sein Zeitgenosse *Pablo Picasso (1881 – 1973)*, einer der größten Künstler des 20. Jh., entwickelten ausgehend vom *Fauvismus (Braque)* bzw. *Spätimpressionismus (Picasso)* den *Kubismus (1907 – etwa 1925)*, bei dem der Bildinhalt in geometrische – zum Beispiel kubische – Elemente aufgelöst wurde. Die frühen Arbeiten *Picassos* beginnen mit der gegenständlichen *„Blauen Periode" (1901 – 1903)*, gefolgt von der *„Rosa Periode" (1905 – 1906)*. Ab 1906 sehen wir den Stilwandel von der gegenständlichen Darstellung zu rein geometrischen Formen wie in dem Bild *„Les Demoiselles d'Avignon" (1907)*. Vom Werk *Paul Sézannes (1839 – 1906)* inspiriert, entstanden ab 1908 aus geometrischen Bildteilen („Kuben") zusammengesetzte Landschaftsbilder, von denen der Stilbegriff *„Kubismus"* abgeleitet wurde. Der künstlerische Weg führte *Picasso* und auch *Braque* immer mehr in die Abstraktion. Es entstanden zahlreiche Bilder, die einen Gegenstand oder eine Figur gleichzeitig in verschiedenen Ansichten zeigten, sowie ab 1912 „Collagen" (Papiers collés = Klebebilder), in denen auf die Leinwand geklebte Papier- oder Lappenteile – zum Beispiel Zeitungsausschnitte oder Etiketten – mit Farbflächen verbunden wurden. Herausragende Maler des Kubismus waren auch Fernand Léger (1881 – 1955), Juan Gris (1887 – 1927) und Marc Chagall (1887 – 1985) mit seinen frühen Werken.

Mit dem von Frankreich kommenden Dadaismus (vermutlich von franz. dada = Holzpferdchen) entwickelte sich zwischen etwa 1900 und 1920 neben dem Expressionismus und Kubismus eine eigenständige Kunstrichtung, die sich gegen den traditionellen Kunstgeschmack der bürgerlichen Gesellschaft richtete. Um beim Publikum den gewünschten Schock auszulösen, integrierten die Dadaisten fertige Industrieprodukte in ihre „Kunstwerke". In den so genannten „Ready-mades" wurden fertige Industriegegenstände ohne jede Veränderung zu „Kunstwerken" erklärt. Bedeutende Vertreter dieses Kunststils waren Hans Arp (1887 – 1966), Max Ernst (1891 – 1976) und Marcel Duchamp (1887 – 1968).

In den 20er Jahren des 20. Jh. ging der Dadaismus in den Surrealismus über, der sich in seinen Kunstobjekten ebenfalls gegen die Vorstellungen der bürgerlichen Gesellschaft richtete und – basierend auf den psychoanalytischen Schriften Sigmund Freuds (1856 – 1939) – das Unbewußte und Triebhafte im menschlichen Dasein betonte. Das Irrationale in Traumszenen und Visionen fand im Surrealismus seinen adäquaten künstlerischen Ausdruck. Surrealistische Darstellungen finden wir unter anderem bereits bei Hieronymus Bosch (1450 – 1516), in den Spätwerken von Marc Chagall (1887 – 1985), bei Paul Klee (1879 – 1940), Giorgio de Chirico (1888 – 1978), Joan Miró (1893 – 1983) und besonders Salvador Dalí (1904 – 1989).

Im Bereich der Architektur gehören zur Moderne: Der Jugendstil, auch Art Nouveau oder Belle Epoque (1895 – 1906), der Gründerzeitstil (Ende des 19. Jh. bis etwa 1914), der Reformstil (ab 1906), Art Déco (etwa 1920 – 1940), der Expressionismus (1905 – 1925) sowie die Klassische Moderne mit den Strömungen: Neue Sachlichkeit (1925 – 1932), Internationaler Stil, Neues Bauen, Funktionalismus und Brutalismus. Große Förderer der Moderne waren in Deutschland das „Bauhaus", eine Kunst- und Architekturschule in Weimar, die von 1919 bis 1933 bestand, und in Österreich die „Wiener Werkstätte".

Das typische Wohngebäude der *Gründerzeitarchitektur* waren vier- bis fünf-stöckige, einen Innenhof bildende Wohnblocks mit oft reich dekorierter Fassade und einer *„Beletage"* im ersten Stock mit hohen stuckverzierten Räumen für wohlhabende Bürger. Mit der Stockwerkhöhe nahm der so-ziale Status der Bewohner ab. In den Hinterhöfen gab es vielfach unhygie-nische Einraum-Familienwohnungen für Arbeiter. Der Stil der Gründerzeit wurde in den folgenden Jahrzehnten durch die *Architektur der „Neuen Sach-lichkeit"* mit aufgelockerten Siedlungsbauten in Stadtrandgebieten und Tra-bantenstädten abgelöst. Daneben entwickelte sich in *Deutschland* vorüber-gehend eine *„Expressionistische Architektur"* in Form von Backsteinbauten mit betont runden und gezackten Formen. Beim nüchternen Baustil des *Funktionalismus* bestimmte ausschließlich der Gebäudezweck die Form. Ästhetische Gesichtspunkte blieben weitgehend unberücksichtigt. Ab der Mitte des 20. Jh. gewann der *„Brutalismus"* immer mehr Bedeutung – in der Tat ein brutal wirkender Baustil mit rohen, klotzigen Backstein- und Betonwänden sowie schmucklosen Fassaden aus Glas- und Stahlteilen. Bedeutende Vertreter dieses Bautyps waren *Ludwig Mies van der Rohe (1886 – 1969) und Le Corbusier (1887 – 1965).*

In den letzten Jahrzehnten des 20. Jh. fand die *Architektur der Postmoderne* durch das Aufgreifen und neue Kombinieren bekannter Bau- und Stil-elemente zu neuen vielfältigen Gestaltungsmöglichkeiten der Fassaden, die mit einer Fülle von Verzierungen aus unterschiedlichen Kunstepochen ausgestattet wurden.

Literatur

Die *Literarische Moderne* Anfang des 20. Jh. beinhaltete das Experimen-tieren mit neuen Techniken und das Ersetzen der Tradition durch einen neuen Wertekatalog. Modernistische Romane waren durch die freie indi-rekte Rede, die Relativierung von Ansichten, durch Subjektivierung und Psychologisierung gekennzeichnet.
Stefan Zweig (1881 – 1942) war ein österreichischer Schriftsteller der *„Wie-ner Moderne"*, der vorherrschenden Wiener Kunstrichtung zwischen 1890 und 1910. Ihr Ziel war das Überwinden starrer Traditionen. Vorbereiter der Moderne waren u.a. *Gustave Flaubert (1821 – 1880): „Madame Bova-ry"* 1857; *Henrik Ibsen (1828 – 1906): „Gespenster"* 1882, *„Hedda Gabler"* 1891 und *„Die Wildente"* 1895; und *August Strindberg (1849 – 1912): „Nach*

Damaskus" 1898 – 1904. Maßgebliche Vertreter der Moderne waren *Hugo von Hoffmannsthal (1874 – 1929): „Elektra" 1903 und „Jedermann" 1911; Arthur Schnitzler (1862 – 1931): „Reigen" 1900; Thomas Stearns Eliot (1888 – 1965): „Das wüste Land"; Marcel Proust (1871 – 1922): „A la recherche du temps perdu" 1913 – 1927; James Joyce (1882 – 1942): „Ulysses" 1922; Robert Musil (1880 – 1942): „Der Mann ohne Eigenschaften" 1930 – 1952; Hermann Broch (1886 – 1951): „Die Schlafwandler" 1932 und „Der Tod des Vergil" 1945; Alfred Döblin (1878 – 1957): „Berlin Alexanderplatz" 1929; Hermann Hesse (1877 – 1962): „Der Steppenwolf" 1927, „Narziß und Goldmund" 1930 und „Das Glasperlenspiel" 1943; Franz Kafka (1883 – 1924): „Die Verwandlung" 1915 und „Der Prozeß" 1925; Thomas Mann (1875 – 1955): „Buddenbrooks" 1901, „Der Zauberberg" 1924, „Doktor Faustus" 1947; Virginia Woolf (1882 – 1941): „Mrs. Dalloway"* und *Bertolt Brecht (1898 – 1956)*, der mit sozialkritischen Dichtungen wie *„Dreigroschenoper" 1928 (Musik Kurt Weill), „Aufstieg und Fall der Stadt Mahogonny" 1930 und „Die heilige Johanna der Schlachthöfe" 1933* als einer der bedeutendsten Dramatiker des 20. Jh. angesehen wird.

Wie alle Bereiche der Kultur erlebten die Schöpfer und Freunde der Literatur im 20. Jh. eine unübersehbare explosionsartig sich vermehrende Flut von Büchern, Zeitschriften und Zeitungen. Höhepunkte der literarischen Gestaltungskraft bilden die Werke der Nobelpreisträger für Literatur. Die ersten dieser Preise wurden am Beginn des 20. Jh. an zwei berühmte Schriftsteller des 19. Jh. vergeben: 1901 an den französischen Autor zahlreicher Essays und Gedichte, *Sully Prudhomme (1839 – 1907)*, und 1902 an den großen Meister der historischen Darstellungskunst, den deutschen Autor *Theodor Mommsen (1817 – 1903)*. Es folgten – um nur noch einige berühmte Namen zu nennen: 1905 der polnische Dichter *Henryk Sienkiewicz (1846 – 1916)* für sein Meisterwerk *„Quo Vadis" (1896)*; 1907 der britische Romanschriftsteller *Rudyard Kipling (1865 – 1936)*; 1910 *Paul von Heyse (1830 – 1914)*, der 150 Novellen, 8 Romane, 68 Dramen (darunter *„Kolberg"* mit über 180 Auflagen) und zahllose Gedichte schrieb und dessen Villa am Königsplatz in München ein bedeutendes literarisches Zentrum war; 1912 *Gerhart Hauptmann (1862 – 1946)*, einer der hervorragenden Vertreter des *Naturalismus*; 1920 der norwegische Dichter *Knut Hamsun (1859 – 1952)* für seinen Roman „*Segen der Erde" (1917)*; 1925 der irische Dramatiker *George Bernard Shaw (1856 – 1950)*; 1929 *Thomas Mann (1875 – 1955)* für sein Hauptwerk *„Buddenbrooks"*; 1936 *Eugene O'Neill (1888 – 1953)*; 1946 *Hermann Hesse*

(1877 – 1962); 1953 *Winston Churchill (1874 – 1965);* 1958 *Boris Paster-nak (1890 – 1960);* 1964 *Jean-Paul Sartre (1905 – 1980);* 1972 *Heinrich Böll (1917 – 1985)* und 1999 *Günter Grass (geb. 1927).*

Musik

Am Anfang des 20. Jh. wurde die Welt der klassischen Musik von Künstlern geprägt, die schon in den letzten beiden Jahrzehnten des 19. Jh. den Höhepunkt ihres musikalischen Schaffens erreichten. Zu ihnen gehören der österreichische Dirigent, Komponist und Reformer des Musiktheaters *Gustav Mahler (1860 – 1911),* der zehn Symphonien und eine große Zahl von Liedern schuf; der deutsche Dirigent und Komponist *Richard Strauss (1864 – 1949),* der u.a. die Opern *„Salome"* 1905, *„Elektra"* 1909, *„Der Rosenkavalier"* 1911 und *„Ariadne auf Naxos"* 1916 komponierte; der österreichische Komponist und Musikkritiker *Arnold Schönberg (1874 – 1951),* der mit *„Freier Atonalität"* und der *„Zwölftontechnik"* einen neuartigen, teilweise auf heftige Ablehnung stoßenden Musikstil kreierte; der österreichische Komponist der klassischen Moderne *Alban Berg (1885 – 1935),* der mit seiner ersten Oper *„Wozeck"* in Anlehnung an *Georg Büchners* Drama *„Woyzeck"* eine der bedeutendsten Opern des 20. Jh. schrieb. Meister der Klassik des 20. Jh. sind auch: der französische Komponist *Joseph Maurice Ravel (1875 – 1937),* der grandiose Klavierwerke wie *„Miroir"* (1905), Orchesterwerke wie *„Rhapsodie espagnole"* (1907) und das Ballett *„Boléro"* (1928) schrieb; der französische Komponist des musikalischen Impressionismus *Achille-Claude Debussy (1862 – 1918),* der unter anderem mit der Oper *„Pelléas und Mélisande"* (1902) sowie zahlreichen Klavierwerken und Sonaten seinen Ruhm begründete; der amerikanische Musiker russischer Herkunft *Igor Fjodorowitsch Strawinsky (1882 – 1971)* mit großen Ballett-Kompositionen; der deutsche Tondichter *Carl Orff (1895 – 1982),* mit seiner Schöpfung *„Carmina Burana"* (1937) und anderen Werken; der ungarische Komponist *Béla Bartók (1881 – 1945),* der in seinen Werken der osteuropäischen Volksmusik neue Geltung verschaffte; der russische Klaviervirtuose und Komponist *Sergei Prokofiev (1891 – 1953),* der u.a. Ballettmusik, Opern und Klavierkonzerte schrieb. Der Amerikaner *George Gershwin (1898 – 1937),* Sohn jüdisch-russischer Einwanderer, wurde Mitbegründer des *„Symphonic Jazz",* einer Verbindung von klassischer Musik mit Jazz, und schrieb u.a. das Stück *„Rhapsody in Blue"* (1924) und die erste eigene Oper der *USA „Porgy and Bess"* (1935); *Paul Hindemith*

(1895 – 1963) war Schöpfer der Oper „*Mathis der Maler*" und zahlreicher weiterer Musikstücke.

Neben den nur als Beispiele genannten Werken der Klassik wurde im 20. Jh. auch die Tradition der Operette, vor allem als „*Wiener Operette*", weiter gepflegt. Herausragende Vertreter dieser Kunstform waren u.a. *Franz Lehár (1870 – 1948)* mit seinen Welterfolgen „*Die lustige Witwe*" 1905, „*Der Graf von Luxemburg*" 1909 und „*Land des Lächelns*" 1929; *Robert Stolz (1880 – 1975)*, mit rund 60 Stücken der größte Operetten-Komponist des 20. Jh. sowie Komponist von rund 2000 Liedern; ferner *Ralph Benatzky (1884 – 1957)*, der tschechische Komponist von mehreren tausend Liedern und über 90 Operetten, darunter der Welterfolg „*Im weißen Rössl*" 1930.

Im Lauf des 20. Jh. wurde die Operette allmählich von der *Musical Comedy* – abgekürzt *Musical* – verdrängt, d.h. einer Theateraufführung, die eine heitere, kunstvolle Mischung von Musik, Gesang, Tanz und Schauspiel darstellt. Ursprungsort des *Musicals* war der *Broadway* in *New York*, wo die Stücke „*Lady, be good*" 1924 und „*Show Boat*" 1926 aufgeführt wurden. Die Autoren von „*Show Boat*" waren *Oscar Hammerstein (1895 – 1960) und Jerome David Kern (1885 – 1945)*. Mit der Entwicklung des Tonfilms in den 30er Jahren fanden *Filmmusicals* rasch weltweite Verbreitung. Ab den 50er Jahren wandten sich die Musical-Komponisten auch ernsteren Themen zu und schufen Stücke mit durchgehender Musik- und Gesangbegleitung ohne gesprochene Dialoge. Meilensteine der Entwicklung waren „*Oklahoma*" 1943 mit der Musik von *Richard Rodgers (1902 – 1979)* und dem Text von *Oscar Hammerstein*; „*West Side Story*" 1957 mit der Musik von *Leonard Bernstein (1918 – 1990)* und „*Hair*" 1967 mit der Musik des Kanadiers *Galt MacDermot (*1928)*. Weltweite Anerkennung fanden auch der Musical-film „*Ein Amerikaner in Paris*" 1951 mit der Musik von *George Gershwin* und „*Singin' in the Rain*" 1951. Die Musicals „*Jesus Christ Superstar*" 1971, „*Evita*" 1976, „*Cats*" 1981 (das meistgespielte Musical der Welt), „*Starlight Express*" 1984 (von vielen als bestes Musical der Welt bezeichnet), „*The Phantom of the Opera*" 1986 und „*Sunset Boulevard*" 1993, jeweils mit der Musik von *Andrew Lloyd Webber (*1948)*, gelten bis heute als strahlende Sterne am Musical-Himmel.

Abseits von den Theaterbühnen der Welt erfanden Komponisten und Interpreten des 20. Jh. eine vorher nicht gekannte bunte Vielfalt neuer Musik- und Gesangsformen, die bis heute weltweit die Hörer- und Zuschauermassen anlocken. Es begann kurz vor 1900 mit dem *Ragtime* (von engl. *ragged time* = zerrissene Zeit), ursprünglich einem Klavierspiel mit typischer zerhackter Rhythmik, die, ausgehend von Musikern der schwarzen Bevölkerung in den Südstaaten der USA, mit afroamerikanischen Rhythmuselementen neue Musikakzente setzte. Neben dem *Ragtime* entwickelten sich gleichzeitig die Folklore-Musikformen *Blues, County-Musik* und *Gospel* (engl. = Evangelium). Die *Gospels* entstanden als religiöse Gesänge aus den *Negro Spirituals* der Sklavenzeit in den Südstaaten der USA.

Der *Ragtime* wurde während der Zeit des 1. Weltkriegs vom *Jazz* abgelöst, der seine Ursprünge in *New Orleans* hatte. Seine Merkmale waren die freie *Improvisation* mit Einzelinstrumenten und der *Swing*, eine weiche melodische Musikform, die sich dem Rhythmus anpaßte. Jazz-Bands bestanden dementsprechend häufig aus einer Rhythmus- und einer Melodiegruppe. Im Lauf der Jahrzehnte entstanden zahlreiche Abwandlungen des originären New Orleans Jazz: der *Dixieland-, Big-Band-, Symphonic* und *Baroque Jazz,* der hektisch wirkende *Bebop,* der weich fließende *Cool Jazz,* der *Soul-, Modal-, Free-, Mainstream- und Fusion Jazz.* Bedeutende Jazz-Musiker waren *Louis Armstrong (1901 – 1971), Duke Ellington (1899 – 1974)* und der „*King of Swing*" *Benny Goodman (1909 – 1986).*

Die zweite Hälfte des 20. Jh. wurde durch eine Reihe weiterer neuartiger Musikstile geprägt: die *Rock-, Beat-, Pop-, Schlager-, Volks-, Techno-, Hardrock-, Heavy Metal-, Punk- und New Wave-Musik* mit jeweils mehr oder weniger charakteristischen Unterscheidungsmerkmalen. Den ersten *Rock'n'Roll-Song* gab *Bill Haley (1925 – 1981)* 1954 mit dem Lied „*Rock around the clock*" zum Besten. Bedeutendster Interpret von Rockmusik war der „*King of Rock'n'Roll*" *Elvis Presley (1935 – 1977),* von dessen Songs weltweit bis zum Jahr 2000 1,85 Milliarden (!) Schallplatten und andere Tonträger verkauft wurden und der zum erfolgreichsten Sänger aller Zeiten wurde. Eines seiner Konzerte Anfang der 70iger Jahre erreichte in den USA die höchste je gemessene Fernseh-Einschaltquote von 99,7%! In die Fußstapfen von Elvis traten in den 60iger Jahren die „*Beatles*" und die „*Rolling Stones*". Die britische Rock- und Pop-Musikgruppe „*The Beatles*" aus Liverpool bestand aus den vier „Pilzköpfen" *John Lennon (1940 – 1980), Paul McCartney (*1942), George Harrison (1943 – 2001) und Ringo Starr (*1940)* und trennte sich bereits 1970 wieder. Mit 1,3 Milliarden verkauften Tonträgern waren sie die erfolgreichste Musikgruppe der Welt. Die ebenfalls britische Gruppe „*The Rolling Stones*" mit ihrem Hauptinterpreten *Mick Jagger (*1943)* formierte sich 1962 und wurde trotz oder wegen der oft recht groben und provokativen Textgestaltung mit zahlreichen Welthits die langlebigste Rock- und Popgruppe der Welt. Weltweite Akzeptanz in allen Bevölkerungsschichten fand auch die enorme Flut von Beat-, Schlager- und Volksmusikstücken, die in vielen Ländern der Erde die kulturelle Eigenart und Tradition des jeweiligen Landes und die Freude der Menschen am musikalischen Ausdruck widerspiegelt. Erst durch die Erfindung des Radios, des Fernsehens und der Musikwiedergabe von Speichermedien kam es zum weltumspannenden Austausch von Musik zwischen allen Völkern und Kulturen der Erde.

Wissenschaft und Technik

Zur blühenden Vielfalt auf der Blumenwiese der Weltkultur des 20. Jh. trugen nicht nur die Bildende Kunst, Literatur und Musik, sondern in unglaublicher, früher nicht für möglich gehaltener Weise auch die Entwicklungen von Wissenschaft und Technik bei. Auf der Grundlage der wissenschaftlichen Erkenntnisse des 19. Jh. gelang es im 20. Jh. einer lawinenartig anwachsenden Weltgemeinschaft von Forschern und Entwicklern, das in den Rohstoffen und Naturgesetzen schlummernde Gestaltungspotential immer mehr zu nutzen und – allerdings begrenzt auf die fortschrittlichen Industrieländer – eine erstaunliche, in der Menschheitsgeschichte bisher unerreichte Arbeits-, Wohn-, Verkehrs-, Kommunikations- und Kulturwelt zu schaffen, die den Nutznießern ein völlig neuartiges Lebensgefühl vermitteln konnte. Auch die beiden furchtbaren Weltkriege und die drohenden Gefahren durch die Existenz von Kernwaffen und anderen modernen Waffensystemen haben diese – wenn auch zeitweise unterbrochene – Entwicklung nicht verhindert. Die in den vorausgehenden Jahrhunderten, insbesondere im 19. Jh., entstandenen wissenschaftlichen Erkenntnisse und die daraus resultierenden Neuerungen auf allen Gebieten der Technik rechtfertigten am Beginn des 20. Jh. die kühnsten Erwartungen.

Im Jahr 1900 gab es in Europa und Nordamerika bereits ein umfangreiches *Eisenbahnnetz*, auf dem die Züge allerdings fast ausschließlich von *Dampflokomotiven* gezogen wurden. Dies änderte sich rasch, nachdem bereits 1879 *Werner von Siemens* die erste elektrisch betriebene Eisenbahn vorstellte und einige Jahre später, 1883, der *weltweit erste Lehrstuhl für Elektrotechnik an der TH Darmstadt* errichtet wurde. Neben der Eisenbahn benutzte man als Fortbewegungsmittel das Fahrrad, die althergebrachte Postkutsche und das Reitpferd. In der Seefahrt waren die seit Jahrtausenden gebräuchlichen Segelschiffe von Schiffen mit Dampfmaschinenantrieb abgelöst worden. Es gab so gut wie keine Autos – um 1900 zählte man in den *USA* nur *8000 angemeldete Automobile* – und überhaupt keine Flugzeuge, wohl aber Zeppeline und Ballone. Für die elektrische Energieversorgung gab es bereits Ende des 19. Jh. mit Turbinen und elektrischen Generatoren ausgestattete Wasser- und Dampfkraftwerke, die Gleich-, Wechsel- oder Drehstrom lieferten. Ab 1890 verdrängte die *Drehstromtechnik* die beiden Alternativen. Erste *elektrische U-Bahnstrecken* hatten die Großstädte *London, Budapest* und *Paris*. In einzelnen Straßen und Wohnhäusern von Großstädten gab es bereits vor 1900 neben den Gaslaternen *elektrisches Licht*. Um 1900 versorgten 650 Elektrizitätswerke in *Deutschland* etwa 2,6 Millionen Glühlampen und 50.000 Bogenlampen mit Strom. *Eine Kilowattstunde kostete allerdings 40 bis 60 Pfennige* – bei einem *Arbeiterstundenlohn von 25 Pfennigen!* Die Telefonnetze waren auch in den fortschrittlichen Industrieländern noch wenig ausgebaut – in *Deutschland* gab es im Jahr 1900 etwa 1000 Fernsprecheinrichtungen und *200.000 Telefonanschlüsse für etwa 60 Millionen Einwohner,* in den *USA* 600.000 Anschlüsse für 90 Millionen Bürger. Radio, Fernsehen und Funkverkehr existierten noch nicht. Damals war in einer Reihe von Ländern das Fabriksystem mit maschineller arbeitsteiliger Massenfertigung von Produkten durch gelernte und ungelernte Arbeiter etabliert. *Kinderarbeit* war noch gang und gäbe. In den *USA* waren nahezu ein Fünftel der Arbeitenden Kinder zwischen 10 und 16 Jahren und ein zehnstündiger Arbeitstag die Normalität. Die meisten Arbeiter in den Industriezentren hausten in engen, menschenunwürdigen Unterkünften, gewöhnlich ohne eigenes Bad und WC.

In den *Naturwissenschaften* hatte man bis 1900 vor allem auf dem Gebiet der *Chemie* beträchtliche Fortschritte erzielt. Die meisten chemischen Elemente und deren Stellung im Periodensystem waren entdeckt, man kannte schon eine große Anzahl chemischer Reaktionen und ihre Gesetzmäßigkeiten sowie die natürliche Radioaktivität. Aber die *Feinstruktur der Materie,* d.h. der Atome, lag noch im Dunkeln. Spärlich waren auch unsere Kenntnisse über Entstehung und Aufbau des Kosmos und unseres Sonnensystems sowie der damit verbundenen Prozesse. Die bis zum Ende des 19. Jh. gewonnenen Erkenntnisse in der Biologie und Medizin ließen noch nicht ahnen, welche phänomenalen Fortschritte das 20. Jh. auf beiden Gebieten brachte.

Die theoretische Beschreibung elektromagnetischer Vorgänge – der *Elektro-dynamik* – durch den britischen Physiker *James Clerk Maxwell (1831 – 1879)* und die Entdeckung der *elektromagnetischen Wellen* durch den deutschen Physiker *Heinrich Hertz (1857 – 1894)* führte bereits am Anfang des 20. Jh. zur *drahtlosen Telegraphie* sowie zur *Funk-, Radio- und Fernsehtechnik*. Dem italienischen Ingenieur *Guglielmo Marchese Marconi (1874 – 1937)* gelang erstmals 1901 die *Übertragung eines Funksignals* (des Morse-Buchstaben „s") über den Atlantik. Der deutsche Physiker *Arthur Korn (1870 – 1945)* schaffte 1906 erstmalig die telegraphische Übertragung eines Bildes über eine Strecke von 1800 km. Ein kanadischer Physiker konnte im Dezember 1906 von seiner Funkstation in Massachusetts einen gesprochenen Text drahtlos übertragen; es war *die erste Radiosendung der Welt*. In *Deutschland* begann der *Rundfunk* 1917 mit Musiksendungen an die Westfront während des 1. Weltkriegs. Vom Langwellensender *Königswusterhausen* wurde 1920 erstmals ein Konzert übertragen. Am 29.10.1923 wurde in *Deutschland* die erste *öffentliche Rundfunksendung* von Berlin ausgestrahlt. Die Empfänger waren kleine Detektoren mit Kopfhörer. 1923 gab es nur etwa 500 Rund-funkhörer, 1928 schon über 2 Millionen. Die Geschichte des *Fernsehens* begann bereits 1884 mit der Patentanmeldung von *Paul Gottlieb Nipkow (1860 – 1940)*. Seine *„Nipkow-Scheibe"* enthielt spiralförmig angeordnete feine Löcher, die bei rascher Drehung der Scheibe eine Szene zeilenweise abtasteten und so in einzelne Bildpunkte zerlegten. Damit konnten aller-dings nur grob gerasterte Fernsehbilder erzeugt werden. Wesentlich bessere Bilder ergaben die elektronischen Fernsehaufnahmegeräte, die ab 1923 von den Amerikanern *Wladimir Kosma Zworykin (1889 – 1982) und Philo Taylor Farnsworth (1906 – 1971)* gebaut wurden. 1930 demonstrierte *Manfred von Ardenne (1907 - 1997)* in *Berlin* das erste vollelektronische *schwarz-weiße Fernsehbild* der Welt. 1954 wurde in den USA das Farbfernsehen eingeführt und 1967 in *Deutschland*. Die Entwicklung des Farbfernsehens hatte bereits 1928 begonnen, als der schottische Erfinder *John Logie Baird (1888 – 1946)* mit Hilfe der Nipkow-Scheibe farbige Fernsehbilder erzeugte.

Bereits am 29. Januar 1886 fuhr das erste dreirädrige, mit einem Benzin-Viertaktmotor ausgestattete Auto von *Carl Benz (1844 – 1929)* auf den Straßen von Mannheim. Es war der Geburtstag des Automobils. 11 Jah-re später (1897) baute *Rudolf Diesel (1858 – 1913)* den ersten, mit bil-ligem Schweröl gespeisten Dieselmotor. Damit war die Plattform für die imponierende Geschichte der Automobiltechnik des 20. Jh. geschaffen. In Berlin wurden 1905 bei Tag die ersten Kraftomnibusse eingesetzt, nachts verkehrten noch Pferdebusse. Schon 1906 fand ein erstes „Grand-Prix"-Autorennen in Le Mans (Frankreich) statt. Der Sieger erreichte eine Durchschnittsgeschwindigkeit von 100 km/h! 1914 wurden in Deutschland bereits 55.000 Personen- und 9.000 Lastkraftwagen gezählt. Hinzu kamen etwa 25.000 Motorräder. Ähnlich dynamisch entwickelte sich die Kraftfahrzeugtechnik in anderen europäischen und außereuropäischen Ländern, vor allem in den USA. Zahlreiche Erfindungen – zum Beispiel das hydraulische Bremssystem 1914, die Scheibenbremse 1939, das Automatikgetriebe 1940, die schlauchlosen Reifen 1945, die Servolenkung 1952, das elektronische Benzineinspritzsystem 1967, der Autokatalysator 1974, das Antiblockiersystem 1975, der Airbag 1980 und der erste serienmäßige Hybridmotor (Elektro- und Verbrennungsmotor) 1998 brachten die Automobiltechnologie auf ihren heutigen ausgereiften Stand. Die rund 6,7 Milliarden Erdbewohner verfügen zurzeit über 800 Millionen Kraftfahrzeuge, die meisten davon in den hochentwickelten Industrieländern. 2004 betrug die Kfz-Produktion in der europäischen Union (EU-25) 18,3 Millionen Stück, in Nordamerika 16,2, in Asien 22,6 und weltweit 63 Millionen. Die Kfz-Dichte betrug 2004 in den USA 780 Kfz je 1.000 Einwohner, in Deutschland 588, in Japan 568, in der Russischen Föderation 198, in China und Indien dagegen nur 19 bzw. 10. Die hohe Mobilität in den Industrieländern fordert leider eine viel zu hohe Zahl von Verkehrstoten und -verletzten. Auf Deutschlands Straßen fuhren 2002 rund 55 Millionen Kraftfahrzeuge. Durch sie starben 2002 bei Verkehrsunfällen 6.842 Menschen – deutlich weniger als 1980, wo es trotz viel geringerer Kfz-Dichte 15.050 (!) Verkehrstote gab. Jährlich werden in Deutschland rund 360.000 Menschen in Verkehrsunfällen verletzt, davon fast ein Fünftel schwer. Diese Zahlen liegen rund viermal so hoch wie zum Beispiel in Dänemark oder Finnland. Mit umfassenden Tempolimits könnten die genannten Zahlen drastisch gesenkt werden. Nach Schätzungen der Weltgesundheitsorganisation (WHO) sterben weltweit jährlich bis zu 1,2 Millionen Menschen bei Verkehrsunfällen. Die Anzahl der Verletzten beträgt jährlich ungefähr 40 Millionen! Hinzu kommen die gesundheitlichen Schäden, die durch eine hohe Emissionsbelastung der Atmosphäre infolge des Kfz-Verkehrs entstehen. Bei den Schadstoffen Stickstoffdioxid (NO_2) und Feinstaub (Partikelgröße unter ein Hundertstel Millimeter) beträgt diese rund 60 bzw. 40% der Gesamtemission.

Das Angebot von Elektromotoren, elektrischen Maschinen, Dieselmotoren und Kraftfahrzeugen hat im Laufe des 20. Jh. viele Industriezweige, das Handwerk und die Landwirtschaft revolutioniert. In der Landwirtschaft wurde die schon im 19. Jh. entwickelte *Dreschmaschine* bis zum Beginn des 20. Jh. mit einer *Dampfmaschine* und später mit einem *Diesel- bzw. Elektromotor* angetrieben. Ende des 19. Jh. kam der erste *Traktor* auf dem Acker zum Einsatz. Bis Mitte des 20. Jh. lösten Traktoren in den Industrieländern die Zugtiere vollständig ab. Auch die Mitte des 19. Jh. in den *USA* von *Cyrus McCormick* erfundene *Mähmaschine* sowie der *Mähdrescher* – eine Landmaschine, die das Getreide mäht und gleichzeitig drischt – wurde noch Anfang des 20. Jh. von einer Dampfmaschine und später von einem Traktor gezogen. Bis Mitte des 20. Jh. wurde der Dieselmotor in den Mähdrescher integriert. Der *automobile Mähdrescher* löste ab Mitte des 20. Jh. die Dreschmaschine ab und ist heute der weltweite Standard der Getreideernte. Eines der ältesten Geräte der Landwirtschaft ist der *Pflug*, der seit 5500 v. Chr. als von Menschen oder Tieren gezogener Holzpflug zum Umbrechen des Ackerbodens diente. Der seit dem 3. Jh. v. Chr. in *China* verwendete *gußeiserne Pflug* verdrängte erst im 18. Jh. den in Europa üblichen Holzpflug. Heute wird der Ackerboden mit einem bis zu fünfscharigen, an den Traktor direkt gekoppelten Wendepflug bearbeitet, der zwei Sätze von Stahlpflugscharen für die Hin- und Herfahrt hat. Für eine Reihe von Feldfrüchten wurden im 20. Jh. Saat-, Pflanz- und Erntemaschinen entwickelt. Diese *Mechanisierung der Landwirtschaft* verringerte in den Industrieländern den landwirtschaftlich tätigen Bevölkerungsanteil von etwa 60% (Anfang 19. Jh.) auf rund 4 bis 7% (Mitte des 20. Jh.). Gegen Ende des 20. Jh. waren in Afrika immer noch durchschnittlich 64%, in Asien 61%, in Südamerika 24% und in Osteuropa 15% der Bevölkerung in der Landwirtschaft tätig. Weltweit beträgt der Anteil heute rund 50%. Die Bauernhöfe bzw. Farmen sind in den Weltregionen unterschiedlich groß. In Nordamerika haben Farmen meist mehrere 100 Hektar Ackerfläche und in Entwicklungsländern nur wenige Hektar. In Deutschland hatten im Jahr 2000 die über 430.000 Bauernhöfe eine Durchschnittsgröße von 40 Hektar (1 Hektar = 10.000 Quadratmeter). Während ein Bauer um 1800 außer seiner Familie nur wenige Mitbürger zusätzlich ernähren konnte, waren es um 2000 mehr als 120.

Nachdem die beiden amerikanischen Brüder *Wilbur und Orville Wright* am 17. Dezember 1903 mit ihrem „flyer", dem *ersten Motorflugzeug der Welt*, einen Flug über mehrere 100 Meter demonstriert hatten, begann in den Industrieländern bei der Konstruktion von Fluggeräten ein regelrechter Wettlauf. Schon 1908 absolvierte *Orville Wright* mit einem verbesserten

Gerät einen Flug von über einer Stunde Dauer. Der Deutsche *Hans Joachim Pabst von Ohain (1911 – 1998)* und der Brite *Frank Whittle (1907 – 1996)* entwickelten unabhängig voneinander das *erste Strahltriebwerk* für Flugzeuge. Die von *Ernst Heinkel (1888 – 1958)* gebaute und mit einem *Ohain-Triebwerk* ausgestattete He178 startete im August 1939 als *erstes Düsenflugzeug* der Welt. Die ersten Flugzeuge mit Düsenantrieb waren Militärmaschinen. Erst nach dem 2. Weltkrieg – ab etwa 1948 – setzte sich das Strahltriebwerk auch in der Zivilluftfahrt durch. Für Kurzstrecken und relativ niedrige Flughöhen werden daneben auch Turboprop-Flugzeuge mit turbinengetriebenen Propellern eingesetzt. Heute sind weltweit rund 16.000 zivile Langstrecken-Flugzeuge im Einsatz. Sie transportieren jährlich viele Millionen Fluggäste in alle Welt, tragen aber auch nicht unerheblich zur Luftverschmutzung in den hochempfindlichen Atmosphärenregionen in 8.000 bis 12.000 m Höhe bei.

Ein besonders glanzvolles „Erbstück" des 20. Jh. ist die inzwischen hochentwickelte *Raketen- und Raumfahrttechnik.* Raketen – Flugkörper mit Rückstoßantrieb – sind keine Erfindung der Neuzeit. Mit Schwarzpulver gefüllt, wurden kleine Raketengeschosse bereits im 13. Jh. in *China* gegen feindliche Truppen eingesetzt. Die Väter der modernen Raketen- und Raumfahrttechnik sind der russische Physiker *Konstantin Eduardowitsch Ziolkowki (1857 – 1935),* der aus Siebenbürgen stammende deutsche Raumfahrtpionier *Hermann Oberth (1894 – 1989)* und der amerikanische Wissenschaftler *Robert Goddard (1882 – 1945).* Ihnen verdankt das 20. Jh. zahlreiche grundlegende Erkenntnisse und später realisierte Visionen der Raumfahrttechnik, u.a. die Raketengrundgleichung 1903, das Prinzip des Flüssigkeitsraketen-Triebwerks, die Brennkammerkühlung, die Mehrstufenrakete und die Raumstation (*Ziolkowski*), die mit Ethanol und Sauerstoff betriebene Großrakete, das Ionentriebwerk (*Oberth*) und die Entwicklung von Feststoff- und Flüssigkeitsraketen für militärische Anwendungen (*Goddard*). Der deutsche Physiker *Wernher von Braun (1912 – 1977)* leitete im Forschungszentrum *Peenemünde* von 1937 bis 1945 die Entwicklung der Flüssigkeitsrakete A4, einer Vorläuferin der noch während des 2. Weltkriegs gegen *England* eingesetzten „Vergeltungswaffe V2". 1945 kam *von Braun* in die *USA* und wurde 1955 amerikanischer Staatsbürger. Ab 1960 war er bei der *NASA* maßgeblich am Bau der Saturn-V-Trägerrakete beteiligt.

Drei Jahre vorher, im Oktober 1957, war die westliche Welt durch den Start von *Sputnik 1*, dem ersten künstlichen Meßgeräte-Satelliten aus der damaligen *Sowjetunion*, mitten in der Zeit des Kalten Krieges zwischen West und Ost, regelrecht geschockt worden. Einen Monat später folgte *Sputnik 2* mit der Hündin *Laika* an Bord. Im Januar 1958 antworteten die USA mit dem Start des Meß-Satelliten *Explorer 1* und im Oktober des gleichen Jahres mit der Gründung der NASA (*National Aeronautics and Space Administration*). Eine Gruppe von europäischen Staaten schickte im Mai 1968 ihren ersten geostationären Satelliten ins Weltall und schloß sich 1975 zur *ESA* (*European Space Agency*) zusammen.

Mit dem Start der ersten Satelliten kam es zu einem regelrechten Wettlauf der damaligen beiden Supermächte *USA* und *Sowjetunion* im All. Einige Daten mögen dies veranschaulichen:
26. März 1958: Start des amerikanischen Satelliten Explorer 3
15. Mai 1958: Start des sowjetischen Satelliten Sputnik 3

4. Oktober 1959: Start des ersten sowjetischen Satelliten Luna 3 zur Erforschung des Monds

12. April 1961: Als erster Mensch der Welt umrundete der sowjetische Offizier *Juri Gagarin* (1934 – 1968) in der Raumkapsel „*Wostok*", emporgetragen von einer mehrstufigen Trägerrakete, 108 Minuten lang auf einer elliptischen Bahn die Erde

5. Mai 1961: Mit dem Kosmonauten *Alan Shepard* gelingt den USA ein 16 Minuten dauernder Flug ins All

28. Juli 1964: Der US-Satellit *Ranger 7* sendet erste Nahaufnahmen von der Mondoberfläche

3. Februar 1966: *Luna 9* landete weich auf dem Mond

30. Mai 1966: *Surveyor 1* landet ebenfalls weich auf dem Mond

20. Juli 1969: Die US-Astronauten *Neil Armstrong, Edwin Aldrin und Michael Collins* starten in der Mission *Apollo 11* mit einer Saturn-V-Trägerrakete zum Mond. Vom Apollo-Mutterschiff, das den Mond umkreist, setzt die Landeeinheit „Eagle" auf dem Mondboden auf. Am 21. Juli betritt *Neil Armstrong* um 3:65 MEZ als erster Mensch den Mond. Zusammen mit *Aldrin* verbrachte *Armstrong* mehr als zwei Stunden auf dem Mondboden.

November 1970: Die russische Mondsonde *Luna 17* setzt ein selbstfahrendes Mondfahrzeug, *Lunochod 1*, mit einer Fernsehkamera auf der Mondoberfläche aus

12. Dezember 1972: Nach insgesamt sechs Mondlandungen bei verschiedenen Apollomissionen verlassen die Astronauten *Harrison Schmitt* und *Eugen Ceman* von *Apollo 17* als letzte Menschen den Mond und kehren wohlbehalten zur Erde zurück.

Zwischen 1969 und 1972 versuchte auch die ehemalige *Sowjetunion* mit Hilfe einer neuentwickelten Rakete Astronauten auf dem Mond landen zu lassen. Da alle Versuche fehlschlugen, wurde das Projekt schließlich aufgegeben. In den letzten Jahrzehnten brachten die *USA*, die ehemalige *Sowjetunion* und die *Europäische Union* sowie in neuester Zeit auch *China* und *Japan* eine große Anzahl von Nachrichten-, Umwelt-, Erdbeobachtungs- und Navigationssatelliten auf Erdumlaufbahnen in den Weltraum. Das Satelliten-Navigationssystem GPS (*Global Positioning System*) kann Positionen auf der Erdoberfläche mit einer Genauigkeit von 10 bis 100 Metern bestimmen. Ab 1960 wurden auch viele Raumsonden zur Erforschung unseres Planetensystems gestartet. Hauptforschungsobjekte waren zunächst die Inneren Planeten Mars, Venus und Merkur und später auch die Äußeren Planeten.

Ein wichtiger Schritt zur Entwicklung der Raumfahrt war die Errichtung einer *Raumstation* im All mit Andocksystemen für Raumschiffe zur Versorgung und zum Austausch der Besatzung. Am 19. April 1971 wurde die mehr als 18 Tonnen schwere Raumstation *Saljut 1* in den Weltraum transportiert. Im Juni stiegen drei Kosmonauten des Raumschiffs *Sojus 11* in die Raumstation um. Bis 1982 entsandte die Sowjetunion die Raumstationen *Saljut 2 bis 7*, die teilweise auch von Besatzungen anderer Länder besucht wurden. Als Nachfolger der Saljut-Serie wurde 1986 die ständig besetzte, 135 Tonnen schwere Raumstation „Mir" auf eine Umlaufbahn gebracht. Sie blieb 15 Jahre im All und wurde in dieser Zeit von insgesamt 106 Astronauten besucht. Am 23. März 2001 wurde die „Mir" aus Kostengründen aufgegeben und über dem Südpazifik zum kontrollierten Absturz gebracht.

Von den *USA* wurde im Mai 1973 die 89 Tonnen schwere *Raumstation* „Skylab" mit einer Saturn-V-Rakete in eine Umlaufbahn gebracht. Sie war etwa 3,5 Mal grösser als *Saljut 1*, bot also genügend Platz für eine dreiköpfige Besatzung. Im *Skylab* wurden viele wissenschaftliche Experimente und Erdbeobachtungen durchgeführt. Am 11. Juli 1979 stürzte die Station ab und verglühte zum großen Teil in der Atmosphäre.

Für die Versorgung und den Mannschaftswechsel von Raumstationen entwickelte die NASA den wieder verwendbaren Raumtransporter „*Space Shuttle*". Er besteht aus dem „*Orbiter*", der einem Flugzeug ähnelt, wie dieses selbständig auf der Erde landen kann und sieben Astronauten Platz bietet. Der Orbiter ist mit zwei externen Treibstoffbehältern und zwei Feststofftriebwerken von mehr als 45 Meter Länge verbunden. Am 12. April 1981 startete zum ersten Mal der Spaceshuttle „*Columbia*" zu einer zweitägigen Mission in den Weltraum und landete dann wieder unbeschädigt auf der Erde. Mit diesem Raumtransporter wurden zwischen 1983 und 1997 23 weitere Missionen durchgeführt. In der Raumfähre *Columbia* war eine transportable Raumstation „*Spacelab*" für biologische und Materialuntersuchungen untergebracht. Eine Meisterleistung der Weltraumfahrt gelang am 24. April 1990 mit dem Transport des *Weltraumteleskops „Hubble"*, das von dem Space Shuttle „*Discovery*" auf seine Umlaufbahn gebracht wurde. Das Teleskop wird von Solarzellen betrieben und liefert seitdem – ungestört von der Erdatmosphäre – exzellente Bilder naher und weit entfernter Sternsysteme.

Im vergangenen Jahrzehnt starteten 16 Länder, darunter die *USA, Deutschland, Rußland und Japan*, ein Gemeinschaftsprojekt mit dem Ziel, eine *Internationale Raumstation* (International Space Station, ISS) als bemanntes wissenschaftliches Labor im Weltraum aufzubauen. Dessen Gesamtkosten wurden auf etwa 100 Milliarden US-Dollar geschätzt. Die Station ist 108 m lang, 74 m breit und über 450 Tonnen schwer. Sie besteht aus drei Einheiten (Modulen) und umkreist in rund 400 km Höhe die Erde. Ihr Nutzen ist angesichts der gewaltigen Kosten umstritten.

Die großartigen Erfolge der Weltraumfahrt im 20. Jh. waren unter anderem den enormen Fortschritten in den Wissenschaftsgebieten *Elektrotechnik* und *Informationstechnik, Materialtechnologie* und *Chemie* zu verdanken. Das zuerst genannte Gebiet hat sich im 20. Jh. – ausgehend von den bahnbrechenden Erkenntnissen und Erfindungen des 19. Jh., die unter anderem mit den Namen *Volta, Oerstedt, Ampère, Faraday, Maxwell, Morse, von Siemens, Edison, Thomson, Hertz und Röntgen* verbunden sind – zu einer breit gefächerten, weltumspannenden Technik entwickelt, die zumindest einem Teil der Erdbewohner eine früher unvorstellbare Vielfalt der Lebens-, Arbeits- und Kulturmöglichkeiten eröffnete. Voraussetzung dafür war die weltweite Erzeugung, Verteilung und Anwendung elektrischer Energie. Dafür begann man schon in der zweiten Hälfte des 19. Jh. und verstärkt im 20. Jh. in den Industrieländern elektrische Kraftwerke zu bauen, die zunächst mit Wasserkraft und Kohle betrieben wurden. In der zweiten Hälfte des 20. Jh. kamen die Primärenergieträger Erdöl, Erdgas, Kernbrennstoffe und Biomasse hinzu. In einem Kraftwerk wird durch Verbrennen des Primärenergieträgers ein hocherhitzter Wasserdampf- oder Gasstrahl erzeugt, der eine Turbine antreibt. Ein elektrischer Generator, der an die Turbinenwelle angekoppelt ist, setzt die mechanische Rotationsenergie der Turbine in elektrische Energie um.

Das *erste deutsche Kraftwerk* wurde 1884 in *Berlin* eröffnet und hatte eine Leistung von 100 kW. Heutige Kraftwerke haben eine zehntausendmal höhere Leistung im Bereich 1.000 MW. Die elektrische Energie wird über Freileitungen oder Erdkabel zu Verbrauchern übertragen. Da die übertragene Energie vom Produkt aus „effektiver" Leiterspannung mal „effektivem" Leiterstrom abhängt und ein hoher Leiterstrom große Wärmeverluste längs der Leitung bewirkt, ging man schon früh dazu über, elektrische Energie mit möglichst hoher Spannung bei entsprechend verringerter Stromstärke fortzuleiten. Die heutigen Leiterspannungen betragen daher bei Drehstrom-Versorgungsnetzen 400 kV und bei modernen Gleichstromnetzen sogar 750 kV. Die verlustarme Energieübertragung auch über große Strecken war möglich, weil bereits 1883 vom ungarischen Ingenieur *Nikola Tesla (1846 – 1943)* der Transformator erfunden wurde, mit dem die relative niedrige Wechselspannung eines Kraftwerk-Generators in eine hohe Wechselspannung und mit Hilfe eines Gleichrichters in eine entsprechend hohe Gleichspannung umgewandelt werden konnte. *Elektrischer Strom war damals noch ein teures Luxusgut: Eine Kilowattstunde (kWh) kostete – wie bereits erwähnt – 40 bis 60 Pfennige bei einem Arbeitsstundenlohn von 25 Pfennigen! 1940 kostete eine kWh noch 8 Pfennige bei einem Arbeitsstundenlohn von 75 Pfennigen! Heutzutage zahlen wir etwa 16 Cent pro kWh und haben einen Arbeitsstundenlohn von 25 €.*

Die allgemeine Verfügbarkeit von elektrischem Strom in den Industrieländern hatte zur Folge, daß sich elektrische Geräte in Industrie, Verkehrswesen und Haushalten lawinenartig verbreiteten. Elektrische Staubsauger (ab

1906), Kühlschränke (ab 1910), Waschmaschinen (ab 1920), Elektroherde (ab 1925) und Geschirrspülautomaten (ab 1929) hielten ihren Einzug in die Haushalte der „Besserverdienenden". Schon vor 1900 begann die große Zeit der elektrischen Züge, Straßenbahnen und U-Bahnen. Gleichzeitig wurden in der Industrie die alten Dampfmaschinen zunehmend durch Elektromotoren und elektrische Maschinen ersetzt.

Auf dem Gebiet der *Informationstechnik* wurden im 20. Jh. die Fernsprecheinrichtungen weiter ausgebaut. 1900 gab es in Deutschland bereits den ersten öffentlichen Münzfernsprecher und 1909 die erste automatische Fernsprech-Vermittlungsstelle. Das „*Fräulein vom Amt*" wurde damit allmählich überflüssig. 1914 standen die ersten Fernschreiber, 1935 der öffentliche Fernschreibdienst, 1952 der Selbstwähl-Sprechverkehr und 1955 der Selbstwähl-Fernschreiber zur Verfügung. Die moderne Entwicklung der Informationstechnik und aller anderen Bereiche der Elektrotechnik wurde entscheidend durch die enormen Fortschritte der *Elektronik* geprägt.

Als *Geburtsjahr der Elektronik gilt das Jahr 1883*, als der amerikanische Erfinder *Thomas Alva Edison* entdeckte, daß man nicht nur durch Metalldrähte, sondern auch in einem Vakuumgefäß zwischen einem elektrisch erhitzten glühenden Metalldraht und einer davor liegenden, positiv geladenen Elektrode (der so genannten Anode) einen elektrischen Strom schicken kann. Der Effekt beruht darauf, daß der Glühdraht Elementarteilchen aussendet, die von der positiven Anode angezogen werden. 1897 gelang es dem englischen Physiker *Joseph John Thomson (1856 – 1940)*, die Masse und negative Ladung dieser Teilchen zu bestimmen, die den Namen „*Elektron*" erhielten. Der Name *Elektron* leitet sich aus dem griechischen Wort für Bernstein ab, dem Harz von Nadelbäumen. Bernstein lädt sich besonders schnell elektrisch auf, wenn man daran reibt. Im Jahr 1874, also noch vor der Entdeckung des Elektrons, legte *George Johnstone Stoney (1826 – 1911)* eine Theorie über das „*Atom der Elektrizität*" vor. Zusammen mit dem deutschen Physiker *Hermann Ludwig Ferdinand von Helmholtz (1821 – 1894)* gab er diesem „Atom" den Namen *Elektron*. 1901 hat der englische Physiker *Owen Willams Richardson (1879 – 1959)* die Elektronenemission theoretisch begründet und dafür 1928 den Nobelpreis für Physik erhalten. *Die Elektronen waren die ersten Elementarteilchen, die als universelle Bestandteile der Materie entdeckt und identifiziert wurden. Wo sich die Elektronen in der Materie genau befinden und wie sie sich darin verhalten, wußte man am Anfang des 20. Jh. noch nicht.*

Der elektrische Strom in einem Vakuumgefäß wird ebenso wie der Strom in einem Metalldraht durch die gerichtete Bewegung von Elektronen unter dem Einfluß einer elektrischen Spannung hervorgerufen. In Vakuum werden die Elektronen durch eine elektrische Spannung beschleunigt und erreichen beim Auftreffen auf die Anode eine hohe Endgeschwindigkeit von vielen Tausend km/s. In einem Metalldraht dagegen stellen die dicht gepackten Metallatome (ihre Dichte ist von der Größenordnung $5 \cdot 10^{22}$ Atome/cm^3; 10^{22} bedeutet eine eins mit 22 Nullen!) für die beweglichen Elektronen Hindernisse dar, die bewirken, daß sich die Elektronen – wenn sie einen elektrischen Stromfluß ergeben – nur ganz langsam (mit ihrer sogenannten *Driftgeschwindigkeit*) durch den Metalldraht in Drahtrichtung bewegen. Bei einem Kupferleiter mit 0,1 cm^2 Querschnitt, der von einem *Gleichstrom* von 5 Ampere durchflossen wird, beträgt die *Driftgeschwindigkeit* der bewegten Elektronen nur 0,037 mm/s. Die Elektronen „kriechen" also ganz langsam wie winzige Schnecken durch den Metalldraht. *Trotzdem können wir über einen Kupferleiter eine elektrische Nachricht, zum Beispiel ein Telefongespräch, mit Lichtgeschwindigkeit weiterleiten, weil für die Nachrichten-übertragung nicht die sehr niedrige Driftgeschwindigkeit der bewegten Elektronen, sondern ausschließlich die vom Signal erzeugten zeitlichen Änderungen der Driftgeschwindigkeit maßgebend sind.*

Der bereits früher erwähnte *Wechselstrom*, der von den elektrischen Kraftwerken geliefert wird und den wir in unseren Haushalten und Firmen für den Betrieb aller dort vorhandenen elektrischen Geräte durch Anschluß an die Steckdose nutzen, ist eine gänzlich andere Stromform. Zwar wird auch der Wechselstrom durch die Bewegung von Elektronen in Metalldrähten hervorgerufen, doch kehrt sich in diesem Fall die Driftbewegungsrichtung der Elektronen und damit die Stromrichtung ständig um. Die Anzahl der Stromrichtungswechsel je Sekunde wird als Stromfrequenz bezeichnet und mit der Einheit *Hertz* angegeben.

Im europäischen Stromversorgungsnetz kehrt der Strom 50-mal in der Sekunde seine Richtung um. Man sagt daher: die Stromfrequenz oder Netzfrequenz beträgt in Europa 50 Hz und in den USA 60 Hz. Wenn also durch einen Metalldraht ein 50 Hz-Wechselstrom fließt, so bedeutet dies, daß die beweglichen Elektronen in dem Draht sich 50-mal in der Sekunde hin- und herbewegen. Da die Elektronen in dem Metalldraht – wie wir gesehen haben – sehr langsam kriechen, sieht ihre Bewegung bei Wechselstrom – wenn man sie dabei beobachten könnte – wie eine

Zitterbewegung aus. Die Driftstrecke, die ein einzelnes Elektron dabei zwischen zwei Richtungswechseln zurücklegt, ist von der Größenordnung einiger Zehntausendstel Millimeter!

Für die Übertragung und Verteilung von elektrischer Energie über Stromversorgungsnetze werden heute weltweit die von *Michael von Dolivo-Dobrowolsky (1862 – 1919)* entwickelten und ab 1891 eingeführten *Drehstromsysteme* verwendet. Dafür sind drei Leitungen notwendig, von denen jede einen 50 Hz-Wechselstrom führt. In den drei Leitungen findet jedoch die Stromumkehr (wie wir gesehen haben: 50-mal in der Sekunde) nicht gleichzeitig statt, sondern die Zeitpunkte der Stromumkehr sind in jedem der drei Leiter um ein Drittel einer vollen Wechselstromperiode gegenüber den Wechselstromperioden der Nachbarleiter verschoben. In Deutschland ist die höchste bei der *Drehstrom-Hochspannungs-Übertragung* verwendete Spannung 380 kV (dreihundertachtzigtausend Volt) und im Ausland bis 1.200 kV. Am Verbrauchsort wird durch einen Transformator aus dem Drehstrom bei 380 kV ein *„Einphasen-Wechselstrom"* bei 230 Volt bzw. (für den Betrieb von Maschinen) ein *„Dreiphasen-Drehstrom"* bei 380 Volt erzeugt. 2003 waren in Deutschland 557.000 Transformatoren für die Stromversorgung installiert. Das deutsche Stromnetz war 2003 1,6 Millionen km lang. 71% der Leitungen waren als Kabel unterirdisch verlegt. Die Bundesbahn hat ihr eigenes Einphasenwechselstromnetz mit einer Netzspannung von 110 kV und einer Netzfrequenz von 16,7 Hz.

Großflächige Stromausfälle verursachen – vor allem im Winter – sofort eine Notsituation bei allen Verbrauchern, wenn Lampen, elektrische Heizkörper, Kühlschränke, Gefriertruhen, Radios und Fernseher nicht mehr „gehen". Bei einem längeren Stromausfall in Raum New York gab es neun Monate später einen Babyboom. Was hätte man unter diesen Umständen auch sonst machen können?

1904 nutzte *John Ambrose Fleming (1849 – 1945)* den *Edison-Richardson-Effekt* zum Bau eines Zweielektroden-Funkgleichrichters, der den Strom nur in einer Richtung durchläßt und daher zur Detektion von Funksignalen geeignet ist. Die Erfindung dieser ersten *Vakuumröhre* (auch *Fleming-Ventil* genannt) gilt als der *eigentliche Beginn des Elektronikzeitalters*. Schon zwei Jahre vorher (1902) erfand *Peter Cooper-Hewitt (1861 – 1921)* einen Röhrengleichrichter, der eine Füllung von Quecksilberdampf enthielt und in den folgenden Jahrzehnten als *„Quecksilberdampf-Gleichrichter"* in der elektrischen Energietechnik unentbehrlich wurde. 1906 fügte der amerikanische Erfinder *Lee de Forest (1873 – 1961)* in die Vakuumdiode eine dritte Elektrode, das Steuergitter, hinzu. Mit dieser *Triodenröhre* – auch *Audionröhre* genannt – war es erstmals möglich, elektrische Signale, also auch Sprach- und Musiksignale beim Radioempfang, zu verstärken. Unabhängig von *de Forest* entwickelte der österreichische Physiker *Robert von Lieben (1878 – 1913)* eine Verstärkerröhre – die sogenannte Lieben-röhre – und meldete sie 1906 als Kathodenstrahlrelais zum Patent an, was einen jahrelangen Rechtsstreit mit *de Forest* zur Folge hatte. Im Jahr 1916 strahlte *de Forest* von seinem Nachrichtensender die erste Radiowerbung aus und sendete das erste Musikprogramm (mit Aufnahmen von *Enrico Caruso*). Mit der Erfindung der Hochvakuum-Triode mit Steuergitter als Verstärkerröhre für Nachrichtensignale traten die Elektronik und Nachrichtentechnik ihren Siegeszug um die Welt an. Bald folgten weitere Vakuumröhrentypen, zum Beispiel die Tetrode mit vier Elektroden (Anode, Kathode und zwei Steuergitter) sowie die Pentode mit drei Gittern, für spezielle Anwendungen. Sie machten die Vakuumelektronik zur beherrschenden Elektroniktechnologie bis zum Ende der 50er Jahre des 20. Jh.. Bahnbrechende Erfindungen der Vakuumelektronik waren:

– 1931 der Bau des *ersten Elektronenmikroskops* durch die deutschen Ingenieure *Max Knoll (1897 – 1969)* und *Ernst Ruska (1906 – 1988); damit ließen sich etwa zehntausendmal feinere Materiestrukturen sichtbar machen als mit einem Lichtmikroskop*

– in den 20er bis 40er Jahren die Entwicklung von *Hochleistungs-Mikrowellenröhren*, darunter das sogenannte *Magnetron*, das zuerst 1912 von dem schweizer Physiker *Heinrich Greinacher (1880 – 1974)* erfunden und 1921 von dem amerikanischen Physiker *Albert Hull* als funktionsfähiger Generator gebaut wurde. Es dient heute in allen Mikrowellengeräten als Hochfrequenz-Generator zum schnellen Erwärmen von Speisen

– 1943 der *Bau des ersten Elektronenrechners „Colossus", eines mit 1500 Elektronenröhren bestückten Computers*, durch eine britische Physikergruppe unter der Leitung von *Alan Turing (1912 – 1954)*, der während des 2. Weltkriegs beim britischen Geheimdienst den Verschlüsselungscode der deutschen Wehrmacht knackte. Die moderne Computerentwicklung begann bereits 1936, als der deutsche Bauingenieur *Konrad Ernst Otto Zuse (1910 – 1995)* die erste mit dem binären (also nur aus den zwei

Zahlen 0 und 1 bestehenden) Zahlensystem arbeitende, *programmgesteuerte Rechenanlage Z1* vorstellte, die eine große Anzahl mechanischer Schalter enthielt. 1941 folgte mit dem Z3 der erste programmgesteuerte Computer, aufgebaut mit 2.600 elektromagnetischen Relais. Der Computer konnte in der Sekunde bis zu 20 Rechenoperationen ausführen. 1945 stellte Zuse mit *„Plankalkül"* die *erste Programmiersprache der Welt* vor. Ab 1949 baute Zuse in seiner neu gegründeten Firma mit Elektronenröhren bestückte Computer. Die Geschichte der Rechenautomaten reicht zurück bis ins 17. Jh., als der französische Philosoph und Mathematiker *Blaise Pascal (1623 – 1662)* 1642 die erste mechanische Addiermaschine erfand. 1672 konstruierte der deutsche Philosoph und Mathematiker *Gottfried Wilhelm Freiherr von Leibniz (1646 – 1716)* eine Rechenmaschine, die auch multiplizieren und dividieren konnte. Die mathematischen Grundlagen aller modernen Computer, der Programmiersprachen und der Informatik lieferte 1854 der britische Mathematiker *George Boole (1815 – 1864)* mit seiner *„Booleschen Algebra"*. Im 19. Jh. entwarf der britische Erfinder *Charles Babbage (1792 – 1871)* eine mechanische Rechenmaschine, die das Prinzip der modernen Computer vorwegnahm. 1946 entstand der erste mit Vakuumröhren bestückte Großrechner „ENIAC"; er wog rund 30 Tonnen, enthielt 18.000 Vakuumröhren und nahm eine elektrische Leistung von 150 kW auf!

– in der zweiten Hälfte des 20. Jh. der Bau von immer größeren und leistungsfähigeren Elementarteilchen-Beschleunigern zur Untersuchung der elementaren Bausteine der Materie. Dabei werden elektrisch geladene Teilchen in einem langen Hochvakuumrohr oder -ring mit Hilfe elektrischer Felder auf nahezu Lichtgeschwindigkeit beschleunigt und zum Zusammenstoß mit anderen Teilchen gebracht. Die Reaktionsprodukte geben Aufschluß über die Struktur der Materie.

Ab Ende der 40iger Jahre kam es zu einer radikalen und dramatischen Veränderung in der Welt der Elektronik, die man ohne Übertreibung als *Elektronikrevolution* bezeichnen kann. Am 23. Dezember 1947 – nach achtjähriger Forschungsarbeit – konnten die Amerikaner *William Bradford Shockley (1910 – 1989), John Bardeen (1908 – 1991) und Walter Houser Brattain (1902 – 1987)* von den *Bell Laboratories* in New Jersey (USA) nachweisen, daß ein mit Goldkontakten versehener, präparierter Germaniumkristall ein elektrisches Signal verstärken kann. Es war die Geburtsstunde des *Transistors.* Der Name ist aus einer Verbindung von *„Transfer Resistor"* (was so viel bedeutet wie „Steuerbarer Widerstand") abgeleitet. Erst im Juni 1948 stellte Bell den Transistor der Öffentlichkeit vor. *Shockley* verließ Bell und gründete die erste Halbleiterfabrik in *„Silicon Valley"*. Die Erfinder des Transistors wurden 1956 mit dem Nobelpreis für Physik ausgezeichnet. Weil die Bell Laboratories die Patente gegen Zahlung von Lizenzgebühren freigeben mußten, konnten von Anfang an viele Produzenten an der Weiterentwicklung der Transistortechnologie teilnehmen. 1954 wurde bei Bell *der erste mit Transistoren bestückte Computer* gebaut und 1958 bei Texas Instruments *die erste Integrierte Schaltung (IC = integrated circuit)* entwickelt. Sie vereint auf einem Siliciumkristallplättchen (*„Chip"*) alle Bauelemente einer elektronischen Schaltung. Diese Technologie erhielt daher mit Recht den Namen *Mikroelektronik*. 1971 entstand bei Intel *der erste Mikroprozessor 4004* mit 2.300 Transistoren auf einem Chip. 1989 hatte der Intel-Mikroprozessor 80486 bereits über eine Million Transistoren und 1998 der neueste Pentium-II-Prozessor nicht weniger als 7,5 Millionen Transistoren auf einem Chip. Die Leiterbahnen auf diesem letzten Chip waren nur 0,35 nm (Millionstel Millimeter) breit.

Heute bestehen fast alle Halbleiter-Bauelemente und Integrierten Schaltungen aus hochreinem Siliciumkristall. Halbleiter sind Festkörperkristalle, deren elektrische Leitfähigkeit um einen Faktor zehntausend bis mehrere Millionen mal kleiner als bei Metallen (z.B. Kupfer) und um einen vergleichbaren Faktor grösser als bei Isolatoren (z.B. Keramik) ist. Weil sie also den elektrischen Strom nicht so gut leiten können wie Metalle, nennt man sie grob vereinfachend „Halbleiter". Im Vergleich zu den Vakuumröhren sind Halbleiterbauelemente wesentlich kleiner und leichter, haben eine viel längere Lebensdauer und sind deutlich billiger herstellbar. Die Halbleiterindustrie hat sich deshalb bis heute zu einem der weltweit größten Wirtschaftszweige entwickelt. Sie hat die bis Ende der 50er Jahre in der Elektronik dominierenden Elektronenröhren bis auf wenige Ausnahmen – zum Beispiel die *Fernsehbildröhren, Oszilloskopröhren, Hochleistungs-Mikrowellenröhren, Radarröhren, Röntgenröhren, Vakuum-Schaltröhren, Elektronenmikroskope und Teilchenbeschleuniger* – verdrängt. Dies gilt auch für die Leistungselektronik, da in den Kraftwerken der früher vorherrschende Quecksilberdampf-Gleichrichter durch *Hochleistungs-Siliciumgleichrichter* und in Netzgeräten die Röhren vollständig durch Halbleiterbauelemente ersetzt wurden.

Zudem gewinnen umweltfreundliche *Silicium-Solarzellen* als alternative Sonnenenergie-Wandler zur Stromerzeugung immer mehr an Bedeutung. In den Produktionsanlagen und Produkten der meisten Industriebranchen finden wir heute eine ungeheure Fülle von Halbleiterchips und -bauelementen zum Detektieren, Verstärken und Umformen von elektrischen Signalen und zum Steuern und Regeln von Produktionsprozessen. Alle Handys, Geräte der Unterhaltungsindustrie, Computer, Kraft- und Elektrofahrzeuge, Flugzeuge, Satelliten, Roboter, elektrische Anlagen aller Art einschließlich der elektrischen Kraftwerke enthalten heute oft eine Riesenmenge von Halbleiterchips. Rund 18.000 Tonnen Reinstsilicium werden dafür jährlich weltweit produziert. Der Weltumsatz der elektronischen Bauelementeindustrie beträgt heute rund 230 Milliarden Euro, und das Marktvolumen der gesamten Informations- und Kommunikationstechnik über 2.000 Milliarden Euro.

Die Mikroelektronik machte in den letzten Jahrzehnten kostengünstig in der Form des *Internets* eine weltweite kommunikative Vernetzung vieler Millionen Menschen möglich. Es begann 1969 in den USA mit der Vernetzung von Computern durch die ARPA (*Advanced Research Projects Agency*) zum sogenannten ARPANET. Als Geburtsjahr des INTERNET gilt 1983, als das ARPANET in einen militärischen und zivilen Teil getrennt wurde. 1987 wurden dann das ARPANET und das neugeschaffene NSFNET (NSF = *National Science Foundation*) zum INTERNET zusammengeschlossen. Das Internet hatte damals 27.000 angeschlossene Rechner. 1989 erfand der britische Informatiker *Tim Berners-Lee (*1955)* bei CERN in Genf das *World Wide Web (WWW)* und schrieb 1990 das zugehörige Prototyp-Programm. Das ARPANET wurde 1990 offiziell beendet. Die Dokumente im *WWW* werden in der Programmiersprache HTML (*Hyper Text Markup Language*) geschrieben und mit dem Protokoll HTTP (*Hyper Text Transmission Protocol*) übertragen. Die Zahl der Internet-Nutzer betrug 1995 weltweit 16 Millionen und 2001 bereits 500 Millionen, davon 64 Millionen in Westeuropa bzw. über 30 Millionen in Deutschland.

Die Aufklärung der Struktur der Materie

Voraussetzung für diese unglaubliche weltumspannende Entwicklung der Elektrotechnik und der modernen Kommunikations-Infrastruktur war im 20. Jh. die umfassende *Aufklärung der Struktur und Eigenschaften der Materie.*

Nur dadurch war es möglich, die Bauelemente und Mikrosysteme zu entwickeln, die heutzutage unsere Technische Zivilisation prägen. Um 1900 war unser Wissen über die Materie noch recht spärlich. Wir wußten, daß die Materie aus den seit *Demokrit* bekannten Atomen besteht, man kannte bereits die meisten der 92 Atomarten, die es in der Natur gab, und konnte sie in ein Periodensystem der chemischen Elemente einordnen. Auch eine Reihe chemischer Verbindungen und die Methoden ihrer Herstellung waren bekannt. Dabei war stets das von dem britischen Chemiker *John Dalton (1766 – 1844)* gefundene Gesetz erfüllt, wonach in allen chemischen Verbindungen die Anzahl der Atome einer Sorte mit der Anzahl der Atome jeder weiteren Sorte ein ganzzahliges Verhältnis bildet. Es hat den Namen: *Gesetz der multiplen Proportionen*.

Als einzige Bausteine der Atome hatte man schon vor 1900 die *Elektronen* entdeckt und nahm an, daß sie zusammen mit einer gleich großen Anzahl von noch unbekannten positiven Ladungen in den Atomen wie Rosinen in einem Kuchen verteilt seien. Vor 1900 war auch schon die *natürliche Radioaktivität* der schwersten chemischen Elemente wie zum Beispiel des *Radiums* entdeckt und eine Sorte der radioaktiv ausgesandten Strahlenteilchen als Elektronen identifiziert worden. Man wußte aber damals noch nicht, wie die radioaktive Strahlung entstand, weil man die Struktur der Atome noch nicht kannte.

In den ersten drei Jahrzehnten des 20. Jh. haben europäische Forscher die Struktur der Atome und ihren Mechanismus der Verbindung zu Molekülen und größeren Körpern enträtselt. Die bedeutsamsten Schritte waren:

– 1900 die Entdeckung des deutschen Physikers *Max Planck (1858 – 1947)*, daß die von beliebigen Körpern ausgehende Strahlung, zum Beispiel Licht-, Wärme- oder Röntgenstrahlung, aus einzelnen Energiepaketen – Energiequanten – besteht; Planck wurde damit zum Begründer der modernen Quantenphysik;

– 1906 bis 1911 die schon früher beschriebene Entdeckung des Atomkerns durch den britischen *Physiker Ernest Rutherford (1871 – 1937)* beim Bestrahlen einer dünnen Goldfolie mit α-Teilchen, welche durch die Atomkerne aus ihrer ursprünglichen Flugrichtung abgelenkt wurden; der Atomkern ist von einer Elektronenhülle umgeben;

– 1913 die Entdeckung des dänischen Physikers und Schülers Rutherfords, *Niels Bohr (1885 – 1962)*, daß die Elektronenhülle aus einzelnen „Elektronenschalen" besteht, in denen die Elektronen beim Umlaufen um den Kern keine Energie verlieren: beim Wechsel von einer äußeren auf eine innere Schale gibt das Atom Strahlungsenergie ab, im umgekehrten Fall nimmt es Energie auf;
– 1913 der deutsche Physiker *Arnold Sommerfeld (1868 – 1951)* erweiterte das Atommodell von Bohr durch den Ersatz der Bohrschen Kreisbahnen durch Ellipsenbahnen der Hüllenelektronen;

– 1922 die Entdeckung des Eigendrehimpulses (Spins) der Elementarteilchen durch *Otto Stern (1888 – 1969)* und *Walter Gerlach (1889 – 1979)*;

– 1923 die Feststellung des französischen Physikers *Louis de Broglie (1892 – 1987)*, daß sich Materieteilchen wie Elektronen oder Protonen wie Wellen (so genannte Materiewellen) verhalten;

– 1925 Theoretische Beschreibung des Lichtemissionsspektrums von Wasserstoffatomen mit Hilfe der Matrizenmechanik und Entdeckung der „Unschärferelation" durch Werner Heisenberg (1901 – 1976);
– 1926 die Entwicklung der Theorie der Wellenmechanik durch den österreichischen Physiker *Erwin Schrödinger (1887 – 1961)*; in dieser Theorie werden die Elementarteilchen im Sinne von de Broglie als Wellen behandelt; die Matrizenmechanik wird als Spezialfall der Wellenmechanik erkannt;

– 1932 die Entdeckung der Neutronen als weitere Bestandteile der Atomkerne neben den Protonen durch den Schüler Rutherfords, *James Chadwick (1891 – 1974)*;

– 1938 die Entdeckung der künstlichen Atomkernspaltung durch *Otto Hahn (1879 – 1968)* und *Fritz Strassmann (1902 – 1980)* beim Beschuß von Uranatomen mit Neutronen; Beginn der Nutzung der Kernenergie in Kernkraftwerken und Atombomben.

Es war der englische Physiker *Ernest Rutherford (1871 – 1937)*, der in den Jahren 1906 bis 1910 in einem Vakuumgefäß einen Strahl so genannter *Alphateilchen* (das sind doppelt positiv geladene Heliumkerne) auf eine ganz dünne Metallfolie auftreffen ließ. Er beobachtete, daß die

Alphateilchen nicht von der Folie reflektiert wurden oder in der Folie steckenblieben, was der Fall gewesen wäre, wenn die Folie ganz dicht mit Materie angefüllt gewesen wäre. Die Teilchen flogen auch nicht beim Durchgang durch die Folie geradlinig weiter, sondern sie wurden innerhalb der Folie aus ihrer ursprünglichen Flugbahn abgelenkt oder – wie man sagt – *gestreut*. Daraus zog *Rutherford* 1911 den Schluß, daß die einzelnen Metallatome in der Folie nicht dicht mit Masse gefüllt sein können. Aus der Ablenkung der Alphateilchen in solchen *Streuversuchen* ergab sich, daß (Zitat *Rutherford*): *„das Atom aus einer zentralen, punktförmig konzentrierten elektrischen Ladung besteht, die von einer gleichförmig sphärischen Ladungsverteilung des entgegengesetzten Vorzeichens und des gleichen Betrages umgeben ist"*. Die Masse jedes einzelnen Atoms in der Folie ist im Wesentlichen in einer Kugel mit einem Durchmesser von weniger als eintausend Milliardstel ($1/10^{12}$ oder 10^{-12}) cm konzentriert, während der gesamte Atomdurchmesser rund zehntausend mal größer, also von der Größenordnung 10^{-8} cm ist. Die Kugel, welche die Hauptmasse eines Atoms enthält, heißt *Atomkern* und ist *positiv elektrisch geladen*. In einem *Atommodell*, in dem der *Atomkern*durchmesser 1 cm groß ist, würde der gesamte *Atom*durchmesser 100 m betragen. Die Massendichte der Kernmaterie ist für alle Atomarten gleich und ungeheuer groß: sie liegt bei rund $2,3 \cdot 10^{14}$ g/cm^3 (10^{14} = eine eins mit 14 Nullen; Wasser hat die Massendichte 1 g/cm^3!)

Weitere Untersuchungen ergaben, daß die Kernmaterie aus zwei Gruppen von Bausteinen – *Elementarteilchen* – besteht, nämlich den *positiv geladenen Protonen und den ungeladenen (elektrisch neutralen) Neutronen*. Man bezeichnet diese Elementarteilchen deshalb auch als *Nukleonen* (von lat. *nucleus* = Kern) und die Atomkerne auch als *Nuklide*. Die große Dichte der Kernmaterie deutet darauf hin, daß die Nukleonen im Atomkern durch starke Kräfte zusammengehalten werden. Es handelt sich dabei um die stärksten Naturkräfte, die wir kennen und als *Starke Wechselwirkungskräfte* bezeichnen. Sie sind mindestens hundertmal größer als die elektrischen Abstoßungskräfte zwischen den positiv geladenen Protonen in den Atomkernen. Da die Atome der chemischen Elemente, die in der Natur vorkommen, gewöhnlich elektrisch neutral sind, muß in allen Atomen neben den positiv geladenen Protonen – wie schon *Rutherford* zeigte – noch eine gleiche Anzahl negativ geladener Elementarteilchen vorkommen, welche die Ladung der Protonen ausgleichen. Diese negativ geladenen Elementarteilchen sind die *Elektronen*, die sich in Form einer *„Elektronenwolke"* auf verschiedenen Bahnen um den Atomkern bewegen.

Die Atome aller 92 chemischen Elemente, die in der Natur und im ganzen Kosmos vorkommen (zusammen mit den künstlich herstellbaren sind es 118 Elemente), enthalten diese drei Sorten von Elementarteilchen: die *Protonen* und *Neutronen* im *Atomkern* und die *Elektronen* in der den Kern umgebenden Elektronenwolke. *Die unterschiedlichen Eigenschaften der chemischen Elemente kommen ausschließlich dadurch zustande, daß ihre Atome verschiedene Mengen von Protonen, Neutronen und Elektronen enthalten. Es ist wirklich unglaublich: Nur diese drei Bausteine sind nötig, um die ungeheure Vielfalt der Erscheinungsformen der belebten und unbelebten Natur zu gestalten. Welch eine phantastische Schöpfungstat!*

Schauen wir uns nun einmal den Aufbau des kleinsten und leichtesten Atoms an, das wir in der Natur haben – das *Wasserstoffatom* (chemisches Symbol H von lat. *Hydrogenium*). Wasserstoff ist das am häufigsten vorkommende chemische Element im Universum: In unserer Milchstraße bestehen 60% der Interstellaren Materie aus Wasserstoff, im ganzen Kosmos sind es rund 90%. Rund 75% der Masse unserer Sonne sind ebenfalls reiner Wasserstoff. Im Wasserstoffatom haben wir als Kern ein einziges positiv geladenes Proton mit einem Radius von rund $1{,}2 \cdot 10^{-13}$ cm und einer Masse von $1{,}673 \cdot 10^{-27}$ kg. Um diesen Atomkern bewegt sich auf einer Kreisbahn ein einziges Elektron mit einem Radius von $2{,}818 \cdot 10^{-13}$ cm und einer im Vergleich zum Atomkern vernachlässigbaren Ruhemasse von $9{,}1 \cdot 10^{-31}$ kg. Das negativ geladene Elektron bewegt sich auf dieser Bahn, weil zwischen der Anziehungskraft zum positiv geladenen Kern und der Fliehkraft ein Gleichgewicht besteht. Der Bahnradius des Elektrons ist $0{,}53 \cdot 10^{-8}$ cm. Der Abstand zwischen Elektron und Atomkern ist also rund das 20.000-fache des Kernradius! *Das Volumen des Wasserstoffatoms und aller anderen Atome beeindruckt uns durch seine unglaubliche Leere.* Wir werden hier an unseren Kosmos erinnert, bei dem die Distanzen im Vergleich zu den Abmessungen der Himmelskörper ebenfalls ungeheuer groß sind. Man spricht daher bei der Struktur der Atome von einem *Mikrokosmos* im Vergleich zum *Makrokosmos* der Planetensysteme. Nur beim Wasserstoffatom ist die Bahn des einzigen darin enthaltenen Elektrons ein exakter Kreis. Bei allen anderen 91 chemischen Elementen in der Natur, die mehrere Elektronen enthalten, sind die Elektronenbahnen Ellipsen – genau wie in unserem Planetensystem. Das zweitleichteste chemische Element in der Natur ist das *Helium* (Symbol He). Es enthält in seinem Kern zwei Protonen und zwei Neutronen sowie zwei Elektronen, die den Kern auf Ellipsenbahnen umrunden. Mit wachsender Größe der Atome nimmt die Anzahl der Protonen, Neutronen und Elektronen zu. Das schwerste Atom in der Natur, das Uranatom (Symbol U), hat 92 Protonen und 146 Neutronen im Kern und 92 Elektronen in seiner Elektronenhülle. Man bezeichnet es als Uran-238, weil es 238 Nukleonen (92 Protonen und 146 Neutronen) im Kern hat. Daneben gibt es in der Erdkruste auch das Uran-235, das im Kern drei Neutronen weniger hat als das Uran-238 und in unseren Kernkraftwerken als Brennstoff benutzt wird. Chemische Elemente mit gleicher Protonenzahl, aber unterschiedlicher Neutronenzahl im Kern, wie zum Beispiel U-235 und U-238, nennen wir *Isotope*. Sie existieren bei zahlreichen chemischen Elementen.

Der Radius der Atomkerne liegt zwischen $1,2 \cdot 10^{-13}$ (Wasserstoff) und $7,4 \cdot 10^{-13}$ cm (Uran-238). Die Reichweite der *Starken Wechselwirkungskräfte* in den Atomkernen beträgt nur etwa $2,5 \cdot 10^{-13}$ cm. Bei den leichten Elementen mit maximal etwa 60 Nukleonen im Kern ist diese Reichweite ungefähr von der Größenordnung des Kernradius. Diese leichten Elemente haben daher stabile (nicht natürlich radioaktive) Atomkerne. Bei den schwereren Elementen mit deutlich mehr Nukleonen im Kern ist der Kernradius wesentlich größer als die Reichweite der Kernkräfte. Diese schweren Elemente, die sich fein verteilt im Erdboden befinden, haben labile Atomkerne und sind *radioaktiv*. Beispiele dafür sind die Elemente *Radium* sowie *Uran-235* und *Uran-238*. Die Kerne radioaktiver Atome geben beim spontanen Zerfall eine bis maximal drei Arten von Strahlung ab, die wir *Alpha-, Beta- und Gammastrahlen* nennen. Die Alphastrahlung besteht aus doppelt positiv geladenen Heliumkernen und die Betastrahlung aus Elektronen. Die Gammastrahlung ist eine elektromagnetische Strahlung, ähnlich den Radiowellen, aber mit sehr viel kürzerer Wellenlänge.

Die Elektronenhülle der Atome ist die Quelle allen Lichts auf der Erde, der Sonne und im ganzen Universum. Egal, ob wir eine Taschenlampe einschalten, einen Lichtschalter betätigen, eine glühende Herdplatte betrachten, ein Streichholz anzünden, auf das Feuer im Kamin schauen, das helle Tageslicht der Sonne genießen, über die bizarren Nordlichter staunen oder das Funkeln der Sterne am nächtlichen Himmel bewundern: Immer kommt dieses Licht von Schwärmen von Elektronen, die innerhalb der Atome ihre Abstände von den Atomkernen sprunghaft ändern. Betrachten wir diesen elementaren Vorgang am Beispiel eines einzelnen Wasserstoffatoms in der Sonne. Nehmen wir an, dieses Atom erfährt einen heftigen Stoß von einem Nachbaratom oder einem Elektron. Dann bleibt zwar der Kern des Wasserstoffatoms unverändert, aber das (negativ geladene) Elektron nimmt einen

Teil der Stoßenergie auf und entfernt sich dabei gegen die Anziehungskraft zum positiv geladenen Kern um ein kleines Stück vom Kern weg. Es hat dann eine höhere Energie (wir sprechen hier von der potentiellen Energie) als vorher, genau so wie ein Stein, den wir entgegen der Schwerkraft in die Höhe heben. Das Elektron gibt kurze Zeit später spontan durch Rückkehr in seine Ausgangsposition die vorher aufgenommene Energie in Form eines winzigen Energiepakets, das wir *Lichtquant oder Photon nennen*, wieder ab – genau so wie der Stein seine vorher aufgenommene Energie wieder abgibt, wenn wir ihn auf den Boden fallen lassen. Viele solcher Quanten summieren sich zu einem Strom von Energiequanten, die wir als *Licht- oder Infrarotstrahlung* wahrnehmen. Den Vorgang der Energieaufnahme des Elektrons bezeichnen wir als *Anregung* und die Energieabgabe als *Rückkehr in den Grundzustand. In allen natürlichen und technischen Lichtquellen, die es gibt, ist dieser elementare Prozeß, der in der Elektronenhülle der Atome stattfindet, die Ursache der Lichtemission.*

Die den Aufbau aller Atome bestimmenden Elementarteilchen *Protonen, Neutronen* und *Elektronen* wurden zu ganz verschiedenen Zeiten entdeckt. Zuerst fand – wie bereits erwähnt – 1897 der britische Physiker *Joseph J. Thomson (1856 – 1940)*, daß in einem Vakuumgefäß die aus einer glühenden Metallelektrode, einer „*Kathode*", austretenden so genannten „*Kathodenstrahlen*" aus damals noch unbekannten, negativ geladenen Teilchen bestanden, denen man den Namen *Elektronen* gab. Es waren die gleichen Teilchen, welche die negativ geladenen Hüllen der Atome bildeten. Mehr als zehn Jahre später, nämlich zwischen 1908 und 1911, wurde von *Rutherford* die Existenz der positiv geladenen *Protonen* in den Atomkernen nachgewiesen. Schließlich entdeckte 1932 *James Chadwick (1891 – 1974)*, ein Schüler *Rutherfords*, als weiteren Bestandteil der Atomkerne die *Neutronen*. Es blieb noch lange Zeit eine offene Frage, wie die Naturkräfte zustandekommen, die als *Starke Wechselwirkungskräfte* die Nukleonen in den Atomkernen so fest zusammenhalten und die *Elektromagnetischen Wechselwirkungskräfte*, welche die Anziehung zwischen den Atomkernen und ihren Elektronenhüllen verursachen. Zur Analyse der Kräfte in den Atomkernen bauten die Physiker große Teilchenbeschleuniger, zum Beispiel bei *DESY in Hamburg* und bei *CERN in Genf*. Man beschoß damit Atome mit hoch beschleunigten anderen Teilchen, zum Beispiel Protonen, zertrümmerte dadurch die Atomkerne und untersuchte die Bruchstücke. In solchen und weiteren Untersuchungen fand man heraus, daß alle vier in der Natur vorkommenden Kräfte durch den *Austausch von Botenteilchen* (die Physiker nennen sie heute „*Eichbosonen*") zwischen den beteiligten Elementarteilchen oder Massen erzeugt werden:

Wechselwirkungskraft	*Reichweite*	*Botenteilchen*	*Existenz*
Starke Wechselwirkung	10^{-13} cm	Gluonen	indirekt nachgewiesen
Schwache Wechselwirkung	10^{-16} cm	W- und Z-Bosonen	nachgewiesen
Elektromagnetische Wechselwirk.	Unendlich	Photonen	nachgewiesen
Gravitationskraft	unendlich	Gravitonen	vermutet

Die genannten Elementarteilchen einschließlich der Botenteilchen sind nicht die einzigen heute bekannten Komponenten der Materie. Mit Hilfe von Teilchenbeschleuniger-Anlagen konnten die Physiker inzwischen einen ganzen „*Elementarteilchen-Zoo*" entdecken, der ungefähr 200 verschiedene Teilchen enthält, von denen die meisten allerdings sehr kurzlebig sind. Trotz vieler Bemühungen ist es noch nicht gelungen, für alle diese Teilchen ein theoretisch plausibles Ordnungsschema zu entwickeln. Überdies hat sich bei den vielen Untersuchungen des Elementarteilchen-Zoos herausgestellt, daß die meisten der darin gefundenen winzigen Teilchen noch nicht die kleinsten Bausteine der Materie sind. Es zeigte sich, daß die Protonen und Neutronen aus noch kleineren Bauelementen bestehen, den so genannten *Quarks*, die – wie wir gesehen haben – im Augenblick des Urknalls neben der intensiven Strahlung die einzigen Komponenten des expandierenden kosmischen Feuerballs waren.

Die Idee über die Existenz der Quarks[6] wurde 1963 unabhängig voneinander von den amerikanischen Physikern *Murray Gell-Mann (*1929)* und

---

[6] Die Bezeichnung „Quark" hatte Gell-Mann dem Roman „*Finnegan's Wake*" des irischen Schriftstellers James Joyce entnommen und ließ sich von diesem Namen nicht mehr abbringen. Joyce hörte dieses für ihn seltsam klingende Wort bei einem Aufenthalt in Freiburg, wo Marktfrauen ihre Produkte, darunter auch Quark, anpriesen, und verwendete es in seinem Roman.

George Zweig (*1937) entwickelt. Die Quarks können nicht als selbständige Teilchen existieren und schließen sich immer zu größeren Elementarteilchen zusammen. Trotzdem konnten die Physiker alle sechs in der Natur vorkommenden Quarks nachweisen. Sie nannten diese *elementarsten Bausteine der Materie Up-. Down-, Strange-, Charm-, Bottom- und Top-Quark.* Die Quarks tragen eine elektrische Ladung: Das positiv geladene *Up-Quark* trägt genau *zwei Drittel* und das negativ *geladene Down-Quark ein Drittel der Ladung eines Elektrons, die man Elementarladung nennt.*

Die Teilchen der Kernmaterie, die Protonen und Neutronen, bestehen aus je drei Quarks. Das Proton hat zwei Up- und ein Down-Quark, beim Neutron ist es genau umgekehrt: es hat ein Up- und zwei Down-Quarks. Dadurch ist gewährleistet, daß das Proton eine volle positive Elementarladung trägt, nämlich 4/3 der Elementarladung als positive Ladung der beiden Up-Quarks abzüglich 1/3 der Elementarladung des einen Down-Quarks. Im Neutron liefert das eine Up-Quark eine positive Ladung von 2/3 und die beiden Down-Quarks zusammen eine negative Ladung von 2/3 der Elementarladung. Beide Ladungen ergeben im Neutron also die Gesamtladung null. Das Neutron ist also elektrisch neutral, wie es sein Name andeutet. Im Gegensatz zu den Protonen und Neutronen sind die Elektronen als dritte Bausteine der Atome nicht weiter in kleinere Teilchen trennbar.

Teilchen, die aus drei Quarks aufgebaut sind, nennen wir *Baryonen ("schwere Teilchen")*. In Beschleunigern können auch Teilchen erzeugt werden, die aus je einem Quark und einem Antiquark (einem Quark aus Antimaterie) bestehen. Solche Teilchen nennen wir *Mesonen*. Alle aus Quarks aufgebauten Teilchen heißen *Hadronen*. Neben diesen gibt es als zweite Gruppe die „leichten Teilchen", die wir als *Leptonen* bezeichnen. Sie sind nicht weiter teilbar.

Das bekannteste Teilchen dieser Gruppe ist das *Elektron*. Außer diesem gibt es noch zwei viel schwerere Leptonen: sie heißen *Myonen* und *Tauonen*. Zu den Leptonen gehören auch die *Neutrinos*. Sie sind sehr leicht, elektrisch neutral und umfassen die drei Gruppen: Elektronen-Neutrinos, Myonen-Neutrinos und Tauonen-Neutrinos.

Von allen diesen Elementarteilchen kennen wir nur drei wesentliche Eigenschaften: ihre *Ruhemasse*, ihre *Ladung* (sofern vorhanden) und ihren *Spin*. Unter *Spin* verstehen wir die Tatsache, daß die Elementarteilchen wie winzige Kugeln erscheinen, die um ihre eigene Achse rotieren, also eine Drehbewegung haben. Durch diese Drehbewegung erzeugt jedes Elementarteilchen, zum Beispiel auch die Elektronen in den Atomen, ein winziges Magnetfeld. Bei den meisten Atomen heben sich die Spin-Magnetfelder gegenseitig auf. Nur in den magnetisierbaren Metallen Eisen, Kobalt und Nickel überlagern sich die Spin-Magnetfelder einiger Elektronen am Außenrand der Elektronenhülle gleichsinnig und erzeugen dadurch die Magnetisierbarkeit dieser Werkstoffe. Ohne diese spezielle Eigenschaft besonders des Eisens gäbe es keine elektrischen Generatoren und Motoren in unserer heutigen Antriebstechnik. Der Begriff „Ruhemasse" besagt, daß die Masse der Teilchen nach der Einsteinschen Relativitätstheorie mit wachsender Teilchengeschwindigkeit zunimmt und höchstens fast die Lichtgeschwindigkeit erreicht, sie aber nicht überschreiten kann.

Trotz der Fortschritte bei der Aufklärung der elementaren Bausteine der Materie bleiben noch viele Fragen offen: Woraus bestehen die Quarks? Wie kommt die elektrische Ladung der Up-und Down-Quarks zustande? Wodurch entsteht der Unterschied zwischen der positiven Ladung der Up-Quarks und der negativen Ladung der Down-Quarks? Wie kommt die negative Elektronenladung zustande? Wie sieht die innere Struktur der Quarks und Leptonen aus? Wie ändert sich die Struktur im Inneren von Nukleonen, also der Elementarteilchen in einem Atomkern, wenn der Kern radioaktiv zerfällt und sich dabei eines der Nukleonen in andere emittierte Teilchen oder in Strahlung verwandelt? Wodurch nimmt die Masse geladener Elementarteilchen „relativistisch" zu, wenn man sie fast auf Lichtgeschwindigkeit beschleunigt?

Über die innere Struktur der bis jetzt entdeckten kleinsten Bausteine der Materie, der Quarks und Leptonen, kann man sich eine Vorstellung machen, die allerdings nur eine Vermutung ist und möglicherweise immer bleiben wird: Es könnte sich bei diesen winzigen Gebilden um kurze *Stränge* bzw. in sich geschlossene *Wirbel oder Ringe elektromagnetischer Wellen* handeln, die sich nur dann verändern, wenn sie in intensive Wechselwirkung mit anderen Elementarteilchen oder Photonen treten. Diese Ansicht über die Struktur der kleinsten Materiebausteine führt uns zu dem überraschenden Gedanken, daß es Materie im landläufigen Sinn dieses Begriffs überhaupt nicht gibt, sondern nur Wellenpakete oder Energiepakete, die wir allgemein als Quanten bezeichnen. Mit Recht nennen die Physiker heute die Elementarteilchen „*Quantenobjekte*".

Die wahrlich skurrile Welt der „*Quantenobjekte*" bleibt trotz intensiver Forschung rätselhaft. Wir verstehen bis heute unter anderem nicht:

– wie die innere Struktur der bisher gefundenen feinsten Bausteine der Materie, der Quarks und Elektronen aussieht
– wie der Elektronenspin und der Spin anderer Elementarteilchen ein winziges Magnetfeld erzeugen kann
– was in einem Neutron passiert, wenn es sich, wie beim so genannten ß-Zerfall eines Atomkerns, in ein Proton, ein Elektron und ein Antineutrino umwandelt
– wie sich die inneren Strukturen der Quarks voneinander unterscheiden
– wie es kommt, daß man alle geladenen Teilchen (mit Hilfe eines elektrischen Feldes) nur bis auf Lichtgeschwindigkeit beschleunigen kann, weil nach der speziellen Einsteinschen Relativitätstheorie die Teilchenmasse und damit die Teilchenträgheit „relativistisch" zunimmt
– wie die relativistische Massenzunahme mit der Teilchengeschwindigkeit anschaulich zu verstehen ist.

Wir müssen uns dabei klarmachen, daß wir Menschen keines dieser Teilchen erfunden, sondern nur ihre Existenz entdeckt und ihre Wechselwirkungen wenigstens ansatzweise erforscht haben. Niemand kann sagen, warum es den Elementarteilchen-Zoo und die vielen Wechselwirkungen gibt. Eines können wir allerdings sicher behaupten: Wenn die Eigenschaften, zum Beispiel des Protons, nur ein wenig anders wären als sie tatsächlich sind, gäbe es unsere Welt und auch uns selber wohl nicht. *Ist es nicht naheliegend, daß die Vielfalt der Elementarteilchen und ihrer Eigenschaften nicht durch Zufall, sondern durch den Schöpferwillen des unendlichen universalen Geistes, den wir Jahwe/Gott/Allah nennen, entstanden ist?*

Schauen wir jetzt am Ende dieser Betrachtung noch nach, wie die 92 chemischen Elemente, aus denen unsere Erde und das ganze Universum bestehen, auf der Erde verteilt und in die sichtbare und bearbeitbare Erdmaterie eingebunden sind. Wir müssen dabei bedenken, daß wir neben der Atmosphäre nur eine ganz dünne, wenige Kilometer dicke Schicht der Erdoberfläche erforschen können. Wir stellen fest, daß die meisten chemischen Elemente in der Form von *chemischen Verbindungen* unterschiedlich häufig vorkommen. Mit den Eigenschaften und Wechselwirkungen solcher Verbindungen beschäftigt sich die *Chemie*, die Nachfolgerin der mittelalterlichen *Alchemie*.

In unserer *Atmosphäre* finden wir heute als Hauptbestandteile der Luft *Stickstoff* (78%), *Sauerstoff* (21%), *Kohlendioxid* (0,4%) und *Wasserdampf* in wechselnder Menge. Der Stickstoff (Symbol N) und der Sauerstoff (Symbol O) kommen nicht in atomarer Form vor, sondern als Verbindungen je zweier gleicher Atome zu Molekülen N_2 und O_2. Das Kohlendioxid besteht aus einem Kohlenstoffatom C und zwei Sauerstoffatomen (O), hat also die chemische Formel CO_2. Die Bindung zwischen den Einzelatomen kommt bei diesen Molekülen dadurch zustande, daß die Atome ständig ein oder zwei der äußersten Elektronen ihrer Elektronenhülle gegenseitig austauschen und so Bindungskräfte, die so genannten *Austauschkräfte*, erzeugen. Diesen Bindungstyp nennen wir *Kovalente Bindung*. Der Wasserdampf besteht wie das Wasser aus zwei Atomen Wasserstoff (H) und einem Atom Sauerstoff (O); es hat also die chemische Formel H_2O. Die Bindung der H-Atome an das O-Atom entsteht hier dadurch, daß die H-Atome abwechselnd ihr Elektron an das O-Atom abgeben. Das O-Atom wird dadurch negativ geladen und bindet die abwechselnd positiven H-Atome an sich. Weil wir elektrisch geladene Atome *Ionen* nennen, sprechen wir hier von *Ionenbindung*. Ein weiterer, in der Natur häufig vorkommender Bindungstyp ist die *Metallbindung*, die – wie es der Name sagt – in Metallen auftritt. Hier gibt jedes Metallatom ein bis zwei Elektronen aus dem Rand der Elektronenhülle an das Metallatomgitter ab. Diese Elektronen sind dann nicht mehr an einzelne Atome gebunden, sondern können sich zwischen den Atomen wie ein „*Elektronengas*" frei bewegen. Auf der Existenz dieses Elektronengases beruht die gute elektrische Leitfähigkeit der Metalle und die Funktion aller unserer elektrischen Geräte.

Im *Wasser der Ozeane* waren schon kurz nach der Füllung der großen Becken verschiedene Salze enthalten. Ein im Meerwasser und auch in vielen Lagerstätten auf dem Land vorkommender Naturstoff mit Ionenbindung ist das *Kochsalz* mit der chemischen Formel NaCl. In den Kochsalzmolekülen ist ein positives Natriumion durch elektrische Kräfte an ein negatives Chlorion gebunden. Beim Auflösen des Salzes in Wasser werden die beiden Ionen voneinander getrennt und bleiben als Na^+- und Cl^--Ionen in der Lösung. Andere Bestandteile des Meerwassers sind Magnesiumchlorid $MgCl_2$, Magnesiumsulfat $MgSO_4$, Gips $CaSO_4 \cdot 2\,H_2O$, Kaliumsulfat K_2SO_4, Kalziumkarbonat $CaCO_3$ und Magnesiumbromid $MgBr_2$. Der durchschnittliche Salzgehalt von Meerwasser ist 35 Promille (oder 35 g Salz je kg Meerwasser). Alle anderen gelösten Stoffe machen weniger als ein Zehntel Promille aus. Die Salzmischung ist weltweit annähernd konstant. In Nebenmeeren ist der Salzgehalt allerdings wegen der Zumischung von Süßwasser geringer, wie zum Beispiel in der Ostsee mit 2 bis 20 Promille). In Meeren mit starker Verdunstung ist der Salzgehalt deutlich höher, im Roten Meer zum Beispiel 41 Promille. Im Meerwasser sind auch Gase der Atmosphäre, also Stickstoff, Sauerstoff und Kohlendioxid, gelöst. Rund 70 der insgesamt 92 chemischen Elemente sind im Meerwasser – wenn auch teilweise in sehr geringen Konzentrationen – nachgewiesen worden. Die Meere enthalten rund 1.300 Millionen Kubikkilometer Wasser. Das sind 97% des auf der Erde vorkommenden Wassers. Der Rest von 3% ist Süßwasser. Der Wasserdampfgehalt der Atmosphäre beträgt nur ein Tausendstel Prozent des gesamten Erdwassers.

Auf den *Landmassen* waren nach der Formung einer festen Erdkruste nur Felsbrocken und Steine verschiedener Größe und Zusammensetzung vorhanden – genau so wie wir sie auch heute noch auf den festen Inneren Planeten und ihren Monden in unserem Sonnensystem finden. Das Gestein der Erdoberfläche besteht aus vielfältigen festen Gemischen von *Mineralen, glasartigen Teilen* und – bis in die heutige Zeit – *Rückständen von Organismen.* Auch natürliche Metallegierungen, Kohle und feste Eiskörper gehören dazu. In der Lehre von den Gesteinen (*Petrologie*) unterscheidet man die vier Gesteinsgruppen: *Magmatische, metamorphe und Sedimentgesteine* sowie die relativ seltenen *Meteorite.* Hauptbestandteile der Gesteine sind Minerale aus der Gruppe der Silikate und Karbonate, deren Mischungsverhältnis zusammen mit weiteren Komponenten die Struktur (das *Gefüge*) des Gesteins bestimmt. *Magmatische Gesteine* entstehen durch das unterirdische langsame Abkühlen und Aufsteigen von Magma aus tiefen Erdschichten oder oberirdisch durch raschere Abkühlung von emporgestiegenem Magma. Im ersten Fall enthält das Gestein große Mineralkristalle (Beispiel: *Granit*), im zweiten Fall kleine Kristalle (Beispiel: *Basalt*). *Metamorphe Gesteine* bilden sich in tiefen Erdschichten aus älteren Gesteinen bei hohem Druck und hoher Temperatur. Dabei ändern sich die Art und Mischung der Minerale und das gesamte Gefüge (Beispiel: die Bildung von *Quarzit* aus Quarzsand). *Sedimentgesteine* sind das Endprodukt von Verwitterung und Erosion von Steinen durch Wasser (Beispiel: *Sandstein*) oder Wind (Beispiel: *Lößboden*). Das feinkörnige Material wird zu anderen Orten transportiert und dort niedergeschlagen. Es bilden sich zunächst lose Schichten, die allmählich dichter werden und schließlich das harte, spröde Sedimentgestein ergeben.

Alle diese Gesteinsarten waren während der ganzen Erdgeschichte in globalen *Materiekreisläufen* eingebunden und dadurch immer wieder umgeformt worden. Auf der Erdoberfläche verwittern sie, werden abgetragen und auf dem Festland oder im Meer abgelagert. Dort sinken sie allmählich tiefer ein, werden zunächst zu Sedimentgestein und durch tieferes Einsinken bei hohen Werten von Druck und Temperatur zu metamorphem Gestein. Dieses wird in der Magmaschicht aufgeschmolzen und steigt als neue Mineralmischung schließlich wieder zur Erdoberfläche empor.

Schauen wir am Ende unserer Betrachtung einmal nach, welches Volumen die Elementarteilchen, also die Protonen, Neutronen und Elektronen in einer bestimmten Materiemenge einnehmen. Nehmen wir zum Beispiel einen Liter Wasser. Darin befinden sich $3,33 \cdot 10^{25}$ Wassermoleküle. Die beiden Wasserstoffatome im Wassermolekül haben einen Kernradius von $1,2 \cdot 10^{-13}$ cm und das Sauerstoffatom einen Kernradius von $3,0 \cdot 10^{-13}$ cm. Wenn wir alle Kerne als kugelförmig annehmen, folgt daraus ein Gesamtvolumen der drei Atomkerne von $7,24 \cdot 10^{-39} + 113,1 \cdot 10^{-39} = 120,34 \cdot 10^{-39}$ cm³. Das Wassermolekül enthält auch 10 Elektronen, die ein Gesamtvolumen von $93,74 \cdot 10^{-39}$ cm³ haben. Zusammen sind das rund $214 \cdot 10^{-39}$ cm³ oder $2,14 \cdot 10^{-37}$ cm³. Dieses Volumen multipliziert mit der Anzahl der Moleküle in 1 Liter Wasser ergibt $7,12 \cdot 10^{-14}$ cm³. Wir sehen also mit Staunen, daß in einem Liter oder 1.000 cm³ Wasser alle vorhandenen Elementarteilchen nur ein winziges Volumen von rund 10^{-13} cm³ haben. Wir werden wieder an das Bild unseres Kosmos mit seinen ungeheuren Distanzen zwischen den Himmelskörpern erinnert. Was wir hier für Wasser gefunden haben, gilt ähnlich auch für jede andere feste, flüssige oder gasförmige Materie. *Auch feste Materie wie Gestein, Eisen oder das härteste Material, der Diamant, weisen eine unglaubliche Leere in ihrer Struktur auf.* Die Festigkeit aller dieser Körper beruht auf der *Elektromagnetischen Wechselwirkungskraft*, die hier als rein elektrische Kraft zwischen den Atomkernen und Elektronen wirkt und – wie wir gesehen haben – durch den ständigen Austausch von Photonen erzeugt wird. *Unsere ganze materielle Welt, jeder Gegenstand, den wir sehen und anfassen können, ist also in seiner feinsten Struktur ein Gefüge von Elementarteilchen, die durch elektrische Kräfte festgehalten sind. Die Weichheit oder Härte aller Dinge auf der Erde und im ganzen Kosmos wird ausschließlich durch die Stärke der elektrischen Bindungskräfte zwischen den Atomen oder Molekülen der Materie bestimmt. Die Elementarteilchen wiederum scheinen aus feinsten Strängen oder in sich geschlossenen Wirbel-Energiequanten zu bestehen,* die über Botenquanten („Eichbosonen") miteinander in Wechselwirkung treten und dadurch alle vier uns vertrauten Naturkräfte hervorbringen.

Wie wir sehen: Es dauerte Anfang des 20. Jh. mehr als dreißig Jahre, bis es den genannten europäischen Physikern zusammen mit anderen Wissenschaftlern rund 2.400 Jahre nach der Atomvorstellung von Leukippos und Demokrit gelang, die Struktur der Atome als fundamentale Bausteine unserer Welt und des ganzen Kosmos aufzuklären. Dadurch wurde es auch möglich, die Wechselwirkungen von Atomen untereinander und die Kräfte zwischen den Atomen in chemischen Verbindungen, Flüssigkeiten und Festkörpern richtig zu verstehen. Die Folgen dieses Erkenntnisgewinns waren enorm.

Neue technische Entwicklungen

Schon 1911 entdeckte der holländische Physiker *Heike Kamerlingh Onnes (1853 – 1926)*, daß bei einer bestimmten tiefen Temperatur (der *Sprungtemperatur*) in der Nähe des absoluten Nullpunkts der elektrische Widerstand von Quecksilber auf null zurückgeht und damit einen elektrischen Strom verlustlos leiten kann. Diese *Supraleitung* entsteht, weil die Schwingungen der Atome bei sehr tiefer Temperatur zum Stillstand kommen und damit die beweglichen Elektronen paarweise (als so genannte *Cooper-Paare*) den Supraleiter ohne Zusammenstöße mit den Atomen durchqueren können. Einer der ersten technisch *genutzten Supraleiter* war eine *Niob-Germanium-Verbindung* mit einer Sprungtemperatur von 23,2 K. Mit verschiedenen Keramikarten erreichte man in den 1980er Jahren Sprungtemperaturen über 30 K und mit bestimmten Mischmetalloxiden über 100 K. Auch organische Polymere und Fulleren-Kristalle (kugelförmige Gebilde aus 60 bis 94 miteinander verbundenen Kohlenstoffatomen) zeigen supraleitende Eigenschaften bei Temperaturen unter 2,5 bzw. unter 120 K. Supraleiter werden u.a. in großen Elektromagneten und in Meßgeräten höchster Empfindlichkeit eingesetzt.

Ein weiterer Meilenstein technischer Entwicklungen, der auf der stetig wachsenden Kenntnis der Eigenschaften der Materie beruhte, war die Erfindung des *Lasers* (Laser = Abkürzung von engl. Light Amplification by Stimulated Emission of Radiation; Lichtverstärkung durch stimulierte Strahlungsemission). Schon 1917 beschrieb *Einstein* die theoretischen Grundlagen der stimulierten Strahlungsemission von Atomen, die von

Lichtquanten getroffen werden. 1928 wurde dieser Effekt experimentell nachgewiesen. 1958 erfanden die amerikanischen Physiker *Arthur Leonard Schawlow (1921 – 1999)* und *Charles Hard Townes (*1915)* das Funktionsprinzip des Lasers. Den ersten technisch brauchbaren Laser baute der Amerikaner *Theodore Maiman (1927 – 2007)*. Er benutzte als Lasermaterial einen *Rubinkristall.* In den folgenden Jahren erfanden amerikanische Physiker auch den *Helium-Neon-Gaslaser,* einen *Flüssigkeits-Laser* und verschiedene *Halbleiterlaser.* Laserlicht ist monochromatisch (also streng einfarbig) und kohärent (d.h. alle seine Lichtwellen schwingen exakt gleichphasig). Es kann deshalb im Bereich von Infrarot-, Licht- und UV-Strahlung mit sehr hoher Intensität und Farbreinheit sowie mit extrem niedriger Strahlaufspreizung erzeugt werden. Für Laser gibt es heute einen riesigen Anwendungsbereich. Beispiele sind:

1. der Einsatz von Halbleiter-Lasern in CD-Spielern und Laserdruckern
2. Präzises Schneiden, Bohren und Bearbeiten auch harter Werkstoffe, z.B. Diamanten oder Stahl
3. Hochleistungslaser für die Kernfusion
4. Einsatz eines Laserstrahls als Richtmaß im Bau- und Vermessungswesen
5. Verwendung von Laserimpulsen mit einer Impulsdauer von weniger als einer Billionstel Sekunde für die Hochgeschwindigkeits-Fotographie
6. Messung von Bewegungen der Erdkruste und von Luftverschmutzung
7. Untersuchung der Struktur von Molekülen, von Spurenelementen in Proben und chemischen Prozessen
8. Verlustarme Nachrichtenübertragung mit hoher Bandbreite mittels Glasfaserbündeln auf der Erdoberfläche oder mit Laserstrahlen im Weltraum
9. Medizinische Laseranwendungen wie z.B.: Korrektur von Netzhautablösung, Mikrochirurgie, Stillen von Blutungen.

Das gründliche Studium der elektrischen Leitungsmechanismen in *Halbleitern* und die Entdeckung der Möglichkeit, in hochgereinigten Halbleiterkristallen – zum Beispiel in einen Siliciumkristall – durch gezielten Einbau von Fremdatomen (*Dotierung* genannt) genau definierte Zonen mit unterschiedlichen Leitungstypen zu erzeugen, war die Entwicklungsbasis für die weltumspannende *Halbleiterindustrie.*

Die Aufklärung der Struktur der Atome und ihrer Bindungsmöglichkeiten untereinander und mit anderen Atomen hat der chemischen und pharmazeutischen Industrie zu einem riesigen Entwicklungspotential verholfen. Die Bindung zwischen Atomen wird durch die äußersten Elektronen der atomaren Elektronenhüllen hervorgerufen. Solche Elektronen heißen *Bindungs- oder Valenzelektronen*. Bis heute hat die Industrie etwa 4 Millionen chemische Verbindungen mit unterschiedlichsten Eigenschaften und Anwendungsmöglichkeiten synthetisiert. Weltweite Verbreitung fanden besonders die *Kunststoffe* als Bau-, Montage- und Verpackungsmaterial.

Die *Entdeckung der natürlichen Radioaktivität* von *Uran, Radium* und *Polonium* durch die französischen Physiker *Antoine Henri Becquerel (1552 – 1908), Marie Curie (1867 – 1934)* und deren Ehemann *Pierre Curie (1859 – 1906)* zwischen 1895 und 1898 sowie die erste *künstliche Uran-Kernspaltung* durch *Otto Hahn (1879 – 1968) und Fritz Straßmann (1902 – 1980)* im Jahr 1938 waren die Ausgangsbasis für die *thermonukleare Energieerzeugung* in Kernkraftwerken und Atomwaffen ab 1944. Die ersten Kernreaktoren wurden 1944 in den *USA* für die Produktion von *Plutonium* in Betrieb genommen. Das Plutonium entstand durch Einbau von Neutronen in Uranatomkerne U-238 und wurde für den Bau von Atombomben benötigt. Erst nach dem 2. Weltkrieg wurden in einer Reihe von Ländern Kernkraftwerke zur elektrischen Energieerzeugung gebaut. 1973 betrug der Anteil der Kernenergie am Weltenergieverbrauch erst 1%, 1997 waren es bereits 17%. Im Jahr 2001 waren weltweit 439 und allein in Europa 217 Kernkraftwerke in Betrieb. Die meisten Kernkraftwerke in Europa hat *Frankreich* mit 59, gefolgt von *Großbritannien* (35) und *Rußland* (29). In *Deutschland* gibt es 19 Kernkraftwerke mit einer Gesamtleistung von 22.000 MW. Das entspricht einem Anteil von rund 30% an der gesamten Stromerzeugung. Der älteste Kraftwerksblock, *Obrigheim*, ging 1968 und der jüngste, Neckarwestheim II, 1989 ans Netz. Länder ohne Kernkraftwerke sind zum Beispiel *Italien, Österreich, Polen und Norwegen*.

Die Katastrophe geschah am 26. April 1986 in *Tschernobyl*, einer Stadt im Norden der Ukraine, 130 km nördlich von Kiew. Das 20 km von Tschernobyl entfernt gelegene Atomkraftwerk war Schauplatz einer geradezu abenteuerlichen Versuchsserie von russischen Elektroingenieuren. Sie schalteten im 1.000 MW-Block IV Sicherheitseinrichtungen ab und griffen mit Steuerungsbefehlen in die Kühlmittelkreisläufe ein, um zu testen, ob unter bestimmten extremen Bedingungen ein stabiler Reaktorbetrieb möglich ist. Er war es nicht! Die Leistungserzeugung des Reaktors geriet nachts um 1 Uhr 24 außer Kontrolle, wegen der großen Hitze ließen sich die Bremsstäbe zum Abschalten nicht mehr steuern, der Reaktor explodierte und emittierte eine riesige stark radioaktive Staubwolke in die Atmosphäre. Die freigesetzte Radioaktivität war 400mal so groß wie bei der Hiroshima-Bombe. Von dem radioaktiven Fallout waren Teile der Ukraine, Weißrußlands, Rußlands und Westeuropas betroffen. Die Zahl der Todesopfer ist unbekannt, könnte aber bis zu 50.000 betragen haben. Der Reaktor wurde nach dem Unglück mit einem mehrere Meter dicken „Sarkophag" umhüllt. Das Gebiet im Umkreis von 5 km ist bis heute unbewohnbar.

Man sollte beachten, daß das *Tschernobyl-Unglück* nicht aus heiterem Himmel geschah, sondern durch das verantwortungslose Handeln einer Gruppe von Ingenieuren verursacht wurde. Es trug aber zusammen mit dem Problem der Endlagerung radioaktiver Abfälle und der Möglichkeit von Terroranschlägen dazu bei, daß viele Menschen in Deutschland und anderen Ländern die Nutzung von Kernenergie ablehnen. Es wäre wirtschaftlich sinnvoll und für die Sicherheit der Menschen vertretbar, die in Deutschland betriebenen, als besonders sicher geltenden Kernkraftwerke wesentlich länger als geplant weiterlaufen zu lassen. Wenn alle 19 Kernkraftwerke in Deutschland abgeschaltet sind, werden immer noch mehr als 150 europäische Anlangen in Betrieb sein, die nicht weiter als 1.000 km von Deutschlands Grenzen entfernt sind. Trotz *Tschernobyl*, der „größten technischen Katastrophe der Menschheitsgeschichte", sollen in der Ukraine in naher Zukunft 11 neue Reaktoren gebaut werden.

Die enormen wissenschaftlich-technischen Fortschritte des 20. Jh. hatten auch große Auswirkungen auf die *Medizin*. Die Erforschung der molekularen Vorgänge bei Infektionskrankheiten lieferte die biochemischen Grundlagen für *Antibiotika* und *Impfstoffe*. Nach der Aufklärung der Struktur der Gene um die Jahrhundertmitte gelang es in den 1970iger Jahren, einzelne Gene synthetisch herzustellen und gezielt zu verändern. In der *Gentechnik* werden komplette Gene aus Bakterien, Viren oder höheren Organismen in das Genom einer Zelle oder eines anderen Organismus eingebaut, um deren Eigenschaften zu verändern oder Krankheiten zu heilen. Beispiele sind:

1. der Gentransfer bei Nutzpflanzen oder Nutztieren, um die Resistenz gegen Krankheitserreger und bei Pflanzen den Einsatz von Pestiziden zu verringern

2. der Gentransfer in Hefezellen oder Bakterien zur kostengünstigen Herstellung von Antibiotika
3. Einschleusen des Gens für Humaninsulin in Bakterien zur Insulinproduktion für Diabetiker
4. Gentechnische Herstellung von Blutgerinnungsfaktoren für Bluterkranke, denen diese Faktoren fehlen
5. Gentechnische Gewinnung von Impfstoffen gegen die Erreger von Grippe, Malaria und Aids
6. Einschleusen von gesunden Genen in Zellen von Patienten zum Ersetzen von defekten Genen (Körperzellen-Therapie)
7. Austauschen von Genen in Keimzellen (Keimbahntherapie), ein Verfahren, das in den meisten Ländern verboten ist

Durch international vereinbarte, strenge gesetzliche Vorschriften soll das unkontrollierte Einsetzen und Verbreiten gentechnisch veränderter Pflanzen und Tiere verhindert werden.

Neben der Gentechnik werden die neuen *bildgebenden Diagnose-Verfahren* als die wertvollsten medizintechnischen Errungenschaften des 20. Jh. angesehen. In der ersten Jahrhunderhälfte gab es nur *Röntgenapparate* zur Erzeugung von Bildern des Skeletts und innerer Organe. Erst in den 1950er Jahren wurde die hohe Strahlenbelastung der Röntgendurchleuchtung durch den Einsatz von Hochvakuum-Bildverstärkerröhren drastisch auf einen ungefährlichen Wert reduziert. In den 1960er Jahren erfanden der in Südafrika geborene Physiker *Allan McLeod Cormack (1924 – 1998)* und der britische Elektroingenieur *Godfrey Hounsfield (1919 – 2004)* den *Computertomographen (CT)*, der mit Hilfe von Röntgenstrahlen verschiedener Richtungen und einem Computer dreidimensionale Schnittbilder des Körpers erzeugen kann. Die erste CT-Aufnahme eines Patienten entstand 1971. Ebenfalls in den 1950iger Jahren entwickelte sich das große Gebiet der *Nuklearmedizin* mit neuen bildgebenden Systemen. Dabei werden in den Körper eines Patienten schwach radioaktive Substanzen injiziert, die an den normalen Stoffwechselprozessen im Körper teilnehmen. Mit geeigneten Sensoren werden die radioaktive Strahlungsverteilung und ihre Veränderung gemessen und in einer Serie von Bildern dargestellt. Auch mit *Ultraschall* (Schallfrequenz 20 kHz bis 1 GHz) können seit den 1950iger Jahren infolge der Reflexion von Ultraschallimpulsen an Grenzflächen und der Datenverarbeitung mit einem Computer Schnittbilder von Organen gewonnen werden. Die modernen bildgebenden Verfahren haben die

Möglichkeiten der medizinischen Diagnostik in aller Welt unglaublich erweitert und aufgrund des frühzeitigen Erkennens gefährlicher Erkrankungen bereits unzähligen Menschen das Leben gerettet.

Im 20. Jh. haben die *Organtransplantation* und der *technische Organersatz* die therapeutischen Möglichkeiten der modernen Medizin enorm erweitert. Bei der Organtransplantation wird einem gerade verstorbenen Spender ein Organ entnommen und einem Empfänger implantiert, dessen eigenes Organ nicht mehr funktionierte und deshalb entfernt werden mußte. Die erste Transplantation – einer Niere – führte der amerikanische Chirurg *Joseph Edward Murray (*1919)* im Jahr 1954 bei einem eineiigen Zwillingspaar als Spender und Empfänger durch, um die Abstoßungsreaktionen des Immunsystems im Empfängerorganismus möglichst gering zu halten. Später erreichte man dies weitgehend durch Bluttransfusion, Ganzkörperbestrahlung und Pharmaka. 1967 gelang dem südafrikanischen Chirurgen *Christiaan Neethling Barnard (1922 – 2001)* die *erste erfolgreiche Transplantation eines menschlichen Herzens.* In den folgenden Jahren führte Barnard 420 weitere Herztransplantationen durch. Heute ist das Verfahren dank der Beherrschung der Abstoßungsreaktionen weltweiter Standard. In den letzten Jahrzehnten wurde eine Reihe weiterer Organe, zum Beispiel Lunge, Leber, Bauchspeicheldrüse, Knochenmark, Haut und Hände transplantiert. Auf der ganzen Welt werden jährlich rund 40.000 Organe verpflanzt. In Deutschland warten rund 13.000 Patienten auf eine solche Operation.

Auch der *technische Organersatz* ist seit Mitte des 20. Jh. zu einer wertvollen Hilfe für schwer leidende Patienten geworden. Seit 1954 wird die *Herz-Lungen-Maschine* (erstmals in den USA) zum temporalen extrakorporalen Ersatz der Funktion von Herz und Lunge während Operationen am nicht schlagenden, blutleeren Herzen verwendet. Patienten mit chronischem Nierenversagen (Urämie) kann seit Mitte der 1950iger Jahre entweder durch Nierentransplantation oder *intermittierende Dialysetherapie* geholfen werden. Bei der Hämodialyse übernimmt eine Nierenprothese (*künstliche Niere*) in einem extrakorporalen Kreislauf vorübergehend zweimal pro Woche für 4 bis 8 Stunden die Ausscheidungsfunktion der Nieren.

Seit Jahrzehnten wird an der Entwicklung eines implantierbaren künstlichen Herzens gearbeitet, welches bei schwerer chronischer Herzinsuffizienz die natürliche Blutpumpe ersetzen soll. Bis heute wurden verschiedene künstliche Herzmodelle mit äußerer Energieversorgung erprobt. Das *erste künstliche Herz* wurde 1982 in den USA bei einem 52-jährigen Patienten eingesetzt. Er überlebte nur 112 Tage. Bis 1990 wurden weltweit über 160

Kunstherzen eingepflanzt. Die meisten Patienten hatten wegen starker Infektionen nur eine kurze Überlebenszeit. Viele Herzchirurgen vertreten die Meinung, daß ein Kunstherz höchstens 30 Tage verwendbar ist, bis jeweils ein Naturherzersatz zur Verfügung steht. Klinisch eingesetzt werden seit Jahren bereits vollimplantierbare automatische Insulin-Infusionsgeräte für Diabetiker und Geräte für die Dauerinfusion von Medikamenten, z.B. von Schmerzmitteln oder Pharmaka zur Tumortherapie. In der Prothetik, d.h. für den Ersatz eines fehlenden oder nicht mehr funktionsfähigen (durch Operation entfernten) Körperteils durch ein technisches Analogon, stehen den Chirurgen heute ausgereifte Ersatzsysteme zur Verfügung. Dazu gehören Arm- und Beinprothesen (für das Hüft- oder Kniegelenk), Blutgefäßprothesen, der Zahnersatz und die künstlichen Herzklappen.

Die großen Fortschritte der medizinischen Diagnostik und Therapie sowie die Verbesserung der Hygiene und Ernährung haben bewirkt, daß sich in den Industrie- und Entwicklungsländern die *durchschnittliche Lebenserwartung* im 20. Jh. deutlich erhöht hat. In Deutschland betrug sie im Jahr 1900 etwa 40 Jahre für Männer und 44 Jahre für Frauen. Bis 2000 stieg sie auf 75 Jahre für Männer und 81 Jahre für Frauen. Allerdings sind auch die *Kosten des Gesundheitswesens* deutlich gestiegen: An erster Stelle lagen 2003 die *USA* mit 15% des Bruttoinlandsprodukts (BIP) bzw. rund 5.600 USD je Kopf der Bevölkerung, gefolgt von der *Schweiz* (11,5% bzw. 3.800 USD) und *Deutschland* (11,1% bzw. ca. 3.000 USD). Im deutschen Gesundheitswesen sind direkt oder indirekt über 4 Millionen Menschen, also etwa 10% aller Erwerbstätigen, beschäftigt. Die Gesamtausgaben betrugen 2002 rund 224 Milliarden Euro. Fast 43% davon entfielen auf ältere Menschen über 65 Jahre.

Umweltschäden durch moderne Technik

Mit der Zunahme der Weltbevölkerung und der Industrialisierung in einer Reihe von Ländern sind in den letzten Jahrzehnten Umweltschäden entstanden, welche die Lebensbedingungen vieler Menschen schon heute ungünstig beeinflussen. Alle Menschen auf der Welt benötigen zum Leben Energie. Etwa 90% des derzeitigen Weltenergieverbrauchs stammen von den fossilen Energieträgern Kohle, Erdöl und Erdgas sowie von Kernbrennstoffen, deren natürliche Lagerstätten nur eine zeitlich begrenzte Nutzung erlauben. Drei Viertel dieser Energie werden von einem Viertel der Menschheit – den Industriestaaten – verbraucht. In den 30 Jahren von 1970 bis 2000 stieg die Weltbevölkerung von 3,8 auf 6,3 Milliarden Menschen. Sie verursachten einen Anstieg des Weltenergieverbrauchs von 7,9 auf 14,0 Milliarden Tonnen SKE (Steinkohleeinheiten; 1 Tonne SKE = 8.141 kWh) und einen Anstieg der klimaverändernden CO_2-Emission von 14,1 auf 31,9 Milliarden Tonnen. Man rechnet damit, daß der Weltenergieverbrauch bis 2030 auf etwa 23 Milliarden Tonnen SKE ansteigen wird. Entscheidend für die zukünftige Weltenergieversorgung wird sein, wann der sogenannte „Peak-Oil", also das Maximum der weltweiten Erdölförderung, erreicht sein wird.

Der Anstieg von CO_2 und anderer Spurengase sowie Schwebeteilchen in der Atmosphäre hat zur Folge, daß die auf die Erde eingestrahlte Sonnenenergie in geringerem Maße wieder in den Weltraum abgegeben wird. Dadurch erhöht sich allmählich die mittlere Temperatur der Atmosphäre und Weltmeere (Treibhauseffekt). Besonders intensiv ist daran das bei allen Verbrennungsvorgängen emittierte CO_2 beteiligt. An der weltweiten CO_2-Emission tragen die Industrieländer mit 67% (davon Westeuropa mit 15%) und die Entwicklungsländer mit 33% bei. Die höchsten Emissionswerte verzeichnen die USA, gefolgt von Rußland, China, Japan und Deutschland. Der jährliche CO_2-Anstieg beträgt weltweit etwa 0,1 Prozent pro Jahr. Die Folge ist ein stetiger Anstieg der mittleren Temperatur der Atmosphäre in der bodennahen Schicht. Vom Jahr 1800 bis 2000 hatte allein der dem CO_2 zugeschriebene Temperaturanstieg einen Wert von über 0,45 °C und der auf allen anderen Spurengasen beruhende Anstieg über 0,3 °C. Bis zum Jahr 2050 ist allein wegen des CO_2 ein Anstieg der mittleren bodennahen Lufttemperatur um etwa 1,5 bis 4,5 °C zu erwarten. Alle übrigen Spurengase werden eine zusätzliche Temperaturerhöhung um weitere 3 oder mehr °C beitragen. Für Skandinavien ergäbe dieses Szenario einen Mitteltemperaturanstieg um mehr als 10 °C. Die heute schon zu beobachtenden extremen Wettersituationen wie der gigantische Hurrikan „Katrina", dessen Flutwelle New Orleans weitgehend zerstörte, oder die weltweiten Unwetter, deren Wassermassen binnen kürzester Zeit weite Landstriche überfluteten, gelten als deutliche Anzeichen des weltweiten Klimawandels.

Eine starke Umweltbelastung geht auch von den derzeit etwa 16.000 Verkehrsflugzeugen aus, die auf der Welt in Betrieb sind. Laut NASA wird allein die Wasserdampfemission der Flugzeuge in 30 Jahren einen

Temperaturanstieg um 1 °C bewirken. Der von Flugzeugen erzeugte Anteil an der gesamten Luftschadstoffmenge beträgt zwar nur 3%, der Anteil an der Gesamtwirkung aller Schadstoffe aber 30%, weil laut *BUND* und *NASA* die Schadstoffe in den sehr empfindlichen oberen Atmosphärenschichten freigesetzt werden. Der Luftverkehr wächst jährlich um 7%. Laut Prognosen werden Verkehrsflugzeuge in 20 Jahren bis zu 90% aller verkehrsbedingten Umweltschäden anrichten.

Der Anstieg der mittleren bodennahen Lufttemperatur führt zu drastischen, die Zukunft der Menschheit bedrohenden Veränderungen auf der Erde. Einige davon sind:

1. die Veränderung der globalen Luftzirkulation und damit Niederschlagsverteilung mit erheblichen Auswirkungen auf die landwirtschaftliche Produktion
2. die Erhöhung des Meeresspiegels um etwa 1,5 m durch thermische Ausdehnung und möglicherweise um weitere 8 m durch Abschmelzen des arktischen Eises mit der Gefahr, daß viele Siedlungsgebiete der Erde untergehen
3. eine Zunahme der meteorologischen Extremsituationen, z.B. der Stärke von Stürmen oder Hurrikanen

Eine ernste Gefahrenquelle für die Menschheit ist die von Schadstoffen verursachte Veränderung der Ozonschicht in der Stratosphäre, welche die bedrohliche UV-Strahlung von der Sonne zum großen Teil absorbiert. Umweltchemikalien, die durch Luftmassenbewegungen von der Erdoberfläche in die Stratosphäre gebracht werden, können im Bereich der Arktis und Antarktis die Ozonschicht teilweise abbauen und so ein *„Ozonloch"* erzeugen. Wenn Teile der ozonarmen Luftmassen bis über bewohnte Gebiete zum Beispiel in Australien transportiert werden, erhöht sich dort die UV-Strahlung deutlich. Eine stark erhöhte UV-Strahlung hätte katastrophale Folgen für das Ökosystem unserer Erde. Sie würde das Keimen, die Blütenbildung und das Wachstum vieler Nähr- und Nutzpflanzen nachhaltig hemmen, ihr Erbgut beschädigen und das Chlorophyll (= Blattgrün) zerstören. In den Weltmeeren würde das Phytoplankton absterben, das etwa die Hälfte des globalen Kohlendioxids (CO_2) bindet. Dies würde den Treibhauseffekt verstärken.

Das 20. Jh. brachte der Menschheit eine ungeheure Fülle von elektrischen Geräten: Radio- und Fernsehsender, Telekommunikationseinrichtungen, Satellitenfunksysteme, Mobiltelefone, Hochspannungsfreileitungen und elektrische Anlagen in Wohn- und Arbeitsräumen, die ein buntes Gemisch elektromagnetischer Felder und Wellen im gesamten Frequenzbereich des elektromagnetischen Strahlungsspektrums erzeugen. Dieses Gemisch wird als „Elektrosmog" bezeichnet. Es gibt wissenschaftliche Hinweise, daß Elektrosmog bei Überschreiten bestimmter Grenzwerte schädliche biologische Wirkungen haben kann. Zum vorbeugenden Schutz der Bevölkerung gibt es daher zum Beispiel in Deutschland seit 1997 eine „Elektrosmogverordnung", in der Grenzwerte festgelegt sind.

Eine unglaubliche Folge des Einsatzes moderner Technik sehen wir in verschiedenen Ländern Asiens. In *Korea*, dem „Land der toten Töchter", werden unzählige Föten abgetrieben, wenn mit Ultraschallgeräten, die es schon seit vielen Jahren gibt, festgestellt wurde, daß der Fötus weiblich ist. Mütter treiben ab, weil sie nur einen Sohn haben wollen, aber eine (gesunde) Tochter gebären würden. In vielen Ländern Asiens führt die Einkind-Politik zur Fixierung auf den Sohn mit tödlichen Folgen für Töchter. Nach Angaben von *UNICEF* fehlen heute weltweit hauptsächlich wegen geschlechtsspezifischer Abtreibungen 100 Millionen Frauen. Allein in Indien besteht ein Defizit bis 50 Millionen Frauen und in Pakistan bis 8 Millionen (*Die Zeit*, 1998).

Die Schönheit und Rätsel unserer Welt

Unsere gedankliche Zeitreise, die wir am Beginn unseres Kosmos vor rund 13,7 Milliarden Jahren begonnen haben, hat uns bis in den Anfang des 3. Jahrtausends nach Christus geführt. Wir haben dabei erfahren, wie sich in den Milliarden Jahren nach dem Urknall in Myriaden von Galaxien die Materie strukturierte und im stummen Feuerwerk des Entstehens und wieder Verglühens der unendlich weiten Sternenwelt der Kosmos mit einem riesigen Netzwerk von hell strahlenden Sonnen, gebündelt in Milliarden von Galaxien, übersät wurde. Eine dieser Sonnen ist vor rund 4,5 Milliarden Jahren an einer günstigen Stelle in unserer Heimatgalaxie, der Milchstraße, entstanden. Nur diese eine Sonne – das müssen wir heute trotz allen forschenden Bemühens immer noch sagen – war von Planeten umgeben, von denen einer, nämlich unsere Erde, eine Entwicklung nahm, die wir bisher nirgendwo sonst in den Weiten des Kosmos mit unseren zugegeben sehr beschränkten Mitteln beobachten konnten. Etwa eine Milliarde Jahre dauerte es, bis die Erdoberfläche genügend abkühlte und sich eine feste, nur aus Steinen bestehende Erdkruste bildete. In dieser Zeit entstand durch den Einschlag eines großen Himmelskörpers auf die Erde der Mond, und die tiefen Becken der Erdrinde füllten sich in heftigen Niederschlägen mit Wasser. Dort im Meerwasser begann vor rund 3,5 Milliarden Jahren die Entwicklung des Lebens: Anorganische Atome bzw. Atomverbindungen (Moleküle) formierten sich zu Biomolekülen und diese zu den einfachsten Bauformen des Lebens, den Urbakterien. Etwa 3 Milliarden Jahre lang bildeten einfache ein- und mehrzellige Mikroorganismen die einzigen Repräsentanten des Lebens auf der Erde. Das änderte sich – wir möchten fast sagen: schlagartig – im Erdzeitalter *Kambrium* vor etwa 540 Millionen Jahren, als sich explosionsartig eine ungeheure Vielfalt von Tier- und Pflanzenformen entwickelte, deren Erben wir noch heute in der Natur bewundern können. Damals begann – gesteuert durch eine spezielle Genmutation – die Tierwelt Sinnesorgane wie die Augen oder das Gehör zu entwickeln – ein Vorgang, der in der Sprache der Biologen als *„grandioser Geniestreich der Natur"* bezeichnet wird. *Unwillkürlich drängt sich hier die Frage auf: Wer oder was gab denn der „Natur" das Potential zu diesen phantastischen „Erfindungen"? Die einzige denkbare Antwort kann nur lauten: Es war der unendlich machtvolle, ewig liebende Schöpfergeist, den wir Jahwe/Gott/Allah nennen, der alles hervorgebracht und gestaltet hat.* Die „Geniestreiche" sind im Übrigen nicht nur auf die tierischen und menschlichen Sinnesorgane beschränkt. Wir sehen sie unter anderem auch in der Art und Weise, wie die zeitlich stärker und schwächer werdenden Sinnesreize (als so genannte *Analogsignale*) von den Sinneszellen in Serien von elektrischen Impulsen (also in *digitale Signale*) umgesetzt werden, wie diese Impulse genügend schnell über ein komplexes Netzwerk von genial konstruierten Ionenleitern in unser Gehirn transportiert und dort in einem unüberschaubaren Gestrüpp von rund 100 Milliarden Neuronen (Nervenzellen) zu unserer bewußten Sinneswahrnehmung verarbeitet werden. Dort, in unserem Gehirn, entstehen unser Ich-Bewußtsein und unsere Gedanken-, Empfindungs- und Erinnerungswelt.

Im letzten Hunderttausendstel der kosmischen Geschichte trat mit dem modernen Menschen Homo sapiens sapiens *unserem Planetensystem und vielleicht auch unserer ganzen Galaxie zum ersten Mal ein Wesen gegenüber, das – ausgestattet mit feinen Sinnesorganen, einem perfekt funktionierenden Nervennetzwerk und einem höchst entwickelten Gehirn – selbstbewußt erkennend, denkend, handelnd und fühlend sich anschickte, zu ergründen, „was die Welt*

im Innersten zusammenhält". Mit ihm und nur mit ihm wurde sich unsere galaktische Sternenwelt und möglicherweise sogar der ganze Kosmos seiner selbst
und seines Schöpfers bewußt. *"Dann sprach Gott: Laßt uns Menschen machen
als unser Abbild, uns ähnlich. Da formte Gott, der Herr, den Menschen aus
Erde vom Ackerboden und blies in seine Nase den Lebensatem".* So beschreibt
die *Genesis* die Entstehung oder besser Erschaffung des Menschen. Die
Tatsache, daß sie sich nicht an einem „Tag" vollzog wie in der Genesis
gesagt, sondern nach unseren wissenschaftlichen Erkenntnissen einige
Millionen Jahre in Anspruch nahm, ist vor Gott bedeutungslos. *"Gott sah
alles an, was er gemacht hatte. Es war sehr gut"* sagt die *Genesis* über diese
und alle Schöpfungstaten *Gottes.*
In der Tat: Würden wir nicht mitten in dieser Welt leben, unsere menschliche Fantasie hätte nicht ausgereicht, sich den Formenreichtum des
Lebens, den wir heute staunend bewundern, auch nur ansatzweise vorzu-
stellen. Wir können es uns gar nicht oft genug klarmachen: *Die unglaubliche Fülle der belebten und unbelebten Natur unserer Erde und die Materie im
ganzen Kosmos bestehen ausschließlich aus drei elementaren Bausteinen, denen
wir den Namen Protonen, Neutronen und Elektronen gegeben haben und die
– unterschiedlich kombiniert – die 92 bekannten chemischen Elemente bilden.*
Deren vielfältige Bindungs- und Reaktionsmöglichkeiten bestimmen den
Aufbau und die Wechselwirkungen im Kosmos, auf der Erde, in der Natur
und in uns selbst. Unwillkürlich möchten wir fragen: Welch ein genialer,
grandioser Baumeister war hier wohl am Werk, der dies alles konstruiert
und zusammengefügt hat? Viele meinen: Es war „die Natur" oder „die
Evolution". Dann muß man aber weiter fragen: Wer oder was gab ihnen
dieses Entwicklungspotential? *Die einzig sinnvolle und befriedigende Antwort
kann nur heißen: Gott, der Schöpfer des Himmels und der Erde.*

Die grandiosen Schöpfertaten Gottes kommen in einer Fülle von Fakten
zum Ausdruck. Wollte man sie alle detailliert beschreiben, würde ein dickes
Buch daraus. Einige der Fakten sind:

1. die günstige Lage unseres Sonnensystems innerhalb unserer Galaxie (der
   Milchstraße) und der günstige Ort unserer Erde im Sonnensystem, um
   Leben auf der Erde zu ermöglichen
2. die optimalen kosmischen Parameter unseres Sonnensystems (z.B.
   Größe und Oberflächentemperatur der Sonne, Abstand zur Erde, Größe
   und mittlere Oberflächentemperatur der Erde, Stabilität der Erdrotation und der Rotationsachse, Existenz einer Atmosphäre mit genügend

Sauerstoffgehalt und einer stratosphärischen Ozonschicht zur Absorption der schädlichen UV-Strahlung der Sonne)

3. die Gravitationskraft der Erde, die so groß ist, daß sie allen Lebewesen ein für das Leben günstiges Verhältnis von Volumen zu Gewicht verleiht

4. die Tatsache, daß zwei Drittel der Erdoberfläche vom Meer bedeckt und nur ein Drittel festes Land sind, wodurch die Populationen von Pflanzen, Tieren und Menschen auf umweltverträgliche Werte begrenzbar sind

5. die vielen Bodenschätze, die dicht unterhalb der Erdoberfläche relativ leicht abbaubar gelagert sind und unsere neuzeitliche Industriekultur möglich gemacht haben

6. die herrlichen, oft zauberhaften Landschaften, die wir überall auf der Erde vorfinden und die Abbild der Schönheit ihres Schöpfers sind

7. die Fruchtbarkeit des Ackerbodens, der uns Jahr für Jahr reiche Ernten schenkt

8. der periodische Wechsel der Jahreszeiten und der Landschaftsbilder in den gemäßigten Zonen der Erde, die uns wie ein nie endender Zauber vorkommen

9. der Formenreichtum, die Schönheit und die Harmonie in der Tier- und Pflanzenwelt, wo jede Lebensform eine ihr gemäße Existenz- und Nahrungsnische „zugeteilt bekam"

10. die Schönheit und Harmonie, die in der Gestalt und Bewegung des gesunden menschlichen Körpers zum Ausdruck kommen

11. die von Gott dem Menschen geschenkte Fähigkeit, zu denken, zu gestalten, mit den Sinnen wahrzunehmen, zu lieben und vor allem ihm als unseren liebenden und machtvollen Schöpfergott dankbar, verehrend und anbetend gegenüberzutreten.

Erst in den letzten vierhundert Jahren, d.h. im letzten Zehntausendstel der Menschheitsgeschichte, haben wir Menschen, genauer gesagt etwa zwölf Generationen von Naturforschern, mit stetig verbesserten Meß- und

Beobachtungsgeräten herausgefunden, wie die Prozesse mit hoher Wahrscheinlichkeit abgelaufen sein dürften, die den Kosmos, unsere Erde, die Natur und schließlich uns Menschen hervorbrachten. Dennoch bleibt Vieles trotz aller Bemühungen rätselhaft. Wir können bis heute nicht einmal das Alltäglichste von der Welt genau erklären, nämlich die Tatsache, warum wir so schwer (oder leicht) sind, wie wir sind. Wir wissen nur – seit *Isaac Newton* das *Gravitationsgesetz* entdeckt hatte – daß die Erdmasse unseren Körper aufgrund der Gravitationskraft zum Erdmittelpunkt hin anzieht. Diese Gravitationskraft entspricht genau unserem Körpergewicht. Die Masse der Erde bleibt zeitlich konstant. Dagegen kann unsere Körpermasse durch zu vieles Essen (leider) größer werden. Die Gravitationskraft und unser Gewicht nehmen dann zu. Auf dem Mond wäre unser Gewicht deutlich geringer, weil der Mond nur 1,2 % der Erdmasse hat. Unsere Physiker sagen, daß die Gravitation, also z.B. die Anziehungskraft zwischen Sonne und Erde, Erde und Mond oder der Erde und unserem Körper durch den Austausch von Energiequanten – den so genannten *Gravitonen* – zustandekommt. Seit mehreren Jahrzehnten bemühen sie sich allerdings vergeblich, die Existenz der Gravitonen nachzuweisen.

Schauen wir auf unsere Lebenssphäre, also auf die rund 4 km dicke Luftschicht, die vom Meeresniveau bis in 4.000 Meter Höhe reicht, wo Menschen noch dauerhaft leben können. Unser aller Leben in diesem winzigen Ausschnitt unseres Planetensystems und des Kosmos hängt von einer ganzen Palette von Faktoren ab: zum Beispiel von der Dichte und dem Sauerstoffgehalt der Atmosphäre, dem Schutzschild gegenüber der schädlichen Strahlung aus dem Weltall, der von Milliarden Mikroben erzeugten Fruchtbarkeit des Ackerbodens, der – abgesehen von Erdbeben – relativen mechanischen Stabilität der Erdoberfläche und den günstigen Wettervorgängen, die sich noch relativ selten zu verheerenden Hurrikanen oder Orkanen aufschaukeln. Dies alles und noch weitere Faktoren müssen zusammenwirken, um das Fortbestehen der Natur und unseres menschlichen Lebens dauerhaft zu sichern. Es wäre unbegreiflich, wenn wir unser Dasein und die Welt, in der wir leben, ausschließlich einer langen Kette von unglaublichen Zufällen zu verdanken hätten.

Schauen wir auf den Kosmos, der sich – beginnend mit dem Urknall vor rund 13,7 Milliarden Jahren – bis ins Unermeßliche ausgedehnt hat und weiter ausdehnt. Jede seiner 100 Milliarden Galaxien – darunter unsere Milchstraße – enthält etwa 100 Milliarden Sonnen unterschiedlicher Größe, die am stummen Feuerzauber des Werdens und Vergehens im Universum teilhaben. Wir wissen heute nichts darüber, ob sich das Universum immer weiter ausdehnt oder ob sich der Vorgang in Milliarden Jahren allmählich umkehrt und sich das Universum wieder zusammenzieht. Wir wissen nicht, ob es neben unserem Universum noch ähnliche *Parallel-Universen* gibt oder winzige „*Baby-Universen*". Wir wissen auch nichts darüber, wie die „*Dunkle Materie*" unseres Kosmos beschaffen ist, die offenbar sehr viel massereicher als die sichtbare Materie ist und die kosmischen Prozesse entscheidend beeinflußt. Es wird angenommen, daß sie aus unbekannten Elementarteilchen besteht, die keine elektromagnetische Wechselwirkung zeigen und daher unsichtbar sind, obwohl sie auch um unsere Erde herumsausen. *Man schätzt heute, daß die sichtbare Materie des Kosmos nur 4%, die „Dunkle Materie" 22% und die noch rätselhaftere „Dunkle Energie" 74% der Gesamtenergie des Universums ausmacht.* Wir haben auch nur geringe Kenntnisse von den im Weltall herumvagabundierenden äußerst massereichen *Schwarzen Löchern* (die Masse kann mehr als eine Milliarde Sonnenmassen erreichen), deren ungeheure Gravitationskraft alle Materie und alles Licht verschlingt, die zufällig in ihre Nähe kommen. Der britische Physiker *Stephen Hawking (*1942)*, der den Lehrstuhl von *Sir Isaac Newton* innehat, lieferte bedeutende Beiträge über die Eigenschaften der „Schwarzen Löcher".

Trotz ermutigender Forschungsergebnisse der Kosmologie türmen sich immer noch viele Fragen vor uns auf – zum Beispiel: Gab es auch vor dem Urknall etwas oder gab es „nichts"? Wie entstanden die ersten Sterne und Planeten? Was sind die „Dunkle Materie" und die „Dunkle Energie"? Woher kommen einzelne Teilchen der Kosmischen Strahlung, die mit unerklärbar hoher Energie (sie kann 100-millionenmal größer sein, als in unseren größten Teilchenbeschleunigern) selten, aber regelmäßig auf unsere Erde treffen? Angesichts unseres noch beträchtlich erweiterbaren Fragenkatalogs müssen wir zugeben: Etwa 4.000 Jahre astronomischer Forschung der Menschheit – in den letzten 100 Jahren mit hoch entwickelten Beobachtungsgeräten – haben uns nur wenige Prozent von den Erkenntnissen gebracht – das Meiste davon ebenfalls in den letzten 100 Jahren – die wir bräuchten, um unser Universum vollständig beschreiben und verstehen zu können.

Schauen wir auch auf uns selber. Es ist und bleibt trotz aller geistvollen Gedankengebäude und unermüdlichen Forschungsstrebens völlig rätselhaft, wie aus dem leblosen Urmeer und der öden steinigen Erdoberfläche vor ungefähr 3,5 Milliarden Jahren – die Erde war damals ja „wüst und leer" – sich erste einfache Lebensformen bildeten, die sich in Milliarden Jahren der Evolutionsgeschichte zur heutigen Tier- und Pflanzenwelt und – auf einem speziellen Ast des Lebensbaums – zur heutigen Menschheit weiterentwickelten. Leben bedeutet ja ganz allgemein die Existenz von komplexen molekularen Strukturen, die durch Aufnahme von Energie vielfältige biochemische Prozesse dauerhaft in Gang halten und durch spezielle Mechanismen Wachstum und Fortpflanzung dieser Strukturen ermöglichen. Alle Materie und damit auch diejenige der Natur und unseres Körpers besteht – wie wir gesehen haben – aus nur drei elementaren Bausteinen, den Protonen, Neutronen und Elektronen, die in den Biomolekülen zu kunstvollen Gebilden zusammengefügt sind. Diese Bausteine können wir auch als Quanten bezeichnen, weil jeder von ihnen aufgrund seiner Masse ein bestimmtes Energiequantum darstellt. Wir können daher auch sagen: *Alles Leben ist ein hoch komplexer, bis heute und vielleicht für immer undurchschaubarer „Tanz von Quantenobjekten", der sowohl alle unsere Körperfunktionen, unser Denken, Fühlen, Empfinden und Erinnern, als auch unsere Tier- und Pflanzenwelt bestimmt.* Doch wer hat die Choreographie dieses Tanzes erfunden, eine noch so lange Kette von Zufällen sicher nicht. Denn das „Heer von Tänzern" besteht allein in unserem Körper aus mehr als einer Million unterschiedlicher Eiweißmoleküle (Proteine), die einen Teil unseres Körpergewichts ausmachen und deren Struktur wir nur in wenigen Fällen kennen. Hinzu kommen die „Tanzgruppen" von einigen Tausend Enzymen und Hormonen. Sie alle strukturieren, steuern und kontrollieren unsere Körperfunktionen in einem wahrhaftigen *Ballett des Lebens.* Die einzig vernünftige, allem gerecht werdende Antwort kann nur sein: *Der unendlich allmächtige, wissende und kreative kosmische Geist, unser Gottvater, der „Schöpfer des Himmels und der Erde", hat dieses unglaubliche, die menschliche Kreativität weit übertreffende Werk vollbracht. Seine Liebe und Fürsorge für uns Menschen spricht uns durch das grandiose Bild der Schöpfung direkt an.*

Werfen wir noch einen Blick auf die Welt der Elementarteilchen, der kleinsten Bausteine der Materie. Wie wir wissen, gibt es in der sichtbaren Materie, also auch in aller Materie unserer Welt, nur drei elementare Teilchen, die wir *Protonen, Neutronen und Elektronen* nennen. Ihre Anzahl und Anordnung bestimmen den Aufbau und die Eigenschaften der 92 chemischen Elemente (Atome), aus denen die Erde, unser Planetensystem und das ganze Universum bestehen. Einige Eigenschaften dieser drei Teilchen, aus denen unsere Materie besteht, sind uns auch heute noch rätselhaft. Wir können ihre Masse sehr genau messen und wissen auch, daß die Protonen und Neutronen nicht die endgültig kleinsten Mikroteilchen der Materie sind, sondern selbst noch einmal aus je drei winzig kleinen Bausteinen bestehen, die wir *Quarks* nennen. Trotz dieser Erweiterung unserer Kenntnisse sind wir bis heute nicht in der Lage, zu erklären, wie die positive Ladung der Protonen – wir nennen sie die positive Elementarladung – und die negative Elementarladung der Elektronen zustande kommen.

Wir wissen heute nur, daß es diese beiden Ladungstypen gibt und daß sich die beiden Ladungen gegenseitig anziehen und die Anziehungskraft durch den Austausch von Photonen verursacht wird. Trotz vieler Bemühungen war es bis heute nicht möglich, nachzuweisen, ob die Elektronen eine innere Struktur haben. Man kann lediglich aussagen, daß Strukturelemente in den Elektronen kleiner als 10^{-17} cm sein müssen. Von Physikern wird es sogar als Skandal betrachtet, daß wir die meßtechnisch genau bekannte Ruhemasse der Elektronen noch nicht theoretisch berechnen konnten.

Wir kommen wirklich aus dem Staunen nicht mehr heraus. Die Elektronen und Protonen, die wir in riesiger Anzahl auch in unserem Körper haben, sind zwar unseren Messungen zugänglich; ihre letzten Strukturelemente bleiben uns aber verborgen und trotzen bis heute auch einer physikalisch-mathematischen Analyse. Man muß sich das einmal richtig klarmachen: Gerade die Elektronen, deren innerste Struktur und Eigenschaften wir gar nicht kennen, sind die wichtigsten Elementarteilchen, die unsere Lebensformen in der Technischen Zivilisation entscheidend prägen. Ihre Existenz und ihr Verhalten sind die Ursache aller elektrischen Vorgänge in unserer alltäglichen Welt. Egal, ob wir das elektrische Licht einschalten, die Heizplatte unseres Elektroherds erwärmen, Rasierapparat, Radio, Fernseher, Waschmaschine oder sonst ein x-beliebiges elektrisches Gerät einschalten, immer sind es Elektronen, die in den elektrischen Leitungen und Bauelementen die gewünschte und vertraute Funktion des jeweiligen

Geräts gewährleisten und es sind natürlich auch Elektronen, die in unseren Kraftwerken, Überlandleitungen und Energiekabeln die Stromversorgung ermöglichen. Ohne Elektronen und Elektronik gäbe es keine Informations-, Steuerungs- und Regelungstechnik, keine Handys, Roboter und Satelliten, keine elektrischen Motoren und Generatoren. Unsere heutige Welt wäre unvorstellbar anders. Ohne Elektronen gäbe es keinerlei Licht und auch uns selber, die Erde und den ganzen Kosmos nicht.

Aber das Staunen geht noch weiter. Die grundlegenden Vorgänge in unserer Welt und im ganzen Universum können durch Naturgesetze beschrieben werden. Diese Gesetze geben das Geschehen nur dann richtig, d.h. experimentell verifizierbar, wieder, wenn wir in jedes der Gesetze einen bestimmten konstanten Faktor, eine *Naturkonstante*, einfügen. Es gibt heute 38 *fundamentale Konstanten*, die unser Universum und die Naturvorgänge kennzeichnen. Wir können die Konstanten nicht aus theoretischen Grundlagen ableiten und ihren jeweiligen Wert nicht erklären, sondern nur im Experiment bestimmen. Wir wissen heute, daß Leben – auch unser eigenes Leben – nur möglich ist, weil alle Naturkonstanten genau die Werte haben, die wir messen können. Die gemessenen Werte der Naturkonstanten sind eines der größten Rätsel unserer Welt. Wir wissen nicht, woher sie kommen, ob sie wirklich konstant, überall gleich und voneinander abhängig sind oder nicht.

Vier der Naturkonstanten, nämlich die Größe der Elementarladung e (= $1{,}6 \cdot 10^{-19}$ As), die Plancksche Konstante h (= $6{,}625 \cdot 10^{-34}$ Ws^2), die Lichtgeschwindigkeit c (= $3 \cdot 10^8$ m/s) und die sogenannte Influenzkonstante des leeren Raums ε_o (= $8{,}854 \cdot 10^{-12}$ As/Vm) haben in der modernen Physik eine überragende Bedeutung erlangt. Verknüpft man drei der Konstanten zu dem Ausdruck (e·e) / (h·c) und dividiert diesen Ausdruck noch durch $2\varepsilon_o$, so erhält man eine dimensionslose Zahl, die so genannte *Feinstrukturkonstante*. Sie wurde durch den Münchener Physiker *Arnold Sommerfeld* (1868 – 1951) 1916 eingeführt und hat ziemlich genau den Wert 1/137. Sie kennzeichnet die Stärke der elektromagnetischen Wechselwirkung der atomaren Teilchen und damit die Struktur der Atome und unserer ganzen Welt. Sie gilt als die berühmteste Zahl der Naturwissenschaft überhaupt. Der amerikanische Physiker *Richard Feynman* (1918 – 1988) sagte dazu: *„Die Zahl 137 ist eines der größten Mysterien in der Physik. Man könnte sagen, die Zahl wurde von Gott geschrieben, um uns zum Narren zu halten".* Von Einstein ist bekannt, daß er in Hotels gern – wenn möglich – die

Zimmernummer 137 wählte. Wenn die Konstante einen etwas anderen Wert hätte als den beobachteten, so würde es unter anderem viele stabile, hochkomplexe Biomoleküle in der Natur und damit uns selber wahrscheinlich gar nicht geben. Es heißt sogar: Unser Universum wäre nicht dasselbe, wenn die Konstante nur einen winzigen Bruchteil (etwa 10^{-59}) größer oder kleiner ausgefallen wäre. Dabei wird vermutet, daß in fast keinem der Fälle ein Universum entstanden wäre, das Leben hätte hervorbringen können!

Der graue Schleier des Rätselhaften, der uns noch tiefere Einblicke in die Strukturen und Wechselwirkungen in unserer materiellen Welt zu verwehren scheint, erinnert uns an das Wort *Goethes*: Wir sollten das Mögliche erforschen und das Unerforschliche ruhig verehren. In seinem *„Versuch einer Witterungslehre"* von 1825 sagt Goethe: *„Das Wahre, mit dem Göttlichen identisch, läßt sich niemals von uns direkt erkennen, wir schauen es nur im Abglanz, im Beispiel, Symbol, in einzelnen und verwandten Erscheinungen, wir werden es gewahr als unbegreifliches Leben und können dem Wunsch nicht entsagen, es dennoch zu begreifen".* Albert Einstein sagt in seiner Schrift *„Mein Weltbild"* von 1934: *„Das Schönste, was wir erleben können, ist das Geheimnisvolle. Es ist das Grundgefühl, das an der Wiege von wahrer Kunst und Wissenschaft steht. Wer es nicht kennt und sich nicht mehr wundern, nicht mehr staunen kann, der ist so gut wie tot und seine Augen erloschen".* In einem Aufsatz von 1930 meint er: *„Sollen sich auch alle schämen, die gedankenlos sich der Wunder der Wissenschaft und Technik bedienen, und nicht mehr davon geistig erfaßt haben als die Kuh von der Botanik der Pflanzen, die sie mit Wohlbehagen frißt."* In seiner Schrift *„Aus meinen späten Jahren"* sagt Einstein: *„Wissenschaft ohne Religion ist lahm, Religion ohne Wissenschaft ist blind".* Von *Aristoteles* haben wir das Wort überliefert: *„Der Beginn aller Wissenschaften ist das Erstaunen, daß die Dinge sind, wie sie sind".* Bei *Albert Schweitzer* lesen wir: *„Die Wissenschaft, richtig verstanden, heilt den Menschen von seinem Stolz, denn sie zeigt ihm seine Grenzen".*

Genau um diese Grenzen geht es. Im *Makrokosmos* des unendlich erscheinenden Sternenmeers, im so genannten *Mesokosmos* des Menschen und seiner Welt und im *Mikrokosmos* der feinsten Materiestrukturen stoßen wir an Erkenntnisgrenzen, die wir trotz des Einsatzes der modernsten (und meist sehr teuren) Meß- und Beobachtungsgeräte voraussichtlich nicht überschreiten können. Wir müssen uns eingestehen, daß wir Menschen als gewordene Wesen das um uns herum Entstandene und Werdende nur bruchstückhaft als kleinen Ausschnitt des universalen Geschehens verstehen und analysieren können. *Schon in diesem wenigen Verstehbaren entdecken wir unmittelbar die Schöpferkraft und das Wirken eines unendlichen, Schönheit, Liebe und Harmonie ausstrahlenden, alle menschliche Vorstellung überragenden Weltgeistes, unseres Schöpfers Jahwe/Gott/Allah.* Mit Recht kritisiert daher der frühere *Kardinal Joseph Ratzinger* und jetzige *Papst Benedikt XVI.* in seiner Schrift *„Im Anfang schuf Gott"* (2. Aufl. Johannes Verlag Freiburg 2005) die Aussagen von A. *Dumas und O.H. Pesch* in dem von J. *Feiner und L. Vischer* 1973 herausgegebenen Werk *„Neues Glaubensbuch. Der gemeinsame christliche Glaube"*. Dort heißt es unter anderem: *„Begriffe wie Selektion und Mutation sind intellektuell viel redlicher als der Schöpfungsbegriff"*. *„Schöpfung als kosmischer Plan ist ein zu Ende gekommener Gedanke"*. *„Der Schöpfungsbegriff ist damit ein irrealer Begriff"*.

Mit Nachdruck weist *Joseph Ratzinger* das praktische Aufgeben der Schöpfungslehre in neuzeitlichen Predigten und auch in Teilen der modernen Theologie zurück. Er betont, daß die Bibel kein Lehrbuch der Naturwissenschaft sei, sondern ein religiöses Buch. Dieses beschreibe die Schöpfung in einer Serie von Bildern, um den Menschen das Tiefere, das Eigentliche, verstehbar zu machen. Man müsse bei den Berichten der Bibel zwischen Darstellungsform und dargestelltem Inhalt unterscheiden. Der Inhalt des Schöpfungsberichts wolle nur eines sagen: *Gott hat die Welt geschaffen. Alles, was wir in unserer Welt und im ganzen Kosmos vorfinden, „kommt nur aus einer Macht heraus, aus Gottes ewiger Vernunft, die im Wort Schöpfungskraft wurde"*.

Das offensichtliche theologische Rückzugsgefecht in der Geschichte des Christentums der letzten 400 Jahre gegenüber dem gleichzeitig schier ins Unendliche wachsenden Erkenntnisgewinn der Naturwissenschaften ist heutzutage zum Stillstand gekommen. Denn gerade die neuesten Erkenntnisse haben uns eine Welt voller Rätsel offenbart, deren ungeheure Fülle von ineinandergreifenden Prozessen nicht mehr als zufällige Ereignisse, sondern unserer eigenen Vernunft vorbehaltlos und ausschließlich als Werk des alles überragenden *Schöpfergottes* zugänglich wird oder vielleicht für immer verborgen bleibt.

Angesichts des biblischen Schöpfungsberichts sollte man auch nicht so weit gehen, wie die besonders in den *USA* aktiven *Kreationisten*, die das *„Intelligent Design"* (die intelligente Strukturierung) unserer Welt anerkennen, die Entstehung dieser Strukturen aber ausschließlich auf den biblischen Schöpfungsbericht als die einzig gültige Wahrheit zurückführen und die Erkenntnisse der modernen Naturwissenschaften, insbesondere der Evolution, als fatalen Irrtum strikt ablehnen. Die Vertreter dieser Meinung verkennen dabei, daß die Bibel den Schöpfungsvorgang in Bildern darstellt, welche die Naturwissenschaften mit konkreten vernunftgemäßen Beobachtungen und Einsichten ausfüllt. Die Bilder werden dadurch nicht zerstört, sondern in Einklang mit unserer Vernunft gebracht. Die Vernunft der Schöpfung und damit unsere eigene kommen aus *Gottes* Vernunft. Sie ist die eigentliche Quelle aller Wissenschaft.

Außerirdische

Eines der großen Rätsel der modernen Astronomie steckt in der Frage: Gibt es im Weltall außer der Erde noch andere Planeten, auf denen Leben – wenn auch nur in einfachster Form – entstanden ist? Eine Frage, die bis heute nicht beantwortet werden kann. Zwar hat man bereits über 300 Planeten im Umfeld von benachbarten sonnenähnlichen Sternen entdeckt, doch wegen des Fehlens geeigneter Meßmethoden keine Spuren von Leben darauf gefunden. Nach Schätzungen könnten allerdings allein in unserer Milchstraße rund 40 Millionen erdähnliche Planeten existieren, die primitives Leben aufweisen. In den nächsten 20 Jahren werden neue Weltraum-Teleskope zur Klärung der Frage nach außerirdischem Leben beitragen.

Viel faszinierender als die Suche nach primitivem Leben im All ist das „Hinaushorchen" in die unendlichen Weiten des Universums, ob es dort irgendwo (möglicherweise menschenähnliche) Wesen mit hoch entwickelter Intelligenz und von ihnen geschaffener Technologie gibt, die mit der menschlichen vergleichbar ist oder sie übertrifft. Um darüber mehr zu erfahren, laufen gegenwärtig in einigen Ländern große Suchprojekte mit hochempfindlichen Sensoren. Bei dieser Suche nach Intelligenz im Weltall ist zu bedenken, daß Außerirdische elektromagnetische Signale mit Informationsinhalt und ausreichend hoher Leistung aussenden müßten, damit wir diese auf der Erde detektieren und analysieren können. Wir dürfen davon ausgehen, daß in einem Umkreis von einigen hundert Lichtjahren um unsere Erde herum keine intelligenten Lebewesen anzutreffen sind. Ein elektromagnetisches, Information enthaltendes Signal, das zum Beispiel von einem Planeten in 500 bzw. in einer Million Lichtjahren Entfernung zu uns gesendet würde, bräuchte 500 bzw. eine Million Jahre, bis es bei uns eintrifft. Die außerirdische Zivilisation, die dieses Signal aussandte, müßte also die dafür notwendige Technologie bereits 500 bzw. eine Million Jahre vor dem Eintreffen des Signals entwickelt haben. Die Wahrscheinlichkeit, daß die Sender und Empfänger eines solchen Signals die erforderliche zeitliche Distanzbedingung erfüllen, ist schon bei 500 Lichtjahren Entfernung niedrig und bei einer Million Lichtjahren äußerst gering. Deshalb ist es auch ziemlich unwahrscheinlich, daß wir intelligente Außerirdische – wenn es sie denn gäbe – mit den modernen Sensoren entdecken oder sogar mit ihnen in Verbindung treten können. Bis heute gilt damit uneingeschränkt die mit einigem Schaudern zu formulierende Feststellung:

Wir Menschen sind auf unserer Erde allein im Universum.

Dieser Satz gilt freilich nur, wenn wir ihn auf alles Geschaffene beziehen. Er trifft dagegen nicht mehr zu, wenn wir unseren *Schöpfer Jahwe/Gott/Allah* in alles Existierende mit einbeziehen und uns vergegenwärtigen, daß sein unendlicher liebender Geist in und durch seine Schöpfung aufleuchtet.

Die Aussage von unserem Alleinsein im geschaffenen Universum wird auch nicht ernsthaft in Frage gestellt, wenn wir uns die phantastischen Erzählungen des Schweizer Bestseller-Autors *Erich von Däniken (*1935)* zu Gemüte führen. In seinem 1968 erschienenen Buch *„Erinnerungen an die Zukunft"* – dem ersten von 26 weiteren mit einer Gesamtauflage von über 60 Millionen – behauptet er, daß vor Jahrtausenden Außerirdische („Götter") auf die Erde kamen, mit den Menschen Kontakt aufnahmen, an ihnen genetische Manipulationen durchführten, den Grundstein der menschlichen Zivilisation legten und einmal wieder zu uns zurückkehren werden. Er glaubt, Spuren der Außerirdischen bei den *Mayas*, den *Inkas*, in *Ägypten* und in *Indien* gefunden zu haben, konnte aber bisher dafür keine stichhaltigen Beweise vorlegen. Die Rückkehr der Außerirdischen datiert er neuerdings auf das Jahr 2012, das er aus dem „hundertprozentig richtigen" Mayakalender ermittelt hat. *UFOs (Unbekannte Flugobjekte)* hat *Däniken* bisher nicht finden können: „Ich werde das Gefühl nicht los, wenn ich auftauche, dann hauen die ab". Kritiker weist er ab: „Hier geht es um Wissen, nicht um Glauben".

Ungeachtet des Termins 2012 meint er, wir würden in spätestens 10 Jahren Nachrichtensignale der „Götter" aus dem Weltall empfangen und eindeutige außerirdische Spuren auf der Erde finden. Wenn man einmal als Gaudi-Idee annimmt, die „Götter" würden 2012 wieder zu uns kommen und ihr Raumschiff hätte eine sehr hohe Geschwindigkeit gleich der Hälfte der Lichtgeschwindigkeit, so müßte dieses Raumschiff zur Zeit noch etwa 3 Lichtjahre von uns entfernt sein. In dieser, astronomisch gesehen, relativ kleinen Distanz zur Erde, sollten wir eigentlich ihre Nachrichtensignale, die sie vielleicht für ihre Kommunikation benutzen, schon jetzt auf der Erde detektieren können. Davon kann aber keine Rede sein. Aus diesen und anderen Gründen müssen wir die Werke von *Erich von Däniken* in die Kategorie der Science-Fiction-Literatur einordnen, die mit den Methoden des wissenschaftlichen Erkenntnisgewinns nichts zu tun haben. Seine Bücher sind phantasievolle, durchaus ansprechende Romane der Unterhaltungsliteratur, vollgestopft mit pseudowissenschaftlicher Spekulation – nicht mehr und nicht weniger.

Über die bereits erwähnten *UFOs* gab es in den letzten 60 Jahren eine Flut von Büchern und Berichten. Es begann, als am 26. Juni 1947 die *Los Angeles Times* in den *USA* von einem Amateurpiloten berichtete, der über dem Westen von *Washington* neun helle Flugobjekte beobachtet haben wollte. Sie seien in 3.000 m Höhe mit einer Geschwindigkeit von etwa 1.500 km pro Stunde vorübergeflogen. Der Pilot beschrieb sie als leuchtend und „untertassenähnlich". Seitdem werden solche unbekannten fliegenden Objekte (UFOs) vom Volksmund *„Fliegende Untertassen"* genannt. UFOs werden meist als elliptische, kugel- oder scheibenförmige, in seltenen Fällen auch als zigarren- oder zylinderförmige Erscheinungen gesehen. Ihr Aussehen wird oft als weiß leuchtend, metallisch glänzend oder in verschiedenen Farben feurig strahlend beschrieben. Von den Eigenschaften der UFOs wird Unglaubliches erzählt: Völlige Lautlosigkeit, unvorstellbare Geschwindigkeiten, unirdische Manövrierfähigkeit, anscheinend schwereloses Verhalten, plötzliches Erscheinen und Verschwinden, Zickzackbewegung wie beim Insektenflug; Beschleunigung, Verzögerung und plötzliche Änderungen der Flugrichtung, wie sie kein irdisches Lebewesen aushielte; Beobachtungsmöglichkeiten meist nur für wenige Minuten.

Ab 1955 beschäftigte sich die *Air Force* der *USA* und ab 1969 eine Gruppe von Wissenschaftlern unter der Leitung von *Edward Condon* mit dem UFO-Phänomen. Beide Gruppen kamen zu dem Ergebnis, daß etwa 90% aller UFO-Beobachtungen auf leicht erklärbare, triviale Ursachen, wie Wetterballons, Flugzeuge, Himmelskörper, meteorologische Erscheinungen oder Vögel zurückzuführen waren. Die restlichen 10% der angeblichen

UFOs könnten auch *endogene* (also von unserem Gehirn und optischen System erzeugte) *Lichterscheinungen* sein, die wir auch *Phosphene* nennen. Solche subjektiven Lichterscheinungen können unter den verschiedensten Bedingungen entstehen. Beispiele sind das Flimmerskotom (ein bei offenen oder geschlossenen Augen erscheinender, leuchtender gezackter Kreisbogen, der auf Durchblutungsstörungen beruht), die Druck- und Beschleunigungs-Lichtmuster, hypnagoge (Halbschlaf-) Lichtmuster, Halluzinationen bei Sinnesreizentzug, Übermüdung oder Fasten, Pareidolien (Trugbilder, die bei Betrachtung von Zufallsmustern, z.B. Wolken oder Zweigen, als deren Interpretation entstehen) sowie musikalische Synopsien (Farb- und Formgebilde, die beim Hören von Musik mit geschlossenen Augen erscheinen). Man kann darüber hinaus endogene Lichterscheinungen auch mit technischen Mitteln erzeugen. Eine dieser Methoden ist, daß man eine Versuchsperson über Schläfenelektroden mit schwachen elektrischen Rechteckimpulsen (Stromamplitude etwa 1 mA) im Bereich technischer Frequenzen (etwa 10 bis 100 Hz) reizt. Die Person sieht dann, wenn man die Impulsfrequenz stetig ändert, in bestimmten Frequenzbereichen *geometrische Muster*, z.B. in Form von Strichen, Kreisbogen, Kreisen und anderen Formen, als helle Strichfiguren auf dunklem Hintergrund. Auch ohne Schläfenelektroden können derartige Phosphene in elektrischen und magnetischen Wechselfeldern angeregt werden, Eine weitere Methode besteht darin, daß man Personen auf eine von hinten beleuchtete Trübglasscheibe blicken läßt und gleichzeitig über Schläfenelektroden mit schwachen elektrischen Rechteckimpulsen im Bereich technischer Frequenzen (etwa 10 bis 100 Hz) reizt. Die Personen sehen dann bei helladaptierten Augen in bestimmten Frequenzbereichen einen reproduzierbaren, dunklen, elliptischen Ring auf hellem Hintergrund. Die Ellipse hat eine horizontale Lage und wandert mit der Blickrichtung ruckartig weiter. Mit dieser Kopplung an die Blickrichtung wären das anscheinend schwerelose Verhalten, die großen Geschwindigkeiten, die Zickzackbewegung und die ruckartige Beschleunigung und Verzögerung der UFOs erklärbar, wenn man sie als endogene Lichterscheinungen interpretieren würde.

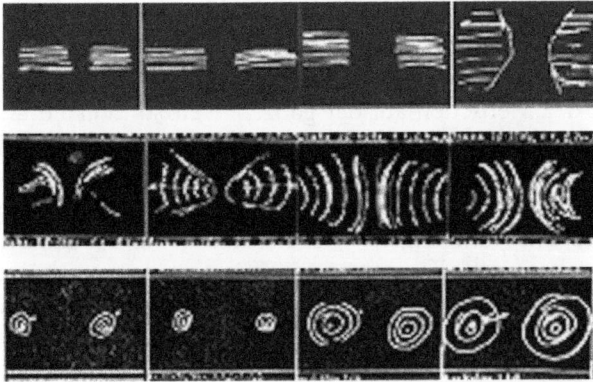

Fig. 2.12: Phosphene in Form geometrischer Muster, die bei elektrischer Reizung des Gehirns von Versuchspersonen mittels Schläfenelektroden erzeugt wurden. Die elektrischen Reize waren in diesem Fall Rechteckimpulse mit einer Stromamplitude von etwa 1 mA (= ein Tausendstel Ampere), die noch keine Prickelempfindungen bei den Versuchspersonen auslösten und völlig ungefährlich waren, weil die Impulse mit batteriebetriebenen Reizgeneratoren erzeugt wurden. Jedes gezeigte Rechteck enthält das von jeweils einer Person wahrgenommene und nach dem Versuch aufgezeichnete Phosphen.

Auf den endogenen Ursprung nicht trivial erklärbarer UFOs weist auch der schweizer Psychologe *Carl Gustav Jung (1875 – 1961)* hin. Er bezeichnet die UFOs als eine durch ungewöhnliche Emotion entstandene Erscheinung, die den Kollektivvisionen verwandt sei. Namentlich runde Körper seien Formen, wie sie das Unbewußte in Träumen und Visionen hervorbringe. Aus dem Gesagten wird deutlich, daß wir die Fähigkeiten unseres optischen Wahrnehmungssystems mit Vorsicht beurteilen müssen. Wir dürfen nicht alles, was unser optisches System unserem Gehirn als gesehenen äußeren Gegenstand mitteilt, für bare Münze nehmen. Es könnte nämlich auch ein vorgegaukeltes Bild ohne realen Hintergrund sein.

Schlußwort zum 20. Jahrhundert

Dieses letzte Jahrhundert des zweiten Jahrtausends nach Christus brachte der Mehrheit der Menschen auf der ganzen Welt so radikale und einschneidende Veränderungen wie keines der Jahrhunderte vorher. Die geradezu explosionsartige Steigerung unserer wissenschaftlichen Kenntnisse und deren massenhafte Umsetzung in nützliche Verfahren und Produkte verbesserte die Lebensbedingungen vieler Menschen auf der ganzen Welt. Sie verschärften aber auch die Gegensätze zwischen den vergleichsweise reichen Industrieländern und den viel ärmeren Entwicklungsländern. Wissenschaft und Technik des 20. Jh. konnten nicht verhindern, daß am Ende dieses Jahrhunderts immer noch Millionen Kinder an Hunger und Seuchen sterben und daß rund 1,5 Milliarden (!) Menschen kein sauberes Trinkwasser zur Verfügung haben. bzw. unter Nahrungsmangel leiden. Sie konnten auch nicht verhindern, daß in den beiden Weltkriegen etwa 70 Millionen und in vielen weiteren Kriegen danach nochmals viele Millionen Menschen getötet, gequält oder aus ihrer Heimat vertrieben wurden. Trotz dieser Schreckensbilanz geben die Regierungen vieler Länder insgesamt jährlich rund 1.000 Milliarden USD (!) für Waffenkäufe aus. Im Vergleich dazu kann man die Ausgaben der Industrieländer für die weitere Aufklärung der Struktur der Materie mit Hilfe sehr teurer Teilchenbeschleuniger und die Erforschung des Universums mit kostspieligen Raumsonden und Teleskopen als hinnehmbar bewerten. Man muß sich aber schon fragen, ob das erklärte Ziel der US-Raumfahrt, Menschen auf dem Mars abzusetzen und pro abgesetztem Astronauten einige 10 Milliarden USD aufzuwenden, richtig und verantwortbar ist – angesichts der wirtschaftlichen, sozialen und gesellschaftlichen „Wüste" (nach *Papst Benedikt XVI.*), die wir auf der ganzen Welt antreffen. Hinzu kommt, daß wir weltweit mit einer Klimakatastrophe rechnen müssen, deren erste Anzeichen wir heute schon sehen und die wir möglicherweise nicht mehr verhindern können. Dennoch sollten wir in unseren Bemühungen nicht nachlassen, unseren Kindern und Enkeln eine friedlich bewohnbare, gesunde Welt zu hinterlassen.

2.6 Die Gegenwart

Unser Streifzug durch die Entwicklungsgeschichte der Technischen Zivilisation hat uns vor Augen geführt, daß die Menschheit einen mühsamen und langwierigen Weg zu gehen hatte, bis aus den mit Steinwerkzeugen hantierenden, umherwandernden Jägern und Sammlern vor etwa 11.000 Jahren die ersten seßhaften, Haustiere züchtenden und Feldfrüchte kultivierenden Bauern wurden und frühe Stadtsiedlungen entstanden. Diese 11.000 Jahre machen nur etwa 0,3% der gesamten Menschheitsgeschichte von rund 4 Millionen Jahren aus. Unsere weltweit sich ausbreitende Technische Zivilisation nahm gar erst in den letzten 400 Jahren, d.h. in 0,01% dieser langen Periode, ihre gegenwärtige Form an. *Angesichts der Errungenschaften insbesondere des 20. Jh. hätte man eigentlich hoffen und auch mit einem gewissen Recht erwarten dürfen, daß die große Mehrheit der jetzt lebenden rund 6,7 Milliarden Menschen ihre elementarsten Grundbedürfnisse wie sauberes Wasser, genügend Nahrung, eine menschenwürdige Behausung und ein ausreichendes Einkommen aus eigener Erwerbsarbeit befriedigen können. Diese Hoffnung erwies sich für rund zwei Drittel der Menschheit als Illusion. Egoismus und Gier verhindern bis heute und auch für die Zukunft eine gerechtere Ausnutzung der Ressourcen unserer Welt und eine menschenwürdige Mindestversorgung Aller. Mit Recht sprach daher Papst Benedikt XVI. von der heutigen Welt als einer „Wüste".*

Armut und Reichtum in unserer gegenwärtigen Welt

Viele Fakten deuten darauf hin, daß wir in einer Art „Endzeit" leben. Wir sehen einen steilen Anstieg der Weltbevölkerung in den letzten 200 Jahren von 1 auf 6,7 Milliarden Menschen. Allein im 20. Jh. hat sich die Menschheit vervierfacht. In jeder Sekunde kommen momentan 2,6 Menschen dazu, das wäre alle 14 Jahre eine weitere Milliarde. Derzeit leben rund 5,8% aller Menschen, die jemals geboren wurden. Die Wachstumsrate beträgt zurzeit 1,3% pro Jahr, wobei die Entwicklungsländer mit 1,6% etwa das Fünffache im Vergleich zu den Industrieländern mit 0,3% aufweisen. Das Durchschnittsalter der Weltbevölkerung beträgt rund 27,6 Jahre! Die durchschnittliche Lebenserwartung liegt heute bei 75 Jahren für die Industrie- und 63 Jahren für die Entwicklungsländer Nur rund ein Viertel der Menschheit lebt in den Industrieländern. Ältere Schätzungen gehen davon aus, daß die Weltbevölkerung bis etwa 11 Milliarden ansteigen und dann stagnieren wird. Neueste Prognosen besagen, daß in ca. 50 Jahren ein Maximum von 8 bis 9 Milliarden erreicht wird. In den folgenden 100 Jahren sollte die Bevölkerung wegen Überalterung und Rückgang der Geburtenraten wieder deutlich sinken. Fest steht: Schon jetzt ist die ausreichende Versorgung mit Nahrung in den ärmsten Ländern ein großes Problem. Dort hungern über 800 Millionen Arme, von denen täglich 24.000, drei Viertel davon Kinder, an Unterernährung sterben.

Weltweit sind nach Schätzungen der *UNO* etwa eine Milliarde Menschen ohne angemessene Behausung. Rund 1,2 Milliarden Menschen leben in bitterster Armut. Sie haben gerade mal einen Dollar pro Tag oder sogar weniger zur Verfügung! In *Äthiopien*, *Uganda* und *Nicaragua* trifft dies für 82% der Bevölkerung zu. In ganz Afrika hat sich die Anzahl der Ärmsten in den letzten zehn Jahren auf 300 Millionen glatt verdoppelt. Setzt man als Armutsgrenze 2 Dollar je Tag fest, so gilt fast die Hälfte der Weltbevölkerung als arm. Das reichste Fünftel der Menschheit verdient heute 75-mal mehr als das ärmste. Im Jahr 1960 war das Verhältnis 30:1, also nicht einmal halb so hoch. Das Internationale Arbeitsamt zählte 2003 weltweit 186 Millionen Arbeitslose und 1,4 Milliarden *„working poor"*, also Arbeitende, deren Einkünfte unterhalb der Armutsgrenze lagen.

Armut wird von der *Europäischen Union (EU)* allgemein als Lebenssituation definiert, wo Menschen das Geld fehlt, um ein minimal notwendiges Niveau der Ernährung, Kleidung, Bildung, Gesundheitsvorsorge und des Wohnens zu gewährleisten. Dies hängt vom durchschnittlichen Lebensstandard der jeweiligen Gesellschaft ab. Nehmen wir als Beispiel *Deutschland*, dessen gesellschaftliche Situation mit vielen anderen Industrieländern vergleichbar ist. Im Jahr 2003 lag die *Armutsgrenze in Deutschland* bei 938 Euro (= 60% des mittleren Einkommens pro Kopf). Nach dieser Norm galten in Deutschland 1998 12%, 2003 14% und 2005 17,3% der Bevölkerung als arm. Mehr als 11 Millionen Menschen lebten 2003 unter der Armutsgrenze und fast 3 Millionen von Sozialhilfe, darunter 1,5 Millionen Kinder. Jeder fünfte deutsche Haushalt lebt unter der Armutsgrenze und jeder 12. Haushalt, d.h. rund 8% oder über 3 Millionen der 38,7 Millionen Haushalte, sind überschuldet. Armut trifft vor allem Kinder, Alte, Behinderte, Arbeitslose, allein erziehende Mütter mit ihren Kindern (mehr als ein Drittel von allen), Familien mit mehr als drei Kindern (19% von allen), chronisch Kranke, Obdachlose und „Migranten". Rund 15% der Kinder unter 15 Jahren und 19% der Jugendlichen zwischen 16 und 24 Jahren sind arm.

Ihre Zahl wächst stärker als in allen anderen Industrieländern. Dazu eine Nachricht des Bayerischen Rundfunks im Juli 2006: „2,5 Millionen Kinder und Jugendliche leben unter der Armutsgrenze, d.h. vom Sozialhilfesatz. Dies bedeutet eine Verdopplung innerhalb von zwei Jahren. Arme Kinder haben eine viel geringere Chance auf eine gute Ausbildung". Nahezu jedem dritten Bürger droht Verarmung im Alter. Zurzeit betrifft Altersarmut etwa 11,5% der Bevölkerung. Die Zahl der infolge Armut obdachlos gewordenen Menschen in Deutschland schätzte man schon in den 1990er Jahren auf mehr als 460.000. Wie von einer anderen Welt klingen dazu Kommentare von manchen Politikern: „Deutschland ist ein reiches Land". Es kommt halt nur darauf an, zu welcher Bevölkerungsgruppe man gehört.

Seit 1995 hat sich die Einkommensverteilung in Deutschland nicht wesentlich verändert. Das reichste Zehntel der Menschen verdient siebenmal mehr als das ärmste Zehntel oder anders gesagt: Das reichste Zehntel erhält 22% des Nettovolkseinkommens und das ärmste Zehntel nur 3,2%. Im Jahr 1995 gab es in Deutschland rund 7200 und 2005 12.400 Euro-Einkommensmillionäre mit einem Durchschnittseinkommen von etwa 2,7 Millionen € pro Jahr. Ihr Anteil am Volkseinkommen war 3,4% verglichen mit 3,3% von 6,2 Millionen Bürgern mit Einkünften unter 10.000 €.

Ähnlich ist es bei den Vermögensverhältnissen. Das Vermögen der privaten Haushalte betrug 2004 rund 5 Billionen €, das waren rechnerisch rund 133.000 € pro Haushalt. Dieses Gesamtvermögen ist extrem ungleich verteilt: Während die unteren 50% der Haushalte weniger als 4% des gesamten Volksvermögens haben, verfügen die reichsten 10% über knapp 47% des Vermögens. Rund 1,6 Millionen Bürger besaßen 2005 mehr als 500.000 €, das ist eine halbe Million Menschen mehr als 1998. 3,7 Billionen € beträgt das private Geldvermögen der reichsten 10 Prozent. 1,3 Billionen beträgt das private Geldvermögen der reichsten 4 Prozent.

Etwa 100 Milliardäre gibt es derzeit in Deutschland; die einsame Spitze bilden die beiden Brüder Albrecht, Besitzer der Ladenketten Aldi Nord und Aldi Süd, mit einem gemeinsamen Vermögen von rund 31 Milliarden €! Ungefähr 760.000 Bürger sind Vermögensmillionäre. Diese Geldvermögen werden jährlich mit ca. 70 Milliarden € Zinsen bedient. Davon kommen direkt aus dem Staatshaushalt ca. 40 Milliarden jährlich. Diese Zinsen müssen erarbeitet werden und sind ein Hauptgrund dafür, daß die Reichen immer reicher und die Armen immer ärmer werden. Die Schere zwischen

„Arm" und „Reich" öffnet sich immer weiter. Nach der Abschaffung des rund 1500 Jahre währenden Feudalsystems des reichen Adels am Anfang des 20. Jh. haben wir noch keine 100 Jahre später ein neues „Feudalsystem" der „Besitzaristokratie". Mit der Behauptung, Deutschland sei ein „reiches Land", wo es der großen Mehrheit gut gehe, wird leider übersehen, daß auch die Menschen, die zwar nicht arm sind, aber nur zwischen 60 und 80% des Durchschnittseinkommens haben, sich bei weitem nicht so viel leisten können wie das obere Drittel.

Vergleichbare Armutsverhältnisse finden wir in praktisch allen „wohlhabenden" Industrieländern. Dazu nur einige Beispiele: Österreich hatte 2003 mit 13,2% über eine Million „Armutsgefährdete" und 6% akut Arme; die reichsten 10% hatten rund 70% des Gesamtvermögens. In der *Schweiz* lebt rund eine Million Arme. Auch in *Großbritannien* ist der Wohlstand extrem ungleich verteilt. Zu Beginn dieses Jahrtausends besaß ein Prozent der Bevölkerung 23% des gesamten Volksvermögens. Gleichzeitig lebten 12,4 Millionen Briten unterhalb der Armutsgrenze, das sind 22 Prozent der Bevölkerung. Jedes dritte Kind (in Deutschland jedes fünfte Kind) gilt als arm. In den *USA, dem „reichsten Land der Welt"* gelten 12,7% der Menschen, das sind 37 Millionen, als arm; 46 Millionen Menschen haben dort keine Krankenversicherung; 30 Millionen Menschen leiden Hunger, darunter 14 Millionen Kinder! Die US-Regierung weigert sich hartnäckig, das *Menschenrecht auf Nahrung* anzuerkennen, wie es schon 134 Staaten getan haben.

Generell haben Formen der Verelendung in den letzten Jahren in allen Industrieländern deutlich zugenommen. In zahlreichen Berichten stellen Soziologen fest, daß das soziale Klima in Deutschland rauher wird. Eine von zunehmender Armut und Ungleichheit betroffene Gesellschaft zeichnet sich ab. „Die zunehmende Verlagerung von Arbeitsplätzen in Billiglohnländer wird zu einer weiter steigenden Arbeitslosigkeit und Armut in Deutschland führen. Einschnitte im sozialen Bereich und die Erhöhung der Mehrwertsteuer werden die Lage weiter verschärfen. Mehr als 50% der Bevölkerung sind mit ihrer Lebenssituation und ihren Zukunftsaspekten unzufrieden.

Noch schlimmer als in Deutschland und in vielen Ländern der Welt sieht die wirtschaftliche Lage in den USA aus, der immer noch größten Wirtschaftsmacht der Erde". In den USA, dem „reichsten Land der Welt" gelten

12,7% der Menschen, das sind 37 Millionen, als arm; 46 Millionen Menschen haben dort keine Krankenversicherung; 30 Millionen Menschen leiden Hunger, darunter 14 Millionen Kinder! Die US-Regierung weigert sich hartnäckig, das Menschenrecht auf Nahrung anzuerkennen, wie es schon 134 Staaten getan haben.

Die USA haben bis heute gigantische Staatsschulden in Höhe von 14 Billionen USD angehäuft, davon allein 12 Billionen in den letzten 30 Jahren. Die Bush-Administration hat mehr Schulden gemacht als alle früheren Regierungen seit 1776 zusammen. Allein der Irakkrieg kostete bisher über 500 Milliarden USD. Das ist das Vierfache dessen, was die USA für ihren Einsatz im zweiten Weltkrieg ausgeben mußten. Zu den Staatsschulden kommen noch 37 Billionen USD Schulden von den Bundesstaaten, Kommunen und Privathaushalten hinzu. Das sind 336% des jährlichen Bruttoinlandsprodukts.

Das Haushaltsdefizit der USA betrug 2005 rund 300 Milliarden USD und 2006 etwa 400 Milliarden. Das Außenhandelsdefizit hat sich auf 700 Milliarden USD erhöht. Um alle Zahlungen leisten zu können, druckt die US-Notenbank massenhaft Geldscheine. Zwischen 1995 und 2004 erhöhte sich die Geldmenge von 4,3 auf 9,5 Billionen USD. Analysten sehen auf die USA eine Inflation ungeahnten Ausmaßes zukommen. Durch Anheizen der Inflation und eine nachfolgende Währungsreform können sich die USA, aber auch Deutschland und andere Länder mit einem Schlag von den immensen Staatsschulden befreien. Die Zeche zahlt wie in der Vergangenheit immer das Volk. Der Vorsitzende des US-Rechnungshofs, David Walker: „Man kann die Vereinigten Staaten mit dem Römischen Reich direkt vor dem Zusammenbruch vergleichen. Der finanzielle Zustand ist schlimmer als angekündigt".

Die Krise des US-Hypothekenmarkts, die zu einem weltweiten Bankendebakel führte, ist ein deutliches Warnsignal. Was auf die USA und Deutschland zutrifft, gilt in entsprechender Weise für alle großen Industrienationen der Welt. Jahrzehntelang haben sich die Regierungen Geld von den kommenden Generationen gepumpt. Jetzt stehen alle vor der Periode der Abrechnung. Wenn – ausgelöst durch die USA – die Finanz- und Währungssysteme der Welt zusammenbrechen, werden nicht zukünftige Generationen, sondern wir heute Lebenden die Zeche zu bezahlen haben.

Generell haben Formen der Verelendung in den letzten Jahren in allen Industrieländern deutlich zugenommen. In zahlreichen Berichten stellen Soziologen fest, daß das soziale Klima in Deutschland rauher wird. Eine von zunehmender Armut und Ungleichheit betroffene Gesellschaft zeichnet sich ab. „Die zunehmende Verlagerung von Arbeitsplätzen in Billiglohnländer wird zu einer weiter steigenden Arbeitslosigkeit und Armut in Deutschland führen. Einschnitte im sozialen Bereich und die Erhöhung der Mehrwertsteuer werden die Lage weiter verschärfen. Mehr als 50% der Bevölkerung sind mit ihrer Lebenssituation und ihren Zukunftsaspekten unzufrieden.

Ungleich sind auch die Bildungschancen. Kinder aus begüterten und gebildeten Schichten haben eine neunmal so große Chance, das Gymnasium zu besuchen, wie Arbeiterkinder. Deutschland ist keine sozial homogene Gesellschaft mehr. Beim subjektiven Wohlbefinden liegen die Deutschen im europäischen Vergleich im hinteren Drittel".

Seit Januar 2005 gilt in Deutschland „Hartz IV". Dadurch erhält jede bedürftige oder arbeitsfähige Person nach einem Jahr Arbeitslosigkeit das „Arbeitslosengeld II". Sozialhilfe bekommt nur, wer nicht selbst für seinen Unterhalt sorgen kann. Für eine alleinstehende Person sind das 345 € in West- und 331 € in Ostdeutschland. Hinzu kommen die Miet- und Mietnebenkosten. 2005 lebten 1,58 Millionen Kinder und Jugendliche unter 15 Jahren in einer Hartz IV-Familie. Durch das Arbeitslosengeld II und eine geringere staatliche Unterstützung werden arbeitslose Menschen noch schneller in die Armut gedrängt. Infolge der Gesundheitsreform und der Rentenkürzung verstärkt sich diese Gefahr auch für alte Menschen.

Man muß sich dabei klarmachen, daß die Armen und „Sozial Schwachen" nicht freiwillig, sondern unter dem Druck der für sie katastrophalen gesellschaftlichen Verhältnisse in ihre Notsituation geraten sind. Arbeitslosigkeit, Krankheit und Überschuldung sind einige der Gründe für den finanziellen und gesellschaftlichen Absturz Vieler. Die persönliche Gestaltungsfreiheit dieser Menschen ist auf ein extremes Minimum geschrumpft, weil dafür die Mittel fehlen. Denn Gestaltungsfreiheit und überhaupt Freiheit des Lebens kosten Geld, sehr viel Geld.

Ganz anders stellt sich die Lebenssituation für die oberen 20 Prozent der Gesellschaft dar, die es „geschafft haben". Sie haben durch Fleiß, eine gute Ausbildung, Tüchtigkeit, Können, Glück und Beziehungen oder auch durch eine reiche Erbschaft ein genügend großes Vermögen erworben, das ihnen zeit ihres Lebens ein sorgenfreies, komfortables Leben – eventuell sogar „in Saus und Braus" – erlaubt. Ihr Einkommen ist meist bedeutend größer, als sie für ein komfortables Leben benötigen. Ein Teil ihres überschüssigen Einkommens wird für große Reisen, eine Zweit- oder Dritt-Wohnung, in Einzelfällen auch für eine Yacht oder ein Privatflugzeug ausgegeben, der Rest wird als Kapitalanlage ertragreich eingesetzt. Diese Menschen verfügen über eine optimale Gestaltungsfreiheit ihres Lebens, die zwar viel Geld kostet, aber Geld ist genügend vorhanden. Ihr Leben unterliegt keinerlei äußerem Zwang, sofern sie gesetzestreu sind und ihre Steuer- und Abgabenpflicht erfüllen. Die Väter des Grundgesetzes, das am 23. Mai 1949 veröffentlicht wurde, haben dazu in Artikel 14.1 lediglich festgestellt: *Das Eigentum und das Erbrecht werden gewährleistet.* Inhalt und Schranken werden durch die Gesetze bestimmt; und in 14.2: *„Eigentum verpflichtet"* – man könnte hier ergänzen: „zu gar nichts". Völlig unverbindlich heißt es weiter in Artikel 14.2: *„Sein Gebrauch soll zugleich dem Wohle der Allgemeinheit dienen".* Die Verfasser des Grundgesetzes haben damit der Gesellschaft eigentumsrechtliche Fesseln angelegt, die zwangsläufig genau zu dem führen mußten, was heute von vielen beklagt wird: das Auseinanderdriften der Vermögens- und Einkommensverhältnisse in Deutschland ebenso wie in allen marktwirtschaftlich strukturierten Ländern der Welt.

Das Gesagte macht deutlich, daß sich in der kapitalistischen „Freien und Sozialen Marktwirtschaft", die in den meisten Ländern der Welt vorherrscht, regelmäßig drei Bevölkerungsschichten bilden: eine dünne reiche Oberschicht, eine Mittelschicht und eine große, arme oder sozial schwache Unterschicht. Während die Ober- und Mittelschicht relativ frei von Zwängen ihre Lebensumstände selbst bestimmen können, ist das Leben der Unterschicht, des *„Prekariats",* durch äußere, meist nicht selbst zu verantwortende Umstände, d.h. durch Zwang, geregelt.

Es ist diese *Asymmetrie des Zwangs,* welche die Struktur aller kapitalistischen, marktwirtschaftlich orientierten Gesellschaften in unserer heutigen Welt kennzeichnet. Für sie gilt das *„Scherengesetz",* daß die „Schere" zwischen arm und reich sich automatisch von Jahr zu Jahr immer weiter öffnet. *In allen kapitalistischen Gesellschaften wird nicht anerkannt, daß Reichtum kein Menschenrecht, sondern im Grunde eine Brutalität gegenüber denen ist, die nichts oder fast nichts haben.*

Die *Asymmetrie des Zwangs* hat im Lauf der Menschheitsgeschichte immer früher oder später zum Untergang von Gesellschaften geführt, in denen der Zwang etabliert war. Es begann in den alten Kulturen schon 3000 Jahre v.

Chr. mit der Gliederung der Gesellschaft in Freie und Sklaven. Der Befreiungskampf der Sklaven dauerte fünf Jahrtausende, bis schließlich im 18. und 19 Jh. die Sklaverei überall auf der Welt offiziell endgültig abgeschafft wurde – auch wenn sie inoffiziell an manchen Orten noch verdeckt weiterbesteht. Es setzte sich fort in den feudalen Herrschaftssystemen vom Altertum bis in die Neuzeit mit dem absoluten und totalen Machtanspruch von Grafen, Fürsten, Königen und Kaisern, aber auch Fürstbischöfen und Äbten, denen sich die wehrlosen „Untertanen" zu fügen hatten. Jahrtausende dauerte der Kampf, bis schließlich in den meisten Ländern der Welt der weltliche und geistliche Adel entmachtet und das Volk als Souverän in demokratisch strukturierten Systemen anerkannt war.

Auch dem Kommunismus in Rußland, dem größten, fehlgeschlagenen, sozialen Experiment der Menschheitsgeschichte, der die unumschränkte Herrschaft des klassenlosen Volkes anstrebte, gelang es nicht, die *Asymmetrie des Zwangs* zu vermeiden. Das Ergebnis war sein Untergang. *In milderer Form sehen wir diese Asymmetrie des Zwangs auch in den heutigen kapitalistischen Gesellschaften, in denen – angetrieben durch das Räderwerk des extrem auf Gewinnmaximierung aller Marktteilnehmer ausgerichteten Wirtschaftssystems – die Schere zwischen Arm und Reich immer weiter auseinanderklafft. Die tägliche Maxime wirtschaftlichen Handels lautet eben nicht: „Wie viele Mitarbeiter und Kunden habe ich heute wieder glücklich gemacht"?, sondern: „Welchen Profit hat mir der heutige Tag gebracht"?* Wenn in den nächsten Jahrzehnten durch geordnete Maßnahmen der gesamten Gesellschaft diesem Erosionsprozeß nicht Einhalt geboten und ein allmähliches Schließen der Schere erreicht wird, kann man schon heute das Verschwinden der kapitalistischen Marktwirtschaft jetziger Prägung in den nächsten Jahrzehnten vorhersagen.

Mit völlig falschen Mitteln, nämlich mit Gewalt, haben junge Leute – darunter viele Studenten – 1968 vergeblich versucht, gegen das ihrer Meinung nach ungerechte Wirtschafts- und Sozialsystem der Bundesrepublik zu rebellieren. Noch schärfer und gewalttätiger hat in den 70iger Jahren die RAF mit einer Reihe von Mordanschlägen die rechtsstaatliche Ordnung bedroht. Sie sind erwartungsgemäß und zu Recht gescheitert, weil brutale Gewalt kein Mittel ist, um eigene gesellschaftliche Vorstellungen gegenüber der von der Mehrheit der Bevölkerung gewollten Ordnung durchzusetzen.

Deutschland – ein Schuldenstaat

Die Politiker in Deutschland und in vielen anderen Ländern der Welt haben keine leichte Aufgabe. Sie sollen die Haushaltsdefizite der öffentlichen Kassen reduzieren, die öffentlichen Schuldenberge abbauen, die Arbeitslosigkeit deutlich und nachhaltig verringern helfen, soziale Mißstände beseitigen, die sozialen Sicherungssysteme reformieren, Interessenkonflikte zwischen Bevölkerungsgruppen ausgleichen, den sozial Schwachen unter die Arme greifen und darüber hinaus außenpolitisch den Frieden und Schutz vor Terror gewährleisten. Der Bürger erwartet also recht viel von Staat und Politik.

Der Staat wird primär definiert als die Gesamtheit von Bürgern, die auf einem durch anerkannte Grenzen definierten Staatsgebiet leben. Die finanziellen Mittel, die für die Bewältigung aller Gemeinschaftsaufgaben benötigt werden, erhält der „Staat" von allen erwerbstätigen Bürgern, die laut Gesetz verpflichtet sind, einen individuell festzulegenden Teil ihrer Einkünfte in Form von Steuern und Abgaben abzuliefern. Im engeren finanziellen Sinn ist also „der Staat" die Gemeinschaft aller steuerpflichtigen Bürger zusammen mit der staatlichen Verwaltung, die – gegliedert in die Verwaltungsbereiche „Bund, Länder und Gemeinden" – das Geld einnimmt und über die Ausgaben entscheidet. Im Kern ist also „der Staat" diejenige auf Zeit gewählte Gruppe von Mitbürgern, denen die Bewältigung und Finanzierung der Gemeinschaftsaufgaben in Bund, Ländern und Gemeinden übertragen ist. Die Steuern und Abgaben aller Bürger fließen also in eine *öffentliche – also unsere – Gemeinschaftskasse aller Bürger (GAB)*, die in drei Fächer unterteilt ist: eines für den Bund und die beiden anderen für die Länder bzw. Gemeinden.

Warum scheuen wir uns davor, die wesentlichen Gemeinschaftseinrichtungen aller Bürger beim Namen zu nennen. Statt *Gemeinschaftskasse aller Bürger (GAB)* benutzen wir alle die seltsamsten Bezeichnungen. Wir sagen zum Beispiel: *„Bund, Länder und Gemeinden", „die öffentliche Hand", „der Fiskus", „die Staatskasse", „der Staat", „Vater Staat"* oder noch toller *„Väterchen Staat"*. Statt solcher Schaumschlägerei sollten wir alle immer sagen, worum es geht, nämlich um die *Gemeinschaftskasse aller Bürger*, also um *unser eigenes Geld*, das für Gemeinschaftsaufgaben zur Verfügung steht. Wie wenig wir das bisher verinnerlicht haben, zeigen immer wieder Zeitungsberichte, in denen gesagt wird, der Finanzminister könne sich freuen, weil die Steuereinnahmen um zwei Milliarden € steigen. Pustekuchen: Nicht in erster Linie der Finanzminister, sondern wir alle können uns freuen, weil das zusätzliche Geld in unsere Gemeinschaftskasse fließt, die allen Bürgern gemeinsam gehört. Um die Situation noch transparenter zu machen, wäre es sinnvoll, anstelle von „Steuern" den Begriff „*Mitbürgerabgabe (MAG)*" zu verwenden, denn genau darum handelt es sich. Steuern sind immer Abgaben von Bürgern, in deren Auftrag gewählte Verantwortliche Gemeinschaftsaufgaben wahrnehmen.

Weil das so ist, sollten bei der Entnahme von Geld aus der Gemeinschaftskasse strengste Maßstäbe gelten. Der Personenkreis, der dieses tun darf, sind unsere mehrheitlich und befristet gewählten Politiker, die in Parlaments- und Ratssitzungen über Ausgaben entscheiden, um damit ihre von der Mehrheit unterstützte Politik umsetzen zu können. *Politik ist öffentliches Handeln auf Zeit gewählter Mitbürger auf der Suche nach der besten Lösung.* Viele Bürger unseres Landes haben den Eindruck, daß die besten Lösungen oder überhaupt irgendwelche Lösungen bei einer Reihe von gesellschaftlichen Problemen bisher nicht gefunden wurden. Schauen wir uns die Situation ein wenig näher an:

Die Gemeinschaftskasse aller Bürger ist seit Jahren nicht nur gähnend leer, sondern sie wird durch einen immensen Schuldenberg belastet, der inzwischen die unvorstellbare Höhe von 2.000 Milliarden € oder 2 Billionen € – eine Zahl mit 13 Stellen – erreicht hat. Die Schuldlast ist von weniger als 20% des Bruttoinlandsprodukts im Jahr 1970 auf rund 68% in 2005 gestiegen. Das entspricht jetzt 18.200 € pro Kopf der Bevölkerung. Allein die dem Bund zugeordnete Gemeinschaftskasse aller Bürger muß gegenwärtig fast 40 Milliarden €, rund 16% des Bundeshaushalts von über 250 Mrd. €, an Zinsen aufwenden. Auch die Gemeinschaftskassen der Länder und Gemeinden müssen jährlich Milliarden € an Zinsen abführen. Zwischen 1965 und 2002 überstieg die Summe der Zinsausgaben immer die Summe der Neuverschuldung. *Die Neuverschuldung deckte also nicht einmal die Zinszahlungen, eine Situation, die von der Bundesbank als „Teufelskreis der Schuldendynamik" bezeichnet wurde.* Nach Berechnungen des Bundes der Steuerzahler steigt die Gesamtverschuldung des Staates um mehr als 1.730 Euro je Sekunde (!) an. Es ist unser gemeinsames öffentliches Geld, das da jährlich als Zinszahlungen für Investitionen und bürgernahe Projekte verloren geht. Wir Bürger wissen nicht einmal, wer unser Geld eigentlich als Zinszahlungen bekommt und wem wir die 2.000 Milliarden € schulden. Es wäre schön, wenn wir einmal erfahren könnten, wer unsere Gläubiger sind. Vermutlich handelt es sich um nationale und internationale Fonds, Versicherungsgesellschaften, Banken und Kreditanstalten. Eine Rechnung des Bundes der Steuerzahler sagt aus, daß fast die Hälfte des geliehenen Kapitals aus dem Ausland stammt. Die Eigentümer und damit Kapitalgeber sind zum großen Teil vermögende Leute, die für ihr Kapital einen ordentlichen Ertrag erwarten. Was bei den öffentlichen Zinszahlungen also stattfindet, ist genau das, was unsere Politiker landauf landab lauthals beklagen und gern eindämmen möchten: eine fortwährende *immense Umverteilung „von Unten nach Oben"*. Denn für die laufenden Zinszahlungen werden naturgemäß die Steuern aller Bürger, also auch der Mittel- und Kleinverdiener, herangezogen. Selbst bei einer als Illusion zu wertenden jährlichen Rückzahlung von Schulden in Höhe von 15 Milliarden € bei gleichzeitiger Zahlung der jährlichen Zinsen würde unser Land 140 Jahre benötigen, bis die Schulden getilgt wären.

Im Jahr 2005 wurden die Menschen in 20 Ländern nach ihrer Einstellung zur kapitalistischen freien Marktwirtschaft befragt. Es verwundert nicht, daß die Menschen in den aufstrebenden Ländern Südostasiens mit hohem Wirtschaftwachstum wie *China, Indien* und *Südkorea* den Kapitalismus sehr positiv bewerten. In Ländern, die schlechte Erfahrungen mit dem Kapitalismus machten, z.B. in der *Türkei*, in *Rußland, Argentinien* und *Frankreich*, ist das Urteil deutlich negativer, am schlechtesten in *Frankreich*.

Warum sind unsere öffentlichen Gemeinschaftskassen seit Jahren leer? Es gibt viele Gründe: viel zu schwaches Wirtschaftwachstum, Kosten der Wiedervereinigung, Transferleistungen nach Ostdeutschland, dauerhaft hohe Arbeitslosigkeit und Sozialleistungen (auch an diejenigen, die kaum Sozialbeiträge eingezahlt haben), Überregulierung des Arbeitsmarkts und hoher Nettobeitrag für die Europäische Union sind nur einige der Ursachen. Ein anderer Faktor bleibt oft unbeachtet: Wenn der Steuerbetrag jedes einzelnen Steuerpflichtigen bei der monatlichen Gehaltszahlung einbehalten oder nach der Steuererklärung vom Konto abgebucht wird, ändert der betreffende Geldbetrag seinen Charakter. Vor der Steuerzahlung war das Geld persönliches Eigentum des Kontoinhabers und er wäre sinnvoll und sparsam damit umgegangen – wenn er es hätte behalten dürfen. Mit der Steuerzahlung entläßt der Kontoinhaber das personenbezogene Geld in *die Anonymität der öffentlichen Kasse*. Obwohl der Eigentümer dieser Kasse

bekannt ist, nämlich die Gemeinschaft aller Bürger, erhält das darin ange-
sammelte Geld den Beigeschmack des Anonymen. Denn nicht mehr die
das Geld Einzahlenden verfügen nun gemeinschaftlich und verantwortlich
darüber, sondern in den politischen Parteien organisierte Gruppen von
Mitbürgern, die durch Wahlen legitimiert, für einen gewissen Zeitraum die
Verwendung der Gelder bestimmen können. Die eigentlichen Geldgeber
werden dazu nicht mehr gefragt. Dieses System verleitet dazu, jedes Jahr
mehr öffentliches Geld auszugeben, als in den Kassen vorhanden ist. Einer
der Hauptgründe dafür ist, die Chancen zu verbessern, um am Ende einer
Wahlperiode wiedergewählt zu werden. Es gilt das, was *Richard von Weiz-
säcker* einmal so formuliert hat: Der Bürger und Steuerzahler kommt alle
vier Jahre aus einer Art politischer Gruft hervor, gibt bei der anstehenden
Wahl seine Stimme einer Partei für deren politisches Programm, das er oftmals gar nicht genau kennt, und kehrt dann wieder für weitere vier Jahre
zum Dornröschenschlaf in seine Gruft zurück. In diesen vier Jahren hat er
praktisch keine Einflußmöglichkeit mehr auf politische Entscheidungen.
In der Tat: Das gesetzmäßige ständige Subventionieren der öffentlichen
Kassen stellt immer eine teilweise Entmündigung des Bürgers dar, weil er
die freie Verfügung über einen Teil seiner Einkünfte verliert, über die laut
Gesetz andere Mitbürger, nämlich unsere Politiker, verfügen können. Von
Demokratie, also „Herrschaft des ganzen Volkes", kann hier keine Rede
sein. *Winston Churchill* sagte einmal: „Demokratie ist eine schlechte Herr-
schaftsform. Aber ich kenne keine bessere".

Politische Bemühungen um eine gerechtere gesellschaftliche Ordnung

2007 erwirtschaftete *Deutschland* pro Kopf ein Bruttosozialprodukt von ca.
28.000 USD und lag damit auf dem 13. Platz in der Weltrangliste hinter
*Luxemburg, Schweiz, Norwegen, Japan, Dänemark, den USA, Singapur und
Österreich.* Wir sind die drittgrößte Volkswirtschaft der Welt und zeitweise Exportweltmeister. Unsere Handelsbilanz weist regelmäßig hohe Über-
schüsse auf. Aus diesen und anderen Gründen wird Deutschland von seinen Politikern und wohlhabenden Bürgern immer noch als „reiches Land"
apostrophiert. Die extrem ungleiche Einkommens- und Vermögensver-
teilung unseres Landes läßt diese Aussage wie blanken Hohn erscheinen.
Unseren immer nur lächelnden oder sehr zufrieden dreinschauenden Politikern müßte eine Reihe von Fragen in den Ohren klingen, die immer mit
„Wieso eigentlich …" beginnen: Wieso eigentlich…

…brauchen wir alle so unheimlich viele öffentliche Verwaltungen wie Gemeinde/Stadtrat, Landrat; Kreisrat; Bezirksregierung, Landesregierung, Bundesregierung, Bundesrat, Parlament der Europäischen Union?

…ist es so schwierig, ein einfacheres Steuerrecht zu verwirklichen?

…sieht der Gesetzgeber nicht ein, daß keine neuen Arbeitsplätze entstehen, wenn man für Unternehmen und Unternehmer die Steuern massiv reduziert?

…erkennt der Staat nicht, daß die durchaus notwendige Förderung von Forschung und Entwicklung nicht zwangsläufig und massenhaft neue Arbeitsplätze schafft, sondern in erster Linie sicherstellt, daß vorhandene Arbeitsplätze erhalten und die neuen Produkte konkurrenzfähig bleiben?

…jammern unsere Politiker seit Jahren , daß unsere Wirtschaft wieder deutlich wachsen müsse, damit neue Arbeitsplätze entstehen können, aber keine Vorstellung haben, wie Wirtschaftswachstum entsteht?

…erkennen unsere Politiker offenbar nicht, daß zusätzliche Arbeitsplätze nur entstehen, wenn alle Anbieter von Waren und Dienstleistungen mehr Produkte absetzen können, weil die Kaufkraft der Masse dies ermöglicht?

…gibt es keine Diskussion darüber, daß wir seit vielen Jahren eine hohe Arbeitslosigkeit haben, weil die Reichen und Wohlhabenden in unserem Land zwar sehr viel Geld für Anschaffungen hätten, aber wohl schon das Meiste – manchmal doppelt oder dreifach – besitzen, während der großen Masse der Mittel- und Geringverdiener einfach das Geld fehlt, um ihren vorhandenen Bedarf an neuen Gütern und Dienstleistungen zu decken?

…sagte der Minister für Arbeit und Soziales im Sommer 2006 in einer Bundestagsdebatte, Stundenlöhne von 3 oder 4 € seien sittenwidrig, ohne auch die Stundenlöhne von Konzernvorständen, die eintausend und mehr € betragen können, als sittenwidrig zu brandmarken?

…läßt unsere Gesellschaft es zu, daß die Politiker in den letzten 50 Jahren einen so riesigen öffentlichen Schuldenberg anhäufen durften, ohne daß sie z.B. durch Kürzung ihrer Dienstbezüge und Pensionen wenigstens symbolisch dafür haftbar gemacht werden?

...können sich nicht alle politischen Parteien im Deutschen Bundestag in einem gemeinsamen Akt dazu durchringen, den unseligen Artikel 115 im Grundgesetz ersatzlos zu streichen, der den Staat zum Schuldenmachen geradezu einlädt, weil er lediglich vorschreibt, daß die jährliche Netto-kreditaufnahme die Summe der jährlichen Investitionen nicht übersteigen darf?

...machen wir uns nicht klar, daß alle Einkünfte eines jeden einzelnen Bürgers nicht durch eigenen Verdienst, sondern ausschließlich durch ein Zulassen von Seiten der Gesellschaft zustande kommen?

...sieht die Öffentlichkeit nicht ein, daß die Veröffentlichung der Vor-standsgehälter aller großen Konzerne nichts an der völlig überzogenen Höhe dieser Gehälter ändert und überdies den Gleichbehandlungsgrund-satz verletzt?

...nimmt es die Öffentlichkeit tatenlos hin, daß heutzutage die Vor-stände großer Konzerne das bis zu 400-fache des Gehalts eines gewöhn-lichen Mitarbeiters erhalten, während vor Jahrzehnten höchstens das 30-fache als Norm galt?

...scheint es die Gesellschaft kaum zu interessieren, daß ein Lebensmittel-Discounter aufgrund eines simplen Geschäftsmodells und seiner Markt-macht ein Vermögen von über 30 Milliarden € anhäufen konnte, das über-wiegend von Kleinverdienern kam?

...scheint es niemanden aufzuregen, daß zwischen 1992 und 2002 die Löhne und Gehälter von Normalverdienern real netto um 4,3% gesun-ken sind, während die Vergütungen für Führungskräfte und insbesondere Vorstandsmitglieder großer Konzerne sich in der gleichen Zeit vervielfacht haben?

...gibt es so viele Doppelverdiener-Haushalte, in denen jeder einzelne deutlich mehr verdient als viele sozial schwache Familien?

...gibt es keine anhaltenden Proteste der meisten Bürger, wenn Firmener-ben, die versichern, ihre geerbte Firma noch mindestens weitere 10 Jahre fortführen zu wollen, neuerdings die Erbschaftsteuer vollständig erlassen wird, um sie vor einem finanziellen Aderlaß zu schützen und dadurch

Arbeitsplätze zu erhalten? Es gibt keinen einzigen Fall, wo eine Firma infolge der Erbschaftssteuer Konkurs anmelden mußte oder in Schwierigkeiten geriet. Es wird geschätzt, daß damit der Staat in den nächsten 30 Jahren auf rund 50 Milliarden € an Einnahmen verzichtet.

Dieser Fragenkatalog ließe sich noch seitenlang fortsetzen, bringt aber nichts, weil für eine grundlegende Umstrukturierung unserer Wirtschaft und Gesellschaft der nationale Konsens fehlt. Ein deutliches Zeichen der politischen Hilflosigkeit war der Slogan der CDU: „*Neue Gerechtigkeit durch mehr Freiheit*". Die Verfasser haben offenbar nicht gesehen, daß er einen immanenten Widerspruch enthält. Den gleichen Widerspruch finden wir auch in der Parole der *Französischen Revolution* von 1789: „*Freiheit, Gleichheit, Brüderlichkeit*". In beiden Parolen wurde verkannt, daß der Mensch des 18. bis 21. Jahrhunderts sein in Millionen Jahren Menschheitsgeschichte erworbenes und ausgeprägtes Naturell als Sammler und Jäger keineswegs abgelegt, sondern nur kultiviert hat. Gibt man also einer Gesellschaft weitgehende Freiheit des Wirtschaftens – eine der Grundforderungen des Liberalismus – so werden gerne alle Teilnehmer des Wirtschaftslebens diese Freiheit nutzen wollen, aber nur diejenigen „Sammler und Jäger", die besonders tüchtig, kenntnisreich, erfahren, fleißig, schlau und vielleicht auch raffiniert sind, werden es – in manchen Fällen auch nur durch Vererbung – zu großem Vermögen und Ansehen bringen, während die große Masse der „Mitjagenden" nur einen vergleichsweise bescheidenen Lebensstandard erreicht oder arm bleibt. Das Ergebnis ist eine immer größer werdende Ungleichheit und ein allmählicher Verlust an Gemeinschaftsempfinden zwischen den sehr erfolgreichen und den erfolglosen „Jägern". Genau dies ist auch der Grund, warum der CDU-Spruch „*Neue Gerechtigkeit durch mehr Freiheit*" einen inhaltlichen Widerspruch enthält. Gewährt man allen Unternehmern und Selbständigen in der heutigen Gesellschaft noch mehr Freiheit bei Handel und Wandel als bisher, dann werden die erfolgreichen Jäger und Sammler auf Kosten der Erfolgsarmen noch mehr Besitz anhäufen und die Ungleichheit bei Besitz und Einkommen weiter verschärfen. Den gleichen gedanklichen Fehler finden wir in der Präambel des neuen Grundsatzprogramms der CDU: „Wir orientieren uns am christlichen Bild vom Menschen und seiner unantastbaren Würde und davon ausgehend an den Grundwerten Freiheit, Solidarität und Gerechtigkeit. Wir streben nach dem richtigen Verhältnis der Grundwerte zueinander". Wir erkennen auch hier: Freiheit und Gerechtigkeit sind zwei systemimmanente Widersprüche, die auf lange Sicht in einer Gesellschaft nicht realisierbar sind.

Die deutsche Regierung und der Bundestag haben die unhaltbare soziale und gesellschaftliche Situation erkannt und versuchen, mit Reformen gegenzusteuern. Wir lesen im Parteiprogramm der CDU von 2005: „Globalisierung und Wissensgesellschaft sind die Herausforderungen unserer Zeit. Die sozialen, wirtschaftlichen und finanziellen Fundamente unserer Gesellschaft sind akut gefährdet. Im Europa der 25 liegt Deutschland auf den letzten Plätzen. In den letzten drei Jahren gingen 1,5 Millionen sozialversicherungspflichtige Arbeitsplätze verloren. Täglich über 1.000. Rund 4,5 (2008: 3,5) Millionen Menschen sind offiziell arbeitslos. Nirgendwo sonst in den Industriestaaten gibt es so wenige über 55-jährige, die noch im Erwerbsleben stehen. Die Arbeitslosigkeit in den neuen Bundesländern ist doppelt so hoch wie im Westen. Kaum ein anderes Land hat so starre Arbeitsmarktregeln und eine so hohe Abgabenlast auf die Löhne. Nach 7 Jahren Rot/Grün lebt eine Million mehr Menschen in Armut. Die Anzahl der Firmeninsolvenzen in 2005 ist mit 40.000 um 50% höher als 1998. Seit 1998 gibt es 1.000 Bundesgesetze und Verordnungen mehr. Firmen geben jährlich 46 Milliarden € für bürokratische Verpflichtungen aus. Die Verschuldung der öffentlichen Haushalte steigt rasant. 2005 reichten die Steuereinnahmen erstmals nicht mehr für Zinsen, Soziales und Personal aus. Unsere Gesellschaft hat mit Spaltungstendenzen zu kämpfen.“

Bedauerlicherweise muß noch eines ergänzt werden: Wir sind derzeit trotz offiziell rund 3,5 Millionen Arbeitslosen immer wieder Exportweltmeister und haben ein überreiches Produkt- und Dienstleistungsangebot. Es sieht so aus, daß ein erheblicher Teil der Arbeitslosen in unserer gegenwärtigen Wirtschaftsstruktur schlicht überflüssig ist: Sie werden offensichtlich nirgendwo mehr gebraucht! Daß das so nicht bleiben kann, sieht ja jedermann ein, aber keiner weiß, wie man es ändern könnte.

Was will man tun, um die Lage zu verbessern? Wir zitieren wieder einige Punkte aus dem Programm der CDU von 2005: Notwendig ist: „Sagen, was man tun will, und tun, was man sagt. Deutschland soll ein Land der Ideen werden, in dem Zukunftstechnologien erforscht und neue Produkte entwickelt werden. Deregulierung und Aufgabenabbau bei Firmen sind notwendig. Technologiefeindlichkeit hat Spitzentechnologien ins Ausland getrieben. Der Beitragssatz in der Arbeitslosenversicherung hat international Rekordniveau. Das deutsche Steuerrecht ist komplex und unübersichtlich. Fast nirgends in Europa ist Energie so teuer wie in Deutschland. Deutschland ist bei der Geburtenrate Schlußlicht in Europa. Pro Jahr werden nur noch 700.000 Kinder geboren, 1965 waren es noch 1,3 Millionen. Unser Land braucht Eliten in allen Bereichen kultureller, forschender, wirtschaftlicher, handwerklicher und sozialer Tätigkeiten. Die Schule muß einen Beitrag dazu leisten, daß die Schülerinnen und Schüler auf die Frage nach Gott und nach verbindlichen ethischen Maßstäben Antworten finden können." Pro Tag muß allein der Bund 100 Millionen € an Zinsen zahlen. Bei diesen und vielen weiteren Punkten sollen Reformen zu deutlichen Verbesserungen führen. Die Regierung arbeitet insbesondere daran, bis 2013 (!), neuerdings sogar bis 2011, die Nettokreditaufnahme des Staates auf null zu reduzieren, d.h. einen ausgeglichenen Haushalt zu erreichen. Bis dahin werden also die Staatsschulden auf vielleicht 1.700 Milliarden € steigen. Die Frage wird sein: Bis wann können dieser immense Schuldenberg abgetragen und die Gemeinschaft aller Steuerzahler von den horrenden Zinszahlungen befreit werden?

Neben dem genannten Schuldenberg wirft noch ein viel gewaltigerer Schuldenbrocken seine Schatten auf unsere Republik. Es sind die heute und in Zukunft zu zahlenden Pensionen und Zusatzleistungen für Beamte und Angestellte des Öffentlichen Dienstes. Die staatlichen Einstellungswellen der 60er und 70er Jahre werden in naher Zukunft massive Pensionierungswellen auslösen. Bis 2030 müssen dann über 600.000 zusätzliche Pensionäre versorgt werden. Bis 2040 werden die Pensionsansprüche über 2 Billionen € liegen und den größten Einzelposten im Staatshaushalt darstellen. Wegen der Staatsverschuldung können die ansteigenden Pensionen nur über Staatsanleihen, also durch hohe Neuverschuldung, finanziert werden. Die Folge wird ein deutliches Ansteigen der Zinsen für Staatsanleihen sein. Analysten prophezeien: Das Versorgungssystem der Bundesrepublik wird die katastrophale Entwicklung bis 2040 mit der derzeitigen Struktur nicht überleben!

Gespräch über wirtschaftliche und gesellschaftliche Probleme

Lauschen wir jetzt einmal für kurze Zeit dem Gespräch zwischen einem Wirtschaftsfachmann W und einem Journalisten J:

J: Frau Bundeskanzlerin Merkel sagte Mitte 2006, Deutschland sei ein „Sanierungsfall" und löste damit heftige Proteste auch in den eigenen Reihen aus. Sehen Sie das auch so?

W: In der Tat haben wir in Deutschland eine, nur für einen Teil der Bevölkerung spürbare katastrophale Situation. Die dafür verantwortlichen Fakten sind bekannt. Seit der Wiedervereinigung bemühen sich Regierung und Parlament, durch eine Politik der kleinen Reformschritte, die Lage in verschiedenen Politikbereichen zu verbessern. Bisher ohne erkennbaren Erfolg.

J: Woran liegt es denn nach ihrer Meinung, daß die Reformen so dürftige Ergebnisse brachten?

W: Der Hauptgrund ist die anhaltend hohe Arbeitslosigkeit, die ja nicht nur die 3,5 Millionen registrierten Menschen ohne Beschäftigung trifft, sondern auch die 1 bis 2 Millionen, die gering bezahlte Tätigkeiten im Rahmen von Sonderprogrammen ausüben. Überdies geht ja täglich eine große Zahl von sozialversicherungspflichtigen Arbeitsplätzen verloren. Dennoch sind wir die drittstärkste Wirtschaftsmacht der Erde und zeitweise sogar Exportweltmeister. Dies zeigt uns deutlich, daß unsere Volkswirtschaft die vielen Millionen Arbeitslosen – dem Himmel sei's geklagt – gar nicht benötigt, um Höchstleistungen in der Exportwirtschaft zu erbringen und die leider schwache Inlandnachfrage zu befriedigen. Der ständige Ruf der Politiker nach Schaffung neuer Arbeitsplätze geht ins Leere. Denn jeder Verantwortliche in der Wirtschaft schafft keine neuen Arbeitsplätze, wenn die Bedingungen dafür nicht erfüllt sind.

J: Und welche Bedingungen sind das bitte?

W: Sehen Sie, damit in der Wirtschaft neue Arbeitsplätze entstehen, müssen die Unternehmer investieren, also Geld ausgeben. Das machen sie nur, wenn sich die Absatzchancen für ihre Produkte oder Dienstleistungen verbessern oder wenn sie zusätzlich neue Produkte in ihr Verkaufsprogramm aufnehmen können. Der Produktabsatz steigt, wenn die Nachfrage wächst. Die Nachfrage steigt, wenn für die Produkte ein Bedarf besteht und wenn die potentiellen Käufer genügend Geld übrig haben, um die vermehrt angebotenen Produkte zu kaufen.

J: Und das ist der springende Punkt?

W: Genau so ist es. Jede Volkswirtschaft ist ein *lebendiger Organismus.* Er wird in einem Volk und durch ein Volk geboren, wächst in einer freiheitlichen Wirtschaftsordnung zunächst ungehemmt und dann moderat, bis bei der wohlhabenden Hälfte der Bevölkerung, die über den größten Teil des vorhandenen Geldes verfügt, eine weitgehende Sättigung der Bedürfnisse eingetreten ist, während die ärmere Hälfte der Bevölkerung das Geld nicht hat, um noch vorhandene Bedürfnisse zu befriedigen. Schließlich stirbt der Organismus durch extreme äußere Einwirkungen oder durch zu groß gewordene innere Spannungen zwischen „Reich" und „Arm" ab. An seine Stelle tritt ein stark modifiziertes neues Wirtschaftsmodell. Die Wirtschaft der Bundesrepublik nahm nach dem letzten Krieg diesen Verlauf. Wir befinden uns jetzt im Bereich der weitgehenden Sättigung vieler Bedürfnisse der Wohlhabenden und der deutlichen Zunahme der Spannungen zwischen „Arm" und „Reich".

J: Wenn sich trotz der kleinen politischen Reformschritte der letzten 15 Jahre die Situation nicht wesentlich verbessert, sondern eher weiter verschlechtert hat, ist dann überhaupt noch eine Lösung der bedrohlichen Situation denkbar?

W: Ja, es gibt Lösungen! Alle Staatsbürger müssen gemeinsam mit der Regierung und dem Parlament dafür sorgen, daß die sich immer weiter öffnende Schere zwischen „Arm" und „Reich" wieder geschlossen wird. Und sie müssen weiter dafür sorgen, daß der horrende Schuldenberg, der auf der Gemeinschaftskasse aller Bürger lastet, abgebaut wird.

J: Aber das ist ja gar nicht möglich. Die Staatskasse ist seit vielen Jahren leer und jedes Jahr steigen die Schulden wegen der notwendigen Nettokreditaufnahme um weitere Milliarden € an. Erst im Jahr 2013 soll nach Regierungsplänen die Nettokreditaufnahme auf null reduziert werden. Bis dahin werden wahrscheinlich noch mehr Menschen in die Armut getrieben.

W: Was wir jetzt in unserer Gesellschaft brauchen, ist ein vom ganzen Volk mitgetragener *„Ruck"*, den der frühere Bundespräsident *Roman Herzog* in seiner berühmten Rede gefordert hat. Der *„Ruck"* könnte aus zwei Teilen bestehen. *Erstens:* Das gesamte Volk als der eigentliche Souverän unserer Demokratie proklamiert für 2010 oder 2012 ein Jahr der Konsolidierung der Gemeinschaftskasse aller Bürger, also des Staatshaushalts. Es wird per Gesetz verfügt, daß alle steuerpflichtigen Bürger mit hohem Jahreseinkommen in diesem einen Jahr nur über einen Anteil von 60.000 € (Einzelpersonen) bzw. 100.000 € (Familien) verfügen dürfen. Das übrige Einkommen ist für dieses eine Jahr an die Gemeinschaftskasse aller Bürger abzuführen. Für Bürger mit geringerem Einkommen könnte man einen angemessenen einmaligen Jahressteuerzuschlag vorsehen. Diese Maßnahme würde den Schuldenberg um viele Milliarden € verringern. *Zweitens:* Das Volk muß schrittweise die einer fortgeschrittenen Gesellschaft unwürdige Asymmetrie des Zwangs beseitigen. Nicht nur das Bevölkerungsdrittel der Armen und sozial Schwachen muß Zwang erdulden, sondern auch das wohlhabende Drittel. Es ist von der Gesellschaft festzulegen, was einem Einzelnen und einer Familie pro Jahr wirklich zur Verfügung stehen sollte, um ein höchst komfortables Leben führen zu können. Genau so, wie wir den Armen oder sozial Schwachen vorschreiben, mit welcher monatlichen Zuwendung sie auskommen müssen, hat die Gesellschaft das Recht, den vielen Beziehern hoher Einkommen zu sagen, welchen Anteil des Einkommens sie jedes Jahr behalten dürfen. *Einkommen ist nicht ein Verdienst des Einzelnen, sondern ein Zulassen der Gesellschaft.* Mehrere „Jahre der Haushaltskonsolidierung" in Abständen von vielleicht fünf Jahren würde den öffentlichen Schuldenberg der Gesellschaft schließlich auf 100 bis 200 Milliarden € reduzieren, was man als erträglich bezeichnen könnte. Der Staat wäre wieder finanziell handlungsfähig und könnte als Auftraggeber zur Schaffung vieler neuer Arbeitsplätze beitragen. Das dauerhafte Schließen der Defizitschere zwischen „Arm" und „Reich" durch systematische Begrenzung der hohen Einkommen würde den Übergang von der bisherigen „Freien und Sozialen Marktwirtschaft" in die *„Begrenzt Freie und Soziale Marktwirtschaft"* bedeuten.

Eine andere Möglichkeit wäre die „Popularisation" von überschüssigem Privatvermögen, also dessen Enteignung mit der Maßgabe, dem Enteigneten eine erbliche Pension zu gewähren. Ein solcher Vorgang entspräche der

Enteignung des Kirchenbesitzes am Anfang des 19. Jh. im Zuge der Säkularisation.

J: Glauben Sie im Ernst, daß diese Schritte oder auch nur einer davon in unserer Gesellschaft jemals realisiert werden können?

W: Nein, das glaube ich nicht. Die Trägheitskräfte und egoistischen Haltekräfte der so genannten „Habe-viel-will-mehr"-Menschen sind dafür viel zu groß und die Konsensfähigkeit zu gering.

J: Wenn uns aber der ganz große Wurf nicht gelingt, was haben wir dann für Zukunftsaussichten?

W: Leider keine rosigen. Denn es gibt etwas, das wir überhaupt noch nicht in die politische Diskussion über mögliche Lösungen einbezogen haben. Wir sehen heute eine unglaubliche Auswanderungswelle von zum Teil akademisch ausgebildeten jungen Leuten nicht nur in die USA, sondern in viele andere Industrieländer wie zum Beispiel Australien, Schweiz, Kanada, Frankreich und Spanien. 2005 verließen rund 160.000 Deutsche mit guter beruflicher Qualifikation unser Land. Wenn man diejenigen hinzurechnet, die sich nicht ordnungsgemäß abgemeldet haben, sollen es sogar 250.000 gewesen sein. Im gleichen Jahr gaben 56% der Studenten höherer Semester an, eventuell auszuwandern, falls unsere ökonomische und gesellschaftliche Situation sich weiter zuspitzen sollte. Nachwuchswissenschaftler kommentieren: „Wir haben die Schnauze voll, wir gehen". Seit 1950 hatte die Bundesrepublik eine jährliche durchschnittliche Nettozuwanderung von 200.000 meist wenig oder nicht passend ausgebildeten Menschen. In 2005 ist diese Zahl wegen des starken Anstiegs der deutschen Auswanderer auf 100.000 gesunken. Die größte Auswanderungswelle gut ausgebildeter junger Leute in der Geschichte der Bundesrepublik hat unabsehbare Folgen für Wirtschaft, Staat und Gesellschaft. Der Osnabrücker Migrationsforscher Klaus Bade: „Wir bluten aus". „Wir befinden uns in einer migratorisch suizidalen Situation".

J: Es ist zu befürchten, daß die bis 2009 vorgesehenen politischen Maßnahmen diesen intellektuellen Aderlaß nicht beeinflussen werden. Nehmen wir einmal an, es gäbe in naher Zukunft die beiden, von Ihnen skizzierten oder ähnliche Schritte. Welche unmittelbaren Folgen hätte das für die Wirtschaft und Gesellschaft?

W: Das Ergebnis wäre ein Domino-Effekt. Die Reduzierung des staatlichen Schuldenbergs würde zu einer deutlichen Abnahme der jährlichen staatlichen Zinszahlungen führen. Die frei werdenden Mittel könnten für dringend notwendige Investitionen im Bildungsbereich und zur Verringerung der Jugendarbeitslosigkeit beitragen. Das allmähliche Schließen der Defizitschere bei den Einkommen würde in allen gesellschaftlichen Gruppen das Gefühl der Gerechtigkeit stärken, die Kaufkraft der sozial Schwachen erhöhen und dadurch die unzureichende Binnennachfrage beleben. Das Entscheidende aber ist: Es würden wegen der deutlich verstärkten Nachfrage nach Produkten und Dienstleistungen massenhaft neue Arbeitsplätze entstehen, die unsere Sozialkassen dauerhaft entlasten würden. Es würde aber auch neue attraktive Arbeitsplätze für unsere Bildungselite geben, die sich dann nicht mehr so oft veranlaßt sähe, unserem Land den Rücken zu kehren.

Die in diesem fiktiven Gespräch erwähnten Forderungen werden wohl immer eine Illusion bleiben. Wir müssen abwarten, ob die politisch Verantwortlichen in unserem Land mit ihrem Maßnahmenkatalog die schwierige Lage nachhaltig verbessern können. Dessen ungeachtet ist festzustellen, daß nahezu alle Industrieländer mit den gleichen Problemen zu kämpfen haben. Das darf aber – wie so oft – keine billige Ausrede sein, notwendige massive *Strukturveränderungen* unserer Gesellschaft hinauszuzögern oder ganz zu unterlassen. *Albert Einstein* sagte dazu schon 1952: *„Was uns der Erfindergeist der Menschen in den letzten hundert Jahren geschenkt hat, vermöchte das Leben sorglos und glücklich zu gestalten, wenn die organisatorische Entwicklung mit der technischen hätte Schritt halten können".*

Die heutigen großen Probleme unserer Welt sehen wir in dem krassen Unterschied zwischen den Lebenssituationen in den Industrie- und Entwicklungsländern, aber auch in den schroffen Gegensätzen zwischen den armen und reicheren Bevölkerungsschichten in diesen Ländern. Der Grund dafür ist überall auf der Welt der falsche Umgang der Menschen miteinander und mit Geld. *Geld ist nichts anderes als eine Summe von Gutscheinen für den Erwerb von Waren oder Dienstleistungen.* Dafür sollte es von allen Menschen in erster Linie benutzt werden können. Stattdessen häufen reiche Menschen eine Riesenmenge solcher Gutscheine an, die sie für ihr eigenes komfortables Leben und das ihrer Familie sowie für ihre üppige Altersversorgung gar nicht benötigen. Wer nun ein Produkt erwerben möchte und dafür nicht genügend Geld = Gutscheine hat, kann sich die erforderlichen Scheine auf einen Schlag ausleihen, muß dafür aber Jahr für Jahr durch eigene Arbeit erworbene Gutscheine als Zinsen weggeben. Diese verhängnisvolle *Zinsautomatik* ist einer der Gründe für das ständig weiter gehende Öffnen der Einkommens- und Vermögensschere in vielen Ländern.

Drei Szenen erhellen dramatisch die von sozialer Kälte gekennzeichnete Extremsituation unserer Gesellschaft:

Erste Szene: Eine allein stehende junge Mutter tötet aus wirtschaftlicher Not ihr einziges Kind und stürzt sich anschließend aus dem Fenster ihrer höher gelegenen Wohnung auf die Straße.

Zweite Szene: Der Vorstand eines großen Elektrokonzerns nimmt einen „Seiteneinsteiger" auf, der durch geschicktes Verhandeln sein Jahresgehalt auf über 2,5 Millionen € steigert. Weil die übrigen Vorstandsmitglieder bis dahin deutlich weniger Gehalt bekommen haben, wird dieses auf einen Schlag ohne jede erkennbare Gegenleistung um durchschnittlich etwa 44% erhöht, damit es keinen „Sozial-Ärger" gibt und die Alteingesessenen ungefähr das gleiche bekommen wie der „Neue". Im Übrigen ließ sich der Konzernvorstand, der Jurist war und über rund 3 Millionen € Jahresgehalt erhielt, häufig beim Mittagessen in einem Nobelrestaurant – wie er selber in einem Vortrag erzählte – von einem Universitätsprofessor die elementaren Grundlagen der Halbleitertechnik erklären, weil er nichts davon verstand, obwohl die Halbleitertechnik die tragende Säule der Konzernaktivität ist.

Dritte Szene: Die Vorstandsmitglieder der Deutsche Bahn AG erhalten außer ihrem hohen Gehalt kostenlos eine Jahreskarte der Bundesbahn, die aber nicht sonderlich beliebt sei, weil sie als geldwerte Zuwendung versteuert werden müsse!

Die Welt eine Wüste! Wohl ja. Aber es gibt inmitten dieser Wüste viele Oasen mit Menschen, die bescheiden, selbstlos, freundlich, helfend, dienend, ohne Gier nach Geld und Ruhm ihren Mitmenschen zur Seite stehen. Es sind Menschen, die den unmittelbaren Dienst am Nächsten als ihre ureigenste Lebensaufgabe sehen: die GeburtshelferInnen, KindergärtnerInnen, Lehrer-Innen, ProfessorInnen, KrankenpflegerInnen, AltenpflegerInnen, PflegerInnen für geistig und körperlich Behinderte, Ärzte, Psychologen und Seelsorger. Was sie alle denen geben, die in der Gesellschaft Hilfe brauchen, ist etwas, was in der übrigen Wirtschaft leider so gut wie nicht existiert, nämlich menschliche Zuwendung und Liebe. In einer „Gehaltsskala der Liebe" würden diese Menschen im Gegensatz zu unserer heutigen Realität ganz weit oben rangieren, während alle diejenigen, die mit Produkten und „Sachen" zu tun haben, mit einer minderen Bewertung ihrer Tätigkeit vorlieb nehmen müßten. Einzuschließen wären in diese Skala auch die humanitären Hilfsorganisationen wie „Welthungerhilfe", „Brot für die Welt", „Caritas", „Ärzte ohne Grenzen" und viele andere.

Gäbe es auf der Erde viel mehr Menschen, die ihr Leben als Dienst am Mitmenschen auffassen und gestalten wollten, so würden wir in diesem für uns überschaubaren Teil der Schöpfung das liebende und gütige Antlitz des Schöpfers aufleuchten sehen. In unserer durch menschliche Unzulänglichkeit verhängnisvoll falsch strukturierten Welt wird das Antlitz des Schöpfers wie durch einen Schleier verdunkelt. Wir müssen erkennen, daß sich ein großer Teil der Menschheit noch lange nicht zu dem entwickelt hat, als was sie eigentlich gedacht ist. Die Menschwerdung hat im kosmischen Zeitmaßstab gerade erst begonnen und ist noch lange nicht zu Ende.

Methusalem-Syndrom und Zuwanderung

Unter dem Titel „*Das Methusalem-Komplott*" hat der Herausgeber der *Frankfurter Allgemeinen Zeitung, Frank Schirrmacher (*1959)*, das Problem der Alterung unserer Gesellschaft, der zu geringen Geburtenrate und der Zuwanderung untersucht. Mit dem gleichen Thema beschäftigt sich der Präsident der Deutschen Gesellschaft für Demographie, *Herwig Birg* (*1939)*, in seinem Buch: „*Die demographische Zeitenwende – Der Bevölkerungsrückgang in Deutschland und Europa*". Nirgendwo auf der Welt gibt es eine konstant bleibende Bevölkerung mit unveränderter Altersstruktur, also ein stationäres Bevölkerungsgleichgewicht. Vielmehr zeigt die Statistik der Vereinten Nationen, daß *in fast allen 193 Ländern der Welt ein demographisches Ungleichgewicht* besteht. Wir stehen vor einer „*demographischen Zeitenwende*". In den *Entwicklungsländern* mit rund 5,5 Milliarden Einwohnern haben wir eine Geburtenrate von etwa *3 Kindern je Frau* und dadurch einen jährlichen Bevölkerungsanstieg von etwa 75 Millionen. In den *Industrieländern* mit ihren rund 1,2 Milliarden Menschen schrumpft die Bevölkerung wegen des Geburtendefizits seit Jahrzehnten und müßte nach Meinung von *Schirrmacher* und vielen Anderen durch Einwanderung ergänzt werden.

In der Tat ist Deutschland ein Einwanderungsland. Seit 1954 kamen 31 Millionen Menschen nach Deutschland. 22 Millionen zogen im gleichen Zeitraum weg. Rund ein Drittel der Bevölkerung der alten Bundesrepublik hat einen „Migrationshintergrund". Der Ausländeranteil in unserem Land beträgt heute 9%. Damit liegen wir (zusammen mit Österreich) weltweit an der Spitze. Gegenwärtig ist in Deutschland die Geburtenrate bei Frauen mit deutscher Staatsangehörigkeit 1,2 und bei jenen mit ausländischer 1,9 Kinder je Frau. Bei Frauen aus der Türkei liegt der Wert über 2,0, so daß sich ein Gesamtdurchschnitt von 1,4 ergibt. Für den Erhalt der Bevölkerung wäre ein „Ersatzniveau" von 2,1 Kindern je Frau erforderlich. Das seit Jahrzehnten weltweit in den Industrieländern zu beobachtende Absinken der Geburtenrate ist unter anderem auf den Ausbau der sozialen Sicherungssysteme in diesen Ländern zurückzuführen, galten doch früher Kinder als eine gewisse Absicherung gegen Lebensrisiken. Auch beobachten die Statistiker ein *„demographisch-ökonomisches Paradoxon"*, daß viele Menschen umso weniger Kinder haben, je mehr sie sich eigentlich auf Grund ihres Lebensstandards leisten könnten. In Deutschland haben zum Beispiel etwa 40% der berufstätigen, gebärfähigen Frauen mit akademischer Ausbildung keine Kinder. Dieser Typ Frau ist demnach eine vorübergehende Spezies der Evolution. Sie stirbt aus.

Die Abnahme der Geburtenrate ist heute eine weltweite Erscheinung sowohl in den Industrie- als auch in den Entwicklungsländern. Von 1950 bis 2000 sank der Weltdurchschnitt von 5 auf 3 Kinder je Frau. Es wird geschätzt, daß bis 2050 das „Ersatzniveau" von 2,1 Kindern je Frau unterschritten wird. Bis 2080 dürfte die Weltbevölkerung ihr Maximum von 9 bis 10 Milliarden erreichen und dann schrumpfen.

Wenn in Deutschland die Geburtenrate bei dem seit Jahrzehnten gültigen Wert von 1,2 bis 1,4 Kindern je Frau bliebe, würde die Bevölkerung *ohne Zuwanderung* bis 2050 auf rund 51 und bis 2100 auf 22 Millionen abnehmen. Schon ein geringer Anstieg der Geburtenrate auf 1,5 (EU-Durchschnitt) würde den Bevölkerungsrückgang bis 2050 erkennbar abschwächen; wir hätten dann 55 statt 51 Millionen Einwohner. *Mit Zuwanderung* sehen die Zahlen natürlich anders aus. Als zukünftige Herkunftsländer von Zuwanderern gelten hauptsächlich die nordafrikanischen (muslimisch geprägten) Anrainer des Mittelmeers *Marokko, Algerien, Tunesien, Libyen* und *Ägypten* sowie die *Türkei*. Die Gesamtbevölkerung dieser Länder dürfte bis 2050 von heute 250 auf über 400 Millionen wachsen. Damit steigt auch der Einwanderungsdruck nach Europa und insbesondere nach Deutschland.

In der Vergangenheit hat unser Land ein Vielfaches an Asylbewerbern, Flüchtlingen und nachziehenden Familienangehörigen aufgenommen als die USA und alle EU-Länder. Unser Land ist unter den großen Industrieländern der Welt das Land mit der höchsten Zuwanderung. Wenn in Zukunft netto jährlich 300 Tausend statt der bisherigen 170 Tausend nach Deutschland zuwandern würden, hatten wir bei einer Geburtenrate von 1,4 dennoch einen Bevölkerungsschwund auf 78 Millionen bis 2050. Die Altersstruktur des deutschen Bevölkerungsanteils würde sich dabei dramatisch ändern. Der Anteil der über 60-Jährigen, bezogen auf die Gruppe der 20- bis unter 60-Jährigen – der so genannte „Altenquotient" – wird sich von heute 40% bis 2050 auf rund 90% mehr als verdoppeln. Dieser Prozeß läßt sich durch massive Zuwanderung nur mildern, aber nicht stoppen. Was das für unsere nach dem Umlageverfahren finanzierten sozialen Sicherungssysteme bedeutet, kann man sich leicht selber ausmalen.

Bei einer angenommenen Nettozuwanderung von 170 Tausend pro Jahr nimmt der Anteil der Zugewanderten mit ihren Nachkommen bis 2050 von jetzt 9% auf 28% zu. Eine noch schnellere Zunahme sehen wir bei den unter 20-jährigen Zuwanderern. Ihr Anteil steigt bis 2050 von jetzt 12% auf etwa 38%. In vielen Großstädten Deutschlands wird wegen des hohen Ausländeranteils die Anzahl der unter 40-jährigen Zugewanderten bis spätestens 2015 die 50%-Grenze überschreiten. Neuere Untersuchungen zeigen, daß ein möglichst hohes Pro-Kopf-Einkommen unserer Bevölkerung eher ohne als mit Zuwanderung erreicht werden kann. *Denn im Gegensatz zur veröffentlichten Meinung kommen verschiedene Forschungsberichte zum Ergebnis, daß es insgesamt eine deutliche Umverteilung vom ursprünglich deutschen zum zugewanderten Bevölkerungsanteil gibt.* So beträgt die Arbeitslosenhilfe bei Deutschen ohne Beschäftigung 1% und bei den Zuwanderern 3,6%, bezogen auf den jeweiligen Bevölkerungsanteil; bei der Sozialhilfe ist das Verhältnis 1,3 zu 3,1%. Ein Hauptgrund ist, daß junge Zuwanderer ein großes Qualifikations- und Bildungsdefizit haben. Während 32% der deutschen Arbeitslosen keine Berufsausbildung haben, sind es bei arbeitslosen Zuwanderern 77% und bei den Türken sogar 86%. Rund 20% der jugendlichen Ausländer sind ohne Schulabschluß, bei den deutschen Schülern sind es 8%. Nur knapp 4% der 20- bis 25-jährigen Ausländer besuchen eine Universität gegenüber fast 18% der deutschen Altersgruppe. In keinem anderen Land sind die Qualifikationsunterschiede zwischen Ausländern und Einheimischen so groß wie bei uns. Alles dies trägt dazu bei, daß ein Zuwanderer angeblich in den ersten 10 bzw. 25 Jahren seines Aufenthalts in

Deutschland jährlich etwa 2.300 € bzw. 1.300 € mehr an Leistungen empfange, als er an Steuern und Sozialbeiträgen zahlt. Erst nach mehr als 25 Jahren entstehe ein Überschuß bei den Beitragszahlungen.

Eine sich fortsetzende Zuwanderung aus vorwiegend islamisch geprägten Ländern wie der Türkei oder Staaten Nordafrikas erzeugt in den christlich orientierten Aufnahmeländern Europas ein wachsendes Gefühl der Unsicherheit. Viele sprechen von der „Gefahr" der Islamisierung Europas. Die Zuwanderer bringen ja außer ihrer Religion auch ihre spezifische Kultur, Lebensgewohnheiten und moralischen Vorstellungen mit und wollen sie in der neuen Heimat pflegen und bewahren. Wenn das friedliche Zusammenleben der unterschiedlichen Bevölkerungsgruppen gelingt, kann es eine Bereicherung für alle sein. Es gibt jedoch auch warnende Stimmen. *Herwig Birg* (deutscher Demograph) sagt: „Deutschland hat viel zu verlieren: eine weltweit bewunderte Kultur und seinen hohen Wohlstand, der auf dieser Kultur beruht, und der sich mit ihr verflüchtigte, wenn sich die massenhafte Einwanderung aus der Dritten Welt fortsetzt. Es ist rätselhaft, von welchen Motiven sich prominente Befürworter ungeregelter Zuwanderung und des Multikulturalismus leiten lassen". Ein schon verstorbener Journalist sprach einmal von der „selbstmörderischen Humanität" der Deutschen und erntete scharfe Kritik.

Die Tragik und Hoffnung des menschlichen Daseins

Der Mensch ist im Grunde ein tragisches Lebewesen. Es gibt kein anderes in der ungeheuren Vielfalt des Lebens, das kraft seiner Intelligenz, seines Selbstbewußtseins und seiner tiefen Erkenntnisfähigkeit sich immerfort seines unausweichlichen biologischen Endes im Augenblick des Todes bewußt ist. Die Tierwelt bleibt von diesem bedrückenden Wissen verschont. Jede Tierart ist im Laufe der Evolution in eine bestimmte Lebens-, Nahrungs- und Verhaltensnische eingebettet worden, in der sie eine günstige Überlebens- und Fortpflanzungschance hat. Das Tier weiß nichts von seinem irgendwann – meist gewaltsam – eintretenden Tod. Einzig der Mensch hat dieses Wissen und daraus resultierend die Aufgabe, den Tod jedes einzelnen Individuums als biologisches Gesetz hinzunehmen. Diese Aufgabe fällt besonders schwer, weil der menschliche Geist, der alles aus der Tierwelt Bekannte weit überragt, und der biologische Tod zwei extrem schroffe

Gegensätze sind. Es ist schwer zu verstehen, daß dieser Geist, der zur Religion fähig ist, der die Kunst, Wissenschaft und Technik, ja alle Kultur hervorgebracht und an vielen Orten der Erde phantastische Kulturlandschaften geschaffen hat, mit dem Tod erlöschen soll. Es ist deshalb auch bedrückend, daß alles Wissen einer Generation, das sie von der vorherigen Generation empfangen und selber vermehrt hat, mündlich oder schriftlich an die nächste Generation weitergeben muß, damit dieses Wissen nicht verloren geht.

Einen gewissen Hinweis über den Prozeß des Sterbens geben uns die Forschungsergebnisse der Schweizer Psychologin *Elisabeth Kübler-Ross (1926 – 2004)* und des amerikanischen Psychiaters *Raymond A. Moody (*1944)*, die an vielen Sterbenden die Nahtoderfahrungen studierten. *Kübler-Ross* unterscheidet fünf Phasen des Sterbevorgangs: (1) Nicht wahrhaben wollen und Isolierung, (2) Zorn, (3) Verhandeln, (4) Depression und (5) Zustimmung. Das Fazit ihrer lebenslangen Beschäftigung mit dem Sterbevorgang: *„Heute bin ich sicher, daß es ein Leben nach dem Tod gibt. Und daß der Tod, unser körperlicher Tod, einfach der Tod des Kokons ist. Bewußtsein und Seele leben auf einer anderen Ebene weiter. Ohne jeden Zweifel."* *Moody* beschrieb in seinem Buch *„Leben nach dem Tod"* (1975) als allen Sterbenden gemeinsame Phasen der Wahrnehmung: (1) Auftreten eines unangenehmen Geräusches, (2) Bewegung durch einen langen Tunnel, (3) die Person sieht sich außerhalb ihres Körpers und erkennt, daß sie weiter eine Art „neuen Körper" hat, (4) andere Wesen (bekannte Verstorbene) kommen und begrüßen sie, (5) ein Lichtwesen (oft als Christus interpretiert) veranlaßt sie zur Bewertung des eigenen Lebens, gefolgt von einer blitzschnellen Rückschau über das eigene Leben, (6) Annäherung an eine Schranke als Grenze zwischen Leben und Tod, (7) tiefes Gefühl von Freude, Liebe und Frieden. Diese Aussagen geben uns zwar Hinweise, wie der Sterbevorgang verlaufen könnte, aber sie sind keine wissenschaftlichen Beweise, weil in allen diesen Fällen der eigentliche Sterbevorgang nicht abgeschlossen wurde.

Seit der Antike bis heute haben sich Legionen von Philosophen mit den Fragen von Leben und Tod, Geist und Materie, Werden und Vergehen beschäftigt. Ausnahmslos haben sie alle aus dem Wissen um die jeweils gerade bekannten Naturgesetze und Zusammenhänge die entscheidende Frage nicht beantworten können, warum sich auf dem allmählich erkaltenden Himmelskörper „Erde", beginnend vor rund 3,5 Milliarden Jahren, eine solch bunte, traumhaft schöne Vielfalt des Lebens und schließlich die

Menschheit mit all ihren geistigen und emotionalen Fähigkeiten entwikkeln konnte. Es ist bis heute der einzige uns bekannte Planet, auf dem eine solche Entwicklung stattfand. Sie ist in zweierlei Hinsicht eine Singularität: Sie ereignete sich entgegen dem allgemeinen Naturgesetz, daß alle Phänomene im Reich der Natur und der Energie unausweichlich im unstrukturierten Chaos und letztlich im Wärmetod enden müssen. Und sie führte während der Milliarden Jahre der Evolution ganz und gar zielgerichtet zu hochkomplexen biologischen Strukturen und als vorläufig letzten Schritt zur Menschwerdung. Dies alles nachzuvollziehen, gelingt uns heute nur sehr lückenhaft. Im Grunde bleibt uns nur ein ungläubiges Staunen darüber, was sich bei der Entwicklung des Lebendigen abgespielt hat und wem wir letztlich auch unsere eigene Existenz verdanken. Wir erkennen, daß unsere Welt und die Natur von einer überwältigenden Intelligenz geprägt sind, weshalb wir auch vom „*Intelligent Design*" von Erde und Natur sprechen. Es ist und bleibt für uns völlig unverständlich, daß aus einem bunten Stein- und Geröllgemisch in Verbindung mit Meerwasser, dem Gasgemisch der Atmosphäre und heftigen elektrischen Gewitterblitzentladungen durch eine riesenlange Kette von Zufallsreaktionen die ungeheure Vielfalt unserer heutigen Pflanzen- und Tierwelt entstanden sein könnte. Die Wahrscheinlichkeit, daß eine Kette von Zufällen in einem ungeheuer langen, ständig sich wiederholenden Prozeßzyklus von „Versuch und Ergebniskorrektur" schließlich unsere heutige Natur und Menschenkultur hervorbrachte, ist denkbar gering. *Aus diesem Grund haben jahrtausendelange philosophische Bemühungen und tiefsinnige Gedankengebäude letztlich immer zu ein und derselben Grundidee geführt: Die bis heute erkennbare Welt und das überaus komplexe und verwirrende Wechselspiel aller natürlichen Prozesse sind das Werk eines alle menschlichen Vorstellungen überragenden Weltenschöpfers, den wir unseren Gottvater nennen dürfen. Er ist reiner Geist, ewig und für unseren menschlichen Verstand nicht erfaßbar. Weil alles Gewordene aus der, unsere menschliche Vorstellung unendlich überragenden, göttlichen Vernunft kommt, ist auch die Schöpfung von Vernunft durchdrungen und unmittelbarer Abglanz der Vernunft Gottes.*

Alles, was wir während unserer relativ kurzen Lebensspanne in unserer unmittelbaren Umwelt sehen, erfahren und nutzen, geht auf die grandiosen Schöpfungstaten *Gottes* zurück. Kein Irdischer hat die Oberflächenformen unserer Erde und die zauberhafte Vielfalt der Natur geschaffen, sondern wir finden sie als vollendetes Werk des Schöpfers vor. *Unsere Erkenntnisschritte in Wissenschaft und Forschung sind ein mühsames Nachstapfen der Menschheit in den Spuren Gottes, die er seiner Schöpfung eingeprägt hat.* Mit unseren Bemühungen, gestaltend in unsere Umwelt einzugreifen, gelingt es uns nur, einzelne Lebensformen durch Züchtung geringfügig zu verändern, naturgegebene Landschaften durch Neupflanzung oder Baumaßnahmen nutzbar zu machen und – das Potential unseres phänomenalen Gehirns ausschöpfend – mit einer Fülle technischer Systeme unsere Lebensmöglichkeiten enorm zu steigern. Mehr wird uns auch in Zukunft nicht gelingen – außer vielleicht, alles einmal im Wahnsinn zu zerstören. Trotz unserer geistigen Fähigkeiten ist es uns erst vor rund 100 Jahren gelungen, zu erkennen, daß unsere herrliche materielle Welt und der ganze Kosmos aus nur drei elementaren Bausteinen aufgebaut sind und daß das Alphabet des Lebens gerade einmal vier biologische Buchstaben umfaßt. Kein Irdischer – wäre er auch noch so begabt – hätte nicht einmal in Gedanken sich ein solches Werk vorstellen können. *Es bleibt uns nichts, als demütig und staunend die nicht von Menschenhand geschaffenen, sondern aus göttlicher Vernunft hervorgegangenen Lebens- und Entfaltungsmöglichkeiten auf unserer „Mutter Erde" optimal zu nutzen, um auch den nachfolgenden Generationen eine gesunde Umwelt zu erhalten oder wiederherzustellen.*

Die Naturgesetze und Naturkonstanten, die unser Dasein ermöglichen, haben wir entdeckt, aber nicht geschaffen. Sie sind Zeichen der unendlichen Schöpfermacht Gottes. *Was wir bis heute an technischen Geräten und Anlagen entwickelt haben, ist nichts anderes als sekundäre Auswirkung der großartigen Schöpfungstaten Gottes.* Alle technischen Systeme, über die wir heute verfügen, verdanken wir den geistigen Fähigkeiten unseres Gehirns, dieses phänomenalen biologischen Systems, dessen zielgerichtete Entwicklung im Rahmen der Evolution nur uns Menschen wie ein wunderbares Geschenk gegeben wurde. Mit diesem unserem Gehirn war es der Menschheit vor allem in den letzten Jahrhunderten möglich, einen kleinen Teil von dem herauszufinden, „was die Welt im Innersten zusammenhält" und – den Abbau und die Verarbeitung von vielen Rohstoffen nutzend – unsere heutige technische Zivilisation zu formen. Es ist keineswegs selbstverständlich, daß wir alle wichtigen Rohstoffe – Erze, Kohle, Erdgas, Erdöl – in den relativ leicht zugänglichen obersten Schichten der Erdkruste finden und ohne zu große Mühe abbauen können. *Die heutige technische Zivilisation ist folglich dank der von Gott geschenkten Fähigkeiten unseres Gehirns eine sekundäre Schöpfungsfolge, die mit der göttlichen Urschöpfung des Himmels und der Erde ihren Anfang nahm.*

Unser Gehirn gehört mit zu den genialsten Schöpfungen Gottes. Es ist die biologisch-materielle Basis unserer Gedanken, Gefühle, Träume und Emotionen, unseres Selbstbewußtseins und Erkennens und – unserer Demut vor Gott. Geist und Vernunft des Menschen sind Abbild von Geist und Vernunft Gottes. Wer glaubt, die Existenz *Gottes* als Phantasiegebilde des Menschen in Frage stellen zu können, hat die vom Geist *Gottes* kündende Komplexität und Vielfalt der Prozesse in unserer Welt weder wahrgenommen noch verstanden. Er weiß nichts von der millionenfachen Feinabstimmung der Schöpfungskomponenten, damit die Erde, die Natur und wir alle so wurden, wie wir heute sind. Er ist ein geistig Blinder, der ausschließlich die trotz allem sehr begrenzte Erkenntnisfähigkeit des eigenen Gehirns und der daran gekoppelten Sinnesorgane für den allein gültigen Weg zur Wahrheit hält. *Er macht damit das Wahrnehmen und Denken des Gehirns zum absoluten Maßstab seiner Welterkenntnis. Dieser „Maßstab" ist aber viel zu „kurz", um die ungeheure Weite und Tiefe der Schöpfung adäquat erfassen zu können. Das Dasein des Menschen ist eben nicht nur von sichtbaren und greifbaren Dingen umgeben, sondern von einer unsichtbaren, sinnlich nicht erfaßbaren Wirklichkeit, deren strahlendes und überaus mächtiges Zentrum Gott selber ist.*

Es ist immer wieder faszinierend und auch ergreifend, zu beobachten, mit welch akrobatischen Gedankengebäuden zeitgenössische Physiker und Kosmologen versuchen, die Geschichte und Eigenschaften des Kosmos bis hin zur Menschwerdung zu „erklären", ohne einen *Schöpfergott* bemühen zu müssen. *Staunend stehen sie vor der Tatsache, daß die Konstruktion unseres gesamten Universums, unserer Erde und aller Erscheinungsformen der Natur einschließlich von uns selber durch die Werte von 38 bis heute bekannten Naturkonstanten bestimmt wird. Davon beschreiben allein 27 die Welt der Elementarteilchen, also des Mikrokosmos, 11 weitere sind kosmologische Parameter der Prozesse im Makrokosmos. Diese Heerschar von Naturkonstanten ist das Maß aller Dinge. Wir können sie genau messen, aber nicht aus grundlegenden Theorien berechnen. Wir müssen sie einfach als Meßgrößen in die Gleichungen einfügen, mit denen wir alle Prozesse des Wechselspiels zwischen Materie und Energie zu beschreiben versuchen. Ein noch viel größeres Erstaunen aber ruft die Erkenntnis hervor, daß die Naturkonstanten genau die Werte haben müssen, die wir tatsächlich messen, damit letztlich unsere Welt und wir Menschen auf ihr existieren können. Wäre jede Einzelne dieser Konstanten nur ein wenig anders, könnte es Leben und intelligente Wesen, also uns Menschen, gar nicht geben. Die Naturkonstanten sind offenbar so fein aufeinander abgestimmt, daß auf unserer Erde – und vielleicht auch anderswo im Kosmos – Leben entstehen konnte. Die*

Werte der Naturkonstanten vermitteln das Bild eines wohl durchdachten Weltplans für den Entwurf des Kosmos, unserer Erde und des Lebens auf ihr.

Ein bedeutendes Beispiel einer Feinabstimmung ist die offenbar optimierte Relation zwischen der *Elektromagnetischen Kraft* und der *Starken Kernkraft*. Würde die elektromagnetische Kraft nur um 4% und die Kernkraft nur um 0,5% von ihren gemessenen Werten abweichen, so entstünden bei der Kernverschmelzung im Inneren von Sternen entweder viel zu wenige Sauerstoff- oder viel zu wenige Kohlenstoffatome. Die Häufigkeit dieser lebensnotwendigen Elemente wäre um das 30- bis 1.000-fache zu niedrig. Nur infolge der Feinabstimmung der beiden Kräfte konnten auf der Erde Kohlenstoff und Sauerstoff in ausreichenden Mengen gebildet werden, damit sich das Leben entwickelte und die Menschwerdung stattfand.

Eine fundamentale und höchst erstaunliche physikalische Entdeckung der letzten Jahrzehnte war, daß die Menschwerdung auf unserer Erde nicht nur von den lokalen Bedingungen auf der Erdoberfläche, sondern von genau definierten kosmischen Voraussetzungen – nämlich ganz spezifischen Werten der Naturkonstanten, den Eigenschaften der Elementarteilchen und der Art der Naturkräfte – abhängt. Wären einige dieser Parameter nur geringfügig anders, als wir sie beobachten bzw. messen, so gäbe es keine Sterne, Planeten und lebendige Natur. Es gäbe auch keine Menschen, die staunend vor diesem Rätsel stehen und nach Lösungen suchen. Die Naturgesetze und -konstanten sind genau so festgelegt, daß sie menschliches Leben ermöglichen. Physiker, Philosophen und auch Theologen sprechen in diesem Zusammenhang von kosmischen anthropischen Koinzidenzen (= auf den Menschen zugeschnittenes Zusammenpassen von Eigenschaften und Parametern). Am häufigsten wird dafür die Bezeichnung „Anthropisches Prinzip" verwendet. Die früher für undenkbar gehaltene Frage scheint offenbar berechtigt: „Ist uns die Struktur des Kosmos auf den Leib geschneidert?" Die Antwort kann nur heißen: „Ja, sie ist es". Was sich seit dem Urknall vor 13,7 Milliarden Jahren im gesamten Kosmos abspielte, ist ein phänomenales Feuerwerk des Entstehens und Vergehens von Milliarden Sternen und Galaxien. In den letzten Augenblicken brachte dieses Feuerwerk in einer der Galaxien unser Planetensystem und unsere Erde hervor – die einzige uns bisher bekannte Erde, auf der sich Leben entwickelte und die Menschwerdung stattfand. Wir Menschen, die wir mit der Gabe tiefen Erkennens ausgestattet sind, sehen vor uns das Bild eines grandiosen Schöpfungsplans, in dem bereits am Urbeginn die Bedingungen für die Erschaffung des Menschen grundgelegt wurden. Auch in den kosmischen Dimensionen offenbart sich also unser aller, unendlich geist- und machtvoller Schöpfergott, der „Schöpfer des Himmels und der Erde".

Je tiefer wir einerseits in die Strukturen und Prozesse des Universums und anderseits in die Welt der Elementarteilchen, der kleinsten Bausteine der Materie, hineinschauen, desto rätselhafter wird Vieles, was wir an den Grenzen unserer Erkenntnisfähigkeit vorfinden. Um so heller strahlt aber in allem der unendliche Schöpfergeist Gottes auf, der – unerklärbar für uns Menschen – die vielfältigen Wechselwirkungen zwischen Energie und Materie auf die Menschwerdung hin gestaltet hat. Diese Erkenntnis darf man ohne Übertreibung als die naturwissenschaftliche Sensation des ausgehenden 20. Jh. betrachten.

Doch damit nicht genug: Eine noch viel bedeutsamere Sensation ist die wahrhaft erstaunliche Tatsache, daß dieser unser Schöpfergott sich in der letzten, fast viertausend Jahre dauernden Epoche der Menschheitsgeschichte, als ihr einziger ewiger Gott und als über Allem stehende machtvolle Person offenbart hat. Genau so, wie wir in unserem Streben nach Erkenntnis der Welt letztlich vor einem Berg von Rätseln stehen, so erscheint auch Gott trotz aller Offenbarung uns Menschen einerseits als rätselhaft und andererseits als tief vertraut, weil er die unendliche schöpferische Liebe ist, die in der Liebesfähigkeit der Menschen untereinander ihr adäquates Spiegelbild findet.

3. Der Glaube an Jahwe/Gott/Allah

3.1 Ursprünge des Glaubens

Die Anfänge religiösen Bewußtseins des frühen Menschen reichen tief in die Altsteinzeit (Paläolithikum) zurück. Schon aus der Zeit von 200.000 bis 35.000 Jahre vor heute, also im Mittelpaläolithikum, finden wir Spuren von rituellen Bestattungen, die darauf hindeuten, daß bereits der Steinzeitmensch ein inneres Gespür, eine offensichtlich innere göttliche Offenbarung, für den Tod als Übergang in eine neue Daseinsform hatte. Im Jungpaläolithikum (35.000 bis 8.000 v. Chr.) gaben die Menschen ihren Verstorbenen für den Weg in die neue Existenz Grabbeigaben mit. Abhängig vom gesellschaftlichen Rang der Verstorbenen wurden unter Anderem Nahrung, Geld oder reichlich Gold und Gebrauchsgegenstände, wie bei den ägyptischen Pharaonen, ins Grab gegeben. Offensichtlich war bei fast allen frühen Kulturen der Glaube an ein Weiterleben nach dem Tod vorhanden. Der Tod wurde als Übergang in eine andere Existenzform angesehen. Für den Weg ins Jenseits und den Aufenthalt in dieser anderen Welt waren die Grabbeigaben gedacht.

Mit dem Glauben an ein Weiterleben nach dem Tod war in frühen Kulturen die Vorstellung verbunden, daß unsichtbare Götter oder Geister von Urahnen das menschliche Leben begleiten und beeinflussen. Die Macht der Götter offenbarte sich dem Steinzeitmenschen in unerklärbaren Naturphänomenen wie in dem periodischen Auf- und Niedergang der Sonne, den Veränderungen des Mondes, der Fruchtbarkeit der Erde, in Blitz und Donner bei Gewittern und in Geburt und Tod. Götterverehrung, Ahnenkult und das Darbringen von Opfern waren typische Merkmale der Natur- oder Stammesreligionen, die sich in den meisten Kulturen der Erde entwikkelten. Heute nennt man sie – weil sie ihren Ursprung in den betreffenden Völkern hatten und nicht von außen übernommen wurden – indigene Religionen. In allen Kulturen finden wir einen obersten Gott als Schöpfer des Universums. Die Verehrung anderer Götter ist oft mit der sozialen Struktur der jeweiligen Gesellschaft verknüpft. Jäger- und Sammlerkulturen opferten einer „Herrin der Tiere", Ackerbauern der „Mutter Erde" und Hirten einen Himmelsgott, der mit Regen die Weiden zum Grünen bringt. Komplexe Kulturen (Stadtkulturen) entwickelten dagegen eine reichhaltige

Götterwelt – ein Pantheon – wie wir sie zum Beispiel in der ägyptischen, griechischen und römischen antiken Kultur antreffen.

Sehr alte steinzeitliche Religionsformen waren der *Totemismus*, die Verehrung von Totemtieren, und der Animismus, der Glaube an die Beseeltheit der ganzen Natur. Das Wort „Totem" stammt von einer Indianersprache Kanadas und bedeutet so viel wie „Verwandtschaft" oder „Schutzgeist". Totem kann eine Pflanze, ein Tier oder auch ein Berg sein, der als Urahn einer Menschengruppe verehrt wurde. „*Schamanen*" halfen den indianischen Totem-Verehrern in Visionsprozeduren, den persönlichen Schutzgeist wahrzunehmen. Im steinzeitlichen und antiken *Animismus* glaubten die Menschen an Tier- und Pflanzengottheiten (zum Beispiel in Gestalt von Hirschen bzw. Bäumen), an magische Wesen in Wald und Feld (Elfen und Feen), in Steinen (die Trolle der nordischen Sagenwelt), im Wasser (Nymphen und Sirenen sowie der Gott Poseidon), im Feuer (Hephaistos und Baal) sowie in der ganzen Erde (zum Beispiel die griechische Erdmutter Gaia). Der Glaube des frühen Menschen an die Beseeltheit der Natur schloß die Vorstellung mit ein, daß der Mensch etwas hatte, das ihn bei Krankheit oder im Traum zeitweilig, im Tod aber endgültig verließ: die Seele.

Der frühere Geisterglaube orientierte sich an der Lehre von den vier Elementen der Natur: Erde, Wasser, Luft und Feuer. Man glaubte an Erdgeister oder Gnome (dazu zählen die Wurzelgnome, Bergmännchen, Trolle, Irrwische, Elfen und Feen sowie die Faune und Dryaden der griechischen Mythologie); an Wassergeister oder Undine (Wassermänner, Meerjungfrauen und Nixen sowie die Nymphen, Najaden und Nereiden der griechischen Mythologie); an Luftgeister oder Sylphen (Ariel und Oberon); und schließlich an die Feuergeister oder Salamander. Wenn man den bevorzugten Aufenthaltsort der Geister beschrieb, sprach man von Baum-, Wald- oder Berggeistern. Ein bekannter Berggeist war „Rübezahl". Neben diesen Naturgeistern gab es eine Reihe von Haus- und Herdgeistern. Sie alle bildeten die gespenstige Schar der „Kobolde".

3.2 Die Götter- und Geisterwelt der antiken Kulturen und verschiedener heutiger Religionen

In der altägyptischen Glaubensvorstellung nahm rund 3000 v. Chr. die Götterwelt ihren Anfang mit dem Sonnengott Re. Er entsprang einem Ei oder einer Blume, die an der Oberfläche des Ozeans auftauchten. Re brachte vier Kinder hervor, die Göttinnen Tefnut und Nut sowie die Götter Shu und Geb. Shu (ägypt.: Luft, Leere) und Tefnut (ägypt.: Feuchtigkeit) bildeten die Atmosphäre, Geb und Nut die Erde bzw. den Himmel. Geb und Nut hatten vier Kinder: die Söhne Set und Osiris sowie die beiden Töchter Isis und Nephthys. Osiris und seine Schwester-Frau Isis übernahmen von Re die Herrschaft über die Erde. Nachdem Set seinen Bruder aus Haß getötet hatte, balsamierte Isis den Körper ihres Mannes ein, wobei ihr Anubis, der spätere Gott der Toten und der Einbalsamierung, behilflich war. Mit Zauberformeln machte Isis ihren Osiris wieder lebendig. Osiris wurde König im Reich der Toten. Der Kult der Götter Isis und Osiris war in Altägypten sehr populär. Der Sohn von Osiris und Isis, Horus, besiegte Set und wurde König der Erde. Zusammen mit zahlreichen lokalen Göttern bildete sich in der altägyptischen Kultur ein komplexes Pantheon. Seit der 5. Dynastie, ab etwa 2500 v. Chr., führten die Pharaonen ihre Abstammung auf den Sonnengott Re, später Amun-Re, zurück und beanspruchten göttliche Verehrung. Viele Götter wurden mit einem menschlichen Körper und einem Tierkopf dargestellt. Der Tierkopf sollte eine bestimmte Eigenschaft des jeweiligen Gottes widerspiegeln. Ein beeindruckender Bestandteil der altägyptischen Religion war der Totenkult. Beim Tod löste sich das Ka (die Seele) vom Körper, konnte aber im Totenreich ohne Körper nicht existieren. Zur Erhaltung des Körpers wurde daher der Leichnam einbalsamiert. Man gab den Verstorbenen auch eine Art Führer im Totenreich, ein Totenbuch, und andere dem Toten nützliche Gegenstände mit ins Grab.

Die religiösen Vorstellungen der Menschen im antiken Griechenland und den Küstenregionen Kleinasiens begannen sich schon etwa 2000 v. Chr. als eine Mischung der Glaubensinhalte von zugewanderten und ortsansässigen Bevölkerungsgruppen zu entwickeln. Dieser Prozeß dauerte bis etwa 700 v. Chr. Die griechische Mythologie (von griech. my-thos = Rede, Kunde, Überlieferung) beschreibt die Geschichten von

Göttern, Halbgöttern, Heroen und Naturdämonen der damaligen Glaubenswelt. Der Ursprung der Götter war Chaos (ein ungeordneter Weltzustand), aus dem Gaia, die Erde in Göttergestalt, hervorging. Ohne Zeugungsakt wurde von Gaia der Himmel in Göttergestalt, Uranos, geboren. Uranos zeugte mit Gaia die Titanen, darunter Hyperion, den Licht- und Sonnengott, Okeanos, den Herrn des Ozeans, und Kronos, den Vater des Zeus, der nach der Entmannung seines Vaters Uranos zum Herrscher der Welt wurde. Kronos warf das Glied des Uranos ins Meer. An dieser Stelle bildete sich weißer Schaum, aus dem Aphrodite, die Göttin der Liebe, Schönheit und sinnlichen Begierde, emporstieg. Damit fand die Urzeugung zwischen Himmel und Erde ihr Ende. Kronos wurde schließlich von seinem Sohn Zeus entmachtet, der von da an im Olymp über die Götterwelt herrschte. Gestalt und Wesen der Götter ähneln denen der Menschen. Es gab zwölf Hauptgötter: Zeus, Hera (Gemahlin des Zeus), Hephaistos (Gott des Feuers und der Metallverarbeitung), Athene (Göttin der Weisheit und des Krieges), Apollon (Gott des Lichtes, der Dichtkunst und Musik), Artemis (Göttin der wilden Tiere und des Mondes), Ares (Kriegsgott), Aphrodite, Hestia (Göttin des Herdes), Hermes (Götterbote und Schutzpatron der Wissenschaften), Demeter (Göttin der Fruchtbarkeit) und Poseidon (Meeresgott). Am beliebtesten wurde in späterer Zeit Dionysos, der Gott des Weines und der Ekstase. Nach der Eroberung Griechenlands durch die Römer im 3. Jh. v. Chr. übernahm jede der beiden Kulturen die Götter der anderen Kultur. Nach dieser Verschmelzung finden wir in der griechischen und römischen Mythologie Götter mit unterschiedlichen Namen, aber gleichen Funktionen:

Griechische Kultur	Römische Kultur	Bedeutung
Zeus	Jupiter	Göttervater
Hera	Juno	Höchste Göttin
Aphrodite	Venus	Göttin der Liebe
Apollon	Apollo	Gott der Weissagung und der Künste
Ares	Mars	Kriegsgott
Artemis	Diana	Göttin der Jagd
Asklepios	Aesculapius	Gott der Heilkunst
Athene	Minerva	Göttin der Künste und der Weisheit
Hephaistos	Vulcanus	Gott des Schmiedefeuers
Dionysos	Bacchus	Gott des Weines
Demeter	Ceres	Göttin der Erdfruchtbarkeit
Eros	Amor/Cupido	Gott der sinnlichen Liebe
Hades	Pluto	Gott der Unterwelt
Hermes	Merkur	Götterbote

Einen ausgeprägten Geisterglauben finden wir auch in den nordgermanischen Religionen. In der germanischen Mythologie gab es die beiden Göttergeschlechter Asen und Vanen, die sich bekriegten und schließlich vereinigten. Der Hauptgott der Asen war Odin, den die Sachsen Wotan nannten. Odin besaß nur ein Auge. Das andere hatte er verpfändet, damit er aus dem Brunnen der Weisheit, Yggdrasil, trinken durfte und dadurch vieles Verborgene sehen konnte. Zu den Asen gehörten zwölf Götter, die in der Götterburg Asgard lebten. Der Gott der germanischen Bauern war der hammerschwingende Thor, der Götter und Menschen gegen die feindlichen Mächte der Welt, die Jöten, schützte. Thor kämpfte auch gegen die Midgardschlange, die, im Ozean lebend, die ganze Erde umfaßte. Neben den Göttern gab es die Nornen (sie erzeugten den Lebensfaden eines jeden Menschen) und die Walküren (die Sendboten Odins). Die Walküren waren jungfräuliche Kriegerinnen und Brunhild ihre Anführerin. Sie wählten in der Schlacht gefallene Krieger aus und brachten ihre Seelen nach Walhalla. Das Schicksal der Brunhild ist Thema der isländischen Edda und des Nibelungenlieds. Sie ist als Brünnhilde die Sagengestalt in Richard Wagners Opernzyklus „Der Ring des Nibelungen".

Die Verehrung von Göttern, Geistern und Ahnen finden wir auch im religiösen *Taoismus* Chinas, der sich aus dem ursprünglichen philosophischen Taoismus entwickelte und weltweit etwa 400 Millionen Gläubige hat. Der Taoismus wurde angeblich von dem (historisch nicht sicher nachweisbaren) Philosophen *Laotse* im Zeitraum vom 6. bis 4. Jh. v. Chr. begründet. Dessen Werk, das Daodejing (Das Buch vom Weg und von der Tugend), galt als eines der bedeutendsten Bücher der chinesischen Literatur und beeinflußte nachhaltig das chinesische Denken. Der Kern seiner Lehre lautet, daß jeder den Weg (Tao) des eigenen Lebens am Besten gehen kann, indem er sich von allen Wertvorstellungen befreit und den Dingen ihren natürlichen Lauf läßt. In der Mythologie erscheint schließlich Laotse als eine Hauptgottheit des Religiösen Taoismus. Einen ähnlich großen Einfluß auf die chinesische Kultur hatte der Philosoph *Konfuzius (551 – 479 v. Chr.)*. Er lehrte, daß für ein gutes Leben die Einhaltung der fünf Tugenden Loyalität, Frömmigkeit, Rechtschaffenheit, Zuverlässigkeit und Bescheidenheit erforderlich sei. Sein Ideal war der vollkommen tugendhafte „Edle" unabhängig von seiner sozialen Stellung. Bis in die heutige Zeit wird Konfuzius in Tempeln verehrt und höchsten Göttern gleichgestellt.

Etwa zur gleichen Zeit wie der Taoismus und die Lehre des Konfuzius in China entwickelte sich in Nordindien der *Buddhismus*. Sein Gründer, *Siddhartha Gautama (563 – 483 v. Chr.)*, nach neueren Forschungen ca. 450 – 370 v. Chr.), war der Sohn eines Fürsten. Zunächst viele Jahre abgeschirmt vor den Leiden vieler Menschen, wurde ihm schließlich die grausame menschliche Realität von Krankheit, bitterer Armut, Hoffnungslosigkeit und Tod bewußt. Da drängte es ihn, einen Weg aus dem Leid zu suchen. 534 v. Chr. verließ er 29-jährig Frau, Kind und Heimat und wanderte sechs Jahre als Asket durch das Tal des Ganges. In einer Vollmondnacht unter einer Pappelfeige meditierend, erlangte er schließlich

35-jährig die vollkommene Erleuchtung (Bodhi) und wurde zum *Buddha*, dem „Erleuchteten" oder „Erwachten". Von da an verkündete er 45 Jahre lang seine Lehre (Dharma), gründete einen Mönchs- und Nonnenorden und starb im Alter von 80 Jahren. Erst 200 bis 300 Jahre später wurde seine „Lehre vom Mittleren Pfad" zwischen Wohlstand und Askese aufgezeichnet. Der Kern seiner Lehre sind die „Vier Edlen Wahrheiten" (Sacca): (1) Das Leben im Daseinskreislauf ist letztlich leidvoll; (2) Ursachen des Leids sind Gier, Haß und Verblendung; (3) Erlöschen die Ursachen, erlischt das Leiden; (4) Zum Erlöschen des Leidens führt der „Edle Achtfache Pfad": Rechte Sicht, rechte Entschlossenheit, rechtes Reden, rechtes Handeln, rechter Lebensunterhalt, rechtes Bemühen, rechte Aufmerksamkeit und rechte Konzentration. In vielen Ländern mit buddhistischer Tradition ist der Buddhismus mit Geisterglauben und Ahnenkult vermischt.

Dies trifft auch auf den *Shintoismus* Japans zu, der sich als Mischform indigener Glaubensinhalte der Ureinwohner Japans und der von China importierten Lehren des Buddhismus und Konfuzianismus entwickelte. Shinto bedeutet „Weg der Götter". Die Götter heißen „Kami", die „Höherstehenden", haben menschenähnliche Gestalt und verkörpern Naturerscheinungen wie die Sonne, Berge oder Flüsse. Der Kaiser galt viele Jahrhunderte als direkter Nachkomme von Amaterasu, des Kamis der Sonne. Der höchste Berg Japans, der Fuji, wurde als Heiligtum verehrt. Für den Götterkult gibt es in Japan viele Tausend Tempel, Shintoschreine genannt.

Deutlich älter als der Buddhismus und Shintoismus ist die Glaubensvorstellung der Hindus in Indien, die bis in das 15. Jh. v. Chr. zurückreicht und Millionen von Göttern, Geistern und Dämonen hervorgebracht hat. Im klassischen *Hinduismus* ist Brahma der Schöpfer, Vishnu der Bewahrer und Shiva der Zerstörer der Welt und des Kosmos. Die ältesten religiösen Schriften Indiens sind die Veden (Veda = Wissen). Sie enthalten Hymnen mit Kultvorschriften und Opferformeln für Priester. In den Veden werden Kühe als göttliche Wesen verehrt, ein Kult, der sich bis heute erhalten hat und die Kühe vor der Schlachtung schützt. Zu den Veden gehören die Brahmanas (Kommentare), Upanishaden (mystische Schriften) und Mantras (poetische Verse). Nur die Brahmanen, die Angehörigen der obersten Kaste des Hinduismus, dürfen die Veden erläutern. Als heilige Schrift gilt die *Bhagavadgita* (Gesang des Erhabenen) aus dem 2. Jh. v. Chr. Sie beschreibt in 700 Versen einen Dialog zwischen Krishna (einer der Inkarnationen des Gottes Vishnu) und dem Helden Arjuna. Krishna erklärt darin das Wesen der Seele, die Reinkarnation und die verschiedenen Wege zur Erlösung. Leben und Tod sind nach der Lehre des Hinduismus ein ständig sich wiederholender Kreislauf (Samsara), in dem viele Reinkarnationen möglich sind. Während eines Lebens wird durch Taten gutes oder schlechtes Karma angehäuft. Lehrer der unterschiedlichen Glaubensvorstellungen sind die Gurus; sie repräsentieren die „Vielfalt in der Einheit". Trotz der Menge seiner Götter gilt der Hinduismus nicht als polytheistisch, da alle Götter Ausdruck des höchsten einzigen Gottes sind. Er ist als Brahman die Personifizierung des höchsten kosmischen Geistes. Die gesellschaftliche Struktur des Hinduismus wird durch das Kastensystem geprägt, nämlich die vier Kasten der Brahmanen, Krieger oder Beschützer, Händler und Hirten sowie der Dienenden. Eine Stufe tiefer stehen die Dalits (früher die „Unberührbaren"), die nur minderwertige Arbeiten verrichten dürfen.

Von diesen Religionen haben sich bis auf den heutigen Tag der Taoismus und Konfuzianismus Chinas, der Hinduismus und der Buddhismus in großen Teilen Asiens als große Glaubensgemeinschaften erhalten. Der Hinduismus zählt heute über 800 Millionen, der Buddhismus rund 360 Millionen, der Taoismus über 380 Millionen und der Shintoismus offiziell über 100 Millionen Gläubige. Zum Konfuzianismus bekennen sich dagegen nur rund 6 Millionen Anhänger.

In fast allen Kulturen der Welt – auch in den Indianerkulturen Nord- und Südamerikas sowie bei den Ureinwohnern Afrikas und Australiens – sehen wir schon in den ersten Anfängen geordneter Strukturen im Zusammenleben von Völkern und Stämmen ein Aufblühen von Ahnenkult, Geisterglauben und Götterverehrung. Es hat den Anschein, daß mit dem Erwachen des menschlichen Bewußtseins ein aus dem Innersten jedes einzelnen Menschen aufbrechender Kern des Erahnens von göttlicher Macht spürbar wird. Mehr noch: Vieles deutet darauf hin, daß schon in den Menschen der ältesten Kulturen eine innere göttliche Offenbarung wirksam ist, auch wenn sie noch keinen konkreten Bezug zum einzigen, wahren und ewigen Gott der späteren Religionen hat. Der frühe und antike Mensch erlebt die göttliche Macht in vielen für ihn unerklärbaren Naturerscheinungen und den Lebensbedingungen seiner eigenen Existenz. Da er sie nicht erklären kann, wird er zum phantasievollen Schöpfer einer Götter-, Geister- und Ahnenwelt, in der das Unerklärbare seiner Existenz eine befriedigende und beruhigende Antwort finden kann. Durch Opfer – in einigen Kulturen auch Menschenopfer – Kulthandlungen und Gebete möchte er erreichen, daß die göttlichen Mächte der jenseitigen Welt sein Leben positiv beeinflussen, seine Vorhaben zum Erfolg führen und ihn vor Leid und Drangsal schützen.

Mitten hinein in diese Geburtswehen von Götter-, Geister- und Ahnenwelten der frühen Kulturen geschah – unbemerkt von den Machtzentren der damaligen Welt – etwas völlig Unerwartetes, ja Unglaubliches: Der einzige, ewige, wahre Gott, der Schöpfer des Himmels und der Erde, neben dem es nach seiner eigenen Botschaft keine anderen Götter gibt, offenbarte sich Jahrtausende vor Christus einzelnen frühen Menschen, redete mit ihnen, gab ihnen Anweisungen, Voraussagen und Segensworte. Die Menschen, die das erlebten, waren Angehörige des „Auserwählten Volkes Gottes", der Israeliten. Was sie an Erfahrungen von den Begegnungen mit Gott berichteten, wurde zunächst mündlich weitergegeben und während des letzten Jahrtausends vor Christus schriftlich in einer Sammlung von Büchern als „Altes Testament" fixiert. Es ist eine durch den Geist Gottes inspirierte Heilige Schrift für Juden und Christen. Sie wurde zum Kanon (griech. = Maßstab) der jüdischen und später auch der christlichen Glaubenswelt und wurde zusammen mit dem Neuen Testament als Bibel (griech. biblos = Buch) das am weitesten verbreitete Buch der Erde.

3.3 Das Judentum

Die *Heilige Schrift der Juden*, das *Alte Testament* der Christenheit, besteht aus drei Gruppen von insgesamt 39 Büchern: Geschichtsbücher, Lehrbücher und Prophetenbücher. Die *Tora* (andere Schreibweisen: *Torah, Thora*) ist der erste und wichtigste Hauptteil der Hebräischen Bibel. Tora bedeutet Lehre oder Gesetz. Sie umfaßt die *Fünf Bücher Mose: Genesis, Exodus, Levitikus, Numeri und Deuteronomium.* In der jüdischen Glaubenswelt gelten sie als *Gesetz Gottes*, das *Moses* auf dem Berg *Sinai* von *Gott* zur Schließung seines Bundes mit Israel empfangen hat. Die fünf Torarollen verwahren die Gläubigen in einem Behälter, *Pentateuch* (griechisch *penta:* fünf; *teuch:* Gefäß) genannt. Die fortlaufende Lesung aus der Tora ist wichtiger Bestandteil des jüdischen Gottesdienstes in der Synagoge am Sabbat und an Festtagen. Es ist nicht sicher, ob *Moses* im 13. Jh. v. Chr. die Bücher selber verfaßt hat. Vieles spricht dafür, daß die Tora eine aus mehreren Textteilen bestehende Sammlung von Schriften ist, deren Ursprung bis auf die Zeit des *Moses* zurückgeht. Zwei Textteile werden heute als *jahwistisch (J)* und *elohistisch (E)* bezeichnet, weil darin *Gott* vorwiegend *Jahwe* bzw. *Elohim* genannt wird. Sie wurden um 900 (J) bzw. 720 v. Chr. (E) verfaßt. Der dritte Textteil, die „*Priesterschrift (P)*", entstand im *Babylonischen Exil* der Israeliten um 550 v. Chr. Später hat ein „Redakteur (R)" die gesamte schriftliche Überlieferung der Tora nach dem Babylonischen Exil (586 – 538 v. Chr.) in die heutige Form gebracht.

Die Tora bildet auch im Alten Testament des Christentums den ersten Hauptteil, der mit Gottes Offenbarung an die Erzväter und Israel grundlegende Glaubensaussagen enthält, darunter 613 Forderungen: 248 Gebote und 365 Verbote. Sie gelten als Zahlen der Vollkommenheit: 248 symbolisiert die Zahl der Knochen im menschlichen Körper, 365 die Zahl der Tage im Jahr. Sie alle sind im *Talmud* gesammelt und für die Juden verbindlich. Wichtigste *Offenbarungsworte Gottes* sind in der jüdischen und in der urchristlichen Tradition die *Zehn Gebote* und das *Gebot der Nächstenliebe*. Auch ein Teil der weiteren Toragebote ist in der Auslegung, die *Jesus von Nazareth* ihnen gab (z.B. in der *Bergpredigt*), für die Christenheit von Bedeutung.

1.   Das Erste Buch Mose (die Genesis)

Das *Erste Buch Mose*, die *Genesis* (= Entstehung) macht Aussagen über die Entstehung der Welt, der Menschheit und des Volkes Israel. Sein erster Teil (Gen 1 – 11) handelt von der Urgeschichte und der zweite (Gen 12 – 50) von der Geschichte der *Patriarchen*, nämlich der *„Erzväter"* (Gen 12 – 36) und der Söhne *Jakobs* (Gen 37 – 50). Das Buch berichtet von der Erschaffung der Welt und des Menschen „nach seinem Ebenbild" durch das schöpferische Wirken Gottes, von Paradies, Sündenfall und Sintflut. Es handelt von Gottes Bund mit *Noah* und *Abraham*, der ein Segen für die ganze Menschheit sein soll. Die durch göttliche Inspiration erzählten Ereignisse sind nicht historisch und wissenschaftlich belegbar. Sie geben aber Zeugnis davon, wie Gott in frühester Zeit die Menschen ansprach, um ihnen Wege zu ihrem Heil zu zeigen.

Wenn wir in Gen.1 den Bericht von der Erschaffung der Welt, der Natur und des Menschen lesen, sehen wir natürlich sofort die Widersprüche mit den modernen wissenschaftlichen Erkenntnissen. Doch müssen wir uns dabei klarmachen, daß die Aussagen der Bibel an dieser Stelle als „Bilder" über die Schöpfung zu verstehen sind. Die Materie von Pflanzen, Tieren und Menschen besteht durch die Nahrungsaufnahme aus den Substanzen „Erde, Wasser und Luft". Infolge ihrer komplexen Struktur sind alle Lebewesen fähig, aus diesen Grundsubstanzen neue, für das Leben notwendige Molekülstrukturen zu erzeugen und zu erhalten. Diese Vorgänge stellen gewissermaßen den „Odem" dar, den Gott allem Lebendigen „eingehaucht" hat (Gen 2). Ein Schöpfungstag, wie er in Gen.1 genannt wird, kann durchaus in Wirklichkeit viele Millionen Jahre gedauert haben. *„Adam und Eva"* könnten ein Synonym für den *Homo Habilis* und den *Homo Erectus* sein, die mehrere Millionen Jahre in den Wäldern und Graslandschaften Afrikas von wild wachsenden Früchten und erlegten Tieren lebten. Sie brauchtes deshalb nur wenig zu arbeiten und lebten ähnlich den Tieren „wie im Paradies". Das Gehirn des damaligen Homo war noch klein und mit dem heutigen nicht vergleichbar. Im Laufe von vielen hunderttausend Jahren wurde das Gehirn des Homo immer größer. Damit wuchsen seine intellektuellen und handwerklichen Fähigkeiten, aber auch sein Unterscheidungsvermögen zwischen „Gut" und „Böse" um ein Vielfaches. Gott sagte dazu: *„Seht, der Mensch ist geworden wie wir; er erkennt Gut und Böse"*. Der Mensch hatte vom *„Baum der Erkenntnis des Guten und des Bösen"* gegessen" (Gen 3) und sein Leben im Paradies nahm ein Ende. Er war nun in der Lage, von den

Urwäldern Afrikas auswandernd, im Verlauf von mehreren hunderttausend Jahren alle Kontinente zu besiedeln. In vielen Regionen der Erde war das Überleben des Homo Erectus und des nachfolgenden Homo Sapiens nur durch harte Arbeit, zum Beispiel das Schaffen einer Behausung, das Herstellen von Werkzeugen, das Suchen von Nahrung, das Jagen und Fischen, möglich. *„Im Schweiße deines Angesichts sollst du dein Brot essen"* (Gen 3).

Stellvertretend für viele Zeitgenossen wird in der Bibel die Geschichte eines besonderen Menschenpaars, *Adam und Eva,* und ihrer Nachkommen erzählt. Die Geschichte spielte sich vielleicht in den Jahren um 4000 v. Chr. oder früher ab. Es wird über das Leben im Paradies und die Vertreibung der Menschen aus dem Paradies berichtet. Die Söhne von Adam und Eva, *Abel und Kain,* sind durch den Brudermord Kains an Abel die vor Neid, Haß und Zwietracht mahnenden Gestalten der frühen Menschheit. Ein weiterer Sohn von Adam und Eva war *Set,* dessen Nachkommen in einer Aufzählung der Geschlechter bis *Noah* genannt sind. *Noah* war als „gerechter und untadeliger Mann" der von *Gott* Auserwählte, dessen Leben zusammen mit dem seiner Familie und Paaren von „allen Wesen aus Fleisch" in einer Arche vor der „großen allgemeinen Flut", der *Sintflut,* geschützt wurde. Nach 40 Tagen ununterbrochenem Regen stieg das Wasser 150 Tage lang auf der Erde an. Dann sank die Flut und die Arche strandete an dem nahezu 6.000 m hohen Berg Ararat (Gen8). Dann segnete *Gott Noah* und seine Söhne. *„Alles Lebendige, das sich regt, soll euch zur Nahrung dienen"* (Gen 9). Viele Geowissenschaftler sind heute überzeugt, daß die biblische Sintflut tatsächlich um 2400 v. Chr. (oder früher) stattgefunden hat und in der Flutung des Schwarzen Meeres mittels eines Salzwasserdurchbruchs längs des Bosporus bestand, bedingt durch den Meeresspiegelanstieg nach dem Ende der letzten Eiszeit. Große Fluten sind aus vielen Mythen der Menschheitsgeschichte bekannt. Sumerische Tontafeln (um 2000 v. Chr.) berichten im Gilgamesch-Epos vom Fluthelden *Utnapischtim,* der eine sechs Tage während Flut überlebte. Das Vordringen der Bandkeramikerkultur, die den Ackerbau nach Europa brachte, könnte in der *Sintflut* seine Ursache gehabt haben. Während vor der Sintflut die Menschen oft sehr lange lebten – die Königsliste der Sumerer gibt davon Zeugnis – ist die Lebensdauer der Menschen nach der Sintflut deutlich kürzer. Bis *Noah* waren Lebenszeiten von einigen hundert bis fast 1.000 Jahre üblich, danach waren es stets weniger als 200 Jahre. *Gott* schloß mit *Noah* einen Bund, der festlegte, daß niemals mehr die Menschheit durch eine große Flut bedroht werde. Der Bund beinhaltet auch die Aussage Gottes: *„Wenn euer Blut vergossen wird, fordere ich Rechenschaft"* (Gen 9).

Einer der Nachkommen von *Noah* war der Viehzüchter und Hirt *Abram*. Ihm offenbarte sich *Gott*, der Herr – es ereignete sich um 1900 v. Chr.. Abram war auf Geheiß Gottes mit seiner Frau *Sarai*, die seine Halbschwester war, seinem Vater *Terach* und seinem Neffen *Lot*, dem Sohn seines verstorbenen Bruders *Haran*, aus seiner Heimat, der sumerischen Stadt *Ur* im heutigen südlichen Irak, nach *Haran* in der heutigen Türkei gezogen. *Dort sprach eines Tages der Herr zu Abram: „Zieh weg in das Land, das ich dir zeigen werde. Ich werde dich zu einem großen Volk machen, dich segnen und deinen Namen groß machen. Ein Segen sollst du sein. Durch dich sollen alle Geschlechter der Erde Segen erlangen"* (Gen 12). Darauf zog Abram von *Haran* weg nach Sichem im Land *Kanaan*. Der Herr erschien *Abram* und sprach: „Deinen Nachkommen gebe ich dieses Land."

Diese Ereignisse geben uns Kunde davon, daß der einzige, ewige und wahre Gott, der Schöpfer des Himmels und der Erde, sich nach Noah – urkundlich in der Bibel nachgewiesen – erneut einem Menschen offenbart, ihm Anweisungen und seinen Segen gegeben hat. Als es geschah, hatte die Menschheit bereits gelernt, anstelle der früher ausschließlich benutzten Steinwerkzeuge nun Gegenstände aus Bronze herzustellen und zu gebrauchen. Sie befand sich mitten in der Bronzezeit und es lebten damals etwa *50 Millionen Menschen* auf der Erde, verteilt auf alle fünf Kontinente. Im Land, in das *Abram* zog, wohnten die *Phönizier*, deren Siedlungsgebiete teils zum *Hethiterreich* (im Wesentlichen die heutige *Türkei* und *Syrien*) und teils zum ägyptischen „Mittleren Reich" gehörten. *Mit der Offenbarung Gottes an Noah und später an Abraham begann eine fast viertausend Jahre währende Geschichte, in der Gott immer wieder sich seinem auserwählten Volk Israel und damit auch der ganzen Menschheit zuwandte. Diese Geschichte hatte ihre Höhepunkte in dem Bund zwischen Gott und Noah sowie den Erzvätern Abraham, Isaak und Jakob, in der eindrucksvollen Führungsgestalt des Moses, in der Person und Lehre des Messias und Gottessohnes Jesus Christus und im Koran des Mohammed. Ihre göttlichen Botschaften fanden in den Religionsgemeinschaften des Judentums, im Christentum und im Islam ihre gläubige Aufnahme und tiefe Verehrung. Weil diese drei Religionen letztlich auf den Bund Gottes mit Abraham zurückzuführen sind, heißen sie Abrahamitische Religionen. Die Anzahl ihrer Gläubigen war im Jahr 2000 ungefähr 14,5 Millionen (Judentum), 2 Milliarden (Christentum) bzw. 1,2 Milliarden (Islam).*

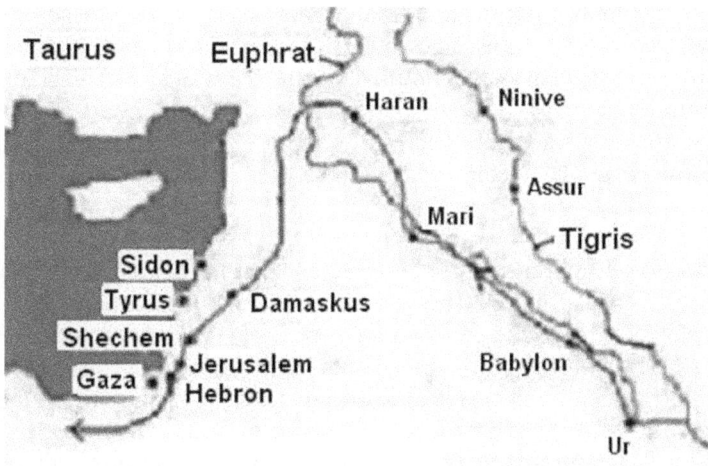

Fig. 3-1: Nach der Überlieferung der Tora wanderte Abraham auf Anordnung Gottes von seiner Heimat Ur in Chaldäa (im Süden des heutigen Iraks) nach Haran (in der östlichen Türkei) und von dort nach Sichem (Shechem) im Land Kanaan (heutiges Israel). Dies könnte um 1900 v. Chr. gewesen sein. Abraham wurde der Stammvater der Israeliten.

Die direkte Offenbarung Gottes an *Noah* und *Abraham* und damit an die ganze Menschheit ist die dritte Art und Weise, wie Gott sich und seine schöpferische Macht zu erkennen gab. Die erste war das von Gott bewirkte *Wunder der Schöpfung*, das sich in der Gestaltung einer für das Leben vorbereiteten Erde, in der Entwicklung der Natur und letzlich in der Menschwerdung kundtat. Die zweite war die innerste, von Gott in jedem einzelnen Menschen erzeugte, bis zur Gewißheit gesteigerte Empfindung, daß es etwas gab, was über sein eigenes Dasein hinaus auf eine künftige Existenz nach seinem physischen Tod hinwies und ihn veranlaßte, im Götter-, Ahnen- und Geisterkult etwas von der wie hinter einem Schleier verborgenen göttlichen Macht in sein Leben hereinzunehmen.

Mit den Erzvätern Abraham, Isaak und Jakob begann eine fast zweitausendjährige geschichtliche Periode des Zwiegesprächs, der Anweisungen, Belehrungen und Verheißungen Gottes an sein „Auserwähltes Volk", die Israeliten. Noch heute spürt man vor allem bei den orthodoxen Juden in ihren Festen und Riten die tiefe Gottesverehrung als Nachwirkungen dieser Geschichte. Sie reichte von Abraham bis zum Erscheinen des Messias Jesus Christus, des Begründers des Christentums. Seit Jesus nach der christlichen Glaubenswahrheit in den Himmel aufgenommen wurde, schweigt Gott gegenüber dem Judentum. Die meisten Juden fragten und fragen noch heute: Warum? Schauen wir uns jetzt an, auf welche wunderbare – wirklich erstaunliche – Weise Gott im Laufe vieler Jahrhunderte das Schicksal des jüdischen Volkes beeinflußte.

Als *Abram* und seine Frau *Sarai* schon längere Zeit in *Kanaan* lebten, kam es dort zu einer großen Hungersnot. Sie beschlossen deshalb, nach *Ägypten* zu ziehen. Wegen ihrer Schönheit wurde dort der *Pharao* auf *Sarai*, die *Abram* als seine Schwester ausgab, aufmerksam und begehrte sie zur Frau. Als aber „der Herr wegen *Sarai* den *Pharao* und sein Haus mit schweren Plagen schlug" und die Wahrheit herauskam, schickte er beide voller Zorn weg. *Abram* und *Lot*, der mit ihm war, zogen in das *Negev* und trennten sich dort, um genügend Weideplatz für ihre eigenen Herden zu haben. *Abram* ließ sich bei *Hebron* in *Kanaan* nieder und Lot in der Gegend von *Sodom*. Gott sprach zu *Abram*: „*Ich mache deine Nachkommen zahlreich wie den Staub auf der Erde...*" „*Du sollst wissen: Deine Nachkommen werden als Fremde in einem Land wohnen, das ihnen nicht gehört. Sie werden dort als Sklaven dienen und man wird sie vierhundert Jahre lang hart behandeln*". Dann erging das Wort des Herrn in einer Vision an Abram: „*Fürchte dich nicht, Abram, ich bin dein Schild, dein Lohn wird sehr groß sein*". Da *Sarai* kinderlos blieb, schickte sie *Abram* zu ihrer ägyptischen Magd *Hagar*. Diese wurde schwanger. *Abram* war damals 86 Jahre alt. Nach häufigem Streit jagte *Sarai* ihre Magd *Hagar* fort, doch ein *Engel des Herrn* sprach zu *Hagar*: „*Geh zurück zu deiner Herrin und ertrag ihre harte Behandlung*". *Hagar* brachte einen Sohn zur Welt, dem *Abram* den Namen *Ismael* (= *Gott hört*) gab.

Wir hören hier zum ersten Mal Gottes beruhigende und tröstende Worte, die er an einen Menschen richtete: „*Fürchte dich nicht*". In den folgenden fast viertausend Jahren der Geschichte Gottes mit den Menschen hören wir von ihm und seinen Boten immer wieder diese Worte.

Als *Abram* 99 Jahre alt war, erschien ihm *der Herr* und sprach: „*Ich will einen Bund stiften zwischen mir und dir... Das ist mein Bund mit dir: Du wirst Stammvater einer Menge von Völkern. Man wird dich nicht mehr Abram nennen. Abraham (= Vater der Menge) wirst du heißen... Ich schließe meinen*

Bund zwischen mir und dir samt deinen Nachkommen, Generation um Generation, einen ewigen Bund: Dir und deinen Nachkommen werde ich Gott sein. Dir und deinen Nachkommen gebe ich ganz Kanaan, das Land, in dem du als Fremder weilst, für immer zu eigen, und ich will ihnen Gott sein[7]*... Das ist mein Bund: Alles, was männlich ist unter euch, muß beschnitten werden".* Weiter sprach Gott zu *Abraham: „Deine Frau Sarai sollst du nicht mehr Sarai nennen, sondern Sara (= Herrin) soll sie heißen... Deine Frau wird dir einen Sohn gebären und du sollst ihn Isaak nennen... Auch was Ismael angeht, erhöre ich dich. Ja, ich segne ihn, ich lasse ihn fruchtbar und sehr zahlreich werden. Zwölf Fürsten wird er zeugen und ich mache ihn zu einem großen Volk".* Am selben Tag ließ *Abraham* sich und alle männlichen Personen in seinem Haus beschneiden. *Abraham* gilt als Stammvater der *Israeliten* und ist neben *Isaak* und *Jakob* einer der *Erzväter Israels*. In der arabischen Welt gilt *Ibrahim* (= Abraham) als Prophet und Stammvater aller arabischen Völker.

Nun geschah etwas Unglaubliches: Ein Gesandter Gottes, des Herrn, erschien *Abraham* bei den *„Eichen von Mamre"*. Drei Männer, der Gesandte und zwei Engel, waren bei ihm zu Gast, aßen Brot, Butter und Kalbsrostbraten und tranken Milch. Der Gottesbote sagte: *„In einem Jahr komme ich wieder zu dir, dann wird deine Frau Sarah einen Sohn haben".* Abraham war damals 99 und Sarah 90 Jahre alt. *Sarah* wollte es nicht glauben und lachte darüber. Dazu der Bote: *„Ist beim Herrn etwas unmöglich?"* Die drei Männer gingen, um den Entschluß *Gottes* wahrzumachen, *Sodom* und *Gomorra* zu vernichten. *„...und ihre Sünde, ja, die ist schwer".* Die beiden Engel kamen am Abend nach *Sodom*; *Lot*, der dort wohnte, nahm sie in sein Haus auf. Die Einwohner der Stadt umstellten das Haus und verlangten von *Lot*, seine beiden Gäste an sie auszuliefern. *„Heraus mit ihnen, wir wollen mit ihnen verkehren".* Die Engel drängten *Lot*, mit seiner Familie die Stadt zu verlassen und nicht zurückzublicken. Als *Abraham* es nicht gelang, fünfzig Gerechte – dann, nach einem Handel mit *Gott* – zehn Gerechte in *Sodom* zu finden, damit die Stadt verschont werde, ließ der *Herr* auf *Sodom* und *Gomorra „Schwefel und Feuer"* regnen. Er vernichtete von Grund auf jene Städte und die ganze Gegend. Als *Lots* Frau zurückblickte, erstarrte sie zu einer Salzsäule (Gen 19).

---

[7] Auf diese Aussage Gottes vor 3.900 Jahren beziehen die Israelis heute ihren Anspruch auf den Landbesitz innerhalb des Staates Israel.

Nachdem *Sarah*, wie es *Gott* verheißen hatte, einen Sohn – *Isaak* – geboren hatte, wollte sie *Hagar* und deren Sohn *Ismael* nicht mehr um sich haben. Auf die Bitte *Sarahs* schickte *Abraham* beide weg. Ein Engel rettete sie vor dem Verdursten. „*Gott* war mit dem Knaben. Er wuchs heran, ließ sich in der Wüste nieder und wurde ein Bogenschütze".

Eines Tages stellte *Gott Abraham* auf die Probe und sprach zu ihm: „Nimm deinen Sohn, deinen einzigen, den du liebst, *Isaak*, geh in das Land *Morjia*, und bring ihn dort, auf einem der Berge, den ich dir nenne, als Brandopfer dar. *Abraham* gehorchte schweren Herzens, doch ein Engel *des Herrn* verhinderte im letzten Augenblick den Opfertod *Isaaks*. Mit dieser Prüfung *Abrahams* hat *Gott* schon früh auf den Opfertod des Gottessohnes *Jesus Christus* für die Erlösung der Menschheit von ihrer Sündenlast hingewiesen. Um für *Isaak* eine Frau zu suchen, schickte *Abraham* seinen Großknecht zur Verwandtschaft. Er kam mit der schönen *Rebekka*, der Enkelin von *Abrahams* Bruder *Nahor*, zurück und *Isaak* nahm sie zur Frau. Nach dem Tod *Sarahs* – sie wurde 127 Jahre alt – hatte *Abraham* mit einer zweiten Frau noch weitere Kinder. *Abraham* starb mit 175 Jahren und wurde wie *Sarah* in der Höhle von *Machpela* begraben.

Der Sohn der Hagar, *Ismael*, hatte zwölf Söhne – in der Bibel als „Fürsten" und als Väter von zwölf Stämmen bezeichnet. *Ismael* starb mit 137 Jahren. Als *Isaak* 60 Jahre alt war, gebar ihm Rebekka die Zwillinge *Esau* und *Jakob*, von denen *Esau* als erster zur Welt kam. Als sie erwachsen waren, „kaufte" *Jakob* dem sehr hungrig vom Feld heimkommenden *Esau* sein „*Erstgeburtsrecht*" für Brot und ein Linsengericht ab und erschlich sich von seinem erblindeten Vater dessen *Erstgeburtssegen* und damit das Besitzrecht des Erstgeborenen. Wegen seiner Feindschaft mit *Esau* ging *Jakob* auf Anraten seiner Mutter *Rebekka* zu deren Bruder *Laban* nach *Haran*, um für sich eine Frau zu suchen. Auf dem Weg dorthin hatte er einen Traum: Auf einer Treppe, die von der Erde bis zum Himmel reichte, stiegen Engel *Gottes* auf und nieder. Oben stand *der Herr* und sagte: „*Das Land, auf dem du liegst, will ich dir und deinen Nachkommen geben... Ich bin mit dir, ich behüte dich.*" In *Haran* diente *Jakob Laban*, dem Bruder seiner Mutter, jeweils sieben Jahre für dessen Töchter *Lea* und *Rahel* und nahm beide zur Frau. Weil *Rahel* zunächst keine eigenen Söhne gebar, zeugte *Jakob* auch Nachkommen mit den jeweiligen Hauptmägden seiner beiden Frauen, die deren Halbschwestern waren. Nach weiteren sechs Jahren machte sich *Jakob* mit seiner Familie wieder auf den Rückweg nach Kanaan. In der Nacht, bevor sie auf *Esau* trafen, rang am Fluß *Jabbok* ein Engel (oder *Gott* selber?) die ganze

Nacht mit ihm. Als die Morgendämmerung heraufzog, ließ *Jakob* den Engel ziehen, nachdem er seinen Segen erhalten hatte. Er erhielt von ihm den Namen *Israel, Gottesstreiter. Jakob* versöhnte sich wieder mit *Esau*. Aus *Jakobs* Söhnen gingen die *Zwölf Stämme Israels* hervor. *Jakob* starb schließlich in Ägypten, wohin sein zweitjüngster Sohn *Joseph* ihn und seine übrigen Söhne geholt hatte, nachdem in *Kanaan* wieder eine Hungersnot ausgebrochen war.

Joseph war einer von den zwei Söhnen *Jakobs* und *Rahels*. Er und seine zehn älteren Halbbrüder wurden in *Haran* geboren. *Joseph* konnte schon als Kind Träume deuten und tat dies auch bei seinem Vater. Weil er dessen liebster Sohn war, erhielt er als Siezehnjähriger vom Vater einen prächtigen Rock und erregte dadurch den Neid seiner Brüder. Als sich eine Gelegenheit ergab, warfen sie *Joseph* aus Neid in eine Zisterne und verkauften ihn an israelitische Sklavenhändler, die ihn in *Ägypten* an den Oberaufseher der Leibwache des *Pharao* veräußerten.

Die Frau des Aufsehers begehrte heimlich den gutaussehenden *Joseph*, wurde aber zurückgewiesen und *Joseph* landete im Gefängnis. Wegen seiner Kunst des Traumdeutens wurde der *Pharao* auf ihn aufmerksam. *Joseph* weissagte dem *Pharao*, daß den *Ägyptern* sieben fette und sieben magere Jahre bevorstünden. *Ägypten* konnte deshalb in den fetten Jahren vorsorglich genügend Getreide speichern. Aus Dank wurde *Joseph* Verwalter des *Pharao* und heiratete eine Ägypterin. Während der Dürreperiode kamen *Josephs* Brüder zum *Pharao*, um Getreide zu kaufen. *Joseph*, den sie nicht erkannten, nahm einen der Brüder, *Simeon*, in Haft und sicherte allen genügend Getreide zu, wenn sie ihren jüngsten Bruder *Benjamin* nach *Ägypten* holten. *Jakob* weigerte sich zunächst, ließ dann aber seinen Lieblingssohn ziehen. *Joseph* hielt Wort und schenkte den Brüdern reichlich Getreide. Als sich auf dem Heimweg in *Benjamins* Reisesack der goldene Becher *Josephs* fand, baten seine Brüder, *Benjamin* nicht zu verhaften. *Joseph* sah, daß sich seine Brüder gebessert hatten, und gab sich ihnen zu erkennen. Er wollte, daß sein Vater und alle Hebräer nach *Ägypten* kommen. In einer nächtlichen Vision sagte Gott zu *Jakob: „Fürchte dich nicht, nach Ägypten hinabzuziehen, denn zu einem großen Volk mache ich dich dort."* Mit 70 Personen seiner Sippe kam *Jakob* nach *Ägypten* und verbrachte dort seine letzten Jahre. *Jakob* bat *Joseph*, ihn nicht in *Ägypten*, sondern bei *Machpela*, der Grabstätte *Abrahams* und *Isaaks*, zu bestatten. So geschah es. *Joseph* selbst soll 110 Jahre alt geworden sein, als er in Ägypten starb. *Damit endet das Erste Buch Mose, die Genesis.* Etwa 500 Jahre später wurde *Josephs* Leichnam beim

Auszug der Israeliten aus Ägypten von Moses mitgenommen. Historiker vermuten, daß er im Grab seiner Mutter *Rahel* an der Straße nach *Bethlehem* beerdigt wurde.

Werfen wir nun noch einmal einen Blick auf das, was uns in diesem *Ersten Buch Mose* gesagt wurde. Es beschreibt uns in einer grandiosen Bilderfolge die Schöpfungstaten *Gottes* von der Erschaffung des Himmels, der Erde und der Natur einschließlich des Menschen. Die sechs *„Schöpfungstage"* Gottes erstrecken sich in Wirklichkeit über den gewaltigen Zeitraum vom Urknall vor rund 13,7 Milliarden Jahren bis zur Entstehung des *Homo Habilis* vor etwa 4 Millionen Jahren. In den nachfolgenden Millionen Jahren ging die *Menschwerdung* über den *Homo Erectus* weiter bis zum modernen *Homo Sapiens*. Das menschliche Gehirn vergrößerte sich dabei von etwa 500 cm^3 beim *Homo Habilis* auf 1.400 bis 1.500 cm^3 beim *Homo Sapiens*. Welch eine enorme Schöpfungsleistung damit verbunden ist, geht daraus hervor, daß im Gehirn des modernen Menschen 100 Milliarden Nervenzellen über 100 Billionen synaptische Kontaktstellen in komplexer Weise miteinander verschaltet sind. Das neuronale Netzwerk seines Gehirns befähigte den Menschen im Gegensatz zur Tierwelt auch zur Unterscheidung zwischen „Gute und Böse". Er hatte – wie das Bild der Genesis besagt – *„vom Baum der Erkenntnis des Guten und Bösen gegessen"* und verlor damit das Paradies. Er wanderte mit allen Fähigkeiten, die ihm sein Gehirn schenkte, umsichtig planend und zielstrebig in alle fünf Kontinente ein und mußte von da an *„im Schweiße seines Angesichts sein Brot essen"*. Die *Genesis* greift dann exemplarisch das Schicksal eines einzelnen Menschenpaars, nämlich von *Adam und Eva*, auf und berichtet über deren Leben und Nachkommenschaft. Die Bibel sagt, daß *Adam und Eva im „Garten Eden"* gelebt haben, der vermutlich das Zweistromland zwischen Euphrat und Tigris im heutigen *Irak* umfaßt. Dies könnte etwa um 4000 v. Chr. oder früher gewesen sein. Wir hören dann die einzigartige Geschichte von *Noah* und der *Sintflut* um etwa 2400 v. Chr. und dann die faszinierenden Berichte von den *Erzvätern Abraham, Isaak und Jakob* bis zu *Joseph*, dem zweitjüngsten Sohn *Jakobs*. Die Geschichte von den *Erzvätern* bis zu *Joseph* spielte sich etwa in der Zeit von *1900 bis 1650 v. Chr.* ab.

Wir sehen aus dieser Darstellung, daß *Gott* sich schon dem frühen Menschen „im Paradies" offenbarte und eine Geschichte begann, die im Grunde bis heute andauert. Schon damals vor rund 6.000 Jahren wurde deutlich, daß *Gott* den Menschen in die Verantwortung nimmt und Rechtfertigung verlangt. Es wird auch erkennbar, daß Verhaltensweisen wie das Töten eines Mitmenschen *(Kain und Abel)*, Homosexualität *(Sodom und Gomorra)* und vielerlei Ausschweifungen (vor der Sintflut) der göttlichen Schöpfungsordnung widersprechen. Wir hören auch den tröstlichen Ruf *Gottes* oder seiner Botschafter vor fast viertausend Jahren: *„Fürchtet euch nicht"*: Weder vor dem, was euch möglicherweise Schlimmes zustoßen wird, noch vor dem Tod. Dieser Ruf ist bis in unsere moderne Zeit an uns ergangen und bleibt immer gültig.

2. Das zweite Buch Mose (Exodus)

Mit der Einwanderung von *Jakob* und seiner Sippe, die etwa *70 Personen* umfaßte, begann um *etwa 1650 v. Chr.* ein rund *vierhundertdreißig Jahre* dauernder Aufenthalt der *Israeliten* in *Ägypten* – wie es *Gott* dem *Abraham* vorhergesagt hatte. Herrscher in *Ägypten* waren zu jener Zeit die *Hyksos*, die von Palästina und Syrien kommend, ausgerüstet mit einem überlegenen Heer von Streitwagenlenkern, um 1650 v. Chr. *Ägypten* eroberten, ihre Hauptstadt *Auaris* im Nildelta errichteten und die 15. und 16. Dynastie gründeten. Ihre Herrschaft dauerte etwa 100 Jahre. Im gleichen Zeitraum existierte in Oberägypten die 17. ägyptische Dynastie mit der Hauptstadt *Theben*. Von Fürsten aus Theben wurden die *Hyksos* bis 1539 v. Chr. aus dem Land vertrieben. Ab 1550 entstand das *Neue Reich*, dessen erster Herrscher *Amosis I. (1550 – 1525 v. Chr.)*, der Gründer der 18. Dynastie (1550 – 1292 v. Chr.), war. Zu den Pharaonen dieser Epoche gehörten *Thutmosis I. – IV., Amenophis I. – IV.* und *Tutenchamun*. Die Pharaonen der 19. und 20. Dynastie (1292 – 1069 v. Chr.) waren unter Anderem *Ramses I. – XI.* Die nach Ägypten einwandernde Sippe *Jakobs* geriet also zunächst unter die Herrschaft der *Hyksos* und darauf der Pharaonen der 18. und beginnenden 19. Dynastie. Rund 430 Jahre lang wurden die *Israeliten* in diesem Land als Fremdarbeiter und Sklaven zu schwerem Frondienst – besonders unter *Ramses II. (1279 – 1213 v. Chr.)* – gezwungen. Zunächst lebten die *Israeliten* frei unter den Ägyptern. Als aber ihre Zahl wegen der hohen Geburtenrate rasch wuchs, „so daß das Land von ihnen wimmelte" (Ex 1), befürchteten der *Pharao* und seine Verwaltung, daß die Israeliten einmal die Bevölkerungsmehrheit bilden und letzlich die Macht übernehmen könnten. Um dies zu verhindern, wurden sie viele Jahre lang als Sklaven zu harter Arbeit bei Baumaßnahmen und auf den Feldern gezwungen. Weil ihre Zahl ständig wuchs, gab der *Pharao* schließlich den Befehl, die männlichen Neugeborenen in den Nil zu werfen und zu töten. Eine hebräische Frau wollte dieses Schicksal für ihr Söhnchen vermeiden und setzte es in einem Binsenkörbchen am Nilufer im Schilf aus. Die Tochter des *Pharao* fand das Kind, bat die herbeigerufene Mutter, es zu stillen, und ihr dann als Adoptivkind zu überlassen. Sie nannte das Kind *Mose.* Das Schicksal von *Moses* und den *Hebräern* im ägyptischen Exil und bei der Auswanderung aus *Ägypten* schildert das *Zweite Buch Mose: Exodus.*

Als junger Mann erschlug *Moses* einen Ägypter, der einen seiner Stammesbrüder umgebracht hatte. Der *Pharao* erfuhr davon und *Moses* mußte außer Landes nach *Midian* fliehen, wo er sich eine Frau nahm. Eines Tages sah *Moses* beim Weiden von Schafen und Ziegen am „*Gottesberg Horeb*" einen brennenden Dornbusch, der aber nicht verbrannte. Als Moses verwundert näher kam, sprach ihn der Herr an: „*Komm nicht näher heran! Leg deine Schuhe ab, denn der Ort, wo du stehst, ist heiliger Boden*". (In Erinnerung daran ziehen noch heute die Besucher einer Moschee die Schuhe aus). „*Ich habe das Elend meines Volkes in Ägypten gesehen. Ich kenne ihr Leid. Ich werde sie der Hand der Ägypter entreißen und in ein Land führen, in dem Milch und Honig fließen. Und jetzt geh! Ich sende dich zum Pharao. Führe mein Volk, die Israeliten, aus Ägypten heraus! Ich bin mit dir*". Als Moses nach dem Namen dessen fragt, der ihn schickt, sagt er: „*Ich bin der ‚Ich-bin-da'. Sag zu den Israeliten: Jahwe hat mich zu euch gesandt. Das ist mein Name für immer*" (Ex 3). Gott sagte weiter: „*...geh mit den Ältesten Israels zum König von Ägypten. Erst wenn ich meine Hand ausstrecke und Ägypten niederschlage mit allen meinen Wundern, die ich in seiner Mitte vollbringe, wird er euch ziehen lassen*". Als *Moses* Gott gegenüber zweifelt, daß er beim Pharao Erfolg hat, bestärkt ihn Gott mit zwei Wundern: Der Stab, den Moses bei sich hat, wird beim Werfen auf den Boden zu einer Schlange, und die Hand, die Moses auf Geheiß Gottes in die Falten seines Gewands steckt, wird vom Aussatz „weiß wie Schnee". Beim Anfassen der Schlange am Schwanz und beim nochmaligen Hineinstecken der Hand in die Falten des Gewands wird die Schlange wieder zum Stab bzw. die Hand wieder gesund. Als Moses zu Gott sagt: „Aber bitte, Herr, ich bin keiner, der gut reden kann. Bitte, schick doch einen Anderen," antwortet Gott, sein Bruder Aaron werde mit ihm gehen und vor dem Pharao reden. Nun geschieht etwas Einzigartiges, das keinem Sterblichen vorher oder nachher zuteil wurde. Der Herr sprach zu Moses: „Hiermit mache ich dich für den Pharao zum Gott, dein Bruder Aaron soll dein Prophet sein" (Ex 7).

Weil der *Pharao* die *Hebräer* nicht ziehen lassen wollte, schickte Gott durch *Moses* nacheinander Zeichen für den *Pharao* und schlimme Plagen über ganz *Ägypten:* Der vor den *Pharao* hingeworfene Stab des *Moses* wird zu Schlange; mit seinem erhobenen Stab macht *Moses* das Wasser des Nils und alle anderen Gewässer *Ägyptens* blutrot; der ausgestreckte Stab des *Moses* bringt in ganz *Ägypten* eine Plage durch Milliarden von Fröschen hervor; mit Schlägen des Stabes in den Staub der Erde entsteht in ganz *Ägypten,* außer in dem Gebiet der *Hebräer,* eine fürchterliche Stechmükkenplage; eine Viehseuche tötet alle Haustiere der *Ägypter,* das Vieh der *Hebräer* bleibt dagegen verschont; Eine Handvoll Ofenruß, vor dem *Pharao* in die Luft geworfen, geht auf ganz *Ägypten* nieder und erzeugt an Mensch und Vieh Geschwüre; Gott läßt durch *Moses* einen ungeheuren Hagelschlag auf das ganze Land niedergehen, der ungeschützte Menschen und Tiere im Freien tötet; riesige Heuschreckenschwärme überfallen das Land und fressen alles kahl, was der Hagel stehen gelassen hat; dann kam eine dreitägige Finsternis.

Nun sprach der Herr zu Moses: *„Geh zum Pharao! Ich habe sein Herz und das Herz seiner Diener verschlossen, damit ich diese Zeichen unter ihnen vollbringen konnte und damit du deinem Sohn und deinem Enkel erzählen kannst, was ich den Ägyptern angetan und welche Zeichen ich unter ihnen vollbracht habe"* (Ex 10). Noch ein letztes Zeichen wirkte Gott, damit die Hebräer endlich aus *Ägypten* wegziehen konnten. Alle *Israeliten* wurden von Moses auf Weisung Gottes aufgefordert, am 14. Tag eines bestimmten Monats pro Hausgemeinschaft gegen Abend ein Lamm zu schlachten und mit dem Blut die Türpfosten und den Türsturz zu bestreichen. Noch in der gleichen Nacht sollte das Fleisch gebraten und mit Bitterkräutern und ungesäuertem Brot gegessen werden. *„Es ist die Paschafeier für den Herrn"* (Ex 12). Und Gott sprach: *„In dieser Nacht gehe ich durch Ägypten und erschlage in Ägypten jeden Erstgeborenen bei Mensch und Vieh. Über alle Götter Ägyptens halte ich Gericht, ich, der Herr. Das Blut an den Häusern, in denen ihr wohnt, soll ein Zeichen zu eurem Schutz sein. ... Diesen Tag sollt ihr als Gedenktag begehen. Feiert ihn als Fest zur Ehre des Herrn! ... Sieben Tage sollt ihr ungesäuertes Brot essen. Am ersten Tag sollt ihr eine heilige Versammlung einberufen, und ebenso eine heilige Versammlung am siebten Tag. An diesen beiden Tagen darf man keinerlei Arbeit tun. ... Begeht das Fest der ungesäuerten Brote. ... Es sei dir ein Zeichen an der Hand und ein Erinnerungsmal an der Stirn, damit das Gesetz des Herrn in deinem Mund sei. ... Halte dich an diese Regel Jahr für Jahr,* *zur festgesetzten Zeit!"* Orthodoxe Juden halten sich noch heute an diese vor 3250 Jahren gegebene Vorschrift.

Erst der Tod des Erstgeborenen im Palast des *Pharao* und in allen Häusern *Ägyptens* („großes Wehgeschrei erhob sich bei den Ägyptern") veranlaßte den *Pharao*, die Hebräer endgültig ziehenzulassen Damit ging die Zeit der Sklaverei, die etwa 430 Jahre – möglicherweise von 1650 bis 1220 v. Chr. – dauerte, für alle *Israeliten* in *Ägypten* zu Ende. Diese Zeit der Knechtschaft hatte der Herr schon 600 Jahre früher *Abraham* vorausgesagt. Es sollen 600.000 Mann, dazu noch die Frauen und viele Kinder gewesen sein, die nun endlich *Ägypten* verlassen durften. Dies dürfte in der Regierungszeit des Königs *Ramses II.*, des dritten Königs der 19. Dynastie (*Regierungszeit 1279 – 1212 v. Chr.*), geschehen sein.

Wir wollen hier einen Augenblick innehalten und diesen Bericht bedenken. *Gott* ging nachts durch Ägypten und „erschlug" jeden völlig unschuldigen Erstgeborenen der *Ägypter. Gott*, der die Liebe ist, ein Mörder? Keineswegs! *Gott* sieht den Tod eines Menschen aus einer uns nicht vertrauten Perspektive. Für *Gott* und vor *Gott* bedeutet der Tod eines Menschen nicht dessen endgültige Zerstörung, sondern abseits vom biologisch-materiellen Geschehen das „Wegnehmen von der Erde" hinein in das göttliche Licht, letztlich in das Paradies. Nur so ist es zu verstehen, daß *Gott* in seinem Wirken für das „Auserwählte Volk" den Tod vieler Unschuldiger in Kauf nimmt und ihnen eine frühzeitige Erlösung schenkt.

Moses, der im Islam als *Musa* verehrt wird, führte die *Israeliten* aus *Ägypten* nach *Kanaan.* „*Der Herr* zog vor ihnen her, bei Tag in einer *Wolkensäule*, um ihnen den Weg zu zeigen, bei Nacht in einer *Feuersäule*, um ihnen zu leuchten" (Ex 13). Vor dem Roten Meer holte sie das ägyptische Heer ein, das sie zur Umkehr zwingen sollte. Auf Geheiß *Gottes* streckte *Moses* in dieser Notlage seinen Arm mit dem Stab. aus. Das Rote Meer teilte sich und gab einen trockenen Weg zwischen den Wasserwänden frei. Als die Ägypter ihnen folgen wollten, fielen die Wasserwände über sie zusammen und sie ertranken. Die *Israeliten* konnten nun unbehelligt weiterziehen. In der Wüste gab *Gott* ihnen zu essen: *„Am Abend werdet ihr Fleisch zu essen haben, am Morgen werdet ihr satt sein vom Brot".* Sie kamen schließlich in der Wüste *Sinai* an und lagerten „gegenüber dem Berg". Am Berg *Sinai* befahl *Gott* dem *Moses*, auf den Berg zu steigen. Dort hörte *Moses* die Worte: *„Wenn ihr auf meine Stimme hört und meinen Bund haltet, werdet ihr unter allen*

Völkern mein besonderes Eigentum sein. Mir gehört die ganze Erde…". Nach drei Tagen stieg *der Herr* „unter Donner und Hörnerschall" auf den von Wolken verhüllten Berg *Sinai* herab. Dort empfing *Moses* von *Gott* die *Zehn Gebote* und eine Reihe von Rechtsvorschriften, zum Beispiel: Wenn du einen hebräischen Sklaven kaufst, soll er sechs Jahre Sklave bleiben, im siebten Jahr soll er ohne Entgelt als freier Mann entlassen werden. Hart klingen die Vorschriften: Mit dem Tod wird bestraft, wer: einen Menschen so schlägt, daß er stirbt; seinen Vater oder seine Mutter schlägt bzw. verflucht; oder einen Menschen raubt. Eine Hexe sollst du nicht am Leben lassen. Jeder, der mit einem Tier verkehrt, soll mit dem Tode bestraft werden.

Im ersten der Zehn Gebote „Ich bin der Herr, dein Gott; du sollst keine fremden Götter neben mir haben" verkündet Gott seinen Anspruch, der einzige lebendige und wahre Gott für alle Menschen ohne Wenn und Aber zu sein. Im zweiten Gebot *„Du sollst den Namen Gottes Ehre erweisen"* verkündet er die Würde, Heiligkeit und Unantastbarkeit seines Namens *Jahwe* oder *Herr*. Sein drittes Gebot *„Gedenke, daß du den Sabbat heiligst"* verlangt, daß alle Menschen mindestens einmal in der Woche (die Juden am Sabbat, die Christen am Sonntag und die Moslems am Freitag) sich zu seiner Ehre und Verherrlichung in seinem Heiligtum versammeln. Das vierte Gebot *„Du sollst Vater und Mutter ehren, solange du lebst auf Erden"* enthält in dem Zusatz „…*solange du lebst auf Erden"* eine versteckte Sterbebotschaft, die aussagt, daß jedem Menschen nicht nur ein Leben auf der Erde, sondern ein zukünftiges, nicht mit der Erde verbundenes Leben bevorsteht. *Die Sterbebotschaft Gottes spannt sich als weiter Verkündigungsbogen über fast 4.000 Jahre von den Erzvätern und Moses bis zu den Marienerscheinungen unserer Zeit.* Die Gebote fünf bis zehn sind Forderungen, die das Zusammenleben der Menschen untereinander friedlich und glücklich machen können: Du sollst nicht töten, ehebrechen, stehlen und lügen; du sollst nicht begehren deines Nächsten Weib oder Hab und Gut.

Das fünfte Gebot bedarf einer kurzen Betrachtung. Die Forderung *„Du sollst nicht töten"* wird schon in der zornigen Reaktion *Gottes* auf *Kains* Ermordung seines Bruders *Abel* vor vielleicht 5.000 Jahren deutlich. *Jeder Mensch ist ein einzigartiges Kunstwerk Gottes, das kein anderer Mensch grundlos zerstören darf.* Diese Grundregel der göttlichen Ordnung wurde seit der Gesetzgebung auf dem *Sinai* von den Menschen in allen Jahrhunderten sträflich mißachtet. Um nur drei Beispiele anzuführen: Die Kreuzfahrer töteten auf ihren Zügen ins Heilige Land viele unschuldige Muslime, die christlichen Kirchen im Mittelalter viele unschuldige Frauen als Hexen und gewaltbereite Muslime der Gegenwart wahllos unschuldige Menschen untereinander und in christlich geprägten westlichen Ländern. Schon immer, und insbesondere seit *Gott* vor 3.250 Jahren auf dem *Sinai* allen Menschen für alle Generationen das Wort „Du sollst nicht töten" zugerufen hat, gilt dieser Grundsatz bis zum heutigen Tag.

Eine Szene in München: Wenige Tage nach dem Terroranschlag auf das World Trade Center in New York am 11.9.2001 war auf dem Karlsplatz („Stachus") in München ein Tisch mit einem Plakat aufgebaut. Auf dem Plakat stand: Kein Krieg wegen des Terrorismus. Einige Leute standen herum und diskutierten, darunter ein junger Mann, nach seinem Erscheinungsbild ein Muslim. Ich ging zu ihm hin und hörte eine Weile seinem Gespräch mit einem Passanten zu. Dann fragte ich ihn: Glauben Sie, daß alle, welche die Anschläge vom 11.9. begangen haben, ins Paradies kommen? Er antwortete, ohne zu zögern „ja". Ich fragte weiter: „Und die Tausende unschuldiger Menschen im World Trade Center, die nichts anderes taten, als ihrer täglichen Arbeit nachzugehen, wie jeder von uns, und die vor Angst und Verzweiflung schrieen und zu Gott beteten, als sie den sicheren Tod vor Augen hatten. Was geschieht mit denen? Kommen die auch ins Paradies?" Der junge Mann gab mir darauf keine Antwort und entfernte sich einige Meter von mir, um mit einem Anderen zu sprechen. Ich ließ aber nicht locker, ging noch einmal auf ihn zu und sagte zu ihm: „Sie haben meine vorige Frage nicht beantwortet: Kommen die unschuldigen Opfer der Anschläge auch ins Paradies? Nun sagte er nach einigem Zögern mit leiserer Stimme: „ja". Das also war's: Die Mörder und ihre unschuldigen Opfer kommen ins Paradies: Die Mörder ganz sicher, die Opfer vielleicht!

Nachdem *Moses* dem Volk die Weisungen *Gottes* mitgeteilt hatte, wurde er zusammen mit seinem Bruder *Aaron*, zwei von dessen Söhnen und siebzig Ältesten des Volkes vom *Herrn* wieder auf den Berg gerufen: „...und sie sahen den *Gott* Israels. Die Fläche unter seinen Füßen war wie mit Saphir ausgelegt und glänzte hell wie der Himmel selbst". Der Herr sprach zu *Moses*: „Ich will dir die Steintafeln übergeben, die Weisung und die Gebote...".

Dann sprach *Gott* zu *Moses*: „*Macht mir ein Heiligtum! Dann werde ich in eurer Mitte wohnen.*" Für die Ausstattung des Heiligtums machte *Gott* wie ein Meister von Kunsthandwerkern genaue Angaben über die Abmessungen und das zu verwendende Material. „Mach eine Lade aus Akazienholz, zweieinhalb Ellen lang, anderthalb Ellen breit und anderthalb Ellen hoch. Überzieh sie innen und außen mit purem Gold. ... In die Lade sollst du die Bundesurkunde legen, die ich dir gebe". Weiter gab *Gott* genaue Anweisungen über die Deckplatte der Lade aus purem Gold, die mit zwei goldenen Cherubim (Engeln) geschmückt werden sollte, über einen mit Gold überzogenen Tisch aus Akazienholz und einen goldenen Leuchter. „Die Wohnstätte sollst du aus zehn Zelttüchern herstellen. Aus gezwirntem Byssus, violettem und rotem Purpur ... sollst du sie machen, wie es ein Kunstweber macht. Ein Zelttuch soll achtundzwanzig Ellen lang und vier Ellen breit sein" (Ex 25 u. 26). Und *Gott* weiter: „Du aber befiehl den Israeliten, daß sie dir reines Öl aus gestoßenen Oliven für den Leuchter liefern, *damit immer Licht brennt*" (Ex 27). *Ein solches Licht brennt noch heute in den meisten Gotteshäusern auf der ganzen Welt.* Wir sehen aus diesem Bericht, daß *Gott* Schönes liebt, vor allem Gold und feines Tuch, besonders und in erster Linie aber uns Menschen.

Gott war mit seinen exakten Angaben nicht nur Innenarchitekt und Designer für sein Heiligtum, sondern er gab auch *Anweisungen über die Gewänder und Weihe der Priester*, die im Heiligtum den Gottesdienst versehen sollten. Gott zu Moses: „*Laß für deinen Bruder Aaron heilige Gewänder anfertigen, ...damit er geheiligt sei und mir als Priester dient. ... Sie sollen dazu Gold, violetten und roten Purpur ... verwenden".* „*Dann bekleide damit deinen Bruder Aaron und zusammen mit ihm auch seine Söhne, und salbe sie, setze sie ins Priesteramt ein, und weihe sie, damit sie mir als Priester dienen".* Noch heute sind die Gewänder der Priester in vielen christlichen Kirchen und anderen Glaubensgemeinschaften in Anlehnung an diese Vorgaben gestaltet. *Von einer Berufung von Frauen zum Priesteramt, wie sie protestantische Kirchen heute allgemein praktizieren, war hier überhaupt keine Rede.* Mit Recht sagte daher *Papst Johannes Paul II.,* der Kirche sei es von *Gott* verboten worden, Frauen zu Priesterinnen zu weihen.

Die Weihe von Priestern wird in Ex 29 als eine ziemlich blutige Angelegenheit beschrieben. Nacheinander sollen bei der Weihe ein Jungstier und zwei Widder vor dem Eingang des Offenbarungszeltes geschlachtet werden. Ein Teil des Blutes soll am Sockel des Altars ausgegossen werden, mit einer Mischung von etwas Blut und Salböl sollte auch der Priester und sein Gewand bespritzt werden. Das Fleisch der Tiere sollte ein „Brandopfer für den Herrn zum beruhigenden Duft" werden. Für die Gestaltung des Gottesdienstes gab Gott ebenfalls klare Anweisungen. Er sprach vom Darbringen einjähriger Lämmer, von Feinmehl und Öl; vom Verbrennen von

Räucherwerk am Altar; von der Abgabe eines Lösegelds von jeder Person für den Herrn und vom *Waschen der Hände und Füße* vor dem Betreten des Offenbarungszelts als immerwährende Verpflichtung. *Die Waschung ist noch heute im Islam vor dem Betreten der Moschee üblich;* Gott machte auch genaue Angaben zum Herstellen eines Salböls, mit dem das Offenbarungszelt und die darin vorhandenen Gegenstände gesalbt werden sollten. Der Gottesdienst sollte immer am Sabbat stattfinden. *„Sechs Tage soll man arbeiten, der siebte Tag ist Sabbat, Ruhetag, heilig für den Herrn. Jeder, der am Sabbat arbeitet, soll mit dem Tod bestraft werden".* 1.250 Jahre später hat der Messias, *Jesus Christus,* diese überaus strenge Regel entschärft: *„Wenn dir ein Ochse in eine Grube fällt, dann zieh ihn heraus, auch wenn Sabbat ist".*

Als *der Herr* auf dem *Sinai* seine Anweisungen an *Moses* beendet hatte, übergab er ihm die beiden steinernen *Tafeln der Bundesurkunde,* die er mit seinem Finger niedergeschrieben hatte. *„…die Schrift, die auf den Tafeln eingegraben war, war Gottes Schrift"* (Ex 32). Vierzig Tage und vierzig Nächte blieb *Moses* bei *Gott* auf dem Berg. Dann sprach *Gott* zu *Moses:* Geh hinunter zu deinem Volk. Sie haben ein goldenes Kalb angefertigt, das sie als Gottheit verehren und ihm Opfer darbringen. *„Ich habe dieses Volk durchschaut: Ein störrisches Volk ist es".* Als *Moses* das Kalb und die vor ihm tanzenden Hebräer sah, wurde er zornig, zerschmetterte die Tafeln am Fuß des Berges und ließ viele Rädelsführer im Volk töten. Hierauf nahm er das Offenbarungszelt und schlug es außerhalb des Lagers der Israeliten auf. Immer wenn *Moses* das Zelt betrat, ließ sich die Wolkensäule herab und blieb am Zelteingang stehen. Im Zelt redete *Moses* mit dem *Herrn:* „Laß mich doch deine Herrlichkeit sehen!" Der *Herr* antwortete: *„Ich will meine ganze Schönheit vor die vorüberziehen lassen. Ich gewähre Gnade, wem ich will, und ich schenke Erbarmen, wem ich will. Du kannst mein Angesicht nicht sehen; denn kein Mensch kann mich sehen und am Leben bleiben. Stell dich an diesen Felsen! Wenn meine Herrlichkeit vorüberzieht, stelle ich dich in den Felsspalt und halte meine Hand über dich, bis ich vorüber bin. Dann ziehe ich meine Hand zurück, und du wirst meinen Rücken sehen. Mein Angesicht kann niemand sehen.*

Dann sprach der *Herr* zu *Moses:* „Hau dir zwei steinerne Tafeln zurecht wie die ersten! Ich werde darauf die Worte schreiben, die auf den ersten Tafeln standen, die du zerschmettert hast." Mit den beiden Tafeln stieg *Moses* allein – wie der *Herr* ihm befohlen hatte – erneut auf den *Sinai.* Dort ging der *Herr* an ihm vorüber und rief: *„Jahwe ist ein barmherziger und gnädiger Gott, langmütig, reich an Huld und Treue. Er bewahrt Tausenden*

Huld, nimmt Schuld, Frevel und Sünde weg... Hiermit schließe ich einen Bund: Vor deinem ganzen Volk werde ich Wunder wirken, wie sie auf der ganzen Erde und unter allen Völkern nie geschehen sind..." Weiter sagte Gott: „Du darfst dich nicht vor einem anderen Gott niederwerfen. Denn Jahwe trägt den Namen ,der Eifersüchtige', ein eifersüchtiger Gott ist er". Moses erhielt von Gott noch Anweisungen für die Einhaltung von Feier- und Sabbattagen. Nach vierzig Tagen ohne Essen und Trinken stieg Moses mit den beiden Gesetzestafeln vom Berg herab. Er wußte dabei nicht, daß die Haut seines Gesichtes Licht ausstrahlte, weil er mit dem Herrn geredet hatte. Als die Israeliten Moses sahen, fürchteten sie sich vor dem Licht, das von ihm ausging.

Den Schluß des Buches Exodus bilden die Weisungen, die Moses von Gott erhalten hatte und die er nun an die Israeliten weitergab. Es waren Vorschriften über die Einhaltung des Sabbats, über Spenden, welche das Volk für das Heiligtum entrichten sollte, und die Aufträge an die Künstler und Handwerker, damit sie das Offenbarungszelt, die Bundeslade und alle in das Zelt zu stellenden Gegenstände sowie die Priestergewänder genau so anfertigten, wie es der Herr dem Moses beschrieben hatte. Dann sprach der Herr zu Moses: „Bekleide Aaron mit den heiligen Gewändern, salbe und weihe ihn, damit er mir als Priester dient. Dann laß seine Söhne herantreten und bekleide sie mit Leibröcken, salbe sie, wie du ihren Vater gesalbt hast, damit sie mir als Priester dienen". Nach Moses waren also sein Bruder Aaron und dessen Söhne die ersten Menschen der Geschichte, die der einzige lebendige und wahre Gott in den heiligen Priesterdienst einsetzte. Gott berief keine Frauen in das Priesteramt. Er hatte nichts dagegen, daß die neu gesalbten Priester Familien hatten. Einen Zölibat für Priester forderte er schon damals nicht, ebenso wenig unser Messias Jesus Christus oder der Prophet Mohammed.

Lassen wir nun den Text im Schlußteil des Buches Exodus ein wenig auf uns wirken. Gott, der Herr, möchte unter seinem Volk Israel wohnen, und es ist erstaunlich, daß er über den Aufbau und die Ausstattung seiner Wohnstätte, das Offenbarungszelt, präzise Angaben macht. Dabei verlangt er nur das, was geschickte Handwerker der damaligen Zeit auch leisten konnten. Er zeigt sich uns ganz menschlich. Da wir Menschen nach der Aussage der Genesis nach seinem Ebenbild geschaffen wurden, kommen wir ganz von selbst voller Ehrerbietung und Beglückung zu dem Schluß: Gott ist uns Menschen ähnlich. Er offenbart uns vertraute Eigenschaften: Er liebt Gold und Kunsthandwerkliches sowie feines Tuch, besonders violetten und roten Purpur. Er schätzt das Verbrennen von Räucherwerk und das immer während Leuchten einer Öllampe am Altar. Er verlangt von jeder Person während des Gottesdienstes eine Abgabe für den Herrn. Er kann über Menschen, die seine Weisungen mißachten, sehr zornig werden. Er ist voller strahlender Schönheit. Er gewährt Gnade und Erbarmen, wem er will. Kein Mensch kann sein Angesicht sehen und am Leben bleiben. *Er sagt von sich: Jahwe ist ein barmherziger und gnädiger Gott, langmütig und reich an Huld und Treue. Er nimmt Schuld, Frevel und Sünde weg.*

3. Das dritte Buch Mose (Levitikus)

Dieses Buch faßt die Anordnungen zusammen, die *Moses* für Opferhandlungen im Gottesdienst und für die Priesterschaft von *Gott* erhalten hat. In den Kapiteln 1 bis 7 stehen Anweisungen für verschiedene Opferhandlungen und in den Kapiteln 11 bis 15 Vorschriften über die kultische Reinheit. Für die Opferung verlangte *der Herr* das Schlachten eines ausgesuchten Tiers (Rind, Schaf, Ziege, junge Tauben), das Ausgießen von etwas Blut am Altar und das Verbrennen des zerlegten Tiers auf dem Rauchaltar als Feueropfer „zum beruhigenden Duft für *den Herrn*". Zu den Speiseopfern sagte der *Herr: „Von Rind, Schaf oder Ziege dürft ihr keinerlei Fett essen. ... Wo immer ihr wohnt, dürft ihr kein Blut genießen"*. Als die beiden Söhne *Aarons* ein unerlaubtes Feueropfer darbrachten, das der *Herr* ihnen nicht befohlen hatte, „ging vom *Herrn* ein Feuer aus, das sie verzehrte".

Die Reinheitsgesetze der Kapitel 11 bis 15 beginnen mit den *Geboten Gottes, was die Israeliten essen dürfen. „Alle Tiere, die gespaltene Klauen haben, Paarzeher sind und wiederkäuen, dürft ihr essen". Nicht essen sollen sie vom Kamel, Klippdachs, Hasen und Wildschwein. Alle Wassertiere mit Flossen und Schuppen dürfen gegessen werden, alle anderen Wassertiere nicht. Von verschiedenen Vögeln, z.B. Geier, Adler, Eule, Falke oder Storch, darf keine Speise zubereitet sein. Das Zubereiten und Verzehren von Heuschrecken wird erlaubt, während Mäuse, Maulwürfe, Eidechsen und Kriechtiere als Speise verboten sind.*

Eine Szene in China: Eine Gruppe von Wissenschaftlern, die an einer internationalen Tagung über Biometeorologie in Peking teilgenommen hatten, traf sich zu einer Post-Conference-Tour nach Guilin und Chian. Zu der Gruppe gehörten zwei Japaner, ein Österreicher, eine Kanadierin, ein israelisches und ein deutsches Paar. Beim Abendbrot saßen wir alle immer an einem runden Tisch mit einer großen, drehbaren Platte in der Mitte. Auf der Platte befanden sich Schüsseln und Teller mit verschiedenen Speisen. Jeder Teilnehmer der Tischrunde konnte durch

Drehen der Platte die Speisen erreichen, die er gerne genießen wollte. Alle ließen es sich schmecken – mit Ausnahme unserer israelischen Freunde. Sie sagten am Beginn des Essens immer der Bedienung, sie seien Juden und dürften daher von den angebotenen Speisen nichts essen. Sie baten die Bedienung, ihnen etwas anderes zu servieren, was sie essen durften: Salat, Eier, Brot usw. Ich beobachtete, wie unser jüdischer Freund – sein Vorname war Yair – mit ein wenig Wehmut zusah, wie wir alle es uns schmecken ließen. Während einer romantischen Bootsfahrt auf dem Fluß Li, vorbei an der zauberhaften Bergkulisse in Guilin, fragte ich Yair, warum er und seine Frau die köstlichen Gerichte, die wir alle genossen, nicht mitessen konnten. Ich sagte: Alles wäre doch eine Gabe Gottes und schließlich seien wir doch auf einer Reise, wo die jüdischen Speiseregeln nicht so streng eingehalten werden müßten. Yair sah mich ernst an und erwiderte: „Nein, das können wir nicht essen" und mit leicht erhobener Stimme: „Das ist das Gesetz". Damit beendeten wir dieses Gespräch.

Im 16. Kapitel des Buches *Levitikus* werden Opferrituale für den Versöhnungstag der Israeliten beschrieben. An einer Stelle heißt es: Einmal im Jahr sollen die Israeliten von allen ihren Sünden entsühnt werden. Die nachfolgenden Kapitel 17 bis 27 enthalten Vorschriften für das soziale Zusammenleben, für die Priester, das Darbringen von Opfern und die verschiedenen Feiertage. Am Anfang des Kapitels 17 heißt es über Schlachtungen und Blutgenuß: *Das Blut irgendeines Wesens aus Fleisch dürft ihr nicht genießen, denn das Leben aller Wesen aus Fleisch ist ihr Blut* – eine Aussage des Herrn, 2900 Jahre vor der Entdeckung des *Blutkreislaufs* durch den englischen Arzt *William Harvey* im Jahr 1616.

In den sexuellen Vorschriften des Kapitels 18 wird gefordert: Keiner unter euch soll sich irgendwelchen Blutsverwandten nahen, um mit ihnen geschlechtlichen Umgang zu haben. Du sollst nicht zu einer Frau gehen, so lange sie ihre Tage hat. Du sollst auch nicht eins deiner Kinder geben, daß es dem Moloch geweiht werde. (Schändung von Kindern wird vom Herrn scharf verurteilt. Mit Recht verlangt daher Papst Benedikt XVI., daß alle pädophilen Priester aus ihren Ämtern entfernt werden müssen). Du sollst nicht bei einem Manne liegen wie bei einer Frau, es ist ein Greuel. (Die Entschuldigung der Homosexuellen, sie könnten ja nichts dafür, daß sie so veranlagt seien, hat vor dem Herrn offensichtlich keinen Bestand). Du sollst auch bei keinem Tier liegen, daß du an ihm unrein werdest. Und keine Frau soll mit einem Tier Umgang haben, es ist ein schändlicher Frevel. Denn alle, die solche Greuel tun, werden ausgerottet werden aus ihrem Volk. Ich bin der Herr, euer Gott. Die Priester sollen keine Hure zur

Frau nehmen noch eine, die nicht mehr Jungfrau ist oder die von ihrem Mann verstoßen ist.

In Kapitel 19 heißt es: Haltet meine Feiertage, ich bin der Herr, euer Gott. Du sollst nicht stehlen noch lügen noch betrügen ... Du sollst deinen Nächsten lieben wie dich selbst, ich bin der Herr. Ihr sollt nicht Wahrsagerei noch Zauberei treiben. (Gott verbietet hier ausdrücklich auch Horoskope; im Judentum und im Islam gibt es keine Horoskope; warum die christliche Welt sie praktiziert und ernstnimmt, bleibt ein Rätsel). Ihr sollt euer Haar am Haupt nicht rundherum abschneiden noch euren Bart stutzen. (Noch heutzutage tragen viele orthodoxe Juden lange Bärte und keine kurz geschnittenen Kopfhaare). Ihr sollt ... an eurem Leib keine Einschnitte machen, noch euch Zeichen einätzen. Ihr sollt euch nicht wenden zu den Geisterbeschwörern und Zeichendeutern und sollt sie nicht befragen... (Piercen und Tätowieren werden von Gott nicht erlaubt, ebenso wenig Zeichendeuterei, also Astrologie und Wahrsagerei!) Vor einem grauen Haupt sollst du aufstehen und die Alten ehren...

Wenn ein Fremdling bei euch wohnt in eurem Lande, den sollt ihr nicht bedrücken. Er soll bei euch wohnen wie ein Einheimischer unter euch, und du sollst ihn lieben wie dich selbst... Ihr sollt nicht unrecht handeln im Gericht, mit der Elle, mit Gewicht, mit Maß.

Über die *Priester* heißt es in Kapitel 21: *Die Priester sollen sich auf ihrem Kopf keine Glatze scheren, ihren Bart nicht stutzen und an ihrem Körper keine Einschnitte machen. Sie sollen nur eine Jungfrau heiraten.* Keiner der Nachkommen *Aarons*, des Priesters, darf herantreten, um die Feueropfer des *Herrn* darzubringen, wenn er ein Gebrechen hat. Kein Laie darf Heiliges essen. ... Aber wenn ein Priester eine Person mit seinem Geld als Eigentum erwirbt, darf sie davon essen... Die Feste des Herrn, die als Tage heiliger Versammlung ausgerufen werden sollen, sind: der *Sabbat*, das *Pascha* und das *Fest der Ungesäuerten Brote*, das *Wochenfest (Pfingstfest)*, der *Neujahrstag*, das *Versöhnungsfest* und das *Laubhüttenfest*. An solchen Tagen darf keine schwere Arbeit verrichtet werden und die Israeliten sollen zu einer heiligen Versammlung zusammenkommen.
Im Kapitel 25 spricht der *Herr* vom *Sabbatjahr* und *Jubeljahr*. Nach sechs Jahren Feldarbeit soll im siebten Jahr, dem Sabbatjahr, die Feldarbeit vollständig ruhen. Alle fünfzig Jahre soll ein Jubeljahr stattfinden. Es wird für heilig erklärt und bringt Freiheit für alle Bewohner des Landes.

Im Kapitel 26 heißt es: *Ihr sollt euch keine Götzen machen, euch weder ein Gottesbild noch ein Steinmal aufstellen und in eurem Land keine Steine mit Bildwerken aufrichten, um euch vor ihnen niederzuwerfen.* Wenn ihr nach meinen Satzungen handelt, auf meine Gebote achtet und sie befolgt, gebe ich euch Regen zur rechten Zeit, die Erde liefert ihren Ertrag, und der Baum des Feldes gibt seine Früchte... Ich schaffe Frieden im Land. Ihr legt euch nieder, und niemand schreckt euch auf. ... Ich schlage meine Wohnstätte in eurer Mitte auf und habe gegen euch keine Abneigung. Aber wenn ihr auf mich nicht hört und alle diese Gebote nicht befolgt, so tue ich euch folgendes an: ... Ich wende mein Angesicht gegen euch, und ihr werdet von euren Feinden geschlagen. Eure Gegner treten euch nieder ... Wenn ihr dann immer noch nicht auf mich hört, fahre ich fort, euch zu züchtigen; siebenfach züchtige ich euch für eure Sünden. Ich breche eure stolze Macht und mache euren Himmel wie Eisen ... Ich lasse über euch das Schwert kommen... Euch zerstreue ich unter die Völker und zücke hinter euch das Schwert. Euer Land wird zur Wüste und eure Städte werden zu Ruinen ... In das Herz derer, die von euch überleben, bringe ich Angst in den Ländern ihrer Feinde. ... Ihr geht unter den Völkern zugrunde, und das Land eurer Feinde frißt euch.

Im letzten Abschnitt 27 spricht *der Herr* über die Auflösung von Gelöbnissen. Wenn jemand dem Herrn ein Gelübde getan hat, von dem er befreit werden möchte, so hat ein Mann von 20 bis 60 Jahren 50 Lot Silber und eine Frau 30 Lot Silber zu zahlen. Bei Jüngeren oder Älteren sind die geforderten Leistungen deutlich geringer, wenn sie von einem Gelübde befreit werden wollen. Hier trat der *Herr* wie ein Bankier in Erscheinung.

4. Das vierte Buch Mose (Numeri)

Der Name dieses Buches, *Numeri* (Zählungen), kommt daher, daß es mit der Zählung bzw. Musterung der wehrfähigen Männer Israels – geordnet nach den einzelnen Stämmen – beginnt. Die Zahl der aus dem Stamm *Ruben* Gemusterten betrug 46.500 Mann, aus dem Stamm *Simeon* 59.300 Mann, ... und so weiter, insgesamt 603.550 Mann. Nur der Stamm *Levi* wurde nicht gemustert und gezählt. „Betrau die Leviten mit der Sorge für die Wohnstätte der Bundesurkunde, für ihre Geräte und für alles, was dazugehört. ... Sie sollen ihren Lagerplatz rings um die Wohnstätte haben". Der Herr weiter: „Alle Israeliten sollen bei ihren Feldzeichen lagern" und „Laß den Stamm *Levi* vor dem Priester *Aaron* antreten, damit sie ihm dienen". Die vom *Herrn* angeordnete Musterung der Leviten ergab die Anzahl 22.000. Beim Aufbruch des Lagers, so *der Herr*, sollen die Priester *Aaron* und seine Söhne das Heiligtum und alle heiligen Geräte verhüllen (sie sollen dafür Tücher aus violettem und rotem Purpur verwenden). Von den *Leviten* soll die Sippe der *Kehatiter* den Trägerdienst für die heiligen Geräte, die Sippe der *Gerschoniter* den Trägerdienst für alle Tücher und die *Merariter* den Trägerdienst für alle übrigen Bauteile des Offenbarungszelts übernehmen, insgesamt 8.580 an der Zahl.

Aus diesen Berichten wird uns bewußt, wie sorgfältig und detailliert *der Herr* seine Anweisungen an das *Volk Israel* richtete. Wer sich so sorgt, der liebt, und wer sich selbst um scheinbar Geringfügiges kümmert, dessen Liebe muß überwältigend sein. Nicht genug damit: *Der Herr* läßt durch *Moses* dem Priester *Aaron* und seinen Söhnen mitteilen, mit welchen Worten sie die Israeliten segnen sollen: *„Der Herr segne dich und behüte dich. Der Herr lasse sein Angesicht über dich leuchten und sei dir gnädig. Der Herr wende sein Angesicht dir zu und schenke dir Heil"* (Num 6). *Noch heute verwenden die Priester in Synagogen und Kirchen diese Segensworte, die der Herr vor rund 3.250 Jahren seinen ersten Priestern gegeben hat.*

In den Kapiteln 7 bis 9 wird beschrieben, welche Gaben die Führer der zwölf Stämme Israels dem *Herrn* vor dem Offenbarungszelt für die Weihe des Altars darzubringen hatten: schwere silberne und goldene Schalen bzw. Schüsseln und als Opfertiere Stiere, Widder, Lämmer und Ziegenböcke. Über den *Gottesdienst* sagte *der Herr*: Alle Leviten zwischen 25 und 50 Jahren sollen Dienst am Offenbarungszelt tun. Wieder befaßt sich *der Herr* mit scheinbaren Kleinigkeiten: *Moses* soll *Aaron* mitteilen: „Wenn du die Lampen aufsetzt, so sollst du sie so setzen, daß sie alle sieben von dem Leuchter nach vorwärts scheinen". Die Wolkensäule über dem Offenbarungszelt bei Tage und die Feuersäule bei Nacht war den Israeliten ein zuverlässiger Wegweiser: So lange sich die Säule niederließ, lagerten sie, und wenn sie sich erhob, zogen sie weiter. Im Kapitel 10 sagt *der Herr* zu *Moses*: „Mache dir zwei Trompeten von getriebenem Silber und gebrauche sie, um die Gemeinde zusammenzurufen und wenn das Heer aufbrechen soll". „Am zwanzigsten Tag des zweiten Monats im zweiten Jahr erhob sich die Wolke über der Wohnstätte der Bundesurkunde. Da brachen die Israeliten von der Wüste *Sinai* auf ... und die Wolke ließ sich in der Wüste *Paran* nieder. Da murrte das Volk, weil es ihm schlecht ging und nie Fleisch zu essen bekam. *Moses* beklagte sich deswegen vorm *Herrn*, der antwortete: „*Der Herr* wird euch Fleisch zu essen geben ... Monate lang". Als *Moses* daran zweifelte, daß das große Volk der Israeliten – 600.000 Männer, dazu die Frauen und Kinder – mit Fleisch versorgt werden könnten, antwortete *der Herr*: „Ist etwa der Arm des Herrn zu kurz? Du wirst bald sehen, ob mein Wort an dir in Erfüllung geht oder nicht". Da brach ein Wind los, den *der Herr* geschickt hatte, trieb Wachteln vom Meer heran und ließ sie auf das Lager fallen, eine Tagereise rings um das Lager, zwei Ellen hoch auf der Erde". Da stand das Volk auf und sammelte die Wachteln in zwei Tagen und einer Nacht ein. Dann zog das Volk, nachdem es fast ein Jahr lang am Berg *Sinai* verweilt hatte, weiter nach *Hazerot* und *Kadesch*, wo Wasserquellen und karges Weideland den Lebensunterhalt sicherten (Num 11). Von dort schickte *Moses* zwölf Kundschafter aus – einer von ihnen war *Josua*, der Nachfolger des Moses als Anführer der Israeliten – die das vor ihnen liegende verheißene *Land Kanaan* ausforschen sollten. Sie kamen bis in die Gegend von *Hebron* und kehrten 40 Tage später mit Früchten beladen zurück Sie berichteten von Städten, die „groß und bis an den Himmel ummauert seien". Den gut bewaffneten Bewohnern dieser Städte schien das Heer der Israeliten noch nicht gewachsen zu sein. *Moses* beschloß daher, nicht nach *Kanaan* vorzudringen. Rund 38 Jahre blieben nun die Israeliten in der Steppen- und Wüstenregion in der Gegend von *Kadesch* und begannen dann ihren Eroberungszug am Ostufer des Jordans nach Norden. Die vor ihnen liegenden, stark befestigten Reiche *Edom* und *Moab* wurden umgangen, die *Amoriter* und das Königreich *Baschan* militärisch besiegt. Damit waren die Israeliten *Herren des Ostjordanlands*.

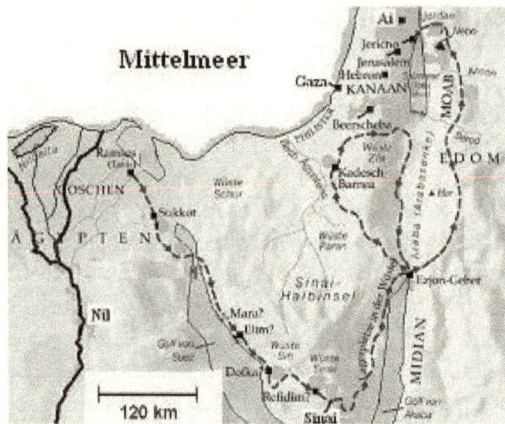

Fig. 3-2: Vermutlicher Wanderweg der Israeliten beim Exodus von Ägypten nach Kanaan. Die Wanderung dauerte rund 40 Jahre. Die meiste Zeit hielten sich die Israeliten in der Gegend von Kadesch-Barnea auf, weil es dort karges Weideland für ihre Herden gab. Am südlichsten Punkt des Wanderwegs liegt der Berg Sinai, wo Moses von Gott die Gesetzestafeln erhielt.

Als das Volk immer wieder über seine Lage murrte, sagte *der Herr* zu *Moses* und *Aaron*: Keiner von den Männern über zwanzig wird in das verheißene Land kommen. „In dieser Wüste finden sie ihr Ende, hier müssen sie sterben. Eure Kinder aber, …sie werde ich in das Land bringen" (Num 14). Im Kapitel 15 gibt *der Herr* wieder Anweisungen für die Opferrituale. Unter anderem sagt er: „Gleiches Gesetz und gleiches Recht gilt für euch und für die Fremden, die bei euch leben". Als sich einige *Leviten* gegen *Moses* und *Aaron* wegen deren Führungsanspruch zusammenrotteten und protestierten, wurden sie auf Weisung des *Herrn* durch ein Erdbeben getötet: „Da spaltete sich der Boden unter ihnen, die Erde öffnete ihren Rachen und verschlang sie samt ihrem Haus … und mit ihrem ganzen Besitz" (Num 17). Die *Leviten*, die den Dienst am Offenbarungszelt leisteten, sollten unter den Israeliten keinen Erbbesitz haben. Sie bekamen dafür die Zehnten, die von den Israeliten an den *Herrn* als Abgabe entrichtet wurden. Über die Reinheit sagte *der Herr*: „Wer irgendeinen toten Menschen berührt, ist sieben Tage lang unrein. Am dritten Tag soll er sich mit dem Reinigungswasser von Sünde befreien". Als die Israeliten wieder einmal wegen des Mangels an Trinkwasser gegen *Moses* und *Aaron* murrten, sagte *der Herr* zu *Moses*: „Nimm deinen Stab, … und sag zu dem Felsen, er solle sein

Wasser fließen lassen". *Moses* erhob seine Hand und schlug mit seinem Stab zweimal auf einen Felsen. Da kam Wasser heraus, viel Wasser, und die Gemeinde und ihr Vieh konnten trinken. Von *Kadesch* brachen die Israeliten auf und kamen zum *Berg Hor*. Dort sprach *der Herr* zu *Moses* und *Aaron*: „*Aaron* wird jetzt mit seinen Vorfahren vereint und sterben". Es war das vierzigste Jahr nach dem Auszug aus Ägypten. *Aaron* war 123 Jahre alt.

Als die *Moabiter* die von Israel ausgehende Gefahr erkannten, wollten sie zunächst mit Zaubersprüchen und Flüchen die Bedrohung beseitigen. Weil dies nicht gelang, wandten sie eine andere „Kriegslist" an: „Und Israel lagerte in *Schittim*. Da fing das Volk an zu huren mit den Töchtern der *Moabiter*; die luden das Volk zu den Opfern ihrer Götter ein. Und das Volk aß und betete ihre Götter an" (Num 25). Die Strafe war gewaltig: Wer sich mit einer Fremden eingelassen hat, wurde gewürgt und gehängt. Die *Moabiter* wurden geschont, aber die mit ihnen verbündeten *Midianiter* getötet: „…alles was männlich ist unter den Kindern und alle Frauen, die nicht mehr Jungfrauen sind". Als danach die siegreichen Israeliten am Jordan bei *Jericho* lagerten, befahl *Gott Moses*, in den zwölf Stämmen Israels alle wehrfähigen Männer über zwanzig Jahren zu zählen. Die Gesamtzahl der Gemusterten betrug 601.730. Dann sprach *der Herr* zu *Moses*: An diese Männer soll das Land durch Verlosung als Erbbesitz verteilt werden. Den *Leviten* wurde kein Erbbesitz zuteil.

Nun verkündete *der Herr*, daß *Moses* bald mit seinen Vorfahren vereint sein werde und bestimmte als seinen Nachfolger *Josua*. „Nimm *Josua*, … der mit Geist begabt ist und leg ihm deine Hand auf". Im vom *Herrn* befohlenen Rachefeldzug gegen die *Midianiter* wurden von diesen alle Männer getötet und die Frauen und Kinder gefangengenommen. *Moses* aber befahl den heimgekehrten Truppen, von den Gefangenen nur die Jungfrauen und Mädchen am Leben zu lassen. Die reiche Beute der *Midianiter* wurde auf Weisung des *Herrn* unter den Israeliten aufgeteilt. Einige Zeit später kam der „Marschbefehl": „Wenn ihr den *Jordan* überschritten und *Kanaan* betreten habt, dann vertreibt vor euch alle Einwohner des Landes, und vernichtet alle ihre Götterbilder". Dann legte *der Herr* genau die Grenzen des Landes fest, das an die Israeliten verteilt werden sollte. *Die Grenzen entsprachen ungefähr denen im heutigen Israel.* Weiter bestimmte *der Herr*, die israelitischen Stämme sollten aus ihrem Besitz insgesamt 48 Städte als Wohnsitze für die *Leviten* abgeben, darunter sechs Asylstädte als Fluchtorte für diejenigen, „die ohne Vorsatz einen Menschen erschlagen haben". „Wenn er ihn so geschlagen hat, daß er stirbt, ist er ein Mörder. Der Mörder ist mit dem Tod zu bestrafen". „Der Bluträcher darf den Mörder töten, sobald er ihn trifft". Wer unabsichtlich einen Menschen tötet, muß in eine Asylstadt gehen und kann am Leben bleiben. Nach dem Tod des Hohepriesters der Asylstadt kann der, der getötet hat, zu seinem Besitz zurückkehren.

5. Das fünfte Buch Mose (Deuteronomium)

Dieses letzte Buch des *Pentateuchs* ist eine Sammlung von Reden des *Moses* in der Ebene von *Moab* und ein Bericht über seinen Tod und sein Begräbnis. Seine Reden enthalten viele Weisungen *Gottes* für die Israeliten. Gleich am Anfang heißt es: „Kennt vor Gericht kein Ansehen der Person. Klein wie Groß hört an. Fürchtet euch nicht vor angesehenen Leuten, denn das Gericht hat mit Gott zu tun" (Dt 1).

Im ersten Teil der Reden ruft *Moses* noch einmal die Erlebnisse während des 40 Jahre dauernden Aufenthalts in der Wüste in Erinnerung. Er fordert Gehorsam gegenüber *Gottes* Weisungen und warnt vor einem Abwenden von *Gott*. Der zweite Teil erläutert ausführlich die *Zehn Gebote* und die Gesetze für das Leben im vor den Israeliten liegenden Land *Kanaan*. Im letzten Teil der Reden beschreibt *Moses* die Strafen für einen Abfall vom *Herrn* und die Belohnung für die Treue zum *Herrn*. Das Buch endet mit der Erneuerung des Bundes zwischen *Gott* und den Israeliten, der Ernennung *Josuas* zum Nachfolger von *Moses* sowie dessen Tod und Begräbnis.

Mahnend beginnt im 4. Kapitel der Text: „*Nun höre, Israel, die Gebote und Rechte, die ich euch lehre... So haltet sie nun..., denn dadurch werdet ihr als weise und verständig gelten bei allen Völkern... Denn wo ist ein so herrliches Volk, dem ein Gott so nahe ist wie uns der Herr. ... So hütet euch nun wohl, daß ihr euch nicht versündigt und euch irgendein Bildnis macht, das gleich sei einem Mann oder Weib*". Im 6. Kapitel heißt es: „*Höre Israel, der Herr ist unser Gott, der Herr allein. Und du sollst den Herrn, deinen Gott, lieb haben von ganzem Herzen, von ganzer Seele und mit all deiner Kraft.... Und diese Worte sollst du dir zu Herzen nehmen ... und du sollst sie binden zum Zeichen auf deine Hand...Ihr sollt den Herrn, Euren Gott, nicht versuchen...*". Damit die Israeliten das verheißene Land in Besitz nehmen können, wird *der Herr* sieben Völker ausrotten, die größer und stärker sind als Israel. „Ihre Altäre sollt ihr niederreißen ... und ihre Götzenbilder mit Feuer verbrennen." In den Kapiteln 8 bis 10 wird gesagt: *Der Herr* „speiste dich mit Manna, ...

auf daß er dir kundtäte, *daß der Mensch nicht lebt vom Brot allein, sondern von allem, was aus dem Mund des Herrn geht"*. Und weiter: „So wisse nun, daß der Herr, dein Gott, dir nicht um deiner Gerechtigkeit willen dies gute Land zum Besitz gibt, da du doch ein halsstarriges Volk bist. ... *Der Herr, euer Gott, ist der Gott aller Götter und der Herr über alle Herren, der große Gott, der Mächtige und der Schreckliche, der die Person nicht ansieht ... und hat die Fremdlinge lieb. Darum sollt auch ihr die Fremdlinge lieben...*"

In den Kapiteln 12 bis 26 verkündet *Moses* noch einmal die Gesetze, die ihm *Gott* gegeben hat. Am Ende von Kapitel 12 wird gesagt: Israel soll dem *Herrn* nicht dienen wie die Völker die ausgerottet wurden, „denn sie haben ihren Göttern alles getan, was dem *Herrn* ein Gräuel ist und was er haßt, denn sie haben ihren Göttern sogar ihre Söhne und Töchter mit Feuer verbrannt". Im Kapitel 13: Wenn ein Familienangehöriger dazu überreden will, anderen Göttern zu dienen, dann soll man ihn „zu Tode steinigen, denn er hat dich abbringen wollen von dem *Herrn*..."

Im Kapitel 15 heißt es: „Alle sieben Jahre sollst du ein Erlaßjahr halten. ... Wenn einer seinem Nächsten etwas geborgt hat, der soll es ihm erlassen und soll es nicht eintreiben. ... Von einem Ausländer darfst du es eintreiben ... *Es sollte überhaupt kein Armer unter euch sein...* Wenn einer deiner Brüder arm ist, ... sollst du dein Herz nicht verhärten ... und ihm leihen, soviel er Mangel hat ... Es werden allzeit Arme sein im Lande ... Wenn einer einen hebräischen Sklaven hat, so soll er sechs Jahre dienen und im siebenten Jahr frei entlassen werden, aber nicht mit leeren Händen. Kapitel 16 nennt die drei Hauptfeste der Israeliten: das *Passafest* mit dem Schlachten von Schafen oder Rindern und dem sieben Tage während Essen von ungesäuertem Brot, dem Brot des „Elends"; das *Wochenfest* am Beginn der Getreideernte, an dem eine freiwillige Gabe gespendet wird; und das *Laubhüttenfest* als Dank für die Ernte.

Kapitel 17: Gesteinigt werden soll, wer anderen Göttern dient und sie anbetet, „es sei Sonne oder Mond oder das ganze Heer des Himmels". Wenn die Israeliten einen König über sich haben wollen, so sollen sie keinen Ausländer, sondern einen Bruder aus dem eigenen Volk nehmen, den *der Herr* auswählen wird. *Sie sollen auch in ihrer zukünftigen Heimat nicht Wahrsagerei, Hellseherei, geheime Künste, Zauberei, Geisterbeschwörung oder Zeichendeuterei betreiben, denn dies ist dem Herrn ein Gräuel.* Die Völker, die dort vorher wohnten und so etwas machten, werden deshalb aus ihrem Land

vertrieben. *„Einen Propheten wie mich wird dir der Herr, dein Gott, erwek-*
ken aus dir und deinen Brüdern, dem sollt ihr gehorchen. (Wir können dieses
Wort durchaus als frühen Hinweis auf *Jesus Christus* verstehen). Für einen
falschen Zeugen vor Gericht, der seinen unschuldigen Bruder schädigen
wollte, gilt die Losung: Leben um Leben, Auge um Auge, Zahn um Zahn,
Hand um Hand, Fuß um Fuß.

Vor einer Schlacht sollen die nach Hause zurückkehren und daher nicht
Gefahr laufen zu sterben, die ein neues Haus gebaut haben, das noch nicht
eingeweiht ist; einen Weinberg gepflanzt und die Früchte noch nicht genossen haben; mit einem Mädchen verlobt sind, das noch nicht heimge-
holt worden ist; ein verzagtes Herz haben, damit sie nicht auch das Herz
ihrer Brüder feige machen (Kap. 20). Wer sich in ein Mädchen, das im
Krieg gefangen wurde, verliebt, soll sie zur Frau nehmen. „Wenn du aber
keinen Gefallen mehr an ihr hast, so sollst du sie gehen lassen, wohin sie
will... Du sollst sie aber nicht um Geld verkaufen oder als Sklavin behandeln". Wenn jemand zwei Frauen hat, eine geliebte und eine ungeliebte,
mit denen er Söhne hat, so soll er den Sohn der ungeliebten Frau, wenn er
der Erstgeborene ist, als Haupterben anerkennen. Ein gewalttätiger Sohn,
der sich brutal gegen seine Eltern wendet, soll gesteinigt werden. Ein wegen
eines schweren Verbrechens Gehängter „ist verflucht bei Gott" (Kap. 21).
Verlorenes Gut sollst du bewahren und dem Verlierer zurückgeben, wenn
er seinen Verlust anzeigt. *„Eine Frau soll nicht Männersachen tragen und ein*
Mann nicht Frauenkleider anziehen, denn wer das tut, ist dem Herrn ein Gräu-
el". Du sollst nicht ackern zugleich mit einem Rind und einem Esel. Du
sollst nicht anziehen ein Kleid, das aus Wolle und Leinen zugleich gemacht
ist. Du sollst dir Quasten machen an den vier Zipfeln deines Mantels, mit
dem du dich bedeckst". Eine Frau, die heiratet, soll vor der Hochzeitsnacht
unberührt gewesen sein. Wenn ihr Mann später fälschlich das Gegenteil
behauptet, muß er ein Bußgeld zahlen. Wenn die Frau tatsächlich schon
vor der Hochzeit mit einem anderen Mann zusammen war, soll sie gesteinigt werden. Bei Ehebruch sollen beide Beteiligten sterben. Verführt ein
Mann ein noch nicht verlobtes Mädchen, so soll er dem Vater des Mäd-
chens ein Bußgeld zahlen und sie soll dann seine Frau werden (Kap. 22).

Im Kapitel 23 heißt es: In die Gemeinde des *Herrn* dürfen nicht aufgenommen werden: Entmannte, „Verschnittene" und Mischlinge sowie die
Ammoniter und die *Moabiter.* Weiter heißt es: „Du sollst im Vorgelände
des Lagers eine Ecke haben, wo du austreten kannst". Jeder, der sich dort

hinhockt, soll mit einer Schaufel ein Loch graben und es nachher wieder zudecken. „Denn der *Herr*, dein *Gott*, hält sich in der Mitte deines Lagers auf". Die Tempeldiener und Dienerinnen sollen nicht Hurerei betreiben. Vom eigenen Bruder darf man für geliehenes Geld keine Zinsen verlangen, von einem Ausländer darf man sie verlangen. Ein Gelübde soll man halten. Und in Kapitel 24: Wenn ein Mann seiner Frau einen Scheidebrief schreibt und sie heiratet später einen anderen Mann, der stirbt, so darf sie nicht mehr zum ersten Mann zurückkehren. Ein Jungvermählter soll ein Jahr lang bei seiner Frau sein dürfen und nicht zum Kriegsdienst eingezogen werden. Wenn man einem Bedürftigen etwas borgt, soll man kein Pfand dafür verlangen. Einem Tagelöhner, der bedürftig und arm ist, soll man seinen Lohn noch am gleichen Tag auszahlen.

Kapitel 25 enthält den Spruch: Du sollst einem Ochsen, der da drischt, nicht das Maul verbinden. Weiter wird gesagt: Wenn ein Mann stirbt, so soll sein Bruder dessen Frau ehelichen, damit sein Name nicht ausstirbt in Israel. Wenn eine Frau ihren Mann von einem Schläger befreien will und deswegen dessen Schamteile ergreift, so hat man ihr die Hand abzuhacken. Die Erstlinge aller Feldfrüchte soll man dem *Herrn* darbringen. Alle drei Jahre gebe man den Zehnten der Ernte an die Leviten, Fremdlinge, Waisen und Witwen, damit sie essen können und satt werden. Der Spender soll den *Herrn* bitten: Sieh nun herab von deiner heiligen Wohnung, vom Himmel, und segne dein Volk Israel ..." *Der Herr* hat sagen lassen, daß er dich zum Höchsten über alle Völker machen werde... (Kap. 26).

Im Kapitel 27 lesen wir Verfluchungen. Verflucht sei:

1. wer einen Götzen oder ein gegossenes Bild macht
2. seinen Vater oder seine Mutter nicht ehrt
3. seines Nächsten Grenze verrückt
4. einen Blinden irreführt
5. das Recht von Fremdlingen, Waisen oder Witwen beugt
6. bei der Frau seines Vaters, seiner eigenen Schwester oder Schwieger-mutter liegt
7. bei irgendeinem Tier liegt
8. seinen Nächsten heimlich erschlägt
9. Geschenke annimmt, damit er unschuldiges Blut vergieße
10. nicht alle Worte dieses Gesetzes erfüllt.

Wenn das Volk Israel der Stimme des *Herrn* gehorcht und alle seine Gebote befolgt, werden ihm viele Segnungen zuteil werden. Wenn es aber nicht gehorcht, wird ihm viel Schlimmes angetan werden. Das ganze Volk und die Früchte seiner Arbeit werden verflucht. *„Der Herr wird dich ... unter ein Volk treiben, das du nicht kennst, und du wirst dort andern Göttern dienen ... Und du wirst zum Entsetzen, zum Sprichwort und zum Spott werden unter allen Völkern, zu denen der Herr dich treibt. ... Der Herr wird ein Volk über dich schicken von Ferne, vom Ende der Erde, ... das nicht Rücksicht nimmt auf die Alten und die Jungen nicht schont. ... Der Herr wird dich zerstreuen unter alle Völker von einem Ende der Erde bis ans andere, und du wirst dort andern Göttern dienen, die du nicht kennst noch deine Väter: Holz und Steinen. Dazu wirst du unter jenen Völkern keine Ruhe haben ... und dein Leben wird immerdar in Gefahr schweben, Nacht und Tag wirst du dich fürchten und deines Lebens nicht sicher sein. ... Und der Herr wird dich mit Schiffen wieder nach Ägypten führen ..."*

Am Ende von Kapitel 28 heißt es: „Was verborgen ist, ist des *Herrn*, unseres Gottes, was aber offenbart ist, das gilt uns und unseren Kindern ewiglich, daß wir tun sollen alle Worte dieses Gesetzes". Und in Kapitel 29: Alle, die sich die Worte *Gottes* zu Herzen nehmen, werden wieder gesammelt aus allen Völkern, unter die sie der *Herr* verstreut hat, und er wird sie in das Land bringen, das ihre Väter besessen haben, und er wird ihnen Gutes tun und sie zahlreich machen.

Im letzten Teil (Kapitel 29 bis 31) verkündet *Moses* unter Anderem den Israeliten: „Auch hat *der Herr zu* mir gesagt: Du wirst den Jordan nicht überschreiten. ... Sieh, deine Zeit ist gekommen. Du wirst sterben." *Der Herr* setzte *Josua* als Nachfolger des *Moses* in sein Amt ein und sagte: „Empfange Macht und Stärke. ... Ich werde bei dir sein." Das Buch endet mit dem „Lied" und Segen des *Moses*. Am Anfang des Lieds heißt es: „*Gott ist ein Fels. Seine Werke sind vollkommen, denn alles, was er tut, das ist recht. Treu ist Gott und kein Böses an ihm, gerecht und wahrhaftig ist er. ... Ist er nicht dein Vater und dein Herr? Ist es nicht er allein, der dich gemacht und bereitet hat?"* Schließlich befahl *der Herr*, *Moses* solle auf den Berg *Nebo* im Lande *Moab* gegenüber von *Jericho* steigen und in das Land *Kanaan* schauen. Dann werde er sterben. *Moses* segnete nun die zwölf Stämme Israels, bestieg den Berg *Nebo* und starb im Alter von 120 Jahren. Niemand hat sein Grab gefunden bis auf den heutigen Tag. *Und es stand hinfort kein Prophet in Israel auf wie*

Moses, den der Herr erkannt hätte von Angesicht zu Angesicht. Mit Moses' Tod endet die *Tora*, das große Gesetz- und Geschichtsbuch der Israeliten.

Halten wir nun inne und schauen auf dieses, in der *Tora* lebendig erhaltene, faszinierende Bild der Offenbarung, des Wohnens und machtvollen Wirkens unseres einzigen, ewigen und wahren *Gottes Jahwe* unter den Israeliten. Dieses Offenbaren und Wirken begann vor mehr als 3800 Jahren, also mehr als 1800 Jahren v. Chr., mit dem Ruf und den Weisungen *Gottes* an *Abram (Abraham)* und endet in der *Tora* mit dem von *Gott* angekündigten Tod des *Moses* zwischen 1250 und 1200 v. Chr. Die in der *Tora* wiedergegebene Geschichte der Israeliten umfaßt den Zeitraum von rund 600 Jahren. Sie begann mit der Wanderung *Abrahams* von *Ur* in *Chaldäa* (im heutigen südlichen Irak) nach *Haran* (in der Osttürkei) und dann weiter nach Süden bis *Sichem* in *Kanaan*. *Jakob*, der Enkel *Abrahams*, zog von dort, getrieben durch eine schwere Hungersnot um 1650 v. Chr., mit seiner Sippe – 70 Männer dazu Frauen und Kinder – nach *Ägypten* und ließ sich dort auf Geheiß der Regierung im Land *Goschen* mitten im breiten Nildelta nieder. Ihre Zahl wuchs in dieser Zeit von 70 auf 600.000 Männer – nicht gerechnet die Frauen und Kinder – an. Zwischen 1250 und 1200 v. Chr. gelang es *Moses* mit machtvoller Unterstützung des *Herrn*, die Israeliten aus der Sklaverei zu befreien und das Volk in einer 40-jährigen Wüstenwanderung über den *Sinai* bis in die Gegend von *Jericho* zu führen. Nach *Moses'* Tod übernahm *Josua* die Führung.

Voller Staunen betrachten wir das machtvolle und intensive Wirken des *Herrn*, unseres *Gottes*, mitten unter dem Volk Israel: seine zahlreichen Gebote und Verbote, seine genauen Angaben über die Ausgestaltung seiner Wohnstätte, des Offenbarungszelts, seine umfangreichen Vorschriften über den Aufbau der Bundeslade und die zu verwendenden Werkstoffe, über die Form und Nutzung der Altäre, über die Kleidung und Weihe der Priester, die Bereitung der Opfergaben, die Darbringung der Opfer und die notwendigen Rituale beim Feiern der Feste. Dabei kümmerte er – der Herr und Schöpfer des Himmels und der Erde – sich selbst um winzigste Kleinigkeiten, ganz ähnlich wie wir Menschen. Er zeigt sich uns schon vom Beginn seiner Offenbarung an als liebevoll, fürsorglich, barmherzig und gnädig, aber auch, wenn Unrecht geschehen ist, als zornig, eifernd, vorwurfsvoll und hart strafend. *Voller Demut erkennen wir: Er ist uns ja ganz ähnlich, vertraut, nahe, weil er uns als sein Ebenbild geschaffen hat.*

Dieses einzigartige Offenbaren des ewigen und wahren Gottes aller Menschen, geschah in einer geschichtlichen Epoche, die wir als Bronzezeit (2200 bis 800 v. Chr.) bezeichnen. Es war jene Zeit, in der die Menschheit in großem Umfang gelernt hatte, anstelle des für viele Anwendungen zu weichen Kupfers eine Mischung aus Kupfer und Zink, eben die Bronze, herzustellen und daraus Werkzeuge, Waffen und Geräte zu schmieden. Es war die Zeit, wo in verschiedenen Regionen der Welt bereits Hochkulturen entstanden waren oder sich entwickelten – unter anderem die *sumerische* und *babylonische Kultur* in Mesopotamien; die *Pharaonenkultur* in Ägypten, die *minoische Kultur* auf Kreta, die *mykenische Welt* in Griechenland, die *Kultur der Hethiter* in Anatolien, die *Indus- oder Harappa-Kultur* in Nordindien sowie die *Hochkultur in China.* In all diesen Kulturen gab es schon in jener Zeit als weiter geformtes Erbe der Steinzeit vielfältige Götterwelten, mit deren Wirken sich die antiken Menschen die für sie oft unheimlich erscheinenden Naturphänomene zu erklären versuchten. *Mitten in diese, von menschlicher Phantasie geschaffenen, manchmal skurril sich darbietenden Pantheons, ertönte nun – beginnend vor fast 3900 Jahren – die grandiose Offenbarung des einzigen und wahren Gottes, der nicht aus menschlicher Phantasie geboren wurde, sondern seit Ewigkeit lebt und von sich sagte: „Ich bin der Herr, euer Gott, ihr sollt keine fremden Götter neben mir haben".* Diese an das „auserwählte Volk" Israel gerichtete Forderung gilt für die ganze Menschheit. Sie verleiht der Beziehung des Menschen zu dem Unerklärlichen seines Daseins eine völlig neue, überragende Dimension: Die Dimension des Erkennens eines allmächtigen und gnädigen *Gottes*, des Erschaffers des Himmels und der Erde, der sich um die auf dem winzigen Himmelskörper Erde lebende Menschheit in unvergleichlicher Weise kümmert und sorgt. In dieser Tatsache kommt zum Ausdruck, wie wichtig wir Menschen für *Gott* sind. Dies wird auch deutlich in der weiteren Geschichte des Volkes Israel und dann besonders eindringlich in der Erscheinung des *Messias Jesus Christus* und der Offenbarung des *Mohammed.*

Das Buch Josua

Nach der *Tora* folgen im *Alten Testament* die Bücher der weiteren Geschichte des israelitischen Volkes im Lande *Kanaan*, das schon *Abraham* als künftige Heimat seiner Nachkommen angekündigt wurde. *Josua*, der Sohn *Nuns* und Diener des *Moses*, wurde dessen Nachfolger. Über ihn und seine Taten berichtet das *Buch Josua*. Schon frühzeitig wurde *Josua* von *Moses* zum Befehlshaber im Kampf gegen die *Amalekiter* ernannt, als diese die Israeliten grundlos angriffen. *Der Herr* ordnete die vollständige Ausrottung der *Amalekiter* an. Nach dem Tod des *Moses* begann *Josua* mit der Hilfe des *Herrn* die Eroberung *Kanaans*.

Seit der Vertreibung der *Hyksos* aus Ägypten war *Kanaan* ununterbrochen ägyptische Provinz und wurde – zerstückelt in viele kleine selbständige Königreiche und Stadtstaaten – von den ägyptischen Verwaltern regelrecht ausgebeutet. Zudem kamen neue Bedrohungen auf *Kanaan* zu. *Indogermanische „Seevölker"* drangen zwischen etwa 1230 und 1200 v. Chr. von Norden und von der See her in das Land ein und bereiteten sich auf seine Eroberung vor, eine für Israel günstige Situation für den Einmarsch in *Kanaan. Jahwe* staute durch ein Wunder den *Jordan*, so daß die Israeliten auf trockenem Boden bis vor *Jericho* hinüberziehen konnten. Dort sah *Josua* plötzlich einen Mann mit einem gezückten Schwert. Auf seine Frage, wer er sei, antwortete dieser: „Ich bin der Anführer des Heeres des *Herrn… Zieh deine Schuhe aus; denn der Ort, wo du stehst, ist heilig"*. Vor der Eroberung von *Jericho* sagte *der Herr* zu *Josua:* „Ihr sollt mit allen Kriegern um die Stadt herumziehen und sie einmal umkreisen. Das sollst du sechs Tage lang tun. Sieben Priester sollen sieben Widderhörner vor der Lade hertragen. Am siebten Tag sollt ihr siebenmal um die Stadt herumziehen, und die Priester sollen die Hörner blasen. Wenn das Widderhorn geblasen wird, … soll das ganze Volk in lautes Kriegsgeschrei ausbrechen. Darauf wird die Mauer der Stadt in sich zusammenstürzen". So geschah es. *Jericho* wurde vollständig zerstört und alle Bewohner kamen um. *Josua* warnte die Israeliten: „Hütet euch… Alles Gold und Silber und die Geräte aus Bronze und *Eisen* sollen dem *Herrn* geweiht sein und in den Schatz des *Herrn* kommen". Zum ersten Mal wird hier in der hebräischen Geschichte das *Eisen* als Material für Werkzeuge genannt – ein erster biblischer Hinweis auf die spätere *Eisenzeit*.

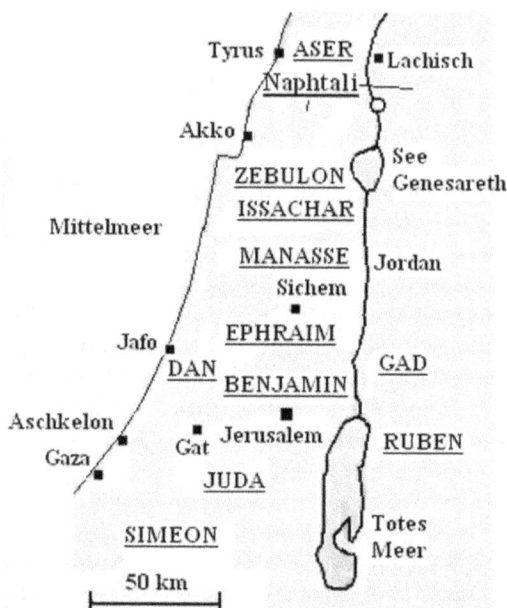

Tyrus
ASER
Naphtali
Lachisch
Akko
See
Genesareth
ZEBULON
Mittelmeer
ISSACHAR
MANASSE
Jordan
Sichem
Jafo
EPHRAIM
DAN
BENJAMIN
GAD
Aschkelon
Gat
Jerusalem
RUBEN
Gaza
JUDA
SIMEON
Totes
Meer
50 km

Fig. 3-3: Die Aufteilung der von Josua eroberten Gebiete an die zwölf Stämme Israels.

Josuas Truppen erlitten darauf zunächst eine Niederlage bei Ai, besiegten dann aber in den folgenden sechs Jahren 31 Könige Kanaans und eroberten große Teile des Landes. Immer wieder heißt es dazu: *„Josua* erschlug alles, was in ihm lebte, mit scharfem Schwert; niemand ließ er entkommen". Genannt werden unter Anderem die eroberten Städte *Debir, Lachisch* und das mächtige *Hazor*. Stark befestigte Städte wie *Jerusalem* und *Geser* blieben zunächst unbehelligt. Das Land wurde unter die Stämme Israels aufgeteilt. *Josua* starb im Alter von 110 Jahren. Vor seinem Tod ermahnte er die Israeliten, dem *Herrn* treu zu dienen. Sie versprachen es und erneuerten den Bund mit *Jahwe*. Auf einem Gedenkstein des Pharaos *Merenptah* von 1229 v. Chr. wurde erstmals von einem fremden Herrscher der Name *„Israel"* als Volk in Palästina erwähnt.

Mit *Moses'* Tod änderte sich die Beziehung *Gottes* zu den Israeliten und damit zur ganzen Menschheit dramatisch. *Der Herr* zog sich aus der persönlichen engen Beziehung, die er mit *Moses* unterhielt, zurück. *Josua* konnte

330

nicht mehr wie *Moses* mit dem *Herrn* „von Angesicht zu Angesicht" sprechen, sondern mußte den Weisungen folgen, die *Gott* ihm direkt oder über die Hohepriester erteilte. Auch keiner der späteren *Propheten* hatte eine vergleichbare Beziehung zu *Gott* wie *Moses*. Erst 1.200 Jahre später nahm *der Herr* in der Gestalt des *Messias Jesus Christus* den direkten Kontakt mit der Menschheit wieder auf und wohnte 34 Jahre mitten unter ihnen.

Das Buch „Die Richter"

beschreibt die Ereignisse in der Zeit von der Landnahme der Israeliten zwischen 1240 und 1220 v. Chr. bis zum Beginn der *Königszeit*, die mit der Thronbesteigung des Königs *Saul* 1051 v. Chr. begann. In dieser Zeit wurde Israel von Richtern und Propheten regiert. Die bekanntesten dieser Machthaber waren die Richterin *Debora* und die Richter *Gideon* und *Simson*. Der letzte der Richter vor Beginn der Königszeit war *Samuel*. Teile des Buches gelten als *die ältesten Berichte des Alten Testaments*.

Nach dem Tod *Josuas* eroberten *Juda* und sein Bruder *Simeon* das Bergland von Kanaan, einen kleinen Teil des *„Fruchtbaren Halbmonds"*, der sich als Weide- und Ackerland von Mesopotamien über Syrien bis an die Mittelmeerküste erstreckte. Aber die Bewohner der Ebene konnten sie nicht vertreiben, weil sie *eiserne Kampfwagen* hatten. Der Heerführer *Sisera* des Königs von Kanaan hatte 900 solche Kampfwagen und die Israeliten 20 Jahre lang grausam unterdrückt. Die Richterin *Debora* und ihr Kampfgefährte *Barak* aus dem Stamm *Issachar* wagten um etwa 1125 bis 1130 v. Chr. zum ersten Mal eine offene Schlacht in der Ebene und besiegten den gefürchteten Streitwagenkämpfer *Sisera*, der auf der Flucht von einer Frau getötet wurde („...und schlug ihm den Zeltpflock durch die Schläfe, so daß er noch in den Boden drang"). Israel zeigte sich damit der Kampfkraft der Truppen *Kanaans* gewachsen.

Der Leidensweg der Israeliten war damit aber nicht zu Ende. Sieben Jahre lang litten sie nun unter der Gewaltherrschaft der *Midianiter*, die immer wieder aus ihrem Siedlungsgebiet östlich des Roten Meers – völlig unerwartet auf Kamelen heranstürmend – mordend und plündernd über Israel herfielen. Da erschien der Engel des *Herrn* dem *Gideon* und befahl ihm, gegen *Midian* vorzugehen. Der Herr sagte zu ihm: „Weil ich mit dir bin, wirst du *Midian* schlagen... Friede sei mit dir. Fürchte dich nicht, du wirst nicht sterben". Auf Befehl *Gottes* entließ *Gideon* alle seine Kämpfer bis auf 300 Mann, mit denen er *Midian* schlug. Als die Israeliten ihn zu ihrem König machen wollten, lehnte er ab. *Gideon* hatte 70 leibliche Söhne, denn er hatte viele Frauen. Eine Nebenfrau gebar ihm einen Sohn, dem er den Namen *Abimelech* gab. Dieser strebte nach der Alleinherrschaft und brachte seine 70 Brüder in *Sichem* um. Dann machten ihn die Bürger von *Sichem* zu ihrem König.

Drei Jahre später wandten sie sich von *Abimelech* ab und kämpften gegen ihn. Er aber eroberte die Stadt, zerstörte sie „und streute Salz" darüber. Bei der Eroberung der Stadt *Tebez* „warf eine Frau von der Burg *Abimelech* einen Mühlstein auf den Kopf und zerschmetterte ihm den Schädel." Israel kam auch danach nicht zur Ruhe. Eine neue tödliche Gefahr brach über das Land herein. Ihr Schreckensname: die *Philister,* die einen mächtigen Teil der *„Seevölker"* bildeten. Dieser riesige indogermanische Stamm, ein gewaltiges Heer von Kriegern, Frauen und Kindern, tauchte zuerst an den Küsten Griechenlands auf, zerstörte in Kleinasien das mächtige *Hethiterreich,* besetzte mit seiner Flotte *Kreta* (hebräisch: *Kaftor)* und *Zypern* und griff etwa 1190 v. Chr. vom Lande und von der See her die reichen Küstenstädte der *Phönizier* an. Viele dieser Städte wurden zerstört. Die in den Bergregionen des Landesinneren seßhaft gewordenen Israeliten waren noch nicht Ziel dieser Angriffe, sondern *Ägypten* unter seinem Pharao *Ramses III.* (Regierungszeit: 1184 – 1155 v. Chr.). Mit einer riesigen Streitmacht gelang es *Ramses III.* in einer Land- und Seeschlacht um etwa 1177 v. Chr. die *Philister* zu besiegen. Im Tempel von *Medinet Habu* bei *Theben* ist dieser weltgeschichtlich bedeutsame Sieg in steinernen Reliefs verewigt worden. Die geschlagenen *Philister* zogen sich zurück und ließen sich, wahrscheinlich von Ägypten veranlaßt und geduldet, Jahrzehnte später im Gebiet von *Gaza* nieder. Die Auseinandersetzung mit Israel war damit vorprogrammiert. „Die Israeliten taten wiederum, was dem *Herrn* mißfiel. Da gab sie *der Herr* in die Hand der *Philister,* vierzig Jahre lang". Von den *Philistern* sind die im Deutschen benutzten Namen „*Krethi und Plethi*" sowie „*Palästina*" hergeleitet.

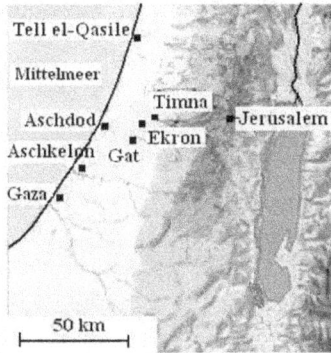

Fig. 3-4: Das Siedlungsgebiet der Philister mit fünf Städten nördlich von Gaza um 1100 v. Chr.

Die Feindseligkeiten begannen mit der Geschichte von *Simson und Dalila*. *Simson* vom Stamme *Dan* war groß und stark. Sein Haupt „soll kein Schermesser berühren, denn er ist dem *Herrn* geweiht, von Geburt an". Er verliebte sich in die Tochter eines *Philisters*. Auf dem Weg zu ihr griff ihn ein Löwe an, den er mit bloßen Händen tötete. An der Hochzeit nahmen auch 30 junge Männer der *Philister* teil, denen Simson ein Rätsel aufgab. Sie sollten ein Geschenk erhalten, wenn sie es lösten. Sie schafften es nur, weil die Braut die Lösung verriet. Der Verlierer *Simson* wurde darüber so zornig, daß er dreihundert Füchse mit an den Schwänzen gebundenen brennenden Fackeln durch die Felder der *Philister* trieb und deren Ernte niederbrannte. Als *Simson* deswegen an die *Philister* ausgeliefert werden sollte, ergriff er einen frischen Eselkinnbacken und erschlug tausend Männer. Danach wurde er unter den Philistern zwanzig Jahre lang Richter in Israel. In dieser Zeit verliebte er sich in eine Philisterfrau, die *Dalila* hieß. Auf ihr Drängen verriet er ihr schließlich, daß ihn seine Kraft verließe, wenn sein Haupthaar geschoren würde. Da schnitt sie ihm im Schlaf die Haare ab und rief ihre Stammesgenossen herbei. Die *Philister* überwältigten den Geschwächten und stachen ihm die Augen aus. Er mußte jetzt im Gefängnis „die Mühle drehen". Als alle Fürsten der *Philister* zu einem Fest zusammenkamen, ließen sie *Simson* zu ihrer Belustigung vorführen. *Simson*, dessen Haupthaar wieder stark gewachsen war, brachte mit seiner erneut gewonnenen Kraft durch gewaltigen Druck auf zwei Säulen das ganze Versammlungsgebäude zum Einsturz und tötete so im Sterben mehr Menschen als zu seinen Lebzeiten. Es war seine Vergeltung für das verlorene Augenlicht. *Mit dieser*

Legende von *Simson* und *Dalila* und einigen Nachträgen endet das Buch der Richter. *Es folgt...*

Das Buch Ruth

Es ist eine kurze Erzählung von der *Moabiterin Ruth*, die aus *Bethlehem* stammte, nach dem Tod ihres Mannes zusammen mit ihrer Schwiegermutter *Noomi* dorthin zurückkehrte und *Boas*, einen Gutsbesitzer und Verwandten ihres verstorbenen Mannes, heiratete. Sie bekam einen Sohn *Obed*. Er wurde der Vater von *Isai* und der Großvater des späteren Königs *David*.

Das erste und zweite Buch Samuel

Irgendwann um etwa 1050 v. Chr. drangen die *Philister* von der Küstenregion nach Osten in Richtung der *Judaberge*, der Siedlungsgebiete der Israeliten, vor. Israel stellte sich ihnen bei *Eben-Eser* entgegen und verlor die Schlacht und viertausend Krieger. In ihrer Not holten sie die *Bundeslade* von *Schilo*, was aber nichts nützte. Sie verloren auch die zweite Schlacht und es „fielen dreißigtausend Mann Fußvolk". Die *Bundeslade* wurde von den Siegern als Beute weggebracht und Israel entwaffnet. Die Lade brachten sie nach *Aschdod* in den Tempel ihres Gottes *Dagon*. Darauf brach in *Aschdod* die Beulenpest aus. Das Gleiche geschah, als die Lade nach *Gat* und darauf nach *Ekron* gebracht wurde. Um weiteres Unheil abzuwenden, gaben die *Philister* nach sieben Monaten die Lade an Israel zurück.

In dieser Zeit lebte *Samuel* in *Schilo*. Er wurde von seiner Mutter *Hanna*, die viele Jahre keine Kinder bekam, dem *Herrn* geweiht und versah den Dienst des *Herrn* unter der Aufsicht *Elis*. Bald erkannte ganz Israel, daß *Samuel* ein Prophet des *Herrn* war. Zwanzig Jahre nach der Rückkehr der Lade nach Israel sprach *Samuel* bei *Mizpa* zum versammelten Volk: „Wendet euer Herz wieder dem *Herrn* zu, und dient ihm allein; dann wird er euch aus der Gewalt der *Philister* befreien". Die *Philister* hörten von der Versammlung und griffen an. „Da ließ *der Herr* mit gewaltigem Krachen noch am gleichen Tag einen Donner gegen die *Philister* erschallen und brachte sie so in Verwirrung, daß sie von den Israeliten geschlagen wurden". Sie drangen darauf zunächst nicht mehr in das Gebiet der Israeliten ein. Die Städte im Gebiet von *Ekron* bis *Gat* kamen an Israel zurück.

Als *Samuel* alt war, kamen die Ältesten Israels zu ihm nach *Rama* und baten ihn, einen König einzusetzen, der sie regieren sollte, „wie es bei allen Völkern der Fall" war. Denn nur ein Königreich, in dem sich die einzelnen selbständigen Stämme zu einer Nation zusammenschlossen, konnte das Fortbestehen Israels auf Dauer sichern. Die Söhne *Samuels* „gingen nicht auf seinen Wegen" und kamen daher als Thronanwärter nicht in Frage. Die Wahl fiel auf *Saul* aus dem Stamm *Benjamin*. „Kein anderer unter den Israeliten war so schön wie er". *Saul* wurde von *Samuel* auf Anordnung des *Herrn* 1051 v. Chr. zum König gesalbt. Er machte seinen Heimatort *Gibea*, 5 km nördlich von Jerusalem gelegen, zur Residenz und bekämpfte mit Partisanenüberfällen die *Philister*. Vor einem der Kämpfe trat *David*, der Waffenträger *Sauls*, gegen den Philister-Hünen *Goliath* an und zerschmetterte ihm mit seiner Steinschleuder das Gehirn. *David* (1034 – 971 v. Chr.), ein Sohn des *Isai* vom Stamm *Juda*, war ein junger blonder Held aus *Bethlehem* „mit schönen Augen und einer schönen Gestalt". In allen Gefechten mit den *Philistern* war er sehr erfolgreich und wurde unter den Israeliten immer beliebter. Darüber geriet *Saul* so in Zorn, daß er *David* – obwohl dieser eine von *Sauls* Töchtern, *Michal*, zur Frau nahm – nach dem Leben trachtete. *David* mußte fliehen und schonte mehrmals das Leben *Sauls*, der ihn mit einer Schar von Männern verfolgte. *David* rettete sich mit seinen 600 Getreuen zum Philisterkönig von *Gat* und blieb dort ein Jahr und vier Monate. In dieser Zeit sammelten die *Philister* in der Ebene an der Quelle bei *Jesreel* ein Riesenheer gegen Israel. Aus Mißtrauen entließen sie *David* und seine Männer vor der Schlacht aus dem Heer. Er wurde damit nicht Augenzeuge der vernichtenden Niederlage Israels. *Saul* beging Selbstmord (1011 v. Chr.) und auch seine Söhne wurden getötet. Einer der Söhne war *Jonathan*, ein Freund und Vertrauter *Davids*, der *David* immer wieder vor *Sauls* Anschlägen warnte. *Mit dieser Katastrophe schien das Königreich Israel dem Untergang geweiht.*

David beklagte *Sauls* und *Jonathans* Tod und zog dann auf Geheiß des *Herrn* mit seinen beiden Frauen nach *Hebron*. „Dann kamen die Männer *Judas* nach *Hebron* und salbten *David* 1011 v. Chr. zum König über das *Haus Juda*". Schon früher hatte *der Herr* dem Propheten *Samuel* eine Botschaft für *David* gegeben: „Er ist es. Ihn sollst du zum König salben". Da salbte *Samuel* den jungen *David* zum künftigen König. *Abner*, der Heerführer *Sauls*, hatte jedoch bereits *Sauls* Sohn *Ischbaal* zum König über alle anderen Gebiete Israels gemacht. Am Teich von *Gideon*, 12 km nördlich von *Jerusalem* gelegen, trafen Kampfgefährten *Davids* und *Ischbaals* unter ihren Anführern *Joab* bzw. *Abner* aufeinander.

Die Männer *Davids* siegten und vertrieben ihre Gegner. Der Krieg zwischen dem *Haus David* und dem *Haus Saul* ging weiter, bis *Abner* und *Ischbaal* ohne Wissen *Davids* ermordet wurden. *David* wurde nun immer mächtiger und regierte das Land siebeneinhalb Jahre. Sechs verschiedene Frauen schenkten ihm in dieser Zeit sechs Söhne.

Im letzten Regierungsjahr *Davids* kamen alle Ältesten Israels im Jahr 1004 v. Chr. nach *Hebron* und salbten ihn zum *König von ganz Israel*. *David* war damals 30 Jahre alt. Die starke Festung *Jerusalem* konnte er erobern, weil er und seine Kundschafter Kenntnis von der Quelle *Gihon* hatten, welche die Stadt mit Trinkwasser versorgte. Sie wird auch *„Quelle der Jungfrau Maria"* genannt, weil dort *Maria* die Windeln ihres Söhnleins gewaschen haben soll. Im Brunnenschacht führt ein enger Stollen an eine Stelle ins Freie, die innerhalb der alten Stadtmauer liegt. Diesen Zugang in die Stadt benutzten wohl die Truppen *Davids* zur Eroberung. Er verlegte nun seinen Regierungssitz nach *Jerusalem*, die *„Stadt Davids"*, nahm sich mehrere Nebenfrauen und zeugte mit ihnen 11 Söhne. Als *David die Bundeslade von Schilo nach Jerusalem auf den Berg Zion holte, wurde die Stadt auch zum religiösen Zentrum des Staates.*

In der nun folgenden, dreiunddreißigjährigen Regierungszeit besiegte *David* nicht nur die *Philister*, sondern eroberte auch weite Gebiete *Palästinas*: im Süden das Reich von *Edom*, das sich vom *Toten Meer* bis zum Golf von *Akaba* erstreckte und reich an Kupfer- und Eisenerzvorkommen war; und im Norden das Gebiet der *Aramäer (Syrer)*, die um 1000 v. Chr. begannen, nach Osten zu marschieren und die *Assyrer* anzugreifen. Israel leistete damit den *Assyrern*, die später den Staat Israel vernichteten, ungewollt Waffenhilfe. Heerführer in den meisten Feldzügen war *Davids* Neffe *Joab*. Das Reich *Davids* erstreckte sich schließlich von Nord nach Süd über eine Länge von rund 600 km; es war ein mächtiges Königreich am Südzipfel des *„Fruchtbaren Halbmonds"* geworden.

Fig. 3-5: Das Königreich Davids und Salomos um 1000 bis 930 v. Chr. – Schraffur:
Die Eroberungen Davids.

Während eines der Feldzüge verführte *David* die schöne *Bathseba*, die Frau seines Offiziers *Urija*. Dann befahl er *Joab*, *Urija* in die vorderste Front zu stellen. *Urija* fiel, wie erhofft, und *David* heiratete die Witwe. Der Prophet *Nathan* kündigte ihm deswegen *Gottes* Strafe an: Das Kind von David und *Bathseba* starb und *David* blieb es verwehrt, in *Jerusalem* einen Tempel für den *Herrn* zu errichten. Dieses war *Salomo*, seinem zweiten Kind mit *Bathseba* und Nachfolger, vorbehalten. Ein anderer, von *David* sehr geliebter Sohn, *Absalom*, wollte *David* entthronen und sammelte ein kleines Heer gegen ihn. Während der Schlacht mußte *Absalom* fliehen, verfing sich dabei mit seinen langen Haaren am Ast eines Baums und wurde von *Joab* getötet. Der König „weinte und trauerte um *Absalom*". Kurz vor seinem Tod ließ er *Salomo* zum König salben. Unter *David* wurde Israel ein einheitlicher Staat mit geordneter Verwaltung und aufblühender Wirtschaft. Eine vom Herrn befohlene Volkszählung ergab 800.000 Krieger für das nördliche Teilgebiet „Israel" und 500.000 für das südliche „Juda". Dazu kamen die Frauen und Kinder.

David sang dem *Herrn*, der ihn aus der Gewalt seiner Feinde und seines Vorgängers *Saul* errettet hatte, ein Lied. Darin heißt es (2 Sam 22, Nachträge): *„Herr, du mein Fels, meine Burg, mein Retter. … In meiner Not rief ich zum Herrn und rief zu meinem Gott. Aus seinem Heiligtum hörte er mein Rufen… Der Herr hat mir vergolten, weil ich gerecht bin und meine Hände rein sind. Denn ich hielt mich an die Wege des Herrn und fiel nicht ruchlos ab von meinem Gott… Denn wer ist Gott als allein der Herr, wer ist ein Fels, wenn nicht unser Gott? … Es lebt der Herr! Mein Fels sei gepriesen! Der Gott, der Fels meines Heils, sei hoch erhoben! … Darum will ich dir danken, Herr, vor den Völkern, ich will deinem Namen singen und spielen".*

Die Bücher der Könige

beschreiben die Geschichte der Könige *Israels* und *Judas* vom Lebensende *Davids* bis zum *Babylonischen Exil*. Sie wurden von einem unbekannten Autor in der Mitte des 6. Jh. v. Chr. verfaßt. Am Beginn des Ersten Buchs der Könige erfahren wir, daß König *David* „alt und hochbetagt" war. Auch ein schönes Mädchen, das ihn bedienen und wärmen sollte, konnte ihn nicht mehr kräftigen. Da erhob zunächst *Adonija*, ein Sohn *Davids*, Anspruch auf den Thron. *David* bestimmte dagegen *Salomo* zum Nachfolger und ließ ihn von seinen Priestern salben. Kurz vor seinem Tod ermahnte *David* seinen Sohn *Salomo*: „Erfülle deine Pflicht gegen den *Herrn*, deinen *Gott*. Geh auf seinen Wegen und befolge alle Gebote, Befehle, Satzungen und Anordnungen, die im Gesetz des *Moses* niedergeschrieben sind". *David* „entschlief zu seinen Vätern und wurde in der Davidstadt begraben".

Unter *König Salomo* (971 – 931 v. Chr.) erlebte Israel seine höchste Blütezeit. *Salomo* ließ nach der Thronbesteigung alle seine Gegner töten, darunter auch seinen Halbbruder *Adonija* und *Joab*, den Heerführer *Davids*. Er nahm eine Tochter des Pharao zur Frau. Im Traum erschien ihm *der Herr* und erfüllte ihm einen Wunsch, den er wählen durfte: *„Sieh, ich gebe dir ein so weises und verständiges Herz, daß keiner vor dir war und keiner nach dir kommen wird, der dir gleicht. Aber auch das, was du nicht erbeten hast, will ich dir geben, Reichtum und Ehre…"* (1 Kön 3). Als zwei Frauen vor dem König um ein neugeborenes Kind stritten, befahl er, es in zwei Hälften zu teilen und jeder der Frauen eine Hälfte zu geben. Da schrie die echte Mutter des Kindes auf und wollte verzichten. Sie bekam das Kind, weil sie tatsächlich die Mutter war. Von einem „*Salomonischen Urteil*" sprechen wir noch heute, wenn die Entscheidung schwierig war, aber als gerecht empfunden wurde.

Die Verwaltung des Staates lag in den Händen der obersten Beamten („Minister") des Königs: der Priester, Staatsschreiber, Sprecher des Königs, Heerführer, Vorgesetzten der Statthalter, Palastvorsteher und Aufseher über die Fronarbeiten. Es gab zwölf Statthalter, von denen jeder einen Monat pro Jahr den königlichen Hof zu versorgen hatte. *Salomo* hatte „Frieden ringsum nach allen Seiten". Für seine Pferdegespanne besaß er viertausend Stellplätze. „Die Weisheit *Salomos* war größer als die Weisheit aller Söhne des Ostens und alle Weisheit Ägyptens ... Von allen Völkern kamen Leute, um die Weisheit *Salomos* zu hören".

Im vierten Jahr seiner Regierungszeit begann *Salomo* mit dem *Bau eines Tempels für den Herrn*. Das Zedern- und Zypressenholz kaufte er vom befreundeten König *Hiram* von *Tyrus*. Der Tempel war etwa 30 m lang, 10 m breit und 15 m hoch. Er hatte Fenster, Anbauten mit Kammern um das ganze Haus und im Inneren Treppen für das mittlere und obere Stockwerk. Die Decke war aus Zedernholz und die Innenwände mit Zedernholz getäfelt. Das Holz der Wände war mit Schnitzwerk verziert und der Fußboden mit Zypressenholz belegt. Etwa 10 m vor der Rückseite des Hauses errichtete *Salomo* „eine Wand aus *Zedernholz und schuf so die Gotteswohnung, das Allerheiligste*", wo die Lade mit den *Tafeln* des Bundes aufgestellt wurde. Der davor liegende Hauptraum war rund 20 m lang. In der Gotteswohnung wurden zwei *Cherubim* von etwa 5 m Höhe aufgestellt. Die Innenwände und Decke der Gotteswohnung, die *Cherubim* und die Fußböden des hinteren und vorderen Raums wurden mit Gold überzogen. Auch der Altar, der Tisch für die Schaubrote und verschiedene Geräte waren vergoldet. Der Tempelbau dauerte sieben Jahre. Da erging das Wort des *Herrn* an *Salomo*: „*Dieses Haus, das du baust, wenn du meinen Geboten gehorchst, ... werde ich inmitten der Israeliten wohnen und mein Volk Israel nicht verlassen*". Nach Vollendung des Baus sprach *Salomo* vor dem Altar das Weihegebet: „*Achte auf das Flehen deines Knechtes und deines Volkes Israel, wenn sie an dieser Stelle beten. Höre sie im Himmel, dem Ort, wo du wohnst. Höre sie und verzeihe!*"

Der Herr erschien *Salomo* ein zweites Mal: „*Ich habe dieses Haus, das du gebaut hast, geheiligt. Meinen Namen werde ich für immer hierher legen, meine Augen und mein Herz werden allezeit hier weilen. ... Doch wenn ihr und eure Söhne euch von mir abwendet, ... dann werde ich Israel aus dem Land ausrotten. ... Das Haus, das ich meinem Namen geweiht habe, werde ich aus meinem Angesicht wegschaffen. ... Dieses Haus wird zu einem Trümmerhaufen werden.*" (1 Kön 9).

Dreimal im Jahr brachte *Salomo* auf dem Altar des Tempels Brand- und Heilsopfer dar. Er baute eine Flotte in *Ezjon-Geber*, das bei *Elat* an der Küste des Schilfmeers in *Edom* liegt. Von dort fuhren seine Seeleute nach *Ofir* und brachten Gold und andere Produkte. Die *Königin von Saba* hörte vom guten Ruf *Salomos* und besuchte ihn mit großem Gefolge und reichen Geschenken. Sie war erstaunt über ihn und alles was sie sah: „…da stockte ihr der Atem… Deine Weisheit und deine Vorzüge übertreffen alles, was ich gehört habe" (1 Kön 10). „*Salomo* liebte neben der Tochter des Pharao noch viele andere ausländische Frauen. Er hatte 700 fürstliche Frauen und 300 Nebenfrauen. Sie machten sein Herz abtrünnig" und bewogen ihn, anstelle des Herrn ihre anderen Götter zu verehren. „*Der Herr* aber wurde zornig über *Salomo*, weil sich sein Herz von ihm, dem *Gott Israels*, abgewandt hatte, der ihm zweimal erschienen war. … *Weil du meinen Bund gebrochen hast … werde ich dir das Königreich entreißen …*" (1 Kön 11).

Unter den drei Königen *Saul, David und Salomo* erreichte Israel seine größte Ausdehnung und Einheit. Alle drei regierten gleich lang, nämlich 40 Jahre, und damit genau so lange, wie die Wüstenwanderung der Israeliten dauerte. 1.000 Jahre später erscheint in der Heilsgeschichte nochmals die Zahl 40, denn der *Messias Jesus Christus* verbrachte 40 Tage in der Wüste.

Halten wir hier während unseres Streifzugs durch das Heilsgeschehen und die Geschichte des „Auserwählten Volkes" wieder einmal inne und werfen einen kurzen Blick auf die rund 1.000 Jahre, die vom Anruf *Gottes* an *Abraham* bis zu *Salomos* Ende vergangen sind. In dieser Epoche lebten auf der Erde etwa 100 Millionen Menschen, die – aufgeteilt in eine Vielfalt von Volksgruppen und verteilt über die fünf Kontinente – die ersten großen Kulturen des Menschheitsgeschichte und damit verbunden phantasievolle Götterwelten entwickelten, die in ihren Eigenschaften und Verhaltensweisen unerklärliche Naturerscheinungen und auch menschliche Verhaltensweisen widerspiegelten. Man hat die Götter verehrt, angebetet und ihnen Opfer dargebracht. Der Kult erwies sich als äußerst bequem – wenn er nicht mit Menschenopfern verbunden war. Die Götter antworteten und reagierten eigentlich gar nicht, sie stellten an die Gläubigen keine Forderungen, sie drohten nicht und waren häufig genug mit sich selber beschäftigt. *Mitten hinein in dieses Götteruniversum der hundert Millionen geschah nun das Unglaubliche, Unfaßbare – das fundamentale Wunder der Menschheitsgeschichte. Der ewige, wahre und einzige Gott, der Schöpfer von allem was ist, offenbarte sich mit dem souveränen, ungeheuerlichen Machtanspruch: „Ich bin der Herr, euer Gott, ihr sollt keine fremden Götter neben mir haben".* Zum ersten Mal in ihrer langen Geschichte erfuhr die Menschheit von dem wahren und einzigen Gott, der kein Phantasiegebilde der Menschen, sondern seit Ewigkeit der einzige, wahre Gott ist: *"Ich bin, der ich bin".* Diese Offenbarung wurde nicht der ganzen damals lebenden Menschheit zuteil, sondern nur einer kleinen Minderheit, dem „Auserwählten Volk" der Israeliten, die nur etwa 1% der damaligen Menschheit ausmachte. Man muß sich das einmal ganz klar machen: Der ewige Schöpfer des Universums wendete seine Aufmerksamkeit und sein Wort einem winzigen Punkt in unserem Universum, nämlich unserer Erde, zu und offenbarte sich nicht auf einen Schlag der ganzen Menschheit, sondern lediglich einem Hundertstel davon, eben den Israeliten. Er zeigte ihnen in Wundern seine Macht und erhob Forderungen. Weil die Israeliten sie nicht erfüllten (welches andere Volk hätte das wohl vermocht), wurden sie mit Härte bestraft, wie *Gott* es jeweils vorhergesagt hatte. Die Folgen des Abwendens von *Gott, dem Herrn,* waren so dramatisch, daß dieses unglaublich starke israelische Volk noch heute darunter zu leiden hat.

Werfen wir noch einen Blick auf die vom *Herrn* verurteilte Götterwelt des alten Kanaan. Sein Hauptgott war *El* und dessen Gemahlin *Aschera. El* war auch mit seinen drei Schwestern verheiratet. Eine von ihnen hieß *Astarte.* *El* war mörderisch: Er tötete Sohn, Bruder und Tochter und entmannte seinen Vater und sich selbst. Ein Hauptgott war auch *Baal,* der Gott der Niederschläge und Gewitter; *Anath* war seine Schwester und Gemahlin. *Anath* und *Astarte* wurden als Fruchtbarkeits- und Kriegsgöttinnen verehrt. Immer wieder fielen in den folgenden 350 Jahren die Israeliten und ihre Könige vom Herrn ab (*„sie taten, was dem Herrn mißfiel"*) und brachten auf vielen Kulthöhen und „Ascheren" den Götzen Opfer dar.

Schon unter Salomos Sohn und Nachfolger *Rehabeam* zerfiel das Reich in zwei Teilstaaten: den *Nordstaat Israel* und den *Südstaat Juda.* Die Grenze verlief etwas nördlich von *Jerusalem.* Bis zu seinem Untergang 722 v. Chr. regierten den *Nordstaat Israel* 20 Könige und bis zum Untergang des *Südstaats Juda* 586 v. Chr. ebenfalls 20 Könige, für beide Länder zusammen also 40 Könige. Wieder begegnet uns hier in der Geschichte der Israeliten die Zahl *vierzig.*

Rehabeam, der Nachfolger *Salomos,* regierte 17 Jahre in *Jerusalem* (1 Kön 14). Während seiner Regierungszeit überfiel der Pharao *Schischak* (ägyptisch *Scheschonk*, 22. Dynastie) 918 v. Chr. die Stadt *Jerusalem*, raubte den Tempelschatz, die Schätze aus dem Palast und die „goldenen Schilde, die *Salomo* hatte anfertigen lassen". Als sich *Rehabeam* weigerte, auf einer Versammlung die Bitte des Volkes zu erfüllen, ihr von *Salomo* auferlegtes schweres Joch zu erleichtern, fielen die Nordstämme unter ihrem Anführer *Jerobeam* vom König ab, gründeten das *Königreich Israel* und machten *Jerobeam* zu ihrem König. Die *südlichen Stämme Juda und Benjamin* allein hielten noch zum „*Haus David*" (1 Kön 12). *Jerobeam* machte *Sichem* zu seiner Residenz, war dem *Herrn* nicht gehorsam und errichtete eigene *Kulthöhen*. „Das aber wurde dem *Haus Jerobeam* als Sünde angerechnet, so daß es vernichtet und vom Erdboden vertilgt wurde" (1 Kön 13). Der erkrankte Sohn *Jerobeams* starb, wie *der Herr* durch seinen Propheten *Ahija* vorhergesagt hatte. Zwischen dem *Nordreich Israel* und dem *Südreich Juda* gab es jahrzehntelang blutige Grenzstreitigkeiten. „Es war aber Krieg zwischen *Rehabeam* und *Jerobeam* ihr Leben lang" (1 Kön 14). Nach einer Regierungszeit von 22 Jahren starb *Jerobeam* und sein Sohn *Nadab* wurde König in Israel. Kurz nach der Krönung wurde er von *Bascha*, dem Sohn *Ahijas* und Anführer einer Verschwörung, erschlagen. Kaum war *Bascha* König, beseitigte er das ganze Haus Jerobeam. Er regierte 24 Jahre in *Tirza „und tat, was dem Herrn mißfiel"*. Nach seinem Tod wurde sein Sohn *Ela* König in Israel, regierte nur zwei Jahre und wurde von *Simri*, dem Befehlshaber seiner Streitwagentruppe, ermordet. *Simri* regierte nur sieben Tage, weil das Heer der Israeliten seinen Feldherrn *Omri* zum König wählte und den Regierungssitz von Simri, die Stadt *Tirza*, belagerte. In seiner Bedrängnis steckte *Simri* den Turm seines Palastes in Brand und starb in den Flammen.

König *Omri* herrschte in Israel von 885 bis 874 v. Chr. und verlegte seinen Regierungssitz von *Tirza* nach *Samaria*, das in der Nähe des heutigen *Nablus* auf einem 100 Meter hohen Hügel lag und deshalb von Feinden nicht leicht erobert werden konnte. Es war eine strategische Maßnahme, denn im Norden machte sich ein gefährlicher Gegner Israels, *Assurnasirpal (884 – 859 v. Chr.)*, der mächtige König von *Assyrien* in Mesopotamien, zu einem Eroberungszug nach Westen bis zur Mittelmeerküste auf und kehrte mit reicher Beute wieder in sein Land zurück. *Omris* Sohn, König *Ahab (874–852 v. Chr.)*, wurde zunächst nicht von *Assyrien*, sondern von seinem Erzfeind, dem *Aramäerkönig Ben-Hadad* von Damaskus, zum Kampf herausgefordert. *Ahab* siegte und schloß unter der assyrischen Bedrohung ein Bündnis mit *Ben-Hadad*. Den verbündeten Streitkräften gelang es, den Assyrerkönig *Salmanassar III.* zum Rückzug zu zwingen. Wenig später kam es wieder zu

Streitigkeiten und Kämpfen mit den *Aramäern*, bei denen *Ahab* getötet wurde. Vor seinem letzten Gefecht befragte *Ahab* den Propheten *Micha*, ob er gegen die *Aramäer* bei *Ramot-Gilead* in den Kampf ziehen solle. Der Prophet sagte: „Höre das Wort des Herrn. Ich sah den Herrn auf seinem Thron sitzen; das ganze Heer des Himmels stand zu seiner Rechten und seiner Linken. Und der Herr fragte: Wer will Ahab betören, so daß er nach Ramot-Gilead hinaufzieht und dort fällt? Da hatte der eine diesen, der andere jenen Vorschlag. *Zuletzt trat der Geist hervor, stellte sich vor den Herrn und sagte: Ich werde ihn betören.* … Da sagte *der Herr*: Du wirst ihn betören; du vermagst es. Geh hin und tu es" (1 Kön 22). Trotz der Kriege mit *Aram* erlebte Israel unter *Ahab* eine Blütezeit. Am Anfang des 20. Jh. wurden nicht nur die Fundamente *Samarias* mit bis zu fünf Meter dicken Mauern, sondern auch das „*Elfenbeinhaus*" *Ahabs* (1 Kön 22) ausgegraben, ein Palast, dessen Innenräume mit lauter kostbaren Elfenbeinplättchen ausgekleidet waren.

Zur Zeit des Königs *Ahab* lebte in Israel der Prophet *Elija* aus *Tischbe* in *Gilead*. Er sprach zu *Ahab*: „In diesen Jahren sollen weder Tau noch Regen fallen, es sei denn auf mein Wort hin". Auf Weisung des *Herrn* ging er zunächst in ein Gebiet östlich des Jordan zum Bach *Kerit*, wo Raben ihn täglich mit Brot und Fleisch nährten (1 Kön 17), und dann weiter nach *Sarepta* bei *Sidon* zu einer Witwe, die ihn aus einem nicht versiegenden Mehl- und Öltopf versorgte. Er heilte ihren todkranken Sohn und erhielt im dritten Jahr das Gebot des *Herrn*: „Geh und zeig dich dem *Ahab*! Ich will Regen auf die Erde senden". Auf dem Berg *Karmel* zeigte *Elija* dem dort zusammengekommenen Volk durch ein Wunder, daß nicht *Baal*, sondern *Jahwe* die alleinige Verehrung gebührt. Als *Isebel*, die Frau *Ahabs*, ihn töten lassen wollte, erhielt *Elija* vom *Herrn* den Auftrag, nach *Damaskus* zu gehen, dort *Hasael* zum König über *Aram*, *Jehu* zum König von Israel und *Elischa* zu seinem Nachfolger als Prophet zu salben.

Nach *Ahab* folgten seine Söhne *Ahasja* (852) und darauf *Joram* (852 – 841 v. Chr.) auf dem Thron Israels, das von seinen Feinden bedrängt wurde und Gebietsverluste erlitt. Die *Aramäer* drangen wieder ins Land ein und belagerten *Samaria*. Eine Hungersnot brach aus. *Mescha*, der König von *Moab* jenseits des Jordan, nutzte die Gunst der Stunde und kündigte die Tributpflicht gegenüber Israel. Eine vereinigte Streitmacht von *Israel, Juda und Edom* marschierte auf, besiegte *Moab*, verwüstete das Land und zog dann wieder ab. König *Joram* wurde getötet. Eine Mitte des 19. Jh. auf einer Kulthöhe bei *Diban* gefundene steinerne Stele des Moabiterkönigs *Mescha*, eine der ältesten Inschriften Palästinas, berichtet davon. Über die Ausrottung der Dynastie *Omri* wird lapidar gesagt: „Und Israel ging auf ewig zugrunde". Auch die Baalpriester wurden nicht verschont.

In *Juda* wurde nach *Rehabeams* Tod sein Sohn *Abija* und nach dessen Tod sein Enkel *Asa* König. *Asa* regierte 41 Jahre. Dessen Nachfolger wurde, wie es am Ende des Ersten Buchs der Könige heißt, sein Sohn *Joschafat*. Er regierte 25 Jahre (871 – 848 v. Chr.) in Jerusalem.

Das zweite Buch der Könige

beginnt mit einem ausführlichen Bericht über das Lebensende des *Propheten Elija* und die großen Taten seines Nachfolgers *Elischa*. Der Aramäerkönig *Hasaël* war in seinem Palast vom Obergemach durch ein Gitter gefallen und schwer verletzt worden. Er schickte zweimal hintereinander vergeblich fünfzig Männer zu *Elija*, „der auf dem Gipfel des Berges saß" und zweimal „Feuer vom Himmel" rief, das jeweils die Fünfzig und ihren Hauptmann verzehrte. Schließlich kam *Elija* zu *Hasaël* und verkündete ihm: „Du hast Boten ausgesandt, um *Beelzebul*, den Gott von *Ekron*, zu befragen, als gäbe es in Israel keinen Gott, dessen Wort man einholen könnte. Darum wirst du von dem Lager ... nicht mehr aufstehen; denn du mußt sterben". An dem Tag, da *der Herr Elija* im Wirbelsturm in den Himmel aufnehmen wollte, gingen *Elija* und *Elischa* zuerst nach *Bet-El*, dann nach *Jericho* und zum *Jordan*. Dort *„erschien ein feuriger Wagen mit feurigen Pferden und trennte beide voneinander. Elija fuhr im Wirbelsturm zum Himmel empor"* (2 Kön 2).
Elischa vollbrachte eine Reihe von Wundertaten: durch Überschütten mit Salz und ein Gebet reinigte er eine Wasserquelle, die ungesundes Wasser spendete und Fehlgeburten verursachte; als er mehrere junge Leute, die ihn wegen seines kahlen Kopfes verspotteten, verfluchte, kamen zwei Bären aus dem Wald und zerrissen sie (2 Kön 2); als auf einem gemeinsamen Feldzug der Könige *Joschafat* von *Juda* und *Joram* von *Israel* gegen *Mescha*, den König von *Moab*, es dem Heer an Wasser fehlte, ließ *Elischa* auf Geheiß Gottes „im Tal Grube neben Grube machen", die sich mit Trinkwasser füllten; eine Witwe, die Schulden hatte, folgte seiner Weisung und goß ihr letztes Öl aus ihrem Krug in viele leere Krüge, die alle voll wurden, so daß sie durch den Verkauf des Öls ihre Schulden bezahlen konnte; einer vornehmen Frau, bei der er öfter zum Essen eingeladen war und die keine

Kinder hatte, weissagte er die Geburt eines Sohnes; als dieses Kind plötzlich verstorben war, kam er und erweckte es zum Leben, indem er sich betend über das Kind legte; in einen Topf mit ungenießbarer Speise streute er etwas Mehl und machte die Speise wohlschmeckend und gesund; mit 20 Gerstenbroten speiste er 100 Männer, die alle satt wurden und noch einiges übrig ließen (2 Kön 4); einen aussätzigen Aramäer heilte er mit dem Hinweis, er solle siebenmal im Wasser des Jordan untertauchen; die Klinge eines Beils, die beim Holzfällen am Jordan ins Wasser gefallen war, brachte er, ohne sie zu berühren, an die Wasseroberfläche; auf Bitte des Propheten ließ *Gott* eine Schar von *Aramäern*, die *Elischas* Haus umstellt hatten und ihn gefangennehmen wollten, vorübergehend erblinden; in *Damaskus* sagte *Elischa* den Tod von König *Ben-Hadad* und die Untaten seines Dieners und Nachfolgers *Hasaël* voraus, der den König erstickt hatte (2 Kön 8).

Nach *Joram* wurden – unterstützt von den Propheten *Elija* und *Elischa* – der Feldherr *Jehu* (841 – 813 v. Chr.) und nach ihm sein Sohn *Joahas* (813 – 797 v. Chr.) zu Königen von Israel gewählt. Bedrängt von den Streitkräften des Assyrerkönigs *Salmanassar III.* (859 – 824 v. Chr.) beging *Jehu* den verhängnisvollen Fehler, die Koalition mit dem König *Hasael* von Damaskus aufzukündigen und dem Assyrer Tribut zu zahlen. Nach dem Rückzug des Assyrers folgte ein Rachefeldzug *Hasaels* mit der Eroberung von Teilen Israels. Die Angriffe der Aramäer fanden erst ein Ende, als die Assyrer 802 v. Chr. Damaskus eroberten und zerstörten. Eine Zeit schwacher assyrischer Könige und Unruhen verschafften nun Israel und Juda nochmals eine Atempause. Unter König *Jerobeam II.* von Israel *(787 – 747 v. Chr.)* und König *Usija (767 – 739 v. Chr.)*, dem Aussätzigen, von Juda blühte die Wirtschaft in beiden Ländern wieder auf. Israel nutzte die Gelegenheit und eroberte verlorengegangene Gebiete zurück. Die Propheten *Amos* und *Hosea* warnten die Israeliten wegen ihrer Völlerei und Verschwendungssucht und beklagten die sozialen Mißstände. Der neue Herrscher in Samaria, *Menahem (747 – 742 v. Chr.)*, ahnte was kommt, und verstärkte die Festungsmauern seiner Residenz. Der neue König von Assyrien, ein früherer Offizier namens *Pulu*, bestieg 745 v. Chr. als *Tiglat-Pileser III. (745 – 727 v. Chr.)* den Thron und begann sofort mit dem Angriff auf die westlichen Länder am Mittelmeer. Um der Eroberung zu entgehen, verpflichtete sich Israel zu einer hohen Tributzahlung. Mit Wut reagierten die steuerpflichtigen Bürger. Der Offizier *Pekach (740 – 731 v. Chr.)* nutzte die Gelegenheit, tötete *Menahems* Sohn und übernahm die Macht. Zur Abwehr der Assyrer schloß sich Israel einer Koalition unter Führung des Aramäerkönigs *Rezin* an. Nur

König Ahas von Juda (734 – 728 v. Chr.) trat dem Bündnis nicht bei und bat – militärisch bedrängt von den Bündnistruppen – *Tiglat-Pileser* um Hilfe. Und die brach wie ein Sturm über die Bündnisstaaten herein. Der Assyrer eroberte *Damaskus, „führte die Einwohner weg nach Kir und tötete Rezin. Seine Vornehmen pfählte ich lebendig und zeigte dies Schauspiel seinem Lande"* (2 Kön 16). Wenig später erreichte der Sturm Israel: Bis auf einen kleinen Rest in der Umgebung von *Samaria* wurden das ganze Land verwüstet, die Städte niedergebrannt und die Bewohner deportiert. In *Hazor* zeugt noch heute eine ausgegrabene dicke Aschenschicht von der Feuerbrunst. Auf einer der Tonscherben fand man den Namen *Pekach,* einen ersten Beleg für die Herrschaft eines Königs in Israel. Sein Nachfolger wurde – mit Unterstützung Assyriens – *Hoschea (731 – 722 v. Chr.),* der eine Verschwörung anzettelte und *Pekach* tötete. Israel wurde unter assyrischen Statthaltern in Provinzen eingeteilt. Juda unter König *Ahas (734 – 728 v. Chr.)* blieb zunächst verschont, mußte aber Tribut zahlen.

725 beging *Hoschea* den tödlichen Fehler, Kontakte mit Ägypten zu knüpfen und die Tributzahlung an Assyrien einzustellen. Die Strafe folgte auf dem Fuß. *Salmanassar V. (727 – 722 v. Chr.)* drang bis *Samaria* vor und belagerte die Festung drei Jahre. Bevor er sie einnehmen konnte, starb er. Erst der Nachfolger, *Sargon II. (722 – 705 v. Chr.)* eroberte sie und deportierte die Einwohner. „Das geschah, weil die Israeliten sich gegen den Herrn, ihren Gott, versündigten. ... Sie verehrten fremde Götter ... Sie bauten sich Kulthöhen in allen ihren Städten ... Sie dienten den Götzen, obwohl es der Herr ihnen verboten hatte. ... Sie schufen sich Gußbilder ... und dienten dem Baal ... trieben Wahrsagerei und Zauberei ... Darum wurde der Herr über Israel sehr zornig. Er verstieß es von seinem Angesicht, so daß der Stamm Juda allein übrigblieb. Doch auch Juda befolgte nicht die Befehle des Herrn ... Darum verwarf *der Herr* das ganze Geschlecht Israel. Er demütigte sie und gab sie Räubern preis; schließlich verstieß er sie von seinem Angesicht." (2 Kön 17).

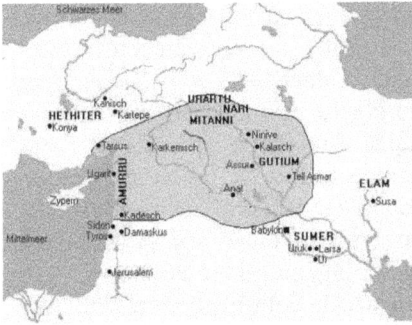

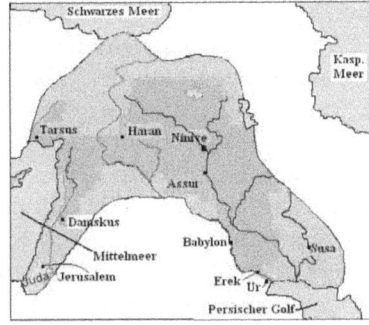

Fig. 3-6: Assyrisches Reich unter Assurnasirpal (884 – 859 v. Chr.) links und unter Tiglat-Pileser (745 – 727 v. Chr.) rechts. 722 v. Chr. wurde der Nordstaat Israel besiegt und assyrische Provinz.

Ausgrabungen Mitte des 19. Jh. im Kernland Assyriens, im heutigen Irak, brachten bei *Mosul* die Überreste des assyrischen *Ninive*, von der Großstadt *Uruk*, der *Sargonsburg* und die Keilschriftsammlung des Königs *Assurbanipal* ans Tageslicht. Die Keilschrifttexte bestätigen, wovon die Bibel berichtet: die Feldzüge der assyrischen Könige, die massenhaften Deportationen der Bevölkerung und die Ansiedlung fremder Gruppen in den eroberten Gebieten. Ein Beispiel war die bunt gemischte Bürgerschaft von *Samaria*, die Samariter, die von den Israeliten verachtet wurden. 750 Jahre später ist der *Messias Jesus Christus* im Gleichnis vom Barmherzigen Samariter dieser Verspottung entgegengetreten. Mit dem Untergang des Nordreiches Israel verschwanden die Zehn Stämme Israels ein für allemal aus der Geschichte Palästinas.

König *Hiskia von Juda (728 – 697 v. Chr.)* wollte die Tributzahlungen an Assyrien nicht fortsetzen und führte geheime Verhandlungen mit Ägypten. *Hiskia* tat, „was dem Herrn gefiel. Er schaffte die Kulthöhen ab und zerbrach die Steinmale. ... Daher war der Herr mit ihm" (2 Kön 18). Ein Aufstand im Philisterstaat *Aschdod* wurde von Assyrien in einem verheerenden Feldzug niedergeschlagen. Juda blieb noch unbehelligt. Als *Hiskia* wegen eines Geschwürs krank wurde, heilte ihn der Prophet *Jesaia* durch Auflegen eines Pflasters aus Feigen auf das Geschwür. Ein erbitterter Gegner von Assyrien, König *Merodach-Baladan II. (721 – 710 v. Chr.)* von *Babylonien*, nahm in dieser Zeit Beziehungen zu *Hiskia* und dem ägyptischen Pharao auf. Für die bevorstehende Auseinandersetzung mit

347

dem Assyrer baute *Hiskia* die Befestigungen *Jerusalems* aus und ließ für die Wasserversorgung einen unterirdischen Stollen von 512 Metern Länge von der außerhalb der Stadt liegenden *Gihonquelle* zum *Siloah-Teich* innerhalb der Stadtmauern graben. Der Nachfolger *Sargons*, König *Sanherib (705 – 681 v. Chr.)*, mußte zunächst Aufstände im eigenen Land niederschlagen, die vor allem von *Merodach-Baladin* geschürt worden waren. Dann brach er 702 mit einer großen Streitmacht zur Strafexpedition gegen die aufständischen Kleinstaaten im Westen auf. Alle Heere, die sich ihm entgegenstellten, wurden geschlagen und die Festungsstädte *Lachisch* und *Jerusalem* belagert. *Lachisch* wurde dem Erdboden gleichgemacht, die Belagerung *Jerusalems* aber plötzlich abgebrochen, weil König *Hiskia* in seiner Not dem Assyrer als Tribut zur Schonung der Stadt einen reichen Gold- und Silberschatz, „seine Töchter, seine Palastdamen, Sänger und Sängerinnen" senden ließ und im assyrischen Heer offenbar eine Pestepidemie ausbrach, die *Sanherib* zur Rückkehr zwang. Damit erfüllte sich die Prophezeiung *Jesajas* an *Hiskia*: „*So spricht der Herr: Ich werde diese Stadt beschützen und retten, um meinetwillen und um meines Knechtes David willen*" (2 Kön 19). Aber der Preis war hoch. Hören wir die Klage des *Jesaja*: „*Euer Land ist verwüstet, eure Städte sind mit Feuer verbrannt*". *Sanherib* kam nicht wieder, denn zwei seiner Söhne ermordeten ihn. Ein dritter Sohn, *Assarhadon (681 – 669 v. Chr.)*, wurde König in Assur.

Nach *Hiskias* Tod wurde sein Sohn *Manasse (696 – 642 v. Chr.)* König in Juda. *Manasse* „tat, was *dem Herrn* mißfiel ... Er baute die Kulthöhen wieder auf, die sein Vater *Hiskia* zerstört hatte. ... Da ließ *der Herr* durch seine Knechte, die Propheten, sagen: „*Ich bringe Unheil über Jerusalem und Juda, so daß jedem, der davon hört, beide Ohren gellen werden ... So wird mein Volk ein Raub und eine Beute all seiner Feinde werden*" (2 Kön 21). *Manasse* war ein treuer Vasall der assyrischen Könige *Sanherib, Assarhadon* und *Assurbanipal*. *Assarhadon* mußte in einer Reihe von Feldzügen innere und äußere Feinde bekämpfen. 671 v. Chr. stieß er bis Ägypten vor und eroberte die Stadt *Memphis*. Sein Sohn *Assurbanipal (669 – 626 v. Chr.)* war der letzte der großen assyrischen Könige. 664 v. Chr. eroberte und plünderte er *Theben*, die Hauptstadt Oberägyptens. Ausgrabungen und der Prophet *Nahum* bestätigten den Untergang der Stadt. Unter *Assurbanipal* erreichte Assyrien seine größte Ausdehnung. Er hatte nicht nur militärische Erfolge, sondern förderte auch maßgeblich die Kunst und Kultur in seinem Land. Berühmt ist seine umfangreiche Keilschriftsammlung in *Ninive*. 652 v. Chr. zettelte sein Bruder mit Unterstützung seiner feindlichen Nachbarn, vor allem der Babylonier, Aramäer und Elamiter, einen Aufstand an. In harten, sieben Jahre dauernden Feldzügen vernichtete *Assurbanipal* unter schweren eigenen Verlusten seine Gegner und eroberte *Babylon*. Nach seinem Tod riß der chaldäische Feldherr *Nabopalassar (626 – 605 v. Chr.)* die Macht in *Babylon* an sich und wurde König des *Neubabylonischen Reiches*. Sein Ziel war von Anfang an die Zerstörung des verhaßten Nachbarn im Norden. Er schloß ein Militärbündnis mit *Kyaxares*, dem König der *Meder*. Aus dem Zangengriff der *Meder* im Nordosten und der *Babylonier* im Süden konnte sich Assyrien nicht mehr befreien. Die Eroberung von *Assur* 614 v. Chr. und *Ninive* 612 v. Chr. bedeutete das *Ende des Assyrischen Reiches*, das viele Jahrhunderte lang die Nachbarvölker brutal unterdrückt hatte. Die reiche Beute wurde aufgeteilt: *Medien* erhielt den Norden und *Babylon* den Süden einschließlich der Mittelmeergebiete. Der ägyptische Pharao *Necho* eilte zwar mit einer großen Armee den bedrängten assyrischen Streitkräften zu Hilfe, konnte aber ihre Niederlage nicht verhindern. Auf dem Weg durch Palästina trat ihm König *Josia (641 – 609 v. Chr.)* von Juda entgegen und erlitt bei *Megiddo* eine schwere Niederlage. *Joahas*, *Josias* Sohn und Nachfolger, wurde 609 v. Chr. von *Necho* als Gefangener nach Ägypten gebracht und ein zweiter Sohn, *Jojakim (609 – 598 v. Chr.)*, zum König von Juda gemacht. Necho konnte sich nicht lange an seinem Machtzuwachs freuen. Schon vier Jahre später, 605 v. Chr., erschien *Nabopolassars* Sohn, *Nebukadnezar (605 – 562 v. Chr.)* mit einer Streitmacht in Palästina, um die von *Babylon* beanspruchten Länder in Besitz zu nehmen. Die Ägypter wollten dies verhindern, wurden aber bei *Karkemisch* vernichtend geschlagen. Juda blieb zunächst ungeschoren, denn *Nebukadnezar* kehrte nach Babylon zurück, um die Nachfolge seines verstorbenen Vaters anzutreten.

Der Untergang des Königreichs Juda begann 597 v. Chr. mit einem judäischen Aufstand unter *Jojachin*, dem Sohn *Jojakims*. Die Bestrafung folgte sofort: Die Streitmacht *Nebukadnezars* marschierte auf, eroberte *Jerusalem* und deportierte *Jojachin*, seine Angehörigen und Diener nach Babylon. Dort durften sie dann im Palast des Königs wohnen und wurden ihr Leben lang versorgt. Juda selbst wurde ein Vasallenstaat mit dem von Babylon eingesetzten neuen König *Zedekia (597 – 586 v. Chr.)*, einem Onkel *Jojachins*. Es dauerte nur neun Jahre, bis in Juda gegen die warnende Stimme des Propheten

Jeremia erneut – mit Unterstützung einiger Nachbarländer – ein Aufstand ausbrach. Im gleichen Jahr 588 v. Chr. kam postwendend zum Strafgericht der Babylonier mit einer gewaltigen Armee nach Juda und zerstörte das Land bis auf die Festungsstädte *Jerusalem*, sowie *Aseka* und *Lachisch*, deren Reste 30 bzw. 50 km südlich von *Jerusalem* ausgegraben wurden. Nach längerem Widerstand wurden *Aseka* und – beschleunigt durch eine gewaltige Feuerbrunst längs der Stadtmauern, die von Pionieren des babylonischen Heers entfacht wurde – auch *Lachisch* eingenommen. Nach 18 Monaten Belagerung fiel 587 v. Chr. auch *Jerusalem*. *Zedekia* und seine Familie wurden auf der Flucht gefangengenommen. „Und sie erschlugen die Söhne *Zedekias* vor seinen Augen und blendeten *Zedekia* die Augen" (2 Kön 25), eine damals übliche Strafe für Verräter. Jerusalem wurde geplündert, *der Königspalast und der Tempel Salomos niedergebrannt*, ein Teil der Bevölkerung, vorwiegend Grundbesitzer, Händler und Handwerker, nach Babylon deportiert. *Das im Tempel aufbewahrte Heiligtum, die Bundeslade, war seitdem verschollen.* Das „Haus des Königs David", das rund 400 Jahre in Juda herrschte, gab es nicht mehr. Juda erhielt als künftige babylonische Provinz einen in *Mizpa* residierenden Statthalter.

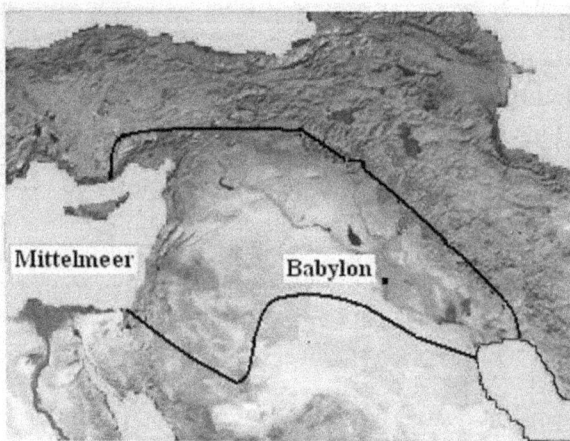

Fig. 3-7: Das Neubabylonische Reich um 580 v. Chr.

Die zwölf Stämme Israels, die rund 650 Jahre vorher unter Josua das Land Kanaan erobert hatten, waren in alle Welt zerstreut. Damit erfüllte sich das Wort des Herrn (Deut 27): „Der Herr wird dich zerstreuen unter alle Völker von einem Ende der Erde bis ans andere, und du wirst dort andern Göttern dienen, *die du nicht kennst noch deine Väter: Holz und Steinen. Dazu wirst du unter jenen Völkern keine Ruhe haben … und dein Leben wird immerdar in Gefahr schweben".* Und zum Tempelbau Salomos prophezeite *der Herr: „Das Haus, das ich meinem Namen geweiht habe, werde ich aus meinem Angesicht wegschaffen. … Dieses Haus wird zu einem Trümmerhaufen werden"* (1 Kön 9).

Erstes Buch der Chronik

In diesem Buch finden wir am Anfang umfangreiche Angaben über die Geschlechterfolge der Stämme Israels und einiger Nachbarvölker (1 Chr 1 – 9). Dann lesen wir noch einmal einzelne Berichte aus dem Leben und Wirken des Königs David und seiner Staatsdiener: von seiner Salbung zum König, seinen Kriegen mit Nachbarstaaten, von der Überführung der Bundeslade in das Offenbarungszelt nach Jerusalem, von seiner Volkszählung und den Vorbereitungen für den Bau des Tempels. Es wurden genaue Angaben über das gesammelte Baumaterial und die vom Volk geleisteten Spenden gemacht. Im Buch finden sich auch die Namen von Davids Heerführern und „Helden". Es wird auch etwas gesagt über die hohen Beamten, die Dienstklassen und Aufgaben der Leviten, die Dienstklassen der Priester und Sänger, die Aufgaben der Torwächter, der Aufseher über die Schatzkammern und der Verwalter der königlichen Güter.
Vor der Bundeslade in Jerusalem ließ David einen großartigen Lobpreis zur Ehre des Herrn vortragen. Er beginnt mit den Worten:

„Dankt dem Herrn! Ruft seinen Namen an! Macht unter den Völkern seine Taten bekannt! Singt ihm und spielt ihm, sinnt nach über all seine Wunder! Rühmt euch seines heiligen Namens! Alle, die den Herrn suchen, sollen sich von Herzen freuen! … Er ist der Herr, unser Gott. Seine Herrschaft umgreift die Erde. … Singt dem Herrn, alle Länder der Erde! Verkündet sein Heil von Tag zu Tag! … Alle Götter der Heiden sind nichtig, der Herr aber hat den Himmel geschaffen. Hoheit und Pracht sind vor seinem Angesicht, Macht und Glanz in seinem Heiligtum. … Der Himmel freue sich, die Erde frohlocke. Verkündet bei den Völkern: Der Herr ist König. … Danket dem Herrn, denn er ist gütig, denn seine Huld währt ewig" (1 Chr 16).
Durch den Propheten *Natan* ließ *der Herr* verkünden, nicht er, *David,* sondern einer seiner Söhne werde den geplanten Tempel bauen. Da betete *David* zum *Herrn:* … *„Herr, keiner ist dir gleich, und außer dir gibt es keinen Gott nach allem, was wir mit unseren Ohren gehört haben. … Du hast Israel*

für immer zu deinem Volk bestimmt, und du, Herr, bist sein Gott geworden"
(1 Chr 17).

Das zweite Buch der Chronik

berichtet in den Kapiteln 1 bis 9 über König *Salomo*: die Erfüllung seiner
Bitte um Weisheit und Einsicht durch den Herrn; die Vorbereitung und
Ausführung des Tempelbaus, die Überführung der Bundeslade in den Tempel, das Weihegebet *Salomos* und über den Besuch der *Königin von Saba*.
Zur Ausstattung des Tempels gehörte unter Anderem „*das Meer*", ein Bron-
zegußbecken von rund 5 m Durchmesser. Eine Schnur von dreißig Ellen,
also 15 m konnte es rings umspannen. Hier taucht – 600 Jahre vor den griechischen Mathematikern – erstmals in der Schrift die Zahl π = 3,14 auf,
die das Verhältnis vom Umfang zum Durchmesser eines beliebigen Kreises
angibt. Für „*das Meer*" betrug dieses Verhältnis 3, was ziemlich genau der
Zahl π entspricht. Das „Meer" war für die Waschungen der Priester bestimmt.

Im Kapitel 9 wird noch einmal über den Reichtum *Salomos* berichtet, über
den auch die Königin von Saba staunte.

Der zweite Teil des Buches berichtet über die Geschichte des Königreichs
Juda bis zu seinem Untergang. Der erste König Judas nach Salomos Tod
und der Teilung des Reiches in *Israel* und *Juda* war *Rehabeam*. Ihm folgte
sein Sohn *Abija* auf dem Thron. Beide führten wegen Grenzstreitigkeiten
Krieg mit *Israel*. *Abija* tat, was *dem Herrn* gefiel und *der Herr* schenkte ihm
einen großen Sieg über *Israel*. *Juda* eroberte und besetzte mehrere Städte
Israels. Unter *Abijas* Sohn *Asa* hatte *Juda* zehn Jahre Ruhe. *Asa* befolgte
die Gebote des Herrn, „*er entfernte die fremden Altäre und die Kulthöhen,
zerbrach die Steinmale, hieb die Kultpfähle um...*" Darum schenkte *der Herr*
König *Asa* einen großen Sieg über die angreifenden *Kuschiter* und die Ju-
däer machten reiche Beute (2 Chr 14). Auch *Joschafat (871 – 848 v. Chr.)*,
Asas Sohn, folgte den Geboten des Herrn. Sein Sohn *Joram (848 – 841 v.
Chr.)* ließ, als er König wurde, alle seine Brüder hinrichten. Der Prophet
Elija weissagte ihm wegen dieser Morde und anderer Untaten, er werde
vom Herrn geschlagen. Und es geschah: Philister und Araber überfielen das
Land und plünderten es aus. *Joram* bekam eine unheilbare Darmkrankheit,
an der er starb. Sein Sohn *Ahasja (841 v. Chr.)* tat, was dem Herrn mißfiel,
und wurde in seinem ersten Regierungsjahr von *Jehu*, dem neuen König

von Israel, getötet. *Ahasias* Mutter, *Atalja (840 – 835 v. Chr.)* riß die Macht in Juda an sich und begann die königliche Familie auszurotten. Nur *Joasch,* der von seiner Schwester versteckt wurde, entkam. Als *Joasch* sieben Jahre alt war, salbte ihn der Priester *Jojada* und das Volk wählte ihn zum König. *Atalja* wurde hingerichtet. *Joasch (835 – 796 v. Chr.)* erneuerte *das Haus des Herrn* und sammelte dafür vom Volk reichliche Spenden. Nach *Jojadas* Tod fiel *Joasch* vom *Herrn* ab. Die Strafe, die folgte, war hart: Ein Heer der *Aramäer* drang in *Juda* bis *Jerusalem* vor und plünderte die Stadt und das Land. *Joasch* wurde auf dem Krankenlager von seinen Dienern erschlagen. Der Sohn des *Joasch, Amazja (796 – 767 v. Chr.),* wurde König in Juda. Nach seinem Sieg über die Edomiter wurde *Amazja* übermütig und forderte den König *Joasch* von Israel zum Kampf. Juda verlor die Schlacht und *Amazja* wurde auf der Flucht bei *Lachisch* getötet. Sein Sohn *Usija* (auch *Asarja* genannt, *767 – 739 v. Chr.)* drang – vielleicht in einer Art Machtrausch – „in den Tempel des Herrn ein, um auf dem Rauchopferaltar zu opfern". Die Priester sagten ihm: Nur ihnen – weil sie geweiht worden seien – stehe es zu, dem Herrn Rauchopfer darzubringen. Als der König mit heftigem Zorn reagierte, erschien auf seiner Stirn der Aussatz. Er blieb aussätzig bis zu seinem Tod und mußte „in einem abgesonderten Haus wohnen" (2 Chr 26). Auf *Usija* folgten die Könige *Jotam (739 – 734 v. Chr.), Ahas (734 – 728 v. Chr.), Hiskia (728 – 699 v. Chr.), Manasse (699 – 643 v. Chr.), Amon (642 – 641 v. Chr.), Josia (641 – 609 v. Chr.), Joahas (609 v. Chr.), Jojakin (609 – 598 v. Chr.), Jojachin (597 v. Chr.) und Zedekia (597 – 586 v. Chr.).* Wichtige Ereignisse ihrer Geschichte sind bereits in 2 Kön 15 – 25 beschrieben.

Die Bücher Esra und Nehemia

Mit der Deportation eines Teils der Bevölkerung Judas – darunter waren wahrscheinlich auch die Propheten *Jeremia, Ezechiel und Daniel* – begann *586 v. Chr.* die *babylonische Gefangenschaft* der Israeliten. Sie dauerte bis *537 v. Chr.,* also 50 Jahre. In Babylon entwickelten die Judäer bald eine rege Geschäftstätigkeit als Händler, Bankkaufleute und Geschäftsinhaber – sie suchten und fanden, dem Rat des *Jeremia* folgend, „*der Stadt Bestes*" und blieben von Fronarbeiten wie in Ägypten weitgehend verschont. Dabei verloren sie sich nicht durch Vermischung in der einheimischen Bevölkerung, sondern bewahrten ihre religiöse, kulturelle und soziale Eigenart bis zum Ende des Exils. Mit großen Prachtstraßen – ein markantes Beispiel ist die Prozessionsstraße des Gottes *Marduk* mit dem *Ischtartor* im *Kaiser-*

Friedrich-Museum auf der *Museumsinsel in Berlin* – mit komfortablen drei- und vierstöckigen Gebäuden, vielen Tempeln, Gartenanlagen und dem riesigen, etwa 90 m hohen Turmbau war das Babylon der damaligen Zeit eine der glanzvollsten Metropolen der Welt. Nicht nur Kultur, Handel und Wandel prägten die Stadt, sondern auch Jahrmarkttrubel und verbreite- te öffentliche Prostitution, die der Stadt in vielen Sprachen den Begriff „Sündenbabel" einbrachte – so lange, bis der Perserkönig *Kyros* auf der Bühne der Weltherrscher erschien.

Nach *Nebukadnezar* wurde *Nabonid (556 – 539 v. Chr.)* als Letzter in der Herrscherreihe König von Babylonien. Da kündigte schon wenige Jahre später ein politisches Wetterleuchten östlich der Reichsgrenzen einen ra- dikalen Umsturz im Fruchtbaren Halbmond an. Der Mederkönig *Astyages* hatte seine Tochter mit dem Perserfürsten *Kambyses* aus dem Geschlecht der *Achämeniden* verheiratet. Sie gebar einen Sohn, *Kyros (558 – 529 v. Chr.)*, der als König von Persien 553 *v. Chr.* das Mederreich besiegte und mit Persien vereinigte. Gegen die neue Bedrohung schmiedeten Babylo- nien, Ägypten, Lydien (in der heutigen Westtürkei) und der griechische Stadtstaat Sparta ein Militärbündnis – vergeblich. König *Krösus* von Lydien (560 – 546 v. Chr.), der es durch Tributeinnahmen und großen Goldvorkommen in seinem Land zu legendärem Reichtum brachte, griff 546 v. Chr. Persien an. *Kyros* vernichtete sein Heer, nahm *Krösus* gefangen und eroberte die lydische Hauptstadt *Sardes*. Lydien wurde eine persische *Satrapie*, ein Verwaltungsbezirk mit einem Statthalter. In Babylon war *Nabonids* Sohn, *Belsazar,* von 550 bis 539 v. Chr. Mitregent geworden. Alle Welt kennt die Szene, wonach während eines Gastmahls plötzlich eine Hand auftauchte und an die Wand gegenüber *Belsazar* die Worte „Mene mene tekel ufarsin" schrieb, sinngemäß *„gewogen und zu leicht befunden".* Der Prophet *Daniel* prophezeite aus der Schrift den Untergang Babylons. Das Schicksal ließ nicht lange auf sich warten: 539 v. Chr. befahl *Kyros* den Angriff auf Babylonien, feierte einen glänzenden Sieg und zog ein Jahr spä- ter in Babylon ein. Wir staunen: Ein Zerstören, Plündern, Hinmetzeln und Pfählen, wie es bei den grausamen assyrischen und babylonischen Siegern der Fall war, fand hier nicht statt. Friedlich und von der Bevölkerung freudig empfangen besetzten die persischen Truppen die Stadt. *Kyros* be- richtete stolz: *„Die Einwohner Babylons ... befreite ich von dem Joche, das sich für sie nicht ziemte".* Von Anfang an war seine Herrschaft von Toleranz geprägt. Er ließ die Verehrung der heimischen Gottheiten, vor allem des Hauptgottes *Marduk,* zu und erlaubte allen in Babylon lebenden Israeliten die Rückkehr in ihre Heimat. Er ordnete an, daß die Heimkehrer das Haus Gottes, den Tempel, in *Jerusalem* wieder aufbauen sollten. Nach *Kyros*, der 529 *v. Chr.* während eines Feldzugs starb, wurde sein Sohn *Kambyses II.* (529 – 522 *v. Chr.*) König. 525 *v. Chr.* stieß er mit einer Streitmacht zum Nil vor und eroberte Ägypten, das seinerzeit zur Allianz gegen *Kyros* gehörte. Nie zuvor gab es im „Fruchtbaren Halbmond" ein größeres Reich.

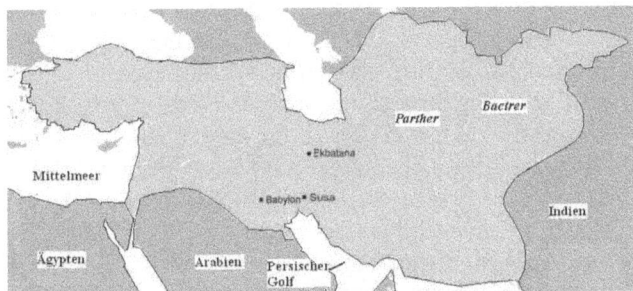

Fig. 3-8: Reich des Perserkönigs Kyros um 530 v. Chr.

Die Geschichte von der Heimkehr der Israeliten aus der *Babylonischen Gefangenschaft* nach Jerusalem erzählt uns das Buch *Esra*, das ebenso wie das Buch *Nehemia* und die *Bücher der Chronik* um 400 v. Chr. in Jerusalem verfaßt wurde. Fast 1.300 km Wegstrecke hatte der Zug von vielleicht 50.000 Israeliten vor sich, der im Frühjahr 537 v. Chr. nach Jerusalem aufbrach. Es folgten schwere Jahre des Wiederaufbaus und der Versorgung mit dem Nötigsten. Ein Jahr nach ihrer Rückkehr begannen sie das Fundament des Neuen Tempels an der gleichen Stelle zu legen, wo der Tempel Salomos stand (Esr 1 – 3). Am Weiterbau hinderten sie die „Feinde von Juda und Benjamin". Sie beschworen den König, den Weiterbau zu verbieten, weil es in Jerusalem „immer wieder Aufruhr und Empörung" gab (Esr 4). Erst unter König *Darius (522 – 486 v. Chr.)*, der den Erlaß seines Vorgängers *Kyros* bestätigte, konnte der Tempel weitergebaut werden. Die Bauzeit betrug rund fünf Jahre, von 520 – 515 v. Chr.. Die Kosten bestritt der königliche Hof. Die Propheten *Haggai* und *Sacharja* unterstützten die Arbeiten als ein *vom Herrn* verlangtes Werk. Nach der Einweihung des Tempels feierten die heimgekehrten Israeliten voll Freude das Pascha-Fest und aßen das Paschalamm. Und sieben Tage lang begingen sie das Fest der Ungesäuerten Brote. „..*der Herr* hatte sie frohgemacht…"

355

Auf der weltpolitischen Bühne kündigten sich inzwischen neue, dem gewaltigen Perserreich seine Grenzen aufzeigenden Entwicklungen an. Das Reich war von *Darius* in 29 Provinzen unterteilt worden. Eine davon war der westliche Teil der heutigen Türkei, wo von Griechen gegründete Stadtstaaten mit Unterstützung Athens um 500 v. Chr. im *Ionischen Aufstand* die persische Oberhoheit abzuschütteln versuchten. Die persische Großmacht unter König *Xerxes I.* (486 – 465 v. Chr.) antwortete mit dem Aufmarsch eines riesigen Heers, das an der Mittelmeerküste zum Sprung auf die griechischen Inseln und das europäische Festland ansetzte. Die zahlenmäßig weit unterlegenen Streitkräfte der vereinigten griechischen Stadtstaaten konnten in mehreren berühmt gewordenen Schlachten die Angreifer besiegen und zum vollständigen und dauerhaften Rückzug zwingen. In der griechischen Staatenwelt war nun der Weg frei für die glanzvollste kulturelle, politische und wirtschaftliche Blüte, die die Welt bis dahin gesehen hat. Nach den großartigen Leistungen der älteren Kulturen in Kunst, Wissenschaft, Technik und Gesellschaftsordnungen war es dem antiken Griechenland vorbehalten, in der Bildhauerei, Architektur und Malerei, aber auch mit der demokratischen Gestaltung ihrer Gesellschaft neue, bis dahin nicht gekannte Maßstäbe zu setzen, die uns noch heute – 2.500 Jahre später – in Bewunderung und Erstaunen versetzen.

In der Zeit von etwa 2000 bis 500 v. Chr., also in eineinhalb Jahrtausenden, schufen die Bewohner des „Fruchtbaren Halbmonds" von Ägypten bis zu den Grenzen Indiens die ältesten Kultur- und Zivilisationszentren der Menschheit. Ihr umfassendes Erbe von Kenntnissen und Fähigkeiten in der Rechts- und Gesellschaftsordnung, in Wissenschaft und Technik, in der Anwendung von Maß- und Gewichtssystemen, in der Entwicklung des Alphabets und der Schrift wurde vom Hellenismus aufgenommen, weiterentwickelt und in alle Welt verbreitet. Ein herausragender Bestandteil dieses Erbes für die ganze Menschheit waren die Schriften der Offenbarungen *des Herrn*, unsere Bibel.

Im siebten Jahr des Perserkönigs *Artaxerxes I.* (465 – 423 v. Chr.) kam der Priester und Prophet *Esra* mit einer Gruppe von ca. 1.400 Männern von Babylon nach Jerusalem. „Weil die Hand *des Herrn*, seines *Gottes*, über ihm war, gewährte der König ihm alles, was er wünschte" (Esr 7). Im Auftrag des Königs brachten sie eine Menge Gold und Silber sowie Geräte für die Ausstattung und den Dienst im Tempel mit. *Esra* gab Anordnungen für den Tempeldienst und beklagte in einem Bußgebet die vielen Mischehen der Israeliten mit Bürgerinnen und Bürgern anderer Volksgruppen, denn wie die Propheten sagten: „Das Land ... ist ein unreines Land durch die Unreinheit der Völker des Landes mit ihren Gräueln" (Esr 9). Auf Beschluß der Gemeindemitglieder wurden die Mischehen aufgelöst.

Das *Buch Nehemia* berichtet über die Rückkehr von *Nehemia*, der als Mundschenk im Dienst des Perserkönigs *Artaxerxes I.* stand, nach Jerusalem. Dort organisierte und beaufsichtigte er den Wiederaufbau der Stadtmauer und Stadttore. Der nichtjüdische Bevölkerungsteil im Lande versuchte mit Protest und Waffengewalt, die Befestigung der Stadt zu verhindern und scheiterte. Denn die jüdischen Bauleute waren gewarnt: „Mit der einen Hand taten sie ihre Arbeit, in der anderen hielten sie den Wurfspieß" (Neh 4). *Nehemia* war ab 445 v. Chr. zwölf Jahre lang Statthalter von Juda. Unter seiner Verwaltung wurden die Juden in Jerusalem und im Lande Juda zu einer staatlich anerkannten Glaubensgemeinschaft mit einem Hohepriester als Vorsteher des neuen Tempels. Zur Festigung ihres Glaubens las Esra dem versammelten Volk die fünf Bücher Mose vor. Das Volk antwortete mit einem Bußgebet und mit dem Versprechen, das Gesetz des Moses zu achten: *„Doch du bist ein Gott, der verzeiht, du bist gnädig und barmherzig, langmütig und reich an Huld"* (Neh 9). Weil nach dem Gebot des *Moses* die *Ammoniter* und *Moabiter* „niemals in die Gemeinde *Gottes* kommen durften", schieden die Juden *„alles fremde Volk aus Israel aus"* (Neh 13). Als Statthalter beseitigte Nehemia verschiedene Mißstände in der Verwaltung des Tempels, setzte gegenüber Lieferanten und Händlern die strikte Einhaltung des Sabbats durch und verbot Ehen zwischen Juden und nichtjüdischen Partnern. *„Hat nicht Salomo, der König von Israel, gerade damit gesündigt?"* (Neh 13).

Das Buch Tobit

ist eine Erzählung, die um 200 v. Chr. in aramäischer Sprache geschrieben wurde. Sie wird von der Katholischen Kirche und den Orthodoxen Christen als Bestandteil der Bibel betrachtet. Zum Inhalt der Erzählung: *Tobit* hatte auf einer Reise nach *Medien* bei einem Aufenthalt seinem Gastgeber Geld zur Aufbewahrung übergeben. Als er aus Barmherzigkeit Israeliten begrub, die ermordet wurden, verfolgte man ihn und brachte ihn nach *Ninive*, wo er erblindete. Kurz vor seinem Tod schickte er seinen Sohn *Tobias* an den Ort, wo sein Geld aufbewahrt wurde und ermahnte ihn, Gott in den Menschen zu dienen: *„Hast du viel,* so gib reichlich von dem, was du besitzt; hat du wenig, dann zögere nicht, auch mit dem Wenigen Gutes zu tun". Als

Tobias den Ort erreichte, war kurz vorher eine junge Frau, *Sara*, von den Mägden ihres Vaters beschimpft worden, weil ein Dämon ihre bisherigen sieben Männer (!) umgebracht hatte. Sie wollte sich das Leben nehmen und bat Gott um Hilfe. Gott erhörte die Gebete und schickte seinen Engel *Rafael*, der *Tobias* begleitete. *Tobias* lernte *Sara* kennen und heiratete sie. Mit dem Geld seines Vaters und einem Heilmittel kehrte *Tobias* zu seinem Vater nach *Ninive* zurück. *Tobit* wurde geheilt und sieben Tage lang die Hochzeit von *Tobias* mit *Sara* gefeiert. Als sie *Rafael* seinen Lohn auszahlen wollten, offenbarte sich dieser und kehrte zu Gott zurück. Kurz vor seinem Tod riet *Tobit* seinem Sohn, *Ninive* zu verlassen, weil es zerstört werden würde. Am Ende seines Lebens erfuhr *Tobias* von der Vernichtung *Ninives*.

Das Buch Judit

Dieses Buch wurde als Lehrschrift um 100 v. Chr. in Palästina geschrieben. Sie erzählt, wie *Judit*, eine Bürgerin der belagerten Stadt *Betulia*, durch ihr tiefes Gottvertrauen und ihren Mut die Stadt und ihre Bewohner vor den Feinden rettete.

Der babylonische König *Nebukadnezar II.* (604 – 562 v. Chr.) führte Krieg gegen *Arphaxad*, den König der *Meder*, der in *Ekbatana* residierte. *Nebukadnezar* forderte vergeblich die westlichen Nachbarländer um Unterstützung auf. Er siegte dennoch und plünderte *Ekbatana*. Dann schickte er seinen Feldherrn *Holofernes* mit einer Streitmacht in die westlichen Länder, um sie für ihre mangelnde Unterstützung zu bestrafen. Um *Holofernes* aufzuhalten, sperrten die Israeliten, dem Rat ihres *Hohepriesters* folgend, die *Bergpässe* vor der kleinen Bergfestung *Betulia* und beteten *zum Herrn* um Hilfe. *Holofernes* fragte die Fürsten von Moab und Ammon in seinem Heer, welches Volk hier Widerstand leistete. Der Ammoniterfürst *Achior* erklärte ihm, daß es die Israeliten seien, die als unbesiegbar galten, solange sie zu ihrem Gott hielten. *Holofernes* wurde darüber wütend und ließ *Achior* gefesselt nach *Betulia* bringen, damit er Zeuge der Eroberung der Stadt werde. *Betulia* wurde belagert und die Wasserleitung außerhalb der Stadt gesperrt. Die Eingeschlossenen forderten deshalb den Stadtkommandanten *Usija* zur Übergabe auf. *Usija* versprach es, wenn in fünf Tagen keine Rettung käme.

Die gottergebene Witwe *Judit* in *Betulia* tadelte die Stadträte wegen ihres Mangels an Gottvertrauen und verlangte für sich und ihre Magd freien

Durchgang durch das Stadttor. Es wurde ihr gewährt. Sie bat Gott inständig um Hilfe: *„Sieh doch auf die Assyrer! ...brich ihren Trotz durch die Hand einer Frau!* ...*deine Herrschaft braucht keine starken Männer, sondern du bist der Gott der Schwachen und der Helfer der Geringen; du bist der Beistand der Armen, der Beschützer der Verachteten und der Retter der Hoffnungslosen"* (Jud 9). Dann schmückte sie sich – *„sie legte all ihren Schmuck an und machte sich schön"* (Jud 10) – und ging mit ihrer Magd ins Heerlager der Assyrer. Dort erregte sie durch ihre Schönheit großes Aufsehen und wurde sogleich zu *Holofernes* geführt. Durch kluges Reden konnte sie den mächtigen Feldherrn tief beeindrucken: *„Es gibt ... keine zweite Frau, die so bezaubernd aussieht und so verständig reden kann"* (Jud 11). Man erlaubte ihr, sich im assyrischen Lager frei zu bewegen und jede Nacht zum Beten in die Schlucht von Betulia hinauszugehen. Während eines Gastmahls zu Ehren *Judits* war *Holofernes* sehr betrunken. *Judit* – mit ihm alleingelassen – nutzte die Gelegenheit und enthauptete ihn mit seinem eigenen Schwert. Den Kopf brachte sie mit nach *Betulia. Achior* war davon so beeindruckt, daß er sich zur jüdischen Religion bekehrte. Auf Anraten *Judits* machten die Belagerten einen Ausfall. Im Lager der Assyrer wollte man deswegen *Holofernes* wecken. Als im Heer bekannt wurde, was geschehen war, brach blankes Entsetzen aus und alle ergriffen die Flucht. Das ganze Lager wurde eine Beute der Judäer. Die gefeierte *Judit* dankte mit einem herrlichen Loblied Gott, dem Herrn: *„Herr du bist groß und voll Herrlichkeit. Wunderbar bist du in deiner Stärke, keiner kann dich übertreffen. Dienen muß dir deine ganze Schöpfung. Denn du hast gesprochen und alles entstand. Du sandtest deinen Geist, um den Bau zu vollenden. Kein Mensch kann deinem Wort widerstehen"* (Jud 16). Solange sie lebte, und lange nach ihrem Tod, gab es niemand mehr, der Israel erschreckte.

Das Buch Ester

Es entstand um etwa 300 v. Chr. und berichtet über das Leben der Jüdin *Ester* und ihres Onkels *Mordechai* in der Residenzstadt *Susa* unter dem Perserkönig *Artaxerxes II. (430 – 346 v. Chr.).* Anläßlich eines Festmahls weigerte sich die Königin *Waschti*, der Bitte ihres Gemahls zu folgen und am Mahl teilzunehmen. Zornig verstieß sie der König und suchte sich eine neue Gemahlin. Er fand sie in der schönen Jüdin *Ester*, die in *Susa* bei ihrem Onkel *Mordechai* lebte. Sie wurde Königin, verriet aber nicht ihre Herkunft. *Mordechai* gelang es, eine Verschwörung gegen den König aufzudecken.

Als er sich aber weigerte, dem Stellvertreter des Königs, *Haman*, durch Kniebeugen seine Ehrerbietung zu zeigen, wie es alle anderen nach dem Gebot des Königs machten, zog er sich den Zorn *Hamans* zu. *Haman* wurde berichtet, daß *Mordechai* Jude sei. In seiner Wut überredete er den König, einen Erlaß herauszugeben, daß an einem bestimmten Tag alle Juden im ganzen Perserreich umzubringen seien, weil sie die Gebote des Königs mißachteten. Um diesen Tag festzulegen, wurde vor *Haman* das „Pur", das Los, geworfen. Es fiel auf den „dreizehnten Tag des zwölften Monats" (Est 2). Als *Mordechai* davon erfuhr, *„zerriß er seine Kleider, hüllte sich in Sack und Asche, ging in die Stadt und erhob ein lautes Klagegeschrei"* (Est 4). Er und *Ester* sowie alle Juden im Land beteten zum *Herrn*, er möge das Unheil von ihnen abwenden. *Mordechai* bat *Ester*, zum König zu gehen, um ihn von seinem Vorhaben abzubringen. Obwohl der König sie nicht gerufen hatte und sie daher gegen ein Gesetz verstieß, fand sie Gnade vor ihm. Sie durfte einen Wunsch äußern und bat den König, ihr und ihrem Volk – das *Haman* im ganzen Perserreich ausrotten wollte (2.300 Jahre später kündigte *Hitler* das gleiche für ganz Europa an und keiner konnte ihn daran hindern) – das Leben zu schenken. Voller Zorn verurteilte der König *Haman* zum Tod am Galgen, den *Haman* eigentlich für *Mordechai* hatte aufstellen lassen. *Mordechai* wurde *Hamans* Nachfolger im Königspalast. Auf Bitte *Esters* widerrief der König den früheren Erlaß und erlaubte den Juden im ganzen Reich, an ihren Feinden Rache zu nehmen. Alle Juden freuten sich über den Sieg, und ihre Nachfahren feiern seitdem am vierzehnten und fünfzehnten Tag des Monats Adar das *Purimfest*.

Die Bücher der Makkabäer

Nach ihrer Rückkehr aus dem *Babylonischen Exil* nach *Jerusalem* und *Juda* im Jahre 537 v. Chr. konnten die *Israeliten* rund 200 Jahre lang ohne Bedrohung von außen die verwüsteten Städte *Judas* wieder aufbauen und das verödete Land bewirtschaften. Dank des Wohlwollens der persischen Großkönige und ihrer Statthalter entwickelte sich *Juda* zu einem Priesterstaat, in dem der Hohepriester und Tempelvorsteher zu *Jerusalem* weitreichende Vollmachten hatte. Funde von Silbermünzen aus jener Zeit mit der Inschrift *Juda* (*Yehud*) zeigen, daß der Hohepriester das hoheitliche Prägerecht hatte. Die Münzen waren mit der Eule von Athen geschmückt – ein Hinweis auf die engen Handelsbeziehungen zwischen *Griechenland* und dem *Vorderem Orient*.

Nach diesen zweihundert Jahren des Friedens in *Palästina* kündigte ein politisches und militärisches Wetterleuchten vor der Westgrenze des riesigen *Perserreichs* eine weltpolitische Zeitenwende an. Im Norden *Griechenlands* hatte sich im 4. Jh. ein Königreich gebildet – *Makedonien* mit seiner Hauptstadt *Pella*, dessen nach Osten gerichteter Expansionsdrang das *Perserreich* bedrohte. Der makedonische *König Philipp II. (359 – 336 v. Chr.)* reformierte, um Bedrohungen von außen begegnen zu können, das makedonische Heer. Dem Beispiel der griechischen Vormacht *Theben* folgend, führte er als schlagkräftigen Kern seiner Streitkräfte die *Phalanx* ein, dicht geschlossene Reihen von gepanzerten Kriegern mit langen Speeren, und stellte ein großes Reiterheer auf. Damit errang er bis 338 v. Chr. die Herrschaft über ganz *Griechenland*. 336 v. Chr. wurde er ermordet. Seinem zwanzigjährigen Sohn *Alexander (336 – 323 v. Chr.)*, der 356 v. Chr. in *Pella* geboren wurde, war es vorbehalten, in nur zehn Jahren ein riesiges Weltreich zu erobern. Einen solchen triumphal vorwärts stürmenden Heerführer hatte die antike Welt bis dahin nicht gesehen. *Alexander* festigte zunächst durch Siege gegen Aufständische – darunter auch *Theben*, das er zerstörte – seine Macht und begann 334 v. Chr. als Feldherr aller *Griechen* mit einem Heer von 35.000 Soldaten seinen „Rachefeldzug" gegen das *Perserreich*. Innerhalb eines Jahres bezwang er *Kleinasien* und errang 333 v. Chr. bei *Issos* in *Nordsyrien* gegen ein zahlenmäßig weit überlegenes Heer des Perserkönigs *Darius III. (336 – 331 v. Chr.)* einen überwältigenden Sieg. Nach Süden ziehend eroberte er ohne Gegenwehr die Küstenstädte *Palästinas*. Nur die Festung *Tyrus*, vor der Küste auf einer Insel gelegen, ergab sich nicht. *Alexander* ließ einen 600 m langen Damm von der Küste bis zur Stadtmauer bauen, auf dem 50 m hohe Wurfgeschoßtürme vorrückten. Nach sechsmonatiger Belagerung fiel die Stadt. *Alexander* ließ alle männlichen Einwohner töten; die letzten 2.000 wurden entlang der Küste gekreuzigt und die Frauen und Kinder versklavt. Zweimal bot der bedrängte *Darius* einen Waffenstillstand an, den *Alexander* wegen der damit verknüpften Bedingungen ausschlug. Auf dem weiteren Weg nach Süden leistete nur noch *Gaza* Widerstand und wurde nach drei Monaten Belagerung erobert. Alle männlichen Bewohner wurden wieder wie in *Tyrus* getötet und der Stadtkommandant zu Tode geschleift. *Alexander* soll angeblich auch *Jerusalem* besucht, für den Tempel ein Opfer angeboten und dem Volk Steuererleichterungen angeboten haben. Die Gründe sind offensichtlich: *Juda* hatte seinen Feldzug unterstützt und jüdische Söldner dienten vermutlich in seinem Heer.

Im Jahr 332 v. Chr. zog *Alexander* weiter nach *Ägypten*. Das Land ergab sich kampflos und *Alexander* ließ sich in *Heliopolis* zum Pharao und zum Sohn des Sonnengottes *Amun-Re* ausrufen. Im Nildelta gründete er an der Küste 331 v. Chr. die Stadt *Alexandria*, die später wegen ihrer Gelehrten und der großen *Bibliothek* als Zentrum des Geisteslebens in der antiken Welt Berühmtheit erlangte. *Wegen der von Alexander verfügten Gleichstellung von Juden und Nichtjuden wurde die Stadt in den folgenden Jahrhunderten ein bedeutendes Zentrum des Judentums.*

Nach *Tyrus* zurückgekehrt, wandte sich *Alexander* mit einem Heer von 40.000 kampferprobten Männern und 7.000 Reitern nach Osten, besiegte 331 v. Chr. die zahlenmäßig überlegene Streitmacht des *Darius III.* bei *Gaugamela* und zog als „*König von Asien*" durch das *Ischtartor* in *Babylon* ein. *Darius* wurde 330 v. Chr. von einem seiner Heerführer ermordet. *Alexander* eroberte bis 327 v. Chr. ganz *Persien*, brach dann zu seinem Indienfeldzug auf und erreichte 325 v. Chr. das *Indusdelta*. Eine Meuterei seiner Truppen zwang ihn zum Rückzug nach *Susa* und *Babylon*, wo er 323 v. Chr. an einer Infektion starb. Ohne Zögern erklärten sich die Heerführer *Antipater, Antigonos, Seleukos* und *Ptolemaios* zu Nachfolgern – *Diadochen* – des verstorbenen Königs, beseitigten dessen Familie, stritten sich in den folgenden 40 Jahren in vier Kriegen (Diadochenkämpfen) um das riesige Erbe und teilten es schließlich unter sich auf. *Antipater* erhielt *Makedonien* und *Griechenland*, das einige Jahrzehnte später an *Antigonos* fiel, *Antigonos* bekam große Gebiete in *Kleinasien*, die er später an das *Seleukidenreich* verlor; *Seleukos* wurde Herrscher in *Syrien* mit *Babylonien* und *Ptolemaios* in *Ägypten* und *Palästina*. Außer *Antipater* waren diese Diadochen Gründer von königlichen Dynastien: *Ptolemaios I. (305 – 283 v. Chr.)* in *Ägypten* und *Palästina*, *Seleukos I. (305 – 281 v. Chr.)* in *Syrien* und *Babylon* und *Antigonos I. (321 – 301 v. Chr.)* in *Griechenland* und *Kleinasien*. In Kleinasien konnte der Fürst von *Pergamon, Philetairos (283 – 263 v. Chr.)*, ein von den Diadochen unabhängiges Reich errichten. Aus der prachtvollen Hauptstadt stammt der *Pergamonaltar* in *Berlin*, der an die Siege über die in Kleinasien siedelnden keltischen *Galater* erinnert.

Durch die Aufteilung des Alexandererbes geriet der kleine Priesterstaat *Juda*, der die Wirren der Zeit relativ unbehelligt überstanden hatte, von 305 bis 198 v. Chr. unter die Herrschaft der *Ptolemäer*. Die von *Alexander* verfügte Gleichstellung von Juden und Nichtjuden blieb unangetastet.

Die Könige *Ptolemaios I.* und *Ptolemaios II. Philadelphos (285 – 246 v. Chr.)* entwickelten ihre Hauptstadt *Alexandria* zu einem wissenschaftlichen und kulturellen Zentrum. Tausende griechische und aus *Juda* und anderen Regionen zugewanderte jüdische Gelehrte leisteten dazu ihren Beitrag. Das Griechische wurde die allgemein verwendete Sprache nicht nur der Wissenschaftler. Die hebräisch geschriebenen Texte der göttlichen Offenbarung, die in den Synagogen vorgetragen wurden, konnte die junge Generation kaum mehr verstehen. Als man der Legende nach *Ptolemaios II.* mitteilte, in seiner Bibliothek fehle die wichtigste Schrift der Weltliteratur, die *Tora*, habe er vom Hohepriester in *Jerusalem* eine Abschrift und 72 Gelehrte erbeten. Auf der Insel *Pharos* vor *Alexandria* übersetzte um 250 v. Chr. jeder der Gelehrten – in je einer Einzelzelle arbeitend – die *Tora* ins Griechische. Alle miteinander verglichenen Texte stimmten wörtlich überein. Wegen der Anzahl der beteiligten Gelehrten wird der griechische Text seitdem „*Septuaginta*" (Siebziger) genannt. *Das Ereignis hatte weltgeschichtlichen Rang. Denn die göttliche Offenbarung und das Gesetz Gottes, niedergelegt in der Tora und nur der hebräisch verstehenden Kultgemeinde des Judentums in Juda und der jüdischen Diaspora zugänglich, wurde nun der gesamten hellenistischen Welt offenbar. Damit war das Tor geöffnet für die Weitergabe der Offenbarung in das spätere römische Imperium und über den ganzen Erdball.*

Das größte der Nachfolgereiche *Alexanders* war das *Seleukidenreich*, das sich von *Kleinasien* bis an die Grenze *Indiens* erstreckte. Seine Herrscher residierten in den neu gegründeten Hauptstädten *Seleukia* am Tigris und *Antiochia* in Nordsyrien. Nach *Seleukos I.* folgten *Antiochos I. (281 – 261 v. Chr.), Antiochos II. (261 – 246 v. Chr.), Seleukos II. (246 – 226 v. Chr.), Seleukos III. (226 – 223 v. Chr.)* und *Antiochos III., der Große (223 – 187 v. Chr.)* auf dem Thron. Alle diese Herrscher versuchten mit wechselndem Erfolg, in vier *Syrischen Kriegen* den *Ptolemäern* die Herrschaft über *Palästina* zu nehmen. Erst *Antiochos III.* gelang dies 198 v. Chr. nach der Schlacht bei *Paneas*. Damit geriet auch das bis dahin in Frieden lebende *Juda* in die Hand der *Seleukiden*, und die politische Lage des kleinen Priesterstaates verschlechterte sich zusehends. Grund waren die rabiaten willkürlichen Maßnahmen des Königs *Antiochos IV. Epiphanes (175 – 164 v. Chr.)*, dem Nachfolger von *Seleukos IV. (187 – 175 v. Chr.)*. Was nun mit *Juda* passierte, berichten die beiden *Bücher der Makkabäer.*

König *Antiochos IV. Epiphanes* hatte ein eigenartiges „Hobby": Er raubte in seinem Herrschaftsgebiet gern Heiligtümer aus. So geschah es auch 168 v. Chr. in *Jerusalem*, wo er den Tempel plünderte und entweihte. „In seiner Vermessenheit betrat er sogar das Heiligtum; er raubte den goldenen Rauchopferaltar, den Leuchter samt seinem Zubehör, ... die goldenen Rauchfässer, den Vorhang, die Kronen und den goldenen Schmuck ..." (1 Makk 1). Zwei Jahre später schickte der König einen Beamten und Truppen nach *Juda*, um die Steuern einzutreiben. *Jerusalem* wurde (das wievielte Mal?) geplündert und in Brand gesteckt, die Häuser und Stadtmauern niedergerissen. Frauen und Kinder verkaufte man in die Sklaverei, ihr Besitz wurde weggenommen. Mit einem Dekret verbot der König bei Todesstrafe alle Opfer im Tempel, die Feier des Sabbats und der traditionellen Feste und die Beschneidung. „Alle Buchrollen des Gesetzes, die man fand, wurden zerrissen und verbrannt" (1 Makk 1).

Es dauerte nicht lange, dann kam es zum Aufruhr in *Juda*. Die Brandfackel wurde in dem kleinen, 30 km von *Jerusalem* entfernten Ort *Modeïn* entzündet. Dort weigerte sich standhaft der Priester *Mattathias* mit seinen fünf Söhnen, von *Gottes* Gesetz abzufallen und fremden Göttern zu opfern, wie es viele im Land auf Befehl des Königs taten. In seinem Zorn tötete *Mattathias* den königlichen Beamten und einen Mann, der vor seinen Augen opfern wollte. Mit dieser Tat begannen die *Befreiungskriege der Makkabäer* um die Glaubensfreiheit in *Juda*. *Mattathias* und seine Söhne flüchteten in die Berge. Von dort führten sie mit einer Schar von Anhängern einen Kleinkrieg gegen die Besatzungsmacht. Nach dem Tod von *Mattathias* übernahm sein Sohn *Judas Makkabäus* („der Hammer") von 166 v. Chr. bis 160 v. Chr. die Führung. Der kleinen Truppe gelang es, den Gegner trotz seiner Übermacht zurückzudrängen. *Jerusalem* wurde 164 befreit, der Altar im Tempel aufgebaut und der alte Tempeldienst wieder eingerichtet. Es gab ein achttägiges *Einweihungsfest*, das noch heute als jüdisches *Chanukkafest* (von jüd. *Hanukka* = Einweihung) gefeiert wird. Erst als der Nachfolger des *Epiphanes*, dessen Sohn *Antiochos V. Eupator (164 – 162 v. Chr.)*, mit einer gewaltigen Streitmacht und Kriegselefanten die *Makkabäer* bei *Bet-Zacharia*, 10 km südwestlich von *Bethlehem*, zur Entscheidungsschlacht zwang, mußten sich die Glaubenskämpfer geschlagen geben. Doch in der Niederlage hatten sie unerhörtes Glück. Auseinandersetzungen im Inneren veranlaßten den siegreichen König, mit den *Mak-*

kabäern einen Friedensvertrag zu schließen. Darin wurde ihnen die freie Religionsausübung zugesichert.

In diesen Jahrzehnten trat ein neuer gewichtiger Mitspieler auf der politischen Bühne des östlichen Mittelmeerraums auf – *Rom*. Während der rund 300 Jahre, zwischen etwa 500 und 200 v. Chr., in denen die Großreiche der *Perserkönige* und *Alexanders des Großen* entstanden und wieder zerfielen, entwickelte sich weiter im Westen, im südlichen Europa, die Keimzelle des *Römischen Imperiums*, das nun in den östlichen Mittelmeerraum vordrang. Der Kampfkraft und Schlachtdisziplin der römischen Legionen war keiner der Gegner gewachsen. Zwischen 215 und 168 v. Chr. wurde *Makedonien* und bis 146 v. Chr. ganz *Griechenland* unterworfen. Im Jahr 133 v. Chr. fiel *Rom* als Erbschaft das Königreich *Pergamon* zu und bis 129 v. Chr. kam ganz *Kleinasien* unter römische Herrschaft. In 1 Makk 8 lesen wir: *„Judas hörte, wie man von den Römern erzählte, sie seien geübt im Kriegführen, erwiesen allen, die zu ihnen hielten, Wohlwollen und schlossen Freundschaft mit jedem, der sie darum bitte“*. Er schickte zwei Männer nach *Rom*, *„um mit den Römern ein Freundschafts- und Waffenbündnis zu schließen, damit das Joch von Juda genommen werde…“* Dem König *Demetrius I.* ließ *Rom* mitteilen: „Warum lastet dein Joch so schwer auf unseren Freunden und Bundesgenossen, den Juden? Wenn sie jetzt noch einmal deinetwegen vorstellig werden, … führen wir gegen dich Krieg zu Wasser und zu Land“. Es dauerte noch etwa ein Jahrhundert, dann wurde *Rom* beim Wort genommen.

Als Nachfolger des *Judas Makkabäus*, der 161 v. Chr. fiel, setzten seine Brüder *Jonatan* und *Simeon* den Kampf fort, um für *Juda* auch die politische Unabhängigkeit zu erringen. Die *Seleukidenherrscher*, mit denen sie es zu tun hatten, waren *Demetrius I. Soter (162 – 150 v. Chr.)*, *Alexander Balas (150 – 145 v. Chr.)*, *Demetrius II. Nikator (145 – 140 v. Chr.)*, *Antiochos VI. Dionysos (145 – 141 v. Chr.)*, *Tryphon (141 – 139 v. Chr.)* und *Antiochos VII. Sidetes (139 – 129 v. Chr.)*. *Jonatan (161 – 143 v. Chr.)*, zum Nachfolger des *Judas* gewählt, gelang es in zahlreichen Kämpfen die syrischen Streitkräfte weiter zurückzudrängen und neue Gebiete für *Juda* zu erobern. Er unterstützte *Alexander* im Kampf gegen dessen Vorgänger *Demetrius I.* Zum Dank ernannte ihn *Alexander* zum Hohepriester und gewährte ihm den Titel „Freund des Königs“ (1 Makk 10). Als *Demetrius II.*, Sohn des *Demetrius I.*, von *Kreta* „in das Land seiner Väter“ kam, besiegte ihn *Jonatan*, der daraufhin von *Alexander* weitere Ehrungen erhielt. Im Kampf gegen *Ptolemäus*, den ägyptischen König, der die Küstenstädte *Syriens* angriff, fiel *Alexander*;

kurz danach starb auch König *Ptolemäus* und *Demetrius II.* wurde alleiniger Herrscher in *Syrien.* *Jonatan* konnte ein Bündnis mit ihm schließen und einen von dem ehemaligen Heerführer *Tryphon* angezettelten Aufstand in der Königsresidenz *Antiochia* niederwerfen In seiner Not rief der König die Juden zu Hilfe und sie retteten ihn (1 Makk 11). Als *Demetrius* seine Macht wieder gefestigt hatte, brach er mit *Jonatan* und „setzte *ihm hart zu*". *Da kehrte Tryphon mit Antiochos,* dem minderjährigen Sohn des *Alexander,* aus dem Asyl in *Arabien* zurück. Der Knabe trat als *Antiochos VI. Epiphanes* die Herrschaft an. Alle Truppen, die *Demetrius* verjagt hatte, schlossen sich *Antiochos* an und schlugen *Demetrius* in die Flucht. *Antiochos* bestätigte *Jonatan* als Hohepriester und beschenkte ihn. In weiser Vorausschau schickte *Jonatan* wieder – wie schon vor ihm sein Bruder *Judas* – ausgewählte Männer nach *Rom,* um den Freundschaftsvertrag mit den Römern zu bestätigen und zu erneuern (1 Makk 12). Auch mit *Sparta* in Griechenland schloß er ein Bündnis. Da *Tryphon* selbst König werden wollte, ließ er *Antiochos* ermorden. Um nicht gegen *Jonatan* kämpfen zu müssen, lockte er diesen mit Versprechungen und einem glänzenden Empfang in eine Falle, nahm ihn gefangen und ließ seine Schutztruppe und später auch ihn selber umbringen. „Ganz *Israel* war in großer Trauer. Alle Völker ringsum versuchten, *Israel* zu vernichten" – eine Situation vor rund 2.150 Jahren, vergleichbar mit der Gegenwart!

Nach *Jonatans* Tod wurde *Simeon (143 – 135 v. Chr.)* der auch von den *Römern* anerkannte Herrscher und Hohepriester in *Juda.* Auf ihn folgten als Hohepriester der Sohn des *Simeon, Johannes Hyrkanus I. (134 – 104 v. Chr.),* und *Alexander Jannäus (103 – 76 v. Chr.).* Unter *Jannäus* erreichte *Juda* die Ausdehnung der beiden früheren Königreiche *Juda* und *Israel.* Um den Frieden in *Juda* zu sichern, besetzte *Simeon* die Stadt *Geser* und vertrieb die feindliche Besatzung von der Burg in *Jerusalem.* „Das Land *Judäa* hatte Ruhe, solange *Simeon* lebte". *Simeon* erneuerte auch das Bündnis mit *Sparta* und *Rom.* Wegen seiner großen Verdienste bestätigte ihn das ganze Volk als Hohepriester, Befehlshaber und Fürst der Juden (1 Makk 14).

Im Jahr 139 kehrte *Antiochos,* der im Exil aufgewachsene Sohn des Königs *Demetrius,* „von den Inseln" in seine Heimat *Syrien* zurück, um den Thron zurückzuerobern. Er schloß ein Bündnis mit *Simeon* und belagerte *Tryphon* in der Küstenstadt *Dor. Tryphon* gelang die Flucht und *Antiochos VII. Sidetes (139 – 129 v. Chr.)* wurde König. Während der Belagerung von *Dor* lehnte *Antiochos* die Waffenhilfe von *Simeon* ab und verlangte die Rückgabe der von den Juden besetzten Städte *Jafo* und *Geser* sowie Reparationszahlungen. *Simeon* wies die Forderungen zurück. Sein Sohn *Johannes Hyrkanus* besiegte die Streitmacht des *Antiochos*. *Simeon* wurde 135 v. Chr. zusammen mit seinen beiden Söhnen *Judas* und *Mattathias* während eines Festmahls heimtückisch von seinem Schwiegersohn *Ptolemäus* ermordet, der selbst Hohepriester werden wollte. *Johannes*, der gewarnt worden war, ließ die Attentäter hinrichten und trat als *Johannes Hyrkanus I. (134 – 104 v. Chr.)* die Nachfolge von *Simeon* an. Mit dem Bericht über den Regierungsantritt des *Johannes* endet das *Erste Buch der Makkabäer*.

Antiochos sammelte nun neue Truppen, belagerte *Jerusalem* und nahm die Stadt ein. Aus Sicherheitsgründen mußten die Bewohner alle Waffen abgeben und Geiseln stellen. Nach dem Tod des *Antiochos* 129 v. Chr. herrschte *Johannes Hyrkanus* weitgehend unabhängig und konnte wegen der Schwäche der Seleukidenkönige Nachbargebiete für *Juda* erobern. Die *Makkabäerdynastie* gewann an Macht, zeigte aber auch Zerfallserscheinungen. Nach *Hyrkanus'* Tod stritten die Mitglieder der Familie um die Herrschaft. *Alexander Jannäus (103 – 76 v. Chr.)* gewann im Streit um die Nachfolge und nahm den Königstitel an.

Rom griff trotz seines Bündnisses mit *Juda* noch nicht in diese Auseinandersetzungen zwischen *Juda* und *Syrien* ein, weil es seine Legionen im Osten für den Kampf gegen den König *Mithridates VI. Eupator (121 – 63 v. Chr.)* von *Pontus*, einem Reich am Südufer des Schwarzen Meers in Kleinasien, benötigte. In drei Kriegen zwischen 88 und 66 v. Chr. wurde das pontische Heer schließlich vernichtet, in der letzten Schlacht vom römischen Feldherrn *Pompeius dem Großen (106 – 48 v. Chr.)*. Erst danach, ab dem Jahr 65 v. Chr., standen *Pompeius* die Streitkräfte zur Verfügung, um im *Seleukidenreich* eine dauerhafte Ordnung herzustellen. *Pompeius* drang nach *Syrien* vor und machte es 64 v. Chr. zur *Römischen Provinz*. Damit wurde auch der neue Hohepriester, *Johannes Hyrkanus II. (63 – 40 v. Chr.)* von Rom abhängig. *Caesar*, der mit *Pompeius* und *Crassus* das *Erste Triumvirat* in *Rom* bildete, gab dem Hohepriester *Johannes Hyrkanus* 47 v. Chr. einen römischen Prokurator *Antipater* aus *Idumäa* in *Südpalästina* zur Seite. Im selben Jahr ernannte *Antipater* seinen Sohn *Herodes* zum Strategen (Statthalter) in *Galiläa*. *Juda* verlor das Recht auf eine eigene Steuererhebung und mußte auf seine Eroberungen aus früheren Kämpfen verzichten. *Samaria* erhielt seine Selbständigkeit zurück.

Innerhalb der römischen Provinz *Syria* wurde *Judäa* ein Regierungsbezirk, der im Wesentlichen das Kerngebiet von *Juda* mit dem Kultzentrum *Jerusalem* umfaßte. *Johannes Hyrkanus II.* wurde 47 v. Chr. Ethnarch und Bundesgenosse Roms. Für die spätere Unterstützung *Caesars* im Kampf gegen *Pompeius* erhielten die Juden Zugeständnisse: Das Hohepriesteramt wurde erblich und mit einer eigenen Gerichtsbarkeit ausgestattet. Als letzter König der *Makkabäerdynastie* bestieg mit Hilfe der Parther *Mattathias Antigonus II.* (40 – 37 v. Chr.) den Thron in *Jerusalem*. Seine Herrschaft dauerte nur kurz. Nach *Antipaters* Tod übernahmen dessen Söhne *Herodes* und *Phasael* 43 v. Chr. die Macht in *Judäa*. Der im Dienste Roms stehende *Herodes* – vom römischen Kaiser *Marcus Antonius (41 – 30 v. Chr.)* und vom Senat zum König von *Judäa* ernannt – besiegte mit einem vorwiegend römischen Heer im Jahr 37 v. Chr. *Antigonus* und ließ ihn hinrichten. Im gleichen Jahr wurde *Jerusalem* erobert und erhielt eine römische Besatzungstruppe. Der Sieger bestieg als *Herodes der Große (39 – 4 v. Chr.)* den Thron. Mit römischer Duldung rottete er die *Makkabäerdynastie* aus. Zu den Ermordeten zählte auch seine Frau, eine Makkabäerin, die er geheiratet hatte, um seine jüdischen Gegner zu besänftigen. Mit diplomatischem Geschick brachte er *Judäa, Galiläa, Samarien, Idumäa* und *Peräa* unter seine Herrschaft. Unter dem Schutz der Römer hatte sein Land endlich Frieden und erlebte einen wirtschaftlichen Aufschwung. In seiner Residenz *Jerusalem* ließ er prächtige, vom Hellenismus geprägte Bauwerke errichten, darunter eine neue Tempelanlage, die Burg *Antonia* sowie ein Theater. Auch in den Städten *Samaria* und *Cäsarea* verschönerten Umbauten und Erweiterungen das Stadtbild. Zu Ehren und zur Huldigung des römischen Kaisers *Octavianus Augustus (31 v. Chr. – 14 n. Chr.)* ließ er in *Cäsarea* einen Augustustempel errichten. Die Landesgrenzen sicherte er durch eine Reihe von Festungen, die später für die Juden von großem Nutzen waren, als sie sich gegen die Römer erhoben.

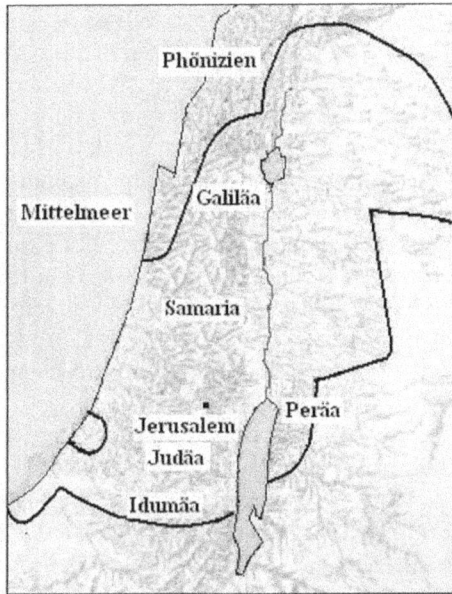

Fig. 3-9: Das Herrschaftsgebiet des von Rom eingesetzten Königs Herodes des Großen.

Herodes gewährte den Juden Religionsfreiheit und mischte sich nicht in den Tempeldienst ein. Dennoch war er bei den Juden als nichtjüdischer Freund der Römer und wegen seiner harten Regentschaft verhaßt. Nach seinem Tod im Jahre 4 v. Chr. wurde das *Reich unter seine Söhne aufgeteilt: Judäa, Samaria und Idumäa fielen an Archelaos, der 6 n. Chr. nach Gallien verbannt wurde; Galiläa und Peräa bekam Herodes Antipas (4 – 37 n. Chr.), der in der Verbannung in Gallien starb.*

Das Zweite Buch der Makkabäer ist nicht eine Fortsetzung, sondern eine Ergänzung und Erläuterung der Berichte des Ersten Buches. Es ist wahrscheinlich nach 160 v. Chr. in griechischer Sprache verfaßt worden. Das Buch beginnt mit zwei Briefen der Juden Jerusalems an die Juden in Ägypten. Es folgen Beschreibungen von Vorgängen, die mit dem Amt des Hohepriesters und dem Tempelschatz zu tun hatten: mit einem Anschlag auf den Tempelschatz, der Bestrafung und Bekehrung des Tempelräubers, der Einführung heidnischer Sitten in *Jerusalem* und der Judenverfolgung (2 Makk 1 – 5). Den Schriftgelehrten *Eleasar* wollte man gewaltsam dazu bringen, unter Mißachtung des jüdischen Gesetzes Schweinefleisch zu essen. Er verweigerte es und wurde zu Tode geprügelt. Ähnlich erging es einer Mutter und ihren sieben Söhnen. Sie weigerten sich standhaft, Schweinefleisch zu essen und wurden nacheinander gefoltert und getötet. Ihnen wurde die Zunge abgeschnitten, die Kopfhaut samt den Haaren abgezogen und Nasen, Ohren, Hände und Füße stückweise abgehackt (2 Makk 7). Im zweiten Teil des Buches wird der heroische Abwehrkampf des *Judas Makkabäus* gegen die immer wieder angreifenden Feinde *Judas* geschildert. Vor den vielen Kämpfen flehten die zahlenmäßig stets unterlegenen jüdischen Truppen um *Gottes* Hilfe und sie wurde ihnen gewährt. Allerdings blieb *Gott* jetzt stumm. Er sprach weder direkt noch durch Propheten zu den Juden, wie es seit den Gesprächen *Gottes* mit *Abraham* 1800 Jahre früher immer wieder der Fall war.

Mit den beiden Büchern der Makkabäer endet die Beschreibung der rund 1800-jährigen Geschichte der Hebräer im Alten Testament – eine Geschichte voller Kriege, Grausamkeiten, Sklaverei, Deportationen, Mord und Verrat, eine Geschichte, in der das kleine Volk der Israeliten harte, oftmals unmenschliche Prüfungen zu bestehen hatte. Es war aber auch eine Geschichte der grandiosen Offenbarungen und der Hilfe Gottes, die dazu führten, daß dieses tapfere Volk inmitten seiner vielen Feinde nicht unterging, sondern durch die Jahrtausende – bis heute – seine Identität bewahrt hat. Diese Offenbarung war einzigartig. Wie ein Nadelstich mitten hinein in die nur von der menschlichen Phantasie geschaffenen Götterwelten der großen Kulturzentren der damaligen Welt erging der Aufruf des einzigen und wahren Gottes an das kleine Volk der Israeliten: „Ich bin der Herr, euer Gott. Ihr sollt keine fremden Götter neben mir haben".

Während sich *Gott* in den ersten Jahrhunderten dieser geschichtlichen Periode um Vieles, ja um scheinbar unbedeutende Kleinigkeiten im Leben der *Israeliten* kümmerte und das direkte Gespräch mit einigen Auserwählten suchte, verkündete er seinen Willen in späteren Jahrhunderten nur noch durch die Propheten und schwieg am Ende schließlich ganz. Dennoch hat er sein Antlitz von den *Israeliten* und der ganzen Menschheit nicht abgewandt. *Denn in dem Zeitabschnitt, in dem die Weltmacht Rom in ihrem riesigen Imperium und auch in dem kleinen jüdischen Königreich für Ruhe und Ordnung sorgte, ließ Gott, der Herr, in der Glaubensvorstellung des Christentums seinen Sohn Jesus Christus, den Messias, durch die Jungfrau Maria etwa um das Jahr 5 vor der Zeitenwende mitten in Juda zur Welt kommen und leitete damit ein neues Zeitalter des Heils und der Erlösung für die ganze Menschheit ein. Perfekter hätte* das „Timing" – wie wir heute sagen würden – dieser Erlösungstat nicht sein können. *Die frohe Botschaft, die Jesus Christus von Gott allen Menschen brachte, konnte sich schnell verbreiten, weil im Römischen Reich Frieden herrschte und weil alle Teile des Reiches durch ein vorzügliches weit verzweigtes Straßennetz – ideal für die zügige Verbreitung der Glaubensbotschaft – miteinander verbunden waren. Das von Jesus begründete Christentum nahm seinen Anfang.*

Im *Alten Testament* des Judentums folgen auf die beiden *Bücher der Makkabäer:*

Die Bücher der Lehrweisheit und die Psalmen

Das Buch Ijob

Es stammt von einem unbekannten Verfasser, der es vielleicht im 3. Jh. oder früher geschrieben hatte. *Es gilt als eines der großen Werke der Weltliteratur.* Darin beklagt sich *Ijob,* ein gerechter und frommer Mann, über das ihm zugefügte Leid. Er erkennt aber schließlich, daß auch er in seinem Leben Fehler gemacht habe und daß ihn deshalb *Gottes* Strafe zu Recht träfe. Sein Beten um Abwenden des Leids beantwortet *Gott* mit dem Hinweis, daß es dem Menschen nicht gegeben sei, seine Pläne zu durchschauen. Demütig gewinnt nun *Ijob* immer mehr Vertrauen zum gerechten *Gott,* der den gequälten Menschen aus dem Leid heraus in seine Herrlichkeit führt. Das Rätsel des Leids eines gerechten Menschen bleibt ungelöst.

Ijob im Lande *Zu* hatte sieben Söhne und drei Töchter, tausende Stück Vieh, dazu zahlreiches Gesinde. „Nun geschah es eines Tages, da kamen die *Gottessöhne,* um vor den Herrn hinzutreten; unter ihnen kam auch der *Satan",* der vor *Gott* bezweifelte, ob *Ijob* auch dann gottergeben bliebe, wenn er seine Kinder und all seine Habe verloren hätte. Und *Gott* ließ es zu. Als es geschah, „stand *Ijob* auf, zerriß sein Gewand, schor sich das Haupt, fiel auf die Erde und betete an". Dann sagte er: „Nackt kam ich hervor aus dem Schoß meiner Mutter, nackt kehre ich dahin zurück. *Der Herr hat gegeben, der Herr hat genommen; gelobt sei der Name des Herrn"* (Ijob 1). Da erlaubte *der Herr* in einem zweiten Gespräch dem *Satan* zusätzlich, *Ijob* mit einem bösartigen Geschwür „von der Fußsohle bis zum Scheitel" zu schlagen. Dazu seine Frau: „Hältst du immer noch fest an deiner Frömmigkeit? Lästere *Gott,* und stirb"! (Ijob 2).

Drei Freunde hörten von all dem Bösen, das über *Ijob* gekommen war. Sie reisten zu ihm, um ihn zu trösten, und führten ein langes Gespräch mit ihm. Es begann mit der Klage *Ijobs* über seine entsetzliche Lebenssituation: „Ausgelöscht sei der Tag, an dem ich geboren bin, die Nacht, die sprach: Ein Mann ist empfangen" (Ijob 3). Der erste Freund, der ihm antwortet, sagt in seiner Erwiderung: „Ja, wohl dem Mann, den *Gott* zurechtweist. Die Zucht des *Allmächtigen* verschmähe nicht! Denn er verwundet, und er verbindet, er schlägt, doch seine Hände heilen auch" (Ijob 5). Über *Gottes* Macht sagt *Ijob*: „Wie wäre ein Mensch bei *Gott* im Recht! Wenn er mit ihm rechten wollte, nicht auf eins von tausend könnte er ihm Rede stehen" (Ijob 9). Und weiter: „In Ruhe lebte ich, da hat er mich erschüttert, mich im Nacken gepackt, mich zerschmettert, mich als Zielscheibe für sich aufgestellt" (Ijob 16). Wachsendes Vertrauen in sich spürend, sagt er später: „Doch ich, ich weiß: mein Erlöser lebt, als letzter erhebt er sich über dem Staub. Ohne meine Haut, die so zerfetzte, und ohne mein Fleisch werde ich *Gott* schauen. ... Danach sehnt sich mein Herz in meiner Brust" (Ijob 19). „Darf man *Gott* Erkenntnis lehren, ihn, der die Erhabenen richtet"? Einer der Freunde sagt in seiner Antwort: „Kann denn der Mensch *Gott* nützen? Nein, sich selber nützt der Kluge. Ist es dem *Allmächtigen* von Wert, daß du gerecht bist, ist es für ihn Gewinn, wenn du unsträfliche Wege gehst"? Den Schluß des Buches bilden vier Reden eines Weisheitslehrers *Elihu* und zwei Gottesreden mit je einer Antwort *Ijobs*. *Gott* belehrt Ijob, daß der Mensch seine Pläne grundsätzlich nicht durchschauen kann, wie er Freude und Leid verteilt. Schließlich unterwirft sich *Ijob* demütig dem Willen *Gottes*. Er erkennt, daß *Gott* immer gerecht ist und alle Menschen, auch diejenigen, denen sehr viel Leid widerfährt, in seine Herrlichkeit aufnimmt.

Am Schluß bestätigte *der Herr* dem *Ijob*, daß er recht von ihm geredet habe. Er wendete sein Schicksal und mehrte seinen Besitz auf das Doppelte. *Ijob* wurden nochmals sieben Söhne und drei Töchter geboren. Im ganzen Land fand man keine schöneren Frauen. *Ijob* lebte noch 140 Jahre und starb „satt an Lebenstagen" (Ijob 42).

Die Psalmen

Sie sind eine Sammlung von 150 Lob-, Huldigungs-, Dank- und Klageliedern für den Herrn und gelten als eines der großen Werke der Weltliteratur. Ihre Entstehungszeit reicht von David (um 1000 v. Chr.) bis Esra (um 500 v. Chr.). Sie sind als Gebetstexte sowohl in der jüdischen wie auch christlichen Religion bis heute gebräuchlich.

Im Ps 8 heißt es: „Sehe ich den Himmel, das Werk deiner Finger, Mond und Sterne, die du befestigt: Was ist der Mensch, daß du an ihn denkst, des Menschen Kind, daß du dich seiner annimmst. Du hast ihn nur wenig geringer gemacht als Gott, hast ihn mit Herrlichkeit und Ehre gekrönt. Du hast ihn als Herrscher eingesetzt über das Werk deiner Hände, hast ihm alles zu Füßen gelegt". Im Ps 14: „Die Toren sagen in ihrem Herzen: Es gibt keinen Gott. Sie handeln verwerflich und schnöde, da ist keiner, der Gutes tut. Der Herr blickt vom Himmel herab auf die Menschen, ob noch ein Verständiger da ist, der Gott sucht". In Ps 22 lesen wir Worte, die Jesus sprach: „Mein Gott, mein Gott, warum hast du mich verlassen ... Sie verteilen unter sich meine Kleider und werfen das Los um mein Gewand". Ps 23 spricht vom guten Hirten: „Der Herr ist mein Hirte, nichts wird mir fehlen. Er läßt mich lagern auf grünen Auen und führt mich zum Ruheplatz am Wasser. Er stillt mein Verlangen, er leitet mich auf rechten Pfaden, treu seinem Namen. Muß ich auch wandern in finsterer Schlucht, ich fürchte kein Unheil". Ps 26: „Erprobe mich, Herr, und durchforsche mich, prüfe mich auf Herz und Nieren ... Ich wasche meine Hände in Unschuld, ich umschreite, Herr, deinen Altar". Ps 31: „In deine Hände lege ich voll Vertrauen meinen Geist, du hast mich erlöst, Herr, du treuer Gott". Am Ende von Ps 41: „Gepriesen sei der Herr, der Gott Israels, von Ewigkeit zu Ewigkeit. Amen". Ps 47: „Ihr Völker alle, klatscht in die Hände; jauchzt Gott zu mit lautem Jubel". Ps 84: „Herr der Heerscharen, mein Gott und mein König. Wohl denen, die wohnen in deinem Haus, die dich allezeit loben. Wohl den Menschen, die Kraft finden in dir, wenn sie sich zur Wallfahrt rüsten". Ps 86: „Du aber, Herr, bist ein barmherziger und gnädiger Gott, du bist langmütig, reich an Huld und Treue". Ps 90: „Ehe die Berge geboren wurden, die Erde entstand und das Weltall, bist du, o Gott, von Ewigkeit zu Ewigkeit. Du läßt die Menschen zurückkehren zum Staub und sprichst: Kommt wieder, ihr Menschen! Denn tausend Jahre sind für dich wie der Tag, der gestern vergangen ist ...". Ps 91: „Denn er befiehlt seinen Engeln, dich zu behüten auf all deinen Wegen. Sie tragen dich auf ihren Händen, damit dein Fuß nicht an einen Stein stößt". Ps 94: Die Frevler denken: „Der Herr sieht es ja nicht, der Gott Jakobs merkt es nicht. Begreift doch, ihr Toren im Volk! ... Sollte der nicht hören, der das Ohr gepflanzt hat, sollte der nicht sehen, der das Auge geformt hat"? Ps 96: „Singet dem Herrn ein neues Lied, singt dem Herrn, alle Länder der Erde. Singt dem Herrn und preist seinen Namen, verkündet sein Heil von Tag zu Tag.

... Alle Götter der Heiden sind nichtig, *der Herr* aber hat den Himmel geschaffen". Ps 115: „Unser *Gott* ist im Himmel; alles, was ihm gefällt, das vollbringt er. Die Götzen der Völker sind nur Silber und Gold, ein Machwerk von Menschenhand". Ps 119: „Ich suche dich von ganzem Herzen. Laß mich nicht abirren von deinen Geboten! ... Nach deinen Vorschriften zu leben, freut mich mehr als großer Besitz". Ps 127: „Es ist umsonst, daß ihr früh aufsteht und euch spät erst niedersetzt, um das Brot der Mühsal zu essen; *denn der Herr gibt es den Seinen im Schlaf.* Kinder sind eine Gabe *des Herrn,* die Frucht des Leibes ist sein Geschenk". Ps 139: „*Herr,* du hast mich erforscht und du kennst mich. ... Denn du hast mein Inneres geschaffen, mich gewoben im Schoß meiner Mutter. Ich danke dir, daß du mich so wunderbar gestaltet hast. Ich weiß: Staunenswert sind deine Werke". Ps 150: „Halleluja! Lobet *Gott* in seinem Heiligtum, lobt ihn in seiner mächtigen Feste! Lobt ihn für seine großen Taten, lobt ihn in seiner gewaltigen Größe! ... Alles was atmet, lobe *den Herrn!* Alleluja!"

Das Buch der Sprichwörter

Dieses Buch ist in seiner heutigen Fassung zwischen 500 und 200 v. Chr. entstanden. Ein Teil davon (Kap. 10 – 22 und 25 – 29) gelten als Sprüche des Königs *Salomo.* Den Anfang bildet eine Sammlung von Weisheitslehren. „Denn *der Herr* gibt Weisheit, aus seinem Mund kommen Erkenntnis und Einsicht. Sie bewahrt dich vor der Frau des anderen, vor der Fremden, die verführerisch redet ..." (Spr 2). „Wen *der Herr* liebt, den züchtigt er. ... Wohl dem Mann, der Weisheit gefunden, dem Mann, der Einsicht gewonnen hat" (Spr 3). „Denn die Lippen der fremden Frau triefen von Honig, glatter als Öl ist ihr Mund. Doch zuletzt ist sie bitter wie Wermut, scharf wie ein zweischneidiges Schwert. ... Halte deinen Weg fern von ihr, komm ihrer Haustür nicht nahe. ... Dein Brunnen sei gesegnet; freu dich der Frau deiner Jugendtage, der lieblichen Gazelle, der anmutigen Gemse! ... Warum sollst du dich an einer Fremden berauschen, den Busen einer anderen umfangen"? (Spr 5). „Geh zur Ameise, du Fauler, betrachte ihr Verhalten, und werde weise! Sie hat keinen Meister ... und doch sorgt sie im Sommer für Futter, sammelt sich zur Erntezeit Vorrat. Wie lang, du Fauler, willst du noch daliegen ... Da kommt schon die Armut wie ein Strolch über dich ..." (Spr 6). In Spr 8 lesen wir: „*Nehmt lieber Bildung an als Silber, lieber Verständnis als erlesenes Gold. Ja, Weisheit übertrifft die Perlen an Wert, keine kostbaren Steine kommen ihr gleich".*

Ab Spr 10 beginnt die *Erste Salomonische Spruchsammlung*. Spr 11: „Wer den Nächsten verächtlich macht, ist ohne Verstand, doch ein kluger Mensch schweigt. ... Fehlt es an Führung, kommt ein Volk zu Fall, Rettung ist dort, wo viele Ratgeber sind. ... Die Güte eines Menschen kommt ihm selber zugute, der Hartherzige schneidet sich ins eigene Fleisch. ... Ein goldener Ring im Rüssel eines Schweins ist ein Weib, schön, aber sittenlos". Spr 12: „Eine tüchtige Frau ist die Krone ihres Mannes, eine schändliche ist wie Fäulnis in seinen Knochen. ... Der Tor hält sein eigenes Urteil für richtig, der Weise aber hört auf Rat". Spr 13: „Schnell errafftes Gut schwindet schnell, wer Stück für Stück sammelt, wird reich. Spr 14: „Wer den Geringen bedrückt, schmäht dessen *Schöpfer*, ihn ehrt, wer Erbarmen hat mit dem Bedürftigen". Spr 15: Eine sanfte Antwort dämpft die Erregung, eine kränkende Rede reizt zum Zorn. ... Gottesfurcht erzieht zur Weisheit, und Demut geht der Ehre voran". Spr 16: „Hoffart kommt vor dem Sturz, und Hochmut kommt vor dem Fall. ... Graues Haar ist eine prächtige Krone, auf dem Weg der Gerechtigkeit findet man sie. Spr 17: Bestechungsgeld ist ein Zauberstein in den Augen des Gebers: wohin er sich wendet, hat er Erfolg. ... Lieber einer Bärin begegnen, der man die Jungen geraubt hat, als einem Toren in seinem Unverstand. ... Ohne Verstand ist, wer Handschlag leistet, wer Bürgschaft übernimmt für einen Andern. Spr 18: „Für den Reichen ist sein Vermögen wie eine feste Stadt, wie eine hohe Mauer – in seiner Einbildung. ... Geschenke schaffen dem Geber Raum, und geleiten ihn vor die Großen". Spr 19: „Besitz vermehrt die Zahl der Freunde, der Arme aber wird von seinem Freund verlassen. ... Ein Unglück für den Vater ist ein törichter Sohn und wie ein ständig tropfendes Dach das Gezänk einer Frau". Spr 20: „Ein Zuchtloser ist der Wein, ein Lärmer das Bier; wer sich hierin verfehlt, wird nie weise. ... Liebe nicht den Schlaf, damit du nicht arm wirst; halte deine Augen offen, und du hast Brot genug. Spr 22: Guter Ruf ist kostbarer als Reichtum, hohes Ansehen besser als Silber und Gold". Spr 23: „Höre, mein Sohn, und sei weise, lenk dein Herz auf geraden Weg! Gesell dich nicht zu den Weinsäufern, zu solchen, die im Fleischgenuß schlemmen; denn Säufer und Schlemmer werden arm, Schläfrigkeit kleidet in Lumpen".

Ab Spr 25 beginnt die *Zweite Salomonische Spruchsammlung*. Spr 25: „Rühme dich nicht vor dem König, und stell dich nicht an den Platz der Großen; denn besser, man sagt zu dir: Rück hier herauf, als daß man dich nach unten setzt wegen eines Vornehmen. ... Wie goldene Äpfel auf silbernen Schalen ist ein Wort, gesprochen zur rechten Zeit. ... Hat dein Feind Hunger, gib ihm zu essen, hat er Durst, gib ihm zu trinken; so sammelst du glühende Kohlen auf sein Haupt, und *der Herr* wird es dir vergelten". Spr 26: „Wer eine Grube gräbt, fällt selbst hinein, wer einen Stein hoch wälzt, auf den rollt er zurück". Spr 27: „Rühmen soll dich ein Anderer, nicht dein eigener Mund, ein Fremder, nicht deine eigenen Lippen. … Wie ein Vogel, der aus seinem Nest flüchtet, so ist ein Mensch, der aus seiner Heimat fliehen muß. … Eisen wird an Eisen geschliffen; so schleift einer den Charakter des Anderen. Spr 30: „Hochmut erniedrigt den Menschen, doch der Demütige kommt zu Ehren". Den Schluß des Buches bildet *„Das Lob der tüchtigen Frau"*. Darin heißt es: „Eine tüchtige Frau, wer findet sie? Sie übertrifft alle Perlen an Wert. Das Herz ihres Mannes vertraut auf sie, und es fehlt ihm nicht an Gewinn. Sie tut ihm Gutes und nichts Böses, alle Tage ihres Lebens. … Öffnet sie den Mund, dann redet sie klug, und gütige Lehre ist auf ihrer Zunge. … Trügerisch ist Anmut, vergänglich die Schönheit, nur eine gottesfürchtige Frau verdient Lob".

Das Buch Kohelet

Es wurde von einem unbekannten Verfasser im 3. Jh. v. Chr. geschrieben und betont immer wieder die Sinnlosigkeit menschlichen Schaffens ohne den Bezug zu *Gott*. Koh 1: „Ich beobachtete alle Taten, die unter der Sonne getan wurden. Das Ergebnis: Das ist alles *Windhauch und Luftgespinst"*. Das Wissen vergrößern – ein Luftgespinst, Glück genießen – ein Windhauch. Koh 2: Große Taten – Hausbau, Anlegen von Weinbergen und Wasserbekken, Züchten großer Viehherden, Sammeln von Silber und Gold. Das ist alles Windhauch und Luftgespinst. Es gibt keinen Vorteil unter der Sonne. Nicht im Menschen selbst gründet das Glück, sondern daß dies von *Gottes* Verfügung abhängt. Koh 4: Jede Arbeit und jedes erfolgreiche Tun bedeutet Konkurrenzkampf zwischen den Menschen. Auch das ist Windhauch und Luftgespinst. Koh 5: Wer das Geld liebt, bekommt vom Geld nie genug; nackt wie er kam, muß er wieder gehen. Koh 7: Wissen ist soviel wert wie Erbbesitz, … denn wer sich im Schatten des Wissens birgt, der ist auch im Schatten des Geldes. … Stärker als der Tod ist die Frau. Sie ist ein Ring von Belagerungstürmen, und ihr Herz ist ein Fangnetz, Fesseln sind ihre Arme. Wem *Gott* wohl will, der kann sich vor ihr retten. Koh 8: Das Wissen eines Menschen macht seine Miene strahlend, und seine strengen Züge lösen sich. Koh 9: Also: Iß freudig dein Brot und trink vergnügt deinen Wein; denn das, was du tust, hat *Gott* längst so festgelegt, wie es ihm gefiel. …

Mit einer Frau, die du liebst, genieß das Leben alle Tage deines Lebens voll Windhauch. Koh 12: Fürchte *Gott*, und achte auf seine Gebote! Das allein hat jeder Mensch nötig. Denn *Gott* wird jedes Tun vor das Gericht bringen, das über alles Verborgene urteilt, sei es gut oder böse.

Das Hohelied

ist eine Hymne auf das Wunder der Liebe zwischen Mann und Frau. Es ist Bestandteil der biblischen Weisheitsliteratur und geht auf König *Salomo* zurück. Es beginnt mit den Worten: „Mit Küssen seines Mundes bedecke er mich. Süßer als Wein ist deine Liebe". Und weiter: „Schön bist du meine Freundin, ja, du bist schön. Zwei Tauben sind deine Augen. Schön bist du mein Geliebter, verlockend. ... Jerusalems Töchter: Stört die Liebe nicht auf, weckt sie nicht, bis es ihr selbst gefällt". Groß ist ihre Freude, als sie den Geliebten nach dem Suchen in der Stadt wiederfindet. Nach der Begegnung mit den Stadtwächtern „fand ich ihn, den meine Seele liebt. Ich packte ihn, ließ ihn nicht mehr los, bis ich ihn ins Haus meiner Mutter brachte". Er: „Deine Brüste sind wie zwei Kitzlein, wie die Zwillinge einer Gazelle, die in den Lilien weiden. ... alles an dir ist schön, meine Freundin; kein Makel haftet an dir. ... Von deinen Lippen, Braut, tropft Honig; Milch und Honig ist unter deiner Zunge". Sie: „Sein Mund ist voll Süße; alles ist Wonne an ihm". Er: „Wie schön bist du und wie reizend, du Liebe voller Wonnen. Wie eine Palme ist dein Wuchs; deine Brüste sind wie Trauben". Sie: „Ich gehöre meinem Geliebten, und ihn verlangt nach mir. ... Leg mich wie ein Siegel auf dein Herz, wie ein Siegel an deinen Arm! Stark wie der Tod ist die Liebe... Ihre Gluten sind Feuergluten, gewaltige Flammen. Auch mächtige Wasser können die Liebe nicht löschen; auch Ströme schwemmen sie nicht weg. Böte einer für die Liebe den ganzen Reichtum seines Hauses, nur verachten würde man ihn".

Das Buch der Weisheit

Es ist das letzte der Weisheitsbücher des *Alten Testaments* und wurde von einem unbekannten jüdischen Weisheitslehrer vermutlich im 1. Jh. v. Chr. in *Alexandria* verfaßt. In ihm wird die Weisheit der *göttlichen Offenbarung* betont und das Streben des Menschen nach Weisheit als Gabe *Gottes* dargestellt. Es beginnt mit der Mahnung: „Liebt Gerechtigkeit, ihr Herrscher der Erde, denkt in Frömmigkeit an *den Herrn*, sucht ihn mit reinem Herzen! ... Verkehrte Gedanken trennen von *Gott* ... Denn der *Heilige Geist*, der Lehrmeister, flieht vor der Falschheit ...Der *Geist des Herrn* erfüllt den Erdkreis, und er, der alles zusammenhält, kennt jeden Laut" (Weish 1). „Der Atem in unserer Nase ist Rauch, und das Denken ist ein Funke, der vom Schlag des Herzens entfacht wird; verlöscht er, dann zerfällt der Leib zu Asche, und der Geist verweht wie dünne Luft". ... Aber: „*Gott* hat den Menschen zur Unvergänglichkeit erschaffen und ihn zum Bild seines eigenen Wesens gemacht" (Weish 2). „Selig ist die Kinderlose, die unschuldig blieb und kein Lager der Sünde kannte; sie wird gleich einer Mutter geehrt, wenn die Seelen ihren Lohn empfangen. Selig ist auch der Kinderlose, der sich nicht frevelhaft verging und gegen *den Herrn* nichts Böses plante; besondere Gnade wird seiner Treue zuteil... (Weish 3). „Der Geringe erfährt Nachsicht und Erbarmen, doch die Mächtigen werden gerichtet mit Macht. ... Strahlend und unvergänglich ist die Weisheit; wer sie liebt, erblickt sie schnell, und wer sie sucht, findet sie". *Der Anfang der Weisheit „ist aufrichtiges Verlangen nach Bildung; das eifrige Bemühen um Bildung aber ist Liebe"* (Weish 6). Die Weisheit „ist ein Hauch der Kraft *Gottes* und reiner Ausfluß der Herrlichkeit des *Allherrschers*; darum fällt kein Schatten auf sie. Sie ist der Widerschein des ewigen Lichts, der ungetrübte Spiegel von *Gottes* Kraft, das Bild seiner Vollkommenheit" (Weish 7).

Auf Weish 8 folgt ein großes Gebet *Salomos* mit der Bitte um Weisheit. Es beginnt mit: „*Gott* der Väter und *Herr des Erbarmens*, du hast das All durch dein Wort gemacht. Den Menschen hast du durch deine Weisheit erschaffen, damit er über deine Geschöpfe herrscht. ... Mit dir ist die Weisheit, die deine Werke kennt und die zugegen war, als du die Welt erschufst. ... Sende sie vom heiligen Himmel und schick sie vom Thron deiner Herrlichkeit". Und weiter heißt es: „Unsicher sind die Berechnungen der Sterblichen und hinfällig unsere Gedanken; denn der vergängliche Leib beschwert die Seele, und das irdische Zelt belastet den um Vieles besorgten Geist" (Weish 9).

In Weish 13 lesen wir über die Torheit, an falsche Götter zu glauben: „Töricht waren von Natur alle Menschen, denen die Gotteserkenntnis fehlte. *Sie hatten die Welt in ihrer Vollkommenheit vor Augen, ohne den wahrhaft Seienden erkennen zu können. Beim Anblick der Werke erkannten sie den Meister nicht, sondern hielten das Feuer, den Wind, ... den Kreis der Gestirne ... für weltbeherrschende Götter.* Wenn sie diese, entzückt über ihre Schönheit, als Götter ansahen, dann hätten sie auch erkennen sollen, wie viel besser ihr

Gebieter ist; denn der Urheber der Schönheit hat sie geschaffen". *Wenn die Menschen „durch ihren Verstand schon fähig waren, die Welt zu erforschen, warum fanden sie dann nicht eher den Herrn der Welt"?*

„Unselig aber sind jene, die auf Totes ihre Hoffnung setzen und Werke von Menschenhand als Götter bezeichnen". Wenn der Mensch „um Besitz, Ehe und Kinder betet, dann schämt er sich nicht, das Leblose anzureden. Um Gesundheit ruft er das Kraftlose an. ... Fluch trifft das von Händen geformte Holz und seinen Bildner, ihn, weil er es bearbeitet hat, jenes, weil es *Gott* genannt wurde, obwohl es vergänglich ist. ... Standbilder erhielten auf Anordnung der Herrscher göttliche Verehrung. ... Die Verehrung der namenlosen Götzenbilder ist aller Übel Anfang, Ursache und Höhepunkt". Menschen, die Götzenbilder verehren, trifft die gerechte Strafe, weil „sie sich von *Gott* eine verkehrte Vorstellung machten" (Weish 13,14). „Du aber, unser *Gott*, bist gütig, wahrhaftig und langmütig; voll Erbarmen durchwaltest du das All. Auch wenn wir sündigen, gehören wir dir, ... und deine Stärke zu kennen ist die Wurzel der Unsterblichkeit" (Weish 15).

Den Schluß des Buches bildet ein Text über die Lobpreisung und Verherrlichung *Gottes* wegen der großen Taten, die er zur Befreiung der *Israeliten* aus dem Exil in *Ägypten* vollbracht hat. In Weish 16 heißt es: „Ein Mensch kann zwar in seiner Schlechtigkeit töten, doch den entschwundenen Geist holt er nicht zurück, und die weggenommene Seele kann er nicht befreien." Und etwas weiter: „So sollte man erkennen, daß man, um dir zu danken, der Sonne zuvorkommen und sich noch vor dem Aufgang des Lichtes an dich wenden muß". In Weish 19 lesen wir: Mit Recht mußten die *Ägypter* „für ihre bösen Taten leiden, weil sie einen so schlimmen Fremdenhaß gezeigt hatten".

Das Buch Jesus Sirach

Das Buch wurde von dem Weisheitslehrer *Jesus Sirach* etwa um 180 v. Chr. in *Jerusalem* geschrieben. Es enthält Empfehlungen und Regeln für die Erziehung der Jugend, einen Weisheitshymnus, Betrachtungen über die Natur und am Schluß ein „Lob der Väter".

Der erste Abschnitt über die Erziehung zur Weisheit beginnt mit dem Wort: „Alle Weisheit stammt vom *Herrn*, und ewig ist sie bei ihm". Anfang,

Fülle, Krone und Wurzel der Weisheit ist die *Gottesfurcht* (Sir 1). Wenn du *dem Herrn* dienen willst, dann mach dich auf Prüfung gefaßt. „Denn im Feuer wird das Gold geprüft, und jeder, der *Gott* gefällt, im Schmelzofen der Bedrängnis" (Sir 2). Ehrfurcht gegenüber den Eltern, Bescheidenheit und Mildtätigkeit sind Eigenschaften von weisen und gütigen Menschen (Sir 3, 4). Wir lesen über Reichtum und Besitz: „Deine Hand sei nicht ausgestreckt zum Nehmen und verschlossen beim Zurückgeben. Verlaß dich nicht auf deinen Reichtum und sag nicht: Ich kann es mir leisten". Über das Reden: „Bleib fest bei deiner Überzeugung, eindeutig sei deine Rede. Sei schnell bereit zum Hören, aber bedächtig bei der Antwort. ... Laß dich nicht doppelzüngig nennen, und verleumde niemand mit deinen Worten!" (Sir 5). Über die Freundschaft: „Viele seien es, die dich grüßen, dein Vertrauter aber sei nur einer aus tausend. ... Mancher ist Freund je nach der Zeit, am Tag der Not hält er nicht stand. ... Für einen treuen Freund gibt es keinen Preis, nichts wiegt seinen Wert auf" (Sir 6). Über die Güte: „Sei nicht kleinmütig im Gebet und nicht säumig beim Wohltun. ... Verachte nicht eine kluge Frau; liebenswürdige Güte ist mehr wert als Perlen. ... Hast du eine Frau, so verstoße sie nicht, und schenk dein Vertrauen keiner Geschiedenen! ... Fürchte *Gott* von ganzem Herzen, seine Priester halt in Ehren! (Sir 7) „Schon viele hat das Geld übermütig gemacht, die Herzen der Großen hat es verführt" (Sir 8). „Liefere dich nicht einer Frau aus, damit sie nicht Gewalt bekommt über dich. Nah dich nicht einer fremden Frau, damit du nicht in ihre Netze fällst. ... Gib dich nicht mit einer Dirne ab, damit sie dich nicht um dein Erbe bringt" (Sir 9). „Lobe keinen Menschen wegen seiner (schönen) Gestalt, verachte keinen Menschen wegen seines (bescheidenen) Aussehens. ... Gib keine Antwort, bevor du gehört hast, sprich nicht mitten in einer Rede" (Sir 11). „Redet ein Reicher, so hat er viele Helfer. Sein törichtes Gerede nennen sie schön. Redet ein Geringer, ruft man: Pfui! Mag er auch klug reden, für ihn ist kein Platz. ... Gut ist der Reichtum, wenn keine Schuld an ihm klebt; schlimm ist die Armut, die aus Übermut entstand. ... Wer gegen sich selbst geizt, sammelt für einen andern; in seinen Gütern wird ein Fremder schwelgen. ...Bevor du stirbst, tu Gutes dem Freund; beschenk ihn, so viel du vermagst. ... Mußt du nicht einem andern deinen Besitz hinterlassen, den Erben, die das Los werfen über das, was du mühsam erworben hast"? (Sir 13, 14). *Der Herr* „hat am Anfang den Menschen erschaffen und ihn der Macht der eigenen Entscheidung überlassen. ... *Gottes* Willen zu tun ist Treue" (Sir 15). „Besser kinderlos sterben, als schlimme Nachkommen haben. ... Denn bei *Gott* sind Erbarmen und Zorn, er vergibt und verzeiht, doch auch den Zorn schüttet er aus. ... Jedem Wohltätigen wird sein Lohn zuteil, jeder empfängt nach seinen Taten. ... Sag nicht: Ich bin vor *Gott* verborgen, wer denkt an mich in der Höhe? In der großen Menge bleibe ich unbemerkt, was bin ich in der Gesamtzahl der Menschen? ... Nur ein Unvernünftiger behauptet solches, nur ein törichter Mensch denkt so" (Sir 16). „Sei kein Fresser und Säufer, denn sonst bleibt nichts im Beutel" (Sir 18). „Wein und Weiber machen das Herz zügellos; wer an Dirnen hängt, wird frech" (Sir 19).

In Sir 24 lesen wir ein Lob auf die Weisheit. Sie sagt: „Ich ging aus dem Mund des Höchsten hervor und wie Nebel umhüllte ich die Erde. ... Kommt zu mir, die ihr mich begehrt, sättigt euch an meinen Früchten. ... Wer mich genießt, den hungert noch, wer mich trinkt, den dürstet noch". In Sir 25 heißt es: „Lieber mit einem Löwen oder Drachen zusammenhausen, als bei einer bösen Frau wohnen. ...Fall nicht herein auf die Schönheit einer Frau, begehre nicht, was sie besitzt. Denn harte Knechtschaft und Schande ist es, wenn eine Frau ihren Mann ernährt". Und in Sir 26: „Eine gute Frau – wohl ihrem Mann! Die Zahl seiner Jahre verdoppelt sich. Eine tüchtige Frau pflegt ihren Mann; so vollendet er seine Jahre in Frieden. ... Die lüsterne Frau verrät sich durch ihren Augenaufschlag, an ihren Wimpern wird sie erkannt. Gegen eine Schamlose verstärke die Wache, damit sie keine Gelegenheit findet und ausnützt. ... Eine Gottesgabe ist eine schweigsame Frau, unbezahlbar ist eine Frau mit guter Erziehung. ... Wie die Sonne aufstrahlt in den höchsten Höhen, so die Schönheit einer guten Frau als Schmuck ihres Hauses. ... Wie goldene Säulen auf silbernem Sockel sind schlanke Beine auf wohlgeformten Füßen. ... Eine großsprecherische und zungenfertige Frau erscheint wie eine schmetternde Kriegstrompete. ... Schwerlich bleibt ein Kaufmann frei von Schuld; ein Händler wird sich nicht reinhalten von Sünde". Sir 27 beginnt mit den Worten: „Des Geldes wegen haben schon viele gesündigt; wer es anzuhäufen sucht, schaut nicht genau hin." ... Im gleichen Abschnitt lesen wir: „Wer eine Grube gräbt, fällt selbst hinein, wer eine Schlinge legt, verfängt sich in ihr." Und in Sir 28: „Wer sich rächt, an dem rächt sich *der Herr*; dessen Sünden behält er im Gedächtnis. Vergib deinem Nächsten das Unrecht, dann werden dir, wenn du betest, auch deine Sünden vergeben." In Sir 29 finden wir: „Wer dem Nächsten borgt, erweist Liebe, wer ihm unter die Arme greift, erfüllt die Gebote. Borge dem Nächsten, wenn er in Not ist, doch gib dem Nächsten auch zurück zur rechten Zeit." Und in Sir 30, 31 und 32: „Besser arm und gesunde Glieder als reich und mit Krankheit geschlagen. ... Herzensfreude ist Leben für den Menschen, Frohsinn verlängert ihm die Tage. ... Neid und Ärger verkürzen das Leben, Kummer macht vorzeitig alt. Der Schlaf des Fröhlichen wirkt wie eine Mahlzeit, das Essen schlägt gut bei ihm an. ... Wer das Gold liebt, bleibt nicht ungestraft, wer dem Geld nachjagt, versündigt sich. Viele sind es, die sich vom Geld fesseln lassen, die ihr Vertrauen auf Perlen setzen." Über das Benehmen bei Tisch hören wir: „Mein Sohn, sitzt du am Tisch eines Großen, dann reiß den Rachen nicht auf! Sag nicht: Es ist reichlich da. Denk daran, wie häßlich ein gieriges Auge ist. Schlimmeres als das Auge hat *Gott* nicht erschaffen; darum muß es bei jeder Gelegenheit weinen. ... Hör als erster auf, wie es der Anstand verlangt, und schlürfe nicht, sonst erregst du Anstoß. ... Gesunden Schlaf hat einer, der den Magen nicht überlädt; steht er am Morgen auf, fühlt er sich wohl. ... Auch beim Wein spiele nicht den starken Mann! Schon viele hat der Rebensaft zu Fall gebracht. ... Wie ein Lebenswasser ist der Wein für den Menschen, wenn er ihn mäßig trinkt. Was ist das für ein Leben, wenn man keinen Wein hat, der doch von Anfang an zur Freude geschaffen wurde? Frohsinn, Wonne und Lust bringt Wein, zur rechten Zeit und genügsam getrunken." „Wenn du das Gastmahl leitest, ... sei unter den Gästen wie einer von ihnen! Sorg erst für sie, dann setz dich selbst, trag erst auf, was sie brauchen, dann laß dich nieder ... Ergreife das Wort, alter Mann, denn dir steht es an. Doch schränke die Belehrung ein, und halte den Gesang nicht auf! Wo man singt, schenk nicht kluge Reden aus! Was willst du zur Unzeit den Weisen spielen? ... Wer das Gesetz hält, achtet auf sich selbst; wer auf den Herrn vertraut, wird nicht zu Schanden". Aus Sir 33 bis 35 entnehmen wir: „Solange noch Leben und Atem in dir sind, mach dich von niemand abhängig! Übergib keinem dein Vermögen, sonst mußt du ihn wieder darum bitten. ... *Wie einer, der nach Schatten greift und dem Wind nachjagt, so ist einer, der sich auf Träume verläßt. ... Wahrsagerei, Zeichendeuterei und Träume sind nichtig*"... Aus Sir 36 bis 38: „ Wer eine Frau gewinnt, macht den besten Gewinn: eine Hilfe, die ihm entspricht, eine stützende Säule. Fehlt die Mauer, so wird der Weinberg verwüstet, fehlt die Frau, ist einer rastlos und ruhelos. ... Das Gewissen des Menschen gibt ihm bessere Auskunft als sieben Wächter auf der Warte. ... Schätze den Arzt, weil man ihn braucht; denn auch ihn hat *Gott* erschaffen. ... *Gott* bringt aus der Erde Heilmittel hervor, der Einsichtige verschmähe sie nicht". Aus Sir 39 bis 41: „Das Nötigste im Leben des Menschen sind: Wasser, Feuer, Eisen und Salz, kräftiger Weizen, Milch und Honig, Blut der Trauben, Öl und Kleidung. ... alle Werke *Gottes* sind gut, sie genügen zur rechten Zeit für jeden Bedarf. ... Große Mühsal hat *Gott* den Menschen zugeteilt, ein schweres Joch ihnen auferlegt... Alles was von der Erde stammt, kehrt zur Erde zurück, was von der Höhe stammt, zur Höhe. ... Wein und Bier erfreuen das Herz, doch mehr als beide die Freundesliebe. ... Der Tod ist das Los, das allen Sterblichen von *Gott* bestimmt ist. ... Im Totenreich gibt es keine Beschwerde über die Lebensdauer." Im letzten Teil (Sir 42 bis 50) finden wir einen Lobpreis *Gottes* für seine Schöpfung und sein Wirken in der Geschichte *Israels*. Einer Geschichte, die mit den Namen *Henoch* und *Noah*, *Abraham, Isaak und Jakob, Moses und Aaron, Josua und Samuel, David und Salomo, Simeon, Elijas und Elischa, Hiskija, Jesaja und Jeremia, Ijob, Ezechiel, Daniel und Nehemia* verbunden ist und an die uns der Autor erinnert. Das Buch endet mit einem Danklied (Sir 51): „Ich will dich preisen, mein *Herr* und König, ich will dich loben, *Gott* meines Heils. Ich will deinen Namen verkünden, du Hort meines Lebens. ... Ich rief: *Herr*, mein Vater bist du, mein *Gott*, mein rettender Held. ... Deinen Namen will ich allzeit loben, an dich denken im Gebet. ... Danket *dem Herrn*, denn er ist gut, denn seine Huld währt ewig. ... Erwerbt euch Weisheit, es kostet nichts. ... Hört auf meine knapp bemessene Lehre! ... Eure Seele freue sich an meinem Lehrstuhl, meines Liedes sollt ihr euch nicht schämen. ...Der Name des *Herrn* sei gepriesen, von nun an bis in Ewigkeit".

Im Alten Testament folgen auf die Bücher der Weisheit die *Bücher der Propheten*.

Das Buch Jesaja

Der Prophet *Jesaja* gehörte zur gebildeten Oberschicht *Judas* und wirkte von 740 – 701 v. Chr. in *Jerusalem*. Es war jene Zeit, als die Assyrerkönige *Tiglat-Pileser III.* (745 – 727 v. Chr.) und *Salmanassar V.* (727 – 722 v. Chr.) das *Nordreich Israel* und 722 v. Chr. auch seine Hauptstadt *Samaria* zerstörten. Der *Nordstaat Israel* wurde in assyrische Provinzen aufgeteilt und verschwand bis 1948 aus der Geschichte. Das mit *Assyrien* damals verbündete, jedoch tributpflichtige *Juda* blieb naturgemäß verschont und stand unter der Herrschaft der Könige *Usija* (767 – 739 v. Chr.), *Jotam* (739 – 734 v. Chr.), *Ahas* (734 – 728 v. Chr.) und *Hiskia* (728 – 697 v. Chr.).

Der erste Teil des Buches (Kap. 1 – 39), *Protojesaja* genannt, zu dem auch seine Schüler und andere Autoren beigetragen haben, enthält Drohungen gegen das eigene Volk und andere Völker sowie Verheißungen für das eigene Volk. Der zweite Teil des Buches (Kap. 40 – 55), *Deuterojesaja* (*Zweiter Jesaja*) genannt, befaßt sich mit dem Schicksal der Juden im *Babylonischen Exil* und ihrer Heimkehr nach *Jerusalem*. Sein Verfasser ist nicht bekannt. Der dritte Teil des Buches (Jes 56 – 66) mit der Bezeichnung *Tritojesaja* (*Dritter Jesaja*) richtet sich an die nach *Jerusalem* zurückgekehrten Juden und stammt ebenfalls von einem unbekannten Autor.

Jes 1 beginnt mit den Worten: „Hört, ihr Himmel! Erde, horch auf! Denn der *Herr* spricht: ...Was soll ich mit euren vielen Schlachtopfern? ... Bringt mir nicht länger sinnlose Gaben, Rauchopfer, die mir ein Gräuel sind". ... *Jerusalem* „ist zur Dirne geworden, die treue Stadt". ...In Jes 2 heißt es: „Am Ende der Tage wird es geschehen": ... Zum „Berg mit dem Haus des *Herrn* ... strömen alle Völker. Viele Nationen machen sich auf den Weg. ... Denn von *Zion* kommt die Weisung des *Herrn*, aus *Jerusalem* sein Wort". Und in Jes 3: „Ja, *Jerusalem* stürzt, und *Juda* fällt, denn ihre Worte und ihre Taten richten sich gegen den *Herrn*, sie trotzen den Augen seiner Majestät. ... Weil die Töchter *Zions* hochmütig sind ... und mit verführerischen Blicken daherkommen, ... wird ihnen der *Herr* ihren Schmuck wegnehmen ...". In Jes 5 finden wir Klagen über den Ungehorsam *Israels* gegenüber dem *Herrn* und über die bevorstehende assyrische Invasion. Jes 6 beschreibt die Berufung des *Jesaja* zum Propheten: „Im Todesjahr des Königs *Usija*" – also 739 v. Chr. – „sah ich den *Herrn*. Es saß auf einem hohen und erhabenen Thron". ... Der *Herr* sagte: „Wen soll ich senden? Wer wird für uns gehen? Ich antwortete: Hier bin ich, sende mich"! Da sagte der *Herr*: „Verhärte das Herz dieses Volkes, ... bis die Städte verödet sind und unbewohnt, die Häuser menschenleer, bis das Ackerland zur Wüste geworden ist. Der *Herr* wird die Menschen weit weg treiben, dann ist das Land leer und verlassen".

In der Regierungszeit des Königs *Ahas* (734 – 728 v. Chr.) von *Juda* führten die Könige von *Aram* und *Israel*, *Rezin* und *Pekach*, Krieg gegen *Juda*, weil *Ahas* sich weigerte, dem Bündnis der Aramäerstaaten gegen *Assyrien* beizutreten.. Auf Weisung des *Herrn* sagte *Jesaja* zu *Ahas*, er solle sich nicht fürchten, er werde nicht unterliegen. In der Tat konnten die Angreifer *Jerusalem* nicht einnehmen. Entscheidende Hilfe kam vom Assyrerkönig *Tiglat-Pileser*, dem *Ahas* reiche Geschenke schickte und um Hilfe bat. Sie kam mit vernichtender Gewalt. „Und der König von *Assyrien* ... zog herauf gegen *Damaskus* und eroberte es und führte die Einwohner weg nach *Kir* und tötete *Rezin*" (2 Kön 16). Das gleiche Schicksal traf *Israel* und seinen König

Pekach. Nachdem dies geschehen war, sagte *der Herr zu Ahas: „Erbitte dir vom Herrn, deinem Gott, ein Zeichen". Ahas wollte aber um nichts bitten und „den Herrn nicht auf die Probe stellen". Da sagte Jesaja: Hört her, ihr vom Haus David! Genügt es euch nicht, Menschen zu belästigen? Müßt ihr auch noch meinen Gott belästigen? Darum wird euch der Herr von sich aus ein Zeichen geben: Seht, die Jungfrau wird ein Kind empfangen, sie wird einen Sohn gebären, und sie wird ihm den Namen Immanuel (Gott mit uns) geben" (Jes 7).* Weiter heißt es in Jes 9: *„Das Volk, das im Dunkel lebt, sieht ein helles Licht; … Denn uns ist ein Kind geboren, ein Sohn ist uns geschenkt. Die Herrschaft liegt auf seiner Schulter; man nennt ihn: Wunderbarer Ratgeber, Starker Gott, Vater in Ewigkeit, Fürst des Friedens. Seine Herrschaft ist groß, und der Friede hat kein Ende".*

Wir wollen vor diesen Aussagen einen Augenblick innehalten und – staunen. Denn erst rund 730 Jahre später wird dieser Immanuel in der Gestalt von Jesus Christus, denn nur er kann damit gemeint sein, im Lande Juda, in Bethlehem, geboren von der Jungfrau Maria, das Licht der Welt erblicken und als das „Fleisch gewordene Wort Gottes" unter uns wohnen.

Auf die Botschaft von der Geburt des göttlichen Kindes folgt in Jes 10 und 11 die Ankündigung des Untergangs *Assyriens* und die *Prophezeiung des messianischen Reiches. „Doch aus dem Baumstumpf Isais wächst ein Reis hervor, ein junger Trieb aus seinen Wurzeln bringt Frucht. Der Geist des Herrn läßt sich nieder auf ihm, der Geist der Weisheit und der Einsicht, der Geist des Rates und der Stärke, der Geist der Erkenntnis und der Gottesfurcht. … Gerechtigkeit ist der Gürtel um seine Hüften, Treue der Gürtel um seinen Leib. Dann wohnt der Wolf beim Lamm, der Panther liegt beim Böcklein. Kalb und Löwe weiden zusammen, ein kleiner Knabe kann sie hüten. … An jenem Tag wird es der Sproß aus der Wurzel Isais sein, der dasteht als Zeichen für die Nationen; die Völker suchen ihn auf. … An jenem Tag wird der Herr seine Hand von neuem erheben, um den übrig gebliebenen Rest seines Volkes zurück zu gewinnen. … An jenem Tag werdet ihr sagen: Dankt dem Herrn! Ruft seinen Namen an!"*

In Jes 13 wird die baldige Zerstörung *Babylons* vorausgesagt: *„Seht, ich stachle die Meder gegen sie auf, denen das Silber nichts gilt und das Gold nichts bedeutet. … So wie es Sodom und Gomorra erging, als Gott sie zerstörte, so wird es Babel ergehen, dem Kleinod unter den Königreichen, dem Schmuckstück der stolzen Chaldäer".* Ein Spottlied auf den Untergang *Babylons* in Jes 14 läßt die Erleichterung der vom Joch *Assurs* befreiten

Nachbarvölker spüren: „Zu Boden bist du geschmettert, du Bezwinger der Völker. Du hattest in deinem Herzen gedacht: Ich ersteige den Himmel". Im Todesjahr des Königs *Ahas* (728 v. Chr.) kündigte *Jesaja* das Gericht über die *Philister* an, dann über *Moab*, *Damaskus* und das Nordreich *Israel*, über *Ägypten* und *Arabien*, *Jerusalem*, *Tyrus* und *Sidon* (Jes 14 – 23). In Jes 24 bis 27 finden wir die *Jesaja-Apokalypse*, die mit der Ankündigung eines Weltgerichts beginnt und mit Worten der Sühnung von *Israels* Schuld und der Heimführung der *Israeliten* nach *Jerusalem* endet. Jes 28 bis 35 enthält Aussagen über den Untergang *Samarias*, die Belagerung und Rettung *Jerusalems* und die Sinnlosigkeit eines Bündnisses mit *Ägypten*. Wir finden darin auch die Ankündigung der Bestrafung des trotzigen Volkes *Israel*, aber auch seiner Begnadigung und Rettung. In Jes 36 bis 39 wird über die Botschaften berichtet, die *Jesaja* vom *Herrn* für den König *Hiskija* von *Juda* empfangen hat. Sie prophezeien die Rettung *Jerusalems* vor dem Angriff *Sanheribs*, des Königs von *Assur*, und die Heilung des kranken Königs *Hiskija* durch *Jesaja*.

Der *Zweite Jesaja*, der *Deuterojesaja*, entstanden während des *Babylonischen Exils*, beginnt bei Jes 40 mit der Verheißung der Rückkehr der Juden aus *Babylon* nach *Jerusalem*. „Tröstet, tröstet mein Volk, spricht euer *Gott*. ... Eine Stimme ruft: Bahnt für den *Herrn* einen Weg durch die Wüste! ... Jedes Tal soll sich heben, jeder Berg und Hügel sich senken. Was krumm ist, soll gerade werden, und was hügelig ist, werde eben. Dann offenbart sich die Herrlichkeit des *Herrn*. ... Wie ein Hirt führt er seine Lämmer zur Weide, er sammelt sie mit starker Hand ... Alle Völker sind vor *Gott* wie ein Nichts, für ihn sind sie wertlos und nichtig. Mit wem wollt ihr *Gott* vergleichen und welches Bild an seine Stelle setzen". In Jes 41 bis 55 finden wir vier Lieder vom „*Gottesknecht*" (die auf *Jesus Christus* hinweisen). vielfache Lobpreisungen *Gottes* für den Auszug der Juden aus *Babel*, die Wiederherstellung von *Zion* und die Ankündigung der Zerstörung *Babylons*.

Im *Dritten Jesaja* – *Tritojesaja*, Jes 56 *bis* 66 – lesen wir Prophezeiungen, die sich an Fremde, Führer des Volkes und Fromme richten. Den Schluß des Buches bilden Hymnen auf die künftige Herrlichkeit *Zions* und das endzeitliche Heil. „Denn wie die Erde die Saat wachsen läßt und der Garten die Pflanzen hervorbringt, so bringt *Gott*, *der Herr*, Gerechtigkeit hervor und Ruhm vor allen Völkern" (Jes 61). „Du, *Herr*, bist *unser Vater*, unser Erlöser von jeher wirst du genannt. ... Reiß doch den Himmel auf, und komm herab, so daß die Berge zittern vor dir" (Jes 63). ... „Und doch bist du,

Herr, unser Vater. Wir sind der Ton, und du bist unser Töpfer, wir alle sind das Werk deiner Hände" (Jes 64). ... „So spricht der *Herr:* Der Himmel ist mein Thron und die Erde der Schemel für meine Füße" (Jes 66).

Das Buch Jeremia

Jeremia, geboren um 650 v. Chr., war der Sohn einer Priesterfamilie aus *Anatot* in der Nähe von *Jerusalem.* Seine Berufung zum Propheten geschah um 628 v. Chr. unter König *Josia* von *Juda* (641 – 609 v. Chr.). Dessen Nachfolger *Jojakim* (609 – 597 v. Chr.) machte die religiösen Reformen *Josias* gegen den erbitterten Widerstand *Jeremias* teilweise rückgängig. *Jeremia* fiel deswegen beim König in Ungnade, wurde verfolgt und auch von den eigenen Landsleuten angefeindet. In den folgenden zehn Jahren erlebte er in *Jerusalem* den Untergang des Königreiches *Juda:* Der Sohn und Nachfolger *Josias, Jojachin,* beging den verhängnisvollen Fehler, 597 v. Chr. einen Aufstand gegen die Schutzmacht und den Tributempfänger *Babylon* anzuzetteln. Die Strafe folgte postwendend: Der Babylonier *Nebukadnezar* drang in *Juda* ein, vernichtete die judäischen Streitkräfte, eroberte *Jerusalem* und deportierte *Jojachin,* seinen Hofstaat und viele seiner Landsleute nach *Babylon. Jeremia* konnte in *Jerusalem* bleiben und tröstete in Briefen die Verschleppten. *Juda* wurde Vasallenstaat unter dem neuen, von *Babylon* eingesetzten König *Zedekia* (597 – 586 v. Chr.). Es dauerte nur neun Jahre, dann beging *Zedekia* 588 v. Chr. den gleichen Fehler wie *Jojachin:* das Schüren eines landesweiten Aufstands gegen das babylonische Joch – trotz *Jeremias* eindringlichen Warnungen. Sofort holte der *Babylonier* zu einem neuen Schlag aus, aber diesmal verheerender als neun Jahre zuvor. Die Streitmacht *Nebukadnezars* zerstörte ganz *Juda* und 586 v. Chr. auch *Jerusalem.* Während der Belagerung der Stadt wurde *Jeremia* vom König des Verrats beschuldigt, gefangengenommen und in eine Zisterne geworfen. Nach dem Fall der Stadt blieb er von der Verschleppung verschont. Nach der Ermordung des babylonischen Statthalters *Gedalja* zwangen ihn die Verschwörer, mit ihnen nach *Ägypten* zu fliehen, wo er etwas später starb.

Das Buch beginnt mit der Berufung *Jeremias* zum Propheten: „Das Wort *des Herrn* erging an mich: *Noch ehe ich dich im Mutterleib formte, habe ich dich ausersehen, ...habe ich dich geheiligt, zum Propheten für die Völker habe ich dich bestimmt.* ... Dann streckte *der Herr* seine Hand aus, berührte meinen Mund und sagte zu mir: „*Hiermit lege ich meine Worte in deinen Mund".* In einer Vision sagte *der Herr: „Von Norden her ergießt sich das Unheil über alle Bewohner des Landes"* (Jer 1). In Jer 2 bis 10 werden der Götzendienst *Judas* und seine Abkehr vom *Herrn* beklagt. *„Mein Volk aber hat seinen Ruhm gegen unnütze Götzen vertauscht. … Dem Herrn, deinen Gott, hast du die Treue gebrochen, überall hin bist du zu den fremden Göttern gelaufen …Wenn du umkehren willst, Israel – Spruch des Herrn – darfst du zu mir zurückkehren; … Meldet es in Juda, verkündet es in Jerusalem: … Belagerer kommen aus fernem Land, sie erheben gegen Judas Städte ihr Kriegsgeschrei. … Ja, so spricht der Herr: „Das ganze Land soll zur Öde werden; doch völlig vernichten will ich es nicht. … Wie ihr mich verlassen und fremden Göttern in eurem Land gedient habt, so müßt ihr Fremden dienen in einem Land, das euch nicht gehört. … Hör das, du törichtes Volk ohne Verstand: Augen haben sie und sehen nicht, Ohren haben sie und hören nicht. … Die Schöne und Verwöhnte, die Tochter Zion, ich vernichte sie."* Über den Tempel sprach *der Herr: „Ist denn in euren Augen dieses Haus, über dem mein Name ausgerufen ist, eine Räuberhöhle geworden? Gut, dann betrachte auch ich es so – Spruch des Herrn".* … Der Weise rühme sich nicht seiner Weisheit, sondern der Einsicht: *„Ich, der Herr, bin es, der auf der Erde Gnade, Recht und Gerechtigkeit schafft".* … Denn unter allen Weisen der Völker und in jedem ihrer Reiche ist keiner wie du. Sie alle sind töricht und dumm. Was die nichtigen Götzen zu bieten haben – Holz ist es. … *Der Herr* aber ist in Wahrheit *Gott,* lebendiger *Gott* und ewiger König".

In Jer 11 bis 20 gehen die Drohungen des *Herrn* gegen die ungehorsamen und sündigen Bewohner *Judas* weiter: *„Denn so zahlreich wie deine Städte sind auch deine Götter, Juda, und so zahlreich wie die Straßen Jerusalems sind die schändlichen Altäre, die ihr errichtet habt, um dem Baal zu opfern. … Weggeführt wird ganz Juda, vollständig weggeführt. … Denn ich habe diesem Volk mein Heil entzogen – Spruch des Herrn – die Güte und das Erbarmen".* In Jer 21 bis 25 verkündet *der Herr,* was bei der Eroberung *Jerusalems* mit den Königen von *Juda* und den falschen Propheten geschieht. Der Abschnitt Jer 26 bis 29 beginnt mit der Tempelrede des *Jeremias:* „So spricht *der Herr:* Wenn ihr nicht auf mein Wort hört, … wenn ihr nicht auf die Worte meiner Knechte, der Propheten, hört, dann … mache ich diese Stadt zu einem Fluch bei allen Völkern der Erde. … Beugt euren Nacken unter das Joch des Königs von *Babel,* … dann bleibt ihr am Leben". In einem Brief an die nach *Babel* Verschleppten verkündet der Prophet das Wort des *Herrn:* „Ich bringe euch an den Ort zurück, von dem ich euch weggeführt habe. … *Ja, so spricht der Herr: Wenn siebzig Jahre für Babel vorüber sind, dann werde ich nach euch sehen, mein Heilswort an euch erfüllen*

und euch an diesen Ort zurückführen". Diese letzte Prophezeiung wird in der
„*Trostschrift*" (Jer 30 und 31) verdeutlicht: „*Jakob wird heimkehren und Ruhe
haben; er wird in Sicherheit leben, und niemand wird ihn erschrecken. … Ich
züchtige dich mit rechtem Maß, doch ganz ungestraft kann ich dich nicht lassen.
… Ihr werdet mein Volk sein, und ich werde euer Gott sein"*.

Die Aussage des *Herrn*, daß er nach 70 Jahren *Babylonischer Gefangenschaft*
sein Heilswort erfüllen und die Juden wieder zu seinem Heiligtum in *Jerusalem* zurückbringen wird, bestätigt uns die Geschichte: Im Jahr 586 v.
Chr. wurden viele Bewohner *Judas* und *Jerusalems* nach *Babylon* deportiert.
Siebzig Jahre später, also 516 v. Chr., war der Tempel in *Jerusalem* von den
Heimgekehrten fast vollständig wieder aufgebaut, so daß der *Herr* in seinem Heiligtum wohnen konnte.

Der letzte Teil des Buches *Jeremia* (Jer 32 bis 52) beginnt mit einem exakten
historischen Datum: Es war das 18. Jahr *Nebukadnezars* (605 – 562 v. Chr.),
wir schrieben also das Jahr 587 v. Chr.. „Damals belagerte das Heer des Königs von *Babel Jerusalem*. Der Prophet *Jeremia* befand sich im Wachhof am
Palast des Königs von *Juda* in Haft", weil er das Wort des *Herrn* verkündete, *Jerusalem* werde erobert, der König *Zidkia* an *Nebukadnezar* ausgeliefert
und viele nach *Ägypten* geflohene Juden durch die Truppen *Nebukadnezars*
umkommen. … Doch dann erging das Wort des *Herrn* an *Jeremia*: „*Seht,
ich bringe ihnen (den Juden) Genesung und Heilung. … Dann wird Jerusalem
meine Freude sein, mein Lobpreis und Ruhm bei allen Völkern der Erde…"*. Das
Buch endet mit Drohreden über die Nachbarvölker: *Ägypten*, das Land der
Philister, *Moab*, das Land der *Ammoniter*, *Edom*, *Damaskus*, *Elam* und Länder in *Arabien*. Am Schluß wird der Untergang *Babylons* vorausgesagt.

Die Klagelieder

beschreiben in bewegenden Worten den Schmerz der Einwohner *Jerusalems*
über den Untergang der Stadt im Jahr 586 v. Chr.. Es sind fünf Lieder, die
kurze Zeit später von einem unbekannten Autor niedergeschrieben wurden, also aus der Zeit *Jeremias* stammen. „Weh, wie einsam sitzt da die einst
so volkreiche Stadt. … Gefangen ist *Juda* im Elend, in harter Knechtschaft.
… Denn Trübsal hat *der Herr* ihr gesandt, wegen ihrer vielen Sünden. …
Schonungslos hat *der Herr* vernichtet alle Fluren *Jakobs…* Du aber, *Herr*,

bleibst ewig… Warum willst du uns für immer vergessen, uns verlassen fürs ganze Leben?"

Das Buch Baruch

wird von der katholischen und orthodoxen, nicht aber von der protestantischen Kirche als Teil des *Alten Testaments* angesehen. Es stammt zum Teil von unbekannten Autoren des 2. und 1. Jh., wird aber in seiner überlieferten Form *Baruch*, dem Sekretär des *Jeremia*, zugeschrieben. Im *babylonischen Exil* wurde es den Juden vorgelesen und zusammen mit Geld und Opfergaben dem *Baruch* nach *Jerusalem* mitgegeben. In Bar 1 bis 4 heißt es: „…wir haben gegen den *Herrn* gesündigt. … Alles Unheil, das *der Herr* uns angedroht hat, ist über uns gekommen. … Erhöre, *Herr*, unser Gebet und unsere Bitte! Rette uns um deinetwillen! … So soll die ganze Welt erkennen, daß du *der Herr*, unser *Gott*, bist. … Höre, *Israel*, die Gebote des Lebens. … Du hast den Quell der Weisheit verlassen. Wärest du auf *Gottes* Weg gegangen, du wohntest in Frieden für immer". … Die Weisheit „ist das Buch der Gebote *Gottes, das Gesetz*, das ewig besteht. Alle, die an ihr festhalten, finden das Leben; … Hab Vertrauen, *Jerusalem*! Der dir den Namen gab, er wird dich trösten. … Denn *Gott* führt *Israel* heim in Freude, im Licht seiner Herrlichkeit; Erbarmen und Gerechtigkeit kommen von ihm".

Den Schluß des Buches *Baruch* bildet der *Brief des Jeremia* an die Juden, die nach *Babylon* deportiert werden sollten (Bar 6). „Nun werdet ihr in *Babel* Götterbilder aus Silber, Gold und Holz sehen, … die den Völkern Furcht einflößen. Hütet euch dann, … euch von Furcht vor diesen Göttern erfassen zu lassen; … sprecht vielmehr im Herzen: *Herr*, dir allein gebührt Anbetung. … Was immer bei diesen Göttern geschieht, ist Trug. … Darum fürchtet sie nicht!"

Das Buch Ezechiel

Ezechiel entstammte einer Priesterfamilie in *Juda* und wurde 597 v. Chr. von König *Nebukadnezar* mit vielen seiner Landsleute nach *Babylon* verschleppt. Bei *Tel-Abib* am Fluß *Kebar*, in der Nähe von *Babylon*, wurde er etwa 592 v. Chr. von *Gott* in einer machtvollen Vision zum Propheten berufen und wirkte bis 571 v. Chr.. Die Hoffnungen der Verbannten enttäuschend, verkündete er die Zerstörung *Jerusalems* und *Judas*, die 586 v. Chr. geschah, und stellte auch die Rettung des Volkes *Israel* durch *Gott*, die Rückkehr nach *Jerusalem* und den Wiederaufbau des Tempels in Aussicht. Die Vision von 586 v. Chr.: „Ein Sturmwind kam von Norden, eine große Wolke mit flackerndem Feuer, umgeben von einem hellen Schein". Auf einer Platte oberhalb von vier Lebewesen mit je vier Flügeln war etwas, „das wie Saphir aussah und einem Thron glich. Auf dem, was einem Thron glich, saß eine Gestalt, die wie ein Mensch aussah. Oberhalb von dem, was wie seine Hüften aussah, sah ich etwas wie glänzendes Gold in einem Feuerkranz. Unterhalb ... sah ich etwas wie Feuer und ringsum einen hellen Schein. ... So etwa sah die *Herrlichkeit des Herrn* aus. ... Er sagte zu mir: „*Stell dich auf deine Füße, Menschensohn; ich will mit dir reden. ... Menschensohn, ich sende dich zu den abtrünnigen Söhnen Israels ...Es sind Söhne mit trotzigem Gesicht und hartem Herzen"*. ... Und ich sah: Eine Hand war ausgestreckt zu mir; sie hielt eine Buchrolle. ... Er sagte zu mir: „*Iß diese Rolle! Dann geh, und rede zum Haus Israel"*. ... Ich aß sie, und sie wurde in meinem Mund süß wie Honig. ... Ich hörte hinter mir ein Geräusch, ein gewaltiges Dröhnen, als sich die *Herrlichkeit des Herrn* von ihrem Ort erhob ... Ich kam „zu den Verschleppten, die in *Tel-Abib* wohnten, und ich saß dort sieben Tage lang verstört mitten unter ihnen".

Nach Ez 4 verkündete *der Herr* durch symbolische Handlungen, die *Ezechiel* auszuführen hatte, was mit den Juden geschehen werde, die „ein widerspenstiges Volk" sind: ... Ein Drittel der Einwohner *Jerusalems* „*wird an der Pest sterben und durch den Hunger in der Stadt zugrundegehen. Ein anderes Drittel wird ... durch das Schwert umkommen. Das letzte Drittel werde ich in alle Winde zerstreuen ... So tobt sich mein Zorn aus, und ich stille meinen Grimm an ihnen ..."* (Ez 5). Nach Ez 8 wurde *Ezechiel* eines Tages vom *Herrn* nach *Jerusalem* entrückt: „Und *der Geist* hob mich empor ... und brachte mich in einer göttlichen Vision nach *Jerusalem*". Dort zeigte *der Herr*, wie abscheulich die Juden ihre Götzen anbeteten und ihnen opferten. „*Hast du es gesehen, Menschensohn? ... Das Strafgericht über die Stadt ist nahe"* (Ez 9). Dann verkündete *der Herr* die Zerstörung der Stadt und das Strafgericht: „*Alt und jung, Mädchen, Kinder und Frauen sollt ihr erschlagen und umbringen"*. ... Die Herrlichkeit des *Herrn* stieg aus der Mitte der Stadt empor. ... *Der Geist* hob mich empor und brachte mich ... nach *Chaldäa* zur Gemeinde der Verschleppten (Ez 11).

Im Abschnitt „Drohungen und Ermahnungen" (Ez 12 bis 23) sagt der Herr: „... wenn in diesem Land die drei Männer Noah, Daniel und Ijob leben würden, dann würden nur diese drei um ihrer Gerechtigkeit willen ihr Leben retten – Spruch Gottes, des Herrn. ... Menschensohn, mache Jerusalem seine Gräueltaten bewußt. ...du hast deinen Ruhm mißbraucht und dich zur Dirne gemacht. ... Du hast dich den Ägyptern, deinen Nachbarn mit dem großen Glied, hingegeben und mit ihnen unaufhörlich Unzucht getrieben ... Du hast den Eid mißachtet und den Bund gebrochen. Aber ich will meines Bundes gedenken, den ich mit dir in deiner Jugend geschlossen habe, und will einen ewigen Bund mit dir eingehen". In Ez 18 heißt es: „Alle Menschenleben sind mein Eigentum ... Nur wer sündigt, soll sterben. Ist jemand gerecht, so handelt er nach Recht und Gerechtigkeit. ... Er blickt nicht zu den Götzen des Hauses Israel auf. Er schändet nicht die Frau seines Nächsten. Einer Frau tritt er nicht nahe während ihrer Blutung. Er unterdrückt niemand. Er gibt dem Schuldner das Pfand zurück. Er begeht keinen Raub. Dem Hungrigen gibt er von seinem Brot, und den Nackten bekleidet er. Er leiht nicht gegen Zins und treibt keinen Wucher. ... Zwischen Streitenden fällt er ein gerechtes Urteil. ... Er ist gerecht, und deshalb wird er am Leben bleiben – Spruch Gottes, des Herrn. ... Wenn der Schuldige sich von allen Sünden, die er getan hat, abwendet, ... dann wird er bestimmt am Leben bleiben. ... Keines der Vergehen ... wird ihm angerechnet. ... Habe ich etwa Gefallen am Tod des Schuldigen? ... Werft alle Vergehen von euch, die ihr verübt habt! Schafft euch ein neues Herz und einen neuen Geist!" In Ez 20 spricht *Gott* vom *„Hirtenstab"*, wenn er den Juden von Angesicht zu Angesicht als Richter gegenübertritt: „Ich lasse euch unter dem Hirtenstab an mir vorüberziehen und zähle euch ab".

In seinen Offenbarungen sprach *der Herr* seinen Propheten *Ezechiel* immer mit dem Titel *„Menschensohn"* an: *„Das Wort des Herrn erging an mich: Du, Menschensohn, ... willst du das Urteil sprechen über die Stadt voll Blutschuld, willst du ihr alle ihre Gräueltaten bewußt machen ...".* Rund 600 Jahre später wird der *Messias, Jesus Christus,* diesen Titel mehrmals für sich in Anspruch nehmen. Ez 23 bringt das Gleichnis von den schamlosen Schwestern *Samaria* und *Jerusalem,* die darin als Ohola (*Samaria*) und Oholiba (*Jerusalem*) bezeichnet werden. *„Ja, so spricht Gott, der Herr: ... sie sollen mißhandelt und ausgeraubt werden. Die Volksversammlung soll sie steinigen und mit Schwertern in Stücke hauen. Ihre Söhne und Töchter soll man töten und ihre Häuser verbrennen".*

Die Kapitel 25 bis 32 enthalten Drohungen gegen die Nachbarvölker *Judas*: *Ammon, Moab, Edom*, die *Philister, Tyrus, Sidon* und *Ägypten*. Einige der Drohungen beginnen mit der Formel: „Das Wort des *Herrn* erging an mich. *Menschensohn, richte dein Gesicht gegen die Ammoniter …auf Sidon, … auf den Pharao …* ", die dem Untergang geweiht sind. Die einzelnen Prophezeiungen schließen mit Totenklagen – über *Tyrus*, den König von *Tyrus* und über den Pharao, das gefangene „Krokodil".

In Kapitel 33 setzt *Gott*, der *Herr*, den Propheten als Wächter über *Israel* ein. Er verkündet, daß alle, die ihr sündhaftes Leben aufgeben und nach Recht und Gerechtigkeit handeln, nicht sterben werden. Keine der Sünden, die sie früher begangen haben, wird ihnen angerechnet. In Ez 34 spricht der *Herr* vom „Guten Hirten": *„Jetzt will ich meine Schafe selber suchen und mich selber um sie kümmern. … Ich setze für sie einen einzigen Hirten ein, der sie auf die Weide führt, meinen Knecht David. Er wird sie weiden, und er wird ihr Hirt sein. Ich selbst, der Herr, werde ihr Gott sein, und mein Knecht David wird in ihrer Mitte der Fürst sein". Rund 600 Jahre später bezeichnete sich Jesus als den „Guten Hirten" und gab vor seiner Rückkehr zu Gott, seinem und unserem Vater, an Petrus den Auftrag: „Weide meine Lämmer, weide meine Schafe".*

In Ez 37 wird uns eine ungeheuerliche Auferweckungsszene geschildert. „Die Hand des *Herrn* legte sich auf mich und *der Herr* brachte mich im Geist hinaus und versetzte mich mitten in die Ebene. Sie war voll von Gebeinen. … Er fragte mich: *„Menschensohn, können diese Gebeine wieder lebendig werden?"* Ich antwortete: *Herr und Gott, das weißt nur du.* Da sagte er zu mir: *„Sprich als Prophet über diese Gebeine. … Ich selbst bringe Geist in euch, dann werdet ihr lebendig".* … und noch während ich redete, hörte ich auf einmal ein Geräusch. Die Gebeine rückten zusammen, Bein an Bein. Plötzlich umgaben sie Sehnen und Fleisch, und Haut überzog sie. Da sagte *der Herr: „Geist, komm herbei … hauche diese Erschlagenen an, damit sie lebendig werden".* Sie wurden lebendig und standen auf – ein großes, gewaltiges Heer.

Die Kapitel 38 und 39 berichten vom Kampf *Gottes* gegen den Großfürsten *Gog* im Land *Magog. Gott* weist den Propheten an, mit einer großen Streitmacht gegen *Israel* vorzugehen, wenn das Volk „*Israel* sich in Sicherheit wähnt". Da wird es *„im ganzen Land Israel ein gewaltiges Erdbeben geben. … Dann rufe ich mein ganzes Bergland zum Krieg gegen Gog auf. … Ich richte ihn durch Pest und Ströme von Blut. .. So werde ich mich als groß und heilig erwei-*

sen und mich vor den Augen vieler Völker zu erkennen geben. Dann werden sie erkennen, daß ich der Herr bin".

In Ez 40 bis 48 wird uns eine Vision *Ezechiels* vom neuen *Israel* vor Augen geführt. Die Hand *Gottes* legte sich auf den Propheten und brachte ihn „auf einen sehr hohen Berg", an dessen Südseite sich eine Stadt erstreckte. Dort sah er einen Mann, der aussah, als sei er aus Bronze, mit einer Meßlatte und einer Schnur in der Hand. Der Mann sagte: „Menschensohn, ... achte auf alles, was ich dir zeige. ... Berichte alles, was du siehst, dem Haus *Israel*". Nun folgen genaue Angaben über die Maße im ganzen Tempelbezirk: die Dicke der Mauern, die Breite, Länge und Höhe der einzelnen Räume, die Höhe und Dicke der Pfeiler, die Breite der Toröffnungen ... Die Tempelhalle und die Vorhalle waren getäfelt und die Tafelfelder mit geschnitzten Kerubim und Palmen versehen. Der ganze Tempelbezirk war rund 125 m lang und 125 m breit. Am Tor, das im Osten lag, sah *Ezechiel*, „wie die Herrlichkeit des *Gottes Israels* aus dem Osten herankam. Ihr Rauschen war wie das Rauschen gewaltiger Wassermassen, und die Erde leuchtete auf von seiner Herrlichkeit. „Die Erscheinung, die ich sah, war wie die Erscheinung, die ich damals sah, als er kam, um die Stadt zu vernichten, und wie die Erscheinung, die ich am Fluß *Kebar* gesehen hatte. ... Die Herrlichkeit des *Herrn* zog in den Tempel ein. ... *Der Geist* hob mich empor und brachte mich in den Innenhof. Und die Herrlichkeit des *Herrn* erfüllte den Tempel. Dann hörte ... ich einen, der mit mir redete ...: *„Menschensohn, das ist der Ort, wo mein Thron steht ...; hier will ich für immer mitten unter den Israeliten wohnen. ... Du, Menschensohn, berichte dem Haus Israel über den Tempel, ... mach ihnen den Plan des Tempels bekannt. ... Sie sollen darauf achten, daß sie seinen ganzen Plan ausführen".* Für den Tag, an dem der Altar fertiggestellt wird, gebot *der Herr* Opfer, um den Altar einzuweihen. Sieben Tage lang sollte täglich ein Bock, ein junger Stier und ein Widder geopfert werden. Nur Leviten durften das Heiligtum betreten, um die Opferspeise des *Herrn*, Fett und Blut, darzubringen. Kein Fremder, „der unbeschnitten ist am Herzen und unbeschnitten am Körper", durfte das Heiligtum betreten. Die Priester sollten nur kurz geschnittenes Haar tragen, vor Betreten des Innenhofs keinen Wein trinken, keine Witwe – es sei denn, sie war die Frau eines Priesters – und keine verstoßene Frau heiraten, die Sabbat-Tage heilighalten und keinen Erbbesitz haben. „Ich bin ihr Eigentum".

Am Schluß des Buches *Ezechiel* (Ez 45 bis 48) gibt *der Herr* die Aufteilung des Landes in der unmittelbaren Umgebung des Heiligtums und des übrigen Landes an die Stämme *Israels* bekannt. Ferner erläßt er weitere Vorschriften für den Tempelkult und führt die Tempelquelle vor.

Das Buch Daniel

„Im dritten Jahr der Herrschaft des Königs *Jojakim* von *Juda*", also im Jahr 606 oder 605 v. Chr., gab *der Herr Jojakim* und „Geräte aus dem Haus *Gottes* in *Nebukadnezars* Gewalt". Zusammen mit dem Königshaus wurde auch *Daniel* mit drei Freunden, *Hananja*, *Mischaäl* und *Asarja*, aus vornehmen Familien nach *Babylon* gebracht. Sie sollten „schön an Gestalt, in aller Weisheit unterrichtet und reich an Kenntnissen" sein. Das Buch *Daniel* berichtet über Schicksal und Wirken des Propheten *Daniel*. Es entstand in der *Makkabäerzeit* etwa zwischen 170 und 40 v. Chr..

Daniel wollte durch die Speisen der königlichen Tafel nicht „unrein" werden und erbat vom Oberkämmerer für sich und seine Freunde pflanzliche Nahrung. Schon nach zehn Tagen sahen die Vier besser und wohlgenährter aus als ihre anderen Gefährten. Da sie sich auch mit Wissen und Weisheit hervortaten, übernahm sie der König nach der dreijährigen Ausbildungszeit in den Dienst (Dan 1). Als *Nebukadnezar* von seinen Wahrsagern einen beunruhigenden Traum gedeutet haben wollte, konnte nur *Daniel* den Traum erklären: Ein vom König geträumtes Standbild mit einem Kopf aus Gold, Brust und Armen aus Silber, dem Körper aus Bronze, Beinen aus Eisen und Füßen aus Eisen und Ton bedeuteten – so *Daniel* – vier aufeinanderfolgende Reiche, beginnend mit dem „goldenen" Reich *Nebukadnezars*. Der beglückte König verlieh darauf *Daniel* einen hohen Rang und gab ihm Geschenke (Dan 2). Die übrigen Reiche, die das Standbild symbolisierte, waren das *Perserreich*, das *Reich Alexanders des Großen* und das *Römische Weltreich*. Ein letztes Reich, das sich im Traum durch einen Felsen zeigte, der vor das Standbild rollte, sollte das endgültige *Gottesreich* sein.

„König *Nebukadnezar* ließ ein goldenes Standbild machen", vor dem alle Leute niederfallen und es anbeten sollten. Als sich die Freunde *Daniels*, *Hananja*, *Mischaäl* und *Asarja*, weigerten, wurden sie auf Befehl des zornigen Königs gefesselt und in einen glühenden Feuerofen geworfen, der siebenmal stärker geheizt wurde als gewöhnlich. Aber die Männer verbrannten nicht, sondern gingen in den Flammen umher und priesen *Gott* für seine Hilfe: „Preist den *Herrn*, … lobt und rühmt ihn in Ewigkeit". Als der König selber im Ofen nachschaute, rief er: „Ich sehe aber vier Männer frei im Feuer umhergehen. Sie sind unversehrt, und der vierte sieht aus wie ein Göttersohn". Der König ließ die Männer aus dem Ofen holen und rief: „Gepriesen sei *Gott*, … denn er hat seinen Engel gesandt und seine Diener gerettet". Von nun an ging es den drei Männern in *Babylon* gut (Dan 3). Eines Nachts sah der König im Traum einen mächtigen Baum, der immer größer wurde. Da kam ein Heiliger vom Himmel herab und befahl, den Baum zu fällen. Der am Morgen herbeigerufene *Daniel* deutete den Traum: Der Baum sei der König selber, der für längere Zeit aus der Gemeinschaft der Menschen verstoßen werde. „Darum, o König! … Lösch deine Sünden aus durch rechtes Tun, tilge deine Vergehen, indem du Erbarmen hast mit den Armen". Als die Zeit der Sühne verstrichen war, „erhob ich, *Nebukadnezar*, meine Augen zum Himmel, und mein Verstand kehrte zurück. Da pries ich den Höchsten; ich lobte und verherrlichte den, der ewig lebt".

Nebukadnezar starb 556 v. Chr.. Sein Nachfolger *Nabonid (556 – 539 v. Chr.)* war der letzte chaldäische König in *Babylon*. Mit dem Perserkönig *Kyros (558 – 529 v. Chr.)*, der 539 v. Chr. *Babylon* eroberte, begann die Zeit des Persischen Weltreichs. Dessen Sohn *Kambyses II. (529 – 522 v. Chr.)* war der Eroberer *Ägyptens*. Unter ihm hatte das Reich seine größte Ausdehnung. Auf *Kambyses* folgte die Herrschaft von *Darius I. (522 – 486 v. Chr.)*. Unter seiner Regierungszeit ereignete sich die Geschichte, die in Dan 6 beschrieben ist. „*Darius* fand es für gut, über das Reich hundertzwanzig Satrapen einzusetzen … Über diese wieder setzte er drei oberste Beamte, zu denen auch *Daniel* gehörte. Daniels Kollegen waren auf dessen überragende Fähigkeiten neidisch und klagten ihn vor dem König an, er habe im Gebet an *Gott* eine Bitte gerichtet, obwohl in dieser Zeit Bitten nur dem König vorgebracht werden durften. Der König wollte *Daniel* retten, mußte aber schließlich „aus Staatsräson" nachgeben. Man warf *Daniel* zu Löwen in eine Grube. Nach einer schlaflosen Nacht eilte der König zur Löwengrube und rief nach *Daniel*. Da antwortete ihm *Daniel*: „Mein *Gott* hat seinen Engel gesandt und den Rachen der Löwen verschlossen". Der König ließ nun die Männer, die *Daniel* verklagten, samt ihren Frauen und Kindern in die Grube werfen. Die Löwen stürzten sich sofort auf sie „und zermalmten ihnen alle Knochen". Der König ließ im ganzen Reich verkünden: Man soll „vor dem *Gott* Daniels zittern und sich vor ihm fürchten. Denn er ist der lebendige *Gott*; er lebt in Ewigkeit. Sein Reich geht niemals unter".

In Dan 7 und 8 lesen wir Aufzeichnungen über *Daniels* Vision von den vier Tieren und dem Menschensohn und über die Vision vom Widder und Ziegenbock. Im ersten Jahr *Belsazars*, also etwa 550 v. Chr., schrieb *Daniel* seinen Traum auf. Er sah vier große Tiere aus dem Meer aufsteigen: einen Löwen mit Adlerflügeln, einen Bären, einen Panther mit vier Flügeln und vier Köpfen sowie ein viertes Tier mit zehn Hörnern, das alles fraß und zermalmte. „Ich sah immer noch hin; da wurden Throne aufgestellt und ein Hochbetagter nahm Platz. Sein Gewand war weiß wie Schnee, sein Haar wie reine Wolle. Feuerflammen waren sein Thron, und dessen Räder waren lodernde Feuer. ... Tausend mal Tausende dienten ihm ..." (Eine ähnliche Szene beschrieb 650 Jahre später *Johannes* in seiner *Apokalypse*). Das Gericht nahm Platz und den „Tieren wurde die Herrschaft genommen. ... *Da kam mit den Wolken des Himmels einer wie ein Menschensohn. Er gelangte bis zu dem Hochbetagten und wurde vor ihn geführt. Ihm wurden Herrschaft, Würde und Königtum gegeben. Alle Völker, Nationen und Sprachen müssen ihm dienen. ... Sein Reich geht niemals unter*". Auf seine Fragen erklärt einer im Traum die Vision: Die Tiere bedeuten vier Könige, denen ihre Macht genommen wird. Die Herrschaft und Macht werden dem Volk der Heiligen des Höchsten gegeben. Sein Reich ist ein ewiges Reich.

In der zweiten Vision (Dan 8) sah *Daniel* einen Ziegenbock mit einem auffallenden Horn zwischen den Augen, der auf einen Widder losging, ihm die beiden Hörner zerbrach und ihn tötete. Der Ziegenbock wuchs, bis sein Horn abbrach. An seiner Stelle wuchsen vier neue Hörner. Einer erläuterte im Traum *Daniels* Vision: Der Widder bedeutete die Könige von *Medien* und *Persien*. Der Ziegenbock war der König von *Jawan*. Sein Horn brach ab, als Hinweis, daß aus seinem Volk vier neue Reiche entstanden. Dann kam ein „König voll Härte und Verschlagenheit", dem alles gelang. ... „Doch ohne Zutun eines Menschen wurde er zerschmettert". Man erkennt in diesen Aussagen: Der Ziegenbock ist das Symbol für *Alexander den Großen*, der den Widder – das Symbol für *Persien* und *Medien* – zerstörte und dessen Reich in vier Nachfolgestaaten zerfiel. Der „König voll Härte", der dann kam, war *Rom*.

In Dan 9 bis 12 finden wir weitere verklausulierte Offenbarungen an *Daniel*, für die es Deutungsversuche gibt. In Dan 13 lesen wir die Geschichte von *Susanna*, der Frau *Jojakims*, die heimlich von zwei alten Männern beobachtet und dann bedrängt wurde, während sie badete. Weil sie sich ihnen verweigerte, erfanden sie vor Gericht die Geschichte von einem jungen

Mann, der mit ihr zusammengewesen sei. *Daniel*, der die Untersuchung leitete, fand in getrennten Befragungen der beiden Alten heraus, daß sie logen. So war die Unschuld *Susannas* bewiesen und die beiden Alten wurden hingerichtet. Da 14 erzählt uns die Geschichte der Priester des Gottes *Bel*, die behaupteten, der Gott esse alle Speisen und trinke den Wein, dem man ihm täglich bringe. *Daniel* widersetzte sich der Forderung des Königs, *Bel* anzubeten, weil dieser kein Gott sei und gar nichts essen und trinken könne. Um dies zu beweisen, ließ *Daniel* heimlich Asche auf den Boden des Bel-Tempels streuen. An den Fußspuren, die der König am nächsten Tag auf der Asche sah, erkannte er, daß nicht Bel, sondern die Priester mit ihren Frauen und Kindern jedes Mal die Speisen verzehrten. Da ließ sie der König töten. Den Schluß des Buches *Daniel* bildet die Erzählung von *Daniel* in der Löwengrube in etwas anderer Fassung als in Dan 6.

Wir betrachten nun den *Schlußteil des Alten Testaments*, der als das *Zwölfprophetenbuch* bezeichnet wird. Es enthält Texte der sogenannten „*Kleinen Propheten*", die wegen der relativen Kürze ihrer Schriften als „klein" apostrophiert werden. Ihre Aussagen haben jedoch ähnliches Gewicht wie die der „Großen" Propheten.

Das Zwölfprophetenbuch

Das Buch Hosea

Hosea gehörte zu einem der Nordstämme Israels, wahrscheinlich zum Stamm *Efraim*, und wirkte als Prophet im *Nordreich Israel* von etwa 750 v. Chr. bis zum Untergang des Reiches im Jahr 722 v. Chr.. Es war die Zeit des Königs *Jerobeam II. von Israel (787 – 747 v. Chr.)* und des Königs *Usija (767 – 739 v. Chr.)*, des Aussätzigen, von *Juda*. In beiden Ländern blühte die Wirtschaft und *Israel* nutzte die Gelegenheit und eroberte verlorengegangene Gebiete zurück. Die Propheten *Amos* und *Hosea* warnten die *Israeliten* wegen ihrer Verschwendungssucht und beklagten die *sozialen Mißstände*. Als *Damaskus, Israel* und andere Staaten sich gegen *Assyrien* verbündeten, trat König *Ahas* von *Juda (734 – 728 v. Chr.)* dem Bündnis nicht bei und rief – militärisch bedrängt von den Bündnistruppen – den *Assyrerkönig Tiglat-Pileser*, um Hilfe. Und die kam wie ein Sturmwind. Der *Assyrer* eroberte *Damaskus* und wenig später *Israel*, das unter assyrischen Statthaltern in Provinzen eingeteilt wurde. Nur *Samaria* blieb selbständig. *Juda* wurde zunächst verschont, mußte aber Tribut zahlen. König *Hoschea (731 – 722 v. Chr.)* von *Samaria,* beging 725 v. Chr. den tödlichen Fehler, Kontakte mit *Ägypten* zu knüpfen und die Tributzahlung an *Assyrien* einzustellen. Die Strafe folgte sofort: *Salmanassar V. (727 – 722 v. Chr.)* und sein Nachfolger *Sargon II. (722 – 705 v. Chr.)* eroberten *Samaria* 722 v. Chr. und deportierten die Einwohner. *Israel hatte aufgehört zu bestehen.* In dieser bewegten Zeit erhob *Hosea* immer wieder seine warnende Stimme.

Der erste Teil des Buches *Hosea* (Hos 1 bis 3) hat als Thema die Ehe des Propheten und den Vergleich mit der „Ehe" *Gottes* mit seinem Volk. Der zweite Teil (Hos 4 bis 14) enthält viele Drohungen gegen die Bewohner *Is- raels* und *Judas* wegen ihrer Sündhaftigkeit und ihres Abfalls von *Gott.* Die Drohungen münden in die Verheißung einer „Gottesehe" zwischen dem *Herrn* und *Israel. Hosea* spricht auch von der *Vaterschaft und Liebe Gottes ge- genüber der Menschheit.* Am Ende des Textes heißt es: *„Ich will ihre Untreue heilen und sie aus lauter Großmut wieder lieben. Denn mein Zorn hat sich von Israel abgewandt. ... Ja, die Wege des Herrn sind gerade, die Gerechten gehen auf ihnen, die Treulosen aber kommen auf ihnen zu Fall".*

Das Buch Joël

Es wurde im 5. oder 4. Jh. v. Chr. von dem nicht näher bekannten Pro- pheten *Joël* verfaßt. Der kurze Text beginnt mit der Klage über eine Heu- schreckenplage, die das Land heimsuchte und eine Hungersnot auslöste. Dann wird vom *„Tag des Herrn"* berichtet, an dem ein gewaltiges Heer aus dem Norden das Land und die Städte erstürmt. Nach dem Aufruf zur Buße erhörte *Gott* sein Volk und hatte Erbarmen. *„Dann werdet ihr erkennen, daß ich mitten in Israel bin und daß ich der Herr, euer Gott, bin".* Im Schlußteil wird *Israel* dauerhaftes Heil verkündet. *„Danach aber wird es geschehen, daß ich meinen Geist ausgieße über alles Fleisch. ... Ich werde wunderbare Zeichen wirken. ... Wer den Namen des Herrn anruft, wird gerettet".*

Das Buch Amos

Amos ist der *früheste der Propheten,* von denen ein schriftliches Zeugnis im *Alten Testament* vorliegt. Er war Schafzüchter in der Nähe von *Betlehem* und begann nach 760 v. Chr. auf Weisung des *Herrn* seine Prophetentätigkeit im *Nordreich Israel* unter König *Jerobeam II. (787 – 747 v. Chr.)* und König *Usija (767 – 739 v. Chr.)*, dem Aussätzigen, von *Juda.* Er beklagte in eindringlichen Worten die schlimmen Zustände in Staat und Wirtschaft. *Die gesellschaftliche Oberschicht beutete aus Macht- und Gewinnstreben die sozial Schwachen aus und mißachtete so das „Gottesrecht", das auch den Schwächsten ein Leben in Würde gewähren wolle.* Amos verkündete deshalb das Urteil *Gottes,* das den Untergang des Reiches *Israel* bringen werde. Er verkündete, daß *der Herr* „ein *Gott* für den Menschen" sei und daß alle Regierenden, welche die Menschenrechte mißachteten, *Gottes* Strafe treffen werde.

Das Buch Obadja

ist ein sehr kurzer Text, der die Bestrafung *Edoms* wegen seiner Teilnahme an der Eroberung *Jerusalems* und die endgültige Rettung *Israels* voraussagt.

Das Buch Jona

ist eine kurze belehrende Schrift über den Propheten *Jona,* geschrieben von einem unbekannten Autor im 4. oder 3. Jh. v. Chr.. Der Text beginnt mit den Worten: „Das Wort des *Herrn* erging an *Jona.* … *„Mach dich auf den Weg und geh nach Ninive, in die große Stadt, und droh ihr das Strafgericht an!"* … *Jona* aber wollte auf einem Schiff nach *Tarschisch* fliehen. Auf See kam ein heftiger Sturm auf und das Schiff drohte unterzugehen. Die Seeleute warfen das Los, um zu erfahren, wer an dem Unglück Schuld sei. Das Los fiel auf *Jona,* der gestand, daß er vor *Jahwe* auf der Flucht und der Sturm die Strafe des *Herrn* sei. *Jona* sagte zur Mannschaft: „Werft mich ins Meer, damit das Meer sich beruhigt und euch verschont. Sie taten es und das Meer hörte auf zu toben. „Der Herr aber schickte einen großen Fisch, der *Jona* verschlang. *Jona* war drei Tage und drei Nächte im Bauch des Fisches" und betete zum *Herrn.* „Da befahl *der Herr* dem Fisch, *Jona* an Land zu speien". Das Wort des *Herrn* erging zum zweiten Mal an *Jona: „Geh nach Ninive und drohe der Stadt". Jona* ging in die Stadt und rief den Bewohnern zu: Noch vierzig Tage, und *Ninive* ist zerstört! Da legten der König und seine Untertanen Bußgewänder an, fasteten und beteten. Weil *Gott* sah, daß sie umkehrten, führte er seine Drohung nicht aus. Das mißfiel *Jona* und er wurde zornig. *Der Herr aber belehrte Jona: „Mir sollte es nicht leid sein um Ninive, die große Stadt, in der mehr als hundertzwanzigtausend Menschen leben ...".*

Das Buch Micha

Micha lebte als Zeitgenosse *Jesajas* unter der Herrschaft der Könige *Jotam (739 – 734 v. Chr.), Ahas (734 – 728 v. Chr.)* und *Hiskia (728 – 699 v. Chr.)* von *Juda* als Sproß einer bäuerlichen Familie in der Nähe von *Jerusalem*. Er prophezeite die Eroberung *Judas* und *Jerusalems* und die Zerstörung des Tempels. In seiner Schrift, die teils von ihm und teils von fremden Autoren stammt, beklagt *Micha* immer wieder die *Besitzgier der Oberschicht* in *Jerusalem* und die Bestechlichkeit der Priester und falschen Propheten. Er kündigt harte Strafen an, aber auch eine bessere Zukunft.

Von den Verheißungen heißt es in Mi 5: *„Aber du, Betlehem-Efrata, so klein unter den Gauen Judas, aus dir wird mir einer hervorgehen, der über Israel herrschen soll. Sein Ursprung liegt in ferner Vorzeit, in längst vergangenen Tagen. Darum gibt der Herr sie preis, bis die Gebärende einen Sohn geboren hat. ... Er wird auftreten und ihr Hirt sein in der Kraft des Herrn, im hohen Namen Jahwes, seines Gottes. Sie werden in Sicherheit leben; denn nun reicht seine Macht bis an die Grenzen der Erde".* Dies ist einer der frühesten prophetischen Hinweise auf die Geburt des Gottessohnes Jesus Christus, die sich etwa 720 v. Chr. Jahre später ereignete. In Mi 6 lesen wir: „Es ist dir gesagt worden, Mensch, was gut ist und was *der Herr* von dir erwartet: Nichts anderes als dies: Recht tun, Güte und Treue lieben, in Ehrfurcht den Weg gehen mit deinem *Gott*". In Mi 7 klagt der Prophet: „Verschwunden sind die Treuen im Land, kein Redlicher ist mehr unter den Menschen. *Alle lauern auf Blut, einer macht Jagd auf den andern. Sie trachten nach bösem Gewinn und lassen sich's gut gehen: Die hohen Beamten fordern Geschenke, die Richter sind für Geld zu haben, und die Großen entscheiden nach ihrer Habgier – so verdrehen sie das Recht.* Noch der Beste unter ihnen ist wie eine Distel, der Redlichste ist schlimmer als Dornengestrüpp. Doch der Tag ihrer Bestrafung kommt; dann werden alle bestürzt sein". Die Schrift endet mit einem Gebet *Jerusalems:* „Führe mit deinem Stab dein Volk auf die Weide, die Schafe, die dein Erbbesitz sind. ... *Gott hält nicht für immer fest an seinem Zorn; denn er liebt es, gnädig zu sein".*

Das Buch Nahum

Der Prophet *Nahum* wirkte in der zweiten Hälfte des 7. Jh. v. Chr., also etwa in der Zeit nach 750 v. Chr.. In seiner Schrift erwähnt er einerseits die Eroberung von *Theben* (bei ihm *No-Amon* genannt) in *Ägypten*, die 667 v. Chr. stattfand, und verkündet andererseits die Zerstörung *Ninives*, die im Jahr 612 v. Chr. eintraf.

Seine Schrift beginnt mit den Worten: „Ein eifernder und rächender *Gott* ist *der Herr*. *Der Herr* übt Rache und ist voll Zorn". Über *Ninive* sagt er: „Ich schaufle dein Grab; denn du bist verächtlich geworden. ... Ein Mann zieht hinauf gegen dich, der dich zerschmettern wird. ... Ich mache deinem Rauben auf der Erde ein Ende". Mit Weherufen, Klagen und spöttischen Äußerungen endet der kurze Text.

Das Buch Habakuk

Habakuk war ein unbekannter Prophet, der – dafür gibt es Hinweise in seiner Schrift – unter König *Jojakim (609 – 598 v. Chr.)* in *Juda* lebte. Er beklagte die schlimmen Zustände in seiner Heimat, und *Gott* verkündete ihm, daß zur Strafe der König von *Babylon*, der Chaldäer *Nebukadnezar*, nach *Juda* vordringen wird. Und so geschah es: *Jerusalem* wurde 597 v. Chr. erobert und *Juda* babylonische Provinz mit dem von *Babylon* eingesetzten König *Zedekia (597 – 586 v. Chr.)*. Nur neun Jahre später besiegelte ein Aufstand das endgültige Schicksal *Judas*. *Nebukadnezars* Streitmacht zerstörte 586 v. Chr. *Jerusalem* und den Tempel, deportierte Teile der Einwohner nach *Babylon*, raubte die Tempelschätze – *die im Tempelheiligtum aufbewahrte Bundeslade mit den Gesetzestafeln ist seitdem verschollen* – und setzte einen Statthalter in *Mizpa* ein. Auch wenn das Wirken des *Herrn* in der Geschichte nicht immer leicht verständlich erscheint, so wird dennoch in der Schrift *Habakuks* offenbar, daß Recht und Gerechtigkeit letztlich über Gewalttat, Ausbeutung, Habsucht und Götzendienst siegreich bleiben.

Die Schrift beginnt mit Klageworten des Propheten: „Wohin ich blicke, sehe ich Gewalt und Mißhandlung, erheben sich Zwietracht und Streit". *Der Herr* antwortet: „Ich stachle die *Chaldäer* auf, das grausame, ungestüme Volk, das die Weiten der Erde durchzieht, um Wohnplätze zu erobern, die ihm nicht gehören". Nach einer erneuten Klage des Propheten antwortet der Herr: *„Sieh her: Wer nicht rechtschaffen ist, schwindet dahin, der Gerechte aber bleibt wegen seiner Treue am Leben. Wahrhaftig, der Reichtum ist trügerisch, wer hochmütig ist, kommt nicht ans Ziel, wenn er auch … unersättlich ist wie der Tod"*.

Im Abschnitt *„Die Weherufe"* lesen wir: „Weh dem, der zusammenrafft, was ihm nicht gehört, und sich hohe Pfänder geben läßt. … Weh dem, der für sein Haus unrechten Gewinn sucht. … Weh dem, der seinen Freund aus dem Becher seines Zorns trinken läßt". Den Schluß bildet ein Gebet: *„Gott kommt … Seine Hoheit überstrahlt den Himmel, sein Ruhm erfüllt die Erde. Er leuchtet wie das Licht der Sonne, ein Kranz von Strahlen umgibt ihn, in ihnen verbirgt sich seine Macht"*.

Das Buch Zefanja

Zefanja wirkte als Prophet in der Zeit des Königs *Josia* (641 – 609 v. Chr.) in *Juda,* jenes Josia, der 609 *v. Chr.* gegen den *Pharao Necho* die Schlacht bei *Megiddo* verlor und fiel. Der Text beginnt mit Worten des Gerichts über *Juda:* „Jammert, ihr Bewohner der Senke! Denn das ganze Krämervolk verstummt, alle Geldwechsler sind ausgerottet. In jener Zeit durchsuche ich *Jerusalem* mit der Laterne und rechne ab mit den Herren, die dick geworden sind auf ihrer Hefe und denken: Der Herr tut weder Gutes noch Böses. Darum werden ihre Reichtümer geraubt und ihre Häuser verwüstet. … Weder Silber noch Gold kann sie retten am Tag des Zornes *des Herrn.* … Der Tag *des Herrn* ist nahe ….Ein Tag des Zorns ist jener Tag, ein Tag der Not und Bedrängnis". Wir lesen weiter Worte des Gerichts über die Nachbarvölker und über Jerusalem: „Er streckt seine Hand auch nach Norden aus und vernichtet *Assur,* und *Ninive* macht er zur Öde, es verdorrt wie die Wüste". Über *Jerusalem* heißt es: „Weh der trotzigen, der schmutzigen, der gewalttätigen Stadt. … Sie verläßt sich nicht auf den *Herrn* und sucht nicht die Nähe ihres *Gottes"*. Den Schluß bildet die Verheißung: *„Ich lasse in deiner Mitte übrig ein demütiges und armes Volk, das seine Zuflucht sucht beim Namen des Herrn. … Der Herr, dein Gott, ist in deiner Mitte … Er freut sich und jubelt über dich, er erneuert seine Liebe zu dir"*.

Das Buch Haggai

Diese kurze Schrift enthält Texte von Reden, die der Prophet *Haggai* im Jahr 520 *v. Chr.* zum Wiederaufbau des Tempels in *Jerusalem* gehalten hat. „Ihr habt viel erhofft und doch nur wenig geerntet ... Warum wohl? ... Weil mein Haus in Trümmern liegt, während jeder von euch für sein eigenes Haus rennt. ...Und *der Herr* weckte den Geist des Statthalters von *Juda*, ... den Geist des Hohepriesters ... und den Geist all derer, die vom Volk noch übrig waren, so daß sie kamen und die Arbeit am Tempel ihres *Gottes*, des *Herrn der Heere*, aufnahmen". Der neu aufgebaute Tempel war schlichter als der frühere Tempel *Salomos*. Dazu *der Herr*: „*Nur noch kurze Zeit ... Dann strömen die Schätze aller Völker herbei, und ich erfülle dieses Haus mit Herrlichkeit. ... an diesem Ort schenke ich die Fülle des Friedens ..*". Zum Tag, an dem der Grundstein zum Tempel gelegt wurde, spricht *der Herr*: „*Von heute an spende ich Segen*".

Das Buch Sacharja

Sacharja trat als Verkünder des Wortes *Gottes* in den ersten Jahren der Wiedererrichtung des Tempels, also ab 520 v. Chr., in *Jerusalem* auf. Der erste Teil seiner Schrift (Sach 1 bis 7) stammt von ihm, der zweite Teil von späteren Autoren. *Sacharja* berichtet von acht Visionen, in denen ihm tröstliche Botschaften des *Herrn* kundgetan wurden. Ein *Engel des Herrn* erklärte ihm dabei das Gesehene. So spricht *der Herr*: „*Voll Erbarmen wende ich mich Jerusalem wieder zu. Man wird mein Haus dort aufbauen... Jerusalem wird eine offene Stadt sein ... Juble und freue dich, Tochter Zion; denn siehe, ich komme und wohne in deiner Mitte. ... Haltet gerechtes Gericht, jeder zeige seinem Bruder gegenüber Güte und Erbarmen; unterdrückt nicht die Witwen und Waisen, die Fremden und Armen, und plant in eurem Herzen nicht Böses gegeneinander. ... Sagt untereinander die Wahrheit ...und liebt keine verlogenen Schwüre!*"

Der zweite Teil der Schrift (Sach 9 bis 14) beginnt mit der Vorhersage, daß die stolzen Küstenstädte, *Tyrus* und *Sidon, Aschkelon, Gaza* und *Ekron*, von einem fremden Eroberer – wohl *Alexander dem Großen* – verwüstet werden. „*Tyrus* baute sich eine Festung, häufte Silber auf wie Staub und Gold wie Schlamm in den Gassen. Seht, *der Herr* läßt es verarmen ... Dann folgt die unglaubliche Aussage, die wir mit Staunen lesen, und die sich rund 500 Jahre später in *Jerusalem* durch den *Messias Jesus Christus* erfüllte: „*Juble laut, Tochter Zion! Jauchze, Tochter Jerusalem! Siehe, dein König kommt zu dir. Er ist gerecht und hilft; er ist demütig und reitet auf einem Esel, auf einem Foh-len, dem Jungen einer Eselin. ... Er verkündet für die Völker den Frieden; seine Herrschaft reicht von Meer zu Meer und vom Eufrat bis an die Enden der Erde".*

Das Buch Maleachi

Der Prophet *Maleachi* hat im 5. Jh. v. Chr. in *Jerusalem* gelebt. Seine Bot-schaft enthält eine Lehre über die richtige Gottesverehrung, eine Ermah-nung für die Priester wegen der Vernachlässigung ihres Dienstes, einen Tadel für die Bevölkerung wegen Mischehen und Ehescheidungen sowie Drohungen gegen „Meineidige", Ausbeuter und Betrüger. Am Schluß fin-den wir Aussagen zum „*Tag des Herrn*", der für Frevler das Gericht, für die Gerechten aber die Erlösung bringen wird.

Schlußbetrachtungen zum Alten Testament

Mit dem Buch *Maleachi* der „*Kleinen Propheten*" endet die Gottesbotschaft des „*Alten Testaments*". Die darin beschriebene *göttliche Offenbarung* beginnt mit dem Bericht von der Erschaffung des Kosmos, der Erde, der Natur und des Menschen durch den *Geist* – das Wort – des Schöpfers und endet mit den Aussagen der letzten Propheten einige Jahrhunderte vor der Zeiten-wende. Wann aber begann die direkte Offenbarung *Gottes* für den Men-schen? Wir können uns dafür zwei durchaus plausible Szenen vorstellen:

Die erste Szene: Ein in der *Genesis* als Schöpfung *Gottes* vorgestelltes, ex-emplarisches Menschenpaar, *Adam und Eva*, lebte noch im Paradies, war nackt und nährte sich von den wild wachsenden Früchten der Natur. Es könnte durchaus sein, daß *Adam und Eva* zur Gruppe des *Homo Erec-tus* aus der *Menschheitswiege* in *Afrika* gehörten. Im Laufe von vielen Generationen vergrößerte sich das menschliche Gehirn bis zur Größe beim heutigen *Homo Sapiens* und befähigte diese modernen Menschen, schon im *Jungpaläolithikum (35.000 bis 8000 v. Chr.)* die Anfänge unserer Technischen Zivilisation zu entwickeln und „das Gute und Böse" zu un-terscheiden. Sie hatten „*vom Baum der Erkenntnis des Guten und Bösen*" gegessen und wurden „aus dem Paradies vertrieben. Im Schweiße ihres Angesichts" mußten sie von nun an ihr Brot essen. Wir erfahren dies von einem exemplarischen Brüderpaar, das als „Söhne" (was wir nicht unbedingt wörtlich nehmen müssen) von *Adam und Eva* dargestellt wird und offenbar in jener Phase des *Jungpaläolithikums* – etwa vor zehntausend Jahren – lebte, als die Menschen von der Lebensform der Sammler und Jäger allmählich in das Dasein seßhafter Bauern übergingen. Wir erkennen dies daran, daß einer der beiden Brüder, *Abel*, ein Schafhirte und der andere, *Kain*, ein (seßhafter) Weinbauer war.

Die zweite Szene: Das in der *Genesis* vorgestellte Menschenpaar *Adam und Eva* lebte irgendwann vor oder um 10.000 v. Chr., also in der Zeit des Übergangs von der Jäger- und Sammler- in die seßhafte Bauernkultur im „*Garten Eden*", der nach Meinung vieler Forscher im Zweistromland *Mesopotamien*, dem heutigen *Irak*, zu suchen war. Die Söhne von *Adam und Eva*, *Abel und Kain*, hatten bereits die Lebensform seßhafter Landbewohner angenommen. Diese Vermutung macht es allerdings schwer verständlich, daß *Adam und Eva* „vom Baum der Erkenntnis des Guten und Bösen" gegessen hatten, eine Fähigkeit, die dem modernen *Homo Sapiens* schon zehntausende Jahre früher zuteil wurde.

Wie dem auch sei, unser aller einziger und wahrer Gott, der Schöpfer des Himmels und der Erde, hat wohl schon irgendwann während des Übergangs von der Altsteinzeit in die Mittlere Steinzeit, also vor oder um etwa 10.000 v. Chr., sich einzelnen Menschen aus der damals vielleicht fünf Millionen umfassenden Menschheitsfamilie offenbart. Er redete mit Adam und Eva, Abel und Kain, Noah, Abraham und anderen. Mit der Weisung an Abraham etwa um 1900 v. Chr.: „Geh in das Land, das ich dir zeigen werde" begann die imposante, wechselvolle Geschichte, die Gott mit seinem „Auserwählten Volk" gestaltete, und die im Alten Testament eindrucksvoll geschildert wird. Diese Geschichte endete mit dem Erscheinen des Gottessohnes Jesus Christus.

Wir erkennen darin drei Stufen der direkten göttlichen Offenbarung:

1. *das Wort Gottes, gerichtet an einzelne Menschen, in der Alt-, Mittel- und Jungsteinzeit, also irgendwann zwischen vielleicht 200.000 und 2000 v. Chr;*

2. *die Offenbarung Gottes an sein „Auserwähltes Volk", die Israeliten, von etwa 1900 v. Chr. bis zur Zeitenwende;*

3. das Wort Gottes, das in „Jesus Christus Fleisch geworden ist" und das vom Jahr 30 bis heute der ganzen Menschheit verkündet wurde und wird, ergänzt 600 Jahre später durch die Botschaft des Propheten Mohammed, des Begründers des Islams.

Als Gott, der Herr, ab 1900 v. Chr. seine Offenbarung an das kleine Volk der Israeliten richtete, lebten auf der ganzen Erde zwischen 100 und 200 Millionen Menschen, verteilt über die fünf Kontinente. Nur einen winzigen Bruchteil davon, nämlich die Israeliten, die sich – ausgehend von der Sippe Abrahams - im Lauf der Jahrhunderte bis auf ein Volk von rund 600 Tausend Männern, dazu Frauen und Kinder, vermehrten – wählte Gott aus, um seine Botschaft zu verkünden. Diese Auswahl und Bevorzugung war kein Honiglecken, sondern eine schwere Bürde, die Israel während der fast zweitausend Jahre Geschichte seines Bundes mit Gott zu tragen hatte. Denn der sich offenbarende war kein bequemer Gott, wie es bei allen, von menschlicher Phantasie erfundenen, Götterwelten rings um Israel und in der übrigen Welt der Fall war. Diese Pantheons waren recht bequem, weil sie meist mit sich selber beschäftigt waren und die Menschen weitgehend in Ruhe ließen. Der Herr aber war von Anfang an ein machtvoller, fordernder Gott, der sich mit der lapidaren Aussage vorstellte: „Ich bin der Herr, euer Gott; ihr sollt keine fremden Götter neben mir haben. Ihr sollt den Namen Gottes in Ehren halten". Es war ein nicht leicht zu vollziehender Paradigmenwechsel in den Göttervorstellungen jener Zeit. Dementsprechend schwer fiel es den damaligen Israeliten, die rigorosen Forderungen Gottes, die im Lauf der Geschichte durch das Gesetz des Moses präzisiert wurden, einzuhalten. Das ganze Alte Testament wird von der Aussage geprägt, daß die Israeliten immer wieder taten, „was dem Herrn mißfiel". Die nachfolgenden Drohungen des Herrn waren unmißverständlich und die Strafen oft sehr hart – ja, man möchte sie manchmal beinahe unmenschlich nennen. Wir müssen es aber verstehen, weil der Herr selbst von sich sagte, daß er wegen der vielen Frevel voller Zorn und Rachegedanken war. Tausendfach aufgewogen werden jedoch alle Drohungen und Strafen durch die Botschaft, die der Herr über sich selbst gibt: Er ist gütig und barmherzig, verzeihend, langmütig und treu. Und er prophezeite Israel letztlich Rettung und Heil.

Bevor wir jetzt im folgenden großen Kapitel auf das Erscheinen und Wirken des Gottessohnes Jesus Christus und die Entwicklung des Christentums eingehen, müssen wir noch einmal darüber nachdenken, wie präzise und optimal das „Timing", also die zeitliche Aufeinanderfolge der Offenbarungsschritte *Gottes* waren. Erst das Wort an einzelne Menschen, dann das Wort an das kleine Volk der *Israeliten*, das mitten im Einflußbereich der damaligen Hochkulturen der Menschheit im Vorderen Orient sich entwickelte und im *Tempel zu Jerusalem* sein einzigartiges Kultheiligtum hatte. Die Völker jener Region lebten zur Zeitenwende unter der Aufsicht der römischen Staatsmacht, die militärische Auseinandersetzungen – wie sie früher gang und gäbe waren – nicht mehr zuließ. *Es herrschte die Pax Romana, der Römische Friede unter Kaiser Augustus. Damit war der Boden vorbereitet, auf dem der Gottessohn Jesus Christus mitten unter den Israeliten zur Welt kommen, friedlich aufwachsen und etwa dreißigjährig mit seiner Botschaft vom „Reich Gottes" beginnen konnte. Damit erfüllte sich, was in den Weissagungen der Propheten Jesaja (Jes 7 bis 9) etwa 700 v. Chr., Ezechiel (Ez 34) etwa 600 v. Chr., Daniel (Dan 7) nach 580 v. Chr., Micha (Mi 5) nach 740 v. Chr. und Sacharja (Sach 9) nach 520 v. Chr. niedergeschrieben ist.*

In seinem Buch *„Gott und die Welt"* sagt *Papst Benedikt XVI.* zum *Bund Gottes mit Israel* und zum *Alten Testament:* „Gott hat das Volk (*Israel*) nicht zu einer Großmacht gemacht, im Gegenteil, es ist das am meisten leidende Volk in der Weltgeschichte geworden. Aber es hat immer seine Identität behalten. Sein Glaube konnte nicht untergehen. Und er bleibt immer auch ein Stachel im Herzen der Christenheit, die ja aus der Geschichte *Israels* hervorgewachsen und an sie gebunden ist" (S. 126, 127). „Daß die Juden in einer besonderen Weise mit *Gott* zu tun haben und *Gott* sie nicht fallenläßt, ist ganz offenkundig. ... Als Christen sind wir davon überzeugt, daß das *Alte Testament* inwendig *auf Christus hin* ausgerichtet ist. ... Das Christentum ist ... das mit *Christus* neu gelesene *Alte Testament"* (S. 127). *„Wir warten zwar auf den Augenblick, an dem auch Israel zu Christus JA sagen wird, aber wir wissen auch, daß es in ... diesem Stehenbleiben an der Tür eine besondere Sendung hat ...Als Christen glauben wir, daß es am Ende mit uns in Christus zusammenfinden wird. ... Es bleibt ... unsere christliche Überzeugung, daß Christus auch der Messias Israels ist"* (S. 128).

Zu der Feststellung vieler Bibelleser, daß die meisten der 45 Bücher des *Alten Testaments* von Intoleranz, Gnadenlosigkeit und Grausamkeit geradezu strotzen – es gibt angeblich 250 Stellen, welche das Vernichten und Ausrotten von Feinden *Israels* berichten – sagt *Benedikt XI.*: Was in der Bibel an Schrecklichem und Blutrünstigem steht, ist ein Spiegel der Geschichte. Wenn man aber die Bibel gläubig liest, dann hat sie wegen der immer wieder durch alle Strafmaßnahmen hindurch scheinenden *Güte und Barmherzigkeit Gottes* eine verwandelnde Kraft.

Das nun schon 2000 Jahre während "NEIN" des Judentums zum Messias Jesus Christus war eine Jahrtausend-Entscheidung, die vielleicht schon in naher Zukunft revidiert werden wird. Im folgenden großen Kapitel sehen wir, wie das Erscheinen und Wirken *Jesu Christi* in den vergangenen 2000 Jahren einen Teil der Menschheit geprägt und ihre Geschichte beeinflußt hat. Bevor wir den Blick darauf richten, wollen wir noch kurz betrachten, welchen (steinigen) Weg das *Judentum* nach der Aufnahme *Jesu* in den Himmel, während der Zeit der Apostel *Christi* und in den Jahrhunderten bis heute genommen hat.

Nach dem Kreuzestod *Jesu Christi* auf *Golgotha* vor den Toren *Jerusalems* glaubten nur die Apostel, die Jünger und eine allerdings rasch wachsende Schar von gläubigen Juden und Nichtjuden in den Regionen, wo *Jesus* seine Botschaft verkündet und viele Wunder vollbracht hatte, daß er der *Gottessohn und Messias* sei und nach seiner Auferstehung von *Gott*, seinem und unserem Vater, in den Himmel aufgenommen wurde. In *Jerusalem*, in *Judäa und Galiläa* entstanden erste christliche Gemeinden. Die meisten Juden und die Hohepriester lehnten die Verkündigung *Jesu* ab, hielten seine Hinrichtung wegen „Gotteslästerung" für gerechtfertigt, und taten Vieles, um die Ausbreitung seiner Lehre zu verhindern. Die römischen Landesherren hielten sich heraus und waren nur darauf bedacht, in der unruhigen Provinz die Ordnung aufrechtzuerhalten. Der Statthalter von *Judäa*, der römische Präfekt *Pontius Pilatus* blieb nach der Hinrichtung Jesu noch bis 36 im Amt. Ihm folgten bis 41 zwei weitere Präfekte und danach bis 135 insgesamt 21 Prokuratoren. Sie alle waren dem jeweiligen Statthalter von *Syrien* unterstellt. Im benachbarten *Galiläa* und *Peräa* herrschte bis 39 *Herodes Antipas*, einer der Söhne von *Herodes dem Großen*. *Herodes Antipas* ging auf Wunsch seiner Frau *Herodias* im Jahr 39 nach *Rom*, weil er vom Kaiser *Caligula (Regierungszeit 37 – 41)* den Königstitel erhoffte. Anklagen seines Neffen und Schwagers *Herodes Agrippa*, der am römischen Kaiserhof aufwuchs und ein Bruder der *Herodias* war, veranlaßten stattdessen den Kaiser, *Herodes Antipas* nach *Südgallien* zu verbannen, wo er starb. *Caligula* übertrug im gleichen Jahr 39 *Herodes Agrippa I.* die Herrschaft über *Galiläa* und *Peräa*. Zwei Jahre vorher, im Jahr 37, hatte *Herodes Agrippa* bereits die Königswürde über das Herrschaftsgebiet des im Jahr 34 verstorbenen *Philippos* erhalten. Im Jahr 41 übergab ihm Kaiser *Claudius*

(Regierungszeit 41 – 54), der Nachfolger von *Caligula*, auch die Gebiete von *Herodes Archelaos: Judäa, Samaria und Idumäa*. Sein Reich hatte damit etwa die gleiche Ausdehnung wie das von *Herodes dem Großen (siehe Fig. 3-9)*.

Herodes Agrippa I. (41 – 44) versuchte durch strenge Beachtung des *Mosaischen Gesetzes* die jüdische religiöse Obrigkeit für sich zu gewinnen. Er trat zum Judentum über und begann mit der Verfolgung der jungen christlichen Gemeinde *Jerusalems*, in deren Verlauf der Apostel *Jakobus* ermordet wurde und *Simon Petrus* ins Gefängnis kam. Als er im Jahr 44 starb, war sein Sohn für die Thronbesteigung noch zu jung. Die Regentschaft übernahm zunächst bis 50 dessen Onkel *Herodes von Chalkis* und ab 50 der Sohn als *Herodes Agrippa II. (50 – 70)*. Er erhielt das Recht, den Hohepriester einzusetzen und wurde dadurch zum religiösen Oberhaupt aller Juden. Weil er als Freund und Günstling der *Römer* galt, begegneten die Juden ihm wie auch den *Römern* mit Feindschaft und Haß. Es nützte ihm nichts, daß er den Tempel verschönerte und große Straßen in *Jerusalem* mit kostbaren Marmorplatten belegen ließ. Es kam immer wieder zu blutigen Unruhen und Überfällen. Die Errichtung einer kaiserlichen Kultstätte in *Jerusalem* heizte die Krisenstimmung weiter an. Eine jüdische Widerstandsgruppe, die *Zeloten* (von griech. *Zelos* = Eifer), veranstalteten Protestaktionen und verübten Attentate auf Römer und Griechen. Einige Rabbis, darunter der berühmte *Jochanan ben Sakkai*, versuchten vergeblich, die Aufständischen zu beschwichtigen. Nachdem der als besonders grausam beschriebene römische Statthalter *Gessius Florus* für die Steuerzahlungen an *Rom* im Jahr 66 einen Teil des Tempelschatzes konfiszierte, kam es zum ersten Aufstand gegen die römische Herrschaft, dem *Ersten Jüdischen Krieg*. Der Vorgesetzte des *Florus*, der Statthalter *Cestius Gallus* von *Syrien*, schickte im Herbst 66 ein Truppenkontingent nach *Jerusalem*, das besiegt wurde. Nun war die Weltmacht *Rom* herausgefordert. Im folgenden Jahr 67 marschierte ein Feldherr *Neros*, der spätere Kaiser *Vespasian (69 – 79)* mit einem starken Heer nach *Judäa* und eroberte große Gebiete des Landes. Aus innenpolitischen Gründen – es ging um die Nachfolge des durch Selbstmord verstorbenen Kaisers *Nero* – kehrte *Vespasian* vorzeitig nach *Rom* zurück und überließ seinem Sohn, dem späteren Kaiser *Titus (79 – 81)* die Eroberung *Jerusalems*. Nach vier Wochen Belagerung drangen die römischen Truppen im Frühjahr 70 in die Stadt ein. Die Stadt und der Tempel wurden vollständig zerstört. Vom Tempel blieb nur die von *Herodes dem Großen* errichtete Grundmauer, die heutige *Klagemauer*, erhalten. Es erfüllte sich die

Prophezeiung *Jesu* über den Tempel: *Kein Stein bleibt auf dem andern.* Der Tempelschatz wurde als Reparationsleistung nach Rom gebracht. Reste der Aufständischen flüchteten auf die als uneinnehmbar geltende Festung *Massada* südwestlich des *Toten Meers.* Durch das mühsame Aufschütten einer schrägen Rampe gelang es den römischen Legionären, die Festung nach dreijähriger Belagerung im Jahr 73 kampflos zu besetzen, weil alle 973 Verteidiger zuvor Selbstmord begangen hatten. Nach dieser Katastrophe flüchteten viele Juden aus ihrer Heimat oder wurden deportiert.

In den folgenden Jahrzehnten versuchte die jüdische Restbevölkerung in *Judäa* noch zweimal, das römische Joch abzuschütteln: beim *Babylonischen* oder *Diasporaaufstand 115 – 117* (während der Regierungszeit des römischen Kaisers *Trajan, 53 – 117*) und beim *Bar-Kochba-Aufstand 132 – 135.* Der *Diasporaaufstand* begann 115 in *Kyrene* (in *Ostlibyen*) mit Massakern von Juden an römischen und griechischen Mitbürgern und der Zerstörung antiker Heiligtümer. Ähnliche blutige Zusammenstöße gab es in *Alexandria* und auf *Zypern* mit zehntausenden von Toten. Erst 117 gelang es den römischen Truppen, die Aufstände niederzuschlagen. Auch in *Mesopotamien* kam es 116 zu schweren Zusammenstößen zwischen jüdischen Partisanen im Bündnis mit parthischen Kämpfern und römischen Truppen. Ursache für den *Bar-Kochba-Aufstand oder Zweiten Jüdischen Krieg* könnte ein allgemeines Beschneidungsverbot sowie die Errichtung einer großen römischen Siedlung *Aelia Capitolina* auf dem Boden des zerstörten *Jerusalems* gewesen sein, vor allem aber die nach wie vor scharfe Ablehnung der römischen Militärverwaltung durch die Juden. Von einem Rabbi wurde der Rädelsführer *Bar-Kochba* als der lang erwartete *Messias* bezeichnet, dessen Aufstand erfolgreich sein werde. Ein katastrophaler Irrtum: 580.000 Juden wurden getötet, 50 Städte und rund 1000 Dörfer dem Erdboden gleichgemacht. *Simon Bar-Kochba* fiel 135 in einem Gefecht. Viele seiner Anhänger wurden hingerichtet. Der „Glorienschein" des Pseudo-Messias brach kläglich zusammen. Mit dem Tod *Bar-Kochbas* war die Rebellion endgültig gescheitert. Auf dem Boden des völlig zerstörten *Jerusalems* entstand die römische Stadt *Aelia Capitolina* mit einer Jupiterstatue anstelle des niedergebrannten Tempels. Allen Juden war der Zugang zur Stadt verboten. Die römische Provinz *Judäa* erhielt bis zur Eroberung durch die Araber im 7. Jh. den Namen *Syria Palaestina*. Die überlebenden Juden wanderten in die Diasporaländer aus (griech. *Diaspora* = Verstreutheit). Der nominell noch amtierende König *Herodes Agrippa II.* begleitete *Titus* nach *Rom* und starb dort nach 93. Das herodianische Königreich *Juda* hatte endgültig aufgehört, zu bestehen. In den folgenden fast 1.900 Jahren lebten nur noch wenige Juden in ihrer alten Heimat – bis im Jahr 1948 der jüdische *Staat Israel* gegründet wurde. Von da an wanderten immer mehr Juden aus vielen Ländern nach *Israel* ein. Auf dem Staatsgebiet von rund 21.000 km² und den besetzten Gebieten leben heute über 7 Millionen Einwohner.

In der Geschichte des Judentums entwickelten sich nach dem *Babylonischen Exil* zwei religiöse Zentren: *Babylon* und *Jerusalem*. In Religionsschulen widmeten sich bedeutende Gelehrte der Auslegung der *Halacha*, des *Mosaischen Religionsgesetzes*, das in der *Tora* und den Texten der Propheten verkündet wurde. Die umfangreichen Diskussionsbeiträge wurden im sogenannten *Talmud* niedergeschrieben. Davon gab es zwei Bucheditionen: den wichtigeren *Babylonischen Taldmud* und den kleineren *Jerusalemer Talmud* . Der *Talmud* umfaßt zwei Teile: die mündlich überlieferte Lehre, *Mischnah* genannt, und die Diskussionsbeiträge der Gesetzeslehrer, die *Gemara*. Der *Talmud* wurde im 5. Jh. n. Chr. vollendet. Als Ersatz für den nicht mehr existierenden Tempel von *Jerusalem* entstanden in den jüdischen Gemeinden der Diaspora *Synagogen* (griech. *synagogein* = zusammenkommen) mit einem Gebetsraum und einer Bibliothek für das Studium der *Tora*, des *Talmuds* und anderer religiöser Schriften. In der *Synagoge* gibt es wegen *Gottes* Gebot: „Du sollst dir kein Bildnis machen" keinerlei Bilder oder Statuen. An der Ostwand der *Synagoge* befindet sich der *Heilige Schrank* mit den *Torarollen*. In der Mitte des Gebetsraums steht auf einer Empore ein Tisch, die *Bima*, auf dem die *Torarollen* zum Vortrag gelegt werden. Ein Vorbeter liest daraus vor. In orthodoxen Synagogen beten Männer und Frauen getrennt. Fromme Juden beten dreimal am Tag, das Morgen-, Nachmittags- und Abendgebet, wobei die letzten beiden Gebete gewöhnlich zusammengelegt werden. Die Männer tragen dazu die *Kippa*, eine Kopfbedeckung als Zeichen der Ehrfurcht vor *Gott*; einen Gebetsumhang, den *Tallith*, mit Schaufäden an den vier Enden nach der Vorschrift des Herrn; und schließlich die Gebetsriemen, die *Tefillin*, die nur zum Morgengebet angelegt werden. *Tefillin* bestehen aus zwei schwarzen Kästchen, die Pergamentrollen mit vier Auszügen aus der *Tora* enthalten, nämlich die Zitate aus Ex 13, 1-10, Ex 13, 11-16, Dt 6, 4-9 und Dt 11, 13-21. In Dt 6, 4-9 sagte *Gott: „Darum sollst du den Herrn, deinen Gott, lieben mit ganzem Herzen, mit ganzer Seele und mit ganzer Kraft. Diese Worte ... sollen auf deinem Herzen geschrieben stehen. ... Du sollst sie als Zeichen um das Handgelenk binden. Sie sollen zum Schmuck auf deiner Stirn werden"*. An den beiden Kästchen befinden sich deshalb lange Lederriemen. Ein

Kästchen wird, begleitet von Gebetsworten, auf den Bizeps des „schwächeren Arms" gelegt und der Riemen siebenmal um den Unterarm, dann um die Gelenke des dritten und vierten Fingers und als Letztes um die ganze Hand gewickelt. Das zweite Kästchen wird über der Stirn befestigt, indem die Riemen um den Kopf gelegt werden und die Enden an beiden Kopfseiten lose herunter hängen. Die *Tefillin* sind sehr alte Symbole der jüdischen Frömmigkeit.

Nach der Zerstörung *Jerusalems* im Jahr 70 erhielt der jüdische Gelehrte *Jochanan ben Sakkai* – er ließ sich trickreich in einem Sarg als angeblich „Verstorbener" von Schülern aus der brennenden Stadt transportieren – von den römischen Siegern die Erlaubnis, in *Javneh* (röm. *Jamnia*) an der Küste *Judäas* eine Religionsschule zu gründen, die sich zu einem Zentrum des Rabbinischen Judentums entwickelte. Dort wurden die jüdischen heiligen Schriften in einem endgültigen Kanon zusammengefaßt.

In den christlich geprägten europäischen Ländern, in die sie eingewandert waren, gründeten die jüdischen Immigranten Gemeinden, in der Hoffnung auf ein friedliches und gedeihliches Zusammenleben mit der einheimischen Bevölkerung. Sie wurden in vielen Fällen bitter enttäuscht. Es begann eine fast zweitausendjährige Leidensgeschichte der europäischen Juden. Dazu nur einige Daten:

315: Kaiser Konstantin erklärte das Christentum zur Staatsreligion. Viele antijüdische Gesetze wurden erlassen;

379 – 395: Unter Kaiser Theodosius Vertreibung von Juden und Zerstörung von Synagogen;

813: In Spanien: Juden, welche die Taufe verweigerten, mußten das Land verlassen;

1096: Beginn des ersten Kreuzzugs: In Städten am Rhein wurden 12.000 Juden ermordet;

1121: Juden mußten aus Flandern fliehen;

1181: Vertreibung von Juden aus Frankreich;

1189: Anläßlich der Vermählung von König Richard Löwenherz wurden tausende Juden getötet;

1244: Der Papst ließ den Talmud und andere jüdische Literatur verbrennen;

1290: Unter König Eduard I. mußten 16.000 Juden England verlassen;

1298: In Bayern und Österreich wurden 140 jüdische Gemeinden zerstört und 100.000 Juden ermordet;

1306: Unter König Philip dem Schönen wurden 100.000 Juden aus Spanien vertrieben;

1348: Juden wurden für die Pest in Europa verantwortlich gemacht; tausende Juden wurden getötet;

1478 – 1492: Wahrend der Inquisition in Spanien mußten 300.000 Juden nach ihrer Enteignung das Land verlassen;

1540: Viele Juden wurden aus Italien vertrieben;

1648: Der Kosakenführer *Bogdan Chmielnicki* ließ im Lauf der Revolution gegen die Aristokratie rund ein Viertel der polnischen Juden umbringen, weil sie mit den Adeligen zusammengearbeitet hatten;

1727: Alle Juden wurden aus der Ukraine vertrieben;

1794: Einschränkung der Rechte für die Juden in Rußland;

1862: Ausweisung aller Juden aus dem Staat Tennessee, USA;

1935: Erlaß der Nürnberger Rassengesetze gegen die Juden;

1938: Reichskristallnacht; Zerstörung vieler Synagogen in Deutschland;

1942: Wannsee-Konferenz in Berlin zur „Endlösung der Judenfrage";

1938 – 1945: Rund sechs Millionen Juden, mehr als ein Drittel des Weltjudentums, wurden ermordet.

Es ist erstaunlich und bewundernswert: Trotz der vielen Verfolgungen und Leiden hat das Weltjudentum seinen Glauben an *Gott*, seine Identität und Hoffnung auf eine bessere Zukunft nie ganz verloren. Mit der Gründung des *Staates Israel* und neuen Gemeinden in aller Welt ist diese Hoffnung Realität geworden. Im „magischen Dreieck Volk – Gott – Land" ist endlich – nach fast 2000 Jahren – das noch fehlende Eck „Land" hinzugefügt worden. In *Israel* ist gerade die *Westbank*, das besetzte Gebiet westlich des *Jordans*, das eigentliche historische Kernland der *Israeliten*, nämlich ein großer Teil des biblischen *Judäa* und *Samaria*. Deshalb fällt es *Israel* besonders schwer, dieses Gebiet an die *Palästinenser* zurückzugeben.

Im heutigen Judentum mit mehr als 13 Millionen Gläubigen gibt es im Wesentlichen vier Glaubensgruppen: die *orthodoxen* (6%), *konservativen* (35%) und *liberalen* (*progressiven*) Juden (38%) sowie die sogenannten *Rekonstruktionalisten* (2%, vorwiegend in den USA). Jede Gruppe umfaßt zahlreiche Sektionen mit unterschiedlichen Schrift-interpretationen, so daß der fruchtbare Streit sicher nie aufhört. So geht ein orthodoxer Jude nie in eine liberale oder konservative Synagoge, wo abweichende Glaubensaussagen gelehrt werden, die er als „Gotteslästerung" betrachtet. Nur die orthodoxen Juden halten sich peinlich genau an die Gesetze des *Moses*, die *Halacha*, während die anderen Gruppen mehr oder weniger davon abweichen. Es gibt im Judentum Glaubensinhalte, die wirken ausgesprochen extravagant. Bei der noch bevorstehenden Ankunft des *Messias* – *Christus* war ja nach jüdischer Ansicht nicht der *Messias* – werden zuerst die Toten im Heiligen Land auferstehen. Juden, die außerhalb *Israels* gestorben und begraben sind, „rollen" dann ihre vielleicht noch vorhandenen Knochenreste unterirdisch nach Israel, damit sie dort auferstehen können. Dieses unterirdische „Rollen" der Knochen heißt „*Gilgul*", womit das „Klappern der Knochen" beschrieben wird. Viele werden über diese Vorstellung schmunzeln. Aber es handelt sich ja nicht um ein sicheres Wissen, sondern es ist der althergebrachte jüdische Glaube. Festzustellen bleibt: Die jüdische Lebensweise, die sich in vielerlei Hinsicht vom Alltag der Nichtjuden unterscheidet, ist nicht exzentrisch auf Abgrenzung bedacht, sondern sichtbarer Ausdruck der Erfüllung von Geboten, die *Gott*, der „Eine und Einzige" seit viertausend Jahren seinem „Auserwählten Volk" offenbart hat.

3.4 Das Christentum

Die Geburt *Jesu Christi* vor rund 2000 Jahren – genauer vermutlich im Jahr 5 vor unserer Zeitrechnung – ist für alle vorwiegend vom *Christentum* geprägten Länder der Erde das fundamentale Ereignis ihrer jeweiligen Kulturgeschichte. Kein Ereignis vorher und nachher hat das Denken und Handeln der von seiner Botschaft erfaßten Menschen stärker beeinflußt. Die Umstände der Geburt und des Lebenslaufs von *Jesus Christus* entsprachen in keiner Weise den Vorstellungen vom „*Messias*", der den Juden schon 700 bis 500 Jahre vorher durch die Propheten angekündigt worden war. Geboren in einem armseligen Stall, „weil sich in der Herberge kein Platz fand", war das Leben des Neugeborenen schon in den ersten Tagen bedroht. Nur die rasche Flucht Hals über Kopf nach Ägypten, die ein Engel dem *Josef* befahl, retteten *Jesus* und seine Mutter *Maria* vor dem Zugriff des herrschsüchtigen und gewaltbereiten Königs *Herodes I.*, der das neue, von Rom geschaffene Königreich *Judäa* seit 37 v. Chr. regierte. Im Jahr 4 vor unserer Zeitrechnung starb *Herodes*. Die *Heilige Familie* kehrte daher nach einem einige Jahre dauernden Aufenthalt in Ägypten wieder in die Heimat zurück – die Wegstrecke hin und zurück betrug jeweils etwa 700 km, ein langer Fußmarsch für *Josef* und ein langer Ritt auf einem Esel für *Maria und das Kind* – und ließ sich in *Nazareth* nieder. Die nächsten 25 Jahre lebte *Jesus* im Hause von *Maria*, seiner Mutter, und *Josef* und „war ihnen untertan". Über diesen Lebensabschnitt wissen wir recht wenig. In seinem dreißigsten Lebensjahr begann *Jesus* seine überwältigende und für viele unglaubliche Botschaft vom *Reich Gottes* zu verkünden. Dieses Reich, das *Jesus* nicht müde wurde, als eine unendliche Kostbarkeit zu beschreiben, sollte jeder Mensch – gleichgültig ob Christ oder Andersgläubiger – anstreben: „*Suchet zuerst das Reich Gottes und alles andere wird euch dazu gegeben werden*". In den *vier Evangelien*, die etwas mehr als 1900 Jahre alt sind, wird diese „Gute Nachricht" allen Menschen vermittelt.

Während *Jesus* von etwa 1 v. u. Z. bis etwa 25 n. u. Z. (genaue Daten sind uns nicht bekannt) im Hause von *Josef* und seiner Mutter *Maria* in *Nazareth* lebte, waren die politischen und gesellschaftlichen Verhältnisse in *Judäa* ruhig und geordnet. Der Vater des ersten Königs *Herodes*, *Antipater*, war schon im Jahr 47 v. Chr. vom römischen Konsul *Julius Caesar* zum Verwalter von *Judäa* ernannt worden. Im gleichen Jahr machte *Antipater* seinen Sohn *Herodes* zum Statthalter der nördlich von *Judäa* und *Samaria* gelegenen Region *Galiläa*. *Antipater* starb 43 v. Chr. *Herodes* und sein

416

Bruder *Phasael,* die sich nun die Macht in *Judäa* teilten, wurden 41 v. Chr. vom Römischen Kaiser *Marcus Antonius* zu *Tetrarchen,* also Regenten über ein Teilgebiet des Staates, ernannt. Im Jahr 37 v. Chr. besiegte *Herodes* als römischer Feldherr den *Makkabäer Antigonos II.,* der mit parthischer Hilfe die Macht in *Judäa* an sich gerissen hatte. Von da an war *Herodes* mit dem vom römischen Senat verliehenen Königstitel unumschränkter Herrscher in *Judäa.* Seine Regierungszeit war eine Zeit des Friedens und des wirtschaftlichen Aufschwungs. Nach seinem Tod im Jahr 4 v. Chr. teilte der römische *Kaiser Augustus* das Land unter die drei Söhne *Herodes Antipas, Archelaos* und *Herodes Philippos,* auf.

Herodes Antipas (21 v. Chr. - bis 39 n. Chr.) wurde *Tetrarch von Galiläa und Peräa* und regierte von 4 bis 39 n. Chr. Er galt als geschickter Regent. In zweiter Ehe heiratete er *Herodias,* die Frau seines Halbbruders *Herodes Philippos.* Wegen dieser Heirat kritisierte ihn *Johannes der Täufer* und wurde hingerichtet. Als *Antipas* später in Rom vom *Kaiser Caligula* den Königstitel forderte, setzte *Caligula* ihn ab und verbannte ihn nach Lugdunum *(Lyon)* in Gallien. *Herodes Antipas* wird im *Neuen Testament* am häufigsten erwähnt. Unter seiner Regierung fand die Anklage und Hinrichtung *Jesu Christi* statt. Zu ihm schickte *Pontius Pilatus,* der Statthalter von Judäa, *Jesus Christus* während des Prozesses. Etwa drei Jahre lang, von 26 bis 29 n. Chr. verkündete *Jesus Christus* als Messias im Herrschaftsgebiet des *Herodes Antipas* das *Kommen des Reiches Gottes.* Im Alter von 34 Jahren wurde er vom jüdischen *Hohen Rat* in *Jerusalem* der Gotteslästerung angeklagt und von den Soldaten der Römischen Schutzmacht im Jahr 29 gekreuzigt. Am dritten Tag nach seinem Tod hat *Gott* ihn von den Toten auferweckt und einige Zeit später in den Himmel aufgenommen.

Die Geschichte seines Wirkens und der Inhalt seiner Lehre in *Galiläa, Samaria und Judäa* ist in den *vier Evangelien nach Matthäus, Markus, Lukas und Johannes* dargestellt. Sie bilden den Kern des christlichen *Neuen Testaments.* Hinzu kommen als *weitere Heilige Schriften* die Apostelgeschichte, die *Paulinischen Briefe, der Brief des Jakobus, die Briefe des Petrus, des Johannes und des Judas und als letzte Schrift des Neuen Testaments die Offenbarung des Johannes. Zusammen sind es 27 Heilige Dokumente.*
Die *Evangelien* (von griech. *euangélion* = frohe Botschaft, gute Nachricht) sind Sammlungen einzelner Berichte über das Wirken *Jesu,* geordnet nach der vermutlichen Zeit ihrer Niederschrift. Die ersten drei

heißen *synoptische Evangelien* (von griech. *sýnopsis* = Zusammenschau), weil sie nach Form und Inhalt sehr ähnlich sind.

Das Evangelium nach Matthäus

Der Verfasser dieses ersten Evangeliums ist aus heutiger Sicht wahrscheinlich nicht der frühere Zöllner von Kafarnaum, den *Jesus* in den Kreis seiner zwölf Jünger aufnahm, sondern ein unbekannter Lehrer, der ein Schüler der Apostel war. Der hebräisch geschriebene Urtext existiert nicht mehr, sondern nur eine griechische Übersetzung. Die Schrift dürfte um 80 n. Chr., d.h. nach der Zerstörung *Jerusalems* (70 n. Chr.) vermutlich in *Syrien* entstanden sein.

Die Schrift beginnt mit dem „*Stammbaum Jesu Christi, des Sohnes Davids, des Sohnes Abrahams: Abraham* war der Vater von *Isaak, Isaak* von *Jakob, Jakob* von *Juda* und seinen Brüdern". Die Geschlechterfolge wird nun mit den Namen *Perez, Hezron, Aram, Amminadab, Nachschon, Salmon, Boas, Obed, Isai und David* fortgesetzt. Das sind – wie es in Mt 1 heißt – 14 Generationen. Sie erstrecken sich von *Abraham* bis *David*, d.h. von 1850 bis 960 v. Chr., also über rund 900 Jahre. Pro Generation ergibt sich ein Durchschnittswert von etwa 64 Jahren, ein akzeptabler Wert, wenn man das teilweise hohe Alter bedenkt, das die Erzväter erreicht haben. Im weiteren Stammbaum begegnen uns bekannte Namen der Könige von *Israel* bzw. *Juda: Salomo, Rehabeam, Abija, Asa, Joschafat, Joram, Usija, Jotam, Ahas, Hiskija, Manasse, Amos, Joschija, Jojachin* – dieser der letzte König von *Juda* vor der *Babylonischen Gefangenschaft*. Wir haben wieder insgesamt 14 Generationen, die von 960 bis 586 v. Chr., also während rund 374 Jahren gelebt haben. Das Durchschnittsalter je Generation ist hier nur noch 27 Jahre. Nach der Rückkehr aus dem *Babylonischen Exil* (537 v. Chr.) haben wir die Namen: *Jojachin, Schealtiël, Serubbabel, Abihud, Eljakim, Azor, Zadok, Achim, Eliud, Eleasar, Mattan, Jakob und Josef.* Es heißt in Mt 1: „*Jakob* war der Vater von *Josef*, dem Mann *Marias*; von ihr wurde *Jesus* geboren, der der *Christus* (der *Messias*) genannt wird". Von *Jojachin* bis *Josef* sind es wiederum 14 Generationen. Sie lebten etwa von 537 v. Chr. bis zur Zeitenwende, also während etwa 537 Jahren. Das Durchschnittsalter je Generation ist jetzt etwa 38 Jahre.

Knapp und präzise beschreibt nun der Evangelist die Umstände der *Geburt Jesu*: „Mit der Geburt *Jesu Christi* war es so: *Maria*, seine Mutter, war mit *Josef* verlobt; noch bevor sie zusammengekommen waren, zeigte sich, daß sie ein Kind erwartete – durch das Wirken des *Heiligen Geistes. Josef,* ihr Mann, der gerecht war und sie nicht bloßstellen wollte, beschloß, sich in aller Stille von ihr zu trennen. Während er noch darüber nachdachte, erschien ihm ein *Engel des Herrn* im Traum und sagte: *Josef,* Sohn *Davids,* fürchte dich nicht, *Maria* als deine Frau zu dir zu nehmen; denn *das Kind, das sie erwartet, ist vom Heiligen Geist.* Sie wird einen Sohn gebären; ihm sollst du den Namen *Jesus* geben; denn er wird sein Volk von seinen Sünden erlösen". Damit erfüllte sich, was der Prophet *Jesaja* 720 Jahre vorher in *Jerusalem* vorhergesagt hatte: „*Seht, die Jungfrau wird ein Kind empfangen, einen Sohn wird sie gebären, und man wird ihm den Namen Immanuel geben, das heißt übersetzt: Gott ist mit uns"* (Jes 7,14). Weiter heißt es bei Mt 1: „Als *Josef* erwachte, tat er, was der *Engel des Herrn* ihm befohlen hatte, und nahm seine Frau zu sich. Er erkannte sie aber nicht, bis sie ihren Sohn gebar. Und er gab ihm den Namen *Jesus"*.

Kurz nachdem *Jesus* in *Betlehem* geboren war, kamen „Sterndeuter aus dem Osten" und huldigten dem „neugeborenen König der Juden". Die Geburt *Jesu* – nach Auffassung der Christenheit das größte Ereignis der Weltgeschichte – wurde vom Propheten *Micha,* dem jüngeren Zeitgenossen *Jesajas,* um 700 v. Chr. vorausgesagt (Mi 5): „*Aber du, Betlehem-Efrata, so klein unter den Gauen Judas, aus dir wird mir einer hervorgehen, der über Israel herrschen soll. Sein Ursprung liegt in ferner Vorzeit, in längst vergangenen Tagen. Darum gibt der Herr sie preis, bis die Gebärende einen Sohn geboren hat. … Er wird auftreten und ihr Hirt sein in der Kraft des Herrn, im hohen Namen Jahwes, seines Gottes. Sie werden in Sicherheit leben; denn nun reicht seine Macht bis an die Grenzen der Erde".* Der *Engel des Herrn* erschien *Josef* im Traum und sagte, er solle mit dem Kind und seiner Mutter nach *Ägypten* fliehen, denn *Herodes* wolle das Kind suchen und töten. Noch in der Nacht brachen sie nach Ägypten auf – *Josef* zu Fuß, *Maria mit dem Kind* auf einem Esel sitzend, vor sich vielleicht eine Strecke von 700 km – und blieben dort bis zum Tod des *Herodes.*

Weil er das Kind nicht gefunden hatte, ließ *Herodes* im Zorn alle Knaben im Alter bis zu zwei Jahren in *Betlehem* töten. Damit erfüllte sich die Weissagung des Propheten *Jeremia* 600 Jahre vorher: „*Ein Geschrei war in Rama zu hören, lautes Weinen und Klagen: Rahel weinte um ihre Kinder und wollte sich nicht trösten lassen, denn sie waren dahin".* Als *Herodes* gestorben war, sagte der *Engel des Herrn* im Traum zu *Josef:* „Steh auf, nimm das Kind und seine Mutter, und zieh in das Land *Israel;* denn die Leute, die dem Kind nach dem Leben getrachtet haben, sind tot. Weil jetzt aber in *Judäa* der gewalttätige Sohn *Archelaos* des *Herodes* regierte, zog die *Heilige Familie* nach *Galiläa* und ließ sich in *Nazareth* nieder (Mt 2).

Über die Kindheit und das Heranwachsen von *Jesus* wird im Matthäus-Evangelium nichts berichtet. Er tritt erst wieder als erwachsener Mann von etwa 31 Jahren, also vielleicht im Jahr 26 n. Chr. in Erscheinung, als er sich von *Johannes dem Täufer* im Jordan taufen läßt. *Johannes* predigte in dieser Zeit in der Wüste von *Judäa* und rief das Volk zur Umkehr auf. „Denn das Himmelreich ist nahe". Bereits 700 Jahre vorher hatte der Prophet *Jesaja* verkündet: *„Eine Stimme ruft in der Wüste: Bereitet dem Herrn den Weg! Ebnet ihm die Straßen!"* (Jes 40,3). Die Leute von *Jerusalem* und ganz *Judäa* kamen zu ihm, bekannten ihre Sünden und ließen sich im Jordan von ihm taufen. Als viele *Pharisäer* und *Sadduzäer* sich ebenfalls von *Johannes* taufen lassen wollten, herrschte er sie an: „Ihr Schlangenbrut, ... bringt Frucht hervor, die eure Umkehr zeigt. ... Jeder Baum, der keine gute Frucht hervorbringt, wird umgehauen und ins Feuer geworfen. Ich taufe euch nur mit Wasser zum Zeichen der Umkehr. Der aber, der nach mir kommt, ist stärker als ich, und ich bin nicht wert, ihm die Schuhe auszuziehen. Er wird euch mit dem *Heiligen Geist* und mit Feuer taufen". Da kam auch *Jesus* von *Galiläa* an den Jordan zu *Johannes*, um sich von ihm taufen zu lassen. Als *Johannes* zu ihm sagte: „Ich müßte von dir getauft werden, und du kommst zu mir"? antwortete *Jesus*: „Laß es nur zu". ... Kaum war *Jesus* getauft, „da öffnete sich der Himmel, und er sah den *Geist Gottes* wie eine Taube auf sich herab kommen. Und eine Stimme aus dem Himmel sprach: *Das ist mein geliebter Sohn, an dem ich Wohlgefallen gefunden habe"* (Mt 3).

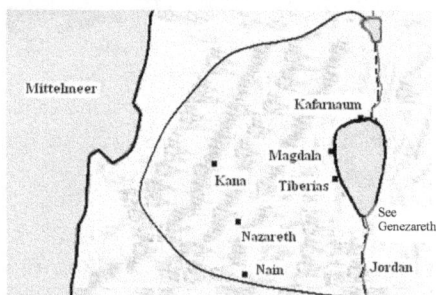

Fig. 3-10: Josef, Maria und Jesus ließen sich nach ihrer Rückkehr aus Ägypten in Nazareth nieder, einer Kleinstadt in Galiläa. Galiläa war die nördlichste Provinz im Reich von Herodes dem Großen. Orte, in denen sich Jesus nach Beginn seiner Lehrtätigkeit teilweise mehrmals aufhielt, waren das Ufer des Sees Genezareth und die Städte Kafarnaum, Tiberias, Kana und Nain.

Halten wir einen Augenblick inne. Zum ersten Mal begegnen uns hier die Namen *Pharisäer und Sadduzäer*, die in den Evangelien noch öfter vorkommen. Die *Pharisäer* (hebräisch: Abgesonderte) bildeten in *Judäa* seit der Amtszeit des Hohepriesters *Johannes Hyrkanos I.* (134 – 104 v. Chr.) eine besondere religiöse Gruppe, die streng das *Mosaische Gesetz* befolgte und keinerlei fremde Einflüsse auf ihr religiöses Leben duldete. Ihr Vorbild für das Zusammenleben der Menschen war der Gottesstaat. Die *Sadduzäer* führten ihren Namen auf den Hohepriester *Zadok* zurück (2 Sam 15, 24-29), der zur Zeit der Könige *David* und *Salomo* lebte. Sie versahen den Tempeldienst. Ihre Mitglieder waren Aristokraten, die nur die Tora anerkannten und Kommentare von Schriftgelehrten ablehnten. Sie hielten sich streng an das Recht der Tora und lehnten den Glauben an die Auferstehung, die Unsterblichkeit der Seele und die Existenz von Engeln ab.

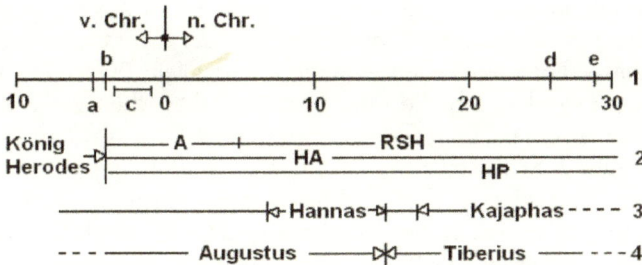

Fig. 3-11: Zeittafel für die geschichtliche Periode, in welcher Jesus Christus mitten unter den Menschen war. 1: Der Lebensweg Jesu; a Geburt in Betlehem; kurz danach Geburt Johannes des Täufers; b Tod von Herodes dem Großen; c Rückkehr der Heiligen Familie aus Ägypten und Niederlassung in Nazareth (Galiläa); d – e Öffentliches Wirken Jesu; e Kreuzigung Jesu (etwa im Jahr 29). 2: Die Regenten der damaligen Zeit; A Archelaos (Judäa, Samaria und Idumäa), RSH Römische Statthalter nach Verbannung des Archelaos; HA Herodes Antipas (Galiläa und Peräa), HP Herodes Philippus (Patania, Trachonitis und Auranitis). 3: Hohepriester in Jerusalem. 4: Die Römischen Kaiser.

Unmittelbar nach der Taufe Jesu bekannte Gott zum ersten Mal mit eigener Stimme, daß Jesus sein geliebter Sohn sei, an dem er Wohlgefallen habe. Zum ersten Mal in der Geschichte der Menschheit gibt Gott selbst unmißverständlich bekannt, daß ein Mensch, dieser junge Mann Jesus Christus, sein

Sohn sei. Er ist damit der von den Propheten vorhergesagte, von den Juden erwartete – aber bis heute nicht anerkannte – und von der ganzen Christenheit jetzt und alle Zeit als wahrer *Gott* und wahrer Mensch hochverehrte und angebetete *Messias*. Diese Aussage *Gottes* und das etwa drei Jahre dauernde Wirken *Christi* in *Galiläa* und *Judäa* wurde für die Juden von damals bis heute zu einem Prüfstein, der schwer auf ihrer Seele lastet. In ihrer Ablehnung von *Jesus Christus* als *Sohn Gottes* steht das *Judentum* in Einklang mit dem *Islam*, dem wir uns im dritten Teil dieses großen Kapitels über den Glauben widmen werden. Im Koran lesen wir als Aussage des Propheten *Mohammed:* „Gott hat keinen Sohn". Zwischen dem fundamentalen Glauben der ganzen Christenheit an *Jesus Christus* als den Sohn des lebendigen *Gottes* auf der einen Seite und der strikten Ablehnung dieser Glaubensbotschaft durch die *Juden* und *Moslems* auf der anderen Seite besteht seit der Auferstehung *Jesu Christi* bzw. seit dem Auftreten von *Mohammed* zwischen den Glaubensgemeinschaften eine tiefe Kluft. An den Heiligen Schriften – der *Tora des Judentums*, den *Evangelien der Christenheit* und dem *Koran des Islams* – darf keine Aussage, ja nicht einmal ein Buchstabe wie im Koran, verändert werden, d.h. die Kluft bleibt bestehen. Sie kann wohl nur von *Gott* selber in einer „Endoffenbarung" zugeschüttet werden. Zu den Glaubensinhalten des Christentums muß betont werden, daß diese Aussagen ebenso wenig wie die der Tora und des Korans Erfindungen von Menschen, sondern in allen Teilen die Offenbarungen Gottes sind. *Die Aussage des Korans „Gott hat keinen Sohn" ist für die meisten Christen – abgesehen von der Offenbarung der Bibel – auch deshalb schwer nachvollziehbar, weil sie eine Einschränkung der Allmacht Gottes bedeuten würde.*

Nach seiner Taufe wurde *Jesus* – so heißt es in Mt 4 weiter – „vom *Geist* in die Wüste geführt; dort sollte er vom Teufel in Versuchung geführt werden. Als er vierzig Tage und vierzig Nächte gefastet hatte, ... trat der Versucher an ihn heran und sagte: Wenn du *Gottes Sohn* bist, so befiehl, daß aus diesen Steinen Brot wird. Er aber antwortete: In der Schrift heißt es: *Der Mensch lebt nicht nur von Brot, sondern von jedem Wort, das aus Gottes Mund kommt".* Zwei weiteren Versuchungen des Teufels widersteht *Jesus* und zitiert dafür Worte aus der *Heiligen Schrift.* „Darauf ließ der Teufel von ihm ab, und es kamen Engel und dienten ihm".

Als *Jesus* hörte, daß *Johannes* ins Gefängnis geworfen wurde, ging er nach *Galiläa* zurück und wohnte in *Kafarnaum* am See. Dort am Seeufer berief er seine ersten beiden Jünger, die Brüder *Simon*, genannt *Petrus*, und

Andreas, die Fischer waren und gerade ihre Netze auswarfen. Er sagte zu ihnen: *„Kommt her, folgt mir nach! Ich werde euch zu Menschenfischern machen"*. Beim Weitergehen berief er zwei andere Brüder, *Jakobus* und *Johannes*, die Söhne des Fischers *Zebedäus*, und sie folgten ihm nach. Mit ihnen zog *Jesus* durch ganz *Galiläa*, lehrte in den Synagogen, verkündete das Evangelium vom *Reich Gottes* und heilte im Volk alle Krankheiten und Leiden. Als *Jesus* die vielen Menschen sah, die mit ihm gingen, stieg er auf einen Berg, setzte sich und hielt seine erste große Rede, die berühmte *Bergpredigt (Mt 5)*:

„Selig, die arm sind vor Gott; denn ihnen gehört das Himmelreich. / Selig die Trauernden; denn sie werden getröstet werden. / Selig, die keine Gewalt anwenden; denn sie werden das Land erben. / Selig, die hungern und dürsten nach der Gerechtigkeit; denn sie werden satt werden. / Selig die Barmherzigen; denn sie werden Erbarmen finden. / Selig, die ein reines Herz haben; denn sie werden Gott schauen. / Selig, die Frieden stiften; denn sie werden Söhne Gottes genannt werden. / Selig, die um der Gerechtigkeit willen verfolgt werden; denn ihnen gehört das Himmelreich. / Selig seid ihr, wenn ihr um meinetwillen beschimpft und verfolgt und auf alle mögliche Weise verleumdet werdet. Freut euch und jubelt: Euer Lohn im Himmel wird groß sein".

Nach diesen Seligpreisungen setzte *Jesus* seine Rede fort: *„Ihr seid das Salz der Erde. ... Ihr seid das Licht der Welt. ... So soll euer Licht vor den Menschen leuchten, damit sie eure guten Werke sehen und euren Vater im Himmel preisen"*. Weiter sagte er, er sei nicht gekommen, um das Gesetz aufzuheben, sondern um es zu erfüllen. Dann äußerte er sich mit eindringlichen Worten zu wichtigen Themen des Zusammenlebens der Menschen:

- *zum Töten:* Nicht nur wer tötet, sondern wer seinem Bruder auch nur zürnt, soll dem Gericht verfallen sein. *„Wenn du deine Opfergabe zum Altar bringst und dir dabei einfällt, daß dein Bruder etwas gegen dich hat, so laß deine Gabe dort vor dem Altar liegen; geh und versöhne dich zuerst mit deinem Bruder, dann komm und opfere deine Gabe"*.
- *Zum Ehebruch:* Es heißt, du sollst nicht ehebrechen. *„Ich aber sage euch: Wer eine Frau auch nur lüstern ansieht, hat in seinem Herzen schon Ehebruch mit ihr begangen"*.
- *Zur Ehescheidung:* Es heißt, wer seine Frau aus der Ehe entläßt, muß ihr eine Scheidungsurkunde geben. *Ich aber sage euch: Wer seine Frau entläßt, obwohl kein Fall von Unzucht vorliegt, liefert sie dem Ehebruch aus;*

und wer eine Frau heiratet, die aus der Ehe entlassen worden ist, begeht Ehebruch.

- *Zum Schwören:* Es heißt, du sollst keinen Meineid schwören. „Ich aber sage euch: Schwört überhaupt nicht, weder beim Himmel, denn er ist Gottes Thron, noch bei der Erde, denn sie ist der Schemel für seine Füße..."
- *Zur Vergeltung:* Es heißt „Auge für Auge" und „Zahn für Zahn". *Ich aber sage euch: Leistet dem, der euch etwas Böses antut, keinen Widerstand, sondern wenn dich einer auf die rechte Wange schlägt, dann halt ihm auch die andere hin".*
- *Zur Liebe:* Es heißt: Du sollst deinen Nächsten lieben und deinen Feind hassen. „Ich aber sage euch: Liebt eure Feinde und betet für die, die euch verfolgen, damit ihr Söhne eures Vaters im Himmel werdet. ... Ihr sollt also vollkommen sein, wie es auch euer himmlischer Vater ist".
- *Zu Almosen:* „Wenn du Almosen gibst, laß es nicht vor dir herposaunen. ... Dein Almosen soll verborgen bleiben, und dein Vater, der auch das Verborgene sieht, wird es dir vergelten".
- *Zum Beten:* „...geh in deine Kammer, wenn du betest, und schließ die Tür zu. ... Ihr sollt nicht plappern wie die Heiden, die meinen, sie werden nur erhört, wenn sie viele Worte machen. ... So sollt ihr beten: Vater unser im Himmel, / geheiligt werde dein Name, / dein Reich komme, / dein Wille geschehe / wie im Himmel, so auf Erden. / Unser tägliches Brot gib uns heute / Und vergib uns unsere Schuld, / wie auch wir vergeben unseren Schuldigern. / Und führe uns nicht in Versuchung, / sondern erlöse uns von dem Bösen. Denn wenn ihr den Menschen ihre Verfehlungen vergebt, dann wird euer himmlischer Vater auch euch vergeben".
- *Zum Fasten:* „Wenn ihr fastet, macht kein finsteres Gesicht wie die Heuchler. ... Du aber salbe dein Haar, wenn du fastest, und wasche dein Gesicht, damit die Leute nicht merken, daß du fastest".
- *Zum rechten und falschen Sorgen:* „Sammelt euch nicht Schätze hier auf der Erde, wo Motte und Wurm sie zerstören und wo Diebe einbrechen und sie stehlen, sondern sammelt euch Schätze im Himmel... Seht euch die Vögel des Himmels an: Sie säen nicht, sie ernten nicht und sammeln keine Vorräte in Scheunen; euer himmlischer Vater ernährt sie. Seid ihr nicht viel mehr wert als sie? ... Und was sorgt ihr euch um eure Kleidung? Lernt von den Lilien, die auf dem Feld wachsen. Sie arbeiten nicht und spinnen nicht. Doch ich sage euch: Selbst Salomo war in all seiner Pracht nicht gekleidet wie eine von ihnen. Euer himmlischer Vater weiß, daß ihr das alles braucht. Euch aber

muß es zuerst um sein Reich und um seine Gerechtigkeit gehen; dann wird euch alles andere dazugegeben".

- Zum Richten: „Richtet nicht, damit ihr nicht gerichtet werdet ... Zieh zuerst den Balken aus deinem Auge, dann kannst du versuchen, den Splitter aus dem Auge deines Bruders herauszuziehen".

- Zum Vertrauen beim Beten: „Bittet, dann wird euch gegeben; sucht, dann werdet ihr finden; klopft an, dann wird euch geöffnet".

- Die Goldene Regel: Alles, was ihr also von anderen erwartet, das tut auch ihnen! Darin besteht das Gesetz und die Propheten".

- Zu den zwei Wegen: „Geht durch das enge Tor! Denn das Tor ist weit, das ins Verderben führt und der Weg dahin ist breit und viele gehen auf ihm. Aber das Tor, das zum Leben führt, ist eng und der Weg dahin ist schmal, und nur wenige finden ihn".

- Zu den falschen Propheten: „Hütet euch vor den falschen Propheten; sie kommen zu euch wie harmlose Schafe, in Wirklichkeit aber sind sie reißende Wölfe. An ihren Früchten werdet ihr sie erkennen. ... Nicht jeder, der zu mir sagt: Herr! Herr!, wird in das Himmelreich kommen, sondern nur, wer den Willen meines Vaters im Himmel erfüllt".

- Zum Haus auf dem Felsen: „Wer diese meine Worte hört und danach handelt, ist wie ein kluger Mann, der sein Haus auf Fels baute".

Als Jesus diese Rede beendet hatte, war die Menge sehr betroffen von seiner Lehre, denn er lehrte wie einer, der göttliche Vollmacht hat, und nicht wie ihre Schriftgelehrten.

Diese erste große Rede, die Jesus vor vielen Menschen in der Nähe des Sees Genezareth hielt und die uns in Mt 5 – 7 vorliegt, ist einzigartig. Nie zuvor hat ein Redner mit solcher Eindringlichkeit und Autorität darüber gesprochen, wie die Menschen miteinander und vor Gott leben sollten, damit sie in das zukünftige Reich Gottes kommen können. Gleich am Anfang verkündete er die acht Seligpreisungen: Selig sind die Gütigen, Friedfertigen, und Barmherzigen, die Armen vor Gott und die Trauernden, die nach Gerechtigkeit Hungernden und die mit reinem Herzen. In diesen Worten verbirgt sich auch eine tiefgreifende Sterbebotschaft, die uns sagt: Nach unserem Sterben löst sich zwar die Materie unseres Körpers in ihre atomaren Bestandteile auf, aber unser Ichbewußtsein und unsere Persönlichkeit bleiben bestehen und sind – anders als das mühselige Leben unserer irdischen Existenz – zu einem Leben in Seligkeit berufen. Jesus ging dann auf einzelne Themen des menschlichen Zusammenlebens ein. Mehrfach relativierte er

Aussagen im *Jüdischen Gesetz* des Alten Testaments – das seit *Moses*, also seit rund 1.250 Jahren, das jüdische Leben bestimmte – mit den Worten: „Ich aber sage euch ...". Er hob damit die betreffenden Gesetzesvorschriften nicht auf, aber er nahm ihnen die Schärfe ihrer Konsequenzen – und erregte damit Anstoß bei der jüdischen Obrigkeit – indem er angesichts der Güte und Barmherzigkeit *Gottes* die Menschen zu Güte, Barmherzigkeit und Verzeihen in ihrem Zusammenleben aufrief. Beten, Fasten und Almosen geben sollen im Verborgenen geschehen, denn *der Herr*, für den es getan wird, sieht auch das Verborgene.

Als *Jesus* nach seiner Rede vom Berg herabstieg – viele Menschen folgten ihm – heilte er einen Aussätzigen, dann in *Kafarnaum* angekommen, den Diener eines Hauptmanns, der *Jesus* mit dem berühmt gewordenen Satz ansprach: *„Herr, ich bin nicht würdig, daß du eingehst unter mein Dach, aber sprich nur ein Wort, so wird mein Knecht gesund"*. In jeder katholischen Messe wird dieser Satz vor der Kommunion gesprochen, wobei es statt „mein Knecht" „meine Seele" heißt. Dann heilte *Jesus* die Schwiegermutter des *Petrus*, die hohes Fieber hatte, und trieb aus Besessenen „die bösen Geister" aus. Um die vielen Menschen, die sich um ihn drängten, verlassen zu können, stieg er mit seinen Jüngern in ein Boot und fuhr ans andere Seeufer. Während er im Boot schlief, brach ein Sturm los. Aus Angst weckten sie *Jesus*. Er „drohte den Winden und dem See, und es trat völlige Stille ein". Am anderen Ufer angekommen, heilte *Jesus* zwei Besessene. Ihre „Dämonen" fuhren in eine Herde Schweine, die sich in den See stürzte und umkam. *Jesus* wurde vielen Menschen offensichtlich unheimlich. .. „als sie ihn trafen, baten sie ihn, ihr Gebiet zu verlassen" (Mt 8). Darauf fuhr er mit dem Boot zurück „und kam in seine Stadt". Dort brachte man einen Gelähmten und er sagte zu ihm: „Hab Vertrauen, mein Sohn, deine Sünden sind dir vergeben". Da dachten einige Schriftgelehrte: „Er lästert *Gott*". Dann heilte er den Gelähmten mit den Worten: „Steh auf, nimm deine Tragbahre, und geh nach Hause! Und der Mann stand auf und ging heim. Als die Leute das sahen, erschraken sie und priesen *Gott*, der den Menschen solche Vollmacht gegeben hat" (Mt 9).

„Als *Jesus* weiterging, sah er einen Mann namens *Matthäus* am Zoll sitzen und er sagte zu ihm: „Folge mir nach"! Da stand *Matthäus* auf und folgte ihm. *Jesus* ging in das Haus des *Matthäus* und setzte sich mit anderen „Zöllnern und Sündern" zum Essen nieder. Den *Pharisäern*, die das kritisierten, antwortete er: *„Nicht die Gesunden brauchen den Arzt, sondern die Kranken"*.

Kurze Zeit später heilte er eine kranke Frau und erweckte die verstorbene Tochter des Synagogenvorstehers von den Toten. Sie lachten ihn aus, als er sagte: „Geht hinaus! Das Mädchen ist nicht gestorben, es schläft nur". Danach verging ihnen das Lachen. Unterwegs heilte er zwei Blinde, die ihm folgten, und einen Stummen, der „von einem „Dämon" besessen war. Als der Stumme wieder reden konnte, sagten die *Pharisäer:* „Mit Hilfe des Anführers der Dämonen treibt er die Dämonen aus" (Mt 9). *Jesus* spürte, daß sich eine Abwehrfront der *Pharisäer* und Lehrer des Mosaischen Gesetzes gegen ihn formierte und daß er nur wenig Zeit hatte, den Menschen seine Botschaft über das *Reich Gottes* zu verkünden. Deshalb verlangte er immer wieder von den Geheilten, sie sollten davon nichts weitererzählen, um bei den Gesetzeslehrern keinen Anstoß zu erregen. Zu dem geheilten Aussätzigen sagte er: „Nimm dich in acht! Erzähl niemand davon, sondern geh, und zeig dich dem Priester ... Das soll für sie ein Beweis deiner Heilung sein". Die beiden Blinden, denen er das Augenlicht schenkte, ermahnte er: „Nehmt euch in acht! Niemand darf es erfahren". Doch diese „gingen weg und erzählten von ihm in der ganzen Gegend". Die vielen Heilungen und die Totenerweckungen, die von *Jesus* berichtet werden, enthalten auch eine versteckte Sterbebotschaft *Gottes.* Wenn *Gott* durch *Jesus Christus* schon das „Gefäß", den menschlichen Körper, „repariert" oder wieder lebendig macht, wieviel mehr wird er sich dann um den „Inhalt", die menschliche Seele, kümmern, die nach dem Lösen vom Körper zu einer neuen Daseinsform im Paradies berufen ist.

Jesus zog während der rund drei Jahre seines Wirkens „durch alle Städte und Dörfer, lehrte in den Synagogen, verkündete das Evangelium vom Reich und heilte alle Krankheiten und Leiden". Zu seinen Jüngern sagte er: „*Die Ernte ist groß, aber es gibt nur wenige Arbeiter. Bittet also den Herrn der Ernte, Arbeiter für seine Ernte auszusenden*" (Mt 9). Seinen zwölf Jüngern gab er Vollmacht, „die unreinen Geister auszutreiben und Krankheiten und Leiden zu heilen". Die Namen der zwölf Apostel sind: An erster Stelle *Simon,* genannt *Petrus,* und sein Bruder *Andreas,* dann *Jakobus,* der Sohn des *Zebedäus,* und sein Bruder *Johannes, Philippus* und *Batholomäus, Thomas* und *Matthäus,* der Zöllner, *Jakobus,* der Sohn des *Alphäus,* und *Thaddäus, Simon Kananäus* und *Judas Iskariot,* der ihn später verraten hat (Mt 10).

In einer zweiten großen Rede, der *Aussendungsrede,* gab *Jesus* seinen Jüngern detaillierte Anweisungen für ihren Missionsauftrag. „Geht nicht zu den Heiden, und betretet keine Stadt der Samariter, sondern geht zu den verlorenen Schafen des Hauses *Israel". Jesus* schränkte die Missionsarbeit seiner Jünger bewußt auf das Volk *Israel* ein. Es war und ist das Volk, das Gott für seine Offenbarung auserwählt hat und das er seit *Abraham*, also seit fast 2.000 Jahren, darauf vorbereitet hat, die Heilsquelle seines Erlösungswerks für die ganze Menschheit zu sein. Er schickte seine Jünger nicht zu den Heiden und auch nicht zu den Samaritern – einer bunt zusammengewürfelten Mischung von Menschen verschiedenster Herkunft – weil beide Bevölkerungsgruppen noch viel zu stark dem alten Götterkult anhingen, und ein enormer und langwieriger Aufwand nötig gewesen wäre, um sie zu „bekehren". Er schickte sie vielmehr dorthin, wo *Gott* in zweitausendjähriger Vorbereitung, den „*Acker Israel*" bestellt hatte, damit der Sohn *Jesus Christus* seinen Samen der Heilsbotschaft aussäen konnte. Der meiste Samen fiel in *Israel* jedoch unter Dornen oder auf steinigen Boden und brachte nicht die vom Sämann erhoffte Frucht hervor. Als aber die Apostel den Samen in alle Welt trugen und aussäten, blühte die Botschaft *Christi* auf und kam im weltweiten *Christentum* zu reicher Entfaltung.

In seiner Rede fuhr *Jesus* fort: „Geht und verkündet: Das Himmelreich ist nahe. Heilt Kranke, weckt Tote auf, macht Aussätzige rein, treibt Dämonen aus!" Und er ermahnte sie, nichts auf ihren Missionsweg mitzunehmen. „... denn wer arbeitet, hat ein Recht auf seinen Unterhalt". ... „Seht, ich sende euch wie Schafe mitten unter die Wölfe; seid daher klug wie die Schlangen und arglos wie die Tauben! Nehmt euch aber vor den Menschen in acht! Denn sie werden euch vor die Gerichte bringen und in ihren Synagogen auspeitschen. ... Amen, ich sage euch: Ihr werdet nicht zu Ende kommen mit den Städten Israels, bis der Menschensohn kommt". Diese Aussage hat sich bis heute bewahrheitet, weil die jüdische Gesellschaft das Evangelium bis heute nicht angenommen hat. Über die Schwierigkeit, seine Botschaft weiterzugeben, sagte der Herr: „Wenn man schon den Herrn des Hauses Beelzebul nennt, dann erst recht seine Hausgenossen. ... *Fürchtet euch nicht vor denen, die den Leib töten, die Seele aber nicht töten können, sondern fürchtet euch vor dem, der Seele und Leib ins Verderben der Hölle stürzen kann. Verkauft man nicht zwei Spatzen für ein paar Pfennige? Und doch fällt keiner von ihnen zur Erde ohne den Willen eures Vaters. Bei euch aber sind sogar die Haare auf dem Kopf alle gezählt. Fürchtet euch also nicht. Ihr seid mehr wert als viele Spatzen. Wer sich nun vor den Menschen zu mir bekennt, zu dem werde auch ich mich vor meinen Vater im Himmel bekennen. ... Denkt nicht, ich sei gekommen, um Frieden auf die Erde zu bringen. Ich bin nicht gekommen, um Frieden zu bringen, sondern das Schwert.* (Wir können diese als Hinweis darauf verstehen, daß die Gegner der Botschaft Jesu versuchen werden, ihre Ausbreitung mit Waffengewalt zu verhindern). ... *Wer das Leben um meinetwillen verliert, wird es gewinnen"*. Nach dieser Rede zog *Jesus* weiter, um in den Städten zu lehren und zu predigen.

Johannes, der im Gefängnis von den Taten Jesu hörte, ließ durch seine Jünger fragen: „Bist du es, der da kommen soll, oder müssen wir auf einen anderen warten? Jesus bestätigte ihnen, daß er der erwartete Messias sei. Als die Jünger gegangen waren, sprach *Jesus* zu der Menge, die bei ihm war: *„... Amen, das sage ich euch: Unter allen Menschen hat es keinen größeren gegeben als Johannes den Täufer; doch der kleinste im Himmelreich ist größer als er"*. In Mt 11 lesen wir, was *Jesus* von seinem Vater sagt: *„Mir ist von meinem Vater alles übergeben worden; Niemand kennt den Sohn, nur der Vater, und niemand kennt den Vater, nur der Sohn und der, dem es der Sohn offenbaren will"*. Als *Jesus* mit seinen Jüngern an einem Sabbat durch Kornfelder ging, rissen die Jünger Ähren ab und aßen davon. Die *Pharisäer* kritisierten es, weil es verboten sei, am Sabbat so etwas zu tun. *Jesus* erwiderte ihnen, daß schon *David* im Tempel, weil er Hunger hatte, die Schaubrote aß, die den Priestern vorbehalten waren. Und er fügte hinzu: „Ich sage euch: *Hier ist einer, der größer ist als der Tempel. ...der Menschensohn ist Herr über den Sabbat"* (Mt 12). Darauf verließ er sie, ging in ihre Synagoge und heilte dort am Sabbat einen Mann, dessen „Hand verdorrt" war. Auf die scharfe Kritik der *Pharisäer* antwortete er: *„Wer von euch wird, wenn ihm am Sabbat sein Schaf in eine Grube fällt, es nicht sofort wieder herausziehen? Und wieviel mehr ist ein Mensch wert als ein Schaf?"* Von nun an faßten die *Pharisäer* den Entschluß, *Jesus* umzubringen. Als *Jesus* das erkannte, ging er von dort weg. Denen, die ihm folgten, verbot er, in der Öffentlichkeit von ihm zu reden. Als er später einen „Besessenen" heilte, der blind und stumm war, sagten die *Pharisäer*: „Nur mit Hilfe von Beelzebul, dem Anführer der Dämonen, kann er die Dämonen austreiben". *Jesus* erwiderte ihnen: *„Wenn also der Satan den Satan austreibt, dann liegt der Satan mit sich selbst im Streit. Wie kann sein Reich dann Bestand haben? ... Wenn ich aber die Dämonen durch den Geist Gottes austreibe, dann ist das Reich Gottes schon zu euch gekommen. ... Jede Sünde und Lästerung wird den Menschen vergeben werden, aber die Lästerung gegen den Geist wird nicht vergeben... weder in dieser noch in der zukünftigen Welt. ... An den Früchten erkennt man den Baum. ... Über jedes unnütze Wort, das die Menschen reden, werden sie am Tag des Gerichts Rechenschaft ablegen müssen"*.

Einige Schriftgelehrte und *Pharisäer* wollten von *Jesus* ein „Zeichen" sehen, um seine göttliche Vollmacht zu testen. *Jesus* gab ihnen zur Antwort: Diese böse und treulose Generation fordert ein Zeichen, aber es wird ihr kein anderes gegeben werden als das Zeichen des Propheten *Jona*. Denn wie Jona drei Tage und drei Nächte im Bauch des Fisches war, so wird auch der Menschensohn drei Tage und drei Nächte im Inneren der Erde sein". Die Männer von *Ninive*, die sich nach der Predigt des *Jona* bekehrt haben, werden diese Generation verurteilen. *„Hier aber ist einer, der mehr ist also Jona"*. Die Königin des Südens wird diese Generation ebenfalls verurteilen; sie kam, um die Weisheit Salomos zu hören. *„Hier aber ist einer, der mehr ist als Salomo"*. Mit diesen Worten hat *Jesus* deutlich gemacht, daß seine Vollmacht alle weltliche Macht überragt und er der König der Könige ist.

Während *Jesus* mit den Leuten, die ihn umringten, redete, sagte jemand zu ihm: „Deine Mutter und deine Brüder stehen draußen und wollen dich sprechen". Er erwiderte: Wer ist meine Mutter und wer sind meine Brüder"? Dann zeigte er auf seine Jünger und sagte: „Das hier sind meine Mutter und meine Brüder". Über diese Stelle am Ende von Mt 12 ist schon viel diskutiert worden. Manche sagen, es wären seine leiblichen Brüder gewesen, andere meinen, es wären geistige Brüder wie seine Jünger gewesen oder auch Kinder, die *Josef* schon hatte, bevor er *Maria* bei sich aufnahm. Fest steht: *Jesus* war bei seinem Leiden und Sterben allein. Hätte er leibliche Brüder gehabt, hätten diese ihm wohl beigestanden.

Eines Tages verließ *Jesus* das Haus, stieg in ein Boot und sprach zu einer gro-ßen Menschenmenge, die sich am Ufer versammelt hatte, in Gleichnissen über das Himmelreich. Er begann mit dem *Gleichnis vom Sämann*, dessen Saat nur dort aufging, wo es auf guten Ackerboden fiel. Der Samen ist das Wort *Gottes*; wer es aufnimmt und versteht, vergleichbar dem guten Acker-boden, der bringt vielfältige Frucht. In einem zweiten Gleichnis vergleicht *Jesus* den Weg der Menschen in den Himmel mit dem *Wachsen des Weizens* auf dem Feld, auf dem auch viel Unkraut emporschießt. Zur Zeit der Ern-te sagt der Gutsherr zu seinen Knechten: „Sammelt zuerst das Unkraut und bindet es in Bündeln, um es zu verbrennen, den Weizen aber bringt in meine Scheune". Das Himmelreich gleicht auch einem *Senfkorn*, dem kleinsten aller Samenkörner, das zu einem Baum heranwächst, in dessen Zweigen die Vögel des Himmels nisten. Es gleicht auch einem *Sauerteig*, der unter Mehl gemengt wird, bis das Ganze durchsäuert ist. Das Himmelreich ist ferner wie ein *Schatz*, der im Acker vergraben ist, oder wie eine wertvolle Perle. Ein Mann, der eines davon findet, verkauft seinen ganzen Besitz, um allein den Schatz oder die Perle zu erwerben. Das Himmelreich ist wie ein *Netz* voller gefangener Fische. Die guten Fische werden gesammelt und die schlechten weggeworfen. „Habt ihr das alles verstanden? Sie antworteten: „Ja". Und *Jesus* zog weiter.

In seiner Heimatstadt *Nazareth* lehrte *Jesus* in der Synagoge. Alle staunten und sagten: Woher hat er diese Weisheit und die Kraft, Wunder zu tun? Ist das nicht der Sohn des Zimmermanns? Heißt nicht seine Mutter *Maria*...? Und sie nahmen Anstoß an ihm und lehnten ihn ab. Da sagte *Jesus* zu ihnen: „Nirgends hat ein Prophet so wenig Ansehen wie in seiner Heimat und in seiner Familie". Und wegen ihres Unglaubens tat er dort nur wenige Wunder. Als König *Herodes* von den Taten *Jesu* hörte, meinte er, es sei bestimmt der von den Toten auferstandene *Johannes der Täufer*, der enthauptet worden war, weil er scharf kritisierte, daß *Herodes* seine Schwägerin *Herodias* geheiratet hatte. Als man ihm mitteilte, was geschehen war, fuhr *Jesus* mit dem Boot in eine einsame Gegend. Viele Menschen folgten ihm jedoch zu Fuß am Ufer entlang. Am Abend wollten die Jünger die Menschen fortschicken, damit sie sich Essen besorgten. *Jesus* aber sagte, sie sollten bleiben und sich ins Gras niedersetzen. Dann nahm er fünf vorhandene Brote und zwei Fische, blickte zum Himmel auf, sprach den Lobpreis, und ließ das Essen austeilen. Alle aßen und wurden satt. Die übriggebliebenen Brotstücke füllten zwölf Körbe. Fünftausend Männer, dazu ihre Frauen und Kinder, nahmen an dem Essen teil (Mt 14). *Jesus* ließ nun seine Jünger im Boot an das andere Ufer vorausfahren, während er selbst die Leute nach Hause schickte. Als er über den See gehend auf seine Jünger zukam, erschraken sie, weil sie meinten, ein Gespenst zu sehen. *Jesus* beruhigte sie: „Habt Vertrauen, ich bin es; fürchtet euch nicht!" Als *Petrus* dem Herrn auf dem See entgegengehen wollte, bekam er plötzlich Angst und sank im Wasser ein. *Jesus* streckte seine Hand aus und holte ihn mit ins Boot: „Du Kleingläubiger, warum hast du gezweifelt?" In *Genezareth* angekommen heilte er viele, die mitunter lediglich den Saum seines Gewandes berührten. Da traten einige *Pharisäer* und Schriftgelehrte zu ihm und kritisierten seine Jünger, weil sie sich vor dem Essen nicht – wie es das Gesetz vorschreibt – die Hände wuschen. *Jesus* erwiderte: „Warum mißachtet denn ihr *Gottes* Gebot um eurer Überlieferung willen"? Statt Vater und Mutter zu ehren, sagen sie zu ihnen: Was ich euch schulde, erkläre ich zur Opfergabe! „Damit habt ihr *Gottes* Wort um eurer Überlieferung willen außer Kraft gesetzt. Ihr Heuchler!" Zu den Menschen um ihn herum sagte er: „Nicht das, was durch den Mund in den Menschen hineinkommt, macht ihn unrein, sondern was aus dem Mund des Menschen herauskommt, das macht ihn unrein". Als man *Jesus* sagte, die *Pharisäer* seien über ihn empört, antwortete er: „Laßt sie, es sind blinde Blindenführer. Und wenn ein Blinder einen Blinden führt, werden beide in eine Grube fallen".

Von *Genezareth* zog *Jesus* in das Gebiet von *Tyrus* und *Sidon*. Dort bat ihn eine einheimische phönizische Frau, ihre von einem „Dämon" gequälte Tochter zu heilen. *Jesus* reagierte zunächst nicht auf ihre Bitte, sondern sagte: „Ich bin nur zu den verlorenen Schafen des Hauses Israel gesandt. ... Es ist nicht recht, das Brot den Kindern wegzunehmen und den Hunden vorzuwerfen"! Aber die Frau ließ nicht locker und sagte: „Ja, du hast recht, *Herr*! Aber selbst die Hunde bekommen von den Brotresten, die vom Tisch ihrer Herren fallen". Darauf sagte *Jesus:* „Frau, dein Glaube ist groß. Was du willst, soll geschehen". Von da an war ihre Tochter geheilt. Als *Jesus* zum See *Genezareth* zurückkam, umringte ihn eine große Menschenmenge, darunter viele Lahme, Krüppel, Blinde und Stumme, die er alle heilte. Da die Menschen nichts mehr zu essen hatten, wollte er sie nicht hungrig nach Hause schicken. Seine Jünger hatten nur sieben Brote und einige Fische. Jesus sprach ein Dankgebet und ließ das Essen austeilen. Alle wurden satt und es blieben noch sieben Körbe mit Brotresten übrig. Es waren viertausend Männer, dazu Frauen und Kinder, die gegessen hatten. Nun kamen schon wieder einige *Pharisäer* und *Sadduzäer* zu *Jesus*, um ihn auf die Probe zu stellen. Sie baten ihn: „Laß uns ein Zeichen vom Himmel sehen". *Jesus:* „Diese böse und treulose Generation fordert ein Zeichen, aber es wird ihr kein anderes gegeben werden als das Zeichen des *Jona*". Dann ließ er sie stehen und ging. *Jesus* deutete damit an, daß er den Tod erleiden und an drei Tagen – wie *Jona* im Bauch des Walfisches – in der Unterwelt sein werde. Seine Zuhörer verstanden ihn natürlich nicht.

Als *Jesus* später mit seinen Jüngern über den See ans andere Ufer fuhr, sagte er zu ihnen: „Gebt acht, hütet euch vor dem Sauerteig der *Pharisäer* und *Sadduzäer*! Sie aber dachten – als sie „Sauerteig" hörten – nur daran: Wir haben kein Brot mitgenommen! *Jesus* tadelte sie deswegen: Sie sollten daran denken, daß er schon zweimal viele tausend Menschen, einmal 5.000 und ein zweites mal 4.000 Männer, dazu Frauen und Kinder, gespeist hatte. „Ihr Kleingläubigen, was macht ihr euch darüber Gedanken, daß ihr kein Brot habt"?
Als *Jesus* in die Gegend von *Cäsarea Philippi* kam, fragte er seine Jünger: „Für wen halten die Leute den Menschensohn?" Sie antworteten: Die einen für *Johannes den Täufer*, andere für *Elija*, wieder andere für *Jeremia* oder sonst einen Propheten". Da sagte er zu ihnen: *„Ihr aber, für wen haltet ihr*

mich?" Simon Petrus antwortete: „Du bist der Messias, der Sohn des lebendigen Gottes!" Jesus sagte zu ihm: „Selig bist du, Simon Barjona; denn nicht Fleisch und Blut haben dir das offenbart, sondern mein Vater im Himmel. Ich aber sage dir: Du bist Petrus, und auf diesen Felsen werde ich meine Kirche bauen, und die Mächte der Unterwelt werden sie nicht überwältigen. Ich werde dir die Schlüssel des Himmelreichs geben; was du auf Erden binden wirst, das wird auch im Himmel gebunden sein, und was du auf Erden lösen wirst, das wird auch im Himmel gelöst sein". Dann befahl er den Jüngern, niemand zu sagen, daß er der Messias sei.

Diese großartige Szene macht uns deutlich: Jesus bestätigte seinen Jüngern, daß er in der Tat der Messias, der Sohn des lebendigen Gottes sei. Er beauftragte Petrus und die anderen Jünger, seine Kirche, die christliche Glaubensgemeinschaft, aufzubauen, die niemals untergehen werde. Und schließlich übertrug er an Petrus und seine Nachfolger die Vollmacht, die Kirche durch alle Zeiten zu leiten. Die Beschlüsse und Regelungen der Kirche seien auch im Himmel anerkannt. Diese Szene begründet seit 2.000 Jahren das Papsttum als Oberhaupt der allumfassenden (katholischen) Kirche. Von nun an begann Jesus davon zu sprechen, daß er nach Jerusalem gehen müsse, daß er dort getötet, aber am dritten Tag auferstehen werde. Auf die Vorwürfe des Petrus, daß dies nicht geschehen dürfe, erwiderte er: „Weg mit dir, Satan, geh mir aus den Augen! ... du hast nicht das im Sinn, was Gott will, sondern was die Menschen wollen". Dann sagte er zu den Jüngern: „Wer mein Jünger sein will, der verleugne sich selbst, nehme sein Kreuz auf sich und folge mir nach. ... Was nützt es einem Menschen, wenn er die ganze Welt gewinnt, dabei aber sein Leben einbüßt. ... Der Menschensohn wird ... kommen und jedem Menschen vergelten, wie es seine Taten verdienen" (Mt 16).

Sechs Tage später nahm Jesus Petrus, Jakobus und dessen Bruder Johannes beiseite und führte sie auf einen hohen Berg. Dort wurde er „vor ihren Augen verwandelt; sein Gesicht leuchtete wie die Sonne und seine Kleider wurden blendend weiß wie das Licht. Es erschienen vor ihren Augen Mose und Elija und redeten mit Jesus. Da warf plötzlich „eine leuchtende Wolke ihren Schatten auf sie, und aus der Wolke rief eine Stimme: Das ist mein geliebter Sohn, an dem ich Gefallen gefunden habe; auf ihn sollt ihr hören". Als die Jünger das hörten, bekamen sie große Angst ... Beim Herabsteigen vom Berg gebot ihnen Jesus: „Erzählt niemand von dem, was ihr gesehen habt, bis der Menschensohn von den Toten auferstanden ist". Wieder sehen wir hier, daß er zur Verschwiegenheit mahnte, um bis zu seinem Prozeß genügend Zeit zu haben. Als sie vom Berg heruntergekommen waren, fiel ein Mann vor ihm auf die Knie und bat ihn, seinen mondsüchtigen Sohn zu heilen. *Jesus* ließ den Sohn bringen und heilte ihn. Als die Jünger ihn fragten, warum sie – als sie gebeten wurden – den Mondsüchtigen nicht heilen konnten, sagte er: „Weil euer Glaube so klein ist". Wenig später kündigte er seinen Jüngern zum zweiten Mal sein Leiden und Sterben an; aber am dritten Tag werde er auferstehen.. Da wurden sie sehr traurig. Sie glaubten offenbar nicht an eine Auferstehung.

Bei der Ankunft in *Kafarnaum* richteten Männer, die die Tempelsteuer einzogen, die Frage an *Petrus*. „Zahlt euer Meister die Doppeldrachme nicht"? „Doch" sagte *Petrus*. *Jesus* gebot ihm, zum See zu gehen und dem ersten Fisch, den er fing, ein Vierdrachmenstück aus dem Maul zu entnehmen. „Das gib den Männern als Steuer für mich und für dich" – damit sie bei niemand Anstoß erregten (Mt 17). Am Beginn von Mt 18 lesen wir, daß die Jünger *Jesus* fragten: „Wer ist im Himmelreich der Größte"? Er rief ein Kind herbei und sagte zu ihnen: „Wer so klein sein kann wie dieses Kind, der ist im Himmelreich der Größte". Dann fügte er warnend hinzu: „*Wer einen von diesen Kleinen, die an mich glauben, zum Bösen verführt, für den wäre es besser, wenn er mit einem Mühlstein um den Hals im tiefen Meer versenkt würde*". Mit diesen scharfen Worten verurteilte Jesus jegliche Kinderschändung und Kinderprostitution. „*Wenn dich deine Hand oder dein Fuß zum Bösen verführt, dann hau sie ab und wirf sie weg! Es ist besser für dich, verstümmelt oder lahm in das Leben zu gelangen, als mit zwei Händen und zwei Füßen in das ewige Feuer geworfen zu werden*". Hütet euch davor, einen von diesen Kleinen zu verachten. Denn ich sage euch: Ihre Engel im Himmel sehen stets das Angesicht meines himmlischen Vaters". Euer himmlischer Vater will nicht, „daß einer von diesen Kleinen verlorengehe".
Nun bestätigte *Jesus* gegenüber seinen Jüngern noch einmal die Vollmacht, die er früher bereits *Petrus* übertragen hatte. „Wenn dein Bruder sündigt, dann geh zu ihm und weise ihn unter vier Augen zurecht. ... *Amen, ich sage euch: Alles, was ihr auf Erden binden werdet, das wird auch im Himmel gebunden sein, und alles, was ihr auf Erden lösen werdet, das wird auch im Himmel gelöst sein. ... Alles, was zwei von euch auf Erden gemeinsam erbitten, werden sie von meinem himmlischen Vater erhalten. Denn, wo zwei oder drei in meinem Namen versammelt sind, da bin ich mitten unter ihnen*". Darauf *Petrus*: „Herr, wie oft muß ich meinem Bruder vergeben? Siebenmal? *Jesus* antwortete: „Nicht siebenmal, sondern siebenundsieb-

zigmal". Die Gespräche über das Vergeben endeten mit einem *Gleichnis vom unbarmherzigen Gläubiger*: Mit dem Himmelreich sei es wie mit einem König, der aus Barmherzigkeit einem seiner Diener seine hohen Schulden erließ. Der gleiche Diener verlangte nun sofort von einem anderen, der ihm eine kleine Summe schuldete, die Schuld zu begleichen. Weil dieser nicht zahlen konnte, ließ er ihn ins Gefängnis werfen. Als der König das erfuhr, bestrafte er den Unbarmherzigen und übergab ihn bis zur Bezahlung seiner Schuld den Folterknechten. „Ebenso wird mein himmlischer Vater jeden von euch behandeln, der seinem Bruder nicht von ganzem Herzen vergibt".

Mit dieser Szene endete der Aufenthalt *Jesu* in *Galiläa* und er zog in das Gebiet von *Judäa*. Viele Menschen folgten ihm und die Kranken unter ihnen heilte er. Wieder kamen *Pharisäer* zu ihm, die ihm eine Falle stellen wollten. Sie fragten: „Darf man seine Frau aus jedem beliebigen Grund aus der Ehe entlassen"? Er antwortete: „*...Was Gott verbunden hat, das darf der Mensch nicht trennen*". Auf ihren Einwand, *Moses* habe verlangt, daß man der Frau eine Scheidungsurkunde geben müsse, wenn man sich trennen wolle, sagte er: „Nur weil ihr so hartherzig seid, hat *Moses* euch erlaubt, eure Frauen aus der Ehe zu entlassen. ... *Wer seine Frau entläßt, obwohl kein Fall von Unzucht vorliegt, und eine andere heiratet, der begeht Ehebruch*". Darauf die Jünger: Dann sei es nicht gut, zu heiraten. *Jesus*: Manche sind von Geburt an zur Ehe unfähig ... und manche haben sich selbst dazu gemacht – um des Himmelreiches willen. Wer das erfassen kann, der erfasse es". *Auf diesen Aussagen Jesu beruht die Lehre der Kirche von der Unauflöslichkeit der Ehe und vom Verzicht (Zölibat) der Priester und Ordensleute auf die Ehe.* Als die Jünger Kinder abwiesen, die zu *Jesus* wollten, sagte er: „Laßt die Kinder zu mir kommen ... Denn Menschen wie ihnen gehört das Himmelreich".

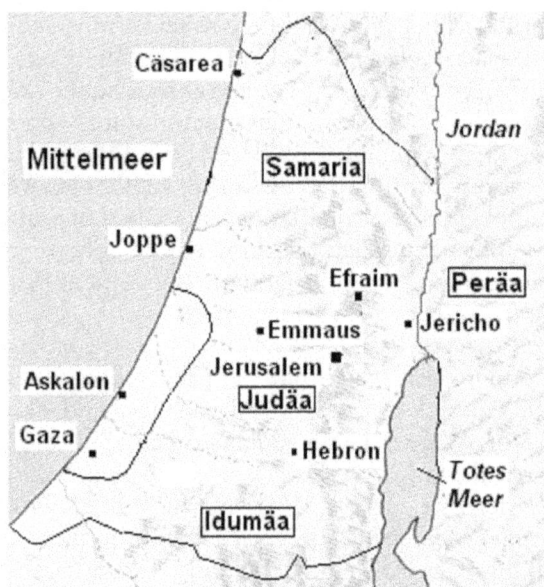

Fig. 3-12: Gegen Ende seines öffentlichen Auftretens zog Jesus mit seinen Jüngern in die südlich von Galiläa gelegene Provinz Judäa und schließlich nach Jerusalem, wo er angeklagt und gekreuzigt wurde.

Ein Reicher kam zu *Jesus* und fragte ihn, was er tun müsse, um das ewige Leben zu gewinnen. *Jesus* gab zur Antwort: „...halte die Gebote"! Der Reiche: „Alle diese Gebote habe ich befolgt. Was fehlt mir jetzt noch"? *Jesus: „Wenn du vollkommen sein willst, geh, verkaufe deinen Besitz und gib das Geld den Armen; so wirst du einen bleibenden Schatz im Himmel haben; dann komm und folge mir nach"*. Da ging der Mann traurig weg, denn er besaß ein großes Vermögen. *Jesus* zu seinen Jüngern: *„Eher geht ein Kamel durch ein Nadelöhr, als daß ein Reicher in das Reich Gottes gelangt*. Als die Jünger zweifelten, ob überhaupt einer gerettet würde, sagte er: „...für *Gott* aber ist alles möglich". Für die Jünger, die auch ihr eigenes Schicksal vor Augen hatten, gab *Petrus* zu bedenken: „Du weißt, wir haben alles verlassen und sind dir nachgefolgt. Was werden wir dafür bekommen"? *Jesus:* „Amen, ich sage euch: *Wenn die Welt neu geschaffen wird* und der Menschensohn sich auf den Thron der Herrlichkeit setzt, werdet ihr, die ihr mir nachgefolgt seid, auf zwölf Thronen sitzen und die zwölf Stämme Israels richten. *Und jeder, der um meines Namens willen Häuser oder Brüder, Schwestern, Vater, Mutter,*

Kinder oder Äcker verlassen hat, wird dafür das Hundertfache erhalten und das ewige Leben gewinnen" (Mt 19). *Die dramatische Konsequenz aus diesem Wort Gottes: Wer nur an Karriere denkt oder sich selbständig machen will, um für ein gutes Leben übermäßig nicht benötigten irdischen Besitz anzuhäufen, kann damit das Himmelreich nicht gewinnen. Wer dagegen um des Himmelreiches willen auf unnötige Reichtümer verzichtet, um vieles davon den Armen zu geben, der wird im ewigen Leben das Hundertfache erhalten. Die klügsten Menschen sind also nicht diejenigen, die viel materiellen Besitz erworben – die es „geschafft" – haben, sondern die Weitsichtigen, die auf das Wort Gottes vertrauen.*

In Mt 20 lesen wir das *Gleichnis vom Gutsbesitzer*, der im Laufe eines Tages Arbeiter für seinen Weinberg einstellt und mit jedem als Entgelt einen Denar vereinbart. Als am Abend jeder seinen Denar erhält, murren die, die länger gearbeitet haben. Darauf der Gutsherr: „Darf ich mit dem, was mir gehört, nicht tun, was ich will? Oder bist du neidisch, weil ich zu anderen gütig bin"? *So werden – wie im Himmelreich – die Letzten die Ersten und die Ersten die Letzten.*

Als *Jesus* sich mit seinen Jüngern auf den Weg nach *Jerusalem* machte, kündigte er ihnen ein drittes Mal sein Leiden und Sterben an und daß er am dritten Tag auferstehen werde. Da trat die fürsorgliche Mutter der Söhne des Zebedäus, *Jakobus* und *Johannes*, vor *Jesus* hin und bat ihn, er möge doch bitte ihre beiden Söhne im Himmelreich neben sich sitzen lassen, den einen zu seiner Rechten, den anderen zu seiner Linken. Dazu *Jesus*: „Ihr wißt nicht, was ihr bittet". Dann sagte er, die Platzverteilung stehe nicht ihm zu, sondern werde von seinem himmlischen Vater festgelegt. Als die anderen zehn Jünger das Verhalten der Mutter und ihrer Söhne tadelten, ermahnte er sie: „Wer unter euch groß sein will, der sei euer Diener". Der Menschensohn sei nicht gekommen, daß er sich dienen lasse, sondern daß er diene und sein Leben gebe, um viele zu erlösen. Beim Verlassen von *Jericho* heilte *Jesus* zwei Blinde, die am Wegrand saßen und ihn laut schreiend um Hilfe anflehten, während die herumstehenden Leute sie zum Schweigen bringen wollten (Mt 20).

Nahe bei *Jerusalem* sagte *Jesus* zu zwei seiner Jünger, sie sollten in das vor ihnen liegende Dorf vorausgehen und die dort angebundene Eselin bringen. Wenn jemand dagegen protestiere, sollten sie sagen: „*Der Herr* bedarf ihrer" und es werde erlaubt. Damit erfüllte sich das Wort des Propheten *Sacharja* um 520 v. Chr.: „*Sagt der Tochter Zion: Siehe, dein König kommt zu dir sanftmütig und reitet auf einem Esel und auf einem Füllen, dem Jungen eines Lasttiers"* (Sach 9). Die Leute, die dabei waren, legten Kleider und Zweige auf den Weg, auf dem *Jesus* ritt, und riefen: *„Hosianna dem Sohn Davids! Gelobt sei, der da kommt im Namen des Herrn! Hosianna in der Höhe!"* Ganz *Jerusalem* war aufgeregt, als *Jesus* in die Stadt einzog, und fragte: Wer ist der?" Die Menschen, die *Jesus* gefolgt waren, sagten: „Das ist *Jesus*, der Prophet aus *Nazareth in Galiläa".*

Jesus war nach *Matthäus* – im Gegensatz zum Evangelium des *Johannes* – nie vorher in *Jerusalem* gewesen, viele Einwohner wußten daher kaum etwas von ihm, außer vielleicht einige wie die Hohepriester, die von seiner Lehre und seinen Heilungen gehört hatten. Was *Jesus* nun im Zentrum *Jerusalems* tat, war – da ihn (nach Matthäus) viele nicht persönlich kannten – beinahe lebensgefährlich. Er ging in den Tempel hinein und trieb die Händler, die dort wie gewohnt ihre Produkte anboten, hinaus, und stieß die Tische der Geldwechsler und die Käfige der Taubenhändler um. Dabei rief er, was schon der Prophet *Jesaja* um 700 v. Chr. verkündet hatte (Jes 56): *„Mein Haus ist ein Bethaus, ihr aber habt es zu einer Räuberhöhle gemacht".* Die Hohepriester und Schriftgelehrten waren ausnahmslos empört, daß er im Tempel Blinde und Lahme heilte. Als Kinder im Tempel „Hosianna dem Sohn *Davids*!" riefen, sprachen ihn die Hohepriester an: „Hörst du auch, was diese sagen?" *Jesus* gab nur eine kurze Antwort, verließ dann sofort die Stadt und übernachtete in *Betanien*.
Am nächsten Morgen ging *Jesus* wieder in die Stadt. Er hatte Hunger und sah auf dem Weg einen Feigenbaum, der keine Früchte trug. Auf sein Wort hin: „Nun wachse auf dir niemals mehr eine Frucht", verdorrte der Feigenbaum sogleich. Zu den Jüngern, die sich darüber wunderten, sagte er: Wenn sie Glauben hätten und keinerlei Zweifel, könnten sie noch größere Taten vollbringen. Während er im Tempel von Jerusalem seine Lehre vortrug, fragten ihn die Hohepriester und einige Älteste: „Mit welchem Recht tust du das alles? Wer hat dir dazu die Vollmacht gegeben"? Er konterte mit einer Gegenfrage: „Woher stammte die Taufe des Johannes? Vom Himmel oder von den Menschen"? Als sie eingestanden, sie wüßten es nicht, sagte er: „Dann sage auch ich euch nicht, mit welchem Recht ich das alles tue".

In drei Gleichnissen erläuterte *Jesus*, was mit denen geschehen werde, die seine Botschaft vom *Reich Gottes* nicht annehmen. Im *Gleichnis von den beiden Söhnen* schickt der Vater, ein Weingutbesitzer, beide zum Arbeiten in den Weinberg. Der eine ging gar nicht und der andere erst später, weil er sein „Nein" bereute. Auf die Frage *Jesu* antworteten seine Zuhörer, der zweite Sohn habe den Willen seines Vaters erfüllt. Da sagte er: „Zöllner und Dirnen gelangen eher in das *Reich Gottes* als ihr. Denn *Johannes* (der Täufer) ist gekommen, …und ihr habt ihm nicht geglaubt; aber die Zöllner und die Dirnen haben ihm geglaubt". Im *Gleichnis von den kriminellen Winzern* verpachtete ein Gutsbesitzer seinen Weinberg an fremde Winzer und schickte zur Erntezeit zuerst zweimal seine Knechte und zuletzt seinen Sohn, um seinen Anteil an den Früchten zu holen. Sie wurden alle umgebracht, weil die Pächter die Ernte für sich behalten wollten. Die Frage *Jesu*: „Was wird er mit solchen Winzern tun"? erübrigte sich eigentlich. *Jesus* zitierte nun die Schrift: „Der Stein, den die Bauleute verworfen haben, er ist zum Eckstein geworden. … Das *Reich Gottes* wird euch weggenommen und einem Volk gegeben werden, das die erwarteten Früchte bringt". Die Hohepriester und *Pharisäer* merkten, daß er von ihnen sprach. Aus Furcht vor den Leuten, die *Jesus* für einen Propheten hielten, konnten sie ihn nicht verhaften lassen. Im *Gleichnis vom königlichen Hochzeitsmahl* ließ ein König die zur Hochzeit des Sohnes eingeladenen Gäste rufen; diese kamen aber nicht, sondern mißhandelten und töteten sogar die Diener des Königs. Da ließ der König die Mörder umbringen und schickte erneut seine Diener, um alle, die sie auf den Straßen trafen, zur Hochzeit einzuladen. Sie alle, Gute und Böse, kamen und der Festsaal füllte sich mit Gästen. Ein Mann, der kein Hochzeitsgewand anhatte, wurde in die „äußerste Finsternis" hinausgeworfen. *„Denn viele sind gerufen, aber nur wenige auserwählt"* (Mt 22). Schon wieder wollten die *Pharisäer Jesus* eine Falle stellen. Sie ließen ihn durch ihre Jünger fragen: „Ist es nach deiner Meinung erlaubt, dem Kaiser Steuer zu zahlen oder nicht"? *Jesus* erkannte ihre Bosheit und ließ sich eine Münze zeigen. Er fragte sie: „Wessen Bild und Aufschrift ist das"? Sie antworteten: „Des Kaisers". Er darauf: *„So gebt dem Kaiser, was des Kaisers ist, und Gott, was Gottes ist"*. Die Fragenden waren überrascht, verstummten und gingen weg. Nun versuchten es einige *Sadduzäer*, die bekanntlich nicht an die Auferstehung glaubten. Sie fragten *Jesus* hinterlistig: Wenn nacheinander sieben Brüder ein- und dieselbe Frau heiraten, weil jeder der Brüder kurz nach der Heirat verstorben ist; wessen Frau wird sie nun bei der Auferstehung sein? Er belehrte sie: *„Nach der Auferstehung werden die Menschen nicht mehr heiraten, sondern sein wie die Engel im Himmel"*. Und er fügte hinzu: *Der Gott Abrahams, Isaaks und Jakobs sei kein Gott der Toten, sondern der Gott der Lebenden*. Seine Zuhörer waren über seine Worte bestürzt. Nun versuchten es wieder die *Pharisäer* mit der Frage: „Meister, welches Gebot im Gesetz ist das wichtigste"? *Jesus: „Du sollst den Herrn, deinen*

Gott, lieben mit ganzem Herzen, mit ganzer Seele und mit all deinen Gedanken. Das ist das wichtigste und erste Gebot. Ebenso wichtig ist das zweite: Du sollst deinen Nächsten lieben wie dich selbst".

Nun richtete *Jesus* an die *Pharisäer* eine Frage: „Was denkt ihr über den *Messias? Wessen Sohn ist er?"* Ihre Antwort: „Der Sohn *Davids"*. Darauf *Jesus:* „Wie kann ihn dann *David*, vom Geist *Gottes* erleuchtet, ‚Herr' nennen? ... Wenn ihn also *David* ‚Herr' nennt, wie kann er dann sein Sohn sein"? Von da an wagte keiner mehr, ihm eine Frage zu stellen – einfach, weil sie seinen Argumenten nichts entgegensetzen konnten.

Das Verhalten der Schriftgelehrten und *Pharisäer* wurde von *Jesus* scharf verurteilt. In Mt 23 finden wir die Grundsatzrede, mit der er sich an das Volk und seine Jünger wandte. Er begann mit dem Vorwurf, die Schriftgelehrten und *Pharisäer* redeten nur, täten aber selber nicht, was sie sagten. Überall stellten sie sich selbstgefällig zur Schau, ließen sich gerne grüßen und von den Leuten Rabbi (Meister) nennen. Seine Jünger sollten das nicht tun, denn nur einer ist euer Meister, ihr alle aber seid Brüder. „*Auch sollt ihr niemand auf Erden euren Vater nennen; denn nur einer ist euer Vater, der im Himmel. ... Der größte von euch soll euer Diener sein. Denn wer sich selbst erhöht, wird erniedrigt, und wer sich selbst erniedrigt, wird erhöht werden"*.

In sieben „Weh euch, ihr Schriftgelehrten und *Pharisäer"*-Rufen geißelte *Jesus* im zweiten Teil seiner Rede das verwerfliche Verhalten dieser „Hüter" der Mosaischen Gesetze (Mt 23):

- sie seien Heuchler, die den Menschen das Himmelreich verschließen;
- wenn sie einen Menschen für ihren Glauben gewonnen haben, würden sie ihn zu einem „Sohn der Hölle" machen;
- sie seien blinde Führer; sie ließen beim Gold des Tempels schwören, aber nicht beim Tempel selbst: im ersten Fall sei der Schwörer an seinen Eid gebunden, im zweiten Fall nicht;
- sie gäben den Zehnten von Minze, Dill und Kümmel, ließen aber das Wichtigste im Gesetz außer acht: Gerechtigkeit, Barmherzigkeit und Treue;
- sie hielten Becher und Schüsseln außen sauber, aber innen seien sie voll von geraubten Gütern;

- sie seien wie weiß getünchte Gräber, in denen man nur Knochen und Verwesung finde; äußerlich seien sie den Menschen gerecht, innerlich aber voller Heuchelei und Ungehorsam gegen *Gottes* Gesetz;
- sie würden sagen, sie wären nicht – wie ihre Väter – am Tod der Propheten schuldig geworden; damit sagen sie selbst, sie seien die Söhne der Prophetenmörder; „ihr Nattern, ihr Schlangenbrut! Wie wollt ihr dem Strafgericht der Hölle entrinnen"?

Die Rede endete mit dem Ausruf: *„Jerusalem, Jerusalem, du tötest die Propheten und steinigst die Boten, die zu dir gesandt sind. Wie oft wollte ich deine Kinder um mich sammeln, ... aber ihr habt nicht gewollt. Darum wird euer Haus (von Gott) verlassen. Und ich sage euch: Von jetzt an werdet ihr mich nicht mehr sehen, bis ihr ruft: Gesegnet sei er, der kommt im Namen des Herrn".* Diese *letzte Aussage kann als Hinweis verstanden werden, daß der Herr erst wieder in Herrlichkeit auf der Erde erscheinen wird, wenn die Juden ihn als den erwarteten Messias und Gottessohn anerkannt haben.*

Als *Jesus* den Tempel verließ, sagte er zu seinen Jüngern – vierzig Jahre, bevor es wahr wurde: *„Kein Stein wird hier auf dem anderen bleiben; alles wird niedergerissen werden".*

Zwei Tage vor seiner Gefangennahme hielt er sich mit seinen Jüngern am Ölberg außerhalb der Stadtmauer *Jerusalems* auf und hielt seine letzte große Rede, die *„Endzeitrede"*. Er sagte unter anderem, es würden viele in seinem Namen als „Messias" auftreten und die Menschen irreführen, es gäbe Kriege, Hungersnöte und Erdbeben, seine Jünger würden um seines Namens willen gehaßt und getötet, *Gottes* Gesetze würden immer mehr mißachtet werden und die Liebe bei vielen erkalten. Wer aber standhaft bleibe, werde gerettet. *Das Evangelium vom Reich werde auf der ganzen Welt verkündet werden, damit alle Völker es hören; dann erst komme das Ende. Es werde eine so große Not kommen, wie es noch nie eine gegeben hat, seit die Welt besteht, und wie es auch keine mehr geben wird. Diese Zeit werde verkürzt, sonst würde kein Mensch gerettet werden. Wie ein Blitz das Firmament erleuchtet, so werde es bei der Ankunft des Menschensohnes sein. Für niemand bleibe mehr Zeit, seine Angelegenheiten zu regeln: Wer auf dem Dach sei, habe keine Zeit mehr, herunterzusteigen, und wer auf dem Feld sei, um heimzukehren und den Mantel zu holen.*

„*Sofort nach den Tagen der großen Not wird sich die Sonne verfinstern, und der Mond wird nicht mehr scheinen; die Sterne werden vom Himmel fallen, und die Kräfte des Himmels werden erschüttert werden. Dann wird das Zeichen des Menschensohnes am Himmel erscheinen ...*" *Die Völker würden den Menschensohn mit großer Macht und Herrlichkeit auf den Wolken des Himmels kommen sehen. Er werde seine Engel mit lautem Posaunenschall aussenden, um die Auserwählten zusammenzuführen.* „*Diese Generation wird nicht vergehen, bis das alles eintrifft. Himmel und Erde werden vergehen, aber meine Worte werden nicht vergehen*".

Besonders bedeutsam ist in diesen Worten *Jesu*, daß bei seiner Ankunft auf der Erde „*die Kräfte des Himmels*" erschüttert werden. Niemals vorher hat jemand von solchen Kräften besprochen, weil man nicht wußte, daß es sie gibt. Erst 1686 n. Chr. hat *Sir Isaac Newton* das *Gravitationsgesetz* entdeckt und formuliert, das die Anziehungskraft zwischen allen Himmelskörpern beschreibt. Die Anziehungskraft zwischen Körpern, die sich auf der Erde befinden, und der Erdmasse bezeichnen wir auch als *Schwerkraft*. Sie bestimmt das Gewicht unseres eigenen Körpers.

Am Ende seiner Rede erläuterte *Jesus* in vier Gleichnissen, wie sich die Menschen auf seine Wiederkunft vorbereiten sollten: Im *Gleichnis vom wachsamen Hausherrn* sagte er: „*Der Menschensohn kommt zu einer Stunde, in der ihr es nicht erwartet*". Im *Gleichnis vom treuen Knecht*: Selig sei der Knecht, der sein Gesinde gut behandelt, wenn der Herr kommt. Er werde ihn zum Verwalter seines ganzen Vermögens machen. Im *Gleichnis von den zehn Jungfrauen*: Fünf kluge und fünf törichte Jungfrauen gingen mit Lampen dem Bräutigam entgegen. Die Klugen hatten in Krügen Ersatzlampenöl dabei, die törichten nicht. Als der Bräutigam kam, mußten die törichten Jungfrauen weggehen um genügend Ersatzöl einzukaufen. Die klugen Frauen aber gingen mit dem Bräutigam in den Hochzeitssaal, und die Tür wurde zugeschlossen. Als die törichten Jungfrauen kamen, wurden sie nicht mehr reingelassen. Der Herr sagte zu ihnen: „*Ich kenne euch nicht*". „*Seid also wachsam! Denn ihr wißt weder den Tag noch die Stunde*". Zuletzt im *Gleichnis vom anvertrauten Geld*: Ein Mann ging auf Reisen und vertraute jedem seiner drei Diener einen unterschiedlichen Teil seines Vermögens an, um es zu verwalten. Nach der Rückkehr verlangte der Herr von seinen Dienern Rechenschaft. Zwei der Diener hatten das Vermögen, das sie verwalteten, inzwischen verdoppelt und wurden von ihrem Herrn dafür gelobt und belohnt. Der dritte aber hatte das Geld vergraben und nichts dazugewonnen. Da sagte der Herr zu seinen anderen Dienern: „Werft diesen nichtsnutzigen Diener hinaus in die äußerste Finsternis" (Mt 25).

Den Redeschluß bildete eine Aussage über das Weltgericht: „*Wenn der Menschensohn in seiner Herrlichkeit kommt und alle Engel mit ihm*", dann *werden alle Völker vor ihm zusammengerufen werden* „*und er wird sie voneinander scheiden, nämlich die ,Gesegneten' von den ,Verfluchten'. Die ,Gesegneten' haben Hungernden und Durstigen zu Essen und Trinken gegeben, Fremde und Obdachlose aufgenommen, Nackte bekleidet und Kranke und Häftlinge besucht. Die ,Verfluchten' haben dies alles nicht getan. Was ihr für einen meiner geringsten Brüder getan habt, das habt ihr mir getan*". *Die einen werden die ewige Strafe erhalten, die anderen das ewige Leben.*

Nach dieser Rede sagte *Jesus* zu den Jüngern: „Ihr wißt, daß in zwei Tagen das *Paschafest* beginnt; da wird der *Menschensohn* ausgeliefert und gekreuzigt werden". Noch während er dies sagte, beschlossen die Ältesten des Volkes im Palast des Hohepriesters *Kajaphas*, ihn zu töten. *Jesus* verließ die Stadt und ging nach *Betanien* in das Haus *Simons des Aussätzigen*. Als er dort zu Tisch saß, kam eine Frau mit einem Gefäß voll kostbaren Öls und goß es über sein Haupt aus. Auf den Tadel der Jünger über die „Verschwendung" entgegnete er: „Sie hat ein gutes Werk an mir getan. Als sie das Öl über mich goß, hat sie meinen Leib für das Begräbnis gesalbt". Darauf ging der Verräter *Judas Iskariot* zu den Hohepriestern und bekam 30 Silberstükke, damit er *Jesus* an sie ausliefere.

Am ersten Tag des *Festes der Ungesäuerten Brote* gingen die Jünger im Auftrag *Jesu* in die Stadt und bekamen für den Abend einen Raum, den Abendmahlsaal, wo *Jesus* mit ihnen das *Paschamahl* einnahm. Bei Tisch sagte er, einer von den Jüngern würde ihn verraten. Da fragte *Judas*: „Bin ich es etwa, Rabbi?" *Jesus*: „Du sagst es". *Während des Mahls nahm Jesus das Brot, sprach den Lobpreis; dann brach er das Brot, reichte es den Jüngern und sagte: „Nehmt und eßt, das ist mein Leib". Dann nahm er den Kelch, sprach das Dankgebet und reichte ihn den Jüngern mit den Worten: „Trinkt alle daraus; das ist mein Blut, das Blut des Bundes, das für viele vergossen wird zur Vergebung der Sünden".* Er fügte hinzu: Er werde erst im Reich seines Vaters wieder zusammen mit den Jüngern von der Frucht des Weinstocks trinken. Die Worte, die *Jesus* beim Reichen von Brot und Wein sagte, bilden den Kern der *christlichen Messe, der Eucharistie*, wo in der Wandlung Brot und Wein feinstofflich und geistig in Leib und Blut *Jesu* verwandelt und als wohlgefällige Opfergabe *Gott* dargebracht werden.

Nach dem Mahl begab sich *Jesus* mit seinen Jüngern zum *Ölberg* in den Garten *Gethsemane*. Dreimal betete er dort in einiger Entfernung von den Jüngern zu seinem himmlischen Vater: *„Mein Vater, wenn es möglich ist, gehe dieser Kelch an mir vorüber. Aber nicht wie ich will, sondern wie du willst“.* Dreimal traf er die Jünger schlafend an. Beim dritten Mal sagte er: „Steht auf, wir wollen gehen! Seht, der Verräter, der mich ausliefert, ist da“. *Judas* ging auf *Jesus* zu und verriet ihn mit einem Kuß, wie mit den ihn begleitenden Soldaten vereinbart. *Jesus* zu den Soldaten: „Wie gegen einen Räuber seid ihr ... ausgezogen, um mich festzunehmen. Tag für Tag saß ich im Tempel und lehrte, und ihr habt mich nicht verhaftet“. Da verließen ihn alle seine Jünger und flohen. *Jesus* wurde zum Hohepriester *Kajaphas* geführt. Es begann *der berühmteste Prozeß der Weltgeschichte.*

Trotz vieler falscher Zeugen kam die Beweiserhebung nicht voran. Schließlich fragte ihn der Hohepriester: *„Bist du der Messias, der Sohn Gottes“?* Jesus antwortete: *„Du hast es gesagt. Von nun an werdet ihr den Menschensohn zur Rechten der Macht sitzen und auf den Wolken des Himmels kommen sehen“.* Da zerriß der Hohepriester sein Gewand – eine Geste, die bei den Juden in Augenblicken des Zorns und der Verbitterung üblich war – und rief: „Er hat Gott gelästert. Wozu brauchen wir noch Zeugen“? Nach ihrer Meinung gefragt, antworteten die versammelten Schriftgelehrten und Ältesten: „Er ist schuldig und muß sterben“. Darauf demütigten sie ihn durch Bespukken, Schläge und Ohrfeigen. *Petrus*, der sich vor dem Gerichtsgebäude im Hof aufhielt, wurde dort dreimal von Leuten angesprochen, er sei mit Jesus zusammengewesen. Er leugnete dreimal alles ab und gleich darauf krähte ein Hahn. Da erinnerte er sich, was *Jesus* gesagt hatte: „Ehe der Hahn kräht, wirst du mich dreimal verleugnen“. Da ging er hinaus und „weinte bitterlich“.

Am folgenden Morgen lieferten die Hohepriester *Jesus* an den römischen Präfekten (Statthalter) *Pontius Pilatus* aus, der als fünfter Statthalter *Judäas* im Jahr 26 n. Chr. von Kaiser *Tiberius* (Regierungszeit 14 – 37) ernannt worden war und bis zum Jahr 36 dieses Amt bekleidete. *Judas*, der inzwischen seine böse Tat tief bereute, warf die Silberstücke, die er für seinen Verrat bekommen hatte, in den Tempel und erhängte sich. Die Hohepriester wollten das Geld nicht in den Tempelschatz tun, „denn es klebt Blut daran“; sie kauften stattdessen einen Acker als Begräbnisplatz für die Fremden. *Jesus* mußte vor *Pilatus* Rede und Antwort stehen. *Pilatus* fragte ihn: *„Bist du der König der Juden?“* Jesus antwortete; *„Du sagst es“.* Auf die Anlagen der Hohepriester und Ältesten gab er zur Verwunderung des *Pilatus* keine Antwort.

Es war Brauch in *Jerusalem*, daß der Statthalter zum Paschafest einen seiner Gefangenen freiließ. *Pilatus* ließ das Volk zwischen einem Gefangenen namens *Barrabas* und *Jesus* wählen. Das Volk rief, *Barrabas* solle frei kommen und über *Jesus*: *„Ans Kreuz mit ihm!"* *Pilatus*, dessen Frau ihn wegen eines schrecklichen Traums warnte, *Jesus* zu verurteilen, wusch sich vor dem Volk die Hände und sagte: „Ich bin unschuldig am Blut dieses Menschen". Da rief das ganze Volk: *„Sein Blut komme über uns und unsere Kinder".* Darauf ließ *Pilatus Barrabas* frei und ordnete an, daß *Jesus* gegeißelt und gekreuzigt werde.

Die Soldaten, die die Kreuzigung durchführten, trieben mit *Jesus* ihren Spott. Sie legten ihm einen purpurroten Mantel um, setzten ihm einen Dornenkranz aufs Haupt, gaben ihm einen Stock in die Hand und verhöhnten ihn. Sie spuckten ihn an und schlugen mit dem Stock auf seinen Kopf. Auf dem Weg zur Kreuzigung mußte *Jesus* den Querbalken des Kreuzes selber tragen. Einen Mann, *Simon von Zyrene*, der ihnen begegnete, zwangen sie, *Jesus* beim Tragen zu helfen. An der Hinrichtungsstätte *Golgota* (Schädelhöhe) angekommen, kreuzigten sie *Jesus* und warfen über seine Kleider das Los. Über seinem Kopf brachten sie ein Schild mit der Aufschrift an: *„Das ist Jesus, der König der Juden".* Zusammen mit ihm wurden zwei Räuber gekreuzigt, der eine rechts und der andere links von ihm. Die Schriftgelehrten, *Pharisäer* und andere Leute, die dabei waren, verhöhnten *Jesus*: *„Wenn du Gottes Sohn bist, hilf dir selbst und steig herab vom Kreuz"*; dann würden sie an ihn glauben. *„Er hat auf Gott vertraut; der soll ihn jetzt retten, wenn er an ihm Gefallen hat; er hat doch gesagt: Ich bin Gottes Sohn".* Auch die beiden gekreuzigten Räuber verhöhnten ihn.
Von der sechsten bis zur neunten Stunde herrschte eine Finsternis im ganzen Land. Um die neunte Stunde, etwa drei Uhr am Nachmittag, rief *Jesus* laut: „Eli, Eli, lema sabachtani? *Mein Gott, mein Gott, warum hast du mich verlassen?"* Einer unter dem Kreuz steckte einen feuchten Schwamm auf einen Stock und wollte *Jesus* zu trinken geben. Er aber schrie noch einmal laut auf. Dann hauchte er seinen Geist aus. Da riß der Vorhang im Tempel von oben bis unten entzwei, die Erde bebte und die Felsen spalteten sich. Die Gräber öffneten sich, und die Leiber vieler Heiligen, die entschlafen waren, wurden auferweckt. Sie kamen nach der Auferstehung *Jesu* in die Heilige Stadt und erschienen vielen. Die Wachsoldaten unter dem Kreuz

erschraken sehr wegen des Erdbebens und sagten: *„Wahrhaftig, das war Gottes Sohn!"* Auch viele Frauen sahen von weitem der Kreuzigung zu: darunter *Maria aus Magdala, Maria,* die Mutter des *Jakobus* und des *Josef,* und die Mutter der Söhne des *Zebedäus.* Ein reicher Jünger *Jesu, Josef aus Arimathäa,* bat am Abend *Pilatus* um den Leichnam *Jesu.* Sein Körper wurde vom Kreuz abgenommen, in ein reines Leinentuch gehüllt und in ein neues Grab gelegt, das *Josef* für sich in einen Felsen hatte hauen lassen. Vor den Eingang wurde ein großer Stein gewälzt. *Maria aus Magdala* und die andere *Maria* waren bei der Grablegung dabei.

Am nächsten Tag gingen die Hohepriester und *Pharisäer* zu *Pilatus* und baten ihn, vor das Grab eine Wache aufzustellen, weil dieser „Betrüger", als er noch lebte, behauptet hätte, er werde nach drei Tagen auferstehen. Sie bekamen die Wache und versiegelten zusätzlich den Eingang des Grabs. Am nächsten Morgen, nach dem Sabbat, kamen *Maria aus Magdala* und die andere *Maria,* um nach dem Grab zu sehen. Plötzlich bebte die Erde, ein Engel des Herrn erschien, trat an das Grab, wälzte den Stein hinweg und setzte sich darauf. Die Wächter begannen vor Angst zu zittern und fielen wie tot zu Boden. Der Engel sagte zu den Frauen: „Fürchtet euch nicht! Ich weiß, ihr sucht *Jesus,* den Gekreuzigten. Er ist nicht hier; denn er ist auferstanden wie er gesagt hat. ... er geht euch voraus nach *Galiläa,* dort werdet ihr ihn sehen". „Voll Furcht und großer Freude" eilten die Frauen zu den Jüngern, um ihnen die Botschaft zu verkünden. Plötzlich kam ihnen *Jesus* entgegen und sagte: „Seid gegrüßt" und sie fielen vor ihm nieder. Er sagte: „Fürchtet euch nicht! Geht und sagt meinen Brüdern, sie sollen nach *Galiläa* gehen, und dort werden sie mich sehen".
Die Wächter waren inzwischen in die Stadt gegangen und hatten den Hohepriestern berichtet, was geschehen war. Diese reagierten in ihrer Hilflosigkeit darauf mit Bestechung: sie gaben den Soldaten viel Geld, damit sie den Leuten erzählten: Seine Jünger seien bei Nacht gekommen und hätten den Leichnam gestohlen, während alle schliefen. Die Wächter nahmen das Geld an und erzählten allen, wie es die Hohepriester haben wollten. „So kommt es, daß dieses Gerücht bei den Juden bis heute verbreitet ist".

Die elf Jünger gingen nun nach *Galiläa* zu einem von *Jesus* genannten Berg. Dort trafen sie ihn und fielen vor ihm nieder. Einige von ihnen zweifelten. Zu ihnen und den anderen sagte Jesus: *„Mir ist alle Macht gegeben im Himmel und auf der Erde. Darum geht zu allen Völkern, und macht alle Menschen* *zu meinen Jüngern; tauft sie auf den Namen des Vaters und des Sohnes und des Heiligen Geistes und lehrt sie, alles zu befolgen, was ich euch geboten habe. Seid gewiß: Ich bin bei euch alle Tage bis zum Ende der Welt".*

Mit diesem Auftrag an die Jünger und an alle, die ihm in den kommenden Jahrhunderten nachgefolgt sind, und mit dem Versprechen, immer unter uns zu sein bis ans Ende der Welt, endet dieser großartige Bericht des Matthäus über das Wirken des *Herrn*. Es gehört mit zum eindrucksvollsten und ergreifendsten, was die Weltliteratur hervorgebracht hat. Das Dokument stellt in überzeugender Weise dar, das *Jesus Christus* tatsächlich der *Sohn Gottes* ist, der sich selbst im Gehorsam gegenüber seinem himmlischen Vater als Opfer darbrachte zur Vergebung unserer Sünden und zur endgültigen Versöhnung aller Menschen mit *Gott*.

Das Evangelium nach Markus

Dieses älteste Evangelium wurde wahrscheinlich in Rom um 70 n. Chr. von einem gewissen *Johannes Markus* aus *Jerusalem* auf Griechisch geschrieben. Im Hause seiner Mutter versammelte sich die christliche Urgemeinde in *Jerusalem*. Er war ein Mitarbeiter des *Paulus* und später auch des *Petrus*.

Die Schrift beginnt wie bei *Matthäus* mit *Johannes dem Täufer*, dessen Wirken schon 700 Jahre vorher von *Jesaja* angekündigt wurde (Jes 40): *„Eine Stimme ruft: Bahnt für den Herrn einen Weg ...".* „Ganz *Judäa* und alle Einwohner *Jerusalems"* ließen sich von ihm im Jordan taufen – auch *Jesus*. Wir lesen dann weiter wie bei Matthäus (Mk 1-2): von der Berufung der ersten Jünger am See *Genezareth*, seiner Lehre in der Synagoge von *Kafarnaum*, der Heilung von „Besessenen" und Kranken, darunter die Schwiegermutter des *Petrus*, ein Aussätziger und ein Gelähmter. Wir hören auch von der Berufung des *Matthäus*, des Zöllners, hier *Levi* genannt, und von den Zöllnern und Sündern, mit denen Jesus – bei den *Pharisäern* Anstoß erregend – zu Tisch saß. Die Schrift berichtet dann von den vermeintlichen Verstößen *Jesu* und seiner Begleiter gegen das *Mosaische Gesetz* (Mk 3): das Nichteinhalten von Fasttagen (dazu Jesus: „Können denn die Hochzeitsgäste fasten, solange der Bräutigam bei ihnen ist"?), das Abreißen von Ähren und das Heilen eines Mannes am Sabbat (dazu Jesus: „Der Sabbat ist für den Menschen da, nicht der Mensch für den Sabbat").

Kapitel Mk 3 berichtet vom großen Andrang der Menschen und der Berufung seiner zwölf Jünger wie bei *Matthäus*. Seine „Angehörigen" wollten ihn sogar „mit Gewalt zurückholen; denn sie sagten: Er ist von Sinnen". Auf den Vorwurf von Schriftgelehrten aus *Jerusalem*, er sei von einem unreinen Geist, von Beelzebul besessen, reagierte er mit Schärfe: Wer „den *Heiligen Geist* lästert, der findet in Ewigkeit keine Vergebung...". In Mk 4 finden wir die aus der *Matthäus-Schrift* bekannten *Gleichnisse vom Sämann*, das er den Jüngern deutet, und vom *Senfkorn*. Seinen Jüngern erklärte er alle Gleichnisse, wenn er mit ihnen allein war. Die aber, die „draußen sind", sollen sehen, aber nicht erkennen, und hören, aber nicht verstehen, „damit sie sich nicht bekehren und ihnen nicht vergeben wird". Diese Worte richteten sich gegen seine Widersacher, die *Pharisäer* und Schriftgelehrten.

Markus wiederholte auch die Erzählung vom Sturm auf dem See *Genezareth*, während *Jesus* im Boot schlief, und von der Heilung des „Besessenen", dessen „Dämonen" in eine Herde Schweine fuhren. Darauf baten die verängstigten Leute *Jesus*, ihr Gebiet zu verlassen. An das andere Seeufer zurückgekehrt, heilte er eine Frau, die nur sein Gewand berührte und erweckte die verstorbene, zwölfjährige Tochter des Synagogenvorstehers wieder zum Leben. Wieder hören wir, daß *Jesus* den Leuten, die Zeugen waren, gebot, von dem, was er getan hatte, nichts weiterzusagen. In seiner Heimatstadt *Nazareth* nahmen die Leute „Anstoß an ihm und lehnten ihn ab". Dennoch zog er durch die benachbarten Dörfer und sandte auch seine Jünger aus, um seine Botschaft weiterzugeben.

In Mk 6 wird die Geschichte von der Enthauptung des Täufers berichtet. Weiter wird gesagt, daß die Jünger von ihren Missionen wieder zu *Jesus* zurückkehrten und, um etwas auszuruhen, mit ihm in einem Boot zu einer einsamen Stelle fahren wollten. Eine große Menschenmenge kam ihnen aber am Ufer nach und *Jesus* lehrte sie. Es folgte die Brotvermehrung und Speisung der fünftausend Männer, dazu der Frauen und Kinder. *Jesus* schickte dann seine Jünger voraus: Sie sollten mit dem Boot ans andere Ufer fahren. Dann ging er über dem See zu ihnen und sie schrien auf, denn sie dachten, es sei ein Gespenst. Den *Pharisäern* und Schriftgelehrten, die aus *Jerusalem* gekommen waren und sich darüber aufregten, daß seine Jünger aßen, ohne sich vorher – wie im „Gesetz" vorgeschrieben – die Hände zu waschen, entgegnete er: Nicht was in den Menschen von außen hineinkomme, sondern die bösen Worte, die aus ihm herauskämen, machen ihn unrein. *Damit erklärte Jesus alle Speisen für rein* (Mk 7).

Wie bei *Matthäus* lesen wir in Mk 7 die Geschichte von der phönizischen, also nicht zum Volk *Israel* gehörenden Frau, als *Jesus* in der Gegend von *Tyrus* weilte. Die Frau bat ihn, ihre Tochter zu heilen, „die von einem unreinen Geist besessen war". *Jesus* verweigerte sich zunächst. Sie aber sagte, auch für die Hunde unter dem Tisch falle etwas Brot vom Tisch des Herrn. *Jesus:* „Weil du das gesagt hast, sage ich dir: Geh nach Hause, der Dämon hat deine Tochter verlassen". Nach seiner Rückkehr an den See von *Galiläa* heilte er einen Taubstummen. Auch hier gebot er den Augenzeugen – wie so oft – nichts davon weiter zu erzählen.

In Mk 8 lesen wir die Geschichte von der wunderbaren Speisung der Viertausend, von der Verweigerung eines „Zeichens vom Himmel", das die *Pharisäer* von ihm forderten, damit sie Glauben könnten, von der Warnung *Jesu* vor dem „Sauerteig" der *Pharisäer* und des *Herodes* und von der Heilung eines Blinden bei *Betsaida*. Am Ende von Mk 8 finden wir das *Messiasbekenntnis des Petrus*, die erste Ankündigung *Jesu* von seinem Leiden und seiner Auferstehung, und seine eindringlichen Worte über die Bedingungen seiner Nachfolge: *„Wer mein Jünger sein will, der verleugne sich selbst, nehme sein Kreuz auf sich und folge mir nach".* In Mk 9 staunen wir über den Bericht von der Verklärung *Jesu* und die Heilung eines „besessenen Jungen". Ein zweites Mal kündigte er dann sein Leiden und seine Auferstehung an. „Aber sie verstanden den Sinn seiner Worte nicht, scheuten sich jedoch, ihn zu fragen". Als seine Jünger ihm erzählten, ein Mann habe in seinem Namen „Dämonen ausgetrieben", sagte er zu ihnen: „Hindert ihn nicht! Keiner, der in meinem Namen Wunder tut, kann so leicht schlecht von mir reden". Am Ende von Mk 9 warnt *Jesus* vor der Verführung von Kindern und ihrer unausweichlichen Folge für den Täter, „in die Hölle geworfen zu werden".

Wie bei *Matthäus* erfahren wir in Mk 10, daß *Jesus* nun nach *Judäa* aufbrach und in das Gebiet jenseits des Jordan kam. Wieder versammelten sich viele Leute um ihn und er lehrte sie. *Er sprach vom Verbot der Ehescheidung; daß man werden müsse wie die Kinder, um ins Himmelreich zu kommen; und daß ein Reicher nur schwer in den Himmel komme, weil für ihn der Mammon und nicht Gott an erster Stelle stehe.* Auf dem Weg nach *Jerusalem* hinauf kündigte er zum dritten Mal sein Leiden und seine Auferstehung an. Ein wenig abstoßend empfinden wir es, daß nun *Jakobus* und *Johannes*, die Söhne des *Zebedäus*, nichts anderes im Kopf hatten als die Bitte an *Jesus*, sie möchten doch gern in seinem Reich direkt rechts und links neben ihm sitzen. *Jesus* sagte, darüber könne nicht er entscheiden. „Könnt ihr den Kelch trinken, den ich trinke ...?" Die Jünger: „Wir können es". Darauf *Jesus:* „Ihr werdet den Kelch trinken, den ich trinke ...". Zu den anderen Jüngern, die sich über *Jakobus* und *Johannes* ärgerten, sagte er: „...wer bei euch groß sein will, der soll euer Diener sein ..." Als sie in die Nähe von *Jericho* kamen, heilte er einen Blinden, der ihn um Erbarmen anflehte, obwohl die Jünger ihn zum Schweigen bringen wollten.

In Mk 11 bis 16 wird über die letzten Tage *Jesu* in *Jerusalem* berichtet. Wir erfahren wie bei *Matthäus*, wie *Jesus* auf einem Esel reitend in *Jerusalem* einzog, den fruchtlosen Feigenbaum verdorren ließ, die Händler aus dem Tempel verjagte und davon sprach, daß der Glaube Berge versetzen könne. Die Frage der Hohepriester, woher er die Vollmacht für sein Handeln habe, beantwortete er nicht. Nach dem Gleichnis von den bösen Winzern, beantwortete er die Frage, ob es erlaubt sei, dem Kaiser Steuern zu zahlen, und die Frage der *Sadduzäer*, was mit jenen sieben Brüdern geschehe, die nacheinander dieselbe Frau geheiratet hätten, weil jeder der Brüder früh verstorben sei. Ein hartes Urteil fällte er über die scheinheiligen Schriftgelehrten und *Pharisäer*. Kurz vor dem Beginn seines Leidens hielt er am Ölberg vor den Jüngern seine letzte große Rede, die *Rede über die Endzeit*. Am Schluß der Rede sagte er: *Den Tag und die Stunde, wenn das Ende vor der Tür steht, weiß niemand, nur der Vater. „Seid wachsam!"*

Der nun folgende Bericht über das Leiden und die Auferstehung *Jesu* stimmt weitgehend mit der Darstellung des *Matthäus-Evangeliums* überein: Wir hören von der Salbung *Jesu* mit wertvollem Öl, das eine Frau über sein Haupt ausgoß; vom Paschamahl, vom Gang zum Ölberg, von der Todesangst und dem Beten *Jesu* im Garten *Gethsemane*, während die Jünger schliefen; vom Verrat des *Judas*, von der Gefangennahme und dem Verhör *Jesu* vor den Hohepriestern. Auch die Verleugnung des *Petrus* wird ausführlich geschildert. Die Verhandlung vor *Pilatus* begann mit der Frage: „Bist du der König der Juden?" *Jesus:* „Du sagst es". Eine andere Frage konnte *Pilatus* gar nicht stellen, denn er war voll und ganz seiner römischen Götterwelt zugetan und konnte mit dem seltsamen jüdischen Monotheismus nichts anfangen. Zu den vielen Anklagen der Hohepriester schwieg *Jesus* beharrlich, worüber sich *Pilatus* wunderte. Wie vor dem Paschafest üblich, gab *Pilatus* einen Gefangenen frei, aber nicht den angeklagten *Jesus*, sondern den des Mordes beschuldigten *Barrabas*. Dann ließ er *Jesus* geißeln und kreuzigen. Auch hier lesen wir, wie *Jesus* von den Soldaten und nach der Kreuzigung von den Augenzeugen verspottet wurde.

Als *Jesus* etwa um drei Uhr nachmittags starb, sagte der Hauptmann, der es beobachtete: *„Wahrhaftig, dieser Mensch war Gottes Sohn".* Der Evangelist berichtet uns, daß neben *Maria von Magdala* und *Maria,* der Mutter von *Jakobus,* noch „viele andere Frauen dabei waren, die mit ihm nach Jerusalem hinaufgezogen waren". (*Maria,* die Mutter *Jesu* wird nicht erwähnt). Am zweiten Tag nach dem Begräbnis *Jesu* entdeckten die beiden Frauen *Maria von Magdala* und die andere *Maria,* als sie früh am Morgen zum Grab eilten, um den Leichnam zu salben, daß der schwere Stein vom Grabeingang weggewälzt war. Tief erschrocken sahen sie im Grab einen jungen Mann. Er sagte zu ihnen: *„Ihr sucht Jesus von Nazareth, den Gekreuzigten. Er ist auferstanden".* Der Auferstandene erschien zuerst *Maria von Magdala.* Sie erzählte es den verängstigten Jüngern, aber sie glaubten es nicht. Darauf erschien *Jesus* zwei von den Jüngern, als sie unterwegs waren. Wieder glaubten es die anderen Jünger nicht. Nun erschien er allen elf Jüngern, als sie bei Tisch waren, und tadelte ihren Unglauben. Sie erhielten seinen Auftrag: *„Geht hinaus in die ganze Welt, und verkündet das Evangelium allen Geschöpfen! Wer glaubt und sich taufen läßt, wird gerettet; wer aber nicht glaubt, wird verdammt werden".* Nachdem er dies gesagt hatte, *„wurde er in den Himmel aufgenommen und setzte sich zur Rechten Gottes".*

Das Evangelium nach Lukas

Lukas, der Verfasser dieses Evangeliums und ebenso der Apostelgeschichte, besaß als Arzt eine akademische Bildung und stand mit dem Apostel *Paulus* in Verbindung. Beide Schriften sind wahrscheinlich zwischen 80 und 90 n. Chr. in Kleinasien oder in Griechenland entstanden. In einem Vorwort sagt der Evangelist: „Schon viele haben es unternommen, einen Bericht über all das abzufassen, was sich unter uns ereignet und erfüllt hat. Dabei hielten sie sich an die Überlieferung derer, die von Anfang an Augenzeugen und Diener des Wortes waren. Nun habe auch ich mich entschlossen, allem von Grund auf sorgfältig nachzugehen, um es für dich, hochverehrter *Theophilus,* der Reihe nach aufzuschreiben".

Der Text beginnt mit der Verheißung der Geburt von *Johannes dem Täufer*. Zur Zeit des Königs *Herodes Antipas* war der Priester *Zacharias* in *Jerusalem* für den Tempeldienst eingeteilt. Seine Frau war *Elisabeth* aus dem Geschlecht *Aarons*. Sie hatten keine Kinder. Eines Tages erschien dem *Zacharias*, während er im Tempel das Rauchopfer darbrachte, ein *Engel des Herrn* und sagte zu ihm: „Fürchte dich nicht, *Zacharias*! Dein Gebet ist erhört worden. Deine Frau *Elisabeth* wird dir einen Sohn gebären; dem sollst du den Namen *Johannes* geben. Als *Zacharias* das nicht glauben wollte, sagte der Engel: „Ich bin *Gabriel*, der vor *Gott* steht. Weil du meinen Worten nicht geglaubt hast, ... sollst du stumm sein ... bis zu dem Tag, an dem das alles eintrifft". Aus dem Tempel tretend konnte *Zacharias* nur noch Zeichen mit der Hand geben und blieb stumm. Bald darauf empfing *Elisabeth* einen Sohn und lebte fünf Monate lang zurückgezogen.

Im sechsten Monat kam der Engel *Gabriel* von *Gott* nach *Nazareth* zu einer Jungfrau mit Namen *Maria*. Sie war mit *Josef* aus dem Haus *David* verlobt. Der Engel trat bei ihr ein und sagte: *„Sei gegrüßt, du Begnadete, der Herr ist mit dir"*. *Maria* erschrak, aber der Engel beruhigte sie: *„Fürchte dich nicht, Maria, denn du hast bei Gott Gnade gefunden. Du wirst ein Kind empfangen, einen Sohn wirst du gebären; dem sollst du den Namen Jesus geben. ... Der Heilige Geist wird über dich kommen und die Kraft des Höchsten wird dich überschatten. Deshalb wird auch das Kind heilig und Sohn Gottes genannt werden.* Demütig und voll Vertrauen antwortete *Maria*: „Ich bin die Magd des Herrn; mir geschehe, wie du gesagt hast".

Einige Tage später reiste *Maria* in das Bergland von *Judäa* und besuchte ihre Base *Elisabeth*. Bei der Begrüßung rief *Elisabeth*: „Gesegnet bist du mehr als alle anderen Frauen, und gesegnet ist die Frucht deines Leibes". Da sagte *Maria: „Meine Seele preist die Größe des Herrn, und mein Geist jubelt über Gott, meinen Retter. Denn auf die Niedrigkeit seiner Magd hat er geschaut. Siehe, von nun an preisen mich selig alle Geschlechter ..."* Nach drei Monaten kehrte *Maria* wieder nach Hause zurück. Nachdem *Elisabeth* ihren Sohn zur Welt gebracht hatte, gaben ihm die Eltern zur Verwunderung der Verwandtschaft den Namen *Johannes*. Sobald der Vater diesen Namen auf ein Täfelchen geschrieben hatte, konnte er wieder reden: „Gepriesen sei der Herr, der Gott *Israels*! Denn er hat sein Volk besucht und ihm Erlösung geschaffen; er hat uns einen starken Retter erweckt im Hause seines Knechtes *David*. ... Und du, Kind, wirst Prophet des Höchsten heißen; denn du wirst dem

Herrn vorangehen und ihm den Weg bereiten". Das Kind wuchs heran und sein Geist wurde stark (Lk 1).

Lk 2 beginnt mit der wunderbaren Geschichte von der *Geburt des Herrn,* die in der ganzen christlichen Welt Jahr für Jahr als *„Weihnachtsgeschichte"* die Herzen der Menschen berührt. Wegen der Eintragung in Steuerlisten zogen *Josef und Maria* von *Nazareth* in *Galiläa* hinauf nach *Bethlehem* in *Judäa,* also die Geburtsstadt *Davids.* Dort brachte *Maria* ihren Sohn zu Welt, „wickelte ihn in Windeln und legte ihn in eine Krippe, weil in der Herberge kein Platz für sie war". So unscheinbar dies alles war: *Es war für die Christenheit das größte Ereignis der Weltgeschichte.* Mit ihm begann das Leben des *Messias,* des *Gottessohnes,* des Erlösers der ganzen Menschheit, mitten unter uns Menschen. Die ersten, die davon erfuhren, waren Hirten auf freiem Feld, die ihre Schafherden bewachten. *Da erschien ihnen der Engel des Herrn „und der Glanz des Herrn umstrahlte sie".* Der Engel sagte: *„Fürchtet euch nicht, denn ich verkünde euch eine große Freude, die dem ganzen Volk zuteil werden soll. Heute ist euch in der Stadt Davids der Retter geboren; er ist der Messias, der Herr. ...* Plötzlich erschien ein großes himmlisches Heer, das *Gott* lobte und sprach: „Verherrlicht ist *Gott* in der Höhe, und auf Erden ist Friede bei den Menschen seiner Gnade". Nach dieser Botschaft suchten und fanden die Hirten *„Maria und Josef* und das Kind, das in der Krippe lag".

Josef und Maria erfüllten treu das *Gesetz des Moses:* Sie ließen acht Tage später das Kind beschneiden und gaben ihm den Namen *Jesus.* Dann brachten sie das Kind zum Tempel in *Jerusalem* hinauf, um es – wie vorgeschrieben – als männliche Erstgeburt „dem *Herrn* zu weihen". Sie brachten dort auch die vorgesehenen Opfer dar: ein Paar Turteltauben oder zwei junge Tauben. Unterdessen kam ein frommer Mann namens *Simeon* – „der *Heilige Geist* ruhte auf ihm" – in den Tempel. Als er das *Jesuskind* und seine Eltern sah, nahm er das Kind in seine Arme und pries *Gott:* „Nun läßt du, *Herr,* deinen Knecht, wie du gesagt hast, in Frieden scheiden. Denn meine Augen haben das Heil gesehen, das du vor allen Völkern bereitet hast." Zum Schluß sagte er zu *Maria:* „Dir selbst aber wird ein Schwert durch die Seele dringen". Noch während er redete, trat eine Prophetin namens *Hanna* hinzu, pries *Gott* und sprach über das Kind zu allen, die auf die Erlösung *Jerusalems* warteten. In *Nazareth* wuchs das Kind heran „und wurde kräftig. *Gott* erfüllte es mit Weisheit, und seine Gnade ruhte auf ihm". Jedes Jahr gingen die Eltern *Jesu* zum Paschafest nach *Jerusalem* und nahmen *Jesus* mit. Als sie wieder einmal auf dem Heimweg und eine Tagereise von *Jerusalem* weg waren, merkten sie, daß *Jesus* – er war damals zwölf Jahre alt – nicht in der Pilgergruppe war. Sie gingen wieder nach *Jerusalem* zurück und fanden ihn dort nach drei Tagen diskutierend und antwortend im Tempel. Auf die besorgte Frage der Mutter: „...wie konntest du uns das antun"? Sagte er: „*Wußtet ihr nicht, daß ich in dem sein muß, was meinem Vater gehört*"? Dann kehrte er mit ihnen nach *Nazareth* zurück und war ihnen gehorsam.

Am Beginn von Lk 3 finden wir wie bei *Matthäus* und *Markus* den Bericht vom Wirken *Johannes des Täufers* in der Gegend am Jordan. Er „verkündete dort überall Umkehr und Taufe zur Vergebung der Sünden". Auch *Jesus* kam, um sich taufen zu lassen. Da erschien der *Heilige Geist* sichtbar in Gestalt einer Taube und eine Stimme sprach: „*Du bist mein geliebter Sohn, an dir habe ich Gefallen gefunden*". *Lukas* fährt fort: „*Jesus* war etwa 30 Jahre alt, als er zum ersten Mal öffentlich auftrat". Wenn *Jesus* wahrscheinlich im Jahr 5 v. Chr. geboren wurde, begann sein öffentliches Auftreten etwa 25 oder 26 n. Chr.

Jesus verließ nach der Taufe die Jordangegend (Lk 4) und wurde darauf vom „Geist 40 Tage lang in der Wüste" umhergeführt und „*vom Teufel*" versucht. Er aber widerstand allen Lockungen. Da „ließ der *Teufel* für eine gewisse Zeit von ihm ab" und *Jesus* kehrte nach *Galiläa* zurück. Er begann in den Synagogen zu lehren, wurde bekannt und „von allen gepriesen". In der Synagoge von *Nazareth* las er an einem Sabbat aus der Schrift des *Jesaja* eine wie zufällig gefundene Stelle vor (Jes 61): „*Der Geist des Herrn ruht auf mir; denn der Herr hat mich gesalbt. Er hat mich gesandt, damit ich den Armen eine gute Nachricht bringe; damit ich den Gefangenen die Entlassung verkünde und den Blinden das Augenlicht ...*" Dann schloß er das Buch und sagte: „*Heute hat sich das Schriftwort, das ihr eben gehört habt, erfüllt. ... Kein Prophet wird in seiner Heimat anerkannt*". Als er davon sprach, daß die Propheten *Elija* und *Elischa* nur wenig tun konnten, um damals die große Not bei Vielen zu lindern, wurden die Leute wütend und trieben ihn zur Stadt hinaus. Als sie ihn einen Bergabhang hinabstürzen wollten, schritt er „mitten durch die Menge hindurch und ging weg".

Jesus ging von dort nach *Kafarnaum*, lehrte dort am Sabbat im Tempel und heilte dabei einen Mann, der „von einem unreinen Geist besessen war. ... Da waren alle erstaunt und erschrocken. .. Und sein Ruf verbreitete sich in der ganzen Gegend". Er heilte auch die Schwiegermutter des *Petrus* und viele „Besessene" und Kranke, die man zu ihm führte. Als er an einem frühen Morgen die Stadt verlassen wollte, versuchten ihn die Leute daran zu hindern, bis er ihnen sagte, er müsse auch in anderen Städten das Evangelium vom *Reich Gottes* verkünden. Am Ufer des Sees *Genezareth* bat er einige Fischer, ihn in ein Boot steigen zu lassen und mit ihm ein Stück hinauszufahren. Dort gebot er ihnen, die Netze auszuwerfen, obwohl einer der Fischer namens *Petrus* geklagt hatte, sie hätten während der ganzen Nacht nichts gefangen. Nun aber fingen sie eine so große Menge Fische, daß ihre Netze zu zerreißen drohten. Da sagte *Jesus* zu *Petrus*: *„Fürchte dich nicht! Von jetzt an wirst du Menschen fangen"*. Sofort zogen *Petrus* und seine Gefährten, *Jakobus* und *Johannes*, die Söhne des *Zebedäus*, „ihre Boote an Land, ließen alles zurück und folgten ihm nach" (Lk 5).

In Lk 5 hören wir weiter von der Heilung eines Aussätzigen und eines Gelähmten. Zu diesem sagte *der Herr* zunächst: „Deine Sünden sind dir vergeben". Die anwesenden Schriftgelehrten und *Pharisäer* waren über diese vermeintliche „Gotteslästerung" erbost. *Jesus* aber demonstrierte ihnen seine göttliche Vollmacht und heilte den Gelähmten. „Da gerieten alle außer sich ... und sagten: Heute haben wir etwa Unglaubliches gesehen".

Kurz darauf traf *Jesus* den Zöllner *Levi* (*Andreas*) und sagte ihm: „Folge mir nach!" Im Haus des *Andreas* nahm er mit diesem und anderen Zöllnern das Mahl ein. Wieder kritisierten ihn die *Pharisäer*, weil er mit „Sündern" bei Tisch säße und weil er und seine Jünger nicht fasteten. *Jesus* antwortete: Die „Hochzeitsgäste" fasten nicht, solang der „Bräutigam" unter ihnen sei. Auch müsse man „neuen Wein" in „neue Schläuche" füllen und nicht in alte Schläuche, die vom neuen Wein zerrissen würden. Er meinte damit seine neue Gottesbotschaft („den neuen Wein"), die von den *Pharisäern* („den alten Schläuchen) gehört, aber nicht aufgenommen werde.
Der Evangelist berichtet uns in Lk 6 von den angeblichen Fehlern, die *Jesus* und seine Jünger am Sabbat begingen: vom Abreißen der Ähren beim Laufen zwischen Kornfeldern und der Heilung eines Mannes am Sabbat. Auf die scharfe Kritik der *Pharisäer* antwortete *Jesus*: *„Der Menschensohn ist Herr über den Sabbat"* und bei der Heilung des Mannes mit der Gegenfrage: „Was ist am Sabbat erlaubt; Gutes zu tun oder Böses?" ... Kurze Zeit später ging er auf einen Berg, um während der Nacht zu beten. Als es Tag wurde, wählte er aus der Schar seiner Jünger zwölf Männer aus und bestimmte sie zu seinen engsten Vertrauten; er nannte sie *Apostel*. Als *Jesus* mit ihnen vom Berg herabgestiegen war, strömten viele Menschen aus ganz *Judäa* und

Jerusalem sowie vom Küstengebiet um *Tyrus* und *Sidon* herbei, um ihn zu hören, darunter viele, um geheilt zu werden.

Die folgende *Bergpredigt* nennt Lukas „*Die Feldrede*"; sie beginnt bei ihm mit den Worten: „*Selig, ihr Armen, denn euch gehört das Reich Gottes.* ... *Selig seid ihr, wenn euch die Menschen hassen,* ... *wenn sie euch beschimpfen* ... *um des Menschensohnes willen. Freut euch* ...*; euer Lohn im Himmel wird groß sein*". Dann heißt es weiter: „*Aber weh euch, die ihr reich seid; denn ihr habt keinen Trost mehr zu erwarten.* ... *Liebt eure Feinde und tut Gutes denen, die euch hassen. Segnet die, die euch verfluchen; betet für die, die euch mißhandeln.* ... *Seid barmherzig, wie es auch euer Vater ist! Richtet nicht, dann werdet auch ihr nicht gerichtet werden.* ... *Zieh zuerst den Balken aus deinem Auge, dann* ... *den Splitter aus dem Auge deines Bruders.* ... *Jeden Baum erkennt man an seinen Früchten.* ... *Wer meine Worte hört und danach handelt,* ... *ist wie ein Mann, der ein Haus baute* ... *und das Fundament auf einen Felsen stellte*". Nachdem Jesus seine Rede beendet hatte, ging er nach *Kafarnaum* und heilte dort den Diener eines Hauptmanns, der von seiner Ankunft gehört und einige Diener mit der Bitte um Heilung zu ihm geschickt hatte. Einige Zeit später traf *Jesus* in der Stadt *Naïn* auf einen Trauerzug, der gerade dabei war, den Sohn einer Witwe zu beerdigen. Aus Mitleid mit der trauernden Mutter erweckte er den jungen Mann von den Toten: „*Ich befehle dir, junger Mann; steh auf!*"

Johannes der Täufer hatte von den Taten *Jesu* gehört und schickte zwei Boten zu ihm: „*Bist du der, der kommen soll, oder müssen wir auf einen anderen warten?*" *Jesus* verwies auf seine vielen Heilungen und bestätigte damit, daß er der erwartete *Messias* sei und sagte dazu: „*Selig ist, wer an mir keinen Anstoß nimmt*". Dann sprach er zu den Leuten über *Johannes*: „*Unter allen Menschen gibt es keinen größeren als *Johannes*; doch der Kleinste im *Reich Gottes* ist größer als er*". Er tadelte die *Pharisäer* und Gesetzeslehrer, weil sie sich von *Johannes* nicht taufen ließen. Später ging er in das Haus eines *Pharisäers* namens *Simon*, der ihn zum Essen eingeladen hatte. Da kam plötzlich eine stadtbekannte Dirne weinend zu ihm. Sie trocknete mit ihren Haaren die Tränen, die auf seine Füße fielen, küßte die Füße und salbte sie mit wohlriechendem Öl. *Simon* kannte den Lebenswandel der Frau und war über ihr Verhalten erbost. *Jesus* spürte die Gedanken seines Gastgebers und sagte sinngemäß: Ein Geldverleiher erließ zwei Männern, die das Geld nicht zurückzahlen konnten, ihre Schulden, dem einen 500 und dem anderen 50 Denare. Wer von den beiden wird nun den Geldverleiher mehr lieben? *Simon* antwortete: Der, dem die größere Schuld erlassen wurde. *Jesus*: „Du hast recht". Die Frau habe all das getan, was er für ihn nicht getan hätte. „Deshalb sage ich dir: Ihr sind ihre vielen Sünden vergeben, weil sie mir so viel Liebe gezeigt hat"; und zu der Frau: „Dein Glaube hat dir geholfen. Geh in Frieden"!

Um deutlich zu machen, wie unterschiedlich seine Botschaft vom *Reich Gottes* bei seinen Zuhörern ankam, erzählte ihnen *Jesus* sein berühmtes *Gleichnis vom Sämann*. Seinen Jüngern, die es zunächst nicht verstanden, erklärte er ausführlich den Sinn des Gleichnisses. Und er fügte hinzu: „... man stellt das Licht auf einen Leuchter, damit alle, die eintreten, es leuchten sehen". Als man ihm mitteilte, seine Mutter und seine „Brüder" warteten draußen und wollten ihn sehen, sagte er: „Meine Mutter und meine „Brüder sind die, die das Wort Gottes hören und danach handeln". In den folgenden Tagen zeigte *Jesus* seinen Jüngern und vielen Leuten in der Nähe wieder seine göttliche Macht: Bei der Bootsfahrt über den See beruhigte er schlagartig einen heftigen Wirbelsturm, der das Boot beinahe zum Kentern brachte; am anderen Seeufer angekommen, heilte er einen Mann, „der von Dämonen besessen war"; er „erlaubte" den Dämonen, in eine Schweineherde zu fahren, die sich dann in den See stürzte und ertrank; nachdem er wieder ans *Galiläische* Seeufer zurückgekehrt war, bat ihn ein Mann namens *Jaïrus*, der Synagogenvorsteher war, in sein Haus zu kommen, weil seine zwölfjährige Tochter im Sterben lag. Auf dem Weg dorthin berührte ihn im dichten Gedränge von hinten eine Frau, die seit 12 Jahren an unheilbaren Blutungen litt. Sofort nach der Berührung des Rocksaums war die Frau gesund. *Jesus* sagte: „Es hat mich jemand berührt; denn ich fühlte, wie eine Kraft von mir ausströmte". Die Frau gestand schließlich, daß sie es war, die ihn berührte und sofort gesund wurde. Da sagte er zu ihr: Meine Tochter, dein Glaube hat dir geholfen. Geh in Frieden!"
Als *Jesus* in das Haus des *Jaïrus* ging, sagte er: „Sie ist nicht gestorben, sie schläft nur". Da lachten sie ihn aus, weil sie wußten, daß sie tot war. *Jesus* sagte darauf: „Mädchen, steh auf!" Da kehrte das Leben in sie zurück und sie stand sofort auf. Wieder verbot er allen Augenzeugen, irgendjemandem zu erzählen, was geschehen war. Er wollte offenbar Zeit gewinnen, weil er wußte, daß sich seine Gegner formierten, um ihn zu Fall zu bringen. In Lk 9 berichtet uns der Evangelist über die Aussendung der zwölf Jünger – „er gab ihnen die Kraft und die Vollmacht, alle Dämonen auszutreiben und die Kranken gesund zu machen" – über die Rückkehr der Jünger und die Speisung der Fünftausend, über das Messiasbekenntnis des *Petrus* – „er verbot

ihnen streng, es jemand weiterzusagen" – und die erste Ankündigung des Leidens und der Auferstehung des *Herrn*. Wer ihm nachfolgen wolle, müsse sein Leben radikal umstellen. *„Denn wer sich meiner und meiner Worte schämt, dessen wird sich der Menschensohn schämen, wenn er in seiner Hoheit kommt ..."* Etwa acht Tage später erlebten die drei Augenzeugen *Petrus, Johannes* und *Jakobus* auf einem Berg die Verklärung *Jesu*. Es „veränderte sich das Aussehen seines Gesichtes, und sein Gewand wurde leuchtend weiß". Und plötzlich redeten *Moses* und *Elija* mit ihm. Nachdem sie vom Berg heruntergestiegen waren, heilte *Jesus* einen „besessenen" Jungen, den vorher die Jünger vergeblich zu heilen versucht hatten. *Jesus:* „O du ungläubige und unbelehrbare Generation!" Darauf sprach er zum zweiten Mal von seinem bevorstehenden Leiden: „Der Menschensohn wird den Menschen ausgeliefert werden". Doch die Jünger verstanden den Sinn seiner Worte nicht und scheuten sich, ihn zu fragen. Eine Diskussion der Jünger, wer von ihnen der Größte sei, beendete *Jesus* mit dem Hinweis auf ein Kind: „Wer unter euch allen der Kleinste ist, der ist groß".

„Als die Zeit herankam, in der er in den Himmel aufgenommen werden sollte, entschloß sich *Jesus*, nach *Jerusalem* zu gehen". Auf ihrem Weg sagte ein Mann, der ihnen begegnete, zu ihm: „Ich will dir folgen, wohin du auch gehst". Dazu *Jesus:* „Die Füchse haben ihre Höhlen und die Vögel ihre Nester; der Menschensohn aber hat keinen Ort, wo er sein Haupt hinlegen kann". Zwei anderen Männern, die sagten, sie wollten ihm nachfolgen, müßten aber vorher noch etwas erledigen – den toten Vater begraben bzw. sich von der Familie verabschieden – antwortete er, sie sollten ihm sofort folgen: „Laß die Toten ihre Toten begraben" (Lk 9). *Der Herr* suchte dann von allen, die mit ihm waren, zweiundsiebzig Männer aus und schickte sie in die Orte voraus, in die er später gehen wollte. Er sagte: *„Die Ernte ist groß, aber es gibt nur wenige Arbeiter. Bittet also den Herrn der Ernte, Arbeiter für seine Ernte auszusenden. Geht! Ich sende euch wie Schafe mitten unter die Wölfe".* Ein hartes Urteil sprach er über die Orte *Chorazin, Betsaida* und *Kafarnaum*, deren Bewohner trotz der vielen Wundertaten, die sie erlebt hatten, nicht bereit waren, sich zu bekehren. *„...wer aber mich ablehnt, der lehnt den ab, der mich gesandt hat".* Voll Freude kamen die 72 Männer zurück und berichteten, daß ihnen sogar die „Dämonen" gehorcht hätten. Dazu *Jesus:* Sie sollten sich nicht deswegen freuen, sondern darüber, „daß eure Namen im Himmel verzeichnet sind". Dann rief er, vom *Heiligen Geist* erfüllt, voll Freude aus: *„Ich preise dich Vater, Herr des Himmels und der Erde, weil du all das den Weisen und Klugen verborgen, den Unmündigen aber* offenbart hast. *Mir ist von meinem Vater alles übergeben worden; niemand weiß, wer der Sohn ist, nur der Vater, und niemand weiß, wer der Vater ist, nur der Sohn und der, dem es der Sohn offenbaren will*". Zu den Jüngern gewandt sagte er: *„Selig sind, deren Augen sehen, was ihr seht*".

Ein Gesetzeslehrer sah sich veranlaßt, *Jesus* zu „prüfen". Er fragte: „Was muß ich tun, um das ewige Leben zu gewinnen?" *Jesus:* „Was steht im Gesetz"? Darauf er: „Du sollst den Herrn, deinen Gott, lieben ... und deinen Nächsten wie dich selbst". *Jesus:* „Du hast richtig geantwortet". Dann wieder er: „Und wer ist mein Nächster". Da antwortete *Jesus* mit seinem berühmten *Gleichnis vom barmherzigen Samariter.* Ein Mann, der auf dem Weg nach *Jericho* von Räubern überfallen wurde und schwer verletzt am Wegrand lag, wurde weder von einem vorbeigehenden Priester, noch etwas später von einem Leviten beachtet. Ein Samariter, der ihn liegen sah, hatte Mitleid, versorgte und verband seine Wunden und brachte ihn auf seinem Reittier zu einer Herberge. Dort gab er dem Wirt Geld und bat ihn, für den Verletzten zu sorgen. *Jesus:* Wer von den Dreien, die vorübergingen, war der Nächste? Der Gesetzeslehrer: Der dritte, der barmherzig war. Darauf *Jesus:* „Dann geh und handle genauso!"

Als *Jesus* und die Seinen weiterzogen, kamen sie in das Haus von zwei Schwestern, *Maria* und *Marta*, die sie einluden und bewirteten. *Maria* „setzte sich *dem Herrn* zu Füßen und hörte seinen Worten zu". *Marta* aber, die geschäftig für die Gäste sorgte, sagte zu *Jesus:* „Sag ihr doch, sie soll mir helfen!" Er antwortete: *„Marta, Marta,* du machst dir viele Sorgen und Mühen. Aber nur eines ist notwendig. *Maria* hat das Bessere gewählt..."

Am Anfang von Lk 11 lehrt *Jesus* seine Jünger das *Vaterunser,* das die Christenheit bis heute und für immer als eines ihrer Hauptgebete ansieht. Dieses Gebet finden wir hier bei *Lukas* in einer verkürzten Fassung. Nach der Unterweisung im Beten erzählte *Jesus* ein *Gleichnis* von einem Mann, der mitten in der Nacht seinen Freund weckt und um Brot bittet, weil er einem plötzlich auftauchenden Gast etwas anbieten wollte. Nicht wegen seiner Freundschaft, sondern wegen seiner Zudringlichkeit bekam er, was er wollte. Darauf *Jesus:* „Bittet, dann wird euch gegeben; sucht, dann werdet ihr finden; klopft an, dann wird euch geöffnet. ... Wenn ... ihr ... euren Kindern gebt, was gut ist, wieviel mehr wird der *Vater im Himmel* den *Heiligen Geist* denen geben, die ihn bitten".

Einige, die sahen, wie *Jesus* einen „Dämon" austrieb, „der stumm war", sagten: „Mit Hilfe von Beelzebul, dem Anführer der Dämonen, treibt er die Dämonen aus". *Jesus* aber widerlegte sie: Wenn Dämonen andere Dämonen austreiben, seien sie unter sich uneins und ihr Reich zerfalle. Wenn er dagegen Dämonen „durch den Finger Gottes" austreibe, dann sei doch das Reich Gottes schon zu ihnen gekommen. Am Ende sagte er: *„Wer nicht für mich ist, der ist gegen mich; wer nicht mit mir sammelt, der zerstreut".* Eine Frau aus der Menge rief: Selig die Frau, deren Leib dich getragen und deren Brust dich genährt hat". Er aber erwiderte: *„Selig sind vielmehr die, die das Wort Gottes hören und es befolgen".* Als die Menge von ihm ein „Zeichen" forderte, nannte er sie eine böse Generation und deutete an, es werde ihnen kein anderes Zeichen gegeben werden als das *„Zeichen des Jona".* Er erwähnte dann die *„Königin des Südens"* und *Salomo* und fügte hinzu: *„Hier aber ist einer, der mehr ist als Salomo"* – ein verdeckter Hinweis auf seine Königsherrschaft, die jedes weltliche Königtum bei Weitem übertrifft. Am Schluß sagte er: „die Männer von *Ninive"* hätten sich „nach der Predigt des *Jona* bekehrt. Hier aber ist einer, der mehr ist als Jona". Er sprach dann auch vom Licht, das uns im Inneren hell machen sollte: „Achte also darauf, daß in dir nicht Finsternis statt Licht ist".

Nach diesen Worten lud ein *Pharisäer Jesus* zum Essen ein. Dabei kritisierte er *Jesus*, weil er sich vor dem Essen nicht die Hände wusch. Er hätte es besser nicht tun sollen, denn *Jesus* hielt nun ohne Rücksicht auf seinen Gastgeber eine scharfe Rede über genau diese *Pharisäer*: Siebenmal rief er: „O ihr *Pharisäer* bzw. weh euch, ihr *Pharisäer!"* Er nannte sie zürnend raubgierig, böse, geizig, ohne Gottesliebe und selbstherrlich. Sie bürdeten den Menschen Lasten auf, die sie kaum tragen könnten. Sie errichteten Denkmäler für die Propheten, die ihre Väter umgebracht hätten. An dieser Generation werde das vergossene Blut der Propheten gerächt werden. „Ihr habt den Schlüssel der Tür zur Erkenntnis weggenommen; ... die, die hineingehen wollten, habt ihr daran gehindert". Zu seinen Jüngern sagte er: „Hütet euch vor dem Sauerteig der *Pharisäer"*, das heißt vor der Heuchelei. „Nichts ist verhüllt, was nicht enthüllt wird ... *Fürchtet euch nicht vor denen, die den Leib töten, euch aber sonst nichts tun können. Fürchtet euch vor dem, der nicht nur töten kann, sondern die Macht hat, euch auch noch in die Hölle zu werfen".* Dann hören wir wieder wie in den beiden anderen Evangelien die tröstlichen Worte: *„Bei euch sind sogar die Haare auf dem Kopf alle gezählt. Fürchtet euch nicht. Ihr seid mehr wert als viele Spatzen. ... Jedem, der etwas ge-*

gen den Menschensohn sagt, wird vergeben werden; wer aber den Heiligen Geist lästert, dem wird nicht vergeben".

Einer aus der Menge bat *Jesus*, er möchte seinen Bruder drängen, mit ihm das Erbe zu teilen. *Jesus* lehnte das ab und sagte: „*Gebt acht, hütet euch vor jeder Art von Habgier. Denn der Sinn des Lebens besteht nicht darin, daß ein Mensch aufgrund seines großen Vermögens im Überfluß lebt*". Dann erzählte er das *Gleichnis vom reichen Bauern*, der seine alten, zu kleinen Scheunen abriß und größere bauen ließ, weil ihm eine sehr große Ernte bevorstand. „*Da sprach Gott zu ihm: Du Narr! Noch in dieser Nacht wird man dein Leben von dir zurückfordern. ... So geht es jedem, der nur für sich selbst Schätze sammelt, aber vor Gott nicht reich ist*". Anschließend mahnte *Jesus* seine Jünger, sie sollten sich nicht um Nahrung und Kleidung sorgen, sondern um das *Reich Gottes*; dann würde ihnen das andere dazugegeben werden. „*Fürchte dich nicht, du kleine Herde! Denn euer Vater hat beschlossen, euch das Reich zu geben. Verkauft eure Habe und gebt den Erlös den Armen. ... Verschafft euch einen Schatz ... droben im Himmel, wo kein Dieb ihn findet und keine Motte ihn frißt. ... Seid wie Menschen, die auf die Rückkehr ihres Herrn warten ... Der Menschensohn kommt zu einer Stunde, in der ihr es* nicht erwartet. Der treue und kluge Verwalter handelt immer recht, und wenn *der Herr* kommt, wird er ihn zum Verwalter seines ganzen Vermögens machen". „*Ich bin gekommen, um Feuer auf die ganze Erde zu werfen. ... Meint ihr, ich sei gekommen, um Frieden auf die Erde zu bringen? Nein, sage ich euch,* nicht Frieden, sondern Spaltung". Von nun an werde es Zwietracht auch mitten in den Familien geben. *Jesus* weiter: *Das Wetter könnten die Leute mit einiger Sicherheit vorhersagen, aber die* „*Zeichen dieser Zeit*" *könnten sie nicht deuten.* Mit seinem Gegner solle man sich möglichst schon auf dem Weg zum Gericht einigen und es nicht auf einen Prozeß ankommen lassen. Viele würden umkommen, weil sie sich nicht bekehrt hätten.

Gegen den heftigen Protest der *Pharisäer* heilte *Jesus* am Sabbat in der Synagoge eine Frau, der „von einem Dämon" der Rücken stark verkrümmt worden war. Dazu *Jesus*: „Ihr Heuchler! Bindet nicht jeder von euch am Sabbat seinen Ochsen oder Esel von der Krippe los und führt ihn zur Tränke?" Durch diese Worte wurden alle seine Gegner beschämt ... Mit zwei *Gleichnissen* beschrieb er das *Reich Gottes*: Es sei wie ein *Senfkorn* in der Erde, das zu einem großen Baum wurde, in dessen Zweigen die Vögel nisteten; und es sei in einem Trog mit Mehl wie der *Sauerteig*, der das Ganze durchsäure. Ein Mann fragte ihn, ob es nur wenige seien, die gerettet werden. Er sagte: „Bemüht euch mit allen Kräften, durch die enge Tür zu gelangen"; vielen würde es nicht gelingen. Als einige *Pharisäer* ihm sagten, er solle die Gegend verlassen, weil *Herodes* ihn töten wolle, antwortete er: „...ein Prophet darf nirgendwo anders als in *Jerusalem* umkommen. ... *Jerusalem, Jerusalem, ... wie oft wollte ich deine Kinder um mich sammeln, ... aber ihr habt nicht gewollt. Ihr werdet mich nicht mehr sehen, bis die Zeit kommt, in der ihr ruft: Gesegnet sei er, der kommt im Namen des Herrn"*. *Damit wollte er sagen, daß er erst wiederkommen werde, wenn die Juden ihn als Messias und Gottessohn anerkannt hätten.*

Am Anfang von Lk 14 lesen wir, daß *Jesus* wieder an einem Sabbat einen Kranken heilte; er litt an Wassersucht. Man höre und staune, es geschah im Haus eines „führenden *Pharisäers*" vor oder während des Essens. Keiner der Anwesenden kritisierte ihn. Während alle ihre Plätze – wenn möglich die ehrenvollen Plätze – einnahmen, sagte *Jesus:* „Wenn du zu einer Hochzeit eingeladen bist, such dir nicht den Ehrenplatz aus, ... setz dich lieber ... auf den untersten Platz. Dann wird der Gastgeber ... sagen: Mein Freund, rück weiter hinauf! Das wird für dich eine Ehre sein vor allen anderen". Zum Gastgeber sagte er: „Wenn du ein Essen gibst, dann lade Arme, Krüppel, Lahme und Blinde ein. Du wirst selig sein, denn sie können es dir nicht vergelten; es wird dir vergolten werden bei der Auferstehung der Gerechten". Einer der Gäste sagte zu ihm: „Selig, wer im *Reich Gottes* am Mahl teilnehmen darf". Darauf erzählte er das *Gleichnis vom Festmahl*, zu dem ein Mann eingeladen hatte. Die Eingeladenen aber ließen sich entschuldigen, weil sie Anderes vorhatten. Da wurde der Herr zornig und schickte seine Diener aus, um die Armen, Krüppel, Blinden und Lahmen sowie die Menschen, die auf den Landstraßen außerhalb der Stadt unterwegs waren, zum Mahl zu bitten, damit das Haus voll werde. „Das aber sage ich euch: Keiner von denen, die eingeladen waren, wird an meinem Mahl teilnehmen".

Zu denen, die ihm nachfolgen wollten, sagte *Jesus:* „*Wenn jemand zu mir kommt und nicht Vater und Mutter, Frau und Kinder, Brüder und Schwestern, ja sogar sein Leben gering achtet, dann kann er nicht mein Jünger sein. Wer nicht sein Kreuz trägt und mir nachfolgt, der kann nicht mein Jünger sein. ... Darum kann keiner von euch mein Jünger sein, wenn er nicht auf seinen ganzen Besitz verzichtet"*. Als einige *Pharisäer* sich über *Jesus* empörten, daß er sich mit Zöllnern und Sündern abgibt und sogar mit ihnen ißt, belehrte er sie mit den *Gleichnissen vom verlorenen Schaf* und von der *verlorenen Drachme*. Ein Schäfer, der von hundert Schafen eins verliert, läßt die Schafe zurück und sucht nach dem, das verloren war. Wenn er es gefunden hat, freut er sich mit seinen Nachbarn und Freunden. *„Ebenso wird auch im Himmel mehr Freude herrschen über einen einzigen Sünder, der umkehrt, als über neunundneunzig Gerechte, die nicht umzukehren brauchen".* Genau so sei es mit einer Frau, die im Haus von zehn Drachmen eine verloren hat. Wenn sie das Geldstück wiederfindet, freut sie sich mit ihren Nachbarn. *„Ebenso herrscht auch bei den Engeln Gottes Freude über einen einzigen Sünder, der umkehrt".*

In einem weiteren *Gleichnis* sprach *Jesus* vom *verlorenen Sohn*, der mit seinem Erbteil das Vaterhaus verließ, das Erbe in der Fremde verpraßte und schließlich völlig verarmt wieder zum Vater zurückkehrte. Voll Freude richtete der Vater ein Festmahl aus und erzürnte damit seinen zweiten Sohn, der immer brav im Vaterhaus geblieben war. Der Vater aber sagte zu ihm: „Aber jetzt ... müssen wir doch ein Fest feiern; denn dein Bruder war ... verloren und ist wiedergefunden worden" (Lk 15).

In Lk 16 hören wir das *Gleichnis vom klugen Verwalter*, den sein Herr beschuldigte, er verschleudere dessen Vermögen. Um seine Stelle nicht zu verlieren, erließ der Verwalter den Schuldnern seines Herrn einen Teil ihrer Schulden, damit sie ihn in ihre Häuser aufnähmen, falls er arbeitslos würde. Da lobte der Herr die Klugheit des unehrlichen Verwalters und sagte: „Die Kinder dieser Welt sind im Umgang mit Ihresgleichen klüger als die Kinder des Lichts". Und er fügte hinzu: *„Macht euch Freunde mit Hilfe des ungerechten Mammons, damit ihr in die ewigen Wohnungen aufgenommen werdet, wenn es mit euch zu Ende geht. ... Ihr könnt nicht beiden dienen, Gott und dem Mammon".* Den *Pharisäern*, „die sehr am Geld hingen", sagte er: *„Denn was die Menschen für großartig halten, das ist in den Augen Gottes ein Gräuel. Bis zu Johannes hatte man nur das Gesetz und die Propheten. Seitdem wird das Evangelium vom Reich Gottes verkündet ... Eher werden Himmel und Erde vergehen, als daß auch nur der kleinste Buchstabe im Gesetz wegfällt".*

Im *Gleichnis vom reichen Mann* und vom armen *Lazarus* erläuterte *Jesus* eindringlich die *sozialen Pflichten der Reichen:* Der mit Geschwüren bedeckte arme *Lazarus* lag vor der Tür des Reichen, erhielt aber nicht einmal das, was vom Tisch herunterfiel. *Lazarus* starb und wurde „von den Engeln in Abrahams Schoß getragen". Auch der Reiche starb und litt in der Unterwelt qualvolle Schmerzen. Deshalb wollte er *Lazarus* rufen, damit er ihm „in diesem Feuer" wenigstens mit Wasser die Zunge kühle. *Abraham* verweigerte die Kühlung mit dem Hinweis auf den tiefen Abgrund zwischen seiner Seite und der Unterwelt. Da bat der Reiche, seine fünf Brüder zu warnen. Doch *Abraham* sagte: „Sie haben *Moses* und die Propheten, auf die sollen sie hören".

Eine scharfe Warnung gilt den *Verführern von Kindern* – man sollte sie besser mit einem Mühlstein um den Hals ins Meer werfen; sehr wichtig sei die Pflicht zu Vergebung: auch wenn der Bruder sich siebenmal am Tag gegen jemand versündigte, sollte ihm siebenmal vergeben werden; groß sei die Macht des wahren Glaubens – sie könne sogar einen Maulbeerbaum vom Erdboden ins Meer verpflanzen; die Gottesbotschaft sollte man mit dem Gedanken verkünden, man habe nur seine „Schuldigkeit getan".

Auf dem Weg nach *Jerusalem* erzählte *Jesus* den Jüngern das *Gleichnis vom dankbaren Samariter*. Zehn Aussätzige, die ihnen begegneten, riefen ihm aus der Ferne zu: *„Jesus, Meister, hab Erbarmen mit uns!"* Darauf *Jesus:* „Geht, zeigt euch den Priestern"! Und während sie gingen, ... wurden sie rein. Aber nur einer von ihnen – er war aus *Samaria* – kam nach der Heilung zurück und „lobte *Gott* mit lauter Stimme". Da sagte *Jesus:* „Wo sind die übrigen neun? Ist denn keiner umgekehrt, um *Gott* zu ehren, außer diesem Fremden?" Auf ihre Frage, wann das *Reich Gottes* komme, antwortete er einigen *Pharisäern:* Man könne es nicht an äußeren Zeichen erkennen. *„Denn das Reich Gottes ist schon mitten unter euch".* Über sein Wiederkommen sagte er: Wie ein Blitz werde der *Menschensohn* an seinem Tag erscheinen. Genau so plötzlich, wie die Flut zur Zeit des *Noah* kam und das Feuer über *Sodom* und *Gomorra.* Für niemand bleibe mehr Zeit, seine Sachen zu ordnen. Im *Gleichnis vom gottlosen Richter und der Witwe* sagte *Jesus,* der Richter habe ihr schließlich wegen ihres unermüdlichen Drängens zu ihrem Recht verholfen; genau so werde auch *Gott* seinen Auserwählten, die ihn anrufen, Recht verschaffen. Und er schloß mit der Frage: *„Wird jedoch der Menschensohn, wenn er kommt, auf der Erde noch Glauben vorfinden?" Mit der Geschichte vom Pharisäer und Zöllner* erklärte Jesus, wer von *Gott* als Gerechter anerkannt werde. Nicht der *Pharisäer,* der im Gebet mit seiner Tugendhaftigkeit und Spendenfreudigkeit prahlt, sondern der Zöllner, der betete: Gott, sei mir Sünder gnädig!" *„Denn wer sich selbst erhöht, wird erniedrigt, wer sich aber selbst erniedrigt, wird erhöht werden".* Dann sagte er seinen Jüngern, sie sollten die herandrängenden Kinder zu ihm lassen, denn „ihnen gehört das *Reich Gottes". Dem sehr reichen Mann, der nach seinen eigenen Worten alle Gebote einhielt und wissen wollte, was er noch tun müsse,* um das ewige Leben zu erlangen, antwortete Jesus, er solle allen Besitz verkaufen, das Geld den Armen geben und ihm dann nachfolgen. Da ging der Mann traurig weg, weil er zu sehr an seinem Besitz hing. Dazu Jesus: „Jeder, der um des Reiches Gottes willen" auf seine Familie und seinen Besitz verzichte, werde „schon in dieser Zeit das Vielfache erhalten und in der kommenden Welt das ewige Leben" (Lk 18).

Auf dem Weg nach Jerusalem – sie waren etwa in der Gegend vor Jericho – kündigte Jesus ein drittes Mal seinen Tod und seine Auferstehung an. Aber die Jünger verstanden ihn nicht. Einen Blinden, der am Straßenrand bettelte, heilte er durch die Worte: „Du sollst wieder sehen. Dein Glaube hat dir geholfen". Als Jesus durch Jericho ging, sprach er den reichen Zollpächter Zachäus an. Der war am Straßenrand auf einen Baum gestiegen, weil er sehr klein war und wegen der Menschenmenge Jesus sonst nicht hätte sehen können. Jesus sagte zu ihm, er wolle jetzt in sein Haus einkehren. In seiner großen Freude versprach Zachäus, er wolle die Hälfte seines Vermögens den Armen geben und allen das Vierfache zurückerstatten, von denen er zu viel gefordert habe. Jesus: „Heute ist diesem Haus das Heil geschenkt worden ... Denn der Menschensohn ist gekommen, um zu suchen und zu retten, was verloren ist". Nahe bei Jerusalem verkündete er seinen Jüngern noch das Gleichnis vom anvertrauten Geld, das ein vornehmer Mann vor einer langen Reise drei seiner Diener übergab, damit sie es während seiner Abwesenheit vermehrten. Nach der Rückkehr des Mannes hatten zwei Diener den Auftrag erfüllt und wurden reich belohnt, der dritte aber gab nur zurück, was er bekommen hatte. Da befahl der Herr, diesem Diener alles wegzunehmen und es einem der erfolgreichen Diener zu geben. „Wer hat, dem wird gegeben werden; wer aber nicht hat, dem wird auch noch weggenommen, was er hat" (Lk 19).

Die Wanderungen Jesu und seine Verkündigung des Reiches Gottes waren gut überlegt und effizient. In den drei Jahren seiner Lehr- und Heiltätigkeit hielt er sich hauptsächlich in Galiläa auf, also in der Region, die nördlich von Judäa und westlich des Sees Genezareth lag. Es war das Herrschaftsgebiet des Herodes Antipas, der in Tiberias residierte und sich kaum in die religiösen Angelegenheiten der Juden einmischte. Der Einfluß der strengen Hohen Rats (Synhedrions) und der Hohepriester in Jerusalem war in Galiläa relativ gering, so daß Jesus dort wenigstens drei Jahre Zeit hatte, seine wundervolle Botschaft zu verkünden. Nun aber war seine Zeit erfüllt und er zog nach Jerusalem hinauf, in die „Höhle des Löwen", wo eine unerbittliche

Hohe Priesterschaft im Dienste des Tempels über das damals 1250 Jahre alte und ewig gültige *Gesetz des Moses* wachte und jeden mit harten Strafen bedrohte, der es verletzte. *Jesus* wußte also, was ihn erwartete.

In Lk 19 lesen wir, wie *Jesus* in *Betanien* am Ölberg einen Esel holen ließ, um nach *Jerusalem* zu ziehen. Die Menschen jubelten ihm zu: *„Gesegnet sei der König, der kommt im Namen des Herrn"*! Einige *Pharisäer* wollten die Leute zum Schweigen bringen. *Jesus* entgegnete: „Wenn sie schweigen, werden die Steine schreien". Als die Stadt vor ihm lag, sagte er über sie: „Sie werden dich und deine Kinder zerschmettern und keinen Stein auf dem anderen lassen; denn du hast die Zeit der Gnade nicht erkannt". Im Stadtzentrum angekommen, trieb er die Händler und Geldwechsler aus dem Tempel, den sie zu einer „Räuberhöhle" gemacht hatten, und lehrte dann täglich im Tempel. „Das ganze Volk hing an ihm und hörte ihn gern". Deshalb wagten es die Hohepriester noch nicht, ihn gefangenzunehmen. Auf die Frage der Hohepriester: „Mit welchem Recht tust du das alles"? reagierte *Jesus* mit einer Gegenfrage über *Johannes den Täufer*, auf die sie keine Antwort wußten. Deshalb beantwortete auch er ihre Frage nicht. Wie bei Mt 21 und 22 hören wir nun das *Gleichnis von den bösen Winzern*; Jesu Antwort auf die hinterlistige Frage der *Pharisäer*, ob es erlaubt sei, dem Kaiser Steuern zu zahlen; und seine Antwort auf die ebenso hinterlistige Frage der *Sadduzäer*, wer von sieben Brüdern bei der Auferstehung der rechtmäßige Mann einer Frau sei, welche die Brüder nacheinander heirateten, nachdem jeweils der vorherige Ehemann verstorben war (Lk 20). Auf die letzte Frage sagte *Jesus*: *„Nur in dieser Welt heiraten die Menschen. Die aber, die Gott für würdig hält, an jener Welt und an der Auferstehung der Toten teilzuhaben, werden dann nicht mehr heiraten. Sie können auch nicht mehr sterben, weil sie den Engeln ... gleich sind. Daß aber die Toten auferstehen, hat schon Moses in der Geschichte vom Dornbusch angedeutet ..."* Der Herr sei doch kein Gott von Toten, sondern von Lebenden; „denn für ihn sind alle lebendig".

Wie bei Mt 23 und 24 lesen wir bei Lk 20 und 21 ein hartes Urteil *Jesu* über die Schriftgelehrten und dann die dramatischen Aussagen in seiner „Endzeitrede", die bei Mt 24 beschrieben ist. Gegen Ende der Rede sagte er: *„Himmel und Erde werden vergehen, aber meine Worte werden nicht vergehen"*.

Den Schluß des *Lukas-Evangeliums* bildet wie bei *Matthäus* (Mt 26 bis 28) und *Markus* (Mk 14 bis 16) der Bericht über die Leiden und die Auferstehung *Jesu* (Lk 22 bis 24). Das *Fest der Ungesäuerten Brote*, das *Paschafest*, war nahe. Während die Jünger das Paschamahl vorbereiteten, einigte sich *Judas* mit den Hohepriestern, *Jesus* gegen ein Lösegeld zu verraten und auszuliefern. Beim Abendmahl sagte *Jesus:* „Ich habe mich sehr danach gesehnt, vor meinem Leiden dieses Paschamahl zu essen". *Dann tat und sprach er etwas, das zum Mittelpunkt der Heiligen Messen der ganzen Christenheit wurde: Er nahm Brot, sprach das Dankgebet, brach das Brot und reichte es ihnen mit den Worten: „Das ist mein Leib, der für euch hingegeben wird. Tut dies zu meinem Gedächtnis"! Ebenso nahm er nach dem Mahl den Kelch und sagte: „Dieser Kelch ist der Neue Bund in meinem Blut, das für euch vergossen wird".* Dann fügte er hinzu, der Menschensohn müsse den Weg gehen, der ihm bestimmt sei.

Als die Jünger miteinander diskutierten, wer von ihnen der Größte sei (!), sagte *Jesus:* „...der Größte unter euch soll werden wie der Kleinste, und der Führende soll werden wie der Dienende. ... In allen meinen Prüfungen habt ihr bei mir ausgeharrt. Darum vermache ich euch das Reich, wie es mein Vater mir vermacht hat". Dem *Petrus,* der es nicht glauben wollte, kündigte er an, daß er ihn nach der Gefangennahme dreimal verleugnen werde. Dann sagte er zu allen: „An mir muß sich das Schriftwort erfüllen: Er wurde zu den Verbrechern gerechnet". *Jesus* verließ die Stadt und ging, wie er es gewohnt war, mit den Jüngern zum Ölberg, um zu beten, während die Jünger erschöpft einschliefen. Während er noch die Jünger dafür tadelte, kamen *Judas* und eine Schar Männer und nahmen ihn fest. *Jesus:* „Wie gegen einen Räuber seid ihr mit Schwertern und Knüppeln ausgezogen. Tag für Tag war ich bei euch im Tempel, und ihr habt nicht gewagt, gegen mich vorzugehen. Aber das ist eure Stunde, *jetzt hat die Finsternis die Macht".*

Während *Jesus* in das Haus des Hohepriesters kam, wurde draußen im Hof *Petrus* dreimal von Leuten angesprochen, er sei auch einer von den Gefährten *Jesu.* Dreimal leugnete *Petrus,* dann krähte ein Hahn, wie es *Jesus* vorhergesagt hatte. Da wandte sich *der Herr* um und blickte *Petrus* an. Petrus aber „ging hinaus und weinte bitterlich". Die Soldaten, die *Jesus* bewachten, trieben ihren Spott mit ihm. Beim Verhör durch die Hohepriester und Schriftgelehrten wurde *Jesus* aufgefordert: *„Wenn du der Messias bist, dann sag es uns". Jesus: „Auch wenn ich es euch sage – ihr glaubt mit ja doch nicht. ... Von nun an wird der Menschensohn zur Rechten des allmächtigen Gottes sitzen". Da sagten alle: „Du bist also der Sohn Gottes?" Er antwortete: „Ihr sagt es – ich bin es!"* Da riefen sie: „Was brauchen wir noch Zeugenaussagen?"

Die juristische Haarspalterei, die jetzt beschrieben wird, zeigt, mit welch fadenscheinigen Argumenten die Ankläger das Todesurteil gegen *Jesus* erreichten. Bei der Gerichtsverhandlung vor *Pilatus*: *Jesus* „verführe" das Volk und wiegele es auf, halte es davon ab, Steuern zu zahlen, und verbreite seine Lehre im ganzen jüdischen Land; außerdem behaupte er, er sei der *Messias* und König. *Pilatus* dagegen: „Ich finde nicht, daß dieser Mensch eines Verbrechens schuldig ist". Als *Pilatus* erfuhr, daß *Jesus* aus *Galiläa*, dem Herrschaftsgebiet des *Herodes Antipas*, komme, ließ er ihn zu *Herodes* bringen, der sich gerade in *Jerusalem* aufhielt. *Herodes* freute sich, als er *Jesus* sah, und hoffte, ein Wunder von ihm zu sehen. Er stellte ihm viele Fragen, doch *Jesus* gab ihm keine Antwort. Die anwesenden Hohepriester und Schriftgelehrten erhoben schwere Beschuldigungen gegen ihn. Herodes ging aber nicht darauf ein. Er und seine Soldaten zeigten *Jesus* ihre Verachtung und trieben ihren Spott mit ihm. Dann schickten sie ihn zu *Pilatus* zurück.

Pilatus beurteilte *Jesus* als nicht des Todes schuldig. Er wollte ihn deshalb „nur" auspeitschen lassen und dann freigeben. Doch das „Volk", hauptsächlich Gefolgsleute der Hohepriester, verlangten die Kreuzigung. Zum Paschafest war es Brauch, einen Gefangenen freizulassen. Das Volk verlangte, nicht *Jesus*, sondern *Barabbas*, einen Terroristen und Mörder, freizugeben. *Pilatus* willigte schließlich ein. Auf dem Weg zur Hinrichtungsstätte sagte *Jesus* zu den Frauen, die am Wegrand um ihn weinten und klagten: „... weint nicht über mich; weint über euch und eure Kinder"! Denn es würden schlimme Tage kommen. *Jesus*, der zusammen mit zwei Verbrechern gekreuzigt wurde, betete am Kreuz hängend: *„Vater, vergib ihnen, denn sie wissen nicht was sie tun"*. Einige Augenzeugen, „führende Männer des Volkes" und Soldaten verlachten und verspotteten ihn. Auch einer, der neben ihm gekreuzigt wurde. Der andere aber sagte: „...dieser hat nichts Unrechtes getan" und zu Jesus: „Jesus, denk an mich, wenn du in dein Reich kommst". Darauf erwiderte Jesus: *„Amen, ich sage dir: Heute noch wirst du mit mir im Paradies sein"*. Von der sechsten bis zur neunten Stunde brach eine Finsternis über das ganze Land herein. *In der neunten Stunde, etwa um 3 Uhr nachmittags, starb Jesus mit den Worten: „Vater, in deine Hände lege ich meinen Geist"*. Alle seine Bekannten standen in einiger Entfernung vom Kreuz, auch die Frauen, die ihm in *Galiläa* nachgefolgt waren. *Josef von Arimathäa* erbat von *Pilatus* den Leichnam *Jesu* und legte ihn, in ein Leinentuch gehüllt, in das Felsengrab, das er für sich hatte vorbereiten lassen.

Im letzten Kapitel des *Lukas-Evangeliums* (Lk 24) lesen wir den Bericht von der Auferstehung *des Herrn*; von den beiden Frauen, die mit Salben zum Grab gingen; von den beiden Männern am Grab, die den Frauen sagten, *Jesus* sei auferstanden; von den elf Jüngern, die den Frauen nicht glauben wollten, bis *Petrus* selbst sich am Grab überzeugte. Wir lesen weiter den Bericht von den beiden Jüngern, die am gleichen Tag der Auferstehung auf dem Weg von *Jerusalem* nach *Emmaus* waren, als plötzlich der Auferstandene mit ihnen ging und sie ihn aber nicht erkannten. Sie wunderten sich, daß ihr Begleiter anscheinend nicht wußte, was in den letzten Tagen geschehen war. Erst als *Jesus* am Abend mit ihnen einkehrte und das Brot für sie brach, erkannten sie ihn. Dann sahen sie ihn nicht mehr. Sie staunten und sagten: „Brannte uns nicht das Herz in der Brust, als er unterwegs mit uns redete und uns den Sinn der Schrift erschloß? Noch in derselben Stunde kehrten sie nach *Jerusalem* zurück und erzählten den anderen Jüngern von ihrer Begegnung. Diese sagten ihnen, *der Herr* sei wirklich auferstanden und dem *Petrus* erschienen. Während sie noch redeten, trat *Jesus* selbst in ihre Mitte und sagte zu ihnen: „Friede sei mit euch!" Als sie zutiefst erschraken und meinten, er sei ein Geist, sagte er: „Faßt mich doch an, und begreift: Kein Geist hat Fleisch und Knochen, wie ihr es bei mir seht. ... Habt ihr etwas zu essen hier?" Sie gaben ihm etwas gebratenen Fisch und er aß vor ihren Augen. Dann sagte er: „Alles muß in Erfüllung gehen, was im *Gesetz des Moses*, bei den Propheten und in den Psalmen über mich gesagt ist. ... Ich werde die Gabe, die mein Vater verheißen hat, zu euch herabsenden". Dann führte er sie hinaus in die Nähe von *Betanien*, segnete sie und wurde „zum Himmel emporgehoben". Mit großer Freude kehrten die Jünger nach *Jerusalem* zurück und priesen *Gott*.

Das Evangelium nach Johannes

Dieses letzte der vier Evangelien wurde von dem *Apostel Johannes*, dem Sohn des *Zebedäus* und Bruder des *Jakobus*, vermutlich in *Ephesus* (heutige *Türkei*) verfaßt. Seine endgültige Form erhielt es erst in den Jahren nach 100 n. Chr. Im Gegensatz zu den drei synoptischen Evangelien berichtet es von mehreren Reisen *Jesu* zu Festen nach *Jerusalem* und seinem Auftreten im Tempel. Sein Wirken in *Galiläa* wird nur knapp behandelt.

Der Text beginnt mit dem berühmten Prolog: „*Im Anfang war das Wort, und das Wort war bei Gott, und das Wort war Gott. Im Anfang war es bei*

Gott. *Alles ist durch das Wort geworden, und ohne das Wort wurde nichts, was geworden ist. In ihm war das Leben, und das Leben war das Licht der Menschen. Und das Licht leuchtet in der Finsternis, und die Finsternis hat es nicht erfaßt. ... Das wahre Licht, das jeden Menschen erleuchtet, kam in die Welt. Er war in der Welt, und die Welt ist durch ihn geworden, aber die Welt erkannte ihn nicht. Er kam in sein Eigentum, aber die Seinen nahmen ihn nicht auf. Alle aber, die ihn aufnahmen, gab er Macht, Kinder Gottes zu werden, allen, die an seinen Namen glauben, ... Und das Wort ist Fleisch geworden und hat unter uns gewohnt, und wir haben seine Herrlichkeit gesehen, die Herrlichkeit des einzigen Sohnes vom Vater, voll Gnade und Wahrheit. ... Niemand hat Gott je gesehen. Der Einzige, der Gott ist und am Herzen des Vaters ruht, er hat Kunde gebracht"*.

Nach dem Prolog lesen wir die Aussage von *Johannes dem Täufer,* der gefragt wurde, wer er sei: *„Ich bin nicht der Messias. ... Ich bin die Stimme, die in der Wüste ruft: Ebnet den Weg für den Herrn!"* Als er *Jesus* auf sich zukommen sah, sagte er: *„Seht, das Lamm Gottes, das die Sünde der Welt hinwegnimmt. ... Ich sah, daß der Geist vom Himmel herabkam wie eine Taube und auf ihm blieb. ... Er ist der Sohn Gottes"*. Am Tag darauf berief *Jesus* seine ersten beiden Jünger, *Andreas* und dessen Bruder *Simon,* genannt *Petrus.* Zwei weitere Männer, *Philippus* und *Natanaël,* schlossen sich ihm ebenfalls an. Er sagte zu ihnen: *„Ihr werdet den Himmel geöffnet und die Engel Gottes auf- und niedersteigen sehen über dem Menschensohn"*. Auf einer Hochzeit in *Kana* in *Galiläa,* zu der *Jesus,* seine Mutter und die Jünger eingeladen waren, vollbrachte *Jesus* sein *erstes Wunder.* Als der Wein ausging, sagte *Maria* zu ihm: „Sie haben keinen Wein mehr". *Jesus* unwillig: „Was willst du von mir, Frau? Meine Stunde ist noch nicht gekommen". Eigentlich eine etwas barsche Antwort. Doch *Maria* ließ sich nicht beirren und übernahm die „Regie". Sie war sich offenbar ihrer Sache sicher; sie wußte, was ihr Sohn mit seiner göttlichen Kraft vermochte und daß er sie nicht vor den anderen Gästen blamieren würde. *Maria* zu den Dienern: „Was er euch sagt, das tut!" Es gab dort sechs steinerne Wasserkrüge, wie es der Reinigungsvorschrift der Juden entsprach. *Jesus* zu den Dienern: „Füllt die Krüge mit Wasser!" Dann gebot er ihnen, eine Kostprobe davon dem Küchenchef zu bringen. Als dieser feststellte, daß aus dem Wasser wohlschmeckender Wein geworden war, sagte er vorwurfsvoll zum Bräutigam: „Jeder setzt zuerst den guten Wein vor, ... dann den weniger guten. Du jedoch hast den guten Wein bis jetzt zurückgehalten". So offenbarte *Jesus* in *Kana* seine Herrlichkeit und seine Jünger glaubten an ihn. Danach zog die Gruppe nach *Kafarnaum* und blieb dort einige Zeit.

Kurz vor dem Paschafest zog Jesus nach *Jerusalem* hinauf. Wir sind erstaunt, denn in den *synoptischen Evangelien* wird gesagt, daß *Jesus* als junger Mann erst am Ende seiner Zeit der Verkündigung in *Jerusalem* einzog. Im *Lukas-Evangelium* wird mitgeteilt, daß *Jesus* acht Tage nach seiner Geburt beschnitten wurde und dann im Tempel von *Jerusalem* als Erstgeburt nach jüdischem Brauch *„dem Herrn geweiht"* wurde. Wir erfahren auch, daß die Eltern mit *Jesus* jedes Jahr zum Paschafest nach *Jerusalem* hinaufgingen. Einmal suchten sie den Zwölfjährigen drei Tage lang, bis sie ihn im Tempel fanden. In Joh 2 wird nun gesagt, daß *Jesus* im Tempel die Händler und Geldwechsler hinaustrieb. Als die Juden ihn zur Rede stellten, sagte er: *„Reißt diesen Tempel nieder, in drei Tagen werde ich ihn wieder aufrichten"*. Er meinte damit den Tempel seines Leibes, aber sie verstanden ihn nicht.

In einem nächtlichen Gespräch mit einem *Pharisäer* namens *Nikodemus*, einem „führenden Mann unter den Juden", der auf die „Zeichen", d.h. Wunder, *Jesu* zu sprechen kam, sagte *Jesus: „Wenn jemand nicht aus Wasser und Geist geboren wird, kann er nicht in das Reich Gottes kommen. ... Und niemand ist in den Himmel hinaufgestiegen außer dem, der vom Himmel herabgestiegen ist: der Menschensohn"*. Weiter sagte er, der Menschensohn müsse gehört werden, damit jeder, der an ihn glaubt, in ihm das ewige Leben hat. *„Denn Gott hat die Welt so sehr geliebt, daß er seinen einzigen Sohn hingab, damit jeder, der an ihn glaubt, nicht zugrunde geht, sondern das ewige Leben hat. Denn Gott hat seinen Sohn nicht in die Welt gesandt, damit er die Welt richtet, sondern damit die Welt durch ihn gerettet wird"*. Wer *„die Wahrheit tut, kommt zum Licht, damit offenbar wird, daß seine Taten in Gott vollbracht sind"* (Joh 3).

Im zweiten Teil von Joh 3 wird geschildert, daß sich viele Menschen von *Johannes* und *Jesus* am Jordan taufen ließen; die meisten gingen zu *Jesus*. Darauf angesprochen, sagte *Johannes: „Kein Mensch kann sich etwas nehmen, wenn es ihm nicht vom Himmel gegeben ist. ... Er, der von oben kommt, steht über allen. ... Wer sein Zeugnis annimmt, beglaubigt, daß Gott wahrhaftig ist. ... Der Vater liebt den Sohn und hat alles in seine Hand gegeben. ... Wer an den Sohn glaubt, hat das ewige Leben"*.
Nachdem er viele getauft hatte, ging *Jesus* nach *Samaria* und dann weiter nach *Galiläa*. In *Samaria* traf er am Jakobsbrunnen, den einst *Jakob* seinem Sohn *Josef* gegeben hatte, eine samaritische Frau, die Wasser schöpfte. *Jesus*, der sich von der Reise ein wenig ausruhte, bat sie: „Gib mir zu trinken!" Darauf die Frau: „Wie kannst du als Jude mich, eine Samariterin, um Wasser bitten"? Die Juden mieden nämlich den Kontakt mit den Samaritern.

Jesus antwortete: „*Wenn du wüßtest, worin die Gabe Gottes besteht und wer es ist, der zu dir sagt: Gib mir zu trinken!, dann hättest du ihn gebeten, und er hätte dir lebendiges Wasser gegeben. .... Das Wasser, das ich gebe, wird in jedem zur sprudelnden Quelle werden, deren Wasser ewiges Leben schenkt*". Als die Frau etwas von diesem Wasser haben wollte, sagte er, sie solle ihren Mann holen. Sie antwortete, sie habe keinen Mann. Darauf *Jesus*: „Fünf Männer hast du gehabt, und der, den du jetzt hast, ist nicht dein Mann. Damit hast du die Wahrheit gesagt". Die Frau: „Herr, ich sehe, daß du ein Prophet bist. Unsere Väter haben auf diesem Berg Gott angebetet". *Jesus*: „*Gott ist Geist, und alle, die ihn anbeten, müssen im Geist und in der Wahrheit anbeten*". Die Frau: „Ich weiß, daß der *Messias* kommt. ... Wenn er kommt, wird er uns alles verkünden". Darauf *Jesus*: „*Ich bin es, ich, der mit dir spricht*". Da lief die Frau aufgeregt vom Brunnen weg in den nahen Ort und holte viele Leute herbei, zu dem Mann, „der mir alles gesagt hat, was ich getan habe". Vielleicht ist er ja der *Messias*. Die Jünger, die im Ort Nahrungsmittel gekauft hatten, kamen zurück und drängten ihn, etwas zu essen. Er aber sagte ihnen: „Ich lebe von einer Speise, die ihr nicht kennt. ... Meine Speise ist es, den Willen dessen zu tun, der mich gesandt hat, und sein Werk zu Ende zu führen". Viele Samariter an jenem Ort kamen zum Glauben an *Jesus*, zunächst auf das Wort der Frau hin, und dann aber, weil sie ihn selbst gehört hatten. Sie wurden überzeugt: Er ist wirklich der Retter der Welt (Joh 4).

Der Herr blieb zwei Tage bei den Samaritern, die ihn eingeladen hatten, und ging dann weiter nach *Galiläa*. Dort kam ein königlicher Beamter aus *Kafarnaum* zu ihm und bat ihn, seinen Sohn zu heilen, der im Sterben lag. *Jesus* sagte zu ihm: „Wenn ihr nicht Zeichen und Wunder seht, glaubt ihr nicht. ... Geh, dein Sohn lebt". Der Mann glaubte und ging. Unterwegs kamen ihm seine Diener entgegen und erzählten, daß sein Sohn gesund sei; wie sich herausstellte, seit dem Augenblick, als Jesus sagte: Dein Sohn lebt. Der überglückliche Vater und sein ganzes Haus wurden gläubig.

Zu einem Fest der Juden kam *Jesus* wieder nach *Jerusalem* und heilte am Sabbat einen Mann, der schon 38 Jahre gelähmt war und am *Bethesdateich* Linderung suchte. *Jesus* sagte zu dem Mann: „Steh auf, nimm deine Bahre und geh!" Sogleich konnte der Mann aufstehen und weggehen. Die anwesenden Juden beschimpften den Geheilten, weil er am Sabbat eine Arbeit tat, nämlich die Bahre mit sich forttrug! Etwas später erfuhren die Juden, daß es *Jesus* war, der den Mann am Sabbat geheilt hatte. *Jesus* sagte zu ihnen: „Mein Vater ist noch immer am Werk ..." Da faßten die Juden den

Plan, *Jesus* zu töten, weil er nicht nur den Sabbat brach, sondern auch *Gott* seinen Vater nannte und sich damit *Gott* gleichstellte.

Jesus reagierte darauf mit einer *Rede* über die von seinem himmlischen Vater gegebenen *Vollmachten: „Der Sohn kann nichts von sich aus tun, sondern nur, wenn er den Vater etwas tun sieht. ... Denn wie der Vater die Toten auferweckt und lebendig macht, so macht auch der Sohn lebendig, wen er will. Auch richtet der Vater niemand, sondern er hat das Gericht ganz dem Sohn übertragen, damit alle den Sohn ehren, wie sie den Vater ehren. ... Wer mein Wort hört und dem glaubt, der mich gesandt hat, hat das ewige Leben ...“* Der Vater habe ihm die Vollmacht gegeben, Gericht zu halten. Alle, die in den Gräbern sind, würden einmal seine Stimme hören und aus den Gräbern herauskommen. *„Ich richte, wie ich es vom Vater höre“.* Das Zeugnis, das Johannes über ihn abgelegt habe, sei gültig. Er aber habe ein gewichtigeres Zeugnis, nämlich seine Werke, die Zeugnis dafür ablegen, daß ihn der Vater gesandt habe. Der Vater selbst habe für ihn Zeugnis abgelegt. Zu den Schriftgelehrten sagte er: „Ihr erforscht die Schriften, weil ihr meint, in ihnen das ewige Leben zu haben; gerade sie legen Zeugnis über mich ab. ... Ich bin im Namen meines Vaters gekommen, und doch lehnt ihr mich ab. ... *Denkt nicht, daß ich euch beim Vater anklagen werde; Moses klagt euch an, auf den ihr eure Hoffnung gesetzt habt.* Wenn ihr Moses glauben würdet, müßtet ihr auch mir glauben; denn über mich hat er geschrieben. Wenn ihr aber seinen Schriften nicht glaubt, wie könnt ihr dann meinen Worten glauben“?

Nach dieser Rede ging *Jesus* an das andere Ufer des Sees *Genezareth* und eine große Volksmenge folgte ihm; es waren etwa 5.000 Männer, dazu Frauen und Kinder. *Jesus* speiste sie alle, indem er die vorhandenen fünf Gerstenbrote und zwei Fische segnete und austeilen ließ. Zwölf Körbe mit Brotstücken blieben übrig. Da staunten alle und wollten ihn mit Gewalt zu ihrem „König“ machen. Aber er entzog sich ihnen und ging allein auf den Berg zurück. Als es schon dunkel geworden war, fuhren die Jünger ohne ihn mit einem Boot nach *Kafarnaum*. Ein heftiger Sturm wühlte den See auf. Da kam *Jesus* auf dem See wandelnd zu ihnen: „Ich bin es; fürchtet euch nicht!“ Am nächsten Tag hielt er in der Synagoge von *Kafarnaum* eine *Rede* über das „Himmelsbrot“:

„Das Brot, das Gott gibt, kommt vom Himmel herab und gibt der Welt das Leben. ... Ich bin das Brot des Lebens; wer zu mir kommt, wird nie mehr hungern, und wer an mich glaubt, wird nie mehr Durst haben. ... Es ist der Wille meines

Vaters, daß alle, die den Sohn sehen und an ihn glauben, das ewige Leben haben und daß ich sie auferwecke am Letzten Tag. ... Niemand hat den Vater gesehen, außer dem, der von Gott ist. ... Ich bin das Brot des Lebens. ... Wer von diesem Brot ißt, wird in Ewigkeit leben. ... Wer mein Fleisch ißt und mein Blut trinkt, der bleibt in mir und ich bleibe in ihm".

Viele seiner Zuhörer sagten: „Was er sagt, ist unerträglich". Jesus: „Daran nehmt ihr Anstoß? Was werdet ihr sagen, wenn ihr den Menschensohn hinaufsteigen seht, dorthin, wo er vorher war? Der Geist ist es, der lebendig macht; das Fleisch nützt nichts". Darauf zogen sich viele Jünger zurück und wanderten nicht mehr mit ihm umher. Als Jesus die Zwölf fragte: „Wollt auch ihr weggehen"? antwortete Petrus: „Herr, zu wem sollen wir gehen? Du hast Worte des ewigen Lebens" (Joh 6).

In Joh 7 lesen wir, daß seine „Brüder" Jesus empfahlen, zum bevorstehenden Laubhüttenfest der Juden nach Jerusalem zu gehen. „Wenn du dies tust, zeig dich der Welt!" Als seine „Brüder" beim Fest weilten, ging auch Jesus heimlich hin. Dort hörte er zu, wie die Leute hinter vorgehaltener Hand positiv oder negativ über ihn redeten. Als die Hälfte der Festzeit vorbei war, begann er im Tempel zu lehren. Manche seiner Zuhörer sagten: „Wie kann der die Schrift verstehen, ohne dafür ausgebildet zu sein?" Jesus: „Meine Lehre stammt nicht von mir, sondern von dem, der mich gesandt hat. ... Keiner von euch befolgt das Gesetz (des Moses). ... Wenn ein Mensch am Sabbat die Beschneidung empfangen darf ... warum zürnt ihr mir, weil ich am Sabbat einen Menschen ... gesund gemacht habe? ... Der mich gesandt hat, bürgt für die Wahrheit. Ihr kennt ihn nur nicht. Ich kenne ihn, weil ich von ihm komme und weil er mich gesandt hat". Da hätten sie ihn am liebsten festgenommen, aber sie wagten es noch nicht. Viele Leute, die seine Lehre annahmen, fragten: „Wird der Messias, wenn er kommt, mehr Zeichen tun, als dieser getan hat"? Als nun die Hohepriester ihn durch Gerichtsdiener einsperren wollten, sagte er: „Ich bin nur noch kurze Zeit bei euch; dann gehe ich fort, zu dem, der mich gesandt hat. ... Wo ich bin, dorthin könnt ihr nicht gelangen". Die Juden: „Will er in die Diaspora zu den Griechen gehen ...?" Am letzten Festtag rief Jesus seinen Hörern zu: „Wer Durst hat, komme zu mir, und es trinke, wer an mich glaubt. Wie die Schrift sagt: Aus seinem Inneren werden Ströme von lebendigem Wasser fließen".

Damit meinte er den Geist, den alle empfangen sollten ... Als die Gerichtsdiener ohne Jesus zu den Hohepriestern kamen, sagten sie: „Noch nie hat ein Mensch so gesprochen". Darauf die *Pharisäer:* „Habt auch ihr euch in die Irre führen lassen? Dieses Volk jedoch, das vom Gesetz nichts versteht, verflucht ist es". Einer von den *Pharisäern,* Nikodemus, der *Jesus* einmal besucht hatte, sagte: „Verurteilt etwa unser Gesetz einen Menschen, bevor man ihn verhört hat ...“? Sie antworteten ihm: „Lies doch nach: Der Prophet kommt nicht aus *Galiläa*".

Am nächsten Tag lehrte *Jesus* wieder im Tempel. Da brachten die Gesetzeslehrer eine Frau zu ihm, die beim Ehebruch ertappt worden war. Sie sagten, nach dem Gesetz müsse die Frau gesteinigt werden. *Jesus,* der wie teilnahmslos nach vorn gebeugt mit den Fingern auf die Erde schrieb, richtete sich schließlich auf und sagte: „*Wer von euch ohne Sünde ist, werfe als erster einen Stein auf sie*". Da gingen alle nacheinander weg, zuerst die Ältesten. *Jesus* zu der Frau: „Hat dich keiner verurteilt? ... Auch ich verurteile dich nicht. Geh und sündige von jetzt an nicht mehr" (Joh 8).

In einem Streitgespräch mit den *Pharisäern* sagte *der Herr:* „*Ich bin das Licht der Welt. Wer mir nachfolgt, ... wird das Licht des Lebens haben*". Die *Pharisäer:* „Du legst über dich selbst Zeugnis ab; dein Zeugnis ist nicht gültig". *Jesus:* „*Ich bin es, der über mich Zeugnis ablegt, und auch der Vater, der mich gesandt hat, legt über mich Zeugnis ab*". Die *Pharisäer:* „Wo ist dein Vater?" *Jesus:* „*Ihr kennt weder mich noch meinen Vater; würdet ihr mich kennen, dann würdet ihr auch meinen Vater kennen. ...Ich gehe fort und ihr werdet mich suchen ...Wohin ich gehe, dorthin könnt ihr nicht gelangen. ... Ihr stammt von unten, ich stamme von oben; ihr seid aus dieser Welt, ich bin nicht aus dieser Welt. ... Er, der mich gesandt hat, bürgt für die Wahrheit, und was ich von ihm gehört habe, das sage ich der Welt. ... Wenn ihr den Menschensohn erhöht habt, dann werdet ihr erkennen, daß ich es bin*". Durch seine Worte „kamen viele zum Glauben an ihn".

Zu den Juden, die an ihn glaubten, sagte *Jesus:* „Wenn ihr in meinem Wort bleibt, ... werdet ihr die Wahrheit erkennen, und die Wahrheit wird euch befreien". Ihr aber „wollt mich töten, weil mein Wort in euch keine Aufnahme findet". Ihr wollt „*mich töten, einen Menschen, der euch die Wahrheit verkündet hat, die Wahrheit, die ich von Gott gehört habe. ... Wenn Gott euer Vater wäre, würdet ihr mich lieben, denn von Gott bin ich ausgegangen und gekommen. ... Ihr habt den Teufel zum Vater ...Wer aus Gott ist, hört die Worte Gottes*". Die Juden: „Du bist ... von einem Dämon besessen". *Jesus:* „Ich bin von keinem Dämon besessen, sondern ich ehre meinen Vater ... Amen, amen, ich sage euch: „*Wenn jemand an meinem Wort festhält, wird er auf ewig den Tod nicht schauen"*. Die Juden: „Jetzt wissen wir, daß du von einem Dämon besessen bist. *Abraham* und die Propheten sind gestorben ... Bist du etwa größer als unser Vater *Abraham"*. *Jesus: „Euer Vater Abraham jubelte, weil er meinen Tag sehen sollte. Er sah ihn und freute sich"*. Die Juden: „Du bist noch keine fünfzig Jahre alt und willst Abraham gesehen haben"? *Jesus: „Amen, amen, ich sage euch: Noch ehe Abraham wurde, bin ich"*. Da wollten sie ihn steinigen. *Jesus* aber verbarg sich und verließ den Tempel (Joh 8).

In Joh 9 hören wir die Geschichte von einem Mann, der von Geburt an blind war. *Jesus* heilte ihn, indem er von sich etwas Speichel mit Sand vermischte und die Masse dem Blinden auf die Augenlider strich und zu ihm sagte, er solle sich im nahen Teich Schiloach waschen. Als der Mann zurückkam, konnte er sehen. Dies geschah an einem Sabbat. Einige der Zeugen brachten den Mann zu den *Pharisäern*. Sie hörten sich seine Geschichte an und urteilten: „Dieser Mensch (*Jesus*) kann nicht von *Gott* sein, weil er den Sabbat nicht hält. ... Wie kann ein Sünder solche Zeichen tun?" Argwöhnisch befragten sie nun die Eltern des Geheilten, die bestätigten, daß ihr Sohn von Geburt an blind war; sie wüßten nicht, warum er jetzt plötzlich sehen könne. Sie hatten vor den *Pharisäern* Angst, weil diese beschlossen hatten, jeden aus der Synagoge auszuschließen, der *Jesus* als den *Messias* bekenne. Die *Pharisäer* befragten den Mann ein zweites Mal, und dieser wiederholte seinen Bericht. Da sagten sie: „Du bist ein Jünger dieses Menschen; wir aber sind Jünger des *Mose*. Wir wissen, daß zu *Mose Gott* gesprochen hat; aber von dem da wissen wir nicht, woher er kommt". Der Befragte: „Wenn dieser Mensch nicht von *Gott* wäre, dann hätte er gewiß nichts ausrichten können". Die Juden darauf: „Du bist ganz und gar in Sünden geboren, und du willst uns belehren?" Dann stießen sie ihn hinaus. Als *Jesus* den Geheilten später noch einmal traf, fragte er ihn: „Glaubst du an den Menschensohn?" Der Mann: „Ich glaube, Herr!" Und er warf sich vor ihm nieder.

In einem *Gleichnis* (Joh 10) beschrieb *Jesus* seine Tätigkeit als die eines Guten Hirten: *„Ich bin der gute Hirt. Der gute Hirt gibt sein Leben hin für die Schafe. ... Ich kenne die Meinen und die Meinen kennen mich, wie mich der Vater kennt und ich den Vater kenne. ... Ich habe noch andere Schafe, die nicht aus diesem Stall sind; auch sie muß ich führen, und sie werden auf meine Stimme hören; dann wird es nur eine Herde geben und einen Hirten. Deshalb liebt mich der Vater, weil ich mein Leben hingebe, um es wieder zu nehmen"*. Beim Tempelweihfest wurde *Jesus* im Tempel von den Juden umringt: „Wenn du der *Messias* bist, sag es uns offen". *Jesus: „Ich habe es euch gesagt, ... Ihr aber glaubt nicht, weil ihr nicht zu meinen Schafen gehört. ... Meine Schafe hören auf meine Stimme; ... ich gebe ihnen ewiges Leben. ... Mein Vater, der sie mir gab, ist größer als alle; ... ich und der Vater sind eins".* Da wollten die Juden ihn steinigen. *Jesus: „Viele gute Werke habe ich im Auftrag des Vaters vor euren Augen getan. Für welches dieser Werke wollt ihr mich steinigen?"* Die Juden: „...nicht wegen eines guten Werkes, sondern wegen Gotteslästerung; denn du bist nur ein Mensch und machst dich selbst zu *Gott*". *Jesus:* „Heißt es nicht in eurem Gesetz: Ich habe gesagt: Ihr seid Götter? Wenn er *(Gott)* jene Menschen Götter genannt hat, an die das Wort Gottes ergangen ist, ... dürft ihr dann von dem, den der Vater geheiligt und in die Welt gesandt hat, sagen: Du lästerst *Gott* – weil ich gesagt habe: *Ich bin Gottes Sohn?* ...glaubt wenigstens den Werken; ... Dann werdet ihr erkennen und einsehen, daß in mir der Vater ist und ich im Vater bin". Wieder wollten sie ihn wegen seiner Aussagen festnehmen, er aber entzog sich und ging zu dem Ort am Jordan, wo *Johannes* zuerst getauft hatte. Viele Leute, die dort zu ihm kamen, sagten: Alles, was *Johannes* über diesen Mann gesagt hat, ist wahr; und sie kamen zum Glauben an ihn.

Wenig später erreichte *Jesus* eine Nachricht vom *Maria* und *Marta* aus *Betanien*, daß Lazarus, ihr Bruder und ein guter Freund *Jesu* im Sterben lag. *Jesus:* „Diese Krankheit wird nicht zum Tod führen, sondern dient der Verherrlichung *Gottes.* Durch sie soll der *Sohn Gottes* verherrlicht werden". Als *Jesus* nach *Betanien* kam, war *Lazarus* schon vier Tage tot. Er lag in einer Höhle, die mit einem Stein verschlossen war; in Grabnähe spürte man Verwesungsgeruch. *Marta* kam *dem Herrn* entgegen und sagte: „Alles, worum du *Gott* bittest, wird er dir geben". *Jesus:* „Dein Bruder wird auferstehen". *Marta:* „Ich weiß, ...bei der Auferstehung am Letzten Tag". *Jesus: „Ich bin die Auferstehung und das Leben. Wer an mich glaubt, wird leben, auch wenn er stirbt. ... Glaubst du das?"* Marta: „Ja, Herr, ich glaube, daß du der *Messias* bist, der *Sohn Gottes*, der in die Welt kommen soll". *Marta* holte ihre Schwester *Maria*, die vor *Jesus* niederfiel und weinte. Auch *Jesus* begann zu weinen. Einige Juden, die dabei waren, sagten: „Wenn er dem Blinden die Augen geöffnet hat, hätte er dann nicht auch verhindern können, daß dieser hier starb". Nun ging *Jesus* – innerlich erregt – zum Grab und sagte: „Nehmt den Stein weg". *Marta:* „Herr, er riecht aber schon". *Jesus* zu ihr: „Habe ich dir nicht gesagt: Wenn du glaubst, wirst du die Herrlichkeit *Gottes* sehen?" Dann sprach *Jesus* ein Dankgebet und rief mit lauter Stimme:

„*Lazarus*, komm heraus!" Da kam der Verstorbene mit Binden umwickelt heraus. Jesus: Löst ihm die Binden, und laßt ihn weggehen!"

Wegen der vielen „Zeichen", die *Jesu* göttliche Macht offenbaren, trat der jüdische Hohe Rat zusammen und beriet über die Lage: „Wenn wir ihn gewähren lassen, werden alle an ihn glauben. Dann werden die Römer kommen und uns die heilige Stätte und das Volk nehmen". Der Hohepriester *Kajaphas* sagte: „Ihr versteht überhaupt nichts. Ihr bedenkt nicht, daß es besser für euch ist, wenn ein einziger Mensch für das Volk stirbt, als wenn das ganze Volk zugrunde geht". Von nun an waren sie entschlossen, ihn zu töten. *Jesus* zog sich deshalb zunächst aus der Öffentlichkeit zurück und hielt sich mit den Jüngern in *Efraim* auf (Joh 11). Sechs Tage vor dem Paschafest kam er in das Haus des *Lazarus* und seiner Schwestern nach *Betanien*. Während *Marta* bediente, salbte *Maria Jesu* Füße mit kostbarem Nardenöl und trocknete sie mit ihrem Haar. *Judas* meinte dazu, man hätte das Öl verkaufen und den Erlös den Armen geben können. *Jesus:* „Laß sie, damit sie es für den Tag meines Begräbnisses tue. Die Armen habt ihr immer bei euch, mich aber habt ihr nicht immer bei euch". Am Tag darauf zog *Jesus*, auf einem Esel reitend, in *Jerusalem* ein. Die Volksmenge begrüßte ihn mit Palmzweigen in der Hand und rief: „*Hosanna! Gesegnet sei er, der kommt im Namen des Herrn, der König Israels!*" Die *Pharisäer:* „Ihr seht, daß ihr nichts ausrichtet; alle Welt läuft ihm nach".

Zu einigen Griechen, die *Jesus* beim Fest treffen wollten, sagte er in seiner *letzten öffentlichen Rede:* „*Wenn das Weizenkorn nicht in die Erde fällt und stirbt, bleibt es allein; wenn es aber stirbt, bringt es reiche Frucht. Wer an seinem Leben hängt, verliert es; wer aber sein Leben in dieser Welt gering achtet, wird es bewahren bis ins ewige Leben. ... Wenn einer mir dient, wird der Vater ihn ehren. ...Vater, verherrliche deinen Namen!*" Da kam eine Stimme vom Himmel: „*Ich habe ihn schon verherrlicht und werde ihn wieder verherrlichen*". Die Leute, die dabei standen, meinten, es habe gedonnert oder ein Engel habe geredet. *Jesus* sagte darauf: „*...wenn ich über die Erde erhöht bin, werde ich alle zu mir ziehen. ... Nur noch eine kurze Zeit ist das Licht bei euch. Solange ihr das Licht bei euch habt, glaubt an das Licht, damit ihr Söhne des Lichts werdet. ...Ich bin das Licht, das in die Welt gekommen ist, damit jeder, der an mich glaubt, nicht in der Finsternis bleibt. ... Was ich gesagt habe, habe ich nicht aus mir selbst, sondern der Vater, der mich gesandt hat, hat mir aufgetragen, was ich sagen und reden soll*".

Während des Paschamahls stand *Jesus* auf, legte sein Gewand ab und umgürtete sich mit einem Leinentuch. Dann goß er Wasser in eine Schüssel und begann, den Jüngern die Füße zu waschen und mit dem Leinentuch abzutrocknen. Noch heute wird dies in den christlichen Kirchen von den Priestern an ausgesuchten Personen zur Erinnerung praktiziert. *Petrus* wollte das Waschen seiner Füße nicht zulassen. *Jesus:* „Wenn ich dich nicht wasche, hast du keinen Anteil an mir". *Petrus:* Dann solle er ihm bitte auch die Hände und das Haupt waschen. Nach der Fußwaschung sagte *Jesus:* „Ihr sagt zu mir: Meister und Herr, und ihr nennt mich mit Recht so; denn ich bin es. Wenn nun ich ... euch die Füße gewaschen habe, dann müßt auch ihr einander die Füße waschen. Ich habe euch ein Beispiel gegeben ... Der Sklave ist nicht größer als sein Herr ..." Nun verkündete er den Jüngern, daß ihn einer von ihnen, *Judas*, verraten werde. Nachdem *Judas* die Gruppe verlassen hatte, sagte *Jesus: „Jetzt ist der Menschensohn verherrlicht, und Gott ist in ihm verherrlicht. ... Meine Kinder, ich bin nur noch kurze Zeit bei euch. ... Wohin ich gehe, dorthin könnt ihr nicht gelangen. Ein neues Gebot gebe ich euch: Liebt einander! Wie ich euch geliebt habe, so sollt auch ihr einander lieben. Daran werden alle erkennen, daß ihr meine Jünger seid".* Zu Petrus, der wissen wollte, wohin er gehe, sagte er noch: Auch er könne ihm nicht folgen. „Du wirst mir aber später folgen".

Im zweiten Teil seiner Rede (Joh 14) sagte *Jesus:* „Euer Herz lasse sich nicht verwirren. Glaubt an *Gott* und glaubt an mich! *Im Haus meines Vaters gibt es viele Wohnungen. ...* Und wohin ich gehe – den Weg dorthin kennt ihr". Als *Thomas* fragte, welcher Weg es sei, antwortete *Jesus: „Ich bin der Weg, die Wahrheit und das Leben; niemand kommt zum Vater außer durch mich".* Da sagte *Philippus:* „Herr, zeig uns den Vater, das genügt uns". *Jesus:* „Schon so lange bin ich bei euch, und du hast mich nicht erkannt, *Philippus? Wer mich gesehen hat, hat den Vater gesehen. ... Glaubst du nicht, daß ich im Vater bin und daß der Vater in mir ist. Die Worte, die ich zu euch sage, habe ich nicht aus mir selbst. Der Vater, der in mir bleibt, vollbringt seine Werke. Glaubt mir doch ... wenn nicht, glaubt wenigstens aufgrund der Werke! ... Alles, um was ihr in meinem Namen bittet, werde ich tun, damit der Vater im Sohn verherrlicht wird".* Jesus fuhr fort: *„Wenn ihr mich liebt, werdet ihr meine Gebote halten. Und ich werde den Vater bitten, und er wird euch einen anderen Beistand geben, der für immer bei euch bleiben soll. Es ist der Geist der Wahrheit, den die Welt nicht empfangen kann, weil sie ihn nicht sieht und nicht kennt. Ihr aber kennt ihn, weil er bei euch bleibt und in euch sein wird. ... Wer meine Gebote hat und sie hält, der ist es, der mich liebt; wer mich aber liebt, wird von meinem Vater geliebt* *werden und auch ich werde ihn lieben und mich ihm offenbaren. ... Der Beistand aber, der Heilige Geist, den der Vater in meinem Namen senden wird, der wird euch alles lehren und euch an alles erinnern, was ich euch gesagt habe. Frieden hinterlasse ich euch, meinen Frieden gebe ich euch; nicht einen Frieden, wie die Welt ihn gibt, gebe ich euch. Euer Herz beunruhige sich nicht und verzage nicht. ... Ich werde nicht mehr viel zu euch sagen; denn es kommt der Herrscher der Welt. Über mich hat er keine Macht, aber die Welt soll erkennen, daß ich den Vater liebe und so handle, wie es mir der Vater aufgetragen hat".*

In diesem Teil seiner Rede offenbarte *Jesus* die grundlegende Wahrheit über die *Dreifaltigkeit, die Trinität Gottes,* der ewig als der einzige wahre *Gott und Schöpfer* existiert und in drei Personen, als *Vater, Sohn und Heiliger Geist,* seine Heiligkeit und Macht, seinen Anspruch und seine Liebe der ganzen Menschheit kundtut. Die Trinität Gottes ist also nicht – wie manche nichtchristliche Kreise meinen könnten – eine komplizierte Erfindung der Christen, sondern die unmißverständliche und eindringliche Botschaft *Jesu Christi,* der der Weg, die Wahrheit und das Leben ist. Sie ist wesentlicher und unverzichtbarer Bestandteil der christlichen Glaubenswelt.

Nun sagte *Jesus,* er sei der wahre Weinstock und sein Vater sei der Winzer. ... Ich bin der Weinstock, ihr seid die Reben. *Wer in mir bleibt und in wem ich bleibe, der bringt reiche Frucht.* ... Mein Vater wird dadurch verherrlicht, daß ihr reiche Frucht bringt und meine Jünger werdet. Wie mich der Vater geliebt hat, so habe auch ich euch geliebt. Bleibt in meiner Liebe! ... Es gibt keine größere Liebe, als wenn einer sein Leben für seine Freunde hingibt. ... Weil ich euch aus der Welt erwählt habe, darum haßt euch die Welt. ... Das alles werden sie euch um meines Namens willen antun; denn sie kennen den nicht, der mich gesandt hat. ... Wer mich haßt, haßt auch meinen Vater. ... Wenn aber der Beistand kommt, den ich euch vom Vater aus senden werde, der *Geist der Wahrheit,* der vom Vater ausgeht, dann wird er Zeugnis für mich ablegen. ... Sie werden euch aus der Synagoge ausstoßen, ja, es kommt die Stunde, in der jeder, der euch tötet, meint, *Gott* einen heiligen Dienst zu leisten. ... Wenn aber jener kommt, der *Geist der Wahrheit,* wird er euch in die ganze Wahrheit führen. ... Er wird mich verherrlichen; denn er wird von dem, was mein ist, nehmen und es euch verkünden".

„Noch kurze Zeit, dann seht ihr mich nicht mehr, und wieder eine kurze Zeit, dann werdet ihr mich sehen. ... Ihr werdet weinen und klagen, aber die Welt wird sich freuen; Ihr werdet bekümmert sein, aber euer Kummer wird sich in Freude verwandeln. ...ich werde euch wiedersehen; dann wird euer Herz sich freuen, und niemand nimmt euch eure Freude. ... Was ihr vom Vater erbitten werdet, das wird er euch in meinem Namen geben. ... *Vom Vater bin ich ausgegangen und in die Welt gekommen; ich verlasse die Welt wieder und gehe zum Vater.* ... Die Stunde kommt, ... in der ihr versprengt werdet, jeder in sein Haus, und mich werdet ihr allein lassen. Aber ich bin nicht allein, denn der Vater ist bei mir. ... habt Mut: Ich habe die Welt besiegt" (Joh 16).

Am Schluß seiner Rede erhob *Jesus* seine Augen zum Himmel und sprach: *„Vater, die Stunde ist da. Verherrliche deinen Sohn, damit der Sohn dich verherrlicht. Denn du hast ihm Macht über alle Menschen gegeben, damit er allen, die du ihm gegeben hast, ewiges Leben schenkt. ... Vater, verherrliche du mich jetzt bei dir mit der Herrlichkeit, die ich bei dir hatte, bevor die Welt war. ... alles, was mein ist, ist dein, und was dein ist, ist mein. ... Aber jetzt gehe ich zu dir. Ich habe ihnen dein Wort gegeben, und die Welt hat sie gehaßt, weil sie nicht von der Welt sind, wie auch ich nicht von der Welt bin. ... Heilige sie in der Wahrheit, dein Wort ist Wahrheit. ... Aber ich bitte nicht nur für diese hier, sondern auch für alle, die durch ihr Wort an mich glauben. Alle sollen eins sein: Wie du, Vater, in mir bist und ich in dir bin, sollen auch sie in uns sein, damit die Welt glaubt, daß du mich gesandt hast. ... sie sollen meine Herrlichkeit sehen, die du mir gegeben hast, weil du mich schon geliebt hast vor der Erschaffung der Welt".*

In Joh 18 bis 20 lesen wir wie in den synoptischen Evangelien die Geschichte vom Leiden, Tod und Auferstehen *Jesu*. Die Geschichte beginnt mit seiner Gefangennahme durch bewaffnete Soldaten und Gerichtsdiener, darunter auch der Verräter *Judas*, im Garten *Gethsemane*. Sie führten *Jesus* gefesselt zum Hohepriester *Kajaphas*. Auf dessen Frage nach seiner Lehre antwortete er: „Ich habe immer in der Synagoge und im Tempel gelehrt, wo alle Juden zusammenkommen. ... Frag doch die, die mich gehört haben ..." Da schlug ihn einer von den Knechten ins Gesicht und sagte: „Redest du so mit dem Hohepriester?" Unterdessen hielt sich *Petrus* im Hof des Gerichtsgebäudes auf und wurde dreimal von Leuten angesprochen, er sei auch einer der Gefährten *Jesu*. Dreimal leugnete *Petrus* und sogleich krähte der Hahn, wie der Herr vorhergesagt hatte. Am frühen Morgen brachten sie ihn vom Hohepriester zum römischen Präfekten *Pilatus*. Auf dessen Frage: „Bist du der König der Juden"? antwortete Jesus: „Mein Königtum ist nicht von dieser Welt. Wenn es von dieser Welt wäre, würden meine Leute kämpfen, damit ich den Juden nicht ausgeliefert würde". *Pilatus:* „Also bist du doch ein König"? Jesus: *„Du sagst es, ich bin ein König. Ich bin dazu geboren und dazu in die Welt gekommen, daß ich für die Wahrheit Zeugnis ablege. Jeder, der aus der Wahrheit ist, hört auf meine Stimme"*. Darauf Pilatus irritiert: „Was ist Wahrheit?"

Pilatus ließ *Jesus* geißeln und ihn dann – mit einer Dornenkrone auf dem Haupt und einem Purpurmantel um die Schultern – dem Volk vorführen. *Pilatus*: „Seht, da ist der Mensch". Die Menge schrie: „Ans Kreuz mit ihm"! *Pilatus*: „Nehmt ihr ihn und kreuzigt ihn". Darauf die Juden: „Wir haben ein Gesetz, und nach diesem Gesetz muß er sterben, weil er sich als *Sohn Gottes* ausgegeben hat". Auf erneute Fragen des *Pilatus* gab *Jesus* keine Antwort. *Pilatus*: „Du sprichst nicht mir? Weißt du nicht, daß ich Macht habe, dich freizulassen, und die Macht, dich zu kreuzigen". *Jesus*: „Du hättest keine Macht über mich, wenn es dir nicht von oben gegeben wäre" Als *Pilatus* ihn daraufhin freilassen wollte, rief die Menge, wenn er das tue, sei der kein Freund des Kaisers. Pilatus ließ *Jesus* herausführen und setzte sich auf den Richterstuhl mit den Worten: „Da ist euer König!" Sie aber verlangten seine Kreuzigung: „Wir haben keinen König außer dem Kaiser". Da lieferte er ihnen *Jesus* aus, damit er gekreuzigt werde.

Das Urteil wurde sofort vollstreckt. *Jesus* mußte das Kreuz selbst zur Hinrichtungsstätte tragen, die Schädelhöhe oder *Golgota* genannt wurde und außerhalb der Stadt lag. *Josef von Arimathäa* als Helfer beim Kreuztragen wird hier nicht erwähnt. Auf *Golgota* kreuzigten sie *Jesus* und mit ihm zwei weitere Verurteilte. Über *Jesu* Haupt ließ *Pilatus* ein Schild anbringen, mit der Aufschrift: *Jesus von Nazareth, König der Juden*. Die vier Soldaten, die *Jesus* gekreuzigt hatten, teilten sein Obergewand in vier Teile, für jeden ein Teilstück, und warfen über das Untergewand das Los, weil es für das Zerteilen zu schade war. Beim Kreuz *Jesu* standen seine Mutter, ihre Schwester und *Maria von Magdala* sowie der Jünger *Johannes*. Als *Jesus* vom Kreuz herabblickend seine Mutter bei *Johannes* stehen sah, sagte er zu ihr: „Frau, siehe, dein Sohn" und zu *Johannes*: „Siehe, deine Mutter!" Und von jener Stunde an nahm sie der Jünger zu sich. Als *Jesus* wußte, daß alles vollbracht war, sagte er, damit sich die Schrift erfüllte: „Mich dürstet". Mit Hilfe eines Stabs wurde ein mit Essig getränkter Schwamm nach oben an seinen Mund gehalten. Er kostete davon und sagte: *„Es ist vollbracht"*, neigte das Haupt und gab seinen Geist auf.

Damit die Verurteilten nicht noch am nächsten Tag, dem Sabbattag, am Kreuz hingen, wurden zwei von ihnen die Beine zerschlagen. Bei *Jesus*, der schon tot war, taten sie es nicht. Einer der Soldaten stieß mit seiner Lanze in *Jesu* Seite, „und sogleich flossen Blut und Wasser heraus". Damit erfüllten sich die Worte der Schrift: „Man soll an ihm kein Gebein zerbrechen" und „Sie werden auf den blicken, den sie durchbohrt haben". *Josef von Arimathäa* und *Nikodemus*, der einmal bei *Jesus* zu Besuch war, durften mit Erlaubnis von *Pilatus* den Leichnam *Jesu* abnehmen, mit wohlriechenden Salben und Leinenbinden vorbereiten und in einem nahegelegenen Grab beisetzen. Am nächsten Tag, dem ersten Tag der Woche, kam *Maria von Magdala* ans Grab und sah, daß der Stein vom Grab weggenommen war. Sie berichtete es *Petrus* und *Johannes*, die daraufhin zum Grab liefen und es leer fanden. Nur die Leinenbinden und ein Schweißtuch lagen da. Während die Jünger weggingen, stand *Maria* draußen vor dem Grab und weinte. Als sie in das Grab schaute, sah sie dort zwei Engel in weißen Gewändern sitzen, die zu ihr sagten: „Frau, warum weinst du?" *Maria*: „Man hat meinen *Herrn* weggenommen, und ich weiß nicht, wohin man ihn gelegt hat". Kaum hatte sie das gesagt, wandte sie sich um und sah *Jesus* dastehen, wußte aber noch nicht, daß er es war. Dann gab sich *Jesus* zu erkennen und sagte: „Halte mich nicht fest; denn ich bin noch nicht zum Vater hinaufgegangen. Geh aber zu meinen Brüdern, und sag ihnen: „Ich gehe hinauf zu meinem Vater und eurem Vater, zu meinem Gott und zu eurem Gott". *Maria von Magdala* ging darauf zu den Jüngern und sagte ihnen: *„Ich habe den Herrn gesehen"*.

Am Abend des Tages seiner Auferstehung kam *Jesus* in den Raum, wo die Jünger aus Furcht vor den Juden hinter verschlossenen Türen versammelt waren. Er trat in ihre Mitte und sagte: *„Friede sei mit Euch!"* Dann zeigte er ihnen seine Hände und seine Seite. Er wiederholte die Worte: „Friede sei mit euch" und gebot ihnen: *„Wie mich der Vater gesandt hat, so sende ich euch". Darauf hauchte er sie an und sprach: „Empfangt den Heiligen Geist! Wem ihr die Sünden vergebt, dem sind sie vergeben; wem ihr die Vergebung verweigert, dem ist sie verweigert". Mit diesen Worten empfingen die Jünger und die ihnen nachfolgenden Generationen von Priestern und Bischöfen der Kirche die Vollmacht, allen Menschen, die ihre Schuld bekennen, die Sünden zu vergeben.*

Der Jünger *Thomas* war nicht dabei, als *Jesus* an jenem Abend den Jüngern erschien. Er wollte deshalb nicht glauben, was ihm seine Mitbrüder erzählten. Um zu glauben, müsse er die Wundmale *des Herrn* berühren können.

Acht Tage später kam *Jesus* wieder in ihre Mitte und sagte zu *Thomas*, er solle seine Wundmale berühren. *Thomas* tat es und reagierte mit den Worten: *„Mein Herr und mein Gott!"* Jesus: *„Weil du mich gesehen hast, glaubst du. Selig sind, die nicht sehen und doch glauben"* (Joh 20). In einem Epilog fügte der Evangelist hinzu: Noch viele andere Zeichen, die in diesem Buch nicht aufgeschrieben sind, hat *Jesus* vor den Augen seiner Jünger getan. Diese aber sind aufgeschrieben, damit ihr glaubt, daß *Jesus* der *Messias* ist, der *Sohn Gottes*, und damit ihr durch den Glauben das Leben habt in seinem Namen.

In einem Nachtrag zum Evangelium (Joh 21) berichtet *Johannes*, daß *Jesus* den Jüngern ein drittes Mal, nämlich am See von *Tiberias*, d.h. am See *Genezareth*, erschien. *Petrus* war mit einigen Jüngern in einem Boot beim Fischen. In dieser Nacht fingen sie nichts. Als der Morgen graute, stand *Jesus* am Ufer, aber die Jünger erkannten ihn nicht. Er gebot ihnen, das Netz noch einmal auszuwerfen und sie fingen jetzt 153 große Fische. Dennoch zerriß das Netz nicht. Da sagte einer der Jünger: *„Es ist der Herr".* Am Ufer angekommen, sahen sie ein Kohlenfeuer und darauf Fisch und Brot. *Jesus*: *„Kommt her und eßt";* und er nahm das Brot und gab es ihnen, ebenso den Fisch. Nach dem Essen sagte *Jesus* zu *Simon Petrus* dreimal: *„Simon, Sohn des Johannes, liebst du mich?"* Petrus antwortete dreimal: *„Ja, Herr, du weißt, daß ich dich liebe".* Jesus erwiderte ihm jedes Mal: *„Weide meine Schafe".* Dann sagte er zu ihm: *„Als du noch jung warst, hast du dich selbst gegürtet und konntest gehen, wohin du wolltest. Wenn du aber alt geworden bist, wirst du deine Hände ausstrecken, und ein anderer wird dich gürten und dich führen, wohin du nicht willst".* Das sagte *Jesus*, um anzudeuten, durch welchen Tod er *Gott* verherrlichen würde.

Am Ende seines Berichts sagt der Verfasser: Dieser Jünger ist es, der all das bezeugt und der es aufgeschrieben hat; und wir wissen, daß sein Zeugnis wahr ist. *Jesus* habe noch vieles andere getan. Wollte man alles aufschreiben, die ganze Welt könnte die Bücher nicht fassen, die man darüber schreiben müßte.

Vergleich des Johannes-Evangeliums mit den drei synoptischen Evangelien

Das Johannes-Evangelium weist im Vergleich zu den Synoptischen Evangelien erhebliche Unterschiede auf:

Das Johannesevangelium beginnt mit einem hymnenartigen, eindrucksvollen Prolog. Es enthält lange Reden *Jesu*, darunter die Abschiedsreden. Gleichnisse fehlen völlig. Im Gegensatz zu den Synoptikern werden mehrere längere Aufenthalte *Jesu* in *Jerusalem*, unterbrochen von kurzen Reisen nach *Galiläa*, beschrieben. *Jesus* wirkte demnach hauptsächlich in *Jerusalem*. Bei den Synoptikern ist der Todestag *Jesu* der Tag des Paschafestes (15. Nisan), bei *Johannes* der Rüsttag (Vorabend) des Festes (14. Nisan). Diese Unterschiede waren in allen folgenden Jahrhunderten der Anlaß zu vielerlei Kritik am historischen Wahrheitsgehalt der Evangelien.

Die Vier Evangelien als Kernbotschaft des Christentums

Ungeachtet mancher kritischer Zweifler, die es in den letzten 2.000 Jahren ununterbrochen gab, kann jeder Leser mit wachem und gesundem Menschenverstand erkennen, daß die Vier Evangelien einzigartige, tief in die Herzen der Leser eindringende Schriften der Weltliteratur sind. Es gab und gibt bis heute nichts Vergleichbares.

Sie berichten vom Leben und Wirken *Jesu Christi*, der – etwa im Jahre 5 v. Chr. in *Betlehem* von *Maria* geboren und in *Nazareth* aufgewachsen – im Alter von etwa 30 Jahren seine rund drei Jahre während Lehr- und Wandertätigkeit in *Galiläa* und *Judäa* begann, von der jüdischen religiösen Obrigkeit wegen „Gotteslästerung" angeklagt, von Soldaten der römischen Schutzmacht gekreuzigt und am dritten Tag durch *Gott* von den Toten auferweckt wurde. Sein vermeintliches Scheitern am Starrsinn und an der Selbstherrlichkeit der Hohepriester, Schriftgelehrten und *Pharisäer* war der Ausgangspunkt des *Christentums*, das heute – allerdings aufgesplittert in eine Reihe von Glaubensgemeinschaften – rund ein Drittel der Menschheit umfaßt.

Die anderen zwei Drittel gehören anderen Glaubensgemeinschaften an, darunter die zweitgrößte, *der Islam*, und eine sehr kleine, *das Judentum*. Im Heiligen Buch des *Islam*, dem *Koran*, finden wir die Aussage: *Gott hat keinen Sohn*. Auch das Judentum hat *Jesus* nicht als *Sohn Gottes* und *Messias* anerkannt und seine Botschaft vom *Reich Gottes* unter Berufung auf das *Gesetz des Moses* zurückgewiesen. Zwei Gedanken sollten zum Nachsinnen anregen:

Das Wort des *Korans* „Gott hat keinen Sohn" bedeutet für die Christenheit und auch allgemein für die ganze Menschheit eigentlich eine Einschränkung der *Allmacht Gottes*, des Schöpfers des Himmels und der Erde. Wenn sich *Jesus* selbst *Gottes Sohn* nennt, so ist das keineswegs Vielgötterei, also eine Situation, in der ein eigenständiger *Gottessohn* und ein ebenso selbständiger *Gottvater* unabhängig voneinander und nebeneinander existieren. Vielmehr gibt es *nur den einzigen und wahren Gott*, dessen universaler Geist sich nach der Lehre *Jesu Christi* in drei verschiedenen Personen, im *Vater, Sohn und Heiligen Geist*, offenbart.

Die strikte jüdische Ablehnung der Offenbarung *Jesu Christi*, daß er der erwartete wahre *Messias* und *Gottessohn* sei, und das unveränderte Festhalten am *Mosaischen Gesetz* resultieren aus der Annahme, daß der Schöpfer ein statischer Gott sei, der alle seine Gebote, die er vor 3.250 Jahren dem *Moses* und später anderen Propheten verkündete, unverändert beachtet haben möchte. Ganz im Gegenteil, *Gott, der Herr*, ist ein lebendiger dynamischer *Gott*, der von Anfang an der Menschheit immer wieder neue Perspektiven ihrer Heiligung und Erlösung anbot. Es war der Zorn des *Herrn* über die Frevel der Menschheit, daß er vor vielleicht 6.000 Jahren die *Sintflut* über die Erde hereinbrechen ließ und in den fast 2.000 Jahren von *Abraham* bis *Christus* die Israeliten immer wieder sehr hart bestrafte, weil sie vom *Baal- und Ascherakult* nicht ablassen wollten. Beinahe 2.000 Jahre lang hat *Gott* geduldig den „Acker Israel" vorbereitet, damit der „Sämann" *Jesus Christus* die Saat der Liebesbotschaft seines himmlischen Vaters ausstreuen konnte. Diese Saat ging auf dem „Acker Israel" nur geringfügig auf, dafür aber umso mehr in den benachbarten Kulturen und von dort „bis an die Grenzen der Erde". *Die Ablehnung der Botschaft Christi erscheint als Jahrtausendfehler des Judentums*. Sie könnte die Ursache sein für das Schweigen *Gottes* im Judentum seit rund 2.000 Jahren und – wie nicht wenige meinen – möglicherweise auch für das Leid, das Juden in vielen Jahrhunderten zu ertragen hatten.

Ein weiterer Gedanke ist noch wesentlich: *Alle Menschen, gleichgültig welcher Religion sie angehören, sollten sich davor hüten, die begrenzte Erkenntnisfähigkeit ihres Gehirns zum Maßstab der Beurteilung von Gott und Welt zu erheben.* Unser Gehirn ist etwas im Laufe der Evolution Gewordenes, das vieles um uns herum, was geworden ist, erfaßt, nutzt und umgestaltet. Trotz seiner enormen Leistungsfähigkeit ist sein Durchdringungsvermögen von allem, was ist, begrenzt. Darüber wird im letzten Kapitel „Glaube und Naturwissenschaft" noch einiges gesagt. Es bleibt uns nichts, als uns demütig zu freuen über das, was wir in Jahrhunderten mühseligen Suchens von der Welt herausgefunden und von *Gott* offenbart bekommen haben, und ergriffen zu staunen über das, was uns bisher und möglicherweise für immer verborgen geblieben ist bzw. bleiben wird.

Um das Wort *Gottes* tief in unserem Inneren zu erfassen, muß man die vier Evangelien mit wachem Verstand und offenem Herzen studieren. Kein Sterblicher vor und nach *Jesus Christus* hat so einzigartige, fundamentale und souveräne Aussagen formuliert wie er: *„Ich bin der Messias, der Sohn Gottes"; ich bin der Weg, die Wahrheit und das Leben; ich und der Vater sind eins; hier ist einer, der größer ist als Salomo; mein Reich ist nicht von dieser Welt; mir ist alle Macht gegeben im Himmel und auf der Erde; gehet hin in alle Welt und lehret alle Völker...* Er bestätigte noch einmal das erste und höchste Gebot seines himmlischen Vaters: *Du sollst den Herrn, deinen Gott lieben und deinen Nächsten wie dich selbst. Die Güte und das Lieben sind die Fundamente, die Gott allen Menschen für ein menschenwürdiges Zusammenleben ins Herz senken möchte.* Im Licht der Liebesbotschaft *Jesu Christi* hat das schöne Wort seine ewige Berechtigung:
Die Güte ist der Adel des Mannes und die Liebe ist die Schönheit der Frau.

In den Evangelien wird deutlich, daß der Mensch, der *Gott* um Hilfe bittet, an seiner eigenen Heilung und Erlösung beteiligt wird. Immer wieder hören wir *Jesus* sagen, wenn er um die Heilung eines kranken Menschen gebeten wurde: „Gehe hin, dein Glaube hat dir geholfen" oder „Dir geschehe, wie du geglaubt hast". *Damit wir das Heil erlangen können, müssen wir uns in freier Entscheidung zum Glauben an Gott und sein Erlösungswerk bekennen. Gott zwingt uns dazu nicht, er bietet uns nur diese Entscheidung an. Durch den Glauben beteiligt er uns an unserer eigenen Erlösung. Er erhebt uns damit gewissermaßen in den Adelsstand der Gläubigen, die berufen sind, zur Vollendung seiner Schöpfung beizutragen.*

Neben den *Vier Evangelien*, in denen uns vor rund 2.000 Jahren direkt das *Wort Gottes* durch *Jesus Christus* verkündet worden ist, sind uns als weitere *Heilige Schriften* 23 andere Dokumente überliefert worden: *die Apostelgeschichte, 21 Briefe – davon 14 vom Völkerapostel Paulus und 7 von Jüngern Jesu – sowie als letztes Dokument die Offenbarung des Johannes.*

Die Apostelgeschichte

Die Geschichte von den „*Taten der Apostel*" wurde vermutlich zwischen 80 und 90 n. Chr. von *Lukas*, dem Autor des nach ihm benannten dritten Evangeliums, geschrieben. Manche Hinweise sprechen dafür, daß es bereits zwischen 60 und 70 n. Chr. verfaßt wurde. Die Schrift ist in 28 Kapitel unterteilt und wie das *Lukas-Evangelium* an einen unbekannten Adressaten namens *Theophilus* gerichtet. Sie beginnt deshalb mit den Worten: „Im ersten Buch, lieber *Theophilus*, habe ich über alles berichtet, was *Jesus* getan und gelehrt hat, bis zu dem Tag, an dem er (in den Himmel) aufgenommen wurde".

Der Autor beginnt dann mit einem Bericht über die letzten Anweisungen des auferstandenen *Jesus* an seine Jünger: „Ihr werdet die Kraft des *Heiligen Geistes* empfangen, der auf euch herabkommen wird; und ihr werdet meine Zeugen sein in *Jerusalem* und in ganz *Judäa* und *Samaria* und bis an die Grenzen der Erde". Nach diesen Worten wurde *Jesus* in den Himmel aufgenommen. „... Eine Wolke nahm ihn auf und entzog ihn ihren Blicken". Zwei Männer in weißen Gewändern, die plötzlich bei ihnen standen, sagten: „Dieser *Jesus* ... wird ebenso wiederkommen, wie ihr ihn habt zum Himmel hingehen sehen". Die Jünger kehrten nach *Jerusalem* zurück und trafen dort mit *Maria*, der Mutter *Jesu*, mit anderen Frauen und seinen „Brüdern" zusammen. Im Kreis von etwa 120 Brüdern erhob sich bei einer der Zusammenkünfte *Petrus*, und schlug vor, für den verstorbenen *Judas* einen Nachfolger zu wählen. Von zwei Kandidaten fiel die Wahl auf *Matthias*, der in den Kreis der zwölf Apostel aufgenommen wurde (Apg 1).

„Als der Pfingsttag gekommen war, befanden sich alle am gleichen Ort. Da kam plötzlich vom Himmel her ein Brausen, wie wenn ein heftiger Sturm daherfährt, und er erfüllte das ganze Haus, in dem sie waren. Und es erschienen ihnen Zungen wie von Feuer, die sich verteilten; auf jeden von ihnen ließ sich eine nieder. Alle wurden mit dem *Heiligen Geist* erfüllt und begannen, in fremden Sprachen zu reden, wie es der Geist ihnen eingab" (Apg 2). Viele Leute, die das Getöse hörten, kamen und staunten, daß diese *Galiläer* in ihrer jeweiligen Muttersprache zu ihnen redeten. Alle gerieten außer sich und waren ratlos. Einige aber meinten, sie seien vom süßen Wein betrunken. Da erhob sich *Petrus* und hielt eine Rede: Die Männer seien nicht betrunken, sondern jetzt geschehe, was der Prophet *Joël* vorhergesagt habe (Joël 3): „Danach aber wird es geschehen, daß ich meinen Geist ausgieße über alles Fleisch. Eure Söhne und Töchter werden Propheten sein, eure Alten werden Träume haben, und eure jungen Männer haben Visionen. ... Ich werde wunderbare Zeichen wirken ... ehe der Tag *des Herrn* kommt ... Jeder, der den Namen *des Herrn* anruft, wird gerettet". Diese Worte hatte *Joël* im 5. Jh. v. Chr. verkündet. *Petrus* fuhr fort: *Jesus* sei von *Gott* durch machtvolle Taten, Wunder und Zeichen vor allen Menschen beglaubigt worden; er sei nach *Gottes* Willen hingegeben und vom Tode auferweckt worden. „Dafür sind wir alle Zeuge. ... *Mit Gewißheit erkenne also das ganze Haus Israel: „Gott hat ihn zum Herrn und Messias gemacht, diesen Jesus, den ihr gekreuzigt habt".*

Als die Leute die Worte des *Petrus* hörten, „traf es sie mitten ins Herz". Etwa 3.000 von ihnen ließen sich auf den Namen *Jesu Christi* taufen zur Vergebung ihrer Sünden. *Petrus*: Nun werdet ihr die Gabe des *Heiligen Geistes* empfangen". Alle wurden von Furcht ergriffen; denn durch die Apostel geschahen viele Wunder und Zeichen. Die Gläubigen bildeten eine Gemeinschaft „und hatten alles gemeinsam" (Apg 2). Eine Tages gingen *Petrus* und *Johannes* zum Tempel und trafen dort am Eingang auf einen Mann, der von Geburt an gelähmt war; er bettelte um ein Almosen. *Petrus*: „Gold und Silber besitze ich nicht. Doch was ich habe, das gebe ich dir: Im Namen *Jesu Christi*, des Nazoräers, geh umher!" Und er faßte ihn an der rechten Hand und richtete ihn auf. Sogleich konnte der Mann stehen und umhergehen. Alle Augenzeugen staunten darüber. Der Mann schloß sich *Petrus* und *Johannes* an und die Leute umringten sie. *Petrus* hielt eine kurze Rede: *Gott* habe seinen Knecht *Jesus* verherrlicht, den sie verraten und getötet hätten. *Gott* habe ihn von den Toten auferweckt. „Dafür sind wir Zeugen". Der Glaube des Gelähmten an den Namen *Jesu* habe ihm die volle Gesundheit geschenkt. Die Menschen hätten aus Unwissenheit gehandelt und *Jesus* getötet. *Gott* habe damit erfüllt, was er durch alle Propheten verkündet habe: Daß sein *Messias* leiden werde (Apg 3).

Während die Apostel noch redeten, kamen einige Priester und *Sadduzäer* und nahmen sie fest. Am nächsten Morgen fand die Vernehmung statt. Die Hohepriester: „Mit welcher Kraft oder in wessen Namen habt ihr das getan?" *Petrus*, erfüllt vom *Heiligen Geist*: „...im Namen *Jesu Christi* ... Es ist uns Menschen kein anderer Name unter dem Himmel gegeben, durch den wir gerettet werden sollen". Die Hohepriester betrachteten die beiden Apostel als „ungelernte und einfache Leute", die wegen ihrer Heilkräfte vom Volk verehrt wurden. Sie ließen beide schließlich unbehelligt gehen, verboten ihnen aber, jemals wieder „im Namen *Jesu* zu predigen und zu lehren". Die Antwort der Apostel: „Wir können unmöglich schweigen über das, was wir gesehen und gehört haben". Nach ihrer Rückkehr zu den anderen Jüngern beteten sie gemeinsam: „*Herr* ... gib deinen Knechten die Kraft, mit allem Freimut dein Wort zu verkünden. Streck deine Hand aus, damit Heilungen und Wunder geschehen durch den Namen deines heiligen Knechtes *Jesus*". Die Gemeinde der Gläubigen war ein Herz und eine Seele; ... sie hatten alles gemeinsam. Alle verkauften ihren Besitz und brachten den Erlös (Apg 4). Zwei von ihnen, *Hananias* und seine Frau *Saphira*, verkauften zusammen ein Grundstück, behielten aber etwas von dem Erlös für sich. Als *Petrus Hananias* zur Rede stellte, er habe *Gott* belogen, stürzte dieser zu Boden und starb. Gleiches geschah mit seiner Frau, die drei Stunden später kam und *Petrus* ebenfalls belog. „Da kam große Furcht über die ganze Gemeinde. Durch die Hände der Apostel geschahen viele Zeichen und Wunder im Volk" (Apg 5).

Die eifersüchtigen Hohepriester und *Sadduzäer* ließen die Apostel verhaften. Aber ein *Engel des Herrn* befreite sie und gebot ihnen, im Tempel aufzutreten. Von dort wurden sie erneut dem Hohen Rat vorgeführt: Wir haben euch streng verboten, in diesem Namen zu lehren..." *Petrus* antwortete: „Man muß *Gott* mehr gehorchen als den Menschen". Die Hohepriester gerieten in Zorn und wollten die Apostel töten. Da riet ihnen der angesehene Gesetzeslehrer *Gamaliël*, sie sollten die Apostel freilassen, denn wenn ihr Werk von *Gott* stamme, könne es nicht zerstört werden. Die Hohepriester zeigten Einsicht: Sie ließen die Apostel auspeitschen, verboten ihnen erneut das Predigen im Namen *Jesu* und ließen sie gehen. Die Apostel aber freuten sich, daß sie im Namen *Jesu* Schmach zu erdulden hatten und predigten furchtlos Tag für Tag im Tempel und in den Häusern. Um die wachsende Zahl der Gläubigen betreuen zu können, wählten sie aus der Schar der versammelten Jünger sieben Männer aus, darunter *Stephanus* und *Philippus*, „legten ihnen die Hände auf" und weihten sie zu Diakonen. *Stephanus*, „voll Gnade und Kraft, tat Wunder und große Zeichen unter dem Volk". Einige seiner Gegner, die ihm im Streitgespräch unterlagen, erhoben vor dem Hohen Rat aus Wut Anklage gegen ihn, er habe gegen *Mose* und *Gott* gelästert. *Stephanus* wurde verhaftet. Bei seiner Vernehmung erschien allen Ratsmitgliedern „sein Gesicht wie das Gesicht eines Engels" (Apg 6).

Vor den Hohepriestern antwortete *Stephanus* auf die Frage, ob die Vorwürfe wahr seien, mit einer Rede über die Geschichte der Israeliten, beginnend mit der Wanderung *Abrahams* aus *Chaldäa* über *Haran* nach *Kanaan*. Er sprach vom „Bund der Beschneidung", vom Frondienst in Ägypten, von *Jakob, Josef, Moses* und *David*. Er beendete seine Rede mit den Worten: „Ihr Halsstarrigen, ihr, die ihr euch mit Herz und Ohr immerzu dem *Heiligen Geist* widersetzt ..." Eure Väter „haben die getötet, die die Ankunft des Gerechten geweissagt haben, dessen Verräter und Mörder ihr jetzt geworden seid ..." Als sie das hörten, waren sie aufs äußerste über ihn empört. Er aber, erfüllt vom *Heiligen Geist*, rief: „Ich sehe den Himmel offen und den *Menschensohn* zur Rechten *Gottes* stehen". Da stürmten sie schreiend auf ihn los, trieben ihn zur Stadt hinaus und steinigten ihn. Das geschah zwischen 36 und 40 n. Chr. *Stephanus* war etwa 25 Jahre alt. Die Zeugen legten ihre Kleider zu Füßen eines jungen Mannes nieder, der *Saulus* hieß. *Stephanus* betete: „Herr *Jesus*, nimm meinen Geist auf"! Nach den Worten: „*Herr*, rechne ihnen diese Sünde nicht an" starb er. „*Saulus* aber war mit dem Mord einverstanden" (Apg 7). An jenem Tag brach eine schwere Verfolgung über die Kirche in *Jerusalem* herein, die *Saulus* vernichten wollte (Apg 8).

Mit diesem *ersten Märtyrer Stephanus* (von griech. *martyrion* = Zeugnis) begann die weltweite Verfolgung von Christen, die bis in unsere Tage unvermindert anhält. Religionswissenschaftler schätzen, daß zwischen 33 und 2000 rund 40 Millionen Christen, davon allein 27 Millionen im 20. Jh., wegen ihres Glaubens getötet wurden. Das 20. Jahrhundert geht als Jahrhundert der Märtyrer in die Geschichte ein. Nach Mt 24 hat es *Jesus* vorausgesagt: „Sie werden euch der Bedrängnis preisgeben und euch töten, und ihr werdet gehaßt werden um meines Namens willen von allen Völkern."

Philippus ging nach den Tagen der Verfolgung nach *Samaria*, verkündete dort die Botschaft *Christi*, trieb „unreine Geister" aus und heilte Kranke. Viele nahmen den Glauben an. Auch ein Mann namens *Simon*, der sich viel mit Zauberei befaßte, wurde gläubig und schloß sich *Philippus* an. Später kamen *Petrus* und *Johannes* nach *Samaria* und riefen durch Handauflegen den *Heiligen Geist* auf die Gläubigen herab. *Simon* wollte diese Fähigkeit mit Geld erwerben, aber *Petrus* wies ihn schroff zurück: Die Gabe *Gottes* lasse sich nicht für Geld kaufen.

Philippus erhielt von einem *Engel des Herrn* den Auftrag, nach Süden in Richtung *Gaza* zu ziehen. Auf dem Weg traf er einen äthiopischen Hofbeamten, der in seinen Wagen sitzend, die Schrift des Propheten *Jesaja* las. *Philippus* erklärte ihm auf seine Bitte hin die Botschaft und taufte ihn an einem Brunnen. Gleich danach wurde *Philippus* vom „Geist des Herrn" nach *Aschdod* entführt. Der Äthiopier aber „zog voll Freude weiter" (Apg 8).

Saulus „wütete immer noch mit Drohung und Mord gegen die Jünger des *Herrn*". Ausgerüstet mit Haftbefehlen der Hohepriester reiste er im Jahr 33 nach *Damaskus*, um dort Anhänger *Jesu* gefangenzunehmen und nach *Jerusalem* zu bringen. Kurz vor *Damaskus* umstrahlte ihn plötzlich „ein Licht vom Himmel". Er stürzte zu Boden und eine Stimme sagte: „*Saul, Saul,* warum verfolgst du mich"? *Saulus:* „Wer bist du, Herr?" Die Stimme: „Ich bin *Jesus,* den du verfolgst". Auch seine Begleiter hörten die Stimme, sahen aber niemand. *Saulus* erhob sich, war erblindet und wurde in die Stadt geführt. Er blieb drei Tage blind. Ein Jünger namens *Hananias,* der in *Damaskus* lebte, erhielt vom *Herrn* den Auftrag, zu *Saulus* zu gehen – der Weg wurde ihm beschrieben – und ihm die Hände aufzulegen, „damit er wieder sieht". Als *Hananias* darauf hinwies, wieviel Böses dieser *Saulus* den Gläubigen in *Jerusalem* zugefügt habe, sagte *Jesus:* „Geh nur! Denn dieser Mann ist mein ausgewähltes Werkzeug. Er soll meinen Namen vor Völker und Könige und die Söhne *Israels* tragen. Ich werde ihm auch zeigen, wieviel er für meinen Namen leiden muß". *Hananias* führte den Auftrag aus. Sofort konnte *Saulus* wieder sehen, ließ sich taufen und begann, in den Synagogen die Botschaft *Christi* zu verkünden: „Er ist der *Sohn Gottes*".

Viele Leute gerieten darüber in helle Aufregung, weil er zuvor als strenger Verfolger der Anhänger *Jesu* bekannt war. Die Juden wollten ihn deshalb töten und bewachten die Stadttore. *Saulus* entkam, indem ihn seine Gefährten bei Nacht in einem Korb die Stadtmauer hinabließen. In *Jerusalem* hatten die Jünger zunächst Angst vor *Saulus,* aber der Jünger *Barnabas* beruhigte sie und erzählte ihnen von der Begegnung des *Saulus* mit dem *Herrn* und seiner Bekehrung. Nach Streitgesprächen wollten hellenistische Schriftgelehrte *Saulus* töten; deshalb schickten ihn die Jünger in seine Heimatstadt *Tarsus.* „Die Kirche in ganz *Judäa, Galiläa* und *Samaria* hatte nun Frieden ... und wuchs durch die Hilfe des *Heiligen Geistes*" (Apg 9).

Unterdessen reiste *Petrus* zu den einzelnen Gemeinden und kam auch nach *Lydda*. Dort heilte er einen Mann, der seit acht Jahren gelähmt war. In dem Nachbarort *Joppe* war eine gütige, hilfsbereite Jüngerin gestorben, und Angehörige kamen zu *Petrus* und baten um Hilfe. *Petrus* ging mit, wünschte, mit der Toten alleingelassen zu werden und betete. Dann sagte er: „Steh auf". Da öffnete sie die Augen und setzte sich auf. Die Kunde verbreitete sich in ganz *Joppe* und „viele kamen zum Glauben an den *Herrn*" (Apg 9). In der Stadt *Cäsarea* erschien einem Hauptmann mit Namen *Kornelius* ein *Engel des Herrn* und gebot ihm, *Petrus* aus *Joppe* herbeizuholen. *Petrus* erlebte unterdessen während des Betens „eine Verzückung": Er sah den Himmel offen und eine Schale auf die Erde herabkommen, in der allerlei Tiere waren. Eine Stimme sagte, er solle etwas davon zubereiten und essen. Als *Petrus* sich weigerte, hörte er: „Was Gott für rein erklärt, nenne du nicht unrein"! Dann verschwand die Erscheinung. Während er noch über die Bedeutung der Vision nachdachte, erschienen die Boten des *Kornelius*, um ihn abzuholen. Im Haus des *Kornelius* sagte *Petrus*: „Ihr wißt, daß es einem Juden nicht erlaubt ist, mit einem Nichtjuden zu verkehren oder sein Haus zu betreten; mir aber hat Gott gezeigt, daß man keinen Menschen unheilig oder unrein nennen darf". Auf die Bitte des *Kornelius* redete *Petrus* über die Leidensgeschichte des *Herrn*. *Gott* habe ihn von den Toten auferweckt und ihn erscheinen lassen; „Uns, die wir mit ihm nach seiner Auferstehung von den Toten gegessen und getrunken haben". Während *Petrus* sprach, „kam der *Heilige Geist* auf alle herab, die das Wort hörten". *Petrus* ordnete an, daß alle, die den Glauben annahmen, getauft wurden (Apg 10).

Nach *Jerusalem* zurückgekehrt, hielten ihm die Christusanhänger vor: „Du hast das Haus von Unbeschnittenen betreten und hast mit ihnen gegessen". *Petrus* erzählte ihnen alles, was er erlebt hatte und wie der *Heilige Geist* auf alle seine Zuhörer herabgekommen sei. „Wenn nun *Gott* ihnen, nachdem sie zum Glauben ... gekommen sind, die gleiche Gabe verliehen hat wie uns: wer bin ich, daß ich *Gott* hindern könnte"? Da beruhigten sie sich und priesen *Gott*.

a
b   c   d   e   f

30   40   50   60   n. Chr.   70
Judäa: 1   2   3
                                                    4

Tiberius   Claudius   Nero   Vespasian
      Caligula   Erste CV

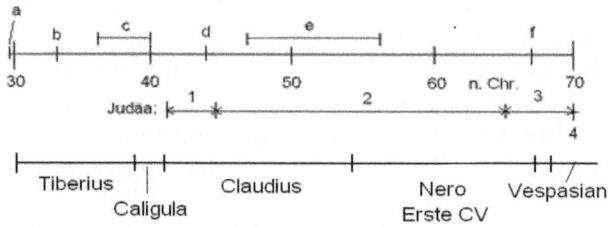

Fig. 3-13: Zeittafel über die ersten vier Jahrzehnte nach Auferstehung und Himmelfahrt Jesu Christi etwa 29/30 n. Chr. (a): b Martyrium des Stephanus und Bekehrung des Paulus, c Paulus in Tarsus, d Märtyrertod des Jakobus, e Zeit der drei Missionsreisen des Paulus, f Hinrichtung von Petrus und Paulus in Rom. Die politische Situation in Judäa: 1 König Herodes Agrippa I., 2 Verwaltung durch Römische Prokuratoren, darunter Felix und Festus; 3 Jüdischer Krieg; 4 Zerstörung Jerusalems; ab dem Jahr 70 wurde Jerusalem von römischen Truppen besetzt gehalten. In Galiläa und Peräa sowie in den Gebieten des Herodes Philippus herrschte ab 44 König Herodes Agrippa II. Untere Zeile: die Regierungszeiten der römischen Kaiser. Erste CV = erste Christenverfolgung unter Kaiser Nero.

Wegen der Verfolgung der Jünger *Jesu* kamen einige von ihnen nach *Phönizien*, *Zypern* und *Antiochia* und bekehrten dort viele zum Glauben. Die Gemeinde in *Jerusalem* schickte zur Unterstützung *Barnabas*, der *Saulus* aus *Tarsus* nach *Antiochia* holte. Dort wirkten sie ein volles Jahr in der Gemeinde. In *Antiochia* nannte man die Jünger zum erstenmal *Christen*. Wegen einer drohenden Hungersnot schickten die Brüder Hilfsmittel nach *Judäa* (Apg 11).

In dieser Zeit herrschte in *Judäa Herodes Agrippa I. (10 – 44 n. Chr., Regierungszeit 37 – 44 n. Chr.)*. Er war ein Enkel von *Herodes dem Großen* und wuchs in *Rom* auf. Zwischen 37 und 41 n. Chr. erhielt er von Kaiser *Caligula* und dessen Nachfolger *Claudius* alle Herrschaftsgebiete der Söhne von *Herodes dem Großen*: *Philippos*, *Herodes Antipas* und *Herodes Archelaos*. Er förderte die Beachtung der *Mosaischen Gesetze*, um die jüdische religiöse Obrigkeit für sich zu gewinnen, und verfolgte deshalb die christliche Gemeinde *Jerusalems*. Im Jahr 43 ließ er den Apostel *Jakobus den Älteren* gefangennehmen und mit dem Schwert hinrichten. „Als er sah, daß es den Juden gefiel, ließ er auch *Petrus* festnehmen" und von Soldaten rund um die Uhr bewachen. In der Nacht weckte ein *Engel des Herrn* den *Petrus*, löste seine Ketten und führte ihn an den

Wachen vorbei aus dem Gefängnis heraus. Dann verließ ihn der Engel. *Petrus* ging zu den versammelten Jüngern und versteckte sich darauf an einem anderen Ort (Apg 12). Kurze Zeit danach weilte *Herodes Agrippa* in *Cäsarea* und während einer feierlichen Ansprache „schlug ihn ein *Engel des Herrn,* weil er *Gott* nicht die Ehre gegeben hatte. Und von Würmern zerfressen, starb er".

Von *Antiochia / Syrien* aus begann *Saulus,* auch *Paulus* genannt, zusammen mit *Barnabas* und *Johannes* seine *erste Missionsreise.* Sie führte nach *Zypern* in die Städte *Salamis* und *Paphos,* wo *Paulus* und seine Gefährten in den Synagogen predigten. Der dortige Prokonsul ließ sie rufen, um ihr Wort zu hören. Einen „Zauberer" im Gefolge des Prokonsuls ließ *Paulus* vorübergehend erblinden, weil er den Gastgeber vom neuen Glauben abhalten wollte. Gerade deswegen wurde der Prokonsul gläubig, „denn er war betroffen von der Lehre des *Herrn". Paulus* und *Barnabas* zogen von dort weiter nach *Perge* in *Pamphylien* (im Süden der heutigen *Türkei*), während *Johannes* nach *Jerusalem* zurückkehrte. Von *Perge* ging die Reise weiter nach *Antiochia* in *Pisidien,* einer Provinz im Landesinneren. Dort hielt *Paulus* am Sabbat in der Synagoge eine Rede. Er berichtete über das Schicksal der Israeliten, vom Exil in Ägypten, der Zeit der Richter bis zu den Königen. Aus dem Geschlecht *Davids* habe *Gott Jesus* als Retter geschickt. Die Einwohner von *Jerusalem* und ihre Führer hätten *Jesus* nicht anerkannt, sondern zum Tod verurteilt. Nach seiner Auferstehung sei er vielen erschienen. Er verwies dabei auf eine Stelle in den Psalmen: Du läßt deinen Frommen nicht die Verwesung schauen. Jeder, der glaubt, werde durch *Jesus* gerecht gemacht. Nach seiner Rede „schlossen sich viele Juden und Proselyten *Paulus* und *Barnabas* an". Gesetzestreue Juden veranlaßten eine Verfolgung und vertrieben die Apostel aus ihrem Gebiet. Diese schüttelten den Staub von ihren Füßen und zogen nach *Ikonion* (dem heutigen *Konya* in der *Türkei*).

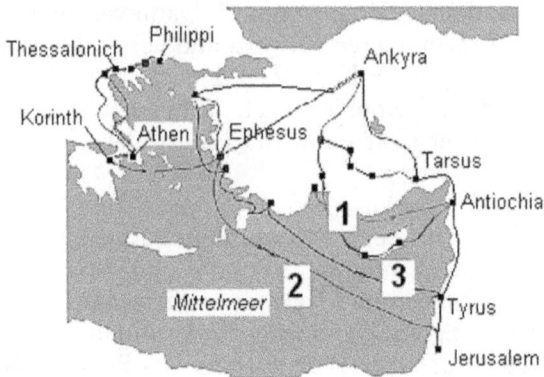

Fig. 3-14: Die Missionsreisen des Apostels Paulus im heutigen Israel, in Syrien, der Türkei und in Griechenland. 1...3 erste bis dritte Reise.

In *Ikonion* lehrten sie ebenfalls in der Synagoge, und viele wurden gläubig. Als sie merkten, daß ihre jüdischen Gegner sie mißhandeln und steinigen wollten, flohen sie nach *Lystra* und *Derbe* in *Lykaonien*. In *Lystra* heilte *Paulus* einen von Geburt an gelähmten Mann. Die Augenzeugen riefen, die Götter seien in Menschengestalt herabgestiegen, nannten *Paulus Hermes* und *Barnabas Zeus* und wollten ihnen Tieropfer darbringen. Die Apostel versuchten, sie davon abzubringen. Da kamen Juden aus *Antiochia* und *Ikonion* und überredeten diejenigen, die gegen die Apostel waren. Darauf steinigten diese den *Paulus* und schleiften ihn zur Stadt hinaus, in der Meinung, er sei tot. „Als die Jünger ihn umringten, stand er auf und ging in die Stadt". Am anderen Tag reiste er mit *Barnabas* nach *Derbe* weiter. Dort verkündeten sie das Evangelium und kehrten dann nach *Lystra*, *Ikonion* und *Antiochia* zurück. In jeder Gemeinde bestellten sie durch Handauflegen Älteste und sagten: „Durch viele Drangsale müssen wir in das *Reich Gottes* gelangen". Sie zogen darauf weiter nach *Pisidien* und *Pamphylien*, bestiegen in *Attalia* ein Schiff und kehrten nach *Antiochia in Syrien* zu den Jüngern zurück (Apg 14).

Einige Leute aus *Judäa* kamen nach *Antiochia* und forderten von den Jüngern, sich „nach dem Brauch des *Moses* beschneiden" zu lassen, sonst könnten sie nicht gerettet werden. Um diese Frage zu klären, schickten die Jünger *Paulus* und *Barnabas* zu den Aposteln und Ältesten nach *Jerusalem*. Auch dort forderten gläubig gewordene *Pharisäer* die Beschneidung. In der

496

Versammlung der Apostel und Ältesten, dem *Apostelkonzil,* ergriff *Petrus* das Wort: *Gott* habe schon längst die Entscheidung getroffen, daß die Heiden zum Glauben gelangen sollen. Er bestätigte dies, indem er ihnen wie allen „den *Heiligen Geist* gab. Er machte keinerlei Unterschied zwischen uns und ihnen, denn er hat ihre Herzen durch den Glauben gereinigt. Warum stellt ihr also jetzt *Gott* auf die Probe und legt den Jüngeren ein Joch auf den Nacken, das weder unsere Väter noch wir tragen konnten?" *Nicht durch die Beschneidung, sondern „durch die Gnade Jesu, des Herrn, würden alle gerettet werden.* „Da schwieg die ganze Versammlung". Dann ergriff *Jakobus* das Wort: Man solle den Heiden, die sich zu *Gott* bekehren, keine Lasten aufbürden. Man sollte sie nur anweisen, Götzenopfer und Unzucht zu meiden und „weder Ersticktes noch Blut zu essen". Die Versammlung stimmte zu und schickte *Paulus* und *Barnabas* mit zwei anderen Männern zur Gemeinde nach *Antiochia,* um dort den Beschluß zu verkünden. *Damit war klargestellt, daß zum Erlangen des Heils die Beschneidung nach dem Gesetz des Moses nicht notwendig war* (Apg 15).

Nach einiger Zeit ging *Paulus* zusammen mit dem Jünger *Silas* – von *Barnabas* hatte er sich wegen Meinungsverschiedenheiten getrennt – wohl *zwischen 50 und 52* auf seine *zweite Missionsreise.* Er reiste durch *Syrien* und *Zilizien* nach *Lykaonien* und besuchte die Städte *Lystra* und *Derbe,* die er schon auf seiner ersten Reise missioniert hatte. In *Lystra* nahm er *Timotheus* als weiteren Begleiter mit und ließ ihn mit Rücksicht auf die Juden beschneiden. Durch den *Heiligen Geist* geführt kamen sie nach *Mysien* und *Troas* (im Nordwesten der heutigen *Türkei*). Dort erhielt *Paulus* eine Vision, er solle nach *Mazedonien* kommen. So fuhren sie auf kürzestem Weg nach *Samothrake* und *Neapolis* (heute das griechische *Kavala*). Von dort führte ihr Weg weiter nach *Philippi,* etwa 20 km nordwestlich von *Kavala.* Dort gründete *Paulus* im Jahr 50 *die erste christliche Gemeinde auf europäischem Boden* (Apg 16). Es ist die gleiche Gemeinde, an die er 63 als Gefangener von *Rom* aus den Brief an die *Philipper* schrieb. In *Philippi* begegnete ihnen eine Magd, die einen „*Wahrsagegeist*" hatte und ihren Herren großen Gewinn einbrachte. Weil sie *Paulus* dauernd mit Rufen belästigte, befahl er dem Geist, die Frau zu verlassen, und es geschah. Da die Herren der Magd nun keinen Gewinn mehr hatten, ließen sie *Paulus* und *Silas* festnehmen, mit Ruten züchtigen und ins Gefängnis werfen. Um Mitternacht sprengte ein „gewaltiges Erdbeben" die Gefängnistüren auf und die Ketten an den Gefangenen sprangen entzwei. Der Gefängniswärter, der dies alles erlebte, wurde gläubig und nahm sie in sein Haus auf. Die obersten Beamten der Stadt bekamen Angst, weil sie die Apostel als römische Bürger ohne

Gerichtsverfahren bestraft hatten und geleiteten die Apostel persönlich aus der Stadt (Apg 16).

Über die antiken Städte *Amphipolis* und *Apollonia* (in der griechischen Provinz *Mazedonien*) kamen die Apostel nun nach *Thessalonich* (das heutige *Thessaloniki*). *Paulus* predigte dort an drei Sabbattagen in der Synagoge und gewann neue Anhänger. Die Juden hetzten das Volk auf, so daß er und *Silas* in der Nacht nach *Beröa* fliehen mußten. Als dort Viele gläubig wurden, wiegelten Juden aus *Thessalonich* wieder die Leute auf. „Da schickten die Brüder *Paulus* sogleich weg zum Meer hinunter, *Silas* und *Timotheus* aber blieben zurück" (Apg 17). *Paulus* reiste mit Begleitern nach *Athen*. Dort erfaßte ihn Zorn, weil „die Stadt voll von Götzenbildern" war. Er predigte wieder in der Synagoge und redete auf dem Markt mit epikureischen und stoischen Philosophen. Sie nahmen ihn mit zum Areopag und baten ihn, seine befremdliche Lehre vorzutragen. In seiner berühmten *Areopagrede* sagte *Paulus*: Die Athener seien fromme Menschen, denn er habe beim Umhergehen einen Altar mit der Aufschrift „Einem unbekannten Gott" gesehen. „Was ihr verehrt, ohne es zu kennen, das verkünde ich euch". Er sprach vom Schöpfergott, der keinem Menschen fern sei: *„Denn in ihm leben wir, bewegen wir uns und sind wir. ... wir sind von seiner Art".* Gott habe einen Tag festgesetzt, an dem ein Mann alle Menschen richten wird, den er von den Toten auferweckt hat. Da begannen einige, darüber zu spotten, andere aber wurden gläubig (Apg 17).

Von *Athen* reiste *Paulus* – wahrscheinlich im Herbst 50 – nach *Korinth*, einer multikulturellen und multireligiösen Stadt, deren antike Reste auf der Landzunge zwischen dem griechischen Festland und dem *Peleponnes* liegen. In *Korinth* befreundete er sich mit einem aus Italien stammenden Juden namens *Aquila* und dessen Frau *Priszilla*. „*Claudius* hatte nämlich angeordnet, daß alle Juden *Rom* verlassen müßten" (Apg 18). *In der Tat berichtete der Historiker Sueton, daß der römische Kaiser Claudius (41 – 54 n. Chr.) Juden aus Rom vertrieben habe, weil sie durch einen gewissen „Chrestos" zur Unruhe angestiftet worden seien.* Nachdem *Silas* und *Timotheus* aus Mazedonien eingetroffen waren, widmete sich *Paulus* ganz der Verkündigung. Er blieb ein Jahr und sechs Monate (wahrscheinlich vom Herbst 50 bis zum Frühjahr 52) in *Korinth* und bekehrte viele. Dort verdiente er selber seinen Lebensunterhalt als Zeltmacher. In einer nächtlichen Vision sagte ihm *der Herr*: „Fürchte dich nicht! ... Ich bin mit dir". Der Statthalter *Roms* war damals der Prokonsul *Gallio* von *Achaia*, der ältere Bruder des Philosophen *Seneca*. Seine einjährige Amtszeit fiel in die Jahre 51 / 52. Erboste Juden brachten *Paulus* vor *Gallios* Richterstuhl: „Dieser verführt die Menschen zu einer Gottesverehrung, die gegen das Gesetz verstößt". Weil es nur um religiöse Fragen ging, lehnte *Gallio* ein Gerichtsverfahren ab. Aus Wut verprügelten die Juden darauf den Synagogenvorsteher. *Paulus* blieb noch einige Zeit und reiste dann zusammen mit *Priszilla* und *Aquila* nach *Syrien*. Vor der Abfahrt mit dem Schiff ließ er sich in *Kenchreä*, der Hafenstadt von *Korinth*, wegen eines Gelübdes den Kopf kahlscheren. In *Ephesus* trennte er sich von seinen Reisegefährten, predigte dort in der Synagoge und reiste weiter über *Cäsarea* nach *Jerusalem*. Dort begrüßte er die Gemeinde und beendete seine Reise in *Antiochia* (Apg 18).

Auf seiner *dritten Missionsreise zwischen etwa 53 und 56* kam *Paulus* nach *Ephesus* und lehrte drei Monate in der Synagoge und weitere zwei Jahre in einem Hörsaal. Durch zahlreiche Wunderheilungen – manche davon durch Auflegen seines Taschentuchs – wurde er im Volk bekannt. Viele, die früher *Zauberei* betrieben, verbrannten ihre Bücher.

Einen schweren Aufruhr verursachten die Silberschmiede in *Ephesus*, die mit der Herstellung und dem Vertrieb von silbernen Artemistempeln ihren Lebensunterhalt bestritten und wegen der Lehre des *Paulus*, dies alles seien wertlose Götzengebilde, hohe Verluste befürchteten. Das wütende Volk rottete sich zusammen und *Paulus* wurde geraten, nicht in die Versammlung zu gehen. Der Stadtschreiber konnte schließlich die Menge beruhigen. Er wies auf den ordentlichen Rechtsweg hin und löste die Versammlung auf (Apg 19).
Nach diesen Ereignissen machte sich *Paulus* auf den Rückweg nach *Jerusalem*. Er durchquerte zunächst mit seinen Begleitern mehrere Monate lang *Mazedonien* und fuhr mit dem Schiff von *Philippi* nach *Troas*. Dort erweckte er einen jungen Mann, der am offenen Fenster saß, im Schlaf aus dem Fenster stürzte und sich tödlich verletzte. Von *Troas* ging die Reise mit dem Schiff weiter nach *Mitylene*, *Chios*, *Samos* und *Milet*. In *Milet* ließ er die Ältesten aus der Gemeinde von *Ephesus* zu sich rufen. Er sagte ihnen, er habe *dem Herrn* „unter Tränen und vielen Prüfungen" gedient. Nun ziehe er, gebunden durch den Geist, nach *Jerusalem*. Der *Heilige Geist* bezeuge ihm, daß „Fesseln und Drangsale" auf ihn warten. Er wolle aber mit keinem Wort sein Leben wichtig nehmen. „Nun aber weiß ich, daß ihr mich nicht mehr von Angesicht sehen werdet. ... Gebt acht auf euch und auf die ganze Herde, in der euch der *Heilige Geist* zu *Bischöfen* bestellt hat". *Paulus* und seine Gefährten bestiegen dann ein Schiff und fuhren nach *Patara* und von

dort weiter nach *Tyrus*, *Ptolemaïs* und *Cäsarea*. In *Tyrus* und in *Cäsarea* wurde *Paulus* gewarnt, nach *Jerusalem* zu gehen, aber er ließ sich nicht davon abbringen (Apg 21).

In *Jerusalem* berichtete *Paulus* den Ältesten der Gemeinde von seinem „Dienst unter den Heiden". Auch sie warnten ihn: „Du lehrst alle unter den Heiden lebenden Juden, von *Moses* abzufallen, ... ihre Kinder nicht zu beschneiden und sich nicht an die Bräuche zu halten". Um ihn zu schützen, rieten sie ihm, sich vier Männern anzuschließen, die ein Gelübde getan hatten, sich zu weihen und die Haare abscheren zu lassen. Doch es half nichts. Als die Juden *Paulus* im Tempel sahen, nahmen sie ihn fest – es war etwa im Jahr 58 – schlugen ihn und wollten ihn gleich umbringen. Ein Offizier, der benachrichtigt wurde, kam mit Soldaten und ließ ihn gefesselt zur Kaserne bringen. Der Oberst erlaubte ihm, auf der Freitreppe der Kaserne zum Volk zu sprechen. In hebräischer Sprache sagte er ihnen, daß er Jude und „nach dem Gesetz der Väter" ausgebildet sei. Er habe die Anhänger der neuen Lehre verfolgt, bis ihn *der Herr* bei *Damaskus* vorübergehend blind machte und ihn aufforderte, mit der Verfolgung aufzuhören und seine Lehre bei den Heiden zu verkünden. Nach diesen Worten fing die Menge an, zu toben. „Sie lärmten, zerrissen ihre Kleider und warfen Staub in die Luft". Da befahl der Offizier, *Paulus* in der Kaserne zu geißeln und zu verhören. Als *Paulus* ihnen sagte, daß er das römische Bürgerrecht habe und daher nicht ohne ordentliches Gerichtsverfahren bestraft werden dürfe, ließen sie erschrocken von ihm ab. Am nächsten Tag wurde er den Hohepriestern vorgeführt, um zu hören, was die Juden ihm vorwarfen. *Paulus* sagte, er lebe vor *Gott* mit völlig reinem Gewissen. Der Hohepriester befahl, ihn auf den Mund zu schlagen. *Paulus:* „Dich wird *Gott* schlagen, du übertünchte Wand! ... Brüder, ich bin *Pharisäer* und ein Sohn von *Pharisäern*; wegen der Hoffnung und wegen der Auferstehung der Toten stehe ich vor Gericht". Nun entstand ein heftiger Streit zwischen den anwesenden *Pharisäern* und *Sadduzäern*, weil die *Sadduzäer* im Gegensatz zu den *Pharisäern* nicht an eine Auferstehung und an Engel oder Geister glaubten. Um *Paulus* vor Tätlichkeiten zu schützen, holte ihn der Offizier, ein Oberst, aus ihrer Mitte und brachte ihn in die Kaserne zurück. In der Nacht sagte *der Herr* zu *Paulus:* „Hab Mut! Denn so wie du in *Jerusalem* meine Sache bezeugt hast, sollst du auch in *Rom* Zeugnis ablegen" (Apg 23).

Eine Gruppe von Verschwörern – etwa vierzig jüdische Männer – vereinbarten mit den Hohepriestern, *Paulus* in einen Hinterhalt zu locken und zu töten. Sein Neffe unterrichtete *Paulus* und darauf den Oberst vom geplanten Anschlag. Der Oberst befahl, *Paulus,* von einer Truppe geschützt, zum römischen Statthalter *Antonius Felix* nach *Cäsarea* zu bringen; das geschah im Jahr 59. *Felix* war ein gebürtiger Sklave und von 52 bis 59 Statthalter in *Judäa.* In einem Brief informierte der Oberst seinen Vorgesetzten über den Sachverhalt. Er schlug vor, die Kläger sollten persönlich ihre Anschuldigungen vortragen (Apg 23). Nach fünf Tagen kamen der Hohepriester und einige Älteste mit einem Anwalt und begründeten ihre Anklage. Der Anwalt: *Paulus* sei „eine Pest, ein Unruhestifter bei allen Juden in der Welt". Er habe sogar versucht, den Tempel zu entweihen. *Paulus* verteidigte sich: „Dem (neuen) Weg entsprechend, den sie eine Sekte nennen, diene ich dem *Gott* meiner Väter. Ich glaube an alles, was im Gesetz und in den Propheten steht". *Felix* kannte den (neuen) Weg genau und fand keinen Grund, *Paulus* zu verurteilen. Er hielt ihn weiter in Gewahrsam und hoffte, von ihm Geld zu erhalten. Nach zwei Jahren wurde *Porzius Festus* Nachfolger des *Felix* (Apg 24). *Festus* lehnte es ab, *Paulus* auf Wunsch der Juden nach Jerusalem überführen zu lassen. Beim Verhör vor *Festus* bestand *Paulus* darauf, vor den Richterstuhl des Kaisers zu treten. „Ich lege Berufung beim Kaiser ein". Darauf *Festus:* „An den Kaiser hast du appelliert, zum Kaiser sollst du gehen".

König Herodes Agrippa II., der einige Tage bei Festus zu Besuch war, bat, daß ihm Paulus vorgeführt werde. *Paulus* sagte, er sei glücklich, sich vor dem König verteidigen zu dürfen. Er sagte, daß er *Pharisäer* sei, viele Anhänger *Jesu* verfolgt habe und dann aber nach dem *Damaskus-Erlebnis* ein Anhänger und Zeuge *Jesu* geworden sei; daß er vielen die Botschaft *Christi* verkündet und sie zum Glauben bekehrt habe. Der von den Toten auferstandene *Christus* werde dem Volk und den Heiden ein Licht verkünden. Da rief *Festus* laut: „Du bist verrückt, *Paulus!*" *Paulus:* „Ich bin nicht verrückt, ... was ich sage, ist wahr und vernünftig". Nach kurzer Beratung sagte *Agrippa* zu *Festus:* „Der Mann könnte freigelassen werden, wenn er nicht an den Kaiser appelliert hätte" (Apg 26).

Zusammen mit anderen Gefangenen trat *Paulus* im Herbst 61 seine Schiffsreise nach *Rom* an. Das Schiff segelte an der Küste entlang nach *Myra* in *Lyzien,* das 300 Jahre später durch seinen Bischof *Nikolaus* berühmt wurde. Mit einem anderen Schiff – einem Getreidefrachtschiff mit insgesamt 276 Menschen an Bord – ging es weiter Richtung *Phönix* auf *Kreta.* Auf dem Weg dorthin kam ein Orkan auf, der die Mannschaft zwang, einiges von der Ladung und Schiffsausrüstung über Bord zu werfen. Da trat *Paulus* in die Mitte der Menschen und machte allen Mut. Niemand werde sein Leben verlieren, nur das Schiff werde untergehen. Ein *Engel Gottes* habe ihm dies in der Nacht vorhergesagt. Vierzehn Tage lang trieb das Schiff auf der Adria, bis schließlich ein flacher Strand auftauchte. Die Seeleute lenkten das Schiff zum Strand hin, gerieten aber dort auf eine Sandbank und strandeten. Der Schiffsbug bohrte sich in den Sand und das Heck begann in der Brandung zu zerbrechen. In dieser Situation wollten die Soldaten die Gefangenen töten. Der Hauptmann widersetzte sich und ließ zu, daß alle sich ans Land retteten; die einen schwammen, die anderen trieben mit Schiffteilen ans Ufer (Apg 27).

Das letzte Kapitel Apg 28 beginnt mit den Worten: „Als wir gerettet waren, erfuhren wir, daß die Insel *Malta* heißt". Die Wir-Form der Erzählung, die der Autor *Lukas* hier und in den vorherigen Kapiteln, etwa ab Kapitel 20, wählte, deutet darauf hin, daß *Lukas* selbst mit von der Partie war. Die Einheimischen nahmen die Gestrandeten freundlich auf. Als *Paulus* Reisig für ein Lagerfeuer zusammenraffte, biß sich eine Viper an seiner Hand fest. Er erlitt aber keinen Schaden, sondern schleuderte das Tier ins Feuer. Der Herrscher, „der Erste der Insel" namens *Publius*, bewirtete die Gäste drei Tage. *Paulus* hatte den Vater des *Publius*, der an Ruhr litt, durch Handauflegen geheilt.

Drei Monate später fuhren sie mit einem alexandrinischen Schiff ab, das auf der Insel überwintert hatte. *Publius* gab ihnen bei der Abfahrt mit, was sie brauchten. Über *Syrakus* ging die Reise an der italienischen Küste entlang nach *Rom*. In Häfen, wo sie vorübergehend Halt machten, traf *Paulus* „Brüder"; dafür „dankte er *Gott*" und faßte Mut.
Paulus konnte in *Rom* mit einem Wachsoldaten für sich allein wohnen. Drei Tage nach seiner Ankunft rief er „die führenden Männer der Juden" zusammen und sagte ihnen, er sei wegen Anschuldigungen der Juden in *Jerusalem* nach *Rom* gekommen, um sich vor dem kaiserlichen Gericht zu rechtfertigen. Sie antworteten, sie hätten nichts Belastendes über ihn erfahren; sie wünschten aber zu hören, was er denke; *„denn von dieser Sekte ist uns bekannt, daß sie überall auf Widerspruch stößt"*. Zu denen, die er nicht überzeugen konnte, sagte *Paulus*, für sie gelte das Wort, das der *Heilige Geist* durch den Propheten *Jesaja* zu ihren Vätern gesagt hatte: *„Geh zu diesem Volk und sag: Hören sollt ihr, hören, aber nicht verstehen; sehen sollt ihr, sehen, aber nicht erkennen. Denn das Herz dieses Volkes ist hart geworden ..."* *Paulus*

blieb zwei volle Jahre in seiner Mietwohnung und empfing alle, die zu ihm kamen. Er verkündete das *Reich Gottes* und trug ungehindert und mit allem Freimut die Lehre über *Jesus Christus, den Herrn,* vor.

Mit diesen Worten endet die Apostelgeschichte. Über das Martyrium des *Paulus* wird nichts berichtet. Es wurde vermutet, daß er während der Christenverfolgung unter Kaiser *Nero (54 – 68)* etwa im Jahr 64 den Tod fand. Die heutige Forschung geht davon aus, daß er erst nach einem längeren Prozeß zwischen 64 und 67 mit dem Schwert hingerichtet wurde.

Über das *Schicksal der anderen elf Apostel* wird in der Apostelgeschichte nichts weiter berichtet. Aus anderen historischen Quellen ergibt sich: *Petrus,* der Gründer und Leiter der Urgemeinde in *Jerusalem,* machte wie *Paulus* Missionsreisen durch Kleinasien und Griechenland. Schließlich reiste er nach *Rom* und war dort viele Jahre Vorsteher der Gemeinde. Für die *katholische Kirche* gilt er als *erster Papst,* dem bis heute *264 weitere Amtsinhaber* nachfolgten. Darüber hinaus gab es im Lauf der Geschichte *40 Gegenpäpste. Petrus* starb etwas später als *Paulus* vor 67 den Märtyrertod. Er wurde mit dem Kopf nach unten gekreuzigt. Als erste Nachfolger des *Heiligen Petrus* gelten die Heiligen *Linus (64 / 67 – 76 / 79), Anakletus (79? – 90 / 92), Klemens I. (90 / 92? – 99 / 101?)* und *Evaristus (99 / 101? – 107?).* Sie alle und weitere Nachfolger *Petri* sollen als Märtyrer gestorben sein.

Andreas, der Bruder des *Petrus,* missionierte bei den *Skythen* in Südrußland. Er wirkte viele Wunder. Weil er die Frau des römischen Statthalters in Griechenland bekehrte, wurde er an ein schräges (Andreas-)Kreuz geschlagen. *Johannes* lebte in *Ephesus,* zerstörte dort mit einem Wort den Tempel und erweckte den Tempelpriester von den Toten. In Rom überstand er angeblich ein Folterbad in siedendem Öl und wurde später nach *Patmos* verbannt. Dort schrieb er die *Apokalypse.* Um etwa 100 wurde er gezwungen, entweder den alten Göttern zu opfern oder Gift zu nehmen. Er leerte den Giftbecher. *Jakobus der Jüngere* bekehrte als *Erster Bischof in Jerusalem* viele Juden und missionierte im Heiligen Land. Am Ostertag des Jahres 62 ließ der Hohepriester *Ananos* den *Jakobus* vom Dach des Tempels stürzen. *Matthäus* verließ 42 *Judäa* und verkündete das Evangelium in *Persien* und *Äthiopien.* Dort bekehrte er einen Teil der Königsfamilie und wurde später mit dem Schwert hingerichtet. *Batholomäus* reiste durch *Kleinasien, Mesopotamien, Indien, Ägypten und Armenien.* Als er dort den König bekehrt hatte, wurde er von dessen Bruder durch Abziehen der Haut zu Tode gefoltert. *Thomas* zog durch *Syrien, den Iran und Indien*. Er taufte die *Heiligen Drei Könige*. Als er ein Götzenbild anbeten sollte, widerstand er und wurde von einem Priester getötet. *Philippus* wirkte viele Jahre in Südrußland und wurde in *Hierapolis* (in der heutigen Türkei) gekreuzigt. *Judas Thaddäus* predigte in *Syrien, Mesopotamien, Phönizien, Armenien* und – gemeinsam mit seinem Bruder *Simon dem Zeloten* – in *Persien*. Dort wurden beide von Mithraspriestern zu Tode gefoltert. *Judas Thaddäus* wurde letztlich erschlagen und sein Bruder *Simon der Zelot* mit einer Säge in zwei Teile zerlegt. *Matthias*, der nach dem Selbstmord des *Judas* zu dessen Nachfolger gewählt wurde, missionierte in *Judäa* und *Äthiopien*. Im Jahr 63 wurde er enthauptet. Sein Grab befindet sich in *Trier*.

Neben den *Vier Evangelien* und der *Apostelgeschichte* gehören zur *Heiligen Schrift* der Christenheit noch 21 Briefe der Apostel. 14 Briefe stammen von Paulus, 3 von Johannes, 2 von Petrus und je einer von Jakobus und Judas.

Die Briefe des Apostels Paulus

Der Brief an die Römer

Dieser Brief wurde wahrscheinlich in *Korinth* vor der Rückkehr des *Paulus* nach *Jerusalem* zwischen 56 und 58 geschrieben. Man hat ihn auch als *„Testament des Paulus"* bezeichnet. Die Kirche in Rom *bestand* damals aus Judenchristen und Heidenchristen. Christen wurden in den Synagogen schon nicht mehr geduldet. Der Brief beginnt mit den Worten: *„Paulus, Knecht Christi Jesu*, berufen zum Apostel, auserwählt, das Evangelium *Gottes* zu verkünden... das Evangelium von seinem Sohn, der dem Fleisch nach geboren ist als Nachkomme *Davids*, der dem Geist der Heiligkeit nach eingesetzt ist als *Sohn Gottes* in Macht seit der Auferstehung von den Toten ... Gnade sei mit euch und Friede von *Gott*, unserem Vater, und dem Herrn *Jesus Christus"*.

In Röm 1 heißt es dann weiter: „Denn ich schäme mich des Evangeliums nicht: Es ist eine Kraft *Gottes*, die jeden rettet, der glaubt. ... Der aus Glauben Gerechte wird leben". *Paulus* tadelt die Gottlosigkeit und Ungerechtigkeit der Menschen: *Seit Erschaffung der Welt werde die unsichtbare Wirklichkeit Gottes an den Werken der Schöpfung mit der Vernunft wahrgenommen, seine ewige Macht und Gottheit. Die Menschen aber vertauschten die Herrlichkeit des unvergänglichen Gottes mit Bildern eines vergänglichen Menschen.* Sie beteten das Geschöpf an und verehrten es anstelle des Schöpfers. Darum lieferte *Gott* sie entehrenden Leidenschaften aus: Ihre Frauen vertauschten den natürlichen Verkehr mit dem widernatürlichen; ebenso entbrannten die Männer in Begierde zueinander und sie erhielten den gebührenden Lohn für ihre Verirrung. Sie sind voll Ungerechtigkeit, Schlechtigkeit, Habgier und Bosheit, voll Neid, Mord, Streit, List und Tücke ... sie hassen *Gott*, sind überheblich, hochmütig und prahlerisch ...*Wer so handelt, verdient den Tod*".

„Mensch, worin du den anderen richtest, darin verurteilst du dich selber, da du, der Richtende, dasselbe tust. Meinst du etwa, du könntest so dem Gericht *Gottes* entrinnen? Verachte nicht den Reichtum seiner Güte, Geduld und Langmut. Er wird jedem vergelten, wie es seine Taten verdienen, seien es Heiden oder Gesetzestreue. Jude ist nicht, wer es nach außen hin ist, und Beschneidung ist nicht, was sichtbar am Fleisch geschieht, sondern Jude ist, wer es im Verborgenen ist, und *Beschneidung ist, was am Herzen durch den Geist ... geschieht*" (Röm 2). Der Nutzen der Beschneidung ist groß in jeder Hinsicht. Juden sind aber ganz und gar nicht im Vorteil. Durch Werke des Gesetzes wird niemand gerecht, er kommt vielmehr zur Erkenntnis der Sünde. Unabhängig vom Gesetz ist jetzt durch den Glauben an *Jesus Christus* die Gerechtigkeit *Gottes* offenbart worden für alle, die glauben. Dank seiner Gnade werden alle durch die Erlösung in *Christus Jesus* gerecht. Dies geschieht nicht durch das Gesetz der Werke, sondern durch das Gesetz des Glaubens. *„Denn wir sind der Überzeugung, daß der Mensch gerecht wird durch Glauben, unabhängig von Werken des Gesetzes. ...* Er wird aufgrund des Glaubens sowohl die Beschnittenen wie die Unbeschnittenen gerecht machen" (Röm 3). *Diese Worte wurden von Luther zu einer der Kernaussagen der evangelischen Kirche erhoben.* Auch *Abraham* wurde der Glaube als Gerechtigkeit angerechnet, als er noch unbeschnitten war. Das Zeichen der Beschneidung empfing er zur Besiegelung der Glaubensgerechtigkeit (Röm 4).

Gerecht gemacht aus Glauben, haben wir Frieden mit *Gott* durch *Jesus Christus*, unseren Herrn. ... Die Liebe *Gottes* ist ausgegossen in unsere Herzen durch den *Heiligen Geist*, der uns gegeben ist. ... Durch einen einzigen Menschen kam die Sünde in die Welt und durch die Sünde der Tod. ...Sünde war schon vor dem Gesetz in der Welt, aber Sünde wird nicht angerechnet, wo es kein Gesetz gibt. ... Durch die gerechte Tat eines einzigen, *Jesus Christus,* wird es für alle Menschen zur Gerechtsprechung kommen, die Leben gibt (Röm 5). Wir alle, die wir auf *Christus Jesus* getauft wurden, sind auf seinen Tod getauft worden. Wie *Christus* auferweckt wurde, so sollen auch wir als neue Menschen leben. Der Lohn der Sünde ist der Tod, die Gabe *Gottes* aber ist das ewige Leben in *Christus Jesus,* unseren Herrn (Röm 6). Wir gehören dem, der von den Toten auferweckt wurde, damit wir *Gott* Frucht bringen. Ich habe die Sünde nur durch das Gesetz erkannt. ... Ohne das Gesetz war die Sünde tot. Als das Gebot kam, wurde die Sünde lebendig. ... Mit meiner Vernunft diene ich dem Gesetz *Gottes,* mit dem Fleisch aber dem Gesetz der Sünde (Röm 7). Wer nach dem Fleisch lebt, muß sterben; wer durch den Geist die (sündigen) Taten des Leibes tötet, wird leben. ... Wir sind Erben *Gottes* und Miterben *Christi.* ... Die ganze Schöpfung wartet sehnsüchtig auf das Offenbarwerden der Söhne *Gottes.* Auch die Schöpfung soll ... befreit werden zur Freiheit und Herrlichkeit der Kinder *Gottes.* ... Ist *Gott* für uns, wer ist dann gegen uns? Er hat seinen eigenen Sohn nicht verschont, sondern ihn für uns alle hingegeben – wie sollte er uns mit ihm nicht alles schenken? ... Was kann uns scheiden von der Liebe *Christi?* (Röm 8)

Ich bin voll Trauer, unablässig leidet mein Herz. Die Israeliten haben die Sohnschaft, die Herrlichkeit, die Bundesordnungen, ihnen ist das Gesetz gegeben, der Gottesdienst und die Verheißungen, sie haben die Väter, und dem Fleisch nach entstammt ihnen der *Christus,* der über allem als *Gott* steht, er sei gepriesen in Ewigkeit. Zu *Moses* sagte Gott: *„Ich schenke Erbarmen, wem ich will, und erweise Gnade, wem ich will".* Also kommt es nicht auf das Wollen und Streben des Menschen an, sondern auf das Erbarmen *Gottes.* Wie kann er dann noch anklagen, wenn niemand seinem Willen zu widerstehen vermag? Wer bist du denn, daß du als Mensch mit *Gott* rechten willst? Sagt etwa das Werk zu dem, der es geschaffen hat: Warum hast du mich so gemacht? Ist nicht vielmehr der Töpfer Herr über den Ton? *Israel,* das nach dem Gesetz der Gerechtigkeit strebte, hat das Gesetz verfehlt. Weil es ihm nicht um die Gerechtigkeit aus Glauben, sondern um die Gerechtigkeit aus Werken ging (Röm 9). Brüder, ich wünsche von ganzem Herzen und bete zu *Gott,* daß sie gerettet werden. Denn ich bezeuge ihnen, daß sie Eifer haben für *Gott;* aber es ist ein Eifer ohne Erkenntnis. ..Sie haben sich der Gerechtigkeit *Gottes* nicht unterworfen. Denn *Christus* ist das Ende des Gesetzes, und jeder, der an ihn glaubt, wird gerecht. Wer mit dem Herzen glaubt und mit dem Mund bekennt, wird Gerechtigkeit und Heil erlangen. Jeder, der den Namen *des Herrn* anruft, wird gerettet werden. ... Hat *Israel* die Boten etwa nicht gehört? Hat *Israel* die Botschaft nicht verstanden? Bei *Jesaja* heißt es: Den ganzen Tag habe ich meine Hände ausgestreckt nach einem ungehorsamen und widerspenstigen Volk (Röm 10).

Ich frage also: Hat *Gott* sein Volk verstoßen? Keineswegs! *Gott* antwortete dem *Elija*: Es gibt einen Rest der Israeliten, der aus Gnade erwählt ist – aus Gnade, nicht mehr aufgrund von Werken; sonst wäre die Gnade nicht mehr Gnade. Den übrigen Israeliten gab er einen Geist der Betäubung. Durch ihr Versagen kam das Heil zu den Heiden, um sie selbst eifersüchtig zu machen. Wenn dadurch schon die Welt und die Heiden reich werden, wird das erst recht geschehen, *wenn ganz Israel zum Glauben kommt.* Ich hoffe, wenigstens einige Angehörige von meinem Volk zu retten. Ihre Verwerfung hat für die Welt Versöhnung gebracht, ihre Annahme wird nichts anderes sein als Leben aus dem Tod. Jene, die nicht am Unglauben festhalten, werden wie Zweige vom wilden Ölbaum in den edlen Ölbaum eingepfropft. Verstockung liegt auf einem Teil *Israels*, bis die Heiden in voller Zahl das Heil erlangt haben; *dann wird ganz Israel gerettet werden.* Denn *Jesaja* sagt (Jes 59): Der Retter wird aus Zion kommen, er wird alle Gottlosigkeit von *Jakob* entfernen. Vom Evangelium her gesehen sind sie *Feinde Gottes. O Tiefe des Reichtums, der Weisheit und der Erkenntnis Gottes! Wie unergründlich sind seine Entscheidungen, wie unerforschlich seine Wege! Denn wer hat die Gedanken des Herrn erkannt? Oder wer ist sein Ratgeber gewesen? ... Denn aus ihm und durch ihn und auf ihn hin ist die ganze Schöpfung* (Röm 11).

Erneuert euer Denken, damit ihr prüfen und erkennen könnt, was der Wille *Gottes* ist. Wir alle sind ein Leib in *Christus* und als einzelne Glieder, die zueinander gehören. Wir haben unterschiedliche Gaben, je nach der uns verliehenen Gnade. Eure Liebe sei ohne Heuchelei. Verabscheut das Böse, haltet fest am Guten! Seid fröhlich in der Hoffnung, geduldig in der Bedrängnis, beharrlich im Gebet! Segnet eure Verfolger, segnet sie, verflucht sie nicht! Vergeltet niemand Böses mit Bösem! Haltet mit allen Menschen Frieden! Gib deinem Feind zu essen und zu trinken, wenn er danach verlangt; dann sammelst du glühende Kohlen auf sein Haupt (Röm 12). *Jeder leiste den Trägern der staatlichen Gewalt den schuldigen Gehorsam. Denn es gibt keine staatliche Gewalt, die nicht von Gott stammt.* Das ist auch der Grund, weshalb ihr Steuern zahlt. Gebt allen, was ihr ihnen schuldig seid. Nur die Liebe schuldet ihr einander immer. Die Liebe tut dem Nächsten nichts Böses. Also ist die Liebe die Erfüllung des Gesetzes. *Laßt uns ablegen die Werke der Finsternis und anlegen die Waffen des Lichts.* Laßt uns ehrenhaft leben ohne maßloses Essen und Trinken, ohne Unzucht und Ausschweifung, ohne Streit und Eifersucht (Röm 13).

Keiner, der Fleisch ißt oder kein Fleisch ißt, verachte jeweils den anderen; denn beide tun es zur Ehre *des Herrn.* Keiner von uns lebt sich selber, und keiner stirbt sich selber. *Leben wir, so leben wir dem Herrn, sterben wir, so sterben wir dem Herrn. Ob wir leben oder sterben, wir gehören dem Herrn.* Du sollst deinen Bruder nicht richten oder verachten. Denn wir alle werden vor dem Richterstuhl *Gottes* stehen. Nichts an sich ist unrein; unrein ist es nur für den, der es als unrein betrachtet. Alles, was nicht aus Glauben geschieht, ist Sünde (Röm 14). Nehmt einander an, wie auch *Christus* uns angenommen hat, zur Ehre *Gottes. Christus* ist um der Wahrhaftigkeit *Gottes* willen Diener der Beschnittenen geworden, damit die Verheißungen an die Väter bestätigt werden Die Heiden aber rühmen *Gott* um seines Erbarmens willen.

Am Schluß des Briefes sagte *Paulus,* in weitem Umkreis um *Jerusalem* habe er das Evangelium *Christi* gebracht. Er werde eine Spende nach *Jerusalem* bringen, dann die Gemeinde in *Rom* besuchen und nach *Spanien* weiterreisen. Er bat seine Brüder, für ihn zu beten, daß er vor den „Ungläubigen in *Judäa*" gerettet werde (Röm 15). Der Brief, den die Dienerin der Gemeinde, *Phöbe,* überbringen sollte, schließt mit Grüßen an namentlich genannte Christen und mit der Mahnung, wachsam zu sein. „Die Gnade Jesu, unseres Herrn, sei mit euch. ... Ihm, dem einen, weisen *Gott,* sei Ehre durch *Jesus Christus* in alle Ewigkeit" (Röm 16).

Der erste Brief an die Korinther

Diesen Brief hat *Paulus* während seiner *dritten Missionsreise* zwischen 53 und 55 in *Ephesus* geschrieben. Der Brief beginnt mit den Worten: „*Paulus,* durch *Gottes* Willen berufener Apostel *Christi Jesu* ..." Nach einem Dankgebet ermahnte er die offenbar zerstrittene Gemeinde zur Einheit. Dann fährt er fort: „Denn das Wort vom Kreuz ist denen, die verlorengehen, Torheit; uns aber, die gerettet werden, ist es *Gottes* Kraft. ... Hat *Gott* nicht die Weisheit der Welt als Torheit entlarvt? ... Wir dagegen verkündigen *Christus* als den Gekreuzigten; für Juden ein empörendes Ärgernis, für Heiden eine Torheit, für die Berufenen aber ... *Gottes* Kraft und *Gottes* Weisheit.

... Das Törichte in der Welt hat *Gott* erwählt, um die Weisen zuschanden zu machen. ... *Wer sich rühmen will, der rühme sich des Herrn*" (1 Kor 1). Wir verkündigen „das Geheimnis der verborgenen Weisheit *Gottes*". *Wir verkündigen, „was kein Auge gesehen und kein Ohr gehört hat, was keinem Menschen in den Sinn gekommen ist: das Große, das Gott denen bereitet hat, die ihn lieben"*. Der irdisch gesinnte Mensch aber läßt sich nicht auf das ein, was vom *Geist Gottes* kommt; Torheit ist es für ihn, und er kann es nicht verstehen, weil es nur mit Hilfe des Geistes beurteilt werden kann" (1 Kor 2). *„Wißt ihr nicht, daß ihr Tempel Gottes seid und der Geist Gottes in euch wohnt? Wer den Tempel Gottes verdirbt, den wird Gott verderben. Denn Gottes Tempel ist heilig, und der seid ihr"* (1 Kor 3).

„Richtet nicht vor der Zeit; wartet, bis *der Herr* kommt, der das im Dunkeln Verborgene ans Licht bringen und die Absichten der Herzen aufdecken wird". Keiner sollte sich zum Nachteil des Anderen wichtig machen. „Denn, wer räumt dir einen Vorrang ein? Und was hast du, das du nicht empfangen hättest? ... Ich glaube, *Gott* hat uns Apostel auf den letzten Platz gestellt, wie Todgeweihte. ... Wir stehen als Toren da um *Christi* willen. ... Bis zur Stunde hungern und dürsten wir, gehen in Lumpen, werden mit Fäusten geschlagen und sind heimatlos. ... Wir werden beschimpft und segnen; wir werden verfolgt und halten stand; wir werden geschmäht und trösten. Wir sind sozusagen der Abschaum der Welt geworden, verstoßen von allen bis heute" (1 Kor 4).

„Übrigens hört man von Unzucht unter euch, ... daß nämlich einer mit der Frau seines Vaters lebt. ... Im Namen *Jesu*, unseres *Herrn*, ... wollen wir diesen Menschen dem Satan übergeben zum Verderben seines Fleisches, damit sein Geist am Tag des *Herrn* gerettet wird. ... Habt nichts zu schaffen mit einem, der sich Bruder nennt und dennoch Unzucht treibt, habgierig ist, Götzen verehrt, lästert, trinkt oder raubt. ... Schafft den Übeltäter weg aus eurer Mitte" (1 Kor 5).
Über Rechtsstreitigkeiten sagte *Paulus:* „Und wenn durch euch die Welt gerichtet wird, seid ihr dann nicht zuständig, einen Rechtsstreit über Kleinigkeiten zu schlichten? Wißt ihr nicht, daß wir über Engel richten werden? Weder Unzüchtige, noch Götzendiener, weder Ehebrecher noch Lustknaben, noch Knabenschänder, noch Diebe, noch Habgierige, keine Trinker, keine Lästerer, keine Räuber werden das *Reich Gottes* erben. ... *Wißt ihr nicht, daß euer Leib ein Tempel des Heiligen Geistes ist, der in euch wohnt und*

den ihr von Gott habt? Ihr gehört nicht euch selbst; denn um einen teuren Preis seid ihr erkauft worden" (1 Kor 6).

In Kapitel 7 äußert sich *Paulus* über die Beziehungen zwischen Mann und Frau: *„Es ist gut für den Mann, keine Frau zu berühren. Wegen der Gefahr der Unzucht soll aber jeder seine Frau haben".* Beide sollen ihre Pflicht füreinander erfüllen. „Die Frau soll sich vom Mann nicht trennen – wenn sie sich aber trennt, so bleibe sie unverheiratet oder versöhne sich wieder mit dem Mann – und der Mann darf die Frau nicht verstoßen". Ein gläubiger Mann oder eine gläubige Frau sollen ihre ungläubigen Partner nicht verstoßen. Denn die Ungläubigen sind durch ihre gläubigen Partner geheiligt. Wenn aber der ungläubige Partner sich trennen will, soll er es tun. Im übrigen soll jeder so leben, wie der *Herr* es ihm zugemessen hat. Wenn einer als Unbeschnittener berufen wurde, soll er sich nicht beschneiden lassen. Auf das Beschnittensein kommt es nicht an, sondern darauf, die Gebote *Gottes* zu halten. Bist du an eine Frau gebunden, suche dich nicht zu lösen; bist du ohne Frau, dann suche keine. Heiratest du aber, so sündigst du nicht. Der Unverheiratete und die Jungfrau sorgen sich um die Sache des *Herrn*, alle anderen um die Dinge der Welt. Wer seine Jungfrau heiratet, handelt richtig; doch wer sie nicht heiratet, handelt besser. Eine Frau ist gebunden, so lange ihr Mann lebt. Wenn der Mann gestorben ist, kann sie heiraten, wen sie will; nur geschehe es im *Herrn*.

Menschen, die von ihren Götzen nicht loskommen, essen Götzenopferfleisch. Um sie davon abzubringen, sollten die Brüder *Christi* bei solchen Leuten lieber auf Fleischspeisen verzichten, um keinen Anstoß zu erregen (1 Kor 8). In Kapitel 9 rechtfertigt sich *Paulus* gegenüber Vorwürfen, er sei kein Apostel: „Haben wir nicht das Recht, zu essen und zu trinken? Haben wir nicht das Recht, eine gläubige Frau mitzunehmen, wie die übrigen Apostel...? Wenn wir für euch die Geistesgaben gesät haben, ist es dann zuviel, wenn wir von euch irdische Gaben ernten? ... Ich habe mich für alle zum Sklaven gemacht, um möglichst viele zu gewinnen". Wettläufer im Stadion können nur einen vergänglichen, wir aber einen unvergänglichen Siegeskranz erringen.

An vielen Israeliten hatte *Gott* kein Gefallen, weil sie von der „Gier nach dem Bösen" beherrscht waren. Daher ließ *Gott* sie in der Wüste umkommen, als warnendes Beispiel für uns. Wer zu stehen meint, gebe acht, daß er nicht falle. *Gott* wird euch in der Versuchung einen Ausweg schaffen.

Meidet den Götzendienst. Kelch und Brot sind Teilhabe am Blut und Leib *Christi*. Alles, was auf dem Fleischmarkt verkauft wird, das eßt, ohne aus Gewissenhaftigkeit nachzuforschen. Denn dem *Herrn* gehört die Erde und was sie erfüllt. Wenn ihr eingeladen seid und Opferfleisch vorgesetzt bekommt, dann eßt es nicht; es dient als Opfer für Götzen (1Kor 10). *Christus ist das Haupt des Mannes, der Mann das Haupt der Frau und Gott das Haupt Christi. Ein Mann, der betet und dabei seinen Kopf bedeckt, entehrt sein Haupt. Eine Frau, die betet und dabei ihren Kopf nicht verhüllt, entehrt ihr Haupt. Wenn eine Frau kein Kopftuch trägt, soll sie sich doch gleich die Haare abschneiden lassen. Der Mann darf sein Haupt nicht verhüllen, weil er Abbild und Abglanz Gottes ist; die Frau aber ist der Abglanz des Mannes.* Der Mann wurde nicht für die Frau geschaffen, sondern die Frau für den Mann. Deswegen soll die Frau das Zeichen ihrer Vollmacht auf dem Kopf tragen. Eine Frau kann verhüllt oder unverhüllt zu *Gott* beten, denn für die Frau – nicht für den Mann – ist es eine Ehre, lange Haare zu tragen. Tadelnd sagt *Paulus* weiter: Eure Zusammenkünfte sind nicht mehr Feiern des Herrenmahls; denn jeder verzehrt sogleich seine eigenen Speisen, und dann hungert der eine, während der andere schon betrunken ist. Könnt ihr denn nicht zu Hause essen und trinken? Oder verachtet ihr die Kirche *Gottes*? In diesem Fall kann ich euch nicht loben. Denn ich habe vom *Herrn* empfangen, was ich euch dann überliefert habe: *Jesus, der Herr, nahm in der Nacht, in der er ausgeliefert wurde, das Brot, sprach das Dankgebet, brach das Brot und sagte: Das ist mein Leib, der für euch hingegeben wird. Tut dies zu meinem Gedächtnis. Ebenso nahm er nach dem Mahl den Kelch und sprach: Dieser Kelch ist der Neue Bund in meinem Blut. Tut dies, sooft ihr daraus trinkt, zu meinem Gedächtnis!* Diese Worte des Ersten Korintherbriefs wurden in der Heiligen Messe der Katholischen und anderer Kirchen zum Hochgebet bei der geistlichen Wandlung von Brot und Wein in Leib und Blut Christi. *Paulus* fährt fort: Jeder soll sich selber prüfen; erst dann soll er von dem Brot essen und aus dem Kelch trinken (1 Kor 11). Wer aus dem *Geist Gottes* redet, aus dem *Heiligen Geist*, kann sagen: *Jesus* ist der *Herr*! Es gibt verschiedene Gnadengaben, aber nur den einen Geist. Er teilt jedem seine besondere Gabe zu, wie er will. Wie der Leib eine Einheit ist, doch viele Glieder hat, so ist es auch mit *Christus*. Ihr seid der Leib *Christi*, und jeder einzelne ist ein Glied an ihm (1 Kor 12).

In Kapitel 13 formuliert *Paulus* das *Hohelied der Liebe*, eine der großartigsten Schöpfungen der Weltliteratur: *Ich zeige euch jetzt noch einen anderen Weg, einen, der alles übersteigt:*

Wenn ich in den Sprachen der Menschen und Engel redete, hätte aber die Liebe nicht, wäre ich ein dröhnendes Erz oder eine klingende Schelle. Und wenn ich prophetisch reden könnte, und alle Geheimnisse wüßte, und alle Erkenntnis hätte; wenn ich alle Glaubenskraft besäße und Berge damit versetzen könnte, hätte aber die Liebe nicht, so wäre ich nichts. Und wenn ich meine ganze Habe verschenkte, und wenn ich meinen Leib dem Feuer übergäbe, hätte aber die Liebe nicht, so nützte es mir nichts. Die Liebe ist langmütig, die Liebe ist gütig. Sie ereifert sich nicht, sie prahlt nicht, sie bläht sich nicht auf. Sie handelt nicht ungehörig, sucht nicht ihren Vorteil, läßt sich nicht zum Zorn reizen, trägt das Böse nicht nach. Sie freut sich nicht über das Unrecht, sondern freut sich an der Wahrheit. Sie erträgt alles, glaubt alles, hofft alles, hält allem stand. Die Liebe hört niemals auf. Prophetisches Reden hat ein Ende, Zungenrede verstummt, Erkenntnis vergeht. Denn Stückwerk ist unser Erkennen, Stückwerk unser prophetisches Reden; wenn aber das Vollendete kommt, vergeht alles Stückwerk. ... Jetzt schauen wir in einen Spiegel und sehen nur rätselhafte Umrisse, dann aber schauen wir von Angesicht zu Angesicht. ... Für jetzt bleiben Glaube, Hoffnung, Liebe, diese drei; doch am größten unter ihnen ist die Liebe".

Dem Pauluswort folgend sollten wir uns immer bewußt machen:

Die Güte ist der Adel des Mannes und die Liebe ist die Schönheit der Frau.

Kapitel 14 beginnt mit den Worten: „Jagt der Liebe nach! Strebt aber auch nach den Geistesgaben, vor allem nach der prophetischen Rede!" Einer, der „in Zungen", also in fremder Sprache, redet, kann nicht verstanden werden und trägt nicht zum Aufbau der Gemeinde bei. In den Zusammenkünften soll jeder etwas beitragen. *„Wie es in allen Gemeinden der Heiligen üblich ist, sollen die Frauen in der Versammlung schweigen; es ist ihnen nicht gestattet, zu reden. Sie sollen sich unterordnen, wie auch das Gesetz es fordert. Wenn sie etwas wissen wollen, dann sollen sie zu Hause ihre Männer fragen ..."* In Kapitel 15 spricht *Paulus* von Kernaussagen des Evangeliums: Daß *Christus* für unsere Sünden gestorben, nach drei Tagen auferstanden und seinen Jüngern erschienen ist. „Als letztem von allen erschien er auch mir, dem Unerwarteten, der ‚Mißgeburt'. Denn ich bin der geringste von den Aposteln; ich bin nicht wert, Apostel genannt zu werden, weil ich die Kirche *Gottes* verfolgt habe". Einige von euch sagen: Eine Auferstehung der Toten gibt es nicht. „Wenn es keine Auferstehung der Toten gibt, ist auch *Christus* nicht auferweckt worden. ... Dann ist unsere Verkündigung leer und euer

Glaube sinnlos. ... Auch die in *Christus* Entschlafenen sind dann verloren. ... Nun aber ist *Christus* von den Toten auferweckt worden. ... Da durch einen Menschen der Tod gekommen ist, kommt durch einen Menschen auch die Auferstehung der Toten. ... Der letzte Feind, der entmachtet wird, ist der Tod.

Einer könnte fragen: Was für einen Leib werden die Auferweckten haben? Was für eine törichte Frage! ... Was gesät wird, ist verweslich, was auferweckt wird, unverweslich. Was gesät wird, ist armselig, was auferweckt wird, herrlich. Was gesät wird, ist schwach, was auferweckt wird, ist stark. Gesät wird ein irdischer Leib, auferweckt ein überirdischer Leib. ... *Fleisch und Blut können das Reich Gottes nicht erben; das Vergängliche erbt nicht das Unvergängliche. ... Wir werden alle verwandelt werden* ... Denn dieses Vergängliche muß sich mit Unvergänglichkeit bekleiden und dieses Sterbliche mit Unsterblichkeit, dann erfüllt sich das Wort der Schrift: Verschlungen ist der Tod vom Sieg. Tod, wo ist dein Sieg? Tod, wo ist dein Stachel? ... *Gott* aber sei Dank, der uns den Sieg geschenkt hat durch *Jesus Christus*, unseren *Herrn*". Der Brief schließt mit Dankesworten und Grüßen: „Seid wachsam, steht fest im Glauben, seid mutig, seid stark! Alles, was ihr tut, geschehe in Liebe. ... Die Gnade *Jesu*, des *Herrn*, sei mit euch! Meine Liebe ist mit euch allen in *Christus Jesus*".

Der Zweite Brief an die Korinther

Einige Zeit nach dem Ersten Brief hatte die Gemeinde in *Korinth* Probleme mit Leuten, die an der Autorität des *Paulus* Kritik übten und Glaubenszweifel ausstreuten. Dies veranlaßte *Paulus*, im Jahr 57 in *Ephesus* einen Zweiten Brief an die *Korinther* zu schreiben, den *Titus* überbrachte.

Der Brief beginnt mit den Worten: „*Paulus*, durch *Gottes* Willen Apostel *Christi Jesu*, und der Bruder Timotheus an die Kirche *Gottes*, die in *Korinth* ist, und an alle Heiligen in ganz *Achaia*. Er spricht dann davon, daß allen, die leiden wie er, überreicher Trost durch *Christus* zuteil werde. Aufrichtig und lauter habe er gegenüber allen aufgrund göttlicher Gnade gehandelt. „*Gott* ist es, der uns sein Siegel aufgedrückt und den Geist in unser Herz gegeben hat". Statt noch einmal zu ihnen zu kommen, schrieb er „aus großer Bedrängnis und Herzensnot" diesen Brief (2 Kor 1,2). *Gott* „hat uns fähig gemacht, Diener des Neuen Bundes zu sein, nicht des Buchstabens, sondern des Geistes". Die Israeliten konnten das Gesicht des *Moses*, als er vom Berg *Sinai* kam, „nicht anschauen, weil es eine Herrlichkeit ausstrahlte, die vergänglich war". *Moses* legte über sein Gesicht eine Hülle, damit die Israeliten das Verblassen des Glanzes nicht sahen. Doch ihr Denken wurde verhärtet. „Bis zum heutigen Tag liegt die gleiche Hülle auf dem Alten Bund, wenn daraus vorgelesen wird, und es bleibt verhüllt, daß er in *Christus* ein Ende nimmt. Bis heute liegt die Hülle auf ihrem Herzen, wenn *Moses* vorgelesen wird. Sobald sich aber einer dem *Herrn* zuwendet, wird die Hülle entfernt" (2 Kor 3).

Wir „verfälschen das Wort *Gottes* nicht, sondern lehren offen die Wahrheit. *Gott* hat das Denken der Ungläubigen verblendet. So strahlt ihnen der Glanz der Heilsbotschaft nicht auf, der Botschaft von der Herrlichkeit *Christi*, der *Gottes* Ebenbild ist. *Gott* ist in unseren Herzen aufgeleuchtet. Diesen Schatz tragen wir in zerbrechlichen Gefäßen". Nach Klagen über Verfolgungen und Anfeindungen um der Botschaft *Christi* willen sagt *Paulus*: „Wenn auch unser äußerer Mensch aufgerieben wird, der innere wird Tag für Tag erneuert". Die kleine Last unserer Not „schafft ein ewiges Gewicht an Herrlichkeit, uns, die wir nicht auf das Sichtbare starren, sondern nach dem Unsichtbaren ausblicken; denn das Sichtbare ist vergänglich, das Unsichtbare ist ewig" (2 Kor 4). „Wir wissen: Wenn unser irdisches Zelt abgebrochen wird, dann haben wir eine Wohnung von *Gott*, ein nicht von Menschenhand errichtetes ewiges Haus im Himmel. ... Als Glaubende gehen wir unseren Weg, nicht als Schauende. *Gott* war es, der in *Christus* die Welt mit sich versöhnt hat" (2 Kor. 5).

„Als Mitarbeiter *Gottes* ermahnen wir euch, daß ihr seine Gnade nicht vergebens empfangt. ... Uns wird Leid zugefügt, und doch sind wir jederzeit fröhlich; wir sind arm und machen doch viele reich; wir haben nichts und haben doch alles. ... Laßt auch euer Herz weit aufgehen! ...Wir sind doch der Tempel des lebendigen *Gottes*! (2 Kor 6). „Das sind die Verheißungen, die wir haben, liebe Brüder. Reinigen wir uns also von aller Unreinheit des Leibes und des Geistes, und streben wir in Gottesfurcht nach vollkommener Heiligung" (2 Kor 7). „Denn ihr wißt, was *Jesus Christus, unser Herr*, in seiner Liebe getan hat: Er, der reich war, wurde euretwegen arm, um euch durch seine Armut reich zu machen" (2 Kor 8). Zur Spende, die *Paulus* zu den notleidenden Brüdern nach *Jerusalem* bringen soll, schreibt er: Denkt daran: Wer kärglich sät, wird auch kärglich ernten; wer reichlich sät, wird reichlich ernten. Jeder gebe, wie er es sich in seinem Herzen vorgenommen hat, nicht verdrossen und nicht unter Zwang; denn *Gott* liebt einen fröhlichen Geber. ... Euer Dienst und eure Opfergabe füllen nicht nur die leeren Hände der Heiligen, sondern werden weiterwirken als vielfältiger Dank an *Gott*" (2 Kor 9). „Wir leben zwar in dieser Welt, kämpfen aber nicht mit den Waffen dieser Welt. Die Waffen, die wir bei unserem Feldzug einsetzen, sind nicht irdisch, aber sie haben durch *Gott* die Macht, Festungen zu schleifen; mit ihnen reißen wir alle hohen Gedankengebäude nieder, die sich gegen die Erkenntnis *Gottes* auftürmen. Wir nehmen alles Denken gefangen, so daß es *Christus* gehorcht". Der Herr hat mir Vollmacht verliehen, „damit ich bei euch aufbaue, nicht damit ich niederreiße. ... Es wird gesagt, „die Briefe sind wuchtig und voll Kraft, aber sein persönliches Auftreten ist matt, und seine Worte sind armselig. Wer so redet, der soll sich merken: Wie wir durch das geschriebene Wort aus der Ferne wirken, so können wir auch in eurer Gegenwart tatkräftig auftreten. ... Wer sich also rühmen will, der rühme sich des *Herrn*. Denn nicht, wer sich selbst empfiehlt, ist anerkannt, sondern der, den *der Herr* empfiehlt" (2 Kor 10).

In Kapitel 11 sagt der Apostel: „Laßt euch doch ein wenig Unverstand von mir gefallen! ... Ich fürchte, ihr könntet „von der aufrichtigen und reinen Hingabe an *Christus* abkommen. Ihr nehmt es ja offenbar hin, wenn irgendeiner daherkommt und einen anderen *Jesus* verkündigt, als wir verkündigt haben. ... Ich denke doch, ich stehe den ‚Überaposteln' keineswegs nach. Im Reden mag ich ein Stümper sein, aber nicht in der Erkenntnis. ... Ich habe Wert darauf gelegt, euch in keiner Weise zur Last zu fallen. ... Ich werde denen die Gelegenheit nehmen, die nur die Gelegenheit suchen, sich Achtung zu verschaffen, um so dazustehen wie wir. Denn diese Leute sind Lügenapostel, unehrliche Arbeiter; sie tarnen sich freilich als Apostel *Christi*. Kein Wunder, denn auch der *Satan* tarnt sich als Engel des Lichts. ... Ihr Ende wird ihren Taten entsprechen" (2 Kor 11). In seiner so genannten „Narrenrede" beginnt *Paulus* mit den Worten: „Noch einmal sage ich: Keiner soll mich für einen Narren halten. Tut ihr es aber doch, dann laßt mich auch als Narren gewähren, damit auch ich ein wenig prahlen kann. ... Ich ertrug mehr Mühsal, war häufiger im Gefängnis, wurde mehr geschlagen, war oft in Todesgefahr. Fünfmal erhielt ich von Juden die neununddreißig Hiebe; dreimal wurde ich ausgepeitscht, einmal gesteinigt, dreimal erlitt ich Schiffbruch, eine Nacht und einen Tag trieb ich auf hoher See. Ich war oft auf Reisen, gefährdet durch Flüsse, Räuber, das eigene Volk, Heiden, in der Stadt, in der Wüste, auf dem Meer, durch falsche Brüder" (2 Kor 11). „Viel lieber will ich mich meiner Schwachheit rühmen, damit die Kraft *Christi* auf mich herabkommt" (2 Kor 12). Der Brief schließt mit dem Segenswunsch: „Die Gnade *Jesu Christi, des Herrn,* die Liebe *Gottes* und die Gemeinschaft des *Heiligen Geistes* sei mit euch allen"!

Der Brief an die Galater

Auf seinen Missionsreisen ist *Paulus* zweimal in das Gebiet der *Galater* (in der heutigen *Türkei*) gekommen, wo im Jahr 50 christliche Gemeinden entstanden. Um Irrlehren entgegenzutreten, schrieb er in *Ephesus* zwischen 53 und 55 diesen Brief. Er beginnt mit den Worten: „*Paulus,* zum Apostel berufen ... durch *Jesus Christus* und durch *Gott,* den Vater ..." und fährt fort: „Ich bin erstaunt, ... daß ihr euch einem anderen Evangelium zuwendet. ... Wer euch ein anderes Evangelium verkündigt, als ihr angenommen habt, der sei verflucht. Das Evangelium, das ich verkündigt habe, stammt nicht von Menschen". Ihr wißt, „wie maßlos ich die Kirche *Gottes* verfolgte und zu vernichten suchte. ... Als aber *Gott* ... mir in seiner Güte seinen Sohn offenbarte, damit ich ihn unter den Heiden verkündige, da zog ich keinen Menschen zu Rate. ... Drei Jahre später ging ich nach *Jerusalem* hinauf ... (Gal 1). „Vierzehn Jahre später ging ich wieder nach *Jerusalem* hinauf, zusammen mit *Barnabas,* ... aufgrund einer Offenbarung, legte der Gemeinde und insbesondere den ‚Angesehenen' das Evangelium vor ... Nicht einmal mein Begleiter *Titus* wurde gezwungen, sich beschneiden zu lassen. ... Von den Angesehenen wurde mir nichts auferlegt. Im Gegenteil, sie sahen, daß mir das Evangelium für die Unbeschnittenen anvertraut ist wie dem *Petrus* für die Beschnittenen ... Deshalb gaben *Jakobus, Kephas* und *Johannes,* die als die ‚Säulen' Ansehen genießen, mir und *Barnabas* die Hand zum Zeichen der Gemeinschaft". ... Wir haben erkannt, „daß der Mensch nicht durch Werke des Gesetzes gerecht wird, sondern durch den Glauben an *Jesus Christus* ... Ich bin durch das Gesetz dem Gesetz gestorben, damit ich für *Gott* lebe. Ich bin mit *Christus* gekreuzigt worden; nicht mehr ich lebe, sondern *Christus* lebt in mir" (Gal 2).

„Ihr unvernünftigen *Galater,* wer hat euch verblendet? ... Am Anfang habt ihr auf den Geist vertraut, und jetzt erwartet ihr vom Fleisch die Vollendung. ... Von *Abraham* wird gesagt: Er glaubte an *Gott* und das wurde ihm als Gerechtigkeit angerechnet. ... Also gehören alle, die glauben, zu dem glaubenden *Abraham* und werden wie er gesegnet. Alle aber, die nach dem Gesetz leben, stehen unter dem Fluch. ... Der aus Glauben Gerechte wird leben. ... *Christus* hat uns vom Fluch des Gesetzes freigekauft ... Warum gibt es dann das Gesetz? Wegen der Übertretungen wurde es hinzugefügt, bis der Nachkomme käme (nämlich *Christus*), dem die Verheißung gilt. ... So hat das Gesetz uns in Zucht gehalten bis zum Kommen *Christi*, damit wir durch den Glauben gerecht gemacht werden. ... Ihr seid alle durch den Glauben Söhne *Gottes* in *Christus Jesus*" (Gal 3). „Als aber die Zeit erfüllt war, sandte *Gott* seinen Sohn, geboren von einer Frau und dem Gesetz unterstellt, damit er die freikaufe, die unter dem Gesetz stehen, und damit wir die Sohnschaft erlangen. ... Einst, als ihr *Gott* noch nicht kanntet, wart ihr Sklaven der Götter, die in Wirklichkeit keine sind ... Warum wollt ihr von neuem ihre Sklaven werden? ... Wo ist eure Begeisterung geblieben? ... Euer Verhalten macht mich ratlos". *Paulus* weist dann auf die zwei Söhne *Abrahams* hin: Einen hatte er – natürlich gezeugt – von der Sklavin, einen – aufgrund der Verheißung – von der Freien. Diese Frauen bedeuten die beiden Testamente. Das eine bringt Sklaven zur Welt, das andere Freie. Wir aber sind Kinder der Freien (Gal 4).

„Wenn ihr euch beschneiden laßt, wird *Christus* euch nichts nützen". Wer sich beschneiden läßt, ist verpflichtet, das ganze Gesetz zu halten. ... Wir aber erwarten die erhoffte Gerechtigkeit kraft des Geistes und aufgrund des Glaubens. Denn in *Christus Jesus* kommt es nicht darauf an, beschnitten oder unbeschnitten zu sein, sondern darauf, den Glauben zu haben, der in der Liebe wirksam ist. ... „Laßt euch vom Geist leiten, dann werdet ihr das Begehren des Fleisches nicht erfüllen. ... „Wenn ihr euch aber vom Geist führen laßt, dann steht ihr nicht unter dem Gesetz. Die Werke des Fleisches sind deutlich erkennbar: Unzucht, Unsittlichkeit, ausschweifendes Leben, Götzendienst, Zauberei, Feindschaften, Streit, Eifersucht, Jähzorn, Eigennutz, Spaltungen, Parteiungen, Neid und Mißgunst, Trink- und Eßgelage. ... Wer so etwas tut, wird das *Reich Gottes* nicht erben. Die Frucht des Geistes aber ist Liebe, Freude, Friede, Langmut, Freundlichkeit, Güte, Treue, Sanftmut und Selbstbeherrschung; dem allem widerspricht das Gesetz nicht. Alle, die zu *Christus Jesus* gehören, haben das Fleisch und damit ihre Leidenschaften und Begierden gekreuzigt" (Gal 5).
„Wenn einer sich zu einer Verfehlung hinreißen läßt, meine Brüder, so sollt ihr, die ihr vom Geist erfüllt seid, ihn im Geist der Sanftmut wieder auf den rechten Weg bringen. ... Einer trage des anderen Last; so werdet ihr das Gesetz *Christi* erfüllen. ... *Gott läßt keinen Spott mit sich treiben; was der Mensch sät, wird er ernten.*

Laßt uns nicht müde werden, das Gute zu tun. ... Seht, ich schreibe euch jetzt mit eigener Hand; das ist meine Schrift. ... In Zukunft soll mir niemand mehr solche Schwierigkeiten bereiten. *Denn ich trage die Zeichen Jesu an meinem Leib.* Die Gnade *Jesu Christi,* unseres *Herrn,* sei mit eurem Geist, meine Brüder. Amen (Gal 6).

Der Brief an die Epheser

Bei diesem Brief handelt es sich wohl um ein im Predigtstil verfaßtes Rundschreiben des *Paulus* an die Gemeinde in *Ephesus,* geschrieben wahrscheinlich zwischen 60 und 62 während seiner ersten Gefangenschaft in *Rom.* Es ist einer der schönsten Texte des Neuen Testaments und enthält bedeutende Aussagen über die junge Kirche. Der Brief beginnt wieder mit dem Gruß: „*Paulus,* durch den Willen *Gottes* Apostel *Christi Jesu,* an die Heiligen in *Ephesus,* die an *Christus Jesus* glauben. Gnade sei mit euch und Friede von *Gott,* unserem Vater, und dem Herrn *Jesus Christus*“.

„Gepriesen sei der *Gott* und Vater unseres Herrn *Jesus Christus:* Er hat uns mit allem Segen seines Geistes gesegnet durch unsere Gemeinschaft mit *Christus* im Himmel. Denn in ihm hat er uns erwählt vor der Erschaffung der Welt, damit wir heilig und untadelig leben vor *Gott;* er hat uns im voraus dazu bestimmt, seine Söhne zu werden durch *Jesus Christus* ... durch sein Blut haben wir die Erlösung, die Vergebung der Sünden nach dem Reichtum seiner Gnade. ... Er hat beschlossen, ... in *Christus* alles zu vereinen, alles, was im Himmel und auf Erden ist. Durch ihn sind wir auch als Erben vorherbestimmt und eingesetzt ... durch ihn habt ihr das Siegel des verheißenen *Heiligen Geistes* empfangen, als ihr den Glauben annahmt. Der Geist ist der erste Anteil des Erbes, das wir erhalten sollen ... Der *Gott Jesu Christi,* unseres *Herrn,* der Vater der Herrlichkeit, gebe euch den Geist der Weisheit und Offenbarung, damit ihr ihn erkennt ... welchen Reichtum die Herrlichkeit seines Erbes den Heiligen schenkt“. *Christus* habe er im Himmel zu seiner Rechten erhoben, „hoch über alle Fürsten und Gewalten, Mächte und Herrschaften ... Alles hat er ihm zu Füßen gelegt und ihn ... über die Kirche gesetzt. Sie ist sein Leib und wird von ihm erfüllt, der das All ganz und gar beherrscht“ (Eph 1).

„*Gott* aber, der voll Erbarmen ist, hat uns, die wir infolge unserer Sünden tot waren, in seiner großen Liebe ... zusammen mit *Christus* wieder lebendig gemacht. Denn aus Gnade seid ihr durch den Glauben gerettet, nicht aus eigener Kraft – *Gott* hat es geschenkt – nicht aufgrund eurer Werke, damit keiner sich rühmen kann". ... *Christus Jesus* „vereinigte die beiden Teile (Juden und Heiden) und riß durch sein Sterben die trennende Wand der Feindschaft nieder. Er hob das Gesetz samt seinen Geboten und Forderungen auf, um die zwei in seiner Person zu dem einen neuen Menschen zu machen. ... Durch ihn haben wir beide in dem einen Geist Zugang zum Vater (Eph 2). Durch den Geist ist offenbart worden, „daß nämlich die Heiden Miterben sind, zu demselben Leib gehören und an derselben Verheißung in *Christus Jesus* teilhaben durch das Evangelium. Ihm diene ich dank der Gnade ... Mir, dem Geringsten unter allen Heiligen, wurde diese Gnade geschenkt. ... Durch den Glauben wohne *Christus* in eurem Herzen. In der Liebe verwurzelt und auf sie gegründet, sollt ihr ... dazu fähig sein, ... die Liebe *Christi* zu verstehen, die alle Erkenntnis übersteigt" (Eph 3).

„Ich, der ich um des *Herrn* willen im Gefängnis bin, ermahne euch, ein Leben zu führen, das des Rufes würdig ist, der an euch erging. Seid demütig, friedfertig und geduldig, ertragt einander in Liebe ..." Durch eure Berufung ist euch eine gemeinsame Hoffnung gegeben: „ein *Herr*, ein Glaube, eine Taufe, ein *Gott und Vater* aller, der über allem und durch alles und in allem ist. ... Er, *Christus*, ist das Haupt. Durch ihn wird der ganze Leib zusammengefügt" ... Die Heiden „sind dem Leben, das *Gott* schenkt, entfremdet durch die Unwissenheit ... und durch die Verhärtung ihres Herzens. ... Legt den alten Menschen ab, der in Verblendung und Begierde zugrunde geht, ändert euer früheres Leben, und erneuert euren Geist und Sinn! Zieht den neuen Menschen an, der nach dem Bild *Gottes* geschaffen ist in wahrer Gerechtigkeit und Heiligkeit. Legt deshalb die Lüge ab ... Laßt euch durch den Zorn nicht zur Sünde hinreißen! Die Sonne soll über eurem Zorn nicht untergehen. Gebt dem Teufel keinen Raum! Der Dieb soll nicht mehr stehlen, sondern arbeiten, ... damit er den Notleidenden davon geben kann. Über eure Lippen komme kein böses Wort ... Beleidigt nicht den *Heiligen Geist Gottes*, dessen Siegel ihr tragt für den Tag der Erlösung. Jede Art von Bitterkeit, Wut, Zorn, Geschrei und Lästerung und alles Böse verbannt aus eurer Mitte. Seid gütig zueinander, seid barmherzig, vergebt einander, weil auch *Gott* euch durch *Christus* vergeben hat" (Eph 4).

„Von Unzucht aber und Schamlosigkeit jeder Art oder von Habgier soll bei euch, wie es sich für Heilige gehört, nicht einmal die Rede sein. ... Kein unzüchtiger, schamloser oder habgieriger Mensch – das heißt kein

Götzendiener – erhält ein Erbteil am Reich *Christi* und *Gottes*. ... Habt darum nichts mit ihnen gemein! Denn einst wart ihr Finsternis, jetzt aber seid ihr durch den *Herrn* Licht geworden. *Lebt als Kinder des Lichts!* Das Licht bringt lauter Güte, Gerechtigkeit und Wahrheit hervor. ... Achtet also sorgfältig darauf, wie ihr euer Leben führt, nicht töricht, sondern klug. ... Berauscht euch nicht mit Wein – das macht zügellos – sondern laßt euch vom Geist erfüllen! Laßt in eurer Mitte Psalmen, Hymnen und Lieder erklingen, wie der Geist sie eingibt. Singt und jubelt aus vollem Herzen zum Lob des *Herrn*! ... Einer ordne sich dem andern unter in der gemeinsamen Ehrfurcht vor *Christus*. Ihr Frauen, ordnet euch euren Männern unter wie dem *Herrn*; denn der Mann ist das Haupt der Frau, wie auch *Christus* das Haupt der Kirche ist. ... Ihr Männer, liebt eure Frauen, wie *Christus* die Kirche geliebt und sich für sie hingegeben hat. ... wer seine Frau liebt, liebt sich selbst. ... Darum wird der Mann Vater und Mutter verlassen und sich an seine Frau binden, und die zwei werden ein Fleisch sein" (Eph 5).

„Ihr Kinder, gehorcht euren Eltern, wie es vor dem *Herrn* recht ist. Ehre deinen Vater und deine Mutter. ... Ihr Väter, reizt eure Kinder nicht zum Zorn, sondern erzieht sie in der Zucht und Weisung des *Herrn*! Ihr Sklaven, gehorcht euren irdischen Herren ..., erfüllt als Sklaven *Christi* von Herzen den Willen *Gottes*! Denn ihr wißt, daß jeder, der etwas Gutes tut, es vom *Herrn* zurückerhalten wird, ob er ein Sklave ist oder ein freier Mann. Ihr Herren, handelt in gleicher Weise gegen eure Sklaven! ... Denn ihr wißt, daß ihr im Himmel einen gemeinsamen *Herrn* habt. Bei ihm gibt es kein Ansehen der Person. ... Zieht die Rüstung *Gottes* an, damit ihr den listigen Anschlägen des Teufels widerstehen könnt. ... Vor allem greift zum Schild des Glaubens! Mit ihm könnt ihr alle feurigen Geschosse des Bösen auslöschen". Der Brief schließt mit dem Segenswunsch: „Friede sei mit den Brüdern, Liebe und Glaube von *Gott*, dem Vater, und *Jesus Christus*, dem *Herrn*. Gnade und unvergängliches Leben sei mit allen, die *Jesus Christus*, unseren *Herrn*, lieben!"

Der Brief an die Philipper

Die Gemeinde von *Philippi* in *Ostmazedonien* war die erste, die *Paulus* auf seiner *zweiten Missionsreise* um das Jahr 50 auf dem europäischen Festland gründete. Er schrieb den Brief um 55, als er in *Ephesus* im Gefängnis war. Der Brief beginnt wieder mit Grußworten: „*Paulus* und *Timotheus*, Knechte

Christi Jesu, an alle Heiligen in *Christus Jesus,* die in *Philippi* sind, mit ihren Bischöfen und Diakonen. Gnade sei mit euch und Friede von *Gott,* unserem Vater, und dem Herrn *Jesus Christus".*

Lebt als Gemeinde so, wie es dem Evangelium *Christi* entspricht. Laßt euch in keinem Fall von euren Gegnern einschüchtern. Denn euch wurde die Gnade zuteil, nicht nur an *Christus* zu glauben, sondern auch seinetwegen zu leiden (Phil 1). Seid eines Sinnes, „einander in Liebe verbunden, einmütig und einträchtig, daß ihr nichts aus Ehrgeiz und nichts aus Prahlerei tut. Sondern in Demut schätze einer den andern höher ein als sich selbst". *Christus Jesus „erniedrigte sich und war gehorsam bis zum Tod, bis zum Tod am Kreuz. Darum hat Gott ihn über alle erhöht, ... damit alle im Himmel, auf der Erde und unter der Erde ihre Knie beugen vor dem Namen Jesu. ...* Müht euch mit Furcht und Zittern um euer Heil. ... Tut alles ohne Murren und Bedenken, damit ihr rein und ohne Tadel seid, Kinder *Gottes* ohne Makel mitten in einer verdorbenen und verwirrten Generation, unter der ihr als Lichter in der Welt leuchtet" (Phil 2).

„Vor allem, meine Brüder, freut euch im *Herrn!* ... Gebt acht auf diese Hunde, gebt acht auf die falschen Lehrer, gebt acht auf die Verschnittenen! ... Ich ... bin aus dem Volk *Israel,* vom Stamm *Benjamin,* ein Hebräer von Hebräern, lebte als *Pharisäer* nach dem Gesetz, verfolgte voll Eifer die Kirche ... Doch was mir damals ein Gewinn war, das habe ich um *Christi* willen als Verlust erkannt. ... Seinetwegen habe ich alles aufgegeben und halte es für Unrat, um *Christus* zu gewinnen und in ihm zu sein. ... Ahmt auch ihr mich nach ... Denn viele ... leben als Feinde des Kreuzes *Christi.* Ihr Ende ist das Verderben, ihr *Gott* der Bauch; ihr Ruhm besteht in ihrer Schande; Irdisches haben sie im Sinn. Unsere Heimat aber ist der Himmel" (Phil 3).

„Freut euch im *Herrn* zu jeder Zeit! Noch einmal sage ich: Freut euch! Eure Güte werde allen Menschen bekannt. Der *Herr* ist nahe. Sorgt euch um nichts, sondern bringt ... eure Bitten mit Dank vor *Gott!* Und der Friede *Gottes,* der alles Verstehen übersteigt, wird eure Herzen und eure Gedanken in der Gemeinschaft mit *Christus Jesus* bewahren. ... Unserem *Gott* und Vater sei die Ehre in alle Ewigkeit! Amen. ... Die Gnade *Jesu Christi,* des *Herrn,* sei mit eurem Geist!"

Der Brief an die Kolosser

Die *Kolosser* waren die Bewohner der Stadt *Kolossä* in *Phrygien*, einer Region im Westen der *Türkei*. Sie wurde nicht von *Paulus* selbst, sondern von einem seiner Gefährten missioniert. Der Brief wurde während der Gefangenschaft des *Paulus* in *Cäsarea* um 57 bis 59 oder in *Rom* nach 59 bis 60, möglicherweise von einem Paulusschüler, geschrieben. Grund des Schreibens war eine Irrlehre, die sich in Form einer *Kombination von Christusglauben, Schicksalsglauben und Verehrung von Gestirnen* ausbreitete.

Nach Gruß-, Dank- und Gebetsworten folgt ein Hymnus auf *Christus*: „Dankt dem Vater mit Freude! Er hat euch fähig gemacht, Anteil zu haben am Los der Heiligen, die im Licht sind. Er hat uns der Macht der Finsternis entrissen und aufgenommen in das Reich seines geliebten Sohnes. Durch ihn haben wir die Erlösung, die Vergebung der Sünden. Er ist das Ebenbild des unsichtbaren *Gottes*, der Erstgeborene der ganzen Schöpfung. Denn in ihm wurde alles erschaffen im Himmel und auf Erden, das Sichtbare und das Unsichtbare, Throne und Herrschaften, Mächte und Gewalten; alles ist durch ihn und auf ihn hin geschaffen. Er ist vor aller Schöpfung, in ihm hat alles Bestand. Er ist das Haupt des Leibes, der Leib aber ist die Kirche" … *Gott* hat sein Wort allen Heiligen offenbart. „*Gott* wollte ihnen zeigen, wie reich und herrlich dieses Geheimnis unter den Völkern ist: *Christus* ist unter euch, er ist die Hoffnung auf Herrlichkeit (Kol 1).

In *Christus* sind „alle Schätze der Weisheit und Erkenntnis verborgen. Gebt acht, daß euch niemand mit seiner Philosophie und falschen Lehre verführt, die sich … nicht auf *Christus* berufen. Denn in ihm allein wohnt wirklich die ganze Fülle *Gottes*. … Darum soll euch niemand verurteilen wegen Speise und Trank oder wegen eines Festes, ob Neumond oder Sabbat" (Kol 2). „Richtet euren Sinn auf das Himmlische und nicht auf das Irdische! … Darum tötet, was irdisch an euch ist: die Unzucht, die Schamlosigkeit, die Leidenschaft, die bösen Begierden und die Habsucht, die ein Götzendienst ist. All das zieht den Zorn *Gottes* nach sich. … Ihr seid von *Gott* geliebt, seid seine auserwählten Heiligen. Darum bekleidet euch mit aufrichtigem Erbarmen, mit Güte, Demut, Milde, Geduld! Ertragt euch gegenseitig, und vergebt einander, wenn einer dem andern etwas vorzuwerfen hat. … Vor allem aber liebt einander, denn die Liebe ist das Band, das alles zusammenhält und vollkommen macht. … Das Wort *Christi* wohne mit seinem ganzen Reichtum bei euch. … Ihr Frauen, ordnet euch euren Männern unter, wie es sich im *Herrn* geziemt. Ihr Männer, liebt eure Frauen, und seid nicht aufgebracht gegen sie! Ihr Kinder, gehorcht euren Eltern in allem; denn so ist es gut und recht im *Herrn*. ... Laßt nicht nach im Beten; seid dabei wachsam und dankbar!" Den Schluß des Briefes bilden Mitteilungen und Grüße von *Paulus* und seinen Mitarbeitern.

Der erste Brief an die Thessalonicher

Er ist der *älteste* der uns erhaltenen Paulusbriefe. *Paulus* gründete um das Jahr 50 die Gemeinde in *Thessalonich* und mußte dann die Stadt verlassen. Er reiste darauf über *Athen* nach *Korinth* und schrieb von dort diesen Brief, als dessen Mitabsender *Silvanus* (hebräisch: *Silas*) und *Timotheus* genannt werden. Das Schreiben beginnt mit dem Dank an *Gott*: „Wir danken *Gott* für euch alle; ... unablässig erinnern wir uns ... an das Werk eures Glaubens, an die Opferbereitschaft eurer Liebe ... ihr habt das Wort trotz großer Bedrängnis mit der Freude aufgenommen, die der *Heilige Geist* gibt. ... Denn man erzählt sich überall, ... wie ihr euch von den Götzen zu *Gott* bekehrt habt" (1 Thess 1). „Wir hatten vorher in *Philippi* viel zu leiden und wurden mißhandelt, wie ihr wißt; dennoch haben wir das Evangelium *Gottes* trotz harter Kämpfe freimütig und furchtlos bei euch verkündet. Denn wir predigen, ... nicht um den Menschen, sondern um *Gott* zu gefallen, der unsere Herzen prüft. ... Brüder, ihr seid den Gemeinden *Gottes* in *Judäa* gleich geworden, die sich zu *Christus Jesus* bekennen. Ihr habt von euren Mitbürgern das gleiche erlitten wie jene von den Juden. ... Sie hindern uns daran, den Heiden das Evangelium zu verkünden und ihnen so das Heil zu bringen" (1 Thess 2).

Paulus schrieb weiter, daß er *Timotheus* nach *Thessalonich* geschickt habe, „um euch zu stärken und in eurem Glauben aufzurichten, damit keiner wankt in diesen Bedrängnissen". *Timotheus* sei inzwischen zurückgekehrt und habe gute Nachricht gebracht. Mit dem Wunsch auf ein Wiedersehen und Grüßen an die Gemeinde endet dieser Briefabschnitt (1 Thess 3). Im nächsten Teil heißt es: „Das ist es, was *Gott* will: eure Heiligung! Das bedeutet, daß ihr Unzucht meidet, daß jeder von euch lernt, mit seiner Frau in heiliger und achtungsvoller Weise zu verkehren, nicht in leidenschaftlicher Begierde wie die Heiden, die *Gott* nicht kennen, und daß keiner seine Rechte überschreitet und seinen Bruder bei Geschäften betrügt, denn all das rächt der *Herr*". Denn *Gott* habe uns dazu berufen, heilig zu sein. Wer das nicht annehme, verwerfe *Gott*, der den *Heiligen Geist* geschenkt habe. ... Ihr sollt „ein rechtschaffenes Leben führen und auf niemand angewiesen sein". Über die Verstorbenen sagte *Paulus*: Wenn *Jesus* auferstanden sei, dann werde *Gott* durch *Jesus* auch die Verstorbenen zusammen mit ihm zur Herrlichkeit führen. ... Die Lebenden, die noch übrig seien, wenn der *Herr* komme, würden den Verstorbenen nichts voraushaben. Zuerst würden die in *Christus* Verstorbenen auferstehen; dann würden die Lebenden zugleich mit ihnen entrückt, dem *Herrn* entgegen. „Tröstet also einander mit diesen Worten"! (1 Thess 4).

„Der Tag des *Herrn* kommt wie ein Dieb in der Nacht. Während die Menschen sagen: Friede und Sicherheit!, kommt plötzlich Verderben über sie ... und es gibt kein Entrinnen. Ihr aber, Brüder, lebt nicht im Finstern, ... ihr alle seid Söhne des Lichts ... Denn *Gott* hat uns nicht für das Gericht seines Zorns bestimmt, sondern dafür, daß wir durch *Jesus Christus*, unseren *Herrn*, das Heil erlangen. ... Haltet Frieden untereinander! ... Weist die zurecht, die ein unordentliches Leben führen, ermutigt die Ängstlichen, nehmt euch der Schwachen an, seid geduldig mit allen! Seht zu, daß keiner dem andern Böses mit Bösem vergilt ... Freut euch zu jeder Zeit! Betet ohne Unterlaß! Dankt für alles; denn das will *Gott* von euch, die ihr *Christus Jesus* gehört. Löscht den Geist nicht aus! Verachtet prophetisches Reden nicht! Prüft alles und behaltet das Gute! Meidet das Böse in jeder Gestalt!" Am Ende heißt es: „Der *Gott* des Friedens heilige euch ganz und gar und bewahre euren Geist, eure Seele und euren Leib unversehrt, damit ihr ohne Tadel seid, wenn *Jesus Christus*, unser *Herr*, kommt. ... Die Gnade *Jesu Christi*, unseres *Herrn*, sei mit euch!"

Der zweite Brief an die Thessalonicher

Dieser Brief entstand kurz nach dem ersten Brief an die *Thessalonicher* ungefähr im Jahr 52. Er wendet sich gegen Irrlehren in der Gemeinde. Wie im ersten Brief heißt es am Anfang: „*Paulus*, *Silvanus* und *Timotheus* an die Gemeinde von *Thessalonich* ... Wir müssen *Gott* euretwegen immer danken, Brüder, wie es recht ist, denn euer Glaube wächst, und die gegenseitige Liebe nimmt bei euch allen zu. Wir können ... mit Stolz auf euch hinweisen, weil ihr im Glauben standhaft bleibt bei aller Verfolgung und Bedrängnis, die ihr zu ertragen habt". Der *Herr* übt „Vergeltung an denen, die *Gott* nicht kennen und dem Evangelium ... nicht gehorchen. Fern vom

Angesicht des *Herrn* und von seiner Macht und Herrlichkeit müssen sie sein ...(2 Thess 1).

„Brüder, ... laßt euch nicht so schnell aus der Fassung bringen und in Schrecken jagen, wenn ... behauptet wird, der Tag des *Herrn* sei schon da. Denn *zuerst muß der Abfall von Gott kommen und der Mensch der Gesetzwidrigkeit erscheinen,* der Sohn des Verderbens, der Widersacher, der sich über alles ... so sehr erhebt, daß er sich sogar in den Tempel *Gottes* setzt und sich als *Gott* ausgibt". Zur festgesetzten Zeit werde der gesetzwidrige Mensch allen sichtbar werden. „*Jesus,* der *Herr,* wird ihn durch den Hauch seines Mundes töten und durch seine Ankunft und Erscheinung vernichten. Der Gesetzwidrige aber wird, wenn er kommt, die Kraft des *Satans* haben. Er wird ... trügerische Zeichen und Wunder tun. Er wird alle, die verlorengehen, betrügen und zur Ungerechtigkeit verführen ..." *Gott* hat euch dazu auserwählt, „aufgrund der Heiligung durch den Geist und aufgrund eures Glaubens an die Wahrheit gerettet zu werden. ... Seid also standhaft ... *Jesus Christus* aber, unser *Herr* und *Gott,* unser Vater, ... tröste euch und gebe euch Kraft zu jedem guten Werk und Wort" (2 Thess 2).

„Betet auch darum, daß wir vor den bösen und schlechten Menschen gerettet werden, denn nicht alle nehmen den Glauben an. ... Haltet euch von jedem Bruder fern, der ein unordentliches Leben führt ... Ihr selbst wißt, wie man uns nachahmen soll. ... Tag und Nacht haben wir gearbeitet, um keinem von euch zur Last zu fallen. ... Denn als wir bei euch waren, haben wir euch die Regel eingeprägt: Wer nicht arbeiten will, soll auch nicht essen". Einige, die „alles mögliche treiben, nur nicht arbeiten", ermahnen wir, „in Ruhe ihrer Arbeit nachzugehen und ihr selbstverdientes Brot zu essen". Der Brief endet wieder mit dem Segensgruß: „Die Gnade *Jesu Christi,* unseres *Herrn,* sei mit euch allen"! (2 Thess 3).

Im Kanon der Briefesammlung folgen nun die drei so genannten *Pastoralbriefe,* der erste und zweite *Timotheusbrief* und der *Titusbrief.* Sie wenden sich nicht an Gemeinden, sondern an die Gemeindevorsteher, denen Anweisungen für die Leitung der Gemeinden gegeben werden. Die Briefe stammen möglicherweise nicht von *Paulus* selbst, sind aber in seinem Sinn verfaßt worden. Die drei genannten Briefe wurden zwischen etwa 65 und 67 geschrieben.

Der erste Brief an Timotheus

Nach Grußworten an *Timotheus* sagt *Paulus*: „Nach meiner Abreise nach *Mazedonien* habe ich dich gebeten, in *Ephesus* zu bleiben, damit du bestimmten Leuten verbietest, falsche Lehren zu verbreiten ..., statt dem Heilsplan *Gottes* zu dienen, der sich im Glauben verwirklicht. ... Sie wollen Gesetzeslehrer sein, verstehen aber nichts von dem, was sie sagen ... Wir wissen: Das Gesetz ist gut, wenn man ... bedenkt, daß das Gesetz nicht für den Gerechten bestimmt ist, sondern für Gesetzlose und Ungehorsame, für Gottlose und Sünder, für Menschen ohne Glauben und Ehrfurcht ..., Unzüchtige, Knabenschänder, Menschenhändler, für Leute, die lügen und Meineide schwören ... Ich danke ... *Christus Jesus*, unserem *Herrn*. Er hat mich für treu gehalten und in seinen Dienst genommen, obwohl ich ihn früher lästerte, verfolgte und verhöhnte. Aber ich habe Erbarmen gefunden, denn ich wußte in meinem Unglauben nicht, was ich tat. ... *Christus Jesus* ist in die Welt gekommen, um die Sünder zu retten. Von ihnen bin ich der erste. ... Dem König der Ewigkeit, dem unvergänglichen, unsichtbaren, einzigen *Gott*, sei Ehre und Herrlichkeit in alle Ewigkeit. Amen (1 Tim 1).

Gott „will, daß alle Menschen gerettet werden und zur Erkenntnis der Wahrheit gelangen. Denn: Einer ist *Gott*, Einer auch Mittler zwischen Gott und den Menschen: der Mensch *Christus Jesus*, der sich als Lösegeld hingegeben hat für alle ... Ich will, daß die Männer überall beim Gebet ihre Hände in Reinheit erheben, frei von Zorn und Streit. Auch sollen die Frauen sich anständig, bescheiden und zurückhaltend kleiden; nicht Haartracht, Gold, Perlen oder kostbare Kleider seien ihr Schmuck, sondern gute Werke ... Eine Frau soll sich still und in aller Unterordnung belehren lassen. *Daß eine Frau lehrt, erlaube ich nicht, auch nicht, daß sie über ihren Mann herrscht; sie soll sich still verhalten.* Denn zuerst wurde *Adam* erschaffen, danach *Eva*. Und nicht *Adam* wurde verführt, sondern die Frau ließ sich verführen und übertrat das Gebot. Sie wird aber dadurch gerettet werden, daß sie Kinder zur Welt bringt, wenn sie in Glaube, Liebe und Heiligkeit ein besonnenes Leben führt" (1 Tim 2).

„Wer das Amt eines *Bischofs* anstrebt, der strebt nach einer großen Aufgabe. Deshalb soll der *Bischof* ein Mann ohne Tadel sein, nur einmal verheiratet, nüchtern, besonnen, von würdiger Haltung, gastfreundlich, fähig zu lehren; er sei kein Trinker und kein gewalttätiger Mensch, sondern rücksichtsvoll ... und nicht geldgierig. Er soll ein guter Familienvater sein ... Er darf kein Neubekehrter sein ... Ebenso sollen die *Diakone* sein: achtbar, nicht doppelzüngig, nicht dem Wein ergeben und nicht gewinnsüchtig. ... Nur wenn sie unbescholten sind, sollen sie ihren Dienst ausüben. ... Die *Diakone* sollen nur einmal verheiratet sein ... „Du sollst wissen, wie man sich im Hauswesen *Gottes* verhalten muß, das heißt in der Kirche des lebendigen *Gottes*, die die Säule und das Fundament der Wahrheit ist. Wahrhaftig, das Geheimnis unseres Glaubens ist groß: Er wurde offenbart im Fleisch, gerechtfertigt durch den Geist, geschaut von den Engeln, verkündet unter den Heiden, geglaubt in der Welt, aufgenommen in die Herrlichkeit" (1 Tim 3).

„Der Geist sagt ausdrücklich: In späteren Zeiten werden manche vom Glauben abfallen, ... sich Dämonen zuwenden". Diese „verbieten die Heirat und fordern den Verzicht auf bestimmte Speisen ..." Doch „alles, was *Gott* geschaffen hat, ist gut, und nichts ist verwerflich, wenn es mit Dank genossen wird ... Gottlose Altweiberfabeln weise zurück! Übe dich in der Frömmigkeit! ... Wir haben unsere Hoffnung auf den lebendigen *Gott* gesetzt, den Retter aller Menschen, besonders der Gläubigen" (1 Tim 4). „Einen älteren Mann sollst du nicht grob behandeln ... Mit jüngeren Männern rede wie mit Brüdern, mit älteren Frauen wie mit Müttern, mit jüngeren wie mit Schwestern, in aller Zurückhaltung. Ehre die Witwen, wenn sie wirklich Witwen sind. ... Eine Witwe ... setzt ihre Hoffnung auf *Gott* und betet beharrlich und inständig bei Tag und Nacht. Wenn eine jedoch ein ausschweifendes Leben führt, ist sie schon bei Lebzeiten tot. ... Eine Frau soll nur dann in die Liste der Witwen aufgenommen werden, wenn sie mindestens sechzig Jahre alt ist, nur einmal verheiratet war, wenn sie Kinder aufgezogen hat ... und überhaupt bemüht war, Gutes zu tun. Jüngere Witwen weise ab; denn wenn die Leidenschaft sie *Christus* entfremdet, wollen sie heiraten ... außerdem werden sie faul und gewöhnen sich daran, von Haus zu Haus zu laufen. Aber nicht nur faul werden sie, sondern auch geschwätzig; sie mischen sich in alles ein und reden über Dinge, die sie nichts angehen. Deshalb will ich, daß jüngere Witwen heiraten, Kinder zur Welt bringen, den Haushalt versorgen ... Älteste, die das Amt des Vorstehers gut versehen, verdienen doppelte Anerkennung. ... Nimm gegen einen Ältesten keine Klage an, außer wenn zwei oder drei Zeugen sie bekräftigen. ... Trink nicht nur Wasser, sondern nimm auch etwas Wein, mit Rücksicht auf deinen Magen und deine häufigen Krankheiten" (1 Tim 5).

Manche Menschen, deren Denken verdorben ist, „meinen, die Frömmigkeit sei ein Mittel, um irdischen Gewinn zu erzielen. Die Frömmigkeit bringt in der Tat reichen Gewinn, wenn man nur genügsam ist. Denn wir haben nichts in die Welt mitgebracht, und wir können auch nichts aus ihr mitnehmen. ... Wer aber reich werden will, gerät in Versuchungen und Schlingen, er verfällt vielen sinnlosen und schädlichen Begierden, die den Menschen ins Verderben und in den Untergang stürzen. *Denn die Wurzel aller Übel ist die Habsucht.* ... Erfülle deinen Auftrag rein und ohne Tadel, bis zum Erscheinen *Jesu Christi,* unseres *Herrn*“; dies wird herbeiführen „der selige und einzige Herrscher, der König der Könige und Herr der Herren, der allein die Unsterblichkeit besitzt, der in unzugänglichem Licht wohnt, den kein Mensch gesehen hat noch je zu sehen vermag: Ihm gebührt Ehre und ewige Macht. Amen. Ermahne die, die in dieser Welt reich sind, nicht überheblich zu werden und ihre Hoffnung nicht auf den unsicheren Reichtum zu setzen, sondern auf *Gott* ... Sie sollen wohltätig sein, reich werden an guten Werken ... So sammeln sie sich einen Schatz als sichere Grundlage für die Zukunft, um das wahre Leben zu erlangen ... Die Gnade sei mit euch“! (1 Tim 6).

Der zweite Brief an Timotheus

Nach Grußworten und einem Dankgebet sagt *Paulus:* „Entfache die Gnade *Gottes* wieder, die dir durch die Auflegung meiner Hände zuteil geworden ist. Denn *Gott* hat uns ... den Geist der Kraft, der Liebe und der Besonnenheit gegeben. Schäme dich also nicht, dich zu unserem *Herrn* zu bekennen. ... *Gott* gibt dazu die Kraft: Er hat uns gerettet, ... nicht aufgrund unserer Werke, sondern aus eigenem Entschluß und aus Gnade ... Er hat ... uns das Licht des unvergänglichen Lebens gebracht durch das Evangelium. ... Bewahre das dir anvertraute kostbare Gut durch die Kraft des *Heiligen Geistes,* der in uns wohnt. Du weißt, daß sich alle in der Provinz *Asien* von mir abgewandt haben ...“ (2 Tim 1).

„Denk daran, daß *Jesus Christus,* der Nachkomme *Davids,* von den Toten auferstanden ist; so lautet mein Evangelium, für das ich ... sogar wie ein Verbrecher gefesselt bin; aber das Wort *Gottes* ist nicht gefesselt. ... Das Wort ist glaubwürdig: Wenn wir mit *Christus* gestorben sind, werden wir auch mit ihm leben; ... wenn wir ihn verleugnen, wird auch er uns verleugnen. Wenn wir untreu sind, bleibt er doch treu, denn er kann sich selbst nicht verleugnen. ... Gottlosem Geschwätz geh aus dem Weg; ... Flieh vor den Begierden der Jugend; strebe unermüdlich nach Gerechtigkeit, Glauben, Liebe und Frieden ..." (2 Tim 2). „Das sollst du wissen: *In den letzten Tagen werden schwere Zeiten anbrechen. Die Menschen werden selbstsüchtig sein, habgierig, prahlerisch, überheblich, bösartig, ... undankbar, ohne Ehrfurcht, lieblos, verleumderisch, ... rücksichtslos, roh... mehr dem Vergnügen als Gott zugewandt. ... Wende dich von diesen Menschen ab. ... Du aber bist mir gefolgt* ... in den Verfolgungen und Leiden, denen ich ... ausgesetzt war. ... So werden alle, die in der Gemeinschaft mit *Christus Jesus* ein frommes Leben führen wollen, verfolgt werden" (2 Tim 3).

„Verkünde das Wort, tritt dafür ein, ob man es hören will oder nicht; ... Denn es wird eine Zeit kommen, in der man die gesunde Lehre nicht erträgt, sondern sich nach eigenen Wünschen immer neue Lehrer sucht, die den Ohren schmeicheln. ... Du aber, ... erfülle treu deinen Dienst! Denn ich werde nunmehr geopfert, und die Zeit meines Aufbruchs ist nahe. Ich habe den guten Kampf gekämpft, den Lauf vollendet, die Treue gehalten. ... Bei meiner ersten Verteidigung ist niemand für mich eingetreten; alle haben mich im Stich gelassen. ... Aber *der Herr* stand mir zur Seite und gab mir Kraft. ... Ihm sei Ehre in alle Ewigkeit. Amen" (2 Tim 4). Mit Grüßen und Segenswünschen endet der Brief.

Der Brief an Titus

Neben *Timotheus* war *Titus* ein enger Mitarbeiter des Apostels *Paulus*. Er wurde von *Paulus* mit der Leitung der Kirche auf *Kreta* beauftragt. *Titus* soll dort bis zu seinem Lebensende als *Bischof* gewirkt haben. Nach einem Grußwort schrieb *Paulus*, er habe *Titus* in *Kreta* zurückgelassen, damit er dort das tue, was notwendig sei und in den Städten Älteste einsetze. „Ein Ältester soll unbescholten und nur einmal verheiratet sein. Seine Kinder sollen gläubig sein; man soll ihnen nicht nachsagen können, sie seien liederlich und ungehorsam. Denn ein *Bischof* muß unbescholten sein, weil er das Haus *Gottes* verwaltet. ... Er muß ein Mann sein, der sich an das wahre Wort der Lehre hält; dann kann er mit der gesunden Lehre die Gemeinde ermahnen und die Gegner widerlegen. Denn es gibt viele Ungehorsame, Schwätzer und Schwindler, besonders unter denen, die aus dem Judentum kommen" (Tit 1).

„Die älteren Männer sollen nüchtern sein, achtbar, besonnen, stark im Glauben ... Ebenso seien die älteren Frauen würdevoll in ihrem Verhalten ... Ebenso ermahne die jüngeren Männer, in allen Dingen besonnen zu sein. ... Die Sklaven sollen ihren Herren gehorchen, ... nichts veruntreuen; sie sollen zuverlässig und treu sein ... Denn die Gnade *Gottes* ist erschienen, um alle Menschen zu retten. Sie erzieht uns dazu, uns von ... den irdischen Begierden loszusagen ..., während wir auf die selige Erfüllung unserer Hoffnung warten: auf das Erscheinen der Herrlichkeit unseres großen *Gottes* und Retters *Christus Jesus*" (Tit 2). „Erinnere sie daran, sich den Herrschern und Machthabern unterzuordnen" ... Sie sollen immer „freundlich und gütig zu allen Menschen" sein. „Denn auch wir waren früher ... Sklaven aller möglichen Begierden und Leidenschaften ... Als aber die Güte und Menschenliebe *Gottes*, unseres Retters, erschien, hat er uns gerettet – nicht weil wir Werke vollbracht hätten, die uns gerecht machen können, sondern aufgrund seines Erbarmens ... Dieses Wort ist glaubwürdig, und ich will, daß du dafür eintrittst ... Laß dich nicht ein auf törichte Auseinandersetzungen und Erörterungen über Geschlechterreihen, auf Streit und Gezänk über das Gesetz; sie sind nutzlos und vergeblich" (Tit 3). Den Schluß des Briefes bilden persönliche Mitteilungen und Grüße.

Der Brief an Philemon

Anlaß dieses kurzen, ungefähr im Jahr 55 geschriebenen Briefes war ein Sklave namens *Onesimus*, der seinem Herrn *Philemon* entlaufen war. *Onesimus* flüchtete zu *Paulus*, der – vermutlich in *Ephesus* – im Gefängnis saß. *Paulus* bekehrte ihn und schickte ihn mit der Bitte an *Philemon* zurück, dieser möge ihm verzeihen und als christlichen Bruder aufnehmen.

Nach Gruß- und Dankesworten schrieb *Paulus*: „Obwohl ich durch *Christus* volle Freiheit habe, dir zu befehlen, was du tun sollst, ziehe ich es um der Liebe willen vor, dich zu bitten. ... Ich bitte dich für mein Kind, dem ich im Gefängnis zum Vater geworden bin. ... Ich schicke ihn zu dir zurück, ihn, das bedeutet mein eigenes Herz. ... Deine gute Tat soll ... freiwillig sein. Denn vielleicht wurde er nur deshalb für eine Weile von dir getrennt, damit du ihn für ewig zurückerhältst, nicht mehr als Sklaven, sondern als weit mehr: als geliebten Bruder. Das ist er jedenfalls für mich ... Wenn er dich aber geschädigt hat oder dir etwas schuldet, setze das auf meine Rechnung! Ich, Paulus, schreibe mit eigener Hand: Ich werde es bezahlen – um nicht davon zu reden, daß du dich selbst mir schuldest". Der Brief endet mit dem Segenswunsch: „Die Gnade *Jesu Christi*, des *Herrn*, sei mit eurem Geist"!

Der Brief an die Hebräer

Von diesem Brief sind weder der Verfasser noch der Empfänger bekannt. Es wird vermutet, daß er nicht, wie ursprünglich angenommen, von *Paulus* selbst, sondern erst nach dessen Tod von einem Mitarbeiter des *Paulus* etwa zwischen 85 und 95 geschrieben wurde. Die Schrift gilt nach den Evangelien als eines der herausragendsten Dokumente des Christentums.

Der Brief beginnt mit den Worten: „Viele Male und auf vielerlei Weise hat *Gott* einst zu den Vätern gesprochen durch die Propheten; in dieser Endzeit aber hat er zu uns gesprochen durch den Sohn, den er zum Erben des Alls eingesetzt und durch den er auch die Welt erschaffen hat; er ist der Abglanz seiner Herrlichkeit und das Abbild seines Wesens...; er ist um so viel erhabener geworden als die Engel ... Denn zu welchem Engel hat er jemals gesagt: Mein Sohn bist du, heute habe ich dich gezeugt, und weiter: Ich will für ihn Vater sein, und er wird für mich Sohn sein. ... alle *Engel Gottes* sollen sich vor ihm niederwerfen. ... Du, *Herr*, hast vor Zeiten der Erde Grund gelegt, die Himmel sind das Werk deiner Hände. Sie werden vergehen ... du aber bleibst, der du bist, und deine Jahre enden nie. Zu welchem Engel hat er jemals gesagt: Setze dich zu meiner Rechten, und ich lege dir deine Feinde als Schemel unter die Füße" (Hebr 1). Denn nicht Engeln hat er die zukünftige Welt unterworfen, von der wir reden, vielmehr dem Sohn, darum heißt es: Was ist der Mensch, daß du an ihn denkst, oder der Menschensohn, daß du dich seiner annimmst? ... Den, der nur für kurze Zeit unter die Engel erniedrigt war, *Jesus*, ihn sehen wir um seines Todesleidens willen mit Herrlichkeit und Ehre gekrönt". *Jesus* habe „Fleisch und Blut angenommen, um durch seinen Tod den zu entmachten, der die Gewalt über den Tod hat, nämlich den *Teufel*, und um die zu befreien, die durch die Furcht vor dem Tod ihr Leben lang der Knechtschaft verfallen waren" (Hebr 2).
„Darum, heilige Brüder, ... schaut ... auf *Jesus*, der – wie auch *Mose* in *Gottes* Haus – dem treu ist, der ihn eingesetzt hat. Denn er hat größere Herrlichkeit empfangen als *Mose* ... *Mose* war in *Gottes* ganzem Haus treu als

Diener, zum Zeugnis der künftigen Offenbarungen; *Christus* aber ist treu als Sohn, der über das Haus *Gottes* gesetzt ist". Der *Heilige Geist* sagt: Wenn sie seine Stimme hören, sollten sie ihr Herz nicht verhärten wie ihre Väter, denen *der Herr* verwehrte, in das Land seiner Ruhe zu kommen (Hebr 3). ... „Wir, die wir gläubig geworden sind, kommen in das Land der Ruhe, wie er gesagt hat. ... Denn lebendig ist das Wort *Gottes*, kraftvoll und schärfer als jedes zweischneidige Schwert; es dringt durch bis zur Scheidung von Seele und Geist, ... vor ihm bleibt kein Geschöpf verborgen, sondern alles liegt nackt und bloß vor den Augen dessen, dem wir Rechenschaft schulden" (Hebr 4).

„Jeder Hohepriester wird aus den Menschen ausgewählt ... zum Dienst vor *Gott* ... So hat auch *Christus* sich nicht selbst die Würde eines Hohepriesters verliehen, sondern der, der zu ihm gesprochen hat: Mein Sohn bist du. Heute habe ich dich gezeugt. ... Du bist Priester auf ewig, nach der Ordnung *Melchisedeks*. ... Obwohl er der Sohn war, hat er durch Leiden den Gehorsam gelernt; zur Vollendung gelangt, ist er ... der Urheber des ewigen Heils geworden ... Obwohl ihr ... schon Lehrer sein müßtet, braucht ihr von neuem einen, der euch die Anfangsgründe der Lehre von der Offenbarung *Gottes* beibringt" (Hebr 5). ... Es ist unmöglich, Menschen, die einmal erleuchtet worden sind ... und Anteil am *Heiligen Geist* empfangen haben, ... dann aber abgefallen sind, erneut zur Umkehr zu bringen; denn sie schlagen jetzt den *Sohn Gottes* noch einmal ans Kreuz und machen ihn zum Gespött. ... Bei euch aber, liebe Brüder, sind wir ... überzeugt, ...daß ihr am Heil teilhabt. Denn *Gott* ist nicht so ungerecht, euer Tun zu vergessen und die Liebe, die ihr seinem Namen bewiesen habt, indem ihr den Heiligen gedient habt und noch dient. ... Als *Gott* dem *Abraham* die Verheißung gab, schwor er bei sich selbst, da er bei keinem Höheren schwören konnte, und sprach: Fürwahr, ich will dir Segen schenken in Fülle und deine Nachkommen überaus zahlreich machen". Weil *Gott* zeigen wollte, wie unabänderlich sein Entschluß ist, hat er sich durch einen Eid verbürgt. Dies sollte uns ein kräftiger Ansporn sein, die dargebotene Hoffnung zu ergreifen. „In ihr haben wir einen sicheren und festen Anker der Seele ..." (Hebr 6).

„*Melchisedek*, ... Priester des höchsten *Gottes*, der *Abraham* ... segnete und welchem *Abraham* den Zehnten von allem gab, ... und der ohne Stammbaum ist, ... ein Abbild des *Sohnes Gottes*, ... bleibt Priester für immer". Auch die Söhne *Levis*, die das Priesteramt übernahmen, hatten den

Auftrag, den gesetzlichen Zehnten vom Volk zu erheben. „Wäre nun die Vollendung durch das levitische Priestertum gekommen, ... warum mußte dann noch ein anderer Priester nach der Ordnung *Melchisedeks* eingesetzt werden, und warum wurde er nicht nach der Ordnung *Aarons* benannt? ... Es ist ja bekannt, daß unser *Herr* dem Stamm *Juda* entsprossen ist, und diesem hat *Mose* keine Priestersatzungen gegeben. Das frühere Gebot wird nämlich aufgehoben, weil es schwach und nutzlos war – denn das Gesetz hat nicht zur Vollendung geführt ... So ist *Jesus* auch zum Bürgen eines besseren Bundes geworden. Er aber hat, weil er auf ewig bleibt, ein unvergängliches Priestertum. Darum kann er auch die, die durch ihn vor *Gott* hintreten, für immer retten. ... Ein solcher Hohepriester war für uns in der Tat notwendig" (Hebr 7).

„Wir haben einen Hohepriester, der sich zur Rechten des Thrones der Majestät im Himmel gesetzt hat, als Diener des Heiligtums ... Es werden Tage kommen – spricht *der Herr* – in denen ich mit dem Haus *Israel* und dem Haus *Juda* einen neuen Bund schließen werde, nicht wie der Bund war, den ich mit ihren Vätern geschlossen habe, als ich sie bei der Hand nahm, um sie aus *Ägypten* herauszuführen. Sie sind nicht bei meinem Bund geblieben, und darum habe ich mich auch nicht mehr um sie gekümmert – spricht *der Herr*. Ich lege meine Gesetze in ihr Inneres hinein und schreibe sie ihnen in ihr Herz. Ich werde ihr *Gott* sein, und sie werden mein Volk sein. ... Indem er von einem neuen Bund spricht, hat er den ersten für veraltet erklärt" (Hebr 8). „Der erste Bund hatte gottesdienstliche Vorschriften und ein irdisches Heiligtum", ein Zelt. Es hatte einen Vorraum mit Kultgeräten und hinter einem Vorhang das Allerheiligste, in dem die Bundeslade stand. In den Vorraum „gehen die Priester das ganze Jahr hinein", in das Heiligtum „aber geht nur einmal im Jahr der Hohepriester allein hinein, und zwar mit dem Blut, das ... er darbringt". Es handelt sich hier um „äußerliche" Vorschriften, die bis zu der Zeit einer besseren Ordnung auferlegt worden sind. *Christus* aber ist gekommen als Hohepriester der künftigen Güter". Er sei „ein für allemal in das Heiligtum hineingegangen ... mit seinem eigenen Blut, und so hat er eine ewige Erlösung bewirkt. ... Und darum ist er der Mittler eines neuen Bundes". ... *Christus* ist „in den Himmel selbst" hineingegangen, „um jetzt für uns vor *Gottes* Angesicht zu erscheinen. ... *Wie es dem Menschen bestimmt ist, ein einziges Mal zu sterben, worauf dann das Gericht folgt*, so wurde auch *Christus* ein einziges Mal geopfert, um die Sünden vieler hinwegzunehmen" (Hebr 9).

Die immer gleichen, jährlich dargebrachten Opfer nach dem Gesetz „können niemals für immer zur Vollendung führen. ... „Das Blut von Stieren und Böcken kann unmöglich Sünden wegnehmen. Darum spricht *Christus* bei seinem Eintritt in die Welt: Schlacht- und Speiseopfer hast du nicht gefordert, doch einen Leib hast du mir geschaffen; an Brand- und Sündopfern hast du keinen Gefallen. ... Ich komme, um deinen Willen zu tun. So hebt *Christus* das erste auf, um das zweite in Kraft zu setzen. Aufgrund dieses Willens sind wir durch die Opfergabe des Leibes *Jesu Christi* ein für allemal geheiligt. ... Durch ein einziges Opfer hat er die, die geheiligt werden, für immer zur Vollendung geführt. ... Er hat uns den neuen und lebendigen Weg erschlossen ... Er, der die Verheißung gegeben hat, ist treu. ... Wer das Gesetz des *Mose* verwirft, muß ohne Erbarmen auf die Aussage von zwei oder drei Zeugen hin sterben". ... Eine noch viel härtere Strafe verdient, wer „den *Sohn Gottes* mit Füßen getreten ... und den Geist der Gnade geschmäht hat. ... Was ihr braucht, ist Ausdauer, damit ihr den Willen *Gottes* erfüllen könnt und so das verheißene Gut erlangt". ... Wir gehören zu denen, „die glauben und das Leben gewinnen" (Hebr 10).

„Glaube aber ist: Feststehen in dem, was man erhofft, Überzeugtsein von Dingen, die man nicht sieht". Beginnend mit den Worten „Aufgrund des Glaubens" erwähnt der Autor nun Ereignisse aus der Geschichte der *Israeliten;* sie sind mit den Namen *Abel und Kain, Henoch, Noah, Abraham, Isaak und Jakob, Esau, Sarah, Josef, Mose, Rahab, Gideon, Barak, Simson, David, Samuel* und die Propheten verbunden. „Doch sie alle, die aufgrund des Glaubens (von *Gott*) besonders anerkannt wurden, haben das Verheißene nicht erlangt, weil *Gott* erst für uns etwas Besseres vorgesehen hatte; denn sie sollten nicht ohne uns vollendet werden" (Hebr 11). „Laßt uns mit Ausdauer in dem Wettkampf laufen, der uns aufgetragen ist, und dabei auf *Jesus* blicken, den Urheber und Vollender des Glaubens. ... Ihr habt im Kampf gegen die Sünde noch nicht bis aufs Blut Widerstand geleistet, und ihr habt die Mahnung vergessen, die euch als Söhne anredet: Mein Sohn, verachte nicht die Zucht *des Herrn,* verzage nicht, wenn er dich zurechtweist. Denn wen *der Herr* liebt, den züchtigt er". Der *„Vater der Geister"* züchtigt uns zu unserem Besten, „damit wir Anteil an seiner Heiligkeit gewinnen". Züchtigung schmerzt zunächst, schenkt aber später „als Frucht den Frieden und die Gerechtigkeit". Strebt nach Frieden und Heiligung, „ohne die keiner *den Herrn* sehen wird". ... „Ihr seid zum *Berg Zion* hingetreten, zur Stadt des lebendigen *Gottes,* dem *Himmlischen Jerusalem,* zu Tausenden von Engeln, ... zu den Geistern der schon vollendeten Gerechten, zum Mittler eines

neuen Bundes, *Jesus*". ... Wir „wollen *Gott* so dienen, wie es ihm gefällt, in ehrfürchtiger Scheu; denn unser *Gott* ist verzehrendes Feuer" (Hebr 12).

„Die Bruderliebe soll bleiben. Vergeßt die Gastfreundschaft nicht; denn durch sie haben einige, ohne es zu ahnen, Engel beherbergt". Denkt an die Gefangenen und Mißhandelten. „Die Ehe soll von allen in Ehren gehalten werden ...; denn Unzüchtige und Ehebrecher will *Gott* richten. Euer Leben sei frei von Habgier ... Es ist gut, das Herz durch Gnade zu stärken und nicht dadurch, daß man nach Speisevorschriften lebt, die noch keinem genützt haben. ... Gehorcht euren Vorstehern, und ordnet euch ihnen unter", denn sie müssen Rechenschaft ablegen. Am Schluß des Briefes heißt es: „Der *Gott* des Friedens ... bewirke in uns, was ihm gefällt, durch *Jesus Christus*, dem die Ehre sei in alle Ewigkeit. Amen. ... Es grüßen euch die Brüder aus Italien. Die Gnade sei mit euch allen!" (Hebr 13).

Die sieben Briefe, die dem *Hebräerbrief* folgen, nennt man in der Katholischen Kirche „*Katholische Briefe*", weil sie sich nicht an einzelne Gemeinden, sondern an alle Christen richten. Sie sind „katholisch" im Sinne von „umfassend, allgemein".

Der Brief des Jakobus

Der Verfasser dieses Briefs ist nicht einer der beiden Apostel mit dem Namen *Jakobus*, sondern *Jakobus „der Kleine"*, der „Bruder des Herrn". Er gehörte nicht zum Kreis der Zwölf und wurde nach *Petrus* der Vorsteher der Urgemeinde in *Jerusalem*. Er erlitt 62 den Märtyrertod. Der Brief beginnt mit dem Grußwort: „*Jakobus*, Knecht *Gottes* und *Jesu Christi*, des *Herrn*, grüßt die zwölf Stämme, die in der Zerstreuung leben". Dann schrieb *Jakobus* unter anderem: „Der Bruder, der in niederem Stand lebt, rühme sich seiner hohen Würde, der Reiche aber seiner Niedrigkeit; denn er wird dahinschwinden wie die Blume im Gras. ... Glücklich der Mann, der in der Versuchung standhält. ... Hört das Wort nicht nur an, sondern handelt danach; sonst betrügt ihr euch selbst" (Jak 1). Man solle die Armen nicht geringschätzen und die Reichen nicht bevorzugen, nur weil sie reich seien. Für alle gelte uneingeschränkt das Wort: Du sollst deinen Nächsten lieben wie dich selbst. ... „Meine Brüder, was nützt es, wenn einer sagt, er habe Glauben, aber es fehlen die Werke?" ... Der Glaube sei für sich allein tot, wenn er nicht Werke vorzuweisen habe. ... Aufgrund seiner Werke werde der Mensch gerecht, nicht durch den Glauben allein" (Jak 2).

Die Zunge des Menschen sei zwar ein kleiner Körperteil, könne aber verheerend wirken, wie ein kleines Feuer, das einen großen Wald in Brand steckt. „Die Zunge ist der Teil, der den ganzen Menschen verdirbt und das Rad des Lebens in Brand setzt. ... Die Zunge kann kein Mensch zähmen, dieses ruhelose Übel, voll von tödlichem Gift. Mit ihr preisen wir den *Herrn und Vater*, und mit ihr verfluchen wir die Menschen, die als Abbild *Gottes* erschaffen sind. Aus ein und demselben Mund kommen Segen und Fluch. Meine Brüder, so darf es nicht sein. ... Wo nämlich Eifersucht und Ehrgeiz herrschen, da gibt es Unordnung und böse Taten jeder Art" (Jak 3). „Woher kommen die Kriege bei euch, woher die Streitigkeiten? Doch nur vom Kampf der Leidenschaften in eurem Inneren. ... Ihr Ehebrecher, wißt ihr nicht, daß Freundschaft mit der Welt Feindschaft mit *Gott* ist? ... *Gott* tritt den Stolzen entgegen, den Demütigen aber schenkt er seine Gnade. ... Sucht die Nähe *Gottes*; dann wird er sich euch nähern. ... Demütigt euch vor dem *Herrn*; dann wird er euch erhöhen. ... Wer aber bist du, daß du über deinen Nächsten richtest"? (Jak 4).

„Ihr aber, ihr Reichen, weint nur und klagt über das Elend, das euch treffen wird. Euer Reichtum verfault, und eure Kleider werden von Motten zerfressen. ... Noch in den letzten Tagen sammelt ihr Schätze Aber der Lohn der Arbeiter, ... den ihr ihnen vorenthalten habt, schreit zum Himmel. ... Brüder, haltet geduldig aus bis zur Ankunft des *Herrn*! ... Macht euer Herz stark, denn die Ankunft des *Herrn* steht nahe bevor. ... Der *Herr* ist voll Erbarmen und Mitleid. Vor allem, meine Brüder, schwört nicht, weder beim Himmel noch bei der Erde noch irgendeinen anderen Eid. Euer Ja soll ein Ja sein und euer Nein ein Nein, damit ihr nicht dem Gericht verfallt". Ein Kranker solle die Ältesten der Gemeinde zu sich rufen; „sie sollen Gebete über ihn sprechen, und ihn im Namen des *Herrn* mit Öl salben". Dann würden ihm seine Sünden vergeben. „Darum bekennt einander eure Sünden, und betet füreinander, damit ihr geheilt werdet. Viel vermag das inständige Gebet eines Gerechten" (Jak 5).

Der erste Brief des Petrus

Diesen Brief schrieb *Petrus* in *Rom* kurz vor seinem Tod im Jahr 64 oder später. Es könnte sein, daß *Petrus* seinem Begleiter *Silvanus* den Text diktierte. Der Brief richtet sich an die Gemeinden in *Kleinasien*. Er beginnt mit den Worten: „*Petrus*, Apostel *Jesu Christi*, an die Auserwählten, die ... in der Zerstreuung leben, ... durch den *Geist* geheiligt, um *Jesus Christus* gehorsam zu sein ... Gnade sei mit euch und Friede in Fülle". *Petrus* fuhr fort: „Gepriesen sei der *Gott und Vater* unseres Herrn *Jesus Christus*. Er hat uns in seinem großen Erbarmen neu geboren, damit wir ... das unzerstörbare, makellose und unvergängliche Erbe empfangen, das im Himmel für euch aufbewahrt ist". Der Glaube sei „wertvoller als Gold, das im Feuer geprüft wurde und doch vergänglich ist". Ihr habt *Jesus* „nicht gesehen, und dennoch liebt ihr ihn". Ihr jubelt, „da ihr das Ziel des Glaubens erreichen werdet: euer Heil". Wie *Christus* „heilig ist, so soll auch euer ganzes Leben heilig werden". Führt ein Leben in Gottesfurcht. Von eurer, „von den Vätern ererbten Lebensweise" seid ihr „mit dem kostbaren Blut *Christi* losgekauft. Er war schon vor der Erschaffung der Welt dazu ausersehen. Das Gras verdorrt, und die Blume verwelkt; doch das Wort des *Herrn* bleibt in Ewigkeit" (1 Petr 1).

„Ihr habt erfahren, wie gütig der *Herr* ist. Kommt zu ihm, dem lebendigen Stein, der ... von *Gott* auserwählt und geehrt worden ist. Ihr seid ein auserwähltes Geschlecht, eine königliche Priesterschaft, ... damit ihr die großen Taten dessen verkündet, der euch aus der Finsternis in sein wunderbares Licht gerufen hat. ... Gebt den irdischen Begierden nicht nach ... Unterwerft euch um des *Herrn* willen jeder menschlichen Ordnung" ... *Gott* will, „daß ihr durch eure guten Taten die Unwissenheit unverständiger Menschen zum Schweigen bringt". *Christus* „hat unsere Sünden mit seinem Leib auf das Holz des Kreuzes getragen, damit wir ... für die Gerechtigkeit leben. Durch seine Wunden seid ihr geheilt" (1 Petr 2).

„Ebenso sollt ihr Frauen euch euren Männern unterordnen ... Was im Herzen verborgen ist, das sei euer unvergänglicher Schmuck; ein sanftes und ruhiges Wesen". Die Männer sollen im Umgang mit ihren Frauen rücksichtsvoll sein, ... „denn auch sie sind Erben der Gnade des Lebens. ... Seid ... voll Mitgefühl und brüderlicher Liebe, seid barmherzig und demütig! Vergeltet nicht Böses mit Bösem" ... Denn „das Antlitz des *Herrn* richtet sich gegen die Bösen. ... Aber auch wenn ihr um der Gerechtigkeit willen leiden müßt, seid ihr seligzupreisen" (1 Petr 3). „Wer im Fleisch gelitten hat, für den hat die Sünde ein Ende. Darum richtet euch, solange ihr noch auf Erden lebt, nicht mehr nach den menschlichen Begierden, sondern nach dem Willen *Gottes*! ... Auch Toten ist das *Evangelium* dazu verkündet worden, daß sie wie Menschen gerichtet werden im Fleisch, aber wie *Gott* das Leben haben im Geist. ... Vor allem haltet fest an der Liebe zueinander; denn die Liebe deckt viele Sünden zu". ... Wenn ein Christ „leidet, weil er Christ ist, dann soll er sich nicht schämen, sondern *Gott* verherrlichen, indem er sich zu diesem Namen bekennt" (1 Petr 4).

„Eure Ältesten ermahne ich: ... Sorgt als Hirten für die euch anvertraute Herde *Gottes*; ... seid nicht Beherrscher eurer Gemeinden, sondern Vorbilder für die Herde! ... Sodann ihr Jüngeren: Werft alle eure Sorge auf ihn, denn er kümmert sich um euch. Seid nüchtern und wachsam! Euer Widersacher, der Teufel, geht wie ein brüllender Löwe umher und sucht, wen er verschlingen kann. Leistet ihm Widerstand in der Kraft des Glaubens! ... Friede sei mit euch allen, die ihr in der Gemeinschaft mit *Christus* seid".

Der zweite Brief des Petrus

Dieser Brief wurde von *Petrus* vermutlich kurz vor seinem Tod im Jahr 66 oder 67 geschrieben. Er richtet sich wie der erste Brief an die Gemeinden in *Kleinasien*. Am Anfang stehen die Worte: „*Simon Petrus*, Knecht und Apostel *Jesu Christi*, an alle, die ... den gleichen kostbaren Glauben erlangt haben wie wir. Gnade sei mit euch und Friede in Fülle durch die Erkenntnis *Gottes* und *Jesu*, unseres *Herrn*. Alles, was für unser Leben und unsere Frömmigkeit gut ist, hat seine göttliche Macht uns geschenkt. Durch sie wurden uns die ... Verheißungen geschenkt, damit ihr der verderblichen Begierde, die in der Welt herrscht, entflieht und an der göttlichen Natur Anteil erhaltet. Darum setzt alles daran, mit eurem Glauben die Tugend zu verbinden, mit der Tugend die Erkenntnis, ... Selbstbeherrschung, ... Ausdauer, ... Frömmigkeit, ... Brüderlichkeit ... und Liebe. ... Darum will ich euch immer an das alles erinnern, ... solange ich noch in diesem Zelt lebe...; denn ich weiß, daß mein Zelt bald abgebrochen wird, wie mir auch *Jesus Christus*, unser *Herr* offenbart hat. ... Denn wir sind nicht irgendwelchen klug ausgedachten Geschichten gefolgt, ... sondern wir waren Augenzeugen seiner Macht und Größe. ... Er hörte die Stimme der erhabenen Herrlichkeit, die zu ihm sprach: Das ist mein geliebter Sohn, an dem ich Gefallen gefunden habe. Diese Stimme, die vom Himmel kam, haben wir gehört, als wir mit ihm auf dem heiligen Berg waren. Dadurch ist das Wort der Propheten für uns noch sicherer geworden ... Vom Heiligen Geist getrieben, haben Menschen im Auftrag *Gottes* geredet" (2 Petr 1).

„Es gab aber auch falsche Propheten im Volk; so wird es auch bei euch falsche Lehrer geben. ... Das Verderben, das ihnen droht, schläft nicht. *Gott* hat auch die Engel, die gesündigt haben, nicht verschont, sondern sie in die finsteren Höhlen der Unterwelt verstoßen ... Er hat auch die frühere Welt nicht verschont ...Diese frechen und anmaßenden Menschen schrecken nicht davor zurück, die überirdischen Mächte zu lästern ... Sie haben nur Augen für die Ehebrecherin und sind unersättlich in der Sünde. ... Ihr Herz ist in der Habgier geübt, sie sind Kinder des Fluches. ... Sie lassen sich von ihren fleischlichen Begierden treiben, und locken mit ihren Ausschweifungen die Menschen an ... Freiheit versprechen sie ihnen und sind doch Sklaven des Verderbens" (2 Petr 2).

„Der jetzige Himmel aber und die jetzige Erde ... werden bewahrt bis zum Tag des Gerichts, an dem die Gottlosen zugrunde gehen. ... Das eine aber, liebe Brüder, dürft ihr nicht übersehen: daß beim *Herrn* ein Tag wie tausend Jahre und tausend Jahre wie ein Tag sind. Der *Herr* zögert nicht mit der Erfüllung der Verheißung ... Er ist nur geduldig mit euch, weil er nicht will, daß jemand zugrunde geht, sondern daß alle sich bekehren. Der Tag des *Herrn* wird aber kommen wie ein Dieb. Dann wird der Himmel prasselnd vergehen, die Elemente werden verbrannt und aufgelöst ... Dann erwarten wir, seiner Verheißung gemäß, einen neuen Himmel und eine neue Erde, in denen die Gerechtigkeit wohnt. ... Seid überzeugt, daß die Geduld unseres *Herrn* eure Rettung ist. Das hat euch auch unser geliebter Bruder *Paulus* geschrieben ... Wachset in der Gnade und Erkenntnis unseres *Herrn und Retters Jesus Christus*. Ihm gebührt die Herrlichkeit, jetzt und bis zum Tag der Ewigkeit. Amen" (2 Petr 3).

Der erste Brief des Johannes

Dieser erste von drei Briefen, die dem Evangelisten *Johannes* zugeschrieben werden, entstand gegen Ende des 1. Jh. n .Chr. Er war an eine Reihe von christlichen Gemeinden gerichtet. Am Briefanfang heißt es: „Was von Anfang an war, was wir gehört haben, was wir mit unseren Augen gesehen ... haben, das verkünden wir: das Wort des Lebens. ... Wir bezeugen und verkünden euch das ewige Leben, das ... uns offenbart wurde. ... Wir haben Gemeinschaft mit dem Vater und mit seinem Sohn *Jesus Christus*. ... Das ist die Botschaft: ... *Gott* ist Licht. ... Das Blut seines Sohnes *Jesus* reinigt uns von aller Sünde" (1 Joh 1). *Jesus Christus* ... „ist die Sühne für unsere

Sünden ... und für die der ganzen Welt. Wer ... seine Gebote nicht hält, ist ein Lügner, und die Wahrheit ist nicht in ihm. ... Wer sagt, daß er in ihm bleibt, muß auch leben, wie er gelebt hat. ... Wer seinen Bruder liebt, bleibt im Licht; da gibt es für ihn kein Straucheln. Wer aber seinen Bruder haßt, ist in der Finsternis". Ihr habt den erkannt, „der von Anfang an ist. ... Liebt nicht, ... was in der Welt ist! Wer die Welt liebt, hat die Liebe zum Vater nicht. Denn alles, was in der Welt ist, die Begierde des Fleisches, die Begierde der Augen, und das Prahlen mit dem Besitz, ist nicht vom Vater, sondern von der Welt. Die Welt und ihre Begierde vergehen; wer aber den Willen *Gottes* tut, bleibt in Ewigkeit" (1 Joh 2).

„Meine Kinder, ... ihr habt gehört, daß der *Antichrist* kommt ... Daran erkennen wir, daß es die letzte Stunde ist. ... Das ist der *Antichrist*: wer den Vater und den Sohn leugnet. Wer leugnet, daß *Jesus* der Sohn ist, hat auch den Vater nicht. ... Wenn das, was ihr von Anfang an gehört habt, in euch bleibt, dann bleibt ihr im Sohn und im Vater. ... Die Salbung, die ihr von ihm empfangen habt, bleibt in euch ... Was seine Salbung euch lehrt, ist wahr und keine Lüge. ... erkennt auch, daß jeder, der die Gerechtigkeit tut, von *Gott* stammt" (1 Joh 2). „Seht, wie groß die Liebe ist, die der Vater uns geschenkt hat. *Wir heißen Kinder Gottes, und wir sind es.* ... Jeder, der die Sünde tut, handelt gesetzwidrig. ... Wer die Sünde tut, stammt vom *Teufel*. Der *Sohn Gottes* aber ist erschienen, um die Werke des *Teufels* zu zerstören. ... Denn das ist die Botschaft ...: Wir sollen einander lieben. ... Wer nicht liebt, bleibt im Tod. Jeder, der seinen Bruder haßt, ist ein Mörder ... Daran haben wir die Liebe erkannt, daß er sein Leben für uns hingegeben hat. ... Wenn jemand Vermögen hat und sein Herz vor dem Bruder verschließt, den er in Not sieht, wie kann die Gottesliebe in ihm bleiben? Meine Kinder, wir wollen nicht mit Wort und Zunge lieben, sondern in Tat und Wahrheit. ... Wir sollen an den Namen seines Sohnes *Jesus Christus* glauben und einander lieben. ... wer seine Gebote hält, bleibt in *Gott* und *Gott* in ihm" (1 Joh 3).

„Jeder Geist, der *Jesus* nicht bekennt, ist nicht aus *Gott*. Das ist der Geist des *Antichrists*, über den ihr gehört habt, daß er kommt. Jetzt ist er schon in der Welt. ... Jeder, der liebt, stammt von *Gott* und erkennt *Gott*. Wer nicht liebt, hat *Gott* nicht erkannt; *denn Gott ist die Liebe*. Die Liebe *Gottes* wurde unter uns dadurch offenbart, daß *Gott* seinen einzigen Sohn in die Welt gesandt hat, damit wir durch ihn leben. Nicht darin besteht die Liebe, daß wir *Gott* geliebt haben, sondern daß er uns geliebt und seinen Sohn als Sühne für unsere Sünden gesandt hat. Liebe Brüder, wenn *Gott* uns so geliebt hat, müssen auch wir einander lieben. ... Wir haben gesehen und bezeugen, daß der Vater den Sohn gesandt hat als den Retter der Welt. Wer bekennt, daß *Jesus* der *Sohn Gottes* ist, in dem bleibt *Gott*, und er bleibt in *Gott*. ... *Gott* ist die Liebe ... Die vollkommene Liebe vertreibt die Furcht. Wir wollen lieben, weil er uns zuerst geliebt hat. ... Wer *Gott* liebt, soll auch seinen Bruder lieben" (1 Joh 4).

„Jeder, der glaubt, daß *Jesus* der *Christus* ist, stammt von *Gott* ... Die Liebe *Gottes* besteht darin, daß wir seine Gebote halten. Seine Gebote sind nicht schwer. ... Das ist der Sieg, der die Welt besiegt hat: unser Glaube. Wer sonst besiegt die Welt, außer dem, der glaubt, daß *Jesus* der *Sohn Gottes* ist"? Gott *„hat Zeugnis abgelegt für seinen Sohn. ... Wer Gott nicht glaubt, macht ihn zum Lügner, weil er nicht an das Zeugnis glaubt, das Gott für seinen Sohn abgelegt hat. ... Wer den Sohn hat, hat das Leben. ...* Ihr wißt, daß ihr das ewige Leben habt; denn ihr glaubt an den Namen des Sohnes *Gottes*. Wir haben ihm gegenüber die Zuversicht, daß er uns hört, wenn wir etwas erbitten, das seinem Willen entspricht". ... Es gibt Sünde, die zum Tod führt, und Sünde, die nicht zum Tod führt. ... Wer von *Gott* stammt, sündigt nicht. ... Wir wissen: Wir sind aus *Gott*, aber die ganze Welt steht unter der Macht des Bösen. ... Der *Sohn Gottes* ist gekommen, und er hat uns Einsicht geschenkt ... Er ist der wahre Gott und das ewige Leben" (1 Joh 5).

Der zweite Brief des Johannes

Dieser kurze, dem Apostel *Johannes* zugeschriebene Brief, entstand um etwa 100 n. Chr. und ist an eine Frau in einer Gemeinde gerichtet. Darin heißt es: „Der Älteste an die von *Gott* auserwählte Herrin und an ihre Kinder, die ich in Wahrheit liebe ... Gnade wird mit uns sein, Erbarmen und Friede von *Gott*, dem Vater, und von *Jesus Christus*, dem Sohn des Vaters, in Wahrheit und Liebe. Ich habe mich sehr gefreut, unter deinen Kindern solche zu finden, die in der Wahrheit leben ... Das Gebot, das ihr von Anfang an gehört habt, lautet: Ihr sollt in der Liebe leben. Viele Verführer sind in die Welt hinausgegangen; sie bekennen nicht, daß *Jesus Christus* im Fleisch gekommen ist. Das ist der Verführer und der *Antichrist*. ... Jeder, der ... nicht in der Lehre *Christi* bleibt, hat *Gott* nicht. Wer aber in der Lehre bleibt, hat den Vater und den Sohn. Wenn jemand ... nicht diese Lehre mitbringt, dann nehmt ihn nicht in euer Haus auf". Ein kurzer Gruß beendet den Brief.

Der dritte Brief des Johannes

Der dritte Johannesbrief ist an ein Gemeindemitglied namens *Gaius* gerichtet und wurde ebenfalls um etwa 100 n. Chr. geschrieben. Er beginnt mit den Worten: „Der Älteste an den geliebten *Gaius*, den ich in Wahrheit liebe". Weiter heißt es dann: „Ich wünsche dir in jeder Hinsicht Wohlergehen und Gesundheit ... Ich habe mich sehr gefreut, als Brüder kamen, die ... berichteten, wie du in der Wahrheit lebst. ... Du wirst gut daran tun, wenn du sie für ihre Reise so ausrüstest, wie es *Gottes* würdig ist". *Johannes* klagt dann über ein Gemeindemitglied namens *Diotrephes*, der die Zusammenarbeit mit ihm und anderen Brüdern verweigert. Für *Demetrius*, einem anderen Mitglied der Gemeinde, bezeugt er, daß er segensreich für die anderen Brüder wirke. Mit einem Grußwort endet der Brief.

Der Brief des Judas

Am Beginn dieses kurzen Briefs stellt sich sein Verfasser als „*Judas*, Knecht *Jesu*, Bruder des *Jakobus*" vor. Er ist offenbar der in Mt 13 als „*Bruder des Herrn*" bezeichnete Jünger. Der Brief wurde sicher vor dem zweiten *Petrusbrief*, also vor 66 oder 67, geschrieben. Nach seinem Grußwort warnt *Judas* vor Irrlehrern: „Es haben sich einige Leute eingeschlichen, ... die *Jesus Christus*, unseren einzigen Herrscher und *Herrn*, verleugnen". Er weist dann auf die *Israeliten* hin, die wegen ihres Unglaubens bestraft wurden; genauso wie die Engel, die ihren hohen Rang mißachtet haben, und die Städte *Sodom und Gomorra*, die untergingen. ... „Genauso beflecken sich auch diese Träumer, sie mißachten die Macht des *Herrn* und lästern die überirdischen Mächte. Als der *Erzengel Michael* mit dem *Teufel* rechtete und über den Leichnam des *Mose* stritt, wagte er nicht, den *Teufel* zu lästern und zu verurteilen, sondern sagte: Der *Herr* weise dich in die Schranken. Diese jedoch lästern über alles, was sie nicht kennen ... Weh ihnen! ... Ihnen ist auf ewig die dunkelste Finsternis bestimmt". ... Denkt an die Worte der Apostel: „Am Ende der Zeit wird es Spötter geben, die sich von ihren gottlosen Begierden leiten lassen. Sie werden die Einheit zerstören, denn es sind ... Menschen, die den Geist nicht besitzen. Ihr aber, liebe Brüder, ... haltet fest an der Liebe *Gottes*, und wartet auf das Erbarmen *Jesu Christi* ... Erbarmt euch derer, die zweifeln ... Verabscheut sogar das Gewand eines Menschen, der der Sünde verfallen ist. Dem einen *Gott* aber, der die Macht hat, euch vor jedem Fehltritt zu bewahren, ... gebührt die Herrlichkeit, Hoheit, Macht und Gewalt vor aller Zeit und jetzt und für alle Zeiten. Amen".

Die Offenbarung des Johannes

Dieses letzte und einzige durchweg prophetische Buch des *Neuen Testaments* wird auch *Apokalypse* (= griech. Enthüllung) genannt. Es richtet sich an sieben Gemeinden in *Kleinasien*, die durch den Anspruch des römischen Kaisers auf göttliche Verehrung hart bedrängt wurden. Der Verfasser bezeichnet sich als *Prophet*. Er schrieb das Buch um 95 n. Chr., also während der Regierungszeit des römischen Kaisers *Domitian (81 – 96)*, wahrscheinlich während seiner Verbannung auf der Insel *Patmos*, die vor *Ephesus* liegt. In der Frühzeit der Kirche herrschte Einigkeit, daß der Autor mit dem des *Johannesevangeliums* identisch ist.

Im Vorwort sagt *Johannes*: „Offenbarung *Jesu Christi*, die *Gott* ihm gegeben hat, damit er seinen Knechten zeigt, was bald geschehen muß; und er hat es durch seinen Engel, den er sandte, seinem Knecht *Johannes* gezeigt. Dieser hat ... bezeugt, ... was er geschaut hat. Selig, wer diese prophetischen Worte vorliest und wer sie hört" ... Darauf folgt eine Einleitung: „*Johannes* an die sieben Gemeinden in der Provinz *Asien*. Gnade sei mit euch und Friede von ihm, der ist und der war und der kommt, und von den sieben Geistern vor seinem Thron und von *Jesus Christus*; er ist ... der Herrscher über die Könige der Erde. Er liebt uns und hat uns ... zu Königen gemacht und zu Priestern vor *Gott*, seinem Vater. Ihm sei die Herrlichkeit und die Macht in alle Ewigkeit. Amen. Siehe, er kommt mit den Wolken, und jedes Auge wird ihn sehen ... und alle Völker der Erde werden seinetwegen jammern und klagen. ... Ich bin das Alpha und das Omega, spricht *Gott*, der *Herr*, der ist und der war und der kommt, der Herrscher über die ganze Schöpfung" (Offb 1).

Nun gibt uns *Johannes* an, wie er die Offenbarung empfangen hat: „Am Tag des *Herrn* wurde ich vom *Geist* ergriffen und hörte hinter mir eine Stimme, laut wie eine Posaune. Sie sprach: Schreib das, was du siehst, in ein Buch, und schick es an die sieben Gemeinden ... Da wandte ich mich um, weil ich sehen wollte, wer mit mir sprach. Als ich mich umwandte, sah ich sieben goldene Leuchter und mitten unter den Leuchtern einen, der wie ein Mensch aussah; er war bekleidet ... und um die Brust trug er einen Gürtel aus Gold. Sein Haupt und seine Haare waren weiß wie weiße Wolle, ... und seine Augen wie Feuerflammen, seine Beine glänzten wie Golderz, und seine Stimme war wie das Rauschen von Wassermassen. In seiner Rechten hielt er sieben Sterne, und aus seinem Mund kam ein scharfes, zweischneidiges Schwert, und sein Gesicht leuchtete wie die machtvoll strahlende Sonne. ... Er ... sagte: Fürchte dich nicht! Ich bin der Erste und der Letzte und der Lebendige. ... Schreib auf, was du gesehen hast; was ist und was danach geschehen wird. ... Die sieben Sterne sind die Engel der sieben Gemeinden, und die sieben Leuchter sind die sieben Gemeinden" (Offb 1).

In den Kapiteln 2 und 3 folgen Aussagen des *Gottessohnes*, die nacheinander an die sieben Gemeinden gerichtet sind. Die Texte beginnen immer mit den Worten: „An den Engel der Gemeinde in *Ephesus*, ...*Smyrna*, ... *Pergamon*", ... Dann folgen die Verkündigungen:

- So spricht Er, der die sieben Sterne in seiner Rechten hält; ...
- So spricht Er, der Erste und der Letzte, der tot war und wieder lebendig wurde; ...
- So spricht Er, der das scharfe, zweischneidige Schwert trägt; ...
- So spricht der *Sohn Gottes*, der Augen hat wie Feuerflammen und Beine wie Golderz; ...
- So spricht Er, der die sieben Geister *Gottes* und die sieben Sterne hat; ...
- So spricht der Heilige, der Wahrhaftige, der den Schlüssel *Davids* hat, der öffnet, so daß niemand mehr schließen kann, der schließt, so daß niemand mehr öffnen kann; ...
- So spricht Er, der „Amen" heißt, der treue und zuverlässige Zeuge, der Anfang der Schöpfung *Gottes*. ...

Weiter heißt es in jedem an eine Gemeinde gerichteten Text: „Ich kenne deine Werke" ... oder „Ich kenne deine Bedrängnis und deine Armut" ... oder „Ich weiß , wo du wohnst" ... In diesen sogenannten *„Sendschreiben"* wendet sich der himmlische *Christus* anerkennend, tadelnd und mahnend an die sieben Gemeinden. Einige Textauszüge verdeutlichen dies:

1. An die Gemeinde in *Ephesus*: „Du hast ausgeharrt um meines Namens willen. ... Ich werfe dir aber vor, daß du deine erste Liebe verlassen hast. ... Du verabscheust das Treiben der *Nikolaiten*, das auch ich verabscheue". (Die Nikolaiten waren eine Sekte in *Ephesus* und *Pergamon*, die Götzenopfer und Unzucht für erlaubt hielt).

2. An die Gemeinde in *Smyrna*: „Ich weiß, daß du von solchen geschmäht wirst, die sich als Juden ausgeben; sie sind es aber nicht, sondern sind eine Synagoge des *Satans*. ... Sei treu bis in den Tod; dann werde ich dir den Kranz des Lebens geben".

3. An die Gemeinde in *Pergamon*: „Ich weiß, wo du wohnst; es ist dort, wo der Thron des *Satans* steht. Und doch hältst du an meinem Namen fest ... Aber ich habe etwas gegen dich: ... So gibt es auch bei dir Leute, die ... an der Lehre der *Nikolaiten* festhalten. Kehr nun um! Sonst komme ich bald und werde sie ... bekämpfen".

4. An die Gemeinde in *Thyatira*: „Ich kenne deine Werke, deine Liebe und deinen Glauben ... Aber ich werfe dir vor, daß du das Weib *Isebel* (sie ist eine aus Tyrus stammende Prinzessin und Frau des Königs *Ahab* von *Israel*) gewähren läßt; sie gibt sich als Prophetin aus und lehrt meine Knechte und verführt sie ...; sie aber will nicht umkehren ... Darum werfe ich sie auf das Krankenbett ... Ihre Kinder werde ich töten ... Wer siegt und bis zum Ende an den Werken festhält, die ich gebiete, dem werde ich die Macht über die Völker geben, ... wie auch ich sie von meinem Vater empfangen habe".

5. An die Gemeinde in *Sardes*: „Dem Namen nach lebst du, aber du bist tot. ... Ich habe gefunden, daß deine Taten in den Augen meines *Gottes* nicht vollwertig sind". Halte an der Lehre fest „und kehr um"! Wer siegt, wird „mit weißen Gewändern bekleidet werden. ... „Ich werde mich vor meinem Vater und vor seinen Engeln zu ihm bekennen".

6. An die Gemeinde in *Philadelphia*: „Du hast nur geringe Kraft und dennoch hast du ... meinen Namen nicht verleugnet. Leute aus der Synagoge des *Satans*, die sich als Juden ausgeben, es aber nicht sind, sondern Lügner – ich werde bewirken, daß sie ... erkennen, daß ich dir meine Liebe zugewandt habe. Du hast dich an mein Gebot gehalten ...; darum werde ich dich bewahren vor der Stunde der Versuchung, die über die ganze Erde kommen soll, um die Bewohner der Erde auf die Probe zu stellen. Wer siegt, den werde ich zu einer Säule im Tempel meines *Gottes* machen ... Und ich werde auf ihn den Namen meines *Gottes* schreiben und den Namen der Stadt meines *Gottes*, des *Neuen Jerusalem*, das aus dem Himmel herabkommt von meinem *Gott* ...".

7. An die Gemeinde in *Laodizea*: „Du bist weder kalt noch heiß. ... Weil du aber lau bist, ...will ich dich aus meinem Mund ausspeien. ... Wen ich liebe, den weise ich zurecht und nehme ihn in Zucht. Mach also Ernst, und kehr um! ... Wer siegt, der darf mit mir auf meinem Thron sitzen, so

wie auch ich ... mich mit meinem Vater auf seinen Thron gesetzt habe" (Offb 2,3,).

Nach diesen Offenbarungen erlebte *Johannes* eines *Himmelsvision*: „Eine Tür war geöffnet am Himmel; und die Stimme, die vorher zu mir gesprochen hatte und die wie eine Posaune klang, sagte: Komm herauf, und ich werde dir zeigen, was dann geschehen muß. Sogleich wurde ich vom *Geist* ergriffen. Und ich sah: Ein Thron stand im Himmel; auf dem Thron saß einer, der wie ein Jaspis und ein Karneol aussah. Und über dem Thron wölbte sich ein Regenbogen, der wie ein Smaragd aussah. Und rings um den Thron standen vierundzwanzig Throne, und auf den Thronen saßen vierundzwanzig Älteste in weißen Gewändern und mit goldenen Kränzen auf dem Haupt. ... Und sieben lodernde Fackeln brannten vor dem Thron; das sind die *sieben Geister Gottes*. ... Und in der Mitte, rings um den Thron, waren vier Lebewesen ... Sie ruhen nicht ... und rufen: Heilig, heilig, heilig ist der *Herr*, der *Gott*, der Herrscher über die ganze Schöpfung, er war, und er ist, und er kommt" (Offb 4).

Im Kapitel 5 berichtet *Johannes* über seine Vision vom *„versiegelten Buch"* und vom *„Lamm"*: „Und ich sah auf der rechten Hand dessen, der auf dem Thron saß, eine Buchrolle ... mit sieben Siegeln versiegelt. ... Niemand im Himmel, auf der Erde und unter der Erde konnte das Buch öffnen und es lesen. ... Da sagte einer von den Ältesten zu mir: Gesiegt hat der Löwe aus dem Stamm *Juda*, ... er kann das Buch und seine sieben Siegel öffnen. Und ich sah: ... Mitten unter den Ältesten stand ein *Lamm* ... Das *Lamm* empfing das Buch aus der rechten Hand dessen, der auf dem Thron saß. Als es das Buch empfangen hatte, fielen die vier Lebewesen und die vierundzwanzig Ältesten vor dem *Lamm* nieder; alle trugen Harfen und goldene Schalen voll von Räucherwerk; das sind die Gebete der Heiligen. Und sie sangen ein neues Lied: Würdig bist du, das Buch zu nehmen und seine Siegel zu öffnen; denn du wurdest geschlachtet und hast mit deinem Blut Menschen für *Gott* erworben aus allen Stämmen und Sprachen, aus allen Nationen und Völkern, und du hast sie für unseren *Gott* zu Königen und Priestern gemacht; und sie werden auf der Erde herrschen. Und ich hörte die Stimme von vielen Engeln rings um den Thron ..." (Offb 5).

Danach erlebte der Visionär das Öffnen von sechs der sieben Siegel durch das *Lamm*: Beim Öffnen der ersten drei Siegel erschien jeweils ein Pferd mit einem Reiter, der einen Bogen, ein großes Schwert bzw. eine Waage in der Hand hielt. Beim vierten Siegel erschien ein Pferd, auf dem „der Tod" saß. Beim fünften Siegel „sah ich unter dem Altar die Seelen aller, die hingeschlachtet worden waren wegen des Wortes *Gottes* und wegen des Zeugnisses, das sie abgelegt hatten". Beim Öffnen des sechsten Siegels „entstand ein gewaltiges Beben. Die Sonne wurde schwarz wie ein Trauergewand und der ganze Mond wurde wie Blut. Die Sterne des Himmels fielen herab auf die Erde" (Offb 6). „Dann sah ich: Vier Engel standen an den vier Ecken der Erde und ... vom Osten her einen anderen Engel emporsteigen. Er hatte das Siegel des lebendigen *Gottes* und rief den vier Engeln ... zu: Fügt dem Land, dem Meer und den Bäumen keinen Schaden zu, bis wir den Knechten unseres *Gottes* das Siegel auf die Stirn gedrückt haben. ... es waren hundertvierundvierzigtausend aus allen Stämmen der Söhne *Israels*, die das Siegel trugen. ... Danach sah ich: eine große Schar aus allen Nationen und Stämmen, Völkern und Sprachen. ... Sie standen in weißen Gewändern vor dem Thron und vor dem *Lamm* und trugen Palmzweige in den Händen. Sie riefen mit lauter Stimme: Die Rettung kommt von unserem *Gott*, der auf dem Thron sitzt, und von dem *Lamm*". Sie alle „kamen aus der großen Bedrängnis" (Offb 7). „Als das *Lamm* das siebte Siegel öffnete, trat im Himmel Stille ein, etwa eine halbe Stunde lang. Und ich sah: Sieben Engel standen vor *Gott*; ihnen wurden sieben Posaunen gegeben. Und ein anderer Engel kam ... mit einer goldenen Räucherpfanne ...; ihm wurde viel Weihrauch gegeben. ... aus der Hand des Engels stieg der Weihrauch mit den Gebeten der Heiligen zu *Gott* empor. ... Dann machten sich die sieben Engel bereit, die sieben Posaunen zu blasen". Bei der ersten Posaune fielen „Hagel und Feuer, die mit Blut vermischt waren, auf das Land"; bei der zweiten Posaune „wurde etwas, das einem großen brennenden Berg glich, ins Meer geworfen"; bei der dritten „fiel ein großer Stern vom Himmel; der Name des Sterns ist Wermut"; bei der vierten Posaune verloren Sonne, Mond und Sterne „ein Drittel ihrer Leuchtkraft". Darauf flog ein Adler hoch am Himmel und rief: „Wehe den Bewohnern der Erde! Noch drei Engel werden ihre Posaunen blasen" (Offb 8).

Bei der fünften Posaune fiel ein Stern vom Himmel auf die Erde; ihm wurde der Schlüssel zu einem Schacht gegeben, der in den Abgrund führt. Beim Öffnen des Schachts stieg Rauch auf, und aus dem Rauch kamen Heuschrecken über die Erde. Sie haben Schwänze und Stacheln wie Skorpione, mit denen sie die Menschen, die nicht das Siegel *Gottes* auf der Stirn tragen, fünf Monate lang quälen, aber nicht töten. Die Gesichter der Heuschrecken sind wie die von Menschen. Zum Engel, der die sechste Posaune blies, sagte eine Stimme: Binde die vier Engel los, die am Strom Eufrat gefesselt sind. Diese standen bereit, um ein Drittel der Menschheit zu töten. Die Engel schickten ein riesiges Heer von Millionen Reitern über die Erde. Aus den Mäulern der Pferde kamen „Feuer, Rauch und Schwefel", die den Tod brachten. Aber die Menschen, die übrigblieben, ließen nicht ab von Götzenkult, Mord, Zauberei, Unzucht und Diebstahl (Offb 9). „Ein anderer gewaltiger Engel kam aus dem Himmel herab. ... in der Hand hielt er ein kleines aufgeschlagenes Buch. Er setzte seinen rechten Fuß auf das Meer, den linken auf das Land und rief laut, so wie ein Löwe brüllt". Dann erhoben „sieben Donner ihre Stimme" und eine andere Stimme aus dem Himmel sprach: Nimm das Buch, das der Engel in der Hand hält. Der Engel sagte: Nimm und iß es! Ich aß es. Im Mund war es süß, aber der Magen wurde bitter. Und mir wurde gesagt: „Du mußt noch einmal weissagen über viele Völker und Nationen" (Offb 10).

Laut Kapitel 11 erhielt der Visionär den Auftrag, mit einem Meßstab „den *Tempel Gottes* und den Altar" auszumessen. Es folgen die Worte: „Und ich will meinen zwei Zeugen auftragen, im Bußgewand aufzutreten und prophetisch zu reden, zwölfhundertsechzig Tage lang". Sie töten mit Feuer aus ihrem Mund ihre Feinde; sie haben die Macht, Regen zu verhindern und verschiedene Plagen über die Erde zu bringen. Wenn sie ihren Auftrag erfüllt haben, wird sie *das Tier*, „das aus dem Abgrund heraufsteigt", töten. Ihre Leichen bleiben auf der Straße liegen. Die Menschen freuen sich, denn die beiden Propheten hatten sie gequält. Nach dreieinhalb Tagen weckt *Gott* sie wieder auf. „Vor den Augen ihrer Feinde stiegen sie in der Wolke zum Himmel hinauf. In diesem Augenblick entstand ein gewaltiges Erdbeben. ... Das zweite ‚Wehe' ist vorüber, das dritte ‚Wehe' kommt bald". Als die siebte Posaune erklang, riefen laute Stimmen im Himmel: „Nun gehört die Herrschaft über die Welt unserem *Herrn* und seinem Gesalbten; und sie werden herrschen in alle Ewigkeit". Und die vierundzwanzig Ältesten sprachen: „Wir danken dir, *Herr*, ... denn du hast die Herrschaft angetreten. ... Da kam ... die Zeit, „die Toten zu richten, die Zeit, deine Knechte zu belohnen" und ... alle „zu verderben, die die Erde verderben. Der *Tempel Gottes* im Himmel wurde geöffnet, und in seinem Tempel wurde die Lade seines Bundes sichtbar". Da gab es ein Beben und „schweren Hagel" (Offb 11).
In den Kapiteln 12 und 13 beschreibt Johannes Zeichen, die den Kampf *Satans* gegen das Volk *Gottes* erkennen lassen. Ein Zeichen war eine schwangere Frau, „mit der Sonne bekleidet; der Mond war unter ihren Füßen und ein Kranz von zwölf Sternen auf ihrem Haupt". Das zweite Zeichen war

ein großer und feuerroter Drache „mit sieben Köpfen und zehn Hörnern". Der Drache wollte das Neugeborene der Frau verschlingen. Das Kind, ein Sohn, wurde zu *Gottes* Thron entrückt. Die Frau aber „floh in die Wüste, wo *Gott* ihr einen Zufluchtsort geschaffen hatte". *Michael* und seine Engel kämpften gegen den Drachen und dessen Engel. Der große Drache, der *Teufel* oder *Satan* heißt, und seine Engel wurden auf die Erde gestürzt, und eine laute Stimme rief: „Jetzt ist er da, der rettende Sieg, die Macht und die Herrschaft unseres *Gottes* und die Vollmacht seines Gesalbten. ... Sie haben ihn besiegt durch das Blut des *Lammes* ... Darum jubelt, ihr Himmel ... Weh aber euch, Land und Meer! Denn der *Teufel* ist zu euch herabgekommen; seine Wut ist groß, weil er weiß, daß ihm nur noch kurze Frist bleibt". Auf der Erde verfolgte der Drache die Frau, die geboren hatte. Ihr wurden Flügel gegeben und sie floh an einen sicheren Ort. Der Drache spie einen Wasserstrom hinter ihr her, aber die Erde öffnete sich und verschlang den Strom. „Da geriet der Drache in Zorn über die Frau, und er ging fort, um Krieg zu führen mit ihren übrigen Nachkommen, die den Geboten *Gottes* gehorchen und an dem Zeugnis für *Jesus* festhalten" (Offb 12).

„Und ich sah: *Ein Tier* stieg aus dem Meer, mit zehn Hörnern und sieben Köpfen". Es hatte den Körper eines Panthers, die Tatzen eines Bären und das Maul eines Löwen. Und der Drache hatte ihm seine große Macht übergeben Die Menschen beteten deshalb *dieses Tier* an. *Das Tier* lästerte „Gott und seinen Namen, seine Wohnung und alle, die im Himmel wohnen". Es wurde ihm erlaubt, die Heiligen zu besiegen und über alle Stämme, Völker, Sprachen und Nationen zu herrschen. Alle Menschen, „deren Name nicht seit der Erschaffung der Welt eingetragen ist ins Lebensbuch des *Lammes*", fallen nieder vor ihm. ... „Hier muß sich die Standhaftigkeit und Glaubenstreue der Heiligen bewähren". Und ich sah: „Ein anderes Tier stieg aus der Erde herauf. Es hatte zwei Hörner wie ein Lamm ... Die ganze Macht des ersten Tieres übte es vor dessen Augen aus". Es brachte die Menschen dazu, „das erste Tier anzubeten. Es tat Wunderzeichen im Auftrag des Tieres. Es befahl den Menschen, zu Ehren des Tieres ein Standbild zu errichten, dem „Lebensgeist" verliehen wurde. Alle Menschen wurden gezwungen, „auf ihrer rechten Hand oder ihrer Stirn ein Kennzeichen anzubringen: ... den Namen des Tieres oder die Zahl seines Namens ... seine Zahl ist 666" (Offb 13).

In der Vision des Kapitels 14 ist vom „*Lamm*" und vom göttlichen Gericht die Rede: „Das *Lamm* stand auf dem Berg *Zion*, und bei ihm waren hundertvierundvierzigtausend; auf ihrer Stirn trugen sie seinen Namen und den Namen seines Vaters". Sie, die freigekauft und von der Erde weggenommen worden sind, sangen ein neues Lied vor dem Thron. „Sie sind es, die sich nicht mit Weibern befleckt haben. ... Sie folgen dem Lamm, wohin es geht. ... Sie sind ohne Makel". Dann sah ich: Ein Engel, hoch am Himmel, rief mit lauter Stimme: „Fürchtet *Gott* und erweist ihm die Ehre"! Ein anderer Engel rief: „Gefallen, gefallen ist *Babylon* ..." Ein dritter Engel rief: „Wer *das Tier* und sein Standbild anbetet" und wer das Kennzeichen annimmt, „der muß den Wein des Zornes Gottes trinken. ... Er wird mit Feuer und Schwefel gequält vor den Augen der Engel und des *Lammes*. ... Hier muß sich die Standhaftigkeit der Heiligen bewähren, die an den Geboten *Gottes* und an der Treue zu *Jesus* festhalten". Eine Stimme rief: „Selig die Toten, die im *Herrn* sterben, ... denn ihre Werke begleiten sie". Ein Engel rief einem anderen Engel zu, der auf einer Wolke saß und eine Sichel in der Hand hielt: „Schick deine Sichel aus und ernte"! Der schleuderte seine Sichel und die Erde wurde abgeerntet. Ein anderer Engel schleuderte seine Sichel und „erntete den Weinstock der Erde ab"; die Trauben warf er „in die große Kelter des Zornes *Gottes*". Beim Treten der Kelter strömte Blut heraus (Offb 14).

In Kapitel 15 und 16 spricht der Seher von sieben Engeln mit sieben letzten Plagen, in denen der Zorn *Gottes* sein Ende erreicht. Die Sieger über *das Tier*, über sein Standbild und über die Zahl seines Namens „sangen das Lied des *Mose* ... und das Lied zu Ehren des *Lammes*": „Groß und wunderbar sind deine Taten, Herr, *Gott* und Herrscher über die ganze Schöpfung. Gerecht und zuverlässig sind deine Wege, du König der Völker. ... Denn du allein bist heilig. Alle Völker kommen und beten dich an ..." Es öffnete sich der himmlische Tempel und die sieben Engel mit den sieben Plagen traten heraus; sie erhielten sieben goldene Schalen, gefüllt mit dem Zorn *Gottes* (Offb 15). Eine Stimme aus dem Tempel rief: „Geht und gießt die sieben Schalen mit dem Zorn *Gottes* über die Erde!" Der erste Engel goß seine Schale über das Land und erzeugte schlimme Geschwüre bei allen Menschen, „die das Kennzeichen *des Tieres* trugen und sein Standbild anbeteten". Der zweite Engel goß seine Schale über das Meer und der dritte über die Flüsse und Quellen; alles Wasser wurde zu Blut. Der vierte Engel goß seine Schale über die Sonne, so daß ihre Glut die Menschen verbrannte. „Dennoch verfluchten sie den Namen *Gottes*". Die fünfte Schale ergoß sich über den Thron *des Tieres* und über dessen Reich kam Finsternis. Die sechste Schale leerte sich über den Eufrat, der daraufhin austrocknete. Nun kamen drei

„unreine Geister" hervor; sie holten die Könige der ganzen Erde am Ort *Harmagedon* zusammen „für den Krieg am großen Tag *Gottes*". Der siebte Engel goß seine Schale über die Luft; da entstand ein gewaltiges, noch nie dagewesenes Erdbeben und die Städte der Völker stürzten ein. Alle Inseln verschwanden und es gab keine Berge mehr. Gewaltige Hagelbrocken fielen auf die Erde herab (Offb 16).

Einer der sieben Engel sagte: „Ich zeige dir das Strafgericht über die große Hure, die an den vielen Gewässern sitzt. Denn mit ihr haben die Könige der Erde Unzucht getrieben". Der Engel entrückte mich in die Wüste. Dort sah ich eine Frau auf einem *Tier* sitzen. Auf ihrer Stirn stand der Name „*Babylon*, die Große, die Mutter der Huren und aller Abscheulichkeiten der Erde". Die Frau „war betrunken vom Blut der Heiligen und vom Blut der Zeugen *Jesu*". Das *Tier* hatte sieben Köpfe und zehn Hörner. Sie alle bedeuten Könige, die mit „dem *Lamm* Krieg führen; aber das *Lamm* wird sie besiegen". Die Frau aber „ist die große Stadt, die die Herrschaft hat über die Könige der Erde" (Offb 17). Ein anderer Engel kam vom Himmel und „die Erde leuchtete auf von seiner Herrlichkeit". Und er rief: „Gefallen, gefallen ist *Babylon*, die Große! Zur Wohnung von Dämonen ist sie geworden ..." Eine „andere Stimme vom Himmel" rief: „Verlaß die Stadt, mein Volk ... Gott hat ihre Schandtaten nicht vergessen .... Sie wird im Feuer verbrennen. ... In einer einzigen Stunde ist das Gericht gekommen ..." Die Kaufleute weinen und klagen, weil niemand mehr ihre Ware kauft. Alle Seeleute klagen, weil keine Handelsware mehr nach *Babylon* zu transportieren ist. „Heilige, Apostel und Propheten, freut euch! Denn *Gott* hat euch an ihr gerächt". Ein „gewaltiger Engel" warf einen großen Mühlstein ins Meer und rief: „So wird *Babylon* ... hinabgeworfen werden, und man wird sie nicht mehr finden" (Offb 18).

Danach hörte ich den Ruf „einer großen Schar im Himmel: Halleluja! Das Heil und die Herrlichkeit und die Macht ist bei unserem *Gott*. ... Er hat die große Hure gerichtet, die mit ihrer Unzucht die Erde verdorben hat. Er hat Rache genommen für das Blut seiner Knechte ... König geworden ist der Herr, unser *Gott*, der Herrscher über die ganze Schöpfung. Denn gekommen ist die Hochzeit des *Lammes* ... Selig, wer zum Hochzeitsmahl des *Lammes* eingeladen ist ... Das sind zuverlässige Worte; es sind die Worte *Gottes*. Ich fiel ihm zu Füßen, um ihn anzubeten. Er aber sagte zu mir: Tu das nicht! Ich bin ein Knecht wie du und deine Brüder, die das Zeugnis *Jesu* festhalten. *Gott* bete an! Das Zeugnis *Jesu* ist der Geist prophetischer Rede" (Offb 19).

Dann sah ich „den Himmel offen" und „ein weißes Pferd". Auf ihm saß „der Treue und Wahrhaftige"; sein Name heißt *Das Wort Gottes*. „Die Heere des Himmels folgten ihm. ... Aus seinem Mund kam ein scharfes Schwert; mit ihm wird er die Völker schlagen. ... Auf seinem Gewand ... trägt er den Namen ‚König der Könige und Herr der Herren'". Ein Engel, der in der Sonne stand, rief allen Vögeln zu: „Versammelt euch zum großen Mahl *Gottes*". „*Das Tier* und die Könige der Erde" und ihre Heere wurden besiegt. *Das Tier* und „der falsche Prophet" wurden in den „See von brennendem Schwefel" geworfen. Die übrigen wurden getötet „und alle Vögel fraßen sich satt an ihrem Fleisch" (Offb 19).

„Dann sah ich einen Engel vom Himmel herabsteigen. Er überwältigte den Drachen, die alte Schlange – das ist der *Teufel* oder der *Satan* – und er fesselte ihn für tausend Jahre. Er warf ihn in den Abgrund, verschloß diesen und drückte ein Siegel darauf ... Ich sah die Seelen aller, die enthauptet worden waren, weil sie an dem Zeugnis *Jesu* und am Wort *Gottes* festgehalten hatten. Sie hatten *das Tier* und sein Standbild nicht angebetet ... Sie gelangten ... zur Herrschaft mit *Christus* für tausend Jahre. Die übrigen Toten kamen nicht zum Leben, bis die tausend Jahre vollendet waren". Danach „wird der *Satan* aus seinem Gefängnis freigelassen werden. Er wird ... die Völker ... verführen und sie zusammenholen für den Kampf. Sie ... umzingelten das Lager der Heiligen und *Gottes* geliebte Stadt. Aber Feuer fiel vom Himmel und verzehrte sie. Und der *Teufel*, ihr Verführer, wurde in den „See von brennendem Schwefel" geworfen, wo auch *das Tier* und der falsche Prophet sind. Tag und Nacht werden sie gequält, in alle Ewigkeit. Dann sah ich einen großen weißen Thron und den, der auf ihm saß ... Ich sah die Toten vor dem Thron stehen ... und Bücher wurden aufgeschlagen; auch das *Buch des Lebens* wurde aufgeschlagen. Die Toten wurden nach ihren Werken gerichtet, nach dem, was in den Büchern aufgeschrieben war. ... Der Tod und die Unterwelt wurden in den Feuersee geworfen. ... Wer nicht im *Buch des Lebens* verzeichnet war, wurde in den Feuersee geworfen" (Offb 20).

„Dann sah ich einen neuen Himmel und eine neue Erde. ... Ich sah die heilige Stadt, das *Neue Jerusalem*, von *Gott* her aus dem Himmel herabkommen. Da hörte ich eine laute Stimme vom Thron her rufen: Seht, die Wohnung *Gottes* unter den Menschen! Er wird in ihrer Mitte wohnen, und sie werden sein Volk sein; und er, *Gott*, wird bei ihnen sein. ... Der Tod wird nicht mehr sein, keine Trauer, keine Klage, keine Mühsal. Denn, was früher war, ist vergangen. Er, der auf dem Thron saß, sprach: Seht, ich mache alles neu. ... Ich bin das Alpha und das Omega, der Anfang und das Ende". Wer siegt, darf umsonst aus der Quelle „das Wasser des Lebens trinken". Aber „die Feiglinge und Treulosen, die Befleckten, die Mörder und Unzüchtigen, die Zauberer, Götzendiener und alle Lügner – ihr Los wird der See von brennendem Schwefel sein. Dies ist der zweite Tod" (Offb 21).

Im zweiten Teil des Kapitels 21 wird das *Neue Jerusalem* beschrieben. „Einer von den sieben Engeln, die die sieben Schalen ... getragen hatten, entrückte mich in der Verzückung auf einen großen, hohen Berg und zeigte mir die heilige Stadt *Jerusalem*, ... erfüllt von der Herrlichkeit *Gottes*. Sie glänzte wie ein kostbarer Edelstein ... Die Stadt hat ... eine Mauer mit zwölf Toren", auf denen die Namen der zwölf Stämme der Söhne *Israels*" eingeschrieben sind. Die Mauer hat „zwölf Grundsteine; auf ihnen stehen die zwölf Namen der zwölf Apostel des *Lammes*". ... Die Stadt war viereckig angelegt; der Engel maß die Stadt mit einem goldenen Meßstab. „Die Mauer ist aus Jaspis gebaut, und die Stadt ist aus reinem Gold, wie aus reinem Glas". Die Stadtmauer ist „mit edlen Steinen aller Art geschmückt.... Die zwölf Tore sind zwölf Perlen. ... Einen Tempel sah ich nicht in der Stadt. Denn der Herr, ihr *Gott*, ... ist ihr Tempel, er und das *Lamm*. Die Stadt braucht weder Sonne noch Mond, die ihr leuchten. Denn die Herrlichkeit *Gottes* erleuchtet sie, und ihre Leuchte ist das *Lamm*. ...Nur die, die im Lebensbuch des *Lammes* eingetragen sind, werden eingelassen" (Offb 21).

Am Ende beschreibt *Johannes* die großartige Vision des Lebens der Menschen mit *Gott*, der mitten unter ihnen im *Neuen Jerusalem* wohnt: Ein „Strom, das Wasser des Lebens, klar wie Kristall", geht „vom Thron *Gottes* und des *Lammes* aus". Am Strom stehen „Bäume des Lebens. Zwölfmal tragen sie Früchte, jeden Monat einmal, und die Blätter der Bäume dienen zur Heilung der Völker. (Manche bringen diese Aussage mit dem Noni-Baum der Südsee in Verbindung, der ständig Früchte trägt; der daraus gewonnene Noni-Fruchtsaft ist heilungs-fördernd) ... Der Thron *Gottes* und des *Lammes* wird in der Stadt stehen, und seine Knechte werden ihm dienen. Sie werden sein Angesicht schauen, und sein Name ist auf ihre Stirn geschrieben. ... Der Herr, ihr *Gott*, wird über ihnen leuchten, und sie werden herrschen in alle Ewigkeit" (Offb 22).

Am Ende der Offenbarung heißt es: „Und der Engel sagte zu mir: Diese Worte sind zuverlässig und wahr. *Gott* ... hat seinen Engel gesandt, um seinen Knechten zu zeigen, was bald geschehen muß. ... Ich, *Johannes*, habe dies gehört und gesehen". Weiter sagte der Engel: „Versiegle dieses Buch mit seinen prophetischen Worten nicht! ... Ich werde jedem geben, was seinem Werk entspricht. ... Ich, *Jesus*, habe meinen Engel gesandt als Zeugen ... Ich bin die Wurzel und der Stamm *Davids*, der strahlende Morgenstern. ... Wer etwas hinzufügt oder wegnimmt „von den prophetischen Worten dieses Buches, dem wird *Gott* seinen Anteil am Baum des Lebens und an der heiligen Stadt wegnehmen, von denen in diesem Buch geschrieben steht. ... Die Gnade des Herrn *Jesus* sei mit allen"! (Offb 22).

Kurze Geschichte des Christentums

Nach dem Kreuzestod, der Auferstehung und Himmelfahrt *Jesu Christi* hatte das junge Christentum einen schweren Weg vor sich. Alle Apostel und viele Jünger erlitten im 1 Jh. n. Chr. den Märtyrertod. Das gleiche Schicksal ereilte die Nachfolger des *Petrus* als Vorsteher (Bischöfe) der Gemeinde von Rom. Trotz brutaler Verfolgungen ihrer Anhänger wuchs die Christliche Kirche unaufhörlich. Es bewahrheitete sich das Wort des *Herrn* vor seiner Kreuzigung: *„Wenn ich erhöht bin, werde ich alle an mich ziehen"*. Fast 300 Jahre benötigte die römische Staatsmacht, bis *Kaiser Konstantin (306 – 337)* im *Toleranzedikt von Mailand (313)* das bis dahin geltende Verbot der christlichen Lehre im ganzen römischen Reich aufhob. 67 Jahre später, im Jahr 380, erhob Kaiser *Theodosius I. (379 – 394)* das *Christentum* zur *Staatsreligion*. Im ersten Konzil der jungen Kirche, dem *Konzil von Nicäa* (die heutige Stadt *Iznik* in der *Türkei*) im Jahr 325, wurde die Lehre des *Arius* in *Alexandria (280 – 336)*, daß *Gott* nur in einer Person existiere und der Sohn nicht eines Wesens mit dem Vater sei, verworfen und die Lehre vom *Dreifaltigen Gott, dem Vater, Sohn und Heiligen Geist* bestätigt.

In den folgenden Jahrhunderten haben *Kirchenväter* wie *Athanasius (295 – 373)*, *Basilius (330 – 379)*, *Ambrosius (337 – 397)*, *Hieronymus (347 – 420)*, *Johannes Chrysostomos (350 – 407)* und *Augustinus (354 – 430)* sowie eine Reihe weiterer Konzile (z.B. in *Konstantinopel 381, 553, 680 und 869; Ephesos 431, Chalcedon 451, Nicäa 787; 1. bis 5. Laterankonzil in Rom 1123, 1139, 1179, 1215 bzw. 1512; Konstanz 1414 – 1418, Trient 1545 – 1563 sowie 1. und 2. Vatikanisches Konzil 1869 – 1879 bzw. 1962 – 1965)* die christliche Lehre für die Gemeinschaft der Gläubigen erklärt, kommentiert und aufbereitet.

Nur etwa 450 Jahre lang blieb die Einheit der allumfassenden (katholischen) Kirche gewahrt. Bei den Konzilen von *Ephesos (431)* und *Chalcedon (451 in Bithynien, Kleinasien)* begann sich mit der Abspaltung der so genannten *Assyrischen Kirche des Ostens, der „Nestorianer", (431)* bzw. der *„Altorientalischen Kirchen", der koptischen, äthiopischen, syrisch-orthodoxen und armenischen apostolischen Kirche, der „Miaphysiten" (451)*, der Bazillus der *Kirchenzersplitterung* auszubreiten. Sie setzte sich fort, als es nach dem Untergang des Weströmischen Reiches zwischen der *Westkirche mit dem Zentrum Rom* und der *Ostkirche mit dem Patriarchat in Konstantinopel* zu wachsender Entfremdung kam. Vorboten der Trennung waren unter anderem die Auseinandersetzungen zwischen *Papst Nikolaus I. (858 – 867)* und dem Patriarchen von Konstantinopel, *Photios I. (858 – 867 und 878 – 886)*. Das so genannte *„Morgenländische Schisma"* (griech. *Schisma* = Trennung) im Jahr 1054 besiegelte die Spaltung zwischen der *römisch-katholischen Kirche* und den östlichen *orthodoxen Kirchen*. Der Trennungsprozeß zog sich in Wirklichkeit über viele Jahrhunderte (vom 5. bis zum 15. Jh.) hin. Erst beim *Zweiten Vatikanischen Konzil (Vaticanum II, 1962 – 1965)* wurde das gegenseitige *Anathema*, der *Kirchenbann*, aufgehoben.

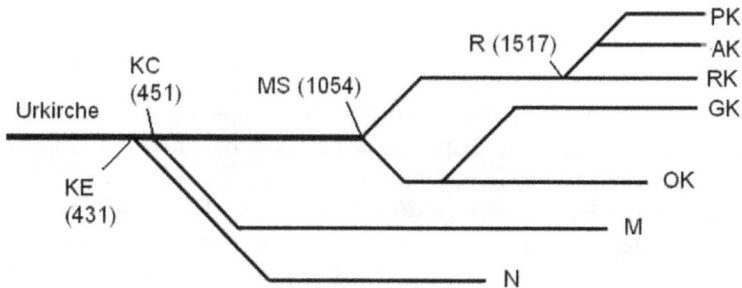

Fig. 3-15: Zersplitterung der christlichen Urkirche in verschiedene Glaubensgemeinschaften. KE Abspaltung der „Nestorianer" (N) nach dem Konzil von Ephesos 431; KC Abspaltung der „Miaphysiten" (M) nach dem Konzil von Chalcedon 451; MS Trennung der östlichen orthodoxen Kirchen (OK) von der Römisch-Katholischen Kirche (RK) beim „Morgenländischen Schisma" 1054; später trennten sich die Griechisch-Katholischen Kirchen GK von den Orthodoxen Kirchen OK; in der Reformation R entstanden nach 1517 die Protestantischen Kirchen PK und die Anglikanischen Kirchen AK.

Streitigkeiten über die Papstwahl führten innerhalb der Katholischen Kirche zum sogenannten *Großen Abendländischen Schisma* zwischen 1378 und 1417, bei dem es zwei und kurzzeitig sogar drei gegnerische Päpste in *Rom* bzw. *Avignon* gab. Genau 100 Jahre nach der Beendigung dieses Schismas, im Jahr 1517, begann durch *Martin Luther* die *Reformation*. Sie wurde bereits im Kapitel über „Die Entwicklung der Technischen Zivilisation" beschrieben. Sie führte zu einer weiteren, umfassenden Zersplitterung der christlichen Kirchen. Neben der katholischen Kirche gibt es seitdem eine Vielzahl von protestantischen, evangelischen, evangelikalen, Lutherischen, Reform- und Frei-Kirchen.

Die gemeinsame Glaubensbasis der evangelischen Kirchen sind die „vier Soli" der Reformation: Sola fide: Allein durch den Glauben wird der Mensch gerechtfertigt, nicht durch gute Werke; (Römerbrief Kap.3, Vers 28: So halten wir nun dafür, daß der Mensch gerecht wird ohne des Gesetzes Werke, allein durch den Glauben); Sola gratia: Allein durch die Gnade Gottes wird der Mensch errettet, nicht durch eigenes Tun; Solus Christus: Allein Christus, nicht die Kirche, hat Autorität über Gläubige; Sola scriptura: Allein die (Heilige) Schrift ist die Grundlage des christlichen Glaubens, nicht die Tradition der Kirche.

Zu den Freikirchen gehören unter anderem die *Baptisten* (von griech. *baptizein* = untertauchen). Sie lehnen die Taufe von Neugeborenen ab und praktizieren die Erwachsenentaufe, damit der Taufwillige selbst die Entscheidung treffen kann. Die Baptistengemeinden haben etwa 47 Millionen Mitglieder in 160 Ländern. Die von *John (1702 – 1791) und Charles Wesley (1707 – 1788) sowie George Whitefield (1714 – 1770)* zwischen 1729 und 1735 in England gegründete Glaubensgemeinschaft der *Methodisten* (so genannt wegen ihrer methodisch konsequenten Lebensweise) vertritt die Lehre von den *vier Quellen der theologischen Erkenntnis: Bibel, Tradition, Erfahrung und Vernunft.* Zu den methodistischen Kirchen zählen heute rund 70 Millionen Mitglieder. Der Methodist *William Booth (1829 – 1912)* gründete 1865 in *London* die *„Christliche Erweckungsgesellschaft"*, die sich ab 1878 *„Die Heilsarmee"* (The Salvation Army) nannte und sich der Sozialarbeit und christlichen Verkündigung widmete. Sie hat heute etwa 2 Millionen Mitglieder und ist in 111 Ländern vertreten.
Etwa 80 Millionen Christen bekennen sich zur *Anglikanischen Kirchengemeinschaft* mit drei Hauptkirchen, nämlich der *Church of England*, der *Anglican Church of Canada* und der *Episcopal Church in den USA*. Diese Kirchen haben im Wesentlichen die Liturgie der Katholischen Kirche

beibehalten, weichen aber in ihren Glaubensaussagen im Sinne der Reformation davon ab. Oberster Repräsentant der Kirche ist der *Primas* der *Church of England*, der *Erzbischof von Canterbury*, dessen Amt seit der Gründung durch *Augustinus von Canterbury* im Jahr 597 besteht. Die Kirche von England besteht aus den beiden Kirchenprovinzen *York* und *Canterbury*. Durch König *Heinrich VIII. (1491 – 1547)* kam es zum Bruch mit der Katholischen Kirche, die seine neue Ehe mit *Anne Boleyn* nicht anerkannte, weil er noch mit *Katharina von Aragon* verheiratet war. Im Jahr 1534 erklärte das Parlament *Heinrich* zum *„Höchsten Oberhaupt der Kirche von England"* und besiegelte den Bruch.

Die *„Zeugen Jehovas"* – der Name besteht seit 1931, vorher nannten sie sich *„Bibelforscher"* – sind weltweit eine fast 7 Millionen Gläubige (in Deutschland etwa 164.000) zählende Glaubensgemeinschaft, die Ende des 19. Jh. durch den amerikanischen Bibelforscher *Charles Taze Russell (1852 – 1916)* in den USA gegründet wurde. Durch ihre Zeitschriften *„Der Wachtturm"* und *„Erwachet!"* sowie ihre Versammlungsstätten, die *„Königreichsäle"*, sind sie in der Öffentlichkeit bekannt. Ihr Glaubenskanon unterscheidet sich deutlich von dem der meisten christlichen Kirchen. Für die *Zeugen Jehovas* gilt u.a.: die Ablehnung der Evolutionstheorie und von Bluttransfusionen; die Verweigerung des Wehrdienstes; die Ablehnung der Lehre von der *Dreifaltigkeit Gottes* und der meisten christlichen Feste; die ausschließliche Erwachsenentaufe; ferner die Lehre: Die Sintflut habe 2370 v. Chr. stattgefunden; *Jesus* sei Geschöpf *Gottes* und diesem untergeordnet; Gebete dürften daher nicht an *Jesus*, sondern nur an *Gott* gerichtet werden; es gebe keine unsterbliche Seele, aber die Unsterblichkeit werde im Himmelreich gewährt; *Jesus* sei nicht leibhaftig, sondern als „Geistperson" auferstanden; *Jesus* sei mit dem *Erzengel Michael* identisch; *Jesus* sei an einem „Pfahl" und nicht am Kreuz hingerichtet worden; es werde wieder ein Paradies auf Erden geben; wenn die „Letzten Tage" kämen, werde *Gott* in der *„Schlacht von Harmagedon"* die ungehorsame Erdbevölkerung vernichten; nur die *Zeugen Jehovas* stünden dabei unter dem besonderen Schutz *Gottes*.

Wie die *„Zeugen Jehovas"* lehnen auch die *Kreationisten* (von lat. *creare* = erschaffen), die vor allem in den USA viele Anhänger haben, die Evolutionstheorie strikt ab. Buchstaben-getreu halten sie sich an den *Schöpfungsbericht der Genesis* und möchten erreichen, daß nur dieser Bericht über die Erschaffung der Natur einschließlich des Menschen in den Schulen gelehrt wird. Der Kreationismus erklärt die Entstehung des Kosmos, der

Welt und der Natur durch den unmittelbaren Eingriff eines Schöpfergottes in natürliche Vorgänge. Die meisten Kreationisten lehnen die Theorien über den Ursprung des Lebens, über die Menschwerdung die geologische Erdgeschichte und die Entwicklung des Universums ab. Kritische Stimmen weisen unter anderem darauf hin, daß zwischen der Genesis und der Evolutionstheorie keine Kluft bestehe, wenn man einräumt, daß ein „Schöpfungstag" Gottes viele Millionen Jahre dauern konnte und nicht ein irdischer Erdentag war.

Die „Siebenten-Tags-Adventisten" bilden eine evangelische Freikirche, die 1863 von *Ellen White (1827 – 1915), James White (1821 – 1881) und Joseph Bates (1792 – 1872)* in den USA gegründet wurde und heute weltweit etwa 15 Millionen Mitglieder (davon 36.000 in Deutschland) hat. Zu ihren Glaubensinhalten und -formen gehören: die Einhaltung des Sabbats als Ruhetag des *Herrn*; die Erwachsenentaufe durch Untertauchen; wie bei allen christlichen Kirchen der Glaube, daß *Jesus* wiederkommt und eine neue Erde schaffen wird (der Name „*Adventisten*" kommt von lat. *adventus* = Ankunft). Die Wiederkunft des *Herrn* wird in den 260 Kapiteln des Neuen Testaments insgesamt 318-mal erwähnt, im Durchschnitt also etwa einmal alle 20 Verse!

Die „*Kirche Jesu Christi der Heiligen der Letzten Tage*" wurde von *Joseph Smith (1805 – 1844)* 1830 in *Lafayette* in den USA gegründet und hat heute etwa 12 Millionen Gläubige. Früher nannte man sie nach dem Titel „*Das Buch Mormon*", einem Hauptwerk ihres Glaubens, „*Die Mormonen*".

Alle christlichen Glaubensgemeinschaften bekennen sich zum *Alten und Neuen Testament* der Bibel als Fundament und Quelle ihrer Glaubensbotschaften. Ihre unterschiedlichen Glaubensaussagen beruhen auf Differenzen bei der Auslegung einzelner Bibelstellen, aus „logischer" Überlegung und in manchen Fällen auch auf besonderen Offenbarungen einzelner herausragender Glaubensbrüder. Abweichende Glaubensinhalte anderer Gemeinschaften werden in der Regel nicht anerkannt. Dennoch bilden sie eine riesige Glaubensfamilie von etwa 2,1 Milliarden Menschen, die an *Gottvater* und an den von ihm gesandten *Messias Jesus Christus* glauben. Ganz anders das *Judentum: Die Juden halten Jesus für ein ganz gewöhnliches Mitglied ihres Volkes, der weder Sohn Gottes noch der Messias ist.*

Das Verhältnis zwischen Juden und Christen

Die fast viertausendjährige Geschichte des Judentums ist beispiellos. Beginnend mit dem Stammvater *Abraham* vor rund 3.900 Jahren wuchs das Volk der *Israeliten*, aufgeteilt in zwölf Stämme, bis auf etwa eine halbe Million Männer, dazu Frauen und Kinder, an. Von *Gott* aus den damals 50 bis 100 Millionen Menschen als Empfänger seiner Heilsbotschaft auserwählt, hatten sie eine überaus wechselvolle Geschichte im wahrsten Sinne des Wortes durchzustehen. Denn ihr *Bund*, den *Gott* mit *Abraham* schloß und später erneuerte, war kein „Honiglecken". Perioden von Strafe und Zucht wegen des Abweichens von *Gottes* Geboten folgten immer wieder Zeiten der Barmherzigkeit und Gnade, die *Gott* seinem *„Auserwählten Volk"* zuteil werden ließ. Die Gebote und Verbote, die *Gott* durch *Moses* und andere Propheten den *Israeliten* gab, bestimmen noch heute – 3.250 Jahre nach *Moses* – die Lebensweise vieler Juden, insbesondere der orthodoxen Gläubigen. Die tiefe Verehrung der *Tora*, der fünf Bücher des *Moses*, und die Gebetsszenen an der „Klagemauer" in *Jerusalem* sind bis zum heutigen Tag Ausdruck der Ergriffenheit und des Glaubens an das Wort *Gottes*. *Jede Form von Antisemitismus ist deshalb absurd und strikt abzulehnen.*

Mit der Heilsbotschaft *Jesu Christi* begann ein neues Zeitalter der Verkündigung von *Gottes* Wort. Obwohl *Jesus, der Messias und Gottessohn, geboren von der Jüdin Maria,* von *Gott* den Auftrag hatte, zunächst nur dem Volk *Israel* das Evangelium vom *Reich Gottes* zu verkünden, wurde er von *Israel* abgelehnt. Für die Juden ist er weder der *Sohn Gottes*, noch der lang erwartete *Messias*. Dabei ist es bis heute geblieben. Aus christlicher Sicht erscheint dies als *der* Jahrtausendfehler des Judentums.

Papst Johannes Paul II. nannte die Juden *„die älteren Brüder"* der Christen. Da diese also eigentlich Geschwister sind, dürfen sie – wie es bei Geschwistern auch vorkommt – heftig miteinander streiten, wenn es in Achtung und Ehrfurcht voreinander geschieht. Um den Streit zu beginnen, ziehen wir Aussagen von *Paul Spiegel*, dem leider früh verstorbenen Vorsitzenden des *„Zentralrats der Juden in Deutschland"* heran, die in seinem 2005 erschienenen Buch *„Was ist koscher? Jüdischer Glaube – jüdisches Leben"* zu finden sind.

Auf Seite 23 sagt *Paul Spiegel* völlig zu Recht, daß das Christentum und der Islam *Tochterreligionen des Judentums* sind, die wichtige Grundlehren des jüdischen Glaubens übernommen haben. Auf Seite 36 lesen wir: „Für uns Juden ist die *Heiligsprechung eines Menschen*, wie der Papst sie vornehmen kann, völlig unverständlich. Ein Mensch kann nicht von einem anderen Menschen heiliggesprochen werden". Diese Aussage ist in Ordnung, wenn man – wie die Juden – *Jesus* nicht als den *Sohn Gottes* anerkennt, der von sich sagte: Mir ist alle Macht gegeben im Himmel und auf der Erde". Und gerade dieser *Jesus* sagte zu *Petrus*, dem ersten Vorsteher der jungen Kirche oder ersten Papst: „*Alles was du auf Erden binden wirst, wird auch im Himmel gebunden sein* ...". Auf diesem Wort beruht die Vollmacht der heutigen Päpste zur Heiligsprechung. Die *Beschneidung* (Brit Mila, S. 39) als Zeichen des ewigen Bundes zwischen dem Volk *Israel* und *Gott*, dem „Einen und Einzigen", wurde weder von *Jesus* noch von seinen Aposteln und Jüngern verlangt, weil die Gnade und der „Geist Gottes" auch allen Unbeschnittenen zuteil werden. Nach dem *Holocaust* zweifelten viele Juden an dem Fortbestehen des Bundes; nicht nur Rabbiner sagten dazu, das Entsetzliche sei geschehen, weil viele Juden nicht mehr den Gesetzen *Gottes* gehorchten (S. 77). Die Hierarchie in der katholischen und evangelischen Kirche, die das Judentum nicht kennt (S. 57), geht auf die Vollmachten zurück, die *Jesus* bevorzugt dem *Petrus* übertrug, sowie auf die Apostel und Vorsteher der jungen Kirche.

Auf Seite 83 sagt *Paul Spiegel*: „Der Überlieferung nach wird der *Messias*, auf den wir Juden ja noch immer warten, ein Abkömmling aus dem Hause *Davids* sein". Das Christentum geht davon aus, daß *Gott* diese Prophezeiung in *Jesus Christus* verwirklicht hat, auch wenn sich für *Maria*, die Mutter *Jesu*, die Abstammung vom Hause *David* nicht eindeutig genealogisch nachweisen läßt. Auf *Josef*, den „Ziehvater" *Jesu*, trifft die Aussage jedenfalls zu. Auf Seite 93 finden wir den Text: „*Jesus*, der kein Religionsstifter ist, sondern die eigene, jüdische Religion reformieren will, entwickelt ein Lehrgebäude, das sich auf die Tora bezieht, das aber später von seinen Jüngern in den Evangelien festgehalten wird. Es war dann bekanntlich *Paulus*, der aus der jüdischen Sekte des *Nazareners* eine neue Religion schuf: das Christentum". An dieser Stelle wird völlig verkannt, daß *Jesus* durch seine Botschaft vom „*Reich Gottes*", seine vielen Wunder, den Kreuzestod, die Auferstehung und durch Übertragung von Vollmachten an seine Jünger in die damalige jüdische Gesellschaft den Samen der von der göttlichen Liebe geprägten Offenbarung ausstreute. *Paulus* und die anderen Apostel verbreiteten diese von *Christus* ausgehende Botschaft in die ganze, damals bekannte Welt. *Paulus* ist also nicht der „Schöpfer", sondern in *Christi* Auftrag der universelle Verkünder der christlichen Botschaft.

Auf Seite 104 stoßen wir auf die Aussage: „Eine andere jüdische Sekte wurde dagegen *sehr* bedeutend: Die *Nazarener*, die sich inzwischen *Christen* nannten. ... Die neue Theologie behauptete, daß nun die Christen ... Gottes auserwähltes Volk seien. ... Das war der Beginn von bis heute andauernden Auseinandersetzungen zwischen den beiden Religionen. ... Schuld an den zwei Jahrtausenden christlicher Judenverfolgung hatten ursprünglich einige Autoren der Evangelien und später viele Kirchenväter". *Paul Spiegel* hat hier leider recht. Es erscheint uns heute völlig unverständlich, daß ein einzelnes Volk in christlichen Ländern über viele Jahrhunderte hinweg in schlimmster Weise verfolgt und mißhandelt wurde, nur weil es am traditionellen Glauben der *Erzväter* und der *Tora* festhielt.

Auf Seite 120 bis 125 erfahren wir etwas über die rätselhaft erscheinende, verworrene *Kabbala* (hebr.: empfangen), die esoterische Lehre des Judentums, die *Moses zusammen mit den Geboten* am Sinai empfangen haben soll. Wir stoßen auf den zentralen Begriff „*Sefirot-Baum*" mit seinen „*zehn Emanationen Gottes*". Die zehn *Sefirot* symbolisieren in der *Kabbala* die Gottheit und die Schöpfung. Eine dieser Emanationen ist die „*Schechinah*", die „*göttliche Gegenwart unter den Menschen*", die nach der Zerstörung des Tempels in *Jerusalem* „umherirrt". Ein „*Teil Gottes*" ist zusammen mit den Juden „ins Exil geschickt" worden (?). Wer mit der *Schechinah* verbunden ist, hat auch Verbindung zu den anderen „*neun Sphären oder Emanationen Gottes*". Gott hat, um für seine Schöpfung Platz zu schaffen, einen Rückzug (den so genannten *Zimzum*) gemacht. Am freigewordenen Ort hat er „Gefäße aufgestellt", die das Licht aufzunehmen hatten, in dem die Welt entstehen sollte (?). Gefäße, die nahe an der Lichtquelle standen, konnten das Licht aufnehmen, die weiter entfernt stehenden zerbrachen dagegen. Die „Funken", die nicht in die Gefäße gelangten, irren wie die Schechina ziellos umher. Diese Funken müssen „wieder einfangen" werden; nur dadurch können *Israel* und die ganze Welt erlöst werden. Dies wird der Fall sein, wenn der lang ersehnte *Messias* kommt. „*Jetzt wird vielleicht klar ..., sagt Paul Spiegel, „warum immer wieder ‚falsche Messiasse' auftauchten, wie Schabbatai Zwi, aber auch Jesus von Nazareth*".

Ein herausragender Vertreter des Judentums in Deutschland, eben *Paul Spiegel*, stellt hier *Jesus* in eine Reihe mit der zwielichtigen Gestalt *Schabbatai Zwi*. Die meisten Christen werden es wohl als Beleidigung und sogar als

Gotteslästerung empfinden. Werfen wir einen kurzen Blick auf *Schabbatai:* Er lebte von 1626 bis 1676. Als Sohn jüdischer Eltern in *Smyrna* (heute *Izmir, Türkei*) geboren, verbrachte er Jahre in *Kairo*, lebte einige Zeit asketisch und ließ sich deshalb von seinen ersten beiden Frauen scheiden. Er behauptete vor seinen kabbalistischen Anhängern, der *Messias* zu sein. 1666 wurde er von der türkischen Obrigkeit in *Adrianopel* unter Androhung der Todesstrafe gezwungen, zum *Islam* überzutreten. Bereits vor *Schabbatai* gab es eine Reihe von Pseudo-Messiassen, vor denen *Jesus* bereits in seiner Endzeitrede eindringlich gewarnt hatte.

Auf Seite 190 lesen wir: „Das Geburtsjahr eines kleinen jüdischen Jungen in *Betlehem*, genannt *Jesus*, wird zum Jahr eins einer neuen Zeitrechnung, nach der wir alle heute leben, deklariert. Dagegen ist ja nichts einzuwenden, nur muß man wissen, daß diese Zählung nichts wirklich aussagt". Wirklich nicht, Herr *Spiegel? Für rund ein Drittel der Menschheit, eben für die Christen rund um den Erdball, ist die Geburt Jesu Christi von der Jungfrau Maria, das Erscheinen des Lichtes und der Liebe Gottes unter den Menschen, des Messias und Erlösers, dessen Kommen die Propheten Jesaja und Jeremia schon Jahrhunderte vorher angekündigt hatten. Er ist der Begründer der christlichen Kirche, die – mag sie auch noch so zersplittert sein und eine Unmenge von Fehlern begangen haben – seine Kirche geblieben ist. Keiner vor ihm und nach ihm hat uns mit solch gelassener Souveränität und höchster Würde Heilsworte mit auf den Weg gegeben: „Ich bin der Weg, die Wahrheit und das Leben. Wer an mich glaubt, wird leben, auch wenn er verstorben ist". Sein Leben, seine Botschaft und sein Opfergang für die Erlösung von den Sünden aller Menschen rechtfertigen den Beginn der Neuen Zeitrechnung mit seiner Geburt – auch wenn diese nicht mit dem Beginn des Jahres 1 zusammenfällt.*

Jemand hat ausgerechnet: Das Alte Testament enthalte mehr als 300 Voraussagen, die während des Lebens, des Sterbens und der Auferstehung von *Jesus* eintrafen. Die Wahrscheinlichkeit, daß sich nur 8 dieser Voraussagen aus reinem Zufall erfüllten, beträgt $1:10^{17}$ (= eine eins dividiert durch eine eins mit 17 Nullen). Damit ist klar, daß die Erfüllung von über 300 Prophezeiungen niemals reiner Zufall gewesen sein konnte.

Aus den Aufzeichnungen von *Paul Spiegel* und aus anderen jüdischen Quellen geht hervor, daß das heutige Judentum wie alle Jahrhunderte vorher *Jesus* für einen „ganz gewöhnlichen jungen Mann" hält, der das *Mosaische Gesetzeswerk* – man könnte sagen – modernisieren wollte und von dem auch berichtet wird, daß er Kranke heilen konnte. Ein derartiges Urteil läßt nur den Schluß zu, daß auch das moderne Judentum die Evangelien und die Apostelbriefe kaum zur Kenntnis genommen hat oder daß die Juden *Jesus* schlicht für einen Lügner oder Scharlatan halten. Von dem einfachen jüdischen Mann *Moses,* der am *Sinai* die Gebote *Gottes* in Empfang genommen hat, nicht gut reden konnte und sogar stotterte, glauben sie ohne wenn und aber Alles. Von *Jesus,* der mit einzigartiger göttlicher Vollmacht und glänzender Rhetorik auftrat und auf dessen Argumente die damaligen zeitgenössischen Schriftgelehrten und Pharisäer nichts Treffendes erwidern konnten, glauben sie – nichts. 2,1 Milliarden Christen auf der ganzen Welt könnten deshalb sagen: Wenn ihr (die Juden) *Christus, diesen „ganz gewöhnlichen Juden"* nicht glaubt, dann zeigt uns doch irgendeinen anderen „gewöhnlichen Juden", der:

- Lahme, Blinde, Taubstumme und Aussätzige durch sein Wort augenblicklich heilen kann,
- Tote auferwecken kann,
- 5.000 Männer, dazu Frauen und Kinder, mit sieben Gerstenbroten und zwei Fischen speisen kann, und es bleiben noch zwölf Körbe mit Brotresten übrig,
- über das Wasser eines Sees gehen kann, ohne zu versinken,
- gelassen zu jemandem sagt: Geh hin, deine Sünden sind dir vergeben,
- von sich sagt: Wahrlich, ehe Abraham war, bin ich; und zu den Jüngern:
- wie mich der Vater gesandt hat, so sende ich euch.

Mit der Weigerung, die Botschaft *Christi* anzunehmen, wurde die jüdische Glaubenswelt für viele Christen zu einer Religion der Beliebigkeit. Man hält nur das für richtig, was die *Tora* und der *Talmud* oder auch die jüdische Tradition vorschreiben. Der Weg des Judentums zu *Christus* ist noch weit, steinig und mit vielen Hindernissen gespickt. Das Christentum hätte ein Wegweiser sein können, hat aber über Jahrhunderte hinweg versagt.

Bis auf den heutigen Tag gilt das Wort des *Herrn* im Schlußteil seiner Grundsatzrede vor den Juden nach Mt 23: *Und ich sage euch: Von jetzt an werdet ihr mich nicht mehr sehen, bis ihr ruft: Gesegnet sei er, der kommt im Namen des Herrn".* Ohne Unterlaß sind alle Juden der Welt, als unsere Brüder und Schwestern, von der Christenheit eingeladen, sich auf den Weg zu *Christus* zu machen, ohne dabei ihren traditionellen Glaubenskanon aufgeben zu müssen; zu *Christus*, der – wie keiner vor ihm und nach ihm – sagen konnte: *„Wer mich sieht, sieht den Vater!"*

Das Bild der katholischen Kirche in der Gegenwart

Die katholische Kirche ist mit etwa 1,1 Milliarden Gläubigen die größte Glaubensgemeinschaft des Christentums. Ihr jetziges Oberhaupt, *Papst Benedikt XVI.*, der frühere Kardinal *Joseph Ratzinger*, ist in einer ununterbrochenen Kette der 265. Nachfolger des *Petrus*, der direkt von *Jesus* den ersten Hirtenauftrag erhielt. Einiges aus der wechselvollen Geschichte dieser großen Kirche ist in sehr gedrängter Form bereits im Kapitel über *„Die Technische Zivilisation"* dargestellt worden.

In ihrer zweitausendjährigen Geschichte hat es eine Fülle von Ereignissen gegeben, die von vielen Gläubigen als himmlische Zeichen gedeutet werden. Wir wollen uns hier nur auf einige „Zeichen" aus der jüngeren Geschichte beschränken, vor allem auf die beiden *„Marienerscheinungen"* von 1858 in *Lourdes* und 1917 in *Fatima*.

Fig. 3-16: Die Grotte von Massabielle (links) mit einer Statue der Jungfrau Maria, wie sie in Lourdes der Bernadette (rechts, 22 Jahre alt) achtzehnmal erschienen ist.

In *Lourdes*, einem kleinen Ort in den französischen *Pyrenäen* am Fluß *Gave* gelegen, hatte das 14-jährige Mädchen *Bernadette Soubirous*, Tochter armer Müllersleute, an der *Grotte Massabielle* am *11. Februar 1858*, einem Donnerstag, die erste von 18 Erscheinungen. Während sie in der Nähe der Felsgrotte zusammen mit ihrer Schwester und einer Freundin Holz sammeln wollte, spürte sie zweimal einen heftigen Windstoß. Als sie nach oben blickte, *sah sie in der Felsnische über der Grotte eine „schöne Dame" in weißem Kleid mit weißem Schleier und blauem Gürtel. An den bloßen Füßen hatte die Dame zwei gelbe Rosen und in der rechten Hand einen Rosenkranz.* Bernadette kniete nieder und betete den Rosenkranz. Die Dame winkte sie zu sich, aber Bernadette wagte nicht, näherzukommen. Dann verschwand die Erscheinung. Am Sonntag, dem 14.2., ging Bernadette mit Erlaubnis ihrer Mutter wieder zu Grotte und sah erneut die Dame. Bernadette sprach die Dame an: „Wenn sie von Gott kommen, treten sie näher". Die Dame trat tatsächlich bis zum Rand der Grotte vor. Bei der dritten Erscheinung am Donnerstag, dem 18.2., sagte die Dame zu Bernadette: „Ich verspreche dir nicht, dich in dieser Welt glücklich zu machen, wohl aber in der anderen". Am 19. war die vierte Erscheinung. Bei der fünften Erscheinung am 20.2. – etwa 100 Menschen begleiteten Bernadette – lehrte die Dame sie ein Gebet sprechen.

Bei der sechsten Erscheinung am 21.2. fragte Bernadette die Dame, was sie so traurig mache. Die Dame: „Bete für die Sünder". Bei der siebenten Erscheinung am 23.2. teilte sie Bernadette drei Geheimnisse mit, die sie niemals preisgeben dürfe. Auch sagte sie, man solle an dieser Stelle eine Kapelle errichten. Bei der achten Erscheinung am 24.2. wandte sich Bernadette plötzlich weinend an die etwa 500 Personen, die dabeiwaren, und sagte: „Buße, Buße, Buße". Bei der neunten Erscheinung am 25.2. sagte die Dame zu Bernadette, sie solle mit den Händen an einer Stelle im Erdboden graben. Von da an drang an der Stelle Quellwasser aus dem Boden, das bis heute als Heilwasser angesehen wird. Heute kommen 17 bis 72 m³ reines Trinkwasser pro Tag aus der Quelle. Bei der zehnten Erscheinung sagte die Dame: „Küsse die Erde zur Buße für die Sünden". Bei der zwölften Erscheinung sagte sie: Bernadette solle ihren eigenen Rosenkranz benutzen und nicht den viel wertvolleren, den ihr eine Freundin geliehen hatte. Bei der dreizehnten Erscheinung am 2.3. – es waren etwa 2000 Beobachter dabei – wiederholte die Dame nochmals ihren Wunsch, man möge hier eine Kapelle bauen und die Menschen sollten in Prozessionen zur Grotte kommen. Der Ortspfarrer verlangte den Namen der Dame und wollte als

Zeichen sehen, daß die Heckenrosen an der Grotte zu blühen beginnen. Beim vierzehnten Mal – etwa 4.000 Menschen waren dabei – erschien die Dame zur großen Enttäuschung von Bernadette nicht. Am späten Vormittag des gleichen Tages sah sie die Dame. Sie sagte ihr, sie sei früh nicht gekommen, weil viele Menschen, die dabei waren, die Grotte während der Nacht „entehrt" hätten. Beim fünfzehnten Mal am 4.3. sah eine große Menschenmenge, wie Bernadette etwa eine Stunde lang mit der Dame sprach. Sie nannte auch diesmal nicht ihren Namen und die Rosen blühten nicht. Danach erschien die Dame nicht mehr und Bernadette zog sich zurück. Am 25.3., dem Fest Mariä Verkündigung, eilte Bernadette, von einer inneren Macht getrieben, wieder zur Grotte und wurde dort von der Dame in der lichterfüllten Nische bereits erwartet. Dreimal fragte das Mädchen: „Madame, haben Sie die Güte, mir zu sagen, wer Sie sind". Da faltete die Dame die Hände und antwortete im Dialekt von Lourdes: *„Qué soy éva Immaculada Councepciou"* – „Ich bin die Unbefleckte Empfängnis". Dieser Ausdruck war Bernadette völlig fremd. Der Ortspfarrer, dem sie es berichtete, erkannte nun, daß ihr die *Jungfrau Maria* erschienen war. Beim 17. Mal, am 7.4., ging Bernadette, von einer inneren Stimme getrieben, wieder zur Grotte und sah die Jungfrau Maria in der Grotte. Bernadette hielt eine brennende Kerze in der rechten Hand, die ihr beim Schauen während einer Viertelstunde versehentlich unter ihre linke Hand geriet, so daß die Kerzenflamme zwischen den Fingern züngelte. Der begleitende Arzt, der neben Bernadette stand, sah keinerlei Verbrennungen. Danach wurde Bernadette für unzurechnungsfähig erklärt; die Grotte wurde am 8.6. polizeilich versperrt und mit einem Zaun unzugänglich gemacht. Am Freitag, dem 18.7., sah Bernadette die Jungfrau Maria ein letztes Mal aus der Ferne. Strahlend sagte sie zu ihren Freundinnen: „Sie grüßt uns und lächelt über den Zaun hinweg uns zu". Damit verabschiedete sich die Erscheinung für immer. Bernadette: „Niemals sah ich sie so schön". Am 5. Oktober 1858 gab *Napoleon III.* die Grotte für die Beter wieder frei, nachdem der Sohn der Kaiserin *Eugenie* durch das Grottenwasser geheilt worden war.

Jedes Jahr pilgern Hunderttausende von Gläubigen nach *Lourdes*. Einige tausend Kranke nehmen jährlich an Waschungen im Quellwasser teil, in der Hoffnung, geheilt zu werden. In 67 von rund 7.000 Einzelfällen hat die Kirche die Genesung von Kranken als *„Wunderheilungen"* anerkannt.

Eine zweite große, von der Kirche anerkannte Marienerscheinung, geschah im Jahr 1917, mitten im Ersten Weltkrieg, in Fatima. Am 13. Mai jenes Jahres hüteten drei Kinder eine kleine Herde in der „Cova da Iria" bei Fatima, etwa 130 km nördlich von *Lissabon* in *Portugal*. Sie hießen: *Lucia de Jesus*, 10 Jahre alt. ihr Vetter *Francisco Marto*, 9 Jahre alt, und ihre Cousine *Jacinta Marto*, 7 Jahre alt. Um die Mittagszeit, als sie dort, wo sich heute die Basilika befindet, wie gewöhnlich den Rosenkranz gebetet hatten und dann mit Steinen spielten, sahen sie plötzlich ein strahlendes Licht, das sie für einen Blitz hielten. Als sie aufbrechen wollten, kam ein zweiter Blitz, und über einer kleinen Steineiche (wo sich jetzt die Erscheinungskapelle befindet) sahen sie eine Dame, strahlender als die Sonne. In ihren Händen hielt sie einen weißen Rosenkranz. Die Dame ermahnte die drei Hirtenkinder, viel zu beten und lud sie ein, in den fünf aufeinanderfolgenden Monaten jeweils am 13. zur gleichen Zeit wieder zur „Cova da Iria" zu kommen. Die Kinder befolgten es, und am 13. Juni, Juli, September und Oktober erschien ihnen die Dame wieder und sprach mit ihnen. Am 19. August hatten sie die Erscheinung an einem anderen Ort, weil sie am 13. August vom Bezirksvorsteher entführt worden waren. Bei der letzten Erscheinung am 13. Oktober, wo etwa 70.000 Zuschauer anwesend waren, sagte ihnen die Dame, daß sie *Unsere Liebe Frau vom Rosenkranz* sei und daß man hier ihr zur Ehre eine Kapelle bauen solle. Nach der Erscheinung konnten alle Anwesenden das den Kindern im Juli und September versprochene Wunder sehen: Die Sonne glich einer Silberscheibe und man konnte sie anschauen, ohne geblendet zu werden. Sie rotierte wie ein Feuerrad, und es schien, als würde sie auf die Erde herabstürzen.

Francisco starb bereits 2 Jahre und seine Schwester *Jacinta* 3 Jahre nach den Erscheinungen. *Lucia* wurde Ordensschwester und starb am 13. Februar 2005 im 98. Lebensjahr im Karmel von Coimbra.
Hören wir uns noch das Gespräch an, das die *Jungfrau Maria* bei der ersten Erscheinung über der Steineiche am 13. Mai 1917 mit *Lucia* führte. Maria: „Habt keine Angst, ich tue euch nichts zuleide!" Lucia: „Woher kommen Sie, Senhora?" Maria: „Ich komme vom Himmel". Lucia: „Und was wollen Sie von uns?" Maria: „Ich bin gekommen, euch zu bitten, daß ihr in den folgenden fünf Monaten jeweils am Dreizehnten zur gleichen Stunde hierher kommt. Dann werde ich euch sagen, wer ich bin und was ich will. Ich werde danach noch ein siebentes Mal kommen". Lucia: „Und Sie kommen vom Himmel? Komme ich auch in den Himmel"? „O, ja". „Und Jacinta?". „Auch sie!" „Und Francisco?" Da blickte die Erscheinung voller Güte und mit einem Ausdruck mütterlichen Mitleids auf den Jungen und erwiderte: „Auch er, aber er muß noch viele Rosenkränze beten". Lucia fragte nun nach zwei kürzlich verstorbenen Freundinnen, Maria das Neves, war etwa

16, und Amelia, ungefähr 20 Jahre alt. Lucia: „Ist Maria das Neves schon im Himmel?" „O, Ja". „Und Amelia?" „Sie bleibt bis zum Ende der Welt im Fegefeuer"(!).

Fig. 3-17: Die drei Seherkinder von Fatima: Jacinta Marto (links), Francisco Marto und Lucia dos Santos 1917.

Bei der Erscheinung am 13. Juni wieder über der gleichen Steineiche faltete Lucia wie zum Gebet die Hände und fragte: „Sie haben mich gebeten, Senhora, hierher zu kommen. Ich möchte Sie bitten, mir zu sagen, was Sie wünschen". „Ich möchte, daß ihr am 13. des kommenden Monats hierher kommt, daß ihr weiterhin alle Tage den Rosenkranz betet und daß ihr lesen lernt. Später werde ich euch sagen, was ich noch weiter wünsche". Darauf bat Lucia um die Heilung eines Kranken, den man ihrem Gebet empfohlen hatte. „Wenn er sich bekehrt", versprach Maria, „wird er in diesem Jahr gesund werden". Lucia: „Ich möchte Sie bitten, uns in den Himmel mitzunehmen". Maria: „Ja, Jacinta und Francisco werde ich bald holen. Du jedoch mußt noch einige Zeit hier bleiben. *Jesus möchte sich deiner bedienen, damit die Menschen mich kennen und lieben lernen. Er möchte die Verehrung meines Makellosen Herzens in der Welt begründen. Wer sie übt, dem verspreche ich das Heil; diese Seelen werden von Gott bevorzugt werden wie Blumen, die ich vor seinen Thron bringe".* Lucia: „So muß ich allein hier bleiben?" „Nein, mein Kind! Leidest du sehr? Verliere den Mut nicht. Ich werde dich niemals verlassen. Mein Makelloses Herz wird deine Zuflucht sein und der Weg, der dich zu Gott führt". In dem Augenblick, schrieb Lucia später, als sie diese letzten Worte sagte, öffnete sie die Hände und übermittelte uns zum zweiten Male den Widerschein jenes unermeßlichen Lichtes. Vor der rechten Handfläche Unserer Lieben Frau befand sich ein Herz, umgeben von Dornen, die es zu durchbohren schienen. Wir verstanden, daß dies das Makellose Herz Mariä war, verletzt durch die Sünden der Menschheit, das Sühne wünscht.

Nach dieser Lichtvision begann Maria, davonzuschweben. Die Anwesenden vernahmen eine Art Donnern aus der Richtung der Steineiche. Deren Äste richteten sich wieder auf und die Blätter bewegten sich, wie wenn sie von einem unsichtbaren Mantelsaum gestreift wurden. Im selben Augenblick erhob sich von der Steineiche eine kleine Wolke, die sich wegbewegte.

Bei der dritten Erscheinung am 13. Juli 1917 leuchtete wieder, nur den drei Kindern sichtbar, der helle Blitzstrahl auf, der das Kommen Marias ankündigte. Tausende von Zuschauern – Schätzungen sprachen von 45.000 – beobachteten, wie sich ein weißes Wölkchen über dem Erscheinungsort herabsenkte und das Sonnenlicht gedämpft wurde. Die Mittagsglut schwächte sich ab und leichter Wind kam auf. Wieder hörte man während der Erscheinung ein leichtes Geräusch. Wieder sahen die drei Kinder auf der Steineiche die wunderschöne weibliche Lichtgestalt. Nach einigem Zögern fragte Lucia: „Was wünschen Senhora von mir?" „Ich möchte, daß ihr am 13. des nächsten Monats wieder hierher kommt, daß ihr weiterhin täglich den Rosenkranz betet zu Ehren Unserer Lieben Frau, um den Frieden für die Welt und das Ende des Krieges zu erlangen, denn nur sie allein kann es erreichen". Lucia: „Ich möchte Sie bitten, uns Ihren Namen zu nennen und ein Wunder zu tun, damit alle glauben, daß Sie uns erscheinen". Maria ging darauf nicht ein und sagte: „Kommt nur weiterhin jeden Monat hierher. Im Oktober werde ich euch sagen, wer ich bin, was ich wünsche, und dann werde ich ein Wunder wirken, damit alle glauben".

Lucia trug nun einige Bitten vor: Ein Schwerbehinderter wollte gesund werden und nicht weiter in Armut leben müssen. Ein Kranker wollte geheilt werden oder bald sterben dürfen. Noch viele andere baten um Hilfe. Den Krüppel, entgegnet Maria, werde sie nicht heilen und ihn auch nicht von seiner Armut befreien. Er solle lieber täglich mit seiner ganzen Familie den Rosenkranz beten. (Später allerdings hat er an der Gnadenstätte von Fatima – mit seiner Mutter – Beschäftigung gefunden und dort mit ihr ein bescheidenes, aber glückliches Leben geführt.) Mit dem Kranken habe es keine Eile, sie wisse besser als er, wann es für ihn am besten sei, daß sie ihn zu sich hole. Die anderen würden die erbetenen Gnaden im nächsten Jahr erhalten, doch müßten sie den Rosenkranz beten. Dann kam Maria wieder auf ihr Anliegen zurück: „*Opfert euch für die Sünder und sagt zu Jesus oft, vor allem, wenn ihr irgendein Opfer bringt: O Jesus, das tue ich aus Liebe zu Dir, für die Bekehrung der Sünder und zur Sühne für die Beleidigungen, die dem Makellosen Herzen Mariens zugefügt werden*".

Bis zur letzten Bitte Marias folgten für die Umstehenden abwechselnd Worte Lucias und Stille, dann auf einmal ein Ausruf des Schreckens und langes Schweigen. Auf die Frage, was passiert sei, sagten die Kinder: „Das ist ein Geheimnis". Erst 25 Jahre nach den Erscheinungen wurde das „Geheimnis" von der Kirche enthüllt:

Gegen Schluß der Bitte »Opfert euch auf...« öffnete Maria, wie bei den zwei vorhergehenden Visionen, die Hände. Der von ihnen ausgehende Lichtstrahl schien die Erde zu durchdringen. „Wir sahen", schrieb Lucia, „gleichsam ein Feuermeer und eingetaucht in dieses Feuer die Teufel und die Seelen, als ob sie durchscheinend und schwarz oder bronzefarbig glühende Kohlen in menschlicher Gestalt seien, die in diesem Feuer schwammen, emporgeschleudert von den Flammen, die unter Wolken von Rauch aus ihnen selbst hervorschlugen; sie fielen nach allen Seiten wie Funken bei gewaltigen Bränden, ohne Schwere und Gleichgewicht, unter Schreien und Heulen vor Schmerz und Verzweiflung, was vor Schrecken erbeben und erstarren ließ. Ich muß wohl bei diesem Anblick „ai" (Schmerzensschrei in romanischen Ländern) geschrien haben, wie die Leute es angeblich hörten. Die Teufel unterschieden sich durch die schreckliche und scheußliche Gestalt widerlicher, unbekannter Tiere, sie waren aber durchscheinend wie schwarze, glühende Kohlen. „Diese Vision dauerte nur einen Augenblick. Dank sei unserer himmlischen Mutter, die uns vorher versprochen hatte, uns in den Himmel zu führen. Wäre das nicht so gewesen, dann, glaube ich, wären wir vor Schrecken und Entsetzen gestorben".

»Erschrocken, und wie um Hilfe zu bitten, erhoben wir den Blick zu Unserer Lieben Frau, die voll Güte und Traurigkeit zu uns sprach: „*Ihr habt die Hölle gesehen, wohin die Seelen der armen Sünder kommen. Um sie zu retten, will Gott die Andacht zu meinem Makellosen Herzen in der Welt begründen. Wenn man tut, was ich euch sage, werden viele gerettet, und es wird Friede sein. Der Krieg geht seinem Ende entgegen; wenn man aber nicht aufhört, Gott zu beleidigen, wird unter dem Pontifikat von Pius XI. ein anderer, schlimmerer Krieg beginnen*". Gemeint war damit der 2. Weltkrieg, der 1939 begann. Pius XI. war von Dezember 1922 bis Februar 1939 Papst. Wenn man den spanischen Bürgerkrieg mit berücksichtigt, stimmt die Aussage über Pius XI.

Maria sagte weiter: „Wenn ihr eine Nacht erhellt sehen werdet durch ein unbekanntes Licht, dann wisset, daß dies das große Zeichen ist, das Gott euch gibt, daß er nun die Welt für ihre Missetaten durch Krieg, Hungersnot, Verfolgung der Kirche und des Heiligen Vaters strafen wird. Um das zu verhüten, werde ich kommen, um die Weihe Rußlands an mein Makelloses Herz und die Sühnekommunion an den ersten Samstagen zu fordern. Wenn man auf meine Wünsche hört, wird Rußland sich bekehren, und es wird Friede sein. Wenn nicht, dann wird es seine Irrlehren über die Welt verbreiten, wird Kriege und Verfolgungen der Kirche heraufbeschwören; die Guten werden gemartert werden, und der Heilige Vater wird viel zu leiden haben; verschiedene Nationen werden vernichtet werden; am Ende aber wird mein Makelloses Herz triumphieren. Der Heilige Vater wird mir Rußland weihen, das sich bekehren wird, und eine Zeit des Friedens wird der Welt geschenkt werden. In Portugal wird immer der wahre Glaube erhalten bleiben. Sagt niemandem etwas davon. Francisco (der weder die Worte des Engels noch die der Gottesmutter vernahm) könnt ihr es mitteilen. *Wenn ihr den Rosenkranz betet, dann sagt nach jedem Gesetz: O mein Jesus, verzeihe uns unsere Sünden, bewahre uns vor dem Feuer der Hölle, führe alle Seelen in den Himmel, besonders jene, die deiner Barmherzigkeit am meisten bedürfen*". Lucia: „Wünschen Sie sonst nichts von mir?" Maria: „Nein, heute will ich nichts mehr von dir". Dann erhob sie sich und verschwand in östlicher Richtung.

Bei der vierten Erscheinung am 13. August konnten die Kinder nicht zur Cova da Iria gehen, weil sie wegen ihrer Weigerung, das „Geheimnis" preiszugeben, vom Bezirksvorsteher ins Gefängnis gesteckt und immer wieder verhört wurden. Am Mittag wartete eine riesige Menschenmenge, bis sie schließlich erfuhr, daß die Kinder vom Bezirksvorsteher eingesperrt worden waren. Unruhe und Wut breiteten sich aus. Viele beteten den Rosenkranz. Andere machten sich auf den Heimweg. Plötzlich gab es einen lauten Ton wie bei einer Detonation, die Menschen sahen die Wolken am Himmel in leuchtenden Regenbogenfarben; die Blätter der Bäume erschienen wie helle Blüten. Die Steineiche leuchtete wie bei einem Blitzstrahl auf und wurde von einem weißen Wölkchen umhüllt. Zehn Minuten verweilte die Wolke. Dann erhob sie sich und verschwand. Alle waren überzeugt, daß die Madonna zur verabredeten Zeit erschienen war. Der Bezirksvorsteher mußte wegen der scharfen Kritik aus der Bevölkerung die Kinder schließlich freigeben.

Am Sonntag, dem 19. August, hüteten die Seherkinder zusammen mit dem Bruder von Francisco ihre Schafherde in den *Valinhos*, nahe der Cova da Iria. Plötzlich sahen sie, wie sich die Atmosphäre veränderte und jene geheimnisvolle Färbung annahm, die sich bei der letzten Erscheinung in der Cova da Iria zeigte. Der Bruder von Francisco bemerkte dagegen nichts. Lucia: „Sie ist da! Sie ist da!" Über einem Bäumchen erschien wieder lichtumstrahlt die Jungfrau Maria. Lucia: „Was wünschen Sie von mir?" Maria: „Ich will, daß ihr am Dreizehnten zur Cova da Iria kommt und daß ihr weiterhin täglich den Rosenkranz betet; ich werde im letzten Monat ein Wunder wirken, damit alle glauben". Lucia: „Was sollen wir mit dem Geld machen, das die Leute in der Cova da Iria lassen?" Maria: „Man soll zwei Traggestelle (für die Opfergaben) anfertigen lassen: Du wirst (dem Brauche gemäß) mit Jacinta und zwei weißgekleideten Mädchen das eine (auf den Kirchplatz zur Versteigerung der Naturalien) tragen, Francisco mit drei Jungen das andere. Das Geld auf den Gestellen ist für das Fest Unserer Lieben Frau vom Rosenkranz bestimmt, der Rest für die Kapelle, die man errichten wird". Lucia: „Ich bitte Sie, einige Kranke zu heilen". Maria: „Ja, ich werde im Laufe des Jahres einige gesund machen. Betet viel und bringt Opfer für die Sünder; denn viele kommen in die Hölle, weil sich niemand für sie opfert und für sie betet". Darauf erhob sich die Erscheinung und entschwebte in einem Lichtglanz Richtung Osten.

Bei der 5. Erscheinung waren etwa 20.000 Menschen zur Steineiche in der Cova da Iria gekommen. Die Seherkinder mußten sich ihren Weg durch die dichtgedrängte Menge bahnen. Als sie endlich bei der Steineiche angelangt waren, forderte Lucia alle auf, zu beten. Plötzlich kam Jubel auf und viele Arme wiesen zum Himmel. Man hörte Rufe: „Schau, dort, schau! – Siehst du's nicht? Dort oben!" Eine Lichtkugel schwebte am Himmel nach Osten. Das Sonnenlicht wurde schwächer, so daß Mond und Sterne sichtbar waren. Die Atmosphäre bekam eine gelbliche Färbung. Ein weißes Wölkchen umgab wieder die Steineiche und die Seherkinder. Lucia: „Da ist sie! Da kommt sie!" Gleichzeitig jubelte ein etwa zehnjähriges Mädchen aus der Volksmenge: „Ich seh' sie, ich seh' sie immer noch! ... Und nun kommt sie herunter". Dann sah man Lucia zu einem unsichtbaren und unhörbaren Gegenüber reden. Zur gleichen Zeit fielen seltsame weiße Flocken, kleinen Blümchen oder Schneeflocken ähnlich, vom Himmel. Wenige Meter über dem Erdboden lösten sie sich ins Nichts auf. Dieses Phänomen wiederholte sich auch bei späteren Pilgerzügen.

Zehn Minuten dauerte wieder das Gespräch der Gottesmutter mit Lucia. Erneut ermunterte Maria die Kinder zum Rosenkranzgebet für den Frieden, sagte ihnen, daß *Gott* mit ihren Opfern sehr zufrieden sei, daß sie jedoch den Strick nur tagsüber tragen sollten, versprach wieder die Heilung einiger Kranker, andere hingegen werde sie nicht heilen. Manche Leute sagten immer noch, Lucia sei eine Lügnerin. Sie verdiente, aufgehängt oder lebendig verbrannt zu werden. Deshalb bat das Mädchen die Gottesmutter noch einmal um ein Wunder, damit alle glaubten. Und noch einmal gab Maria ihr Versprechen, es am 13. Oktober zu wirken. Schließlich hörte man Lucia sagen: „Nun geht sie fort". Zur selben Zeit rief aus der Volksmenge das zuvor erwähnte Mädchen, das die Gottesmutter kommen sah: „Dort ist sie! Dort ist sie! Sie steigt noch mal in die Höhe". Es war wieder die Lichtkugel, die am Himmel wegschwebte, bis sie im nun wieder vollen Glanz der Sonne verschwand.

Am letzten, dem 6. Erscheinungstag (13. Oktober), herrschte in der Gegend regnerisches, windiges Wetter. Dennoch hielt es über 50.000 Menschen nicht davon ab, während der vorhergehenden Nacht und in den Morgenstunden zur Cova zu pilgern. Sie kamen trotz Nässe und Kälte aus allen Bevölkerungsschichten: Arme und Reiche, Gläubige und Ungläubige, Neugierige, Beter und Berichterstatter der bedeutendsten Zeitungen – Arbeiter, Bauern, Ärzte, Advokaten, Professoren und Adelige. Zitternd vor Nässe und Kälte standen sie da – die meisten voll gläubiger Erwartung, einige nur aus Neugierde und verschiedene in hämischer Erwartung einer beispiellosen Blamage des gläubigen Volkes. Gegen Mittag kamen die Seherkinder in Begleitung ihrer Eltern an der Steineiche an. Lucia bat unter einer inneren Eingebung die Leute, die Regenschirme zu schließen, um den Rosenkranz zu beten. Alle schlossen den Schirm, knieten im Schlamm nieder und beteten mit. Es war Punkt 12 Uhr. Lucia brach plötzlich das Gebet ab und rief: „Jetzt hat es geblitzt! Da ist sie! Da ist sie!" Ihre Mutter: „Schau gut zu, mein Kind, und gib acht, daß du dich nicht täuschst". Lucia hörte ihre Mutter nicht mehr. Ihr Gesicht verwandelte sich. Es nahm eine rosige Färbung an, die Lippen wurden feiner und bleicher. Die Seherkinder gerieten in Ekstase und lebten für einige Minuten wie in einer anderen Welt. Ein weißes Wölkchen bildete sich und schwebte über der Steineiche dreimal auf und nieder. Man hört Lucia wie bei den vorangehenden Erscheinungen fragen: „Wer sind Sie, Senhora, und was wünschen Sie von mir?" Maria: „Ich bin die *Königin des Rosenkranzes* und möchte dir sagen, daß hier eine Kapelle zu meiner Ehre erbaut werden soll und daß man weiterhin täglich den Rosenkranz bete. Der Krieg geht zu Ende; die Soldaten werden in Kürze nach Hause zurückkehren". Lucia: „Ich wollte Sie um vieles bitten: ob Sie einige Kranke heilen und einige Sünder bekehren möchten?" Maria: „Einige ja, andere nicht. Sie müssen sich bessern und um Vergebung ihrer Sünden bitten". Dann beendete Maria ihre Botschaft. Ihr Antlitz war traurig und sie sagte mit liebevoll klagender Stimme: *„Sie sollen Gott, den Herrn, nicht mehr beleidigen, der schon so viel beleidigt worden ist"*. Welch liebevolle Klage, welch innige Bitte! so schrieb darüber Lucia in späteren Jahren. „Oh, wie wünschte ich, daß alle Kinder der Himmelsmutter ihre Stimme hörten!" Dann nahm Maria Abschied von den Kindern. Sie öffnete wieder ihre Hände, die wie Sonnenlicht strahlten, und wies mit dem Finger zur Sonne. Dann schwebte sie lichtumflutet davon. In diesem Augenblick hörte die Menge den Ruf Lucias: „Schaut, die Sonne!" Schlagartig hörte nun der Regen auf, die Wolken zerrissen, und die Sonne – erstaunlicherweise silbrig glänzend – kam hervor. Sie begann wie ein Feuerrad sehr schnell zu rotieren und sandte dabei grüne, rote, gelbe, violette und blaue Strahlenbündel aus; die ganze Gegend wurde in phantastische Farben getaucht. Gebannt schauten alle Leute zur Sonne und sahen ihre Gesichter abwechselnd in den verschiedensten Farben des Regenbogens leuchten. Nach etwa drei Minuten blieb das Sonnenrad kurz stehen und rotierte erneut. Noch ein zweites und drittes Mal hielt die Sonne inne, um ihr Lichtspiel zu wiederholen – noch farbenprächtiger und glänzender als zuvor. Ganz außer sich starrte die Menge zum Himmel. Plötzlich, ein vieltausendstimmiger Angstschrei! Es war, als löste sich die Sonne vom Himmel. Mit rasender Geschwindigkeit und weiter rotierend näherte sie sich in Zickzacksprüngen blutrot gefärbt der Erde. Die Leute fürchteten, das Ende der Welt sei gekommen, warfen sich im Schlamm auf die Knie, beteten, schrieen und weinten. Nach einigen Minuten verwandelte sich das Angstgeschrei in Jubelrufe: „Ein Wunder, ein Wunder!" Und „Ave Maria!" Dieses Sonnenwunder wurde auch von den Bewohnern der umliegenden Ortschaften bis in eine Entfernung von 40 km beobachtet.

Ein Augenzeuge, der den ganzen Vormittag nichts anderes zu tun hatte, als die Pilger zu verspotten, die eigens nach Fatima gekommen waren, nur um ein kleines Mädchen zu sehen, stand während des ganzen Sonnenwunders wie gelähmt da.

Mit weit aufgerissenen Augen betrachtete er staunend die Sonne. Schließlich erhob er – vom Kopf bis zu den Füßen zitternd – die Hände zum Himmel, fiel auf die Knie, ohne auf den Bodenschmutz zu achten, und schrie: „Die Madonna, die Madonna!" Mehr brachte er nicht mehr heraus. Es hatte ihm buchstäblich die Stimme verschlagen. Ein Anderer streckte die Arme empor und rief: „Heilige Jungfrau! Gebenedeite Jungfrau!" Tränen strömten ihm über die Wangen. „Königin des Rosenkranzes, rette Portugal!"

Nicht alle Augenzeugen wurden durch dieses Wunder erschüttert und fanden zum Glauben: Ein *ungläubiger Professor*, der Augenzeuge der Ereignisse war und der von all den vielen Zeitungsberichten über das Geschehen den ausführlichsten veröffentlichte, schloß seinen Bericht mit der Bemerkung: „Alle die Phänomene, die ich anführte und beschrieb, habe ich kaltblütig, heiter, ohne irgendeine Bewegung beobachtet. Ich überlasse es anderen, sie zu erklären und zu deuten". Von der Vision der zur Erde stürzenden Sonne sagte er jedoch: *„Es waren Sekunden eines schreckenerregenden Eindrucks"*.

Während des Sonnenwunders hatten Lucia, Francisco und Jacinta zunächst eine andere Vision. Sie sahen die Heilige Familie: rechts neben der Sonne die Mutter Gottes und links den heiligen Josef mit dem Jesuskind. Sie alle segneten die Welt mit dem Zeichen des Kreuzes. Danach erschien ihnen unser Herr, der wiederum die Welt segnete. Dann durften die Kinder noch zweimal Maria schauen – einmal in der Gestalt der Schmerzensmutter und einmal als Bild Unserer Lieben Frau vom Berge Karmel. Nach diesen Erscheinungen erlebten auch die Seher die Sonnenphänomene.

Bei der dritten Marienerscheinung am 13. Juli 1917 empfingen die Seherkinder die drei Geheimnisse von Fátima, die sie noch nicht veröffentlichen durften. 1927 soll Lucia in einer Botschaft des Himmels die Erlaubnis zur Offenbarung der ersten beiden Geheimnisse erhalten haben. Beide Geheimnisse wurden am 13. Mai 1942 veröffentlicht. Das *erste Geheimnis* war die Vision der Hölle und das *zweite Geheimnis* der Beginn des 2. Weltkriegs und der Bekehrung Rußlands. Über das *dritte Geheimnis* schrieb Lucia am 3. Januar 1944: „Nach den zwei Teilen, die ich schon dargestellt habe, haben wir links von Unserer Lieben Frau etwas oberhalb einen Engel gesehen, der ein Feuerschwert in der linken Hand hielt; es sprühte Funken und Flammen gingen von ihm aus, als sollten sie die Welt anzünden; doch die Flammen verlöschten, als sie mit dem Glanz in Berührung kamen, den Unsere Liebe Frau von ihrer rechten Hand auf ihn ausströmte: mit der rechten Hand zeigte der Engel auf die Erde und rief mit lauter Stimme: Buße, Buße,

Buße! Und wir sahen in einem ungeheuren Licht, das *Gott* ist, etwas, das aussah wie Personen in einem Spiegel, wenn sie davor vorübergehen: einen in Weiß gekleideten Bischof – wir hatten die Ahnung, daß es der Heilige Vater war – und verschiedene andere Bischöfe, Priester, Ordensmänner und Ordensfrauen einen steilen Berg hinaufsteigen, auf dessen Gipfel sich ein großes Kreuz befand aus rohen Stämmen, wie aus Korkeiche mit Rinde. Bevor er dort ankam, ging der Heilige Vater durch eine große Stadt, die halb zerstört war und halb zitternd mit wankendem Schritt, von Schmerz und Sorge gedrückt, betete er für die Seelen der Leichen, denen er auf seinem Weg begegnete. Am Berg angekommen, kniete er zu Füßen des großen Kreuzes nieder. Da wurde er von einer Gruppe von Soldaten getötet, die mit Feuerwaffen und Pfeilen auf ihn schossen. Genauso starben nach und nach die Bischöfe, Priester, Ordensleute und verschiedene weltliche Personen, Männer und Frauen unterschiedlicher Klassen und Positionen. Unter den beiden Armen des Kreuzes waren zwei Engel, ein jeder hatte eine Gießkanne aus Kristall in der Hand. Darin sammelten sie das Blut der Märtyrer auf und tränkten damit die Seelen, die sich Gott näherten.

Erst am 26. Juni 2000 wurde der Inhalt der 3. Botschaft durch Kardinal *Joseph Ratzinger* und Erzbischof *Tarcisio Bertone* bekanntgemacht. Die Niederschrift der Geheimnisse kommentierte *Lucia* mit den Worten: Bewußt werde ich nichts auslassen. Möglicherweise vergesse ich manche Einzelheiten, die aber nicht wichtig sind. *Papst Johannes Paul II.* sah im dritten Geheimnis einen Hinweis auf jenes Attentat, das *Mehmet Ali Agca* am 13. Mai 1981 (am Jahrestag der ersten Marienerscheinung in Fátima) verübt hatte. Johannes Paul II. war davon überzeugt, daß er das Attentat auf ihn nur mit Hilfe der Jungfrau von Fatima überlebt hatte. Deswegen kam er als frommer Pilger nach Fatima, um der Mutter des Herrn an ihrem Erscheinungsort Dank zu sagen. Die Kugel, die ihn beinahe tötete, ist jetzt in die Krone der Marienstatue von Fatima eingefügt.

Papst Benedikt XVI. hat aus Anlaß der 90-Jahr-Feiern der Erscheinungen von Fátima (1917) zur Umkehr aufgerufen. „Die Muttergottes wollen wir für alle Christen um die Gabe einer wahren Bekehrung bitten, auf daß die beständige Botschaft des Evangeliums, die der Menschheit den Weg des wirklichen Friedens aufzeigt, konsequent und treu verkündet und bezeugt werde". Jahr für Jahr pilgern heute rund 6 Millionen Gläubige nach Fatima. Es ist seit 90 Jahren ein Zentrum des christlichen Glaubens und der Bekehrung.

Die Erscheinungen in Lourdes und Fatima sind von der Kirche nach strenger Prüfung als Zeichen des Himmels anerkannt worden. Die Botschaften Marias stellen eindringliche Aufforderungen *Gottes* an alle Menschen zur Buße und Umkehr dar. Wie alle Offenbarungen *Gottes* und seiner Propheten künden sie uns von einer Wirklichkeit, die außerhalb der Wahrnehmung unserer biologischen Sinnesorgane die Existenz einer geistigen Welt deutlich macht, in der zu leben, jeder einzelne Mensch von *Gott* berufen ist. Es gilt für alle, die Chance zu nutzen und sich auf den Weg zu machen.

Die Dringlichkeit des Anliegens von Maria, der Aufruf zur Buße und Umkehr aller Menschen, kommt in *drei weiteren großen Erscheinungen* zum Ausdruck: Der *Tilma von Guadalupe in Mexiko* und den Botschaften in *Medjugorje im ehemaligen Jugoslawien* und von *Garabandal in Spanien*. Die *Tilma von Guadalupe* ist ein Bildnis der Madonna auf grobem Gewebe aus Maguey-Kaktus-Fasern, dessen Ursprung wissenschaftlich unerklärlich ist. Bei dem Tuch handelt es sich um ein allgemein übliches Obergewand der Aztekenkultur. Das Bild der Madonna erschien auf dem Gewand, als der Azteke *Juan Diego* am 9. Dezember 1531 auf dem Weg zur Messe auf einem Hügel nahe von Mexiko-Stadt eine hell leuchtende Wolke und eine strahlende Frauengestalt sah. Sie sagte, sie sei die *Jungfrau Maria* und Juan möge den Ortsbischof bitten, auf dem Hügel eine Kapelle zu bauen. Der Bischof lehnte dies mehrmals ab und verlangte ein Zeichen. Maria sagte bei der Erscheinung am 12. Dezember zu Juan, er solle vom Hügel die dort (im Dezember!) blühenden Blumen holen und dem Bischof bringen. Er legte die Blumen in seinen Kaktusfaser-Umhang, die Tilma, und ging zum Bischof. Als er seine Tilma öffnete, sahen die Anwesenden in höchstem Maße erstaunt auf dem Tilmastoff das farbige wunderschöne Bild der Jungfrau Maria, dessen materielle Farbkomponenten und Strukturen bis heute nicht analysiert werden konnten. Zu Ehren Marias wurde in Mexiko-Stadt eine Basilika errichtet, in der das Tilma-Gnadenbild hängt. Am 24. April 2007, dem Tag, an dem in Mexiko die Abtreibung bis zur zwölften Schwangerschaftswoche legalisiert wurde, sahen viele Pilger auf dem Gnadenbild einen hell leuchtenden Embryo im Mutterschoß von Maria. Eine Mahnung an Politik und Gesellschaft in aller Welt!

In *Medjugorje* erschien am 24. Juni 1981 einigen Kindern die über einem Hügel schwebende Jungfrau Maria. Sie wies auf ihr neugeborenes Kind hin, das sie im Arm trug. Der ersten Erscheinung folgten bis heute zahlreiche weitere, in denen Maria allein erschien. Sie trug ein hellgraues Kleid mit einem weißen Schleier, hatte blaue Augen und war von einem Kranz von zwölf Sternen umgeben. *Maria übermittelte eindringliche Botschaften von Glauben, Gebet, Fasten, Bekehrung und Frieden. Sie sagte, daß sie komme, um die Menschheit zu ihrem Sohn zurückzubringen, und warnte, daß der Satan gegenwärtig besonders aktiv sei. Es sei deshalb nötig, viel zu beten. Sie bat alle Menschen, die aktive und zerstörerische Rolle zu sehen, die der Satan in der modernen Welt spielt. Die Botschaft vom 25. Januar 2006 lautete: „Liebe Kinder! Auch heute rufe ich euch auf, Träger des Evangeliums in euren Familien zu sein. Vergeßt nicht, meine lieben Kinder, die Heilige Schrift zu lesen. Legt sie auf einen sichtbaren Platz und bezeugt mit eurem Leben, daß ihr glaubt und das Wort Gottes lebt. Ich bin euch mit meiner Liebe nahe und halte Fürsprache vor meinem Sohn für jeden einzelnen von euch. Danke, daß ihr meinem Ruf gefolgt seid!" Die Botschaft vom 25.05.2007 lautete: „Liebe Kinder! Betet mit mir zum Heiligen Geist, daß Er euch in der Suche nach dem Willen Gottes auf dem Weg eurer Heiligkeit führe. Und ihr, die ihr fern vom Gebet seid, bekehrt euch und sucht in der Stille eures Herzens das Heil eurer Seele und nährt sie mit Gebet. Ich segne euch alle einzeln mit meinem mütterlichen Segen. Danke, daß ihr meinem Ruf gefolgt seid!"*

In dem spanischen Ort *Garabandal* sahen zwischen 1961 und 1965 vier Mädchen von 11 bzw. 12 Jahren die *Jungfrau Maria*. Manchmal hielt sie das Jesuskind im Arm, manchmal war sie von Engeln, darunter auch der *Erzengel Michael* und der *Engel Gabriel*, umgeben. Während der Erscheinungen gerieten die Mädchen in Ekstase. Die Prophezeiung Marias an eines der Mädchen (*Conchita*) am 19. Juni 1965 lautete: Gott werde eine Warnung an die Menschheit schicken. Die Warnung werde eine Strafe sein, um die Guten Gott noch näher zu bringen und die anderen zu warnen. *„Gott möchte, daß wir dank dieser Warnung besser werden und daß wir weniger Sünden gegen ihn begehen. Wenn wir daran sterben, wird es nicht durch das Geschehen der Warnung selbst sein, sondern durch die starke Erregung, die wir beim Anblick und Verspüren der Warnung empfinden. Wenn ich nicht auch die nächste Strafe kennen würde, so würde ich sagen, daß es keine ärgere Strafe als die Warnung geben kann. Alle Menschen werden Angst haben, aber die Katholiken werden es mit mehr Ergebung tragen können als die anderen. Es wird nur von ganz kurzer Dauer sein. Die Warnung ist eine Sache, die direkt von Gott kommt. Alle Menschen auf der Erde werden sie sehen können, egal wo immer sie sich auch befinden sollten. Es wird eine Offenbarung unserer Sünden sein (im Innern einen jeden Einzelnen von uns). Gläubige wie Ungläubige aller Erdteile werden sie sehen und spüren... Die Warnung wird schrecklich sein. Viel, viel* schrecklicher als ein Erdbeben. Es wird wie Feuer sein. Es wird nicht unseren Körper verbrennen, aber wir werden es an Leib und Seele spüren. Alle Nationen und alle Menschen werden es gleich spüren. Niemand kann ihm entgehen. Und die Ungläubigen selbst werden die Angst vor Gott spüren. Wir können uns nicht vorstellen, wie sehr wir Gott beleidigen" (Conchita).

Auffällig an allen diesen Erscheinungen der Muttergottes und auch bei vielen anderen Ereignissen, die hier nicht betrachtet werden, ist die Tatsache, daß stets sehr arme und fromme Kinder von Gottvater, Jesus und Maria für den Empfang der Botschaften auserwählt wurden. Gott wich damit bis heute nicht von seinem Prinzip ab, die Heilsbotschaften einfachen, gottergebenen Menschen zu verkünden: dem Hirten Noah vor vielleicht 6000 Jahren, den Viehzüchtern Abraham, Isaak und Jakob vor rund 3800 Jahren und den vielen Propheten des Judentums. Auch der Messias, der Gottessohn Jesus Christus, war besitzlos, obwohl er „in sein Eigentum" kam. Dem Vorbild Jesu folgten bis heute viele seiner Jünger.

Die Fülle der Marienerscheinungen und ihrer Offenbarungen vom Dreifaltigen Gott sollte uns alle jeden Tag zu dem Gebet ermuntern:

Maria sei mein Wegbegleiter,
ich geh meinen Weg ganz ruhig weiter,
Jesus nimm mich an der Hand
und führ mich ins Gelobte Land,
wo auf mich in späterer Zeit,
wartet Gottes Herrlichkeit.

Der Ruf Gottes erging an uns nicht nur durch die Heilige Schrift, sondern fand auch seinen optischen Widerschein in der Stigmatisierung einzelner, heiligmäßig lebender Menschen. Sie trugen die Wundmale Christi an ihrem Körper. Es sind etwa 400 solcher Fälle bekannt. Bei den meisten waren die Stigmata sichtbar; bei einigen traten sie erst nach dem Tod auf. Einer der ersten sichtbar Stigmatisierten war der Heilige Franziskus von Assisi. Er empfing die Wundmale am 14. September 1224 auf dem Berg Alverna anläßlich einer Erscheinung. Wahrscheinlich hatte auch Paulus vor ihm die Wundmale Christi am Körper gehabt. Denn im Galaterbrief (Gal 2,20 und 6,17) schrieb er: „Ich trage die Wunden des Herrn in meinem Leibe ... Ich bin mit Jesus gekreuzigt ..." Berühmte Stigmatisierte des vergangenen Jahrhunderts waren der Pater Pio in Italien (1887 – 1968). Therese Neumann von Konnersreuth (1898 – 1962) und Marthe Robin in Frankreich (1902 – 1981).

In eindrucksvoller Weise zeigt sich *Gottes* Wirken auch in der jahrhundertelangen Unversehrtheit der Körper verstorbener Heiliger, die normal bestattet wurden. *Keine Anzeichen von Verwesung* sehen wir bis heute beispielsweise bei der *Heiligen Bernadette von Lourdes*, dem *Pfarrer von Ars*, dem *Heiligen Vinzenz von Paul*, *Papst Johannes XXIII.*, dem *Heiligen Don Bosco* und *Katharina Labouré*. Von einer Reihe Heiliger wird glaubwürdig berichtet, daß sie viele Jahre ohne jede Nahrungsaufnahme und nur mit dem Empfang der Hostie (des Abendmahlsbrots) und versorgt mit Trinkwasser lebten. Zu diesen besonders Ausgezeichneten gehören: *Alfonsina Cottoni (1902 – 1984)* in Italien; sie lebte 15 Jahre nahrungslos; *Marthe Robin* in Frankreich; 34 Jahre nahrungslos; *Therese Neumann* in Deutschland; 35 Jahre nahrungslos; *Alexandrina Maria da Costa (1904 – 1955)* in Portugal; 13 Jahre nahrungslos; *Marie Julie Jahenny (1850 – 1941)* in Frankreich; 50 Jahre nahrungslos; *Viktoria Hecht (1940 – 1990)* in Deutschland; 5 Jahre nahrungslos; *Lidwina von Schiedam (1433 – 1453)* in Holland; 28 Jahre nahrungslos; *Nikolaus von der Flühe (1417 – 1487)* in der Schweiz; mehr als zwanzig Jahre nahrungslos; und *Elisabeth von Reute (1380 – 1420)* in Deutschland; 15 Jahre nahrungslos.

Die Kirchengeschichte kennt seit Jahrhunderten eine große Anzahl von Bildnissen und Statuen, an denen wundersame, wissenschaftlich nicht erklärbare Eigenschaften oder Vorgänge beobachtet wurden. Ein herausragendes Beispiel ist das *Turiner Grabtuch*, dessen Echtheit bis heute nicht einwandfrei bewiesen werden konnte; andere Beispiele sind „weinende" Statuen und Bilder, sogenannte „Blutwunder" und „Eucharistische Wunder". Alle diese Erscheinungen entziehen sich der wissenschaftlichen Analyse und sind deshalb nur dem Glaubenden zugänglich. Sie geben Zeugnis von einer Wirklichkeit, die für unser biologisches Sensorsystem und Gehirn nicht erfaßbar ist, genau so wenig wie *Gott* selber.

Trotz der erstaunlichen Fülle von Zeichen, in denen *Gott* sich durch alle Jahrhunderte der Menschheit offenbarte, ist die gegenwärtige Situation der Kirche (auch der evangelischen Kirchen) durch eine unerfreuliche Zukunftsperspektive gekennzeichnet:

- Mitgliederschwund
- Priestermangel (vor allem in der katholischen Kirche)
- Glaubenspluralismus
- immer geringer werdende öffentliche Wahrnehmung

- große Probleme, die Botschaft Christi den Menschen nahezubringen.

Es seien hier nur einige Vorschläge genannt, die zu einer gewissen Verbesserung der Lage beitragen könnten:

- Zulassung auch verheirateter Männer zum Priesterdienst;
- Empfehlung, aber nicht Zwang zum Zölibat;
- Einführung eines neuen Predigtstils: Darstellung des geschichtlichen Hintergrunds der biblischen Berichte mit Bildprojektionen;
- Etablierung eines Religions-Fernsehkanals, der die geschichtliche Wahrheit der Offenbarung dokumentiert und den Glaubenskanon der verschiedenen Religionen aufbereitet;
- Breite Diskussionen über Glaube, Naturwissenschaft und Vernunft;
- Breite Diskussion über das Verhältnis der Religionen zueinander;
- Professionelle Interpretation von Glaubensinhalten;
- Darstellung der grundsätzlich begrenzten Erkenntnisfähigkeit auch des modernen Menschen.
- in Deutschland: Deutliche Reduzierung der Kirchensteuer für kleine und mittlere Einkommen;

Gott hat seine Heilsbotschaft im Judentum und Christentum während der letzten vier Jahrtausende in überwältigender Weise kundgetan. Man wundert sich, daß immer noch so viele Menschen an *Gott* und seiner Offenbarung zweifeln. Alle aber, die an ihn glauben und sein Wort angenommen haben, können mit Freude und Hoffnung jubeln:

Großer Gott, wir loben dich,
Herr, wir preisen deine Stärke.
Vor dir neigt die Erde sich
und bewundert deine Werke.
Wie du warst vor aller Zeit,
so bleibst du in Ewigkeit!

Papst Benedikt XVI. sagte:

„Wer glaubt, ist nie allein“.

Man kann ergänzen:
Wer nicht glaubt, hat zu seinem eigenen Schaden das Heilsangebot des Einen und Einzigen nicht angenommen und seine Schöpfung nicht wirklich begriffen.

3.5 Der Islam

Noch während sich das Christentum in den ersten sechshundert Jahren der Neuen Zeitrechnung in Europa, Nordafrika und dem Vorderen Orient verbreitete, erschien in der arabischen Welt ein großer Prophet, der – wie das Judentum und Christentum – die Botschaft von dem einen und einzigen *Gott Abrahams, Isaaks und Jakobs* verkündete: *Mohammed* (arab. *Muhammad*), der Begründer des *Islams*.

Der Prophet Mohammed

Mohammed wurde im April 571 in *Mekka* geboren. Er gehörte zum Stamm *Quraisch*. Seine Eltern starben früh: der Vater schon vor seiner Geburt und die Mutter, als er gerade sechs Jahre alt war. Er kam zunächst in die Obhut seines Großvaters und nach dessen Tod zu seinem Onkel *Abu Talib*. Dessen Sohn *Ali ibn Abi Talib* wurde sein engster Freund. Als junger Mann widmete sich *Mohammed* Handelsgeschäften und wurde Mitarbeiter der zweimal verwitweten und 15 Jahre älteren Kauffrau *Chadidscha (555? – 619)*. Er gewann ihre Zuneigung und heiratete sie. Bis auf seine jüngste Tochter *Fatima* starben alle Kinder vor ihm. *Fatima* wurde die Frau seines Vetters *Ali*.

Mohammed pflegte einmal im Jahr einen Monat lang auf den Berg *Hira* nahe bei *Mekka* zu meditieren und Buße zu tun. Etwa im Jahr 610 soll ihn dort nach eigener Aussage in einem Traumerlebnis der *Erzengel Gabriel* aufgefordert haben: „Lies!" oder „Rezitiere!" *Mohammed* antwortete: „Ich kann nicht lesen", oder „ich verstehe nicht zu rezitieren". Die Stimme beharrte aber auf ihrer Forderung. *Mohammed vernahm nun die Worte der ersten fünf Verse der Sure 96 als Beginn der Offenbarung*. Er war damals knapp 40 Jahre alt. Erst nach einiger Zeit begann er, öffentlich zu predigen. Es bildete sich trotz des Widerstands in der Bevölkerung *Mekkas* eine kleine Gemeinde, der auch *Mohammeds* Vetter *Ali* und sein späterer Schwiegervater *Abu Bakr* angehörten. Die Offenbarungen an *Mohammed* wurden von dem dritten *Kalifen Othman (644 – 656)* als Schriften in Form von *114 Suren* gesammelt und in nicht chronologischer Reihenfolge im *Koran* zusammengefaßt. Im Jahr 619 starben *Mohammeds* Onkel *Abu Talib* und seine Frau *Chadidscha*, die „Mutter der Gläubigen". Bedrängt von seinen Gegnern zog *Mohammed* mit seinen Getreuen 622 in die nördlich von Mekka liegende Stadt *Jathrib*, das heutige *Medina*. Auf dem Weg dorthin versteckten sie sich vor ihren Verfolgern in einer Höhle. Am Höhleneingang wob eine Spinne ein großes Netz, so daß sie nicht entdeckt wurden. Spinnen gelten seitdem im Islam als unantastbar. Die „*hidschra*" (= Flucht oder Abschneiden von Bindungen) nach *Medina* war der Wendepunkt in *Mohammeds* Leben. Die Einwohner von *Medina*, die Mohammed wegen Stammesstreitigkeiten um Vermittlung gebeten hatten, erhielten von ihm eine neue Gemeindeordnung, eine Art Verfassung, in der eine Beistandspflicht der Moslems untereinander festgelegt war.

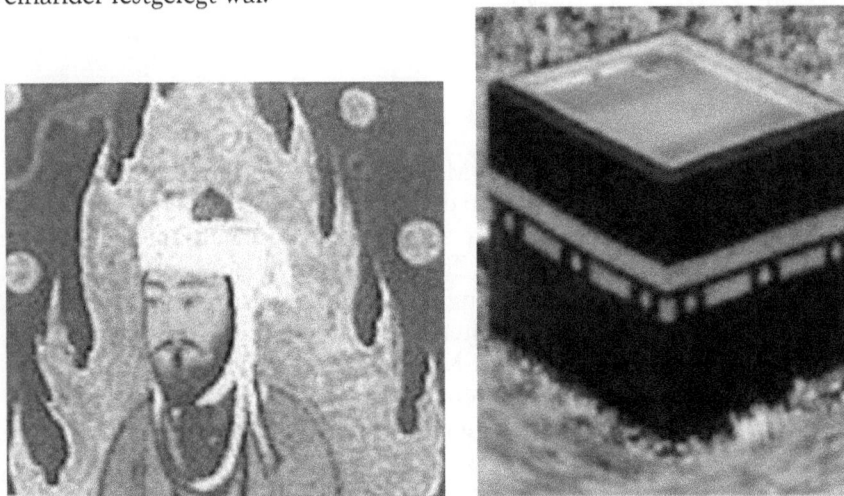

Fig. 3-18: Bildnis des Propheten Mohammed (links) aus der Apokalypse des Mohammed (Herat, Afghanistan, 1436) und das größte Heiligtum des Islams, die Kaaba in Mekka (Saudi-Arabien).

In *Medina* heiratete *Mohammed* mehrere (bis zu neun) Frauen, meist Kriegerwitwen oder Geschiedene (die dadurch eine Versorgung erhielten), mit einer Ausnahme: *Aischa*, der jungfräulichen Tochter von *Abu Bakr*. Eine der Ehefrauen war *Zainab*, die Frau seines Adoptivsohns. Von all diesen Frauen hatte *Mohammed* nur ein Kind, das seine koptische Sklavin zur Welt brachte, aber früh starb. Die jüdischen Mitbürger *Medinas* übten Kritik an *Mohammeds* Offenbarungen, daß sie nicht mit der Tora übereinstimmten. *Mohammed*, der seine Offenbarungen als authentisch ansah, zog daraus den Schluß, daß die Juden und auch die Christen ihre Schriften gefälscht hatten. Es kam zu zahlreichen Übergriffen, in denen vor allem Juden vertrieben oder umgebracht wurden. Von nun an wandten sich die

Muslime beim Beten nicht mehr wie bisher nach *Jerusalem*, sondern nach *Mekka*. Als militärischer Führer seiner wachsenden Anhängerschar bekämpfte *Mohammed* seit 623 die Mekkaner – die kleine Truppe *Mohammeds* siegte unter anderem in der Schlacht bei *Badr* 624 in der Nähe von *Medina* – und schloß 629 einen Waffenstillstand mit ihnen. Im gleichen Jahr konnte er mit Einwilligung seiner früheren Gegner eine *Pilgerreise nach Mekka* machen. Dort gab es schon seit Jahrhunderten ein Heiligtum, die *Kaaba*, zur Verehrung heidnischer Götter, insbesondere des höchsten Gottes *Allah*. In der Südostecke der *Kaaba* befindet sich ein schwarzer Stein, der von jeher als Zeichen *Allahs* angesehen wurde. Als *Mohammed* nach *Mekka* kam, traten zahlreiche Mekkaner, darunter zwei spätere Feldherren, zum Islam über. Im Jahr 630 konnte der Prophet schließlich ohne Widerstand in *Mekka* einziehen. Er beseitigte aus der *Kaaba* alle traditionellen heidnischen Kultbilder und machte sie zum zentralen Heiligtum des Islams. Seinen früheren Gegnern vergab er. Im Frühjahr 632, kurz vor seinem Tod, machte er eine „Abschiedswallfahrt" und legte die Wallfahrtsregeln fest. Am 8. Juni 632 starb er.

Die Verbreitung des Islams

Schon vor dem Tod *Mohammeds* breitete sich der Islam über die ganze arabische Halbinsel aus. Als seine Nachfolger herrschten nacheinander die vier „*Rechtgeleiteten Kalifen*" (arab. *Chalifa* = Stellvertreter): *Abdallah Abu Bakr* (632 –634), dann *Umar ibn al-Chattab* (634 – 644), *Uthman ibn Affan* (644 – 656) und *Ali ibn Abi Talib* (656 – 661) über die *Umma*, die Gemeinschaft der Gläubigen. Die beiden ersten waren Schwiegerväter und die anderen Schwiegersöhne von *Mohammed*. Sie waren in erster Linie religiöse Führer, während die weltliche Macht in den Händen der Stammesoberhäupter blieb. Unter *Kalif Umar* eroberten arabische Armeen ab 634 *Palästina*, *Syrien* und *Mesopotamien*. *Jerusalem* fiel 638, *Ägypten* 640 und *Persien* 642. Vom einst mächtigen byzantinischen Reich blieben zunächst nur Kleinasien, die Region Konstantinopel und einige Küstengebiete in Griechenland als christlich geprägte Länder übrig.

Umar vertrieb alle Nicht-Muslime aus Arabien und erließ Gesetze, wonach die „*Völker des Buches*", nämlich *Christen und Juden*, in den eroberten

585

Gebieten zu „Beschützten Völkern" oder *Dhimmi* mit eingeschränkten Rechten wurden:

- Nicht-Muslime hatten eine besondere Steuer (die *Jizya*) zu zahlen;
- Sie durften keine Synagogen bzw. Kirchen errichten;
- Es war nicht erlaubt, Gebete laut zu verkünden, wenn Muslime sie hören konnten, religiöse Symbole zu zeigen oder religiöse Schriften öffentlich anzubieten (in Saudi-Arabien ist es auch heute noch verboten, eine Bibel einzuführen oder nicht-islamische religiöse Feiern zu veranstalten);
- Muslimen mußten sie ihren Platz anbieten und eine besondere Kleidung tragen;.
- Sie durften ihr Haus nicht höher bauen als das Haus eines Muslims.

Viele dieser Vorschriften sind Bestandteil des *Sharia-Gesetzes* und teilweise noch heute gültig. Unter *Kalif Uthman* zeigten sich in der Umma erste Spaltungstendenzen. Sein großer Verdienst war, daß er die Offenbarungen des *Mohammed* zwanzig Jahre nach dessen Tod zusammenfassen und in den Suren des Korans in der bis heute bestehenden Form niederschreiben ließ. Uthman wurde 656 von einem Aufständischen ermordet. Zwischen seinen möglichen Nachfolgern, *Mohammeds* Schwiegersohn *Ali* und einem entfernten Verwandten, dem syrischen Statthalter *Mu'awiya*, kam es zum Kampf, der keine Entscheidung brachte. Durch ein Schiedsgericht wurden beide Kontrahenten abgesetzt. Dennoch errichtete *Mu'awiya* 660 in Damaskus ein Gegenkalifat. *Ali* starb 661 bei einem Attentat, während *Mu'awiya* gleichzeitig einen Anschlag überlebte. *Alis* Anhänger erkannten ihn jedoch nicht als Kalif an. Dadurch kam es zur Spaltung (*Schisma*) der islamischen Glaubensgemeinschaft zwischen den *Sunniten* und den *Schiiten* (der *Schi'at'Ali*). Die *Schiiten* sammelten sich im Süden des heutigen Iraks zu einer neuen Gemeinschaft.

Der neue *Kalif Mu'awiya* begründete die *Dynastie der Umayyaden* (auch *Omaijaden* genannt). Er regierte bis 680. Im gleichen Jahr kam es zwischen *Sunniten* und *Schiiten* zur *Schlacht von Kerbela* im heutigen *Irak*. Hussein, Enkel *Mohammeds* und Sohn von *Ali*, verlor als Anführer der Schiiten die Schlacht und fiel. In der Folge kam es bis 692 zu Bürgerkriegen. Auf *Mu'awiya* folgten bis 750 weitere 13 Kalifen der *Omaijaden*, darunter *Abd al-Malik (685 – 705)*, der Erbauer des *Felsendoms* in *Jerusalem* (691) und Eroberer der Berberstämme des *Maghreb* (nach 700). Sein Sohn *Al-Walid I.*

(705 – 715) beendete erfolgreich den Feldzug gegen die Berber und begann mit der Eroberung des *Westgotenreichs (711 – 714)* in Spanien. In *Damaskus* ließ er die *Umayyaden-Moschee* als seinerzeit größte Gebetsstätte errichten. Im Osten stießen die islamischen Armeen bis zum *Indus* und nach *Usbekistan* vor. Die Belagerung von *Konstantinopel* durch *Kalif Umar II. (717 – 720)* scheiterte 718. *Umar II. erließ strenge Vorschriften für Christen und Juden, darunter die, daß Juden an der Kleidung einen „Gelben Fleck" tragen mußten.* (In Nazideutschland war es 1220 Jahre später ein „Gelber Stern"!) Juden und Christen durften keine hohen Verwaltungsämter mehr bekleiden. Öffentliche Kreuze mußten zerstört werden. Die Folge war eine rasche Islamisierung der Gesellschaft. Unter *Kalif Hischam (724 – 743)* stießen die Araber von Spanien nach Frankreich vor, wurden aber von *Karl Martell (der „Hammer" 688 – 741)* in der Schlacht von *Tours und Poitiers 732* zurückgeschlagen. Die Festungen *Narbonne, Carcassonne* und *Nimes* sowie Teile der Provence blieben zunächst in islamischer Hand.

Die *Dynastie der Umayyaden* wurde ab 750 von den *Abbasiden* (Abkömmlinge von *Al-Abbas*, einem Onkel des Propheten) verdrängt, die nur enge Verwandte des Propheten als Kalifen anerkannten. Der Umsturz ging von Persien aus, wo der Nationalheld *Abu Muslim* 747 einen Aufstand begann und die *Umayyaden* in seiner Heimat *Khorassan*, im *Irak* und in *Syrien* besiegte. Alle Mitglieder der Dynastie wurden verfolgt und getötet. Nur dem Prinzen *Abd ar-Rahman* gelang die Flucht in den *Maghreb* und nach *Spanien*. Er gründete 756 in Andalusien das *Emirat von Cordoba* und herrschte bis 788. Die *Dynastie der Umayyaden* setzte sich dort bis 1031, also fast 300 Jahre, fort. *Abd ar-Rahman III.* nahm 929 den Titel eines Kalifen an. Die Wirtschaft blühte auf und *Cordoba* wurde neben *Konstantinopel* und *Bagdad* zu einem der bedeutendsten Kultur- und Wirtschaftszentren im Mittelmeerraum. Nach 1031 zerfiel das *Kalifat von Cordoba* in Kleinkönigreiche und Fürstentümer, die sognannten *„Taifa-Reiche"*. Die Taifas wurden schließlich durch die aus Nordafrika kommenden *Almoraviden* und *Almohaden* unterworfen und ihren Reichen einverleibt

Im Irak ließ *Abu Muslim* den Nachkommen Mohammeds, *Abu Al-Abbas*, – sein Vater *Muhammad ibn Ali* war ein Urenkel von *Al-Abbas*, einem Onkel des Propheten – zum *Kalif (750 – 754)* ausrufen. Dessen Nachfolger *Al-Mansur (754 – 775)* ließ 755 den zu mächtig gewordenen *Abu Muslim* töten. Es folgten bis 1258 weitere 32 Kalifen, die in *Bagdad* residierten. Die neue Hauptstadt *Bagdad* wurde zum politischen Zentrum des *Abbasiden-Kalifats*. Vor allem unter *Harun ar-Raschid (786 – 809)*, entwickelte sich *Bagdad* zu einer reichen Metropole, von deren Prunk noch heute die Geschichten *Scheherazades* in dem Buch *Tausendundeine Nacht* erzählen. Im 9. Jahrhundert erreichte das Kalifat seine Blütezeit.

In Nordafrika kam von 909 bis 1171 die schiitisch-ismailitische *Dynastie der Fatimiden* an die Macht, die über den Maghreb, über Ägypten und Syrien herrschte. Die Führer der Schiiten waren nach der islamischen Spaltung *Imame* als Nachkommen des *Ali ibn Abi Talib* und der *Fatima*, der Tochter des Propheten. Der erste Herrscher nahm 934 den Titel eines Kalifen an und gründete die Hauptstadt *al-Mahdiya* im heutigen *Tunesien*. 969 wurde *Ägypten* erobert und 972 *Kairo* die Hauptstadt des Reiches. Bis 978 gewannen die *Fatimiden* auch die Kontrolle über *Mekka* und *Medina*. 961 war in Kairo die *Al-Azhar-Moschee* fertiggestellt worden und 975 nahm *die Al-Azhar-Universität, die älteste der Welt*, den Lehrbetrieb auf. Bis heute können dort nur Muslime studieren. Lange Zeit gab es nur drei Fakultäten: Islamisches Recht, Theologie und arabische Sprachwissenschaft. Die Anzahl der Studierenden ist heute gewaltig: es sind mehr als 350.000!
Unter *Kalif Al-Hakim (995 – 1021)* wurde *die tolerante Religionspolitik gegenüber Juden und Christen aufgegeben*: Öffentliche Gottesdienste sowie der Genuß alkoholischer Getränke wurden untersagt, zeitweise auch christliche Kirchen und Klöster geplündert. 1009 wurde die *Grabeskirche in Jerusalem* zerstört. Der Niedergang der *Fatimiden-Dynastie* zeichnete sich ab, als *Syrien* und *Palästina* 1076 unter die Herrschaft der *Seldschuken* gerieten. Die sunnitischen *Seldschuken*, ein türkischer Stamm, hatten ihre Siedlungsgebiete im heutigen *Turkmenistan* und *Usbekistan*. Um 1025 griffen sie das Kalifenreich an. 1055 eroberten sie die Hauptstadt *Bagdad*, 1071 *Jerusalem* und *1076 Damaskus*. Ihre Herrschaft währte nur kurz: 1099 eroberte während des *Ersten Kreuzzugs* ein europäisches Ritterheer *Jerusalem*, verbunden mit einem fürchterlichen Massaker an den Bewohnern; die Sieger gründeten das *Königreich Jerusalem*. 1153 ging die *letzte Fatimiden-Festung Askalon* verloren. 1163 eroberte *Nur ad-Din* von Damaskus *Ägypten*. Sein Feldherr *Saladin* stürzte 1171 die *Fatimiden* und gründete in Ägypten und Syrien die *Dynastie der Ayyubiden*. In Kleinasien bildete sich 1097 das *Sultanat der Rum-Seldschuken*. 1194 verlor der letzte Seldschuken-Sultan in Persien den Thron. 1220 eroberte *Dschingis Khan* das Land und machte es zu einer Provinz im *Reich der Goldenen Horde*.

In Ägypten gelang es 1250 den islamischen *Mamelucken*, ursprünglich Militärsklaven türkischer Herkunft, die Herrschaft zu erringen. 1517 wurden sie von den islamischen *Osmanen* unterworfen. Das *Reich der Osmanen* entstand aus einem kleinen Fürstentum in *Anatolien*. Sein Herrscher *Osman I. (1258 – 1326)* erklärte um 1299 seine Unabhängigkeit von den *Rum-Seldschuken* und wurde zum *Gründer des Osmanischen Reiches*. Osman eroberte ganz Kleinasien und seine Nachfolger die Nachbarländer, den Balkan, Nordafrika und die Krim. Residenzstadt der osmanischen *Sultane* war *Bursa*, dann *Edirne* und ab 1453 *Konstantinopel*, das die Eroberer nun *Istanbul* nannten. Nach der Niederlage des deutschen und verbündeten osmanischen Reichs im Ersten Weltkrieg wurden viele Provinzen unabhängig und der Sultan 1922 entmachtet. Nachfolgestaat ist die heutige *Türkei*. Schwer belastet ist das politische Ansehen der Türkei infolge des von ihr bis heute bestrittenen Völkermords an hunderttausenden christlichen Armeniern – manche Quellen sprechen von über 1,5 Millionen Opfern – in den Jahren 1915 bis 1917.

Als Ergebnis der islamischen Expansion in den letzten 500 Jahren sehen wir, daß es heute rund *1,4 Milliarden Moslems* gibt. Etwa 85% davon haben ihre Heimat in Asien und Afrika, der Rest verteilt sich auf die anderen Kontinente. Im Jahr 2000 waren etwa 30% der Menschen Christen und 19% Moslems. Bis zur Jahrhundertmitte wird die Zahl der Moslems die der Christen deutlich übersteigen.

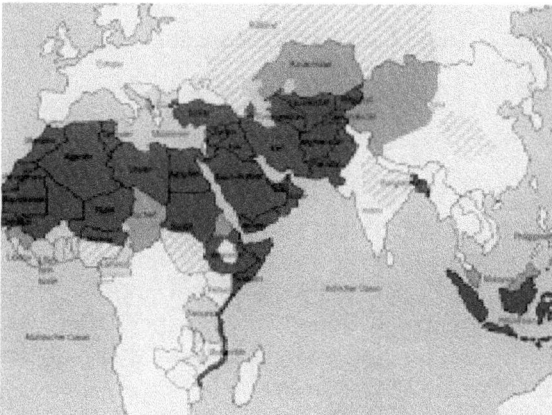

Fig. 3-19: Die Verbreitung des Islams in der heutigen Welt. Die dunklen Regionen bedeuten eine nahezu vollständige, die helleren eine teilweise Islamisierung.

Der *Islam* (= *Hingabe an Gott*) ruht unter anderem auf fünf Säulen, die von jedem Moslem streng zu beachten sind: Das Glaubensbekenntnis (*Shahada*): Es gibt keinen *Gott* außer *Allah* und *Mohammed* ist sein Prophet. Dieses Bekenntnis muß auf Arabisch gesprochen werden, auch wenn der Gläubige selbst kein Arabisch versteht. Das fünfmalige tägliche Gebet (*Salat*) in Richtung *Mekka*. Dazu müssen bestimmte Waschungen eingehalten werden; die Erste Sure, die *Fatiha*, ist fester Bestandteil des Gebets. Die Almosensteuer (*Zakat*) (2.5 – 10% von allem Besitz) für die Armen. Das Fasten im Monat Ramadan (*Saum*), täglich von Sonnenaufgang bis Sonnenuntergang. Die Pilgerreise nach Mekka (*Hadj*), wenn man sie sich leisten kann und gesund ist.

Zitate aus den Suren des Korans

Sure 1: Die Öffnende

Im Namen Allahs, des Erbarmers, des Barmherzigen!

1.1: Lob sei Allah, dem Weltenherrn, 1.2: dem Erbarmer, dem Barmherzigen, 1.3: dem König am Tag des Gerichts! 1.4: Dir dienen wir und zu dir rufen um Hilfe wir. 1.5: Leite uns den rechten Pfad, 1.6: den Pfad derer, denen du gnädig bist, 1.7: nicht derer, denen du zürnst, und nicht der Irrenden.

Sure 2: Die Kuh

2.1: Dies Buch, daran ist kein Zweifel, ist eine Leitung für die Gottesfürchtigen, 2.2: die da glauben an das Verborgene und das Gebet verrichten und von unserer Gabe spenden. 2.19: O ihr Menschen, dienet *eurem Herrn*, 2.20: der euch die Erde zu einem Bett gemacht hat und den Himmel darüber erbaut, und vom Himmel Wasser herniedersandte und durch dieses Früchte hervorbrachte zu eurer Nahrung. Stellt ihm daher nicht Götter zur Seite. 2.21: ...fürchtet das Feuer, dessen Speise Menschen und Steine sind, die (zum Erschlagen) für die Ungläubigen bereitet sind. 2.23: Verheiße aber denen, die glauben und das Rechte tun, daß Gärten für sie bestimmt sind, durcheilt von Bächen; ...und darinnen werden sie reine Gattinnen empfangen und sollen ewig darinnen verweilen. 2.33: Und wir sprachen: O *Adam*, bewohne du und deine Frau den Garten und esset von ihm in Hülle und Fülle, wo immer ihr wollt; aber nahet nicht jenem Baume, sonst seid ihr Ungerechte. 2.34: Aber der Satan ließ sie aus ihm straucheln und vertrieb sie aus der Stätte, in der sie weilten. 2.38: O ihr Kinder Israel, gedenket meiner Gnade, mit der ich euch begnadete, und haltet meinen Bund... 2.39: Und kleidet nicht die Wahrheit in die Lüge und verbergt nicht die Wahrheit wider euer Wissen. 2.46: Und gedenket, als wir euch vom Volke Pharaos erretteten, das euch mit schlimmer Pein heimsuchte; sie erschlugen eure Knaben und ließen nur eure Mädchen am Leben. 2.47: Und als wir für euch das Meer teilten und euch erretteten und das Volk Pharaos vor euerm Angesicht ertränkten. 2.48: Und als wir mit *Moses* vierzig Nächte lang den Bund schlossen; alsdann, in seiner Abwesenheit, nahmt ihr euch das Kalb und sündigtet. 2.50: Und als wir dem *Moses* die Schrift und die Unterscheidung gaben, auf daß ihr geleitet würdet. 2.57: Und als *Moses* Wasser für sein Volk verlangte, sprachen wir: Schlag mit deinem Stabe den Felsen. Und es entsprangen ihm zwölf Quellen, so daß alles Volk seine Tränke kannte. 2.63: Und als *Moses* zu seinem Volk sprach: „Siehe, *Gott* gebietet euch, eine *Kuh* zu opfern", sprachen sie: „Treibst du Spott mit uns?" 2.77: Und als wir mit den Kindern Israel einen Bund schlossen, (sprachen wir): Dienet keinem denn *Allah*, tut Gutes euern Eltern und Verwandten und Waisen und Armen, sprecht von den Leuten nur Gutes und verrichtet das Gebet und entrichtet das Almosen. 2.81: Und dem *Moses* gaben wir die Schrift und ließen ihm Gesandte nachfolgen; *und wir gaben JESUS, dem Sohn der MARIA, die deutlichen Zeichen und stärkten ihn mit dem HEILIGEN GEIST.* 2.83: Und als zu ihnen ein Buch (der *Koran*) von *Allah* kam, ihre frühere Offenbarung zu bestätigen, ...da verleugneten sie es. Darum *Allahs* Fluch auf die Ungläubigen. 2.85: Und als man zu ihnen sprach: Glaubet an das, was *Allah* (jetzt) auf euch niedersandte, sprachen sie: Wir glauben an das, was auf uns (früher) niedergesandt ward... Sprich: Und weshalb erschlugt ihr *Allahs* Propheten zuvor, so ihr Gläubige seid? 2.86: Und es kam auch *Moses* mit den deutlichen Zeichen zu euch. Dann aber nahmt ihr euch das Kalb in seiner Abwesenheit und sündigtet. 2.91: Sprich: Wer *Gabriels* Feind ist – denn er ist's, der deinem Herzen mit *Allahs* Erlaubnis (den *Koran*) offenbarte, als eine *Bestätigung des Früheren* und eine Leitung und eine Heilsbotschaft für die Gläubigen: 2.92: Wer ein Feind ist *Allahs* und seiner *Engel* und seiner Gesandten und *Gabriels* und *Michaels*, (den trifft *Allahs* Zorn) denn siehe, *Allah* ist ein Feind der Ungläubigen. 2.109: Und *Allahs* ist der Westen und der Osten, und wohin ihr euch wendet, dort ist *Allahs* Angesicht. Siehe, *Allah* ist weit und wissend. 2.110: Und sie (die

Christen) sprechen: *Allah hat einen Sohn erzeugt.* Preis ihm! Nein; was in den Himmeln und auf Erden, alles gehorcht ihm. 2.111: Der Schöpfer der Himmel und der Erde, und so er ein Ding beschließt, spricht er nur zu ihm „Sei", und es ist. 2.114: Nicht werden die *Juden* und die *Nazarener* mit dir (*Mohammed*) zufrieden sein, es sei denn, du folgtest ihrer Religion. 2.118: Und als *Abraham* von seinem *Herrn* durch Gebote, die er erfüllte, geprüft ward, sprach er: Siehe, ich mache dich zu einem *Imam* (Vorbeter) für die Menschen. 2.119: Nehmt *Abrahams* Stätte (die *Kaaba, die von Abraham erbaut worden sein soll*) als Bethaus an, und wir verpflichteten *Abraham* und *Ismael*: Reinigt mein Haus für die es Umwandelnden und darin Verweilenden und die sich Beugenden und Niederwerfenden. 2.124: Und wer, außer dem, dessen Seele töricht ist, verschmähte die Religion *Abrahams.* 2.125: Als sein *Herr* zu ihm sprach: Werde *Muslim,* sprach er: Ich ergebe mich völlig dem Herrn der Welten. 2.126: Und *Abraham* legte es seinen Kindern ans Herz, und *Jakob* (sprach): O meine Kinder, siehe, *Allah* hat euch eine Religion erwählt; so sterbet nicht, ohne Muslime geworden zu sein. 2.127: Sie sprachen: Anbeten werden wir deinen *Gott* und den *Gott* deiner Väter *Abraham* und *Ismael* und *Isaak,* einen einigen *Gott,* und ihm sind wir völlig ergeben. 2.129: Und sie (die Schriftbesitzer) sprechen: Werdet *Juden* oder *Nazarener,* auf daß ihr geleitet seid. Sprich: Nein; die Religion *Abrahams,* der den rechten Glauben bekannte, und kein Götzendiener war, (ist unsere Religion)...2.130: Sprecht: Wir glauben an *Allah* und was er zu uns niedersandte, und was er niedersandte zu *Abraham* und *Ismael* und *Isaak* und *Jakob* und den Stämmen, *und was gegeben ward MOSES und JESUS,* und was gegeben ward den Propheten von ihrem *Herrn.* Keinen Unterschied machen wir zwischen einem von ihnen; und wahrlich, wir sind Muslime. 2.132: Die Taufe *Allahs* (haben wir), und was ist besser als *Allahs* Taufe? 2.139: Wende dein Angesicht nach der Richtung der heiligen Moschee (die *Kaaba* in *Mekka*), und wo immer ihr seid, wendet eure Angesichter nach der Richtung zu ihr. 2.158: Und euer *Gott* ist ein einiger *Gott*; es gibt keinen *Gott* außer ihm, dem Erbarmer, dem Barmherzigen. 2.159: Siehe, in der Schöpfung der Himmel und der Erde, und in dem Wechsel der Nacht und des Tages, und in den Schiffen, welche das Meer durcheilen mit dem, was den Menschen nützt, und was *Allah* vom Himmel niedersendet an Wasser, womit er die Erde belebt nach ihrem Tode, und was er auf ihr ausbreitete an allerlei Getier, und in dem Wechsel der Winde und der Wolken, die fronen müssen dem Himmel und der Erde, wahrlich, darinnen sind *Zeichen für ein Volk von Verstand!* 2.160: Und doch gibt es Leute, die neben *Allah* Götzen setzen und sie lieben, wie man *Allah* lieben soll. 2.163: O ihr

Menschen, esset von dem, was auf Erden erlaubt und gut ist, und folget nicht den Fußstapfen des Satans. 2.167: O ihr, die ihr glaubt, esset von den guten Dingen, mit denen wir euch versorgten. 2.168: *Verwehrt hat er euch nur Krepiertes und Blut und Schweinefleisch* und das, über dem ein anderer als *Allah* angerufen ward. 2.172: ..Vielmehr ist fromm, wer da glaubt an *Allah* und den *Jüngsten Tag* und die *Engel* und die Schrift und die Propheten, und wer sein Geld aus Liebe zu ihm ausgibt für seine Angehörigen und die Waisen und die Armen und den Sohn des Weges und die Bettler und die Gefangenen; und wer das Gebet verrichtet und die Armensteuer zahlt. 2.173: O ihr, die ihr glaubt, vorgeschrieben ist euch die Wiedervergeltung im Mord. 2.176: Vorgeschrieben ist euch, wenn einem von euch der Tod naht und er Gut hinterläßt, für die Eltern und die Verwandten in Billigkeit zu verfügen. 2.179: O ihr, die ihr glaubt, vorgeschrieben ist euch das Fasten, wie es den Früheren vorgeschrieben ward. 2.181: Der Monat *Ramadan*, in welchem der *Koran* herabgesandt wurde, ist eine Leitung für die Menschen. 2.183: Erlaubt ist euch, zur Nacht des Fastens eure Frauen heimzusuchen. Sie sind euch ein Kleid, und ihr seid ihnen ein Kleid. ... Und esset und trinket, bis ihr einen weißen Faden von einem schwarzen Faden in der Morgenröte unterscheidet. Alsdann haltet streng das Fasten bis zur Nacht und ruhet nicht bei ihnen, sondern verweilet in den Moscheen. 2.192: Und vollziehet die *Pilgerfahrt* und den Besuch um *Allahs* willen; und so ihr behindert seid, dann bringt ein kleines Opfer dar. Und schert eure Häupter nicht eher, als bis das Opfer seine Opferstätte erreicht hat. Und wer von euch krank ist oder einen Schaden am Haupt hat, der leiste Ersatz dafür mit Fasten, einem Almosen oder einem Opfer. (Die *Umra*, die kleine Pilgerfahrt, besteht nur im siebenmaligen Umlaufen der *Kaaba* und dem siebenmaligen Lauf zwischen den beiden Hügeln *Safa* und *Marwa*). 2.193: Die (Zeit der) Pilgerfahrt (sind) die bekannten Monate (jetzt nur noch der zwölfte Monat). Wer sich in ihnen der Pilgerfahrt unterzieht, der enthalte sich des Beischlafs und des Unrechts und des Streites auf der Pilgerfahrt. ... Und versorgt euch mit Zehrung; aber die beste Zehrung ist die Gottesfurcht. 2.209: Die Menschen waren eine Gemeinde; und dann entsandte *Allah* Propheten als Freudenboten und Mahner und sandte mit ihnen die Schrift mit der Wahrheit hinab. 2.216: Sie werden dich befragen nach dem Wein und dem Spiel. Sprich: In beiden liegt große Sünde und Nutzen für die Menschen. Die Sünde in ihnen ist jedoch größer als ihr Nutzen. 2.220: Und heiratet nicht eher Heidinnen, als sie gläubig geworden sind; wahrlich, eine gläubige Sklavin ist besser als eine Heidin, auch wenn sie euch gefällt. 2.222: Und sie werden dich über die Reinigung

(Menstruation) befragen. Sprich: Sie ist ein Schaden. Enthaltet euch daher eurer Frauen während der Reinigung und nahet ihnen nicht eher, als bis sie rein sind. Sind sie jedoch rein, so suchet sie heim. 2.224: Und machet *Allah* nicht zum Ziel für eure Schwüre (aus Leichtfertigkeit). 2.226: Für die, welche schwören, sich von ihren Frauen zu trennen, seien vier Monate Wartezeit festgesetzt. 2.228: Und die geschiedenen Frauen sollen warten, bis sie dreimal die Reinigung (Menstruation) gehabt haben, und es ist ihnen nicht erlaubt, zu verheimlichen, was *Allah* in ihren Schößen erschaffen hat, so sie an *Allah* glauben und an den *Jüngsten Tag*. 2.229: Die Scheidung ist zweimal (erlaubt); dann aber müßt ihr sie in Güte behalten oder mit Gut entlassen. 2.230: Und so er sie (ein drittes Mal) entläßt, so ist sie ihm nicht mehr erlaubt, ehe sie nicht einen anderen Gatten geheiratet hat. 2.232: Wenn ihr euch von euern Frauen scheidet und sie ihre Frist erreicht haben, so hindert sie nicht, ihre Gatten zu heiraten. 2.233: Und die (geschiedenen) Mütter sollen ihre Kinder zwei volle Jahre stillen, so jemand will, daß die Stillung vollständig sei; und dem Vater soll ihre Versorgung und Kleidung nach Billigkeit obliegen. 2.234: Und diejenigen von euch, welche verscheiden und Gattinnen hinterlassen – so müssen diese vier Monate und zehn Tage warten. 2.235: Und ihr begeht keine Sünde, wenn ihr den Frauen den Vorschlag zur Verlobung macht. 2.236: Und beschließet den Ehebund nicht eher als nach Ablauf der bestimmten Frist. 2.237: Ihr begeht keine Sünde, wenn ihr euch von euren Frauen scheidet, bevor ihr sie berührt oder ihnen eine Mitgift festgesetzt habt. 2.239: Beobachtet das Gebet und (besonders) das mittlere Gebet und steht vor *Gott* in Ehrfurcht. 2.247: Schautest du nicht auf die Angesehenen der Kinder Israel nach *Moses* (Tod), als sie zu ihrem Propheten (*Samuel*) sprachen: Erwecke uns einen König? 2.248: Und es sprach zu ihnen ihr Prophet: Siehe, *Allah* hat euch den *Saul* zum König erweckt. 2.249: Sieh, das Zeichen seines Königtums ist, daß die *Lade* zu euch kommen wird, in der eine Gegenwart ist von eurem *Herrn* und ein Rest des Nachlasses des Hauses *Moses* und des Hauses *Aaron*; die *Engel* werden sie tragen. 2.252: Und so schlugen sie sie (*Goliaths* Scharen) mit *Allahs* Willen, und es erschlug *David* den *Goliath*. 2.254: *Und wir gaben JESUS, dem Sohn der MARIA, die deutlichen Zeichen und stärkten ihn mit dem HEILIGEN GEIST.* 2.256: *Allah!* Es gibt keinen *Gott* außer ihm, dem Lebendigen, dem Ewigen! Nicht ergreift ihn Schlummer und nicht Schlaf. Sein ist, was in den Himmeln und was auf Erden. 2.257: Es ist kein Zwang im Glauben. 2.258: *Allah* ist der Schützer der Gläubigen; er führt sie aus den Finsternissen zum Licht. 2.265: Gütige Rede und Verzeihung ist besser als ein Almosen, dem Unrecht folgt. 2.276: Und *Allah* hat das Verkaufen erlaubt, aber den Wucher verwehrt. 2.280: Und wenn jemand in (Zahlungs-)Schwierigkeit ist, so übt Nachsicht, bis es ihm leichtfällt; schenkt ihr's jedoch als Almosen, so ist's besser für euch, so ihr es wisset.

Sure 3: Das Haus Imran

3.1: *Allah* - es gibt keinen *Gott* außer ihm, dem Lebendigen, dem Ewigen. 3.2: Herabgesandt hat er auf dich das Buch in Wahrheit, bestätigend, was ihm vorausging. Und herab sandte er die *Tora* und das *Evangelium* zuvor als eine Leitung für die Menschen und sandte (nun) die Unterscheidung. 3.12: Verlockend ist den Menschen gemacht die Liebe für die Freuden an Frauen und Kindern und aufgespeicherten Talenten von Gold und Silber und Rassepferden und Herden und Ackerland. 3.16: Es gibt keinen *Gott* außer ihm, dem Mächtigen, dem Weisen. Siehe, die (wahre) Religion bei *Allah* ist der *Islam*. 3.29: Lieben wird euch *Allah* und wird euch eure Sünden verzeihen, denn *Allah* ist verzeihend und barmherzig. 3.30: Siehe, *Allah* erwählte *Adam* und *Noah* und das Haus *Abraham* und *das Haus Imran* vor allen Menschen. 3.31: (Gedenke), da die *Frau Imrans* betete: *Mein Herr, siehe, ich gelobe dir, was in meinem Schoße ist, zu eigen; so nimm es von mir an. Und als sie es geboren hatte, sprach sie: Mein Herr, siehe, ich habe es als Mägdlein geboren. Und ich habe es Maria genannt, und siehe, ich befehle sie und ihren Samen in deine Hut vor dem Satan, dem zu Steinigenden.* (Für Mohammed ist *Imran* der Vater der Jungfrau *Maria*, die zusammen mit ihrer Schwester *Elisabeth, Jesus, Johannes* dem *Täufer* und (dessen Vater) *Zacharias* das „*Haus Imran*" bilden. Die Mutter *Jesu, Maria* (arab. *Marjam*), wird mit der Schwester *Aarons* und *Moses, Marjam,* gleichgesetzt. Der Satan heißt der Gesteinigte, weil ihn nach der islamischen Legende *Abraham* mit Steinwürfen wegtrieb; denn er wollte *Abraham* verführen, dessen Sohn *Ismael,* also nicht *Isaak* zu opfern). 3.34: Engel riefen dem *Zacharias* zu: *Allah* verheißt dir *Johannes,* den Bestätiger eines Wortes (wahrscheinlich *Christus*) von *Allah,* einen Herrn, einen Asketen und Propheten von den Rechtschaffenen. 3.37: Und da die *Engel* sprachen: *O MARIA, siehe, Allah hat dich auserwählt und hat dich gereinigt und hat dich erwählt vor den Frauen aller Welt.* 3.40: (Gedenke) da die *Engel* sprachen: *O MARIA, siehe, Allah verkündet dir ein Wort (offenbar Christus) von ihm; sein Name ist der MESSIAS JESUS, der SOHN der MARIA, angesehen hienieden und im Jenseits und einer der (Allah) Nahen.* 3.41: *Und reden wird er mit den Menschen in der Wiege und in der Vollkraft, und er wird einer der Rechtschaffenen sein.* 3.42: *Sie sprach: Mein Herr, woher soll mir ein Sohn werden, wo mich kein Mann berührte.* Er sprach: Also schafft *Allah,* was er will; wenn er ein Ding beschlossen hat, spricht er nur zu ihm: Sei, und es ist. 3.43: *Und er wird ihn lehren das Buch und die Weisheit und die Tora und das Evangelium und wird ihn entsenden zu den Kindern Israel. Sprechen wird er: Siehe, ich komme zu euch mit einem Zeichen von eurem Herrn; und ich will heilen den Mutterblinden und Aussätzigen und will die Toten lebendig machen mit Allahs Erlaubnis.* 3.44: Und als ein Bestätiger (komme ich) von der Tora, die vor mir war, und ich komme zu euch mit einem Zeichen von eurem Herrn. 3.45: Und als JESUS ihren Unglauben wahrnahm, sprach er: Welches sind meine Helfer zu *Allah* hin? Es sprachen die Jünger: Wir sind *Allahs* Helfer. 3.48: (Gedenke), da *Allah* sprach: O JESUS, siehe, ich will dich verscheiden lassen und will dich erhöhen zu mir und will dich von den Ungläubigen säubern und will deine Nachfolger über die Ungläubigen setzen bis zum Tag der Auferstehung. 3.52: Siehe, JESUS ist vor Allah gleich Adam. 3.58: O Volk der Schrift, warum streitet ihr über *Abraham,* wo die *Tora* und das *Evangelium* erst nach ihm herabgesandt ward? 3.60: *Abraham* war weder Jude noch Christ: Vielmehr war er lauteren Glaubens, ein Muslim, und keiner derer, die *Gott* Gefährten geben. 3.78: Wir glauben an *Allah* und was auf uns herabgesandt ward auf *Abraham* und *Ismael* und *Jakob* und die Stämme, und was gegeben ward *Moses* und JESUS und den Propheten von ihrem Herrn; wir machen keinen Unterschied zwischen einem von ihnen, und ihm sind wir ergeben. 3.79: Und wer eine andere Religion als den Islam begehrt, nimmer soll sie von ihm angenommen werden, und im Jenseits wird er verloren sein. 3.89: Wahrhaft ist *Allah.* So folget der Religion *Abrahams,* des Lautern im Glauben, der neben *Allah* keine Götter setzte. 3.90: Siehe, das erste Haus, gegründet für die Menschen, wahrlich, das war das in Bekka (*Mekka*). 3.91: In ihm sind deutliche Zeichen – die Stätte *Abrahams.* Und der Menschen Pflicht gegen *Allah* ist die Pilgerfahrt zum Hause, wer da den Weg zu ihm machen kann.

Sure 4: Die Frauen

4.3: Und so ihr fürchtet, nicht Gerechtigkeit gegen die (weiblichen) Waisen zu üben, so nehmt euch zu *Frauen,* die euch gutdünken, zwei oder drei oder vier, und so ihr (auch dann) fürchtet, nicht billig zu sein, heiratet nur eine oder was eure Rechte (an Sklavinnen) besitzt. Solches schützt euch eher vor Ungerechtigkeit. 4.4: Und gebet den Frauen ihre Morgengabe freiwillig. 4.12: *Allah* schreibt euch vor hinsichtlich eurer Kinder, dem Knaben zweier Mädchen Anteil zu geben. 4.19: Und wer von euren Frauen eine

Hurerei begeht, so nehmet vier von euch zu Zeugen wider sie. Und so sie es bezeugen, so schließet sie ein in die Häuser, bis der Tod ihnen naht oder *Allah* ihnen einen Weg gibt. 4.20: Und diejenigen, die es von euch begehen (wahrscheinlich Päderasten oder Homosexuelle) strafet beide. 4.24: Und so ihr eine Gattin gegen eine andere eintauschen wollt, und ihr habt der einen ein Talent gegeben, so nehmt nichts von ihr fort. 4.26: Und heiratet nicht Frauen, die eure Väter geheiratet hatten, es sei denn bereits vorher geschehen. 4.27: Verwehrt sind euch eure Mütter, eure Schwestern, eure Vatersschwestern, ... 4.28: Und (verwehrt sind euch) verheiratete Frauen außer denen, die eure Rechte besitzt (Sklavinnen). Dies ist *Allahs* Vorschrift für euch. Und erlaubt ist euch außer diesem, daß ihr mit eurem Geld Frauen begehrt zur Ehe und nicht in Hurerei.

Sure 5: Der Tisch

5.1: O ihr, die ihr glaubt, haltet eure Verträge. 5.4: Verwehrt ist euch *Krepiertes, Blut, Schweinefleisch* und das, über dem ein anderer Name als *Allahs* (beim Schlachten) angerufen ward... 5.7: Heute sind euch die guten Dinge erlaubt, und die Speise derer, denen die Schrift gegeben ward, ist euch erlaubt, wie eure Speise ihnen erlaubt ist. Und (erlaubt ist euch zu heiraten) züchtige Frauen, die gläubig sind, und züchtige Frauen von denen, welchen die Schrift vor euch gegeben ward, so ihr ihnen ihre Morgengabe gegeben habt und züchtig mit ihnen lebt ohne Hurerei und keine Konkubinen nehmt. 5.8: O ihr, die ihr glaubt, *wenn ihr hintretet zum Gebet, so waschet euer Gesicht und eure Hände bis zu den Ellbogen und wischet eure Häupter und eure Füße bis zu den Knöcheln ab.* 5.17: Und mit denen, welche sprechen: Siehe, wir sind *Nazarener*, schlossen wir einen Bund. Sie aber vergaßen einen Teil von dem, was ihnen gesagt ward; darum erregten wir Feindschaft und Haß unter ihnen bis zum Tag der Auferstehung. 5.18: Gekommen ist nunmehr zu euch von *Allah* ein Licht und ein klares Buch (der *Koran*), mit dem *Allah* leitet, wer seinem Wohlgefallen nachgeht. 5.19: Wahrlich, ungläubig sind, die da sprechen: Siehe, *Allah*, das ist der MESSIAS, der Sohn der MARIA: Sprich: Und wer hätte über *Allah* Macht, so er den MESSIAS, den Sohn der MARIA, und seine Mutter und, wer auf der Erde allzumal, vernichten wollte? 5.21: Und es sprechen die Juden und die *Nazarener*: Wir sind *Allahs* Kinder und seine Geliebten. Sprich: Und weshalb straft er euch für eure Sünden? Nein, ihr seid Menschen von denen, die er erschaffen. 5.23: Und (gedenke), als *Moses* zu seinem Volk sprach: ...O Volk, betritt das Heilige Land, das *Allah* euch bestimmte. 5.29: Er sprach:

Siehe, verwehrt soll es ihnen sein vierzig Jahre lang; umherirren sollen sie auf der Erde. 5.35: *Wir haben den Kindern Israel verordnet, daß wer eine Seele ermordet, ohne daß er einen Mord oder eine Gewalttat im Lande begangen hat, soll sein wie einer, der die ganze Menschheit ermordet hat.* Und wer einen am Leben erhält, soll sein, als hätte er die ganze Menschheit am Leben erhalten. 5.42: Und der Dieb und die Diebin, *schneidet ihnen die Hände ab* als Lohn für ihre Taten. (Dies ist) ein Exempel von *Allah*, und *Allah* ist mächtig und weise. 5.48: Siehe, hinabgesandt haben wir die *Tora*, in der sich eine Leitung und ein Licht befinden, mit der die Propheten, welche Muslime waren, die Juden richteten. 5.49: Und wir schrieben ihnen darin vor: Leben um Leben, Auge um Auge, Nase für Nase, Ohr für Ohr, Zahn für Zahn und Wiedervergeltung von Wunden. 5.50: Und in ihren Spuren ließen wir folgen *JESUS*, den Sohn der *MARIA*, zu bestätigen die Tora, die vor ihm war, und wir gaben ihm das *Evangelium*, darinnen eine Leitung und ein Licht, bestätigend die Tora, die vor ihm war, eine Leitung und Ermahnung für die Gottesfürchtigen. 5.51: Und damit sich das Volk des Evangeliums richte nach dem, was *Allah* in ihm herabgesandt hat. 5.56: O ihr, die ihr glaubt, nehmt nicht die Juden und Christen zu Freunden; einander nehmen sie zu Freunden, und wer von euch sie zu Freunden nimmt, siehe, der ist von ihnen. Siehe, *Allah* leitet nicht ungerechte Leute. 5.62: O ihr, die ihr glaubt, nehmt nicht von denen, welchen die Schrift vor euch gegeben ward, diejenigen, die über euren Glauben spotten und scherzen, und auch nicht die Ungläubigen zu Freunden, und fürchtet *Allah*, so ihr Gläubige seid. 5.64: Sprich: O Volk der Schrift, verwerfet ihr uns nur deshalb, weil wir an *Allah* glauben und an das, was er zu uns hinabsandte und zuvor hinabsandte, und weil die Mehrzahl von euch Frevler sind? 5.68: Warum untersagen ihnen nicht die Rabbiner und Lehrer ihre sündige Rede und ihr Verzehren des Verbotenen? 5.73: Siehe, die Gläubigen und die Juden und die Sabier und die *Nazarener* – wer da glaubt an *Allah* und an den *Jüngsten Tag* und das Rechte tut – keine Furcht soll über sie kommen, und nicht sollen sie traurig sein. 5.76: Wahrlich, ungläubig sind, welche sprechen: Siehe, *Allah*, das ist der *MESSIAS*, der Sohn der *MARIA*. Und es sprach doch der *MESSIAS*: O ihr Kinder Israel, dienet *Allah*, meinem Herrn und euerm Herrn. Siehe, wer *Allah* Götter an die Seite stellt, dem hat *Allah* das Paradies verwehrt, und seine Behausung ist das Feuer. 5.77: Wahrlich, ungläubig sind, die da sprechen: Siehe, *Allah ist ein Dritter von drei*. Aber es gibt keinen Gott denn einen einzigen Gott. 5.79: Nicht ist der *MESSIAS*, der Sohn der *MARIA*, etwas anderes als ein Gesandter; vorausgingen ihm Gesandte, und seine Mutter war aufrichtig. 5.82: Verflucht sind die Ungläubigen unter den

Kindern Israel durch die Zunge Davids und *JESUS*, des Sohnes der *MA-RIA*; solches, dieweil sie rebellisch waren und sich vergingen. ... Wahrlich, schlimm ist ihr Tun! 5.92: O ihr, die ihr glaubt, siehe, der Wein, das Spiel, die Opfersteine und die Pfeile sind ein Gräuel von Satans Werk. Meidet sie. 5.109: (Gedenke) als *Allah* sprach: O *JESUS*, Sohn der *MARIA*, gedenke meiner Gnade gegen dich und deine Mutter, als ich dich mit dem *HEILIGEN GEIST* stärkte, auf daß du reden solltest zu den Menschen in der Wiege und als Erwachsener. 5.110: Und als ich dich lehrte die Schrift und die Weisheit und die *Tora* und das *Evangelium*, und als du aus Ton mit meiner Erlaubnis die Gestalt eines Vogels erschufst und in sie hineinhauchtest und sie ein Vogel ward mit meiner Erlaubnis; und als du die Blinden und Aussätzigen mit meiner Erlaubnis heiltest und die Toten herauskommen ließest mit meiner Erlaubnis; und als ich die Kinder Israel von dir zurückhielt, als du ihnen die deutlichen Beweise brachtest. Und da sprachen die Ungläubigen unter ihnen: Dies ist nichts als offenkundige Zauberei. 5.112: Und als die Jünger sprachen: „O *JESUS*, Sohn der *MARIA*, ist dein Herr imstande, zu uns einen *Tisch* vom Himmel herabzusenden"? 5.114: Da sprach *JESUS*, der Sohn der *MARIA*: „O *Allah*, unser Herr, sende zu uns einen Tisch vom Himmel herab, daß es ein Festtag für uns werde, ... und ein Zeichen von dir; (damit könnte das Abendmahl oder die wunderbare Brotvermehrung gemeint sein). 5.116: Und wenn *Allah* sprechen wird: O *JESUS*, Sohn der *MARIA*, hast du zu den Menschen gesprochen: Nehmt mich und meine Mutter als zwei Götter neben *Allah* an? Dann wird er sprechen: Preis sei dir! Es steht mir nicht zu, etwas zu sprechen, was nicht wahr ist. *(Der Prophet erkennt hier nicht an, daß Maria keineswegs eine Göttin neben Gott/Allah, sondern die Auserwählte Gottes für die Geburt des Erlösers Jesus Christus ist; er erkennt auch nicht an, daß der eine und einzige Gott/Allah in zwei weiteren Offenbarungswesen, nämlich in Jesus und im Heiligen Geist, vor der Menschheit in Erscheinung tritt)*

Sure 6: Das Vieh

6.14: Nicht sei einer derer, die *Allah* Gefährten geben. 6.32: Und das irdische Leben ist nur ein Spiel und ein Scherz. 6.19: Siehe, wollt ihr wirklich bezeugen, daß es neben *Allah* andere Götter gibt? 6.56: Verboten ward mir, zu dienen denen, die ihr neben *Allah* anruft. 6.69: Und verlaß jene, welche mit ihrem Glauben Scherz und Spott treiben und welche das irdische Leben betrogen hat, und ermahne sie damit, daß jede Seele nach Verdienst dem Verderben preisgegeben wird. 6.84: Und wir schenkten ihm (Anm.: dem

Volk Israel) *Isaak* und *Jakob* und leiteten beide; und *Noah* leiteten wir zuvor; und aus seinen Nachkommen den *David* und *Salomo* und *Hiob* und *Joseph* und *Moses* und *Aaron*; und also lohnen wir denen, die Gutes tun. 6.85: Und den *Zacharias* und *Johannes* und *JESUS* und *Elias*; alle waren Rechtschaffene; 6.86: Und *Ismael* und *Elisa* und *Jonas* und *Lot*, alle begnadeten wir vor den Geschöpfen. 6.89: Diese sind's, denen wir gaben die Schrift, den Befehl und das Prophetentum. 6.101: *Der Schöpfer der Himmel und der Erde, woher sollte er ein Kind haben, wo er keine Gefährtin hat?* 6.106: Es gibt keinen *Gott* außer ihm; und wende dich ab von denen, die ihm Gefährten geben. 6.125: Und wen *Allah* leiten will, dem weitet er seine Brust für den Islam. 6.137: Und sie (die Ungläubigen) haben für *Allah* von dem, was er an Feldfrüchten und *Vieh* wachsen ließ, einen Anteil bestimmt,... 6.147: Den Juden haben wir alles (Vieh) mit Klauen verwehrt, und vom Rindvieh und Schafen verboten wir ihnen das Fett. 6.152: Sprich: Kommet her, verkünden will ich, was euer *Herr* euch verboten: Ihr sollt ihm nichts an die Seite stellen, und den Eltern sollt ihr Gutes tun; ... und tötet kein Leben, das *Allah* verwehrt hat, *es sei denn mit gerechtem Grund (!)*. 6.160: Siehe, diejenigen, die ihren Glauben spalteten und zu Parteien wurden, mit ihnen hast du nichts zu schaffen.

Sure 7: Der Wall

7.18: Und, O *Adam*, wohne du und dein Weib im Paradiese ... Nähert euch jedoch nicht diesem Baume, sonst seid ihr Ungerechte. 7.27: *Allah* befiehlt keine Schandbarkeit. 7.29: O Kinder *Adams*, leget euren Putz an bei jeder Moschee und esset und trinket und schweifet nicht aus; siehe, er liebt nicht die Ausschweifenden. 7.38: Siehe, diejenigen, die unsere Zeichen der Lüge zeihen und sich hoffärtig von ihnen abwenden, nicht werden ihnen geöffnet die Tore des Himmels, und nicht gehen sie ein ins Paradies, *ehe denn ein Kamel durch ein Nadelöhr geht.* 7.44: Und zwischen ihnen (den gerechten und Ungerechten) ist ein Vorhang, und auf den *Wällen* sind Männer ...; und sie rufen den Paradiesgefährten zu: „Frieden sei mit euch!" 7.52: Siehe, euer Herr ist *Allah*, welcher die Himmel und die Erde in sechs Tagen erschuf; alsdann setzte er sich auf den Thron. Er läßt die Nacht den Tag verhüllen – sie verfolgt ihn schnell; und er schuf die Sonne, den Mond und die Sterne, die seinem Befehle gehorchen. 7.54: Und stiftet nicht Verderben auf Erden an, nachdem sie in Ordnung gebracht ward, und rufet ihn an in Furcht und Verlangen; siehe, *Allahs* Barmherzigkeit ist nahe denen, die Gutes tun. 7.72: Und gedenket der Wohltaten *Allahs* und stiftet auf der Erde kein Verderben an. 7.78/79: Und *Lot* entsandten wir, da er zu seinem Volke sprach: Wollt ihr Schandbarkeiten begehen, wie keins der Geschöpfe sie zuvor beging? Wahrlich, ihr kommt zu den Männern im Gelüst anstatt zu den Frauen! Ja, ihr seid ein ausschweifend Volk! 7.101: Alsdann entsandten wir nach ihnen *Moses* mit unseren Zeichen zum Pharao ... Gekommen bin ich zu euch mit einem deutlichen Beweis von eurem *Herrn*, drum entlaß mit mir die Kinder Israel. 7.130: Und so sandten wir über sie die Flut und die Heuschrecken und die Läuse und die Frösche und das Blut als deutliche Zeichen. 7.141: Er sprach: O *Moses*, siehe, ich habe dich erwählt vor den Menschen durch meine Sendung und meine Zwiesprache. So nimm, was ich dir gegeben, und sei einer der Dankbaren. Und wir schrieben für ihn auf die Tafeln eine Ermahnung in betreff aller Dinge und eine Erklärung für alle Dinge. 7.145: Und sie, die unsere Zeichen und das Eintreffen des Jenseits als Lüge erklären, umsonst sind ihre Werke gewesen. 7.153: Und als sich *Moses'* Zorn beruhigt hatte, nahm er die Tafeln, und in ihrer Schrift war eine Leitung und Barmherzigkeit für jene, die ihren *Herrn* fürchten. 7.156: ...für die, welche an unsere Zeichen glauben: Die da folgen dem Gesandten, dem heidnischen Propheten, von dem sie geschrieben finden bei sich in der *Tora* und dem *Evangelium*. 7.160: Und wir zerteilten sie (Anm.: die Israeliten) in zwölf Stämme und Nationen und offenbarten *Moses*, als sein Volk von ihm Wasser zu trinken begehrte: Schlag mit deinem Stab den Felsen. Und es entströmten ihm zwölf Quellen. Jedermann erkannte seine Tränke. Und wir überschatteten sie mit Wolken und sandten hinab auf sie das *Manna* und die *Wachteln*. 7.167: Und wir verteilten sie auf der Erde zu Nationen. 7.195: Siehe, mein Beschützer ist *Allah* ... Die aber, die ihr neben ihm anruft, vermögen weder euch zu helfen noch sich selber. 7.203: Und wenn der *Koran* rezitiert wird, so hört zu und schweigt. 7.204: Siehe, diejenigen, die bei deinem *Herrn* sind, ... preisen ihn und werfen sich vor ihm nieder.

Sure 8: Die Beute

8.1: Sie (die nicht an der siegreichen Schlacht bei *Badr* teilnahmen) werden dich über die Beutestücke fragen. Sprich: Die Beute gehört *Allah* und dem Gesandten. Drum fürchtet *Allah* und ordnet dies in Eintracht. 8.12: Als dein Herr den Engeln offenbarte: Ich bin mit euch, festigt drum die Gläubigen. Wahrlich in die Herzen der Ungläubigen werfe ich Schrecken. So haut ein auf ihre Hälse und haut ihnen jeden Finger ab. 8.25: Und hütet euch vor Aufruhr; nicht trifft er die Ungerechten unter euch vornehmlich; und wisset, daß *Allah* streng im Strafen ist. 8.27: O ihr, die ihr glaubt, betrügt nicht *Allah* und den Gesandten und übt nicht Treulosigkeit wider Wissen. 8.28: Und wisset, daß euer Gut und eure Kinder nur eine Versuchung sind und daß bei *Allah* gewaltiger Lohn ist. 8.40: Und kämpfet wider sie (Anm.: die Ungläubigen), bis kein Bürgerkrieg mehr ist und bis alles an *Allah* glaubt. 8.42: Und wisset, wenn ihr etwas erbeutet, so gehört der fünfte Teil davon *Allah* und dem Gesandten und seinen Verwandten und den Waisen und Armen ... 8.57: Siehe, schlimmer als das Vieh sind bei *Allah* die Ungläubigen, die nicht glauben. 8.66: O du Prophet, feuere die Gläubigen zum Kampfe an.

Sure 9: Die Buße

9.3: Und so ihr *Buße* tut, so ist's besser für euch, kehrt ihr jedoch den Rükken, so wisset, daß ihr *Allah* nicht zuschanden machen könnt. 9.5: Sind aber die heiligen Monate verflossen, so *erschlaget die Götzendiener,* wo ihr sie findet und packet sie und belagert sie und lauert ihnen in jedem Hinterhalt auf. So sie jedoch bereuen und das Gebet verrichten und die Armensteuer zahlen, so laßt sie ihres Weges ziehen. 9.17: Den Götzendienern kommt es nicht zu, die Moscheen *Allahs* zu besuchen, durch ihren Unglauben wider sich selber zeugend. Sie – umsonst sind ihre Werke, und im Feuer werden sie ewig verweilen. 9.18: Besuchen soll nur die Moscheen *Allahs*, wer da glaubt an *Allah* und an den *Jüngsten Tag* und das Gebet verrichtet und die Armensteuer zahlt und *Allah* allein fürchtet. 9.28: O ihr, die ihr glaubt, siehe, die Götzendiener sind unrein. 9.29: Kämpfet wider jene von denen, welchen die Schrift gegeben ward (Anm.: d.h. den Juden und Christen), die nicht glauben an *Allah* und an den *Jüngsten Tag* und nicht verwehren, was *Allah* und sein Gesandter verwehrt haben, und nicht bekennen das Bekenntnis der Wahrheit, bis sie den Tribut (Anm.: d.h. eine Art Kopfsteuer) aus der Hand gedemütigt entrichten. 9.30: Und es sprechen die Juden: *Esra* ist *Allahs* Sohn. Und es sprechen die *Nazarener*: Der MESSIAS ist *Allahs* Sohn. Solches ist das Wort ihres Mundes. Sie führen ähnliche Reden wie die Ungläubigen von zuvor. *Allah, schlag sie tot!* Wie sind sie verstandeslos! 9.31: Sie nehmen ihre Rabbiner und Mönche neben *Allah* und den MESSIAS, den Sohn der MARIA, zu Herren an, wo ihnen doch allein geboten ward, einem einzigen *Gott* zu dienen, außer dem es keinen *Gott* gibt. Preis ihm, er steht hoch über dem, was sie neben ihn setzen. 9.32: Verlöschen wollen sie *Allahs* Licht mit ihrem Munde; aber *Allah* will allein sein Licht vollenden, auch wenn es den Ungläubigen zuwider ist. 9.33: *Er ist's, der entsandt hat seinen Gesandten mit der Leitung und der Religion der*

Wahrheit, um sie sichtbar zu machen über jede andere Religion, auch wenn es den Ungläubigen zuwider ist. 9.34: O ihr, die ihr glaubt, siehe, wahrlich viele der Rabbiner und Mönche fressen das Gut der Leute unnütz und machen abwendig von *Allahs* Weg. Aber wer da Gold und Silber aufspeichert und es nicht spendet in *Allahs* Weg, ihnen verheiße schmerzliche Strafe. 9.35: An einem Tage soll es an *Dschehannams* (Anm.: des *Höllenpfuhls*) Feuer glühend gemacht werden, und gebrandmarkt werden sollen damit ihre Stirnen, Seiten und Rücken. 9.36: Drum versündigt euch nicht und bekämpfet die Götzendiener insgesamt, und wisset, daß *Allah* mit den Gottesfürchtigen ist. 9.38: Aber der Nießbrauch des irdischen Lebens ist gegenüber dem Jenseits nur ein winziger. 9.62: Wer aber den Gesandten *Allahs* kränkt, denen soll sein schmerzliche Strafe. 9.63: Wissen sie nicht, daß für den, der *Allah* und seinen Gesandten befehdet, *Dschehannams* Feuer ist, ewig darinnen zu verweilen. 9.74: O du Prophet, streite wider die Ungläubigen und Heuchler und verfahre hart mit ihnen. 9.112: Siehe, *Allah* hat von den Gläubigen ihr Leben und ihr Gut für das Paradies erkauft. Sie sollen kämpfen in *Allahs* Weg und töten und getötet werden. Eine Verheißung hierfür ist gewährleistet in der *Tora*, im *Evangelium* und im *Koran*; und wer hält seine Verheißung getreuer als *Allah*? 9.124: O ihr, die ihr glaubt, kämpfet wider die Ungläubigen an euren Grenzen, und wahrlich, lasset sie Härte in euch verspüren.

Sure 10: Jonas

10.3: Siehe, *Allah* ist euer Herr, der erschaffen die Himmel und die Erde in sechs Tagen. Alsdann setzte er sich auf den Thron, um den Befehl zu führen. 10.4: Und die Ungläubigen – ihnen wird sein ein siedender Trunk und schmerzliche Strafe, darum daß sie nicht glaubten. 10.5: Er ist's, der gemacht hat die Sonne zu einer Leuchte und den Mond zu einem Licht; und verordnet hat er ihm Wohnungen (Anm.: die 28 Mondstationen), auf daß ihr wisset die Anzahl der Jahre und die Berechnung der Zeit. Und erschaffen hat *Allah* dies allein zur Wahrheit. Klar macht er die Zeichen für ein begreifend Volk. 10.16: Nicht steht es mir frei, ihn (Anm.: den *Koran*) abzuändern aus eigenem Antrieb. Ich folge nur dem, was mir offenbart ward. 10.17: Hätte *Allah* es gewollt, so hätte ich ihn (Anm.: den *Koran*) nicht verlesen und euch nicht damit belehrt. Und ich verweile doch schon unter euch ein Menschenleben vor ihm. 10.24: O ihr Menschen, die Vergewaltigung eures eigenen Selbst ist nur ein Nießbrauch des irdischen Lebens. 10.38: Und dieser *Koran* konnte nicht ohne *Allah* ersonnen werden.

Vielmehr ist er eine Bestätigung dessen, was ihm vorausging, und eine Erklärung der Schrift (Anm.: d.h. der göttlichen Urschrift). 10.69: Sie (*die Götzendiener oder Christen*) sprechen: Erzeugt hat *Allah* einen Sohn. Preis ihm! Habt ihr Bürgschaft hierfür? 10.70: Siehe, diejenigen, welche wider *Allah* Lügen ersinnen, ihnen wird's nicht wohl ergehen. 10.98: Aber nur das Volk des *Jonas* befreiten wir, als es geglaubt, von der Strafe der Schande in der irdischen Welt ... 10.100: Und keine Seele kann gläubig werden ohne *Allahs* Erlaubnis.

Sure 11: Hud

11.2: Siehe, ich bin zu euch von ihm (entsandt) als ein Warner und Freudenverkünder, 11.3 und daß ihr euern *Herrn* um Verzeihung bittet und euch dann zu ihm bekehrt. 11.18: Wer das irdische Leben begehrt und seine Pracht, dem wollen wir seine Werke in ihm lohnen ... 11.19: Sie sind es, für die es im Jenseits nichts gibt als das Feuer, und umsonst ist all ihr Tun hienieden gewesen und eitel ihre Werke. 11.52: Und zu den Ad (ein altarabischer Stamm) (sandten wir) ihren Bruder *Hud*. Er sprach:O mein Volk, dienet *Allah*; ihr habt keinen anderen *Gott* als ihn.

Sure 12: Joseph

Die Sure erzählt die Geschichte des *Joseph* in Ägypten. 12.4,5: Als *Joseph* zu seinem Vater sprach: „O mein Vater, siehe, ich sah elf Sterne ... wie sie sich vor mir niederwarfen" – sprach *Jakob*: Mein Söhnchen, erzähle dein Gesicht nicht deinen Brüdern, sonst möchten sie dir eine List planen; siehe, der Satan ist den Menschen ein offenkundiger Feind. 12.93: *Joseph*: Nehmet dieses mein Hemd mit euch und legt es auf das Antlitz meines Vaters, dann wird er sehend werden. 12.100: Mein Herr hat ihn (den Traum) wahrgemacht. Und er hat mich gütig behandelt, als er mich aus dem Kerker führte und euch aus der Wüste herbrachte, nachdem Satan zwischen mir und meinen Brüdern Zwietracht gestiftet hatte. Wahrlich, mein *Herr* ist gütig, zu wem er will; denn er ist der Allwissende, der Allweise. 12.101: O mein *Herr*, du hast mir nun die Herrschaft verliehen und mich die Deutung der Träume gelehrt. O Schöpfer der Himmel und der Erde, du bist mein Beschützer in dieser Welt und im Jenseits. Laß mich als (dir) ergeben sterben und vereine mich mit den Rechtschaffenen.

Sure 13: Der Donner

13.2: *Allah* ist's, der die Himmel erhöht hat ohne Säulen, die ihr seht; alsdann setzte er sich auf den Thron und zwang zum Frondienst Sonne und
Mond. 13.9: *Allah* weiß, was jede Frau (im Schoße) trägt und um was sich
die Schöße verengen und ausdehnen. 13.13,14: Er ist's, der euch sehen
läßt den Blitz in Furcht und Verlangen und der die schweren Wolken hervorbringt. Und *der Donner* lobpreist ihn und die Engel, aus Furcht vor ihm.
13.16: Und vor *Allah* wirft sich nieder, was in den Himmeln und auf Erden
ist. 13.17: *Allah* ist der Schöpfer aller Dinge; und er ist der Einige, der Allmächtige. 13.26: *Allah* versorgt reichlich, wen er will ... doch ist das irdische Leben im Vergleich zum Jenseits nur ein Nießbrauch. 13.36: Geheißen
ward mir, allein *Allah* zu dienen und ihm keine Gefährten zu geben.

Sure 14: Abraham

14.2,3: ...Weh ob der strengen Strafe der Ungläubigen, welche das irdische
Leben mehr lieben als das Jenseits ... 14.14: Auf *Allah* sollen alle Gläubi-
gen vertrauen. 14.29: Ein gutes Wort ist gleich einem guten Baum, dessen
Wurzel fest ist und dessen Zweige in den Himmel reichen. 14.38: Und (ge-
denke), da *Abraham* sprach: Mein *Herr*, mache dieses Land (*Mekka* mit der
Kaaba) sicher und wende mich und meine Kinder von der Anbetung der
Götzen ab. 14.40: Und erfülle die Herzen der Menschen mit Liebe ... und
versorge sie mit Früchten.

Sure 15: El-Hidschr

15.2: Oftmals werden die Ungläubigen wünschen, Muslime gewesen zu
sein. 15.10,11: Und wahrlich, schon vor dir entsandten wir (Gesandte) zu den Sekten der Früheren. Aber nie kamen Gesandte zu ihnen,
die sie nicht verspottet hätten. 15.28: Und (gedenke), da dein *Herr* zu
den Engeln sprach: Siehe, ich erschaffe einen Menschen aus trockenem
Lehm, aus geformtem Schlamm; 15.29: Und wenn ich ihn gebildet und
ihm von meinem Geiste eingehaucht habe, so fallet anbetend vor ihm
nieder. 15.30,31: Und nieder fielen alle die Engel insgesamt, außer *Iblis*
(*der Teufel*). 15.34: Er sprach: Hinaus mit ihm! Siehe, du bist der zu Stei-
nigende; 15.35: und siehe, auf dir soll der Fluch sein bis zum Tag des Gerichts. (Nach islamischem Glauben trieb *Abraham* den *Satan* mit Steinen
fort, als er ihn an der Opferung *Ismaels* (*Isaaks*) hindern wollte. Da dies

bei *Mekka* geschehen sein soll, wirft noch heute jeder Mekkapilger dort sieben Steine auf den „*Steinhaufen des Aqabah*"). 15.51: Und verkünde ihnen von *Abrahams* Gästen. 15.53: Sie sprachen: Fürchte dich nicht; siehe, wir verheißen dir einen klugen Sohn. 15.54: Er sprach: Verheißt ihr mir dies, wo mich schon das Alter berührt hat? 15.80: Und wahrlich, auch das Volk von *El-Hidschr* (eine alte Oasenstadt, die es nicht mehr gibt) zieh die Gesandten der Lüge. 15.84: Und all ihr Tun frommte ihnen nichts. 15.95, 96: Siehe, wir schützen dich gegen die Spötter, welche neben *Allah* noch einen anderen Gott setzen.

Sure 16: Die Bienen

Er (*Allah*) sendet die Engel mit dem Geist aus seinem Logos herab auf wen er will von seinen Dienern (und spricht): Kündet an, daß es keinen *Gott* gibt außer mir; drum fürchtet mich. 16.11: Aufsprießen läßt er euch ... den Ölbaum ... und allerlei Früchte. Siehe, hierin ist wahrlich ein Zeichen für nachdenkende Leute. 16.32: Die Wohnung des Jenseits ist besser, und wahrlich, herrlich ist die Wohnung des Gottesfürchtigen. 16.42: Unser Wort zu einem Ding, so wir es wollen, ist nur, daß wir zu ihm sprechen: Sei!, und so ist's. 16.51: Und vor *Allah* wirft sich nieder, was in den Himmeln und was auf Erden ist, die Tiere und die Engel, und sie sind nicht zu stolz. 16.70: Und es lehrte dein *Herr die Bienen*: Aus ihren Leibern kommt ein Trank verschieden an Farbe, in dem eine Arznei ist für Menschen. Siehe, hierin ist wahrlich ein Zeichen für nachdenkende Menschen. 16.80: Und *Allah* hat euch aus den Leibern eurer Mütter hervorgebracht als Unwissende. Und er gab euch Gehör und Gesicht und Herzen, auf daß ihr dankbar wäret. 16.88: Und wenn diejenigen, welche (*Allah*) Gefährten gaben, sprechen: Unser *Herr*, dies sind unsere Gefährten, die wir außer dir anriefen. Und sie sollen ihnen das Wort entgegnen: Siehe, ihr seid wahrlich Lügner. 16.92,93: *Allah gebietet, Gerechtigkeit zu üben ... und verbietet Gewalttat.* Und haltet den Bund *Allahs*, so ihr ihn eingegangen seid. 16.104: Herabgesandt hat ihn (den *Koran*) der HEILIGE GEIST von deinem *Herrn* in Wahrheit, ... als eine Leitung und Heilsbotschaft für die Muslime. 16.124: Folge der Religion *Abrahams*, des Lautern im Glauben, der kein Götzendiener war. 16.127: Und so ihr euch rächen wollt, so rächt euch in gleichem Maße, als euch Böses zugefügt ward.

Sure 17: Die Nachtfahrt

17.1: Preis dem, der seinen Knecht des Nachts von dem heiligen Gebets-platz zu dem weit entfernten Gebetsplatz reisen ließ. (Diese geheimnisvolle *Nachtfahrt* des Propheten, die er wohl in einem Traum erlebte, führte zum *Jerusalemer Tempel*, wo sich eine *Himmelsreise* anschloß. Daran erinnert die *Al-Aqsa-Moschee* („weit entfernte" Moschee) auf dem *Tempelberg* in Jeru-salem. Der daneben stehende *Felsendom* ist die *Gedenkstätte für Abraham*). 17.23: Setze nicht neben *Allah* einen anderen *Gott*, daß du nicht dasitzt, mit Schimpf bedeckt und hilflos. 17.33: Tötet nicht eure Kinder aus Furcht vor Verarmung; wir wollen sie und euch versorgen. 17.34: Und bleibt fern der Hurerei; siehe, es ist eine Schändlichkeit und ein übler Weg. 17.35: *Und tötet keinen Menschen*, den euch *Allah* verwehrt hat, *es sei denn um der Gerechtigkeit willen*. Ist aber jemand ungerechterweise getötet, so geben wir seinem nächsten Anverwandten Gewalt. Doch sei er nicht maßlos im Töten. 17.41: ... und setze neben *Allah* keinen anderen *Gott*, sonst wirst du in den *Dschehannam* geworfen, getadelt und verstoßen. 17.55: ... siehe, der *Satan* ist den Menschen ein offenkundiger Feind. 17.111: Gelobt sei *Allah*, der weder einen Sohn gezeugt noch einen Gefährten im Regiment hat, noch einen Beschützer aus Schwäche.

Sure 18: Die Höhle

18.1...5: Gelobt sei *Allah*, der das Buch auf seinen Knecht hinabsandte, ... um jene zu warnen, die da sprechen, *Allah* habe ein Kind gezeugt, wovon weder ihnen noch ihren Vätern Wissen ward. ... Sie sprechen nichts als Lüge. 18.8: Glaubst du wohl, daß die Bewohner der *Höhle* (verfolgte junge *Christen* aus *Ephesus*, die sich nach der Legende viele Jahre in einer Höhle verbargen) ... zu unseren Wunderzeichen gehören? 18.11: Dann erweckten wir sie ... und (sie) sprachen: „Unser *Herr* ist der *Herr* der Himmel und der Erde, nimmer rufen wir außer ihm einen *Gott* an; wahrlich, wir sprächen dann eine große Lüge aus. 18.14: *Dieses unser Volk (die Christen) hat sich andere Götter außer ihm erwählt, ohne daß sie für sie einen deutlichen Beweis beibringen*. Wer aber ist sündiger, als wer wider *Allah* eine Lüge ersinnt?" (Der „*deutliche Beweis*" ist in den Evangelien an mehreren Stellen zu fin-den, zum Beispiel, als *Gott* selber bei der Taufe *Jesu* am Jordan sagte: *Dies ist mein geliebter Sohn, an dem ich Wohlgefallen habe*. Dieses Wort findet beim Propheten keine Anerkennung). 18.44: Und Gut und Kinder sind des irdi-schen Lebens Schmuck; das Bleibende aber, die guten Werke, sind besser...

Sure 19: Maria

19.7,8: O *Zacharias*, siehe, wir verkünden dir einen Knaben, namens *Johannes*, wie wir zuvor noch keinen benannten. 19.13: Und wir gaben ihm Weisheit, da er ein Kind war. 19.16: Und gedenke auch im Buche der MARIA. Da sie sich von ihren Angehörigen ... zurückzog ... 19.17: *Da sandten wir unseren GEIST zu ihr, und er erschien ihr als VOLLKOMMENER MANN. 19.18: Sie sprach: Siehe, ich nehme meine Zuflucht vor dir zum Erbarmer, so du ihn fürchtest. 19.19: Er sprach: Ich bin nur ein Gesandter von deinem Herrn, um dir einen reinen Knaben zu bescheren. 19.20: Sie sprach: Woher soll mir ein Knabe werden, wo mich kein Mann berührt hat und ich keine Dirne bin? 19.21: Er sprach: also sei's! Gesprochen hat dein Herr: Das ist mir ein Leichtes; und wir wollen ihn zu einem Zeichen für die Menschen machen und einer Barmherzigkeit von uns.* Und es ist eine beschlossene Sache. 19.28: Und sie brachte ihn zu ihrem Volk, ihn tragend. Sie sprachen: O MARIA, fürwahr, du hast ein sonderbares Ding getan. 19.29: O Schwester *Aarons* (d.h. wohl aus dem Geschlecht *Aarons*), dein Vater war kein Bösewicht und deine Mutter keine Dirne. 19.31: Er (JESUS) sprach: Siehe, ich bin *Allahs* Diener. *Gegeben hat er mir das Buch, und er machte mich zum Propheten. 19.32: Und er machte mich gesegnet, wo immer ich bin, und befahl mir Gebet und Almosen, solange ich lebe. 19.33: und Liebe zu meiner Mutter; und nicht machte er mich hoffärtig und unselig. 19.34: Und Heil auf den Tag meiner Geburt und den Tag, da ich sterbe, und den Tag, da ich erweckt werde zum Leben!* 19.35: Dies ist JESUS, der Sohn der MARIA – das *Wort der Wahrheit*, das sie bezweifeln. 19.36: Nicht steht es *Allah* an, einen Sohn zu zeugen. 19.91: Und sie (die Ungläubigen oder *Christen*) sprechen: Gezeugt hat der Erbarmer einen Sohn. Wahrlich ihr behauptet ein ungeheuerlich Ding. 19.92: Fast möchten die Himmel darob zerreißen, und die Erde möchte sich spalten, und es möchten die Berge stürzen in Trümmer, 19.93: daß sie dem Erbarmer einen Sohn beilegen, dem es nicht geziemt, einen Sohn zu zeugen. 19.94: Keiner in den Himmeln und auf Erden darf sich dem Erbarmer anders nähern wie als Sklave.

Sure 20: T. H.

20.1,2: *T.H.* (der 16. und 27. Buchstabe des arabischen Alphabets). Nicht haben wir den *Koran* auf dich herabgesandt, daß du elend würdest, sondern als Ermahnung für die Gottesfürchtigen. 20.11: O *Moses!* Siehe, ich bin dein *Herr*; drum zieh aus deine Schuhe; ... 20.14: Siehe, ich bin *Allah*.

Es gibt keinen *Gott* außer mir, drum diene mir und verrichte das Gebet zu meinem Gedächtnis. 20.44: Geh du und dein Bruder (*Aaron*) mit meinem Zeichen ... 20.45: Gehet zu Pharao, siehe, er überschreitet das Maß. 20.49: So gehet hin zu ihm und sprechet: Siehe, wir sind die Gesandten deines *Herrn*; so entsende mit uns die Kinder Israel und peinige sie nicht. 20.82: O ihr Kinder Israel, wir erretteten euch ... und bestellten euch an die rechte Seite des Berges und sandten auf euch das Manna und die Wachteln nieder. 20.100: Wer sich von ihr (der Ermahnung) abwendet, wird tragen am Tag der Auferstehung eine Last. 20.102: An jenem Tag wird in die Posaune gestoßen, und versammeln werden wir an jenem Tage die Missetäter mit blauen Augen. (Blaue Augen hatten häufig die Griechen und Römer, die Hauptfeinde der arabischen Völker). 20.113: Erhaben ist *Allah*, der König, die Wahrheit. 20.118: Und es flüsterte der *Satan* ...: O Adam, soll ich dich weisen zum Baume der Ewigkeit ... 20.119: Und sie aßen von ihm, und es erschien ihnen ihre Blöße, und sie begannen über sich zu nähen Blätter des Gartens ... 20.131: Und hefte deine Blicke nicht auf ... den Schimmer des irdischen Lebens ... Denn deines Herrn Versorgung ist besser und bleibender.

Kommentar zu den Suren 1 bis 20:

Alle Suren (bis auf die Sure 9) beginnen mit den schönen Worten: *Im Namen Allahs, des Erbarmers, des Barmherzigen!* Der Inhalt der Sure 1 ist eines der Hauptgebete der islamischen Gläubigen. Jede Sure ist mit einem Begriff in der Überschrift gekennzeichnet, der sich aus dem Text der jeweiligen Sure ergibt. In diesen ersten zwanzig Suren stellt uns der Prophet *Gott/ Allah* als barmherzigen und liebenden Schöpfergott dar, der Himmel und Erde erschaffen und den Menschen Vorschriften gegeben hat, damit sie friedlich miteinander leben können. Breiten Raum finden Szenen aus der *Heilsgeschichte der Israeliten:* Wir lesen von *Adam* und *Eva*, die – verführt vom *Satan* – vom Baum der Erkenntnis des Guten und Bösen gegessen hatten und plötzlich ihre Nacktheit erkannten. Wir hören von *Abraham*, der als gerechter Gläubiger beschrieben wird, von *Isaak, Ismael und Jakob*; und von *Moses*, der die Israeliten mit *Gottes/Allahs* Hilfe aus *Ägypten* herausgeführt hat; und wir stoßen zum ersten Mal in 2.81 und 2.254 auf die Namen JESUS und MARIA: „Und wir gaben *JESUS*, dem Sohn der *MARIA*, die deutlichen Zeichen und stärkten ihn mit dem *HEILIGEN GEIST*". *Jesus* wird von Mohammed als „Prophet" bezeichnet. In der Tat finden wir im Neuen Testament die Aussage *Jesu* über sich selbst: „*Der Prophet gilt nichts im eigenen Land"*. *Mohammed* weist aber auch auf die herausragende Bedeutung von *Jesus* in *Gottes* Heilsgeschichte hin, wenn er nicht nur die „deutlichen Zeichen", also Wunder, hervorhebt, die *Jesus* vollbracht hat, sondern auch ausdrücklich betont, daß *Gott Jesus* „mit dem *Heiligen Geist* gestärkt" hat. Er stimmt darin mit der Botschaft *Jesu Christi* überein, daß er seinen Jüngern und allen, die ihm nachfolgen, den *Heiligen Geist* als „Tröster" senden wird. Schon in der früheren Offenbarung an die Israeliten wird an einer Stelle gesagt, daß „*der Geist"* vor *Gott* hintrat und anbot, einen bestimmten Auftrag *Gottes* zu erfüllen. Wegen dieser Offenbarung und der eindeutigen Botschaft *Jesu Christi* wird in allen christlichen Kirchen der „*Heilige Geist"* als eines der rein geistigen Offenbarungswesen angesehen, die in dem einen und einzigen *Gott* als *Gottvater*, als *Gottes Sohn* und als *Heiliger Geist* ihre Heilsbotschaft an die gesamte Menschheit richten. Wir sprechen daher in der *christlichen Gottesauffassung* von der *Dreifaltigkeit (Trinität) Gottes*. Sie ist keine Erfindung der Christen, sondern ergibt sich klar und unmißverständlich aus der Lehre *Jesu Christi*. *Die Christenheit stimmt dessen ungeachtet mit dem Judentum und dem Islam völlig darüber ein, daß es nur einen einzigen und wahren Gott gibt.*

Schon in der Sure 2 und in vielen der nachfolgenden Suren sagt *Mohammed* aus, daß *Gott* keinen Sohn habe, daß *Jesus Christus* also nicht der Sohn *Gottes* sei. Auch das Judentum ist dieser Auffassung; es hält *Jesus* für einen gewöhnlichen, aber rebellischen Juden und nicht einmal für einen Propheten. Judentum und Islam stehen damit im Widerspruch zum Christentum. Die Aussage, daß *Jesus* der *Sohn Gottes* und damit selbst göttlich ist, wird in der *Heiligen Schrift* mehrfach bestätigt: Bei der Taufe *Jesu* im Jordan hat *Gott/Allah* selbst gesagt: *„Dies ist mein geliebter Sohn, an dem ich Wohlgefallen habe"*. *Jesus* selbst hat sich mehrmals als *„Sohn Gottes"* offenbart; und *Petrus* hat ihn als *„Sohn des lebendigen Gottes"* angeredet, ohne daß *Jesus* dies zurückwies.

Die *Allmacht Gottes/Allahs* beschreibt der Prophet mit den Worten: Wenn Allah sagt, es sei, dann ist es. *Allahs* Wort kann also Alles erschaffen – mit Ausnahme des „Sohnes Gottes" (?). *Die Christenheit sieht darin eine unzulässige Einschränkung der Allmacht Gottes/Allahs.* Für *Gott/Allah* gibt es aber keine Begrenzung seiner Macht, sonst wäre er nicht mehr *Gott/Allah*. Die endgültige Aufklärung dieses Widerspruchs müssen wir wohl *Gott/Allah* selbst überlassen. Viele Christen empfinden es als Beleidigung, wenn sie vom Propheten und von Moslems „ungläubig" genannt werden.

In den Heiligen Schriften des Judentums, Christentums und Islams stimmen viele Aussagen überein: über den *Schöpfergott*, die *Existenz der Engel und des Satans*, die *Vertreibung des Menschen aus dem Paradies*, die *Folgen der Sünde*, die *Liebe und das Verzeihen Gottes*, der *Jüngste Tag* und das *Verheißen der Auferstehung und Erlösung für alle Menschen*. Der Prophet erkennt auch die *Tora* und das *Evangelium* als „eine Leitung für die Menschen" an. *Allah* sandte dann aber (mit dem *Koran*) „eine Unterscheidung". Hervorgehoben wird vom Propheten die Bedeutung von *Maria*, der Mutter *Jesu*, wenn er sagt, daß die Engel sprachen: *Allah ... hat dich erwählt von den Frauen aller Welt. Von keiner anderen Frau wird im Koran etwas Ähnliches gesagt.* In der Sure 19 „Maria" sagt der Prophet dazu: *Sie (Maria) sprach: „Woher soll mir ein Knabe werden, wo mich kein Mann berührt hat und ich keine Dirne bin"? Er (Allah) sprach: „Also sei's! Gesprochen hat dein Herr: Das ist mir ein Leichtes; und wir wollen ihn zu einem Zeichen für die Menschen machen und einer Barmherzigkeit von uns".*

Sure 21: Die Propheten

21.25: Und nicht entsandten wir vor dir einen Gesandten, dem wir nicht offenbart haben: „Es gibt keinen *Gott* außer mir, so dienet mir". 21.26: Und sie sprechen: Der Erbarmer hat Kinder erzeugt (Geister oder Engel)". Preis ihm! Es sind nur geehrte Diener. 21.31: Sehen denn nicht die Ungläubigen, daß die Himmel und die Erde eine feste Masse bildeten und wir (*Allah*) sie dann spalteten und aus dem Wasser alles Lebendige machten? Glauben sie denn nicht? (Der Prophet konnte ja vor 1.400 Jahren nicht wissen, wie sich der Kosmos nach dem Urknall entwickelte. Daß aber alles Lebendige aus dem Wasser hervorging, stimmt mit der heutigen Wissenschaft überein). 21.33: Und er ist's, der die Nacht erschuf und den Tag und die Sonne und den Mond, die alle rollen in ihrer Sphäre. 21.52: Und wahrlich, dem *Abraham* gaben wir (*Allah*) seine Rechtleitung zuvor, denn wir kannten ihn. 21.72: Und wir schenkten ihm *Isaak* und *Jakob* obendrein und machten alle rechtschaffen. 21.74: Und dem *Lot* gaben wir Weisheit und Erkenntnis und retteten ihn aus der Stadt, die Ruchloses beging. 21.76: Und zuvor erhörten wir *Noah* ... und retteten ihn ... 21.81: Und *Salomo* (machten wir dienstbar) die Windsbraut (d.h. verschiedene Geister). 21.83: Und (gedenke) des *Hiob*, da er seinen Herrn rief. 21.84: Da erhörten wir (*Allah*) ihn und befreiten ihn von seiner Plage. 21.85: Und *Ismael* und *Idris* (nach islam. Vorstellung *Henoch*) ... alle waren standhaft. 21.89: Und (gedenke) des *Zacharias* ...; 21.90: Und da erhörten wir (*Allah*) ihn und schenkten ihm *Johannes* ... 21.91: *Und sie (MARIA), die ihren Schoß keusch hielt, und in die wir bliesen von unserem Geiste, und die wir nebst ihrem Sohne zu einem Zeichen machten für alle Welt.* 21.92: Siehe, diese eure Gemeinschaft ist eine einige Gemeinschaft und ich bin euer *Herr*; so dienet mir.

Sure 22: Die Pilgerfahrt

22.17: Siehe, die Gläubigen und die Juden und die Sabier (Sternanbeter) und die Christen und die Magier (zoroastrische Priester) und die Polytheisten – *Allah* wird zwischen ihnen entscheiden am Tag der Auferstehung. 22.23: Siehe, *Allah* führt jene, die glauben und Gutes tun, in Gärten, durcheilt von Bächen. Geschmückt sollen sie sein in ihnen mit Armspangen von Gold und Perlen, und ihre Kleidung darinnen soll aus Seide sein. 22.28: Und verkünde den Menschen die *Pilgerfahrt*. Laß sie zu dir kommen zu Fuß und auf allen schlanken Kamelen. 22.30: Alsdann sollen sie ihre Vernachlässigung erledigen (d.h. sich wieder Haare, Bart und Nägel schneiden lassen, was während der Pilgerfahrt verboten war). 22.43: Und wenn sie dich der Lüge zeihen, so hat schon vor ihnen das Volk *Noahs* und das Volk *Abrahams* und das Volk *Lots* ... ihre Propheten der Lüge geziehen. Und auch *Moses* ward der Lüge geziehen. 22.46: ... ein Tag ist bei deinem *Herrn* gleich tausend Jahren von denen, die ihr rechnet. 22.61: *Allah* ist die Wahrheit, und was sie außer ihm anrufen, ist die Lüge. 22.63: *Allah* ist wahrlich der Reiche, der Rühmenswerte. 22.73: *Allah* ist wahrlich der Starke, der Mächtige. 22.74: *Allah* erwählt aus den *Engeln* Gesandte und aus den Menschen. Siehe, *Allah* ist hörend und schauend. 22.77: Er (*Allah*) hat euch erwählt und hat euch in der Religion nichts Schweres auferlegt: Die Religion eures Vaters *Abraham*. Er hat euch Muslime genannt.

Sure 23: Die Gläubigen

23.1..6: Wohl ergeht es den *Gläubigen*, die sich demütigen in ihrem Gebet, und die sich fernhalten von eitlem Geschwätz, und die die Armenspende entrichten und die sich der Frauen enthalten, es sei denn ihrer Gattinnen und derer, die ihre Rechte besitzt (d.h. der Sklavinnen). 23.12: Und wahrlich, wir erschufen den Menschen aus reinstem Ton; 23.13: alsdann setzten wir ihn als Samentropfen in eine sichere Stätte; 23.14: alsdann schufen wir den Tropfen zu geronnenem Blut und schufen den Blutklumpen zu Fleisch und schufen das Fleisch zu Gebein und bekleideten das Gebein mit Fleisch. (Vor 1400 Jahren wußte niemand, wie aus einem „Samentropfen" ein

Mensch aus Fleisch und Blut entstehen kann). 23.15: Alsdann werdet ihr nach diesem wahrlich sterben. 23.16: Alsdann werdet ihr am Tag der Auferstehung erweckt werden. 23.17: Und wahrlich, wir erschufen über euch sieben Himmel. 23.27: Und so offenbarten wir ihm (*Noah*): Mache die Arche ... 23.28: ... dann bringe in sie von allen Gattungen ein Paar ... 23.47: Alsdann entsandten wir *Moses* und seinen Bruder *Aaron* mit unseren Zeichen und offenkundiger Vollmacht 23.48: zu Pharao und seinen Häuptern. 23.52: *Und wir machten den SOHN der MARIA und seine Mutter zu einem Zeichen und gaben beiden eine Höhe zur Wohnung (dies kann als Anspielung auf die Himmelfahrt gedeutet werden), eine Stätte der Sicherheit und des Quells.* 23.55: Aber sie (die Juden und Christen) zerrissen ihre Sache untereinander in Sekten; jegliche Partei freut sich ihres Anteils. (Auch die Moslems sind heute in *Sunniten* und *Schiiten* und weitere Religionsgemeinschaften „zerrissen"). 23.93: *Allah* hat keine Kinder erzeugt, und es ist kein *Gott* bei ihm; sonst würde jeder *Gott* an sich genommen haben, was er erschaffen, und einer hätte sich über den andern erhöht. 23.117: Doch erhaben ist *Allah*, der König, die Wahrheit! Es gibt keinen *Gott* außer ihm, dem Herrn des edlen Throns. Und wer neben *Allah* einen andern *Gott* anruft, für den er keinen Beweis hat, der hat Rechenschaft vor seinem Herrn abzulegen.

Sure 24: Das Licht

24.2: Die Hure und den Hurer, geißelt jeden von beiden mit hundert Hieben; und nicht soll euch Mitleid erfassen ... (Die Geißelung ist später vielfach durch Steinigung ersetzt worden). 24.4: Diejenigen, welche züchtige Frauen verleumden und hernach nicht vier Zeugen beibringen, die geißelt mit achtzig Hieben, und nehmt nie mehr ihr Zeugnis an, denn es sind Frevler. 24.31: *Und sprich zu den gläubigen Frauen, daß sie ihre Blicke niederschlagen und ihre Scham hüten und daß sie nicht ihre Reize zur Schau tragen, es sei denn, was außen ist, und daß sie ihren Schleier über ihren Busen schlagen und ihre Reize nur ihrem Ehegatten zeigen* oder ihren Vätern oder den Vätern ihrer Ehegatten ... oder denen, die ihre Rechte besitzt (d.h. den Sklavinnen), oder ihren Dienern, die keinen Trieb haben, oder Kindern, welche die Blöße der Frauen nicht beachten. 24.32: Und verheiratet die Ledigen unter euch und eure braven Diener und Mägde. 24.33: Und diejenigen, welche niemand zur Ehe finden, mögen keusch leben, bis *Allah* sie aus seinem Überfluß reich macht. ... Und zwingt nicht eure Sklavinnen zur Hurerei ... Und wenn sie einer zwingt, siehe, so ist *Allah* ... vergebend und barmherzig. 24.35: *Allah* ist das Licht der Himmel und der Erde. ... *Allah* leitet zu seinem

Licht, wen er will, und *Allah macht Gleichnisse für die Menschen*, und *Allah* kennt alle Dinge. 24.59: Und eure Matronen, die nicht mehr auf Heirat hoffen, begehen keine Sünde, wenn sie ihre Kleider ablegen, ohne ihre Zierde zu enthüllen. 24.61: Und wenn ihr in ein Haus tretet, so begrüßet einander mit einem Gruß von *Allah*, einem gesegneten, guten. 24.62: Gläubige sind nur, die an *Allah* und seinen Gesandten glauben.

Sure 25: Die Rettung

25.1: Gesegnet sei der, welcher *die Rettung* (den *Koran*) hinabsandte auf seinen Diener, auf daß er aller Welt ein Warner sei. 25.2: 8 (*Allah*), des das Reich der Himmel und der Erde ist und der kein Kind zeugte und der keinen Gefährten hat und der alle Dinge erschaffen und sie weislich geordnet hat. 25.24: Eines Tages, wenn sie (die Menschen) die *Engel* sehen werden, an jenem Tag wird keine frohe Botschaft für die Sünder sein. 25.30: Der *Satan* ist des Menschen Verräter. 25.55: Und er ist's, der die beiden Wasser losgelassen hat, das eine süß und frisch, das andere salzig und bitter; 25.56: Und er ist's, der aus Wasser den Menschen erschaffen, und er gab ihm Blutsverwandtschaft und Schwägerschaft. 25.60: Und vertraue auf den Lebendigen, der nicht stirbt ... , der erschaffen hat die Himmel und die Erde und was zwischen ihnen ist, in sechs Tagen; alsdann setzte er sich auf den Thron. 25.68: Und diejenigen, welche neben *Allah* nicht einen anderen *Gott* anrufen und nicht die Seele töten, was *Allah* verboten hat, es sei denn nach Gebühr, und nicht huren; und wer dieses tut, findet Strafe. 25.69: Verdoppelt soll ihm werden die Strafe am Tag der Auferstehung.

Sure 26: Die Dichter

Im ersten Teil dieser Sure (26.9 ...67) wird die Geschichte von *Moses* erzählt, wie er die Israeliten aus *Ägypten* geführt hat. Es folgt einiges aus der Geschichte *Abrahams* (26. 69...103), *Noahs* (26.105...122) und *Lots* (26.160...175). Am Schluß der Sure heißt es bei 26. 221: Soll ich euch künden von denen, auf welche die Satane herniedersteigen? 26.222,223: Hernieder steigen sie auf jeden sündigen Lügner. Sie horchen am Himmel, doch die meisten von ihnen lügen. 26.224: Und *die Dichter*, es folgen ihnen die Irrenden. (*Mohammed* lehnte den Vergleich seiner Person mit Dichtern ab, da diese von Satanen inspiriert seien).

Sure 27: Die Ameise

Am Anfang dieser Sure lesen wir wieder etwas über *Moses* (27.7...14)
und *Salomo* (27.15...45). In 27.18 heißt es: ... eine *Ameise* sprach: O ihr
Ameisen, geht hinein in eure Wohnungen, auf daß euch nicht *Salomo*
und seine Heerscharen zermalmen, ohne daß sie's wissen. 27.26: *Allah* –
es gibt keinen *Gott* außer ihm, dem *Herrn* des herrlichen Throns. 27.56:
Ist's, daß ihr euch in Lüsten den Männern naht anstatt den Frauen?
Ja, ihr seid ein töricht Volk! 27.61..65: Wer hat denn erschaffen die
Himmel und die Erde ... *Was? Ein Gott neben Allah?* Wer hat denn die
Erde fest hingestellt und mitten in sie Bäche gesetzt... *Was? Ein Gott
neben Allah?* Wer antwortet denn dem Bedrängten, wenn er ihn anruft
... *Was? Ein Gott neben Allah?* Wer denn leitet euch in den Finsternissen
zu Land und auf dem Meer? ... *Was? Ein Gott neben Allah?* Wer schafft
denn die Kreatur ... ? Und wer versorgt euch vom Himmel und von der
Erde? *Was? Ein Gott neben Allah?* Sprich: Her mit euerm Beweis, so ihr
wahrhaftig seid.

Sure 28: Die Geschichte

In dieser Sure stellt der Prophet die Geschichte von *Moses* dar, wie sie
schon in der *Tora* niedergeschrieben wurde. In Vers 28.2 heißt es: Wir
verlesen dir etwas von der *Geschichte* von Moses und dem Pharao ...

Sure 29: Die Spinne

29.5: Siehe, *Allah* bedarf wahrlich nicht der Welten. 29.13: Und wahrlich, wir entsandten *Noah* zu seinem Volk, und er verweilte tausend
Jahre unter ihnen weniger fünfzig Jahre. Und es erfaßte sie die Sünd-
flut in ihren Sünden. 29.40: Das Gleichnis jener, welche neben *Allah*
Beschützer annehmen, ist das Gleichnis der *Spinne*, die sich ein Haus
machte; und siehe, das gebrechlichste der Häuser ist wahrlich das Haus
der Spinne; O daß sie doch dies wüßten! 29.44: Verlies, was dir von
dem Buche geoffenbart ward, und verrichte das Gebet. Siehe, das Gebet
hütet vor Schandbarem und Verbotenem. 29.45: Sprechet: Wir glauben
an das, was zu uns herabgesandt ward und herabgesandt ward zu euch
(den Juden in Medina); und *unser Gott und euer Gott ist ein einiger Gott.*
29.47: Und nicht verlasest du vor ihm ein Buch und schriebst es nicht
mit deiner Rechten. (*Mohammed* sagt hier, daß er nicht schreiben und

lesen konnte, also kaum Kenntnis von der jüdischen und christlichen Offenbarung hatte). 29.48: Vielmehr ist es ein deutliches Zeichen in der Brust ... (Der Prophet beruft sich hier auf seine innere, von *Allah* gegebene Offenbarung, im Gegensatz zu den Heiligen Schriften der Juden und Christen). 29.64: Und dieses irdische Leben ist nichts als ein Zeitvertreib und ein Spiel, und siehe, die jenseitige Wohnung ist wahrlich das Leben.

Sure 30: Die Griechen

30.1...3: Besiegt sind *die Griechen* im nächsten Land; aber nach ihrer Besiegung werden sie siegen in wenigen Jahren. (Gemeint sind hier wohl mit den „Griechen" die *Byzantiner*, die gegen die persischen *Sassaniden* eine Niederlage erlitten, später aber einen Sieg errangen). 30.5: *Allahs* Verheißung – nicht bricht *Allah* seine Verheißung, jedoch wissen es die meisten Menschen nicht. 30.6: Sie kennen das Äußere des irdischen Lebens, aber des Jenseits sind sie achtlos. 30.20: Und zu seinen (*Allahs*) Zeichen gehört es, daß er euch von euch selber Gattinnen erschuf, auf daß ihr ihnen beiwohnt, und er hat zwischen euch Liebe und Barmherzigkeit gesetzt. 30.21: Und zu seinen Zeichen gehört die Schöpfung der Himmel und der Erde und die Verschiedenartigkeit eurer Zungen und eurer Farben. 30.30,31: Bekehrt euch zu ihm und fürchtet ihn und verrichtet das Gebet und setzt ihm keine Gefährten zur Seite wie jene (die *Christen*), die ihre Religion spalteten und in Sekten zerfielen, von denen sich jede Partei ihrer eigenen Meinung erfreut.

Sure 31: Loqman

31.11: Und wahrlich, wir (*Allah*) gaben *Loqman* Weisheit (und sprachen): Sei dankbar gegen *Allah*. (In der vorislamischen arabischen Dichtung gibt es die Sagengestalt des weisen *Loqman*, der Jahrhunderte von Geiern gelebt haben soll). 31.12: Und (gedenke), da *Loqman* zu seinem Sohne sprach ...: O mein Söhnlein, gib *Allah* keine Gefährten; siehe, Vielgötterei ist ein gewaltiger Frevel. 31.17: ...und wandle nicht übermütig auf Erden. Siehe, *Allah* liebt keinen eingebildeten Prahler. 31.18: Halte das rechte Maß in deinem Gang und sänftige deine Stimme. Siehe, die unangenehmste Stimme ist die Stimme der Esel.

Sure 32: Die Anbetung

32.2: Die Hinabsendung des Buches ist ohne Zweifel von dem *Herrn der Welten*. 32.4: *Er befiehlt dem Logos vom Himmel zur Erde; alsdann steigt er (wieder) empor zu ihm.* 32.15: Diejenigen nur glauben an unsre Zeichen (Verse), die bei ihrer Erwähnung in *Anbetung* niederfallen und das Lob ihres *Herrn* verkünden ... 32.20: Was aber die Gottlosen anlangt – ihre Wohnung ist das Feuer. Und wahrlich, wir gaben *Moses* die Schrift – drum sei nicht im Zweifel über die Begegnung mit ihm, und wir machten sie zu einer Leitung für die Kinder Israel.

Sure 33: Die Verbündeten

33.7,8: Und (gedenke), da wir mit den Propheten den Bund eingingen, mit dir und mit *Noah* und *Abraham* und *Moses* und *JESUS*, dem Sohn der MA-RIA; und wir gingen mit ihnen einen festen Bund ein, auf daß er (*Allah*) die Wahrhaftigen nach ihrer Wahrhaftigkeit befragte; für die Ungläubigen aber hat er schmerzliche Strafe bereitet. 33.20: (Die *Medina* belagernden *Mekkaner* mußten im so genannten „*Grabenkrieg*" schließlich abziehen; darauf bezieht sich die folgende Stelle): Sie (die Ungläubigen) glaubten, daß die Gruppen (*der Verbündeten*) nicht abziehen würden. 33.28: O Prophet, sprich zu deinen Gattinnen: So ihr das irdische Leben begehrt mit seinem Schmuck, so kommet her; ich will euch ausstatten und will euch geziemend entlassen. (Der Prophet drohte seinen Frauen mit Scheidung, falls sie ein luxuriöseres Leben führen wollten). 33.30: O Frauen des Propheten, wenn eine von euch eine offenkundige Schändlichkeit begeht, so soll ihre Strafe zwiefach verdoppelt werden, denn solches ist *Allah* leicht. 33.34: Siehe, *Allah* ist scharfsinnig und kundig.. 33.35: Siehe, die muslimischen Männer und Frauen, die Gläubigen, ... bereitet hat ihnen *Allah* Verzeihung und gewaltigen Lohn. 33.49: O Prophet, wir erlauben dir deine Gattinnen, denen du ihre Mitgift gabst, und die Sklavinnen ... und jede gläubige Frau, wenn sie sich dem Propheten schenkt und der Prophet sie zu heiraten begehrt. 33.51: Du kannst, wen du willst von ihnen abweisen, und zu dir nehmen, wen du willst und nach dem du Verlangen trägst nach jenen, die du verstießest; es soll keine Sünde auf dir sein. 33.53: Und es geziemt euch nicht, dem Gesandten *Allahs* Verdruß zu bereiten, noch nach ihm je seine Gattinnen zu heiraten. (Als *Mohammed* starb, hatte er vierzehn Gattinnen; weitere sieben Frauen sollen kurz vor der Heirat mit ihm gestanden haben). 33.56: Siehe, *Allah* (?) und seine Engel beten für den Propheten. 33.59: O Prophet, sprich zu deinen Gattinnen und deinen Töchtern und den Frauen der Gläubigen, *daß sie sich in ihren Überwurf verhüllen. So werden sie eher erkannt (als anständige Frauen) und werden nicht verletzt.* (Diese Koranaussage begründete viele Jahrhunderte und teilweise auch heute noch die Verschleierung der muslimischen Frauen).

Sure 34: Saba

34.7: Und es sprechen die Ungläubigen: Sollen wir euch zu einem Manne leiten, der euch ansagt, daß ihr, wenn ihr ... in Stücke zerrissen seid, in neuer Schöpfung erstehen sollt? 34.8: Er hat eine Lüge wider *Allah* ersonnen oder er ist von einem *Dschinn* (bösen Geist) besessen. 34.14: Wahrlich, *Saba* hatte in ihren Wohnungen ein Zeichen. (Die Sabäer waren durch ihre hoch entwickelte Bewässerungskultur und durch Fernhandel reich geworden). Eßt von der Gabe eures *Herrn* und dankt ihm. 34.15: Sie aber wendeten sich ab, und da sandten wir über sie die Flut des Dammbruchs ... (Der Damm bei der sabäischen Hauptstadt *Marib* war mehrmals gebrochen, zuletzt 570; danach unterblieb der Neubau).

Sure 35: Die Engel

35.1: Das Lob sei *Allah*, dem Schöpfer der Himmel und der Erde, der die *Engel* zu Boten macht, versehen mit Flügeln ... *Allah* hat Macht über alle Dinge. 35.3: Es gibt keinen *Gott* außer ihm ... 35.6: Siehe, der *Satan* ist euch ein Feind. 35.12: Und *Allah* hat euch erschaffen aus Staub, ... alsdann machte er euch zu (zwei) Geschlechtern. Und keine Frau wird schwanger oder kommt nieder ohne sein Wissen ... 35.14: Ihm ist das Reich, und diejenigen, die ihr außer ihm anruft, haben nicht Macht über das Häutchen eines Dattelkerns. 35.23: Und wenn sie dich der Lüge zeihen, so ziehen schon diejenigen, die vor ihnen lebten, ihre Gesandten der Lüge, die zu ihnen mit den deutlichen Beweisen, mit den Schriften und dem erleuchtenden Buch (dem *Evangelium*) kamen. 35.30; Edens Gärten, eintreten werden sie (die Gläubigen) in sie; geschmückt werden sie in ihnen sein mit Armbändern aus Gold und Perlen, und seiden sollen ihre Kleider darinnen sein. 35.36: Siehe, *Allah* kennt das Verborgene in den Himmeln und auf Erden, siehe, er weiß das Innerste der Brust.

Sure 36: J.S.

(Die Buchstaben J und S bedeuten Ja und Sin, den 28. und 12. Buchstaben des arabischen Alphabets. Diese Sure soll *Mohammed* als das „*Herz des Korans*" bezeichnet haben. Sie wird oft bei Sterbenden und an den Gräbern von Heiligen vorgetragen). 36.2,3: Bei dem weisen *Koran*, siehe, du bist wahrlich einer der Gesandten auf einem rechten Pfad. 36.4,5: Die Offenbarung des Mächtigen, des Barmherzigen, auf daß du ein Volk warnest, deren Väter nicht gewarnt worden und die sorglos sind. 36.36: Preis ihm, der erschaffen alle Arten von dem, was die Erde sprießen läßt, und von ihnen selber, und von dem, was sie nicht kennen. 36.38: Und die Sonne eilt zu ihrem Ruheplatz. Das ist die Anordnung des Mächtigen, des Wissenden. 36.39: Und den Mond, wir bestimmten Stationen für ihn, bis er dem alten dürren Palmstiel gleicht. 36.40: Nicht geziemt der Sonne, den Mond einzuholen, und nicht der Nacht, dem Tag zuvorzukommen, sondern alle schweben in (ihrer) Sphäre.

Sure 37: Die sich Reihenden

37.1..4: Bei den in Reihen *sich Reihenden* (gemeint sind hier offenbar *Engel*), siehe, euer *Gott* ist wahrlich einer. 37.39...49: Aber die lauteren Diener *Allahs*, die sollen eine festgesetzte Versorgung erhalten: Früchte; und geehrt sollen sie sein in den Gärten der Wonne, auf Polstern einander gegenüber. Kreisen soll unter ihnen ein Becher... und nicht sollen sie von ihm berauscht werden. Und bei ihnen sollen sein züchtig blickende, großäugige (Mädchen), gleich einem versteckten Ei (d.h. unberührt wie ein verborgenes Ei).
(Im zweiten Teil der Sure wird kurz berichtet, was *Allah* für *Noah, Abraham, Moses* und *Aaron, Elias, Lot* und *Jonas* getan hat).

Sure 38: S.

(Der Buchstabe „S" bedeutet *Ssad*, der vierzehnte Buchstabe des arabischen Alphabets). 38.1,2: S. Bei dem *Koran* voll Ermahnung! Doch die Ungläubigen sind in Stolz und Feindseligkeit.
(Der folgende Teil der Sure befaßt sich mit Ereignissen aus der Geschichte *Noahs, Davids, Salomos,* und *Hiobs*. Erwähnt werden auch *Isaak, Jakob, Ismael* und *Elisa*). 38.49...52: ... für die Gottesfürchtigen ist wahrlich eine schöne Einkehr: Edens Gärten – geöffnet stehen ihnen die Tore, ... und bei

ihnen sind züchtig blickende (Jungfrauen). 38.55..59: Für die Ungerechten ist wahrlich eine böse Einkehr: *Dschehannam*, in der sie brennen werden; und schlimm ist der Pfuhl. ... Siedend Wasser und Jauche!

Sure 39: Die Scharen

39.6: Hätte *Allah* einen Sohn haben wollen, wahrlich, erwählt hätte er sich von dem, was er erschaffen, was er will. 39.43: *Allah* nimmt die Seelen zu sich zur Zeit ihres Todes, und diejenigen, welche nicht sterben, in ihrem Schlaf. 39.71: Und getrieben werden die Ungläubigen in *Scharen* zu *Dschehannam*, 39.72: ewig darinnen zu verweilen; und schlimm ist die Wohnung der Hoffärtigen. 39.73: Und getrieben werden diejenigen, welche ihren *Herrn* fürchten, in *Scharen* ins Paradies. 39.75: Und sehen wirst du die *Engel* kreisend rings um den Thron.

Sure 40: Der Gläubige

40.7: Unser *Herr*, du umfaßt alle Dinge in Barmherzigkeit und Wissen; so vergib denen, die sich bekehren und deinen Pfad befolgen, und schütze sie vor der Strafe des Höllenpfuhls. 40.17: An jenem Tage (des Gerichts) wird jede Seele nach Verdienst belohnt werden; keine Ungerechtigkeit an jenem Tage! Siehe, *Allah* ist schnell im Rechnen. 40.24: Und wahrlich, wir entsandten *Moses* mit unsern Zeichen und mit offenkundiger Vollmacht. 40.56: Und wahrlich, wir gaben *Moses* die Leitung und ließen die Kinder Israel die Schrift erben.

Kommentar zu den Suren 21 bis 40:

In 21.91 macht der Prophet die ganz wichtige Aussage: *Und sie (Maria), die ihren Schoß keusch hielt, und in die wir bliesen von unserem Geiste, und die wir nebst ihrem Sohne zu einem Zeichen machten für alle Welt.* Der Prophet bekennt hier eindeutig, daß *Maria* als Jungfrau – als einzige Frau im ganzen Islam und in der ganzen Welt – durch den *Geist Gottes/Allahs* ihren Sohn empfing, und daß sie und ihr Sohn zum Zeichen für die ganze Welt wurden. In 22.17 heißt es: *Allah* wird zwischen ihnen (den Juden, Christen, Moslems und anderen Glaubensgruppen) entscheiden am Tag der Auferstehung. In 23.52 lesen wir: *Und wir machten den Sohn der Maria und seine Mutter zu einem Zeichen und gaben beiden eine Höhe zur Wohnung (dies kann als Anspielung auf die Himmelfahrt gedeutet werden).* In 24.31 heißt es: Und sprich zu den gläubigen Frauen, daß sie ihre Blicke niederschlagen und ihre Scham hüten und daß sie nicht ihre Reize zur Schau tragen. (Hier haben wir die Begründung, daß muslimische Frauen zu Menschen in ihrer Umgebung keinen Blickkontakt aufnehmen und ihren Körper weitgehend verhüllen). 25.1 sagt: Gesegnet sei der, welcher die Rettung (den Koran) hinabsandte auf seinen Diener, auf daß er aller Welt ein Warner sei. 25.2: (Allah), des das Reich der Himmel und der Erde ist *und der kein Kind zeugte* und der keinen Gefährten hat und der alle Dinge erschaffen und sie weislich geordnet hat. Zwischen 21.91 und 25.2 sehen wir einen nicht zu verstehenden Widerspruch:

Einerseits hat *Maria* ihren „Schoß keusch“ gehalten und durch den *Geist Allahs ihren Sohn Jesus empfangen*, andererseits ist es *Allah, der „kein Kind zeugte“.* In 27.61...65, als der Prophet über die Schöpfung spricht, heißt es wiederholt: Was? Ein Gott neben Allah (soll an der Schöpfung mitgewirkt haben)? *Der Prophet hat natürlich recht: Es gibt nur den einen und einzigen Schöpfergott (Allah). Aber nach dem Offenbarungskanon des Christentums existiert dieser Schöpfergott von Ewigkeit her als Gottvater, Gottessohn und Gottes Heiliger Geist, also als drei Offenbarungswesen in dem einen und einzigen Gott. Dies ist keine „Erfindung“ des Christentums, sondern beruht auf deutlichen Aussagen (Zeichen) sowohl von Gottvater als auch von Jesus Christus.*

Sure 41: Erklärt

41.1...3: Eine Hinabsendung von dem Erbarmer, dem Barmherzigen. Ein Buch, dessen Verse *erklärt* sind, ein arabischer *Koran*, für Leute von Wissen, ein Freudenbote und ein Warner; doch die meisten von ihnen kehren sich ab und hören nicht. 41.8,9: Verleugnet ihr etwa den, der die Erde in zwei Tagen erschuf, und gebt ihm seinesgleichen? Das ist der *Herr der Welten.* ... Und er segnete sie (die Erde) und verteilte in ihr ihre Nahrung in vier Tagen gleich für alle, die danach verlangen. 41.11: Und so vollendete er sie (die Welt) zu sieben Himmeln in zwei Tagen und offenbarte jedem Himmel sein Amt. (Insgesamt umfaßt die Schöpfung also sechs Tage wie in der *Genesis*). 41.30: Siehe, diejenigen, welche sprechen: Unser Herr ist *Allah,* und dann sich wohl verhalten, auf die steigen die *Engel* hernieder: Fürchtet euch nicht und seid nicht traurig, sondern vernehmt die Freudenbotschaft vom Paradies, das euch verheißen ward. 41.36: Und wenn dich ein Anreiz vom Satan reizt, so nimm deine Zuflucht zu *Allah*; siehe, er ist der Hörende, der Wissende.

Sure 42: Die Beratung

42.3: Die *Engel* lobpreisen ihren *Herrn* und bitten um Verzeihung für die, welche auf Erden sind. Ist nicht *Allah* der Vergebende, der Barmherzige? 42.7: *Allah*, er ist der Schützer, und er macht die Toten lebendig, und er hat Macht über alle Dinge. 42.9: Der Schöpfer der Himmel und der Erde hat für euch Gattinnen gemacht von euch selber, und von den Tieren Weibchen; hierdurch vermehrt er euch. 42.11: Er (*Allah*) hat euch den Glauben verordnet, den er *Noah* vorschrieb, und was wir dir offenbarten und *Abraham* und *Moses* und JESUS vorschrieben: Haltet den Glauben und trennet euch nicht in ihm. 42.13,14: Und nicht eher spalteten sie sich (die Juden und Christen) in gegenseitiger Streitsucht, als bis das Wissen zu ihnen gekommen war. ... *Allah* ist unser Herr und euer Herr; uns sind unsre Werke und euch eure Werke; *kein Streit sei zwischen uns und euch. Allah* wird uns versammeln, und zu ihm ist der Heimgang. 42.34...36: Was bei *Allah* ist, ist besser und bleibender für diejenigen, welche glauben und auf ihren *Herrn* vertrauen, und welche die großen Sünden ... meiden und ... ihre Angelegenheiten in *Beratung* untereinander (erledigen) und von dem, womit wir sie versorgten, spenden.

Sure 43: Der Goldputz

43.3: Siehe, es ist die Mutter der Schrift bei uns – wahrlich ein hohes und weises (der *Koran*). 43.32: Und wären nicht die Menschen eine einzige Gemeinde (von Ungläubigen) geworden, wahrlich, wir hätten ... für ihre Häuser Dächer von Silber gemacht und Stufen ... und Türen ... (alles aus Silber) und *Goldputz*. Doch alles dies ist nur eine Versorgung des irdischen Lebens ... 43.35: Und wer sich abkehrt, ... dem gesellen wir einen *Satan* bei. 43.57,58: Und als der SOHN MARIAS zu einem Beispiel aufgestellt ward, siehe, da kehrte sich dein Volk von ihm ab und sprach: Sind unsre Götter besser oder er? 43.59: Siehe, er ist nichts als ein Diener, dem wir gnädig gewesen waren und wir machten ihn zu einem Beispiel für die Kinder Israel. 43.61: Und siehe, er dient wahrlich zum Wissen von der „Stunde". (*Der Islam hat die Lehre von der Wiederkunft Christi auf Erden als ein Vorzeichen des Jüngsten Tages in seinen Glaubenskanon aufgenommen. Christus, al-Masih, wird als Muslim den Kampf gegen die christlichen Kirchen führen und den Antichrist besiegen!*). 43.63: Und da JESUS mit den deutlichen Zeichen kam, sprach er: *Ich bin mit der Weisheit zu euch gekommen und um euch etwas von dem zu erklären, worüber ihr uneins seid. So fürchtet Allah und gehorchet mir.*

43.64: *Siehe, Allah, er ist mein Herr und euer Herr; so dienet ihm, dies ist ein rechter Pfad.*

Sure 44: Der Rauch

44.7...9: Es gibt keinen *Gott* außer ihm, er macht lebendig und er tötet – euer *Herr* und der *Herr* eurer Vorväter. Doch sie spielen mit Zweifeln. Drum nimm in acht den Tag, wenn der Himmel in deutlichem *Rauch* aufgeht, der die Menschen verhüllt; das ist eine schmerzliche Strafe. 44.51...54: Siehe, die Gottesfürchtigen werden sein an sicherer Stätte, in Gärten und Quellen, ... und wir vermählen sie mit schwarzäugigen *Huris* (Mädchen mit großen schwarzen Augen).

Sure 45: Das Knien

45.15: Und wahrlich, wir gaben den Kindern Israel die Schrift und die Weisheit und das Prophetentum und versorgten sie mit Gutem und bevorzugten sie vor aller Welt. 45.26...28: ...Und an dem Tage, da sich die „Stunde" erhebt, an jenem Tage werden die, welche Törichtes redeten, verloren sein. Und du wirst jedes Volk *knien* sehen; gerufen wird jedes Volk zu seinem Buch (in dem die guten und bösen Taten aufgezeichnet sind).

Sure 46: El – Ahqaf

46.8: Ich (*Mohammed*) folge nur dem, was mir offenbart ward, und ich bin nur ein offenkundiger Warner. 46.20: Und gedenke des Bruders der *Ad* (gemeint ist der Prophet *Hud*), als er sein Volk zu *El-Ahqaf* warnte – und vor ihm und nach ihm waren Warner.

Sure 47: Mohammed

47.2: Diejenigen aber, welche glauben, ... was auf *Mohammed* herabgesandt ward – und es ist die Wahrheit von ihrem *Herrn* – zudecken wird er ihre Missetaten und ihr Herz in Frieden bringen. 47.4: Und wenn ihr die Ungläubigen trefft, dann herunter mit dem Haupt, bis ihr ein Gemetzel unter ihnen angerichtet habt.

Sure 48: Der Sieg

48.1,2: Siehe, wir haben dir einen offenkundigen *Sieg* gegeben, (zum Zeichen), daß dir *Allah* deine früheren und späteren Sünden vergibt ... 48.13: Und wer nicht an *Allah* und seinen Gesandten glaubt – siehe, für die Ungläubigen haben wir eine Flamme bereitet. 48.28: *Er (Allah) ist's, der seinen Gesandten mit der Leitung und der Religion der Wahrheit entsandt hat, um sie über jeden anderen Glauben siegreich zu machen.* Und Allah genügt als Zeuge. 48.29: *Mohammed* ist der Gesandte *Allahs*, und seine Anhänger sind streng wider die Ungläubigen, barmherzig untereinander. Du siehst sie sich verneigen und niederwerfen, Huld begehrend von *Allah* und Wohlgefallen. ... Solches ist ihr Gleichnis in der *Tora*, und im *Evangelium* ist ihr Gleichnis (so).

Sure 49: Die Gemächer

49.1: Fürchtet *Allah*; Siehe, *Allah* ist hörend und wissend. 49.4: Siehe, diejenigen, die dich rufen, während du in deinen *Gemächern* bist, die meisten von ihnen sind ohne Einsicht. (Diese Stelle bezieht sich auf zwei Männer, die *Mohammed* während des Mittagsschlafs mit lauter Stimme aus dem Harem riefen). 49.10: Die Gläubigen sind Brüder; so stiftet Frieden unter euren Brüdern und fürchtet *Allah*. 49.11: Verleumdet einander nicht und gebt einander nicht beschimpfende Namen. 49.12: O ihr, die ihr glaubt, vermeidet sorgfältig Argwohn; ... und spioniert nicht. 49.15: Gläubige sind nur die, welche *Allah* und seinen Gesandten glauben und hernach nicht zweifeln ...

Sure 50: Q.

50.1: Q. Bei dem ruhmvollen *Koran*! (Q = *Qaf*, der 21. Buchstabe des arabischen Alphabets). 50.2: Doch sie wundern sich, daß zu ihnen ein Warner aus ihnen kam. 50.12,13: Vor ihnen ziehen der Lüge das Volk *Noahs* ... und die Brüder *Lots*. ... Alle ziehen die Gesandten der Lüge, und meine Drohung ward bewahrheitet. 50.23,24: Werft in die Hölle jeden trotzigen Ungläubigen, der das Gute hemmte, ein Übertreter, ein Zweifler.

Sure 51: Die Zerstreuenden

51.1...11: Bei den in Zerstreuung *Zerstreuenden* (Winde oder Engelwesen), und bei den Bürdetragenden (Wolken), und den hurtig Eilenden (Winden oder Engeln) und bei den Geschäfte Verteilenden (Engeln)! ... Tod den Lügnern, die sorglos sind in einer Flut (von Unwissenheit). 51.24: Kam nicht die Erzählung zu dir von *Abrahams* geehrten Gästen? 51.25: Da sie bei ihm eintraten und sprachen: „Frieden". 51.26: Und er ging abseits zu seiner Familie und brachte ein fettes Kalb. 51.28: Sie sprachen: Fürchte dich nicht. Und sie verkündeten ihm einen weisen Knaben (*Isaak*). 51.29: Und seine Frau ... schlug ihr Angesicht und sprach: Eine alte Frau, unfruchtbar! 51.30: Sie sprachen: Also spricht dein Herr; siehe, er ist der Weise, der Wissende. 51.31: Er sprach: Und was ist euer Geschäft, ihr Entsandten? 51.32...36: Sie sprachen: Siehe, wir sind zu einem sündigen Volk entsandt, auf daß wir Steine aus Ton auf sie hinabsenden. ... Und wir ließen die Gläubigen unter ihnen heraus, doch fanden wir darinnen nur *ein* Haus von Muslimen (nämlich das Haus *Lots*). 51.50,51: Drum flieht zu *Allah*. ... Und setzt nicht neben Allah andere Götter. 51.56: Und die Dschinn und die Menschen habe ich (*Allah*) nur dazu erschaffen, daß sie mir dienen.

Sure 52: Der Berg

52.1...10: Bei dem *Berg* (dem Berg *Sinai*) und einem Buch, geschrieben auf ausgebreitetem Pergament, und dem besuchten Haus (die *Kaaba*) und dem erhöhten Dache (das Himmelsgewölbe?) und dem geschwollenen Meer! Siehe, deines *Herrn* Strafe trifft wahrlich ein. 52.17,18: Siehe, die Gottesfürchtigen kommen in Gärten und Wonne... Und befreit hat sie ihr *Herr* von der Strafe des Höllenpfuhls.

Sure 53: Der Stern

53.1...3: Bei dem *Stern*, da er sinkt! Euer Gefährte (*Mohammed*) irrt nicht und ist nicht getäuscht, noch spricht er aus Gelüst. 53.4...6: Er (der *Koran*) ist nichts als eine geoffenbarte Offenbarung, die ihn gelehrt hat der Starke an Kraft, der Herr der Einsicht. 53.26, 27: Und wie viele der Engel in den Himmeln sind, ihre Fürbitte frommt nichts, außer nachdem *Allah* Erlaubnis gab, wem er will und wer ihm beliebt.

Sure 54: Der Mond

54.1,2: Genaht ist die Stunde und gespalten der Mond, doch wenn sie ein Zeichen sehen, wenden sie sich ab ... 54.3: Und sie zeihen der Lüge und folgen ihren Lüsten. 54.49,50: Siehe, alle Dinge erschufen wir nach einem Ratschluß, und unser Befehl ist nur ein (Wort), gleich dem Augenaufschlag.

Sure 55: Der Erbarmer

55.1...12: Der Erbarmer lehrte (dich) den Koran. Er erschuf den Menschen, er lehrte ihn deutliche Sprache. Die Sonne und der Mond sind Gesetzen unterworfen ... Und welche der Wohltaten eures Herrn wollt ihr ... wohl leugnen. 55.13...32: Erschaffen hat er den Menschen aus Lehm wie ein Tongefäß. ... Losgelassen hat er die beiden Wasser (das Süß- und Salzwasser). ... Hervor bringt er aus beiden Perlen und Korallen. ... Alle auf ihr (der Erde) sind vergänglich, aber es bleibt das Angesicht deines Herrn voll Majestät und Ehre.

Sure 56: Die Eintreffende

56.1...12: Wenn die Eintreffende (die Stunde des Gerichts) eintrifft, wird keiner ihr Eintreffen leugnen. ...Wenn die Erde ... erbebt ..., werdet ihr drei Arten sein: Die Gefährten der Rechten ... (selig!); und die Gefährten der Linken (unselig!), und die Vordersten (auf Erden). Sie sind die Allah Nahegebrachten, in Gärten der Wonne. 56.17...23: Die Runde machen bei ihnen unsterbliche Knaben mit Humpen ... Nicht sollen sie Kopfweh von ihm haben und nicht in Trunkenheit geraten. Und Früchte ... und Fleisch ... und großäugige Huris (junge Mädchen) als Lohn für ihr Tun. 56.34,35: Siehe, wir erschufen sie (die Huris) in (besonderer) Schöpfung und machten sie zu Jungfrauen. 56.57: Wir erschufen euch, und warum wollt ihr nicht glauben? 56.76..78: Siehe, es ist wahrlich ein edler Vortrag (der Koran) in einem verborgenen Buch (dem himmlischen Original). Nur die Reinen (nicht die Ungläubigen) sollen ihn berühren.

Sure 57: Das Eisen

57.1: Es preiset Allah, was in den Himmeln und was auf Erden ist, und er ist der Mächtige, der Weise. 57.3: Er ist der erste und der letzte, der außen ist und innen, und er weiß alle Dinge. 57.17: Siehe, diejenigen, welche

Almosen geben, Männer und Frauen, und die *Allah* ein schönes Darlehen leihen, verdoppeln wird er es ihnen, und ihnen wird edler Lohn. 57.22: Kein Unheil geschieht auf Erden ..., das nicht in einem Buch (dem Schicksalsbuch *Allahs*) stünde, bevor wir (*Allah*) es geschehen ließen. 57.23,24: *Allah* liebt keine stolzen Prahler, die geizig sind und andere zum Geiz anhalten. 57.25: Wahrlich, wir (*Allah*) ... sandten ... das Buch und die Waage herab, auf daß die Menschen Gerechtigkeit übten. Und wir sandten das *Eisen* herab, in welchem starke Kraft und Nutzen für die Menschen ist. 57.26,27: Und wahrlich, wir entsandten *Noah* und *Abraham* und gaben seiner Nachkommenschaft das Prophetentum und die Schrift. ... Und wir ließen *JESUS*, den Sohn der *MARIA*, folgen und gaben ihm das *Evangelium* und legten in die Herzen derer, die ihm folgten, Güte und Barmherzigkeit. Das *Mönchtum* jedoch erfanden sie selber; wir schrieben ihnen nur vor, nach *Allahs* Wohlgefallen zu trachten. (Im Islam gibt es kein Mönchtum).

Sure 58: Die Streitende

58.1,2: Gehört hat *Allah* das Wort jener, die mit dir über ihren Gatten *stritt* und sich bei *Allah* beklagte. (Die Stelle bezieht sich darauf, daß ein Mann nach der Scheidung wieder zu seiner Frau zurückkehren wollte; Mohammed machte schließlich die Scheidung rückgängig). 58.8: Keine drei führen ein geheimes Gespräch, ohne daß er (*Allah*) ihr vierter ist; ... er ist bei ihnen, wo immer sie sind. 58.10: O ihr, die ihr glaubt, wenn ihr unter euch ... redet, ... redet miteinander in Rechtschaffenheit und Gottesfurcht.

Sure 59: Die Auswanderung

59.2: Er (*Allah*) ist es, welcher diejenigen unter den Leuten der Schrift, die ungläubig sind (die Juden), aus ihren Behausungen trieb, als Anfang der Zusammenholung (*Auswanderung* zum Jüngsten Gericht). 59.3: Und hätte nicht *Allah* für sie Verbannung verzeichnet, wahrlich, er hätte sie hienieden bestraft; und im Jenseits ist für sie die Strafe des Feuers. 59.21: Hätten wir diesen *Koran* auf einen Berg (wie die Gebote auf dem *Sinai*) herabgesandt, du hättest ihn ... aus Furcht vor *Allah* sich spalten sehen. 59.23: Er ist *Allah*, außer dem es keinen *Gott* gibt; der König, der Heilige, der Friedensstifter, der Getreue, der Beschützer, der Mächtige, der Starke, der Hocherhabene. 59.24: Er ist *Allah*, der Schöpfer, der Erschaffer, der Bildner. (Auf dieser Aussage beruht das Bilderverbot im Islam).

Sure 60: Die Geprüfte

60.1: O ihr, die ihr glaubt, nehmt nicht meinen Feind und euren Feind zu Freunden. 60.4: Ihr hattet ein schönes Beispiel an *Abraham* und den (Leuten) bei ihm, da sie zu ihrem Volk sprachen: Siehe, wir haben nichts mit euch und mit dem, was ihr außer *Allah* anbetet, zu schaffen. ... Zwischen uns und euch ist Feindschaft, ... bis ihr an *Allah* allein glaubt. 60.10: O ihr, die ihr glaubt, wenn zu euch gläubige Frauen kommen, die ausgewandert sind (die aus *Mekka* zu *Mohammed* geflüchtet sind), so *prüft sie*. ... Habt ihr sie jedoch als Gläubige erkannt, so laßt sie nicht zu den Ungläubigen zurückkehren.

Kommentar zu den Suren 41 bis 60:

In der Sure 43 wird in Vers 59 die Stellung von JESUS aus der Sicht des Propheten beschrieben: *Siehe, er ist nichts als ein Diener, dem wir (Allah) gnädig gewesen waren und wir machten ihn zu einem Beispiel für die Kinder Israel.* In 43.61 heißt es: Und siehe, er dient wahrlich zum Wissen von der „Stunde", (in der *Jesus Christus* wieder auf die Erde kommen wird, um als Muslim den Kampf gegen die christlichen Kirchen zu führen!) In 43.63,64 kommt *Jesus* zum ersten Mal im *Koran* selber zu Wort. Es heißt da: *Und da JESUS mit den deutlichen Zeichen kam, sprach er: Ich bin mit der Weisheit zu euch gekommen und um euch etwas von dem zu erklären, worüber ihr uneins seid. So fürchtet Allah und gehorchet mir. Siehe, Allah, er ist mein Herr und euer Herr; so dienet ihm, dies ist ein rechter Pfad.* Zwar ist dieser Text so nirgends in den *Evangelien* und *Apostelbriefen* zu finden, aber sinngemäß gibt er etwas von der Botschaft *Jesu* richtig wieder. Der Vers 48.28 lautet: Er (*Allah*) ist's, der seinen Gesandten mit der Leitung und der Religion der Wahrheit entsandt hat, um sie über jeden anderen Glauben siegreich zu machen. In 57.26,27 lesen wir: Und wahrlich, wir entsandten *Noah* und *Abraham* und gaben seiner Nachkommenschaft das Prophetentum und die Schrift. ... Und wir ließen *JESUS*, den Sohn der *MARIA*, folgen und gaben ihm das *Evangelium* und legten in die Herzen derer, die ihm folgten, Güte und Barmherzigkeit.

In diesen Versen wird noch einmal die hohe Wertschätzung deutlich, die Mohammed der Person und Botschaft *Jesu Christi* entgegenbringt. Im Besonderen wird *Jesus* als der Prophet beschrieben, der die Nachricht von der „Stunde", dem Beginn des Jüngsten Gerichts, für alle Menschen, überbrachte. *Mohammed* kündigt auch an, daß schließlich der Islam über alle anderen Religionen siegreich sein werde. Augenfällig ist, daß *JESUS* immer mit dem Zusatz: SOHN der MARIA, erwähnt wird. *Der Prophet will damit offenbar auf den einzigartigen Vorgang hinweisen, daß die Jungfrau Maria – aus-erwählt durch das Wort Gottes/Allahs und durch die Kraft des Heiligen Geistes das Kind Jesus empfing und zur Welt brachte. Im ganzen Koran und in der ge-samten biblischen Literatur findet sich kein vergleichbares Ereignis.*

Sure 61: Die Schlachtordnung

61.2: O ihr, die ihr glaubt, warum sprecht ihr, was ihr nicht tut? 61.4: Sie-he, *Allah* liebt diejenigen, welche in seinem Weg in *Schlachtordnung* kämp-fen, als wären sie ein gefestigter Bau. 61.6: Und da JESUS, der Sohn der MARIA, sprach: *O ihr Kinder Israel, siehe, ich bin Allahs Gesandter an euch, bestätigend die Tora, die vor mir war, und einen Gesandten verkündigend, der nach mir kommen soll, des Name Ahmad (= Rühmenswert) ist.* (Mohammed weist hier möglicherweise auf die Aussendung des *Heiligen Geistes* hin, die *Jesus* angekündigt hatte). Doch da er zu ihnen mit den deutlichen Zeichen kam, sprachen sie: Das ist ein offenkundiger Zauberer. 61.9: Er ist's, der seinen Gesandten mit der Leitung und der Religion der Wahrheit entsandt hat, um sie über jede andere Religion siegreich zu machen, auch wenn es den Götzendienern zuwider ist. 61.14: O ihr, die ihr glaubt, seid *Allahs* Hel-fer, wie *JESUS,* der Sohn der MARIA, zu den Jüngern sprach: *Welches sind meine Helfer zu Allah? Es sprachen die Jünger: Wir sind Allahs Helfer.* Und es glaubte ein Teil von den Kindern Israel, und ein anderer Teil war ungläubig.

Sure 62: Die Versammlung

62.1: Es preist *Allah,* was in den Himmeln und was auf Erden ist, den Kö-nig, den Heiligen, den Mächtigen, den Weisen. 62.5; Das Gleichnis derer, welche mit der *Tora* belastet wurden und sie hernach nicht tragen wollten, ist das Gleichnis eines Esels, der Bücher trägt. 62.6,7: O ihr Juden, wenn ihr behauptet, daß ihr vor andern Menschen *Allahs* Freunde seid, dann wünscht euch den Tod, so ihr wahrhaft seid. Doch nimmer werden sie ihn wünschen wegen ihrer Hände Werk. 62.9: O ihr, die ihr glaubt, wenn zum Gebet gerufen wird am Tag der *Versammlung,* dann eilt zum Gedenken Al-lahs und laßt den Handel (ruhen). (Am sechsten Tag der muslimischen Woche, dem Freitag, soll jeder Muslim gegen Mittag am Gottesdienst, *Saa-lat,* in der Moschee, teilnehmen). 62.10: Und gedenket *Allahs* häufig, auf daß es euch vielleicht wohl ergehe. 62.11: Was bei *Allah* ist, ist besser als ein Zeitvertreib oder eine Ware. Und *Allah* ist der beste Versorger.

Sure 63: Die Heuchler

63.1,2: Wenn die *Heuchler* zu dir kommen, sagen sie: Wir bezeugen, daß du in Wahrheit der Gesandte *Allahs* bist. Und *Allah* weiß, daß du wahrhaftig sein Gesandter bist. Doch *Allah* bezeugt, daß die Heuchler Lügner sind. Sie haben ihre Eide als Schutzbehauptung vorgebracht; so wenden sie vom Wege *Allahs* ab. 63.6: *Allah* wird ihnen nie verzeihen; wahrlich, *Allah* rechtleitet kein frevelhaftes Volk. 63.9: O ihr, die ihr glaubt, laßt euch durch euer Vermögen und eure Kinder nicht vom Gedenken an *Allah* abhalten. Und wer das tut – das sind die Verlierenden. 63.10: Und spendet von dem, was wir euch gegeben haben, bevor einen von euch der Tod ereilt und er sagt: Mein *Herr*! Wenn Du mir nur Aufschub für eine kurze Frist gewähren würdest, dann würde ich Almosen geben und einer der Rechtschaffenen sein. 63.11: Und nie wird *Allah* jemandem Aufschub gewähren, wenn seine Frist um ist.

Sure 64: Der gegenseitige Betrug

64.1: Es preist *Allah*, was in den Himmeln und auf der Erde ist; sein ist das Reich und sein das Lob, und er hat Macht über alle Dinge. 64.4: Er weiß, was in den Himmeln und auf Erden ist, und er weiß, was ihr verbergt und was ihr offen kundtut. 64.7: Diejenigen, die da ungläubig sind, behaupten, sie würden nicht auferweckt werden. Sprich: Doch, bei meinem *Herrn*, ihr werdet gewiß auferweckt werden; dann wird euch gewiß verkündet, was ihr getan habt. Und das ist für *Allah* ein Leichtes. 64.8: Darum glaubt an *Allah* und seinen Gesandten und an das Licht, das wir herniedergesandt haben. 64.9: Der Tag, an dem er euch versammeln wird zum Tag der Versammlung, das ist der Tag des *gegenseitigen Betrugs*. Und wer an *Allah* glaubt und das Rechte tut, dessen Missetaten wird er zudecken und ihn in Gärten führen, durch die Bäche fließen, worin (sie) auf ewig verweilen; das ist die große Glückseligkeit. 64.10: Diejenigen aber, die ungläubig sind und unsere Zeichen leugnen, das sind die Bewohner des Feuers immerdar. Darin bleiben sie auf ewig; und schlimm ist die Fahrt (dorthin). 64.11: Kein Unglück trifft ein ohne *Allahs* Erlaubnis. 64.14: O ihr, die ihr glaubt, an euern Gattinnen und Kindern habt ihr einen Feind; so hütet euch vor ihnen. Doch so ihr vergebt und Nachsicht übt und verzeiht, so ist *Allah* verzeihend und barmherzig. 64.15: Eurer Gut und eure Kinder sind nur eine Versuchung; doch bei *Allah* ist großer Lohn. 64.16: Und wer sich hütet vor seiner eigenen Habsucht, denen wird es wohl ergehen. 64.17: Wenn ihr *Allah* ein schönes Darlehen leiht, wird er es euch verdoppeln und verzeihen.

Sure 65: Die Scheidung

65.1: O du Prophet, wenn ihr euch von Frauen *scheidet*, so scheidet euch von ihnen zu ihrer festgesetzten Zeit und berechnet die Zeit und fürchtet *Allah*, euren Herrn. Treibt sie nicht aus ihren Häusern, noch laßt sie hinausgehen; es sei denn, sie hätten eine offenkundige Schändlichkeit begangen. 65.2: Und wenn sie ihren Termin erreicht haben (das Ende der viermonatigen Wartezeit), dann haltet sie in Güte zurück oder trennt euch in Güte von ihnen. 65.4: Und diejenigen eurer Frauen, welche keine Reinigung mehr zu erwarten haben – so ihr in Zweifel seid, so sei ihr Termin drei Monate. 65.6: Laßt sie wohnen, wo ihr wohnt, gemäß euren Mitteln; und tut ihnen nichts zuleide in der Absicht, es ihnen schwer zu machen. Und wenn sie schwanger sind, so bestreitet ihren Unterhalt, bis sie zur Welt bringen, was sie getragen haben. 65.7: Der Vermögende spende aus seinem Vermögen; und der, dessen Mittel beschränkt sind, spende von dem, was ihm *Allah* gegeben hat. *Allah* fordert von keiner Seele etwas über das hinaus, was er ihr gegeben hat. 65.11: Und wer an *Allah* glaubt und das Rechte tut, den führt er ein in Gärten, durcheilt von Bächen, ewig darinnen zu verweilen. 65.12: *Allah* ist's, der sieben Himmel und ebenso viele Erden erschaffen hat.

Sure 66: Das Verbot.

66.1: O Prophet! Warum *verbietest* du das, was *Allah* dir erlaubt hat, deinen Gattinnen zu gefallen? Doch *Allah* ist verzeihend und barmherzig. 66.5: Vielleicht gibt ihm sein Herr, wenn er sich von euch scheidet, bessere Frauen als euch zum Tausch, muslimische, gläubige, demütige, reuige, (*Allah*) dienende, fastende (Frauen), nicht mehr jungfräuliche und Jungfrauen. 66.6: O ihr, die ihr glaubt, rettet euch und die euren vor einem Feuer, dessen Brennstoff Menschen und Steine sind; darüber sind strenge, gewaltige Engel gesetzt, die *Allah* nicht ungehorsam sind in dem, was er ihnen befiehlt, und die alles vollbringen, was ihnen befohlen wird. 66.7: O ihr Ungläubigen, entschuldigt euch nicht an jenem Tag; ihr werdet nur für euer Tun belohnt. 66.8: O ihr, die ihr glaubt, wendet euch in aufrichtiger Reue zu *Allah.* 66.9: O Prophet! Bekämpfe die Ungläubigen und die Heuchler; und sei streng gegen sie, denn ihre Wohnung wird *Dschehannam* sein, und schlimm ist die Fahrt (dorthin).

66.10: *Allah* stellt ein Gleichnis für die Ungläubigen auf: das Beispiel von *Noahs* Frau und von *Lots* Frau. ... Diese handelten untreu an zwei rechtschaffenen Dienern. Darum ...wurde gesprochen: Geht ihr beide ins Feuer ein ... 66.12: Und (*Allah* gibt das Beispiel) von MARIA, der Tochter *Imrans,* *die ihre Scham hütete; darum hauchten wir unseren Geist in sie; und sie glaubte* *an die Worte ihres Herrn und an seine Schrift und war eine der Demütigen.*

Sure 67: Das Reich

67.1: Segensreich ist der, in dessen Hand *das Reich* ist und der die Macht hat über alle Dinge; 67.2,3: der den Tod und das Leben erschaffen, um euch zu prüfen, wer von euch die besseren Taten verrichte; und er ist der Mächtige, der Verzeihende, der die sieben Himmel übereinander erschaffen hat. Keinen Fehler kannst du in der Schöpfung des Allerbarmers sehen. 67.5: Und wahrlich, wir schmückten den untersten Himmel mit Leuchten und bestimmten sie zu Steinen für die *Satane,* für die wir die Strafe des flammenden Feuers bereiteten. 67.10: Und sie werden sprechen: Hätten wir nur zugehört oder Verstand gehabt, wir wären nicht unter den Bewohnern des flammenden Feuers. 67.12: Siehe, diejenigen, die ihren Herrn im Verborgenen fürchten, ihnen wird Vergebung und großer Lohn. 67.15: Er ist es, der euch die Erde untertan gemacht hat; wandert also auf ihren Wegen und genießt seine Versorgung; und zu ihm führt die Auferstehung. 67.16: Fühlt ihr euch sicher davor, daß der, der im Himmel ist, nicht die Erde unter euch versinken läßt, und sie dann ins Wanken gerät? 67.20,21: Die Ungläubigen sind wahrlich völlig betört. Wer ist es, der euch versorgen würde, wenn er seine Versorgung zurückhielte? Nein, sie verharren in Trotz und in Widerwillen. 23,24: Sprich: Er ist es, der euch ins Dasein rief und der euch Ohren und Augen und Herzen gab; (aber) gering ist es, was ihr an Dank sagt! Er ist es, der euch auf Erden mehrte, und vor ihm werdet ihr versammelt werden. 67.28: Sprich: Was meint ihr, wenn *Allah* mich und diejenigen, die mit mir sind, vernichten sollte, oder wenn er uns Barmherzigkeit erweisen sollte, wer würde (dann) die Ungläubigen vor qualvoller Strafe schützen? 67.29: Sprich: Er ist der Erbarmer; an ihn glauben wir und auf ihn vertrauen wir.

Sure 68: Die Feder

68.1...4: Bei der *Feder* und was sie niederschreiben! Wahrlich, du bist, durch die Gnade deines *Herrn*, kein Besessener. Und siehe, dir wird wahrlich ein unverkürzter Lohn. Und siehe, du bist wahrlich von edler Natur. 68.7: Wahrlich, dein *Herr* weiß am besten, wer von seinem Weg abirrt, und er kennt auch die Rechtgeleiteten am besten. 68.14,15: Nur weil er (der Irrende) Reichtümer und Kinder besitzt, sagt er, wenn ihm unsere Verse verlesen werden: (Dies sind) Fabeln der Alten! 68.16: Wir wollen ihn auf der Nase brandmarken. 68.34: Für die Gerechten sind wahrlich Gärten der Wonne bei ihrem *Herrn* (bestimmt). 68.42,43: Am Tage, wenn die Beine entblößt werden und sie (die Ungläubigen) aufgefordert werden, sich anbetend niederzuwerfen, werden sie es nicht können. Ihre Blicke werden niedergeschlagen sein, (und) Schande wird sie bedecken; denn sie waren (vergebens) aufgefordert worden, sich anbetend niederzuwerfen, als sie wohlbehalten waren. 68.48,49: So warte geduldig auf den Befehl deines *Herrn*, und sei nicht wie der Mann des Fisches (*Jonas*), als er (seinen *Herrn*) anrief, während er von Kummer erfüllt war. Wäre ihm keine Gnade von seinem *Herrn* erwiesen worden, wäre er sicher an ein kahles Land geworfen worden, und er wäre geschmäht worden. 68.50: Doch sein *Herr* erwählte ihn und machte ihn zu einem der Rechtschaffenen.

Sure 69: Die Unvermeidliche

69.1...3: Die *Unvermeidliche* (Stunde). Was ist die Unvermeidliche? Und wie kannst du wissen, was die Unvermeidliche ist? 69.13...18: Und wenn ... die Erde samt den Bergen emporgehoben und dann mit einem einzigen Schlag niedergeschmettert wird, an jenem Tage wird das Ereignis schon eingetroffen sein. Und der Himmel wird sich spalten; denn an jenem Tage wird er brüchig sein. Und die *Engel* werden an seinen Rändern stehen, und acht (*Engel*) werden an jenem Tage den Thron deines *Herrn* über sich tragen. An jenem Tage werdet ihr (*Allah*) vorgeführt werden; nichts Verborgenes von euch soll verborgen sein. 69.38...40: Doch ich schwöre bei dem, was ihr seht und bei dem, was ihr nicht seht, daß dies wahrlich das Wort (*Allahs* durch den Mund) eines ehrwürdigen Gesandten ist.

Sure 70: Die Stufen

70.1...4: Ein Fragender fragte nach eintreffender Strafe für die Ungläubigen. Niemand hindert *Allah*, den Herrn der *Stufen*, auf denen die *Engel und der GEIST zu ihm emporsteigen* an einem Tage, dessen Ausmaß fünfzigtausend Jahre sind. 70.8...14: Am Tage, da der Himmel wie geschmolzenes Metall sein wird und die Berge wie gefärbte Wolle, und ein Freund nicht mehr nach einem Freunde fragen wird, wiewohl sie einander anschauen. Gern möchte sich dann der Sünder loskaufen von der Strafe jenes Tages mit seinen Kindern und seiner Frau und seinem Bruder und seiner Verwandtschaft, die ihn beherbergt hat, und allen, die insgesamt auf Erden sind, wenn es ihn nur retten könnte. 70.15...17: Keineswegs; siehe, die Glut, die die Kopfhaut gänzlich wegbrennt, ruft jeden, der (mir) den Rücken gekehrt und sich (von mir) abgewendet und (Reichtum) aufgehäuft und gehortet hat. 70.19: Wahrlich, der Mensch ist (seiner Natur nach) kleinmütig geschaffen worden. 70.20,21: Wenn ihn ein Unheil trifft, so gerät er in große Panik. Doch wenn ihm (etwas) Gutes zukommt, ist er geizig. 70.22...30: Nicht so die Betenden, die ihre Gebete einhalten, und die, in deren Besitz ein bestimmter Anteil ist für den Bittenden und den Unbemittelten, und die, die an den Tag des Gerichts glauben, und die, die vor der Strafe ihres *Herrn* besorgt sind; – siehe, vor der Strafe deines *Herrn* ist niemand sicher – und die ihre Scham hüten, außer bei ihren Gattinnen oder denen, die sie von Rechts wegen besitzen (die Sklavinnen); denn da sind sie nicht zu tadeln. 70.31: Diejenigen aber, die darüber hinaus etwas suchen, das sind die Frevler. 70.44: Ihre Augen werden niedergeschlagen sein; Schmach wird sie bedecken. Das ist der Tag, der ihnen angedroht ist.

Sure 71: Noah

71.1...4: Siehe, wir sandten *Noah* zu seinem Volk: Warne dein Volk, bevor über sie eine schmerzliche Strafe kommt. Er sagte: O mein Volk, siehe, ich bin für euch ein deutlicher Warner. Dient *Allah* und fürchtet ihn und gehorcht mir. Verzeihen wird er euch eure Sünden und euch Aufschub bis zu einer bestimmten Frist gewähren. 71.5: Er sagte: Mein *Herr*, ich habe mein Volk bei Nacht und Tag (zum Glauben) aufgerufen: Bittet euren *Herrn* um Verzeihung; siehe, er ist verzeihend. 71.11,12: Er wird Regen für euch in Fülle herniedersenden und wird euch reich machen an Gut und Kindern und wird euch Gärten geben und Bäche. 71.12...17: Was fehlt euch, daß ihr nicht hoffet auf *Allahs* Güte, wo er euch doch in Stufen erschaffen hat?

Seht ihr denn nicht, wie *Allah* sieben Himmel übereinander erschaffen hat? Und er hat den Mond als Licht in sie gesetzt und die Sonne zu einer Leuchte gemacht. Und *Allah* ließ euch aus der Erde gleich Pflanzen sprießen; alsdann wird er euch in sie wieder zurückbringen und von Neuem erstehen lassen. 71.20: *Noah* sagte: Mein *Herr*, sie haben mir nicht gehorcht und sind denen gefolgt, deren Reichtum und Kinder nur umso größeres Verderben über sie bringen. 71.25: Ihrer Sünden wegen wurden sie ertränkt und ins Feuer geführt. 71.27: Und *Noah* sagte: Mein *Herr*, laß auf der Erdoberfläche keinen einzigen von den Ungläubigen (übrig) ...

Sure 72: Die Dschinn

72.1,2: Sprich: „Es wurde mir offenbart, daß eine Schar der *Dschinn* lauschte und sprach: Wahrlich, wir haben einen wunderbaren *Koran* gehört, der zur Rechtschaffenheit leitet; und wir glauben an ihn und stellen nimmer unserem *Herrn* jemand zur Seite." 72.3,4: Denn er – erhöht sei die Herrlichkeit unseres *Herrn*! – hat sich weder Gattin noch Sohn genommen; die Toren unter uns pflegten abscheuliche Lügen über *Allah* zu äußern. 72.12: Wir wissen, daß wir auf keine Weise *Allah* auf Erden zuschanden machen können, noch können wir ihm durch Flucht entrinnen. 72.18: Und wahrlich, die Moscheen sind *Allahs*; so ruft niemand neben *Allah* an. 72.23: (Ich habe) nur die Übermittlung (der Offenbarung) von *Allah* und seiner Botschaften. Und für diejenigen, die sich *Allah* und seinem Gesandten widersetzen, ist das Feuer der Hölle bestimmt; darin werden sie auf ewig bleiben. 72.26,27: Sprich: Ich weiß nicht, ob das euch Angedrohte nahe ist, oder ob mein *Herr* eine lange Frist dafür angesetzt hat. Er ist der Kenner des Verborgenen – Er enthüllt keinem seine Kenntnis vom Verborgenen außer allein dem, den er unter seinen Gesandten erwählt hat.

Sure 73: Der Verhüllte

73.1...4: O du *Verhüllter*! 2. Steh auf zur Nacht ... und trag den *Koran* in singendem Vortrag vor. 73.5: Siehe, wir übergeben dir ein gewichtiges Wort. 73.6: Wahrlich, der Anbruch der Nacht ist die beste Zeit zur Selbstzucht und zur Erreichung von Aufrichtigkeit im Reden. 73.8: Und gedenke des Namens deines *Herrn* und wende dich ihm von ganzem Herzen zu. 73.11: Und überlaß mir diejenigen, die (die Wahrheit) leugnen und sich des Wohllebens erfreuen; und gewähre ihnen eine kurze Frist. 73.12...14: Bei uns sind wahrlich Fesseln und der Höllenpfuhl und würgende Speise und schmerzliche Strafe an dem Tag, da die Erde und die Berge erbeben und die Berge ein loser Sandhaufen werden. 73.17: Wie wollt ihr euch, wenn ihr ungläubig seid, wohl vor einem Tag schützen, der Kinder zu Greisen macht? 73.19: So nehme nun, wer da will, den Weg zu seinem *Herrn*. 73.20: Er weiß, daß ihr sie (die Ausdauer) nicht werdet verkraften können. Darum hat Er sich euch mit Nachsicht zugewandt. So tragt denn so viel vom *Koran* vor, wie es (euch) leicht fällt. Und was ihr an Gutem für eure Seelen vorausschickt, werdet ihr bei *Allah* finden. Das ist am Besten und bringt den reichsten Lohn. Und bittet *Allah* um Vergebung. Wahrlich, *Allah* ist verzeihend und barmherzig.

Sure 74: Der Bedeckte

74.1...7: O du (mit deinem Mantel) *Bedeckter!* Erhebe dich und warne und verherrliche deinen *Herrn* und reinige deine Kleider und meide den Götzendienst und sei nicht wohltätig in Erwartung von persönlichen Vorteilen und sei standhaft um deines *Herrn* willen. 74.8...15: Und wenn ins Horn geblasen wird, dann wird der Tag ein schwerer Tag sein, kein leichter für die Ungläubigen. Und laß mich allein mit dem (einem scharfen Gegner *Mohammeds*), den ich geschaffen habe und dem ich reiches Gut verlieh, und Söhne, die immer zugegen waren ... Dennoch wünscht er, daß ich noch mehr tue. 74.16...30: Keineswegs; siehe, er ist widerspenstig gegen unsere Zeichen. Aufladen will ich ihm Qual. ... Tod ihm! Er ... wurde hochmütig und sagte: Das ist nichts als Zauberei, die weitergegeben wird. Das ist nur Menschenwort. Brennen will ich ihn lassen im Höllenfeuer. ... Nichts läßt es übrig und nichts verschont es. Es wird von neunzehn (*Engeln*) überwacht. 74.34: *Allah* führt irre, wen er will, und leitet recht, wen er will, und keiner kennt die Heerscharen deines *Herrn* als er allein. Dies ist nur eine Ermahnung für die Menschen. 74.38: Ein jeder wird für das aufkommen, was er vorausgeschickt hat. 74.42: (Die Gläubigen) fragen: Was hat euch ins Höllenfeuer gebracht? 74.43...46: Sie sagen: Wir waren nicht bei denen, die beteten, noch speisten wir die Armen; und wir ließen uns ein im Geschwätz mit den Schwätzern; und wir pflegten den Tag des Gerichts zu leugnen, bis der Tod uns ereilte. 74.49...53: Was ist ihnen denn, daß sie sich von der Ermahnung abwenden, als wären sie erschreckte Wildesel, die vor einem Löwen fliehen? ... Nein! Wahrlich, sie fürchten nicht das Jenseits.

Sure 75: Die Auferstehung

75.1...3: Ich schwöre beim Tag der *Auferstehung* und ich schwöre bei jeder reumütigen Seele. Meint der Mensch etwa, daß wir seine Gebeine nicht sammeln werden? 75.4: Fürwahr, wir sind imstande, seine Fingerspitzen zusammenzufügen. 75.6: Er (der Mensch) fragt: Wann wird der Tag der Auferstehung sein? 75.7...10: Dann, wenn das Auge geblendet ist und der Mond sich verfinstert und die Sonne und der Mond miteinander vereinigt werden. An jenem Tage wird der Mensch sagen: Wohin (könnte ich) nun fliehen? 75.13: Verkündet wird dem Menschen an jenem Tag, was er getan und versäumt hat. 75.14,15: Der Mensch ist Zeuge gegen sich selber, auch wenn er Entschuldigungen vorbringt. 75.22...25: An jenem Tage wird es strahlende Gesichter geben. die zu ihrem *Herrn* schauen. Und manche Gesichter werden an jenem Tage gramvoll sein, denn sie ahnen, daß ihnen bald darauf ein schreckliches Unglück widerfahren soll. 75.36: Meint der Mensch etwa, er würde sich selber überlassen sein?

Sure 76: Der Mensch

76.1: Gab es nicht für den *Menschen* eine Zeit, da er nichts Nennenswertes war (nämlich im Mutterleib)? 76.2,3: Siehe, wir erschufen den Menschen aus einer Samenmischung, ihn zu prüfen, und machten ihn hörend und sehend. Wir haben ihm den rechten Weg gezeigt, sei er dankbar oder undankbar. 76.4,5: Siehe, wir bereiteten für die Ungläubigen Ketten, Joche und einen Feuerbrand. Die Gerechten werden trinken aus einem Becher, dem Kampfer beigemischt ist. 76.8,9: Und sie geben Speise und mag sie ihnen (auch) noch so lieb sein – dem Armen, der Waise und dem Gefangenen, (wobei sie sagen:) Wir speisen euch nur um *Allahs* willen. Wir begehren von euch weder Lohn noch Dank dafür. 76.11: Darum wird *Allah* sie vor dem Übel jenes Tages bewahren und ihnen Herzensfreude und Glückseligkeit bescheren. 76.20: Und wohin du dort auch schauen magst, so wirst du ein Wohlleben und ein großes Reich erblicken. 76.21: Sie werden Gewänder aus feiner, grüner Seide und Brokat tragen. Sie werden mit silbernen Spangen geschmückt sein. Und ihr *Herr* wird sie von einem reinen Trank trinken lassen. 76.25,26: Und gedenke des Namens deines *Herrn* am Morgen und am Abend. Und wirf dich in einem Teil der Nacht vor ihm in Anbetung nieder und preise seine Herrlichkeit einen langen Teil der Nacht hindurch.

Sure 77: Die Entsandten

77.1...6: Bei den Windstößen, die einander folgen (den in Reihe *Entsandten*), und bei den Stürmen, die durcheinander wirbeln und bei den (*Engeln*), die stets (die Wolken) verbreiten, und dann zwischen (Gut und Böse) unterscheiden, und dann die Ermahnung überall hinabtragen, um zu entschuldigen oder zu warnen! 77.7...11: Siehe, was euch verheißen wird, wird bestimmt in Erfüllung gehen. Und wenn die Sterne erlöschen und der Himmel sich spaltet, und wenn die Berge zerstäuben und den Gesandten ein Zeitpunkt bestimmt wird. 77.15: Wehe an jenem Tag den Leugnern! 77.25...27: Haben wir die Erde nicht zu eurer Aufnahme gemacht für die Lebenden und die Toten und auf sie hohe Berge gesetzt und euch wohlschmeckendes Wasser zu trinken gegeben? 77.34: Wehe an jenem Tag den Leugnern! 77.35,36: Das ist ein Tag, an dem ihnen die Sprache versagt. Es wird ihnen nicht erlaubt sein, Entschuldigungen vorzubringen. 77.44: Wahrlich, so belohnen wir diejenigen, die Gutes tun 77.45: Wehe an jenem Tag den Leugnern!

Sure 78: Die Kunde

78.1...8: Wonach befragen sie einander? 2. Nach einer gewaltigen *Kunde*, über die sie uneinig sind. Fürwahr, sie werden es bald erfahren. Wiederum, fürwahr, sie werden es bald erfahren. Haben wir nicht die Erde zu einem Lager gemacht und die Berge zu Pflöcken? Und schufen euch in Paaren. 78.9...16: Wir haben euch den Schlaf zur Ruhe gemacht und die Nacht zu einer Hülle und den Tag zum Erwerb des Unterhalts. Und wir haben über euch sieben starke (Himmel) erbaut und wir haben eine hellbrennende Leuchte gemacht und wir senden aus den Regenwolken Wasser in Strömen hernieder, auf daß wir damit Korn und Kraut hervorbringen sowie üppige Gärten. 78.17,18: Wahrlich, der Tag der Entscheidung ist ein fester Termin, an jenem Tag, da in die Posaune gestoßen wird und ihr in Scharen kommt 78.19: und der Himmel sich öffnet und zu Toren wird 78.20: und die Berge sich bewegen und zur Luftspiegelung werden. 78.31...35: Wahrlich, für die Gottesfürchtigen gibt es einen Gewinn: Gärten und Beerengehege und Mädchen mit schwellenden Brüsten, Altersgenossinnen und übervolle Schalen. Dort hören sie weder Geschwätz noch Lüge. 78.38: Am Tag, da *Gabriel* und die *Engel* in Reihen stehen, da werden sie nicht sprechen dürfen; ausgenommen der, dem der Erbarmer es erlaubt, und der nur das Rechte spricht. 78.40: Siehe, wir haben euch gewarnt vor einer Strafe, die nahe bevorsteht: an einem Tag, da der Mensch erblicken wird, was seine Hände vorausgeschickt haben, und der Ungläubige sagen wird: O daß ich doch Staub wäre!

Sure 79: Die Entreißenden

79.1...7: Bei den im Ruck *Entreißenden* (d.h. den *Engeln,* die die Seelen der Ungläubigen heftig entreißen) und den leicht Emporhebenden (den Seelen der Gläubigen) und den Einherschwebenden (die auf Geheiß *Allahs* zwischen Himmel und Erde einherschweben) und den Voraneilenden (mit den Seelen der Gläubigen ins Paradies) und den die Angelegenheit (des irdischen Lebens) Lenkenden! Eines Tages wird die Dröhnende dröhnen (der erste Posaunenton am Tag des Gerichts), gefolgt von der Darauffolgenden. 79.8,9: Herzen werden an jenem Tage zittern und die Augen niedergeschlagen sein. 79.13,14: Es wird nur ein einziger Schreckenslaut sein und siehe, sie sind dann auf der Erdoberfläche. 79.34...39: Doch wenn das größte Unheil kommt an jenem Tag, da der Mensch sich ins Gedächtnis zurückrufen wird, was er erstrebt hat und der Höllenpfuhl vor Augen geführt wird für den, der sieht. Wer aber aufsässig war und das irdische Leben vorzog, siehe, der Höllenpfuhl ist seine Wohnung. 79.40...41: Was aber den anlangt, der seines *Herrn* Hoheit gefürchtet und seiner Seele das Gelüst verwehrte, siehe, das Paradies ist (seine) Herberge.

Sure 80: Er runzelte die Stirn.

80.1...4: *Er runzelte die Stirn* und wandte sich ab, als der blinde Mann zu ihm kam. Was läßt dich aber wissen, daß er sich nicht reinigen wollte oder daß er Ermahnung suchte und ihm somit die Lehre nützlich würde? 80.5...10: Wer es nicht für nötig hält, dem kommst du (bereitwillig) entgegen, ohne dir etwas daraus zu machen, daß er sich nicht reinigen will. Was aber den anbelangt, der in Eifer zu dir kommt und gottesfürchtig ist, um den kümmerst du dich nicht. 80.16: Wie undankbar ist er (der Mensch)! 80.18...22: Aus einem Samenerguß hat er ihn erschaffen und gebildet. Dann ermöglicht er ihm den Ausgang. Dann läßt er ihn sterben und läßt ihn ins Grab bringen. Dann, wenn er will, erweckt er ihn wieder. 80.33...42: Doch wenn das betäubende Getöse kommt, am Tag, da der Mensch seinen Bruder fluchtartig verläßt, sowie seine Mutter und seinen Vater und seine Frau und seine Söhne, an jenem Tage wird jeder eigene Sorgen genug haben, die ihn beschäftigen. An jenem Tage werden manche Gesichter strahlend sein

heiter und freudig. Und andere Gesichter, an jenem Tage, werden staubbe-
deckt sein. ... Das sind die Ungläubigen, die Frevler.

Kommentar zu den Suren 61 bis 80:

In der Sure 61, Vers 6, kommt JESUS nach der Sure 43, Vers 63, ein zweites Mal zu Wort. Er verkündet dort: *O ihr Kinder Israel, siehe, ich bin Allahs
Gesandter an euch, bestätigend die Tora, die vor mir war, und einen Gesandten
verkündigend, der nach mir kommen soll, des Name Ahmad (= Rühmenswert)
ist.* (Mohammed weist hier möglicherweise auf die Aussendung des Heiligen Geistes hin, die Jesus angekündigt hatte). In 61.14 lesen wir weiter: O ihr, die
ihr glaubt, seid Allahs Helfer, wie JESUS, der Sohn der MARIA, zu den
Jüngern sprach: *Welches sind meine Helfer zu Allah? Es sprachen die Jünger:
Wir sind Allahs Helfer.* Und es glaubte ein Teil von den Kindern Israel, und
ein anderer Teil war ungläubig. Im ganzen Koran werden also nur an diesen
beiden Stellen, 43.63 und 61.6 bzw.14, Worte von Jesus nicht wörtlich, aber
sinngemäß zitiert. Es bleibt das Geheimnis des Propheten, warum er die
großartige Offenbarung Jesu von Gott, seinem Vater und unserem Vater, im
Koran so wenig berücksichtigt hat. Er spricht aber immer wieder von den
deutlichen Zeichen (Wundern), die Jesus gewirkt hat, ohne näher darauf
einzugehen.

In Sure 72, 1...4, wird gesagt: Wir ... stellen nimmer unserem *Herrn* jemand
zur Seite. ... Denn er – erhöht sei die Herrlichkeit unseres *Herrn!* – hat
sich weder Gattin noch Sohn genommen; die Toren unter uns pflegten abscheuliche Lügen über *Allah* zu äußern. Auf die Aussage, daß *Gott* keinen
Sohn hat, also *Jesus* nicht der Sohn *Gottes* sei, stoßen wir im *Koran* immer
wieder. In 21.91 macht der Prophet jedoch die ganz wichtige Aussage: *Und
sie (MARIA), die ihren Schoß keusch hielt, und in die wir bliesen von unserem
Geiste, und die wir nebst ihrem Sohne zu einem Zeichen machten für alle Welt.
Hier bekundet der Prophet eindeutig, daß MARIAS Sohn JESUS nicht von einem
irdischen Mann gezeugt, sondern durch „Einblasen des Geistes Gottes/Allahs in
MARIA" zur Welt kam. Genau dieses, in der gesamten Offenbarungsgeschichte
einmalige Ereignis veranlaßt die ganze Christenheit, JESUS als den „Sohn Gottes" und MARIA als „Gottesmutter" oder „Gottesgebärerin" zu bezeichnen und
zu verehren. Dieser Glaube findet seine eindrucksvolle Unterstützung durch die
Lehre von JESUS CHRISTUS, das Zeugnis seiner Jünger, und die Offenbarungen MARIAS bei den großen Marienerscheinungen in Lourdes und Fatima.*

Sure 81: Das Zusammenfalten

81.1...14: Wenn die Sonne *zusammengefaltet* wird und wenn die Sterne herabfallen und wenn die Berge sich rühren und wenn die trächtigen Kamelstuten vernachlässigt werden und wenn die wilden Tiere sich versammeln und *wenn die Meere anschwellen* und wenn die Seelen (mit ihren Leibern) gepaart werden und wenn das lebendig begrabene Mädchen gefragt wird: Für welch eine Sünde wurdest du getötet? Und wenn die Seiten (des himmlischen Buches) aufgerollt werden und wenn der Himmel weggezogen wird und wenn der Höllenpfuhl angefacht wird und wenn das Paradies nahegerückt wird, dann wird jede Seele wissen, was sie getan hat. 81.15...21: Und ich schwöre bei den rücklaufenden Sternen (nach dem *Ptolemäischen Weltbild*) ..., dies ist wahrlich das Wort eines edlen Gesandten, der mit Macht begabt ist bei dem *Herrn* des Throns und in Ansehen steht, dem gehorcht wird und der getreu ist. 81.26: Wohin also wollt ihr gehen? 81.27: Siehe, es ist nur eine Ermahnung für alle Welt. 81.29: Doch werdet ihr nicht wollen, es sei denn, daß *Allah* will, der Herr der Welten.

Sure 82: Das Zerspalten

82.1...5: Wenn der Himmel sich *spaltet* und wenn sich die Sterne zerstreuen und *wenn die Meere über die Ufer treten* und wenn die Gräber ausgeräumt werden, dann wird jede Seele wissen, was sie getan und was sie unterlassen hat. 82.6: O du Mensch! Was hat dich von deinem hochwürdigen *Herrn* abwendig gemacht? Der dich erschaffen, gebildet und wohlgestaltet hat. 82.13...16: Wahrlich, die Rechtschaffenen werden in der Wonne sein und die Missetäter im Höllenpfuhl. Sie werden dort brennen am Tage des Gerichts. Und sie werden nicht imstande sein, daraus zu entrinnen. 82.19: An jenem Tag wird keine Seele etwas für eine andere Seele tun können und der Befehl an jenem Tage steht (einzig) *Allah* zu.

Sure 83: Die das Maß Verkürzenden

83.1...3: Wehe denjenigen, *die das Maß verkürzen* (betrügen), die, wenn sie sich von den Leuten zumessen lassen, volles Maß verlangen; wenn sie jedoch anderen ausmessen oder auswägen, weniger geben. 83.4...6: Glauben jene etwa nicht, daß sie auferweckt werden, an einem großen Tag, an dem die Menschen vor dem *Herrn der Welten* stehen werden? 83.10,11: Wehe an jenem Tage jenen, die den Tag des Gerichts leugnen!

83.15: Sie werden an jenem Tage gewiß keinen Zugang zu ihrem *Herrn* haben. 83.16: Dann werden sie brennen im Höllenpfuhl. 83.22...24: Siehe, die Rechtschaffenen werden in Wonne sein. ... Erkennen wirst du auf ihren Gesichtern den Glanz der Seligkeit. 83.34...36: Heute sind die Gläubigen diejenigen, die sich über die Ungläubigen lustig machen; sie schauen von ihren Ruhesitzen zu. Hat es sich für die Ungläubigen gelohnt, was sie getan haben?

Sure 84: Das Zerreißen

84.1...5: Wenn der Himmel *zerreißt* und seinem *Herrn* pflichtschuldigst gehorcht und wenn die Erde sich streckt (die Berge verschwinden) und herauswirft, was sie verbirgt (die Toten) und sich (von allem) freimacht und ihrem *Herrn* gehorcht und sich ihm gefügig zeigt (dann ist das Gericht da). 84.6...9: Du Mensch! Du strebst mit aller Mühe deinem *Herrn* zu und sollst ihm begegnen. Und was den anlangt, dem sein Buch in seine Rechte gegeben wird, mit dem wird eine leichte Abrechnung gehalten, und fröhlich wird er zu seinen Angehörigen heimkehren. 84.10...12: Was aber den anlangt, dem sein Buch hinter seinem Rücken gegeben wird, der wird nach Vernichtung rufen, doch im Höllenfeuer wird er brennen. 84.20,21: Was also ist ihnen, daß sie nicht glauben, und wenn ihnen der *Koran* verlesen wird, sich nicht in Anbetung nie-derwerfen? 84.22: Ja, die Ungläubigen erklären (die Botschaft *Allahs*) für eine Lüge. 84.24: Darum verkünde ihnen eine schmerzliche Strafe. 84.25: Nicht so denjenigen, die glauben und gute Werke tun – ihnen wird unendlicher Lohn zuteil sein.

Sure 85: Die Türme

85.1...3: Beim Himmel mit seinen *Türmen* (Sternen) und dem verheißenen Tag, und bei einem Zeugen und einem Bezeugten! 85.4,5: Verflucht sind die Leute des Grabens (der Hölle), des Feuers mit seinem Brennstoff. 85.7: Und sie werden das bezeugen, was sie den Gläubigen angetan haben. 85.8: Und sie haßten sie aus keinem anderen Grund, als weil sie an *Allah* glaub-ten, den Erhabenen, den Preiswürdigen. 85.12: Siehe, deines *Herrn* Rache ist wahrlich streng. 85.14,15: Und er ist der Verzeihende, der Liebvolle, der *Herr* des ruhmvollen Throns.

Sure 86: Der Nachtstern

86.1...3: Bei dem Himmel und dem *Nachtstern* (vermutlich einem Meteor)! (Es ist) ein Stern von durchdringender Helligkeit. 86.4: Siehe, jede Seele hat über sich einen Hüter. 86.5: Drum schaue der Mensch, woraus er erschaffen ist! 86.6: Erschaffen wurde er aus einer Flüssigkeit, die zwischen den Lenden und den Rippen hervorkommt. 86.8...10: Siehe, er hat die Macht, ihn wiederkehren zu lassen an jenem Tage, da die Geheimnisse enthüllt werden; dann wird er keine Kraft und keinen Helfer haben. 86.11...14: Und beim Himmel mit seiner Wiederkehr (der Regenfälle) und bei der Erde, die sich spaltet! Dies ist wahrlich ein entscheidendes, letztes Wort und es ist nicht zum Scherzen.

Sure 87: Der Höchste

87.1...5: Preise den Namen deines *Herrn, des Höchsten,* der erschaffen und geformt hat, der bestimmt und leitet, der die Weide hervorbringt und sie zu versengter Spreu macht. 87.6: Wir werden dich (den *Koran*) verlesen lassen, damit du nicht vergißt, was *Allah* will; siehe, er kennt das Offenkundige und das Verborgene. 87.10...13: Ermahnen läßt sich, wer gottesfürchtig ist. Doch der Böse geht ihr aus dem Weg, er, der im größten Feuer brennen wird; und in ihm wird er weder sterben noch leben. 87.14: Wohl ergeht es dem, der sich rein hält und des Namens seines *Herrn* gedenkt (und) betet. 87.16...18: Doch ihr zieht das irdische Leben vor, wo doch das Jenseits besser und dauerhafter ist. Dies stand wahrlich in den ersten Schriften, den Büchern *Abrahams* und *Moses'*.

Sure 88: Die Bedeckende

88.1...7: Kam die Geschichte der *Bedeckenden* (Stunde) zu dir? Die einen Gesichter werden an jenem Tag niedergeschlagen sein; sie (diese Menschen) werden sich plagen und abmühen, und sie werden in einem heißen Feuer brennen; sie werden aus einer kochendheißen Quelle trinken; für sie wird es keine andere Speise geben außer Dornsträucher, die weder nähren noch Hunger stillen. 88.8...16: Die anderen Gesichter werden an jenem Tage fröhlich sein, zufrieden mit ihrer Mühe (auf Erden), in einem hohen Garten, in dem sie kein Geschwätz hören. In ihm ist eine strömende Quelle, in ihm sind erhöhte Ruhepolster und bereitgestellte Becher und aufgereihte Kissen und ausgebreitete Teppiche. 88.17... 20: Schauen sie denn nicht zu den Kamelen, wie sie erschaffen sind und zum Himmel, wie er erhöht ward und zu den Bergen, wie sie aufgerichtet sind, und zur Erde, wie sie ausgebreitet worden ist? 88.21: So ermahne; du bist ein Ermahner.

Sure 89: *Die Morgenröte*

89.1...3: Bei der *Morgenröte* und den zehn Nächten und bei dem (an Zahl) Geraden (Paaren) und Ungeraden und der Nacht, wenn sie vergeht! 89.5: Ist hierin ein ausreichender Beweis für den Einsichtigen? 89.15: Wenn der Mensch von seinem *Herrn* geprüft wird, indem er ihm Wohltaten erweist und Gnaden auf ihn häuft, dann sagt er: Mein *Herr* hat mich gewürdigt. 89.16: Wenn er ihn aber prüft, indem er ihm seine Versorgung verkürzt, dann sagt er: Mein *Herr* hat mich erniedrigt. 89.17...20: Keineswegs, doch ihr seid nicht freigebig gegen die Waisen und treibt einander nicht an, die Armen zu speisen. Und ihr verzehrt das Erbe (anderer) ganz und gar. Und ihr liebt den Reichtum mit übermäßiger Liebe. 89.21...23: Nicht aber so, wenn die Erde kurz und klein zermalmt wird und dein *Herr* kommt und (auch) die *Engel* in Reihen auf Reihen (kommen) und *Dschehannam* an jenem Tage gebracht wird. An jenem Tage möchte der Mensch Ermahnung annehmen; aber was wird ihm dann das Mahnen nützen? 89.25: An jenem Tag wird niemand so bestrafen wie er. 89.27...30: O du ruhige Seele! 28. Komm zufrieden zurück zu deinem *Herrn* ... und schließe dich dem Kreis meiner Diener an. Und tritt ein in mein Paradies.

Sure 90: *Das Land*

90.1...3: Ich schwöre bei diesem *Land*. Und du wohnst in diesem Land – und beim Vater und was er gezeugt hat. 90.4:. Wahrlich, wir erschufen den Menschen zum Kummer. 90.5: Glaubt er etwa, daß niemand etwas gegen ihn vermag? 90.6,7: Er sagt: Ich habe viel Vermögen ausgegeben. Meint er, niemand hätte ihn gesehen? 90.8,9: Haben wir ihm nicht zwei Augen gemacht und eine Zunge und zwei Lippen? 90.10: Und ihm haben wir die beiden Wege (des Guten und Bösen) gezeigt. 90.11...17: Doch er bezwang das Hindernis nicht. Und was lehrt dich zu wissen, was das Hindernis ist? (Es sind): Das Befreien eines Nackens oder an einem Tage während der Hungersnot das Speisen einer nahverwandten Waise oder eines Armen, der sich im Staube wälzt, (oder) alsdann unter denen zu sein, die glauben und zur Geduld und Barmherzigkeit mahnen.

Sure 91: Die Sonne

91.1...8: Bei der *Sonne* und ihrem Glanz und dem Mond, wenn er ihr folgt, und dem Tag, wenn er sie erstrahlen läßt, und der Nacht, wenn sie sie bedeckt! Und bei dem Himmel und bei dem, der ihn aufgebaut hat und der Erde und dem, der sie ausgebreitet hat, und bei jeder (menschlichen) Seele und dem, der sie gebildet und ihr den Sinn für ihre Sündhaftigkeit und für ihre Gottesfurcht eingegeben hat! 91.9,10: Erfolgreich ist derjenige, der sie rein hält und versagt hat derjenige, der sie verkommen läßt.

Sure 92: Die Nacht

92.1...3: Bei der *Nacht*, wenn sie zudeckt, und bei dem Tag, wenn er erstrahlt, und bei dem, der das Männliche und das Weibliche erschaffen hat! 92.4...7: Wahrlich, euer Streben ist verschieden. Wer (Almosen) gibt und gottesfürchtig ist und an das Beste (das Paradies) glaubt, dem wollen wir den Weg zum Heil leicht machen. 92.8...11: Jener aber, der geizig ist und nach Reichtum trachtet, und das Schönste für Lüge hält, dem wollen wir den Weg zur Drangsal leicht machen. Und sein Vermögen soll ihm nichts nützen, wenn er zugrunde geht. 92.13...16: Und uns gehört das Jenseits und das Diesseits; darum warne ich (*Allah*) euch vor einem lodernden Feuer, in dem nur derjenige brennen wird, der unselig ist, der da leugnet und den Rücken kehrt. 92.17...19: Doch fern von ihm wird der Gottesfürchtige gehalten, der ein Vermögen hergibt, um sich zu reinigen, und der keinem eine Gunst schuldet, die zurückgezahlt werden müßte.

Sure 93: Der lichte Tag

93.1,2: Beim *lichten Tag* und der Nacht, wenn alles still ist! 93.3: Dein *Herr* hat dich weder verlassen, noch verabscheut. 93.4: Wahrlich, das Jenseits ist besser für dich als das Diesseits. 93.5..8: Und wahrlich, dein *Herr* wird dir geben und du wirst zufrieden sein. Hat er dich nicht als Waise gefunden und aufgenommen, und dich auf dem Irrweg gefunden und richtig geführt, und dich arm gefunden und reich gemacht? 93.9: Darum unterdrücke nicht die Waise und fahre nicht den Bettler an und sprich überall von der Gnade deines *Herrn*.

Sure 94: Dehnten wir nicht aus?

94.1...4: *Dehnten wir nicht aus* deine Brust und nahmen ab von dir deine Last, die schwer auf deinem Rücken lastete; und erhöhten für dich deinen Namen? 94.7,8: Und wenn du Zeit hast, dann mühe dich und trachte nach deinem *Herrn.*

Sure 95: Die Feige

95.1...3: Bei der *Feige* und dem Ölbaum und dem Berge *Sinai* und diesem sicheren Ort (dem heiligen Bezirk von *Mekka*)! 95.4...6: Wahrlich, wir erschufen den Menschen in schönster Gestalt. Alsdann machten wir ihn zum Niedrigsten der Niedrigen; außer denen, die da glauben und Gutes tun; ihnen wird ein unverkürzter Lohn zuteil. 95.7: Und was veranlaßt dich hernach, das Gericht zu leugnen? 95.8: Ist nicht *Allah* der gerechteste Richter?

Sure 96: Das geronnene Blut

96.1...5: Trag vor (rezitiere) im Namen deines *Herrn,* der erschuf, erschuf den Menschen aus *geronnenem Blut.* 96.3...5: Trag vor (rezitiere), denn dein *Herr* ist allgütig, der mit dem Schreibrohr lehrt, lehrt den Menschen, was er nicht wußte. 96.6...8: Siehe, der Mensch ist wahrlich frevelhaft, wenn er sich im Reichtum sieht. Wahrlich, zu deinem *Herrn* ist die Heimkehr. 96.13: Hast du (den) gesehen, der ungläubig ist und sich abwendet? 96.15...17: Wenn er nicht (davon) abläßt, so ergreifen wir ihn bei der Stirnlocke, der lügenden, sündigen Stirnlocke; er mag dann seine Mittäter anrufen. 96.19: Gehorche ihm nicht und wirf dich in Anbetung nieder und nahe dich (*Allah*).

Sure 97: Die kraftvolle Nacht (El-Qadr)

97.1: Siehe, wir haben ihn (den *Koran*) in der *Nacht von El-Qadr* (durch *Gabriel*) offenbart. 97.2: Und was lehrt dich wissen, was die *Nacht von El-Qadr* ist 97.3: Die *Nacht von El-Qadr* ist besser als tausend Monate. 97.4: In ihr stiegen die *Engel* und *Gabriel* herab mit der Erlaubnis ihres *Herrn* zu jeglichem Geheiß. 5. Frieden ist sie bis zum Anbruch der Morgenröte.

Sure 98: Der deutliche Beweis

98.1...3: Die Ungläubigen von dem Volk der Schrift (den Juden) und die Götzendiener konnten (von ihrem Irrtum) nicht befreit werden, bis *der deutliche Beweis* zu ihnen kam: Ein Gesandter von *Allah*, der reine Seiten (des *Korans*) vorliest, in denen wahrhafte Vorschriften enthalten sind. 98.5: Doch nichts anderes war ihnen geheißen, als *Allah* zu dienen, reinen Glaubens und lauter und das Gebet zu verrichten und die Armenspende zu entrichten; denn das ist der wahrhafte Glauben. 98.6: Siehe, die Ungläubigen vom Volk der Schrift und die Götzendiener werden in *Dschehannams* Feuer kommen und ewig darin bleiben; sie sind die schlechtesten der Geschöpfe. 98.7: Doch die Gläubigen und die, welche gute Werke tun, sind die besten der Geschöpfe. 98.8: Ihr Lohn bei ihrem *Herrn* sind die Gärten von Eden, durcheilt von Bächen; ewig und immerdar werden sie darin verweilen. *Allah* ist mit ihnen zufrieden und sie sind zufrieden mit ihm. Dies ist für den, der seinen *Herrn* fürchtet.

Sure 99: Das Erdbeben

99.1...3: Wenn ein heftiges *Erdbeben* kommt und die Erde ihre Lasten herausgibt und der Mensch spricht: Was ist mit ihr? 99.4,5: An jenem Tag wird sie ihre Geschichten erzählen, so wie ihr *Herr* (es) ihr eingegeben hat. 99.6: An jenem Tag kommen die Menschen in Gruppen zerstreut hervor, damit ihnen ihre Werke gezeigt werden. 99.7,8: Wer auch nur Gutes im Gewicht eines Stäubchens getan hat, wird es sehen. Und wer Böses im Gewicht eines Stäubchens getan hat, wird es sehen.

Sure 100: Die Renner

100.1...5: Bei den schnaubenden *Rennern*, die Feuerfunken schlagen, dann frühmorgens anstürmen und damit Staub aufwirbeln und so in die Mitte (des Feindes) eindringen (während der Schlacht von *Badr*)! 100.6...8: Siehe, der Mensch ist undankbar gegen seinen *Herrn* und wahrlich, er bezeugt es selber und wahrlich, stark ist seine Liebe zum (irdischen) Gut. 100.9...11: Weiß er denn nicht, wenn der Inhalt der Gräber herausgeworfen wird und an den Tag kommt, was in den Herzen (der Menschen) ist – daß ihr *Herr* sie wahrlich an jenem Tag kennt?

Kommentar zu den Suren 81 bis 100:

In 81.1...14 lesen wir über den Tag des Jüngsten Gerichts: Wenn die Sonne zusammengefaltet wird *und wenn die Sterne herabfallen* und wenn die Berge sich rühren und wenn die trächtigen Kamelstuten vernachlässigt werden und wenn die wilden Tiere sich versammeln *und wenn die Meere anschwellen...* Der Ausdruck „wenn die Sterne herabfallen" entspricht der Prophezeiung von *Jesus:* „Wenn die Kräfte des Himmels erschüttert werden ..." Bemerkenswert ist auch die Stelle *„wenn die Meere anschwellen ..."* Man könnte sie heute auf den drohenden Klimawandel beziehen, dessen Folge unter anderem ein starker Anstieg des Meeresspiegels sein wird. Das *Gericht* könnte also nicht mehr lange auf sich warten lassen.

In den Suren 81 bis 100 weist der Prophet immer wieder auf den *Tag des Gerichts* hin. In vielen Bildern beschreibt er unermüdlich die Wonnen des Paradieses, das den rechtschaffenen Gläubigen zuteil wird, und warnt vor dem Höllenfeuer, das den Gottlosen bevorsteht. Er befindet sich damit im Einklang mit der Offenbarung an die Israeliten und der Lehre von *Jesus Christus.*

Sure 101: Die Pochende

101.1,2: Die *pochende* (Stunde). Was ist die Pochende? Und was läßt dich wissen, was die Pochende *(Al-Qaria)* ist? 101.3...5: An dem Tag, da die Menschen gleich verstreuten Motten sein werden und die Berge gleich bunter, zerflockter Wolle, dann wird der, dessen Waage schwer ist, ein Wohlleben genießen; 101.6...8: doch der, dessen Waage leicht ist – seine Mutter wird der Höllenschlund sein. Und was lehrt dich wissen, was er ist? Ein glühendes Feuer.

Sure 102: Das Streben nach Mehr

102.1...3: *Das Streben nach Mehr* lenkt euch solange ab, bis ihr die Gräber besucht. Fürwahr! Ihr werdet es bald erfahren. 102.4...6: Wiederum: Fürwahr! Ihr werdet wissen (wie töricht ihr ward). Fürwahr! Wüßtet ihr's doch mit Gewißheit! Wahrlich, sehen werdet ihr den Höllenpfuhl. 102.7,8: Wahrlich, sehen werdet ihr ihn mit dem Auge der Gewißheit. Alsdann werdet ihr an jenem Tage gefragt nach der Wonne (des irdischen Lebens).

Sure 103: Der Nachmittag

103.1...3: Beim *Nachmittag*! Die Menschen sind wahrhaftig verloren, außer denen, die glauben und gute Werke tun und sich gegenseitig die Wahrheit ans Herz legen und sich gegenseitig zur Geduld anhalten.

Sure 104: Der Verleumder

104.1,2: Wehe jedem lästernden *Verleumder*, der ein Vermögen zusammenträgt und es gezählt zurücklegt! 104.3,4: Er meint, daß sein Vermögen ihn unsterblich mache. Keineswegs! Er wird wahrlich in die Hölle (*Al-Hutama*) geschleudert werden. 104.6...9: (Es ist) *Allahs* angezündetes Feuer, das bis zu dem (Innersten der) Herzen vordringt. Es schlägt über ihnen zusammen in langgestreckten Säulen.

Sure 105: Der Elefant

105.1: Hast du nicht gesehen, wie dein *Herr* (einst) mit den Leuten des *Elefanten* verfuhr? 105.2...5: Hat er nicht ihre List mißlingen lassen und Vögel in Scharen über sie gesandt, die sie mit Steinen aus gebranntem Ton bewarfen und sie dadurch wie abgefressene Saat gemacht? (Beim Angriff äthiopischer Truppen gegen *Mekka* um 630 wurde auch ein Elefant mitgeführt; der Angriff scheiterte wegen Ausbruch einer Seuche).

Sure 106: Quraisch

106.1,2: Für die Vereinigung der *Quraisch*, für ihre Vereinigung zur Winter- und Sommerkarawane. 106.,3,4: So sollen sie denn dem *Herrn* dieses Hauses (der *Kaaba*) dienen, der sie speist, nachdem sie gehungert haben, und ihnen Sicherheit gewährleistet, nachdem sie in Angst lebten!

Sure 107: Der Beistand

107.1...3: Hast du den gesehen, der das Gericht leugnet? Er ist's, der die Waise verstößt und nicht zur Speisung der Armen anspornt. 107.4...7: Drum wehe den Betenden, die nachlässig in ihren Gebeten sind, und die (nur dabei) gesehen werden wollen und den *Beistand* verweigern.

Sure 108: Der Überfluß.

108.1: Wahrlich, wir haben dir *Überfluß* gegeben. 108.2: Darum bete zu deinem *Herrn* und schlachte (Opfertiere). 108.3: Siehe, dein Hasser soll kinderlos sein.

Sure 109: Die Ungläubigen

109.1...3: Sprich: O ihr *Ungläubigen*! Ich diene nicht dem, dem ihr dient, und ihr seid nicht Diener dessen, dem ich diene. 109.4,5: Und ich bin nicht Diener dessen, dem ihr dientet, und ihr seid nicht Diener dessen, dem ich diene. 109.6: Ihr habt eure Religion und ich habe meine Religion.

Sure 110: Die Hilfe

110.1...3: Wenn *die Hilfe Allahs* kommt und der Sieg und du die Menschen zur Religion *Allahs* in Scharen übertreten siehst, dann lobpreise deinen *Herrn* und bitte ihn um Verzeihung; siehe, er ist vergebend.

Sure 111: Verderben!

111.1: *Verderben* über die Hände *Abu Lahabs* und Verderben über ihn! (*Mohammeds* Onkel *Abu Lahab* soll ein Treffen der Verwandten mit *Mohammed* durch böse Reden oder gar Steinwürfe beendet haben). 111.2...4: Nichts soll ihm sein Vermögen nützen, noch das, was er erworben hat; er wird in einem lohenden Feuer brennen und (ebenso) seine Frau, die Holzträgerin, mit einem Strick aus Palmfasern um ihren Hals.

Sure 112: Der Alleinige (oder die Reinigung)

112.1...4: Sprich: Er ist der eine *Gott*, *Allah*, *der Alleinige* (von dem alles abhängt). Er zeugt nicht und ist nicht gezeugt worden und keiner ist ihm gleich.

Sure 113: Das Morgengrauen

113.1...5: Sprich: Ich nehme meine Zuflucht beim *Herrn* des *Morgengrauens*, vor dem Übel dessen, was er erschaffen hat, und vor dem Übel der

Dunkelheit, wenn sie hereinbricht, und vor dem Übel der Knotenanbläse-rinnen (Zauberinnen, die auf magische Knotenschnüre hauchen), und vor dem Übel eines (jeden) Neiders, wenn er neidet.

Sure 114: Die Menschen

114.1...6: Sprich: Ich nehme meine Zuflucht zum *Herrn* der *Menschen*, dem König der Menschen, dem *Gott* der Menschen, vor dem Übel des Einflüste-rers (*Satans*), der entweicht und wiederkehrt, der in die Herzen der Men-schen einflüstert, sei dieses aus den Dschinn oder den Menschen.

Kommentar zu den Suren 101 bis 114:

In diesen letzten vierzehn Suren beschwört der Prophet immer wieder die Menschen, auf *Gott/Allah* zu hören und zu ihm zu beten. Sie sollen nicht nach irdischem, sondern nach himmlischem Glanz und Reichtum streben. Er weist wiederholt auf den Höllenpfuhl hin, der für die bestimmt ist, die sich von *Gott/Allah* abgewendet haben.

Die Botschaft des Korans

Der *Koran* ist die *Heilige Schrift des Islams*, dessen Urschrift nach dem Glauben der Moslems bei *Gott/Allah* im Himmel liegt. Sie enthält eine Heilsbotschaft, die in verschiedenen Aussagen im vollen Einklang mit den Offenbarungen an das Judentum und Christentum steht. Bis auf eine Ausnahme (die neunte Sure) steht am Anfang jeder Sure: *„Im Namen Allahs, des Erbarmers, des Barmherzigen!"* Damit wird deutlich gemacht, daß es der barmherzige und daher vergebende *Gott* aller Menschen ist, der nach der *Tora* und dem *Evangelium* im *Koran* sein Wort an uns richtet.

Es zeugt von Ignoranz und ist absolut unverständlich, daß der Autor *Salman Rushdie* sein Buch über die Botschaft *Mohammeds „Die Satanischen Verse"* genannt hat. Es ist auch nicht akzeptabel, wenn Journalisten unter Berufung auf die Meinungsfreiheit Karikaturen des Propheten veröffentlichen. Karikaturen über sich selber würden sie ja wohl auch nicht zulassen. *Mohammed* hat im Grunde über uns Menschen nichts anderes ausgesagt, als uns in der *Tora* und von den Propheten überliefert wurde. Er berichtet an vielen Stellen des *Korans* ausführlich über das Eingreifen *Gottes/Allahs* in menschliches Handeln. Er erzählt uns von den aus der *Tora* bekannten Schöpfungstaten *Gottes* und den Episoden im Leben von *Noah, Abraham, Lot, Isaak, Jakob, Josef, Moses, David und Salomo.* Er preist mit bewegenden Worten die Herrlichkeit der Schöpfung und ruft alle Menschen zur Dankbarkeit gegenüber der Güte und Barmherzigkeit des Schöpfers auf. Er selbst bezeichnet sich immer wieder als Mahner und Warner. Seine Ermahnungen umfassen im Kern alle Gebote, die *Gott* etwa 1800 Jahre vor *Mohammed* auf dem Berg *Sinai* auf Steintafeln niedergeschrieben und dem *Moses* übergeben hat. Den Rechtschaffenen verheißt er wie *Jesus Christus* das Paradies, den Sündern und Frevlern – wenn sie sich nicht bekehren – den Höllenpfuhl.

In mindestens einer wesentlichen Aussage unterscheidet sich die Botschaft des *Korans* von der Lehre der *Evangelien:* Im *Koran* wird *Jesus,* der Sohn der *Maria,* „nur" als rechtschaffener Prophet dargestellt, den *Allah (Gott)* „mit deutlichen Zeichen" ausgestattet hat. In den *Evangelien* und in den *Briefen der Apostel* erscheint dagegen *Jesus als Gottessohn,* als *wahrer Gott und wahrer Mensch,* der – nicht gezeugt durch einen irdischen Mann, sondern durch die Wirkung des *Heiligen Geistes Gottes* – von der *Jungfrau Maria* geboren wurde. Er überbrachte uns eine großartige Botschaft von der Liebe und Barmherzigkeit *Gottes (Allahs)* und bekräftigte sie mit vielen Wundern („deutlichen Zeichen"). An dieser Glaubenswahrheit der ganzen Christenheit übte der Prophet Kritik, die sich über große Teile des *Korans* erstreckt. Sein Hauptvorwurf lautet: *Gott/Allah hat keinen Sohn; Allah ist der Einzige und Eine. Es gibt keine anderen Götter neben ihm.*

Schauen wir noch einmal nach, an welchen Stellen im Koran auf *JESUS,* MARIA und den HEILIGEN GEIST Bezug genommen und etwas ausgesagt wird:

2.81: Und dem *Moses* gaben wir die Schrift und ließen ihm Gesandte nachfolgen; und wir gaben *JESUS,* dem Sohn der MARIA, die deutlichen Zeichen und stärkten ihn mit dem HEILIGEN GEIST. 2.110: Und sie (die Christen) sprechen: *Allah* hat einen Sohn erzeugt. Preis ihm! Nein; was in den Himmeln und auf Erden, alles gehorcht ihm. 2.130: Sprecht: Wir glauben an *Allah* und was er zu uns niedersandte, und was er niedersandte zu *Abraham* und *Ismael* und *Isaak* und *Jakob* und den Stämmen, und was gegeben ward MOSES und *JESUS,* und was gegeben ward den Propheten von ihrem *Herrn.* Keinen Unterschied machen wir zwischen einem von ihnen; 2.254: Und wir gaben *JESUS,* dem Sohn der MARIA, die deutlichen Zeichen und stärkten ihn mit dem HEILIGEN GEIST.

3.2: Herabgesandt hat er auf dich das Buch in Wahrheit, bestätigend, was ihm vorausging. Und herab sandte er die *Tora* und das *Evangelium* zuvor als eine Leitung für die Menschen und sandte (nun) die Unterscheidung. 3.16: Es gibt keinen *Gott* außer ihm, dem Mächtigen, dem Weisen. Siehe, die (wahre) Religion bei *Allah* ist der Islam. 3.34: Engel riefen dem *Zacharias* zu: *Allah* verheißt dir *Johannes,* den Bestätiger eines Wortes (wahrscheinlich CHRISTUS) von *Allah,* einen *Herrn,* einen Asketen und Propheten von den Rechtschaffenen. 3.37: Und da die *Engel* sprachen: O MARIA, siehe, *Allah* hat dich auserwählt und hat dich gereinigt und hat dich erwählt vor den Frauen aller Welt. 3.40: (Gedenke) da die *Engel* sprachen: O MARIA, siehe, *Allah* verkündet dir ein Wort (offenbar CHRISTUS) von ihm; sein Name ist der Messias *JESUS,* der Sohn der MARIA, angesehen hienieden und im Jenseits und einer der (Allah) Nahen. 3.41: Und reden wird er mit den Menschen in der Wiege und in der Vollkraft, und er wird einer der Rechtschaffenen sein. 3.42: Sie sprach: Mein Herr, woher soll mir ein Sohn werden, wo mich kein Mann berührte. Er sprach: Also schafft *Allah,* was er will; wenn er ein Ding beschlossen hat, spricht er nur zu ihm:

Sei, und es ist. 3.43: Und er wird ihn lehren das Buch und die Weisheit und die *Tora* und das *Evangelium* und wird ihn entsenden zu den Kindern Israel. *Sprechen wird er: Siehe, ich komme zu euch mit einem Zeichen von eurem Herrn; und ich will heilen den Mutterblinden und Aussätzigen und will die Toten lebendig machen mit Allahs Erlaubnis.* 3.44: *Und als ein Bestätiger (komme ich) von der Tora, die vor mir war, und ich komme zu euch mit einem Zeichen von eurem Herrn.* 3.45: Und als *JESUS* ihren Unglauben wahrnahm, sprach er: *Welches sind meine Helfer zu Allah hin?* Es sprachen die Jünger: Wir sind *Allahs* Helfer. 3.48: *(Gedenke), da Allah sprach: O JESUS, siehe, ich will dich verscheiden lassen und will dich erhöhen zu mir und will dich von den Ungläubigen säubern und will deine Nachfolger über die Ungläubigen setzen bis zum Tag der Auferstehung.* 3.52: Siehe, *JESUS* ist vor *Allah* gleich *Adam*. 3.58: O Volk der Schrift, warum streitet ihr über *Abraham*, wo die *Tora* und das *Evangelium* erst nach ihm herabgesandt ward? 3.60: *Abraham* war weder Jude noch Christ: Vielmehr war er lauteren Glaubens, ein Muslim, und keiner derer, die *Gott* Gefährten geben. 3.78: Wir glauben an *Allah* und was auf uns herabgesandt ward, auf *Abraham* und *Ismael* und *Jakob* und die Stämme, und was gegeben ward *Moses* und *JESUS* und den Propheten von ihrem *Herrn*; wir machen keinen Unterschied zwischen einem von ihnen, und ihm sind wir ergeben.

5.19: Wahrlich, ungläubig sind, die da sprechen: Siehe, *Allah*, das ist der MESSIAS, der Sohn der MARIA: Sprich: Und wer hätte über *Allah* Macht, so er den MESSIAS, den Sohn der MARIA, und seine Mutter und, wer auf der Erde allzumal, vernichten wollte? 5.50: Und in ihren Spuren ließen wir folgen *JESUS*, den Sohn der MARIA, zu bestätigen die Tora, die vor ihm war, und wir gaben ihm das Evangelium, darinnen eine Leitung und ein Licht, bestätigend die Tora, die vor ihm war, eine Leitung und Ermahnung für die Gottesfürchtigen. 5.56: O ihr, die ihr glaubt, nehmt nicht die Juden und Christen zu Freunden; einander nehmen sie zu Freunden, und wer von euch sie zu Freunden nimmt, siehe, der ist von ihnen. Siehe, *Allah* leitet nicht ungerechte Leute. 5.62: O ihr, die ihr glaubt, nehmt nicht von denen, welchen die Schrift vor euch gegeben ward, diejenigen, die über euren Glauben spotten und scherzen, und auch nicht die Ungläubigen zu Freunden, und fürchtet *Allah*, so ihr Gläubige seid. 5.76: Wahrlich, ungläubig sind, welche sprechen: Siehe, *Allah*, das ist der MESSIAS, der Sohn der MARIA. *Und es sprach doch der MESSIAS: O ihr Kinder Israel, dienet Allah, meinem Herrn und euerm Herrn. Siehe, wer Allah Götter an die Seite stellt, dem hat Allah das Paradies verwehrt, und seine Behausung ist das Feuer.*

5.77: Wahrlich, ungläubig sind, die da sprechen: Siehe, *Allah ist ein Dritter von drei.* Aber es gibt keinen *Gott* denn einen einzigen *Gott.* 5.79: Nicht ist der *MESSIAS,* der Sohn der *MARIA,* etwas anderes als ein Gesandter; vorausgingen ihm Gesandte, und seine Mutter war aufrichtig. 5.82: Verflucht sind die Ungläubigen unter den Kindern Israel durch die Zunge *Davids* und *JESUS',* des Sohnes der *MARIA;* solches, dieweil sie rebellisch waren und sich vergingen. ..Wahrlich, schlimm ist ihr Tun! 5.109: (Gedenke) als *Allah* sprach: O *JESUS,* Sohn der *MARIA,* gedenke meiner Gnade gegen dich und deine Mutter, als ich dich mit dem *HEILIGEN GEIST* stärkte, auf daß du reden solltest zu den Menschen in der Wiege und als Erwachsener. 5.110: Und als ich dich lehrte die Schrift und die Weisheit und die *Tora* und das *Evangelium,* und als du aus Ton mit meiner Erlaubnis die Gestalt eines Vogels erschufst und in sie hineinhauchtest und sie ein Vogel ward mit meiner Erlaubnis; und als du die Blinden und Aussätzigen mit meiner Erlaubnis heiltest und die Toten herauskommen ließest mit meiner Erlaubnis; und als ich die Kinder Israel von dir zurückhielt, als du ihnen die deutlichen Beweise brachtest. Und da sprachen die Ungläubigen unter ihnen: Dies ist nichts als offenkundige Zauberei. 5.116: Und wenn *Allah* sprechen wird: O *JESUS,* Sohn der *MARIA,* hast du zu den Menschen gesprochen: Nehmt mich und meine Mutter als zwei Götter neben *Allah* an? Dann wird er sprechen: Preis sei dir! Es steht mir nicht zu, etwas zu sprechen, was nicht wahr ist.

6.84: Und wir schenkten ihm (Anm.: dem Volk Israel) *Isaak* und *Jakob* und leiteten beide; und *Noah* leiteten wir zuvor; und aus seinen Nachkommen den *David* und *Salomo* und *Hiob* und *Joseph* und *Moses* und *Aaron;* und also lohnen wir denen, die Gutes tun. 6.85: Und den *Zacharias* und *Johannes* und *JESUS* und *Elias;* alle waren Rechtschaffene; 6.101: Der Schöpfer der Himmel und der Erde, woher sollte er ein Kind haben, wo er keine Gefährtin hat? 6.106: Es gibt keinen *Gott* außer ihm; und wende dich ab von denen, die ihm Gefährten geben. 6.152: Sprich: Kommet her, verkünden will ich, was euer *Herr* euch verboten: Ihr sollt ihm nichts an die Seite stellen, und den Eltern sollt ihr Gutes tun; ... und tötet kein Leben, was *Allah* verwehrt hat, es sei denn mit gerechtem Grund.

7.38: Siehe, diejenigen, die unsere Zeichen der Lüge zeihen und sich hoffärtig von ihnen abwenden, nicht werden ihnen geöffnet die Tore des Himmels, und nicht gehen sie ein ins Paradies, ehe denn ein Kamel durch ein Nadelöhr geht. 7.141: Er sprach: O *Moses,* siehe, ich habe dich erwählt vor den Menschen durch meine Sendung und meine Zwiesprache. So nimm, was ich dir gegeben, und sei einer der Dankbaren. Und wir schrieben für ihn auf die Tafeln eine Ermahnung in betreff aller Dinge und eine Erklärung für alle Dinge.

8.12: Als dein *Herr* den *Engeln* offenbarte: Ich bin mit euch, festigt drum die Gläubigen. Wahrlich in die Herzen der Ungläubigen werfe ich Schrekken. So haut ein auf ihre Hälse und haut ihnen jeden Finger ab. 8.40: Und kämpfet wider sie (Anm.: die Ungläubigen), bis kein Bürgerkrieg mehr ist und bis alles an *Allah* glaubt.

9.29: Kämpfet wider jene von denen, welchen die Schrift gegeben ward (Anm.: d.h. den Juden und Christen), die nicht glauben an *Allah* und an den *Jüngsten Tag* und nicht verwehren, was *Allah* und sein Gesandter verwehrt haben, und nicht bekennen das Bekenntnis der Wahrheit, bis sie den Tribut (Anm.: d.h. eine Art Kopfsteuer) aus der Hand gedemütigt entrichten. 9.30: Und es sprechen die Juden: *Esra* ist *Allahs* Sohn. Und es sprechen die Nazarener: Der MESSIAS ist *Allahs* Sohn. Solches ist das Wort ihres Mundes. Sie führen ähnliche Reden wie die Ungläubigen von zuvor. *Allah, schlag sie tot!* Wie sind sie verstandeslos! 9.31: Sie nehmen ihre Rabbiner und Mönche neben *Allah* und den MESSIAS, den Sohn der MARIA, zu Herren an, wo ihnen doch allein geboten ward, einem einzigen *Gott* zu dienen, außer dem es keinen *Gott* gibt. Preis ihm, er steht hoch über dem, was sie neben ihn setzen.

10.69: Sie (die Götzendiener oder Christen) sprechen: Erzeugt hat *Allah* einen Sohn. Preis ihm! Habt ihr Bürgschaft hierfür?

16.104: Herabgesandt hat ihn (den *Koran*) der HEILIGE GEIST von deinem *Herrn* in Wahrheit, ... als eine Leitung und Heilsbotschaft für die Muslime.

18.14: Dieses unser Volk (die Christen) hat sich andere Götter außer ihm erwählt, ohne daß sie für sie einen deutlichen Beweis beibringen. Wer aber ist sündiger, als wer wider *Allah* eine Lüge ersinnt"?

19.16: Und gedenke auch im Buche der MARIA. Da sie sich von ihren Angehörigen ... zurückzog ... *19.17: Da sandten wir unseren GEIST zu ihr, und er erschien ihr als vollkommener Mann. 19.18: Sie sprach: Siehe, ich nehme meine Zuflucht vor dir zum Erbarmer, so du ihn fürchtest. 19.19: Er sprach:*

Ich bin nur ein Gesandter von deinem *Herrn*, um dir einen reinen Knaben zu bescheren. 19.20: Sie sprach: *Woher soll mir ein Knabe werden, wo mich kein Mann berührt hat und ich keine Dirne bin?* 19.21: Er sprach: *also sei's! Gesprochen hat dein Herr: Das ist mir ein Leichtes; und wir wollen ihn zu einem Zeichen für die Menschen machen und einer Barmherzigkeit von uns. Und es ist eine beschlossene Sache.* 19.31: Er (JESUS) sprach: *Siehe, ich bin Allahs Diener. Gegeben hat er mir das Buch, und er machte mich zum Propheten. 19.32: Und er machte mich gesegnet, wo immer ich bin, und befahl mir Gebet und Almosen, solange ich lebe. 19.33: und Liebe zu meiner Mutter; und nicht machte er mich hoffärtig und unselig. 19.34: Und Heil auf den Tag meiner Geburt und den Tag, da ich sterbe, und den Tag, da ich erweckt werde zum Leben!*

21.91: Und sie (MARIA), die ihren Schoß keusch hielt, und in die wir bliesen von unserem GEISTE, und die wir nebst ihrem Sohne zu einem Zeichen machten für alle Welt. 21.92: Siehe, diese eure Gemeinschaft ist eine einige Gemeinschaft und ich bin euer *Herr*; so dienet mir.

23.52: Und wir machten den Sohn der MARIA und seine Mutter zu einem Zeichen und gaben beiden eine Höhe zur Wohnung (dies kann als Anspielung auf die Himmelfahrt gedeutet werden), eine Stätte der Sicherheit und des Quells. 23.93: *Allah* hat keine Kinder erzeugt, und es ist kein *Gott* bei ihm; sonst würde jeder *Gott* an sich genommen haben, was er erschaffen, und einer hätte sich über den andern erhöht.

30.30,31: Bekehret euch zu ihm und fürchtet ihn und verrichtet das Gebet und setzet ihm keine Gefährten zur Seite wie jene (die Christen), die ihre Religion spalteten und in Sekten zerfielen, von denen sich jede Partei ihrer eigenen Meinung erfreut.

42.11: Er (*Allah*) hat euch den Glauben verordnet, den er *Noah* vorschrieb, und was wir dir offenbarten und *Abraham* und *Moses* und *JESUS* vorschrieben: Haltet den Glauben und trennet euch nicht in ihm.

43.63: Und da *JESUS* mit den deutlichen Zeichen kam, sprach er: *Ich bin mit der Weisheit zu euch gekommen und um euch etwas von dem zu erklären, worüber ihr uneins seid. So fürchtet Allah und gehorchet mir.* 43.64: *Siehe, Allah, er ist mein Herr und euer Herr; so dienet ihm, dies ist ein rechter Pfad.*

48.28: Er (*Allah*) ist's, der seinen Gesandten mit der Leitung und der Religion der Wahrheit entsandt hat, um sie über jeden anderen Glauben siegreich zu machen. Und *Allah* genügt als Zeuge.

57.26,27: Und wahrlich, wir entsandten *Noah* und *Abraham* und gaben seiner Nachkommenschaft das Prophetentum und die Schrift. ... Und wir ließen *JESUS*, den Sohn der *MARIA*, folgen und gaben ihm das *Evangelium* und legten in die Herzen derer, die ihm folgten, Güte und Barmherzigkeit. Das Mönchtum jedoch erfanden sie selber; wir schrieben ihnen nur vor, nach *Allahs* Wohlgefallen zu trachten. (Im Islam gibt es kein Mönchtum).
66.12: Und (*Allah* gibt das Beispiel) von *MARIA*, der Tochter *Imrans*, die ihre Scham hütete; darum hauchten wir unseren *GEIST* in sie; und sie glaubte an die Worte ihres Herrn und an seine Schrift und war eine der Demütigen.

72.3,4: Denn er – erhöht sei die Herrlichkeit unseres *Herrn*! – hat sich weder Gattin noch Sohn genommen; die Toren unter uns pflegten abscheuliche Lügen über *Allah* zu äußern.

109.1...3: Sprich: O ihr *Ungläubigen*! Ich diene nicht dem, dem ihr dient, und ihr seid nicht Diener dessen, dem ich diene. 109.4,5: Und ich bin nicht Diener dessen, dem ihr dientet, und ihr seid nicht Diener dessen, dem ich diene. 109.6: *Ihr habt eure Religion und ich habe meine Religion.*

Aus diesen Offenbarungen des Propheten im *Koran* ergibt sich:

Es wird anerkannt, daß

1. ein *Engel* des *Herrn* der *Jungfrau Maria* die Botschaft *Gottes* überbrachte, sie werde
2. empfangen – obwohl sie *kein irdischer* Mann berührt hatte – und einen Sohn gebären, der *Messias Jesus* heißen wird;
3. *Maria* als Jungfrau und als einzige Frau der uns bekannten *Geschichte* ihren Sohn *Jesus* durch das Einwirken des *Geistes Gottes/Allahs (des Heiligen Geistes)* empfangen hat;
4. der *Heilige Geist* als „vollkommener Mann", also als eigenständige Offenbarungsperson vor *Maria* erschien;

5. Jesus von *Gott/Allah* „die deutlichen Zeichen" – d.h. die Macht, Wunder zu wirken – erhielt und der *Heilige Geist* in ihm war;
6. *Jesus* angesehen ist „hienieden und im Jenseits und einer der (*Allah*) Nahen".
7. *Gott/Allah* die *Tora* und das *Evangelium* vor dem *Koran* herabgesandt hat als „Leitung für die Menschen";
8. vor der Geburt *Jesu* von der *Jungfrau Maria Engel* dem *Zacharias* „zuriefen": „*Allah* verheißt dir *Johannes* (den Täufer), den Bestätiger eines Wortes (nämlich *Jesus*) von *Allah*, einen Herrn, einen Asketen und Propheten von den Rechtschaffenen";
9. *Jesus* mit den Menschen reden wird „in der Wiege und in der Vollkraft";
10. *Jesus* von *Gott/Allah* zu den Kindern Israel gesandt wurde, um sie die Weisheit, die *Tora* und das *Evangelium* zu lehren;
11. *Jesus* zu den Juden sprach: *Siehe, ich komme zu euch mit einem Zeichen von eurem Herrn; und ich will heilen den Mutterblinden und Aussätzigen und will die Toten lebendig machen mit Allahs Erlaubnis; ...Und als ein Bestätiger (komme ich) von der Tora, die vor mir war, und ich komme zu euch mit einem Zeichen von eurem Herrn;*
12. *Jesus*, der Sohn der *Maria*, die *Tora* bestätigte, die vor ihm war, und daß er von *Gott* das *Evangelium* bekam, „darinnen eine Leitung und Ermahnung für die Gottesfürchtigen";
13. *Gott Jesus* die Schrift und die Weisheit und die *Tora* und das *Evangelium* lehrte, und *Jesus* mit *Gottes* Erlaubnis aus Ton die Gestalt eines Vogels erschuf, in sie hineinhauchte und daraus ein Vogel wurde; und daß *Jesus* die Blinden und Aussätzigen mit *Gottes* Erlaubnis heilte und die Toten herauskommen ließ; und daß *Gott* die Kinder Israel von *Jesus* zurückhielt, als er ihnen die „deutlichen Beweise" (Wunder) brachte.
14. Er (*Jesus*) sprach: *Siehe, ich bin Allahs Diener. Gegeben hat er mir das Buch, und er machte mich zum Propheten. Und er machte mich gesegnet, wo immer ich bin, und befahl mir Gebet und Almosen, solange ich lebe; und Liebe zu meiner Mutter; und nicht machte er mich hoffärtig und unselig. Und Heil auf den Tag meiner Geburt und den Tag, da ich sterbe, und den Tag, da ich erweckt werde zum Leben;*
15. *Gott* den Sohn der *Maria* und seine Mutter zu einem „Zeichen" machte und beiden eine Höhe zur Wohnung gab (dies kann als Anspielung auf die Himmelfahrt gedeutet werden);
16. *Jesus* mit den deutlichen Zeichen kam und sprach: *Ich bin mit der Weisheit zu euch gekommen und um euch etwas von dem zu erklären, worüber*

ihr uneins seid. So fürchtet Allah und gehorcht mir. Siehe, Allah, er ist mein Herr und euer Herr; so dient ihm, dies ist ein rechter Pfad.

In diesen Koranstellen wird deutlich, daß *Jesus* als Überbringer der Heilsbotschaft *Gottes/Allahs* eine überragende Rolle spielt. Im *Koran* wird anerkannt, daß *Jesus* nicht der Sohn eines irdischen Mannes ist, sondern durch das „Einhauchen" des *Heiligen Geistes Gottes* im Schoß der *Jungfrau Maria* „gezeugt" und geboren wurde. *Jesus* ist der einzige geschichtlich bekannte Mensch, von dem wir wissen, daß er durch Befruchten einer Eizelle (im Leib *Marias*) durch den *Geist Gottes* entstanden ist. Gerade wegen dieses, normalen biologischen Gesetzen nicht unterworfenen Geschehens nennt die Christenheit *Jesus* „*Sohn Gottes oder Gottessohn*". In den *Evangelien* finden wir gleich mehrere Stellen, in denen *Jesus Sohn Gottes* genannt wird: Bei der Taufe *Jesu* im Jordan durch *Johannes* ertönt aus einer Wolke die Stimme *Gottes* mit den Worten: *Dies ist mein geliebter Sohn, an dem ich Wohlgefallen habe.* Bei der Verklärung *Jesu* auf dem Berg *Tabor* sagt die Stimme *Gottes: Dies ist mein geliebter Sohn; auf ihn sollt ihr hören.* Und als *Jesus* seine Jünger fragte, für wen sie ihn hielten, antwortete *Petrus: Du bist der Sohn des lebendigen Gottes.* Und unter dem Kreuz sagte der römische Hauptmann nach dem Tod *Jesu: Wahrlich, dieser war Gottes Sohn.*

Der Prophet wendet sich an vielen Stellen im *Koran* immer wieder deutlich gegen die Lehre, daß *Jesus Gottes Sohn* sei. Er sagt mit Recht: Es gibt nur einen einzigen und erbarmenden *Gott*, den Schöpfer der Himmel und der Erde. Auch das Christentum kennt wie das Judentum nur einen einzigen und wahren *Gott*. Nach der Botschaft, die laut Evangelium von Gott selbst kam, und die in der Lehre *Jesu Christi* enthalten ist, besteht in *Gott* von Ewigkeit her eine Einheit von drei Offenbarungswesen: *Vater, Sohn* und *Heiliger Geist*. Während der Prophet dem *Heiligen Geist* eine Eigenständigkeit zuerkennt, versagt er diese dem Sohn. Das Christentum verkündet dagegen: Durch den Willen Gottes hat der ewig beim und im *Vatergott* lebende Sohn als „*Wort Gottes*" Menschengestalt angenommen; er ist „*Fleisch geworden und hat unter uns gewohnt*". In diesem Sinne hat *Jesus* mehrmals betont: „*Ich und der Vater sind eins*" und „*Wer mich sieht, sieht den Vater*". Die Ewigkeit des „*Wortes Gottes*" wird besonders an einer Stelle des *Evangeliums* deutlich, als die Juden heftig kritisieren, daß *Jesus Abraham* gesehen haben will, der 1800 Jahre vor ihm lebte. *Jesus* antwortete: *Wahrlich ich sage euch: Ehe Abraham ward, bin ich!* Und als sie ihn deswegen steinigen wollten, verbarg er sich.

660

Im *Koran* lesen wir immer wieder die Aussage, daß *Gott/Allah* keinen „Sohn" oder „Gefährten" habe. *Jesus* könne also nicht „*Gottes Sohn*" sein. Im Glaubenskanon des Christentums wird aber *Jesus* ausdrücklich als „*Gottes Sohn*" bezeichnet und angebetet: Dafür gibt es mindestens vier Gründe: (1) *Gottvater, Jesus* selber und dessen Jünger haben *Jesus* in den *Evangelien* als „*Sohn Gottes*" bezeugt. (2) Kein geschichtlich bekannter Mensch außer *Jesus* wurde durch *Einhauchen des Heiligen Geistes* aus einer *Jungfrau (Maria)* geboren. (3) Die Geburt von *Jesus* wurde schon mehr als 500 Jahre vorher von den Propheten vorhergesagt. (4) Die einzigartigen und überwältigenden Reden und Wunder von *Jesus* künden von göttlicher Autorität und Macht, wie sie weder vorher, noch nachher bei irgendeinem anderen Menschen in Erscheinung getreten sind.

Eine Anspielung auf die Dreifaltigkeit des einen und einzigen *Gottes* wird in leicht verschleierter Form auch im *Koran* sichtbar. An der Stelle 19.17 lesen wir: *Da sandten wir unseren GEIST zu ihr (Maria), und er erschien ihr als vollkommener Mann.* In 19.19 heißt es: *Er sprach: Ich bin nur ein Gesandter von deinem Herrn, um dir einen reinen Knaben zu bescheren. Der Heilige Geist wird hier vom Propheten eindeutig als eigenständiges männliches Offenbarungswesen dargestellt. Der „reine Knabe", den Maria zur Welt brachte, ist Jesus Christus. Weil dieser Jesus durch den Heiligen Geist Gottes und nicht durch einen irdischen Mann gezeugt wurde, erkennt die ganze Christenheit in Jesus den einzigen und wahren Gott, der in Jesus Menschengestalt angenommen hat, „eines Wesens mit dem Vater" ist und nach seiner Rückkehr in den Himmel „zur Rechten des Vaters" thront. Es wäre für das Verhältnis zwischen Christentum und Islam von großer Bedeutung, wenn die höchsten Lehrautoritäten des Islams an der Al-Aksah-Moschee in Kairo zu diesen Aussagen eindeutig Stellung beziehen könnten. Christentum und Islam sind sich viel näher, als viele Gläubige wahrhaben wollen.*

Zum Schluß sei noch auf einige Koranstellen hingewiesen, die im islamischen Recht, der *Scharia*, ihren Niederschlag gefunden haben:

Wir haben den Kindern Israel verordnet, daß wer eine Seele ermordet, ohne daß er einen Mord oder eine Gewalttat im Lande begangen hat, soll sein wie einer, der die ganze Menschheit ermordet hat. Und wer einen am Leben erhält, soll sein, als hätte er die ganze Menschheit am Leben erhalten. Und der Dieb und die Diebin, schneidet ihnen die Hände ab als Lohn für ihre Taten. O ihr, die ihr glaubt, siehe, der Wein, das Spiel, die Opfersteine und die Pfeile sind ein

Gräuel von *Satans* Werk. Meidet sie. *Allah* gebietet, Gerechtigkeit zu üben ... und verbietet Gewalttat. Und tötet keinen Menschen, den euch *Allah* verwehrt hat, es sei denn um der Gerechtigkeit willen.

Die im *Koran* niedergelegte Offenbarung *Mohammeds* stimmt im Großen und Ganzen mit der Glaubensbotschaft des Judentums überein. Viele Passagen des *Korans* enthalten Erzählungen des *Alten Testaments*. Das *Neue Testament* mit den vier *Evangelien*, der *Apostelgeschichte*, den *Apostelbriefen* und der *Offenbarung des Johannes* finden nur wenig Beachtung. Umso bedeutsamer ist es, daß die *Geburt Jesu durch die Jungfrau Maria*, die „voller Gnade" den *Heiligen Geist* empfangen durfte, mehrfach erwähnt wird. *Jesus* wird als Prophet, Rechtschaffener und einer der Gott Nahen beschrieben, der den *Heiligen Geist* in sich hatte und den *Gott* zu einem Zeichen für die Menschen machte. Allein diese Aussagen sind es, die eine enge Verknüpfung des *Korans* mit den *Evangelien* bedeuten. Darüber hinaus decken sich auch viele andere Koranstellen mit entsprechenden Aussagen der *Evangelien. Aus diesem Grund ist es gerechtfertigt, Christen und Moslems als Glaubensbrüder und nicht als Glaubensfeinde anzusehen.*

4. Glaube, Naturwissenschaft und Vernunft

4.1 Der Glaube – die vernünftige Lebensbasis aller Menschen

Der Glaube ist keine Erfindung spitzfindiger Menschen, sondern resultiert aus der mehr als 4.000 Jahre fortwährenden Offenbarung des einen und einzigen *Gottes*, der sich von Anfang an mit einem machtvollen Wort von den, durch menschliche Phantasie geschaffenen antiken Götterwelten unterschied: *„Ich bin der Herr, euer Gott! Ihr sollt keine fremden Götter neben mir haben"*. Seitdem gibt es eine Geschichte der Beziehung *Gottes* mit uns Menschen. Gäbe es diese Beziehung – die *Religion* – nicht, wüßten wir auf viele Fragen bezüglich unserer eigenen Existenz keine vernünftige Antwort. Wir wären mit unserer Gedanken- und Geisteswelt eingegrenzt auf den Teilbereich alles Seienden, der uns durch die relativ schwache Erkenntnisfähigkeit unseres nicht voll ausnutzbaren und noch nicht voll entwickelten Gehirns zugänglich ist. Wir wären eingeengt auf die dünne Atmosphärenschicht auf der Erdoberfläche, in der wir die fürs Überleben notwendigen Voraussetzungen (geeignete Bereiche z.B. für Temperatur, Luftdruck, Feuchte und Lichtstrahlung, Boden- und Naturschätze sowie eine nutzbare Pflanzen- und Tierwelt) vorfinden. Auf einem Kugelmodell unserer Erde von 128 m Durchmesser – das ist rund ein Hunderttausendstel des tatsächlichen Erddurchmessers – hätte diese Luftschicht auf der Oberfläche, also der im Vergleich zu den kosmischen Dimensionen winzige Erlebnisraum von uns allen, eine Dicke von gerade mal 4 cm! In dieser dünnen Schicht mit optimalen Lebensbedingungen existieren wir Menschen, haben wir unsere verschiedenen Kulturen und Geisteswissenschaften entwickelt, unsere technischen Zivilisationen geschaffen und unsere Kenntnisse über die uns umgebende materielle Welt enorm gesteigert. Ohne die großartige Offenbarung *Gottes* hätten wir nichts – außer diesen beängstigend kleinen und doch unser baffes Erstaunen weckenden Lebensraum und – uns selber. Könnten wir uns damit zufriedengeben? *Von dieser Welt sagt der Herr heute mit Sicherheit: „Einen Garten Eden habe ich euch übergeben, ihr aber habt eine Räuberhöhle daraus gemacht".* Von einem anderen Planeten mit einer weiteren Menschheit wissen wir bis heute trotz aller Forschungsbemühungen nichts. Nach wie vor gilt in Bezug auf mögliche kosmische Nachbarn – bis zum eindeutigen Gegenbeweis – die Aussage: *Wir sind im Weltall allein!*

Dieser letzte Satz gilt nur im Hinblick auf noch nicht entdeckte oder nicht entdeckbare Nachbar-Menschheiten auf irgendwelchen fernen Planeten. Es gilt nicht, wenn wir die rund 4.000 Jahre während Offenbarung *Gottes* berücksichtigen. Durch die Offenbarung tritt uns der alle menschliche Vorstellungskraft überragende *Geist Gottes* gegenüber. Am Beginn der Evolution des Menschen vor rund 7 Millionen Jahren, als sich am Baum der Evolution der Menschheitszweig vom Zweig der Menschenaffen abspaltete und eine eigenständige, bis heute fortdauernde Entwicklung nahm, war der menschliche Verstand noch nicht zu Gotteserkenntnis fähig. Mit der Vergrößerung und Ausreifung seines Gehirns in den vergangenen 7 Millionen Jahren erlangte der moderne Mensch schließlich das geistige Potential zur vollen Erkenntnis des sich offenbarenden *Gottes*. Vor einigen Millionen Jahren wäre diese Offenbarung noch sinnlos gewesen, weil der damalige Mensch zu ihrer Aufnahme und Verarbeitung unfähig war. Die Tatsache, daß die Offenbarung *Gottes* erst in den letzten 4.000 Jahren der rund 7 Millionen Jahre während Menschheitsgeschichte stattfand, erkennen wir als ein großes Zeichen der göttlichen Vernunft. Daß *Gott* die alle menschliche Vorstellungskraft überragende Vernunft verkörpert, zeigt sich uns in verschiedenen Facetten:

In erste Linie natürlich in seiner Geduld, Liebe, aber auch Strenge ausstrahlenden Offenbarung; dann im Kräfte- und Wechselspiel der Bausteine seiner Schöpfung; in der Geschichte der Entstehung des Lebens und der Menschwerdung; in der Tatsache, daß mit der Entwicklung des menschlichen Geistes die geschaffene Welt zum ersten und einzigen (?) Mal in die Lage versetzt wurde, auf *Gottes* Schöpfergeist Antworten zu geben; und – letztlich – im Stufenplan seiner Heilsgeschichte.

Gott hat sich in der Heilsgeschichte umfassender und intensiver offenbart, als für einen starken Glauben nötig gewesen wäre. Er erschien unter anderem *Abraham* vor fast 4.000 Jahren als Stimme aus der Höhe; als Wanderer mit zwei Begleitern vor *Abrahams* Zelt, wo er dessen Frau *Sarai* die Geburt ihres Sohnes *Isaak* vorhersagte; als starker Mann (möglicherweise war es auch ein Engel), der eine Nacht lang mit *Jakob* am Fluß *Jabok* rang; im Wetterleuchten auf dem Berg *Sinai*, wo *Moses* von *Gott* die Gesetzestafeln empfing; als Feuersäule am Offenbarungszelt der Israeliten bei Nacht und als mitwandernde Rauchsäule bei Tag; als brennender Dornbusch, der nicht niederbrannte, vor *Moses*; als Gestalt, von der *Moses* nur den Rücken sehen durfte; als glanzvolle Lichtgestalt, sitzend auf einem golden leuchtenden Thron in den Visionen von Propheten; als *Messias Je-sus Christus* in der christlichen Glaubenswelt; als Stimme aus der Höhe, die auf den geliebten *Sohn Gottes, Jesus,* hinwies; als Stimme, die vor Damaskus den Christenverfolger *Saulus* zum Völkerapostel *Paulus* werden ließ; in Ge-stalt von „Feuerzungen", als der *Heilige Geist* – wie von *Jesus* vorhergesagt – auf die Jünger herabkam; als innere Stimme, die *Gottes/Allahs* Botschaft an *Mohammed* überbrachte und im *Koran* ihren Niederschlag fand.

Seit es die göttlichen Offenbarungen gibt, haben einzelne Menschen und ganze Völker darin enthaltene Aussagen bezweifelt oder ganz abgelehnt. Die Folge war eine strikte religiöse und kulturelle Trennung der drei Abra-hamitischen Glaubensgemeinschaften Judentum, Christentum und Islam. Das *Judentum* erkennt bis heute *Jesus Christus* als *Messias* nicht an und lehnt seine Lehre ab. Der *Islam* betrachtet *Jesus* zwar als den letzten Propheten vor *Mohammed,* der das *Evangelium* „als Leitung für die Menschen" brachte, bestreitet aber die Legitimation und Autorität *Jesu* als *Gottessohn.* Immer-hin nennt der Koran *Jesus* rechtschaffen und einen *Allah Nahen.* Daraus folgt, daß der Koran die Botschaft *Jesu Christi,* wie sie in den Evangelien dargestellt wird, als göttliche Wahrheit ansieht. Warum der Prophet auf den Inhalt der Evangelien kaum eingeht, bleibt sein Geheimnis.

Gehen wir jetzt auf die Frage ein, warum es den Glauben an *Jahwe/Gott/ Allah* überhaupt gibt. Warum offenbarte sich *Gott* nicht jeder einzelnen Menschengeneration in einer von allen Menschen gleichzeitig und unmiß-verständlich wahrnehmbaren Art und Weise? Warum veranlaßt, ja zwingt er geradezu alle Menschen, seine Offenbarungen durch *Moses* und die Pro-pheten, durch *Jesus Christus* und *Mohammed,* zu glauben, ohne sich von der Eindeutigkeit und Richtigkeit ihrer Inhalte selbst überzeugen zu kön-nen. Die Antwort darauf finden wir in der Handlungs- und Denkfreiheit, die *Gott* allen Menschen gewährt hat. *Gott* bietet allen Menschen seine Heilsbotschaft an, auf die jeder in freier Entscheidung „Ja" oder „Nein" antworten kann. *Gott* erhebt uns damit in den *„Adelsstand"* der frei Ent-scheidenden, die im festen Glauben an sein Offenbarungswort „Ja" sagen können – oder auch nicht. *Gott* macht uns alle damit zu Förderern und Mitgestaltern unserer eigenen Erlösung. Durch sein Heilsangebot wird *Gott* seiner Verantwortung uns gegenüber gerecht, weil er uns ja so geschaffen und gewollt hat, wie wir sind. Durch das „Ja" jedes Einzelnen von uns wer-den wir unserer Verantwortung vor *Gott* gerecht, wenn wir uns frei für ihn entscheiden und auf sein Wort hören.

Diese gottgewollte Freiheit hat gerade in den letzten drei Jahrhunderten Menschengruppen dazu verführt, dem Heilsangebot *Gottes* ein entschiedenes „Nein" entgegenzusetzen. Eine der Geistesströmungen, die von Europa ausgehend im 17. und 18. Jh. praktisch alle religiösen Aussagen in Frage stellte, war die *Aufklärung. Ihre Protagonisten betrachteten ausschließlich die menschliche Vernunft als Maßstab und Mittel der Erkenntnis.* Der Philosoph *Immanuel Kant* definierte den Begriff: „*Aufklärung ist der Ausgang des Menschen aus seiner selbstverschuldeten Unmündigkeit. Unmündigkeit ist das Unvermögen, sich seines Verstandes ohne Leitung eines anderen zu bedienen. Selbstverschuldet ist diese Unmündigkeit, wenn die Ursache derselben nicht am Mangel des Verstandes, sondern der Entschließung und des Mutes liegt, sich seiner ohne Leitung eines anderen zu bedienen... Habe Mut, dich deines eigenen Verstandes zu bedienen!"* Und *Gotthold Ephraim Lessing (1729 – 1781)* formulierte: „*An die Stelle der Religion muß die Überzeugung treten."*

Wer die Existenz *Gottes* grundsätzlich leugnet, also auch „Nein" zu seiner Offenbarung sagt, ist ein *Atheist.* Der Begriff „*Atheismus"* (griech. *atheos* = ungöttlich, gottlos) wird schon im Werk von *Marcus Tullius Cicero (106 v. Chr. – 43 v. Chr.)* erwähnt. Im deutschen Schrifttum erscheint er erstmalig Ende des 16. Jh. Die Vorstellungs- und Erkenntniswelt der Menschen wurde somit dreigeteilt: Es gibt den *Glauben an Gott,* das Nichtwissen über Gott (*Agnostizismus*) und das vollständige Ablehnen des Glaubens an Gott (*Atheismus*). *Atheismus* im eigentlichen Sinn bedeutet die Ablehnung aller monotheistischen (insbesondere der jüdisch-christlich-islamischen) und polytheistischen Religionen. Daneben existiert der weltanschaulich erweiterte Atheismus (*naturalistischer Atheismus, Naturalismus*) in Form einer Ablehnung aller Ideologien, die den Glauben an übernatürliche Wesen, Kräfte oder Mächte göttlicher oder nichtgöttlicher Art beinhalten.

Ein berühmter Atheist des 19. Jh. war *Ludwig Feuerbach (1804 – 1872),* dessen Hauptwerk „*Das Wesen des Christentums"* 1841 erschien. Er behauptete darin, Religion sei vor allem eine Leistung des menschlichen Bewußtseins, also der Einbildungskraft bzw. Phantasie. Alle Religionen seien nur ihrer Form nach verschieden, hätten aber eines gemeinsam: Sie spiegelten die unerfüllten Bedürfnisse der menschlichen Natur wider. *Gott* und Religionen seien psychologische Projektionen, deren Ursache in der menschlichen Natur lägen. Schlußfolgerung *Feuerbachs:* „*Der Mensch schuf Gott nach seinem Bilde. Der Mensch ist der Anfang der Religion, der Mensch der Mittelpunkt der Religion, der Mensch das Ende der Religion."*

Karl Marx (1818 - 1883) übernahm die Projektionstheorie *Feuerbachs* in seine Kritik der bürgerlichen Gesellschaft. Er kritisierte alle Formen der Religion, die nur dazu diene, die Existenz des Menschen durch Träumereien und Trost im Jenseits erträglich zu machen und so das faktische Elend zu verlängern und zu legitimieren. Die Religion sei deshalb das „*Opium des Volks*". Religion sei ein ideologisches Hirngespinst der von sich selbst entfremdeten Menschen: „*Der Mensch macht die Religion, die Religion macht nicht den Menschen.*"

Friedrich Nietzsche (1844 - 1900) war der Auffassung, alle metaphysischen und religiösen Spekulationen seien psychologisch erklärbar; sie hätten vor allem der Legitimation bestimmter moralischer Regeln gedient. In seiner Autobiographie *Ecce Homo* beschrieb er sein Verhältnis zu Religion und Metaphysik: „*Gott*, Unsterblichkeit der Seele, Erlösung, Jenseits; lauter Begriffe, denen ich keine Aufmerksamkeit, auch keine Zeit geschenkt habe, selbst als Kind nicht, – ich war vielleicht nie kindlich genug dazu. ... Ich bin zu neugierig, zu fragwürdig, zu übermütig, um mir eine faustgrobe Antwort gefallen zu lassen. *Gott* ist eine faustgrobe Antwort, eine Undelicatesse gegen uns Denker, im Grunde sogar bloß ein faustgrobes Verbot an uns: ihr sollt nicht denken!"

Sigmund Freud (1856 – 1939) bezeichnete sich selbst als einen Feind der Religion „in jeder Form" Die Religion sei einer Kindheitsneurose vergleichbar und im Grunde infantiles (= kindliches) Abwehrverhalten gegen die überlegenen Umweltkräfte. Deswegen suche der Mensch Schutz im Gottesglauben.

Ein zeitgenössischer entschiedener Vertreter des Atheismus ist der Evolutionsbiologe *Richard Dawkins* (geb. 1941 in Kenia, seit 2001 Mitglied der *Royal Society of London*). *Dawkins*, den „*Der Spiegel*" den „einflußreichsten Biologen" seiner Zeit nannte, vertritt die Überzeugung, daß es prinzipiell unmöglich sei, die Frage zu beantworten, ob *Gott* existiert oder nicht und daß wir darüber nicht das Geringste sagen könnten. In seinem Werk „*Der blinde Uhrmacher*" wendet er sich gegen die These, daß das Leben – in Analogie zur Herstellung einer Uhr – nicht durch Zufall entstanden sein kann. Er sagt, daß die Evolution durch natürliche Selektion ein unbewußter und ungesteuerter Prozeß ist und vergleicht den (angeblichen) *Schöpfergott* demgemäß mit einem „blinden Uhrmacher". (Wir haben die „Evolution durch natürliche Selektion" gefunden; aber wer oder was hat sie erfunden?)

In seinem Essay „*Viruses of the Mind*" beschreibt er die Religion generell als „*gedankliches Virus*" und wendet sich nicht nur gegen den Glauben an *Gott*, sondern auch gegen den „Glauben an den Glauben". Er bestreitet, daß die Religion irgendeine positive Wirkung auf die Moral und die Ethik habe: „Ich bin ein Gegner der Religion. Sie lehrt uns, damit zufrieden zu sein, daß wir die Welt nicht verstehen. ... Wir sind alle Atheisten, was die meisten Götter anbelangt, an die die Menschheit jemals geglaubt hat. Manche von uns gehen einfach einen *Gott* weiter. Ich würde die Ansicht vertreten, daß Religion ein extrem wirksames Etikett für Feindseligkeit ist!" *Dawkins* erhielt mehrere Ehrendoktorwürden britischer Universitäten. 2005 wurde er von einer Autorengruppe zu einem der wichtigsten lebenden Intellektuellen weltweit gewählt und 2007 vom Magazin „*Time*" zu einem der 100 einflußreichsten Menschen der Welt. *„Ja da legst di nieder!"*

„Es gibt keine ausreichenden rationalen Gründe, an die Existenz *Gottes* zu glauben", schreibt der Philosoph *Norbert Hoerster (geb. 1937)*. Nicht die Würde, sondern die Interessen eines Menschen (oder eines Tieres) seien zu schützen (!). Das Lebensrecht eines Menschen beginne grundsätzlich erst mit der Geburt (!) Wer an *Gott* glaube, sei verpflichtet, Argumente *für* diesen Glauben vorzubringen. *„Ja da legst di ja glei nomoi nieder!"*

Die Liste dieser wenigen Namen ließe sich noch millionenfach verlängern, wollte man weltweit alle aufnehmen, die nicht an *Gott* glauben oder die Existenz *Gottes* überhaupt leugnen. Sie sind trotz ihrer Zahl und ihres Einflusses eine Minderheit. Ihnen gegenüber sehen wir auch heute noch Milliarden von Menschen, die an Jahwe/Gott/Allah oder einen Höchsten Schöpfer glauben und ihre Lebensgestaltung darauf auszurichten versuchen. Sie alle bilden „das Salz der Erde" und können Entscheidendes zur geistigen Erneuerung der Menschheitsfamilie beitragen.

Einen Denkansatz, der nicht direkt *Gott*, wohl aber religiöse Überzeugungen in Frage stellt, verfolgen die *Relativisten*. Sie sagen, daß es keine absoluten Wahrheiten und keine absoluten ethischen Werte gibt. Religiöse Dogmen, wissenschaftliche Axiome, oder als absolut richtig angesehene Ideologien werden deshalb von ihnen angezweifelt. Vehement wendet sich *Papst Benedikt XVI.* gegen den „um sich greifenden Relativismus": *„Einen klaren Glauben nach dem Credo der Kirche zu haben, wird oft als Fundamentalismus abgetan. Während der Relativismus, bei dem man sich von einer Glaubenslehre zur anderen hinreißen läßt, als die einzige den heutigen Zeiten* entsprechende Verhaltensweise erscheint. So entsteht eine Diktatur des Relativismus, die nichts als endgültig anerkennt und als das letzte Maß aller Dinge nur das eigene Ich und dessen Gelüste versteht."

Zu solchen Strömungen sagt Papst Benedikt XVI. unter anderem: „Der Glaube an Jesus Christus, den Herrn, ist nicht für die Theologen da, die ihn sezieren und untersuchen, sondern für das durchschnittliche Kirchenvolk, das Hilfe, Trost und Leitung im Leben sucht. Er ist kein politisches oder wirtschaftspolitisches Programm, sondern Maßstab aller Programme. Und die Hüterin dieses Glaubens ist die katholische Kirche; sie darf ihn nicht für kleine Münze an die Moderne verkaufen, bloß damit die Menschen zufrieden sind". Der Befreiungstheologie, der Psychologie, dem Feminismus oder östlichen Weisheiten räumt die Kirche demnach keinen Platz ein. Der Glaube ist nach Auffassung des Papstes vernünftig, er hat damit einen objektivierbaren Wahrheitsanspruch. Nur wer sich dieses Glaubens sicher und bewußt ist, kann den Dialog – und notfalls auch die Auseinandersetzung – mit anderen Religionen führen. Der Protestantismus und die Aufklärung hätten dagegen die Religion ins Individuelle, Subjektive verlagert und die Wahrheit relativiert.

Das Denken des Papstes ist tolerant: Er akzeptiert, daß es andere Auffassungen als die der offiziellen katholischen Lehre gibt; das unterscheidet ihn auch von allen Fundamentalisten. Aber er ist antipluralistisch, weil er davon ausgeht, daß andere Überzeugungen keinen vergleichbaren Wahrheitsanspruch erheben können wie die katholische Kirche. Er stößt sich an der Blindheit der angeblich aufgeklärten Vernunft für die nichtmaterielle Dimension der Wahrheit, an der Herrschaft des Nächstliegenden. Er ist skeptisch gegenüber allen innerweltlichen Heilsversprechen, gegenüber der Ökonomisierung aller Bereiche des Menschlichen, gegenüber den falschen Propheten der ewigen Gesundheit und des nicht nachlassenden Spaßes.

Schon sein Vorgänger, der verstorbene Papst *Johannes Paul II.* hatte in seiner Enzyklika „Veritatis splendor" (Glanz der Wahrheit) die „postmoderne" Gesellschaft kritisiert, daß sie um der Toleranz willen gegenüber Werten und Unglauben zunehmend gleichgültiger werde. Er fürchtete einen neuen *Nihilismus.* Der Postmodernismus sei drastisch, wenn er sage, es gebe keine absoluten Werte, keine allgemeingültige Wahrheit, und daß Sprache die Wahrheit niemals wiedergeben könne. Der Kultur des Materialismus und des Unglaubens ist zu widerstehen, indem man auf Werten beharrt, die, wie der Papst es formuliert hat, über „Egoismus und Verlangen" hinausgehen. Hier sind besonders die Abrahamitischen Religionen gefordert. Beim berühmten Treffen religiöser Führer in *Assisi* erwies *Papst Johannes Paul II.* dem *Islam* seine Reverenz und küßte den *Koran*.

Die viele Jahrhunderte währenden Diskussionen über die Existenz *Gottes* und den Offenbarungen seiner Heilsbotschaft, wie sie uns in den heiligen Schriften des Judentums, Christentums und Islams überliefert wurden, füllen ganze Bibliotheken und gehen ständig weiter. Sie machen uns aber in Bezug auf *Gott* nicht viel klüger. Wir müssen dazu bedenken:

1. Wir verdanken unsere geistige Fähigkeit, eine Flut von Gedanken aufzunehmen oder selber zu entwickeln und in folgerichtiges (vernünftiges) Handeln umzusetzen, den phänomenalen, undurchschaubaren, aber doch begrenzten Signalverarbeitungsprozessen unseres Gehirns. Es ist das im Evolutionsprozeß zusammen mit unserem Körper entstandene, genauer: von *Gott* geschaffene, Organ, das mit seinen rund 100 Milliarden Neuronen (Nervenzellen) und einer mehrere tausendmal größeren Zahl von elektrischen Verbindungsleitungen (Nervenbahnen) über viele Menschengenerationen unsere geistige, kulturelle und technische Welt hervorgebracht hat. Und es ist auch das Organ, das uns als einzige Lebewesen auf der Erde (und möglicherweise im ganzen Kosmos) befähigt, die Offenbarungsbotschaft *Gottes* aufzunehmen und zu verarbeiten. Kein einziges Tier ist dazu in der Lage.

2. Trotz vieler Versuche und kühner Gedankengebäude müssen wir einsehen: Wir können die Existenz *Gottes* weder mit wissenschaftlichen noch meßtechnischen Methoden „beweisen". *Gott* ist kein Ding, dessen Vorhandensein wissenschaftlich „bewiesen" werden muß. Jeder Versuch des „wissenschaftlichen Beweisens" wirkt lächerlich und stellt im Grunde eine Kränkung unseres *Schöpfergottes* dar, der uns in den vergangenen viertausend Jahren eine schier unendliche Fülle von Offenbarungen durch sein Wort, sein Werk und seine Gnade geschenkt hat.

3. Was wären wir ohne *Gott*? Eine Milliardenschar von Lebewesen – fähig zum Entwickeln einer Vielfalt von Sprachen, Kulturen, Kunstwerken, Technologien und Wirtschaftssystemen, eingezwängt in einen Lebensraum von vielleicht 4000 Meter Dicke auf einer Landmasse, die etwa ein Drittel der Erdoberfläche ausmacht, aber nur teilweise bewohnbar ist. Eine Milliardenschar, isoliert im Weltall, ohne ein wie auch immer geartetes Gegenüber, ohne Hoffnung, ohne Ziel, ohne Erlösung. Ein

Zufallsprodukt der Evolution, das mit seiner Geschichte von einigen hunderttausend Jahren (auf den Homo Sapiens bezogen) im kosmischen Zeitstrom von Milliarden Jahren kurzzeitig wie ein Lichtblitz aufleuchtet und verglüht: einsam, sinnlos, verloren und vergessen im Feuertaumel der kosmischen Ereignisse.

4. Was wären wir ohne *Gott*? Die einzige Art von Lebewesen auf der Erde (und vielleicht auch im ganzen Kosmos), die ihr ganzes bewußtes Leben lang unter der bedrückenden Bürde des Wissens um ihr eigenes Sterben ihr Dasein verbringen müssen. Würde das Leben der Menschen genau so enden wie das aller Tiere, und bliebe von diesem Leben nichts übrig als ein Rest von Körperknochen, so wären wir Menschen schlechter dran als die Tiere. Denn alle Tiere leben im Gegensatz zu uns Menschen unbeschwert ohne Kenntnis ihres späteren Todes. Aus diesen Gedanken können wir zumindest eine Ahnung entwickeln, daß mit unserem Tod noch nicht alles „aus" ist. Und diese Ahnung verstärkt sich zum festen Glauben, ja sogar zur Gewißheit, daß der eine und einzige *Gott* da ist (er nannte uns sogar seinen Namen: *Jahwe = Ich bin da*), um uns aus unserem irdischen Menschsein zu erlösen.

5. *Nur durch Gott, der die Liebe ist und der sich in den letzten viertausend Jahren in überwältigender Weise offenbart hat, gewinnt die Menschheit jene Basis des Vertrauens, der Geborgenheit und der Hoffnung, die den Fortgang der Menschheitsgeschichte rechtfertigt.* Seine Gnade, Barmherzigkeit und Liebe, die in besonderer Weise im Leben und in der Botschaft *Jesu Christi* aufleuchtet, können die Herzen aller Menschen mit Freude und Dankbarkeit erfüllen. Denn unser aller Leben ist nicht ein Stolpern ins Nichts, sondern ein – wenn auch oft mühsames – Wandern zu einem neuen Leben bei *Gott*.

In der Heilsgeschichte *Gottes* sind zwei Phänomene besonders auffällig: Die von *Gott* beauftragten Überbringer der Heilsbotschaften sind immer – wenn wir von der Sonderstellung *Jesu Christi* absehen – einfache und arme Menschen aus dem Volk. Bei allen *Propheten Israels* trifft dies zu. Eine Ausnahme bilden die ersten Könige Israels, *Saul, David und Salomo*, mit denen *Gott* direkt gesprochen hat. Der *Messias Jesus* wurde von der bescheiden lebenden *Jungfrau Maria* in einem Stall geboren und in eine Krippe mit Stroh gelegt, weil es eine andere Herberge und ein Kinderbettchen nicht gab. Genau so bescheiden wie seine Mutter lebte *Jesus* bis zu seinem Tod und seiner Auferstehung.

Armut war auch das Lebensschicksal der Menschen, die in den 2.000 Jahren nach *Jesus Christus* mit besonderen Zeichen begnadet oder für neue Botschaften ausersehen wurden: Menschen, denen in Visionen *Jesus* als Kind oder erwachsener Mann und die *Jungfrau Maria* mit Botschaften erschienen sind; Menschen, welche die Wundmale *Christi* am Leib trugen oder deren Körper nach ihrem Tod bis heute unverwest erhalten blieb.

Das zweite Phänomen ist die Tatsache, daß diese besonderen Zeichen (wie der Prophet *Mohammed* sie nennen würde) vorwiegend in der katholischen Kirche aufgetreten sind. Dies spricht für die Auffassung von *Papst Benedikt XVI.*, daß die katholische Kirche die eigentliche Kirche Jesu Christi ist, während er alle anderen „Kirchen" als Glaubensgemeinschaften bezeichnet, denen aber ebenfalls der Heilsweg zu *Gott* offenstehe.

4.2 Naturwissenschaft und Glaube

Seit es die Naturwissenschaften gibt, d.h. in den letzten zweieinhalb Jahrtausenden der Menschheitsgeschichte, hat sich der Glaube an Götter bzw. an den einen und einzigen *Gott*, der sich offenbart hat, zu einer Weltanschauung entwickelt, die immer mehr bezweifelt, kritisiert, hinterfragt oder ganz abgelehnt wurde. Eine riesige Flut von Schriften und Diskussionen über die Konfrontation bzw. die Vereinbarkeit von Naturwissenschaft und Glaube zeugt davon. In den letzten beiden Jahrhunderten, die uns einen enormen Zuwachs an naturwissenschaftlichen Erkenntnissen und – daraus resultierend – unsere heutige fast weltweit verbreitete Technische Zivilisation gebracht haben, setzte sich bei vielen Menschen immer mehr die Ansicht durch, daß der Glaube an *Gott* und seine Heilsbotschaften allmählich durch unser wachsendes Wissen um Naturprozesse und deren technische Nutzung verdrängt und letztlich überflüssig werde.

Unsere heutigen wissenschaftlichen Kenntnisse und ihre Umsetzung in technische Produkte und Verfahren sind in der Tat beeindruckend. Man braucht sich nur einmal Bilder von der Arbeitswelt und dem Lebensstandard der Industrieländer des 18. und 19. Jhs. anzusehen und mit unseren Verhältnissen am Beginn des 21. Jhs. zu vergleichen. Die deutlich sichtbaren Verbesserungen der Lebenssituation war und ist für viele Menschen, besonders in den Industrieländern, der Anlaß, nicht mehr an unseren *Schöpfergott* zu glauben und Religion für überflüssig zu halten. In Deutschland tun dies zum Beispiel über 50% der Bevölkerung. Gefördert wird diese Haltung durch viele Schriften und Diskussionen, in denen der Glaube als altmodisch, befremdend und nicht mehr dem Zeitgeist entsprechend dargestellt wird.

Auch das Lager der Naturwissenschaftler ist heute gespalten: Die einen sagen, weil wir Vieles durchschauen, sei die „*Hypothese Gott*" überflüssig; die anderen bekennen, gerade wegen ihres tiefen Einblicks in die naturwissenschaftliche Welt, ihren tiefen Glauben an *Gott* und seine Offenbarung. Zu denen, die *Gott* für eine „überflüssige Hypothese" halten, gehörten und gehören:

- Der Physiker *Pierre-Simon Laplace (1749 – 1827)* , der auf die Frage *Napoleons*, wo denn in seiner kosmologischen *Theorie Gott vorkomme*, antwortete: „Ich bedarf der *Hypothese Gott* nicht."

- Der Nobelpreisträger *Manfred Eigen (geb. 1927)*: „Die Molekularbiologie hat dem Jahrhunderte aufrecht erhaltenen Schöpfungsmystizismus ein Ende gesetzt, sie hat vollendet, was Galilei begann".

- Der Physiker, Nobelpreisträger und Atheist *Steven Weinberg (geb. 1933 in New York)*: „Ich denke, daß ein enormer Schaden von der Religion angerichtet wurde – nicht nur im Namen der Religion, sondern tatsächlich von der Religion. ... Religion ist eine Beleidigung der Menschenwürde (!). Mit oder ohne sie würden gute Menschen Gutes tun und böse Menschen Böses. Aber damit gute Menschen Böses tun, dafür bedarf es der Religion (!)

- Ein junger Schüler, der zu einem älteren sagte: „Du glaubst doch bestimmt nicht an *Gott*; du kennst dich ja so gut in Mathe und Physik aus."

- Eine große Zahl von Zeitgenossen, die den Gottesdienst, abgesehen von seiner gemeinschaftsstiftenden Funktion, schlicht für Unsinn halten. Wieso soll man danken für Dinge, die ganz natürlich (!) gewachsen sind, für Getreide, dessen Qualität durch Züchtung verbessert und dessen Menge durch Kunstdünger vergrößert wurde? Die Wissenschaft wird als Feind der Religion gesehen; Religion und Glaube werden als Unmündigkeit und letztlich als Dummheit dargestellt. Viele genieren sich, die Frage „Glauben Sie an Gott" überhaupt zu beantworten, wie zum Beispiel ein ehemaliger Bundespräsident, ein berühmter Sänger und ein Nachrichtensprecher der ARD.

- *Rudolf Bultmann (1884 – 1976)*, der eine radikale „Entmythologisierung des christlichen Glaubens" empfahl: „Das ganze Weltverständnis, das in der Predigt *Jesu* wie allgemein im Neuen Testament vorausgesetzt ist, ist mythologisch; ... ebenso die Vorstellung, daß übernatürliche Kräfte in den Lauf der Dinge eingreifen, und die Wundervorstellung, insbesondere die, daß übernatürliche Kräfte in das Innenleben der Seele eingreifen. ... Man kann nicht elektrisches Licht und Radioapparat benutzen ... und gleichzeitig an die Geister- und Wunderwelt des Neuen Testaments glauben!" *„Ja da legst di glei wieder nieder."*

- *Uta Ranke-Heinemann (geb. 1927)* zweifelte an der biologischen Jungfrauengeburt Jesu durch Maria; sie sah sich mit den beiden führenden katholischen Theologen *Karl Rahner* und *Joseph Ratzinger* einig. *Ratzinger* schrieb in seiner *Einführung in das Christentum, S. 257: „Der Mythos von der wunderbaren Geburt des Retterkindes ist in der Tat weltweit verbreitet"; S. 258: „Die Gottessohnschaft Jesu beruht nach kirchlichem Glauben nicht darauf, daß Jesus keinen menschlichen Vater hatte; die Lehre vom Gottsein Jesu würde nicht angetastet, wenn Jesus aus einer normalen menschlichen Ehe hervorgegangen wäre. Denn die Gottessohnschaft, von der der Glaube spricht, ist kein biologisches, sondern ein ontologisches Faktum; kein Vorgang in der Zeit, sondern in Gottes Ewigkeit."* Der Dominikanerpater *Willehad Paul Eckert (1926–2005)*, den das Bistum Essen gegen sie antreten ließ, entgegnete: *„Was Ratzinger und Rahner sagen, ist falsch. Sie dürfen sich nicht auf sie berufen, es ist falsch."* (Was daran falsch sein soll, bleibt unerfindlich: Denn die Stelle S. 257 bezieht sich auf das *antike Denken*, das die Jungfrauengeburt ins Mythologische verweist; und die Stelle S. 258 nennt die Gottessohnschaft Jesu ein „ontologisches Faktum"; „Ontologie" ist die Lehre vom Seienden, also von dem, was ist; es wird hier doch nicht behauptet, daß Jesus einen irdischen Vater gehabt hat!)

- *Richard Dawkins* (geb. 1941 in Nairobi, Kenia), ein britischer Zoologe und „prominentester Atheist der Welt", stellt die Religion als „gedankliches Virus" dar. In seinem neuesten Buch *„The god delusion"* (Der Gotteswahn, 2006) behauptet *Dawkins*, der Glaube an *Gott* sei irrational und die Religionen hätten der menschlichen Gesellschaft schweren Schaden zugefügt, angefangen von den Kreuzzügen bis zum 9/11-Massenmord. Er beschreibt *Gott* in all seinen Formen, vom „sexbesessenen Tyrannen" des Alten Testaments bis zum gütigen (aber dennoch „unlogischen") *„Celestial Watchmaker"* (Himmlischen Uhrmacher). Er versucht, die Hauptargumente für die Religion zu entkräften und die Unwahrscheinlichkeit eines Höchsten Wesens zu erläutern. Er zeigt, wie Religion Kriege schüre, Engstirnigkeit hervorrufe und Kinder mißbrauche (!) und stützt seine Aussagen mit Beispielen aus der Gegenwart und Vergangenheit. *„The God Delusion"* will zwingend darlegen, daß der Glaube an *Gott* nicht nur falsch, sondern potentiell tödlich sei (!) Es beschreibt auch die Vorteile des Atheismus, der zumindest eine klarere und wahrhaftigere Wertschätzung der Wunder des Universums biete.

- Die *Atheist Alliance International (AAI)*, ein Bündnis von derzeit 58 autonomen atheistischen Gruppen, 48 davon in den USA, will das rationale Denken fördern und religiöse Themen aus dem Unterricht an Schulen und Hochschulen verbannen.

- Der *Internationale Bund der Konfessionslosen und Atheisten e.V. (IBKA) in Deutschland* fördert u.a. die Menschenrechte, insbesondere die Weltanschauungsfreiheit, die konsequente Trennung von Kirche und Staat, vernunftgeleitetes Denken sowie die Aufklärung über Wesen, Funktion, Strukturen und Herrschaftsansprüche von Religionen.

- Die *Brights, auch Brights-Bewegung genannt (das Wort bedeutet hell, klar, klug),* vertreten ein naturalistisches Weltbild. Der Philosoph *Daniel Dennett (geb. 1942 in Boston)* schrieb in der New York Times: *„Was ist ein Bright? Ein Bright ist eine Person mit einem naturalistischen Weltbild, frei von Übernatürlichem. Wir Brights glauben nicht an Geister, Elfen oder den Osterhasen – oder an Gott.* Richard Dawkins erklärte: *„Die meisten der Menschen, die ich kenne, sind Brights. Die Mehrzahl der Wissenschaftler sind Brights.* In den Naturwissenschaften – so argumentieren die *Brights* – könnten durch Messungen und Experimente wissenschaftliche Daten gesammelt, Beobachtungen gemacht und daraus wissenschaftliche Erkenntnisse gewonnen werden. Diese Form des Wissenszuwachses sei jeder Art von Glauben oder Weltanschauung überlegen, weil sie hinreichende Beweise für ihren Wahrheitsgehalt liefere." Der Ratsvorsitzende der Evangelischen Kirche in Deutschland, *Wolfgang Huber*, nennt das „pseudo-religiöse Wissenschaftsgläubigkeit".

Den Gegenpol zu diesen Auffassungen bilden die seit etwa 100 Jahren in den USA aktiven *Kreationisten* (von lat. *Creare* = erschaffen), die Wort für Wort ohne Abstriche an die Schöpfungsgeschichte in der Bibel glauben, weil sie nach ihrer Meinung die tatsächliche Entstehung des Kosmos, der Erde und der Natur beschreibe. Der *Kreationismus* erklärt dies durch den unmittelbaren Eingriff unseres *Schöpfergottes* in natürliche Vorgänge: Entweder als Schöpfung aus dem Nichts (*ex nihilo*) oder als das Schaffen von Ordnung aus zuvor existierendem Chaos (*Tohuwabohu* = hebr. wüst und leer). Auch die modernen naturwissenschaftlichen Erkenntnisse widersprächen nicht einer Schöpfung gemäß der vor 3200 Jahren entstandenen schriftlichen Überlieferung der *Genesis* bzw. des im 7. Jh. geschriebenen *Korans*. Kreationisten lehnen aber verschiedene Ergebnisse der modernen

Naturwissenschaften, insbesondere die Evolutionstheorie, ab. Während die Menschwerdung durch Abzweigung aus dem Stamm der Menschenaffen von einigen Kreationisten akzeptiert wird (*Evolutionistischer Kreationismus*), erkennen sie die Theorien der natürlichen Selektion, des Ursprungs des Lebens, der Erdgeschichte, der Entwicklung des Sonnensystems und des Universums nicht an. Die Gruppe der *„Junge-Erde-Kreationisten"* glaubt, daß die Erde zwischen 6.000 und 10.000 Jahre alt ist und daß das Leben auf der Erde von *Gott* im Verlauf von 6 Schöpfungstagen zu je 24 Stunden in Form von Grundtypen bzw. definierten Arten („nach ihrer Art") geschaffen wurde. Sie glauben auch, daß die Sintflut vor ca. 4.500 Jahren alles Leben auf der Erde bis auf die Menschen und Tiere in der *Arche Noah* vernichtete,. Sie widersprechen wie alle Kreationisten vehement der Evolutionstheorie sowie vielen Theorien anderer wissenschaftlicher Gebiete wie der Physik, Chemie, Astronomie und Geologie.

In den USA kam es zu erheblichen Konflikten, weil die Kreationisten die Evolutionslehre an den Schulen ablehnten. Einige Bundesstaaten stimmten zu, daß im Biologieunterricht der biblische Schöpfungsbericht gleichberechtigt neben der Evolutionstheorie gelehrt wird. Auf Bundesebene wurde die Forderung wegen mangelnder Wissenschaftlichkeit abgelehnt. Nach Umfragen glaubt in den USA mehr als die Hälfte der Bevölkerung, daß die *Kreationisten* Recht haben, die den Schöpfungsbericht der Genesis wörtlich nehmen.

Seit Anfang der 90er Jahre versucht in den USA auch die Bewegung des *„Intelligent Design"* eine Alternative zur Evolutionstheorie zu entwickeln, die mit der Lehre der katholischen Kirche von einer Schöpfung durch Evolution vergleichbar ist. *Intelligent Design* vertritt die Auffassung, daß ein intelligenter Gestalter, nämlich *Gott*, alles, was existiert, geschaffen hat. Gegner dieser Lehre meinen stattdessen, daß unsere Welt aus einem naturwissenschaftlich erforschbaren Teil und einem subjektiv spirituellen Teil besteht, zwischen denen es keine Verknüpfungen gibt; oder daß es überhaupt keinen Schöpfer gibt! Durch die Erfolge der modernen Naturwissenschaft haben viele Menschen ihren Glauben an *Gott* verloren, obwohl lediglich gezeigt wurde, daß fein aufeinander abgestimmte Naturkonstanten und Naturgesetze den Kosmos, die Welt, die Natur und die Evolution bis hin zum Menschen ermöglichten. In der Tat liefern die Naturwissenschaften ein immer genaueres Bild der Entwicklung vom Urknall bis hin zu den Strukturen unseres Gehirns und der sich daraus ergebenden spezifischen

Denkfähigkeit des Menschen. Dabei wird behauptet, daß Fortschritte in der Evolution nicht vorhersehbar seien und nur zufällig und in völlig beliebiger Weise zustande kämen. *Intelligentes Design* wäre somit nur bei Verzicht auf äußere Eingriffe des Schöpfers in den zeitlichen Ablauf der Evolution denkbar. Eine vom früheren Kardinal *Ratzinger* im Jahr 2004 im Vatikan einberufene Kommission stellte dazu fest, daß auch eine maßgeblich mit Zufällen arbeitende Evolution über Kausalketten von den Anfängen her gesteuert sein könne und daher nicht im Widerspruch zum Schöpfungsbild des Glaubens stehe. Zufallsanteile in der Evolution müßten nicht zwangsläufig zu beliebigen statistischen Ergebnissen führen.

Nach *Papst Johannes Paul II.* sei das Christentum rational und diene der Wahrheit. Es öffne sich den Wissenschaften. Es gäbe kein Problem mit der Evolution, wenn man sie in einem christlichen Kontext begreife. Naturwissenschaften und Philosophie seien nur „Vorstufen der Fülle der Wahrheit". Diese Fülle zu erfassen und damit eine besonders tiefe Einsicht in das Wesen des Menschen und das Schicksal der Welt zu gewinnen, bleibe dem sich im Glauben der *Gnade Gottes* öffnenden Menschen vorbehalten. Glaube setze Vernunft, Theologie setze Wissenschaft voraus, überschreite sie aber in entscheidender Weise, ohne mit ihr in Widerspruch zu geraten (*Enzyklika „Fides et ratio" 1998*). *Papst Benedikt XVI.* sagt in seinem Buch „*Einführung ins Christentum" S. 240:* „...daß durch die Welt und ihre geistige Struktur der schöpferische Urgedanke und seine gründende Macht hindurchschimmern".

In den letzten Jahren ist eine Phalanx von Hirnforschern und Neurologen auf der naturwissenschaftlichen Bühne erschienen, die religiöse Empfindungen und Erlebnisse auf die besondere Aktivität von bestimmten Hirnregionen, zum Beispiel bei Schläfenlappen-Epileptikern zurückführen. Der in San Diego (USA) tätige Neurologe *Vilayanur Ramachandran (geb. 1951)* vermutet, daß im Schläfenlappen eine Art „*Gott-Modul*" für die Wahrnehmung von Übersinnlichem existiere. Im Laufe der Zeit etablierte sich eine neue Disziplin: *„die Neurotheologie".* Sie will herausfinden, was sich im Körper und vor allem im Gehirn abspielt, wenn ein Mensch betet oder meditiert, und welche neuronale Aktivität für den Gottesglauben verantwortlich sei. Manche dieser Neurologen meinen, auch *Moses* Gottesvision auf dem Berg *Sinai* sei auf einen Schläfenepileptiker-Anfall zurückzuführen!

Religionspsychologen betrachten die Religion als universales Merkmal der menschlichen Natur, dessen Sinn man herausfinden müsse. Der Soziobiologe *Edward Wilson (geb. 1929 in den USA)*: Wenn es gelänge, den neuronalen Ursprung der Religion zu entschlüsseln, dann würde der wissenschaftliche Naturalismus die traditionelle Religion als materielles Phänomen entdecken und vielleicht auch entzaubern können. Uneinigkeit besteht allerdings darüber, ob ein Sieg der Wissenschaft über die Religion überhaupt wünschenswert wäre.

Nach einer Allensbach-Umfrage 1997 glauben in der deutschen Bevölkerung: 50% an die Existenz von *Schutzengeln*, 41% daß *Jesus* der Sohn *Gottes* ist, 35% an die Erschaffung der Welt durch *Gott*, 31% an Wunder, 30% an die Auferstehung der Toten im Reich *Gottes*, 23% daran, daß es den *Teufel* gibt, und 10% an die Unbefleckte Empfängnis *Marias*. 16% glauben an nichts davon.

Eine weitere Umfrage in deutschsprachigen Ländern Europas ergab: 20% der Menschen in Deutschland, Österreich und der Schweiz glauben an die wörtliche Aussage der Bibel, daß das Universum, die Erde und das Leben vor etwa sechstausend Jahren von *Gott* erschaffen wurden und daß die Evolution von *Gott* gesteuert werde. An eine Evolution, die ohne Einwirken *Gottes* stattfand, glauben in Deutschland 46%, in Österreich knapp 41% und in der Schweiz 33%. In Deutschland glauben nur 12,5% an die biblische Schöpfungsgeschichte. Theistische Evolution und *Intelligent Design* halten 25% für richtig.

Die Flut von Schriften über den stetigen Erkenntnisgewinn der Naturwissenschaften erweckt den Eindruck, daß es nur noch eine Frage der Zeit sei, bis der deutliche Beweis vorliege, alle religiösen Erfahrungen der Menschen seien auf materielle biologische Vorgänge zurückzuführen. Der Rückzug der Religion vor der triumphierenden Naturwissenschaft sei absehbar und der *Schöpfergott* als nicht beweisbare Hypothese anzusehen. Die Heiligen Schriften der Weltreligionen würden dann in den Bereich der Mythologien verbannt. Die geschichtliche Wahrheit, daß *Gott*, der Schöpfer des Himmels und der Erde, sich über mehr als 4.000 Jahre der Menschheit offenbart hat, wird pauschal abgelehnt. Mit unvergleichlichem Hochmut stellen diese Atheisten alle gläubigen Juden, Christen und Moslems sowie die Gläubigen anderer Religionen als Narren und Tölpel hin, die einen

Gott anbeten und verehren, den es nach ihrer Auffassung gar nicht geben kann. Religiöse Veranstaltungen und Feiern halten sie zwar durchaus für gemeinschaftsfördernd, aber darüber hinaus für sinnlos. Die Menschheit ist in ihrer Vorstellung ein Zufallsprodukt der Evolution, eine auf wenige Millionen Jahre beschränkte, vorübergehende biologische Erscheinung in einem winzigen Volumenelement des Kosmos – genannt „Erde".

Diese *Religionskritik,* die in unserer Zeit zweifellos durch die Fortschritte der Naturwissenschaften gefördert wird, ist nicht neu. Rationale und ethische Zweifel über Religionen und ihren Institutionen gibt es schon seit der Antike. Man kann sagen: *Die Kritik an der Religion ist so alt wie die Religion selber.* Als „klassische" Religionskritiker gelten heute *Auguste Comte, Ludwig Feuerbach, Karl Marx, Friedrich Nietzsche, Sigmund Freud Bertrand Russell, Albert Camus und Jean-Paul Sartre.* Alle früheren und modernen Religionskritiker haben ein gemeinsames Merkmal: *Sie nehmen willkürlich die notgedrungen begrenzte Denkfähigkeit des menschlichen Gehirns als absoluten Maßstab ihrer Welt- und Gotteserkenntnis.* Sie lassen es nicht gelten, daß unser Gehirn etwas Gewordenes (oder von *Gott* Geschaffenes) ist, das im Mutterleib aus einer einzigen befruchteten Eizelle zusammen mit dem ganzen Organismus entstanden und im Erwachsenenalter bis zu einer bestimmten Größe herangewachsen ist. Wir wissen heute, daß das Gehirn aus etwa 100 Milliarden Nervenzellen (Neuronen) besteht, von denen jede einzelne durch mehrere tausend synaptische Verbindungsleitungen mit vielen anderen Nervenzellen verknüpft ist. Dieses hochkomplexe, undurchschaubare Netzwerk unseres Gehirns ist es, das unsere heutige geistige, kulturelle und technische Welt geschaffen hat, aber eben in seiner Denk- und Erkenntnisfähigkeit begrenzt ist, weil auch die Anzahl seiner Bauelemente und Verbindungsleitungen endlich ist. Hätte unser Erwachsenengehirn die Größe wie bei einem Neugeborenen, könnten wir die Gesetzmäßigkeiten und Prozesse unserer Welt – und *Gott* – niemals erkennen. Wäre unser Erwachsenengehirn zehnmal größer, als es tatsächlich ist, wäre auch unsere Erkenntnisfähigkeit entsprechend höher. Die Größe unseres Gehirns ist also gerade so bemessen, daß wir uns die Erde „untertan" machen und darüber hinaus den *Schöpfergott* erfahren können.

Ein Zweites kommt hinzu: Wäre unser Gehirn, das von den Atheisten zum alleingültigen Maßstab der Welt- und „Gotteswahn"-Erkenntnis erhoben wird, wirklich in der Lage, dauerhaft Vernünftiges hervorzubringen und eine gerechte und sinnvolle Weltordnung herzustellen, dürfte es auf unserer heutigen Welt Folgendes nicht mehr geben:

- 850 Millionen Menschen, die hungern,
- 30.000 Kinder, die pro Tag in den Entwicklungsländern verhungern,
- 1,1 Milliarden Menschen, die kein sauberes Trinkwasser zur Verfügung haben,
- 1,2 Milliarden Menschen, die weniger als einen USD je Tag ausgeben können,
- 200 Millionen Kinder weltweit, die arbeiten müssen,
- in der reichen Schweiz lebt jedes zehnte Kind in Armut,
- weltweit gehören 90% der Vermögen Männern,
- die 500 größten Weltkonzerne kontrollieren über 50% des Welt-Sozialprodukts,
- in Deutschland sind 13,5% der Menschen (rund 11 Millionen) arm, weil sie weniger als 60% des durchschnittlichen Pro-Kopf-Einkommens zur Verfügung haben; bei den Alleinerziehenden ist der Anteil der Armen 35%,
- in Deutschland hat das reichste Fünftel der Haushalte 67,5% des gesamten Volksvermögens, das wohlhabende Fünftel 23,5% und das ärmste Fünftel 1,7%; das letzte Fünftel ist verschuldet,
- in Deutschland sind die Reallöhne zwischen 1995 und 2004 um 0,9% gesunken, während sie z.B. in England um 25% gestiegen sind,
- im Jahr 2003 gab es in Deutschland 756.000 Millionäre mit einem Nettovermögen von über 1 Million € pro Nase; 1997 waren es 510.000,
- für militärische Rüstung werden jährlich 900 Milliarden USD aufgewendet, fast die Hälfte davon in den USA,
- im angeblich fortschrittlichen 20. Jh. haben die beiden Weltkriege zusammen rund 70 Millionen Todesopfer gefordert,
- über 80 Millionen scharfe Landminen bedrohen die Bewohner in 90 Ländern,
- zwischen 1946 und 2003 gab es durchschnittlich rund 30 Kriege pro Jahr

Diese Aufzählung ließe sich noch viel weiter fortsetzen. Sie zeigt uns Panoramaausschnitte der sozialen Verhältnisse in der Welt und im ach so modernen Deutschland. Ähnliche Situationen sehen wir auch in vielen anderen Ländern. Sie sind durch die „Vernunft" der jeweiligen Länderregierungen und Sozialpartner entstanden. Was sich darbietet, ist erschreckend.

Täglich sehen wir im Fernsehen bedeutungsvoll und verantwortungsbewußt dreinblickende Politiker- und Firmenbossgesichter, die dieses wirtschaftliche und gesellschaftliche Chaos verursacht haben. Statt daß sie echte Vernunft zur Neugestaltung unseres Gemeinwesens erkennen lassen, scheinen sie von allen guten Geistern verlassen zu sein. Wie sagte doch *Einstein: Würden die Menschen bei der Gestaltung ihrer sozialen Ordnung die gleichen Fortschritte erzielen, wie die Naturwissenschaften der letzten 100 Jahre, alle Menschen würden in Frieden und Wohlstand leben können. Genau die Vernunft, die das wirtschaftliche und soziale Chaos auf der Welt erzeugt hat und gerade heute in den Naturwissenschaften – wie wir gleich sehen werden – an Erkenntnisgrenzen stößt, wollen die Atheisten zum alleinigen Maßstab des Erkennens und Beurteilens der Welt (und Gottes) erheben. Solche Versuche hat es in der Menschheitsgeschichte immer wieder gegeben. Sie sind alle – Gott sei Dank – gescheitert.*

Noch eine dritte Bemerkung: Obwohl es heute auf der Welt mehr Wissenschaftler gibt, als insgesamt in allen Jahrhunderten vor 1900, türmen sich vor uns noch viele Erkenntnisbarrieren auf, die wir trotz aller Bemühungen nicht (oder noch nicht) überwinden können. Wir sprechen von letzten Rätseln in der Physik, den Biowissenschaften, der Psychologie und anderen Gebieten. Wenn wir uns jetzt Einiges davon ansehen, werden wir feststellen, daß in Grenzbereichen der heutigen Naturforschung die Wissenschaften zu „Glaubenschaften" mutieren, weil ihre undeutlich erkennbaren Zusammenhänge nur noch spekulativ beschreibbar sind.

Hören wir noch, was *Papst Benedikt XVI.* über die Rolle der Mathematik als wesentliche Grundlage der Naturwissenschaft sagt: „*Sie setzt nämlich voraus, daß das Universum selbst intelligent strukturiert ist, so daß es eine tiefe Entsprechung gibt zwischen unserer subjektiven Vernunft und der objektiven Vernunft in der Natur. Es ist daher unvermeidlich zu fragen, ob es nicht eine einzige ursprüngliche Intelligenz geben muß, die die gemeinsame Quelle der einen und der anderen Vernunft ist. So führt uns diese Reflexion über die Entwicklung der Wissenschaften zum ‚Schöpferlogos‘ zurück.*"
In seiner neuen Enzyklika „*Spe Salvi*" (2007) über die menschliche Vernunft sagt er: „*Ja, Vernunft ist die große Gottesgabe an den Menschen, und der Sieg der Vernunft über die Unvernunft ist auch ein Ziel des christlichen Glaubens. Aber wann herrscht die Vernunft wirklich? Wenn sie sich von Gott gelöst hat? Wenn sie für Gott blind geworden ist? Ist die Vernunft des Könnens und des Machens schon die ganze Vernunft? Wenn der Fortschritt ... des moralischen*

Wachsens der Menschheit bedarf, dann muß die Vernunft des Könnens und Machens ebenso dringend durch die Öffnung der Vernunft für die rettenden Kräfte des Glaubens, für die Unterscheidung von Gut und Böse ergänzt werden. Nur so wird sie wahrhaft menschliche Vernunft. ... Vernunft und Glaube brauchen sich gegenseitig, um ihr wahres Wesen und ihre Sendung zu erfüllen".

4.3 Unser Unwissen in den Naturwissenschaften

Tagtäglich werden auf der Welt unzählige naturwissenschaftliche Berichte und Bücher veröffentlicht, die unsere umfangreichen Kenntnisse über die Eigenschaften und Prozesse der materiellen Welt immer noch ein wenig erweitern. Bedeutende Forschungsergebnisse werden jährlich mit nationalen und internationalen Preisen belohnt, unter denen die Nobelpreise die begehrtesten sind. Dabei dürfen wir nicht übersehen, daß viele dieser Auszeichnungen für Leistungen vergeben werden, die nicht auf einem originären *Erfinden*, sondern auf dem *Auffinden* von Gesetzmäßigkeiten, Eigenschaften oder Zusammenhängen beruhen. Nachdem diese Fakten von einer Forschergeneration einmal gefunden worden sind, kann sie die nachfolgende Generation durch weiteres Suchen ergänzen, erweitern oder auch verwerfen. Die Entwicklung der Naturwissenschaften der vergangenen Jahrtausende ist eine lange Geschichte von Irrtümern und ihrer Korrekturen. Als hieb- und stichfest wurde und wird in der wissenschaftlichen Welt nur anerkannt, was durch Beobachtung und Experiment bestätigt wird. Nur dadurch war es zum Beispiel möglich, das *Newtonsche Gravitationsgesetz*, die berühmten *Maxwellschen Gleichungen* der Elektrodynamik oder die *Einsteinsche Relativitätstheorie* als vielfach überprüfte Eigenschaften unserer materiellen Welt allgemein anzuerkennen.

Die Grundlagen unseres heutigen Wissens und der daraus hervorgegangenen, weltweit verbreiteten technischen Zivilisation wurden in den letzten 300 Jahren hauptsächlich in Europa und in den USA gelegt. Dabei ist man schließlich auf vielen Gebieten an Erkenntnisgrenzen gestoßen, die trotz intensiver Bemühungen ganzer Heerscharen von fähigen Wissenschaftlern als derzeit unüberwindbar gelten müssen. Schauen wir uns jetzt auf dem Gebiet der Physik und der Biologie einige dieser Erkenntnisgrenzen an und beginnen mit der *Kosmologie*.

Es gilt als sichere Erkenntnis, daß unser Universum vor rund 13,7 Milliarden Jahren im *Urknall (Big Bang)* aus einem punktförmigen Gebilde mit unvorstellbar hoher Energiedichte entstand und sich seither mit wachsender Geschwindigkeit ausdehnt. Wir können den Zustand des Kosmos unmittelbar nach dem Urknall und die Bildung von Galaxien und Sternen sowie unseres Sonnensystems recht präzise beschreiben. Dennoch bleiben Fragen, die wir nicht beantworten können: Was war vor dem Urknall? Wer oder was löste den Urknall aus? Dehnt sich das Weltall immer weiter aus oder kommt die Expansion irgendwann in ferner Zukunft zum Stillstand? Kehrt sich dann der Vorgang vielleicht um, so daß das Weltall wieder schrumpft? Würde es sich in diesem Fall wieder auf einen winzigen Punkt zusammenziehen, um nach einem erneuten Urknall wieder zu expandieren? Gibt es außer unserem Universum noch andere „Parallel-Universen" oder „Baby-Universen"? Gibt es irgendwo in den Weiten des Universums noch andere Planeten, auf denen sich Leben oder gar eine weitere Menschheit entwickelt hat?

Wir wissen heute, daß die Vorgänge im Kosmos durch die *Gravitation*, also die Anziehungskräfte (Gravitationskräfte) zwischen materiellen Körpern, bestimmt werden. Das *Gravitationsgesetz*, das die Größe der Anziehungskraft beschreibt, wurde zum ersten Mal von dem britischen Naturforscher *Sir Isaac Newton* bereits im Jahr 1686 formuliert: Die Gravitationskraft zwischen zwei Körpern ist gleich einer Konstanten mal der Masse des einen Körpers mal der Masse des zweiten Körpers, dividiert durch das Quadrat des Abstands der beiden Körper. Die erwähnte Konstante, die wir heute *Gravitationskonstante* nennen, ist uns genau bekannt. Sie ist die erste gefundene *Naturkonstante* der Welt. Wir fragen uns noch heute: Warum hat die Gravitationskonstante den uns genau bekannten Wert? Woher kommt dieser Wert? Gibt es irgendwann eine Möglichkeit, den Wert aus fundamentalen Eigenschaften der Materie zu berechnen? Die moderne Physik postuliert, die Gravitation komme durch den Austausch von Energiepaketen (Energiequanten), den sogenannten *Gravitonen*, zwischen materiellen Körpern zustande. Trotz großer experimenteller Anstrengungen in den letzten Jahrzehnten sind *Gravitonen* bisher nicht nachgewiesen worden. Wir fragen uns: Wie könnten diese Energiequanten, wenn sie vielleicht einmal nachgewiesen würden, die Gravitationskraft hervorrufen? Unser eigenes Körpergewicht ist übrigens auch eine Folge der Gravitation, nämlich der Anziehungskraft der Erde auf unseren Körper zum Erdmittelpunkt hin. Wir sind also bis heute nicht in der Lage, die Trivialität unserer Körperschwere befriedigend zu erklären!

Obwohl wir gerade in den letzten Jahrzehnten eine Fülle von Daten über die Eigenschaften des Universums sammeln konnten, bleiben neben der mangelnden Aufklärung der Ursache der Gravitationskräfte noch weitere Rätsel der Kosmologie bestehen: Es handelt sich um die *Dunkle Materie* und die *Dunkle Energie*, die es außer der beobachtbaren Materie im Weltraum geben muß. Die *Dunkle Materie* ist eine kosmische Substanz, die keine optische oder andere elektromagnetische Strahlung aussendet oder absorbiert und deshalb nicht direkt beobachtbar ist. Ihre Existenz wird durch Daten der Galaxienrotation und der Bewegung von Kugelsternhaufen und Galaxienhaufen nahegelegt, die durch die Gravitationskräfte der beobachtbaren Materie allein nicht erklärbar sind. Ein zweites rätselhaftes Phänomen ist die *Dunkle Energie*, die lange Zeit als hypothetisch galt. Sie wird für die beobachtete beschleunigte Expansion des Universums verantwortlich gemacht. „Dunkel" bedeutet, daß diese unbekannte Energie nicht von elektromagnetischen Wellen herrührt und daher – wie die *Dunkle Materie* – nicht meßtechnisch erfaßt werden kann. Es ist nicht auszuschließen, daß die *Dunkle Energie* und *Materie* verschiedene Erscheinungsformen des gleichen zugrundeliegenden Phänomens sein können.

Wenden wir uns jetzt der (sichtbaren) *Materie unserer Erde* zu: Zur Zeit *Newtons* war über die Struktur der Materie wenig bekannt. Die griechischen Philosophen *Leukippos (1. Hälfte des 5. Jhs. v. Chr.)* und *Demokrit (460 – 371 v. Chr.)* stellten sich als letzte strukturelle Bausteine der Materie winzige Teilchen vor, die sie *Atome* (die Unteilbaren) nannten. Der römische Schriftsteller *Lukrez (99 v. Chr. – 55 v. Chr.)* übernahm in seiner Schrift „De rerum natura" (Über die Natur der Dinge) die Atomtheorien seiner griechischen Vorgänger. Er entwickelte eine streng naturalistische Weltanschauung und als Folge davon eine feindselige Haltung gegenüber der Religion: „Die Religion hat schädliche Folgen, die Furcht vor den Göttern schreckt und beunruhigt den Menschen. Entstanden ist der Glaube an die Götter aus den Visionen des Traumes und aus Unkenntnis der Ursachen der Naturordnung". (Genau das sagen heute die Atheisten und insbesondere der „große" Denker *Dawkins*). *Lukrez* weiter: „Die Philosophie zeigt, daß die Götter den Lauf der Welt nicht beeinflussen und daß der Mensch weder vor ihnen noch vor Höllenstrafen Furcht zu hegen braucht, da die Seele mit dem Leibe vergeht. Der Grundsatz der *Kausalität* ist das oberste Prinzip allen Geschehens. ... Alle Veränderung ist Verbindung und Trennung der *Atome*, Bewegung derselben im leeren Raume, der unendlich ist und unzählige Welten birgt. Die Atome sind unendlich an Zahl und haben verschiedene Form; sie verbinden sich nach verschiedenen Verhältnissen miteinander. Durch ihre *Bewegung* entsteht der Stoß der Atome aneinander, die Bildung der Körper und Welten; dadurch ist auch die Willensfreiheit des Menschen gewährleistet. Aus den feinsten, beweglichsten, runden und glatten Atomen besteht die Seele, welche im Körper verbreitet ist; der feinste Teil der Seele ist der „Geist" (Verstand) mit dem Sitze in der Brust.

... Im Tode löst sich die Seele in ihre Atome auf. ... Von den *Organismen* haben sich jene erhalten, welche nützliche Eigenschaften wie List, Stärke oder Schnelligkeit besaßen, während die Mißgeburten zugrunde gingen. (*Charles Darwin* bestätigte diese Aussage rund 1800 Jahre später) ... Die wahre Frömmigkeit besteht nicht im Kultus, sondern darin, beruhigt im Geist hinschauen zu können auf alles".

Siehe da: Was sich heute als überaus moderne, angeblich naturwissenschaftlich gestützte Weltsicht von Atheisten wie *Richard Dawkins* darbietet, ist in den Grundzügen schon vor rund 2.000 Jahren formuliert und inzwischen längst ad acta gelegt worden.

Nach *Lukrez* dauerte es fast 1850 Jahre, bis die Menschheit mit der Aufklärung der Struktur der Materie endlich einen Schritt weiterkam. Der Grund dafür war, daß die wissenschaftliche Welt ausschließlich die philosophischen Gedanken von *Plato* und *Aristoteles* akzeptierte, welche die Lehre von den Atomen strikt ablehnten. Es war der britische Lehrer und Naturforscher *John Dalton (1766 – 1844)*, der in seinem 1808 veröffentlichten Buch „*A New System Of Chemical Philosophy*" die antike Atomtheorie der Materie wieder aufgriff und neue Ergebnisse vorlegte: Es gibt so viele Atomarten wie chemische Elemente und die Atomarten unterscheiden sich durch ihre Masse voneinander. Atome können sich miteinander verbinden (Synthese) und vereinigte Atome wieder getrennt werden (Analyse). Bei chemischen Reaktionen werden die Atome der Ausgangsstoffe neu angeordnet und in bestimmten Anzahlverhältnissen miteinander verknüpft (*Gesetz der multiplen Proportionen*).

Nach diesen bedeutsamen Entdeckungen dauerte es noch einmal rund 120 Jahre, also bis ins erste Drittel des 20. Jhs., bis die Struktur der Atome aufgeklärt war. Die entscheidenden Untersuchungen sind mit den Namen *Ernest Rutherford (1871 – 1937)* und *James Chadwick (1891 – 1974)* verbunden. *Rutherford* wies 1909 in London experimentell nach, daß die Atome einen elektrisch positiven Kern (*Atomkern*) enthalten, der von einer *Elektronenhülle* mit gleich großer negativer Gesamtladung umgeben ist. In weiteren Versuchen fand *Rutherford* heraus, daß Atomkerne eine noch unbekannte Sorte von neuen Elementarteilchen enthalten, die er *Protonen* nannte. Sie tragen eine positive Ladung, die genau so groß ist, wie die negative Ladung der Elektronen. *Rutherfords* Schüler *James Chadwick (1891 – 1974)* gelang 1932 die Entdeckung des dritten Bausteins der Materie, des *Neutrons*, welches *Rutherford* bereits Jahre vorher theoretisch postuliert hatte. Rund 2.400 Jahre nach *Demokrit* und etwa 2.000 Jahre nach *Lukrez* war es den Naturforschern endlich gelungen, die drei Bausteine der Materie zu identifizieren: die *Protonen* und *Neutronen* als Bestandteile der Atomkerne und die *Elektronen*, die als eine Art Hülle den Atomkern umgeben und bereits 1897 als Bestandteile der Materie identifiziert worden waren. Alle materiellen Körper im Kosmos und auch auf der Erde, egal, ob es sich hier um einen Stein, eine Blume, einen Elefanten oder uns Menschen handelt, sind aus diesen drei Bausteinen aufgebaut. Ihre räumliche Anordnung und ihre Wechselwirkungen in den Körpern bestimmen die vielfältigen Erscheinungsformen der materiellen Welt. Die Teilchen, von denen hier die Rede ist, sind winzig: Die Atome der 118 bekannten chemischen Elemente haben einen Durchmesser von 10^{-8} bis etwa $5 \cdot 10^{-8}$ cm; das heißt, 10^8 oder 100 Millionen der kleinsten Atome (Wasserstoffatome) passen dicht aneinander gereiht auf einen Zentimeter. Die Protonen, Neutronen und Elektronen haben Durchmesser, die etwa hunderttausendmal kleiner sind.

Mit dem Eindringen der Naturforscher in die Welt der vermeintlich letzten Bausteine der Materie, der Elementarteilchen, eröffnete sich vor der staunenden Forschergilde ein Szenario, das offensichtlich alles über den Haufen warf, was wir aus unserer Alltagswelt (*Makrowelt*) als vertraute Eigenschaften der materiellen Gegenstände kennen. Die Darbietung auf der Bühne der *Mikrowelt* bestand aus mehreren Akten: Im *Ersten Akt* fand der deutsche Physiker *Max Planck (1858 – 1947)* im Jahr 1900 heraus, daß das Licht und alle anderen elektromagnetischen Wellen aus einzelnen winzigen Energiepaketen (*Energiequanten* oder *Photonen*) besteht, deren Energieinhalt von ihrer Frequenz (Anzahl der Schwingungen der Welle je Sekunde) und einer Naturkonstanten, der *Planckschen Konstanten*, abhängt. *Max Planck* wurde damit zum Begründer der *Quantentheorie*. Der *Zweite Akt* begann, als sich herausstellte, daß es nicht nur die drei Bausteine der Materie, *Protonen, Neutronen und Elektronen*, sondern einen „verwirrenden Zoo" von mehr als 200 verschiedenen Elementarteilchen gibt, von denen viele aber nur kurzzeitig existieren können. Einige von diesen Elementarteilchen oder Quanten erzeugen die Bindungskräfte innerhalb der Atome, indem sie zwischen den Protonen, Neutronen und Elektronen ausgetauscht werden. Die Physiker nennen diese Quanten *Eichbosonen*: Im Atomkern sind es die *Gluonen* sowie die so genannten *W- und Z-Bosonen*; in der Elektronenhülle sind es *Photonen*, welche die Bindungskräfte erzeugen. Im *Dritten Akt* zeigte sich, daß Elementarteilchen, wie zum Beispiel das *Elektron*, sich

688

in einigen Experimenten wie ein festes Teilchen und in anderen Versuchen wie eine Welle verhalten. Der französische Physiker *Louis de Broglie (1892 – 1987)* hatte schon 1924 aus dem offensichtlichen Quanten- (Teilchen-) und Wellenverhalten des Lichts gefolgert, daß auch klassische materielle Teilchen sich wie eine Welle, eine so genannte *Materiewelle*, verhalten müßten. Inzwischen ist das Wellenverhalten bei vielen Elementarteilchen und sogar für Atome und Moleküle nachgewiesen worden. Seitdem rätseln die Physiker: Sind die Elementarteilchen und die elektromagnetische Strahlung wie das Licht einfach nur Teilchen oder nur Wellen. Die heutige Antwort heißt: Sie sind keines von beiden. Sie sind, wie die Physiker heute sagen, *Quantenobjekte,* deren Verhalten und Eigenschaften in vielen Experimenten die Physiker in Erstaunen versetzen. Damit sind wir wieder an einer Grenze angelangt, an der Wissen in Unwissen oder Wissenschaft in „Glaubenschaft" übergeht.

Dessen ungeachtet gab es nun neue Fragen: Sind die *Protonen, Neutronen* und *Elektronen* letztlich die kleinsten Bausteine unserer materiellen Welt und des ganzen Kosmos, oder besitzen diese Elementarteilchen ebenfalls wieder eine Substruktur, sind sie also aus noch kleineren Strukturelementen aufgebaut? Beim *Elektron* hat man bis heute versucht, mit Hilfe unserer großen Teilchenbeschleuniger eine Substruktur zu entdecken – vergeblich. Man kann heute lediglich sagen, daß Strukturelemente der *Elektronen* – wenn sie überhaupt existieren – kleiner als etwa 10^{-17} cm (das ist eine eins dividiert durch eine eins mit 17 Nullen) sein müssen. Bei der Untersuchung der Protonen und Neutronen war man dagegen erfolgreich: Die amerikanischen Physiker *Murray Gell-Mann (geb. 1929)* und unabhängig davon *George Zweig (geb. 1937 in Moskau)* postulierten aufgrund theoretischer Überlegungen die Existenz von *Quarks* als Strukturelemente der *Protonen* und *Neutronen*. In den folgenden Jahren wurde mit Hilfe von Teilchenbeschleunigern nicht nur nachgewiesen, daß die *Protonen* und *Neutronen* in der Tat aus je drei *Quarks* zusammengesetzt sind, sondern daß es insgesamt sechs verschiedene Quarkarten gibt. Die *Quarks* und die *Elektronen* waren damit als die vorerst letzten und feinsten Bausteine der Materie identifiziert worden. Mit dem Nachweis der Existenz von *Quarks* sind wir zurzeit an die absolute Grenze der Strukturaufklärung der Materie angelangt. Die Frage, ob die *Quarks* wiederum aus noch feineren Strukturelementen zusammengesetzt sind, kann möglicherweise erst beantwortet werden, wenn neue Teilchenbeschleuniger zur Verfügung stehen, die extrem hohe

Teilchenenergien für Stoßprozesse erzeugen können. Vorerst haben wir mit den *Quarks* die Wissensgrenze über die Struktur der Materie erreicht.

Werfen wir jetzt einen Blick auf das wohl bekannteste Elementarteilchen, das *Elektron.* Wir wissen, daß es ein winziges *Quantenobjekt* ist, dessen Ruhemasse und elektrische Ladung wir sehr genau kennen. Wir wissen aber nicht, ob es eine innere Struktur hat. *Es wird heute in der Physik als skandalös empfunden, daß wir nicht in der Lage sind, die Masse des Elektrons aus fundamentalen Daten theoretisch zu berechnen. Wir können auch nicht erklären, was die (negative) elektrische Ladung des Elektrons eigentlich ist und wodurch sie zustande kommt.* Das Gleiche gilt natürlich für die Masse und positive Ladung des Protons. Wir verstehen auch nicht im Detail, warum sich ein positiver und negativer Ladungsträger gegenseitig anziehen und zwei positive bzw. zwei negative Ladungsträger gegenseitig abstoßen. Wir stellen nur fest, daß sie sich so verhalten und können die zugehörige Kraft genau berechnen. Aus der Elektrodynamik ist uns die *Lorentz-Gleichung* bekannt, wonach die *relativistische Masse* von geladenen Teilchen zunimmt, wenn man sie fast bis zur Lichtgeschwindigkeit beschleunigt. Diese Massenzunahme können wir nicht anschaulich beschreiben, weil wir die innere Struktur der Elementarteilchen gar nicht genau kennen.

Die natürlich vorhandenen Ladungen der Elementarteilchen sind die Ursache aller Erscheinungen der Elektrizität. Insbesondere die Aktivität der Elektronen ist die Basis aller Lebensvorgänge, auch in unserem Körper, und die Grundvoraussetzung unserer heutigen Technischen Zivilisation:

- in den Kraftwerken der ganzen Welt werden unter der Einwirkung von Magnetfeldern Elektronen in den Kupferwicklungen der Generatoren so bewegt, daß eine elektrische Wechselspannung und ein elektrischer Wechselstrom entsteht. Durch Überlandleitungen und weitere Leitungen werden diese Elektronenbewegungen bis zu den Steckdosen in unseren Haushalten übertragen.
- Alle elektrischen Geräte und Anlagen, die wir in der Industrie, in öffentlichen Einrichtungen und privat nutzen, enthalten Stromleitungen, in denen Elektronen die Funktion gewährleisten.
- Alles Licht, das in den Sternen, der Sonne und der Natur, in Flammen und elektrischen Lampen erzeugt wird, entsteht dadurch, daß Elektronen in den Atomen durch Stoßprozesse Energie aufnehmen und diese

Energie spontan in Form von Lichtquanten (Photonen) wieder abgeben.

- Alle chemischen Prozesse in der Industrie und alle biochemischen Prozesse in der Natur und auch in unserem Körper sind auf Reaktionen zurückzuführen, die auf dem Übergang von Elektronen im äußeren Bereich der Elektronenhülle der Atome und Moleküle stattfinden.
- Die äußeren Hüllenelektronen der Atome und Moleküle bestimmen auch die Größe der elektrostatischen Bindungskräfte und damit, ob ein Körper fest, flüssig oder gasförmig ist.
- Alle Nachrichten-, Rundfunk- und Fernsehübertragungen beruhen auf der fein abgestimmten Bewegung von Elektronen in Antennen, der dadurch ausgelösten Abstrahlung elektromagnetischer Wellen und der Umsetzung der Wellenenergie in die Bewegung von Elektronen in den Schaltkreisen der Empfangsgeräte.
- Alle biophysikalischen und biochemischen Prozesse im pflanzlichen, tierischen und menschlichen Organismus beruhen auf dem Übergang von Elektronen zwischen Biomolekülen und Atomen in Pflanzen- und Tierzellen bzw. in den Körperorganen. Die dadurch gebildeten Ionen bewirken zum Beispiel im peripheren Nervennetzwerk unseres Körpers die Fortleitung elektrischer Signale über die Nervenfasern und die Signalverarbeitung im Gehirn. Elektrische Mikrofelder von Enzymmolekülen führen im Verdauungstrakt zum Zerlegen und Verarbeiten der Nahrung und im Atemtrakt zum Transport von Sauerstoffmolekülen zu den Körperzellen und zum Abtransport des Kohlendioxids.

Unser Körper enthält mehr als eine Million verschiedene Proteinmoleküle (Eiweißmoleküle), darunter tausende von Enzymen, die unsere Körperfunktionen steuern. Nur von wenigen Proteinmolekülen kennen wir die Struktur und Funktion. Daher tut sich die Pharmaindustrie weltweit schwer, geeignete Medikamente für Krankheiten zu finden. Unter zehn, in einem langwierigen Verfahren ausgesuchten Substanzen findet man – wenn man Glück hat – vielleicht eine, die eine bestimmte Krankheit lindern oder vollständig heilen kann. Wie die bisher erfolglose Entwicklung eines Aids-Medikaments zeigt, befinden wir uns auch in der Medizin, Molekularbiologie und Pharmakologie an einer vorläufigen Grenze unserer Erkenntnisfähigkeit.

Das Gleiche gilt für die Hirnforschung. *Wolf Singer (geb. 1943 in München)*, der Leiter des *Max-Planck-Instituts für Hirnforschung* in Frankfurt am Main sagte dazu in seinem Buch „*Der Beobachter im Gehirn. Essays zur Hirnfor-schung*" (Suhrkamp 2002): „Unverstanden ist nach wie vor, wie aus neu-ronalen Wechselwirkungen spezifisches Verhalten entsteht". Noch immer gebe es keine testbaren Erklärungsmodelle, mit deren Hilfe sich die höch-sten kognitiven Leistungen des menschlichen Gehirns verständlich ma-chen lassen. Wegen der extremen Verflechtung aller Hirnareale und ihrer dezentralen Organisation – es gibt kein „Hirnzentrum" – sei es rätselhaft, wie zielgerichtetes Verhalten zustande komme. „Unsere Gehirne funktio-nieren nach deterministischen Naturgesetzen. Aber auch deterministische Systeme sind offen und kreativ, können Neues in die Welt bringen. Das kann Materie. Man muß der Materie ein bißchen mehr zutrauen. ... Wenn wir darüber hinaus noch etwas Immaterielles, Geistiges annehmen, das den neuronalen Prozessen vorgängig ist und auf das Materielle einwirkt, dann haben wir ein Problem mit den Energieerhaltungssätzen. Das würde die ganze Physik auf den Kopf stellen". Auch bei dieser reduktionistischen Sicht, die der Philosoph *Jürgen Habermas (geb. 1929 in Düsseldorf)* kritisiert, bleibt rätselhaft, wie das Ich- oder Selbstbewußtsein generiert wird und wie das Gehirn aus elektrischen, von den Sinnesorganen ankommenden Impulsmustern die Sinnesempfindungen wie Hören oder Sehen erzeugt. Immer noch gilt das Wort des Physiologen *Emil du Bois-Reymond (1818 – 1896)* von 1872 über die Grenzen der Naturerkenntnis: „*Ignorabimus*", *wir werden es nicht wissen!*"

Dieser Satz beschreibt nach wie vor zutreffend die Situation zum Beispiel auf dem Gebiet der Molekularbiologie, wo alle Wechselwirkungen zwi-schen den Biomolekülen ausschließlich durch elektrische Mikrofeldkräfte zwischen den Elektronenhüllen der Molekülstrukturen hervorgerufen und gesteuert werden. Wir wissen nicht genau, wie diese Mikrofeldkräfte die fortlaufende Zellteilung einer befruchteten Eizelle und die Differenzierung der ursprünglich vorhandenen Stammzellen in spezifische Zellen für alle Körperorgane bewirken. Wir wissen, daß Botenmoleküle, die an den Zel-len angelagert werden, den Weg der jeweiligen Zelle für den Aufbau eines bestimmten Körperteils, zum Beispiel der Nase, vorbestimmen. Wir wissen aber nicht, wie es kommt, daß die Produktion von „Nasenzellen" reduziert wird, wenn die Nase eine für die Größe des Fötus passende Form erreicht hat. Das Gleiche gilt für alle anderen Körperorgane. Das überaus harmoni-sche, genau abgestimmte Wachstum aller Körperorgane durch Vermehrung ihrer Zellen bis zum erwachsenen Menschen bleibt eines der Rätsel der Molekularbiologie.

Ähnlich ist die Situation bei den *Naturkonstanten der Physik*. Die erwähnten Konstanten – die *Gravitations-* und *Plancksche Konstante* sowie die *Ladung und Masse des Elektrons* und anderer Elementarteilchen – gehören zu den insgesamt 38 *Naturkonstanten*, die in der Physik heute bekannt sind und nur experimentell ermittelt werden können. Sie bestimmen alle Eigenschaften und Prozesse im Kosmos, auf der Erde, in der Natur und in unseren Körpern. Im Jahr 1916 fand der Physiker *Arnold Sommerfeld*, daß die Stärke der Wechselwirkung zwischen den Photonen und Elektronen in den Atomen durch eine reine Zahl beschrieben wird, die er „*Feinstrukturkonstante*" nannte. In ihr sind die *Elektronenladung*, die *Plancksche Konstante* und die *Lichtgeschwindigkeit* miteinander verknüpft, und sie hat den dimensionslosen Wert 1/137,036; ihr reziproker Wert ist fast eine ganze Zahl, nämlich 137. Diese Zahl liefert eine Aussage über die Feinstruktur der Atome und Moleküle und gilt als „*berühmteste Zahl der Naturwissenschaft*". Würde ihr Wert ein wenig von dem beobachteten abweichen, wäre Vieles in unserem täglichen Leben anders. Viele komplexe Biomoleküle wären dann nicht stabil – mit dramatischen Folgen für die Biologie. Manche Forscher nehmen an, daß eine theoretische Berechnung der Feinstrukturkonstanten nicht möglich ist. Eine tiefgreifende theoretische Begründung der Eigenschaften unseres Universums und der Welt ist uns also verwehrt.

Betrachten wir jetzt bitte etwas ganz Alltägliches: das Hören von Radiosendungen, zum Beispiel einer Symphonie von Beethoven. Das Orchester erzeugt ein höchst feines und angenehmes Tongemisch, das von einem Mikrofon aufgenommen wird. Das Mikrofon wandelt die ankommenden hochdifferenzierten Schallwellen in fein abgestimmte „Zitterbewegungen" von Elektronen im Mikrofonkabel um. Diese Zitterbewegungen werden über einen Verstärker an die Sendeantenne weitergeleitet und erzeugen (nach Überlagerung mit einer sogenannten „Trägerwelle") in deren Umgebung elektromagnetische Wellen, die sich mit Lichtgeschwindigkeit ausbreiten. Beethovens symphonische Klänge sind in der elektromagnetischen Welle als filigranähnliche zeitliche Schwankungen der elektrischen und magnetischen Feldstärke präsent. Am Rundfunkempfänger werden diese Schwankungen wieder von der Trägerwelle getrennt und in einen Nachrichtensignalstrom umgesetzt. Dieser Strom besteht in den Leitungen des Empfängers wieder aus feinsten Zitterbewegungen von Elektronen, in denen sich die Komposition Beethovens mit allen ihren Klangnuancen widerspiegelt. Der Signalstrom wird verstärkt und einem Lautsprecher zugeführt. Wir hören jetzt die Symphonie. Unser Gehör wandelt dabei die

Schallwellen in zeitlich variierende elektrische Impulsmuster um, die über die Hörnerven in unser Gehirn geleitet und erst dort zur bewußten Wahrnehmung verarbeitet werden. Obwohl wir heutzutage eine solche Rundfunkübertragung bestens beherrschen, verstehen wir nicht vollständig, wie durch die Bewegung der Elektronen in der Sendeantenne eine elektromagnetische Welle entsteht; denn wir wissen nicht, wovon die negative elektrische Ladung des Elektrons herrührt und warum durch die Bewegung der Elektronenladungen die magnetische Feldkomponente der elektromagnetischen Welle erzeugt wird. Wir verstehen auch überhaupt nicht, wie unsere Ohren beim Empfang der Musiksendung den ankommenden Schall in elektrische Impulsmuster umsetzen und unser Gehirn aus diesen Impulsmustern zu unserer großen Freude eine bewußte Wahrnehmung macht.

Ein aktuelles Rätsel der Physik ist das „Vorwärtsfließen der Zeit", das in allen uns bekannten Naturgesetzen nicht erkennbar ist. Es könnte sich aber – so wird vermutet – aus der Tatsache ergeben, daß unser Universum – wenn man die möglichen Verteilungen seiner Energie und Masse betrachtet – äußerst unwahrscheinlich ist. Neuere Überlegungen führen zu der erstaunlichen Schlußfolgerung, daß die uns so vertraute Zeit innerhalb der Raumdimensionen des Kosmos „eine Illusion" sein könnte und in Wirklichkeit gar nicht existiert. Innerhalb unseres eigenen *Bezugssystems*, nämlich der Erde und unseres Planetensystems, existiert sie aber doch mit ihren drei erkennbaren Abschnitten Vergangenheit, Gegenwart und Zukunft.

In einem Gedankenexperiment können wir uns veranschaulichen, daß die Zeit immer ein Bezugssystem benötigt, damit ihr „Fließen" erkennbar wird: Stellen wir uns eine Kugel mit einem Radius von 1000 Lichtjahren vor, in deren Mittelpunkt sich die Erde befindet. Die Innenfläche dieser Kugel möge ein Spiegel sein, der alle von der Erde mit Lichtgeschwindigkeit ankommenden Energiequanten (Photonen) reflektiert. Der Spiegel würde dann – wenn die Helligkeit ausreicht – gegenwärtig das Bild der Erdoberfläche mit allen geschichtlichen Ereignissen zeigen, die es vor 1000 Jahren auf der Erde gab. Auf der Spiegel-oberfläche wäre also in diesem Augenblick alles Gegenwart, was vor genau 1000 Jahren auf der Erde vor sich ging. Andere gedachte Kugeln mit noch viel größeren Radien würden die Erdoberfläche irgendwann aus der Steinzeit wiedergeben. Eine Rücksprache mit einem Wissenschaftler des Max-Planck-Instituts für Extraterrestrische Physik in München bestätigte diese Vorstellung. Damit wird klar, daß in den Weiten des Universums das Gegenwart sein kann, was in unserem Bezugssystem „Erde" schon längst versunkene Vergangenheit ist. Nur auf unserer Erde ist also das Vergehen der Zeit ein für uns erlebbares Phänomen, im Kosmos kann es dagegen in der Tat eine „Illusion" sein.

Machen wir noch ein zweites Gedankenexperiment: Ein Meterstab, der also genau einen Meter lang ist, fliege in seiner Längsachse mit fast Lichtgeschwindigkeit von unserer Erde weg. Die Massen der einzelnen Atome des Meterstabs würden wegen der hohen Geschwindigkeit sehr stark anwachsen und zu einem Gravitationskollaps des Stabs bis zu einem winzigen Massepunkt führen. Dazu ein Physiker des Max-Planck-Instituts für Extraterrestrische Physik: Die Frage zum Gravitationskollaps werde in der Physikerwelt diskutiert und es gebe unterschiedliche Ansichten! Hinzu kommt: Ein Beobachter sähe den Meterstab stark verkürzt, weil der Stab fast so schnell wegfliegt, wie das Licht ankommt. Die Physiker nennen den Vorgang *„Längenkontraktion"*. Gleichzeitig würde die Beobachtungzeit gedehnt. Wäre der Stab nur ganz wenig langsamer als das Licht, so würde das Licht lange brauchen, bis es am Stab entlangkriechen könnte; die Beobachtungszeit würde also stark verlängert. Die Physiker sprechen hier von „Zeitdilatation" (Zeitdehnung). Beide (relativistischen) Effekte sind an sehr schnell fliegenden Elementarteilchen experimentell nachgewiesen worden.

In unvergleichlicher Weise hat *Johann Wolfgang von Goethe* dem Fließen der Zeit in seinem „Egmont" ein literarisches Denkmal gesetzt, wenn er den Grafen Egmont sagen läßt: *„Wie von unsichtbaren Geistern gepeitscht, gehen die Sonnenpferde der Zeit mit unseres Schicksals leichtem Wagen durch; und uns bleibt nichts, als mutig gefaßt die Zügel festzuhalten, und bald rechts, bald links, vom Steine hier, vom Sturze da, die Räder wegzulenken. Wohin es geht, wer weiß es? Erinnert er sich doch kaum, woher er kam".*

Die Beispiele zeigen uns, daß trotz der großen Fortschritte der Naturwissenschaften in den vergangenen 100 Jahren viele fundamentale Fragen unbeantwortet geblieben sind. Wir müssen uns demütig eingestehen, daß das Erkenntnispotential unseres Gehirns und die experimentellen Möglichkeiten der Forschung zur Beantwortung der noch offenen Fragen begrenzt sind. Andererseits dürfen wir auch hoffen, daß sich unser Wissen in Zukunft noch beträchtlich erweitern wird. Wir können aber mit Sicherheit ausschließen, daß der gegenwärtige Erkenntnisstand und der zukünftige

Wissenszuwachs in den Naturwissenschaften die einzigartige Offenbarung des Schöpfers des Himmels und der Erde überflüssig machen wird. Die „Gotteswahn"-Vorstellung und die These von der „Illusion Gott", wie sie vielfach von den modernen Atheisten propagiert wird, erscheint angesichts der Kraft und Eindringlichkeit der göttlichen Offenbarung als geradezu absurd.

Unser Instrument des Erkennens, das Gehirn, ist im langen Prozeß der Menschwerdung Bestandteil der Schöpfung Gottes, also der materiellen, physikalisch-biologischen Welt. Dieses Instrument hat uns befähigt, viele Strukturen und Prozesse auf unserer Erde – wenn auch lückenhaft – zu durchschauen und für die Gestaltung unserer Lebenssituation zu nutzen. Es versetzt uns auch in die Lage, die Botschaft Gottes an uns Menschen zu verstehen und darauf zu antworten. Es macht uns aber auch bewußt, daß unser Erkenntnispotential begrenzt ist: Die nicht an die Materie gebundene Welt des Gottesgeistes bleibt uns naturgemäß verschlossen. Weder die Schöpfung noch unser Schöpfergott ist einer Analyse durch Menschen vollständig zugänglich. Wir müssen uns damit abfinden, daß wir zum Erkennen Gottes auf seine Offenbarung angewiesen sind und im Ergründen seiner Schöpfung das Wort Goethes beherzigen sollten, das Unerforschliche ruhig zu verehren.

Hören wir dazu Äußerungen einiger weltberühmter Naturwissenschaftler:

Johannes Kepler (1571 – 1630) im Jahr 1596: „Unsere Andacht (*Gott* auf die wahre Weise zu feiern, zu verehren, und zu bewundern) ist um so tiefer, je besser wir die Schöpfung und ihre Größe erkennen. Wahrlich, wie viele Loblieder auf den Schöpfer, den wahren *Gott*, hat *David*, der wahre Diener *Gottes*, gesungen! Die Gedanken dazu hat er aus der bewundernden Betrachtung des Himmels geschöpft. Die Himmel verkünden die Herrlichkeit *Gottes*, sagt er.... Ich will nicht davon reden, daß mein Gegenstand ein gewichtiges Zeugnis für die Tatsache der Schöpfung ist, die von Philosophen geleugnet worden ist. Denn wir sehen hier, wie *Gott* gleich einem menschlichem Baumeister, der Ordnung und Regel gemäß an die Grundlegung der Welt herangetreten ist ..."

Max Planck (1858 – 1947): „Und so sage ich nach meinen Erforschungen des Atoms dieses: Es gibt keine Materie an sich. Alle Materie entsteht und besteht nur durch eine Kraft, welche die Atomteilchen in Schwingung bringt und sie zum winzigsten Sonnensystem des Alls zusammenhält. Da es im ganzen Weltall aber weder eine intelligente Kraft noch eine ewige Kraft gibt – es ist der Menschheit nicht gelungen, das heißersehnte Perpetuum mobile zu erfinden – so müssen wir hinter dieser Kraft einen *bewußten intelligenten Geist* annehmen. Dieser Geist ist der Urgrund aller Materie. Nicht die sichtbare, aber vergängliche Materie ist das Reale, Wahre, Wirkliche – denn die Materie bestünde ohne den Geist überhaupt nicht – sondern der unsichtbare, unsterbliche Geist ist das Wahre! Da es aber Geist an sich ebenfalls nicht geben kann, sondern jeder Geist einem Wesen zugehört, müssen wir zwingend Geistwesen annehmen. Da aber auch Geistwesen nicht aus sich selber sein können, sondern geschaffen werden müssen, so scheue ich mich nicht, diesen geheimnisvollen Schöpfer ebenso zu benennen, wie ihn alle Kulturvölker der Erde früherer Jahrtausende genannt haben: *Gott!* Damit kommt der Physiker, der sich mit der Materie zu befassen hat, vom Reiche des Stoffes in das Reich des Geistes ... Freilich, daß ein an Weisheit uns himmelhoch überlegenes Wesen, welches jede Falte in unserem Gehirn und jede Regung unseres Herzens durchschauen kann, unsere Gedanken und Handlungen als kausal bedingt erkennen würde, das müssen wir uns schon gefallen lassen. Darin liegt aber keinerlei Herabwürdigung unseres berechtigten Selbstgefühls. Teilen wir doch diesen Standpunkt auch mit den Bekennern der erhabensten Religionen." Und noch einmal Max Planck (1937): „Im Gegensatz dazu (der Methodik des religiösen Menschen) ist für den Naturforscher das einzig primär Gegebene der Inhalt seiner Sinneswahrnehmungen und der daraus abgeleiteten Messungen. Von da aus sucht er sich auf dem Wege der induktiven Forschung *Gott* und seiner Weltordnung als dem höchsten, ewig unerreichbaren Ziele nach Möglichkeit anzunähern. Wenn also beide, Religion und Naturwissenschaft, zu ihrer Betätigung des Glaubens an *Gott* bedürfen, so steht *Gott* für die eine am Anfang, für die andere am Ende alles Denkens. Der einen bedeutet er das Fundament, der anderen die Krone des Aufbaus jeglicher weltanschaulicher Betrachtung". ... Religion und Naturwissenschaft – sie schließen sich nicht aus, wie manche heutzutage glauben oder fürchten, sondern sie ergänzen und bedingen einander. Wohl den unmittelbarsten Beweis für die Verträglichkeit von Religion und Naturwissenschaft auch bei gründlich-kritischer Betrachtung bildet die historische Tatsache, daß gerade die größten Naturforscher aller Zeiten, Männer wie *Kepler, Newton, Leibniz* von tiefer Religiosität durchdrungen waren.

„Die Naturwissenschaft braucht der Mensch zum Erkennen, die Religion aber braucht er zum Handeln."

„Physik und christlicher Glaube bewegen sich und aufeinander zu und nicht voneinander weg; sie treffen sich in der gemeinsamen Verantwortung für Welt und Mensch."

Albert Einstein (1879 – 1955) auf die Frage eines New Yorker Rabbiners „Glauben Sie an *Gott?*": „Ich bin kein Atheist... Das Problem ist für unseren begrenzten Geist zu gewaltig." „Die Naturwissenschaft ohne Religion ist lahm, die Religion ohne Naturwissenschaft ist blind."

Für *Werner Heisenberg (1901 – 1976)* war Gott nicht beweisbar bzw. widerlegbar, sondern eine Glaubensaussage, welche die Physik akzeptieren konnte: „Obwohl ich nun von der Unangreifbarkeit der naturwissenschaftlichen Wahrheit in ihrem Bereich überzeugt bin, so ist es mir doch nie möglich gewesen, den Inhalt des religiösen Denkens einfach als Teil einer überwundenen Bewußtseinsstufe der Menschheit abzutun, einen Teil, auf den wir in Zukunft zu verzichten hätten. So bin ich im Laufe meines Lebens immer wieder gezwungen worden, über das Verhältnis dieser beiden geistigen Welten nachzudenken; denn an der Wirklichkeit dessen, auf das sie hindeuten, habe ich nie zweifeln können." ... „Die Richtigkeit bewährter naturwissenschaftlicher Ergebnisse kann vernünftigerweise nicht vom religiösen Denken in Zweifel gezogen werden, und umgekehrt dürfen die ethischen Forderungen, die aus dem Kern des religiösen Denkens stammen, nicht durch allzu rationale Argumente aus dem Bereich der Wissenschaft aufgeweicht werden."

Arthur H. Compton (1892 – 1962), amerikanischer Physiker und Nobelpreisträger: „Weit entfernt davon, im Konflikt mit der Religion zu sein, ist die Wissenschaft zum Verbündeten der Religion geworden. Durch bessere Einsicht in die Natur lernen wir auch den Gott der Natur besser kennen und die Rolle, die wir in dem Drama der kosmischen Welt spielen."

Sir *Arthur Stanley Eddington (1882 – 1946)*, englischer Physiker und Astronom: „Die moderne Physik führt uns notwendig zu Gott hin, nicht von ihm fort – Keiner der Erfinder des Atheismus war Naturwissenschaftler. Alle waren sie sehr mittelmäßige Philosophen."

Pascual Jordan (1902 – 1980), deutscher Physiker: „Die moderne Entwicklung hat die früheren Hindernisse einer Harmonie von Naturwissenschaft und religiöser Weltauffassung beseitigt. Die heutige naturwissenschaftliche Erkenntnis liefert keinen Einwand mehr gegen einen Schöpfergott."

Guglielmo Marconi (1874 – 1937), italienischer Physiker und Nobelpreisträger: „Ich erkläre mit Stolz, daß ich gläubig bin. Ich glaube an die Macht des Gebetes. Ich glaube nicht nur daran als gläubiger Katholik, sondern auch als Wissenschaftler."

Robert Andrews Millikan (1868 – 1953), amerikanischer Physiker und Nobelpreisträger: „Leute, die wenig von Wissenschaft wissen, und Leute, die wenig von Religion verstehen, mögen sich einmal streiten, und die Zuschauer mögen denken, da streiten sich nun die Wissenschaft und der Glaube, während es sich in der Tat um einen Zusammenstoß zwischen zwei Arten von Unwissenheit handelt."

Dazu noch eine Antwort des großen Dirigenten *Herbert von Karajan (1908 – 1989)* sinngemäß auf die Frage, ob er an ein Leben nach dem Tod glaube: „Aber selbstverständlich; ein Geist wie meiner kann sich doch nicht einfach ins Nichts auflösen".

Sehen wir uns noch an, was *Papst Benedikt XVI.* in seiner Enzyklika „*Spe Salvi*" (2007) über die Wissenschaft sagt: „*Francis Bacon* und die ihm folgende Strömung der Neuzeit irrten, wenn sie glaubten, der Mensch werde durch die Wissenschaft erlöst. Mit einer solchen Erwartung ist die Wissenschaft überfordert, diese Art von Hoffnung ist trügerisch. Die Wissenschaft kann Vieles zur Vermenschlichung der Welt und der Menschheit beitragen. Sie kann den Menschen und die Welt aber auch zerstören, wenn sie nicht von Kräften geordnet wird, die außerhalb ihrer selbst liegen. ... Nicht die Wissenschaft erlöst den Menschen. Erlöst wird der Mensch durch die Liebe. ... Die wahre, die große und durch alle Brüche hindurch tragende Hoffnung des Menschen kann nur *Gott* sein – der *Gott*, der uns ‚bis ans Ende, bis zur Vollendung' geliebt hat und liebt. ... *Gott* lieben verlangt die innere Freiheit allem Besitz und Materiellen gegenüber".

4.4 Die Freude des Glaubens

Unsere gedankliche Reise vom Beginn unseres Universums vor rund 13,7 Milliarden Jahren bis zum Anfang des 21. Jahrhunderts hat uns ein Panorama von Ereignissen und Szenen präsentiert, die wir heute mit Erstaunen betrachten. Wir sehen, daß eine ganze Palette von unterschiedlichsten Bedingungen erfüllt werden muß, damit unsere Heimaterde, die Natur und wir selber existieren können. Wir erkennen auch, daß unser kosmisches Raumvolumen, das wir gewissermaßen als „Zuschauerraum" für die Beobachtung des Weltszenarios zur Verfügung haben, winzig ist. Auf unserem Erdkugelmodell von 128 Metern Durchmesser ist dieser Raum gerade mal eine 4 cm dicke Luftschicht auf der Erdoberfläche, wobei die meisten Menschen im unteren Bereich dieser Schicht leben, die in unserem Modell etwa 1 cm dick ist. In diesem Volumenelement des Universums hat sich – beginnend vor etwa 3,5 Milliarden Jahren – die Evolution des Lebens vollzogen. Sie führte zu einer ungeheuren Fülle von Pflanzen- und Tierarten, und in den letzten Millionen Jahren zur Menschwerdung. Wir wissen bis heute nicht, ob es irgendwo im All noch andere Menschheiten mit einer vergleichbaren Geschichte wie auf der Erde gibt.

Seit sich im Osten Afrikas vor etwa 7 Millionen Jahren im Evolutionsbaum des Lebens der Menschenzweig vom Ast der Primaten abspaltete und die Menschwerdung begann, haben unsere frühen Vorfahren – ausgerüstet nur mit grob behauenen Steinwerkzeugen – abgesehen von den letzten 12.000 Jahren ausschließlich als Jäger und Sammler ihr Dasein bestritten. Die auf der Erde vorgefundenen natürlichen Lebensbedingungen blieben unangetastet. Erst als das menschliche Gehirn durch Selektion und Mutation die Größe und Leistungsfähigkeit des heutigen Gehirns erreichte, war der Mensch vor etwa 12.000 Jahren in der Lage, neue Werkzeuge zu entwickeln, seßhaft zu werden, Wohnhäuser zu bauen und Ackerbau, Viehzucht und Bewässerungsanlagen zu betreiben. Er wurde damit zum Schöpfer der Kulturlandschaft. Mit der Entwicklung von Sprachen und Schriftarten in den vergangenen 6.000 Jahren schuf sich die Menschheit eine geistige Welt der Kunst, Literatur und Musik, einen Kosmos des Forschens, der Erfindungen und des technischen Gestaltens – und ein phantasievolles Pantheon von Göttern als Repräsentanten unerklärlicher Naturerscheinungen.

Schon zehntausende Jahre früher hatten die Menschen eine offenbar tief in ihrem Unterbewußtsein erahnte Empfindung oder „Offenbarung", daß es ein Weiterleben nach dem Tod gibt. Bestattungsrituale und Grabbeigaben aus der Altsteinzeit sind die Belege dafür. Vor mehr als 5.000 Jahren begann die in Schriftzeichen überlieferte und durch archäologische Funde in Einzelheiten nachvollziehbare Geschichte der Menschheit. Sie manifestierte sich in den ersten Hochkulturen im heutigen Irak, in Ägypten, Indien, China und Peru. Ihre Wurzeln reichen weit in die Vorzeit zurück. Mitten hinein in diese Periode des Formens von Völkern und ersten Kulturen geschah das völlig Neue und Unerwartete. Vor mehr als 4.000 Jahren offenbarte sich der eine und einzige *Gott*, der Schöpfer des Himmels und der Erde, einzelnen Menschen, wie dem Menschenpaar *Adam und Eva,* ihren Söhnen *Kain und Abel* sowie *Noah,* der die Arche baute. Vor rund 3.900 Jahren offenbarte sich *Gott* dem *Abraham* und eröffnete damit die faszinierende Geschichte des Volkes *Israel.* Wir müssen hier ganz klar erkennen: Nicht der Mensch, sondern der eine und einzige *Gott* tat den ersten Offenbarungsschritt.

Von den Atheisten und Skeptikern wird kritisiert, daß *Gott* im *Alten Testament* oft als strenger und überaus hart strafender Herrscher in Erscheinung tritt. Man kann es aber verstehen: Denn *Gott* leistete Schwerstarbeit, um das widerspenstige, störrische Volk *Israel* vom Götzenkult abzubringen und auf sich als den einzigen *Gott,* der keine anderen Götter neben sich duldet, einzuschwören. Es war eine Arbeit über rund 1.500 Jahre. Erst 1.900 Jahre nach *Abraham* kam nach der christlichen Offenbarungsvorstellung der *Messias und Gottessohn Jesus Christus,* um die Botschaft von der Liebe, Barmherzigkeit und Gnade *Gottes* durch seine Jünger über die ganze Erde zu verbreiten. Ihm folgte 600 Jahre später der Prophet *Mohammed,* der eine der christlichen Botschaft sehr ähnliche Offenbarung für die arabischen Völker erhielt.

Trotz aller Offenbarung wird auch in der Gegenwart immer wieder die Grundfrage diskutiert, „wer oder was *Gott* ist". Der Vorsitzende des „*Research Institute for Catholic Liturgy*", Pater Neil J. Roy, schreibt dazu: Nach der katholischen Lehre ist „*Gott* das höchste Wesen, das alleine von sich aus existiert und alles bewirken kann. ... Doch ist *Gott* weder ein unpersönlicher Begriff noch eine weit entfernte Macht, die sich nicht um die Menschen und die Ereignisse auf der Welt kümmert. Er hat sich selbst als eine Liebesgemeinschaft in drei göttlichen Personen offenbart: Vater, Sohn und Heiliger Geist. ... Das Geheimnis des dreieinigen *Gottes* zu verstehen, wie begrenzt das auch immer wegen der Unzulänglichkeiten des menschlichen Intellekts sein mag, stellt die Grundlage jedes christlichen

Betens dar. ... Als höchstes Wesen, das alleine vollkommen und ewig in seiner Vollkommenheit ist, schafft *Gott* in Ewigkeit ein unendlich vollkommenes Bild seiner selbst, das wir den Logos, das Wort oder den Sohn nennen. Der Vater liebt sein Selbst-Bild (Logos) auf vollkommene Weise, und diese Liebe ist so vollkommen, daß sie auch eine Person ist: der Geist der Liebe, der vom Vater zum Sohn ausströmt und vom Sohn zum Vater zurückströmt. Diese Dreieinigkeit von Personen äußert sich in sich selbst als verströmende Liebe zueinander, und ihre sich selbst schenkende Liebe, der Heilige Geist, strömt hinaus in die Schöpfung. *Gott Vater* läßt die Schöpfung durch sein Wort entstehen und sendet seinen Geist aus, ihr Leben einzuhauchen. ...

In Freundschaft mit *Gott* erschaffen, greift der Mensch nach der Göttlichkeit und widersetzt sich dem liebenden *Gott*. Die Sünde macht die Erlösung erforderlich. *Gott* bereitet sein Volk auf die Erlösung vor, indem er ihm ein Sittengesetz auferlegt und indem er eine Reihe von Propheten schickt, um dem Herrn den Weg zu bereiten. Mit *Christus* beginnt eine neue Schöpfung in der Gnade".

Die Propheten des Alten Testaments haben in ihren Botschaften immer wieder die Liebe *Gottes* zu uns Menschen hervorgehoben. Im Leben und Wirken *Jesu Christi* wurde diese umfassende göttliche Liebe für alle Menschen sichtbar. Die Apostel und Kirchenväter sowie später der Prophet *Mohammed* haben sie eindrucksvoll verkündet. Die göttliche Liebesbotschaft spiegelt sich darin wider, daß *jeder Mensch eine Lichtgestalt der Liebe* ist. Denn jede(r) von uns ist in der liebevollen Zuwendung ihrer (seiner) Eltern gezeugt und erzogen worden. Die Fähigkeit zur Liebe und Zärtlichkeit unter den Menschen ist Ausdruck der Liebe *Gottes* zu uns Menschen. Sie ist nicht ein zufälliges Nebenprodukt des komplexen Wechselspiels der Elementarteilchen in unserem Körper, sondern Werk und sichtbares Zeichen unseres Schöpfers. So gesehen sind die Abschiedsworte *Jesu Christi* an seine Jünger „Liebt einander, wie ich euch geliebt habe" nicht Wunsch, sondern Verpflichtung für jeden Einzelnen.

Seit es die Offenbarungen gibt, können alle Menschen auf der ganzen Welt jubeln und voller Hoffnung ihrer Zukunft entgegensehen. Denn unser Schicksal ist nicht das stumpfsinnige Werden und Vergehen der materiellen biologischen Existenz, sondern das Hineingeführtwerden in eine neue geistige Welt des Glücks, des Friedens und der Gerechtigkeit. Dazu *Papst*

Benedikt XVI. in seiner Enzyklika *„Spe Salvi"*: „Nicht die Elemente des Kosmos, die Gesetze der Materie, herrschen letztlich über die Welt und über den Menschen, sondern ein persönlicher *Gott* herrscht über die Sterne, das heißt über das All; nicht die Gesetze der Materie und der Evolution sind die letzte Instanz, sondern Verstand, Wille, Liebe – eine Person. Und wenn wir diese Person kennen, sie uns kennt, dann ist wirklich die unerbittliche Macht der materiellen Ordnungen nicht mehr das Letzte, dann sind wir nicht Sklaven des Alls und seiner Gesetze, dann sind wir frei".

Ja, Freiheit bei *Gott* ist das Ziel, das alle Menschen vor Augen haben sollten: Freiheit von der Enge und Bedrohung unseres Lebensraums, Freiheit vom teilweise absurden Ordnungsgefüge in vielen Ländern der Welt, Freiheit von Gier und Armut, Freiheit von Kriegen und Terror und Freiheit von Krankheit und Tod.

Nur durch den Glauben an *Gottes* Wort und seine Verheißungen ist diese endgültige Freiheit für alle Menschen erreichbar. In diesem Glauben empfinden wir alle die tiefe innere Freude und den Frieden, „den die Welt nicht geben kann". Ausdruck dieser Freude sind die prächtigen Synagogen, Kirchen, Moscheen und Tempel, die Gottesdienste und Feiern zur Danksagung und Verehrung *Gottes*, die in vielen Jahrhunderten entstandene religiöse Musik, die unermeßliche Fülle von religiösen Schriften und die vielen Orden und Vereine, die sich weltweit um die Armen und Kranken kümmern.

In unvergleichlicher Weise haben *Friedrich Schiller* und *Ludwig van Beethoven* dieser Freude ein literarisches und musikalisches Denkmal gesetzt:

Freude, schöner Götterfunken,
Tochter aus Elysium,
wir betreten feuertrunken,
Himmlische, dein Heiligtum.
Deine Zauber binden wieder,
was die Mode streng geteilt;
alle Menschen werden Brüder,
wo dein sanfter Flügel weilt.
Seid umschlungen, Millionen!
Diesen Kuß der ganzen Welt!
Brüder, überm Sternenzelt
muß ein lieber Vater wohnen.

Zum Schluß ein Wort an der Wand der Mariengrotte des Klosters Andechs in Bayern, nahe am Ammersee:

Herr, ich danke dir für diese Welt.

Einige ergänzende Literatur

Harald Fritzsch: Das absolut Unveränderliche. Die letzten Rätsel der Physik. Piper Verlag München 2005

Harald Lesch u. Jörn Müller: Big Bang, zweiter Akt, 2. Aufl., Goldmann Verlag München 2005

Wolf Singer: Der Beobachter im Gehirn. Essays zur Hirnforschung, Suhrkamp Verlag 2002

Die Bibel (Altes und Neues Testament), Verlagsgruppe Weltbild Augsburg 2004

Mohammed: Der Koran, VMA-Verlag Wiesbaden

Richard Dawkins: Der Gotteswahn, 7. Aufl., Ullstein Buchverlage Berlin 2007

Richard Dawkins: Die Schöpfungslüge, 1. Aufl., Ullstein Buchverlage Berlin 2010

Joseph Ratzinger (Papst Benedikt XVI.): Gott und die Welt. Deutsche Verlags-Anstalt München 2000

Joseph Ratzinger (Papst Benedikt XVI.): Einführung in das Christentum, 4. Aufl., Kösel-Verlag München 2005

Joseph Ratzinger (Papst Benedikt XVI.): Enzyklika SPE SALVI. Libreria Editrice Vaticana, 2007

Hans Küng: Spurensuche. Piper Verlag München 2005

Paul Spiegel: Was ist koscher? Jüdischer Glaube – jüdisches Leben. Ullstein Buchverlage Berlin 2005

Joseph Ratzinger (Papst Benedikt XVI.): JESUS von Nazareth. Bd. I und II, Herder Verlag Freiburg 2006/2011

Helmuth von Glasenapp: Die fünf Weltreligionen, 12. Aufl., Wilhelm Heyne Verlag München 2003

Werner Keller: Und die Bibel hat doch recht. ECON Verlag Düsseldorf 1989

Zum Autor:

Der Verfasser Joseph Eichmeier ist Professor an der Technischen Universität München und lebt als Pensionär in der Nähe von München.